# 实用干支万年历

刘鸿玉 刘炳琳 编著

气象出版社
China Meteorological Press

图书在版编目(CIP)数据

实用干支万年历／刘鸿玉，刘炳琳编著. —北京：
气象出版社，2016. 1（2023.11重印）

ISBN 978-7-5029-6181-7

Ⅰ. ①实…  Ⅱ. ①刘… ②刘…  Ⅲ. ①历书 – 中国 –
2016～2050  Ⅳ. ①P195. 2

中国版本图书馆 CIP 数据核字（2015）第 199235 号

# 实用干支万年历

Shiyong Ganzhi Wannianli

出版发行：气象出版社

地　　址：北京市海淀区中关村南大街46 号　邮政编码：100081

电　　话：010-68407112（总编室）　010-68408042（发行部）

网　　址：http：//www. qxcbs. com　　E-mail：qxcbs@ cma. gov. cn

责任编辑：杨　辉　　　　　　　　　终　审：汪勤模

封面设计：黄　蓓　卢文铃　　　　　责任技编：赵相宁

印　　刷：三河市君旺印务有限公司

开　　本：710 mm×1000 mm　1/16　　印　张：20. 5

字　　数：300 千字

版　　次：2016 年 1 月第 1 版　　　　印　次：2023 年11月第 7 次印刷

定　　价：42. 00 元

本书如存在文字不清、漏印以及缺页、倒页、脱页等，请与本社发行部联系调换。

# 前　言

干支是中国古代特有的传统文化符号，被广泛应用于历法、天文学、年代学、阴阳五行学说、中医学说、民俗学说中，主要作用是记录时间和方位，也就是说，干支是表示时间和空间的符号。从哲学层面讲，时间和空间是运动着的物质的存在形式，干支因而在中国传统文化中被用作推演事物发展规律的符号，所以，懂得一点干支知识，对于人们深入了解中国传统文化有重要意义。

世界上各个国家、各个民族的历法千差万别，唯有中国历法以干支为其特有符号。甲、乙、丙、丁、戊、己、庚、辛、壬、癸十天干，本来是中国古代用于计序排位的十个汉字，相当于阿拉伯数字 1 ~ 10，起源非常古老，但在创制之初，并没有什么神秘意义。"十日"传说之后，干支成为中国历法特有的符号。《山海经·大荒经》记载："羲和者，帝俊之妻，生十日。"《山海经·海外东经》又说，这十个太阳中每天有一个在大树上值日，其余九个"居下枝"。十个太阳轮流值日一周就是一旬，为了有所区别，它们分别被命名为甲、乙、丙、丁、戊、己、庚、辛、壬、癸。"十日"传说发生之后，十干次数就被用来称呼"十日"，十日为一旬的历法规定随之产生了，十干开始被用于历法。十干最初用于纪日，后来，因为十干简单，每旬循环，易于混淆，所以就以十干与十二支相配，组成六旬纪日法。殷商时期，干支配合的六十甲子已经定型，成为常用的纪日法。春秋战国时已用十二辰（地支）纪月，西汉以前已用十二辰加时，西汉末始用干支纪年，唐以后始用干支纪月，北宋时始用干支纪时，至此，年、月、日、时分别以干支注记，这就是干支历法。干支注记时间，自中国古代一直沿用至今，从未间断。这对研究历史非常有帮助。

干支配合用于历法之后，其神秘性渐渐产生。这种神秘性来源于干支与阴阳五行的结合。干支本来用于历法以注记时间，又与四时五行相配合，成为时间的坐标。干支与五行、五方相配合，成为空间的坐标。时间是描述物体运动的持续性、事件发生的顺序的概念，表达事物的生灭排列；空间是描述物体及其运动的位置、形状、方向等性质的概念，表达事物的生灭范围。干支与阴阳五行结合，构成事物发展运动的时、空坐标，使运动着的物质不可分割地联系在一起。这就为干支成为推演事物发展规律的符号奠定了基础。

天文学、年代学、历法、五行哲学、中医药学、养生学、国画、书法、诗词歌赋等，都可以窥见干支应用的影子。如干支与十二星次、干支与二十八宿、干支与星宿分野、干支与太岁、干支与阴阳、干支与五行、干支与八卦、干支与九宫、干支与中医、干支与民俗等，应用繁多，概括起来，大体可以分为星宿分野、阴阳五行、八卦九宫、中医养生、民俗文化等几个方面。

干支既广泛应用于中国传统文化之中，又弥散于现代社会生活之中。学点干支知识，无论是对于人们了解文化传承，还是对于日常应用，都具有一定帮助。

从文化传承角度看，学点干支知识有一定意义。中国古代典籍大多使用干支注记时间、空间，在中医学中更是将干支作为推演符号用来推测人体生命运动的规律，一些民俗文化传承中也大量使用了干支推演，因此，要传承好中华优秀传统文化，需要学点干支知识。比如，《竹书纪年》载："帝尧元年丙子。"又载："周武王十一年庚寅，周始伐商。"懂得干支知识，我们就知道，先秦时期不用干支纪年，东汉以后始用甲子纪年，据此可知"丙子""庚寅"为后人所增补。亦可见，用干支纪年上溯推定远古事件发生的年份，是非常方便的。

从日常应用看，干支作为重要的中国传统文化遗产，源远流长，现今对人们的生活仍有着广泛的影响。比如，十干作为次数就经常被人们使用，罗列材料用甲、乙、丙、丁进行分类，评议等级用甲、乙、丙、丁进行分级，订立合同用甲方、乙方、丙方代表相关各方，有机化学中有甲烷、乙烷、丙烷、丁烷、乙烯、丁烯等名称。因此，了解一点干支知识，对于人们日常生活是有帮助的。

# 目　录

前　言

第一章　干支的由来 ……………………………………………… 1

一、干支产生于中国古代天文学 …………………………… 2

二、干支的原始含义 ………………………………………… 6

（一）十天干的原始含义 ………………………………… 6

（二）十二地支的原始含义 ……………………………… 8

三、天干与地支的组合 ……………………………………… 11

（一）干支组合依据 ……………………………………… 11

（二）干支组合次序 ……………………………………… 11

（三）干支衍生组合 ……………………………………… 12

第二章　干支用于历法 …………………………………………… 13

一、干支历法的由来及其历元 ……………………………… 15

二、干支纪年 ………………………………………………… 17

（一）立春为岁首 ………………………………………… 17

（二）干支用于太岁纪年 ………………………………… 18

（三）干支纪年的演变 …………………………………… 19

（四）干支纪年与公元纪年的换算 ……………………… 20

三、干支纪月 ………………………………………………… 21

（一）交节日为月首 ……………………………………… 21

（二）十二辰纪月法 ……………………………………… 21

（三）年干起月干 ………………………………………… 22

四、干支纪日 ················································· 24

    （一）子时为日首 ······································· 24

    （二）古代纪日始于天干 ································· 25

    （三）"日子"与干支 ··································· 26

    （四）干支纪日用于杂节气 ····························· 26

五、干支纪时 ················································· 31

    （一）十二支纪时法 ····································· 31

    （二）日干起时干 ······································· 31


第三章　干支用于古代天文学 ································· 33

一、地支用于星宿 ············································· 35

    （一）地支配十二次 ····································· 35

    （二）地支配二十八宿 ··································· 38

二、干支用于州国分野 ········································· 40

    （一）天干配州国分野 ··································· 40

    （二）地支配州国分野 ··································· 41


第四章　干支用于阴阳五行学说 ······························· 43

一、阴阳五行学说 ············································· 44

    （一）阴阳学说 ········································· 44

    （二）五行学说 ········································· 44

二、干支用于阴阳 ············································· 46

三、干支用于五行 ············································· 47

    （一）干支配五行 ······································· 47

    （二）干支四时休王 ····································· 47

    （三）五行生死所 ······································· 49

四、干支用于通数、别数 ······································· 52

    （一）干支通数 ········································· 52

    （二）干支别数 ········································· 52

五、干支用于纳音五行 ········································· 54

实用
干支
万年历

第五章　干支用于八卦九宫 …………………………………… 57

　　一、八卦 ……………………………………………………… 58

　　　　（一）八卦起源 ……………………………………… 58

　　　　（二）八卦五要素 …………………………………… 58

　　　　（三）六十四卦 ……………………………………… 60

　　二、干支用于八卦 ………………………………………… 61

　　　　（一）八卦纳干 ……………………………………… 61

　　　　（二）八卦纳支 ……………………………………… 63

　　　　（三）纳甲纳十二支 ………………………………… 66

　　　　（四）地支配八卦 …………………………………… 66

　　三、地支用于十二辟卦 …………………………………… 69

　　　　（一）辟卦释义 ……………………………………… 69

　　　　（二）辟卦由来 ……………………………………… 70

　　　　（三）辟卦配支 ……………………………………… 70

　　四、干支用于二十四向 …………………………………… 72

　　　　（一）二十四向含义 ………………………………… 72

　　　　（二）二十四向由来 ………………………………… 72

　　　　（三）二十四向配干支 ……………………………… 73

　　　　（四）干支配二十四向的依据 ……………………… 74

　　五、干支用于九宫 ………………………………………… 76

第六章　干支用于中医学 …………………………………… 79

　　一、干支用于人体 ………………………………………… 81

　　　　（一）干支配人身各部位 …………………………… 81

　　　　（二）干支配脏腑 …………………………………… 81

　　　　（三）干支配人体结构 ……………………………… 83

　　二、干支用于五运六气 …………………………………… 84

　　　　（一）天干配五运 …………………………………… 84

　　　　（二）地支配六气 …………………………………… 88

　　三、干支用于子午流注 …………………………………… 91

（一）天干配脏腑经脉 ·········· 91

（二）地支配脏腑经脉 ·········· 92

（三）天干配五腧穴 ·········· 92

（四）天干配五门十变 ·········· 92

**四、地支用于月建、时辰养生** ·········· 93

（一）十二月建配养生 ·········· 93

（二）十二时辰配养生 ·········· 94

**第七章　干支用于民俗文化** ·········· 97

**一、干支用于生肖** ·········· 99

（一）十二地支配十二生肖的由来 ·········· 99

（二）地支相害与生肖相害 ·········· 101

（三）行嫁月 ·········· 101

**二、干支用于民间择吉** ·········· 103

（一）干支纪年与太岁 ·········· 103

（二）干支纪日与十二建星 ·········· 104

（三）干支纪日与彭祖百忌日 ·········· 106

**第八章　2016—2050年实用干支历** ·········· 109

# 第一章 干支的由来

# 一、干支产生于中国古代天文学

天干地支，合称"干支"。天干地支的由来要从"干""支"二字的原始含义说起。干，原始含义为树干；支，原始含义为树枝。从字面看，"干支"就是树木的主干与枝条，干为主，支为辅。西汉时期的史籍称干支为"甲子"，《淮南子·天文训》说："数从甲子始，子母相求。"干与支是母与子的关系。到东汉时期，史籍中才出现了"干支"这个名称。

东汉蔡邕《月令章句》记载："大挠采五行之情，占斗机所建也，始作甲乙以名日，谓之干；作子丑以名月，谓之支。"大挠是距今约5000年前古华夏部落联盟的首领——黄帝的大臣，传说是当时的史官。五行指木、火、土、金、水，古人认为五行是构成世界的五种基本物质，自然界万事万物的发展变化都是这五种物质不断运动和相互作用的结果。斗机，本来是北斗七星的第三星，名天玑。玑，也写作"机"，常泛指北斗。建，是北斗的斗柄所指的方位。因为北斗斗柄在农历每月所指的方位不同，因此，"建"也被用来指月份(亦称"月建""月尽")，比如，大建指的是农历有30天的月份，亦称"大尽"；小建则指农历有29天的月份，亦称"小尽"。合起来看，《月令章句》的记载表明，大约5000年前，大挠在搜集五行运行状况的基础上，根据北斗斗柄所指的方位进行判断，从而创制了天干地支。这一记载未必符合历史实际，因为天干地支不可能是某一个人在一时一地创造出来的，而应该是古人长期生产生活实践中的智慧结晶，但其所体现的干支与五行、斗建的关系却是符合事实的，天干地支正是在中国古代天文学基础上确立的，关于此，具体还要从北斗七星讲起。

在北方夜空，有7颗明亮的星星，排列成一个勺状，称为"北斗星"。北斗星属于大熊星座。其中4颗星天枢、天璇、天玑、天权排列成"斗勺"，从天璇向天枢连线方向延长5倍就可以找到北极星，其余3颗星玉衡、开阳、摇光排列成"斗柄"。在我国北方，这个"大勺"一年四季总是处在地平

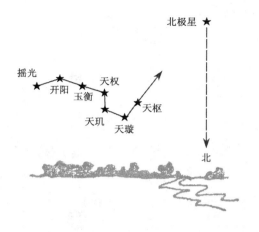

北斗七星

线以上，围绕北极星转圈。这个转圈是有规律的，它与地球围绕太阳所做的公转运动同步。北斗星围绕北极星转一圈，就是地球围绕太阳公转一圈，其时间长度就是一年。

斗柄朝向的变化与太阳从南到北、从北到南的往复回归运动是大体同步的。也就是说，和一年四季的变化是同步的。古人说："斗柄东指，天下皆春；斗柄南指，天下皆夏；斗柄西指，天下皆秋；斗柄北指，天下皆冬。"五行学说认为，春、夏、长夏、秋、冬分别对应木、火、土、金、水。五行的每一行又各分阴、阳，五行乘以二，计得十数，分别用十干来表示，天干就为十个。

支，则是根据月亮的月相变化周期而来。我们看到的月亮，有时弯弯像眉毛，有时圆圆像银盘，这种盈亏圆缺的变化就是月亮的月相变化。月球本身不发光，是靠反射太阳光发亮的。被太阳光照射的一面是明亮的，背着太阳的一面是黑暗的。月球绕着公转的地球自西向东旋转，日、地、月三者的相对位置不断变化，以致月球的明亮半球有时正对着地球，有时侧对，有时背对。这样，从地球上看去，月亮的形状就会发生盈亏圆缺的周期性变化。北斗星斗柄所指方位围绕北极星一圈与月亮月相变化周期经过十二次循环大体相应。

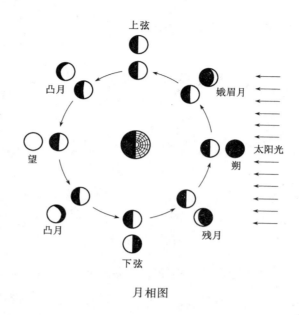

月相图

月亮从新月位置到再次回到新月位置所需要的时间平均为 29.5306 日，这也就是月相更替变化的周期，称为一个朔望月。从北半球看，太阳正午在天空的位置从最低到最高，或从南到北回归运动的周期，也就是太阳直射点在地球赤道南北回归运动的周期，其所需要的时间等于 365.2422 日，称为一个"回归年"。回归年等于 12.3683 朔望月，约等于 12 个月。这 12个月分属春、夏、秋、冬四季，即木、火、金、水四行，每一季的最末 18天属土，共得五行之情。大挠据此确立了子、丑、寅、卯、辰、巳、午、未、申、酉、戌、亥十二地支，用以称呼月。《淮南子·天文训》载："帝张四维，运之以斗，月徙一辰，复反其所。正月指寅，十二月指丑，一岁而匝，终而复始。"

可见，天干与太阳的活动有关，而地支与星象、月相有关，所以，古人从事天文方面事务的时候，就要用到天干所命名的"日"，从事土地方面事务的时候，就要用到地支所命名的"辰"（月）。日自己可以发光，故为阳；月自己不发光，故为阴。天在上为阳，地在下为阴。天干与日、天有关，地支与月、地有关，所以二者有阴阳之别。

实用
干支
万年历

关于地支的由来，还有一个传说认为，十二地支的产生与月亮有关。《山海经·大荒西经》记载："帝俊妻常羲，生月十有二。"也就是说，常仪生了12个月亮。一年12个月，每月有一个月亮"值班"，为了有所区别，分别将它们命名为子、丑、寅、卯、辰、巳、午、未、申、酉、戌、亥，十二地支由此形成。这个传说与"十日"传说一样充满神话色彩，但也是以太阳和月亮的运行周期来推测干支的由来，更足见天干地支的产生与古代天文学家对日月运行的观察密切相关。

# 二、干支的原始含义

天干地支的由来与中国古代天文学有关，相应地，十天干和十二地支的原始含义都与四时节令、农作物生长密切相关。东汉许慎所编《说文解字》作为我国第一部字典，对十天干和十二地支的解释都紧扣原始含义，是今人把握干支本义的重要依据。下面，本书将列出《说文解字》对十天干、十二地支的文言阐释并逐一进行译解。

## （一）十天干的原始含义

甲：

《说文解字》："甲，东方之孟，阳气萌动，从木戴孚甲之象。"

白话释义：甲，位于东方，孟春之月，阳气萌动，草木生芽，突出种壳。

乙：

《说文解字》："乙，象春艸木冤曲而出，阴气尚强，其出乙乙也。与丨同意。"

白话释义：乙，像春天草木蜷曲生长冒出地面，此时阴气强大，草木生长困难。"乙"与牵引向上行的"丨"意义相同，都是自下通上。

丙：

《说文解字》："丙，位南方，万物成炳然，阴气初起，阳气将亏。从一入冂。一者，阳也。"

白话释义：丙，位在南方。万物炳然显著，阴气刚刚生起，阳气即将亏损。"丙"是"一""入""冂"组成的会意字，"一"代表阳气，"内"为物的底座，指事物的阳气已经到了台面之上。

丁：

《说文解字》："丁，夏时万物皆丁实，象形。"

白话释义：丁，夏时万物皆茁壮生长，果实下垂，象征万物生长旺盛的样子。

戊：

《说文解字》："戊，中宫也。象六甲五龙相拘绞也。"

白话释义：戊，位于中宫。六甲即甲子、甲戌、甲申、甲午、甲辰、甲寅，龙即辰支，每一甲都有与辰龙相配合的一组干支，即戊辰、庚辰、壬辰、甲辰、丙辰，共五组，称为五龙。五龙来自五方，相互拘绞形成"戊"字，戊位中央，象征中央是五龙(即五行)汇聚之所。

己：

《说文解字》："己，中宫也。象万物辟藏诎形也。"

白话释义：己，位于中宫，像万物因回避而藏在土中的弯弯曲曲的形状。

庚：

《说文解字》："庚，位西方，象秋时万物庚庚有实也。"

白话释义：庚，位于西方，像秋时万物果实由空虚变充实的更改过程。

辛：

《说文解字》："辛，秋时万物成而孰；金刚；味辛，辛痛即泣出。从一，从𢆉，𢆉，罪也。"

白话释义：辛，像秋时万物成熟，金质刚硬，味道辛辣，辛辣就感到痛苦，痛苦就会流出眼泪。从"一"，从"𢆉"，两者会意。"𢆉"是罪恶的意思。万物到秋天时，刚成熟的果实味道辛涩，常让人感到痛苦。

壬：

《说文解字》："壬，位北方也。阴极阳生，故易曰龙战于野，战者，接也。象人怀妊之形。"

白话释义：壬，位于北方。冬天，阴气极盛而阳气已生，所以《易经》说"龙战于野"。"战"字意为交接，指阴阳二气相互交接。壬字字形，像女人怀孕，阴中怀妊着阳。

癸：

《说文解字》："癸，冬时，水土平，可揆度也。象水从四方流入地中之形。"

白话释义：癸，冬天，水面结冰，土的表面没有地表植物遮挡，水、土情况都可以揆度测量。癸字字形，像水从四方流入地中的样子。

可见，《说文解字》对十天干的解释都是围绕空间方位、阴阳、作物生长变化、人的形体这四点展开的，其中最核心的是作物在一年内的生长变化，即物候。

### （二）十二地支的原始含义

子：

《说文解字》："子，十一月，阳气动，万物滋。人以为称。象形。"

白话释义：子，为夏历十一月，阳气发动，万物滋生。人借用来称呼人之子。"子"为象形字，像孩子在襁褓之中两腿并在一起的样子。

丑：

《说文解字》："丑，纽也。十二月，万物动，用事。象手之形。时加丑，亦举手时也。"

白话释义：丑，意为可解的结。夏历十二月，一方面，寒冷的阴气固重，万物萌发状态的芽紧紧纽结在一起；另一方面，阳气已经发动，开始用事，这种纽结在一起的萌芽是可以伸展开的。"丑"字形像手举起，但三根手指被联缀起来，象征冬天十二月时，欲要举手作为，但凛冽气寒，不得作为。每天丑时，也是人举起手要奋发作为之时。

寅：

《说文解字》："寅，髌也。正月，阳气动，去黄泉，欲上出，阴尚强，象宀不达，髌寅于下也。"

白话释义：寅，意为摈弃排斥。夏历正月，阳气发动，万物都想离开地底的黄泉，向地上冒出，但此时阴气还很强大，像房子一样覆盖着，不让阳气上达，把它压抑于地下。

卯：

《说文解字》："卯，冒也。二月，万物冒地而出。象开门之形。故二月为天门。"

白话释义：卯，意为阳气从地中冒出。夏历二月，万物顶破地皮从土

中生长出来。"卯"字形像两户相背，开门之形。所以，二月为天门。

辰：

《说文解字》："辰，震也。三月，阳气动，雷电振，民农时也。物皆生，从乙、匕，象芒达。"

白话释义：辰，意为震动。夏历三月，阳气发动，雷鸣电闪，振动万物，是人们耕种的时令。万物都在此时生长。"辰"字形下部为"乙""匕"会意，象征草木由弯弯曲曲艰难地生长变化为草芒径直上达。

巳：

《说文解字》："巳，已也。四月，阳气已出，阴气已藏，万物见，成文章，故巳为蛇，象形。"

白话释义：巳，意为已经。夏历四月，阳气已经出来，阴气藏匿，万物出现，形成华美的色彩和花纹，所以用蛇象之。

午：

《说文解字》："午，牾也。五月，阴气午逆阳，冒地而出。"

白话释义：午，意为逆反。夏历五月，此时阴气逆犯阳气，顶触地面而出。

未：

《说文解字》："未，味也。六月，滋味也。五行，木老于未。象木重枝叶也。"

白话释义：未，意为滋味。夏历六月，万物长成，都有滋味了。五行木墓于未。"未"字形，上曲者像一层枝叶，再加一曲，像再加一层枝叶，两层枝叶象征树木枝叶重叠的样子，表示木已经老了。

申：

《说文解字》："申，神也。七月，阴气成，体自申束。从臼，自持也。吏臣铺时听事，申旦政也。"

白话释义：申，意为神明。夏历七月，阴气形成，体态或自伸展，或自卷束。"申"字由"丨"与"臼"会意，"丨"像阴气伸展，"臼"意为自持，自束卷。官吏在吃晚饭时（即申时）听理公事，是为了申明早晨所布置的政务完成情况，为伸展之意的延伸。

酉：

《说文解字》："酉，就也。八月，黍成，可为酎酒。象古文酉之形。"

白话释义：酉，意为成就、成熟。夏历八月，黍成熟，可以酿制醇酒。"酉"字形像古文"丣"。酉为秋门，万物已经收入，"一"横画是关闭门的形象。

戌：

《说文解字》："戌，灭也。九月，阳气微，万物毕成，阳下入地也。五行，土生于戊，盛于戌。从戊含一。"

白话释义：戌，意为灭杀。夏历九月，阳气微弱，万物都已经成熟，阳气向下进入地中。五行土产生于中央的戊，旺盛于戌。"戊"是土，代表大地，"一"横画代表阳气，"戌"字由"戊""一"会意，代表阳气入于地下，是阳气在地面上消失之象。

亥：

《说文解字》："亥，荄也。十月，微阳起，接盛阴。从二，二，古文上字。一人男，一人女也。从乙，象怀子咳咳之形。"

白话释义：亥，意为根。夏历十月，微弱的阳气产生，承接旺盛的阴气。"亥"字形从"二"，"二"是古文"上"字，其下面像一男一女两个人，象征微阳与盛阴之气相接。两人左侧的曲画从"乙"，像女子所怀胎儿身体蜷曲的样子。

由上，《说文解字》对十二地支的解释主要围绕阴阳和物候展开，尤其对阴阳之气阐述得比较详细。

实用

干支

万年历

# 三、天干与地支的组合

天干的由来与太阳有关，地支的由来与月亮有关，如同太阳与月亮配合才能确定地球上的年、月、日、时等时间概念，起源于古代天文学的天干与地支也常被组合起来应用。

## （一）干支组合依据

受天人合一思想的影响，我国古代哲学家常将天文、地理与人伦进行类比讨论，干支组合的依据与日常人伦道理相同。隋代萧吉《五行大义》说："干不独立，支不虚设，要须配合，以定岁月日时而用。如君臣夫妇，必配合以相成。"天干不能脱离地支独立存在，地支不能脱离天干虚设空置，天干与地支必须相互配合，用以确定岁、月、日、时而发挥其功用。其中道理如同人世间的君与臣、夫与妇一样，必须君臣配合、夫妇配合才能有所成就。要准确理解这段话，还得从天干、地支的阴阳属性说起。总体而言，天干为阳，为事物的主干；地支为阴，为事物的从属。天干为君，地支为臣；天干为夫，地支为妇。君臣要相互配合，夫妇要相互配合，阴阳要相互配合，同理，天干与地支也要相互配合，组合应用。

## （二）干支组合次序

天干从甲开始，地支从子开始，天干与地支的第一轮组合就从甲与子开始，依次组合为甲子、乙丑、丙寅、丁卯、戊辰、己巳、庚午、辛未、壬申、癸酉，十干用完，地支还剩下戌、亥。第二轮组合从甲戌、乙亥开始，至癸未，十干用完，地支还剩下申、酉。第三轮组合从甲申、乙酉开始，至癸巳，十干用完，地支还剩下午、未。第四轮组合从甲午、乙未开始，至癸卯，十干用完，地支还剩下辰、巳。第五轮组合从甲辰、乙巳开始，至癸丑，十干用完，地支还剩下寅、卯。第六轮组合从甲寅、乙卯开始，至癸亥，十干用完，地支也用完。至此，十干与十二支完成一个周期的组合，产生了60个名称。再接着组合就又从甲子开始，重复上一周期的六轮组合顺序。

## 六十甲子表

| 1<br>甲子 | 2<br>乙丑 | 3<br>丙寅 | 4<br>丁卯 | 5<br>戊辰 | 6<br>己巳 | 7<br>庚午 | 8<br>辛未 | 9<br>壬申 | 10<br>癸酉 |
|---|---|---|---|---|---|---|---|---|---|
| 11<br>甲戌 | 12<br>乙亥 | 13<br>丙子 | 14<br>丁丑 | 15<br>戊寅 | 16<br>己卯 | 17<br>庚辰 | 18<br>辛巳 | 19<br>壬午 | 20<br>癸未 |
| 21<br>甲申 | 22<br>乙酉 | 23<br>丙戌 | 24<br>丁亥 | 25<br>戊子 | 26<br>己丑 | 27<br>庚寅 | 28<br>辛卯 | 29<br>壬辰 | 30<br>癸巳 |
| 31<br>甲午 | 32<br>乙未 | 33<br>丙申 | 34<br>丁酉 | 35<br>戊戌 | 36<br>己亥 | 37<br>庚子 | 38<br>辛丑 | 39<br>壬寅 | 40<br>癸卯 |
| 41<br>甲辰 | 42<br>乙巳 | 43<br>丙午 | 44<br>丁未 | 45<br>戊申 | 46<br>己酉 | 47<br>庚戌 | 48<br>辛亥 | 49<br>壬子 | 50<br>癸丑 |
| 51<br>甲寅 | 52<br>乙卯 | 53<br>丙辰 | 54<br>丁巳 | 55<br>戊午 | 56<br>己未 | 57<br>庚申 | 58<br>辛酉 | 59<br>壬戌 | 60<br>癸亥 |

### （三）干支衍生组合

除了对应组合，干支还有其他组合方式，如以天干为主的综合性组合六甲、六壬和以地支为主的综合性组合五子、五辰等。

六甲，即甲子、甲戌、甲申、甲午、甲辰、甲寅。

六壬，即壬申、壬午、壬辰、壬寅、壬子、壬戌。

五子，即甲子、丙子、戊子、庚子、壬子。

五辰，即甲辰、丙辰、戊辰、庚辰、壬辰。

六旬，即干支60种组合与日配合，计有60日，10日为一旬，所以有六旬。每一旬都从甲至癸依次将十天干排列一遍。

实用
干支
万年历

# 第二章 干支用于历法

历法，是根据太阳、地球、月亮三者相互运动的规律来确定年、月、日的长度和它们之间关系的法则。由于天文周期中的年、月都不是整日数，因此，人类需要运用历法来协调历日周期与天文周期的关系。不同民族有不同历法，不同时代有不同历法，古往今来，世界各地形成了多种多样的历法。概括来讲，古今中外的历法可分为三类：阳历、阴历、阴阳合历。阳历，也叫太阳历，主要依据太阳回归年制定，年的日数平均约等于回归年，每年约365.2422日，月的日数和年的月数则人为规定，如世界上现在通行的公历。阴历，也叫太阴历、月亮历，主要依据月相变化的周期（称为朔望月，一个朔望月为29.5306日，即29日12小时44分3秒）制定，月的日数平均约等于朔望月，年的月数由人为规定，如伊斯兰教历、古希腊历等。阴阳合历，也叫阴阳历，是兼顾回归年和朔望月的历法，年的日数平均约等于回归年，月的日数平均约等于朔望月，如中国现在还使用的农历、藏历等。

农历是中国传统历法的代表之一，从春秋时期开始，我国就制定了农历（也叫夏历），它至今已经流传了近3000年。农历以回归年和朔望月为制定历法的依据。农历平年为354或355日，一年12个月，根据朔望周期分大小月，大月每月为30日，小月为29日，每月初一一定在朔日。为了平衡与回归年长度的差距，农历采用十九年七闰法来设置闰月，闰月的设置与二十四节气有关，一般放置在没有中气的月份，并根据上一个月的名称，称为闰某月。农历闰年为13个月，全年384或385日。虽然现在我国通行公历，但农历作为辅助，仍被广泛使用。

干支用于历法比农历制定时间稍早，干支历法属于阳历。殷商时期，干支已经被普遍用来纪日，我国从春秋到元明清时期的历史文献使用的都是干支纪日。西汉时期，汉武帝颁行《太初历》，采用干支纪时法，将一昼夜划分为十二等份，称十二时，分别用十二地支命名。东汉时期，民间兴起干支纪年法。干支纪月法又称十二辰纪月法，一直在民间流传。可以说，干支被用于历法已有3000多年的历史，干支是我国历法的骨干。

实用
干支
万年历

# 一、干支历法的由来及其历元

干支历法以天干地支组成的六十甲子循环标记年、月、日、时，由干支纪年、干支纪月、干支纪日、干支纪时组成，其年、月的划分依据二十四节气确定，以立春日为岁首，年长为一回归年，用二十四节气划分出 12 个月，以位于奇数位的节气交节日为月首，每个月含有两个节气，没有闰月。

干支历法，也就是节气历，与地球环绕太阳公转、地球自转和月亮围绕地球公转周期有关。地球围绕太阳公转，人是无法直接察觉的。人们能感受到的是太阳在星空中以一年为周期环绕地球运动，天文学上称之为太阳的视运动。这种视运动路线，也就是地球公转轨道平面与天球相交的大圆，称为黄道。太阳在黄道上绕行一周、从春分点再回到春分点的时间，就是一个回归年，或称太阳年。黄道圆周和地球绕太阳公转一年的圆周相同，都是 360°。古人以干支纪日，是因为地球自转一圈为一日，相对应太阳视运动运行周天 1°，正适于用一干与一支组合来标记一日。月球绕地球公转，一日运行周天 13°25′，同时地球又绕日运转，使得月亮完成一个相位周期共需约 29.53 天。

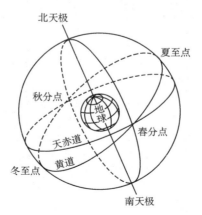

黄道与天球上的二分二至点示意图

干支纪月，是因为地球绕日公转一周为四季，每季 3 个月，一年 12 个月，万物从生长到肃杀的过程完整地分布在十二地支中。一年有 360 日，一个六甲即甲子、甲戌、甲申、甲午、甲辰、甲寅，计 60 日，6 个六甲则为 360 日，所以说"六甲之数"。六甲周期间隔两个月的日数，而一个月只有 30 日，两个月才重新进入下一个六甲循环，这就产生了阴阳、奇偶。阳为奇，阴为偶，万事万物发展变化的规律都可以通过阴阳彰显出来。干支与岁、月、日、时的配合都遵循这样的道理。

每种历法都有一个起始点，被称为历元。历元是作为时间参考标准的一个特定瞬时，在天文学上，为指定天球坐标或轨道参数而规定的某一特定时刻。中国古代干支历法的编算也有一个开始，就是干支历元。

干支历法将四甲子朔旦冬至，即夏历的癸亥年十一月甲子日夜半合朔交冬至确定为历元。"四甲子"是甲子岁、甲子月、甲子日、甲子时；"夜半"是子时；"合朔"是日月运行处于同宫同度，一般指夏历每月初一；"冬至"是阴历十一月之中冬至节。从上元甲子开始，岁、月、日、时的干支依次得以确立。岁的干支，从历元之年为甲子年开始，其后依次排列。月的干支，从历元上一年的阴历十一月为甲子月开始，其后依次排列，每逢天干为甲或己的年份，其上一年阴历十一月都是甲子月。日的干支，从历元之日（即朔望月的初一）为甲子日开始，其后依次排列，每 60 日一个循环。时的干支，从历元之时（即夜半）为甲子时开始，其后依次排列，每逢冬至或夏至后，凡天干为甲或己日，其夜半子时为甲子时。如此一来，岁、月、日、时四者都是以甲子为首，从甲子开始。

# 二、干支纪年

## （一）立春为岁首

干支纪年法，是依六十甲子顺序记录年代的方法。从甲子至癸亥，60组干支依次配60年，之后进入下一个六十甲子循环。如1984年为甲子年，1985年为乙丑年，1986年为丙寅年，余类推，至2044年重起甲子年。因为每一年都由一干、一支组合记录，所以称为干支纪年法。

干支用于纪年由来已久，但先秦和西汉时期基本上都是在民间流传。成为官方公认的纪年法始于东汉章帝元和二年（公元85年），当时朝廷发布诏书，在全国推行干支纪年。从此，干支纪年法一直延续下来。

干支纪年法，以立春为岁首。中国古代是一个农业社会，农事完全根据太阳进行，这就需要严格了解太阳运行情况。二十四节气就是反映太阳运行周期的，将太阳在黄道上绕行一周天360°划分成24等份，每一等份都有自己的名称，分别是立春、雨水、惊蛰、春分、清明、谷雨、立夏、小满、芒种、夏至、小暑、大暑、立秋、处暑、白露、秋分、寒露、霜降、立冬、小雪、大雪、冬至、小寒、大寒。二十四节气能反映季节变化，指导农事活动，对千家万户的衣食住行都有重要影响。二十四节气以立春为始点，立春表示春天的开始，也是一年的开始。因此，立春之日，是干支历法寅月的开始，被作为一岁之首。

农历正月初一是根据月相周期确定的，不能反映太阳的视运动，

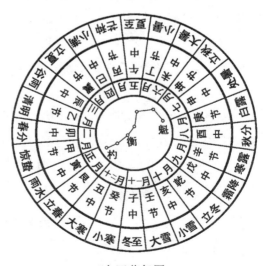

二十四节气图

17

与干支历法没有必然联系。因此，将农历正月初一的春节作为干支历法的岁首，是一种错误的认识。

## （二）干支用于太岁纪年

太岁纪年是用太岁所在纪年的方法。太岁，就是岁星，亦名"木星"。木星是夜空中最亮的星之一，易于观察，而且，其每岁由西向东前进一个星次，与地球公转有相对稳定的关系，所以，木星成为中国古代历法的标志天体，称为岁星，用以纪年。"所在"，就是岁次，指每年木星所在的宫位。古人将黄道分为12等份，对应十二地支。木星绕天一周为11.862年，约等于每年在黄道带经过一宫，约12年运行一周天。

太岁纪年法，早在战国时期已经成熟。1973年长沙马王堆三号汉墓出土帛书《五星占》记载："岁星以正月与营室晨〔出东方，其名为摄提格。其明岁以二月与东壁晨出东方，其名〕为单阏。其明岁以三月与胃晨出东方，其名为执徐。其明岁以四月与毕晨〔出〕东方，其名为大荒〔落。其明岁以五月与东井晨出东方，其名为敦牂。其明岁以六月与柳〕晨出东方，其名为汁给（协洽）。其明岁以七月与张晨出东方，其名为芮荑（涒滩）。其明岁〔以〕八月与轸晨出东方，其〔名为作噩〕（作鄂）。〔其明岁以九月与亢晨出东方，其名为阉茂〕。其明岁以十月与心晨出〔东方〕，其名为大渊献。其明岁以十一月与斗晨出东方，其名为困敦。其明岁以十二月与虚〔晨出东方，其名为赤奋若。其明岁以正月与营室晨出东方〕，复为摄提〔格，十二岁〕而周。"这说明战国时期已经有完整的"十二岁名"被用于岁星纪年。

先秦辞书《尔雅》对太岁纪年法进行了系统记述："大岁在寅曰摄提格，在卯曰单阏，在辰曰执徐，在巳曰大荒落，在午曰敦牂，在未曰协洽，在申曰涒滩，在酉曰作噩，在戌曰阉茂，在亥曰大渊献，在子曰困敦，在丑曰赤奋若。"其对应关系如下表所示：

**十二地支对应太岁名**

| 太岁所在 | 寅 | 卯 | 辰 | 巳 | 午 | 未 | 申 | 酉 | 戌 | 亥 | 子 | 丑 |
|---|---|---|---|---|---|---|---|---|---|---|---|---|
| 岁名 | 摄提格 | 单阏 | 执徐 | 大荒落 | 敦牂 | 协洽 | 涒滩 | 作噩 | 阉茂 | 大渊献 | 困敦 | 赤奋若 |

太岁纪年，既可以单用支，也可以干支合用。如"太岁在寅""太岁在卯""太岁在辰"是单用十二地支纪太岁所在，如"太岁在丙子""太岁在丁丑""太岁在戊寅""太岁在己卯"就是干支合用纪太岁所在。东汉时期推行干支纪年之后，干支纪年与太岁纪年统一起来。

### （三）干支纪年的演变

清代学者顾炎武《日知录·卷二十·古人不以甲子名岁》考证认为，干支纪年经过了一个演变过程。

先秦时期，不用干支纪年，而是用岁阳岁名纪年。甲、乙、丙、丁、戊、己、庚、辛、壬、癸为十日，寅、卯、辰、巳、午、未、申、酉、戌、亥、子、丑为十二辰。这22种名称，古人用以纪日，不用以纪岁。古人纪岁用岁阳岁名法。《尔雅·释天》记载，岁阳即阏逢、旃蒙、柔兆、强圉、著雍、屠维、尚章、重光、玄默、昭阳，计十名。十二岁名与十二地支的对应关系如前所述。岁阳与岁名组合成60个单位，用以纪年，如"阏逢摄提格""旃蒙单阏"等。《史记·历书第四》说："其更以七年为太初元年。年名'焉逢摄提格'。"意思是改元封七年为太初元年，《史记·律历志》云："至元封七年，复得阏逢摄提之岁。"可见，"焉逢摄提格"即"阏逢摄提"，是用了岁阳与岁名组合纪年之法。

根据《尔雅·释天》记载，岁阳与十干存在如下对应关系：

**岁阳与十干对应表**

| 十干 | 甲 | 乙 | 丙 | 丁 | 戊 | 己 | 庚 | 辛 | 壬 | 癸 |
|---|---|---|---|---|---|---|---|---|---|---|
| 岁阳 | 阏逢 | 旃蒙 | 柔兆 | 强圉 | 著雍 | 屠维 | 尚章 | 重光 | 玄默 | 昭阳 |

由于干支与岁阳岁名存在对应关系，加之汉末经学日衰，为求简便，人们就用甲子至癸亥代替了岁阳岁名纪年。王莽篡汉后曾下诏书言："始建国五年，岁在寿星，填在明堂，仓龙癸酉，德在中宫。"所谓"仓龙癸酉"是指癸酉年。至张角讹言"苍天已死，黄天当立，岁在甲子，天下大吉"，之后京城寺门及州郡官府皆作"甲子"字了。尽管如此，东汉时制诏、章奏、符檄之类文书都未曾正式使用甲子名岁，那时称岁一定是皇帝年号加"元

年""二年"，称日才用"甲子""乙丑"。

魏晋时期，文人大多舍弃年号而称甲子，如魏程晓赠傅休奕诗中"龙集甲子"、晋张华《感婚赋》"方今岁在己巳"、陆机《愍怀太子诔》"龙集庚戌"、陶潜《祭从弟敬远文》"岁在辛亥"等，干支纪年开始盛行。

### （四）干支纪年与公元纪年的换算

将干支纪年换算为公元纪年，一般只需要查阅新中国成立以来出版的年表、历表书，这些年表、历表都以公元纪年为主导年系，并对应标注干支纪年、年号纪年等，形成并列对照体系，使得干支纪年一查即知。

将公元纪年换算为干支纪年，需要一定的换算方法，比较简便的方法是利用《公元甲子互检表》。该表中，公元纪年的千位、百位、十位、个位数皆一目了然，排列于左边两个栏里。要将公元纪年换算为干支纪年，需在左上角栏里找出要查的公元年份的千、百位数，再在相应的这一直行下面找出要查的公元年份的十位数，然后在十位数这一横行向右上角查找，确定公元年份的个位数。个位数下面是天干，个位数下和十位数相交的一点就是要查得的地支(详见下表)。

**公元甲子互检表**

| 公元的千位·百位 | 0 3 6 9 12 15 18 | 1 4 7 10 13 16 19 | 2 5 8 11 14 17 20 | 0 | 1 | 2 | 3 | 4 | 5 | 6 | 7 | 8 | 9 | 个公位元数的 |
|---|---|---|---|---|---|---|---|---|---|---|---|---|---|---|
| | | | | 辛 | 庚 | 己 | 戊 | 丁 | 丙 | 乙 | 甲 | 癸 | 壬 | 天干 |
| 公元的十位 | 0,6 | 2,8 | 4 | 酉 | 申 | 未 | 午 | 巳 | 辰 | 卯 | 寅 | 丑 | 子 | 地支 |
| | 1,7 | 3,9 | 5 | 亥 | 戌 | 酉 | 申 | 未 | 午 | 巳 | 辰 | 卯 | 寅 | 公元后的甲子查宋体字 |
| | 2,8 | 4 | 0,6 | 丑 | 子 | 亥 | 戌 | 酉 | 申 | 未 | 午 | 巳 | 辰 | 公元前的甲子查带圈的字 |
| | 3,9 | 5 | 1,7 | 卯 | 寅 | 丑 | 子 | 亥 | 戌 | 酉 | 申 | 未 | 午 | |
| | 4 | 0,6 | 2,8 | 巳 | 辰 | 卯 | 寅 | 丑 | 子 | 亥 | 戌 | 酉 | 申 | |
| | 5 | 1,7 | 3,9 | 未 | 午 | 巳 | 辰 | 卯 | 寅 | 丑 | 子 | 亥 | 戌 | |

# 三、干支纪月

## （一）交节日为月首

　　干支历法纪月，月首不在农历每月初一，而在二十四节气中节气的交节日。现代天文学采用定气法，在黄道圆周上取一个固定点——春分作为起点的0°，从地球上看，太阳每年在黄道上从春分点开始自西向东运行360°，把黄道圆周进行24等分，太阳每移行黄经15°就设定一个节气，也就是说，两个等分点之间相隔15°。太阳视运行到达等分点位置时，被称为交节气。二十四节气表示一年里天时和气候变化的24个时期，也就是地球围绕太阳在公转轨道上运动时到达的24个不同的位置。二十四节气中，从立春开始，位于奇数位置的十二个"气"叫做"节气"，位于偶数位置的十二个"气"叫做"中气"，交节日就是指十二个"节气"日。一个节气与一个中气组成一个月，一年共计12个月，配合十二地支，就形成了十二辰纪月法。

## （二）十二辰纪月法

　　我国古代有十二辰纪月法，是以北极为中心，把天穹的大圆周等分为12个区域，分别以十二地支命名，然后根据北斗星的斗柄方向在人们的视觉中每月移运一辰、每年转动一周天的特点，以斗柄每月所指辰名来命名该月，称为"月建"。十二辰纪月法规定以冬至所在的农历十一月为"建子之月"，其余月份依次顺推，农历十二月为"建丑之月"，农历正月为"建寅之

北斗壁画

月"……农历十月为"建亥之月"。

正月为什么建寅呢？这需要从周正、殷正、夏正说起。周正，即周历的正月。西周时，正月为建子之月，相当于夏历十一月，此时，太阳开始从北回归线上方向南移动，古人认为这时天开始施行统领，称之为天统。殷正，即殷历的正月。殷商时，正月为建丑之月，相当于夏历十二月，古人认为这时大地开始发生变化，称之为地统。夏正，即夏历的正月。夏朝时，正月为建寅之月，古人认为这时人类开始发生变化。这三种正朔都有道理，究竟以哪一种历法为准呢？孔子说："夏正得天。"孔子认为，夏历正月符合太阳运行的规律，由此所确定的四时八节(四时，指春、夏、秋、冬；八节，指立春、春分、立夏、夏至、立秋、秋分、立冬、冬至)同作物生长规律是一致的，便于人们安排农事活动。因此，后人应该"行夏之时"，采用夏历，以建寅之月为正月。自魏以后，我国一直沿用夏历，因为它符合自然界万物生长的规律。

**月建与十二地支、十二节气、十二中气对应表**

| 月份 | 月建 | 地支 | 节气 | 中气 |
| --- | --- | --- | --- | --- |
| 正月 | 建寅 | 寅 | 立春 | 雨水 |
| 二月 | 建卯 | 卯 | 惊蛰 | 春分 |
| 三月 | 建辰 | 辰 | 清明 | 谷雨 |
| 四月 | 建巳 | 巳 | 立夏 | 小满 |
| 五月 | 建午 | 午 | 芒种 | 夏至 |
| 六月 | 建未 | 未 | 小暑 | 大暑 |
| 七月 | 建申 | 申 | 立秋 | 处暑 |
| 八月 | 建酉 | 酉 | 白露 | 秋分 |
| 九月 | 建戌 | 戌 | 寒露 | 霜降 |
| 十月 | 建亥 | 亥 | 立冬 | 小雪 |
| 十一月 | 建子 | 子 | 大雪 | 冬至 |
| 十二月 | 建丑 | 丑 | 小寒 | 大寒 |

### （三）年干起月干

干支纪月，是用天干与地支配合纪月的方法。干支纪月以十二辰纪月法为基础，纪月的地支不变，纪月的天干随纪年的天干变化。民间有一首广为流传的简便的年干起月干口诀——"五虎建元歌"：

> 甲己之年丙作首，乙庚之岁戊为头；
>
> 丙辛之岁从庚算，丁壬壬寅正月求；
>
> 戊癸甲寅建正月，十干年月顺行流。

其歌又作：

> 甲己丙寅首，乙庚戊寅头，
>
> 丙辛从庚起，丁壬壬寅居，
>
> 戊癸甲寅求，周而复始行。

将上述歌诀规则整理为表格如下：

### 纪年天干、纪月干支对应表

| 月份＼年干 | 一月 | 二月 | 三月 | 四月 | 五月 | 六月 | 七月 | 八月 | 九月 | 十月 | 十一月 | 十二月 |
|---|---|---|---|---|---|---|---|---|---|---|---|---|
| 甲、己 | 丙寅 | 丁卯 | 戊辰 | 己巳 | 庚午 | 辛未 | 壬申 | 癸酉 | 甲戌 | 乙亥 | 丙子 | 丁丑 |
| 乙、庚 | 戊寅 | 己卯 | 庚辰 | 辛巳 | 壬午 | 癸未 | 甲申 | 乙酉 | 丙戌 | 丁亥 | 戊子 | 己丑 |
| 丙、辛 | 庚寅 | 辛卯 | 壬辰 | 癸巳 | 甲午 | 乙未 | 丙申 | 丁酉 | 戊戌 | 己亥 | 庚子 | 辛丑 |
| 丁、壬 | 壬寅 | 癸卯 | 甲辰 | 乙巳 | 丙午 | 丁未 | 戊申 | 己酉 | 庚戌 | 辛亥 | 壬子 | 癸丑 |
| 戊、癸 | 甲寅 | 乙卯 | 丙辰 | 丁巳 | 戊午 | 己未 | 庚申 | 辛酉 | 壬戌 | 癸亥 | 甲子 | 乙丑 |

干支纪月是有规律的，每5年一个循环。这是因为一年有12个月，5年共计60个月，恰为六十甲子依次配合完毕。天干用作纪年时，甲、己间隔5年，乙、庚间隔5年，丙、辛间隔5年，丁、壬间隔5年，戊、癸间隔5年，因此，甲己年、乙庚年、丙辛年、丁壬年、戊癸年，干支纪月规律相同。夏历每年正月都为寅月，寅为虎，甲己、乙庚、丙辛、丁壬、戊癸共有5种与寅的配合，因此，古人将年上起月法称为五虎建元。用干支纪月法，每月地支是固定的，每年第一个月的天干确定之后，其余各月依序配合，即可得到各月干支。例如，2016年丙申年，天干为丙，根据五虎建元，正月为庚寅，二月为辛卯，三月为壬辰，四月为癸巳，五月为甲午，六月为乙未，七月为丙申，八月为丁酉，九月为戊戌，十月为己亥，十一月为庚子，十二月为辛丑。

# 四、干支纪日

## （一）子时为日首

干支纪日，是从历元开始依六十甲子顺序记录日子的方法。如2016年1月1日为壬午日，2日癸未，3日甲申，4日乙酉……依序例推。既然用干支纪日，就必须弄清一日(即一天)的起点。我们知道，一年之始为立春，一月之始为交节。那么，一日之始为何时呢?

《新唐书·志第十五·历一》记载，唐贞观十四年(640年)，唐太宗李世民将要亲自到南郊祭祀，选择的时间是十一月初一，这一天用故太史令傅仁均的方法推算，子初分日，十一月初一为癸亥日，第二天冬至为甲子日，作为朔日的初一与冬至日不是同一天；而用李淳风的新方法推算，子半分日，十一月初一为甲子日，同时为冬至日，即"甲子合朔冬至"。此例说明，"子时为日首"有两种说法：

一说，子初分日。子时为23时至1时，23时至0时为子初时，0时至1时为子正时。《五行大义》说："立时之元，冬夏二至后，得甲己之日，夜半起甲子。"夜半即子时，为23时至1时。冬至与夏至后，日干为甲或己日，其子时为甲子时。显然，这是以子初为一日之首。现代天文学观测二分、二至斗柄所指，所选时间都是当晚23时，此时，春分日斗柄正指向东方，夏至日斗柄正指向南方，秋分日斗柄正指向西方，冬至日斗柄正指向北方，说明晚23时是春分、夏至、秋分、冬至四日之始。以此类推，晚23时应为一日之始。前述太史令傅仁均的方法，十一月初一日从子初即23时起算，记作癸亥日，将冬至日记作第二天甲子日。

二说，子半分日。据《新唐书·志第十五·历一》记载，李淳风当时曾就二说分歧上言："古历分日，起于子半。十一月当甲子合朔冬至。故太史令傅仁均以减余稍多，子初为朔，遂差三刻。"古代历法分日，起于子半。十一月初一日从0时起算，正当甲子合朔冬至，这是一个非常合适的历法时间。而从前的太史令傅仁均是用子初分日，所以与新法差了三刻。司历南宫子明、太史令薛颐等都说，子初时至子半时，日与月尚未分离，李淳风的方法，对照《春秋》以来的天文现象，所有事实都相符合。因此，国子祭酒孔颖达等人建议，采用李淳风的方法。

## （二）古代纪日始于天干

中国古代干支纪日有三种情况：用天干纪日、用地支纪日、用干支配合纪日。

从文献记载看，最早被使用的是天干纪日。《周易·蛊卦》卦辞曰："先甲三日，后甲三日。"《周易·巽卦·九五》爻辞曰："先庚三日，后庚三日。"是指逢甲日、庚日的前三天、后三天。《尚书·益稷》曰："禹取涂山，辛壬癸甲。"是说大禹取涂山氏为妻，新婚只过了辛日、壬日、癸日、甲日四天，就离开家忙着治水去了。这两条记载说明，夏、周时期天干纪日已经成熟，并广泛应用。清顾炎武《日知录·卷六·用日干支》中说："三代以前，择日皆用干……秦汉以下，始多用支。"可见，纪日用干早于用支。

从帝王名号看，最早也是采用天干纪日。顾炎武《日知录·卷二·帝王名号》说："古未有号，故帝王皆以名纪。"如尧、舜、禹都是古代帝王的名，没有号。从夏朝开始，帝王才有以十干为号的，如孔甲、胤甲、履癸（即夏桀）。商朝始祖微称上甲、上报甲、报甲，微之后的汤称太乙、大乙、天乙、高祖乙。殷商自汤之后共31位帝王，都有天干为号。以甲为号的，如太甲、小甲、河亶甲、沃甲、阳甲、祖甲；以乙为号的，如太乙（即汤）、祖乙、小乙、武乙、帝乙；以丙为号的，如外丙；以丁为号的，如太丁、沃丁、中丁、祖丁、武丁、康丁、文丁；以戊为号的，如太戊；以己为号的，如雍己；以庚为号的，如太庚、南庚、盘庚、祖庚；以辛为号的，如祖辛、小辛、廪辛、帝辛；以壬为号的，如中壬、外壬；以癸为号的，未见记载。唐司马贞《史记索隐》说："微字上甲，其母以甲日生故也。商朝生子以日为名，盖自微始。"微是商之始祖，逢甲之日出生，称为上甲。其后31位帝王都相继以出生之日的天干为号。由此可证，纪日始于天干。

## （三）"日子"与干支

在中国，人们多将"日"称为日子，如过日子、好日子。殊不知，"日子"称谓与干支纪日有关。清顾炎武《日知录·卷二十·年月朔日子》指出："今人谓日，多曰日子。日者，初一、初二之类是也。子者，甲子、乙丑之类是也。"日子之"日"，指朔望月的初一、初二、初三之类；"子"，指甲子、乙丑、丙寅之类干支纪日。《文选·陈琳·檄吴将校部曲文》中有句话："年月朔日子。"有人将"日子"注为"子时"，其实是一种误解。汉朝时，没有人称"夜半"为"子时"。古人记录文字时，年月之下一定系以"朔"字，一定说"朔之第几日"，而又系之干支，干支以甲子为统称，省称为"子"，所以称"朔日子"。例如，史晨《孔子庙碑》说："建宁二年三月癸卯朔，七日己酉。""建宁二年"指年，"三月"指月，"癸卯朔"指癸卯日为朔日，"七日己酉"指癸卯朔日后第七天（即初七）为己酉日。

## （四）干支纪日用于杂节气

干支纪日还有一个独特用途是标记梅、伏、分龙、社日等杂节气，这些杂节气在我国传统历法中具有十分重要的地位，常用来判断气候，指导农业生产。

### 1. 梅

每年夏初，我国江淮流域常会出现持续时间较长的阴雨天气，衣服、器物容易发霉，称为"梅雨"期或"霉雨"期，简称"梅"。此时正是梅子黄熟的时候。明彭大翼撰《山堂肆考·卷十一·时令·梅雨》："《风土记》今江湘二浙，四五月间，梅欲黄落，则水润土溽，柱础皆汗，蒸欝成雨，故曰梅雨。"梅雨期的开始，称为入梅，也叫立梅；梅雨期的结束，称为出梅。每年实际的入梅和出梅时间要依据当年气象条件的变化而定。在我国传统历法中，梅雨期是根据江淮地区长期的气候变化观测经验，用干支纪日来推算的。历书所记载的主要有以下三种方法：

其一，入梅在芒种节气后第一个天干为"丙"的日子，出梅在小暑节气后第一个地支为"未"的日子。例如，2016 年 6 月 5 日是芒种节气，日干支是戊午，则 6 月 13 日干支是丙寅，日天干为"丙"，这一天就是入梅的日期；7 月 7 日是小暑节气，日干支是丁亥，则 7 月 12 日干支是乙未，日地支为"未"，这一天就是出梅的日期。这种方法现在民间使用最为广泛。

其二，入梅在芒种节气后第一个天干为"壬"的日子，出梅在夏至节气后第一个天干为"壬"的日子。明代徐应秋《玉芝堂谈荟·卷二十一·岁时杂占》说："又芒后逢壬立梅，至后逢壬梅断。"明徐光启《农政全书·卷十一·农事·占候》也说："立梅，芒种日是也，宜晴。阴阳家云，芒后逢壬立梅，至后逢壬梅断。或云，芒种逢壬是立黴（黴，音 méi）。按《风土记》云，夏至前、芒种后雨为黄梅雨。田家初插秧，谓之发黄梅，逢壬为是。"意思是说，入梅，是以芒种日确定的，芒种这一天适宜晴天。阴阳家说，芒种后逢第一个"壬"日为立梅，夏至后逢第一个"壬"日为出梅。按照《风土记》所说，芒种后、夏至前这一段时间的雨称为黄梅雨。种田的人刚开始插秧，称为发黄梅。因此，逢"壬"日是正确的。

其三，入梅在立夏节气后第一个"庚"日，出梅在芒种节气后第一个"壬"日。明彭大翼《山堂肆考·卷十一·时令·梅雨》说："又闽人以立夏后逢庚日为入梅，芒种后逢壬日为出梅。唐白乐天诗：洛下麦秋月，江南梅雨天。"闽，即福建省简称，以立夏后逢第一个"庚"日为入梅，芒种后逢第一个"壬"日为出梅。唐朝诗人白居易《和梦得夏至忆苏州呈卢宾客》诗中说："洛下麦秋月，江南梅雨天。""麦秋"是指初夏，洛阳城的麦子此时成熟，而江南正是梅雨时节。

## 2. 伏

伏，意为隐伏以避盛暑，在杂节气中标志着一年中最炎热的时期。因为夏季末，最为炎热，火气太盛，制金太过，所以金气伏藏。汉刘熙《释名·释天》说："伏者何，金气伏藏之日。金畏火，故三伏皆庚日。"明章潢《图书编·卷二十二·五行总论》也说："历书所谓夏至三庚之后逢庚而三伏者，以金之畏火也。"

伏，分头伏、二伏、三伏，又名初伏、中伏、末伏，总称"三伏"，是夏季最炎热的三个阶段。

在我国传统历法中，"三伏"是依据干支纪日来确定的，从夏至节气算起，第三个天干为庚的日子叫"头伏"，过10天逢第四个庚日为"二伏"，立秋后第一个庚日为"三伏"。从头伏到二伏共10天，二伏到三伏有的年份为10天，有的年份为20天，要看夏至到立秋之间有几个庚日，三伏有10天。伏天的起讫时间每年不尽相同，但大致都在7月中旬到8月中旬。《释名》说："金畏火，故三伏皆庚。四气代谢，皆以相生。至立秋以金代火，故庚日必伏。"意思是，金畏惧火，六月火气太盛，庚为金气，理应躲避伏藏，所以三伏皆以庚日定。一年之中四气代谢都按照五行相生的次序，春木生夏火，夏火生季夏土，季夏土生秋金，秋金生冬水。至立秋节气之后，金气代替火气当令，所以庚日必定伏藏。

俗话说，"热在三伏"。本来到夏至时，地面接受太阳照射时间最长，但由于春天过去不久，地面累积热量尚不多，气温不至于升到很高。到了三伏期间，昼长夜短，地面吸热量大于散热量，加上此时我国东南地区常处在副热带高压控制下，晴朗少雨，气温升高，从而出现全年中的最高气温。

### 3. 几龙治水、几牛耕田、几人几饼、几日得辛

在传统历书中，常常可以看到"几龙治水""几牛耕田""几人几饼""几日得辛"等字样，这些也需要从干支纪日推算出来。

从每年农历正月初一数起，数至正月十二，这12天中哪天日天干逢辰，那天排在初几日，就是几龙治水，因为辰对应龙。例如，2016年，从正月初一数起，第一个天干为辰的日子是正月初九，这一年就是九龙治水。古人在历书中画有"龙治水图"，并有"龙多靠，龙少涝"之说，画的龙多，表示年成偏旱，龙少则表示偏涝。

从每年农历正月初一起，第一个日天干为丑的日子排在初几，就是几牛耕田，因为丑对应牛。例如，2016年，从正月初一数起，第一个天干为丑的日子是正月初六，这一年就是六牛耕田。古人以牛多牛少来判断当年收成的好坏。

从每年农历正月初一数起，第一个天干为壬和丙的日子分别排在初几，就是几人几饼，取"人"与"壬"谐音，"丙"与"饼"谐音。例如，2016年，从正月初一数起，第一个天干为壬的日子是正月初三，第一个天干为丙的日子是正月初七，这一年就是三人七饼。古人以分饼人数的多少，来判断当年的丰歉。

从每年农历正月初一起，第一个天干为辛的日子排在初几，就是几日得辛。因为"辛"为"金"，即五行属金。例如，2016年，从正月初一数起，第一个天干为辛的日子在正月初二，这一年就是二日得辛。古人以得辛之日判断哪天得金。

以上说法在科学不发达的古代，人们没有能力预防和抵抗自然灾害的情况下，是完全可以理解的。但今天看来，它们都是没有科学依据的，只作为民俗知识流传下来。宋人已经意识到这一点，宋王鞏（鞏，音gǒng）《甲申杂记》说："老人多言，历日载'几龙治水'，惟少为雨多，以其龙数多即少雨也。又旧言，雨旸有常数，春多即夏旱，夏旱即秋霖。皆大不然。崇宁四年，岁次乙酉，凡十一龙治水，自春及夏及秋皆大雨水。"意思是，老人们说，历书所载"几龙治水"，以龙数少为雨多，以龙数多则少雨。又有旧时说法，雨旸有一定之数，春季多雨则夏季大旱，夏季大旱则秋季多雨。这些说法都非常不正确。如宋徽宗崇宁四年（1105年），岁次乙酉，为十一龙治水，按说应该少雨，但这一年自春季至夏季至秋季，一直都有很大的雨水。

### 4. 社日

社是土神，《说文解字》："社，地主也。"古代指土地神和祭祀土地神的地方、日子以及祭礼。《孝经援神契》说："社者，五土之总神。土地广博，不可遍敬，故封土为社而祀之，以报功也。以句龙生时为后土官，有功于土，死配社而食。""社"是五方土的总神。因为土地面积广博，不能够遍及恭敬之意，所以封土为"社"而进行祭祀，用以报答土地对人类的恩赐。因为共工氏的儿子句龙活着时为后土官职，有功于土地，死后配为"社"，得到人们的祭祀。明彭大翼《山堂肆考·卷九·时令·社日》也说："左昭二十九年，晋太史蔡墨曰，共工氏有子曰勾龙，能平水土，故祀以为社。《礼·祭法》共工氏之霸九州也，其子曰后土，能平九州，故祀以为社。"按照《左传·昭公二十九年》《礼记·祭法》的记载，共工氏为九州之主的时候，他的儿子勾龙为后土官，能够平定九州的水土，所以被后人作为"社"享受祭祀。

古时，一年分春、秋两次祭祀土神，分别叫"春社""秋社"。春社一般在春分前后，秋社一般在秋分前后，具体日子依据干支纪日确定。天干"戊"为土，故用"戊"日为社；天地数"五"居中为土，故用"五戊"为社。明彭大翼《山堂肆考·卷九·时令·社日》记载："社无定日，春社常在二月，秋社常在八月。自立春后五戊为春社，立秋后五戊为秋社。如戊日立春、立秋，即日不算。""社"在古代没有固定的日子，春社常常在农历二月，秋社常常在农历八月。立春后第五个天干为"戊"的日子为春社，立秋后第五个天干为"戊"的日子为秋社。如果"戊"日正赶上立春、立秋，则当日不计算在内。

春社是旧时农民向土地神祈求一年丰收的祭祀日，秋社是旧时农民向土地神报谢秋收的祭祀日。现在已不信祈求和报谢，社日只被作为杂节气看待。

春社图

# 五、干支纪时

## （一）十二支纪时法

十二时之说始于汉。《尚书·洪范》中只讲到岁、月、日，没有讲到"时"。《周礼·春官宗伯第三·冯相氏》说，冯相氏掌管十二岁、十二月、十二辰、十日、二十八星的位置，也没有讲到"时"。屈原自言其出生年月日，仍没有讲到"时"。由此可见，先秦没有一日分为十二时的说法。先秦所谓"时"，都是言"四时"，指春、夏、秋、冬。自汉代以来，天文历法日趋精密，人们才将一日分为十二时，一直延用下来，至今不废。

最初，十二时是根据一昼夜间天象变化和人事活动而命名的，依次为：夜半、鸡鸣、平旦、日出、食时、隅中、日中、日昳、晡时、日入、黄昏、人定，对应十二地支，分别用子、丑、寅、卯、辰、巳、午、未、申、酉、戌、亥来表示。因为夜半、鸡鸣之类记忆烦琐，容易出错，至汉武帝颁行《太初历》后，人们逐渐用十二支取代了天象纪时名称，就形成了十二支纪时法。《汉书·五行志》说"日加辰巳""时加未"，《汉书·翼奉传》说"日加申""时加卯"等，都是使用的十二支纪时法。

十二时对应现在的二十四小时。时，又称时辰，每个时辰相当于现在的两个小时，用一个地支表示。

## （二）日干起时干

干支纪时，是用天干与地支配合纪时辰的方法。十二地支与十二时的对应关系是固定不变的，但是纪时的天干却是随纪日的天干变化的。民间流传有日干起时干歌诀（又称"五子建元歌"），根据这个歌诀能很快推出时辰的天干。歌诀内容如下：

> 甲己还生甲，乙庚丙作初；
>
> 丙辛由戊起，丁壬庚子居；
>
> 戊癸何方法，壬子是真途。

干支纪时是有规律的，每五日一个循环。这是因为，一日十二时，五日共计六十时，恰为六十甲子依次配合完毕。天干用作纪日之时，甲与己间隔五日，乙与庚间隔五日，丙与辛间隔五日，丁与壬间隔五日，戊与癸间隔五日，因此，甲己日、乙庚日、丙辛日、丁壬日、戊癸日干支纪时规律相同。每日起始时辰都为子时，子为鼠，甲己、乙庚、丙辛、丁壬、戊癸共有五种与子鼠的配合，因此，古人将日上起时法称为五子建元、五鼠建元。

每日第一个时辰的天干确定之后，其余各时辰依序配合，即可得到各时辰干支。如甲午日，日干为甲，23—1 时为甲子时，1—3 时为乙丑时，3—5 时为丙寅时，5—7 时为丁卯时，7—9 时为戊辰时，9—11 时为己巳时，11—13 时为庚午时，13—15 时为辛未时，15—17 时为壬申时，17—19 时为癸酉时，19—21 时为甲戌时，21—23 时为乙亥时。余日类推。

由于干支纪时的地支固定以 23—1 时为子时，而且日干支与时干支有一定的关系，所以可以利用下表查找干支纪时。

| 时干支 时辰 / 日天干 | 23时至1时前 | 1时至3时前 | 3时至5时前 | 5时至7时前 | 7时至9时前 | 9时至11时前 | 11时至13时前 | 13时至15时前 | 15时至17时前 | 17时至19时前 | 19时至21时前 | 21时至23时前 |
|---|---|---|---|---|---|---|---|---|---|---|---|---|
| 甲、己 乙、庚 丙、辛 丁、壬 戊、癸 | 甲子 丙子 戊子 庚子 壬子 | 乙丑 丁丑 己丑 辛丑 癸丑 | 丙寅 戊寅 庚寅 壬寅 甲寅 | 丁卯 己卯 辛卯 癸卯 乙卯 | 戊辰 庚辰 壬辰 甲辰 丙辰 | 己巳 辛巳 癸巳 乙巳 丁巳 | 庚午 壬午 甲午 丙午 戊午 | 辛未 癸未 乙未 丁未 己未 | 壬申 甲申 丙申 戊申 庚申 | 癸酉 乙酉 丁酉 己酉 辛酉 | 甲戌 丙戌 戊戌 庚戌 壬戌 | 乙亥 丁亥 己亥 辛亥 癸亥 |
| 时辰初、正 | 23时子初, 0时子正 | 1时丑初, 2时丑正 | 3时寅初, 4时寅正 | 5时卯初, 6时卯正 | 7时辰初, 8时辰正 | 9时巳初, 10时巳正 | 11时午初, 12时午正 | 13时未初, 14时未正 | 15时申初, 16时申正 | 17时酉初, 18时酉正 | 19时戌初, 20时戌正 | 21时亥初, 22时亥正 |
| 古俗称 | 夜半 | 鸡鸣 | 平旦 | 日出 | 食时 | 隅中 | 日中 | 日昳 | 晡食 | 日入 | 黄昏 | 人定 |

实用干支万年历

第三章　干支用于古代天文学

在中国古代，"天文"的意思是天象，最初指日、月、星辰等天体在宇宙间分布及运行的现象，后来将风、雨、雷、电等地球大气层内发生的天气现象也纳入天象的范围，因为这些现象在古人看来都是由神灵主宰的。古人宇宙观的基本思想是天人合一，认为天是有意志的人格神，会垂天象以昭示人间吉凶，天象变化与人间吉凶相感相通。因此，历代帝王都非常重视对天文的研究和观测，其目的主要有两个：一是观测天文现象，探究天文规律，编订历法，指导农业生产；二是通过仰观天象来占验人事吉凶尤其是朝廷政治得失，预报祸福。历代官修史书二十四史中的《天文志》，内容皆为典型的星占学。从西周时期开始，中国古代天文学就与星占密不可分。周文王筑有用于观测天象的固定场所——灵台，朝廷设置有冯（读 píng，古同"凭"）相氏、保章氏、大史、占梦、眂祲和大宗伯等六个官职，都与天文有关，他们的职责就是观星变、察吉祥、占岁和候气等，以完成多种天与人沟通的政治任务。《周礼·春官宗伯》记载保章氏的职责就是："掌天星以志星辰日月之变动，以观天下之迁，辨其吉凶。以星土辨九州之地。所封封域皆有分星，以观妖祥。"中国古代占星家将天上星空区域与地上的州国一一对应起来，是为了通过天象变化来占卜人间吉凶祸福，这就形成了"分野"。中国古代星占分野主要有以下两种：一是十二次，二是二十八宿，分别与十二地支存在对应关系。

# 一、地支用于星宿

## （一）地支配十二次

早在先秦时期，《左传》《国语》《尔雅》等文献就对十二次有所记载，当时主要用于记木星的位置。我国古人为了便于观察太阳、月亮和金、木、水、火、土五星的运行及节令到来的早晚，把黄道一周天由西向东十二等分，称为"十二次"或"十二宫"，"次"意为途中止宿的处所。木星每十二个月即一年行经一次，所以古人将木星称为岁星，并且通过观测木星的位置来纪年。十二次的名称是：玄枵、星纪、析木、大火、寿星、鹑尾、鹑火、鹑首、实沈、大梁、降娄、诹訾。相应地，先秦占星家将地上的州、诸侯国也划分为十二个区域，与天上的十二次相对应，在天称十二分星，在地称十二分野。星纪对应吴越，玄枵对应齐，诹訾对应卫，降娄对应鲁，大梁对应赵，实沈对应晋，鹑首对应秦，鹑火对应周，鹑尾对应楚，寿星对应郑，大火对应宋，析木对应燕。《国语·周语下》说："昔武王伐殷，岁在鹑火。"鹑火就是周的分野。

十二地支配十二次有两种情况：

其一，十二次配十二时辰。以太阳周日视运动为例，每天太阳东升西落运行一周天，遍经十二次，十二次对应十二时辰，并因十二时辰而得名。

**玄枵**：意为黑暗、空虚，对应子时（23—1时）。子时为夜半，夜色正黑，所以称玄；夜半天气寒冷，阳气潜伏，如同万物未生的状态，天下空虚，所以称枵。

**星纪**：意为统领万物终始，对应丑时（1—3时）。丑时为鸡鸣，夜半方过，太阳由下向上运动的开始，万物随着太阳的东升西落进入朝作、晚息周期，所以称为星纪。

**析木**：意为分辨草木山水，对应寅时(3—5时)。寅时为平旦，太阳即将升出地平面，自然界中的草木山水都可以被辨识出来了，所以称为析木。

**大火**：意为火出木心，对应卯时(5—7时)。卯时为日出，太阳刚刚露出地平线，像一团火红的大火球从东方木气中生出，所以称为大火。

**寿星**：意为万物禀受天地所赋予的寿命，对应辰时(7—9时)。辰时为食时，古人吃早饭的时间，为生命提供食物源泉，所以称为寿星。

**鹑尾**：意为鹑鸟的尾部，对应巳时(9—11时)。巳时为隅中，是太阳临近中午的时候。

**鹑火**：意为鹑鸟的心脏，对应午时(11—13时)。午时为日中，太阳运行到南方之中。

**鹑首**：意为鹑鸟的头部，对应未时(13—15时)。未时为日昳，太阳过午偏西、偏跌之时。

**实沈**：意为阴气沉降，人们以饮食充实自身，对应申时(15—17时)。申时为晡时，中国古人一日只有两餐，第二餐在晡时。

**大梁**：意为坚强，对应酉时(17—19时)。酉时为日入，太阳到西方落于山下。

**降娄**：意为万物干枯衰落、弯曲不直，对应戌时(19—21时)。戌时为黄昏，太阳已落，天地昏黄，万物蜷曲将要入眠。

**诹訾**：意为聚在一起商议嗟叹，对应亥时(21—23时)。亥时为人定，夜色已深，人们停止活动，安歇睡眠。

**十二次配十二时辰**

| 十二次 | 玄枵 | 星纪 | 析木 | 大火 | 寿星 | 鹑尾 | 鹑火 | 鹑首 | 实沈 | 大梁 | 降娄 | 诹訾 |
|---|---|---|---|---|---|---|---|---|---|---|---|---|
| 十二时辰 | 子时 | 丑时 | 寅时 | 卯时 | 辰时 | 巳时 | 午时 | 未时 | 申时 | 酉时 | 戌时 | 亥时 |

其二，十二次配十二月建。据《汉书·律历志》记载，十二次配夏历十二月，而夏历十二月各有月建，由此可推出十二次与十二月建的对应关系。

**十二次配十二月建**

| 十二次 | 星纪 | 玄枵 | 诹訾 | 降娄 | 大梁 | 实沈 | 鹑首 | 鹑火 | 鹑尾 | 寿星 | 大火 | 析木 |
|---|---|---|---|---|---|---|---|---|---|---|---|---|
| 夏历十二月 | 十一月 | 十二月 | 正月 | 二月 | 三月 | 四月 | 五月 | 六月 | 七月 | 八月 | 九月 | 十月 |
| 十二月建 | 建子 | 建丑 | 建寅 | 建卯 | 建辰 | 建巳 | 建午 | 建未 | 建申 | 建酉 | 建戌 | 建亥 |

　　西方天文学有一个与十二次类似的概念——黄道十二宫，是将黄道分成 12 等份，每等份 30°，称为 1 段。太阳在黄道上每月运行一段，12 个月绕行一周，12 段就被称为黄道十二宫，即白羊宫、金牛宫、双子宫、巨蟹宫、狮子宫、室女宫、天秤宫、天蝎宫、人马宫、摩羯宫、宝瓶宫、双鱼宫。

　　黄道十二宫不等于十二次。以二十四节气为准，十二次以节气交节时刻为进入星次时刻，黄道十二宫以中气交节时刻为进入各黄道宫时刻。建子之月，大雪时太阳在人马宫，冬至时太阳在摩羯宫，余类推。因此，十二地支作为月建，不能完全地与黄道十二宫配合(详见下表)。

**十二次、黄道十二宫配二十四节气**

| 十二次 | 月建 | 二十四节气 | 黄道十二宫 | 二十四节气 |
|---|---|---|---|---|
| 星纪 | 子 | 大雪、冬至 | 人马宫 | 小雪、大雪 |
| 玄枵 | 丑 | 小寒、大寒 | 摩羯宫 | 冬至、小寒 |
| 诹訾 | 寅 | 立春、雨水 | 宝瓶宫 | 大寒、立春 |
| 降娄 | 卯 | 惊蛰、春分 | 双鱼宫 | 雨水、惊蛰 |
| 大梁 | 辰 | 清明、谷雨 | 白羊宫 | 春分、清明 |
| 实沈 | 巳 | 立夏、小满 | 金牛宫 | 谷雨、立夏 |
| 鹑首 | 午 | 芒种、夏至 | 双子宫 | 小满、芒种 |
| 鹑火 | 未 | 小暑、大暑 | 巨蟹宫 | 夏至、小暑 |
| 鹑尾 | 申 | 立秋、处暑 | 狮子宫 | 大暑、立秋 |
| 寿星 | 酉 | 白露、秋分 | 室女宫 | 处暑、白露 |
| 大火 | 戌 | 寒露、霜降 | 天秤宫 | 秋分、寒露 |
| 析木 | 亥 | 立冬、小雪 | 天蝎宫 | 霜降、立冬 |

## （二）地支配二十八宿

中国古代天文学以地球为天球的球心，以与地球赤道相平行的圆形"天赤道"为天道，建立了赤道天球坐标系统，此系统在当时被称为浑天系，它是将天地看作一个整体，如果将这个整体比作一枚鸡蛋，那么地球就像蛋黄，环绕地球的天穹好比蛋清和蛋壳。古人观察到，月亮大约 28 天（恒星月）绕行天球一周，并且大体上是沿着黄道运行，因此，可以把黄道自西向东划分成 28 个

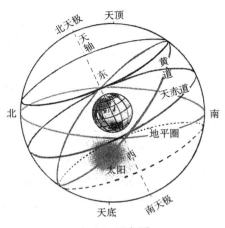

天球地心示意图

区域，每一区域选取一些亮星作为标志，形成了二十八星宿，又称二十八宿、二十八舍，意思是月亮每夜的住所。二十八宿具体名称如下：

东方苍龙七宿：角、亢、氐、房、心、尾、箕

北方玄武七宿：斗、牛、女、虚、危、室、壁

西方白虎七宿：奎、娄、胃、昴、毕、觜、参

南方朱雀七宿：井、鬼、柳、星、张、翼、轸

苍龙（又称青龙）、玄武（即龟蛇）、白虎、朱雀，这是古人把每一方的七宿联系起来想象成的四种动物形象，叫作"四象"。

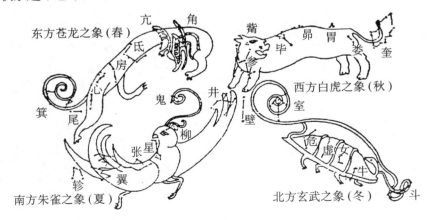

四象二十八星宿

我国在战国初期就有了二十八宿之名。1978 年，湖北省随州市发现一座战国早期墓葬，这就是著名的曾侯乙墓（约建成于公元前 433 年）。从墓中出土的木制刷漆的衣箱盖上，考古人员看到了完整的二十八宿的名称，与文献所记录的二十八宿之名基本相同。

中国古代占星家用天象变化来占卜人间吉凶祸福，将天上二十八星宿与地上的九州互相对应，也就是分野。九野分别如下：中央曰钧天，其宿角、亢、氐；东方曰苍天，其宿房、心、尾；东北曰变天，其宿箕、斗、牛；北方曰玄天，其宿女、虚、危、室；西北方曰幽天，其宿壁、奎、娄；西方曰颢天，其宿胃、昴、毕；西南方曰朱天，其宿觜、参、井；南方曰炎天，其宿鬼、柳、星；东南方曰阳天，其宿张、翼、轸。十二地支配合二十八宿有二法，这是因为十二星次与十二地支配合有月建与时辰的不同，导致十二地支与二十八宿配合出现两种情况（详见下表）。

**二十八宿配十二次、月建、十二时辰**

| 十二时辰 | 丑 | 子 | 亥 | 戌 | 酉 | 申 | 未 | 午 | 巳 | 辰 | 卯 | 寅 |
|---|---|---|---|---|---|---|---|---|---|---|---|---|
| 十二次 | 星纪 | 玄枵 | 娵訾 | 降娄 | 大梁 | 实沈 | 鹑首 | 鹑火 | 鹑尾 | 寿星 | 大火 | 析木 |
| 二十八宿 | 斗牛 | 女虚危 | 室壁 | 奎娄 | 胃昴毕 | 觜参 | 井鬼 | 柳星张 | 翼轸 | 角亢 | 氐房心 | 尾箕 |
| 月建 | 子 | 丑 | 寅 | 卯 | 辰 | 巳 | 午 | 未 | 申 | 酉 | 戌 | 亥 |

# 二、干支用于州国分野

## （一）天干配州国分野

天干与九州、诸侯国的配合有两种说法，同出于西汉。

说法一：《史记·天官书》记载："甲、乙，四海之外，日月不占。丙、丁，江、淮、海岱也。戊、己，中州、河、济也。庚、辛，华山以西。壬、癸，恒山以北。"《汉书·天文志》记载："甲乙，海外，日月不占。丙丁，江、淮、海、岱。戊己，中州河、济。庚辛，华山以西。壬癸，常山以北。"二段记载基本相同。

甲乙——海外：海外是指四海之外。四海指渤海、黄海、东海、南海。因为海外远，甲乙日时不用以占候(根据天象变化预测自然界的灾异和天气变化)。

丙丁——江淮海岱：江指长江，淮指淮河，海指东海，岱指泰山。

戊己——中州河济：中州又名中土、中原、中国，指黄河中下游地区，为古代豫州之地，今河南省；河指黄河；济指济水。

庚辛——华山以西：华山是五岳中的西岳，位于陕西省华阴市。

壬癸——常山以北：常山，又名恒山，是五岳中的北岳，位于山西省浑源县。

说法二：《汉书·天文志》记载："甲齐，乙东夷，丙楚，丁南夷，戊魏，己韩，庚秦，辛西夷，壬燕、赵，癸北夷。"十天干与各州国配合关系如下：

甲——齐：齐是周朝诸侯国名，故地在今山东北部和河北东南部。

乙——东夷：东夷是中国古代对东方民族的泛称，古时分布在今安徽、山东、江苏省一带。

丙——楚：楚是周朝诸侯国名，故地在今湖北省和湖南省一带。

丁——南夷：南夷是中国古代对南方民族的泛称。

戊——魏：魏是周朝诸侯国名，故地在今河南省北部、陕西省东部、山

西省西南部和河北省南部。

己——韩：韩是周朝诸侯国名，故地在今河南省。

庚——秦：秦是周朝诸侯国名，故地在今陕西省和甘肃省一带。

辛——西夷：西夷是中国古代对西方民族的泛称。

壬——燕、赵：燕是周朝诸侯国名，故地在今河北省北部和辽宁省西端。

癸——北夷：北夷是中国古代对北方民族的泛称。

## （二）地支配州国分野

地支与州国配合也有两种说法：

说法一：《汉书·天文志》记载："子周，丑翟，寅赵，卯郑，辰邯郸，巳卫，午秦，未中山，申齐，酉鲁，戌吴、越，亥燕、代。"其中，"寅赵"或作"寅楚"。十二地支与各州国配合关系如下：

子——周：周是指周朝周公旦的封国，今陕西省宝鸡市周原。

丑——翟：翟是周朝时中原北方的翟国，是狄人部落。

寅——楚：楚是周朝诸侯国名，故地在今湖北省和湖南省一带。

卯——郑：郑是周朝诸侯国名，故地在今河南省新郑县一带。

辰——邯郸：邯郸是战国时赵国都城，故地在今河北省南部邯郸市。

巳——卫：卫是周朝诸侯国名，故地在今黄河北岸、太行山脉东麓的河南省鹤壁、新乡一带。

午——秦：秦是周朝诸侯国名，故地在今陕西省和甘肃省一带。

未——中山：中山是周朝诸侯国名，故地在今河北省石家庄地区，嵌于燕赵之内。

申——齐：齐是周朝诸侯国名，故地在今山东省北部和河北省东南部。

酉——鲁：鲁是周朝诸侯国名，故地在今山东省泰山以南地区，兼涉河南、江苏、安徽三省的一隅。

戌——吴、越：吴是周朝诸侯国名，故地在今江苏、安徽两省长江以南部分以及环太湖浙江北部。越是周朝诸侯国名，故地在今浙江省绍兴会稽山一带。

亥——燕、代：燕是周朝诸侯国名，故地在今河北省北部和辽宁省西端。代是周朝诸侯国名，故地在今山西大同与河北蔚县一带。

说法二：出自《龙首经》，分列如下：

子——齐、青州：齐是周朝诸侯国名，故地在今山东省北部和河北省东南部；青州，故地大体在泰山以东至渤海的一片区域。

丑——吴、越、扬州：吴是周朝诸侯国名，故地在今江苏、安徽两省长江以南部分；越是周朝国名，故地在今浙江省绍兴会稽山一带；扬州，相当于长江以南地区。

寅——燕、幽州：燕是周朝诸侯国名，故地在今河北省北部和辽宁省西端；幽州，故地大致包括今河北省北部及辽宁省一带。

卯——宋、豫州：宋是周朝诸侯国名，故地在今河南省商丘一带；豫州，故地大致在今河南省一带。

辰——晋、兖州：晋是周朝诸侯国名，故地在今山西省南部；兖州，故地大致在今河南省东北部、河北省南部、山东省西部一带。

巳——楚、荆州：楚是周朝诸侯国名，故地在今湖北省和湖南省一带；荆州，故地在荆山、衡山之间。

午——周、三河：周是指周朝周公旦的封国，故地在今陕西省宝鸡市周原；三河，汉代指河内、河东、河南三郡，故地在今河南省洛阳市黄河南北一带。

未——秦、雍州：秦是周朝诸侯国名，故地在今陕西省和甘肃省一带；雍州，故地大致在今陕西省中部北部、甘肃省(除东南部外)、青海省东北部及宁夏回族自治区一带。

申——蜀、益州：蜀是中国先秦时期的蜀国，故地在今四川省；益州，故地大致在今四川盆地和汉中盆地一带。

酉——梁州：梁州，故地在华山以南与黑水之间，三国时在陕西省汉中一带。

戌——徐州：徐州，故地大致在今山东省东南和江苏省长江以北地区。

亥——卫、并州：卫是周朝诸侯国名，故地在今黄河北岸、太行山脉东麓的河南省鹤壁、新乡一带；并州，故地大致在今河北省保定和山西省太原、大同一带。

# 第四章 干支用于阴阳五行学说

# 一、阴阳五行学说

## （一）阴阳学说

阴阳的本义是指太阳光的向与背，向着太阳为阳，背着太阳为阴。《诗经·大雅·公刘》："相其阴阳，观其流泉。"山丘的南面向阳，称为阳；山丘的北面背阳，称为阴。这是由于人类诞生之初，每天所感受到的就是风吹日晒、天气阴晴，这些感受强烈地刺激着人们的感官，形成人类对自然界的最初认识。之后，人们逐渐认识到气象

阴阳图

中的晦明、昼夜、寒暑、燥湿、雨炀、水火等都可以纳入其中。阴阳概念被无限地推广、延伸，扩展到气象之外的任何事物。中国古代思想家发现，一切事物的特性、状态、运动、变化都可以用阴阳概念来描述，比如上下、左右、前后、向背、动静等。《老子·第四十二章》："万物负阴以抱阳。"《周易·系辞上传·第五章》进一步说："一阴一阳之谓道。"阴阳学说认为，自然界任何事物都包含阴和阳两个相互对立的方面，而对立的双方又是相互统一的；阴阳的对立统一运动，是自然界一切事物发生、发展、变化及消亡的根本原因。

## （二）五行学说

五行指水、火、木、金、土。中国古代人民在长期的生活和生产实践中认识到木、火、土、金、水是必不可少的最基本物质，并由此引申为世间一切事物都是由木、火、土、金、水这五种基本物质之间的运动变化生成的，这五种物质之间，存在着既相互资生又相互制约的关系，在不断的相生相克运动中维持着动态的平衡，这就是五行学说的基本涵义。

《尚书·洪范》中载："五行：一曰水，二曰火，三曰木，四曰金，五曰

土。水曰润下，火曰炎上，木曰曲直，金曰从革，土爱稼穑。润下作咸，炎上作苦，曲直作酸，从革作辛，稼穑作甘。"指出五行即水、火、木、土、金五种物质，并对它们的性质作了说明。"木曰曲直"，凡是具有生长、升发、条达舒畅等作用或性质的事物，均归属于木；"火曰炎上"，凡具有温热、升腾作用的事物，均归属于火；"土爱稼穑"，凡具有生化、承载、受纳作用的事物，均归属于土；"金曰从革"，凡具有清洁、肃降、收敛等作用的事物则归属于金；"水曰润下"，凡具有寒凉、滋润、向下运动的事物则归属于水。后来，人们根据五行特性将自然界的和人体的部分现象、特性、形态、功能等进行了分类，以与五行相对应，详见下表。

| 五 行 | 自 然 界 | | | | 人 体 方 面 | | | | | | |
|---|---|---|---|---|---|---|---|---|---|---|---|
| | 五方 | 五时 | 五气 | 五化 | 五脏 | 五官 | 五志 | 五色 | 五味 | 五体 | 五音 |
| 木 | 东 | 春 | 风 | 生 | 肝 | 目 | 怒 | 青 | 酸 | 筋 | 角 |
| 火 | 南 | 夏 | 热 | 长 | 心 | 舌 | 喜 | 赤 | 苦 | 脉 | 徵 |
| 土 | 中 | 长夏 | 湿 | 化 | 脾 | 口 | 思 | 黄 | 甘 | 肉 | 宫 |
| 金 | 西 | 秋 | 燥 | 收 | 肺 | 鼻 | 悲 | 白 | 辛 | 皮毛 | 商 |
| 水 | 北 | 冬 | 寒 | 藏 | 肾 | 耳 | 惧 | 黑 | 咸 | 骨髓 | 羽 |

春秋末期，发展出"五行相胜说"，认为五行之间相互制约，表现为水胜火、火胜金、金胜木、木胜土、土胜水，也就是水克火、火克金、金克木、木克土、土克水。战国初期，发展出"五行相生说"，认为五行之间相互促进，表现为木生火、火生土、土生金、金生水、水生木。战国末期，五行相胜说与五行相生说结合成了"五行生胜说"，邹衍是主张此说的代表性人物。至此，五行之间的生克制化关系固定下来。相生就是生长、促进、帮助；相克就是克制、制约、互损。五行中的每一行都有生我、我生、克我、我克四方面的关系，保证了"制化"关系的平衡。

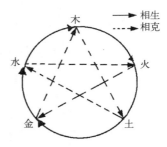

五行生克图

战国末期，邹衍将阴阳说与五行说融合成为阴阳五行说。邹衍初攻儒家学说，不为当政者采用，转而研究阴阳五行说，得以名扬天下。由于阴阳五行属于抽象的概念，还需要通过具体的存在方式表现出来，这就需要干支与阴阳五行相配合。

## 二、干支用于阴阳

干支与阴阳的配合，分为两个层次：

其一，干为阳，支为阴。这是将干支作为一个整体来思考。天干从甲至癸，为阳，为事物的主干；地支从寅至丑，为阴，为事物的支脉。例如，2016年按干支纪年是丙申年，将"丙申"视作一个整体，那么，丙是天干，属阳，代表主干；申是地支，属阳，代表支脉。

其二，干支各配阴阳，遵循奇数为阳、偶数为阴的原则。

$$
天干阴阳之分
\begin{cases}
甲丙戊庚壬属阳 \\
乙丁己辛癸属阴
\end{cases}
$$

$$
地支阴阳之分
\begin{cases}
子寅辰午申戌属阳 \\
丑卯巳未酉亥属阴
\end{cases}
$$

干支既配阴阳，就遵循阴阳的共同规律。干为阳，就代表阳性的事物表象，可以为刚、为君、为夫、为上、为外、为表、为动、为进、为起、为仰、为前、为左、为德、为施、为开等；支为阴，就代表阴性的事物表象，可以为柔、为臣、为妻、为下、为内、为里、为止、为退、为伏、为俯、为后、为右、为刑、为藏、为闭等。十天干各自的阴阳、十二地支各自的阴阳亦同此理。这就丰富了干支的内容，将其表征具体化了。

实用
干支
万年历

# 三、干支用于五行

## （一）干支配五行

如前所述，干支的创制依据五行而来，那么干支与五行之间必然存在配合关系。隋代萧吉《五行大义》说："甲乙、寅卯，木也，位在东方；丙丁、巳午，火也，位在南方；戊己、辰戌丑未，土也，位在中央，分王四季，寄治丙丁；庚辛、申酉，金也，位在西方；壬癸、亥子，水也，位在北方。"明确了干支与五行、方位的配合关系。

天干五行属性
- 甲乙属木，甲为阳木，乙为阴木；
- 丙丁属火，丙为阳火，丁为阴火；
- 戊己属土，戊为阳土，己为阴土；
- 庚辛属金，庚为阳金，辛为阴金；
- 壬癸属水，壬为阳水，癸为阴水。

地支五行属性
- 寅卯属木，寅为阳木，卯为阴木；
- 巳午属火，午为阳火，巳为阴火；
- 申酉属金，申为阳金，酉为阴金；
- 子亥属水，子为阳水，亥为阴水；
- 辰戌丑未属土，辰戌为阳土，丑未为阴土。

概括而言，就是：将木、火、土、金、水五行分配东、南、中、西、北五方；木、火、金、水四行与东、西、南、北四方各有二干、二支；中央为土，分配戊、己二干，辰、戌、丑、未四支。

## （二）干支四时休王

五行随春、夏、秋、冬四季更替而呈现出旺、相、休、囚、死五种状态，"旺"即旺盛，"相"即次旺，"休"即休然无事、不旺不衰，"囚"即衰落，"死"即生气全无。这五种状态的关系是当令者旺，我生者相，生我者休，克我者囚，我克者死。在一年四个季节里，五行分别处于旺、相、休、囚、死的状态。四季中的春、夏、秋、冬分属五行木、火、金、水，五行中土则对应季夏（又称长夏，为夏季的最后一个月）与每季末的 18 天。

五行四时休王表

| 五行<br>状态 | 春 | 夏 | 季夏 | 秋 | 冬 |
|---|---|---|---|---|---|
| 王 | 木 | 火 | 土 | 金 | 水 |
| 相 | 火 | 土 | 金 | 水 | 木 |
| 休 | 水 | 木 | 火 | 土 | 金 |
| 囚 | 金 | 水 | 木 | 火 | 土 |
| 死 | 土 | 金 | 水 | 木 | 火 |

干支既与五行配合，也在四时各有王、相、休、囚、死五种状态，即干支休王。隋代萧吉《五行大义》说："支干休王者，春则甲乙、寅卯王，丙丁、巳午相，壬癸、亥子休，庚辛、申酉囚，戊己、辰戌丑未死。夏则丙丁、巳午王，戊己、辰戌丑未相，甲乙、寅卯休，壬癸、亥子囚，庚辛、申酉死。六月则戊己、辰戌丑未王，庚辛、申酉相，丙丁、巳午休，甲乙、寅卯囚，壬癸、亥子死。秋则庚辛、申酉王，壬癸、亥子相，戊己、辰戌丑未休，丙丁、巳午囚，甲乙、寅卯死。冬则壬癸、亥子王，甲乙、寅卯相，庚辛、申酉休，戊己、辰戌丑未囚，丙丁、巳午死。"明确了干支在四时休王的具体状态。

干支四时休王表

| 干支<br>状态 | 春 | 夏 | 六月 | 秋 | 冬 |
|---|---|---|---|---|---|
| 王 | 甲乙<br>寅卯 | 丙丁<br>巳午 | 戊己<br>辰戌丑未 | 庚辛<br>申酉 | 壬癸<br>亥子 |
| 相 | 丙丁<br>巳午 | 戊己<br>辰戌丑未 | 庚辛<br>申酉 | 壬癸<br>亥子 | 甲乙<br>寅卯 |
| 休 | 壬癸<br>亥子 | 甲乙<br>寅卯 | 丙丁<br>巳午 | 戊己<br>辰戌丑未 | 庚辛<br>申酉 |

| 干支<br>状态 ＼ 四时 | 春 | 夏 | 六月 | 秋 | 冬 |
|---|---|---|---|---|---|
| 囚 | 庚辛<br>申酉 | 壬癸<br>亥子 | 甲乙<br>寅卯 | 丙丁<br>巳午 | 戊己<br>辰戌丑未 |
| 死 | 戊己<br>辰戌丑未 | 庚辛<br>申酉 | 壬癸<br>亥子 | 甲乙<br>寅卯 | 丙丁<br>巳午 |

干支五行与四时五行相同，得一时盛气，为当王之时。如春季五行为木，天干甲乙为木，地支寅卯为木，则甲乙、寅卯春季为王。当王所生为相，因为所生为子，子正当壮年，可以帮助父母治理事物。如春季木王生火，火为相，则天干丙丁、地支巳午为相。生王者为休，因为生王者为父母，其子当王，气势正当盛年，生它的父母就已经衰老，不能治理事物，到了退休之时。如春季水生王木，水为休，则天干壬癸、地支亥子为休；王克者为死，因当王者可以制裁、杀戮它，身处死地。如春季木王克土，土为死，则天干戊己、地支辰戌丑未为死。克王者为囚，因为反抗王，王所生的儿子可以帮助父母压制、囚禁仇敌。如春季金克木王，金为囚，则天干庚辛、地支申酉为囚。余可类推。

## （三）五行生死所

木、火、土、金、水五行形体各别，更互用事，轮转休王。这种从休到王、再从王到休的变化突出表现在生与死上，五行生与死各有不同的处所，这就是五行生死所。五行生死所遍有十二月、十二辰而出没隐显，因而五行生死休王的变化与十二地支具有密切关系，十二地支如同处所、宫室一样，显示五行在此所处的不同发展阶段。五行生死所计有十二：受气、胎、养、生、沐浴、冠带、临官、王、衰、病、死、葬，又称五行寄生十二宫。其各自意义简释如下：

胎：母体内的幼体。

养：母体内的胎通过母体供给营养，发育成长的过程。

生：又称长生，新生命从母体中生出。

沐浴：新生命诞生之后的第一次沐浴。

冠带：新生命经过一个时期的成长之后已经长成、成熟。

临官：新生命长成之后，发挥自己的能量，建立功业。

王：又称帝旺，新生命功成业就，拥有自己的一片天地，是生命的巅峰期。

衰：生命进入衰弱状态。

病：生命进入疾病状态。

死：生命进入死亡状态。

葬：又称墓，生命死亡之后封闭收藏。入墓收藏只是一个生命周期的结束，并不是整个生命的结束，生命还会进入下一个周期。

五行木、火、金、水、土生死所的规律如下：

木，受气于申，胎于酉，养于戌，生于亥，沐浴于子，冠带于丑，临官于寅，王于卯，衰于辰，病于巳，死于午，葬于未。

火，受气于亥，胎于子，养于丑，生于寅，沐浴于卯，冠带于辰，临官于巳，王于午，衰于未，病于申，死于酉，葬于戌。

金，受气于寅，胎于卯，养于辰，生于巳，沐浴于午，冠带于未，临官于申，王于酉，衰于戌，病于亥，死于子，葬于丑。

水，受气于巳，胎于午，养于未，生于申，沐浴于酉，冠带于戌，临官于亥，王于子，衰于丑，病于寅，死于卯，葬于辰。

土，受气于亥，胎于子，养于丑，寄行于寅，生于卯，沐浴于辰，冠带于巳，临官于午，王于未，衰病于申，死于酉，葬于戌。戌是火墓，火是其母，母子不同葬，进行于丑，丑是金墓，金是其子，义又不合，欲还于未，未是木墓，木为土鬼，畏不敢入，进休就辰，辰是水墓，水为其妻，于义为合，遂葬于辰。

## 五行寄生十二宫

| 十二宫＼五行 | 木 | 火 | 金 | 水 | 土 |
|---|---|---|---|---|---|
| 受气 | 申 | 亥 | 寅 | 巳 | 亥 |
| 胎 | 酉 | 子 | 卯 | 午 | 子 |
| 养 | 戌 | 丑 | 辰 | 未 | 丑 |
| 生 | 亥 | 寅 | 巳 | 申 | 卯（寄行于寅） |
| 沐浴 | 子 | 卯 | 午 | 酉 | 辰 |

实用干支万年历

| 五行<br>十二宫 | 木 | 火 | 金 | 水 | 土 |
|---|---|---|---|---|---|
| 冠带 | 丑 | 辰 | 未 | 戌 | 巳 |
| 临官 | 寅 | 巳 | 申 | 亥 | 午 |
| 王 | 卯 | 午 | 酉 | 子 | 未 |
| 衰 | 辰 | 未 | 戌 | 丑 | 申 |
| 病 | 巳 | 申 | 亥 | 寅 | 申 |
| 死 | 午 | 酉 | 子 | 卯 | 酉 |
| 葬 | 未 | 戌 | 丑 | 辰 | 辰（戌不能葬） |

其中，土的生死所比较特殊，土寄王于火乡，但与火的生死所也不完全相同。

# 四、干支用于通数、别数

## （一）干支通数

所谓通数，就是十干、十二支。

天干有十数，为天干通数。《易经·系辞上·第九章》说："天数五，地数五。"天地之数共有十数。天干顺应天地之大数，也只有十数。

地支有十二数，为地支通数。其来源有三种说法：

第一种说法来自三公九卿制。《礼稽命徵》说："布政十二，尊卑有序。"中国古代官制从秦朝开始，皇帝下设三公即太尉、丞相、御史大夫，丞相下设九卿即奉常、朗中令、卫尉、太仆、少府、廷尉、典客、治粟内史、宗正，三公、九卿合为十二。

第二种说法来自一年十二月。《孝经援神契》说："三三参行，四四相扶。""三"指每三个月成一时，"四"指一年有四时，共十二个月。

第三种说法来自阳数三与九。《春秋元命苞》说："阳气数成于三，故时别三月。阳数极于九，故三月一时九十日。"阳数至三而成，至九而极，三九合为十二。

## （二）干支别数

所谓干数，就是甲数九、乙数八、丙数七、丁数六、戊数五、己数九、庚数八、辛数七、壬数六、癸数五。《太玄经·玄数》说："甲己之数九，乙庚八，丙辛七，丁壬六，戊癸五。"

《五行大义》解释干数配合依据为，甲为十干之首，子为十二支之首，甲子为十干与十二支配合之首，甲数依从子数，子数九，所以甲数九；甲己为夫妻，夫妻相齐，所以甲与己数为九。甲子后为乙丑，乙数从丑数，丑数八，所以乙数八；乙庚为夫妻，所以乙与庚数八。乙丑后为丙寅，丙数从寅数，寅数七，所以丙数七；丙辛为夫妻，所以丙与辛数七。丙寅后

为丁卯，丁数从卯数，卯数六，所以丁数六；丁壬为夫妻，所以丁与壬数六。丁卯后为戊辰，戊数从辰数，辰数五，所以戊数五；戊癸为夫妻，所以戊与癸数五。

所谓支数，就是子数九，丑数八，寅数七，卯数六，辰数五，巳数四，午数九，未数八，申数七，酉数六，戌数五，亥数四。《太玄经·玄数》说："子午之数九，丑未八，寅申七，卯酉六，辰戌五，巳亥四。"

《五行大义》解释支数配合依据为，阳数经一、三、五、七，至九达到极致，而子午为天地之经，子是阴与下之极，午是阳与上之极，所以取阳的极数九与子午配合。其他地支自子之后丑、寅、卯、辰、巳依次上行，其所配数自九依次减一，即丑八、寅七、卯六、辰五、巳四；自午之后未、申、酉、戌、亥依次下行，其所配数自九依次减一，即未八、申七、酉六、戌五、亥四。

干支别数

| 数 | 九 | 八 | 七 | 六 | 五 | 四 |
|---|---|---|---|---|---|---|
| 天干 | 甲、己 | 乙、庚 | 丙、辛 | 丁、壬 | 戊、癸 | |
| 地支 | 子、午 | 丑、未 | 寅、申 | 卯、酉 | 辰、戌 | 巳、亥 |

# 五、干支用于纳音五行

纳音，就是人本命所属的音。人的本命就是人的出生年的干支，即上天赋予人的天之气；所谓音，就是宫、商、角、徵、羽五音，五音分属不同的五行；所谓纳，就是取五音中的一音，来协调人的姓，以确定姓所属的五行。

姓与人的本命有什么关系呢？据《说文解字·女部》和《白虎通·姓名》的解释，姓就是生，人禀受天气所以降生，人一降生就被赐以姓。人所禀的天气就是人的本命，这通过人出生年的干支表现出来。所以，确定姓与音的关系就是确定人本命与音的关系。

如何以音定姓呢？中国古代有一种吹律定姓之法：由圣人吹奏律管，根据众人说话声音的不同音级来确定他们的姓。之后，"姓"就由父亲传递，被确定为世袭，成为表明家族系统的字。姓与音的这种结合就是纳音。

纳音数是什么呢？中国古代校正乐律的器具叫律吕，这是管径相同、长短不同的十二根竹管，从低音管算起，成奇数的六个管叫"律"，成偶数的六个管叫"吕"，从低音到高音依次排列十二个音级。《乐纬》记载："孔子曰：丘吹律定姓，一言得土曰宫，三言得火曰徵，五言得水曰羽，七言得金曰商，九言得木曰角。"按照孔子的说法，吹律确定姓时，吹第一根管得到土音，叫作"宫"，吹第三根管得到火音，叫作"徵"，吹第五根管得到水音，叫作"羽"，吹第七根管得到金音，叫作"商"，吹第九根管得到木音，叫作"角"。一、三、五、七、九都是奇数，亦都是阳数，这"一言得土曰宫，三言得火曰徵，五言得水曰羽，七言得金曰商，九言得木曰角"，就是纳音数。

**纳音数与五行、五音的关系**

| 纳音数 | 一 | 三 | 五 | 七 | 九 |
|---|---|---|---|---|---|
| 五行 | 土 | 火 | 水 | 金 | 木 |
| 五音 | 宫 | 徵 | 羽 | 商 | 角 |

根据纳音数就可以推出人出生年的干支所属的纳音五行(具体推理过程详见拙著《〈五行大义〉白话全解》)。人出生年的干支计有 60 种组合，即六十花甲子，将其所属纳音五行依五行分类列表，可以发现一些配合规律，便于记忆。

**纳音属木的干支**

| 干支 | | 属性 | 五行 |
|---|---|---|---|
| 壬子 | 癸丑 | 桑柘 | 木 |
| 庚申 | 辛酉 | 石榴 | 木 |
| 戊辰 | 己巳 | 大林 | 木 |
| 壬午 | 癸未 | 杨柳 | 木 |
| 庚寅 | 辛卯 | 松柏 | 木 |
| 戊戌 | 己亥 | 平地 | 木 |

**纳音属水的干支**

| 干支 | | 属性 | 五行 |
|---|---|---|---|
| 丙子 | 丁丑 | 涧下 | 水 |
| 甲申 | 乙酉 | 泉中 | 水 |
| 壬辰 | 癸巳 | 长流 | 水 |
| 丙午 | 丁未 | 天河 | 水 |
| 甲寅 | 乙卯 | 大溪 | 水 |
| 壬戌 | 癸亥 | 大海 | 水 |

**纳音属金的干支组合**

| 干支 | | 属性 | 五行 |
|---|---|---|---|
| 甲子 | 乙丑 | 海中 | 金 |
| 壬申 | 癸酉 | 剑锋 | 金 |
| 庚辰 | 辛巳 | 白腊 | 金 |
| 甲午 | 乙未 | 沙中 | 金 |
| 壬寅 | 癸卯 | 金箔 | 金 |
| 庚戌 | 辛亥 | 钗钏 | 金 |

**纳音属土的干支组合**

| 干支 | | 属性 | 五行 |
|---|---|---|---|
| 庚子 | 辛丑 | 壁上 | 土 |
| 戊申 | 己酉 | 大驿 | 土 |
| 丙辰 | 丁巳 | 沙中 | 土 |
| 庚午 | 辛未 | 路旁 | 土 |
| 戊寅 | 己卯 | 城墙 | 土 |
| 丙戌 | 丁亥 | 屋上 | 土 |

**纳音属火的干支组合**

| 干支 | | 属性 | 五行 |
|---|---|---|---|
| 戊子 | 己丑 | 霹雳 | 火 |
| 丙申 | 丁酉 | 山下 | 火 |
| 甲辰 | 乙巳 | 佛灯 | 火 |
| 戊午 | 己未 | 天上 | 火 |
| 丙寅 | 丁卯 | 炉中 | 火 |
| 甲戌 | 乙亥 | 山头 | 火 |

其记忆方法如下：

首先，地支固定，且分两组：一组子丑、申酉、辰巳，一组午未、寅卯、戌亥。其纳音属性随地支所在位置有高下、强弱等变化。如纳音五行水，子丑为涧下水，申酉为泉中水，辰巳为长流水；午未为天河水，寅卯为大溪水，戌亥为大海水。

其次，纳音五行依木、水、金、土、火为序，每一纳音五行所配子丑、午未之干的五行遵从水一、火二、木三、金四、土五的规律，循其五行可知天干。如纳音五行木，配子丑、午未之干当配水一的天干，水的天干为壬癸，即壬子、癸丑、壬午、癸未。余类推。

最后，子丑、午未天干确定之后，逆行取下一组五行属性的天干，并依次逆排。如纳音木之子丑为壬子、癸丑，其次申酉则为庚申、辛酉，再次辰巳则为戊辰、己巳。余类推。

# 第五章　干支用于八卦九宫

# 一、八卦

## （一）八卦起源

关于八卦的起源，历来众说纷纭，其中最为经典的一种说法来自《周易》。《周易·系辞传》曰："古者包牺氏之王天下也，仰则观象于天，俯则观法于地，观鸟兽之文，与地之宜，近取诸身，远取诸物，于是始作八卦，以通神明之德，以类万物之情。"大意是，华夏先祖包牺氏（即伏羲氏）统治天下时，仰观日月星辰等天象，俯察山川泽壑等地形，同时又观察鸟兽等动物的皮毛与文采以及植物的生长情况，近取法人们自身，远取法世间万物，于是开始制作八卦，用来通晓自然造化神奇、明智的德行，并且表征天地万物的情状。

## （二）八卦五要素

八卦有五个要素：

第一，卦名。即八个卦的名称：乾、坤、震、巽、坎、离、艮、兑。

第二，卦象。即八个卦代表的意义。

### 八卦通常代表意义

| 卦名 | 自然 | 人 | 属性 | 动物 | 身体 | 方位 | 季节 |
|---|---|---|---|---|---|---|---|
| 乾 | 天 | 父 | 健 | 马 | 首 | 西北 | 秋冬间 |
| 坤 | 地 | 母 | 顺 | 牛 | 腹 | 西南 | 夏秋间 |
| 震 | 雷 | 长男 | 动 | 龙 | 足 | 东 | 春 |
| 巽 | 风、木 | 长女 | 入 | 鸡 | 股 | 东南 | 春夏间 |
| 坎 | 水、雨 | 中男 | 陷 | 豕 | 耳 | 北 | 冬 |
| 离 | 火、日 | 中女 | 附 | 雉 | 目 | 南 | 夏 |
| 艮 | 山 | 少男 | 止 | 狗 | 手 | 东北 | 冬春间 |
| 兑 | 泽 | 少女 | 悦 | 羊 | 口 | 西 | 秋 |

实用干支万年历

第三，卦位。即八个卦在空间中的方位。有两种卦位系统：一为先天卦位。即乾南、坤北、离东、坎西、兑东南、艮西北、震东北、巽西南。依据为《周易·说卦传·第三章》："天地定位，山泽通气，雷风相薄，水火不相射，八卦相错。"二为后天卦位。即离南、坎北、震东、兑西、巽东南、乾西北、艮东北、坤西南。依据为《周易·说卦传·第五章》："万物出乎震，震东方也。齐乎巽，巽东南也，齐也者，言万物之洁齐也。离也者，明也，万物皆相见，南方之卦也，圣人南面而听天下，向明而治，盖取诸此也。坤也者地也，万物皆致养焉，故曰致役乎坤。兑正秋也，万物之所说也，故曰说，言乎兑。战乎乾，乾西北之卦也，言阴阳相薄也。坎者水也，正北方之卦也，劳卦也，万物之所归也，故曰劳乎坎。艮东北之卦也，万物之所成，终而所成始也，故曰成言乎艮。"有两种卦数：一为先天卦数，即乾一、兑二、离三、震四、巽五、坎六、艮七、坤八；二为后天卦数，即坎一、坤二、震三、巽四、中五、乾六、兑七、艮八、离九。

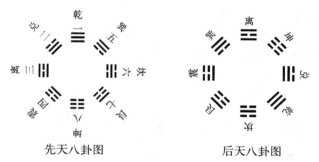

先天八卦图　　　　　　后天八卦图

第四，卦系。即八个卦的相互关系。乾、坤二卦是父母卦，其余六卦称为六子卦。依据为《周易·说卦传·第十章》："乾天也，故称乎父，坤地也，故称乎母；震一索而得男，故谓之长男；巽一索而得女，故谓之长女；坎再索而得男，故谓之中男；离再索而得女，故谓之中女；艮三索而得男，故谓之少男；兑三索而得女，故谓之少女。"这就使得八卦组成内部有血缘结构关系的系统。

第五，卦符。即八个卦各自的代表符。即乾☰，坤☷，震☳，巽☴，坎☵，离☲，艮☶，兑☱。每个卦符均由三个▬或▬▬组成，▬称为阳爻，▬▬称为阴爻，为三爻卦。

## （三）六十四卦

八卦两两上下相重，组成六十四卦，每卦有特定的名称。六十四卦每卦有六爻，上三爻为上卦，下三爻为下卦，共384爻。

通行本《易经》六十四卦卦序为：

上经　乾　坤　屯　蒙　需　讼

　　　师　比　小畜　履　泰　否

　　　同人　大有　谦　豫

　　　随　蛊　临　观　噬嗑　贲

　　　剥　复　无妄　大畜

　　　颐　大过　坎　离

下经　咸　恒　遁　大壮

　　　晋　明夷　家人　睽

　　　蹇　解　损　益　夬　姤

　　　萃　升　困　井　革　鼎　震　艮

　　　渐　归妹　丰　旅

　　　巽　兑　涣　节

　　　中孚　小过　既济　未济

实用

干支

万年历

# 二、干支用于八卦

## （一）八卦纳干

八卦纳干，即纳甲。清代江永《河洛精蕴·纳甲说》考证指出："五行家有纳甲之说，以十干纳之于卦，举甲以该之。"中国古代五行学说中有纳甲一说，方法是将十天干分别纳于八卦，因为甲为十天干之首，所以用甲来概括十干，称为纳甲。

纳甲说大概起源于先秦时期，但长期秘传，至汉代京房始公开于世。《汉书·京房传》记载一个故事：京房接受《易》学真传得自于梁人焦延寿，焦延寿说曾经师从孟喜学习《易》，这时孟喜已经去世，京房没法亲自向孟喜求证，就一直以为焦延寿的《易》学就是孟氏学，同时代的翟牧、白生都不认可。直到汉成帝时，刘向校正群书，考证《易》说，认为各种《易》家学说都以田何、杨叔元、丁将军为祖师，大略相同，唯独京房《易》学与众不同，与焦延寿《易》学为同类，独得隐士学说，托名于孟喜，实际与孟喜《易》学不同。由此，《易》学百花园中才有京氏之学。

纳甲有二法：

其一，六画卦纳法。清代江永《河洛精蕴·纳甲说》："《京房易》乾纳甲壬，坤纳乙癸，艮纳丙，兑纳丁，坎纳戊，离纳己，震纳庚，巽纳辛，此六画卦之纳法。"这是京房所公开的纳甲之法。

**六画卦纳干**

| 六画卦 | 乾 | 坤 | 艮 | 兑 | 坎 | 离 | 震 | 巽 |
|---|---|---|---|---|---|---|---|---|
| 纳干 | 甲、壬 | 乙、癸 | 丙 | 丁 | 戊 | 己 | 庚 | 辛 |

六画卦纳干依据是什么呢？八卦之中乾坤为父母，父母交合，经一索、再索、三索而生六子，即震长男、巽长女、坎中男、离中女、艮少男、兑少女，乾为阳，率领三男卦震、坎、艮，坤为阴，率领三女卦巽、

离、兑。乾坤生六子震、巽、坎、离、艮、兑，此为三画卦，是为经卦。经卦相重生成六画卦，是为重卦。重卦有六爻，分下三爻与上三爻。乾坤两个重卦的下三爻为乾坤的经卦，是八卦之始；其上三爻之乾坤，应为八卦重卦之始，同时，其次序在八经卦之后，也为阳卦、阴卦之末。十干也分阴阳，甲、丙、戊、庚、壬为五阳干，乙、丁、己、辛、癸为五阴干。对照八重卦与十天干，以始配始，以阳配阳，以阴配阴，以末配末，则甲为阳干之始，当配乾下三爻的阳卦之始；壬为阳干之末，当配乾上三爻的阳卦之末；乙为阴干之始，当配坤下三爻的阴卦之始；癸为阴干之末，当配坤上三爻的阴卦之末。这就是乾纳甲壬，坤纳乙癸。其余六干，对应其余六卦，按以阳配阳，以阴配阴，自少及长依次分配，则艮纳丙，兑纳丁，坎纳戊，离纳己，震纳庚，巽纳辛。一切皆自然而然，不假人为。

**六画卦纳干次序**

| 阳卦 | 阳干 | 阴卦 | 阴干 |
| --- | --- | --- | --- |
| 乾下三爻 | 甲 | 坤下三爻 | 乙 |
| 艮 | 丙 | 兑 | 丁 |
| 坎 | 戊 | 离 | 己 |
| 震 | 庚 | 巽 | 辛 |
| 乾上三爻 | 壬 | 坤上三爻 | 癸 |

其二，三画卦纳法。清代江永《河洛精蕴·纳甲说》："若三画卦之纳法，则乾纳甲，坤纳乙，艮纳丙，兑纳丁，震纳庚，巽纳辛，离纳壬，坎纳癸，虚戊己不纳也。"

**三画卦纳干**

| 三画卦 | 乾 | 坤 | 艮 | 兑 | 震 | 巽 | 离 | 坎 |
| --- | --- | --- | --- | --- | --- | --- | --- | --- |
| 纳干 | 甲 | 乙 | 丙 | 丁 | 庚 | 辛 | 壬 | 癸 |

三画卦纳干依据是什么呢？《河洛精蕴·纳甲说》用《河图》《洛书》数进行解释。首先，将《洛书》八方之数配先天八卦，则乾九、震八、坎七、艮六，循次递降；坤一、巽二、离三、兑四，循次递升。其次，分出四阳卦与四阴卦。以《洛书》最大数九为始点，九减一为八，八减二为六，六减三为三，三减四不足，加十减之则复得九，九为乾，八为震，六为艮，三为离，所以乾、震、艮、离为四阳卦。以《洛书》最小数一为始点，一

加一为二，二加二为四，四加三为七，七加四为十一，除去十则复得一，一为坤，二为巽，四为兑，七为坎，所以坤、巽、兑、坎为四阴卦。再次，以戊己居中为始点，循次顺数天干，至七数，则按四阳卦、四阴卦之次序依次纳之。以戊为始点，顺数至七为甲，则乾纳甲；甲至七为庚，则震纳庚；庚至七为丙，则艮纳丙；丙至七为壬，则离纳壬。以己为始点，顺数至七为乙，则坤纳乙；乙至七为辛，则巽纳辛；辛至七为丁，则兑纳丁；丁至七为癸，则坎纳癸。至于为什么用七数？《河洛精蕴·纳甲说》言："七位者受克之位也。"以十干为例，从任何一干开始顺数，至第七位，其五行都为所受克。以戊至七为甲，戊受甲克；甲至七为庚，甲受庚克。因为所受克者是其所畏惧的，所以止于此位而纳之。

### （二）八卦纳支

隋代萧吉《五行大义》记载有"八卦纳支"说，介绍如下：

乾统震、坎、艮：

乾为父，乾卦配支为四阳卦纳支之源。

首先，阳卦顺得阳支。乾为阳卦之首。十二支分阴阳，奇数为阳，偶数为阴，六阳支为子、寅、辰、午、申、戌。乾卦初爻为阳爻之始，子为阳支之始，所以乾卦初爻从子开始依次与六阳支相配合。

乾卦纳支次序

其次，阳卦顺排阳支。阳卦自初爻到上爻，依六阳支之序，顺次排布。仍以乾卦为例，乾卦初爻从子开始，顺排六阳支，可得乾卦纳支。

乾卦纳支

震、坎、艮三卦皆为乾卦所统领，所以其所纳支都从乾卦六爻配支中得到。即震为长子，与乾父同，震初爻亦为子；坎初爻为寅；艮初爻为辰。其余各爻自初至上依次顺排六阳支。

上六 ▬▬ 戌
六五 ▬▬ 申
九四 ▬▬ 午
六三 ▬▬ 辰
六二 ▬▬ 寅
初九 ▬▬ 子
震卦

震卦纳支

上六 ▬▬ 子
九五 ▬▬ 戌
六四 ▬▬ 申
六三 ▬▬ 午
九二 ▬▬ 辰
初六 ▬▬ 寅
坎卦

坎卦纳支

上九 ▬▬ 寅
六五 ▬▬ 子
六四 ▬▬ 戌
九三 ▬▬ 申
六二 ▬▬ 午
初六 ▬▬ 辰
艮卦

艮卦纳支

坤统巽、离、兑：

坤为母，坤卦配支为四阴卦纳支之源。

首先，阴卦顺得阴支。坤为阴卦。十二支中六阴支为丑、卯、巳、未、酉、亥。坤卦初爻为阴爻之始，丑为阴支之始，所以坤卦初爻从丑开始依次与六阴支相配合。

上六 ▬▬ 亥
六五 ▬▬ 酉
六四 ▬▬ 未
六三 ▬▬ 巳
六二 ▬▬ 卯
初六 ▬▬ 丑
坤卦

坤卦纳支次序

其次，阴卦逆排阴支。阴卦自初爻到上爻，依六阴支之序，逆次排布。

这里仍先说坤卦，坤卦为纯阴之象，阴气萌动于午位，至未位才显著，所以坤卦初爻从未开始，逆排六阴支，可得坤卦纳支。

坤卦纳支

巽、离、兑三卦皆为坤卦所统领，所以其所纳支都从坤卦六爻配支中得到。即巽为长女，与坤母同，巽初爻同坤卦配支表，亦为丑；离初爻为卯；兑初爻为巳。其余各爻自初至上依次逆排六阴支。

巽卦纳支

离卦纳支

兑卦纳支

### （三）纳甲纳十二支

将八卦的六爻与十干十二地支相配称为纳甲纳十二支。因乾坤两卦纳两天干，因此分内外卦。乾内卦纳甲，初爻至三爻分别为甲子、甲寅、甲辰；外卦纳壬，四爻至上爻分别为壬午、壬申、壬戌。坤卦内卦纳乙，初爻至三爻分别为乙未、乙巳、乙卯；外卦纳癸，四爻至上爻分别为癸丑、癸亥、癸酉。震卦纳庚，初爻至上爻分别为庚子、庚寅、庚辰、庚午、庚申、庚戌。坎卦纳戊，初爻至上爻分别为戊寅、戊辰、戊午、戊申、戊戌、戊子。艮卦纳丙，初爻至上爻分别为丙辰、丙午、丙申、丙戌、丙子、丙寅。离卦纳己，初爻至上爻分别为己卯、己丑、己亥、己酉、己未、己巳。巽卦纳辛，初爻至上爻分别为辛丑、辛亥、辛酉、辛未、辛巳、辛卯。兑卦纳丁，初爻至上爻分别为丁巳、丁卯、丁丑、丁亥、丁酉、丁未。

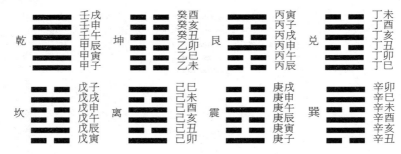

八卦纳甲纳十二支

### （四）地支配八卦

八卦配八方。《周易·说卦》曰："万物出乎震，震东方也。齐乎巽，巽东南也，齐也者，言万物之洁齐也。离也者，明也，万物皆相见，南方之卦也，圣人南面而听天下，向明而治，盖取诸此也。坤也者地也，万物皆致养焉，故曰致役乎坤。兑正秋也，万物之所说也，故曰说，言乎兑。战乎乾，乾西北之卦也，言阴阳相薄也。坎者水也，正北方之卦也，劳卦也，万物之所归也，故曰劳乎坎。艮东北之卦也，万物之所成，终而所成始也，故曰成言乎艮。"则震卦方位东方，巽卦方位东南，离卦方位南方，乾卦方位西北，坎卦方位北方，艮卦方位东北，已经讲明；坤卦方位西南，兑卦方位西方，可以推测而知。并且开始将八卦与八方、八节联系起来，如"兑正秋也"。《易通卦验》将八卦与八方、八节配合次序明确表述出来：艮，方位东北，主立春；震，方位东方，主春分；巽，方位东南，主立夏；离，方位南方，主夏至；坤，方位西南，主立秋；兑，方位西方，主秋分；乾，方位西北，主立冬；坎，方位北方，主冬至。

### 八卦配八方、八节

| 八卦 | 艮 | 震 | 巽 | 离 | 坤 | 兑 | 乾 | 坎 |
|------|------|------|------|------|------|------|------|------|
| 八方 | 东北 | 东方 | 东南 | 南方 | 西南 | 西方 | 西北 | 北方 |
| 八节 | 立春 | 春分 | 立夏 | 夏至 | 立秋 | 秋分 | 立冬 | 冬至 |

这就构成了一幅八卦与时间、空间相统一的图景。八节与二十四节气、十二月建有关，也就与十二地支建立联系。如此以来，八卦与十二地支就有配合关系。

八卦配合十二地支。以方位论，围绕中央可以分为东、南、西、北、东北、东南、西北、西南八方，八方可以配合后天八卦，也可以配合十二地支，由此可以得到地支与八卦的配合。四正卦配北、南、东、西四方，则坎配子，离配午，震配卯，兑配酉；四维卦配东北、东南、西南、西北四隅，则丑、寅二支属于艮卦，辰、巳二支属于巽卦，未、申二支属于坤卦，戌、亥二支属于乾卦。

### 八卦、八方配十二地支

| 八卦 | 坎 | 离 | 震 | 兑 | 艮 | 巽 | 坤 | 乾 |
|------|------|------|------|------|------|------|------|------|
| 十二地支 | 子 | 午 | 卯 | 酉 | 丑、寅 | 辰、巳 | 未、申 | 戌、亥 |
| 方位 | 北 | 南 | 东 | 西 | 东北 | 东南 | 西南 | 西北 |

八卦与十二地支为何如此配合呢？这要从八节之气的消长变化说起。

坎卦配子：坎卦居于北方，为冬至之时，冬至为建子之月，故居子位。坎卦五行为水。

艮卦配丑寅：艮卦居于东北，为立春之时，立春为建寅之月，故居寅位；艮卦为山，下有两重阴爻，像山下有很深的积土，所以艮卦居于丑位，丑与未相对冲，皆为土。艮卦五行为土。

震卦配卯：震卦居于东方，为春分之时，春分为建卯之月，故居卯位。震卦五行为木。

巽卦配辰巳：巽卦居于东南，为立夏之时，立夏为建巳之月，故居巳位。巽卦五行为木。

离卦配午：离卦居于南方，为夏至之时，夏至为建午之月，故居午位。离卦五行为火。

坤卦配未申：坤卦居于西南，为立秋之时，立秋为建申之月，故居申位；坤卦为纯阴，阴气萌动于午位，至未位才显著，所以坤居于未位。坤卦五行为土。

兑卦配酉：兑卦居于西方，为秋分之时，秋分为建酉之月，故居酉位。兑卦五行为金。

乾卦配戌亥：乾卦居于西北，为立冬之时，立冬为建亥之月，故居亥位。乾卦五行为金。

# 三、地支用于十二辟卦

## （一）辟卦释义

清代江永《河洛精蕴·十二辟卦说》指出："辟，君也。阴阳消长进退，一月各有一卦为君也。""辟"意为君主，取其主宰之义。一年十二个月，阴阳之气有消有长、有进有退，每一月各有一卦为其主宰，十二个月计有十二卦，称为"十二辟卦"。

辟卦只用乾、坤二卦，凡阳爻去而阴爻来称为"消"，凡阴爻去而阳爻来称为"息"，由此变化出十二卦，又称为"十二消息卦"。

十二辟卦包含哪些卦？《河洛精蕴·十二辟卦说》记载为："一阳为复，十一月。二阳为临，十二月。三阳为泰，正月。四阳为大壮，二月。五阳为夬，三月。六阳为乾，四月。一阴为姤，五月。二阴为遁，六月。三阴为否，七月。四阴为观，八月。五阴为剥，九月。六阴为坤，十月。"

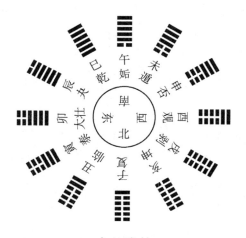

十二辟卦

### （二）辟卦由来

十二辟卦之说，虽然开始于《京房易传》，但以卦配月，《周易》经文中已露端倪。《周易·临》卦辞：临，"至于八月有凶"。临（☷），为十二月之卦，由下二阳爻、上四阴爻组成，临卦倒过来则为观卦（☴），观为八月之卦，由下四阴爻、上二阳爻组成，阴阳颠倒，所以经文说"至于八月有凶"。《周易·复·象曰》："复，先王以至日闭关。"至日为冬至日，冬至为建子之月，则经文以十一月为复卦（☳）。《周易·复》卦辞：复，"七日来复"。有学者认为，周朝时称呼"月"为"日"，"七日"就是七月，指从乾卦初爻变阴开始阳消，经过七次爻变，相当七个月后重新开始阳息，得到复卦。古代人将夏历四月称为正月，意为正阳之月，正阳就是纯阳，所以四月为乾卦。

### （三）辟卦配支

辟卦配十二地支的依据，是乾坤二卦之气的消长变化。夏历十月，为坤卦用事。用事意为执政、行事。自夏历十一月开始，阳气发动，坤卦阴爻自下而上逐渐变为阳爻。至夏历四月，六爻全阳，变为乾卦，为乾卦用事。自夏历五月开始，阴气发动，乾卦阳爻自下而上逐渐变为阴爻。至阴历十月，六爻全阴，重新变为坤卦。由此，可得十二辟卦与十二地支配合规律。

建子之月，即子月，坤卦初六爻变为阳爻，重坤变为地雷复，复卦用事。

建丑之月，即丑月，坤卦六二爻也变为阳爻，地雷复卦变为地泽临卦，临卦用事。

建寅之月，即寅月，坤卦六三爻也变为阳爻，地泽临卦变为地天泰卦，泰卦用事。

建卯之月，即卯月，坤卦六四爻也变为阳爻，地天泰卦变为雷天大壮卦，大壮卦用事。

建辰之月，即辰月，坤卦六五爻也变为阳爻，雷天大壮卦变为泽天夬卦，夬卦用事。

建巳之月，即巳月，坤卦上六爻也变为阳爻，泽天夬卦变为乾为天卦，六爻全阳，为纯阳用事。

建午之月，即午月，乾卦初九爻变为阴爻，乾卦变为姤卦，姤卦用事。

建未之月，即未月，乾卦九二爻也变为阴爻，天风姤卦变为天山遁卦，遁卦用事。

建申之月，即申月，乾卦九三爻也变为阴爻，天山遁卦变为天地否卦，否卦用事。

建酉之月，即酉月，乾卦九四爻也变为阴爻，天地否卦变为风地观卦，观卦用事。

建戌之月，即戌月，乾卦九五爻也变为阴爻，风地观卦变为山地剥卦，剥卦用事。

建亥之月，即亥月，乾卦上九爻也变为阴爻，山地剥卦变为坤为地卦，六爻全阴，纯阴之卦重新复位，坤卦用事。

### 十二辟卦、十二地支、十二月建对应表

| 十二辟卦 | 复 | 临 | 泰 | 大壮 | 夬 | 乾 | 姤 | 遁 | 否 | 观 | 剥 | 坤 |
|---|---|---|---|---|---|---|---|---|---|---|---|---|
| 十二地支 | 子 | 丑 | 寅 | 卯 | 辰 | 巳 | 午 | 未 | 申 | 酉 | 戌 | 亥 |
| 十二月建 | 子 | 丑 | 寅 | 卯 | 辰 | 巳 | 午 | 未 | 申 | 酉 | 戌 | 亥 |

# 四、干支用于二十四向

## （一）二十四向含义

二十四向，又称二十四山，或称二十四山向，是由十二地支配八干四维等总共二十四个字组建而成的二十四个方位。清代《皇朝文献通考·象纬考·御制历象考成上编论经纬度》记载："地平亦分三百六十度，四分之为四方(子、午、卯、酉)，各相距九十度，二十四分之为二十四向，各十五度。"意思是，中国古代将地平面看做与天球相交形成的一个大圆，也分360°，分成四份则为四方(即子、午、卯、酉四方)，各方相距90°，分成二十四份则为二十四向，各向15°。

## （二）二十四向由来

二十四向来自八卦。后天八卦以人为中心观察、描述日、月、地三者的联系，揭示四时推移、万物生长的规律。按照《周易·说卦》，八卦对应八方，其转换点为四正四隅；八卦对应八节，其转换点为四立二分二至。每卦有三爻，八卦共二十四爻；八节每节统三气，一年二十四节气；八方每方统三向，共分为二十四向。因此，二十四向为北斗柄在二十四节气所指向方位。清代宫梦仁《读书纪数略·天部·理气类·二十四向》所加题注说："十二支加八干四隅，《孝经纬》玉衡各以节气指其向方。"十二支加八天干、四隅卦，共成二十四向，《孝经纬》玉衡即北斗柄，各自按照二十四节气指向其方。该书又记载玉衡在二十四节气指向二十四向方为："壬(小雪所指)、子(大雪)、癸(冬至)、丑(小寒)、艮(大寒)、寅(立春)、甲(雨水)、卯(惊蛰)、乙(春分)、辰(清明)、巽(谷雨)、巳(立夏)、丙(小满)、午(芒种)、丁(夏至)、未(小暑)、坤(大暑)、申(立秋)、庚(处暑)、酉(白露)、辛(秋分)、戌(寒露)、乾(霜降)、亥

（立冬）。"另《纬书集成·孝经援神契》记载："大雪后，玉衡指子，冬至指癸，小寒指丑，大寒指艮，立春指寅，雨水指甲，惊蛰指卯，春分指乙，清明指辰，谷雨指巽，立夏指巳，小满指丙，芒种指午，夏至指丁，小暑指未，大暑指坤，立秋指申，处暑指庚，白露指酉，秋分指辛，寒露指戌，霜降指乾，立冬指亥，小雪指壬。玉衡，北斗柄也。"玉衡，是北斗七星之一，位于斗柄与斗勺连接处，即斗柄的第一颗星。玉衡所指就应当是北斗七星斗柄所指。大雪后，北斗柄指向子方，冬至指向癸方，小寒指向丑方，大寒指向艮方，立春指向寅方，雨水指向甲方，惊蛰指向卯方，春分指向乙方，清明指向辰方，谷雨指向巽方，立夏指向巳方，小满指向丙方，芒种指向午方，夏至指向丁方，小暑指向未方，大暑指向坤方，立秋指向申方，处暑指向庚方，白露指向酉方，秋分指向辛方，寒露指向戌方，霜降指向乾方，立冬指向亥方，小雪指向壬方。

### （三）二十四向配干支

明代章潢《图书编·天干地支河图洛书卦气方位》记述："今大明历所载，子午卯酉居四正之位，其四隅则巽居东南，坤居西南，艮居东北，乾

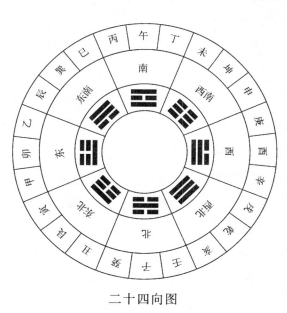

二十四向图

居西北，离居午位正南而丙丁分之，坎居子位正北而壬癸分之，震居卯位正东而甲乙分之，兑居酉位正西而庚辛分之，合十二辰八干四隅，谓之二十四向。"意思是，按照大明历的记载，十二支中子、午、卯、酉居北、南、东、西四正位，四隅则丑、寅居东北，辰、巳居东南，未、申居西南，戌、亥居西北；八卦中巽居东南，坤居西南，艮居东北，乾居西北；十干中丙、丁居午位两边，壬、癸居子位两边，甲、乙居卯位两边，庚、辛居酉位两边。八干、四维、十二支，合称二十四向。

### （四）干支配二十四向的依据

八干、四维、十二支配合二十四向，依据的是阴阳五行。清代黄宗羲《明文海·辩七·分金用卦辩》记载，地平有二十四向，为一定之位，分布固定，从不改易，其实不外乎阴阳五行而已。二十四向依据依次如下：

坎居正北：因为天以一数生水，坎是水的方位，《河图》中一位北方，水位北方。

癸：癸得地数六的阴气、水的柔气，所以癸次于坎。

丑：水如果不停止就会漂流激荡，必须用土来让它停止，才能生万物，丑是土的柔气，所以丑次癸。

艮：艮为山，是土的刚气，所以艮次于丑而居东北，所以代替震卦而施行化育万物。

寅：水土相合而气变化，将以生木，寅为稚弱的木，所以寅次于艮。

甲：甲得天数三的阳气，木的刚气，所以甲次于寅。

震：震为木的方位，所以乘卯而居正东。

乙：乙得地数八的阴气，木的柔气，所以乙次于卯。

辰：木非土无法得以盛大，辰为土气，所以辰次于乙。

巽：木为阳的稚弱气，木非旺不能够生火，所以巽为旺木而次于辰。

巳：木旺极必定资生火，巳为火气，所以巳次于巽。

丙：丙得天数七的阳气，火的刚气，所以丙次于巳。

离：离为火的方位，所以乘午而居正南。

丁：丁得地数二的阴气，火的柔气，所以丁次于午。

未：火旺必定有停止之时，将以生土，未为土的稚弱气，所以次于丁。

坤：坤为土的正气，所以次于未。

申：土旺必定生金，申为金的初气，所以申次坤。

庚：庚得天数九的阳气，金的刚气，所以庚次于申。

兑：兑为金的方位，所以乘酉而居正西。

辛：辛得地数四的阴气，金的柔气，所以辛次于酉。

戌：金非土无法得以成就，戌为土气，所以戌次于辛。

乾：金不盛大不能化育，所以乾为旺金而次于戌。

亥：金旺极而化育生成，所以生水，亥为水的稚弱气，所以亥次于乾。

壬：壬得天数一的阳气，水的刚气，所以壬次于亥。

二十四方位实际就是如此确定的，其中所用卦位则是后天八卦，四时运行，乾坤妙用，八卦在天主气运流行，在地主方向的定位，而二十四向用八卦相错分布于十二支辰之间以充实四隅而主司四正；甲、丙、庚、壬、乙、辛、丁、癸八干，分布于四方子、寅、辰、午、申、戌、丑、卯、巳、未、酉、亥十二支辰位次之间，戊、己二干则因为属中央之土，不列方位而寄处于辰、戌、丑、未、艮、坤之方。按照二十四向，就可以明晓五行生克制化，而八卦的旺、相、胎、没、死、休、囚、废都自此可以推测出来。

## 五、干支用于九宫

九，指天有二十八宿，分为九天，并与北斗九星相对应；地有四方（正东、正西、正南、正北）、四维（东南、西南、东北、西北）以及中央，分配九州。

宫，指北极星之神太一巡游居处的地方，天神所居必为宫殿，所以称为"宫"。

九宫，指八卦之宫与中央之宫，数只有九，故称九宫。

据《易纬乾凿度》郑玄注，太一是北极星的神秘称号，居处在其本位称为太一，经常运行于八卦与日辰之间，则称为天一，或者称为太一。太一出入所游，停息于紫微宫的内外，其星因此成为名称。所以《星经》说：天一、太一，是主管气运的神。"行"字如同等待、停留。四正方位、四维方位，因为是八卦神所居住的地方，所以也称为"宫"。天一下行，如同天子出都巡行视察诸侯为天子所守的疆土，考察四方山岳的事务，每次巡狩完毕则回归都城。太一下行八卦之宫的道理与此相同，每经四宫就还归于中央，中央是北极星神所居住的地方，所以依据此称之为"九宫"。

《易纬乾凿度》郑玄注说："天数大分，以阳出，以阴入，阳起于子，阴起于午，是以太一下行九宫，从坎宫始。坎，中男，始亦言无适也。自此而从于坤宫，坤，母也。又自此而从震宫，震，长男也。又自此而从巽宫，巽，长女也。所行者半矣，还息于中央之宫，既又自此而从乾宫，乾，父也。自此而从兑宫，兑，少女也。又自此从于艮宫，艮，少男也。又自此从于离宫，离，中女也，行则周矣。上游息于太一天一之宫，而反于紫宫……此数者合十五，言有法也。"由太一下行九宫次序可以得知九宫数，太一下行九宫从坎宫始，则可推知九宫数与后天八卦方位配合关系，即坎一、坤二、震三、巽四、中五、乾六、兑七、艮八、离九。其数横、纵、斜各个方位三宫数量之和均为 15。由"阳起于子""太一下行九宫从坎宫始"可知九宫与后天八卦干支配合方法相同。

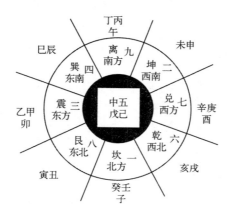

九宫配后天八卦、方位、天干、地支图

# 第六章 干支用于中医学

古代中医学与干支关系极为密切，干支作为推演符号，在中医学中具有重要的作用。

　　首先，干支是中医阴阳五行学说的推演符号。我国古代中医学的经典是《黄帝内经》，它吸取了汉代以前的哲学成果，直接地大量地引用阴阳、五行等重要的哲学概念和学说，去阐明医学中的问题。阴阳五行在汉代以前就已经与干支结合起来，《黄帝内经》在把阴阳五行学说作为中医学的重要概念和理论学说的同时，也将干支理论符号运用到医学实践中，使干支哲学与中医学理论熔铸成为一个不可分割的有机整体，体现出中国古代东方的特殊思维方式不可或缺的重要组成部分。

　　其次，干支是中医脏象学说的推演符号。脏象学说是研究人脏腑活动规律及其相互关系的学说，是中医学理论体系的核心。脏象学说认为，人体以心、肝、脾、肺、肾五脏为中心，以胆、胃、小肠、大肠、膀胱、三焦六腑为配合，以气、血、精、津液为物质基础，通过经络将内之脏腑、外之五官九窍、四肢百骸连结为一个有机的整体，并与外界环境息息相通，休戚相关。这是中国古代人民以阴阳五行学说为指导，通过长期对人类生命活动的观察和防病治病的实践，逐步形成和发展起来的学说。

　　干支既可以标志自然界的季节更替、昼夜变化、地域差异等，又可以标志人体部位、五脏六腑、经脉等，是中医学天人合一思想的具体体现。对中医诊治与预防疾病、养生与康复有重要的指导意义。

# 一、干支用于人体

## （一）干支配人身各部位

中国古代将天干、地支与人的身体各部位相配合。

天干配合人身，有两种说法，其一来自《五行大义》，甲、乙为头，丙、丁为胸、肋，戊、己为心、腹，庚、辛为股，壬、癸为手、足。其二来自《说文解字》，甲像人头，乙像人颈，丙像人肩，丁像人心，戊像人脅，己像人腹，庚像人脐，辛像人股，壬像人胫，癸像人足。地支配合人身，说法来自《五行大义》，子为头，丑、亥为胸、臂，寅、戌为手，卯、酉为腰、肋，辰、申为尻、肱，巳、未为胫，午为足。天干、地支与人身配合是有规律的。天干从甲至癸，地支从子至亥依次排序，人身从头至足依次排序，按照天干、地支之初配人身之首，天干、地支之末配人身之足的次序，将天干、地支与人身配合起来。天干以甲、乙为初，地支以子为初，所以用天干的甲乙、地支的子与人身的头相配合；天干以壬、癸为末，地支以午为末，所以用天干的壬癸、地支的午与人身的足相配合；其余各天干依次自上而下配合人身各部位，地支则从子至午依次自上而下配合人身各部位，从午至亥依次自下而上配合人身各部位。

## （二）干支配脏腑

中国古代将天干、地支与人体内部的五脏、六腑相配合。五脏、六腑是人体内的全部器官。五脏即心、肺、脾、肝、肾。六腑即大肠、小肠、胃、胆、膀胱、三焦。五脏为阴，六腑为阳。

天干配合五脏：甲、乙为肝，丙、丁为心，戊、己为脾，庚、辛为肺，壬、癸为肾。

地支配合五脏：寅、卯为肝，巳、午为心，辰、戌、丑、未为脾，申、酉为肺，亥、子为肾。

天干、地支与人体内部五脏配合的依据是五行属性相同。五行属木的，天干为甲、乙，地支为寅、卯，五脏为肝；五行属火的，天干为丙、丁，地支为巳、午，五脏为心；五行属土的，天干为戊、己，地支为辰、戌、丑、未，五脏为脾；五行属金的，天干为庚、辛，地支为申、酉，五脏为肺；五行属水的，天干为壬、癸，地支为亥、子，五脏为肾。

**五行、五脏、干支配合表**

| 五行 | 木 | 火 | 土 | 金 | 水 |
|---|---|---|---|---|---|
| 五脏 | 肝 | 心 | 脾 | 肺 | 肾 |
| 天干 | 甲、乙 | 丙、丁 | 戊、己 | 庚、辛 | 壬、癸 |
| 地支 | 寅、卯 | 巳、午 | 辰、戌、丑、未 | 申、酉 | 亥、子 |

关于天干配合脏腑，清代吴谦《医宗金鉴·运气要诀·主运歌·十二经天干歌》说："十二经天干歌内云：甲胆乙肝丙小肠，丁心戊胃己脾乡，庚属大肠辛属肺，壬属膀胱癸肾脏，三焦亦向壬中寄，包络同归入癸方。此以方位言天干所属，配合脏腑，岁岁之常也。"甲为胆，乙为肝，丙为小肠，丁为心，戊为胃，己为脾，庚为大肠，辛为肺，壬为膀胱、三焦，癸为肾、包络。这是用方位来论述天干与脏腑的配合，岁岁固定不变。关于地支配合脏腑，清代吴谦《医宗金鉴·运气要诀·主运歌·十二经地支歌》说："十二经地支歌内云：肺寅大卯胃辰宫，脾巳心午小未中，申胱酉肾心包戌，亥焦子胆丑肝通。此以流行言地支所属，配合脏腑，日日之常也。"寅为肺，卯为大肠，辰为胃，巳为脾，午为心，未为小肠，申为膀胱，酉为肾，戌为心包，亥为三焦，子为胆，丑为肝。这是用每日十二时辰气血流行次序论述地支与脏腑的配合，日日固定不变。

**脏腑配十干、十二支**

| 脏腑 | 胆 | 肝 | 小肠 | 心 | 胃 | 脾 | 大肠 | 肺 | 膀胱 | 三焦 | 肾 | 心包（包络） |
|---|---|---|---|---|---|---|---|---|---|---|---|---|
| 天干 | 甲 | 乙 | 丙 | 丁 | 戊 | 己 | 庚 | 辛 | 壬 | | | 癸 |
| 地支 | 子 | 丑 | 未 | 午 | 辰 | 巳 | 卯 | 寅 | 申 | 亥 | 酉 | 戌 |

## （三）干支配人体结构

中国古代将天干、地支与人体结构相配合。

天干配合人体结构：甲、乙为皮、毛，丙、丁为爪、筋，戊、己为肉，庚、辛为骨，壬、癸为血、脉。地支配合人体结构：寅、卯为皮、毛，巳、午为爪、筋，辰、戌、丑、未为肉，申、酉为骨，亥、子为血、脉。

天干、地支与人体结构配合的依据是五行属性相同。五行属木的，天干为甲、乙，地支为寅、卯，人体结构为皮、毛；五行属火的，天干为丙、丁，地支为巳、午，人体结构为爪、筋；五行属土的，天干为戊、己，地支为辰、戌、丑、未，人体结构为肉；五行属金的，天干为庚、辛，地支为申、酉，人体结构为骨；五行属水的，天干为壬、癸，地支为亥、子，人体结构为血、脉。

### 五行、人体、干支配合表

| 五行 | 木 | 火 | 土 | 金 | 水 |
|------|------|------|------|------|------|
| 人体 | 皮、毛 | 爪、筋 | 肉 | 骨 | 血、脉 |
| 天干 | 甲、乙 | 丙、丁 | 戊、己 | 庚、辛 | 壬、癸 |
| 地支 | 寅、卯 | 巳、午 | 辰、戌、丑、未 | 申、酉 | 亥、子 |

# 二、干支用于五运六气

运气，即五运六气。运气学说，是中国古代中医在天人合一宇宙观的指导下，以阴阳五行学说为基础，以天干地支为演绎工具，用以推论气候变化规律及其对人体健康和疾病影响的学说。运气学说在《黄帝内经·素问》中有《天元纪大论》《五运行大论》《六微旨大论》等专篇论述。《天元纪大论》主要论述五运六气学说的基本法则，阐明五运六气与四时气候变化、万物生长衰老死灭的关系。《五运行大论》主要论述木、火、土、金、水五运五行各主岁气，阐明"气相得则和，不相得则病"及五行生克制化之理。《六微旨大论》主要论述天道六六之节，以及六气主岁、主时和客主之气的加临，阐明六气运动变化规律及其原理。运气学说对后世中医学影响深远，张仲景六经欲解时、针灸学上的子午流注、陈无择运气病方、刘河间火热理论、清代温病学说等，都具有运气学说的色彩。中医理论上的整体观念、辨证施治需要通过运气学说才能体现出来，治疗上的因人、因地、因时制宜就是运气学说的具体应用。天干地支作为推演符号，与五运六气有相应的配合关系。

## （一）天干配五运

五运，通常指木、火、土、金、水所代表的五气的运动变化。

五运与五季不同。五运，每一运均主七十三日零五刻，一年三百六十五日又二十五刻，一年分为五运。五季，每一季七十三日零五刻，一年分为五季，即春、夏、长夏、秋、冬。所以，五运与五季时长相同。但五季只是一种季节划分，并无其他意义，而五运则用以说明五季气候变化规律。

五运分为五步运，用数字命名，五步运为初运、二运、三运、四运、五运（也叫终运）。此以一年中五运出现的时间次序命名，是固定不变的。即初运，主大寒至春分后 13 日；二运，主春分后 13 日至芒种后 10 日；

三运，主芒种后 10 日至处暑后 7 日；四运，主处暑后 7 日至立冬后 4 日；五运，主立冬后 4 日至大寒日。

五运还可用五行命名，五步运为木运、火运、土运、金运、水运；用五音命名，五步运为角运、徵运、宫运、商运、羽运。

五运中每一运各有两个天干代表，十天干代表五运，称为十干统运。丁、壬代表木运、角运，戊、癸代表火运、徵运，甲、己代表土运、宫运，乙、庚代表金运、商运，丙、辛代表水运、羽运。所以《黄帝内经·素问·五运行大论》说："首甲定运，余因论之。鬼臾区曰：土主甲己，金主乙庚，水主丙辛，木主丁壬，火主戊癸。"

### 十干统运

| 五行命名五运 | 木运 | 火运 | 土运 | 金运 | 水运 |
|---|---|---|---|---|---|
| 五音命名五运 | 角运 | 徵运 | 宫运 | 商运 | 羽运 |
| 十天干 | 丁、壬 | 戊、癸 | 甲、己 | 乙、庚 | 丙、辛 |

五运以五音建运，分为太、少。五音以高亢而强者为太，以低沉而弱者为少，"太"为太过，"少"为不及。五音本属音韵学范畴，用于运气学说，以确定五运的太过或不及。角代替木，角分太角、少角；徵代替火，徵分太徵、少徵；宫代替土，宫分太宫、少宫；商代替金，商分太商、少商；羽代替水，羽分太羽、少羽。其中，凡属"太"配阳干，凡属"少"配阴干。如，甲午年，甲为阳干，配以太宫；己丑年，己为阴干，配以少宫。余类推。

### 五运太少配合十干

| 五音命名 | 角运 | | 徵运 | | 宫运 | | 商运 | | 羽运 | |
|---|---|---|---|---|---|---|---|---|---|---|
| 五运之太少 | 太角 | 少角 | 太徵 | 少徵 | 太宫 | 少宫 | 太商 | 少商 | 太羽 | 少羽 |
| 十天干 | 壬 | 丁 | 戊 | 癸 | 甲 | 己 | 庚 | 乙 | 丙 | 辛 |

五运以太少相生为序。按照五行相生之理，可以得出五运相生次序：木运生火，火运生土，土运生金，金运生水。在此基础上，五运次序又遵循太少相生的原则，即五行相生中的上一行之太生下一行之少，上一行之少生下一行之太。如木运之太角，生少徵，少徵生太宫，太宫生少商，少

商生太羽，太羽生少角；如木运之少角，生太徵，太徵生少宫，少宫生太商，太商生少羽，少羽生太角。如此相生，称为太少相生。

五运包括岁运、主运、客运。

岁运，是指统主一岁的五运之气。用以确定全年五气的盛衰或平气的概况。确定岁运的方法有两步：首先，根据值年的天干，以十干统运的规定确定岁运，如甲子年的岁运，甲为该年值年的天干，甲在十干统运中代表土运，所以甲子年的岁运为土运。凡是甲年或己年即为土运，乙年或庚年即为金运，丙年或辛年即为水运，丁年或壬年即为木运，戊年或癸年即为火运。其次，根据值年天干的阴阳属性确定岁运的太少，以定太过或不及。如甲年和己年同为土运，但甲为阳干，甲年岁运为太宫，凡属甲年均属湿土太过（就单项而论）；己为阴干，己年岁运为少宫，凡属己年均为湿土不及（就单项而论）。

主运，是指固定主管一年中一段时间（也可以说是季节）的常气。《医宗金鉴·主运歌》："主运者，主运行四时之常令也。"用以确定一年中某一固定时间段内五气的盛衰或平气的概况。主运分五运，每一运各主七十三日零五刻，五运各主固定的一段时间，木运、火运、土运、金运、水运与初运、二运、三运、四运、终运所主时间相同。主运中五运所主的时间与五季相对应，木运主春，火运主夏，土运主长夏，金运主秋，水运主冬。主运中五运各主时之常气。五时之常气就是风、热、湿、燥、寒，为五运之主气。因此，初运，木运，主风；二运，火运，主热；三运，土运，主湿；四运，金运，主燥；五运，水运，主寒。

确定主运的方法为五步推运：首先，根据干支历法确定年的干支；其次，根据年的天干确定岁运；第三，根据年天干的阴阳属性确定岁运的太少；第四，按照太少相生的原则，从所定岁运逆推至角；第五，逆推至角运后，再按照太少相生的原则，顺推至羽。这样，就可以得到主运之五运的太少。以天干为甲之年为例：甲年的岁运为太宫，从太宫开始，按照太少相生顺序往上逆推，即生太宫的是少徵，生少徵的是太角。太角确定之后，再按照太少相生顺序，顺推至羽。即太角生少徵，少徵生太宫，太宫生少商，少商生太羽。由此，得到甲年主运各运的太少。

**甲年主运太少**

| 初运 | 二运 | 三运 | 四运 | 五运 |
|------|------|------|------|------|
| 太角 | 少徵 | 太宫 | 少商 | 太羽 |

客运，是指不固定主管一年中一段时间的客气。其所主时间，与初运、二运、三运、四运、终运不同，并不固定。客运10年内年年轮转，如客之来去。如，甲年客运的初运为太宫，乙年为少商，丙年为太羽，丁年为少角，戊年为太徵，年年变化。

**五运客运轮转**

| 五运 | 木运 | | 火运 | | 土运 | | 金运 | | 水运 | |
|------|------|------|------|------|------|------|------|------|------|------|
| 天干 | 丁 | 壬 | 戊 | 癸 | 甲 | 己 | 乙 | 庚 | 丙 | 辛 |
| 太少 | 少角 | 太角 | 太徵 | 少徵 | 太宫 | 少宫 | 少商 | 太商 | 太羽 | 少羽 |
| 客运 | 初角 二徵 三宫 四商 终羽 | | 初徵 二宫 三商 四羽 终角 | | 初宫 二商 三羽 四角 终徵 | | 初商 二羽 三角 四徵 终宫 | | 初羽 二角 三徵 四宫 终商 | |

确定客运的方法有两步：首先，根据岁运定出客运的初运；其次，由客运的初运开始，按照太少相生顺序，顺推一周，求出客运之五运的太少。如，甲年的岁运为太宫，太宫为该年客运的初运。由太宫按照太少相生顺序顺推一周，即太宫生少商，少商生太羽，太羽生少角，少角生太徵。由此得出甲年客运之五运的太少。

**甲年客运太少**

| 初运 | 二运 | 三运 | 四运 | 五运 |
|------|------|------|------|------|
| 太宫 | 少商 | 太羽 | 少角 | 太徵 |

主运，为一时之主气，即常气；客运，为一时之客气。客运相对主运而言，是变动的气候，是影响主气变化的因素。客运与主运相加，是变化的结果。其具体分析方法为：把所求出的主运每运的太少与客运每运的太少，按照同运（即同为初运、同为二运、同为三运、同为四运、同为终运）主客相加，如果得到的是两太，则为该运太过；如果得到的是两少，

则为该运不及；如果得到的是一少一太或一太一少，则为平气。如甲年初运，主运为太角，客运为太宫，两太相加则为该运太过。余类推。

## （二）地支配六气

六气，和五运一样，都是古人为推测气候变化而提出的概念，通常指风、热（暑）、火、湿、燥、寒六种不同气候。

六气配五行。六气在天为无形，五行在地为有形。六气有六，五行有五，二者相配，为风生木，热生火，湿生土，燥生金，寒生水。五行之火有两种变化，即君火、相火，分配六气之暑与火，即君火配热（暑）、相火配火。

六气配三阴三阳。三阴三阳，即厥阴、少阴、太阴、少阳、阳阴、太阳。《黄帝内经·素问·六微旨大论》云："少阳之上，火气治之，中见厥阴。阳明之上，燥气治之，中见太阴。太阳之上，寒气治之，中见少阴。厥阴之上，风气治之，中见少阳。少阴之上，热气治之，中见太阳。太阴之上，湿气治之，中见阳明。所谓本也。本之下，中之见也。见之下，气之标也。"少阳配相火，阳明配燥金，太阳配寒水，厥阴配风木，少阴配君火，太阴配湿土。所以，六气又称厥阴风木、少阴君火、太阴湿土、少阳相火、阳明燥金、太阳寒水。

六气配地支。用十二地支代表六气，是推演六气变化的基础。子午，配少阴君火；丑未，配太阴湿土；寅申，配少阳相火；卯酉，配阳明燥金；辰戌，配太阳寒水；巳亥，配厥阴风木。

### 六气配三阴三阳、五行、十二支

| 六气 | 热（暑） | 湿 | 火 | 燥 | 寒 | 风 |
|------|---------|-----|------|------|------|------|
| 三阴三阳 | 少阴 | 太阴 | 少阳 | 阳明 | 太阳 | 厥阴 |
| 五行 | 君火 | 土 | 相火 | 金 | 水 | 木 |
| 地支 | 子、午 | 丑、未 | 寅、申 | 卯、酉 | 辰、戌 | 巳、亥 |
| 六气又称 | 少阴君火 | 太阴湿土 | 少阳相火 | 阳明燥金 | 太阳寒水 | 厥阴风木 |

六气包括主气、客气、客主加临。

主气，指一年六节中每节固定不变的常气。一年六节，每节六十日八

十七刻半，每节的常气就称为主气。主气分六步：一之气（也叫初之气）为厥阴风木，二之气为少阴君火，三之气为少阳相火，四之气为太阴湿土，五之气为阳明燥金，六之气（也叫终之气）为太阳寒水。每气主管一年中一个固定的时间段。初之气主管大寒至春分，二之气主管春分至小满，三之气主管小满至大暑，四之气主管大暑至秋分，五之气主管秋分至小雪，六之气主管小雪至大寒。六气按照五行相生的次序排列，即厥阴风木生少阴君火、少阳相火，少阴君火、少阳相火生太阴湿土，太阴湿土生阳明燥金，阳明燥金生太阳寒水，太阳寒水生厥阴风木。由此建立起地支、十二月、二十四节气与六步、六气的对应关系。

### 十二地支配十二月、二十四节气、六步、六气

| 十二地支 | 丑 | 寅 | 卯 | 辰 | 巳 | 午 | 未 | 申 | 酉 | 戌 | 亥 | 子 | 丑 |
|---|---|---|---|---|---|---|---|---|---|---|---|---|---|
| 十二个月 | 十二月 | 正月 | 二月 | 三月 | 四月 | 五月 | 六月 | 七月 | 八月 | 九月 | 十月 | 十一月 | 十二月 |
| 二十四节气 | 大寒 | 立春 雨水 | 惊蛰 春分 | 清明 谷雨 | 立夏 小满 | 芒种 夏至 | 小暑 大暑 | 立秋 处暑 | 白露 秋分 | 寒露 霜降 | 立冬 小雪 | 大雪 冬至 | 小寒 大寒 |
| 六步 | | 初之气 | | 二之气 | | 三之气 | | 四之气 | | 五之气 | | 终之气 | |
| 六气 | | 厥阴风木 | | 少阴君火 | | 少阳相火 | | 太阴湿土 | | 阳明燥金 | | 太阳寒水 | |

客气，指天阳之气本身的盛衰变化。客气的排列次序是厥阴风木、少阴君火、太阴湿土、少阳相火、阳明燥金、太阳寒水。客气分为司天之气、在泉之气。司天之气在三之气位上，在泉之气在终之气位上。司天之气在六年中年年不同，轮次司天。司天之气根据值年的岁支，按照十二地支配六气的规定确定。如子年，子为少阴君火，则子年的司天之气为少阴君火；丑年，丑为太阴湿土，则丑年的司天之气为太阴湿土。余类推。司天统一年之气，主上半年的气。在泉之气，与司天之气相对，即终之气位。在泉之气依据客气的次序而确定。如子年，主气三之气为少阳相火，客气中司天之气为少阴君火，司天之气在三之气位；主气终之气为太阳寒水，客气按其次序，太阴湿土加于四之气位，少阳相火加于五之气位，阳明燥金则在终之气位，则阳明燥金为在泉之气。在泉之气主下半年的气。

每年轮转变化的客气加临于年年不变的主气之上，称为客主加临。客主加临主要用于推测该年六节每节的气候变化。客气与主气依据五行生克

以及君火、相火在位的变化而产生相得、不相得。相得是客主之气相生或客主同气，不相得是客主之气相克。相得则气候无异常之变，不相得则气候有异常变化。如子年，主气终之气为太阳寒水，客气在泉之气为阳明燥金，金生水，为相得；主气五之气为阳明燥金，客气少阳相火加于其上，火克金，为不相得。

# 三、干支用于子午流注

　　子午流注学说是我国中医学的主要组成部分，是研究人体气血运行的时刻表。受古代天人合一思想的影响，中医学认为自然界的年、季、日、时周期变化与人们的生理的周期变化有对应关系，人体的气血在不同的时辰运行到不同的经络，进而直接关系人体健康状况。子午流注学说被用于中医针灸，就形成了根据时间条件取穴的针法。此法以十二经脉①肘、膝关节以下的井、荥、俞、经、合五个特定穴位即五腧穴为基础，以干支论五行生克，以日时变易推论十二经气血运行的盛衰与开阖，作为按时取穴的依据。子午指时间而言，子指子时，午指午时。《针灸大全》说："子时一刻，乃一阳之生；午时一刻，乃一阴之生，故以子午分之而得乎中也。"由于行针部位根据时间确定，故称子午流注法。子午流注分为纳甲法和纳子法两种，纳甲法按照天干结合地支的演变规律开穴针刺，纳子法单纯按地支的演变规律开穴针刺。因此，运用子午流注法，必须掌握干支配脏腑经脉穴位的知识。

## （一）天干配脏腑经脉

　　按照脏腑经脉的五行属性，甲、乙木分属胆与肝，丙、丁火分属小肠与心，戊、己土分属胃与脾，庚、辛金分属大肠与肺，壬、癸水分属膀胱与肾。此外，三焦寄属于壬，心包寄属于癸。但明代张景岳改三焦归于丙，包络归于丁，歌诀如下：

　　　　甲胆乙肝丙小肠，丁心戊胃己脾乡；
　　　　庚属大肠辛属肺，壬属膀胱癸肾脏；
　　　　三焦阳腑须归丙，包络从阴丁火旁；
　　　　阳干宜纳阳之腑，阴配阴干理自彰。

---

　　①十二经脉包括手太阴肺经、手阳明大肠经、足阳明胃经、足太阴脾经、手少阴心经、手太阳小肠经、足太阳膀胱经、足少阴肾经、手厥阴心包经、手少阳三焦经、足少阳胆经、足厥阴肝经。

## （二）地支配脏腑经脉

十二地支配合脏腑经脉，是按照各经气血流注的顺序，一个时辰流注一经，十二时辰流注十二经脉。每日气血流注顺序为：寅时流注肺经，卯时流注大肠经，辰时流注胃经，巳时流注脾经，午时流注心经，未时流注小肠经，申时流注膀胱经，酉时流注肾经，戌时流注心包经，亥时流注三焦经，子时流注胆经，丑时流注肝经，如此周而复始，固定不变。《针灸大全》载有十二经纳地支歌：

肺寅大卯胃辰宫，脾巳心午小未中；

申膀酉肾心包戌，亥焦子胆丑肝通。

## （三）天干配五腧穴

五腧穴分阳经五腧穴与阴经五腧穴，所配五行、天干不同。阳经五腧穴中，井穴为庚金，荥穴为壬水，俞穴为甲木，经穴为丙火，合穴为戊土；阴经五腧穴中，井穴为乙木，荥穴为丁火，俞穴为己土，经穴为辛金，合穴为癸水。

## （四）天干配五门十变

五门十变，是从阴阳相合原则发展而来，合则为五，分之为十。十天干与数配合，则甲一、乙二、丙三、丁四、戊五、己六、庚七、辛八、壬九、癸十。根据《河图》之数，"天一生水，地六成之"，则甲与己合；"地二生火，天七成之"，则乙与庚合；"天三生木，地八成之"，则丙与辛合；"地四生金，天九成之"，则丁与壬合；"天五生土，地十成之"，则戊与癸合。十天干相合为夫妻，所以针灸学将此称为夫妻穴配合法，如甲与己合，甲日可以用己日开穴，己日可以用甲日开穴。余类推。

# 四、地支用于月建、时辰养生

## （一）十二月建配养生

一年分为十二个月，十二个月各有月建，月建依二十四节气确定，二十四节气不仅是人们安排农事活动的依据，也是人们养生、保健的时间依据。中医学倡导"人法地，地法天，天法道，道法自然"。人的生命活动必然与十二月建紧密相连。明代冷谦著《修龄要指》一书，书中有《四时调摄》之法，专门阐述了农历十二个月逐月养生法则，节录如下：

正月，肾气受病，肺脏气微，减咸酸，增辛辣，助肾补肺，安养胃气。衣宜下厚而上薄，勿骤脱衣，勿令犯风，防夏餐雪。

二月，肾气微，肝正旺，戒酸增辛，助肾补肝。衣宜暖，令得微汗，以散去冬伏邪。

三月，肾气以息，心气渐临，木气正旺，减甘增辛，补精益气。勿处湿地，勿露体三光下。

四月，肝脏已病，心脏渐壮，增酸减苦补肾助肝，调养胃气。为纯阳之月，忌入房。

五月，肝气休，心正旺，减酸增苦益肝补肾，固密精气，早卧早起，名为毒月。君子斋戒，薄滋味，节嗜欲，霉雨湿蒸，宜烘燥衣。时焚苍术，常擦涌泉穴，以袜护足。

六月，肝弱脾旺，节约饮食，远避声色。阴气内伏，暑毒外蒸，勿濯冷，勿当风，夜勿纳凉，卧勿摇扇，腹护单衾，食必温暖。

七月，肝心少气，肺脏独旺，增咸减辛助气补筋以养脾胃。安静性情，毋冒极热，须要爽气，足与脑宜微凉。

八月，心脏气微，肺金用事，减苦增辛助筋补血以养心肝脾胃。勿食姜，勿沾秋露。

九月，阳气已衰，阴气太盛，减苦增甘补肝益肾助脾胃。勿冒暴风，恣醉饱。

十月，心肺气弱，肾气强盛，减辛苦以养肾气，为纯阴之月，一岁发育之功，实胚胎于此。大忌入房。

十一月，肾脏正旺，心肺衰微，增苦减咸补理肺胃。一阳方生，远帷幌，省言语。

十二月，土旺，水气不行，减甘增苦补心助肺调理肾气。勿冒霜雪，禁疲劳，防汗出。

## （二）十二时辰配养生

中医学认为，不仅一年十二个月是一个完整的循环，一天十二个时辰也是一个完整的循环。十二时也有一套相应的养生理论，清代养生家尤乘称之为"十二时无病法"，载于《寿世青编·卷上·十二时无病法》，节录如下：

洁一室，穴南牖，八窗通明，勿多陈列玩器，引乱心目。设广榻长几各一，笔砚焚楚，旁设小几一，挂字画一幅，频换。几上置得意书一二部，古帖一本，香炉一，茶具全。心目间常要一尘不染。

丑寅时，精气发生之候，勿浓睡，拥衾坐床，呵气一二口，以出浊气。将两手搓热，擦鼻两旁及熨两目五七遍；更将两耳揉卷，向前后五七遍，以两手抱脑，手心恰掩两耳，用食指弹中指，击脑后各二十四，左右耸身，舒臂作开弓势五七遍；后以两股伸缩五七遍；叩齿七七数；漱津满口，以意送下丹田，作三口咽。清五脏火，少息。

卯见晨光，量寒温穿衣服，起坐明窗下，进百滚白汤一瓯，勿饮茶，栉发百下，使疏风散火，明目去脑热。盥漱毕，早宜粥，宜淡素，饱摩腹，徐行五六十步。取酒一壶，放案头，如出门先饮一二杯。昔有三人，皆冒重雾行，一病一死一无恙。或问故，无恙者曰我饮酒，病者食，死者空腹。是以知酒力辟邪最胜。不出门或倦，则浮白以助其气。

辰巳二时，或课儿业，或理家政，就事欢然，勿以小故动气。杖入园林，督园丁种植蔬果，芟草灌花莳药。归来入室，闭目定神，咽津约十数口。盖亥字以来，真气至巳午而微，宜用调息以养之。

午餐，量腹而入，食宜美。美非水陆毕具，异品殊珍。柳公度年八十九，尝语人曰：我不以脾胃熟生物，暖冷物，软硬物。不生、不冷、不硬，美也。又勿强食，当饥而食，食勿过饱，食毕起行百步。摩腹又转手摩肾堂令热，使水土运动，汲水煎茶。饮适可，勿过多。

未时，就书案，或读快书，怡悦神气，或吟古诗，畅发悠情。或知己偶聚，谈勿及闺，勿及权势，勿臧否人物，勿争辨是非，当持寡言养气之法。或共知己闲行百余步，不衫不履，颓然自放，勿从劳苦殉礼节。

申时，点心，用粉面一二物，或果品一二物，弄笔临古帖，抚古琴，倦即止。

酉时，宜晚餐勿迟，量饥饱勿过，小饮勿醉，陶然而已。《千金方》云：半醉酒，独自宿，软枕头，暖盖足。言最有味。课子孙一日程，如法即止，勿苛。

戌时，篝灯，热汤濯足，降火除湿，冷茶漱口，涤一日饮食之毒。默坐，日间看书得意处，复取阅之，勿多阅，多伤目，亦勿多思。郑汉奉曰：思虑之害，甚于酒色。思虑多则心火上炎，火炎则肾水下涸，心肾不交，人理绝矣。故少思以宁心，更阑方就寝。涌泉二穴，精气所生之地，寝时宜擦千遍。榻前宜烧苍术诸香，以辟秽气及诸不详。

亥子时，安睡以培元气，身必欲侧，屈上一足。先睡心，后睡眼，勿想过去、未来、人我等事。惟以一善为念，则怪梦不生，如此御气调神，方为自爱其宝。

第七章　干支用于民俗文化

民俗，是创造于民间又传承于民间的具有世代相习的传统文化现象，通过约定俗成的方式为人们所接受，既丰富了人们的生活，又增加了民族的凝聚力。我国民俗起源于传说中的黄帝时期。当时的人们在从事采摘、打猎的过程中常常会遇到一些不可抗拒的现象或灾难，这让先民猜测有一种神秘力量在支配一切，由此产生崇拜心理，如对大自然的崇拜。民俗活动离不开时间和空间的规定，干支作为古代社会记录时间和空间符号，逐渐与生肖、阴阳五行等结合起来，由本义到衍生义，再加上各种附会，其在民俗中的应用越来越广泛，涉及农耕、婚姻、丧葬、祭祀、旅行、建筑等很多方面，成为民俗文化必不可少的重要组成部分。不懂一点干支知识，就很难理解民俗文化中的很多事项。

# 一、干支用于生肖

### （一）十二地支配十二生肖的由来

生肖，也称属相，是指既可以用来代表年份，也可以用来代表人的出生年的十二种动物。十二生肖即鼠、牛、虎、兔、龙、蛇、马、羊、猴、鸡、狗、猪，依次对应子、丑、寅、卯、辰、巳、午、未、申、酉、戌、亥。

子为鼠：鼠的身体颜色为黑色，属五行水；鼠的习性，白昼伏藏，夜晚出动，象征阴气；钻出洞穴时，常常只露出一点头部，象征阳气萌动于子位，即将由伏藏状态变为出现。所以，鼠居于子位。

丑为牛：牛属性为阴，人们常用两头牛牵引手犁进行耕种；丑属于艮卦，艮主立春，立春时节，农耕活动已经开始，正是牛出力的时候。所以，牛居于丑位。

寅为虎：虎居山林；寅为木，主管丛林，又属艮卦，艮为山，所以寅为山林，正是虎所居处的地方。虎有斑纹即文采；寅为火之长生，火主管文章，所以寅有色彩斑斓的特点，正与虎相类。因此，虎居于寅位。

卯为兔：兔属性为阳，月属性为阴，兔居住于月宫之中，象征阴气怀有阳气，如同坎卦两阴爻中怀有一个阳爻；坎卦位在子，子刑在卯。所以，兔居于卯位。

辰为龙：龙能够兴云致雨，神通广大，为水禽类动物的第一，非大海不能包容；辰为申子辰三合水的末支，象征水的末端，如同百川向东注入，归于大海。所以，龙居于辰位。

巳为蛇：蛇属性为阳，巳中有临官状态的火，火为阳性；蛇常常栖息于土洞中，巳中有寄生状态的土。所以，蛇居于巳位。

午为马：马有圆形蹄子，象征阳性，午为火，火为太阳之气；马有奔跑的足，午为通天的路。所以，马居于午位。

未为羊：羊是中国古代举行婚娉礼仪中的吉祥用品，《说文解字》载："羊，祥也。"《式经》说："未支为小吉，主管婚姻、礼聘。"所以，羊居于未位。

申为猴：猴的相貌如同老人，万物至申月已经衰老；猴在秋时为储备过冬食物而争斗称王，申中有临官状态的金，主肃杀之气。所以，猴居于申位。

酉为鸡：鸡有五德，武为第一，见到敌人必然斗争；酉为金，具有威风雄壮的功用。所以，鸡居于酉位。

戌为狗：狗为主人效力，防范奸恶；戌时为黄昏，昏暗的时候，需要警戒防备。所以，狗居于戌位。

亥为猪：猪身体颜色为玄色，属水；猪的蹄子分开，属阴性；猪五更时分必定起来活动，很有规律，如同水有潮信。亥为水，且为混杂的水，象征污浊肮脏，是猪所居住的地方。所以，猪居于亥位。

## （二）地支相害与生肖相害

中国古代民间流传着一首生肖相害诗："白马怕青牛，羊鼠一旦休；蛇虎如刀错，兔龙泪交流；金鸡避玉犬，猪猴不到头。"生肖相害的依据就是地支相害，十二地支中的午与丑、未与子、巳与寅、卯与辰、酉与戌、亥与申存在相害关系，生肖相害关系即由此而来。《五行大义》说："五行所恶，其在破冲。今之相害，以与破冲合。"午丑相害，因为，丑与子合，子冲破午；午与未合，未破于丑。未子相害，因为，未与午合，午冲于子；子与丑合，丑破于未。巳寅相害，因为，巳与申合，申冲破寅；寅与亥合，亥冲破巳。卯辰相害，因为，卯与戌合，戌破于辰；辰与酉合，酉冲破卯。酉戌相害，因为，酉与辰合，辰破于戌；戌与卯合，卯冲于酉。亥申相害，因为，亥与寅合，寅冲于申；申与巳合，巳冲于亥。地支之间相害，其所属生肖亦随之相害，这些只是民间流传的说法，若将其用于判断婚姻吉凶则毫无科学根据。

## （三）行嫁月

女子结婚有行嫁月之说，以女方属相为准。清道光年间，河北省定兴县郝清和与李廷弼合著《五言杂字》，记载定兴民俗，是一本具有深厚地方特色的蒙学读物，最初在河北广为流传，清末流传到山东、山西、河南、四川等地。书中载有"行嫁月"："谨择行嫁月，属象月令全；正七鸡与兔，二八虎猴占；三九蛇猪旺，四十龙狗班；五十一牛羊，六腊鼠马传。"认为女子行嫁月的选择当用女方属相与当年月令进行推算。其法：正月、七月宜属相鸡与兔，二月、八月宜属相虎与猴，三月、九月宜属相蛇与猪，四月、十月宜属相龙与狗，五月、十一月宜属相牛与羊，六月、腊月宜属相鼠与马。

行嫁月的理论依据或与五行生成数有关。《五行大义·卷第一·明数·论五行及生成数》说："《孝经援神契》曰：'以一立，以二谋，以三出，以四挚，以五合，以六嬉，以七变，以八舒，以九烈，以十钩。'"又说："《春秋元命苞》云：'胎错舞连以拘一，动合于二，故阴阳；受成于三，故日月星；序张于四，故时；起立于五，故行；动布于六，故律；踊分于七，故宿；改萌于八，故风；布极于九，故州；吐毕于十，故功成，数止。'"

一数有二说：一说"一立"。"立"的意思是建立、制定，系统从下向上运行的起始点是水，这是事业发展的起点，万数都是从"一"开始建立起来的，所以称为"一立"。女子结婚是组成家庭的开始，也是新的事业的开始，具有"一立"的意思。二说"胎错舞连以拘一"。"胎"的意思是胚胎，"错"的意思是离起，是说万物最初的运动是从怀胎开始的，事物从此由无进入有，由静进入动，离开原来的运行状态。女子出嫁是离开父母之家进入夫家的开始，具有"胎错舞连以拘一"的意思。

七数有二说：一说"七变"。七是火的成数，火在成数时的功用是通过燃烧引起事物的变化，变化是火的特长，所以说"七变"。女子结婚是由未婚少女变成已婚少妇，具有"七变"的意思。二说"踊分于七，故宿"。"踊"的意思是跳跃，二十八宿分东、南、西、北四宫，每宫七宿，"宿"是日、月、五星栖宿的场所。女子出嫁是住宿场所由娘家跳跃到了夫家，具有"踊分于七，故宿"的意思。

因此，女子行嫁适用"一""七"数。将十二生肖配合十二支、十二月环布成圆形，以女子属相为基点，按照子鼠、寅虎、辰龙、午马、申猴、戌狗为阳，阳顺行第一位起一、第七位起七，所对应月份即为行嫁月，如女子为子鼠属相，子为奇数，为阳，顺行第一位为丑，为"一立"，第七位为未，为"七变"，其行嫁月为丑月、未月，余例推；按照丑牛、卯兔、巳蛇、未羊、酉鸡、亥猪为阴，阴逆行第一位起一、第七位起七，所对应月份即为行嫁月，如女子为丑牛属相，丑为偶数，为阴，逆行第一位为子，为"一立"，第七位为午，为"七变"，其行嫁月为子月、午月，余例推。

## 二、干支用于民间择吉

### （一）干支纪年与太岁

我国古代天文学家将黄道分为十二次，岁星（木星）一年约行一次，因此，根据岁星在十二次中的位置可以纪年，即岁星纪年法。但是，因为岁星的恒星周期并非 12 年整，而是 11.86 年，用其纪年并不准确，因此我国古代天文历法专家们便假设有一个与岁星运行方向相反，匀速运动的"反岁星"，每年正好行经一次，12 年运行一周天，取代岁星纪年。这个假设的星体谓之太岁，又称太阴、岁阴。太岁与十二辰也是相对应的，但并不直接用十二辰表示，而是有自己的岁名。西汉年间，历法家们为了纪年的准确、便利，又以十干来配十二辰，也有十个名称，叫"岁阳"。十二岁名与十二辰、岁阳与十干对应关系在本书第二章干支纪年已有详述。

岁阳与岁阴（岁名）相配就组成了 60 个年名，实际上就是干支相配的六十甲子，所以至今六十甲子纪年，就是六十甲子值年的太岁，并逐一命以姓名。如公元 2016 年是农历丙申年，太岁就是丙申，姓管名仲；2017 年是农历丁酉年，太岁就是丁酉，姓康名杰……六十甲子太岁姓名如下：

| | | | |
|---|---|---|---|
| 甲子金赤 | 乙丑陈泰 | 丙寅沈兴 | 丁卯耿章 |
| 戊辰赵达 | 己巳郭灿 | 庚午王清 | 辛未李素 |
| 壬申刘旺 | 癸酉康志 | 甲戌誓广 | 乙亥伍保 |
| 丙子郭嘉 | 丁丑汪文 | 戊寅曾光 | 己卯伍仲 |
| 庚辰重德 | 辛巳郑祖 | 壬午路明 | 癸未魏仁 |
| 甲申方公 | 乙酉蒋嵩 | 丙戌向般 | 丁亥封齐 |
| 戊子郢班 | 己丑潘佑 | 庚寅邬桓 | 辛卯范宁 |
| 壬辰彭泰 | 癸巳徐舜 | 甲午张词 | 乙未杨贤 |
| 丙申管仲 | 丁酉康杰 | 戊戌姜武 | 己亥谢寿 |
| 庚子虞起 | 辛丑汤信 | 壬寅贺谔 | 癸卯皮时 |
| 甲辰李成 | 乙巳吴遂 | 丙午文折 | 丁未缪丙 |

| 戊申俞志 | 己酉程寅 | 庚戌化秋 | 辛亥叶坚 |
| 壬子邱德 | 癸丑林簿 | 甲寅张朝 | 乙卯方清 |
| 丙辰辛亚 | 丁巳易彦 | 戊午姚黎 | 己未傅悦 |
| 庚申毛梓 | 辛酉文政 | 壬戌洪氾 | 癸亥虞程 |

古代认为，太岁为人君之象，值年太岁掌管这一年人间的福祸，也掌管这一年出生的人的祸福，每年要祭拜值年太岁，祈求平安。太岁在年、月、日、时系统中位次最高，同人类社会系统中的人君相似，所以太岁有人君之象，是各种神秘力量的总首领。这是对太岁的功能定位。既然太岁像君王，就也同君王一样，既不可向着他，也不可冒犯他，因此，诸如营造、修建之类就都须回避太岁方位了。定兴《五言杂字》说："推着拉着回，莫惹太岁嫌。"就是讲的回避太岁方位的民间习俗。

与太岁对冲的地支被称为岁破。民间认为，太岁本身，即不可向，其所对冲之方就是"不可向"之方。将十二地支环布，两两相对，即为两两相对冲，如子午相对冲、丑未相对冲、寅申相对冲、卯酉相对冲、辰戌相对冲、巳亥相对冲，冲则破。与太岁相对冲的支，就称为"岁破"。古代军事家认为，作战之时，我方居于太岁之方，敌方居于岁破之方，则可以收到"背孤击虚"的效果。

## （二）干支纪日与十二建星

十二建星，又称十二直或建除十二客，依次为建、除、满、平、定、执、破、危、成、收、开、闭，最初是用来纪月，后来被用于纪日。关于它们的含义，清代《钦定协纪辨方书·卷四·建除十二神》解释说：

建者一月之主，故从建起义。而参伍于十二辰，古之所谓建除家言也。建次为除，除旧布新，月之相气也。一生二，二生三，三者数之极，故曰满。满则必溢矣。《易》曰：坎不盈，祇既平，概满则平，继满故必以平也。平则定，建前四位则三合，合亦定也。定则可执矣，故继之以执。执者，守其成也，物无成而不毁，故继之以破。对七为冲，冲则破也。救破以危。在《易》"巳日乃革"之巳，十干之第六破，十二辰之第七，其义同也，是故救破以危。既破而心知危，孟子曰：危故达。夫心能危者，事乃成矣，不

必待其成而后知为达也。《淮南子》云：前三后五，百事可举。平，前三也。危，后五也。继危者成。何以成？建三合备也。既成必收。自建至此而十，十极数也，数无终极之理，开之。开之云者，十即一也，一生二，二生三，由此一而三之，则复为建矣。建固生于开者也，故开为生气也。气始萌芽，不闭则所谓发天地之房而物不能以生，故受之以闭，终焉。唯其能闭，故复能建，与《易》同也。

十二建星源于斗杓所指。宋鲍云龙撰、明鲍宁辨正《天原发微·卷三上·天枢》记载："斗每月所指辰曰建。斗第一星为魁，四为衡，七为杓。用昏建者杓，属阴；夜半建曰衡；居平旦建者魁，属阳……如正月，寅日值建，二卯，三辰之类，与斗杓所指相应。"清代《御定星历考原·卷五·日时总类·月建十二神》也说："其法从月建上起建，与斗杓所指相应。"北斗斗柄每月所指的十二辰，称为建。北斗第一星为魁，即天枢，第四星（笔者按：当为第五星）为玉衡，第六星为开阳，第七星为摇光，第六星与第七星的连线称为"杓"。按照北斗七星斗机所建，在古代观象中有"晨建、昏建、夜半建"三个体系。"昏建"即"斗杓建"，在初昏时观测北斗第六、七星连线所指向的地平方位，用来记岁名和月名。"夜半建者衡"，在夜半时观测北斗第五、七星连线所指方位。"平旦建者魁"，在黎明前以魁星与参肩连线所指定月建。其所得月建与前两种不同。研究历法的学者用建、除、满、平、定、执、破、危、成、收、开、闭十二字分配十二日，其法从每一月月建上起"建"，如正月，月建为寅，寅日值建；二月，月建为卯，卯日值建；三月，月建为辰，辰日值建之类。这与斗杓所指相互对应。

十二建星起法通常为月建起建法。明代朱载堉《圣寿万年历·律历融通·卷一·求建除》说："建、除、满、平、定、执、破、危、成、收、开、闭，终而复始，交节之后，各以同月之日为建，故交节之始与上日重名。"二十四节气交节之后，以月支为月建，从每月月建上起"建"，按照十二建星顺序配合十二日，周而复始。交节之日重复前一日建除。如2016年6月5日交芒种节，其前一日6月4日为建日，则6月5日也为建日。对于月建起法，清代《御定星历考原·卷五·日时总类·月建十二神》讲得更清楚："历书曰，历家以建、除、满、平、定、执、破、危、成、收、开、闭，凡十二日，周而复始，观所值以定吉凶。每月交节则叠两值日。其法从月建上起建，与斗杓所指相应。如正月建寅，则寅日起建，顺行十二辰是也。《淮南子》曰：正月建寅，则寅为建，卯为除，辰为满，巳为平，主生，午为定，未为执，主陷，申为破，主衡，酉为危，主杓，戌为成，主小德，亥为收，主大德，子为开，主太阳，丑为闭，主太阴。"《淮南子》将建除法举例说明，如正月月建为寅，则寅日为建，卯日为除，辰日为满，巳日为平，午日为定，未日为执，申日为破，酉日为危，戌日为成，亥日为收，子日为开，丑日为闭。余类推。

### （三）干支纪日与彭祖百忌日

旧时历书常标注有"彭祖百忌"，其法以干支纪日之天干、地支确定每日忌行之事。清代《钦定协纪辨方书·卷三十五·附录·百忌日》载："甲不开仓，乙不栽植，丙不修灶，丁不剃头，戊不受田，己不破券，庚不经络，辛不合酱，壬不决水，癸不词讼。子不问卜，丑不冠带，寅不祭祀，卯不穿井，辰不哭泣，巳不远行，午不苫盖，未不服药，申不安床，酉不会客，戌不乞狗，亥不嫁娶。"

天干禁忌，由天干本义派生出来。试说如下：

甲不开仓：甲像万物皆被孚甲，如同财米钱粮储存于仓库中，开仓则仓库打开，如同甲壳破裂，所以甲日不开仓。

乙不栽植：乙像草木生长困难、弯弯曲曲的样子，栽种则不易成活，所以乙日不栽种。

丙不修灶：丙像万物光明强大，炳然显著，修灶则火势过盛，所以丙日不修灶。

丁不剃头：丁像万物生长将要停止，剃头则有风险，所以丁日不剃头。

戊不受田：戊像五方之龙汇聚中央，象征土地集中统一，而授田则是古代将田地授予民众的制度，此时，民众不宜接受公家分给的土地，所以戊日不受田。

己不破券：己像万物刚结出果实但还收藏于土中的样子，而破券是古代契据常分为两半，双方各执其一，以为凭证，一合一分，截然不同，所以己日不破券。

庚不经络：庚像万物庚庚有实，硕果累累，如同疾病发展已经发生器质性改变，而经络是中医针灸、按摩的理论基础，用之已经难以治疗发展了的疾病，所以庚日不疏通经络。

辛不合酱：辛像万物成熟，味道辛辣，而合酱是用发酵后的豆、麦等做成调味品，此时加工容易变味，所以辛日不合酱。

壬不决水：壬像万物怀妊，阴中怀妊着阳，而决水是掘堤或开闸放水，一收一放，两相背离，所以壬日不决水。

癸不词讼：癸像一目了然，可以揆度测量，而词讼是诉讼、打官司，二者相悖，所以癸日不词讼。

地支禁忌，由地支本义派生出来。试说如下：

子不问卜：子像一阳初动，万物未生，而问卜是预测未来，未来尚无，何以预测，所以子日不问卜。又子时为上、下两日分界点，难以确定当属上一日，还是下一日，也无法问卜。

丑不冠带：丑像可解的纽结，而冠为帽子，带为配饰，都需要打结固定，不宜解开，所以丑日不冠带。

寅不祭祀：寅像交互的房子覆盖着阳气，使阳气不能上达，上下不通，而祭祀的对象是天神、地祇、人鬼，目的是人、神、鬼相通，所以寅日不祭祀。

卯不穿井：卯像万物冒出地面，而穿井是向地面下开凿水井，二者相悖，所以卯日不穿井。

辰不哭泣：辰为五行水和土的墓库，而哭泣为悲伤之事，犯重丧，所以辰日不哭泣。

巳不远行：巳像阳气已出，阴气已藏，为纯阳之象，阳气盛极将衰，而行为动，属阳性，远行则阳性更强，为防极而生变，所以巳日不远行。

午不苫盖：午意为逆反，象征阴气逆犯阳气，顶触地面而出，而苫盖是遮盖使不出，所以午日不苫盖。

未不服药：未像树木枝叶重叠，已老之象，而服药的目的是通过服食药物，延长生命，所以未日不服药。

申不安床：申像万物的果实伸展延长之象，官员于申时听理公事，而安床是安置睡床卧铺，目的是休息，二者相悖，所以申日不安床。

酉不会客：酉上"一"像秋天之门关闭之象，而会客则需要开门迎客，所以酉日不会客。

戌不乞狗：戌在十二生肖为狗，而"乞狗"，旧历书作"吃犬"，即吃狗肉，所以戌日不乞狗。

亥不嫁娶：亥像阴气肃杀，万物都进入核中封闭起来，而嫁娶是男婚女嫁，男女成婚，所以亥日不嫁娶。

彭祖百忌以每日天干地支为标志，依据的是十天干和十二地支的本义，并无科学道理，随着社会的进步，当今与禁忌有关的习俗仍在民间流传，但和干支已经没有什么关系了。

实用

干支

万年历

第八章　2016—2050年实用干支历

# 公元2016年　　　农历丙申(猴)年

## 1月大

小寒　6日06时09分
大寒　20日23时28分

农历十一月(12月11日-1月9日)　月干支:戊子①

| 公历 | 星期 | 农历 | 干支 | 日建 | 星宿 | 五行 | 八卦 | 五气 | 五脏 | 五汁 | 时辰 |
|---|---|---|---|---|---|---|---|---|---|---|---|
| 1 | 五 | 冬月 | 壬午 | 破 | 牛 | 木 | 乾 | 风 | 肝 | 泪 | 庚子 |
| 2 | 六 | 廿三 | 癸未 | 危 | 女 | 木 | 兑 | 寒 | 肝 | 泪 | 壬子 |
| 3 | 日 | 廿四 | 甲申 | 成 | 虚 | 水 | 离 | 寒 | 肾 | 唾 | 甲子 |
| 4 | 一 | 廿五 | 乙酉 | 收 | 危 | 水 | 震 | 寒 | 肾 | 唾 | 丙子 |
| 5 | 二 | 廿六 | 丙戌 | 开 | 室 | 土 | 巽 | 湿 | 脾 | 涎 | 戊子 |
| 6 | 三 | 廿七 | 丁亥 | 开 | 壁 | 土 | 坎 | 湿 | 脾 | 涎 | 庚子 |
| 7 | 四 | 廿八 | 戊子 | 闭 | 奎 | 火 | 艮 | 热 | 心 | 汗 | 壬子 |
| 8 | 五 | 廿九 | 己丑 | 建 | 娄 | 火 | 坤 | 热 | 心 | 汗 | 甲子 |
| 9 | 六 | 三十 | 庚寅 | 除 | 胃 | 木 | 乾 | 风 | 肝 | 泪 | 丙子 |
| 10 | 日 | 腊月 | 辛卯 | 满 | 昴 | 木 | 巽 | 风 | 肝 | 泪 | 戊子 |
| 11 | 一 | 初二 | 壬辰 | 平 | 毕 | 水 | 坎 | 寒 | 肾 | 唾 | 庚子 |
| 12 | 二 | 初三 | 癸巳 | 定 | 觜 | 水 | 艮 | 寒 | 肾 | 唾 | 壬子 |
| 13 | 三 | 初四 | 甲午 | 执 | 参 | 金 | 坤 | 燥 | 肺 | 涕 | 甲子 |
| 14 | 四 | 初五 | 乙未 | 破 | 井 | 金 | 乾 | 燥 | 肺 | 涕 | 丙子 |
| 15 | 五 | 初六 | 丙申 | 危 | 鬼 | 火 | 兑 | 热 | 心 | 汗 | 戊子 |
| 16 | 六 | 初七 | 丁酉 | 成 | 柳 | 火 | 离 | 热 | 心 | 汗 | 庚子 |
| 17 | 日 | 初八 | 戊戌 | 收 | 星 | 木 | 震 | 风 | 肝 | 泪 | 壬子 |
| 18 | 一 | 初九 | 己亥 | 开 | 张 | 木 | 巽 | 风 | 肝 | 泪 | 甲子 |
| 19 | 二 | 初十 | 庚子 | 闭 | 翼 | 土 | 坎 | 湿 | 脾 | 涎 | 丙子 |
| 20 | 三 | 十一 | 辛丑 | 建 | 轸 | 土 | 艮 | 湿 | 脾 | 涎 | 戊子 |
| 21 | 四 | 十二 | 壬寅 | 除 | 角 | 金 | 坤 | 燥 | 肺 | 涕 | 庚子 |
| 22 | 五 | 十三 | 癸卯 | 满 | 亢 | 金 | 乾 | 燥 | 肺 | 涕 | 壬子 |
| 23 | 六 | 十四 | 甲辰 | 平 | 氐 | 火 | 兑 | 热 | 心 | 汗 | 甲子 |
| 24 | 日 | 十五 | 乙巳 | 定 | 房 | 火 | 离 | 热 | 心 | 汗 | 丙子 |
| 25 | 一 | 十六 | 丙午 | 执 | 心 | 水 | 震 | 寒 | 肾 | 唾 | 戊子 |
| 26 | 二 | 十七 | 丁未 | 破 | 尾 | 水 | 巽 | 寒 | 肾 | 唾 | 庚子 |
| 27 | 三 | 十八 | 戊申 | 危 | 箕 | 土 | 坎 | 湿 | 脾 | 涎 | 壬子 |
| 28 | 四 | 十九 | 己酉 | 成 | 斗 | 土 | 艮 | 湿 | 脾 | 涎 | 甲子 |
| 29 | 五 | 二十 | 庚戌 | 收 | 牛 | 金 | 坤 | 燥 | 肺 | 涕 | 丙子 |
| 30 | 六 | 廿一 | 辛亥 | 开 | 女 | 金 | 乾 | 燥 | 肺 | 涕 | 戊子 |
| 31 | 日 | 廿二 | 壬子 | 闭 | 虚 | 木 | 兑 | 风 | 肝 | 泪 | 庚子 |

## 2月闰

立春　4日17时46分
雨水　19日13时34分

农历腊月(1月10日-2月7日)　月干支:己丑

| 公历 | 星期 | 农历 | 干支 | 日建 | 星宿 | 五行 | 八卦 | 五气 | 五脏 | 五汁 | 时辰 |
|---|---|---|---|---|---|---|---|---|---|---|---|
| 1 | 一 | 腊月 | 癸丑 | 建 | 危 | 木 | 离 | 风 | 肝 | 泪 | 壬子 |
| 2 | 二 | 廿四 | 甲寅 | 除 | 室 | 水 | 震 | 寒 | 肾 | 唾 | 甲子 |
| 3 | 三 | 廿五 | 乙卯 | 满 | 壁 | 水 | 巽 | 寒 | 肾 | 唾 | 丙子 |
| 4 | 四 | 廿六 | 丙辰 | 满 | 奎 | 土 | 坎 | 湿 | 脾 | 涎 | 戊子 |
| 5 | 五 | 廿七 | 丁巳 | 平 | 娄 | 土 | 艮 | 湿 | 脾 | 涎 | 庚子 |
| 6 | 六 | 廿八 | 戊午 | 定 | 胃 | 火 | 坤 | 热 | 心 | 汗 | 壬子 |
| 7 | 日 | 廿九 | 己未 | 执 | 昴 | 火 | 乾 | 热 | 心 | 汗 | 甲子 |
| 8 | 一 | 正月 | 庚申 | 破 | 毕 | 木 | 离 | 风 | 肝 | 泪 | 丙子 |
| 9 | 二 | 初二 | 辛酉 | 危 | 觜 | 木 | 震 | 风 | 肝 | 泪 | 戊子 |
| 10 | 三 | 初三 | 壬戌 | 成 | 参 | 水 | 巽 | 寒 | 肾 | 唾 | 庚子 |
| 11 | 四 | 初四 | 癸亥 | 收 | 井 | 水 | 坎 | 寒 | 肾 | 唾 | 壬子 |
| 12 | 五 | 初五 | 甲子 | 开 | 鬼 | 金 | 艮 | 燥 | 肺 | 涕 | 甲子 |
| 13 | 六 | 初六 | 乙丑 | 闭 | 柳 | 金 | 坤 | 燥 | 肺 | 涕 | 丙子 |
| 14 | 日 | 初七 | 丙寅 | 建 | 星 | 火 | 乾 | 热 | 心 | 汗 | 戊子 |
| 15 | 一 | 初八 | 丁卯 | 除 | 张 | 火 | 兑 | 热 | 心 | 汗 | 庚子 |
| 16 | 二 | 初九 | 戊辰 | 满 | 翼 | 木 | 离 | 风 | 肝 | 泪 | 壬子 |
| 17 | 三 | 初十 | 己巳 | 平 | 轸 | 木 | 震 | 风 | 肝 | 泪 | 甲子 |
| 18 | 四 | 十一 | 庚午 | 定 | 角 | 土 | 巽 | 湿 | 脾 | 涎 | 丙子 |
| 19 | 五 | 十二 | 辛未 | 执 | 亢 | 土 | 坎 | 湿 | 脾 | 涎 | 戊子 |
| 20 | 六 | 十三 | 壬申 | 破 | 氐 | 金 | 艮 | 燥 | 肺 | 涕 | 庚子 |
| 21 | 日 | 十四 | 癸酉 | 危 | 房 | 金 | 坤 | 燥 | 肺 | 涕 | 壬子 |
| 22 | 一 | 十五 | 甲戌 | 成 | 心 | 火 | 乾 | 热 | 心 | 汗 | 甲子 |
| 23 | 二 | 十六 | 乙亥 | 收 | 尾 | 火 | 兑 | 热 | 心 | 汗 | 丙子 |
| 24 | 三 | 十七 | 丙子 | 开 | 箕 | 水 | 离 | 寒 | 肾 | 唾 | 戊子 |
| 25 | 四 | 十八 | 丁丑 | 闭 | 斗 | 水 | 震 | 寒 | 肾 | 唾 | 庚子 |
| 26 | 五 | 十九 | 戊寅 | 建 | 牛 | 土 | 巽 | 湿 | 脾 | 涎 | 壬子 |
| 27 | 六 | 二十 | 己卯 | 除 | 女 | 土 | 坎 | 湿 | 脾 | 涎 | 甲子 |
| 28 | 日 | 廿一 | 庚辰 | 满 | 虚 | 金 | 艮 | 燥 | 肺 | 涕 | 丙子 |
| 29 | 一 | 廿二 | 辛巳 | 平 | 危 | 金 | 坤 | 燥 | 肺 | 涕 | 戊子 |

实用干支万年历

①本书历表中月干支均指干支纪月的干支，以二十四节气中"十二节"的交节时刻为界。例如，此处戊子月时间段起自小寒节气，到立春节气前一刻为止。其余月份依此类推。

# 公元 2016 年　　　农历丙申（猴）年

| 3月大 | 惊蛰 | 5日11时44分 |
|---|---|---|
| | 春分 | 20日12时31分 |

农历正月（2月8日－3月8日）　　月干支：庚寅

| 公历 | 星期 | 农历 | 干支 | 日建 | 星宿 | 五行 | 八卦 | 五气 | 五脏 | 五汁 | 时辰 |
|---|---|---|---|---|---|---|---|---|---|---|---|
| 1 | 二 | 正月 | 壬午 | 定 | 室 | 木 | 乾 | 风 | 肝 | 泪 | 庚子 |
| 2 | 三 | 廿四 | 癸未 | 执 | 壁 | 木 | 兑 | 风 | 肝 | 泪 | 壬子 |
| 3 | 四 | 廿五 | 甲申 | 破 | 奎 | 水 | 离 | 寒 | 肾 | 唾 | 甲子 |
| 4 | 五 | 廿六 | 乙酉 | 危 | 娄 | 水 | 震 | 寒 | 肾 | 唾 | 丙子 |
| 5 | 六 | 廿七 | 丙戌 | 危 | 胃 | 土 | 巽 | 湿 | 脾 | 涎 | 戊子 |
| 6 | 日 | 廿八 | 丁亥 | 成 | 昴 | 土 | 坎 | 湿 | 脾 | 涎 | 庚子 |
| 7 | 一 | 廿九 | 戊子 | 收 | 毕 | 火 | 艮 | 热 | 心 | 汗 | 壬子 |
| 8 | 二 | 三十 | 己丑 | 开 | 觜 | 火 | 坤 | 热 | 心 | 汗 | 甲子 |
| 9 | 三 | 二月 | 庚寅 | 闭 | 参 | 木 | 震 | 风 | 肝 | 泪 | 丙子 |
| 10 | 四 | 初二 | 辛卯 | 建 | 井 | 木 | 巽 | 风 | 肝 | 泪 | 戊子 |
| 11 | 五 | 初三 | 壬辰 | 除 | 鬼 | 水 | 坎 | 寒 | 肾 | 唾 | 庚子 |
| 12 | 六 | 初四 | 癸巳 | 满 | 柳 | 水 | 艮 | 寒 | 肾 | 唾 | 壬子 |
| 13 | 日 | 初五 | 甲午 | 平 | 星 | 金 | 坤 | 燥 | 肺 | 涕 | 甲子 |
| 14 | 一 | 初六 | 乙未 | 定 | 张 | 金 | 乾 | 燥 | 肺 | 涕 | 丙子 |
| 15 | 二 | 初七 | 丙申 | 执 | 翼 | 火 | 兑 | 热 | 心 | 汗 | 戊子 |
| 16 | 三 | 初八 | 丁酉 | 破 | 轸 | 火 | 离 | 热 | 心 | 汗 | 庚子 |
| 17 | 四 | 初九 | 戊戌 | 危 | 角 | 木 | 震 | 风 | 肝 | 泪 | 壬子 |
| 18 | 五 | 初十 | 己亥 | 成 | 亢 | 木 | 巽 | 风 | 肝 | 泪 | 甲子 |
| 19 | 六 | 十一 | 庚子 | 收 | 氐 | 土 | 坎 | 湿 | 脾 | 涎 | 丙子 |
| 20 | 日 | 十二 | 辛丑 | 开 | 房 | 土 | 艮 | 湿 | 脾 | 涎 | 戊子 |
| 21 | 一 | 十三 | 壬寅 | 闭 | 心 | 金 | 坤 | 燥 | 肺 | 涕 | 庚子 |
| 22 | 二 | 十四 | 癸卯 | 建 | 尾 | 金 | 乾 | 燥 | 肺 | 涕 | 壬子 |
| 23 | 三 | 十五 | 甲辰 | 除 | 箕 | 火 | 兑 | 热 | 心 | 汗 | 甲子 |
| 24 | 四 | 十六 | 乙巳 | 满 | 斗 | 火 | 离 | 热 | 心 | 汗 | 丙子 |
| 25 | 五 | 十七 | 丙午 | 平 | 牛 | 水 | 震 | 寒 | 肾 | 唾 | 戊子 |
| 26 | 六 | 十八 | 丁未 | 定 | 女 | 水 | 巽 | 寒 | 肾 | 唾 | 庚子 |
| 27 | 日 | 十九 | 戊申 | 执 | 虚 | 土 | 坎 | 湿 | 脾 | 涎 | 壬子 |
| 28 | 一 | 二十 | 己酉 | 破 | 危 | 土 | 艮 | 湿 | 脾 | 涎 | 甲子 |
| 29 | 二 | 廿一 | 庚戌 | 危 | 室 | 金 | 坤 | 燥 | 肺 | 涕 | 丙子 |
| 30 | 三 | 廿二 | 辛亥 | 成 | 壁 | 金 | 乾 | 燥 | 肺 | 涕 | 戊子 |
| 31 | 四 | 廿三 | 壬子 | 收 | 奎 | 木 | 兑 | 风 | 肝 | 泪 | 庚子 |

| 4月小 | 清明 | 4日16时28分 |
|---|---|---|
| | 谷雨 | 19日23时30分 |

农历二月（3月9日－4月6日）　　月干支：辛卯

| 公历 | 星期 | 农历 | 干支 | 日建 | 星宿 | 五行 | 八卦 | 五气 | 五脏 | 五汁 | 时辰 |
|---|---|---|---|---|---|---|---|---|---|---|---|
| 1 | 五 | 二月 | 癸丑 | 开 | 娄 | 木 | 离 | 风 | 肝 | 泪 | 壬子 |
| 2 | 六 | 廿五 | 甲寅 | 闭 | 胃 | 水 | 震 | 寒 | 肾 | 唾 | 甲子 |
| 3 | 日 | 廿六 | 乙卯 | 建 | 昴 | 水 | 巽 | 寒 | 肾 | 唾 | 丙子 |
| 4 | 一 | 廿七 | 丙辰 | 建 | 毕 | 土 | 坎 | 湿 | 脾 | 涎 | 戊子 |
| 5 | 二 | 廿八 | 丁巳 | 除 | 觜 | 土 | 艮 | 湿 | 脾 | 涎 | 庚子 |
| 6 | 三 | 廿九 | 戊午 | 满 | 参 | 火 | 坤 | 热 | 心 | 汗 | 壬子 |
| 7 | 四 | 三月 | 己未 | 平 | 井 | 火 | 乾 | 热 | 心 | 汗 | 甲子 |
| 8 | 五 | 初二 | 庚申 | 定 | 鬼 | 木 | 兑 | 风 | 肝 | 泪 | 丙子 |
| 9 | 六 | 初三 | 辛酉 | 执 | 柳 | 木 | 离 | 风 | 肝 | 泪 | 戊子 |
| 10 | 日 | 初四 | 壬戌 | 破 | 星 | 水 | 震 | 寒 | 肾 | 唾 | 庚子 |
| 11 | 一 | 初五 | 癸亥 | 危 | 张 | 水 | 巽 | 寒 | 肾 | 唾 | 壬子 |
| 12 | 二 | 初六 | 甲子 | 成 | 翼 | 金 | 离 | 燥 | 肺 | 涕 | 甲子 |
| 13 | 三 | 初七 | 乙丑 | 收 | 轸 | 金 | 震 | 燥 | 肺 | 涕 | 丙子 |
| 14 | 四 | 初八 | 丙寅 | 开 | 角 | 火 | 巽 | 热 | 心 | 汗 | 戊子 |
| 15 | 五 | 初九 | 丁卯 | 闭 | 亢 | 火 | 坎 | 热 | 心 | 汗 | 庚子 |
| 16 | 六 | 初十 | 戊辰 | 建 | 氐 | 木 | 坎 | 风 | 肝 | 泪 | 壬子 |
| 17 | 日 | 十一 | 己巳 | 除 | 房 | 木 | 艮 | 风 | 肝 | 泪 | 甲子 |
| 18 | 一 | 十二 | 庚午 | 满 | 心 | 土 | 坤 | 湿 | 脾 | 涎 | 丙子 |
| 19 | 二 | 十三 | 辛未 | 平 | 尾 | 土 | 乾 | 湿 | 脾 | 涎 | 戊子 |
| 20 | 三 | 十四 | 壬申 | 定 | 箕 | 金 | 兑 | 燥 | 肺 | 涕 | 庚子 |
| 21 | 四 | 十五 | 癸酉 | 执 | 斗 | 金 | 离 | 燥 | 肺 | 涕 | 壬子 |
| 22 | 五 | 十六 | 甲戌 | 破 | 牛 | 火 | 震 | 热 | 心 | 汗 | 甲子 |
| 23 | 六 | 十七 | 乙亥 | 危 | 女 | 火 | 巽 | 热 | 心 | 汗 | 丙子 |
| 24 | 日 | 十八 | 丙子 | 成 | 虚 | 水 | 坎 | 寒 | 肾 | 唾 | 戊子 |
| 25 | 一 | 十九 | 丁丑 | 收 | 危 | 水 | 艮 | 寒 | 肾 | 唾 | 庚子 |
| 26 | 二 | 二十 | 戊寅 | 开 | 室 | 土 | 坤 | 湿 | 脾 | 涎 | 壬子 |
| 27 | 三 | 廿一 | 己卯 | 闭 | 壁 | 土 | 乾 | 湿 | 脾 | 涎 | 甲子 |
| 28 | 四 | 廿二 | 庚辰 | 建 | 奎 | 金 | 兑 | 燥 | 肺 | 涕 | 丙子 |
| 29 | 五 | 廿三 | 辛巳 | 除 | 娄 | 金 | 离 | 燥 | 肺 | 涕 | 戊子 |
| 30 | 六 | 廿四 | 壬午 | 满 | 胃 | 木 | 震 | 风 | 肝 | 泪 | 庚子 |

# 公元 2016 年　　　　　农历丙申(猴)年

## 5月大　　立夏　5日09时42分　　小满　20日22时37分

农历三月(4月7日–5月6日)　月干支:壬辰

| 公历 | 星期 | 农历 | 干支 | 日建 | 星宿 | 五行 | 八卦 | 五气 | 五脏 | 五汁 | 时辰 |
|---|---|---|---|---|---|---|---|---|---|---|---|
| 1 | 日 | 三月 | 癸未 | 平 | 昂毕 | 木 | 巽坎 | 风 | 肝 | 泪 | 壬子 |
| 2 | 一 | 廿六 | 甲申 | 定 | 毕觜 | 水 | 坎艮 | 寒 | 肾 | 唾 | 甲子丙子 |
| 3 | 二 | 廿七 | 乙酉 | 执 | 觜参 | 水 | 艮坤 | 寒 | 肾 | 唾 | 丙子戊子 |
| 4 | 三 | 廿八 | 丙戌 | 破 | 参井 | 土 | 坤乾 | 湿 | 脾 | 涎 | 戊子庚子 |
| 5 | 四 | 廿九 | 丁亥 | 破 | 井 | 土 | 乾 | 湿 | 脾 | 涎 | 庚子壬子 |
| 6 | 五 | 三十 | 戊子 | 危 | 鬼柳 | 火 | 兑坎 | 热 | 心 | 汗 | 壬子 |
| 7 | 六 | 四月 | 己丑 | 成 | 柳星 | 火 | 坎艮 | 热 | 心 | 汗 | 甲子丙子 |
| 8 | 日 | 初二 | 庚寅 | 收 | 星张 | 木 | 艮乾 | 风 | 肝 | 泪 | 丙子戊子 |
| 9 | 一 | 初三 | 辛卯 | 开 | 张翼 | 木 | 乾 | 风 | 肝 | 泪 | 戊子庚子 |
| 10 | 二 | 初四 | 壬辰 | 闭 | 翼 | 水 | | 寒 | 肾 | 唾 | 庚子壬子 |
| 11 | 三 | 初五 | 癸巳 | 建 | 轸角 | 水 | 兑坎 | 寒 | 肾 | 唾 | 壬子 |
| 12 | 四 | 初六 | 甲午 | 除 | 角亢 | 金 | 离震 | 燥 | 肺 | 涕 | 甲子丙子 |
| 13 | 五 | 初七 | 乙未 | 满 | 亢氐 | 金 | 震巽 | 燥 | 肺 | 涕 | 丙子戊子 |
| 14 | 六 | 初八 | 丙申 | 平 | 氐房 | 火 | 巽坎 | 热 | 心 | 汗 | 戊子庚子 |
| 15 | 日 | 初九 | 丁酉 | 定 | 房 | 火 | 坎 | 热 | 心 | 汗 | 庚子壬子 |
| 16 | 一 | 初十 | 戊戌 | 执 | 心尾 | 木 | 艮坤 | 风 | 肝 | 泪 | 壬子 |
| 17 | 二 | 十一 | 己亥 | 破 | 尾箕 | 木 | 坤乾 | 风 | 肝 | 泪 | 甲子丙子 |
| 18 | 三 | 十二 | 庚子 | 危 | 箕斗 | 土 | 乾兑 | 湿 | 脾 | 涎 | 丙子戊子 |
| 19 | 四 | 十三 | 辛丑 | 成 | 斗牛 | 土 | 兑离 | 湿 | 脾 | 涎 | 戊子庚子 |
| 20 | 五 | 十四 | 壬寅 | 收 | 牛 | 金 | 离 | 燥 | 肺 | 涕 | 庚子壬子 |
| 21 | 六 | 十五 | 癸卯 | 开 | 女虚 | 金 | 震巽 | 燥 | 肺 | 涕 | 壬子 |
| 22 | 日 | 十六 | 甲辰 | 闭 | 虚危 | 火 | 巽坎 | 热 | 心 | 汗 | 甲子丙子 |
| 23 | 一 | 十七 | 乙巳 | 建 | 危室 | 火 | 坎艮 | 热 | 心 | 汗 | 丙子戊子 |
| 24 | 二 | 十八 | 丙午 | 除 | 室壁 | 水 | 艮坤 | 寒 | 肾 | 唾 | 戊子庚子 |
| 25 | 三 | 十九 | 丁未 | 满 | 壁 | 水 | 坤 | 寒 | 肾 | 唾 | 庚子壬子 |
| 26 | 四 | 二十 | 戊申 | 平 | 奎娄 | 土 | 乾兑 | 湿 | 脾 | 涎 | 壬子 |
| 27 | 五 | 廿一 | 己酉 | 定 | 娄胃 | 土 | 兑离 | 湿 | 脾 | 涎 | 甲子丙子 |
| 28 | 六 | 廿二 | 庚戌 | 执 | 胃昴 | 金 | 离震 | 燥 | 肺 | 涕 | 丙子戊子 |
| 29 | 日 | 廿三 | 辛亥 | 破 | 昴毕 | 金 | 震巽 | 燥 | 肺 | 涕 | 戊子庚子 |
| 30 | 一 | 廿四 | 壬子 | 危 | 毕觜 | 木 | 巽坎 | 风 | 肝 | 泪 | 庚子壬子 |
| 31 | 二 | 廿五 | 癸丑 | 成 | 觜 | 木 | 坎 | 风 | 肝 | 泪 | 壬子 |

## 6月小　　芒种　5日13时49分　　夏至　21日06时34分

农历四月(5月7日–6月4日)　月干支:癸巳

| 公历 | 星期 | 农历 | 干支 | 日建 | 星宿 | 五行 | 八卦 | 五气 | 五脏 | 五汁 | 时辰 |
|---|---|---|---|---|---|---|---|---|---|---|---|
| 1 | 三 | 四月 | 甲寅 | 收 | 参井 | 水 | 艮坤 | 寒 | 肾 | 唾 | 甲子 |
| 2 | 四 | 廿七 | 乙卯 | 开 | 井鬼 | 水 | 坤乾 | 寒 | 肾 | 唾 | 丙子戊子 |
| 3 | 五 | 廿八 | 丙辰 | 闭 | 鬼柳 | 土 | 乾兑 | 湿 | 脾 | 涎 | 戊子庚子 |
| 4 | 六 | 廿九 | 丁巳 | 建 | 柳星 | 土 | 兑艮 | 湿 | 脾 | 涎 | 庚子壬子 |
| 5 | 日 | 五月 | 戊午 | 建 | 星 | 火 | 艮 | 热 | 心 | 汗 | |
| 6 | 一 | 初二 | 己未 | 除 | 张翼 | 火 | 坤乾 | 热 | 心 | 汗 | 甲子丙子 |
| 7 | 二 | 初三 | 庚申 | 满 | 翼轸 | 木 | 乾兑 | 风 | 肝 | 泪 | 丙子戊子 |
| 8 | 三 | 初四 | 辛酉 | 平 | 轸角 | 木 | 兑离 | 风 | 肝 | 泪 | 戊子庚子 |
| 9 | 四 | 初五 | 壬戌 | 定 | 角亢 | 水 | 离震 | 寒 | 肾 | 唾 | 庚子壬子 |
| 10 | 五 | 初六 | 癸亥 | 执 | 亢 | 水 | 震 | 寒 | 肾 | 唾 | 壬子 |
| 11 | 六 | 初七 | 甲子 | 破 | 氐房 | 金 | 巽坎 | 燥 | 肺 | 涕 | 甲子丙子 |
| 12 | 日 | 初八 | 乙丑 | 危 | 房心 | 金 | 坎艮 | 燥 | 肺 | 涕 | 丙子戊子 |
| 13 | 一 | 初九 | 丙寅 | 成 | 心尾 | 火 | 艮乾 | 热 | 心 | 汗 | 戊子庚子 |
| 14 | 二 | 初十 | 丁卯 | 收 | 尾箕 | 火 | 乾 | 热 | 心 | 汗 | 庚子壬子 |
| 15 | 三 | 十一 | 戊辰 | 开 | 箕 | 木 | | 风 | 肝 | 泪 | 壬子 |
| 16 | 四 | 十二 | 己巳 | 闭 | 斗牛 | 木 | 兑离 | 风 | 肝 | 泪 | 甲子丙子 |
| 17 | 五 | 十三 | 庚午 | 建 | 牛女 | 土 | 离震 | 湿 | 脾 | 涎 | 丙子戊子 |
| 18 | 六 | 十四 | 辛未 | 除 | 女虚 | 土 | 震巽 | 湿 | 脾 | 涎 | 戊子庚子 |
| 19 | 日 | 十五 | 壬申 | 满 | 虚危 | 金 | 巽坎 | 燥 | 肺 | 涕 | 庚子壬子 |
| 20 | 一 | 十六 | 癸酉 | 平 | 室 | 金 | 坎 | 燥 | 肺 | 涕 | 壬子 |
| 21 | 二 | 十七 | 甲戌 | 定 | 室壁 | 火 | 艮坤 | 热 | 心 | 汗 | 甲子丙子 |
| 22 | 三 | 十八 | 乙亥 | 执 | 壁奎 | 火 | 坤乾 | 热 | 心 | 汗 | 丙子戊子 |
| 23 | 四 | 十九 | 丙子 | 破 | 奎娄 | 水 | 乾兑 | 寒 | 肾 | 唾 | 戊子庚子 |
| 24 | 五 | 二十 | 丁丑 | 危 | 娄胃 | 水 | 兑离 | 寒 | 肾 | 唾 | 庚子壬子 |
| 25 | 六 | 廿一 | 戊寅 | 成 | 胃 | 土 | | 湿 | 脾 | 涎 | 壬子 |
| 26 | 日 | 廿二 | 己卯 | 收 | 昴毕 | 土 | 震巽 | 湿 | 脾 | 涎 | 甲子丙子 |
| 27 | 一 | 廿三 | 庚辰 | 开 | 毕觜 | 金 | 巽坎 | 燥 | 肺 | 涕 | 丙子戊子 |
| 28 | 二 | 廿四 | 辛巳 | 闭 | 觜参 | 金 | 坎艮 | 燥 | 肺 | 涕 | 戊子庚子 |
| 29 | 三 | 廿五 | 壬午 | 建 | 参井 | 木 | 艮乾 | 风 | 肝 | 泪 | 庚子壬子 |
| 30 | 四 | 廿六 | 癸未 | 除 | 井 | 木 | 乾 | 风 | 肝 | 泪 | 壬子 |

实用干支万年历

# 公元 2016 年　　　　　农历丙申(猴)年

## 7月大

小暑　7日00时04分
大暑　22日17时31分

农历五月(6月5日 -7月3日)　月干支:甲午

| 公历 | 星期 | 农历 | 干支 | 日建 | 星宿 | 五行 | 八卦 | 五气 | 五脏 | 五汁 | 时辰 |
|---|---|---|---|---|---|---|---|---|---|---|---|
| 1 | 五 | 五月 | 甲申 | 满 | 鬼 | 水 | 乾 | 寒 | 肾 | 唾 | 甲子 |
| 2 | 六 | 廿八 | 乙酉 | 平 | 柳 | 水 | 兑 | 寒 | 肾 | 唾 | 丙子 |
| 3 | 日 | 廿九 | 丙戌 | 定 | 星 | 土 | 离 | 湿 | 脾 | 涎 | 戊子 |
| 4 | 一 | 六月 | 丁亥 | 执 | 张 | 土 | 坤 | 湿 | 脾 | 涎 | 庚子 |
| 5 | 二 | 初二 | 戊子 | 破 | 翼 | 火 | 乾 | 热 | 心 | 汗 | 壬子 |
| 6 | 三 | 初三 | 己丑 | 危 | 轸 | 火 | 兑 | 热 | 心 | 汗 | 甲子 |
| 7 | 四 | 初四 | 庚寅 | 危 | 角 | 木 | 离 | 风 | 肝 | 泪 | 丙子 |
| 8 | 五 | 初五 | 辛卯 | 成 | 亢 | 木 | 震 | 风 | 肝 | 泪 | 戊子 |
| 9 | 六 | 初六 | 壬辰 | 收 | 氐 | 水 | 巽 | 寒 | 肾 | 唾 | 庚子 |
| 10 | 日 | 初七 | 癸巳 | 开 | 房 | 水 | 坎 | 寒 | 肾 | 唾 | 壬子 |
| 11 | 一 | 初八 | 甲午 | 闭 | 心 | 金 | 艮 | 燥 | 肺 | 涕 | 甲子 |
| 12 | 二 | 初九 | 乙未 | 建 | 尾 | 金 | 坤 | 燥 | 肺 | 涕 | 丙子 |
| 13 | 三 | 初十 | 丙申 | 除 | 箕 | 火 | 乾 | 热 | 心 | 汗 | 戊子 |
| 14 | 四 | 十一 | 丁酉 | 满 | 斗 | 火 | 兑 | 热 | 心 | 汗 | 庚子 |
| 15 | 五 | 十二 | 戊戌 | 平 | 牛 | 木 | 离 | 风 | 肝 | 泪 | 壬子 |
| 16 | 六 | 十三 | 己亥 | 定 | 女 | 木 | 震 | 风 | 肝 | 泪 | 甲子 |
| 17 | 日 | 十四 | 庚子 | 执 | 虚 | 土 | 巽 | 湿 | 脾 | 涎 | 丙子 |
| 18 | 一 | 十五 | 辛丑 | 破 | 危 | 土 | 坎 | 湿 | 脾 | 涎 | 戊子 |
| 19 | 二 | 十六 | 壬寅 | 危 | 室 | 金 | 艮 | 燥 | 肺 | 涕 | 庚子 |
| 20 | 三 | 十七 | 癸卯 | 成 | 壁 | 金 | 坤 | 燥 | 肺 | 涕 | 壬子 |
| 21 | 四 | 十八 | 甲辰 | 收 | 奎 | 火 | 乾 | 热 | 心 | 汗 | 甲子 |
| 22 | 五 | 十九 | 乙巳 | 开 | 娄 | 火 | 兑 | 热 | 心 | 汗 | 丙子 |
| 23 | 六 | 二十 | 丙午 | 闭 | 胃 | 水 | 离 | 寒 | 肾 | 唾 | 戊子 |
| 24 | 日 | 廿一 | 丁未 | 建 | 昴 | 水 | 震 | 寒 | 肾 | 唾 | 庚子 |
| 25 | 一 | 廿二 | 戊申 | 除 | 毕 | 土 | 巽 | 湿 | 脾 | 涎 | 壬子 |
| 26 | 二 | 廿三 | 己酉 | 满 | 觜 | 土 | 坎 | 湿 | 脾 | 涎 | 甲子 |
| 27 | 三 | 廿四 | 庚戌 | 平 | 参 | 金 | 艮 | 燥 | 肺 | 涕 | 丙子 |
| 28 | 四 | 廿五 | 辛亥 | 定 | 井 | 金 | 坤 | 燥 | 肺 | 涕 | 戊子 |
| 29 | 五 | 廿六 | 壬子 | 执 | 鬼 | 木 | 乾 | 风 | 肝 | 泪 | 庚子 |
| 30 | 六 | 廿七 | 癸丑 | 破 | 柳 | 木 | 兑 | 风 | 肝 | 泪 | 壬子 |
| 31 | 日 | 廿八 | 甲寅 | 危 | 星 | 水 | 离 | 寒 | 肾 | 唾 | 甲子 |

## 8月大

立秋　7日09时53分
处暑　23日00时39分

农历六月(7月4日 -8月2日)　月干支:乙未
农历七月(8月3日 -8月31日)　月干支:丙申

| 公历 | 星期 | 农历 | 干支 | 日建 | 星宿 | 五行 | 八卦 | 五气 | 五脏 | 五汁 | 时辰 |
|---|---|---|---|---|---|---|---|---|---|---|---|
| 1 | 一 | 六月 | 乙卯 | 成 | 张 | 水 | 震 | 寒 | 肾 | 唾 | 丙子 |
| 2 | 二 | 三十 | 丙辰 | 收 | 翼 | 土 | 巽 | 湿 | 脾 | 涎 | 戊子 |
| 3 | 三 | 七月 | 丁巳 | 开 | 轸 | 土 | 乾 | 湿 | 脾 | 涎 | 庚子 |
| 4 | 四 | 初二 | 戊午 | 闭 | 角 | 火 | 兑 | 热 | 心 | 汗 | 壬子 |
| 5 | 五 | 初三 | 己未 | 建 | 亢 | 火 | 离 | 热 | 心 | 汗 | 甲子 |
| 6 | 六 | 初四 | 庚申 | 除 | 氐 | 木 | 震 | 风 | 肝 | 泪 | 丙子 |
| 7 | 日 | 初五 | 辛酉 | 除 | 房 | 木 | 巽 | 风 | 肝 | 泪 | 戊子 |
| 8 | 一 | 初六 | 壬戌 | 满 | 心 | 水 | 坎 | 寒 | 肾 | 唾 | 庚子 |
| 9 | 二 | 初七 | 癸亥 | 平 | 尾 | 水 | 艮 | 寒 | 肾 | 唾 | 壬子 |
| 10 | 三 | 初八 | 甲子 | 定 | 箕 | 金 | 坤 | 燥 | 肺 | 涕 | 甲子 |
| 11 | 四 | 初九 | 乙丑 | 执 | 斗 | 金 | 乾 | 燥 | 肺 | 涕 | 丙子 |
| 12 | 五 | 初十 | 丙寅 | 破 | 牛 | 火 | 兑 | 热 | 心 | 汗 | 戊子 |
| 13 | 六 | 十一 | 丁卯 | 危 | 女 | 火 | 离 | 热 | 心 | 汗 | 庚子 |
| 14 | 日 | 十二 | 戊辰 | 成 | 虚 | 木 | 震 | 风 | 肝 | 泪 | 壬子 |
| 15 | 一 | 十三 | 己巳 | 收 | 危 | 木 | 巽 | 风 | 肝 | 泪 | 甲子 |
| 16 | 二 | 十四 | 庚午 | 开 | 室 | 土 | 坎 | 湿 | 脾 | 涎 | 丙子 |
| 17 | 三 | 十五 | 辛未 | 闭 | 壁 | 土 | 艮 | 湿 | 脾 | 涎 | 戊子 |
| 18 | 四 | 十六 | 壬申 | 建 | 奎 | 金 | 坤 | 燥 | 肺 | 涕 | 庚子 |
| 19 | 五 | 十七 | 癸酉 | 除 | 娄 | 金 | 乾 | 燥 | 肺 | 涕 | 壬子 |
| 20 | 六 | 十八 | 甲戌 | 满 | 胃 | 火 | 兑 | 热 | 心 | 汗 | 甲子 |
| 21 | 日 | 十九 | 乙亥 | 平 | 昴 | 火 | 离 | 热 | 心 | 汗 | 丙子 |
| 22 | 一 | 二十 | 丙子 | 定 | 毕 | 水 | 震 | 寒 | 肾 | 唾 | 戊子 |
| 23 | 二 | 廿一 | 丁丑 | 执 | 觜 | 水 | 巽 | 寒 | 肾 | 唾 | 庚子 |
| 24 | 三 | 廿二 | 戊寅 | 破 | 参 | 土 | 坎 | 湿 | 脾 | 涎 | 壬子 |
| 25 | 四 | 廿三 | 己卯 | 危 | 井 | 土 | 艮 | 湿 | 脾 | 涎 | 甲子 |
| 26 | 五 | 廿四 | 庚辰 | 成 | 鬼 | 金 | 坤 | 燥 | 肺 | 涕 | 丙子 |
| 27 | 六 | 廿五 | 辛巳 | 收 | 柳 | 金 | 乾 | 燥 | 肺 | 涕 | 戊子 |
| 28 | 日 | 廿六 | 壬午 | 开 | 星 | 木 | 兑 | 风 | 肝 | 泪 | 庚子 |
| 29 | 一 | 廿七 | 癸未 | 闭 | 张 | 木 | 离 | 风 | 肝 | 泪 | 壬子 |
| 30 | 二 | 廿八 | 甲申 | 建 | 翼 | 水 | 震 | 寒 | 肾 | 唾 | 甲子 |
| 31 | 三 | 廿九 | 乙酉 | 除 | 轸 | 水 | 巽 | 寒 | 肾 | 唾 | 丙子 |

# 公元2016年　　　　农历丙申(猴)年

## 9月小　　白露 7日12时51分　　秋分 22日22时21分

农历八月(9月1日-9月30日)　月干支:丁酉

| 公历 | 星期 | 农历 | 干支 | 日建 | 星宿 | 五行 | 八卦 | 五气 | 五脏 | 五汁 | 时辰 |
|---|---|---|---|---|---|---|---|---|---|---|---|
| 1 | 四 | 八月 | 丙戌 | 满 | 角 | 土 | 兑 | 湿 | 脾 | 涎 | 戊子 |
| 2 | 五 | 初二 | 丁亥 | 平 | 亢 | 土 | 离 | 湿 | 脾 | 涎 | 庚子 |
| 3 | 六 | 初三 | 戊子 | 定 | 氐 | 火 | 震 | 热 | 心 | 汗 | 壬子 |
| 4 | 日 | 初四 | 己丑 | 执 | 房 | 火 | 巽 | 热 | 心 | 汗 | 甲子 |
| 5 | 一 | 初五 | 庚寅 | 破 | 心 | 木 | 坎 | 风 | 肝 | 泪 | 丙子 |
| 6 | 二 | 初六 | 辛卯 | 危 | 尾 | 木 | 艮 | 风 | 肝 | 泪 | 戊子 |
| 7 | 三 | 初七 | 壬辰 | 危 | 箕 | 水 | 坤 | 寒 | 肾 | 唾 | 庚子 |
| 8 | 四 | 初八 | 癸巳 | 成 | 斗 | 水 | 乾 | 寒 | 肾 | 唾 | 壬子 |
| 9 | 五 | 初九 | 甲午 | 收 | 牛 | 金 | 兑 | 燥 | 肺 | 涕 | 甲子 |
| 10 | 六 | 初十 | 乙未 | 开 | 女 | 金 | 离 | 燥 | 肺 | 涕 | 丙子 |
| 11 | 日 | 十一 | 丙申 | 闭 | 虚 | 火 | 震 | 热 | 心 | 汗 | 戊子 |
| 12 | 一 | 十二 | 丁酉 | 建 | 危 | 火 | 巽 | 热 | 心 | 汗 | 庚子 |
| 13 | 二 | 十三 | 戊戌 | 除 | 室 | 木 | 坎 | 风 | 肝 | 泪 | 壬子 |
| 14 | 三 | 十四 | 己亥 | 满 | 壁 | 木 | 艮 | 风 | 肝 | 泪 | 甲子 |
| 15 | 四 | 十五 | 庚子 | 平 | 奎 | 土 | 坤 | 湿 | 脾 | 涎 | 丙子 |
| 16 | 五 | 十六 | 辛丑 | 定 | 娄 | 土 | 乾 | 湿 | 脾 | 涎 | 戊子 |
| 17 | 六 | 十七 | 壬寅 | 执 | 胃 | 金 | 兑 | 燥 | 肺 | 涕 | 庚子 |
| 18 | 日 | 十八 | 癸卯 | 破 | 昴 | 金 | 离 | 燥 | 肺 | 涕 | 壬子 |
| 19 | 一 | 十九 | 甲辰 | 危 | 毕 | 火 | 震 | 热 | 心 | 汗 | 甲子 |
| 20 | 二 | 二十 | 乙巳 | 成 | 觜 | 火 | 巽 | 热 | 心 | 汗 | 丙子 |
| 21 | 三 | 廿一 | 丙午 | 收 | 参 | 水 | 坎 | 寒 | 肾 | 唾 | 戊子 |
| 22 | 四 | 廿二 | 丁未 | 开 | 井 | 水 | 艮 | 寒 | 肾 | 唾 | 庚子 |
| 23 | 五 | 廿三 | 戊申 | 闭 | 鬼 | 土 | 坤 | 湿 | 脾 | 涎 | 壬子 |
| 24 | 六 | 廿四 | 己酉 | 建 | 柳 | 土 | 乾 | 湿 | 脾 | 涎 | 甲子 |
| 25 | 日 | 廿五 | 庚戌 | 除 | 星 | 金 | 兑 | 燥 | 肺 | 涕 | 丙子 |
| 26 | 一 | 廿六 | 辛亥 | 满 | 张 | 金 | 离 | 燥 | 肺 | 涕 | 戊子 |
| 27 | 二 | 廿七 | 壬子 | 平 | 翼 | 木 | 震 | 风 | 肝 | 泪 | 庚子 |
| 28 | 三 | 廿八 | 癸丑 | 定 | 轸 | 木 | 巽 | 风 | 肝 | 泪 | 壬子 |
| 29 | 四 | 廿九 | 甲寅 | 执 | 角 | 水 | 坎 | 寒 | 肾 | 唾 | 甲子 |
| 30 | 五 | 三十 | 乙卯 | 破 | 亢 | 水 | 艮 | 寒 | 肾 | 唾 | 丙子 |
| 31 | | | | | | | | | | | |

## 10月大　　寒露 8日04时33分　　霜降 23日07时46分

农历九月(10月1日-10月30日)　月干支:戊戌

| 公历 | 星期 | 农历 | 干支 | 日建 | 星宿 | 五行 | 八卦 | 五气 | 五脏 | 五汁 | 时辰 |
|---|---|---|---|---|---|---|---|---|---|---|---|
| 1 | 六 | 九月 | 丙辰 | 危 | 氐 | 土 | 离 | 湿 | 脾 | 涎 | 戊子 |
| 2 | 日 | 初二 | 丁巳 | 成 | 房 | 土 | 震 | 湿 | 脾 | 涎 | 庚子 |
| 3 | 一 | 初三 | 戊午 | 收 | 心 | 火 | 巽 | 热 | 心 | 汗 | 壬子 |
| 4 | 二 | 初四 | 己未 | 开 | 尾 | 火 | 坎 | 热 | 心 | 汗 | 甲子 |
| 5 | 三 | 初五 | 庚申 | 闭 | 箕 | 木 | 艮 | 风 | 肝 | 泪 | 丙子 |
| 6 | 四 | 初六 | 辛酉 | 建 | 斗 | 木 | 坤 | 风 | 肝 | 泪 | 戊子 |
| 7 | 五 | 初七 | 壬戌 | 除 | 牛 | 水 | 乾 | 寒 | 肾 | 唾 | 庚子 |
| 8 | 六 | 初八 | 癸亥 | 除 | 女 | 水 | 兑 | 寒 | 肾 | 唾 | 壬子 |
| 9 | 日 | 初九 | 甲子 | 满 | 虚 | 金 | 离 | 燥 | 肺 | 涕 | 甲子 |
| 10 | 一 | 初十 | 乙丑 | 平 | 危 | 金 | 震 | 燥 | 肺 | 涕 | 丙子 |
| 11 | 二 | 十一 | 丙寅 | 定 | 室 | 火 | 巽 | 热 | 心 | 汗 | 戊子 |
| 12 | 三 | 十二 | 丁卯 | 执 | 壁 | 火 | 坎 | 热 | 心 | 汗 | 庚子 |
| 13 | 四 | 十三 | 戊辰 | 破 | 奎 | 木 | 艮 | 风 | 肝 | 泪 | 壬子 |
| 14 | 五 | 十四 | 己巳 | 危 | 娄 | 木 | 坤 | 风 | 肝 | 泪 | 甲子 |
| 15 | 六 | 十五 | 庚午 | 成 | 胃 | 土 | 乾 | 湿 | 脾 | 涎 | 丙子 |
| 16 | 日 | 十六 | 辛未 | 收 | 昴 | 土 | 兑 | 湿 | 脾 | 涎 | 戊子 |
| 17 | 一 | 十七 | 壬申 | 开 | 毕 | 金 | 离 | 燥 | 肺 | 涕 | 庚子 |
| 18 | 二 | 十八 | 癸酉 | 闭 | 觜 | 金 | 震 | 燥 | 肺 | 涕 | 壬子 |
| 19 | 三 | 十九 | 甲戌 | 建 | 参 | 火 | 巽 | 热 | 心 | 汗 | 甲子 |
| 20 | 四 | 二十 | 乙亥 | 除 | 井 | 火 | 坎 | 热 | 心 | 汗 | 丙子 |
| 21 | 五 | 廿一 | 丙子 | 满 | 鬼 | 水 | 艮 | 寒 | 肾 | 唾 | 戊子 |
| 22 | 六 | 廿二 | 丁丑 | 平 | 柳 | 水 | 坤 | 寒 | 肾 | 唾 | 庚子 |
| 23 | 日 | 廿三 | 戊寅 | 定 | 星 | 土 | 乾 | 湿 | 脾 | 涎 | 壬子 |
| 24 | 一 | 廿四 | 己卯 | 执 | 张 | 土 | 兑 | 湿 | 脾 | 涎 | 甲子 |
| 25 | 二 | 廿五 | 庚辰 | 破 | 翼 | 金 | 离 | 燥 | 肺 | 涕 | 丙子 |
| 26 | 三 | 廿六 | 辛巳 | 危 | 轸 | 金 | 震 | 燥 | 肺 | 涕 | 戊子 |
| 27 | 四 | 廿七 | 壬午 | 成 | 角 | 木 | 巽 | 风 | 肝 | 泪 | 庚子 |
| 28 | 五 | 廿八 | 癸未 | 收 | 亢 | 木 | 坎 | 风 | 肝 | 泪 | 壬子 |
| 29 | 六 | 廿九 | 甲申 | 开 | 氐 | 水 | 艮 | 寒 | 肾 | 唾 | 甲子 |
| 30 | 日 | 三十 | 乙酉 | 闭 | 房 | 水 | 坤 | 寒 | 肾 | 唾 | 丙子 |
| 31 | 一 | 十月 | 丙戌 | 建 | 心 | 土 | 震 | 湿 | 脾 | 涎 | 戊子 |

实用干支万年历

# 公元 2016 年　　　　　农历丙申(猴)年

## 11 月小

立冬　7 日 07 时 48 分
小雪　22 日 05 时 23 分

农历十月(10 月 31 日–11 月 28 日)　月干支:己亥

| 公历 | 星期 | 农历 | 干支 | 日建 | 星宿 | 五行 | 八卦 | 五气 | 五脏 | 五汁 | 时辰 |
|---|---|---|---|---|---|---|---|---|---|---|---|
| 1 | 二 | 十月 | 丁亥 | 除 | 尾 | 土 | 巽 | 湿 | 脾 | 涎 | 庚子 |
| 2 | 三 | 初三 | 戊子 | 满 | 箕 | 火 | 坎 | 热 | 心 | 汗 | 壬子 |
| 3 | 四 | 初四 | 己丑 | 平 | 斗 | 火 | 艮 | 热 | 心 | 汗 | 甲子 |
| 4 | 五 | 初五 | 庚寅 | 定 | 牛 | 木 | 坤 | 风 | 肝 | 泪 | 丙子 |
| 5 | 六 | 初六 | 辛卯 | 执 | 女 | 木 | 乾 | 风 | 肝 | 泪 | 戊子 |
| 6 | 日 | 初七 | 壬辰 | 破 | 虚 | 水 | 兑 | 寒 | 肾 | 唾 | 庚子 |
| 7 | 一 | 初八 | 癸巳 | 破 | 危 | 水 | 离 | 寒 | 肾 | 唾 | 壬子 |
| 8 | 二 | 初九 | 甲午 | 危 | 室 | 金 | 震 | 燥 | 肺 | 涕 | 甲子 |
| 9 | 三 | 初十 | 乙未 | 成 | 壁 | 金 | 巽 | 燥 | 肺 | 涕 | 丙子 |
| 10 | 四 | 十一 | 丙申 | 收 | 奎 | 火 | 坎 | 热 | 心 | 汗 | 戊子 |
| 11 | 五 | 十二 | 丁酉 | 开 | 娄 | 火 | 艮 | 热 | 心 | 汗 | 庚子 |
| 12 | 六 | 十三 | 戊戌 | 闭 | 胃 | 木 | 坤 | 风 | 肝 | 泪 | 壬子 |
| 13 | 日 | 十四 | 己亥 | 建 | 昴 | 木 | 乾 | 风 | 肝 | 泪 | 甲子 |
| 14 | 一 | 十五 | 庚子 | 除 | 毕 | 土 | 兑 | 湿 | 脾 | 涎 | 丙子 |
| 15 | 二 | 十六 | 辛丑 | 满 | 觜 | 土 | 离 | 湿 | 脾 | 涎 | 戊子 |
| 16 | 三 | 十七 | 壬寅 | 平 | 参 | 金 | 震 | 燥 | 肺 | 涕 | 庚子 |
| 17 | 四 | 十八 | 癸卯 | 定 | 井 | 金 | 巽 | 燥 | 肺 | 涕 | 壬子 |
| 18 | 五 | 十九 | 甲辰 | 执 | 鬼 | 火 | 坎 | 热 | 心 | 汗 | 甲子 |
| 19 | 六 | 二十 | 乙巳 | 破 | 柳 | 火 | 艮 | 热 | 心 | 汗 | 丙子 |
| 20 | 日 | 廿一 | 丙午 | 危 | 星 | 水 | 坤 | 寒 | 肾 | 唾 | 戊子 |
| 21 | 一 | 廿二 | 丁未 | 成 | 张 | 水 | 乾 | 寒 | 肾 | 唾 | 庚子 |
| 22 | 二 | 廿三 | 戊申 | 收 | 翼 | 土 | 兑 | 湿 | 脾 | 涎 | 壬子 |
| 23 | 三 | 廿四 | 己酉 | 开 | 轸 | 金 | 离 | 燥 | 肺 | 涕 | 甲子 |
| 24 | 四 | 廿五 | 庚戌 | 闭 | 角 | 金 | 震 | 燥 | 肺 | 涕 | 丙子 |
| 25 | 五 | 廿六 | 辛亥 | 建 | 亢 | 金 | 巽 | 燥 | 肺 | 涕 | 戊子 |
| 26 | 六 | 廿七 | 壬子 | 除 | 氐 | 木 | 坎 | 风 | 肝 | 泪 | 庚子 |
| 27 | 日 | 廿八 | 癸丑 | 满 | 房 | 木 | 艮 | 风 | 肝 | 泪 | 壬子 |
| 28 | 一 | 廿九 | 甲寅 | 平 | 心 | 水 | 坤 | 寒 | 肾 | 唾 | 甲子 |
| 29 | 二 | 冬月 | 乙卯 | 定 | 尾 | 水 | 乾 | 寒 | 肾 | 唾 | 丙子 |
| 30 | 三 | 初二 | 丙辰 | 执 | 箕 | 土 | 巽 | 湿 | 脾 | 涎 | 戊子 |

## 12 月大

大雪　7 日 00 时 41 分
冬至　21 日 18 时 45 分

农历冬月(11 月 29 日–12 月 28 日)　月干支:庚子

| 公历 | 星期 | 农历 | 干支 | 日建 | 星宿 | 五行 | 八卦 | 五气 | 五脏 | 五汁 | 时辰 |
|---|---|---|---|---|---|---|---|---|---|---|---|
| 1 | 四 | 冬月 | 丁巳 | 破 | 斗 | 土 | 艮 | 湿 | 脾 | 涎 | 庚子 |
| 2 | 五 | 初四 | 戊午 | 危 | 牛 | 火 | 坤 | 热 | 心 | 汗 | 壬子 |
| 3 | 六 | 初五 | 己未 | 成 | 女 | 火 | 乾 | 热 | 心 | 汗 | 甲子 |
| 4 | 日 | 初六 | 庚申 | 收 | 虚 | 木 | 兑 | 风 | 肝 | 泪 | 丙子 |
| 5 | 一 | 初七 | 辛酉 | 开 | 危 | 木 | 离 | 风 | 肝 | 泪 | 戊子 |
| 6 | 二 | 初八 | 壬戌 | 闭 | 室 | 水 | 震 | 寒 | 肾 | 唾 | 庚子 |
| 7 | 三 | 初九 | 癸亥 | 闭 | 壁 | 水 | 巽 | 寒 | 肾 | 唾 | 壬子 |
| 8 | 四 | 初十 | 甲子 | 建 | 奎 | 金 | 坎 | 燥 | 肺 | 涕 | 甲子 |
| 9 | 五 | 十一 | 乙丑 | 除 | 娄 | 金 | 艮 | 燥 | 肺 | 涕 | 丙子 |
| 10 | 六 | 十二 | 丙寅 | 满 | 胃 | 火 | 坤 | 热 | 心 | 汗 | 戊子 |
| 11 | 日 | 十三 | 丁卯 | 平 | 昴 | 火 | 乾 | 热 | 心 | 汗 | 庚子 |
| 12 | 一 | 十四 | 戊辰 | 定 | 毕 | 木 | 兑 | 风 | 肝 | 泪 | 壬子 |
| 13 | 二 | 十五 | 己巳 | 执 | 觜 | 木 | 离 | 风 | 肝 | 泪 | 甲子 |
| 14 | 三 | 十六 | 庚午 | 破 | 参 | 土 | 震 | 湿 | 脾 | 涎 | 丙子 |
| 15 | 四 | 十七 | 辛未 | 危 | 井 | 土 | 巽 | 湿 | 脾 | 涎 | 戊子 |
| 16 | 五 | 十八 | 壬申 | 成 | 鬼 | 金 | 坎 | 燥 | 肺 | 涕 | 庚子 |
| 17 | 六 | 十九 | 癸酉 | 收 | 柳 | 金 | 艮 | 燥 | 肺 | 涕 | 壬子 |
| 18 | 日 | 二十 | 甲戌 | 开 | 星 | 火 | 坤 | 热 | 心 | 汗 | 甲子 |
| 19 | 一 | 廿一 | 乙亥 | 闭 | 张 | 火 | 乾 | 热 | 心 | 汗 | 丙子 |
| 20 | 二 | 廿二 | 丙子 | 建 | 翼 | 水 | 兑 | 寒 | 肾 | 唾 | 戊子 |
| 21 | 三 | 廿三 | 丁丑 | 除 | 轸 | 水 | 离 | 寒 | 肾 | 唾 | 庚子 |
| 22 | 四 | 廿四 | 戊寅 | 满 | 角 | 土 | 震 | 湿 | 脾 | 涎 | 壬子 |
| 23 | 五 | 廿五 | 己卯 | 平 | 亢 | 土 | 巽 | 湿 | 脾 | 涎 | 甲子 |
| 24 | 六 | 廿六 | 庚辰 | 定 | 氐 | 金 | 坎 | 燥 | 肺 | 涕 | 丙子 |
| 25 | 日 | 廿七 | 辛巳 | 执 | 房 | 金 | 艮 | 燥 | 肺 | 涕 | 戊子 |
| 26 | 一 | 廿八 | 壬午 | 破 | 心 | 木 | 坤 | 风 | 肝 | 泪 | 庚子 |
| 27 | 二 | 廿九 | 癸未 | 危 | 尾 | 木 | 乾 | 风 | 肝 | 泪 | 壬子 |
| 28 | 三 | 三十 | 甲申 | 成 | 箕 | 水 | 兑 | 寒 | 肾 | 唾 | 甲子 |
| 29 | 四 | 腊月 | 乙酉 | 收 | 斗 | 水 | 离 | 寒 | 肾 | 唾 | 丙子 |
| 30 | 五 | 初二 | 丙戌 | 开 | 牛 | 土 | 震 | 湿 | 脾 | 涎 | 戊子 |
| 31 | 六 | 初三 | 丁亥 | 闭 | 女 | 土 | 巽 | 湿 | 脾 | 涎 | 庚子 |

# 公元2017年　　农历丁酉(鸡)年(闰六月)

## 1月大
小寒　5日11时56分　　大寒　20日05时24分
农历腊月(12月29日–1月27日)　月干支:辛丑

| 公历 | 星期 | 农历 | 干支 | 日建 | 星宿 | 五行 | 八卦 | 五气 | 五脏 | 五汁 | 时辰 |
|---|---|---|---|---|---|---|---|---|---|---|---|
| 1 | 日 | 腊月 | 戊子 | 建 | 虚 | 火 | 乾 | 热 | 心 | 汗 | 壬子 |
| 2 | 一 | 初五 | 己丑 | 除 | 危 | 火 | 兑 | 热 | 心 | 汗 | 甲子 |
| 3 | 二 | 初六 | 庚寅 | 满 | 室 | 木 | 离 | 风 | 肝 | 泪 | 丙子 |
| 4 | 三 | 初七 | 辛卯 | 平 | 壁 | 木 | 震 | 风 | 肝 | 泪 | 戊子 |
| 5 | 四 | 初八 | 壬辰 | 平 | 奎 | 水 | 巽 | 寒 | 肾 | 唾 | 庚子 |
| 6 | 五 | 初九 | 癸巳 | 定 | 娄 | 水 | 坎 | 寒 | 肾 | 唾 | 壬子 |
| 7 | 六 | 初十 | 甲午 | 执 | 胃 | 金 | 艮 | 燥 | 肺 | 涕 | 甲子 |
| 8 | 日 | 十一 | 乙未 | 破 | 昴 | 金 | 坤 | 燥 | 肺 | 涕 | 丙子 |
| 9 | 一 | 十二 | 丙申 | 危 | 毕 | 火 | 乾 | 热 | 心 | 汗 | 戊子 |
| 10 | 二 | 十三 | 丁酉 | 成 | 觜 | 火 | 兑 | 热 | 心 | 汗 | 庚子 |
| 11 | 三 | 十四 | 戊戌 | 收 | 参 | 木 | 离 | 风 | 肝 | 泪 | 壬子 |
| 12 | 四 | 十五 | 己亥 | 开 | 井 | 木 | 震 | 风 | 肝 | 泪 | 甲子 |
| 13 | 五 | 十六 | 庚子 | 闭 | 鬼 | 土 | 巽 | 湿 | 脾 | 涎 | 丙子 |
| 14 | 六 | 十七 | 辛丑 | 建 | 柳 | 土 | 坎 | 湿 | 脾 | 涎 | 戊子 |
| 15 | 日 | 十八 | 壬寅 | 除 | 星 | 金 | 艮 | 燥 | 肺 | 涕 | 庚子 |
| 16 | 一 | 十九 | 癸卯 | 满 | 张 | 金 | 坤 | 燥 | 肺 | 涕 | 壬子 |
| 17 | 二 | 二十 | 甲辰 | 平 | 翼 | 火 | 乾 | 热 | 心 | 汗 | 甲子 |
| 18 | 三 | 廿一 | 乙巳 | 定 | 轸 | 火 | 兑 | 热 | 心 | 汗 | 丙子 |
| 19 | 四 | 廿二 | 丙午 | 执 | 角 | 水 | 离 | 寒 | 肾 | 唾 | 戊子 |
| 20 | 五 | 廿三 | 丁未 | 破 | 亢 | 水 | 震 | 寒 | 肾 | 唾 | 庚子 |
| 21 | 六 | 廿四 | 戊申 | 危 | 氐 | 土 | 巽 | 湿 | 脾 | 涎 | 壬子 |
| 22 | 日 | 廿五 | 己酉 | 成 | 房 | 土 | 坎 | 湿 | 脾 | 涎 | 甲子 |
| 23 | 一 | 廿六 | 庚戌 | 收 | 心 | 金 | 艮 | 燥 | 肺 | 涕 | 丙子 |
| 24 | 二 | 廿七 | 辛亥 | 开 | 尾 | 金 | 坤 | 燥 | 肺 | 涕 | 戊子 |
| 25 | 三 | 廿八 | 壬子 | 闭 | 箕 | 木 | 乾 | 风 | 肝 | 泪 | 庚子 |
| 26 | 四 | 廿九 | 癸丑 | 建 | 斗 | 木 | 兑 | 风 | 肝 | 泪 | 壬子 |
| 27 | 五 | 三十 | 甲寅 | 除 | 牛 | 水 | 离 | 寒 | 肾 | 唾 | 甲子 |
| 28 | 六 | 正月 | 乙卯 | 满 | 女 | 水 | 震 | 寒 | 肾 | 唾 | 丙子 |
| 29 | 日 | 初二 | 丙辰 | 平 | 虚 | 土 | 巽 | 湿 | 脾 | 涎 | 戊子 |
| 30 | 一 | 初三 | 丁巳 | 定 | 危 | 土 | 坎 | 湿 | 脾 | 涎 | 庚子 |
| 31 | 二 | 初四 | 戊午 | 执 | 室 | 火 | 艮 | 热 | 心 | 汗 | 壬子 |

## 2月平
立春　3日23时35分　　雨水　18日19时32分
农历正月(1月28日–2月25日)　月干支:壬寅

| 公历 | 星期 | 农历 | 干支 | 日建 | 星宿 | 五行 | 八卦 | 五气 | 五脏 | 五汁 | 时辰 |
|---|---|---|---|---|---|---|---|---|---|---|---|
| 1 | 三 | 正月 | 己未 | 破 | 壁 | 火 | 坤 | 热 | 心 | 汗 | 甲子 |
| 2 | 四 | 初六 | 庚申 | 危 | 奎 | 木 | 乾 | 风 | 肝 | 泪 | 丙子 |
| 3 | 五 | 初七 | 辛酉 | 危 | 娄 | 木 | 兑 | 风 | 肝 | 泪 | 戊子 |
| 4 | 六 | 初八 | 壬戌 | 成 | 胃 | 水 | 离 | 寒 | 肾 | 唾 | 庚子 |
| 5 | 日 | 初九 | 癸亥 | 收 | 昴 | 水 | 震 | 寒 | 肾 | 唾 | 壬子 |
| 6 | 一 | 初十 | 甲子 | 开 | 毕 | 金 | 巽 | 燥 | 肺 | 涕 | 甲子 |
| 7 | 二 | 十一 | 乙丑 | 闭 | 觜 | 金 | 坎 | 燥 | 肺 | 涕 | 丙子 |
| 8 | 三 | 十二 | 丙寅 | 建 | 参 | 火 | 艮 | 热 | 心 | 汗 | 戊子 |
| 9 | 四 | 十三 | 丁卯 | 除 | 井 | 火 | 坤 | 热 | 心 | 汗 | 庚子 |
| 10 | 五 | 十四 | 戊辰 | 满 | 鬼 | 木 | 乾 | 风 | 肝 | 泪 | 壬子 |
| 11 | 六 | 十五 | 己巳 | 平 | 柳 | 木 | 兑 | 风 | 肝 | 泪 | 甲子 |
| 12 | 日 | 十六 | 庚午 | 定 | 星 | 土 | 离 | 湿 | 脾 | 涎 | 丙子 |
| 13 | 一 | 十七 | 辛未 | 执 | 张 | 土 | 震 | 湿 | 脾 | 涎 | 戊子 |
| 14 | 二 | 十八 | 壬申 | 破 | 翼 | 金 | 巽 | 燥 | 肺 | 涕 | 庚子 |
| 15 | 三 | 十九 | 癸酉 | 危 | 轸 | 金 | 坎 | 燥 | 肺 | 涕 | 壬子 |
| 16 | 四 | 二十 | 甲戌 | 成 | 角 | 火 | 艮 | 热 | 心 | 汗 | 甲子 |
| 17 | 五 | 廿一 | 乙亥 | 收 | 亢 | 火 | 坤 | 热 | 心 | 汗 | 丙子 |
| 18 | 六 | 廿二 | 丙子 | 开 | 氐 | 水 | 乾 | 寒 | 肾 | 唾 | 戊子 |
| 19 | 日 | 廿三 | 丁丑 | 闭 | 房 | 水 | 兑 | 寒 | 肾 | 唾 | 庚子 |
| 20 | 一 | 廿四 | 戊寅 | 建 | 心 | 土 | 离 | 湿 | 脾 | 涎 | 壬子 |
| 21 | 二 | 廿五 | 己卯 | 除 | 尾 | 土 | 震 | 湿 | 脾 | 涎 | 甲子 |
| 22 | 三 | 廿六 | 庚辰 | 满 | 箕 | 金 | 巽 | 燥 | 肺 | 涕 | 丙子 |
| 23 | 四 | 廿七 | 辛巳 | 平 | 斗 | 金 | 坎 | 燥 | 肺 | 涕 | 戊子 |
| 24 | 五 | 廿八 | 壬午 | 定 | 牛 | 木 | 艮 | 风 | 肝 | 泪 | 庚子 |
| 25 | 六 | 廿九 | 癸未 | 执 | 女 | 木 | 坤 | 风 | 肝 | 泪 | 壬子 |
| 26 | 日 | 二月 | 甲申 | 破 | 虚 | 水 | 乾 | 寒 | 肾 | 唾 | 甲子 |
| 27 | 一 | 初二 | 乙酉 | 危 | 危 | 水 | 兑 | 寒 | 肾 | 唾 | 丙子 |
| 28 | 二 | 初三 | 丙戌 | 成 | 室 | 土 | 离 | 湿 | 脾 | 涎 | 戊子 |

实用干支万年历

# 公元 2017 年　　农历丁酉(鸡)年(闰六月)

## 3月大

| 惊蛰 | 5 日 17 时 34 分 |
| --- | --- |
| 春分 | 20 日 18 时 29 分 |

农历二月(2月26日－3月27日)　月干支:癸卯

| 公历 | 星期 | 农历 | 干支 | 日建 | 星宿 | 五行 | 八卦 | 五气 | 五脏 | 五汁 | 时辰 |
| --- | --- | --- | --- | --- | --- | --- | --- | --- | --- | --- | --- |
| 1 | 三 | 二月 | 丁亥 | 收 | 壁 | 土 | 坤 | 湿 | 脾 | 涎 | 庚子 |
| 2 | 四 | 初五 | 戊子 | 开 | 奎 | 火 | 乾 | 热 | 心 | 汗 | 壬子 |
| 3 | 五 | 初六 | 己丑 | 闭 | 娄 | 火 | 兑 | 热 | 心 | 汗 | 甲子 |
| 4 | 六 | 初七 | 庚寅 | 建 | 胃 | 木 | 离 | 风 | 肝 | 泪 | 丙子 |
| 5 | 日 | 初八 | 辛卯 | 建 | 昴 | 木 | 震 | 风 | 肝 | 泪 | 戊子 |
| 6 | 一 | 初九 | 壬辰 | 除 | 毕 | 水 | 巽 | 寒 | 肾 | 唾 | 庚子 |
| 7 | 二 | 初十 | 癸巳 | 满 | 觜 | 水 | 坎 | 寒 | 肾 | 唾 | 壬子 |
| 8 | 三 | 十一 | 甲午 | 平 | 参 | 金 | 艮 | 燥 | 肺 | 涕 | 甲子 |
| 9 | 四 | 十二 | 乙未 | 定 | 井 | 金 | 坤 | 燥 | 肺 | 涕 | 丙子 |
| 10 | 五 | 十三 | 丙申 | 执 | 鬼 | 火 | 乾 | 热 | 心 | 汗 | 戊子 |
| 11 | 六 | 十四 | 丁酉 | 破 | 柳 | 火 | 兑 | 热 | 心 | 汗 | 庚子 |
| 12 | 日 | 十五 | 戊戌 | 危 | 星 | 木 | 离 | 风 | 肝 | 泪 | 壬子 |
| 13 | 一 | 十六 | 己亥 | 成 | 张 | 木 | 震 | 风 | 肝 | 泪 | 甲子 |
| 14 | 二 | 十七 | 庚子 | 收 | 翼 | 土 | 巽 | 湿 | 脾 | 涎 | 丙子 |
| 15 | 三 | 十八 | 辛丑 | 开 | 轸 | 土 | 坎 | 湿 | 脾 | 涎 | 戊子 |
| 16 | 四 | 十九 | 壬寅 | 闭 | 角 | 金 | 艮 | 燥 | 肺 | 涕 | 庚子 |
| 17 | 五 | 二十 | 癸卯 | 建 | 亢 | 金 | 坤 | 燥 | 肺 | 涕 | 壬子 |
| 18 | 六 | 廿一 | 甲辰 | 除 | 氐 | 火 | 乾 | 热 | 心 | 汗 | 甲子 |
| 19 | 日 | 廿二 | 乙巳 | 满 | 房 | 火 | 兑 | 热 | 心 | 汗 | 丙子 |
| 20 | 一 | 廿三 | 丙午 | 平 | 心 | 水 | 离 | 寒 | 肾 | 唾 | 戊子 |
| 21 | 二 | 廿四 | 丁未 | 定 | 尾 | 水 | 震 | 寒 | 肾 | 唾 | 庚子 |
| 22 | 三 | 廿五 | 戊申 | 执 | 箕 | 土 | 巽 | 湿 | 脾 | 涎 | 壬子 |
| 23 | 四 | 廿六 | 己酉 | 破 | 斗 | 土 | 坎 | 湿 | 脾 | 涎 | 甲子 |
| 24 | 五 | 廿七 | 庚戌 | 危 | 牛 | 金 | 艮 | 燥 | 肺 | 涕 | 丙子 |
| 25 | 六 | 廿八 | 辛亥 | 成 | 女 | 金 | 坤 | 燥 | 肺 | 涕 | 戊子 |
| 26 | 日 | 廿九 | 壬子 | 收 | 虚 | 木 | 乾 | 风 | 肝 | 泪 | 庚子 |
| 27 | 一 | 三十 | 癸丑 | 开 | 危 | 木 | 兑 | 风 | 肝 | 泪 | 壬子 |
| 28 | 二 | 三月 | 甲寅 | 闭 | 室 | 水 | 离 | 寒 | 肾 | 唾 | 甲子 |
| 29 | 三 | 初二 | 乙卯 | 建 | 壁 | 水 | 震 | 寒 | 肾 | 唾 | 丙子 |
| 30 | 四 | 初三 | 丙辰 | 除 | 奎 | 土 | 巽 | 湿 | 脾 | 涎 | 戊子 |
| 31 | 五 | 初四 | 丁巳 | 满 | 娄 | 土 | 坎 | 湿 | 脾 | 涎 | 庚子 |

## 4月小

| 清明 | 4 日 22 时 18 分 |
| --- | --- |
| 谷雨 | 20 日 05 时 28 分 |

农历三月(3月28日－4月25日)　月干支:甲辰

| 公历 | 星期 | 农历 | 干支 | 日建 | 星宿 | 五行 | 八卦 | 五气 | 五脏 | 五汁 | 时辰 |
| --- | --- | --- | --- | --- | --- | --- | --- | --- | --- | --- | --- |
| 1 | 六 | 三月 | 戊午 | 平 | 胃 | 火 | 艮 | 热 | 心 | 汗 | 壬子 |
| 2 | 日 | 初六 | 己未 | 定 | 昴 | 火 | 坤 | 热 | 心 | 汗 | 甲子 |
| 3 | 一 | 初七 | 庚申 | 执 | 毕 | 木 | 乾 | 风 | 肝 | 泪 | 丙子 |
| 4 | 二 | 初八 | 辛酉 | 执 | 觜 | 木 | 兑 | 风 | 肝 | 泪 | 戊子 |
| 5 | 三 | 初九 | 壬戌 | 破 | 参 | 水 | 离 | 寒 | 肾 | 唾 | 庚子 |
| 6 | 四 | 初十 | 癸亥 | 危 | 井 | 水 | 震 | 寒 | 肾 | 唾 | 壬子 |
| 7 | 五 | 十一 | 甲子 | 成 | 鬼 | 金 | 巽 | 燥 | 肺 | 涕 | 甲子 |
| 8 | 六 | 十二 | 乙丑 | 收 | 柳 | 金 | 坎 | 燥 | 肺 | 涕 | 丙子 |
| 9 | 日 | 十三 | 丙寅 | 开 | 星 | 火 | 艮 | 热 | 心 | 汗 | 戊子 |
| 10 | 一 | 十四 | 丁卯 | 闭 | 张 | 火 | 坤 | 热 | 心 | 汗 | 庚子 |
| 11 | 二 | 十五 | 戊辰 | 建 | 翼 | 木 | 乾 | 风 | 肝 | 泪 | 壬子 |
| 12 | 三 | 十六 | 己巳 | 除 | 轸 | 木 | 兑 | 风 | 肝 | 泪 | 甲子 |
| 13 | 四 | 十七 | 庚午 | 满 | 角 | 土 | 离 | 湿 | 脾 | 涎 | 丙子 |
| 14 | 五 | 十八 | 辛未 | 平 | 亢 | 土 | 震 | 湿 | 脾 | 涎 | 戊子 |
| 15 | 六 | 十九 | 壬申 | 定 | 氐 | 金 | 巽 | 燥 | 肺 | 涕 | 庚子 |
| 16 | 日 | 二十 | 癸酉 | 执 | 房 | 金 | 坎 | 燥 | 肺 | 涕 | 壬子 |
| 17 | 一 | 廿一 | 甲戌 | 破 | 心 | 火 | 艮 | 热 | 心 | 汗 | 甲子 |
| 18 | 二 | 廿二 | 乙亥 | 危 | 尾 | 火 | 坤 | 热 | 心 | 汗 | 丙子 |
| 19 | 三 | 廿三 | 丙子 | 成 | 箕 | 水 | 乾 | 寒 | 肾 | 唾 | 戊子 |
| 20 | 四 | 廿四 | 丁丑 | 收 | 斗 | 水 | 兑 | 寒 | 肾 | 唾 | 庚子 |
| 21 | 五 | 廿五 | 戊寅 | 开 | 牛 | 土 | 离 | 湿 | 脾 | 涎 | 壬子 |
| 22 | 六 | 廿六 | 己卯 | 闭 | 女 | 土 | 震 | 湿 | 脾 | 涎 | 甲子 |
| 23 | 日 | 廿七 | 庚辰 | 建 | 虚 | 金 | 巽 | 燥 | 肺 | 涕 | 丙子 |
| 24 | 一 | 廿八 | 辛巳 | 除 | 危 | 金 | 坎 | 燥 | 肺 | 涕 | 戊子 |
| 25 | 二 | 廿九 | 壬午 | 满 | 室 | 木 | 艮 | 风 | 肝 | 泪 | 庚子 |
| 26 | 三 | 四月 | 癸未 | 平 | 壁 | 木 | 坤 | 风 | 肝 | 泪 | 壬子 |
| 27 | 四 | 初二 | 甲申 | 定 | 奎 | 水 | 乾 | 寒 | 肾 | 唾 | 甲子 |
| 28 | 五 | 初三 | 乙酉 | 执 | 娄 | 水 | 兑 | 寒 | 肾 | 唾 | 丙子 |
| 29 | 六 | 初四 | 丙戌 | 破 | 胃 | 土 | 离 | 湿 | 脾 | 涎 | 戊子 |
| 30 | 日 | 初五 | 丁亥 | 危 | 昴 | 土 | 震 | 湿 | 脾 | 涎 | 庚子 |

## 5月大

立夏　5日15时32分
小满　21日04时32分

农历四月(4月26日–5月25日)　月干支:乙巳

| 公历 | 星期 | 农历 | 干支 | 日建 | 星宿 | 五行 | 八卦 | 五气 | 五脏 | 五汁 | 时辰 |
|---|---|---|---|---|---|---|---|---|---|---|---|
| 1 | 一 | 四月 | 戊子 | 成 | 毕 | 火 | 震 | 热 | 心 | 汗 | 壬子 |
| 2 | 二 | 初七 | 己丑 | 收 | 觜 | 火 | 巽 | 热 | 心 | 汗 | 甲子 |
| 3 | 三 | 初八 | 庚寅 | 开 | 参 | 木 | 坎 | 风 | 肝 | 泪 | 丙子 |
| 4 | 四 | 初九 | 辛卯 | 闭 | 井 | 木 | 艮 | 风 | 肝 | 泪 | 戊子 |
| 5 | 五 | 初十 | 壬辰 | 闭 | 鬼 | 水 | 乾 | 寒 | 肾 | 唾 | 庚子 |
| 6 | 六 | 十一 | 癸巳 | 建 | 柳 | 水 | 兑 | 寒 | 肾 | 唾 | 壬子 |
| 7 | 日 | 十二 | 甲午 | 除 | 星 | 金 | 离 | 燥 | 肺 | 涕 | 甲子 |
| 8 | 一 | 十三 | 乙未 | 满 | 张 | 金 | 震 | 燥 | 肺 | 涕 | 丙子 |
| 9 | 二 | 十四 | 丙申 | 平 | 翼 | 火 | 巽 | 热 | 心 | 汗 | 戊子 |
| 10 | 三 | 十五 | 丁酉 | 定 | 轸 | 火 | 坎 | 热 | 心 | 汗 | 庚子 |
| 11 | 四 | 十六 | 戊戌 | 执 | 角 | 木 | 艮 | 风 | 肝 | 泪 | 壬子 |
| 12 | 五 | 十七 | 己亥 | 破 | 亢 | 木 | 坤 | 风 | 肝 | 泪 | 甲子 |
| 13 | 六 | 十八 | 庚子 | 危 | 氐 | 土 | 乾 | 湿 | 脾 | 涎 | 丙子 |
| 14 | 日 | 十九 | 辛丑 | 成 | 房 | 土 | 兑 | 湿 | 脾 | 涎 | 戊子 |
| 15 | 一 | 二十 | 壬寅 | 收 | 心 | 金 | 离 | 燥 | 肺 | 涕 | 庚子 |
| 16 | 二 | 廿一 | 癸卯 | 开 | 尾 | 金 | 离 | 燥 | 肺 | 涕 | 壬子 |
| 17 | 三 | 廿二 | 甲辰 | 闭 | 箕 | 火 | 震 | 热 | 心 | 汗 | 甲子 |
| 18 | 四 | 廿三 | 乙巳 | 建 | 斗 | 火 | 巽 | 热 | 心 | 汗 | 丙子 |
| 19 | 五 | 廿四 | 丙午 | 除 | 牛 | 水 | 坎 | 寒 | 肾 | 唾 | 戊子 |
| 20 | 六 | 廿五 | 丁未 | 满 | 女 | 水 | 艮 | 寒 | 肾 | 唾 | 庚子 |
| 21 | 日 | 廿六 | 戊申 | 平 | 虚 | 土 | 坤 | 湿 | 脾 | 涎 | 壬子 |
| 22 | 一 | 廿七 | 己酉 | 定 | 危 | 土 | 乾 | 湿 | 脾 | 涎 | 甲子 |
| 23 | 二 | 廿八 | 庚戌 | 执 | 室 | 金 | 兑 | 燥 | 肺 | 涕 | 丙子 |
| 24 | 三 | 廿九 | 辛亥 | 破 | 壁 | 金 | 离 | 燥 | 肺 | 涕 | 戊子 |
| 25 | 四 | 三十 | 壬子 | 危 | 奎 | 木 | 震 | 风 | 肝 | 泪 | 庚子 |
| 26 | 五 | 五月 | 癸丑 | 成 | 娄 | 木 | 坤 | 风 | 肝 | 泪 | 壬子 |
| 27 | 六 | 初二 | 甲寅 | 收 | 胃 | 水 | 乾 | 寒 | 肾 | 唾 | 甲子 |
| 28 | 日 | 初三 | 乙卯 | 开 | 昴 | 水 | 兑 | 寒 | 肾 | 唾 | 丙子 |
| 29 | 一 | 初四 | 丙辰 | 闭 | 毕 | 土 | 离 | 湿 | 脾 | 涎 | 戊子 |
| 30 | 二 | 初五 | 丁巳 | 建 | 觜 | 土 | 震 | 湿 | 脾 | 涎 | 庚子 |
| 31 | 三 | 初六 | 戊午 | 除 | 参 | 火 | 巽 | 热 | 心 | 汗 | 壬子 |

## 6月小

芒种　5日19时37分
夏至　21日12时25分

农历五月(5月26日–6月23日)　月干支:丙午

| 公历 | 星期 | 农历 | 干支 | 日建 | 星宿 | 五行 | 八卦 | 五气 | 五脏 | 五汁 | 时辰 |
|---|---|---|---|---|---|---|---|---|---|---|---|
| 1 | 四 | 五月 | 己未 | 满 | 井 | 火 | 坎 | 热 | 心 | 汗 | 甲子 |
| 2 | 五 | 初八 | 庚申 | 平 | 鬼 | 木 | 艮 | 风 | 肝 | 泪 | 丙子 |
| 3 | 六 | 初九 | 辛酉 | 定 | 柳 | 木 | 坤 | 风 | 肝 | 泪 | 戊子 |
| 4 | 日 | 初十 | 壬戌 | 执 | 星 | 水 | 乾 | 寒 | 肾 | 唾 | 庚子 |
| 5 | 一 | 十一 | 癸亥 | 执 | 张 | 水 | 兑 | 寒 | 肾 | 唾 | 壬子 |
| 6 | 二 | 十二 | 甲子 | 破 | 翼 | 金 | 离 | 燥 | 肺 | 涕 | 甲子 |
| 7 | 三 | 十三 | 乙丑 | 危 | 轸 | 金 | 震 | 燥 | 肺 | 涕 | 丙子 |
| 8 | 四 | 十四 | 丙寅 | 成 | 角 | 火 | 巽 | 热 | 心 | 汗 | 戊子 |
| 9 | 五 | 十五 | 丁卯 | 收 | 亢 | 火 | 坎 | 热 | 心 | 汗 | 庚子 |
| 10 | 六 | 十六 | 戊辰 | 开 | 氐 | 木 | 艮 | 风 | 肝 | 泪 | 壬子 |
| 11 | 日 | 十七 | 己巳 | 闭 | 房 | 木 | 坤 | 风 | 肝 | 泪 | 甲子 |
| 12 | 一 | 十八 | 庚午 | 建 | 心 | 土 | 乾 | 湿 | 脾 | 涎 | 丙子 |
| 13 | 二 | 十九 | 辛未 | 除 | 尾 | 土 | 兑 | 湿 | 脾 | 涎 | 戊子 |
| 14 | 三 | 二十 | 壬申 | 满 | 箕 | 金 | 离 | 燥 | 肺 | 涕 | 庚子 |
| 15 | 四 | 廿一 | 癸酉 | 平 | 斗 | 金 | 震 | 燥 | 肺 | 涕 | 壬子 |
| 16 | 五 | 廿二 | 甲戌 | 定 | 牛 | 火 | 巽 | 热 | 心 | 汗 | 甲子 |
| 17 | 六 | 廿三 | 乙亥 | 执 | 女 | 火 | 坎 | 热 | 心 | 汗 | 丙子 |
| 18 | 日 | 廿四 | 丙子 | 破 | 虚 | 水 | 艮 | 寒 | 肾 | 唾 | 戊子 |
| 19 | 一 | 廿五 | 丁丑 | 危 | 室 | 水 | 坤 | 寒 | 肾 | 唾 | 庚子 |
| 20 | 二 | 廿六 | 戊寅 | 成 | 壁 | 土 | 乾 | 湿 | 脾 | 涎 | 壬子 |
| 21 | 三 | 廿七 | 己卯 | 收 | 奎 | 土 | 兑 | 湿 | 脾 | 涎 | 甲子 |
| 22 | 四 | 廿八 | 庚辰 | 开 | 娄 | 金 | 离 | 燥 | 肺 | 涕 | 丙子 |
| 23 | 五 | 廿九 | 辛巳 | 闭 | 胃 | 金 | 震 | 燥 | 肺 | 涕 | 戊子 |
| 24 | 六 | 六月 | 壬午 | 建 | 昴 | 木 | 乾 | 风 | 肝 | 泪 | 庚子 |
| 25 | 日 | 初二 | 癸未 | 除 | 毕 | 木 | 兑 | 风 | 肝 | 泪 | 壬子 |
| 26 | 一 | 初三 | 甲申 | 满 | 觜 | 水 | 离 | 寒 | 肾 | 唾 | 甲子 |
| 27 | 二 | 初四 | 乙酉 | 平 | 参 | 水 | 震 | 寒 | 肾 | 唾 | 丙子 |
| 28 | 三 | 初五 | 丙戌 | 定 | 井 | 土 | 巽 | 湿 | 脾 | 涎 | 戊子 |
| 29 | 四 | 初六 | 丁亥 | 执 | 鬼 | 土 | 坎 | 湿 | 脾 | 涎 | 庚子 |
| 30 | 五 | 初七 | 戊子 | 破 | 柳 | 火 |  | 热 |  |  | 壬子 |
| 31 |  |  |  |  |  |  |  |  |  |  |  |

实用干支万年历

# 公元 2017 年　　农历丁酉(鸡)年(闰六月)

## 7月大

小暑　7日 05时 51分
大暑　22日 23时 16分

农历六月(6月24日–7月22日)　月干支：丁未

| 公历 | 星期 | 农历 | 干支 | 日建 | 星宿 | 五行 | 八卦 | 五气 | 五脏 | 五汁 | 时辰 |
|---|---|---|---|---|---|---|---|---|---|---|---|
| 1 | 六 | 六月 初八 | 己丑 | 危 | 柳 | 火 | 坤 | 热 | 心 | 汗 | 甲子 |
| 2 | 日 | 初九 | 庚寅 | 成 | 星 | 木 | 乾 | 风 | 肝 | 泪 | 丙子 |
| 3 | 一 | 初十 | 辛卯 | 收 | 张 | 木 | 兑 | 风 | 肝 | 泪 | 戊子 |
| 4 | 二 | 十一 | 壬辰 | 开 | 翼 | 水 | 离 | 寒 | 肾 | 唾 | 庚子 |
| 5 | 三 | 十二 | 癸巳 | 闭 | 轸 | 水 | 震 | 寒 | 肾 | 唾 | 壬子 |
| 6 | 四 | 十三 | 甲午 | 建 | 角 | 金 | 巽 | 燥 | 肺 | 涕 | 甲子 |
| 7 | 五 | 十四 | 乙未 | 建 | 亢 | 金 | 坎 | 燥 | 肺 | 涕 | 丙子 |
| 8 | 六 | 十五 | 丙申 | 除 | 氐 | 火 | 艮 | 热 | 心 | 汗 | 戊子 |
| 9 | 日 | 十六 | 丁酉 | 满 | 房 | 火 | 坤 | 热 | 心 | 汗 | 庚子 |
| 10 | 一 | 十七 | 戊戌 | 平 | 心 | 木 | 乾 | 风 | 肝 | 泪 | 壬子 |
| 11 | 二 | 十八 | 己亥 | 定 | 尾 | 木 | 兑 | 风 | 肝 | 泪 | 甲子 |
| 12 | 三 | 十九 | 庚子 | 执 | 箕 | 土 | 离 | 湿 | 脾 | 涎 | 丙子 |
| 13 | 四 | 二十 | 辛丑 | 破 | 斗 | 土 | 震 | 湿 | 脾 | 涎 | 戊子 |
| 14 | 五 | 廿一 | 壬寅 | 危 | 牛 | 金 | 巽 | 燥 | 肺 | 涕 | 庚子 |
| 15 | 六 | 廿二 | 癸卯 | 成 | 女 | 金 | 坎 | 燥 | 肺 | 涕 | 壬子 |
| 16 | 日 | 廿三 | 甲辰 | 收 | 虚 | 火 | 艮 | 热 | 心 | 汗 | 甲子 |
| 17 | 一 | 廿四 | 乙巳 | 开 | 危 | 火 | 坤 | 热 | 心 | 汗 | 丙子 |
| 18 | 二 | 廿五 | 丙午 | 闭 | 室 | 水 | 乾 | 寒 | 肾 | 唾 | 戊子 |
| 19 | 三 | 廿六 | 丁未 | 建 | 壁 | 水 | 兑 | 寒 | 肾 | 唾 | 庚子 |
| 20 | 四 | 廿七 | 戊申 | 除 | 奎 | 土 | 离 | 湿 | 脾 | 涎 | 壬子 |
| 21 | 五 | 廿八 | 己酉 | 满 | 娄 | 土 | 震 | 湿 | 脾 | 涎 | 甲子 |
| 22 | 六 | 廿九 | 庚戌 | 平 | 胃 | 金 | 巽 | 燥 | 肺 | 涕 | 丙子 |
| 23 | 日 | 闰六 初一 | 辛亥 | 定 | 昴 | 金 | 坎 | 燥 | 肺 | 涕 | 戊子 |
| 24 | 一 | 初二 | 壬子 | 执 | 毕 | 木 | 艮 | 风 | 肝 | 泪 | 庚子 |
| 25 | 二 | 初三 | 癸丑 | 破 | 觜 | 木 | 坤 | 风 | 肝 | 泪 | 壬子 |
| 26 | 三 | 初四 | 甲寅 | 危 | 参 | 水 | 乾 | 寒 | 肾 | 唾 | 甲子 |
| 27 | 四 | 初五 | 乙卯 | 成 | 井 | 水 | 兑 | 寒 | 肾 | 唾 | 丙子 |
| 28 | 五 | 初六 | 丙辰 | 收 | 鬼 | 土 | 离 | 湿 | 脾 | 涎 | 戊子 |
| 29 | 六 | 初七 | 丁巳 | 开 | 柳 | 土 | 震 | 湿 | 脾 | 涎 | 庚子 |
| 30 | 日 | 初八 | 戊午 | 闭 | 星 | 火 | 巽 | 热 | 心 | 汗 | 壬子 |
| 31 | 一 | 初九 | 己未 | 建 | 张 | 火 | 坎 | 热 | 心 | 汗 | 甲子 |

## 8月大

立秋　7日 15时 40分
处暑　23日 06时 21分

农历闰六月(7月23日–8月21日)　月干支：丁未

| 公历 | 星期 | 农历 | 干支 | 日建 | 星宿 | 五行 | 八卦 | 五气 | 五脏 | 五汁 | 时辰 |
|---|---|---|---|---|---|---|---|---|---|---|---|
| 1 | 二 | 闰六 初十 | 庚申 | 除 | 翼 | 木 | 艮 | 风 | 肝 | 泪 | 丙子 |
| 2 | 三 | 十一 | 辛酉 | 满 | 轸 | 木 | 坤 | 风 | 肝 | 泪 | 戊子 |
| 3 | 四 | 十二 | 壬戌 | 平 | 角 | 水 | 乾 | 寒 | 肾 | 唾 | 庚子 |
| 4 | 五 | 十三 | 癸亥 | 定 | 亢 | 水 | 兑 | 寒 | 肾 | 唾 | 壬子 |
| 5 | 六 | 十四 | 甲子 | 执 | 氐 | 金 | 离 | 燥 | 肺 | 涕 | 甲子 |
| 6 | 日 | 十五 | 乙丑 | 破 | 房 | 金 | 震 | 燥 | 肺 | 涕 | 丙子 |
| 7 | 一 | 十六 | 丙寅 | 破 | 心 | 火 | 巽 | 热 | 心 | 汗 | 戊子 |
| 8 | 二 | 十七 | 丁卯 | 危 | 尾 | 火 | 坎 | 热 | 心 | 汗 | 庚子 |
| 9 | 三 | 十八 | 戊辰 | 成 | 箕 | 木 | 艮 | 风 | 肝 | 泪 | 壬子 |
| 10 | 四 | 十九 | 己巳 | 收 | 斗 | 木 | 坤 | 风 | 肝 | 泪 | 甲子 |
| 11 | 五 | 二十 | 庚午 | 开 | 牛 | 土 | 乾 | 湿 | 脾 | 涎 | 丙子 |
| 12 | 六 | 廿一 | 辛未 | 闭 | 女 | 土 | 兑 | 湿 | 脾 | 涎 | 戊子 |
| 13 | 日 | 廿二 | 壬申 | 建 | 虚 | 金 | 离 | 燥 | 肺 | 涕 | 庚子 |
| 14 | 一 | 廿三 | 癸酉 | 除 | 危 | 金 | 震 | 燥 | 肺 | 涕 | 壬子 |
| 15 | 二 | 廿四 | 甲戌 | 满 | 室 | 火 | 巽 | 热 | 心 | 汗 | 甲子 |
| 16 | 三 | 廿五 | 乙亥 | 平 | 壁 | 火 | 坎 | 热 | 心 | 汗 | 丙子 |
| 17 | 四 | 廿六 | 丙子 | 定 | 奎 | 水 | 艮 | 寒 | 肾 | 唾 | 戊子 |
| 18 | 五 | 廿七 | 丁丑 | 执 | 娄 | 水 | 坤 | 寒 | 肾 | 唾 | 庚子 |
| 19 | 六 | 廿八 | 戊寅 | 破 | 胃 | 土 | 乾 | 湿 | 脾 | 涎 | 壬子 |
| 20 | 日 | 廿九 | 己卯 | 危 | 昴 | 土 | 兑 | 湿 | 脾 | 涎 | 甲子 |
| 21 | 一 | 三十 | 庚辰 | 成 | 毕 | 金 | 离 | 燥 | 肺 | 涕 | 丙子 |
| 22 | 二 | 七月 初一 | 辛巳 | 收 | 觜 | 金 | 震 | 燥 | 肺 | 涕 | 戊子 |
| 23 | 三 | 初二 | 壬午 | 开 | 参 | 木 | 巽 | 风 | 肝 | 泪 | 庚子 |
| 24 | 四 | 初三 | 癸未 | 闭 | 井 | 木 | 坎 | 风 | 肝 | 泪 | 壬子 |
| 25 | 五 | 初四 | 甲申 | 建 | 鬼 | 水 | 艮 | 寒 | 肾 | 唾 | 甲子 |
| 26 | 六 | 初五 | 乙酉 | 除 | 柳 | 水 | 坤 | 寒 | 肾 | 唾 | 丙子 |
| 27 | 日 | 初六 | 丙戌 | 满 | 星 | 土 | 乾 | 湿 | 脾 | 涎 | 戊子 |
| 28 | 一 | 初七 | 丁亥 | 平 | 张 | 土 | 兑 | 湿 | 脾 | 涎 | 庚子 |
| 29 | 二 | 初八 | 戊子 | 定 | 翼 | 火 | 离 | 热 | 心 | 汗 | 壬子 |
| 30 | 三 | 初九 | 己丑 | 执 | 轸 | 火 | 震 | 热 | 心 | 汗 | 甲子 |
| 31 | 四 | 初十 | 庚寅 | 破 | 角 | 木 | 巽 | 风 | 肝 | 泪 | 丙子 |

# 公元 2017 年　　　　农历丁酉(鸡)年(闰六月)

实用干支万年历

## 9 月小
白露　7 日 18 时 39 分
秋分　23 日 04 时 02 分

农历七月(8 月 22 日 - 9 月 19 日)　月干支:戊申

| 公历 | 星期 | 农历 | 干支 | 日建 | 星宿 | 五行 | 八卦 | 五气 | 五脏 | 五汁 | 时辰 |
|---|---|---|---|---|---|---|---|---|---|---|---|
| 1 | 五 | 七月 | 辛卯 | 危 | 亢 | 木 | 震 | 风 | 肝 | 泪 | 戊子 |
| 2 | 六 | 十二 | 壬辰 | 成 | 氐 | 水 | 巽 | 寒 | 肾 | 唾 | 庚子 |
| 3 | 日 | 十三 | 癸巳 | 收 | 房 | 水 | 坎 | 寒 | 肾 | 唾 | 壬子 |
| 4 | 一 | 十四 | 甲午 | 开 | 心 | 金 | 艮 | 燥 | 肺 | 涕 | 甲子 |
| 5 | 二 | 十五 | 乙未 | 闭 | 尾 | 金 | 坤 | 燥 | 肺 | 涕 | 丙子 |
| 6 | 三 | 十六 | 丙申 | 建 | 箕 | 火 | 乾 | 热 | 心 | 汗 | 戊子 |
| 7 | 四 | 十七 | 丁酉 | 建 | 斗 | 火 | 兑 | 热 | 心 | 汗 | 庚子 |
| 8 | 五 | 十八 | 戊戌 | 除 | 牛 | 木 | 离 | 风 | 肝 | 泪 | 壬子 |
| 9 | 六 | 十九 | 己亥 | 满 | 女 | 木 | 震 | 风 | 肝 | 泪 | 甲子 |
| 10 | 日 | 二十 | 庚子 | 平 | 虚 | 土 | 巽 | 湿 | 脾 | 涎 | 丙子 |
| 11 | 一 | 廿一 | 辛丑 | 定 | 危 | 土 | 坎 | 湿 | 脾 | 涎 | 戊子 |
| 12 | 二 | 廿二 | 壬寅 | 执 | 室 | 金 | 艮 | 燥 | 肺 | 涕 | 庚子 |
| 13 | 三 | 廿三 | 癸卯 | 破 | 壁 | 金 | 坤 | 燥 | 肺 | 涕 | 壬子 |
| 14 | 四 | 廿四 | 甲辰 | 危 | 奎 | 火 | 乾 | 热 | 心 | 汗 | 甲子 |
| 15 | 五 | 廿五 | 乙巳 | 成 | 娄 | 火 | 兑 | 热 | 心 | 汗 | 丙子 |
| 16 | 六 | 廿六 | 丙午 | 收 | 胃 | 水 | 离 | 寒 | 肾 | 唾 | 戊子 |
| 17 | 日 | 廿七 | 丁未 | 开 | 昴 | 水 | 震 | 寒 | 肾 | 唾 | 庚子 |
| 18 | 一 | 廿八 | 戊申 | 闭 | 毕 | 土 | 巽 | 湿 | 脾 | 涎 | 壬子 |
| 19 | 二 | 廿九 | 己酉 | 建 | 觜 | 土 | 坎 | 湿 | 脾 | 涎 | 甲子 |
| 20 | 三 | 八月 | 庚戌 | 除 | 参 | 金 | 离 | 燥 | 肺 |  | 丙子 |
| 21 | 四 | 初二 | 辛亥 | 满 | 井 | 金 | 震 | 燥 | 肺 | 涕 | 戊子 |
| 22 | 五 | 初三 | 壬子 | 平 | 鬼 | 木 | 巽 | 风 | 肝 | 泪 | 庚子 |
| 23 | 六 | 初四 | 癸丑 | 定 | 柳 | 木 | 坎 | 风 | 肝 | 泪 | 壬子 |
| 24 | 日 | 初五 | 甲寅 | 执 | 星 | 水 | 艮 | 寒 | 肾 | 唾 | 甲子 |
| 25 | 一 | 初六 | 乙卯 | 破 | 张 | 水 | 坤 | 寒 | 肾 | 唾 | 丙子 |
| 26 | 二 | 初七 | 丙辰 | 危 | 翼 | 土 | 乾 | 湿 | 脾 | 涎 | 戊子 |
| 27 | 三 | 初八 | 丁巳 | 成 | 轸 | 土 | 兑 | 湿 | 脾 | 涎 | 庚子 |
| 28 | 四 | 初九 | 戊午 | 收 | 角 | 火 | 离 | 热 | 心 | 汗 | 壬子 |
| 29 | 五 | 初十 | 己未 | 开 | 亢 | 火 | 震 | 热 | 心 | 汗 | 甲子 |
| 30 | 六 | 十一 | 庚申 | 闭 | 氐 | 木 | 巽 | 风 | 肝 | 泪 | 丙子 |

## 10 月大
寒露　8 日 10 时 22 分
霜降　23 日 13 时 27 分

农历八月(9 月 20 日 - 10 月 19 日)　月干支:己酉

| 公历 | 星期 | 农历 | 干支 | 日建 | 星宿 | 五行 | 八卦 | 五气 | 五脏 | 五汁 | 时辰 |
|---|---|---|---|---|---|---|---|---|---|---|---|
| 1 | 日 | 八月 | 辛酉 | 建 | 房 | 木 | 坎 | 风 | 肝 | 泪 | 戊子 |
| 2 | 一 | 十三 | 壬戌 | 除 | 心 | 水 | 艮 | 寒 | 肾 | 唾 | 庚子 |
| 3 | 二 | 十四 | 癸亥 | 满 | 尾 | 水 | 坤 | 寒 | 肾 | 唾 | 壬子 |
| 4 | 三 | 十五 | 甲子 | 平 | 箕 | 金 | 乾 | 燥 | 肺 | 涕 | 甲子 |
| 5 | 四 | 十六 | 乙丑 | 定 | 斗 | 金 | 兑 | 燥 | 肺 | 涕 | 丙子 |
| 6 | 五 | 十七 | 丙寅 | 执 | 牛 | 火 | 离 | 热 | 心 | 汗 | 戊子 |
| 7 | 六 | 十八 | 丁卯 | 破 | 女 | 火 | 震 | 热 | 心 | 汗 | 庚子 |
| 8 | 日 | 十九 | 戊辰 | 破 | 虚 | 木 | 巽 | 风 | 肝 | 泪 | 壬子 |
| 9 | 一 | 二十 | 己巳 | 危 | 危 | 木 | 坎 | 风 | 肝 | 泪 | 甲子 |
| 10 | 二 | 廿一 | 庚午 | 成 | 室 | 土 | 艮 | 湿 | 脾 | 涎 | 丙子 |
| 11 | 三 | 廿二 | 辛未 | 收 | 壁 | 土 | 坤 | 湿 | 脾 | 涎 | 戊子 |
| 12 | 四 | 廿三 | 壬申 | 开 | 奎 | 金 | 乾 | 燥 | 肺 | 涕 | 庚子 |
| 13 | 五 | 廿四 | 癸酉 | 闭 | 娄 | 金 | 兑 | 燥 | 肺 | 涕 | 壬子 |
| 14 | 六 | 廿五 | 甲戌 | 建 | 胃 | 火 | 离 | 热 | 心 | 汗 | 甲子 |
| 15 | 日 | 廿六 | 乙亥 | 除 | 昴 | 火 | 震 | 热 | 心 | 汗 | 丙子 |
| 16 | 一 | 廿七 | 丙子 | 满 | 毕 | 水 | 巽 | 寒 | 肾 | 唾 | 戊子 |
| 17 | 二 | 廿八 | 丁丑 | 平 | 觜 | 水 | 坎 | 寒 | 肾 | 唾 | 庚子 |
| 18 | 三 | 廿九 | 戊寅 | 定 | 参 | 土 | 艮 | 湿 | 脾 | 涎 | 壬子 |
| 19 | 四 | 三十 | 己卯 | 执 | 井 | 土 | 震 | 湿 | 脾 | 涎 | 甲子 |
| 20 | 五 | 九月 | 庚辰 | 破 | 鬼 | 金 | 巽 | 燥 | 肺 | 涕 | 丙子 |
| 21 | 六 | 初二 | 辛巳 | 危 | 柳 | 金 | 坎 | 燥 | 肺 | 涕 | 戊子 |
| 22 | 日 | 初三 | 壬午 | 成 | 星 | 木 | 艮 | 风 | 肝 | 泪 | 庚子 |
| 23 | 一 | 初四 | 癸未 | 收 | 张 | 木 | 坤 | 风 | 肝 | 泪 | 壬子 |
| 24 | 二 | 初五 | 甲申 | 开 | 翼 | 水 | 乾 | 寒 | 肾 | 唾 | 甲子 |
| 25 | 三 | 初六 | 乙酉 | 闭 | 轸 | 水 | 兑 | 寒 | 肾 | 唾 | 丙子 |
| 26 | 四 | 初七 | 丙戌 | 建 | 角 | 土 | 离 | 湿 | 脾 | 涎 | 戊子 |
| 27 | 五 | 初八 | 丁亥 | 除 | 亢 | 土 | 震 | 湿 | 脾 | 涎 | 庚子 |
| 28 | 六 | 初九 | 戊子 | 满 | 氐 | 火 | 巽 | 热 | 心 | 汗 | 壬子 |
| 29 | 日 | 初十 | 己丑 | 平 | 房 | 火 | 坎 | 热 | 心 | 汗 | 甲子 |
| 30 | 一 | 十一 | 庚寅 | 定 | 心 | 木 | 艮 | 风 | 肝 | 泪 | 丙子 |
| 31 | 二 | 十二 | 辛卯 | 执 | 尾 | 木 | 坤 | 风 | 肝 | 泪 | 戊子 |

# 公元 2017 年　　农历丁酉(鸡)年(闰六月)

## 11月小
立冬　7日13时38分
小雪　22日11时05分

农历九月(10月20日–11月17日)　月干支:庚戌

| 公历 | 星期 | 农历 | 干支 | 日建 | 星宿 | 五行 | 八卦 | 五气 | 五脏 | 五汁 | 时辰 |
|---|---|---|---|---|---|---|---|---|---|---|---|
| 1 | 三 | 九月 | 壬辰 | 破 | 箕 | 水 | 坤 | 寒 | 肾 | 唾 | 庚子 |
| 2 | 四 | 十四 | 癸巳 | 危 | 斗 | 水 | 乾 | 寒 | 肾 | 唾 | 壬子 |
| 3 | 五 | 十五 | 甲午 | 成 | 牛 | 金 | 兑 | 燥 | 肺 | 涕 | 甲子 |
| 4 | 六 | 十六 | 乙未 | 收 | 女 | 金 | 离 | 燥 | 肺 | 涕 | 丙子 |
| 5 | 日 | 十七 | 丙申 | 开 | 虚 | 火 | 震 | 热 | 心 | 汗 | 戊子 |
| 6 | 一 | 十八 | 丁酉 | 闭 | 危 | 火 | 巽 | 热 | 心 | 汗 | 庚子 |
| 7 | 二 | 十九 | 戊戌 | 闭 | 室 | 木 | 坎 | 风 | 肝 | 泪 | 壬子 |
| 8 | 三 | 二十 | 己亥 | 建 | 壁 | 木 | 艮 | 风 | 肝 | 泪 | 甲子 |
| 9 | 四 | 廿一 | 庚子 | 除 | 奎 | 土 | 坤 | 湿 | 脾 | 涎 | 丙子 |
| 10 | 五 | 廿二 | 辛丑 | 满 | 娄 | 土 | 乾 | 湿 | 脾 | 涎 | 戊子 |
| 11 | 六 | 廿三 | 壬寅 | 平 | 胃 | 金 | 兑 | 燥 | 肺 | 涕 | 庚子 |
| 12 | 日 | 廿四 | 癸卯 | 定 | 昴 | 金 | 离 | 燥 | 肺 | 涕 | 壬子 |
| 13 | 一 | 廿五 | 甲辰 | 执 | 毕 | 火 | 震 | 热 | 心 | 汗 | 甲子 |
| 14 | 二 | 廿六 | 乙巳 | 破 | 觜 | 火 | 巽 | 热 | 心 | 汗 | 丙子 |
| 15 | 三 | 廿七 | 丙午 | 危 | 参 | 水 | 坎 | 寒 | 肾 | 唾 | 戊子 |
| 16 | 四 | 廿八 | 丁未 | 成 | 井 | 水 | 艮 | 寒 | 肾 | 唾 | 庚子 |
| 17 | 五 | 廿九 | 戊申 | 收 | 鬼 | 土 | 坤 | 湿 | 脾 | 涎 | 壬子 |
| 18 | 六 | 十月 | 己酉 | 开 | 柳 | 土 | 巽 | 湿 | 脾 | 涎 | 甲子 |
| 19 | 日 | 初二 | 庚戌 | 闭 | 星 | 金 | 坎 | 燥 | 肺 | 涕 | 丙子 |
| 20 | 一 | 初三 | 辛亥 | 建 | 张 | 金 | 艮 | 燥 | 肺 | 涕 | 戊子 |
| 21 | 二 | 初四 | 壬子 | 除 | 翼 | 木 | 坤 | 风 | 肝 | 泪 | 庚子 |
| 22 | 三 | 初五 | 癸丑 | 满 | 轸 | 木 | 乾 | 风 | 肝 | 泪 | 壬子 |
| 23 | 四 | 初六 | 甲寅 | 平 | 角 | 水 | 兑 | 寒 | 肾 | 唾 | 甲子 |
| 24 | 五 | 初七 | 乙卯 | 定 | 亢 | 水 | 离 | 寒 | 肾 | 唾 | 丙子 |
| 25 | 六 | 初八 | 丙辰 | 执 | 氐 | 土 | 震 | 湿 | 脾 | 涎 | 戊子 |
| 26 | 日 | 初九 | 丁巳 | 破 | 房 | 土 | 巽 | 湿 | 脾 | 涎 | 庚子 |
| 27 | 一 | 初十 | 戊午 | 危 | 心 | 火 | 坎 | 热 | 心 | 汗 | 壬子 |
| 28 | 二 | 十一 | 己未 | 成 | 尾 | 火 | 艮 | 热 | 心 | 汗 | 甲子 |
| 29 | 三 | 十二 | 庚申 | 收 | 箕 | 木 | 坤 | 风 | 肝 | 泪 | 丙子 |
| 30 | 四 | 十三 | 辛酉 | 开 | 斗 | 木 | 乾 | 风 | 肝 | 泪 | 戊子 |
| 31 | | | | | | | | | | | |

## 12月大
大雪　7日06时33分
冬至　22日00时29分

农历十月(11月18日–12月17日)　月干支:辛亥

| 公历 | 星期 | 农历 | 干支 | 日建 | 星宿 | 五行 | 八卦 | 五气 | 五脏 | 五汁 | 时辰 |
|---|---|---|---|---|---|---|---|---|---|---|---|
| 1 | 五 | 十月 | 壬戌 | 闭 | 牛 | 水 | 兑 | 寒 | 肾 | 唾 | 庚子 |
| 2 | 六 | 十五 | 癸亥 | 建 | 女 | 水 | 离 | 寒 | 肾 | 唾 | 壬子 |
| 3 | 日 | 十六 | 甲子 | 除 | 虚 | 金 | 震 | 燥 | 肺 | 涕 | 甲子 |
| 4 | 一 | 十七 | 乙丑 | 满 | 危 | 金 | 巽 | 燥 | 肺 | 涕 | 丙子 |
| 5 | 二 | 十八 | 丙寅 | 平 | 室 | 火 | 坎 | 热 | 心 | 汗 | 戊子 |
| 6 | 三 | 十九 | 丁卯 | 定 | 壁 | 火 | 艮 | 热 | 心 | 汗 | 庚子 |
| 7 | 四 | 二十 | 戊辰 | 定 | 奎 | 木 | 坤 | 风 | 肝 | 泪 | 壬子 |
| 8 | 五 | 廿一 | 己巳 | 执 | 娄 | 木 | 乾 | 风 | 肝 | 泪 | 甲子 |
| 9 | 六 | 廿二 | 庚午 | 破 | 胃 | 土 | 兑 | 湿 | 脾 | 涎 | 丙子 |
| 10 | 日 | 廿三 | 辛未 | 危 | 昴 | 土 | 离 | 湿 | 脾 | 涎 | 戊子 |
| 11 | 一 | 廿四 | 壬申 | 成 | 毕 | 金 | 震 | 燥 | 肺 | 涕 | 庚子 |
| 12 | 二 | 廿五 | 癸酉 | 收 | 觜 | 金 | 巽 | 燥 | 肺 | 涕 | 壬子 |
| 13 | 三 | 廿六 | 甲戌 | 开 | 参 | 火 | 坎 | 热 | 心 | 汗 | 甲子 |
| 14 | 四 | 廿七 | 乙亥 | 闭 | 井 | 火 | 艮 | 热 | 心 | 汗 | 丙子 |
| 15 | 五 | 廿八 | 丙子 | 建 | 鬼 | 水 | 坤 | 寒 | 肾 | 唾 | 戊子 |
| 16 | 六 | 廿九 | 丁丑 | 除 | 柳 | 水 | 乾 | 寒 | 肾 | 唾 | 庚子 |
| 17 | 日 | 三十 | 戊寅 | 满 | 星 | 土 | 兑 | 湿 | 脾 | 涎 | 壬子 |
| 18 | 一 | 冬月 | 己卯 | 平 | 张 | 土 | 坎 | 湿 | 脾 | 涎 | 甲子 |
| 19 | 二 | 初二 | 庚辰 | 定 | 翼 | 金 | 艮 | 燥 | 肺 | 涕 | 丙子 |
| 20 | 三 | 初三 | 辛巳 | 执 | 轸 | 金 | 坤 | 燥 | 肺 | 涕 | 戊子 |
| 21 | 四 | 初四 | 壬午 | 破 | 角 | 木 | 乾 | 风 | 肝 | 泪 | 庚子 |
| 22 | 五 | 初五 | 癸未 | 危 | 亢 | 木 | 兑 | 风 | 肝 | 泪 | 壬子 |
| 23 | 六 | 初六 | 甲申 | 成 | 氐 | 水 | 离 | 寒 | 肾 | 唾 | 甲子 |
| 24 | 日 | 初七 | 乙酉 | 收 | 房 | 水 | 震 | 寒 | 肾 | 唾 | 丙子 |
| 25 | 一 | 初八 | 丙戌 | 开 | 心 | 土 | 巽 | 湿 | 脾 | 涎 | 戊子 |
| 26 | 二 | 初九 | 丁亥 | 闭 | 尾 | 土 | 坎 | 湿 | 脾 | 涎 | 庚子 |
| 27 | 三 | 初十 | 戊子 | 建 | 箕 | 火 | 艮 | 热 | 心 | 汗 | 壬子 |
| 28 | 四 | 十一 | 己丑 | 除 | 斗 | 火 | 坤 | 热 | 心 | 汗 | 甲子 |
| 29 | 五 | 十二 | 庚寅 | 满 | 牛 | 木 | 乾 | 风 | 肝 | 泪 | 丙子 |
| 30 | 六 | 十三 | 辛卯 | 平 | 女 | 木 | 兑 | 风 | 肝 | 泪 | 戊子 |
| 31 | 日 | 十四 | 壬辰 | 定 | 虚 | 水 | 离 | 寒 | 肾 | 唾 | 庚子 |

# 公元2018年　　　农历戊戌(狗)年

## 1月大
小寒　5日17时50分
大寒　20日11时10分

农历冬月(12月18日-1月16日)　月干支:壬子

| 公历 | 星期 | 农历 | 干支 | 日建 | 星宿 | 五行 | 八卦 | 五气 | 五脏 | 五汁 | 时辰 |
|---|---|---|---|---|---|---|---|---|---|---|---|
| 1 | 一 | 冬月 | 癸巳 | 执 | 危 | 水 | 震 | 寒 | 肾 | 唾 | 壬子 |
| 2 | 二 | 十六 | 甲午 | 破 | 室 | 金 | 巽 | 燥 | 肺 | 涕 | 甲子 |
| 3 | 三 | 十七 | 乙未 | 危 | 壁 | 金 | 坎 | 燥 | 肺 | 涕 | 丙子 |
| 4 | 四 | 十八 | 丙申 | 成 | 奎 | 火 | 艮 | 热 | 心 | 汗 | 戊子 |
| 5 | 五 | 十九 | 丁酉 | 成 | 娄 | 火 | 坤 | 热 | 心 | 汗 | 庚子 |
| 6 | 六 | 二十 | 戊戌 | 收 | 胃 | 木 | 乾 | 风 | 肝 | 泪 | 壬子 |
| 7 | 日 | 廿一 | 己亥 | 开 | 昴 | 木 | 兑 | 风 | 肝 | 泪 | 甲子 |
| 8 | 一 | 廿二 | 庚子 | 闭 | 毕 | 土 | 离 | 湿 | 脾 | 涎 | 丙子 |
| 9 | 二 | 廿三 | 辛丑 | 建 | 觜 | 土 | 震 | 湿 | 脾 | 涎 | 戊子 |
| 10 | 三 | 廿四 | 壬寅 | 除 | 参 | 金 | 巽 | 燥 | 肺 | 涕 | 庚子 |
| 11 | 四 | 廿五 | 癸卯 | 满 | 井 | 金 | 坎 | 燥 | 肺 | 涕 | 壬子 |
| 12 | 五 | 廿六 | 甲辰 | 平 | 鬼 | 火 | 艮 | 热 | 心 | 汗 | 甲子 |
| 13 | 六 | 廿七 | 乙巳 | 定 | 柳 | 火 | 坤 | 热 | 心 | 汗 | 丙子 |
| 14 | 日 | 廿八 | 丙午 | 执 | 星 | 水 | 乾 | 寒 | 肾 | 唾 | 戊子 |
| 15 | 一 | 廿九 | 丁未 | 破 | 张 | 水 | 兑 | 寒 | 肾 | 唾 | 庚子 |
| 16 | 二 | 三十 | 戊申 | 危 | 翼 | 土 | 离 | 湿 | 脾 | 涎 | 壬子 |
| 17 | 三 | 腊月 | 己酉 | 成 | 轸 | 土 | 艮 | 湿 | 脾 | 涎 | 甲子 |
| 18 | 四 | 初二 | 庚戌 | 收 | 角 | 金 | 坤 | 燥 | 肺 | 涕 | 丙子 |
| 19 | 五 | 初三 | 辛亥 | 开 | 亢 | 金 | 乾 | 燥 | 肺 | 涕 | 戊子 |
| 20 | 六 | 初四 | 壬子 | 闭 | 氐 | 木 | 兑 | 风 | 肝 | 泪 | 庚子 |
| 21 | 日 | 初五 | 癸丑 | 建 | 房 | 木 | 离 | 风 | 肝 | 泪 | 壬子 |
| 22 | 一 | 初六 | 甲寅 | 除 | 心 | 水 | 震 | 寒 | 肾 | 唾 | 甲子 |
| 23 | 二 | 初七 | 乙卯 | 满 | 尾 | 水 | 巽 | 寒 | 肾 | 唾 | 丙子 |
| 24 | 三 | 初八 | 丙辰 | 平 | 箕 | 土 | 坎 | 湿 | 脾 | 涎 | 戊子 |
| 25 | 四 | 初九 | 丁巳 | 定 | 斗 | 土 | 艮 | 湿 | 脾 | 涎 | 庚子 |
| 26 | 五 | 初十 | 戊午 | 执 | 牛 | 火 | 坤 | 热 | 心 | 汗 | 壬子 |
| 27 | 六 | 十一 | 己未 | 破 | 女 | 火 | 乾 | 热 | 心 | 汗 | 甲子 |
| 28 | 日 | 十二 | 庚申 | 危 | 虚 | 木 | 兑 | 风 | 肝 | 泪 | 丙子 |
| 29 | 一 | 十三 | 辛酉 | 成 | 危 | 木 | 离 | 风 | 肝 | 泪 | 戊子 |
| 30 | 二 | 十四 | 壬戌 | 收 | 室 | 水 | 震 | 寒 | 肾 | 唾 | 庚子 |
| 31 | 三 | 十五 | 癸亥 | 开 | 壁 | 水 | 巽 | 寒 | 肾 | 唾 | 壬子 |

## 2月平
立春　4日05时30分
雨水　19日01时19分

农历腊月(1月17日-2月15日)　月干支:癸丑

| 公历 | 星期 | 农历 | 干支 | 日建 | 星宿 | 五行 | 八卦 | 五气 | 五脏 | 五汁 | 时辰 |
|---|---|---|---|---|---|---|---|---|---|---|---|
| 1 | 四 | 腊月 | 甲子 | 闭 | 奎 | 金 | 坎 | 燥 | 肺 | 涕 | 甲子 |
| 2 | 五 | 十七 | 乙丑 | 建 | 娄 | 金 | 艮 | 燥 | 肺 | 涕 | 丙子 |
| 3 | 六 | 十八 | 丙寅 | 除 | 胃 | 火 | 坤 | 热 | 心 | 汗 | 戊子 |
| 4 | 日 | 十九 | 丁卯 | 除 | 昴 | 火 | 乾 | 热 | 心 | 汗 | 庚子 |
| 5 | 一 | 二十 | 戊辰 | 满 | 毕 | 木 | 兑 | 风 | 肝 | 泪 | 壬子 |
| 6 | 二 | 廿一 | 己巳 | 平 | 觜 | 木 | 离 | 风 | 肝 | 泪 | 甲子 |
| 7 | 三 | 廿二 | 庚午 | 定 | 参 | 土 | 震 | 湿 | 脾 | 涎 | 丙子 |
| 8 | 四 | 廿三 | 辛未 | 执 | 井 | 土 | 巽 | 湿 | 脾 | 涎 | 戊子 |
| 9 | 五 | 廿四 | 壬申 | 破 | 鬼 | 金 | 坎 | 燥 | 肺 | 涕 | 庚子 |
| 10 | 六 | 廿五 | 癸酉 | 危 | 柳 | 金 | 艮 | 燥 | 肺 | 涕 | 壬子 |
| 11 | 日 | 廿六 | 甲戌 | 成 | 星 | 火 | 坤 | 热 | 心 | 汗 | 甲子 |
| 12 | 一 | 廿七 | 乙亥 | 收 | 张 | 火 | 乾 | 热 | 心 | 汗 | 丙子 |
| 13 | 二 | 廿八 | 丙子 | 开 | 翼 | 水 | 兑 | 寒 | 肾 | 唾 | 戊子 |
| 14 | 三 | 廿九 | 丁丑 | 闭 | 轸 | 水 | 离 | 寒 | 肾 | 唾 | 庚子 |
| 15 | 四 | 三十 | 戊寅 | 建 | 角 | 土 | 震 | 湿 | 脾 | 涎 | 壬子 |
| 16 | 五 | 正月 | 己卯 | 除 | 亢 | 土 | 巽 | 湿 | 脾 | 涎 | 甲子 |
| 17 | 六 | 初二 | 庚辰 | 满 | 氐 | 金 | 坎 | 燥 | 肺 | 涕 | 丙子 |
| 18 | 日 | 初三 | 辛巳 | 平 | 房 | 金 | 艮 | 燥 | 肺 | 涕 | 戊子 |
| 19 | 一 | 初四 | 壬午 | 定 | 心 | 木 | 坤 | 风 | 肝 | 泪 | 庚子 |
| 20 | 二 | 初五 | 癸未 | 执 | 尾 | 木 | 乾 | 风 | 肝 | 泪 | 壬子 |
| 21 | 三 | 初六 | 甲申 | 破 | 箕 | 水 | 兑 | 寒 | 肾 | 唾 | 甲子 |
| 22 | 四 | 初七 | 乙酉 | 危 | 斗 | 水 | 离 | 寒 | 肾 | 唾 | 丙子 |
| 23 | 五 | 初八 | 丙戌 | 成 | 牛 | 土 | 震 | 湿 | 脾 | 涎 | 戊子 |
| 24 | 六 | 初九 | 丁亥 | 收 | 女 | 土 | 巽 | 湿 | 脾 | 涎 | 庚子 |
| 25 | 日 | 初十 | 戊子 | 开 | 虚 | 火 | 坎 | 热 | 心 | 汗 | 壬子 |
| 26 | 一 | 十一 | 己丑 | 闭 | 危 | 火 | 艮 | 热 | 心 | 汗 | 甲子 |
| 27 | 二 | 十二 | 庚寅 | 建 | 室 | 木 | 坤 | 风 | 肝 | 泪 | 丙子 |
| 28 | 三 | 十三 | 辛卯 | 除 | 壁 | 木 | 乾 | 风 | 肝 | 泪 | 戊子 |

实用干支万年历

# 公元 2018 年　农历戊戌(狗)年

## 3月大
惊蛰　5日23时29分　春分　21日00时16分

农历正月(2月16日-3月16日)　月干支:甲寅

| 公历 | 星期 | 农历 | 干支 | 日建 | 星宿 | 五行 | 八卦 | 五气 | 五脏 | 五汁 | 时辰 |
|---|---|---|---|---|---|---|---|---|---|---|---|
| 1 | 四 | 正月十四 | 壬辰 | 满 | 奎 | 水 | 坎 | 寒 | 肾 | 唾 | 庚子 |
| 2 | 五 | 十五 | 癸巳 | 平 | 娄 | 水 | 艮 | 寒 | 肾 | 唾 | 壬子 |
| 3 | 六 | 十六 | 甲午 | 定 | 胃 | 金 | 乾 | 燥 | 肺 | 涕 | 甲子 |
| 4 | 日 | 十七 | 乙未 | 执 | 昴 | 金 | 兑 | 燥 | 肺 | 涕 | 丙子 |
| 5 | 一 | 十八 | 丙申 | 执 | 毕 | 火 | 离 | 热 | 心 | 汗 | 戊子 |
| 6 | 二 | 十九 | 丁酉 | 破 | 觜 | 火 | 坤 | 热 | 心 | 汗 | 庚子 |
| 7 | 三 | 二十 | 戊戌 | 危 | 参 | 木 | 震 | 风 | 肝 | 泪 | 壬子 |
| 8 | 四 | 廿一 | 己亥 | 成 | 井 | 木 | 巽 | 风 | 肝 | 泪 | 甲子 |
| 9 | 五 | 廿二 | 庚子 | 收 | 鬼 | 土 | 坎 | 湿 | 脾 | 涎 | 丙子 |
| 10 | 六 | 廿三 | 辛丑 | 开 | 柳 | 土 | 艮 | 湿 | 脾 | 涎 | 戊子 |
| 11 | 日 | 廿四 | 壬寅 | 闭 | 星 | 金 | 乾 | 燥 | 肺 | 涕 | 庚子 |
| 12 | 一 | 廿五 | 癸卯 | 建 | 张 | 金 | 兑 | 燥 | 肺 | 涕 | 壬子 |
| 13 | 二 | 廿六 | 甲辰 | 除 | 翼 | 火 | 离 | 热 | 心 | 汗 | 甲子 |
| 14 | 三 | 廿七 | 乙巳 | 满 | 轸 | 火 | 坤 | 热 | 心 | 汗 | 丙子 |
| 15 | 四 | 廿八 | 丙午 | 平 | 角 | 水 | 震 | 寒 | 肾 | 唾 | 戊子 |
| 16 | 五 | 廿九 | 丁未 | 定 | 亢 | 水 | 巽 | 寒 | 肾 | 唾 | 庚子 |
| 17 | 六 | 二月初一 | 戊申 | 执 | 氐 | 土 | 坎 | 湿 | 脾 | 涎 | 壬子 |
| 18 | 日 | 初二 | 己酉 | 破 | 房 | 土 | 艮 | 湿 | 脾 | 涎 | 甲子 |
| 19 | 一 | 初三 | 庚戌 | 危 | 心 | 金 | 乾 | 燥 | 肺 | 涕 | 丙子 |
| 20 | 二 | 初四 | 辛亥 | 成 | 尾 | 金 | 兑 | 燥 | 肺 | 涕 | 戊子 |
| 21 | 三 | 初五 | 壬子 | 收 | 箕 | 木 | 离 | 风 | 肝 | 泪 | 庚子 |
| 22 | 四 | 初六 | 癸丑 | 开 | 斗 | 木 | 坤 | 风 | 肝 | 泪 | 壬子 |
| 23 | 五 | 初七 | 甲寅 | 闭 | 牛 | 水 | 震 | 寒 | 肾 | 唾 | 甲子 |
| 24 | 六 | 初八 | 乙卯 | 建 | 女 | 水 | 巽 | 寒 | 肾 | 唾 | 丙子 |
| 25 | 日 | 初九 | 丙辰 | 除 | 虚 | 土 | 坎 | 湿 | 脾 | 涎 | 戊子 |
| 26 | 一 | 初十 | 丁巳 | 满 | 危 | 土 | 艮 | 湿 | 脾 | 涎 | 庚子 |
| 27 | 二 | 十一 | 戊午 | 平 | 室 | 火 | 乾 | 热 | 心 | 汗 | 壬子 |
| 28 | 三 | 十二 | 己未 | 定 | 壁 | 火 | 兑 | 热 | 心 | 汗 | 甲子 |
| 29 | 四 | 十三 | 庚申 | 执 | 奎 | 木 | 离 | 风 | 肝 | 泪 | 丙子 |
| 30 | 五 | 十四 | 辛酉 | 破 | 娄 | 木 | 坤 | 风 | 肝 | 泪 | 戊子 |
| 31 | 六 | 十五 | 壬戌 | 危 | 胃 | 水 | 震 | 寒 | 肾 | 唾 | 庚子 |

## 4月小
清明　5日04时14分　谷雨　20日11时13分

农历二月(3月17日-4月15日)　月干支:乙卯

| 公历 | 星期 | 农历 | 干支 | 日建 | 星宿 | 五行 | 八卦 | 五气 | 五脏 | 五汁 | 时辰 |
|---|---|---|---|---|---|---|---|---|---|---|---|
| 1 | 日 | 二月十六 | 癸亥 | 成 | 昴 | 水 | 巽 | 寒 | 肾 | 唾 | 壬子 |
| 2 | 一 | 十七 | 甲子 | 收 | 毕 | 金 | 坎 | 燥 | 肺 | 涕 | 甲子 |
| 3 | 二 | 十八 | 乙丑 | 开 | 觜 | 金 | 艮 | 燥 | 肺 | 涕 | 丙子 |
| 4 | 三 | 十九 | 丙寅 | 闭 | 参 | 火 | 乾 | 热 | 心 | 汗 | 戊子 |
| 5 | 四 | 二十 | 丁卯 | 闭 | 井 | 火 | 兑 | 热 | 心 | 汗 | 庚子 |
| 6 | 五 | 廿一 | 戊辰 | 建 | 鬼 | 木 | 离 | 风 | 肝 | 泪 | 壬子 |
| 7 | 六 | 廿二 | 己巳 | 除 | 柳 | 木 | 坤 | 风 | 肝 | 泪 | 甲子 |
| 8 | 日 | 廿三 | 庚午 | 满 | 星 | 土 | 震 | 湿 | 脾 | 涎 | 丙子 |
| 9 | 一 | 廿四 | 辛未 | 平 | 张 | 土 | 巽 | 湿 | 脾 | 涎 | 戊子 |
| 10 | 二 | 廿五 | 壬申 | 定 | 翼 | 金 | 坎 | 燥 | 肺 | 涕 | 庚子 |
| 11 | 三 | 廿六 | 癸酉 | 执 | 轸 | 金 | 艮 | 燥 | 肺 | 涕 | 壬子 |
| 12 | 四 | 廿七 | 甲戌 | 破 | 角 | 火 | 乾 | 热 | 心 | 汗 | 甲子 |
| 13 | 五 | 廿八 | 乙亥 | 危 | 亢 | 火 | 兑 | 热 | 心 | 汗 | 丙子 |
| 14 | 六 | 廿九 | 丙子 | 成 | 氐 | 水 | 离 | 寒 | 肾 | 唾 | 戊子 |
| 15 | 日 | 三十 | 丁丑 | 收 | 房 | 水 | 坤 | 寒 | 肾 | 唾 | 庚子 |
| 16 | 一 | 三月初一 | 戊寅 | 开 | 心 | 土 | 震 | 湿 | 脾 | 涎 | 壬子 |
| 17 | 二 | 初二 | 己卯 | 闭 | 尾 | 土 | 巽 | 湿 | 脾 | 涎 | 甲子 |
| 18 | 三 | 初三 | 庚辰 | 建 | 箕 | 金 | 坎 | 燥 | 肺 | 涕 | 丙子 |
| 19 | 四 | 初四 | 辛巳 | 除 | 斗 | 金 | 艮 | 燥 | 肺 | 涕 | 戊子 |
| 20 | 五 | 初五 | 壬午 | 满 | 牛 | 木 | 乾 | 风 | 肝 | 泪 | 庚子 |
| 21 | 六 | 初六 | 癸未 | 平 | 女 | 木 | 兑 | 风 | 肝 | 泪 | 壬子 |
| 22 | 日 | 初七 | 甲申 | 定 | 虚 | 水 | 离 | 寒 | 肾 | 唾 | 甲子 |
| 23 | 一 | 初八 | 乙酉 | 执 | 危 | 水 | 坤 | 寒 | 肾 | 唾 | 丙子 |
| 24 | 二 | 初九 | 丙戌 | 破 | 室 | 土 | 震 | 湿 | 脾 | 涎 | 戊子 |
| 25 | 三 | 初十 | 丁亥 | 危 | 壁 | 土 | 巽 | 湿 | 脾 | 涎 | 庚子 |
| 26 | 四 | 十一 | 戊子 | 成 | 奎 | 火 | 坎 | 热 | 心 | 汗 | 壬子 |
| 27 | 五 | 十二 | 己丑 | 收 | 娄 | 火 | 艮 | 热 | 心 | 汗 | 甲子 |
| 28 | 六 | 十三 | 庚寅 | 开 | 胃 | 木 | 乾 | 风 | 肝 | 泪 | 丙子 |
| 29 | 日 | 十四 | 辛卯 | 闭 | 昴 | 木 | 兑 | 风 | 肝 | 泪 | 戊子 |
| 30 | 一 | 十五 | 壬辰 | 建 | 毕 | 水 | 离 | 寒 | 肾 | 唾 | 庚子 |

# 公元2018年　　　　农历戊戌(狗)年

## 5月大
立夏　5日21时26分
小满　21日10时15分

农历三月(4月16日–5月14日)　月干支:丙辰

| 公历 | 星期 | 农历 | 干支 | 日建 | 星宿 | 五行 | 八卦 | 五气 | 五脏 | 五汁 | 时辰 |
|---|---|---|---|---|---|---|---|---|---|---|---|
| 1 | 二 | 三月 | 癸巳 | 除 | 觜 | 水 | 坎 | 寒 | 肾 | 唾 | 壬子 |
| 2 | 三 | 十七 | 甲午 | 满 | 参 | 金 | 艮 | 燥 | 肺 | 涕 | 甲子 |
| 3 | 四 | 十八 | 乙未 | 平 | 井 | 金 | 乾 | 燥 | 肺 | 涕 | 丙子 |
| 4 | 五 | 十九 | 丙申 | 定 | 鬼 | 火 | 坤 | 热 | 心 | 汗 | 戊子 |
| 5 | 六 | 二十 | 丁酉 | 定 | 柳 | 火 | 兑 | 热 | 心 | 汗 | 庚子 |
| 6 | 日 | 廿一 | 戊戌 | 执 | 星 | 木 | 离 | 风 | 肝 | 泪 | 壬子 |
| 7 | 一 | 廿二 | 己亥 | 破 | 张 | 木 | 震 | 风 | 肝 | 泪 | 甲子 |
| 8 | 二 | 廿三 | 庚子 | 危 | 翼 | 土 | 巽 | 湿 | 脾 | 涎 | 丙子 |
| 9 | 三 | 廿四 | 辛丑 | 成 | 轸 | 土 | 坎 | 湿 | 脾 | 涎 | 戊子 |
| 10 | 四 | 廿五 | 壬寅 | 收 | 角 | 金 | 艮 | 燥 | 肺 | 涕 | 庚子 |
| 11 | 五 | 廿六 | 癸卯 | 开 | 亢 | 金 | 乾 | 燥 | 肺 | 涕 | 壬子 |
| 12 | 六 | 廿七 | 甲辰 | 闭 | 氐 | 火 | 兑 | 热 | 心 | 汗 | 甲子 |
| 13 | 日 | 廿八 | 乙巳 | 建 | 房 | 火 | 离 | 热 | 心 | 汗 | 丙子 |
| 14 | 一 | 廿九 | 丙午 | 除 | 心 | 水 | 震 | 寒 | 肾 | 唾 | 戊子 |
| 15 | 二 | 四月 | 丁未 | 满 | 尾 | 水 | 巽 | 寒 | 肾 | 唾 | 庚子 |
| 16 | 三 | 初二 | 戊申 | 平 | 箕 | 土 | 坤 | 湿 | 脾 | 涎 | 壬子 |
| 17 | 四 | 初三 | 己酉 | 定 | 斗 | 土 | 乾 | 湿 | 脾 | 涎 | 甲子 |
| 18 | 五 | 初四 | 庚戌 | 执 | 牛 | 金 | 兑 | 燥 | 肺 | 涕 | 丙子 |
| 19 | 六 | 初五 | 辛亥 | 破 | 女 | 金 | 离 | 燥 | 肺 | 涕 | 戊子 |
| 20 | 日 | 初六 | 壬子 | 危 | 虚 | 木 | 震 | 风 | 肝 | 泪 | 庚子 |
| 21 | 一 | 初七 | 癸丑 | 成 | 危 | 木 | 巽 | 风 | 肝 | 泪 | 壬子 |
| 22 | 二 | 初八 | 甲寅 | 收 | 室 | 水 | 坎 | 寒 | 肾 | 唾 | 甲子 |
| 23 | 三 | 初九 | 乙卯 | 开 | 壁 | 水 | 艮 | 寒 | 肾 | 唾 | 丙子 |
| 24 | 四 | 初十 | 丙辰 | 闭 | 奎 | 土 | 乾 | 湿 | 脾 | 涎 | 戊子 |
| 25 | 五 | 十一 | 丁巳 | 建 | 娄 | 土 | 兑 | 湿 | 脾 | 涎 | 庚子 |
| 26 | 六 | 十二 | 戊午 | 除 | 胃 | 火 | 离 | 热 | 心 | 汗 | 壬子 |
| 27 | 日 | 十三 | 己未 | 满 | 昴 | 火 | 震 | 热 | 心 | 汗 | 甲子 |
| 28 | 一 | 十四 | 庚申 | 平 | 毕 | 木 | 巽 | 风 | 肝 | 泪 | 丙子 |
| 29 | 二 | 十五 | 辛酉 | 定 | 觜 | 木 | 坎 | 风 | 肝 | 泪 | 戊子 |
| 30 | 三 | 十六 | 壬戌 | 执 | 参 | 水 | 艮 | 寒 | 肾 | 唾 | 庚子 |
| 31 | 四 | 十七 | 癸亥 | 破 | 井 | 水 | 坤 | 寒 | 肾 | 唾 | 壬子 |

## 6月小
芒种　6日01时29分
夏至　21日18时07分

农历四月(5月15日–6月13日)　月干支:丁巳

| 公历 | 星期 | 农历 | 干支 | 日建 | 星宿 | 五行 | 八卦 | 五气 | 五脏 | 五汁 | 时辰 |
|---|---|---|---|---|---|---|---|---|---|---|---|
| 1 | 五 | 四月 | 甲子 | 危 | 鬼 | 金 | 乾 | 燥 | 肺 | 涕 | 甲子 |
| 2 | 六 | 十九 | 乙丑 | 成 | 柳 | 金 | 兑 | 燥 | 肺 | 涕 | 丙子 |
| 3 | 日 | 二十 | 丙寅 | 收 | 星 | 火 | 离 | 热 | 心 | 汗 | 戊子 |
| 4 | 一 | 廿一 | 丁卯 | 开 | 张 | 火 | 震 | 热 | 心 | 汗 | 庚子 |
| 5 | 二 | 廿二 | 戊辰 | 闭 | 翼 | 木 | 巽 | 风 | 肝 | 泪 | 壬子 |
| 6 | 三 | 廿三 | 己巳 | 闭 | 轸 | 木 | 坎 | 风 | 肝 | 泪 | 甲子 |
| 7 | 四 | 廿四 | 庚午 | 建 | 角 | 土 | 艮 | 湿 | 脾 | 涎 | 丙子 |
| 8 | 五 | 廿五 | 辛未 | 除 | 亢 | 土 | 乾 | 湿 | 脾 | 涎 | 戊子 |
| 9 | 六 | 廿六 | 壬申 | 满 | 氐 | 金 | 兑 | 燥 | 肺 | 涕 | 庚子 |
| 10 | 日 | 廿七 | 癸酉 | 平 | 房 | 金 | 离 | 燥 | 肺 | 涕 | 壬子 |
| 11 | 一 | 廿八 | 甲戌 | 定 | 心 | 火 | 震 | 热 | 心 | 汗 | 甲子 |
| 12 | 二 | 廿九 | 乙亥 | 执 | 尾 | 火 | 巽 | 热 | 心 | 汗 | 丙子 |
| 13 | 三 | 三十 | 丙子 | 破 | 箕 | 水 | 坎 | 寒 | 肾 | 唾 | 戊子 |
| 14 | 四 | 五月 | 丁丑 | 危 | 斗 | 水 | 乾 | 寒 | 肾 | 唾 | 庚子 |
| 15 | 五 | 初二 | 戊寅 | 成 | 牛 | 土 | 坤 | 湿 | 脾 | 涎 | 壬子 |
| 16 | 六 | 初三 | 己卯 | 收 | 女 | 土 | 离 | 湿 | 脾 | 涎 | 甲子 |
| 17 | 日 | 初四 | 庚辰 | 开 | 虚 | 金 | 震 | 燥 | 肺 | 涕 | 丙子 |
| 18 | 一 | 初五 | 辛巳 | 闭 | 危 | 金 | 巽 | 燥 | 肺 | 涕 | 戊子 |
| 19 | 二 | 初六 | 壬午 | 建 | 室 | 木 | 坎 | 风 | 肝 | 泪 | 庚子 |
| 20 | 三 | 初七 | 癸未 | 除 | 壁 | 木 | 艮 | 风 | 肝 | 泪 | 壬子 |
| 21 | 四 | 初八 | 甲申 | 满 | 奎 | 水 | 乾 | 寒 | 肾 | 唾 | 甲子 |
| 22 | 五 | 初九 | 乙酉 | 平 | 娄 | 水 | 兑 | 寒 | 肾 | 唾 | 丙子 |
| 23 | 六 | 初十 | 丙戌 | 定 | 胃 | 土 | 离 | 湿 | 脾 | 涎 | 戊子 |
| 24 | 日 | 十一 | 丁亥 | 执 | 昴 | 土 | 震 | 湿 | 脾 | 涎 | 庚子 |
| 25 | 一 | 十二 | 戊子 | 破 | 毕 | 火 | 巽 | 热 | 心 | 汗 | 壬子 |
| 26 | 二 | 十三 | 己丑 | 危 | 觜 | 火 | 坎 | 热 | 心 | 汗 | 甲子 |
| 27 | 三 | 十四 | 庚寅 | 成 | 参 | 木 | 艮 | 风 | 肝 | 泪 | 丙子 |
| 28 | 四 | 十五 | 辛卯 | 收 | 井 | 木 | 乾 | 风 | 肝 | 泪 | 戊子 |
| 29 | 五 | 十六 | 壬辰 | 开 | 鬼 | 水 | 兑 | 寒 | 肾 | 唾 | 庚子 |
| 30 | 六 | 十七 | 癸巳 | 闭 | 柳 | 水 | 离 | 寒 | 肾 | 唾 | 壬子 |

实用干支万年历

# 公元 2018 年　　　　　农历戊戌(狗)年

## 7 月大

小暑　7 日 11 时 42 分
大暑　23 日 05 时 01 分

农历五月(6月14日–7月12日)　月干支:戊午

| 公历 | 星期 | 农历 | 干支 | 日建 | 星宿 | 五行 | 八卦 | 五气 | 五脏 | 五汁 | 时辰 |
|---|---|---|---|---|---|---|---|---|---|---|---|
| 1 | 日 | 五月 | 甲午 | 建 | 星 | 金 | 兑 | 燥 | 肺 | 涕 | 甲子 |
| 2 | 一 | 十九 | 乙未 | 除 | 张 | 金 | 离 | 燥 | 肺 | 涕 | 丙子 |
| 3 | 二 | 二十 | 丙申 | 满 | 翼 | 火 | 震 | 热 | 心 | 汗 | 戊子 |
| 4 | 三 | 廿一 | 丁酉 | 平 | 轸 | 火 | 巽 | 热 | 心 | 汗 | 庚子 |
| 5 | 四 | 廿二 | 戊戌 | 定 | 角 | 木 | 坎 | 风 | 肝 | 泪 | 壬子 |
| 6 | 五 | 廿三 | 己亥 | 执 | 亢 | 木 | 艮 | 风 | 肝 | 泪 | 甲子 |
| 7 | 六 | 廿四 | 庚子 | 执 | 氐 | 土 | 乾 | 湿 | 脾 | 涎 | 丙子 |
| 8 | 日 | 廿五 | 辛丑 | 破 | 房 | 土 | 兑 | 湿 | 脾 | 涎 | 戊子 |
| 9 | 一 | 廿六 | 壬寅 | 危 | 心 | 金 | 离 | 燥 | 肺 | 涕 | 庚子 |
| 10 | 二 | 廿七 | 癸卯 | 成 | 尾 | 金 | 震 | 燥 | 肺 | 涕 | 壬子 |
| 11 | 三 | 廿八 | 甲辰 | 收 | 箕 | 火 | 巽 | 热 | 心 | 汗 | 甲子 |
| 12 | 四 | 廿九 | 乙巳 | 开 | 斗 | 火 | 坎 | 热 | 心 | 汗 | 丙子 |
| 13 | 五 | 六月 | 丙午 | 闭 | 牛 | 水 | 艮 | 寒 | 肾 | 唾 | 戊子 |
| 14 | 六 | 初二 | 丁未 | 建 | 女 | 水 | 乾 | 寒 | 肾 | 唾 | 庚子 |
| 15 | 日 | 初三 | 戊申 | 除 | 虚 | 土 | 兑 | 湿 | 脾 | 涎 | 壬子 |
| 16 | 一 | 初四 | 己酉 | 满 | 危 | 土 | 离 | 湿 | 脾 | 涎 | 甲子 |
| 17 | 二 | 初五 | 庚戌 | 平 | 室 | 金 | 震 | 燥 | 肺 | 涕 | 丙子 |
| 18 | 三 | 初六 | 辛亥 | 定 | 壁 | 金 | 巽 | 燥 | 肺 | 涕 | 戊子 |
| 19 | 四 | 初七 | 壬子 | 执 | 奎 | 木 | 坎 | 风 | 肝 | 泪 | 庚子 |
| 20 | 五 | 初八 | 癸丑 | 破 | 娄 | 木 | 艮 | 风 | 肝 | 泪 | 壬子 |
| 21 | 六 | 初九 | 甲寅 | 危 | 胃 | 水 | 乾 | 寒 | 肾 | 唾 | 甲子 |
| 22 | 日 | 初十 | 乙卯 | 成 | 昴 | 水 | 兑 | 寒 | 肾 | 唾 | 丙子 |
| 23 | 一 | 十一 | 丙辰 | 收 | 毕 | 土 | 离 | 湿 | 脾 | 涎 | 戊子 |
| 24 | 二 | 十二 | 丁巳 | 开 | 觜 | 土 | 震 | 湿 | 脾 | 涎 | 庚子 |
| 25 | 三 | 十三 | 戊午 | 闭 | 参 | 火 | 巽 | 热 | 心 | 汗 | 壬子 |
| 26 | 四 | 十四 | 己未 | 建 | 井 | 火 | 坎 | 热 | 心 | 汗 | 甲子 |
| 27 | 五 | 十五 | 庚申 | 除 | 鬼 | 木 | 艮 | 风 | 肝 | 泪 | 丙子 |
| 28 | 六 | 十六 | 辛酉 | 满 | 柳 | 木 | 乾 | 风 | 肝 | 泪 | 戊子 |
| 29 | 日 | 十七 | 壬戌 | 平 | 星 | 水 | 兑 | 寒 | 肾 | 唾 | 庚子 |
| 30 | 一 | 十八 | 癸亥 | 定 | 张 | 水 | 离 | 寒 | 肾 | 唾 | 壬子 |
| 31 | 二 | 十九 | 甲子 | 执 | 翼 | 金 | 震 | 燥 | 肺 | 涕 | 甲子 |

## 8 月大

立秋　7 日 21 时 31 分
处暑　23 日 12 时 09 分

农历六月(7月13日–8月10日)　月干支:己未

| 公历 | 星期 | 农历 | 干支 | 日建 | 星宿 | 五行 | 八卦 | 五气 | 五脏 | 五汁 | 时辰 |
|---|---|---|---|---|---|---|---|---|---|---|---|
| 1 | 三 | 六月 | 乙丑 | 破 | 轸 | 金 | 巽 | 燥 | 肺 | 涕 | 丙子 |
| 2 | 四 | 廿一 | 丙寅 | 危 | 角 | 火 | 坎 | 热 | 心 | 汗 | 戊子 |
| 3 | 五 | 廿二 | 丁卯 | 成 | 亢 | 火 | 艮 | 热 | 心 | 汗 | 庚子 |
| 4 | 六 | 廿三 | 戊辰 | 收 | 氐 | 木 | 乾 | 风 | 肝 | 泪 | 壬子 |
| 5 | 日 | 廿四 | 己巳 | 开 | 房 | 木 | 兑 | 风 | 肝 | 泪 | 甲子 |
| 6 | 一 | 廿五 | 庚午 | 闭 | 心 | 土 | 离 | 湿 | 脾 | 涎 | 丙子 |
| 7 | 二 | 廿六 | 辛未 | 闭 | 尾 | 土 | 震 | 湿 | 脾 | 涎 | 戊子 |
| 8 | 三 | 廿七 | 壬申 | 建 | 箕 | 金 | 巽 | 燥 | 肺 | 涕 | 庚子 |
| 9 | 四 | 廿八 | 癸酉 | 除 | 斗 | 金 | 坎 | 燥 | 肺 | 涕 | 壬子 |
| 10 | 五 | 廿九 | 甲戌 | 满 | 牛 | 火 | 艮 | 热 | 心 | 汗 | 甲子 |
| 11 | 六 | 七月 | 乙亥 | 平 | 女 | 火 | 乾 | 热 | 心 | 汗 | 丙子 |
| 12 | 日 | 初二 | 丙子 | 定 | 虚 | 水 | 兑 | 寒 | 肾 | 唾 | 戊子 |
| 13 | 一 | 初三 | 丁丑 | 执 | 危 | 水 | 离 | 寒 | 肾 | 唾 | 庚子 |
| 14 | 二 | 初四 | 戊寅 | 破 | 室 | 土 | 震 | 湿 | 脾 | 涎 | 壬子 |
| 15 | 三 | 初五 | 己卯 | 危 | 壁 | 土 | 巽 | 湿 | 脾 | 涎 | 甲子 |
| 16 | 四 | 初六 | 庚辰 | 成 | 奎 | 金 | 坎 | 燥 | 肺 | 涕 | 丙子 |
| 17 | 五 | 初七 | 辛巳 | 收 | 娄 | 金 | 艮 | 燥 | 肺 | 涕 | 戊子 |
| 18 | 六 | 初八 | 壬午 | 开 | 胃 | 木 | 乾 | 风 | 肝 | 泪 | 庚子 |
| 19 | 日 | 初九 | 癸未 | 闭 | 昴 | 木 | 兑 | 风 | 肝 | 泪 | 壬子 |
| 20 | 一 | 初十 | 甲申 | 建 | 毕 | 水 | 离 | 寒 | 肾 | 唾 | 甲子 |
| 21 | 二 | 十一 | 乙酉 | 除 | 觜 | 水 | 震 | 寒 | 肾 | 唾 | 丙子 |
| 22 | 三 | 十二 | 丙戌 | 满 | 参 | 土 | 巽 | 湿 | 脾 | 涎 | 戊子 |
| 23 | 四 | 十三 | 丁亥 | 平 | 井 | 土 | 坎 | 湿 | 脾 | 涎 | 庚子 |
| 24 | 五 | 十四 | 戊子 | 定 | 鬼 | 火 | 艮 | 热 | 心 | 汗 | 壬子 |
| 25 | 六 | 十五 | 己丑 | 执 | 柳 | 火 | 乾 | 热 | 心 | 汗 | 甲子 |
| 26 | 日 | 十六 | 庚寅 | 破 | 星 | 木 | 兑 | 风 | 肝 | 泪 | 丙子 |
| 27 | 一 | 十七 | 辛卯 | 危 | 张 | 木 | 离 | 风 | 肝 | 泪 | 戊子 |
| 28 | 二 | 十八 | 壬辰 | 成 | 翼 | 水 | 震 | 寒 | 肾 | 唾 | 庚子 |
| 29 | 三 | 十九 | 癸巳 | 收 | 轸 | 水 | 巽 | 寒 | 肾 | 唾 | 壬子 |
| 30 | 四 | 二十 | 甲午 | 开 | 角 | 金 | 坎 | 燥 | 肺 | 涕 | 甲子 |
| 31 | 五 | 廿一 | 乙未 | 闭 | 亢 | 金 | 艮 | 燥 | 肺 | 涕 | 丙子 |

# 公元 2018 年　　　　农历戊戌(狗)年

## 9 月小
白露　8 日 00 时 30 分
秋分　23 日 09 时 54 分

农历七月(8月11日–9月9日)　月干支:庚申

| 公历 | 星期 | 农历 | 干支 | 日建 | 星宿 | 五行 | 八卦 | 五气 | 五脏 | 五汁 | 时辰 |
|---|---|---|---|---|---|---|---|---|---|---|---|
| 1 | 六 | 七月 | 丙申 | 建 | 氐 | 火 | 坤 | 热 | 心 | 汗 | 戊子 |
| 2 | 日 | 廿三 | 丁酉 | 除 | 房 | 火 | 乾 | 热 | 心 | 汗 | 庚子 |
| 3 | 一 | 廿四 | 戊戌 | 满 | 心 | 木 | 兑 | 风 | 肝 | 泪 | 壬子 |
| 4 | 二 | 廿五 | 己亥 | 平 | 尾 | 木 | 离 | 风 | 肝 | 泪 | 甲子 |
| 5 | 三 | 廿六 | 庚子 | 定 | 箕 | 土 | 震 | 湿 | 脾 | 涎 | 丙子 |
| 6 | 四 | 廿七 | 辛丑 | 执 | 斗 | 土 | 巽 | 湿 | 脾 | 涎 | 戊子 |
| 7 | 五 | 廿八 | 壬寅 | 破 | 牛 | 金 | 坎 | 燥 | 肺 | 涕 | 庚子 |
| 8 | 六 | 廿九 | 癸卯 | 破 | 女 | 金 | 艮 | 燥 | 肺 | 涕 | 壬子 |
| 9 | 日 | 三十 | 甲辰 | 危 | 虚 | 火 | 坤 | 热 | 心 | 汗 | 甲子 |
| 10 | 一 | 八月 | 乙巳 | 成 | 危 | 火 | 乾 | 热 | 心 | 汗 | 丙子 |
| 11 | 二 | 初二 | 丙午 | 收 | 室 | 水 | 兑 | 寒 | 肾 | 唾 | 戊子 |
| 12 | 三 | 初三 | 丁未 | 开 | 壁 | 水 | 离 | 寒 | 肾 | 唾 | 庚子 |
| 13 | 四 | 初四 | 戊申 | 闭 | 奎 | 土 | 震 | 湿 | 脾 | 涎 | 壬子 |
| 14 | 五 | 初五 | 己酉 | 建 | 娄 | 土 | 巽 | 湿 | 脾 | 涎 | 甲子 |
| 15 | 六 | 初六 | 庚戌 | 除 | 胃 | 金 | 坎 | 燥 | 肺 | 涕 | 丙子 |
| 16 | 日 | 初七 | 辛亥 | 满 | 昴 | 金 | 艮 | 燥 | 肺 | 涕 | 戊子 |
| 17 | 一 | 初八 | 壬子 | 平 | 毕 | 木 | 坤 | 风 | 肝 | 泪 | 庚子 |
| 18 | 二 | 初九 | 癸丑 | 定 | 觜 | 木 | 乾 | 风 | 肝 | 泪 | 壬子 |
| 19 | 三 | 初十 | 甲寅 | 执 | 参 | 水 | 兑 | 寒 | 肾 | 唾 | 甲子 |
| 20 | 四 | 十一 | 乙卯 | 破 | 井 | 水 | 离 | 寒 | 肾 | 唾 | 丙子 |
| 21 | 五 | 十二 | 丙辰 | 危 | 鬼 | 土 | 震 | 湿 | 脾 | 涎 | 戊子 |
| 22 | 六 | 十三 | 丁巳 | 成 | 柳 | 土 | 巽 | 湿 | 脾 | 涎 | 庚子 |
| 23 | 日 | 十四 | 戊午 | 收 | 星 | 火 | 坎 | 热 | 心 | 汗 | 壬子 |
| 24 | 一 | 十五 | 己未 | 开 | 张 | 火 | 艮 | 热 | 心 | 汗 | 甲子 |
| 25 | 二 | 十六 | 庚申 | 闭 | 翼 | 木 | 坤 | 风 | 肝 | 泪 | 丙子 |
| 26 | 三 | 十七 | 辛酉 | 建 | 轸 | 木 | 乾 | 风 | 肝 | 泪 | 戊子 |
| 27 | 四 | 十八 | 壬戌 | 除 | 角 | 水 | 兑 | 寒 | 肾 | 唾 | 庚子 |
| 28 | 五 | 十九 | 癸亥 | 满 | 亢 | 水 | 离 | 寒 | 肾 | 唾 | 壬子 |
| 29 | 六 | 二十 | 甲子 | 平 | 氐 | 金 | 震 | 燥 | 肺 | 涕 | 甲子 |
| 30 | 日 | 廿一 | 乙丑 | 定 | 房 | 金 | 巽 | 燥 | 肺 | 涕 | 丙子 |

## 10 月大
寒露　8 日 16 时 15 分
霜降　23 日 19 时 22 分

农历八月(9月10日–10月8日)　月干支:辛酉

| 公历 | 星期 | 农历 | 干支 | 日建 | 星宿 | 五行 | 八卦 | 五气 | 五脏 | 五汁 | 时辰 |
|---|---|---|---|---|---|---|---|---|---|---|---|
| 1 | 一 | 八月 | 丙寅 | 执 | 心 | 火 | 乾 | 热 | 心 | 汗 | 戊子 |
| 2 | 二 | 廿三 | 丁卯 | 破 | 尾 | 火 | 兑 | 热 | 心 | 汗 | 庚子 |
| 3 | 三 | 廿四 | 戊辰 | 危 | 箕 | 木 | 离 | 风 | 肝 | 泪 | 壬子 |
| 4 | 四 | 廿五 | 己巳 | 成 | 斗 | 木 | 震 | 风 | 肝 | 泪 | 甲子 |
| 5 | 五 | 廿六 | 庚午 | 收 | 牛 | 土 | 巽 | 湿 | 脾 | 涎 | 丙子 |
| 6 | 六 | 廿七 | 辛未 | 开 | 女 | 土 | 坎 | 湿 | 脾 | 涎 | 戊子 |
| 7 | 日 | 廿八 | 壬申 | 闭 | 虚 | 金 | 艮 | 燥 | 肺 | 涕 | 庚子 |
| 8 | 一 | 廿九 | 癸酉 | 闭 | 危 | 金 | 坤 | 燥 | 肺 | 涕 | 壬子 |
| 9 | 二 | 九月 | 甲戌 | 建 | 室 | 火 | 乾 | 热 | 心 | 汗 | 甲子 |
| 10 | 三 | 初二 | 乙亥 | 除 | 壁 | 火 | 兑 | 热 | 心 | 汗 | 丙子 |
| 11 | 四 | 初三 | 丙子 | 满 | 奎 | 水 | 离 | 寒 | 肾 | 唾 | 戊子 |
| 12 | 五 | 初四 | 丁丑 | 平 | 娄 | 水 | 震 | 寒 | 肾 | 唾 | 庚子 |
| 13 | 六 | 初五 | 戊寅 | 定 | 胃 | 土 | 巽 | 湿 | 脾 | 涎 | 壬子 |
| 14 | 日 | 初六 | 己卯 | 执 | 昴 | 土 | 坎 | 湿 | 脾 | 涎 | 甲子 |
| 15 | 一 | 初七 | 庚辰 | 破 | 毕 | 金 | 艮 | 燥 | 肺 | 涕 | 丙子 |
| 16 | 二 | 初八 | 辛巳 | 危 | 觜 | 金 | 坤 | 燥 | 肺 | 涕 | 戊子 |
| 17 | 三 | 初九 | 壬午 | 成 | 参 | 木 | 乾 | 风 | 肝 | 泪 | 庚子 |
| 18 | 四 | 初十 | 癸未 | 收 | 井 | 木 | 兑 | 风 | 肝 | 泪 | 壬子 |
| 19 | 五 | 十一 | 甲申 | 开 | 鬼 | 水 | 离 | 寒 | 肾 | 唾 | 甲子 |
| 20 | 六 | 十二 | 乙酉 | 闭 | 柳 | 水 | 震 | 寒 | 肾 | 唾 | 丙子 |
| 21 | 日 | 十三 | 丙戌 | 建 | 星 | 土 | 巽 | 湿 | 脾 | 涎 | 戊子 |
| 22 | 一 | 十四 | 丁亥 | 除 | 张 | 土 | 坎 | 湿 | 脾 | 涎 | 庚子 |
| 23 | 二 | 十五 | 戊子 | 满 | 翼 | 火 | 艮 | 热 | 心 | 汗 | 壬子 |
| 24 | 三 | 十六 | 己丑 | 平 | 轸 | 火 | 坤 | 热 | 心 | 汗 | 甲子 |
| 25 | 四 | 十七 | 庚寅 | 定 | 角 | 木 | 乾 | 风 | 肝 | 泪 | 丙子 |
| 26 | 五 | 十八 | 辛卯 | 执 | 亢 | 木 | 兑 | 风 | 肝 | 泪 | 戊子 |
| 27 | 六 | 十九 | 壬辰 | 破 | 氐 | 水 | 离 | 寒 | 肾 | 唾 | 庚子 |
| 28 | 日 | 二十 | 癸巳 | 危 | 房 | 水 | 震 | 寒 | 肾 | 唾 | 壬子 |
| 29 | 一 | 廿一 | 甲午 | 成 | 心 | 金 | 巽 | 燥 | 肺 | 涕 | 甲子 |
| 30 | 二 | 廿二 | 乙未 | 收 | 尾 | 金 | 坎 | 燥 | 肺 | 涕 | 丙子 |
| 31 | 三 | 廿三 | 丙申 | 开 | 箕 | 火 | 艮 | 热 | 心 | 汗 | 戊子 |

实用干支万年历

# 公元2018年　　农历戊戌(狗)年

## 11月小

立冬　7日19时32分
小雪　22日17时01分

农历九月(10月9日–11月7日)　月干支:壬戌

| 公历 | 星期 | 农历 | 干支 | 日建 | 星宿 | 五行 | 八卦 | 五气 | 五脏 | 五汁 | 时辰 |
|---|---|---|---|---|---|---|---|---|---|---|---|
| 1 | 四 | 九月廿四 | 丁酉 | 闭 | 斗 | 火 | 震 | 热 | 心 | 汗 | 庚子 |
| 2 | 五 | 廿五 | 戊戌 | 建 | 牛 | 木 | 巽 | 风 | 肝 | 泪 | 壬子 |
| 3 | 六 | 廿六 | 己亥 | 除 | 女 | 木 | 坎 | 风 | 肝 | 泪 | 甲子 |
| 4 | 日 | 廿七 | 庚子 | 满 | 虚 | 土 | 艮 | 湿 | 脾 | 涎 | 丙子 |
| 5 | 一 | 廿八 | 辛丑 | 平 | 危 | 土 | 坤 | 湿 | 脾 | 涎 | 戊子 |
| 6 | 二 | 廿九 | 壬寅 | 定 | 室 | 金 | 乾 | 燥 | 肺 | 涕 | 庚子 |
| 7 | 三 | 三十 | 癸卯 | 定 | 壁 | 金 | 乾 | 燥 | 肺 | 涕 | 壬子 |
| 8 | 四 | 十月初一 | 甲辰 | 执 | 奎 | 火 | 离 | 热 | 心 | 汗 | 甲子 |
| 9 | 五 | 初二 | 乙巳 | 破 | 娄 | 火 | 坎 | 热 | 心 | 汗 | 丙子 |
| 10 | 六 | 初三 | 丙午 | 危 | 胃 | 水 | 坤 | 寒 | 肾 | 唾 | 戊子 |
| 11 | 日 | 初四 | 丁未 | 成 | 昴 | 水 | 乾 | 寒 | 肾 | 唾 | 庚子 |
| 12 | 一 | 初五 | 戊申 | 收 | 毕 | 土 | 兑 | 湿 | 脾 | 涎 | 壬子 |
| 13 | 二 | 初六 | 己酉 | 开 | 觜 | 土 | 离 | 湿 | 脾 | 涎 | 甲子 |
| 14 | 三 | 初七 | 庚戌 | 闭 | 参 | 金 | 震 | 燥 | 肺 | 涕 | 丙子 |
| 15 | 四 | 初八 | 辛亥 | 建 | 井 | 金 | 巽 | 燥 | 肺 | 涕 | 戊子 |
| 16 | 五 | 初九 | 壬子 | 除 | 鬼 | 木 | 坎 | 风 | 肝 | 泪 | 庚子 |
| 17 | 六 | 初十 | 癸丑 | 满 | 柳 | 木 | 艮 | 风 | 肝 | 泪 | 壬子 |
| 18 | 日 | 十一 | 甲寅 | 平 | 星 | 水 | 乾 | 寒 | 肾 | 唾 | 甲子 |
| 19 | 一 | 十二 | 乙卯 | 定 | 张 | 水 | 兑 | 寒 | 肾 | 唾 | 丙子 |
| 20 | 二 | 十三 | 丙辰 | 执 | 翼 | 土 | 坤 | 湿 | 脾 | 涎 | 戊子 |
| 21 | 三 | 十四 | 丁巳 | 破 | 轸 | 土 | 离 | 湿 | 脾 | 涎 | 庚子 |
| 22 | 四 | 十五 | 戊午 | 危 | 角 | 火 | 震 | 热 | 心 | 汗 | 壬子 |
| 23 | 五 | 十六 | 己未 | 成 | 亢 | 火 | 兑 | 热 | 心 | 汗 | 甲子 |
| 24 | 六 | 十七 | 庚申 | 收 | 氐 | 木 | 坎 | 风 | 肝 | 泪 | 丙子 |
| 25 | 日 | 十八 | 辛酉 | 开 | 房 | 木 | 艮 | 风 | 肝 | 泪 | 戊子 |
| 26 | 一 | 十九 | 壬戌 | 闭 | 心 | 水 | 坤 | 寒 | 肾 | 唾 | 庚子 |
| 27 | 二 | 二十 | 癸亥 | 建 | 尾 | 水 | 乾 | 寒 | 肾 | 唾 | 壬子 |
| 28 | 三 | 廿一 | 甲子 | 除 | 箕 | 金 | 兑 | 燥 | 肺 | 涕 | 甲子 |
| 29 | 四 | 廿二 | 乙丑 | 满 | 斗 | 金 | 离 | 燥 | 肺 | 涕 | 丙子 |
| 30 | 五 | 廿三 | 丙寅 | 平 | 牛 | 火 | 震 | 热 | 心 | 汗 | 戊子 |

## 12月大

大雪　7日12时26分
冬至　22日06时23分

农历十月(11月8日–12月6日)　月干支:癸亥

| 公历 | 星期 | 农历 | 干支 | 日建 | 星宿 | 五行 | 八卦 | 五气 | 五脏 | 五汁 | 时辰 |
|---|---|---|---|---|---|---|---|---|---|---|---|
| 1 | 六 | 十月廿四 | 丁卯 | 定 | 女 | 火 | 巽 | 热 | 心 | 汗 | 庚子 |
| 2 | 日 | 廿五 | 戊辰 | 执 | 虚 | 木 | 坎 | 风 | 肝 | 泪 | 壬子 |
| 3 | 一 | 廿六 | 己巳 | 破 | 危 | 木 | 艮 | 风 | 肝 | 泪 | 甲子 |
| 4 | 二 | 廿七 | 庚午 | 危 | 室 | 土 | 坤 | 湿 | 脾 | 涎 | 丙子 |
| 5 | 三 | 廿八 | 辛未 | 成 | 壁 | 土 | 乾 | 湿 | 脾 | 涎 | 戊子 |
| 6 | 四 | 廿九 | 壬申 | 收 | 奎 | 金 | 兑 | 燥 | 肺 | 涕 | 庚子 |
| 7 | 五 | 冬月初一 | 癸酉 | 收 | 娄 | 金 | 兑 | 燥 | 肺 | 涕 | 壬子 |
| 8 | 六 | 初二 | 甲戌 | 开 | 胃 | 火 | 艮 | 热 | 心 | 汗 | 甲子 |
| 9 | 日 | 初三 | 乙亥 | 闭 | 昴 | 火 | 坤 | 热 | 心 | 汗 | 丙子 |
| 10 | 一 | 初四 | 丙子 | 建 | 毕 | 水 | 乾 | 寒 | 肾 | 唾 | 戊子 |
| 11 | 二 | 初五 | 丁丑 | 除 | 觜 | 水 | 离 | 寒 | 肾 | 唾 | 庚子 |
| 12 | 三 | 初六 | 戊寅 | 满 | 参 | 土 | 震 | 湿 | 脾 | 涎 | 壬子 |
| 13 | 四 | 初七 | 己卯 | 平 | 井 | 土 | 巽 | 湿 | 脾 | 涎 | 甲子 |
| 14 | 五 | 初八 | 庚辰 | 定 | 鬼 | 金 | 坎 | 燥 | 肺 | 涕 | 丙子 |
| 15 | 六 | 初九 | 辛巳 | 执 | 柳 | 金 | 艮 | 燥 | 肺 | 涕 | 戊子 |
| 16 | 日 | 初十 | 壬午 | 破 | 星 | 木 | 坤 | 风 | 肝 | 泪 | 庚子 |
| 17 | 一 | 十一 | 癸未 | 危 | 张 | 木 | 乾 | 风 | 肝 | 泪 | 壬子 |
| 18 | 二 | 十二 | 甲申 | 成 | 翼 | 水 | 离 | 寒 | 肾 | 唾 | 甲子 |
| 19 | 三 | 十三 | 乙酉 | 收 | 轸 | 水 | 兑 | 寒 | 肾 | 唾 | 丙子 |
| 20 | 四 | 十四 | 丙戌 | 开 | 角 | 土 | 震 | 湿 | 脾 | 涎 | 戊子 |
| 21 | 五 | 十五 | 丁亥 | 闭 | 亢 | 土 | 巽 | 湿 | 脾 | 涎 | 庚子 |
| 22 | 六 | 十六 | 戊子 | 建 | 氐 | 火 | 坎 | 热 | 心 | 汗 | 壬子 |
| 23 | 日 | 十七 | 己丑 | 除 | 房 | 火 | 艮 | 热 | 心 | 汗 | 甲子 |
| 24 | 一 | 十八 | 庚寅 | 满 | 心 | 木 | 坤 | 风 | 肝 | 泪 | 丙子 |
| 25 | 二 | 十九 | 辛卯 | 平 | 尾 | 木 | 乾 | 风 | 肝 | 泪 | 戊子 |
| 26 | 三 | 二十 | 壬辰 | 定 | 箕 | 水 | 兑 | 寒 | 肾 | 唾 | 庚子 |
| 27 | 四 | 廿一 | 癸巳 | 执 | 斗 | 水 | 离 | 寒 | 肾 | 唾 | 壬子 |
| 28 | 五 | 廿二 | 甲午 | 破 | 牛 | 金 | 震 | 燥 | 肺 | 涕 | 甲子 |
| 29 | 六 | 廿三 | 乙未 | 危 | 女 | 金 | 巽 | 燥 | 肺 | 涕 | 丙子 |
| 30 | 日 | 廿四 | 丙申 | 成 | 虚 | 火 | 坎 | 热 | 心 | 汗 | 戊子 |
| 31 | 一 | 廿五 | 丁酉 | 收 | 危 | 火 | 艮 | 热 | 心 | 汗 | 庚子 |

# 公元 2019 年　　　　　　农历己亥(猪)年

## 1月大

小寒　5日23时39分
大寒　20日17时00分

农历冬月(12月7日–1月5日)　月干支:甲子

| 公历 | 星期 | 农历 | 干支 | 日建 | 星宿 | 五行 | 八卦 | 五气 | 五脏 | 五汁 | 时辰 |
|---|---|---|---|---|---|---|---|---|---|---|---|
| 1 | 二 | 冬月 | 戊戌 | 开 | 室 | 木 | 坤 | 风 | 肝 | 泪 | 壬子 |
| 2 | 三 | 廿七 | 己亥 | 闭 | 壁 | 木 | 乾 | 风 | 肝 | 泪 | 甲子 |
| 3 | 四 | 廿八 | 庚子 | 建 | 奎 | 土 | 兑 | 湿 | 脾 | 涎 | 丙子 |
| 4 | 五 | 廿九 | 辛丑 | 除 | 娄 | 金 | 离 | 燥 | 肺 | 涕 | 戊子 |
| 5 | 六 | 三十 | 壬寅 | 除 | 胃 | 金 | 震 |  |  |  | 庚子 |
| 6 | 日 | 腊月 | 癸卯 | 满 | 昴 | 金 | 坤 | 燥 | 肺 | 涕 | 壬子 |
| 7 | 一 | 初二 | 甲辰 | 平 | 毕 | 火 | 乾 | 热 | 心 | 汗 | 甲子 |
| 8 | 二 | 初三 | 乙巳 | 定 | 觜 | 火 | 兑 | 热 | 心 | 汗 | 丙子 |
| 9 | 三 | 初四 | 丙午 | 执 | 参 | 水 | 离 | 寒 | 肾 | 唾 | 戊子 |
| 10 | 四 | 初五 | 丁未 | 破 | 井 | 水 | 震 | 寒 | 肾 | 唾 | 庚子 |
| 11 | 五 | 初六 | 戊申 | 危 | 鬼 | 土 | 巽 | 湿 | 脾 | 涎 | 壬子 |
| 12 | 六 | 初七 | 己酉 | 成 | 柳 | 土 | 坎 | 湿 | 脾 | 涎 | 甲子 |
| 13 | 日 | 初八 | 庚戌 | 收 | 星 | 金 | 艮 | 燥 | 肺 | 涕 | 丙子 |
| 14 | 一 | 初九 | 辛亥 | 开 | 张 | 金 | 坤 | 燥 | 肺 | 涕 | 戊子 |
| 15 | 二 | 初十 | 壬子 | 闭 | 翼 | 木 | 乾 | 风 | 肝 | 泪 | 庚子 |
| 16 | 三 | 十一 | 癸丑 | 建 | 轸 | 木 | 兑 | 风 | 肝 | 泪 | 壬子 |
| 17 | 四 | 十二 | 甲寅 | 除 | 角 | 水 | 离 | 寒 | 肾 | 唾 | 甲子 |
| 18 | 五 | 十三 | 乙卯 | 满 | 亢 | 水 | 震 | 寒 | 肾 | 唾 | 丙子 |
| 19 | 六 | 十四 | 丙辰 | 平 | 氐 | 土 | 巽 | 湿 | 脾 | 涎 | 戊子 |
| 20 | 日 | 十五 | 丁巳 | 定 | 房 | 土 | 坎 | 湿 | 脾 | 涎 | 庚子 |
| 21 | 一 | 十六 | 戊午 | 执 | 心 | 火 | 艮 | 热 | 心 | 汗 | 壬子 |
| 22 | 二 | 十七 | 己未 | 破 | 尾 | 火 | 坤 | 热 | 心 | 汗 | 甲子 |
| 23 | 三 | 十八 | 庚申 | 危 | 箕 | 木 | 乾 | 风 | 肝 | 泪 | 丙子 |
| 24 | 四 | 十九 | 辛酉 | 成 | 斗 | 木 | 兑 | 风 | 肝 | 泪 | 戊子 |
| 25 | 五 | 二十 | 壬戌 | 收 | 牛 | 水 |  |  |  |  | 庚子 |
| 26 | 六 | 廿一 | 癸亥 | 开 | 女 | 水 | 震 | 寒 | 肾 | 唾 | 壬子 |
| 27 | 日 | 廿二 | 甲子 | 闭 | 虚 | 金 | 巽 | 燥 | 肺 | 涕 | 甲子 |
| 28 | 一 | 廿三 | 乙丑 | 建 | 危 | 金 | 坎 | 燥 | 肺 | 涕 | 丙子 |
| 29 | 二 | 廿四 | 丙寅 | 除 | 室 | 火 | 艮 | 热 | 心 | 汗 | 戊子 |
| 30 | 三 | 廿五 | 丁卯 | 满 | 壁 | 火 | 坤 | 热 | 心 | 汗 | 庚子 |
| 31 | 四 | 廿六 | 戊辰 | 平 | 奎 | 木 | 乾 | 风 | 肝 |  | 壬子 |

## 2月平

立春　4日11时15分
雨水　19日07时04分

农历腊月(1月6日–2月4日)　月干支:乙丑
农历正月(2月5日–3月6日)　月干支:丙寅

| 公历 | 星期 | 农历 | 干支 | 日建 | 星宿 | 五行 | 八卦 | 五气 | 五脏 | 五汁 | 时辰 |
|---|---|---|---|---|---|---|---|---|---|---|---|
| 1 | 五 | 腊月 | 己巳 | 定 | 娄 | 木 | 兑 | 风 | 肝 | 泪 | 甲子 |
| 2 | 六 | 廿八 | 庚午 | 执 | 胃 | 土 | 离 | 湿 | 脾 | 涎 | 丙子 |
| 3 | 日 | 廿九 | 辛未 | 破 | 昴 | 土 | 震 | 湿 | 脾 | 涎 | 戊子 |
| 4 | 一 | 三十 | 壬申 | 破 | 毕 | 金 | 巽 | 燥 | 肺 | 涕 | 庚子 |
| 5 | 二 | 正月 | 癸酉 | 危 | 觜 | 金 | 坎 | 燥 | 肺 | 涕 | 壬子 |
| 6 | 三 | 初二 | 甲戌 | 成 | 参 | 火 | 艮 | 热 | 心 | 汗 | 甲子 |
| 7 | 四 | 初三 | 乙亥 | 收 | 井 | 火 | 坤 | 热 | 心 | 汗 | 丙子 |
| 8 | 五 | 初四 | 丙子 | 开 | 鬼 | 水 | 乾 | 寒 | 肾 | 唾 | 戊子 |
| 9 | 六 | 初五 | 丁丑 | 闭 | 柳 | 水 | 兑 | 寒 | 肾 | 唾 | 庚子 |
| 10 | 日 | 初六 | 戊寅 | 建 | 星 | 土 | 离 | 湿 | 脾 | 涎 | 壬子 |
| 11 | 一 | 初七 | 己卯 | 除 | 张 | 土 | 震 | 湿 | 脾 | 涎 | 甲子 |
| 12 | 二 | 初八 | 庚辰 | 满 | 翼 | 金 | 巽 | 燥 | 肺 | 涕 | 丙子 |
| 13 | 三 | 初九 | 辛巳 | 平 | 轸 | 金 | 坎 | 燥 | 肺 | 涕 | 戊子 |
| 14 | 四 | 初十 | 壬午 | 定 | 角 | 木 | 艮 | 风 | 肝 | 泪 | 庚子 |
| 15 | 五 | 十一 | 癸未 | 执 | 亢 | 木 |  |  |  |  | 壬子 |
| 16 | 六 | 十二 | 甲申 | 破 | 氐 | 水 | 乾 | 寒 | 肾 | 唾 | 甲子 |
| 17 | 日 | 十三 | 乙酉 | 危 | 房 | 水 | 兑 | 寒 | 肾 | 唾 | 丙子 |
| 18 | 一 | 十四 | 丙戌 | 成 | 心 | 土 | 离 | 湿 | 脾 | 涎 | 戊子 |
| 19 | 二 | 十五 | 丁亥 | 收 | 尾 | 土 | 震 | 湿 | 脾 | 涎 | 庚子 |
| 20 | 三 | 十六 | 戊子 | 开 | 箕 | 火 | 巽 | 热 | 心 | 汗 | 壬子 |
| 21 | 四 | 十七 | 己丑 | 闭 | 斗 | 火 | 坎 | 热 | 心 | 汗 | 甲子 |
| 22 | 五 | 十八 | 庚寅 | 建 | 牛 | 木 | 艮 | 风 | 肝 | 泪 | 丙子 |
| 23 | 六 | 十九 | 辛卯 | 除 | 女 | 木 | 坤 | 风 | 肝 | 泪 | 戊子 |
| 24 | 日 | 二十 | 壬辰 | 满 | 虚 | 水 | 乾 | 寒 | 肾 | 唾 | 庚子 |
| 25 | 一 | 廿一 | 癸巳 | 平 | 危 | 水 | 兑 | 寒 | 肾 | 唾 | 壬子 |
| 26 | 二 | 廿二 | 甲午 | 定 | 室 | 金 | 离 | 燥 | 肺 | 涕 | 甲子 |
| 27 | 三 | 廿三 | 乙未 | 执 | 壁 | 金 | 震 | 燥 | 肺 | 涕 | 丙子 |
| 28 | 四 | 廿四 | 丙申 | 破 | 奎 | 火 | 巽 | 热 | 心 |  | 戊子 |

实用干支万年历

# 公元 2019 年　　　　　　　　　　农历己亥(猪)年

## 3月大　惊蛰 6日05时10分　春分 21日05时59分

农历二月(3月7日–4月4日)　月干支:丁卯

| 公历 | 星期 | 农历 | 干支 | 日建 | 星宿 | 五行 | 八卦 | 五气 | 五脏 | 五汁 | 时辰 |
|---|---|---|---|---|---|---|---|---|---|---|---|
| 1 | 五 | 正月 | 丁酉 | 危 | 娄 | 火 | 兑 | 热 | 心 | 汗 | 庚子 |
| 2 | 六 | 廿六 | 戊戌 | 成 | 胃 | 木 | 乾 | 风 | 肝 | 泪 | 壬子 |
| 3 | 日 | 廿七 | 己亥 | 收 | 昴 | 木 | 乾 | 风 | 肝 | 泪 | 甲子 |
| 4 | 一 | 廿八 | 庚子 | 开 | 毕 | 土 | 坎 | 湿 | 脾 | 涎 | 丙子 |
| 5 | 二 | 廿九 | 辛丑 | 闭 | 觜 | 土 | 艮 | 湿 | 脾 | 涎 | 戊子 |
| 6 | 三 | 三十 | 壬寅 | 闭 | 参 | 金 | 艮 | 燥 | 肺 | 涕 | 庚子 |
| 7 | 四 | 二月 | 癸卯 | 建 | 井 | 金 | 震 | 燥 | 肺 | 涕 | 壬子 |
| 8 | 五 | 初二 | 甲辰 | 除 | 鬼 | 火 | 巽 | 热 | 心 | 汗 | 甲子 |
| 9 | 六 | 初三 | 乙巳 | 满 | 柳 | 火 | 巽 | 热 | 心 | 汗 | 丙子 |
| 10 | 日 | 初四 | 丙午 | 平 | 星 | 水 | 离 | 寒 | 肾 | 唾 | 戊子 |
| 11 | 一 | 初五 | 丁未 | 定 | 张 | 水 | 坤 | 寒 | 肾 | 唾 | 庚子 |
| 12 | 二 | 初六 | 戊申 | 执 | 翼 | 土 | 坤 | 湿 | 脾 | 涎 | 壬子 |
| 13 | 三 | 初七 | 己酉 | 破 | 轸 | 土 | 兑 | 湿 | 脾 | 涎 | 甲子 |
| 14 | 四 | 初八 | 庚戌 | 危 | 角 | 金 | 乾 | 燥 | 肺 | 涕 | 丙子 |
| 15 | 五 | 初九 | 辛亥 | 成 | 亢 | 金 | 乾 | 燥 | 肺 | 涕 | 戊子 |
| 16 | 六 | 初十 | 壬子 | 收 | 氐 | 木 | 坎 | 风 | 肝 | 泪 | 庚子 |
| 17 | 日 | 十一 | 癸丑 | 开 | 房 | 木 | 艮 | 风 | 肝 | 泪 | 壬子 |
| 18 | 一 | 十二 | 甲寅 | 闭 | 心 | 水 | 艮 | 寒 | 肾 | 唾 | 甲子 |
| 19 | 二 | 十三 | 乙卯 | 建 | 尾 | 水 | 震 | 寒 | 肾 | 唾 | 丙子 |
| 20 | 三 | 十四 | 丙辰 | 除 | 箕 | 土 | 巽 | 湿 | 脾 | 涎 | 戊子 |
| 21 | 四 | 十五 | 丁巳 | 满 | 斗 | 土 | 巽 | 湿 | 脾 | 涎 | 庚子 |
| 22 | 五 | 十六 | 戊午 | 平 | 牛 | 火 | 离 | 热 | 心 | 汗 | 壬子 |
| 23 | 六 | 十七 | 己未 | 定 | 女 | 火 | 坤 | 热 | 心 | 汗 | 甲子 |
| 24 | 日 | 十八 | 庚申 | 执 | 虚 | 木 | 坤 | 风 | 肝 | 泪 | 丙子 |
| 25 | 一 | 十九 | 辛酉 | 破 | 危 | 木 | 兑 | 风 | 肝 | 泪 | 戊子 |
| 26 | 二 | 二十 | 壬戌 | 危 | 室 | 水 | 乾 | 寒 | 肾 | 唾 | 庚子 |
| 27 | 三 | 廿一 | 癸亥 | 成 | 壁 | 水 | 乾 | 寒 | 肾 | 唾 | 壬子 |
| 28 | 四 | 廿二 | 甲子 | 收 | 奎 | 金 | 坎 | 燥 | 肺 | 涕 | 甲子 |
| 29 | 五 | 廿三 | 乙丑 | 开 | 娄 | 金 | 艮 | 燥 | 肺 | 涕 | 丙子 |
| 30 | 六 | 廿四 | 丙寅 | 闭 | 胃 | 火 | 艮 | 热 | 心 | 汗 | 戊子 |
| 31 | 日 | 廿五 | 丁卯 | 建 | 昴 | 火 | 震 | 热 | 心 | 汗 | 庚子 |

## 4月小　清明 5日09时51分　谷雨 20日16时55分

农历三月(4月5日–5月4日)　月干支:戊辰

| 公历 | 星期 | 农历 | 干支 | 日建 | 星宿 | 五行 | 八卦 | 五气 | 五脏 | 五汁 | 时辰 |
|---|---|---|---|---|---|---|---|---|---|---|---|
| 1 | 一 | 二月 | 戊辰 | 除 | 毕 | 木 | 巽 | 风 | 肝 | 泪 | 壬子 |
| 2 | 二 | 廿七 | 己巳 | 满 | 觜 | 木 | 巽 | 风 | 肝 | 泪 | 甲子 |
| 3 | 三 | 廿八 | 庚午 | 平 | 参 | 土 | 离 | 湿 | 脾 | 涎 | 丙子 |
| 4 | 四 | 廿九 | 辛未 | 定 | 井 | 土 | 坤 | 湿 | 脾 | 涎 | 戊子 |
| 5 | 五 | 三月 | 壬申 | 定 | 鬼 | 金 | 坤 | 燥 | 肺 | 涕 | 庚子 |
| 6 | 六 | 初二 | 癸酉 | 执 | 柳 | 金 | 兑 | 燥 | 肺 | 涕 | 壬子 |
| 7 | 日 | 初三 | 甲戌 | 破 | 星 | 火 | 乾 | 热 | 心 | 汗 | 甲子 |
| 8 | 一 | 初四 | 乙亥 | 危 | 张 | 火 | 乾 | 热 | 心 | 汗 | 丙子 |
| 9 | 二 | 初五 | 丙子 | 成 | 翼 | 水 | 坎 | 寒 | 肾 | 唾 | 戊子 |
| 10 | 三 | 初六 | 丁丑 | 收 | 轸 | 水 | 艮 | 寒 | 肾 | 唾 | 庚子 |
| 11 | 四 | 初七 | 戊寅 | 开 | 角 | 土 | 艮 | 湿 | 脾 | 涎 | 壬子 |
| 12 | 五 | 初八 | 己卯 | 闭 | 亢 | 土 | 震 | 湿 | 脾 | 涎 | 甲子 |
| 13 | 六 | 初九 | 庚辰 | 建 | 氐 | 金 | 巽 | 燥 | 肺 | 涕 | 丙子 |
| 14 | 日 | 初十 | 辛巳 | 除 | 房 | 金 | 巽 | 燥 | 肺 | 涕 | 戊子 |
| 15 | 一 | 十一 | 壬午 | 满 | 心 | 木 | 离 | 风 | 肝 | 泪 | 庚子 |
| 16 | 二 | 十二 | 癸未 | 平 | 尾 | 木 | 坤 | 风 | 肝 | 泪 | 壬子 |
| 17 | 三 | 十三 | 甲申 | 定 | 箕 | 水 | 坤 | 寒 | 肾 | 唾 | 甲子 |
| 18 | 四 | 十四 | 乙酉 | 执 | 斗 | 水 | 兑 | 寒 | 肾 | 唾 | 丙子 |
| 19 | 五 | 十五 | 丙戌 | 破 | 牛 | 土 | 乾 | 湿 | 脾 | 涎 | 戊子 |
| 20 | 六 | 十六 | 丁亥 | 危 | 女 | 土 | 乾 | 湿 | 脾 | 涎 | 庚子 |
| 21 | 日 | 十七 | 戊子 | 成 | 虚 | 火 | 坎 | 热 | 心 | 汗 | 壬子 |
| 22 | 一 | 十八 | 己丑 | 收 | 危 | 火 | 艮 | 热 | 心 | 汗 | 甲子 |
| 23 | 二 | 十九 | 庚寅 | 开 | 室 | 木 | 艮 | 风 | 肝 | 泪 | 丙子 |
| 24 | 三 | 二十 | 辛卯 | 闭 | 壁 | 木 | 震 | 风 | 肝 | 泪 | 戊子 |
| 25 | 四 | 廿一 | 壬辰 | 建 | 奎 | 水 | 巽 | 寒 | 肾 | 唾 | 庚子 |
| 26 | 五 | 廿二 | 癸巳 | 除 | 娄 | 水 | 巽 | 寒 | 肾 | 唾 | 壬子 |
| 27 | 六 | 廿三 | 甲午 | 满 | 胃 | 金 | 离 | 燥 | 肺 | 涕 | 甲子 |
| 28 | 日 | 廿四 | 乙未 | 平 | 昴 | 金 | 坤 | 燥 | 肺 | 涕 | 丙子 |
| 29 | 一 | 廿五 | 丙申 | 定 | 毕 | 火 | 坤 | 热 | 心 | 汗 | 戊子 |
| 30 | 二 | 廿六 | 丁酉 | 执 | 觜 | 火 | 兑 | 热 | 心 | 汗 | 庚子 |

# 公元 2019 年　　　　　　　　　农历己亥(猪)年

## 5月大
立夏　6 日 03 时 03 分
小满　21 日 15 时 59 分

农历四月(5月5日–6月2日)　月干支:己巳

| 公历 | 星期 | 农历 | 干支 | 日建 | 星宿 | 五行 | 八卦 | 五气 | 五脏 | 五汁 | 时辰 |
|---|---|---|---|---|---|---|---|---|---|---|---|
| 1 | 三 | 三月 | 戊戌 | 破 | 参井 | 木 | 兑 | 风 | 肝 | 泪 | 壬子 |
| 2 | 四 | 廿八 | 己亥 | 危 | 井鬼 | 木 | 离 | 风 | 肝 | 泪 | 甲子 |
| 3 | 五 | 廿九 | 庚子 | 成 | 鬼柳 | 土 | 震 | 湿 | 脾 | 涎 | 丙子 |
| 4 | 六 | 三十 | 辛丑 | 收 | 柳星 | 土 | 巽 | 湿 | 脾 | 涎 | 戊子 |
| 5 | 日 | 四月 | 壬寅 | 开 | 星 | 金 | 乾 | 燥 | 肺 | 涕 | 庚子 |
| 6 | 一 | 初二 | 癸卯 | 开 | 张翼 | 金 | 兑 | 燥 | 肺 | 涕 | 壬子 |
| 7 | 二 | 初三 | 甲辰 | 闭 | 翼轸 | 火 | 离 | 热 | 心 | 汗 | 甲子 |
| 8 | 三 | 初四 | 乙巳 | 建 | 角亢 | 火 | 震 | 热 | 心 | 汗 | 丙子 |
| 9 | 四 | 初五 | 丙午 | 除 | 角亢 | 水 | 巽 | 寒 | 肾 | 唾 | 戊子 |
| 10 | 五 | 初六 | 丁未 | 满 | 亢 | 水 | 坎 | 寒 | 肾 | 唾 | 庚子 |
| 11 | 六 | 初七 | 戊申 | 平 | 氐房 | 土 | 艮 | 湿 | 脾 | 涎 | 壬子 |
| 12 | 日 | 初八 | 己酉 | 定 | 心 | 土 | 坤 | 湿 | 脾 | 涎 | 甲子 |
| 13 | 一 | 初九 | 庚戌 | 执 | 尾 | 金 | 乾 | 燥 | 肺 | 涕 | 丙子 |
| 14 | 二 | 初十 | 辛亥 | 破 | 箕 | 金 | 兑 | 燥 | 肺 | 涕 | 戊子 |
| 15 | 三 | 十一 | 壬子 | 危 | 斗 | 木 | 离 | 风 | 肝 | 泪 | 庚子 |
| 16 | 四 | 十二 | 癸丑 | 成 | 斗牛 | 木 | 震 | 风 | 肝 | 泪 | 壬子 |
| 17 | 五 | 十三 | 甲寅 | 收 | 牛女 | 水 | 巽 | 寒 | 肾 | 唾 | 甲子 |
| 18 | 六 | 十四 | 乙卯 | 开 | 女 | 水 | 坎 | 寒 | 肾 | 唾 | 丙子 |
| 19 | 日 | 十五 | 丙辰 | 闭 | 虚 | 土 | 艮 | 湿 | 脾 | 涎 | 戊子 |
| 20 | 一 | 十六 | 丁巳 | 建 | 危 | 土 | 坤 | 湿 | 脾 | 涎 | 庚子 |
| 21 | 二 | 十七 | 戊午 | 除 | 室 | 火 | 乾 | 热 | 心 | 汗 | 壬子 |
| 22 | 三 | 十八 | 己未 | 满 | 壁 | 火 | 兑 | 热 | 心 | 汗 | 甲子 |
| 23 | 四 | 十九 | 庚申 | 平 | 奎娄 | 木 | 离 | 风 | 肝 | 泪 | 丙子 |
| 24 | 五 | 二十 | 辛酉 | 定 | 娄 | 木 | 震 | 风 | 肝 | 泪 | 戊子 |
| 25 | 六 | 廿一 | 壬戌 | 执 | 胃 | 水 | 巽 | 寒 | 肾 | 唾 | 庚子 |
| 26 | 日 | 廿二 | 癸亥 | 破 | 昴毕 | 水 | 坎 | 寒 | 肾 | 唾 | 壬子 |
| 27 | 一 | 廿三 | 甲子 | 危 | 毕 | 金 | 艮 | 燥 | 肺 | 涕 | 甲子 |
| 28 | 二 | 廿四 | 乙丑 | 成 | 觜参 | 金 | 坤 | 燥 | 肺 | 涕 | 丙子 |
| 29 | 三 | 廿五 | 丙寅 | 收 | 参 | 火 | 乾 | 热 | 心 | 汗 | 戊子 |
| 30 | 四 | 廿六 | 丁卯 | 开 | 井鬼 | 火 | 兑 | 热 | 心 | 汗 | 庚子 |
| 31 | 五 | 廿七 | 戊辰 | 闭 | 鬼 | 木 | 离 | 风 | 肝 | 泪 | 壬子 |

## 6月小
芒种　6 日 07 时 06 分
夏至　21 日 23 时 55 分

农历五月(6月3日–7月2日)　月干支:庚午

| 公历 | 星期 | 农历 | 干支 | 日建 | 星宿 | 五行 | 八卦 | 五气 | 五脏 | 五汁 | 时辰 |
|---|---|---|---|---|---|---|---|---|---|---|---|
| 1 | 六 | 四月 | 己巳 | 建 | 柳星 | 木 | 震 | 风 | 肝 | 泪 | 甲子 |
| 2 | 日 | 廿九 | 庚午 | 除 | 柳星 | 土 | 巽 | 湿 | 脾 | 涎 | 丙子 |
| 3 | 一 | 五月 | 辛未 | 满 | 张 | 土 | 兑 | 湿 | 脾 | 涎 | 戊子 |
| 4 | 二 | 初二 | 壬申 | 平 | 翼轸 | 金 | 离 | 燥 | 肺 | 涕 | 庚子 |
| 5 | 三 | 初三 | 癸酉 | 定 | 轸 | 金 | 震 | 燥 | 肺 | 涕 | 壬子 |
| 6 | 四 | 初四 | 甲戌 | 定 | 角 | 火 | 巽 | 热 | 心 | 汗 | 甲子 |
| 7 | 五 | 初五 | 乙亥 | 执 | 亢氐 | 火 | 坎 | 热 | 心 | 汗 | 丙子 |
| 8 | 六 | 初六 | 丙子 | 破 | 氐房 | 水 | 艮 | 寒 | 肾 | 唾 | 戊子 |
| 9 | 日 | 初七 | 丁丑 | 危 | 房 | 水 | 坤 | 寒 | 肾 | 唾 | 庚子 |
| 10 | 一 | 初八 | 戊寅 | 成 | 心 | 土 | 乾 | 湿 | 脾 | 涎 | 壬子 |
| 11 | 二 | 初九 | 己卯 | 收 | 尾箕 | 土 | 兑 | 湿 | 脾 | 涎 | 甲子 |
| 12 | 三 | 初十 | 庚辰 | 开 | 箕 | 金 | 离 | 燥 | 肺 | 涕 | 丙子 |
| 13 | 四 | 十一 | 辛巳 | 闭 | 斗 | 金 | 震 | 燥 | 肺 | 涕 | 戊子 |
| 14 | 五 | 十二 | 壬午 | 建 | 牛女 | 木 | 巽 | 风 | 肝 | 泪 | 庚子 |
| 15 | 六 | 十三 | 癸未 | 除 | 女 | 木 | 坎 | 风 | 肝 | 泪 | 壬子 |
| 16 | 日 | 十四 | 甲申 | 满 | 虚 | 水 | 艮 | 寒 | 肾 | 唾 | 甲子 |
| 17 | 一 | 十五 | 乙酉 | 平 | 危室 | 水 | 坤 | 寒 | 肾 | 唾 | 丙子 |
| 18 | 二 | 十六 | 丙戌 | 定 | 室壁 | 土 | 乾 | 湿 | 脾 | 涎 | 戊子 |
| 19 | 三 | 十七 | 丁亥 | 执 | 奎 | 土 | 兑 | 湿 | 脾 | 涎 | 庚子 |
| 20 | 四 | 十八 | 戊子 | 破 | 奎 | 火 | 离 | 热 | 心 | 汗 | 壬子 |
| 21 | 五 | 十九 | 己丑 | 危 | 娄胃 | 火 | 震 | 热 | 心 | 汗 | 甲子 |
| 22 | 六 | 二十 | 庚寅 | 成 | 胃 | 木 | 巽 | 风 | 肝 | 泪 | 丙子 |
| 23 | 日 | 廿一 | 辛卯 | 收 | 昴毕 | 木 | 坎 | 风 | 肝 | 泪 | 戊子 |
| 24 | 一 | 廿二 | 壬辰 | 开 | 毕觜 | 水 | 艮 | 寒 | 肾 | 唾 | 庚子 |
| 25 | 二 | 廿三 | 癸巳 | 闭 | 觜 | 水 | 坤 | 寒 | 肾 | 唾 | 壬子 |
| 26 | 三 | 廿四 | 甲午 | 建 | 参 | 金 | 乾 | 燥 | 肺 | 涕 | 甲子 |
| 27 | 四 | 廿五 | 乙未 | 除 | 井 | 金 | 兑 | 燥 | 肺 | 涕 | 丙子 |
| 28 | 五 | 廿六 | 丙申 | 满 | 鬼柳 | 火 | 离 | 热 | 心 | 汗 | 戊子 |
| 29 | 六 | 廿七 | 丁酉 | 平 | 星 | 火 | 震 | 热 | 心 | 汗 | 庚子 |
| 30 | 日 | 廿八 | 戊戌 | 定 | 星 | 木 | 巽 | 风 | 肝 | 泪 | 壬子 |

实用干支万年历

# 公元 2019 年　　　　　　　农历己亥(猪)年

## 7 月大
小暑　7 日 17 时 21 分　　大暑　23 日 10 时 51 分

农历六月(7月3日-7月31日)　月干支:辛未

| 公历 | 星期 | 农历 | 干支 | 日建 | 星宿 | 五行 | 八卦 | 五气 | 五脏 | 五汁 | 时辰 |
|---|---|---|---|---|---|---|---|---|---|---|---|
| 1 | 一 | 五月 | 己亥 | 执 | 张 | 木 | 坎 | 风 | 肝 | 泪 | 甲子 |
| 2 | 二 | 三十 | 庚子 | 破 | 翼 | 土 | 艮 | 湿 | 脾 | 涎 | 丙子 |
| 3 | 三 | 六月 | 辛丑 | 危 | 轸 | 土 | 离 | 湿 | 脾 | 涎 | 戊子 |
| 4 | 四 | 初二 | 壬寅 | 成 | 角 | 金 | 震 | 燥 | 肺 | 涕 | 庚子 |
| 5 | 五 | 初三 | 癸卯 | 收 | 亢 | 金 | 巽 | 燥 | 肺 | 涕 | 壬子 |
| 6 | 六 | 初四 | 甲辰 | 开 | 氐 | 火 | 坎 | 热 | 心 | 汗 | 甲子 |
| 7 | 日 | 初五 | 乙巳 | 开 | 房 | 火 | 艮 | 热 | 心 | 汗 | 丙子 |
| 8 | 一 | 初六 | 丙午 | 闭 | 心 | 水 | 坤 | 寒 | 肾 | 唾 | 戊子 |
| 9 | 二 | 初七 | 丁未 | 建 | 尾 | 水 | 乾 | 寒 | 肾 | 唾 | 庚子 |
| 10 | 三 | 初八 | 戊申 | 除 | 箕 | 土 | 兑 | 湿 | 脾 | 涎 | 壬子 |
| 11 | 四 | 初九 | 己酉 | 满 | 斗 | 土 | 离 | 湿 | 脾 | 涎 | 甲子 |
| 12 | 五 | 初十 | 庚戌 | 平 | 牛 | 金 | 震 | 燥 | 肺 | 涕 | 丙子 |
| 13 | 六 | 十一 | 辛亥 | 定 | 女 | 金 | 巽 | 燥 | 肺 | 涕 | 戊子 |
| 14 | 日 | 十二 | 壬子 | 执 | 虚 | 木 | 坎 | 风 | 肝 | 泪 | 庚子 |
| 15 | 一 | 十三 | 癸丑 | 破 | 危 | 木 | 艮 | 风 | 肝 | 泪 | 壬子 |
| 16 | 二 | 十四 | 甲寅 | 危 | 室 | 水 | 坤 | 寒 | 肾 | 唾 | 甲子 |
| 17 | 三 | 十五 | 乙卯 | 成 | 壁 | 水 | 乾 | 寒 | 肾 | 唾 | 丙子 |
| 18 | 四 | 十六 | 丙辰 | 收 | 奎 | 土 | 兑 | 湿 | 脾 | 涎 | 戊子 |
| 19 | 五 | 十七 | 丁巳 | 开 | 娄 | 土 | 离 | 湿 | 脾 | 涎 | 庚子 |
| 20 | 六 | 十八 | 戊午 | 闭 | 胃 | 火 | 震 | 热 | 心 | 汗 | 壬子 |
| 21 | 日 | 十九 | 己未 | 建 | 昴 | 火 | 巽 | 热 | 心 | 汗 | 甲子 |
| 22 | 一 | 二十 | 庚申 | 除 | 毕 | 木 | 坎 | 风 | 肝 | 泪 | 丙子 |
| 23 | 二 | 廿一 | 辛酉 | 满 | 觜 | 木 | 艮 | 风 | 肝 | 泪 | 戊子 |
| 24 | 三 | 廿二 | 壬戌 | 平 | 参 | 水 | 坤 | 寒 | 肾 | 唾 | 庚子 |
| 25 | 四 | 廿三 | 癸亥 | 定 | 井 | 水 | 乾 | 寒 | 肾 | 唾 | 壬子 |
| 26 | 五 | 廿四 | 甲子 | 执 | 鬼 | 金 | 兑 | 燥 | 肺 | 涕 | 甲子 |
| 27 | 六 | 廿五 | 乙丑 | 破 | 柳 | 金 | 离 | 燥 | 肺 | 涕 | 丙子 |
| 28 | 日 | 廿六 | 丙寅 | 危 | 星 | 火 | 震 | 热 | 心 | 汗 | 戊子 |
| 29 | 一 | 廿七 | 丁卯 | 成 | 张 | 火 | 巽 | 热 | 心 | 汗 | 庚子 |
| 30 | 二 | 廿八 | 戊辰 | 收 | 翼 | 木 | 坎 | 风 | 肝 | 泪 | 壬子 |
| 31 | 三 | 廿九 | 己巳 | 开 | 轸 | 木 | 艮 | 风 | 肝 | 泪 | 甲子 |

## 8 月大
立秋　8 日 03 时 13 分　　处暑　23 日 18 时 02 分

农历七月(8月1日-8月29日)　月干支:壬申

| 公历 | 星期 | 农历 | 干支 | 日建 | 星宿 | 五行 | 八卦 | 五气 | 五脏 | 五汁 | 时辰 |
|---|---|---|---|---|---|---|---|---|---|---|---|
| 1 | 四 | 七月 | 庚午 | 闭 | 角 | 土 | 震 | 湿 | 脾 | 涎 | 丙子 |
| 2 | 五 | 初二 | 辛未 | 建 | 亢 | 土 | 巽 | 湿 | 脾 | 涎 | 戊子 |
| 3 | 六 | 初三 | 壬申 | 除 | 氐 | 金 | 坎 | 燥 | 肺 | 涕 | 庚子 |
| 4 | 日 | 初四 | 癸酉 | 满 | 房 | 金 | 艮 | 燥 | 肺 | 涕 | 壬子 |
| 5 | 一 | 初五 | 甲戌 | 平 | 心 | 火 | 坤 | 热 | 心 | 汗 | 甲子 |
| 6 | 二 | 初六 | 乙亥 | 定 | 尾 | 火 | 乾 | 热 | 心 | 汗 | 丙子 |
| 7 | 三 | 初七 | 丙子 | 执 | 箕 | 水 | 兑 | 寒 | 肾 | 唾 | 戊子 |
| 8 | 四 | 初八 | 丁丑 | 执 | 斗 | 水 | 离 | 寒 | 肾 | 唾 | 庚子 |
| 9 | 五 | 初九 | 戊寅 | 破 | 牛 | 土 | 震 | 湿 | 脾 | 涎 | 壬子 |
| 10 | 六 | 初十 | 己卯 | 危 | 女 | 土 | 巽 | 湿 | 脾 | 涎 | 甲子 |
| 11 | 日 | 十一 | 庚辰 | 成 | 虚 | 金 | 坎 | 燥 | 肺 | 涕 | 丙子 |
| 12 | 一 | 十二 | 辛巳 | 收 | 危 | 金 | 艮 | 燥 | 肺 | 涕 | 戊子 |
| 13 | 二 | 十三 | 壬午 | 开 | 室 | 木 | 坤 | 风 | 肝 | 泪 | 庚子 |
| 14 | 三 | 十四 | 癸未 | 闭 | 壁 | 木 | 乾 | 风 | 肝 | 泪 | 壬子 |
| 15 | 四 | 十五 | 甲申 | 建 | 奎 | 水 | 兑 | 寒 | 肾 | 唾 | 甲子 |
| 16 | 五 | 十六 | 乙酉 | 除 | 娄 | 水 | 离 | 寒 | 肾 | 唾 | 丙子 |
| 17 | 六 | 十七 | 丙戌 | 满 | 胃 | 土 | 震 | 湿 | 脾 | 涎 | 戊子 |
| 18 | 日 | 十八 | 丁亥 | 平 | 昴 | 土 | 巽 | 湿 | 脾 | 涎 | 庚子 |
| 19 | 一 | 十九 | 戊子 | 定 | 毕 | 火 | 坎 | 热 | 心 | 汗 | 壬子 |
| 20 | 二 | 二十 | 己丑 | 执 | 觜 | 火 | 艮 | 热 | 心 | 汗 | 甲子 |
| 21 | 三 | 廿一 | 庚寅 | 破 | 参 | 木 | 坤 | 风 | 肝 | 泪 | 丙子 |
| 22 | 四 | 廿二 | 辛卯 | 危 | 井 | 木 | 乾 | 风 | 肝 | 泪 | 戊子 |
| 23 | 五 | 廿三 | 壬辰 | 成 | 鬼 | 水 | 兑 | 寒 | 肾 | 唾 | 庚子 |
| 24 | 六 | 廿四 | 癸巳 | 收 | 柳 | 水 | 离 | 寒 | 肾 | 唾 | 壬子 |
| 25 | 日 | 廿五 | 甲午 | 开 | 星 | 金 | 震 | 燥 | 肺 | 涕 | 甲子 |
| 26 | 一 | 廿六 | 乙未 | 闭 | 张 | 金 | 巽 | 燥 | 肺 | 涕 | 丙子 |
| 27 | 二 | 廿七 | 丙申 | 建 | 翼 | 火 | 坎 | 热 | 心 | 汗 | 戊子 |
| 28 | 三 | 廿八 | 丁酉 | 除 | 轸 | 火 | 艮 | 热 | 心 | 汗 | 庚子 |
| 29 | 四 | 廿九 | 戊戌 | 满 | 角 | 木 | 坤 | 风 | 肝 | 泪 | 壬子 |
| 30 | 五 | 八月 | 己亥 | 平 | 亢 | 木 | 乾 | 风 | 肝 | 泪 | 甲子 |
| 31 | 六 | 初二 | 庚子 | 定 | 氐 | 土 | 兑 | 湿 | 脾 | 涎 | 丙子 |

# 公元 2019 年　　　　　农历己亥(猪)年

## 9 月小　　白露　8 日 06 时 17 分　　秋分　23 日 15 时 50 分

农历八月(8月30日–9月28日)　月干支:癸酉

| 公历 | 星期 | 农历 | 干支 | 日建 | 星宿 | 五行 | 八卦 | 五气 | 五脏 | 五汁 | 时辰 |
|---|---|---|---|---|---|---|---|---|---|---|---|
| 1 | 日 | 八月 | 辛丑 | 执 | 房 | 土 | 艮 | 湿 | 脾 | 涎 | 戊子 |
| 2 | 一 | 初四 | 壬寅 | 破 | 心 | 金 | 坤 | 燥 | 肺 | 涕 | 庚子 |
| 3 | 二 | 初五 | 癸卯 | 危 | 尾 | 金 | 乾 | 燥 | 肺 | 涕 | 壬子 |
| 4 | 三 | 初六 | 甲辰 | 成 | 箕 | 火 | 兑 | 热 | 心 | 汗 | 甲子 |
| 5 | 四 | 初七 | 乙巳 | 收 | 斗 | 火 | 离 | 热 | 心 | 汗 | 丙子 |
| 6 | 五 | 初八 | 丙午 | 开 | 牛 | 水 | 震 | 寒 | 肾 | 唾 | 戊子 |
| 7 | 六 | 初九 | 丁未 | 闭 | 女 | 水 | 巽 | 寒 | 肾 | 唾 | 庚子 |
| 8 | 日 | 初十 | 戊申 | 闭 | 虚 | 土 | 坎 | 湿 | 脾 | 涎 | 壬子 |
| 9 | 一 | 十一 | 己酉 | 建 | 危 | 土 | 艮 | 湿 | 脾 | 涎 | 甲子 |
| 10 | 二 | 十二 | 庚戌 | 除 | 室 | 金 | 坤 | 燥 | 肺 | 涕 | 丙子 |
| 11 | 三 | 十三 | 辛亥 | 满 | 壁 | 金 | 乾 | 燥 | 肺 | 涕 | 戊子 |
| 12 | 四 | 十四 | 壬子 | 平 | 奎 | 木 | 兑 | 风 | 肝 | 泪 | 庚子 |
| 13 | 五 | 十五 | 癸丑 | 定 | 娄 | 木 | 离 | 风 | 肝 | 泪 | 壬子 |
| 14 | 六 | 十六 | 甲寅 | 执 | 胃 | 水 | 震 | 寒 | 肾 | 唾 | 甲子 |
| 15 | 日 | 十七 | 乙卯 | 破 | 昴 | 水 | 巽 | 寒 | 肾 | 唾 | 丙子 |
| 16 | 一 | 十八 | 丙辰 | 危 | 毕 | 土 | 坎 | 湿 | 脾 | 涎 | 戊子 |
| 17 | 二 | 十九 | 丁巳 | 成 | 觜 | 火 | 艮 | 热 | 心 | 汗 | 庚子 |
| 18 | 三 | 二十 | 戊午 | 收 | 参 | 火 | 坤 | 热 | 心 | 汗 | 壬子 |
| 19 | 四 | 廿一 | 己未 | 开 | 井 | 火 | 乾 | 热 | 心 | 汗 | 甲子 |
| 20 | 五 | 廿二 | 庚申 | 闭 | 鬼 | 木 | 兑 | 风 | 肝 | 泪 | 丙子 |
| 21 | 六 | 廿三 | 辛酉 | 建 | 柳 | 木 | 离 | 风 | 肝 | 泪 | 戊子 |
| 22 | 日 | 廿四 | 壬戌 | 除 | 星 | 水 | 震 | 寒 | 肾 | 唾 | 庚子 |
| 23 | 一 | 廿五 | 癸亥 | 满 | 张 | 水 | 巽 | 寒 | 肾 | 唾 | 壬子 |
| 24 | 二 | 廿六 | 甲子 | 平 | 翼 | 金 | 坎 | 燥 | 肺 | 涕 | 甲子 |
| 25 | 三 | 廿七 | 乙丑 | 定 | 轸 | 金 | 艮 | 燥 | 肺 | 涕 | 丙子 |
| 26 | 四 | 廿八 | 丙寅 | 执 | 角 | 火 | 坤 | 热 | 心 | 汗 | 戊子 |
| 27 | 五 | 廿九 | 丁卯 | 破 | 亢 | 火 | 乾 | 热 | 心 | 汗 | 庚子 |
| 28 | 六 | 三十 | 戊辰 | 危 | 氐 | 木 | 兑 | 风 | 肝 | 泪 | 壬子 |
| 29 | 日 | 九月 | 己巳 | 成 | 房 | 木 | 离 | 风 | 肝 | 泪 | 甲子 |
| 30 | 一 | 初二 | 庚午 | 收 | 心 | 土 | 震 | 湿 | 脾 | 涎 | 丙子 |
| 31 | | | | | | | | | | | |

## 10 月大　　寒露　8 日 22 时 06 分　　霜降　24 日 01 时 20 分

农历九月(9月29日–10月27日)　月干支:甲戌

| 公历 | 星期 | 农历 | 干支 | 日建 | 星宿 | 五行 | 八卦 | 五气 | 五脏 | 五汁 | 时辰 |
|---|---|---|---|---|---|---|---|---|---|---|---|
| 1 | 二 | 九月 | 辛未 | 开 | 尾 | 土 | 坤 | 湿 | 脾 | 涎 | 戊子 |
| 2 | 三 | 初四 | 壬申 | 闭 | 箕 | 金 | 乾 | 燥 | 肺 | 涕 | 庚子 |
| 3 | 四 | 初五 | 癸酉 | 建 | 斗 | 金 | 兑 | 燥 | 肺 | 涕 | 壬子 |
| 4 | 五 | 初六 | 甲戌 | 除 | 牛 | 火 | 离 | 热 | 心 | 汗 | 甲子 |
| 5 | 六 | 初七 | 乙亥 | 满 | 女 | 火 | 震 | 热 | 心 | 汗 | 丙子 |
| 6 | 日 | 初八 | 丙子 | 平 | 虚 | 水 | 巽 | 寒 | 肾 | 唾 | 戊子 |
| 7 | 一 | 初九 | 丁丑 | 定 | 危 | 水 | 坎 | 寒 | 肾 | 唾 | 庚子 |
| 8 | 二 | 初十 | 戊寅 | 定 | 室 | 土 | 艮 | 湿 | 脾 | 涎 | 壬子 |
| 9 | 三 | 十一 | 己卯 | 执 | 壁 | 土 | 坤 | 湿 | 脾 | 涎 | 甲子 |
| 10 | 四 | 十二 | 庚辰 | 破 | 奎 | 金 | 乾 | 燥 | 肺 | 涕 | 丙子 |
| 11 | 五 | 十三 | 辛巳 | 危 | 娄 | 金 | 兑 | 燥 | 肺 | 涕 | 戊子 |
| 12 | 六 | 十四 | 壬午 | 成 | 胃 | 木 | 离 | 风 | 肝 | 泪 | 庚子 |
| 13 | 日 | 十五 | 癸未 | 收 | 昴 | 木 | 震 | 风 | 肝 | 泪 | 壬子 |
| 14 | 一 | 十六 | 甲申 | 开 | 毕 | 水 | 巽 | 寒 | 肾 | 唾 | 甲子 |
| 15 | 二 | 十七 | 乙酉 | 闭 | 觜 | 水 | 坎 | 寒 | 肾 | 唾 | 丙子 |
| 16 | 三 | 十八 | 丙戌 | 建 | 参 | 土 | 艮 | 湿 | 脾 | 涎 | 戊子 |
| 17 | 四 | 十九 | 丁亥 | 除 | 井 | 土 | 坤 | 湿 | 脾 | 涎 | 庚子 |
| 18 | 五 | 二十 | 戊子 | 满 | 鬼 | 火 | 乾 | 热 | 心 | 汗 | 壬子 |
| 19 | 六 | 廿一 | 己丑 | 平 | 柳 | 火 | 兑 | 热 | 心 | 汗 | 甲子 |
| 20 | 日 | 廿二 | 庚寅 | 定 | 星 | 木 | 离 | 风 | 肝 | 泪 | 丙子 |
| 21 | 一 | 廿三 | 辛卯 | 执 | 张 | 木 | 震 | 风 | 肝 | 泪 | 戊子 |
| 22 | 二 | 廿四 | 壬辰 | 破 | 翼 | 水 | 巽 | 寒 | 肾 | 唾 | 庚子 |
| 23 | 三 | 廿五 | 癸巳 | 危 | 轸 | 水 | 坎 | 寒 | 肾 | 唾 | 壬子 |
| 24 | 四 | 廿六 | 甲午 | 成 | 角 | 金 | 艮 | 燥 | 肺 | 涕 | 甲子 |
| 25 | 五 | 廿七 | 乙未 | 收 | 亢 | 金 | 坤 | 燥 | 肺 | 涕 | 丙子 |
| 26 | 六 | 廿八 | 丙申 | 开 | 氐 | 火 | 乾 | 热 | 心 | 汗 | 戊子 |
| 27 | 日 | 廿九 | 丁酉 | 闭 | 房 | 火 | 兑 | 热 | 心 | 汗 | 庚子 |
| 28 | 一 | 十月 | 戊戌 | 建 | 心 | 木 | 离 | 风 | 肝 | 泪 | 壬子 |
| 29 | 二 | 初二 | 己亥 | 除 | 尾 | 木 | 震 | 风 | 肝 | 泪 | 甲子 |
| 30 | 三 | 初三 | 庚子 | 满 | 箕 | 土 | 巽 | 湿 | 脾 | 涎 | 丙子 |
| 31 | 四 | 初四 | 辛丑 | 平 | 斗 | 土 | 坎 | 湿 | 脾 | 涎 | 戊子 |

实用干支万年历

# 公元2019年　　农历己亥(猪)年

## 11月小　　立冬 8日01时25分　小雪 22日22时59分

农历十月(10月28日–11月25日)　月干支:乙亥

| 公历 | 星期 | 农历 | 干支 | 日建 | 星宿 | 五行 | 八卦 | 五气 | 五脏 | 五汁 | 时辰 |
|---|---|---|---|---|---|---|---|---|---|---|---|
| 1 | 五 | 十月 | 壬寅 | 定 | 牛 | 金 | 艮 | 燥 | 肺 | 涕 | 庚子 |
| 2 | 六 | 初六 | 癸卯 | 执 | 女 | 金 | 坤 | 燥 | 肺 | 涕 | 壬子 |
| 3 | 日 | 初七 | 甲辰 | 破 | 虚 | 火 | 乾 | 热 | 心 | 汗 | 甲子 |
| 4 | 一 | 初八 | 乙巳 | 危 | 危 | 火 | 兑 | 热 | 心 | 汗 | 丙子 |
| 5 | 二 | 初九 | 丙午 | 成 | 室 | 水 | 离 | 寒 | 肾 | 唾 | 戊子 |
| 6 | 三 | 初十 | 丁未 | 收 | 壁 | 水 | 震 | 寒 | 肾 | 唾 | 庚子 |
| 7 | 四 | 十一 | 戊申 | 开 | 奎 | 土 | 巽 | 湿 | 脾 | 涎 | 壬子 |
| 8 | 五 | 十二 | 己酉 | 开 | 娄 | 土 | 坎 | 湿 | 脾 | 涎 | 甲子 |
| 9 | 六 | 十三 | 庚戌 | 闭 | 胃 | 金 | 艮 | 燥 | 肺 | 涕 | 丙子 |
| 10 | 日 | 十四 | 辛亥 | 建 | 昴 | 金 | 坤 | 燥 | 肺 | 涕 | 戊子 |
| 11 | 一 | 十五 | 壬子 | 除 | 毕 | 木 | 乾 | 风 | 肝 | 泪 | 庚子 |
| 12 | 二 | 十六 | 癸丑 | 满 | 觜 | 木 | 兑 | 风 | 肝 | 泪 | 壬子 |
| 13 | 三 | 十七 | 甲寅 | 平 | 参 | 水 | 离 | 寒 | 肾 | 唾 | 甲子 |
| 14 | 四 | 十八 | 乙卯 | 定 | 井 | 水 | 震 | 寒 | 肾 | 唾 | 丙子 |
| 15 | 五 | 十九 | 丙辰 | 执 | 鬼 | 土 | 巽 | 湿 | 脾 | 涎 | 戊子 |
| 16 | 六 | 二十 | 丁巳 | 破 | 柳 | 土 | 坎 | 湿 | 脾 | 涎 | 庚子 |
| 17 | 日 | 廿一 | 戊午 | 危 | 星 | 火 | 艮 | 热 | 心 | 汗 | 壬子 |
| 18 | 一 | 廿二 | 己未 | 成 | 张 | 火 | 坤 | 热 | 心 | 汗 | 甲子 |
| 19 | 二 | 廿三 | 庚申 | 收 | 翼 | 木 | 乾 | 风 | 肝 | 泪 | 丙子 |
| 20 | 三 | 廿四 | 辛酉 | 开 | 轸 | 木 | 兑 | 风 | 肝 | 泪 | 戊子 |
| 21 | 四 | 廿五 | 壬戌 | 闭 | 角 | 水 | 离 | 寒 | 肾 | 唾 | 庚子 |
| 22 | 五 | 廿六 | 癸亥 | 建 | 亢 | 水 | 震 | 寒 | 肾 | 唾 | 壬子 |
| 23 | 六 | 廿七 | 甲子 | 除 | 氐 | 金 | 巽 | 燥 | 肺 | 涕 | 甲子 |
| 24 | 日 | 廿八 | 乙丑 | 满 | 房 | 金 | 坎 | 燥 | 肺 | 涕 | 丙子 |
| 25 | 一 | 廿九 | 丙寅 | 平 | 心 | 火 | 艮 | 热 | 心 | 汗 | 戊子 |
| 26 | 二 | 冬月 | 丁卯 | 定 | 尾 | 火 | 坤 | 热 | 心 | 汗 | 庚子 |
| 27 | 三 | 初二 | 戊辰 | 执 | 箕 | 木 | 乾 | 风 | 肝 | 泪 | 壬子 |
| 28 | 四 | 初三 | 己巳 | 破 | 斗 | 木 | 兑 | 风 | 肝 | 泪 | 甲子 |
| 29 | 五 | 初四 | 庚午 | 危 | 牛 | 土 | 离 | 湿 | 脾 | 涎 | 丙子 |
| 30 | 六 | 初五 | 辛未 | 成 | 女 | 土 | 震 | 湿 | 脾 | 涎 | 戊子 |

## 12月大　　大雪 7日18时19分　冬至 22日12时20分

农历冬月(11月26日–12月25日)　月干支:丙子

| 公历 | 星期 | 农历 | 干支 | 日建 | 星宿 | 五行 | 八卦 | 五气 | 五脏 | 五汁 | 时辰 |
|---|---|---|---|---|---|---|---|---|---|---|---|
| 1 | 日 | 冬月 | 壬申 | 收 | 虚 | 金 | 巽 | 燥 | 肺 | 涕 | 庚子 |
| 2 | 一 | 初七 | 癸酉 | 开 | 危 | 金 | 坎 | 燥 | 肺 | 涕 | 壬子 |
| 3 | 二 | 初八 | 甲戌 | 闭 | 室 | 火 | 艮 | 热 | 心 | 汗 | 甲子 |
| 4 | 三 | 初九 | 乙亥 | 建 | 壁 | 火 | 坤 | 热 | 心 | 汗 | 丙子 |
| 5 | 四 | 初十 | 丙子 | 除 | 奎 | 水 | 乾 | 寒 | 肾 | 唾 | 戊子 |
| 6 | 五 | 十一 | 丁丑 | 满 | 娄 | 水 | 兑 | 寒 | 肾 | 唾 | 庚子 |
| 7 | 六 | 十二 | 戊寅 | 满 | 胃 | 土 | 离 | 湿 | 脾 | 涎 | 壬子 |
| 8 | 日 | 十三 | 己卯 | 平 | 昴 | 土 | 震 | 湿 | 脾 | 涎 | 甲子 |
| 9 | 一 | 十四 | 庚辰 | 定 | 毕 | 金 | 巽 | 燥 | 肺 | 涕 | 丙子 |
| 10 | 二 | 十五 | 辛巳 | 执 | 觜 | 金 | 坎 | 燥 | 肺 | 涕 | 戊子 |
| 11 | 三 | 十六 | 壬午 | 破 | 参 | 木 | 艮 | 风 | 肝 | 泪 | 庚子 |
| 12 | 四 | 十七 | 癸未 | 危 | 井 | 木 | 坤 | 风 | 肝 | 泪 | 壬子 |
| 13 | 五 | 十八 | 甲申 | 成 | 鬼 | 水 | 乾 | 寒 | 肾 | 唾 | 甲子 |
| 14 | 六 | 十九 | 乙酉 | 收 | 柳 | 水 | 兑 | 寒 | 肾 | 唾 | 丙子 |
| 15 | 日 | 二十 | 丙戌 | 开 | 星 | 土 | 离 | 湿 | 脾 | 涎 | 戊子 |
| 16 | 一 | 廿一 | 丁亥 | 闭 | 张 | 土 | 震 | 湿 | 脾 | 涎 | 庚子 |
| 17 | 二 | 廿二 | 戊子 | 建 | 翼 | 火 | 巽 | 热 | 心 | 汗 | 壬子 |
| 18 | 三 | 廿三 | 己丑 | 除 | 轸 | 火 | 坎 | 热 | 心 | 汗 | 甲子 |
| 19 | 四 | 廿四 | 庚寅 | 满 | 角 | 木 | 艮 | 风 | 肝 | 泪 | 丙子 |
| 20 | 五 | 廿五 | 辛卯 | 平 | 亢 | 木 | 坤 | 风 | 肝 | 泪 | 戊子 |
| 21 | 六 | 廿六 | 壬辰 | 定 | 氐 | 水 | 乾 | 寒 | 肾 | 唾 | 庚子 |
| 22 | 日 | 廿七 | 癸巳 | 执 | 房 | 水 | 兑 | 寒 | 肾 | 唾 | 壬子 |
| 23 | 一 | 廿八 | 甲午 | 破 | 心 | 金 | 离 | 燥 | 肺 | 涕 | 甲子 |
| 24 | 二 | 廿九 | 乙未 | 危 | 尾 | 金 | 震 | 燥 | 肺 | 涕 | 丙子 |
| 25 | 三 | 三十 | 丙申 | 成 | 箕 | 火 | 巽 | 热 | 心 | 汗 | 戊子 |
| 26 | 四 | 腊月 | 丁酉 | 收 | 斗 | 火 | 坎 | 热 | 心 | 汗 | 庚子 |
| 27 | 五 | 初二 | 戊戌 | 开 | 牛 | 木 | 艮 | 风 | 肝 | 泪 | 壬子 |
| 28 | 六 | 初三 | 己亥 | 闭 | 女 | 木 | 坤 | 风 | 肝 | 泪 | 甲子 |
| 29 | 日 | 初四 | 庚子 | 建 | 虚 | 土 | 乾 | 湿 | 脾 | 涎 | 丙子 |
| 30 | 一 | 初五 | 辛丑 | 除 | 危 | 土 | 兑 | 湿 | 脾 | 涎 | 戊子 |
| 31 | 二 | 初六 | 壬寅 | 满 | 室 | 金 | 离 | 燥 | 肺 | 涕 | 庚子 |

# 公元 2020 年　　农历庚子(鼠)年(闰四月)

## 1月大

小寒　6日05时31分
大寒　20日22时56分

农历腊月(12月26日–1月24日)　月干支:丁丑

| 公历 | 星期 | 农历 | 干支 | 日建 | 星宿 | 五行 | 八卦 | 五气 | 五脏 | 五汁 | 时辰 |
|---|---|---|---|---|---|---|---|---|---|---|---|
| 1 | 三 | 腊月 | 癸卯 | 平 | 壁 | 金 | 艮 | 燥 | 肺 | 涕 | 壬子 |
| 2 | 四 | 初八 | 甲辰 | 定 | 奎 | 火 | 坤 | 热 | 心 | 汗 | 甲子 |
| 3 | 五 | 初九 | 乙巳 | 执 | 娄 | 火 | 乾 | 热 | 心 | 汗 | 丙子 |
| 4 | 六 | 初十 | 丙午 | 破 | 胃 | 水 | 兑 | 寒 | 肾 | 唾 | 戊子 |
| 5 | 日 | 十一 | 丁未 | 危 | 昴 | 水 | 离 | 寒 | 肾 | 唾 | 庚子 |
| 6 | 一 | 十二 | 戊申 | 危 | 毕 | 土 | 震 | 湿 | 脾 | 涎 | 壬子 |
| 7 | 二 | 十三 | 己酉 | 成 | 觜 | 土 | 巽 | 湿 | 脾 | 涎 | 甲子 |
| 8 | 三 | 十四 | 庚戌 | 收 | 参 | 金 | 坎 | 燥 | 肺 | 涕 | 丙子 |
| 9 | 四 | 十五 | 辛亥 | 开 | 井 | 金 | 艮 | 燥 | 肺 | 涕 | 戊子 |
| 10 | 五 | 十六 | 壬子 | 闭 | 鬼 | 木 | 坤 | 风 | 肝 | 泪 | 庚子 |
| 11 | 六 | 十七 | 癸丑 | 建 | 柳 | 木 | 乾 | 风 | 肝 | 泪 | 壬子 |
| 12 | 日 | 十八 | 甲寅 | 除 | 星 | 水 | 兑 | 寒 | 肾 | 唾 | 甲子 |
| 13 | 一 | 十九 | 乙卯 | 满 | 张 | 水 | 离 | 寒 | 肾 | 唾 | 丙子 |
| 14 | 二 | 二十 | 丙辰 | 平 | 翼 | 土 | 震 | 湿 | 脾 | 涎 | 戊子 |
| 15 | 三 | 廿一 | 丁巳 | 定 | 轸 | 土 | 巽 | 湿 | 脾 | 涎 | 庚子 |
| 16 | 四 | 廿二 | 戊午 | 执 | 角 | 火 | 坎 | 热 | 心 | 汗 | 壬子 |
| 17 | 五 | 廿三 | 己未 | 破 | 亢 | 火 | 艮 | 热 | 心 | 汗 | 甲子 |
| 18 | 六 | 廿四 | 庚申 | 危 | 氐 | 木 | 坤 | 风 | 肝 | 泪 | 丙子 |
| 19 | 日 | 廿五 | 辛酉 | 成 | 房 | 木 | 乾 | 风 | 肝 | 泪 | 戊子 |
| 20 | 一 | 廿六 | 壬戌 | 收 | 心 | 水 | 兑 | 寒 | 肾 | 唾 | 庚子 |
| 21 | 二 | 廿七 | 癸亥 | 开 | 尾 | 水 | 离 | 寒 | 肾 | 唾 | 壬子 |
| 22 | 三 | 廿八 | 甲子 | 闭 | 箕 | 金 | 震 | 燥 | 肺 | 涕 | 甲子 |
| 23 | 四 | 廿九 | 乙丑 | 建 | 斗 | 金 | 巽 | 燥 | 肺 | 涕 | 丙子 |
| 24 | 五 | 三十 | 丙寅 | 除 | 牛 | 火 | 坎 | 热 | 心 | 汗 | 戊子 |
| 25 | 六 | 正月 | 丁卯 | 满 | 女 | 火 | 艮 | 热 | 心 | 汗 | 庚子 |
| 26 | 日 | 初二 | 戊辰 | 平 | 虚 | 木 | 坤 | 风 | 肝 | 泪 | 壬子 |
| 27 | 一 | 初三 | 己巳 | 定 | 危 | 木 | 乾 | 风 | 肝 | 泪 | 甲子 |
| 28 | 二 | 初四 | 庚午 | 执 | 室 | 土 | 兑 | 湿 | 脾 | 涎 | 丙子 |
| 29 | 三 | 初五 | 辛未 | 破 | 壁 | 土 | 离 | 湿 | 脾 | 涎 | 戊子 |
| 30 | 四 | 初六 | 壬申 | 危 | 奎 | 金 | 震 | 燥 | 肺 | 涕 | 庚子 |
| 31 | 五 | 初七 | 癸酉 | 成 | 娄 | 金 | 巽 | 燥 | 肺 | 涕 | 壬子 |

## 2月闰

立春　4日17时04分
雨水　19日12时58分

农历正月(1月25日–2月22日)　月干支:戊寅

| 公历 | 星期 | 农历 | 干支 | 日建 | 星宿 | 五行 | 八卦 | 五气 | 五脏 | 五汁 | 时辰 |
|---|---|---|---|---|---|---|---|---|---|---|---|
| 1 | 六 | 正月 | 甲戌 | 收 | 胃 | 火 | 兑 | 热 | 心 | 汗 | 甲子 |
| 2 | 日 | 初九 | 乙亥 | 开 | 昴 | 火 | 离 | 热 | 心 | 汗 | 丙子 |
| 3 | 一 | 初十 | 丙子 | 闭 | 毕 | 水 | 震 | 寒 | 肾 | 唾 | 戊子 |
| 4 | 二 | 十一 | 丁丑 | 闭 | 觜 | 水 | 巽 | 寒 | 肾 | 唾 | 庚子 |
| 5 | 三 | 十二 | 戊寅 | 建 | 参 | 土 | 坎 | 湿 | 脾 | 涎 | 壬子 |
| 6 | 四 | 十三 | 己卯 | 除 | 井 | 土 | 艮 | 湿 | 脾 | 涎 | 甲子 |
| 7 | 五 | 十四 | 庚辰 | 满 | 鬼 | 金 | 坤 | 燥 | 肺 | 涕 | 丙子 |
| 8 | 六 | 十五 | 辛巳 | 平 | 柳 | 金 | 乾 | 燥 | 肺 | 涕 | 戊子 |
| 9 | 日 | 十六 | 壬午 | 定 | 星 | 木 | 兑 | 风 | 肝 | 泪 | 庚子 |
| 10 | 一 | 十七 | 癸未 | 执 | 张 | 木 | 离 | 风 | 肝 | 泪 | 壬子 |
| 11 | 二 | 十八 | 甲申 | 破 | 翼 | 水 | 震 | 寒 | 肾 | 唾 | 甲子 |
| 12 | 三 | 十九 | 乙酉 | 危 | 轸 | 水 | 巽 | 寒 | 肾 | 唾 | 丙子 |
| 13 | 四 | 二十 | 丙戌 | 成 | 角 | 土 | 坎 | 湿 | 脾 | 涎 | 戊子 |
| 14 | 五 | 廿一 | 丁亥 | 收 | 亢 | 土 | 艮 | 湿 | 脾 | 涎 | 庚子 |
| 15 | 六 | 廿二 | 戊子 | 开 | 氐 | 火 | 坤 | 热 | 心 | 汗 | 壬子 |
| 16 | 日 | 廿三 | 己丑 | 闭 | 房 | 火 | 乾 | 热 | 心 | 汗 | 甲子 |
| 17 | 一 | 廿四 | 庚寅 | 建 | 心 | 木 | 兑 | 风 | 肝 | 泪 | 丙子 |
| 18 | 二 | 廿五 | 辛卯 | 除 | 尾 | 木 | 离 | 风 | 肝 | 泪 | 戊子 |
| 19 | 三 | 廿六 | 壬辰 | 满 | 箕 | 水 | 震 | 寒 | 肾 | 唾 | 庚子 |
| 20 | 四 | 廿七 | 癸巳 | 平 | 斗 | 水 | 巽 | 寒 | 肾 | 唾 | 壬子 |
| 21 | 五 | 廿八 | 甲午 | 定 | 牛 | 金 | 坎 | 燥 | 肺 | 涕 | 甲子 |
| 22 | 六 | 廿九 | 乙未 | 执 | 女 | 金 | 艮 | 燥 | 肺 | 涕 | 丙子 |
| 23 | 日 | 二月 | 丙申 | 破 | 虚 | 火 | 坤 | 热 | 心 | 汗 | 戊子 |
| 24 | 一 | 初二 | 丁酉 | 危 | 危 | 火 | 乾 | 热 | 心 | 汗 | 庚子 |
| 25 | 二 | 初三 | 戊戌 | 成 | 室 | 木 | 兑 | 风 | 肝 | 泪 | 壬子 |
| 26 | 三 | 初四 | 己亥 | 收 | 壁 | 木 | 离 | 风 | 肝 | 泪 | 甲子 |
| 27 | 四 | 初五 | 庚子 | 开 | 奎 | 土 | 震 | 湿 | 脾 | 涎 | 丙子 |
| 28 | 五 | 初六 | 辛丑 | 闭 | 娄 | 土 | 巽 | 湿 | 脾 | 涎 | 戊子 |
| 29 | 六 | 初七 | 壬寅 | 建 | 胃 | 金 | 坎 | 燥 | 肺 | 涕 | 庚子 |

# 公元2020年　　农历庚子(鼠)年(闰四月)

## 3月大
惊蛰　5日10时58分
春分　20日11时51分

农历二月(2月23日–3月23日)　月干支:己卯

| 公历 | 星期 | 农历 | 干支 | 日建 | 星宿 | 五行 | 八卦 | 五气 | 五脏 | 五汁 | 时辰 |
|---|---|---|---|---|---|---|---|---|---|---|---|
| 1 | 日 | 二月 | 癸卯 | 除 | 昴 | 金 | 离 | 燥 | 肺 | 涕 | 壬子 |
| 2 | 一 | 初九 | 甲辰 | 满 | 毕 | 火 | 震 | 热 | 心 | 汗 | 甲子 |
| 3 | 二 | 初十 | 乙巳 | 平 | 觜 | 火 | 巽 | 热 | 心 | 汗 | 丙子 |
| 4 | 三 | 十一 | 丙午 | 定 | 参 | 水 | 坎 | 寒 | 肾 | 唾 | 戊子 |
| 5 | 四 | 十二 | 丁未 | 定 | 井 | 水 | 艮 | 寒 | 肾 | 唾 | 庚子 |
| 6 | 五 | 十三 | 戊申 | 执 | 鬼 | 土 | 坤 | 湿 | 脾 | 涎 | 壬子 |
| 7 | 六 | 十四 | 己酉 | 破 | 柳 | 土 | 乾 | 湿 | 脾 | 涎 | 甲子 |
| 8 | 日 | 十五 | 庚戌 | 危 | 星 | 金 | 兑 | 燥 | 肺 | 涕 | 丙子 |
| 9 | 一 | 十六 | 辛亥 | 成 | 张 | 金 | 离 | 燥 | 肺 | 涕 | 戊子 |
| 10 | 二 | 十七 | 壬子 | 收 | 翼 | 木 | 震 | 风 | 肝 | 泪 | 庚子 |
| 11 | 三 | 十八 | 癸丑 | 开 | 轸 | 木 | 巽 | 风 | 肝 | 泪 | 壬子 |
| 12 | 四 | 十九 | 甲寅 | 闭 | 角 | 水 | 坎 | 寒 | 肾 | 唾 | 甲子 |
| 13 | 五 | 二十 | 乙卯 | 建 | 亢 | 水 | 艮 | 寒 | 肾 | 唾 | 丙子 |
| 14 | 六 | 廿一 | 丙辰 | 除 | 氐 | 土 | 坤 | 湿 | 脾 | 涎 | 戊子 |
| 15 | 日 | 廿二 | 丁巳 | 满 | 房 | 土 | 乾 | 湿 | 脾 | 涎 | 庚子 |
| 16 | 一 | 廿三 | 戊午 | 平 | 心 | 火 | 兑 | 热 | 心 | 汗 | 壬子 |
| 17 | 二 | 廿四 | 己未 | 定 | 尾 | 火 | 离 | 热 | 心 | 汗 | 甲子 |
| 18 | 三 | 廿五 | 庚申 | 执 | 箕 | 木 | 震 | 风 | 肝 | 泪 | 丙子 |
| 19 | 四 | 廿六 | 辛酉 | 破 | 斗 | 木 | 巽 | 风 | 肝 | 泪 | 戊子 |
| 20 | 五 | 廿七 | 壬戌 | 危 | 牛 | 水 | 坎 | 寒 | 肾 | 唾 | 庚子 |
| 21 | 六 | 廿八 | 癸亥 | 成 | 女 | 水 | 艮 | 寒 | 肾 | 唾 | 壬子 |
| 22 | 日 | 廿九 | 甲子 | 收 | 虚 | 金 | 坤 | 燥 | 肺 | 涕 | 甲子 |
| 23 | 一 | 三十 | 乙丑 | 开 | 危 | 金 | 乾 | 燥 | 肺 | 涕 | 丙子 |
| 24 | 二 | 三月 | 丙寅 | 闭 | 室 | 火 | 巽 | 热 | 心 | 汗 | 戊子 |
| 25 | 三 | 初二 | 丁卯 | 建 | 壁 | 火 | 坎 | 热 | 心 | 汗 | 庚子 |
| 26 | 四 | 初三 | 戊辰 | 除 | 奎 | 木 | 艮 | 风 | 肝 | 泪 | 壬子 |
| 27 | 五 | 初四 | 己巳 | 满 | 娄 | 木 | 坤 | 风 | 肝 | 泪 | 甲子 |
| 28 | 六 | 初五 | 庚午 | 平 | 胃 | 土 | 乾 | 湿 | 脾 | 涎 | 丙子 |
| 29 | 日 | 初六 | 辛未 | 定 | 昴 | 土 | 兑 | 湿 | 脾 | 涎 | 戊子 |
| 30 | 一 | 初七 | 壬申 | 执 | 毕 | 金 | 离 | 燥 | 肺 | 涕 | 庚子 |
| 31 | 二 | 初八 | 癸酉 | 破 | 觜 | 金 | 震 | 燥 | 肺 | 涕 | 壬子 |

## 4月小
清明　4日15时40分
谷雨　19日22时47分

农历三月(3月24日–4月22日)　月干支:庚辰

| 公历 | 星期 | 农历 | 干支 | 日建 | 星宿 | 五行 | 八卦 | 五气 | 五脏 | 五汁 | 时辰 |
|---|---|---|---|---|---|---|---|---|---|---|---|
| 1 | 三 | 三月 | 甲戌 | 危 | 参 | 火 | 巽 | 热 | 心 | 汗 | 甲子 |
| 2 | 四 | 初十 | 乙亥 | 成 | 井 | 火 | 坎 | 热 | 心 | 汗 | 丙子 |
| 3 | 五 | 十一 | 丙子 | 收 | 鬼 | 水 | 艮 | 寒 | 肾 | 唾 | 戊子 |
| 4 | 六 | 十二 | 丁丑 | 收 | 柳 | 水 | 坤 | 寒 | 肾 | 唾 | 庚子 |
| 5 | 日 | 十三 | 戊寅 | 开 | 星 | 土 | 乾 | 湿 | 脾 | 涎 | 壬子 |
| 6 | 一 | 十四 | 己卯 | 闭 | 张 | 土 | 离 | 湿 | 脾 | 涎 | 甲子 |
| 7 | 二 | 十五 | 庚辰 | 建 | 翼 | 金 | 震 | 燥 | 肺 | 涕 | 丙子 |
| 8 | 三 | 十六 | 辛巳 | 除 | 轸 | 金 | 巽 | 燥 | 肺 | 涕 | 戊子 |
| 9 | 四 | 十七 | 壬午 | 满 | 角 | 木 | 坎 | 风 | 肝 | 泪 | 庚子 |
| 10 | 五 | 十八 | 癸未 | 平 | 亢 | 木 | 坤 | 风 | 肝 | 泪 | 壬子 |
| 11 | 六 | 十九 | 甲申 | 定 | 氐 | 水 | 艮 | 寒 | 肾 | 唾 | 甲子 |
| 12 | 日 | 二十 | 乙酉 | 执 | 房 | 水 | 坤 | 寒 | 肾 | 唾 | 丙子 |
| 13 | 一 | 廿一 | 丙戌 | 破 | 心 | 土 | 乾 | 湿 | 脾 | 涎 | 戊子 |
| 14 | 二 | 廿二 | 丁亥 | 危 | 尾 | 土 | 兑 | 湿 | 脾 | 涎 | 庚子 |
| 15 | 三 | 廿三 | 戊子 | 成 | 箕 | 火 | 离 | 热 | 心 | 汗 | 壬子 |
| 16 | 四 | 廿四 | 己丑 | 收 | 斗 | 火 | 震 | 热 | 心 | 汗 | 甲子 |
| 17 | 五 | 廿五 | 庚寅 | 开 | 牛 | 木 | 巽 | 风 | 肝 | 泪 | 丙子 |
| 18 | 六 | 廿六 | 辛卯 | 闭 | 女 | 木 | 坎 | 风 | 肝 | 泪 | 戊子 |
| 19 | 日 | 廿七 | 壬辰 | 建 | 虚 | 水 | 艮 | 寒 | 肾 | 唾 | 庚子 |
| 20 | 一 | 廿八 | 癸巳 | 除 | 危 | 水 | 坤 | 寒 | 肾 | 唾 | 壬子 |
| 21 | 二 | 廿九 | 甲午 | 满 | 室 | 金 | 乾 | 燥 | 肺 | 涕 | 甲子 |
| 22 | 三 | 三十 | 乙未 | 平 | 壁 | 金 | 兑 | 燥 | 肺 | 涕 | 丙子 |
| 23 | 四 | 四月 | 丙申 | 定 | 奎 | 火 | 坎 | 热 | 心 | 汗 | 戊子 |
| 24 | 五 | 初二 | 丁酉 | 执 | 娄 | 火 | 艮 | 热 | 心 | 汗 | 庚子 |
| 25 | 六 | 初三 | 戊戌 | 破 | 胃 | 木 | 坤 | 风 | 肝 | 泪 | 壬子 |
| 26 | 日 | 初四 | 己亥 | 危 | 昴 | 木 | 乾 | 风 | 肝 | 泪 | 甲子 |
| 27 | 一 | 初五 | 庚子 | 成 | 毕 | 土 | 兑 | 湿 | 脾 | 涎 | 丙子 |
| 28 | 二 | 初六 | 辛丑 | 收 | 觜 | 土 | 离 | 湿 | 脾 | 涎 | 戊子 |
| 29 | 三 | 初七 | 壬寅 | 开 | 参 | 金 | 震 | 燥 | 肺 | 涕 | 庚子 |
| 30 | 四 | 初八 | 癸卯 | 闭 | 井 | 金 | 巽 | 燥 | 肺 | 涕 | 壬子 |
| 31 | | | | | | | | | | | |

# 公元2020年　　　　农历庚子(鼠)年(闰四月)

## 5月大　立夏 5日08时53分　小满 20日21时50分

农历四月(4月23日－5月22日)　月干支:辛巳

| 公历 | 星期 | 农历 | 干支 | 日建 | 星宿 | 五行 | 八卦 | 五气 | 五脏 | 五汁 | 时辰 |
|---|---|---|---|---|---|---|---|---|---|---|---|
| 1 | 五 | 四月 | 甲辰 | 建 | 鬼 | 火 | 坎 | 热 | 心 | 汗 | 甲子 |
| 2 | 六 | 初十 | 乙巳 | 除 | 柳 | 火 | 艮 | 热 | 心 | 汗 | 丙子 |
| 3 | 日 | 十一 | 丙午 | 满 | 星 | 水 | 乾 | 寒 | 肾 | 唾 | 戊子 |
| 4 | 一 | 十二 | 丁未 | 平 | 张 | 水 | 兑 | 寒 | 肾 | 唾 | 庚子 |
| 5 | 二 | 十三 | 戊申 | 平 | 翼 | 土 |  | 湿 | 脾 | 涎 | 壬子 |
| 6 | 三 | 十四 | 己酉 | 定 | 轸 | 土 | 离 | 湿 | 脾 | 涎 | 甲子 |
| 7 | 四 | 十五 | 庚戌 | 执 | 角 | 金 | 震 | 燥 | 肺 | 涕 | 丙子 |
| 8 | 五 | 十六 | 辛亥 | 破 | 亢 | 金 | 巽 | 燥 | 肺 | 涕 | 戊子 |
| 9 | 六 | 十七 | 壬子 | 危 | 氐 | 木 | 坎 | 风 | 肝 | 泪 | 庚子 |
| 10 | 日 | 十八 | 癸丑 | 成 | 房 | 木 | 艮 | 风 | 肝 | 泪 | 壬子 |
| 11 | 一 | 十九 | 甲寅 | 收 | 心 | 水 | 坤 | 寒 | 肾 | 唾 | 甲子 |
| 12 | 二 | 二十 | 乙卯 | 开 | 尾 | 水 | 乾 | 寒 | 肾 | 唾 | 丙子 |
| 13 | 三 | 廿一 | 丙辰 | 闭 | 箕 | 土 | 兑 | 湿 | 脾 | 涎 | 戊子 |
| 14 | 四 | 廿二 | 丁巳 | 建 | 斗 | 土 | 离 | 湿 | 脾 | 涎 | 庚子 |
| 15 | 五 | 廿三 | 戊午 | 除 | 牛 | 火 | 震 | 热 | 心 | 汗 | 壬子 |
| 16 | 六 | 廿四 | 己未 | 满 | 女 | 火 | 巽 | 热 | 心 | 汗 | 甲子 |
| 17 | 日 | 廿五 | 庚申 | 平 | 虚 | 木 | 坎 | 风 | 肝 | 泪 | 丙子 |
| 18 | 一 | 廿六 | 辛酉 | 定 | 危 | 木 | 艮 | 风 | 肝 | 泪 | 戊子 |
| 19 | 二 | 廿七 | 壬戌 | 执 | 室 | 水 | 坤 | 寒 | 肾 | 唾 | 庚子 |
| 20 | 三 | 廿八 | 癸亥 | 破 | 壁 | 水 | 乾 | 寒 | 肾 | 唾 | 壬子 |
| 21 | 四 | 廿九 | 甲子 | 危 | 奎 | 金 | 兑 | 燥 | 肺 | 涕 | 甲子 |
| 22 | 五 | 三十 | 乙丑 | 成 | 娄 | 金 | 离 | 燥 | 肺 | 涕 | 丙子 |
| 23 | 六 | 闰四 | 丙寅 | 收 | 胃 | 火 | 坎 | 热 | 心 | 汗 | 戊子 |
| 24 | 日 | 初二 | 丁卯 | 开 | 昴 | 火 | 艮 | 热 | 心 | 汗 | 庚子 |
| 25 | 一 | 初三 | 戊辰 | 闭 | 毕 | 木 |  | 风 | 肝 |  | 壬子 |
| 26 | 二 | 初四 | 己巳 | 建 | 觜 | 木 | 乾 | 风 | 肝 | 泪 | 甲子 |
| 27 | 三 | 初五 | 庚午 | 除 | 参 | 土 | 兑 | 湿 | 脾 | 涎 | 丙子 |
| 28 | 四 | 初六 | 辛未 | 满 | 井 | 土 | 离 | 湿 | 脾 | 涎 | 戊子 |
| 29 | 五 | 初七 | 壬申 | 平 | 鬼 | 金 | 震 | 燥 | 肺 | 涕 | 庚子 |
| 30 | 六 | 初八 | 癸酉 | 定 | 柳 | 金 | 巽 | 燥 | 肺 | 涕 | 壬子 |
| 31 | 日 | 初九 | 甲戌 | 执 | 星 | 火 |  |  |  |  | 甲子 |

## 6月小　芒种 5日12时59分　夏至 21日05时44分

农历闰四月(5月23日－6月20日)　月干支:辛巳

| 公历 | 星期 | 农历 | 干支 | 日建 | 星宿 | 五行 | 八卦 | 五气 | 五脏 | 五汁 | 时辰 |
|---|---|---|---|---|---|---|---|---|---|---|---|
| 1 | 一 | 闰四 | 乙亥 | 破 | 张 | 火 | 艮 | 热 | 心 | 汗 | 丙子 |
| 2 | 二 | 十一 | 丙子 | 危 | 翼 | 水 | 坤 | 寒 | 肾 | 唾 | 戊子 |
| 3 | 三 | 十二 | 丁丑 | 成 | 轸 | 水 | 乾 | 寒 | 肾 | 唾 | 庚子 |
| 4 | 四 | 十三 | 戊寅 | 收 | 角 | 土 | 兑 | 湿 | 脾 | 涎 | 壬子 |
| 5 | 五 | 十四 | 己卯 | 收 | 亢 | 土 | 离 | 湿 | 脾 | 涎 | 甲子 |
| 6 | 六 | 十五 | 庚辰 | 开 | 氐 | 金 | 震 | 燥 | 肺 | 涕 | 丙子 |
| 7 | 日 | 十六 | 辛巳 | 闭 | 房 | 金 | 巽 | 燥 | 肺 | 涕 | 戊子 |
| 8 | 一 | 十七 | 壬午 | 建 | 心 | 木 | 坎 | 风 | 肝 | 泪 | 庚子 |
| 9 | 二 | 十八 | 癸未 | 除 | 尾 | 木 | 艮 | 风 | 肝 | 泪 | 壬子 |
| 10 | 三 | 十九 | 甲申 | 满 | 箕 | 水 | 坤 | 寒 | 肾 | 唾 | 甲子 |
| 11 | 四 | 二十 | 乙酉 | 平 | 斗 | 水 | 乾 | 寒 | 肾 | 唾 | 丙子 |
| 12 | 五 | 廿一 | 丙戌 | 定 | 牛 | 土 | 兑 | 湿 | 脾 | 涎 | 戊子 |
| 13 | 六 | 廿二 | 丁亥 | 执 | 女 | 土 | 离 | 湿 | 脾 | 涎 | 庚子 |
| 14 | 日 | 廿三 | 戊子 | 破 | 虚 | 火 | 震 | 热 | 心 | 汗 | 壬子 |
| 15 | 一 | 廿四 | 己丑 | 危 | 危 | 火 | 巽 | 热 | 心 | 汗 | 甲子 |
| 16 | 二 | 廿五 | 庚寅 | 成 | 室 | 木 | 坎 | 风 | 肝 | 泪 | 丙子 |
| 17 | 三 | 廿六 | 辛卯 | 收 | 壁 | 木 | 艮 | 风 | 肝 | 泪 | 戊子 |
| 18 | 四 | 廿七 | 壬辰 | 开 | 奎 | 水 | 坤 | 寒 | 肾 | 唾 | 庚子 |
| 19 | 五 | 廿八 | 癸巳 | 闭 | 娄 | 水 | 乾 | 寒 | 肾 | 唾 | 壬子 |
| 20 | 六 | 廿九 | 甲午 | 建 | 胃 | 金 | 兑 | 燥 | 肺 | 涕 | 甲子 |
| 21 | 日 | 五月 | 乙未 | 除 | 昴 | 金 | 艮 | 燥 | 肺 | 涕 | 丙子 |
| 22 | 一 | 初二 | 丙申 | 满 | 毕 | 火 | 坤 | 热 | 心 | 汗 | 戊子 |
| 23 | 二 | 初三 | 丁酉 | 平 | 觜 | 火 | 乾 | 热 | 心 | 汗 | 庚子 |
| 24 | 三 | 初四 | 戊戌 | 定 | 参 | 木 | 兑 | 风 | 肝 | 泪 | 壬子 |
| 25 | 四 | 初五 | 己亥 | 执 | 井 | 木 | 离 | 风 | 肝 | 泪 | 甲子 |
| 26 | 五 | 初六 | 庚子 | 破 | 鬼 | 土 | 震 | 湿 | 脾 | 涎 | 丙子 |
| 27 | 六 | 初七 | 辛丑 | 危 | 柳 | 土 | 巽 | 湿 | 脾 | 涎 | 戊子 |
| 28 | 日 | 初八 | 壬寅 | 成 | 星 | 金 | 坎 | 燥 | 肺 | 涕 | 庚子 |
| 29 | 一 | 初九 | 癸卯 | 收 | 张 | 金 | 艮 | 燥 | 肺 | 涕 | 壬子 |
| 30 | 二 | 初十 | 甲辰 | 开 | 翼 | 火 |  |  |  |  | 甲子 |
| 31 |  |  |  |  |  |  |  |  |  |  |  |

136

实用干支万年历

# 公元2020年　　农历庚子(鼠)年(闰四月)

## 7月大

小暑　6日23时15分
大暑　22日16时38分

农历五月(6月21日－7月20日)　月干支:壬午

| 公历 | 星期 | 农历 | 干支 | 日建 | 星宿 | 五行 | 八卦 | 五气 | 五脏 | 五汁 | 时辰 |
|---|---|---|---|---|---|---|---|---|---|---|---|
| 1 | 三 | 五月 | 乙巳 | 闭 | 轸 | 火 | 乾 | 热 | 心 | 汗 | 丙子 |
| 2 | 四 | 十二 | 丙午 | 建 | 角 | 水 | 兑 | 寒 | 肾 | 唾 | 戊子 |
| 3 | 五 | 十三 | 丁未 | 除 | 亢 | 水 | 离 | 寒 | 肾 | 唾 | 庚子 |
| 4 | 六 | 十四 | 戊申 | 满 | 氐 | 水 | 震 | 湿 | 脾 | 涎 | 壬子 |
| 5 | 日 | 十五 | 己酉 | 平 | 房 | 土 | 巽 | 湿 | 脾 | 涎 | 甲子 |
| 6 | 一 | 十六 | 庚戌 | 平 | 心 | 金 | 坎 | 燥 | 肺 | 涕 | 丙子 |
| 7 | 二 | 十七 | 辛亥 | 定 | 尾 | 金 | 艮 | 燥 | 肺 | 涕 | 戊子 |
| 8 | 三 | 十八 | 壬子 | 执 | 箕 | 木 | 坤 | 风 | 肝 | 泪 | 庚子 |
| 9 | 四 | 十九 | 癸丑 | 破 | 斗 | 木 | 乾 | 风 | 肝 | 泪 | 壬子 |
| 10 | 五 | 二十 | 甲寅 | 危 | 牛 | 水 | 兑 | 寒 | 肾 | 唾 | 甲子 |
| 11 | 六 | 廿一 | 乙卯 | 成 | 女 | 水 | 离 | 寒 | 肾 | 唾 | 丙子 |
| 12 | 日 | 廿二 | 丙辰 | 收 | 虚 | 土 | 震 | 湿 | 脾 | 涎 | 戊子 |
| 13 | 一 | 廿三 | 丁巳 | 开 | 危 | 土 | 巽 | 湿 | 脾 | 涎 | 庚子 |
| 14 | 二 | 廿四 | 戊午 | 闭 | 室 | 火 | 坎 | 热 | 心 | 汗 | 壬子 |
| 15 | 三 | 廿五 | 己未 | 建 | 壁 | 火 | 艮 | 热 | 心 | 汗 | 甲子 |
| 16 | 四 | 廿六 | 庚申 | 除 | 奎 | 木 | 坤 | 风 | 肝 | 泪 | 丙子 |
| 17 | 五 | 廿七 | 辛酉 | 满 | 娄 | 木 | 乾 | 风 | 肝 | 泪 | 戊子 |
| 18 | 六 | 廿八 | 壬戌 | 平 | 胃 | 水 | 兑 | 寒 | 肾 | 唾 | 庚子 |
| 19 | 日 | 廿九 | 癸亥 | 定 | 昴 | 水 | 离 | 寒 | 肾 | 唾 | 壬子 |
| 20 | 一 | 三十 | 甲子 | 执 | 毕 | 金 | 震 | 燥 | 肺 | 涕 | 甲子 |
| 21 | 二 | 六月 | 乙丑 | 破 | 觜 | 金 | 坤 | 燥 | 肺 | 涕 | 丙子 |
| 22 | 三 | 初二 | 丙寅 | 危 | 参 | 火 | 乾 | 热 | 心 | 汗 | 戊子 |
| 23 | 四 | 初三 | 丁卯 | 成 | 井 | 火 | 兑 | 热 | 心 | 汗 | 庚子 |
| 24 | 五 | 初四 | 戊辰 | 收 | 鬼 | 木 | 离 | 风 | 肝 | 泪 | 壬子 |
| 25 | 六 | 初五 | 己巳 | 开 | 柳 | 木 | 震 | 风 | 肝 | 泪 | 甲子 |
| 26 | 日 | 初六 | 庚午 | 闭 | 星 | 土 | 巽 | 湿 | 脾 | 涎 | 丙子 |
| 27 | 一 | 初七 | 辛未 | 建 | 张 | 土 | 坎 | 湿 | 脾 | 涎 | 戊子 |
| 28 | 二 | 初八 | 壬申 | 除 | 翼 | 金 | 艮 | 燥 | 肺 | 涕 | 庚子 |
| 29 | 三 | 初九 | 癸酉 | 满 | 轸 | 金 | 坤 | 燥 | 肺 | 涕 | 壬子 |
| 30 | 四 | 初十 | 甲戌 | 平 | 角 | 火 | 乾 | 热 | 心 | 汗 | 甲子 |
| 31 | 五 | 十一 | 乙亥 | 定 | 亢 | 火 | 兑 | 热 | 心 | 汗 | 丙子 |

## 8月大

立秋　7日09时07分
处暑　22日23时46分

农历六月(7月21日－8月18日)　月干支:癸未

| 公历 | 星期 | 农历 | 干支 | 日建 | 星宿 | 五行 | 八卦 | 五气 | 五脏 | 五汁 | 时辰 |
|---|---|---|---|---|---|---|---|---|---|---|---|
| 1 | 六 | 六月 | 丙子 | 执 | 氐 | 水 | 离 | 寒 | 肾 | 唾 | 戊子 |
| 2 | 日 | 十三 | 丁丑 | 破 | 房 | 水 | 震 | 寒 | 肾 | 唾 | 庚子 |
| 3 | 一 | 十四 | 戊寅 | 危 | 心 | 土 | 巽 | 湿 | 脾 | 涎 | 壬子 |
| 4 | 二 | 十五 | 己卯 | 成 | 尾 | 土 | 坎 | 湿 | 脾 | 涎 | 甲子 |
| 5 | 三 | 十六 | 庚辰 | 收 | 箕 | 金 | 艮 | 燥 | 肺 | 涕 | 丙子 |
| 6 | 四 | 十七 | 辛巳 | 开 | 斗 | 金 | 坤 | 燥 | 肺 | 涕 | 戊子 |
| 7 | 五 | 十八 | 壬午 | 开 | 牛 | 木 | 乾 | 风 | 肝 | 泪 | 庚子 |
| 8 | 六 | 十九 | 癸未 | 闭 | 女 | 木 | 兑 | 风 | 肝 | 泪 | 壬子 |
| 9 | 日 | 二十 | 甲申 | 建 | 虚 | 水 | 离 | 寒 | 肾 | 唾 | 甲子 |
| 10 | 一 | 廿一 | 乙酉 | 除 | 危 | 水 | 震 | 寒 | 肾 | 唾 | 丙子 |
| 11 | 二 | 廿二 | 丙戌 | 满 | 室 | 土 | 巽 | 湿 | 脾 | 涎 | 戊子 |
| 12 | 三 | 廿三 | 丁亥 | 平 | 壁 | 土 | 坎 | 湿 | 脾 | 涎 | 庚子 |
| 13 | 四 | 廿四 | 戊子 | 定 | 奎 | 火 | 艮 | 热 | 心 | 汗 | 壬子 |
| 14 | 五 | 廿五 | 己丑 | 执 | 娄 | 火 | 坤 | 热 | 心 | 汗 | 甲子 |
| 15 | 六 | 廿六 | 庚寅 | 破 | 胃 | 木 | 乾 | 风 | 肝 | 泪 | 丙子 |
| 16 | 日 | 廿七 | 辛卯 | 危 | 昴 | 木 | 兑 | 风 | 肝 | 泪 | 戊子 |
| 17 | 一 | 廿八 | 壬辰 | 成 | 毕 | 水 | 离 | 寒 | 肾 | 唾 | 庚子 |
| 18 | 二 | 廿九 | 癸巳 | 收 | 觜 | 水 | 震 | 寒 | 肾 | 唾 | 壬子 |
| 19 | 三 | 七月 | 甲午 | 开 | 参 | 金 | 巽 | 燥 | 肺 | 涕 | 甲子 |
| 20 | 四 | 初二 | 乙未 | 闭 | 井 | 金 | 坎 | 燥 | 肺 | 涕 | 丙子 |
| 21 | 五 | 初三 | 丙申 | 建 | 鬼 | 火 | 艮 | 热 | 心 | 汗 | 戊子 |
| 22 | 六 | 初四 | 丁酉 | 除 | 柳 | 火 | 坤 | 热 | 心 | 汗 | 庚子 |
| 23 | 日 | 初五 | 戊戌 | 满 | 星 | 木 | 乾 | 风 | 肝 | 泪 | 壬子 |
| 24 | 一 | 初六 | 己亥 | 平 | 张 | 木 | 兑 | 风 | 肝 | 泪 | 甲子 |
| 25 | 二 | 初七 | 庚子 | 定 | 翼 | 土 | 离 | 湿 | 脾 | 涎 | 丙子 |
| 26 | 三 | 初八 | 辛丑 | 执 | 轸 | 土 | 震 | 湿 | 脾 | 涎 | 戊子 |
| 27 | 四 | 初九 | 壬寅 | 破 | 角 | 金 | 巽 | 燥 | 肺 | 涕 | 庚子 |
| 28 | 五 | 初十 | 癸卯 | 危 | 亢 | 金 | 坎 | 燥 | 肺 | 涕 | 壬子 |
| 29 | 六 | 十一 | 甲辰 | 成 | 氐 | 火 | 艮 | 热 | 心 | 汗 | 甲子 |
| 30 | 日 | 十二 | 乙巳 | 收 | 房 | 火 | 坤 | 热 | 心 | 汗 | 丙子 |
| 31 | 一 | 十三 | 丙午 | 开 | 心 | 水 | 巽 | 寒 | 肾 | 唾 | 戊子 |

# 公元2020年　　　农历庚子(鼠)年(闰四月)

## 9月小

| | 白露 | 7日12时09分 |
|---|---|---|
| | 秋分 | 22日21时31分 |

农历七月(8月19日-9月16日)　月干支:甲申

| 公历 | 星期 | 农历 | 干支 | 日建 | 星宿 | 五行 | 八卦 | 五气 | 五脏 | 五汁 | 时辰 |
|---|---|---|---|---|---|---|---|---|---|---|---|
| 1 | 二 | 七月 | 丁未 | 闭 | 尾 | 水 | 坎 | 寒 | 肾 | 唾 | 庚子 |
| 2 | 三 | 十五 | 戊申 | 建 | 箕 | 土 | 艮 | 湿 | 脾 | 涎 | 壬子 |
| 3 | 四 | 十六 | 己酉 | 除 | 斗 | 土 | 乾 | 湿 | 脾 | 涎 | 甲子 |
| 4 | 五 | 十七 | 庚戌 | 满 | 牛 | 金 | 兑 | 燥 | 肺 | 涕 | 丙子 |
| 5 | 六 | 十八 | 辛亥 | 平 | 女 | 金 | 离 | 燥 | 肺 | 涕 | 戊子 |
| 6 | 日 | 十九 | 壬子 | 定 | 虚 | 木 | 离 | 风 | 肝 | 泪 | 庚子 |
| 7 | 一 | 二十 | 癸丑 | 定 | 危 | 木 | 震 | 风 | 肝 | 泪 | 壬子 |
| 8 | 二 | 廿一 | 甲寅 | 执 | 室 | 水 | 巽 | 寒 | 肾 | 唾 | 甲子 |
| 9 | 三 | 廿二 | 乙卯 | 破 | 壁 | 水 | 坎 | 寒 | 肾 | 唾 | 丙子 |
| 10 | 四 | 廿三 | 丙辰 | 危 | 奎 | 土 | 艮 | 湿 | 脾 | 涎 | 戊子 |
| 11 | 五 | 廿四 | 丁巳 | 成 | 娄 | 土 | 坤 | 湿 | 脾 | 涎 | 庚子 |
| 12 | 六 | 廿五 | 戊午 | 收 | 胃 | 火 | 乾 | 热 | 心 | 汗 | 壬子 |
| 13 | 日 | 廿六 | 己未 | 开 | 昴 | 火 | 兑 | 热 | 心 | 汗 | 甲子 |
| 14 | 一 | 廿七 | 庚申 | 闭 | 毕 | 木 | 离 | 风 | 肝 | 泪 | 丙子 |
| 15 | 二 | 廿八 | 辛酉 | 建 | 觜 | 木 | 震 | 风 | 肝 | 泪 | 戊子 |
| 16 | 三 | 廿九 | 壬戌 | 除 | 参 | 水 | 巽 | 寒 | 肾 | 唾 | 庚子 |
| 17 | 四 | 八月 | 癸亥 | 满 | 井 | 水 | 坎 | 寒 | 肾 | 唾 | 壬子 |
| 18 | 五 | 初二 | 甲子 | 平 | 鬼 | 金 | 艮 | 燥 | 肺 | 涕 | 甲子 |
| 19 | 六 | 初三 | 乙丑 | 定 | 柳 | 金 | 坤 | 燥 | 肺 | 涕 | 丙子 |
| 20 | 日 | 初四 | 丙寅 | 执 | 星 | 火 | 乾 | 热 | 心 | 汗 | 戊子 |
| 21 | 一 | 初五 | 丁卯 | 破 | 张 | 火 | 兑 | 热 | 心 | 汗 | 庚子 |
| 22 | 二 | 初六 | 戊辰 | 危 | 翼 | 木 | 离 | 风 | 肝 | 泪 | 壬子 |
| 23 | 三 | 初七 | 己巳 | 成 | 轸 | 木 | 震 | 风 | 肝 | 泪 | 甲子 |
| 24 | 四 | 初八 | 庚午 | 收 | 角 | 土 | 巽 | 湿 | 脾 | 涎 | 丙子 |
| 25 | 五 | 初九 | 辛未 | 开 | 亢 | 土 | 坎 | 湿 | 脾 | 涎 | 戊子 |
| 26 | 六 | 初十 | 壬申 | 闭 | 氐 | 金 | 艮 | 燥 | 肺 | 涕 | 庚子 |
| 27 | 日 | 十一 | 癸酉 | 建 | 房 | 金 | 坤 | 燥 | 肺 | 涕 | 壬子 |
| 28 | 一 | 十二 | 甲戌 | 除 | 心 | 火 | 乾 | 热 | 心 | 汗 | 甲子 |
| 29 | 二 | 十三 | 乙亥 | 满 | 尾 | 火 | 兑 | 热 | 心 | 汗 | 丙子 |
| 30 | 三 | 十四 | 丙子 | 平 | 箕 | 水 | 离 | 寒 | 肾 | 唾 | 戊子 |

## 10月大

| | 寒露 | 8日03时56分 |
|---|---|---|
| | 霜降 | 23日07时00分 |

农历八月(9月17日-10月16日)　月干支:乙酉

| 公历 | 星期 | 农历 | 干支 | 日建 | 星宿 | 五行 | 八卦 | 五气 | 五脏 | 五汁 | 时辰 |
|---|---|---|---|---|---|---|---|---|---|---|---|
| 1 | 四 | 八月 | 丁丑 | 定 | 斗 | 水 | 坤 | 寒 | 肾 | 唾 | 庚子 |
| 2 | 五 | 十六 | 戊寅 | 执 | 牛 | 土 | 乾 | 湿 | 脾 | 涎 | 壬子 |
| 3 | 六 | 十七 | 己卯 | 破 | 女 | 土 | 兑 | 湿 | 脾 | 涎 | 甲子 |
| 4 | 日 | 十八 | 庚辰 | 危 | 虚 | 金 | 离 | 燥 | 肺 | 涕 | 丙子 |
| 5 | 一 | 十九 | 辛巳 | 成 | 危 | 金 | 震 | 燥 | 肺 | 涕 | 戊子 |
| 6 | 二 | 二十 | 壬午 | 收 | 室 | 木 | 巽 | 风 | 肝 | 泪 | 庚子 |
| 7 | 三 | 廿一 | 癸未 | 开 | 壁 | 木 | 坎 | 风 | 肝 | 泪 | 壬子 |
| 8 | 四 | 廿二 | 甲申 | 开 | 奎 | 水 | 艮 | 寒 | 肾 | 唾 | 甲子 |
| 9 | 五 | 廿三 | 乙酉 | 闭 | 娄 | 水 | 坤 | 寒 | 肾 | 唾 | 丙子 |
| 10 | 六 | 廿四 | 丙戌 | 建 | 胃 | 土 | 乾 | 湿 | 脾 | 涎 | 戊子 |
| 11 | 日 | 廿五 | 丁亥 | 除 | 昴 | 土 | 兑 | 湿 | 脾 | 涎 | 庚子 |
| 12 | 一 | 廿六 | 戊子 | 满 | 毕 | 火 | 离 | 热 | 心 | 汗 | 壬子 |
| 13 | 二 | 廿七 | 己丑 | 平 | 觜 | 火 | 震 | 热 | 心 | 汗 | 甲子 |
| 14 | 三 | 廿八 | 庚寅 | 定 | 参 | 木 | 巽 | 风 | 肝 | 泪 | 丙子 |
| 15 | 四 | 廿九 | 辛卯 | 执 | 井 | 木 | 坎 | 风 | 肝 | 泪 | 戊子 |
| 16 | 五 | 三十 | 壬辰 | 破 | 鬼 | 水 | 艮 | 寒 | 肾 | 唾 | 庚子 |
| 17 | 六 | 九月 | 癸巳 | 危 | 柳 | 水 | 离 | 寒 | 肾 | 唾 | 壬子 |
| 18 | 日 | 初二 | 甲午 | 成 | 星 | 金 | 震 | 燥 | 肺 | 涕 | 甲子 |
| 19 | 一 | 初三 | 乙未 | 收 | 张 | 金 | 巽 | 燥 | 肺 | 涕 | 丙子 |
| 20 | 二 | 初四 | 丙申 | 开 | 翼 | 火 | 坎 | 热 | 心 | 汗 | 戊子 |
| 21 | 三 | 初五 | 丁酉 | 闭 | 轸 | 火 | 艮 | 热 | 心 | 汗 | 庚子 |
| 22 | 四 | 初六 | 戊戌 | 建 | 角 | 木 | 乾 | 风 | 肝 | 泪 | 壬子 |
| 23 | 五 | 初七 | 己亥 | 除 | 亢 | 木 | 兑 | 风 | 肝 | 泪 | 甲子 |
| 24 | 六 | 初八 | 庚子 | 满 | 氐 | 土 | 离 | 湿 | 脾 | 涎 | 丙子 |
| 25 | 日 | 初九 | 辛丑 | 平 | 房 | 土 | 震 | 湿 | 脾 | 涎 | 戊子 |
| 26 | 一 | 初十 | 壬寅 | 定 | 心 | 金 | 巽 | 燥 | 肺 | 涕 | 庚子 |
| 27 | 二 | 十一 | 癸卯 | 执 | 尾 | 金 | 坎 | 燥 | 肺 | 涕 | 壬子 |
| 28 | 三 | 十二 | 甲辰 | 破 | 箕 | 火 | 艮 | 热 | 心 | 汗 | 甲子 |
| 29 | 四 | 十三 | 乙巳 | 危 | 斗 | 火 | 坤 | 热 | 心 | 汗 | 丙子 |
| 30 | 五 | 十四 | 丙午 | 成 | 牛 | 水 | 乾 | 寒 | 肾 | 唾 | 戊子 |
| 31 | 六 | 十五 | 丁未 | 收 | 女 | 水 | 兑 | 寒 | 肾 | 唾 | 庚子 |

实用干支万年历

# 公元2020年　农历庚子(鼠)年(闰四月)

139

## 11月小

立冬　7日07时14分
小雪　22日04时40分

农历九月(10月17日-11月14日)　月干支:丙子

| 公历 | 星期 | 农历 | 干支 | 日建 | 星宿 | 五行 | 八卦 | 五气 | 五脏 | 五汁 | 时辰 |
|---|---|---|---|---|---|---|---|---|---|---|---|
| 1 | 日 | 九月 | 戊申 | 开 | 虚 | 土 | 兑 | 湿 | 脾 | 涎 | 壬子 |
| 2 | 一 | 十七 | 己酉 | 闭 | 危 | 土 | 震 | 湿 | 脾 | 涎 | 甲子 |
| 3 | 二 | 十八 | 庚戌 | 建 | 室 | 金 | 巽 | 燥 | 肺 | 涕 | 丙子 |
| 4 | 三 | 十九 | 辛亥 | 除 | 壁 | 金 | 坎 | 燥 | 肺 | 涕 | 戊子 |
| 5 | 四 | 二十 | 壬子 | 满 | 奎 | 木 | 艮 | 风 | 肝 | 泪 | 庚子 |
| 6 | 五 | 廿一 | 癸丑 | 平 | 娄 | 木 | 坤 | 风 | 肝 | 泪 | 壬子 |
| 7 | 六 | 廿二 | 甲寅 | 平 | 胃 | 水 | 乾 | 寒 | 肾 | 唾 | 甲子 |
| 8 | 日 | 廿三 | 乙卯 | 定 | 昴 | 水 | 兑 | 寒 | 肾 | 唾 | 丙子 |
| 9 | 一 | 廿四 | 丙辰 | 执 | 毕 | 土 | 离 | 湿 | 脾 | 涎 | 戊子 |
| 10 | 二 | 廿五 | 丁巳 | 破 | 觜 | 土 | 震 | 湿 | 脾 | 涎 | 庚子 |
| 11 | 三 | 廿六 | 戊午 | 危 | 参 | 火 | 巽 | 热 | 心 | 汗 | 壬子 |
| 12 | 四 | 廿七 | 己未 | 成 | 井 | 火 | 坎 | 热 | 心 | 汗 | 甲子 |
| 13 | 五 | 廿八 | 庚申 | 收 | 鬼 | 木 | 艮 | 风 | 肝 | 泪 | 丙子 |
| 14 | 六 | 廿九 | 辛酉 | 开 | 柳 | 木 | 坤 | 风 | 肝 | 泪 | 戊子 |
| 15 | 日 | 十月 | 壬戌 | 闭 | 星 | 水 | 震 | 寒 | 肾 | 唾 | 庚子 |
| 16 | 一 | 初二 | 癸亥 | 建 | 张 | 水 | 巽 | 寒 | 肾 | 唾 | 壬子 |
| 17 | 二 | 初三 | 甲子 | 除 | 翼 | 金 | 坎 | 燥 | 肺 | 涕 | 甲子 |
| 18 | 三 | 初四 | 乙丑 | 满 | 轸 | 金 | 艮 | 燥 | 肺 | 涕 | 丙子 |
| 19 | 四 | 初五 | 丙寅 | 平 | 角 | 火 | 坤 | 热 | 心 | 汗 | 戊子 |
| 20 | 五 | 初六 | 丁卯 | 定 | 亢 | 火 | 乾 | 热 | 心 | 汗 | 庚子 |
| 21 | 六 | 初七 | 戊辰 | 执 | 氐 | 木 | 兑 | 风 | 肝 | 泪 | 壬子 |
| 22 | 日 | 初八 | 己巳 | 破 | 房 | 木 | 离 | 风 | 肝 | 泪 | 甲子 |
| 23 | 一 | 初九 | 庚午 | 危 | 心 | 土 | 震 | 湿 | 脾 | 涎 | 丙子 |
| 24 | 二 | 初十 | 辛未 | 成 | 尾 | 土 | 巽 | 湿 | 脾 | 涎 | 戊子 |
| 25 | 三 | 十一 | 壬申 | 收 | 箕 | 金 | 坎 | 燥 | 肺 | 涕 | 庚子 |
| 26 | 四 | 十二 | 癸酉 | 开 | 斗 | 金 | 艮 | 燥 | 肺 | 涕 | 壬子 |
| 27 | 五 | 十三 | 甲戌 | 闭 | 牛 | 火 | 坤 | 热 | 心 | 汗 | 甲子 |
| 28 | 六 | 十四 | 乙亥 | 建 | 女 | 火 | 乾 | 热 | 心 | 汗 | 丙子 |
| 29 | 日 | 十五 | 丙子 | 除 | 虚 | 水 | 兑 | 寒 | 肾 | 唾 | 戊子 |
| 30 | 一 | 十六 | 丁丑 | 满 | 危 | 水 | 离 | 寒 | 肾 | 唾 | 庚子 |
| 31 | | | | | | | | | | | |

## 12月大

大雪　7日00时10分
冬至　21日18时03分

农历十月(11月15日-12月14日)　月干支:丁亥

| 公历 | 星期 | 农历 | 干支 | 日建 | 星宿 | 五行 | 八卦 | 五气 | 五脏 | 五汁 | 时辰 |
|---|---|---|---|---|---|---|---|---|---|---|---|
| 1 | 二 | 十月 | 戊寅 | 平 | 室 | 土 | 震 | 湿 | 脾 | 涎 | 壬子 |
| 2 | 三 | 十八 | 己卯 | 定 | 壁 | 土 | 巽 | 湿 | 脾 | 涎 | 甲子 |
| 3 | 四 | 十九 | 庚辰 | 执 | 奎 | 金 | 坎 | 燥 | 肺 | 涕 | 丙子 |
| 4 | 五 | 二十 | 辛巳 | 破 | 娄 | 金 | 艮 | 燥 | 肺 | 涕 | 戊子 |
| 5 | 六 | 廿一 | 壬午 | 危 | 胃 | 木 | 坤 | 风 | 肝 | 泪 | 庚子 |
| 6 | 日 | 廿二 | 癸未 | 成 | 昴 | 木 | 乾 | 风 | 肝 | 泪 | 壬子 |
| 7 | 一 | 廿三 | 甲申 | 成 | 毕 | 水 | 兑 | 寒 | 肾 | 唾 | 甲子 |
| 8 | 二 | 廿四 | 乙酉 | 收 | 觜 | 水 | 离 | 寒 | 肾 | 唾 | 丙子 |
| 9 | 三 | 廿五 | 丙戌 | 开 | 参 | 土 | 震 | 湿 | 脾 | 涎 | 戊子 |
| 10 | 四 | 廿六 | 丁亥 | 闭 | 井 | 土 | 巽 | 湿 | 脾 | 涎 | 庚子 |
| 11 | 五 | 廿七 | 戊子 | 建 | 鬼 | 火 | 坎 | 热 | 心 | 汗 | 壬子 |
| 12 | 六 | 廿八 | 己丑 | 除 | 柳 | 火 | 艮 | 热 | 心 | 汗 | 甲子 |
| 13 | 日 | 廿九 | 庚寅 | 满 | 星 | 木 | 坤 | 风 | 肝 | 泪 | 丙子 |
| 14 | 一 | 三十 | 辛卯 | 平 | 张 | 木 | 乾 | 风 | 肝 | 泪 | 戊子 |
| 15 | 二 | 冬月 | 壬辰 | 定 | 翼 | 水 | 巽 | 寒 | 肾 | 唾 | 庚子 |
| 16 | 三 | 初二 | 癸巳 | 执 | 轸 | 水 | 坎 | 寒 | 肾 | 唾 | 壬子 |
| 17 | 四 | 初三 | 甲午 | 破 | 角 | 金 | 艮 | 燥 | 肺 | 涕 | 甲子 |
| 18 | 五 | 初四 | 乙未 | 危 | 亢 | 金 | 乾 | 燥 | 肺 | 涕 | 丙子 |
| 19 | 六 | 初五 | 丙申 | 成 | 氐 | 火 | 兑 | 热 | 心 | 汗 | 戊子 |
| 20 | 日 | 初六 | 丁酉 | 收 | 房 | 火 | 离 | 热 | 心 | 汗 | 庚子 |
| 21 | 一 | 初七 | 戊戌 | 开 | 心 | 木 | 震 | 风 | 肝 | 泪 | 壬子 |
| 22 | 二 | 初八 | 己亥 | 闭 | 尾 | 木 | 巽 | 风 | 肝 | 泪 | 甲子 |
| 23 | 三 | 初九 | 庚子 | 建 | 箕 | 土 | 坎 | 湿 | 脾 | 涎 | 丙子 |
| 24 | 四 | 初十 | 辛丑 | 除 | 斗 | 土 | 艮 | 湿 | 脾 | 涎 | 戊子 |
| 25 | 五 | 十一 | 壬寅 | 满 | 牛 | 金 | 坤 | 燥 | 肺 | 涕 | 庚子 |
| 26 | 六 | 十二 | 癸卯 | 平 | 女 | 金 | 乾 | 燥 | 肺 | 涕 | 壬子 |
| 27 | 日 | 十三 | 甲辰 | 定 | 虚 | 火 | 坤 | 热 | 心 | 汗 | 甲子 |
| 28 | 一 | 十四 | 乙巳 | 执 | 危 | 火 | 兑 | 热 | 心 | 汗 | 丙子 |
| 29 | 二 | 十五 | 丙午 | 破 | 室 | 水 | 离 | 寒 | 肾 | 唾 | 戊子 |
| 30 | 三 | 十六 | 丁未 | 危 | 壁 | 水 | 震 | 寒 | 肾 | 涎 | 庚子 |
| 31 | 四 | 十七 | 戊申 | 成 | 奎 | 土 | 巽 | 湿 | 脾 | 涎 | 壬子 |

# 公元 2021 年　　　　　农历辛丑(牛)年

| 1月大 | 小寒　5 日 11 时 24 分<br>大寒　20 日 04 时 41 分 | | 2月平 | 立春　3 日 23 时 00 分<br>雨水　18 日 18 时 45 分 |
|---|---|---|---|---|

农历冬月(12月15日–1月12日)　月干支:戊子　　　农历腊月(1月13日–2月11日)　月干支:己丑

| 公历 | 星期 | 农历 | 干支 | 日建 | 星宿 | 五行 | 八卦 | 五气 | 五脏 | 五汁 | 时辰 | 公历 | 星期 | 农历 | 干支 | 日建 | 星宿 | 五行 | 八卦 | 五气 | 五脏 | 五汁 | 时辰 |
|---|---|---|---|---|---|---|---|---|---|---|---|---|---|---|---|---|---|---|---|---|---|---|---|
| 1 | 五 | 冬月 | 己酉 | 收 | 娄 | 土 | 坎 | 湿 | 脾 | 涎 | 甲子 | 1 | 一 | 腊月 | 庚辰 | 平 | 毕 | 金 | 乾 | 燥 | 肺 | 涕 | 丙子 |
| 2 | 六 | 十九 | 庚戌 | 开 | 胃 | 金 | 艮 | 燥 | 肺 | 涕 | 丙子 | 2 | 二 | 廿一 | 辛巳 | 定 | 觜 | 金 | 兑 | 燥 | 肺 | 涕 | 戊子 |
| 3 | 日 | 二十 | 辛亥 | 闭 | 昴 | 金 | 坤 | 燥 | 肺 | 涕 | 戊子 | 3 | 三 | 廿二 | 壬午 | 定 | 参 | 木 | 离 | 风 | 肝 | 泪 | 庚子 |
| 4 | 一 | 廿一 | 壬子 | 建 | 毕 | 木 | 乾 | 风 | 肝 | 泪 | 庚子 | 4 | 四 | 廿三 | 癸未 | 执 | 井 | 木 | 震 | 风 | 肝 | 泪 | 壬子 |
| 5 | 二 | 廿二 | 癸丑 | 建 | 觜 | 木 | 兑 | 风 | 肝 | 泪 | 壬子 | 5 | 五 | 廿四 | 甲申 | 破 | 鬼 | 水 | 巽 | 寒 | 肾 | 唾 | 甲子 |
| 6 | 三 | 廿三 | 甲寅 | 除 | 参 | 水 | 离 | 寒 | 肾 | 唾 | 甲子 | 6 | 六 | 廿五 | 乙酉 | 危 | 柳 | 水 | 坎 | 寒 | 肾 | 唾 | 丙子 |
| 7 | 四 | 廿四 | 乙卯 | 满 | 井 | 水 | 震 | 寒 | 肾 | 唾 | 丙子 | 7 | 日 | 廿六 | 丙戌 | 成 | 星 | 土 | 艮 | 湿 | 脾 | 涎 | 戊子 |
| 8 | 五 | 廿五 | 丙辰 | 平 | 鬼 | 土 | 巽 | 湿 | 脾 | 涎 | 戊子 | 8 | 一 | 廿七 | 丁亥 | 收 | 张 | 土 | 坤 | 湿 | 脾 | 涎 | 庚子 |
| 9 | 六 | 廿六 | 丁巳 | 定 | 柳 | 土 | 坎 | 湿 | 脾 | 涎 | 庚子 | 9 | 二 | 廿八 | 戊子 | 开 | 翼 | 火 | 乾 | 热 | 心 | 汗 | 壬子 |
| 10 | 日 | 廿七 | 戊午 | 执 | 星 | 火 | 艮 | 热 | 心 | 汗 | 壬子 | 10 | 三 | 廿九 | 己丑 | 闭 | 轸 | 火 | 兑 | 热 | 心 | 汗 | 甲子 |
| 11 | 一 | 廿八 | 己未 | 破 | 张 | 火 | 坤 | 热 | 心 | 汗 | 甲子 | 11 | 四 | 三十 | 庚寅 | 建 | 角 | 木 | 离 | 风 | 肝 | 泪 | 丙子 |
| 12 | 二 | 廿九 | 庚申 | 危 | 翼 | 木 | 乾 | 风 | 肝 | 泪 | 丙子 | 12 | 五 | 正月 | 辛卯 | 除 | 亢 | 木 | 震 | 风 | 肝 | 泪 | 戊子 |
| 13 | 三 | 腊月 | 辛酉 | 成 | 轸 | 木 | 坎 | 风 | 肝 | 泪 | 戊子 | 13 | 六 | 初二 | 壬辰 | 满 | 氐 | 水 | 巽 | 寒 | 肾 | 唾 | 庚子 |
| 14 | 四 | 初二 | 壬戌 | 收 | 角 | 水 | 艮 | 寒 | 肾 | 唾 | 庚子 | 14 | 日 | 初三 | 癸巳 | 平 | 房 | 水 | 坎 | 寒 | 肾 | 唾 | 壬子 |
| 15 | 五 | 初三 | 癸亥 | 开 | 亢 | 水 | 坤 | 寒 | 肾 | 唾 | 壬子 | 15 | 一 | 初四 | 甲午 | 定 | 心 | 金 | 艮 | 燥 | 肺 | 涕 | 甲子 |
| 16 | 六 | 初四 | 甲子 | 闭 | 氐 | 金 | 乾 | 燥 | 肺 | 涕 | 甲子 | 16 | 二 | 初五 | 乙未 | 执 | 尾 | 金 | 坤 | 燥 | 肺 | 涕 | 丙子 |
| 17 | 日 | 初五 | 乙丑 | 建 | 房 | 金 | 兑 | 燥 | 肺 | 涕 | 丙子 | 17 | 三 | 初六 | 丙申 | 破 | 箕 | 火 | 乾 | 热 | 心 | 汗 | 戊子 |
| 18 | 一 | 初六 | 丙寅 | 除 | 心 | 火 | 离 | 热 | 心 | 汗 | 戊子 | 18 | 四 | 初七 | 丁酉 | 危 | 斗 | 火 | 兑 | 热 | 心 | 汗 | 庚子 |
| 19 | 二 | 初七 | 丁卯 | 满 | 尾 | 火 | 震 | 热 | 心 | 汗 | 庚子 | 19 | 五 | 初八 | 戊戌 | 成 | 牛 | 木 | 离 | 风 | 肝 | 泪 | 壬子 |
| 20 | 三 | 初八 | 戊辰 | 平 | 箕 | 木 | 巽 | 风 | 肝 | 泪 | 壬子 | 20 | 六 | 初九 | 己亥 | 收 | 女 | 木 | 震 | 风 | 肝 | 泪 | 甲子 |
| 21 | 四 | 初九 | 己巳 | 定 | 斗 | 木 | 坎 | 风 | 肝 | 泪 | 甲子 | 21 | 日 | 初十 | 庚子 | 开 | 虚 | 土 | 巽 | 湿 | 脾 | 涎 | 丙子 |
| 22 | 五 | 初十 | 庚午 | 执 | 牛 | 土 | 艮 | 湿 | 脾 | 涎 | 丙子 | 22 | 一 | 十一 | 辛丑 | 闭 | 危 | 土 | 坎 | 湿 | 脾 | 涎 | 戊子 |
| 23 | 六 | 十一 | 辛未 | 破 | 女 | 土 | 坤 | 湿 | 脾 | 涎 | 戊子 | 23 | 二 | 十二 | 壬寅 | 建 | 室 | 金 | 艮 | 燥 | 肺 | 涕 | 庚子 |
| 24 | 日 | 十二 | 壬申 | 危 | 虚 | 金 | 乾 | 燥 | 肺 | 涕 | 庚子 | 24 | 三 | 十三 | 癸卯 | 除 | 壁 | 金 | 坤 | 燥 | 肺 | 涕 | 壬子 |
| 25 | 一 | 十三 | 癸酉 | 成 | 危 | 金 | 兑 | 燥 | 肺 | 涕 | 壬子 | 25 | 四 | 十四 | 甲辰 | 满 | 奎 | 火 | 乾 | 热 | 心 | 汗 | 甲子 |
| 26 | 二 | 十四 | 甲戌 | 收 | 室 | 火 | 离 | 热 | 心 | 汗 | 甲子 | 26 | 五 | 十五 | 乙巳 | 平 | 娄 | 火 | 兑 | 热 | 心 | 汗 | 丙子 |
| 27 | 三 | 十五 | 乙亥 | 开 | 壁 | 火 | 震 | 热 | 心 | 汗 | 丙子 | 27 | 六 | 十六 | 丙午 | 定 | 胃 | 水 | 离 | 寒 | 肾 | 唾 | 戊子 |
| 28 | 四 | 十六 | 丙子 | 闭 | 奎 | 水 | 巽 | 寒 | 肾 | 唾 | 戊子 | 28 | 日 | 十七 | 丁未 | 执 | 昴 | 水 | 震 | 寒 | 肾 | 唾 | 庚子 |
| 29 | 五 | 十七 | 丁丑 | 建 | 娄 | 水 | 坎 | 寒 | 肾 | 唾 | 庚子 | 29 | | | | | | | | | | | |
| 30 | 六 | 十八 | 戊寅 | 除 | 胃 | 土 | 艮 | 湿 | 脾 | 涎 | 壬子 | 30 | | | | | | | | | | | |
| 31 | 日 | 十九 | 己卯 | 满 | 昴 | 土 | 坤 | 湿 | 脾 | 涎 | 甲子 | 31 | | | | | | | | | | | |

实用干支万年历

# 公元 2021 年　　农历辛丑(牛)年

## 3月大

惊蛰　5日16时54分　春分　20日17时38分

农历正月(2月12日–3月12日)　月干支:庚寅

| 公历 | 星期 | 农历 | 干支 | 日建 | 星宿 | 五行 | 八卦 | 五气 | 五脏 | 五汁 | 时辰 |
|---|---|---|---|---|---|---|---|---|---|---|---|
| 1 | 一 | 正月 | 戊申 | 破 | 毕 | 土 | 巽 | 湿 | 脾 | 涎 | 壬子 |
| 2 | 二 | 十九 | 己酉 | 危 | 觜 | 土 | 坎 | 湿 | 脾 | 涎 | 甲子 |
| 3 | 三 | 二十 | 庚戌 | 成 | 参 | 金 | 艮 | 燥 | 肺 | 涕 | 丙子 |
| 4 | 四 | 廿一 | 辛亥 | 收 | 井 | 金 | 坤 | 燥 | 肺 | 涕 | 戊子 |
| 5 | 五 | 廿二 | 壬子 | 收 | 鬼 | 木 | 乾 | 风 | 肝 | 泪 | 庚子 |
| 6 | 六 | 廿三 | 癸丑 | 开 | 柳 | 木 | 兑 | 风 | 肝 | 泪 | 壬子 |
| 7 | 日 | 廿四 | 甲寅 | 闭 | 星 | 水 | 离 | 寒 | 肾 | 唾 | 甲子 |
| 8 | 一 | 廿五 | 乙卯 | 建 | 张 | 水 | 震 | 寒 | 肾 | 唾 | 丙子 |
| 9 | 二 | 廿六 | 丙辰 | 除 | 翼 | 土 | 巽 | 湿 | 脾 | 涎 | 戊子 |
| 10 | 三 | 廿七 | 丁巳 | 满 | 轸 | 土 | 坎 | 湿 | 脾 | 涎 | 庚子 |
| 11 | 四 | 廿八 | 戊午 | 平 | 角 | 火 | 艮 | 热 | 心 | 汗 | 壬子 |
| 12 | 五 | 廿九 | 己未 | 定 | 亢 | 火 | 坤 | 热 | 心 | 汗 | 甲子 |
| 13 | 六 | 二月 | 庚申 | 执 | 氐 | 木 | 乾 | 风 | 肝 | 泪 | 丙子 |
| 14 | 日 | 初二 | 辛酉 | 破 | 房 | 木 | 兑 | 风 | 肝 | 泪 | 戊子 |
| 15 | 一 | 初三 | 壬戌 | 危 | 心 | 水 | 离 | 寒 | 肾 | 唾 | 庚子 |
| 16 | 二 | 初四 | 癸亥 | 成 | 尾 | 水 | 震 | 寒 | 肾 | 唾 | 壬子 |
| 17 | 三 | 初五 | 甲子 | 收 | 箕 | 金 | 巽 | 燥 | 肺 | 涕 | 甲子 |
| 18 | 四 | 初六 | 乙丑 | 开 | 斗 | 金 | 坎 | 燥 | 肺 | 涕 | 丙子 |
| 19 | 五 | 初七 | 丙寅 | 闭 | 牛 | 火 | 艮 | 热 | 心 | 汗 | 戊子 |
| 20 | 六 | 初八 | 丁卯 | 建 | 女 | 火 | 坤 | 热 | 心 | 汗 | 庚子 |
| 21 | 日 | 初九 | 戊辰 | 除 | 虚 | 木 | 乾 | 风 | 肝 | 泪 | 壬子 |
| 22 | 一 | 初十 | 己巳 | 满 | 危 | 木 | 兑 | 风 | 肝 | 泪 | 甲子 |
| 23 | 二 | 十一 | 庚午 | 平 | 室 | 土 | 离 | 湿 | 脾 | 涎 | 丙子 |
| 24 | 三 | 十二 | 辛未 | 定 | 壁 | 土 | 震 | 湿 | 脾 | 涎 | 戊子 |
| 25 | 四 | 十三 | 壬申 | 执 | 奎 | 金 | 巽 | 燥 | 肺 | 涕 | 庚子 |
| 26 | 五 | 十四 | 癸酉 | 破 | 娄 | 金 | 坎 | 燥 | 肺 | 涕 | 壬子 |
| 27 | 六 | 十五 | 甲戌 | 危 | 胃 | 火 | 艮 | 热 | 心 | 汗 | 甲子 |
| 28 | 日 | 十六 | 乙亥 | 成 | 昴 | 火 | 坤 | 热 | 心 | 汗 | 丙子 |
| 29 | 一 | 十七 | 丙子 | 收 | 毕 | 水 | 乾 | 寒 | 肾 | 唾 | 戊子 |
| 30 | 二 | 十八 | 丁丑 | 开 | 觜 | 水 | 兑 | 寒 | 肾 | 唾 | 庚子 |
| 31 | 三 | 十九 | 戊寅 | 闭 | 参 | 土 | 离 | 湿 | 脾 | 涎 | 壬子 |

## 4月小

清明　4日21时36分　谷雨　20日04时34分

农历二月(3月13日–4月11日)　月干支:辛卯

| 公历 | 星期 | 农历 | 干支 | 日建 | 星宿 | 五行 | 八卦 | 五气 | 五脏 | 五汁 | 时辰 |
|---|---|---|---|---|---|---|---|---|---|---|---|
| 1 | 四 | 二月 | 己卯 | 建 | 井 | 土 | 震 | 湿 | 脾 | 涎 | 甲子 |
| 2 | 五 | 廿一 | 庚辰 | 除 | 鬼 | 金 | 巽 | 燥 | 肺 | 涕 | 丙子 |
| 3 | 六 | 廿二 | 辛巳 | 满 | 柳 | 金 | 坎 | 燥 | 肺 | 涕 | 戊子 |
| 4 | 日 | 廿三 | 壬午 | 满 | 星 | 木 | 艮 | 风 | 肝 | 泪 | 庚子 |
| 5 | 一 | 廿四 | 癸未 | 平 | 张 | 木 | 坤 | 风 | 肝 | 泪 | 壬子 |
| 6 | 二 | 廿五 | 甲申 | 定 | 翼 | 水 | 乾 | 寒 | 肾 | 唾 | 甲子 |
| 7 | 三 | 廿六 | 乙酉 | 执 | 轸 | 水 | 兑 | 寒 | 肾 | 唾 | 丙子 |
| 8 | 四 | 廿七 | 丙戌 | 破 | 角 | 土 | 离 | 湿 | 脾 | 涎 | 戊子 |
| 9 | 五 | 廿八 | 丁亥 | 危 | 亢 | 土 | 震 | 湿 | 脾 | 涎 | 庚子 |
| 10 | 六 | 廿九 | 戊子 | 成 | 氐 | 火 | 巽 | 热 | 心 | 汗 | 壬子 |
| 11 | 日 | 三十 | 己丑 | 收 | 房 | 火 | 坎 | 热 | 心 | 汗 | 甲子 |
| 12 | 一 | 三月 | 庚寅 | 开 | 心 | 木 | 艮 | 风 | 肝 | 泪 | 丙子 |
| 13 | 二 | 初二 | 辛卯 | 闭 | 尾 | 木 | 坤 | 风 | 肝 | 泪 | 戊子 |
| 14 | 三 | 初三 | 壬辰 | 建 | 箕 | 水 | 乾 | 寒 | 肾 | 唾 | 庚子 |
| 15 | 四 | 初四 | 癸巳 | 除 | 斗 | 水 | 兑 | 寒 | 肾 | 唾 | 壬子 |
| 16 | 五 | 初五 | 甲午 | 满 | 牛 | 金 | 离 | 燥 | 肺 | 涕 | 甲子 |
| 17 | 六 | 初六 | 乙未 | 平 | 女 | 金 | 震 | 燥 | 肺 | 涕 | 丙子 |
| 18 | 日 | 初七 | 丙申 | 定 | 虚 | 火 | 巽 | 热 | 心 | 汗 | 戊子 |
| 19 | 一 | 初八 | 丁酉 | 执 | 危 | 火 | 坎 | 热 | 心 | 汗 | 庚子 |
| 20 | 二 | 初九 | 戊戌 | 破 | 室 | 木 | 艮 | 风 | 肝 | 泪 | 壬子 |
| 21 | 三 | 初十 | 己亥 | 危 | 壁 | 木 | 坤 | 风 | 肝 | 泪 | 甲子 |
| 22 | 四 | 十一 | 庚子 | 成 | 奎 | 土 | 乾 | 湿 | 脾 | 涎 | 丙子 |
| 23 | 五 | 十二 | 辛丑 | 收 | 娄 | 土 | 兑 | 湿 | 脾 | 涎 | 戊子 |
| 24 | 六 | 十三 | 壬寅 | 开 | 胃 | 金 | 离 | 燥 | 肺 | 涕 | 庚子 |
| 25 | 日 | 十四 | 癸卯 | 闭 | 昴 | 金 | 震 | 燥 | 肺 | 涕 | 壬子 |
| 26 | 一 | 十五 | 甲辰 | 建 | 毕 | 火 | 巽 | 热 | 心 | 汗 | 甲子 |
| 27 | 二 | 十六 | 乙巳 | 除 | 觜 | 火 | 坎 | 热 | 心 | 汗 | 丙子 |
| 28 | 三 | 十七 | 丙午 | 满 | 参 | 水 | 艮 | 寒 | 肾 | 唾 | 戊子 |
| 29 | 四 | 十八 | 丁未 | 平 | 井 | 水 | 坤 | 寒 | 肾 | 唾 | 庚子 |
| 30 | 五 | 十九 | 戊申 | 定 | 鬼 | 土 | 乾 | 湿 | 脾 | 涎 | 壬子 |

# 公元2021年　　　　　农历辛丑(牛)年

## 5月大
立夏　5日14时48分
小满　21日03时37分

农历三月(4月12日–5月11日)　月干支:壬辰

| 公历 | 星期 | 农历 | 干支 | 日建 | 星宿 | 五行 | 八卦 | 五气 | 五脏 | 五汁 | 时辰 |
|---|---|---|---|---|---|---|---|---|---|---|---|
| 1 | 六 | 三月 | 己酉 | 执 | 柳星 | 土 | 乾 | 湿 | 脾 | 涎 | 甲子 |
| 2 | 日 | 廿一 | 庚戌 | 破 | 张 | 金 | 兑 | 燥 | 肺 | 涕 | 丙子 |
| 3 | 一 | 廿二 | 辛亥 | 危 | 翼 | 金 | 离 | 燥 | 肺 | 涕 | 戊子 |
| 4 | 二 | 廿三 | 壬子 | 成 | 轸 | 木 | 震 | 风 | 肝 | 泪 | 庚子 |
| 5 | 三 | 廿四 | 癸丑 | 成 |  | 木 | 巽 | 风 | 肝 |  | 壬子 |
| 6 | 四 | 廿五 | 甲寅 | 收 | 角 | 水 | 坎 | 寒 | 肾 | 唾 | 甲子 |
| 7 | 五 | 廿六 | 乙卯 | 开 | 亢 | 水 | 艮 | 寒 | 肾 | 唾 | 丙子 |
| 8 | 六 | 廿七 | 丙辰 | 闭 | 氐 | 土 | 坤 | 湿 | 脾 | 涎 | 戊子 |
| 9 | 日 | 廿八 | 丁巳 | 建 | 房 | 土 | 乾 | 湿 | 脾 | 涎 | 庚子 |
| 10 | 一 | 廿九 | 戊午 | 除 | 心 | 火 |  | 热 | 心 | 汗 | 壬子 |
| 11 | 二 | 三十 | 己未 | 满 | 尾 | 火 | 离 | 热 | 心 | 汗 | 甲子 |
| 12 | 三 | 四月 | 庚申 | 平 | 箕 | 木 | 艮 | 风 | 肝 | 泪 | 丙子 |
| 13 | 四 | 初二 | 辛酉 | 定 | 斗 | 木 | 坤 | 风 | 肝 | 泪 | 戊子 |
| 14 | 五 | 初三 | 壬戌 | 执 | 牛 | 水 | 乾 | 寒 | 肾 | 唾 | 庚子 |
| 15 | 六 | 初四 | 癸亥 | 破 | 女 | 水 | 兑 | 寒 | 肾 |  | 壬子 |
| 16 | 日 | 初五 | 甲子 | 危 | 虚 | 金 | 离 | 燥 | 肺 | 涕 | 甲子 |
| 17 | 一 | 初六 | 乙丑 | 成 | 危 | 金 | 震 | 燥 | 肺 | 涕 | 丙子 |
| 18 | 二 | 初七 | 丙寅 | 收 | 室 | 火 | 巽 | 热 | 心 | 汗 | 戊子 |
| 19 | 三 | 初八 | 丁卯 | 开 | 壁 | 火 | 坎 | 热 | 心 | 汗 | 庚子 |
| 20 | 四 | 初九 | 戊辰 | 闭 | 奎 | 木 | 艮 | 风 | 肝 |  | 壬子 |
| 21 | 五 | 初十 | 己巳 | 建 | 娄 | 木 | 坤 | 风 | 肝 | 泪 | 甲子 |
| 22 | 六 | 十一 | 庚午 | 除 | 胃 | 土 | 乾 | 湿 | 脾 | 涎 | 丙子 |
| 23 | 日 | 十二 | 辛未 | 满 | 昴 | 土 | 兑 | 湿 | 脾 | 涎 | 戊子 |
| 24 | 一 | 十三 | 壬申 | 平 | 毕 | 金 | 离 | 燥 | 肺 | 涕 | 庚子 |
| 25 | 二 | 十四 | 癸酉 | 定 | 觜 | 金 | 震 | 燥 | 肺 |  | 壬子 |
| 26 | 三 | 十五 | 甲戌 | 执 | 参 | 火 | 巽 | 热 | 心 | 汗 | 甲子 |
| 27 | 四 | 十六 | 乙亥 | 破 | 井 | 火 | 坎 | 热 | 心 | 汗 | 丙子 |
| 28 | 五 | 十七 | 丙子 | 危 | 鬼 | 水 | 艮 | 寒 | 肾 | 唾 | 戊子 |
| 29 | 六 | 十八 | 丁丑 | 成 | 柳 | 水 | 坤 | 寒 | 肾 | 唾 | 庚子 |
| 30 | 日 | 十九 | 戊寅 | 收 | 星 | 土 | 乾 | 湿 | 脾 | 涎 | 壬子 |
| 31 | 一 | 二十 | 己卯 | 开 | 张 | 土 |  | 湿 | 脾 | 涎 |  |

## 6月小
芒种　5日18时52分
夏至　21日11时32分

农历四月(5月12日–6月9日)　月干支:癸巳

| 公历 | 星期 | 农历 | 干支 | 日建 | 星宿 | 五行 | 八卦 | 五气 | 五脏 | 五汁 | 时辰 |
|---|---|---|---|---|---|---|---|---|---|---|---|
| 1 | 二 | 四月 | 庚辰 | 闭 | 翼 | 金 | 离 | 燥 | 肺 | 涕 | 丙子 |
| 2 | 三 | 廿二 | 辛巳 | 建 | 轸 | 金 | 震 | 燥 | 肺 | 涕 | 戊子 |
| 3 | 四 | 廿三 | 壬午 | 除 | 角 | 木 | 巽 | 风 | 肝 | 泪 | 庚子 |
| 4 | 五 | 廿四 | 癸未 | 满 | 亢 | 木 | 坎 | 风 | 肝 | 泪 | 壬子 |
| 5 | 六 | 廿五 | 甲申 | 满 | 氐 | 水 | 艮 | 寒 | 肾 |  | 甲子 |
| 6 | 日 | 廿六 | 乙酉 | 平 | 房 | 水 | 坤 | 寒 | 肾 | 唾 | 丙子 |
| 7 | 一 | 廿七 | 丙戌 | 定 | 心 | 土 | 乾 | 湿 | 脾 | 涎 | 戊子 |
| 8 | 二 | 廿八 | 丁亥 | 执 | 尾 | 土 | 兑 | 湿 | 脾 | 涎 | 庚子 |
| 9 | 三 | 廿九 | 戊子 | 破 | 箕 | 火 | 离 | 热 | 心 | 汗 | 壬子 |
| 10 | 四 | 五月 | 己丑 | 危 | 斗 | 火 | 坤 | 热 | 心 | 汗 | 甲子 |
| 11 | 五 | 初二 | 庚寅 | 成 | 牛 | 木 | 乾 | 风 | 肝 | 泪 | 丙子 |
| 12 | 六 | 初三 | 辛卯 | 收 | 女 | 木 | 兑 | 风 | 肝 | 泪 | 戊子 |
| 13 | 日 | 初四 | 壬辰 | 开 | 虚 | 水 | 离 | 寒 | 肾 | 唾 | 庚子 |
| 14 | 一 | 初五 | 癸巳 | 闭 | 危 | 水 | 震 | 寒 | 肾 |  | 壬子 |
| 15 | 二 | 初六 | 甲午 | 建 | 室 | 金 | 巽 | 燥 | 肺 | 涕 | 甲子 |
| 16 | 三 | 初七 | 乙未 | 除 | 壁 | 金 | 坎 | 燥 | 肺 | 涕 | 丙子 |
| 17 | 四 | 初八 | 丙申 | 满 | 奎 | 火 | 艮 | 热 | 心 | 汗 | 戊子 |
| 18 | 五 | 初九 | 丁酉 | 平 | 娄 | 火 | 坤 | 热 | 心 | 汗 | 庚子 |
| 19 | 六 | 初十 | 戊戌 | 定 | 胃 | 木 | 乾 | 风 | 肝 | 泪 | 壬子 |
| 20 | 日 | 十一 | 己亥 | 执 | 昴 | 木 | 兑 | 风 | 肝 |  | 甲子 |
| 21 | 一 | 十二 | 庚子 | 破 | 毕 | 土 | 离 | 湿 | 脾 | 涎 | 丙子 |
| 22 | 二 | 十三 | 辛丑 | 危 | 觜 | 土 | 震 | 湿 | 脾 | 涎 | 戊子 |
| 23 | 三 | 十四 | 壬寅 | 成 | 参 | 金 | 巽 | 燥 | 肺 | 涕 | 庚子 |
| 24 | 四 | 十五 | 癸卯 | 收 | 井 | 金 | 坎 | 燥 | 肺 | 涕 | 壬子 |
| 25 | 五 | 十六 | 甲辰 | 开 | 鬼 | 火 | 艮 | 热 | 心 |  | 甲子 |
| 26 | 六 | 十七 | 乙巳 | 闭 | 柳 | 火 | 坤 | 热 | 心 | 汗 | 丙子 |
| 27 | 日 | 十八 | 丙午 | 建 | 星 | 水 | 乾 | 寒 | 肾 | 唾 | 戊子 |
| 28 | 一 | 十九 | 丁未 | 除 | 张 | 水 | 兑 | 寒 | 肾 | 唾 | 庚子 |
| 29 | 二 | 二十 | 戊申 | 满 | 翼 | 土 | 离 | 湿 | 脾 | 涎 | 壬子 |
| 30 | 三 | 廿一 |  |  |  |  |  |  |  |  |  |
| 31 |  |  |  |  |  |  |  |  |  |  |  |

实用干支万年历

# 公元2021年　　　农历辛丑(牛)年

## 7月大

小暑　7日05时06分
大暑　22日22时27分

农历五月(6月10日–7月9日)　月干支:甲午

| 公历 | 星期 | 农历 | 干支 | 日建 | 星宿 | 五行 | 八卦 | 五气 | 五脏 | 五汁 | 时辰 |
|---|---|---|---|---|---|---|---|---|---|---|---|
| 1 | 四 | 五月 | 庚戌 | 定 | 角 | 金 | 巽 | 燥 | 肺 | 涕 | 丙子 |
| 2 | 五 | 廿三 | 辛亥 | 执 | 亢 | 金 | 坎 | 燥 | 肺 | 涕 | 戊子 |
| 3 | 六 | 廿四 | 壬子 | 破 | 氐 | 木 | 艮 | 风 | 肝 | 泪 | 庚子 |
| 4 | 日 | 廿五 | 癸丑 | 危 | 房 | 木 | 坤 | 风 | 肝 | 泪 | 壬子 |
| 5 | 一 | 廿六 | 甲寅 | 成 | 心 | 水 | 乾 | 寒 | 肾 | 唾 | 甲子 |
| 6 | 二 | 廿七 | 乙卯 | 收 | 尾 | 水 | 兑 | 寒 | 肾 | 唾 | 丙子 |
| 7 | 三 | 廿八 | 丙辰 | 收 | 箕 | 土 | 离 | 湿 | 脾 | 涎 | 戊子 |
| 8 | 四 | 廿九 | 丁巳 | 开 | 斗 | 土 | 震 | 湿 | 脾 | 涎 | 庚子 |
| 9 | 五 | 三十 | 戊午 | 闭 | 牛 | 火 | 巽 | 热 | 心 | 汗 | 壬子 |
| 10 | 六 | 六月 | 己未 | 建 | 女 | 火 | 坎 | 热 | 心 | 汗 | 甲子 |
| 11 | 日 | 初二 | 庚申 | 除 | 虚 | 木 | 艮 | 风 | 肝 | 泪 | 丙子 |
| 12 | 一 | 初三 | 辛酉 | 满 | 危 | 木 | 坤 | 风 | 肝 | 泪 | 戊子 |
| 13 | 二 | 初四 | 壬戌 | 平 | 室 | 水 | 乾 | 寒 | 肾 | 唾 | 庚子 |
| 14 | 三 | 初五 | 癸亥 | 定 | 壁 | 水 | 兑 | 寒 | 肾 | 唾 | 壬子 |
| 15 | 四 | 初六 | 甲子 | 执 | 奎 | 金 | 离 | 燥 | 肺 | 涕 | 甲子 |
| 16 | 五 | 初七 | 乙丑 | 破 | 娄 | 金 | 震 | 燥 | 肺 | 涕 | 丙子 |
| 17 | 六 | 初八 | 丙寅 | 危 | 胃 | 火 | 巽 | 热 | 心 | 汗 | 戊子 |
| 18 | 日 | 初九 | 丁卯 | 成 | 昴 | 火 | 坎 | 热 | 心 | 汗 | 庚子 |
| 19 | 一 | 初十 | 戊辰 | 收 | 毕 | 木 | 艮 | 风 | 肝 | 泪 | 壬子 |
| 20 | 二 | 十一 | 己巳 | 开 | 觜 | 木 | 坤 | 风 | 肝 | 泪 | 甲子 |
| 21 | 三 | 十二 | 庚午 | 闭 | 参 | 土 | 乾 | 湿 | 脾 | 涎 | 丙子 |
| 22 | 四 | 十三 | 辛未 | 建 | 井 | 土 | 兑 | 湿 | 脾 | 涎 | 戊子 |
| 23 | 五 | 十四 | 壬申 | 除 | 鬼 | 金 | 离 | 燥 | 肺 | 涕 | 庚子 |
| 24 | 六 | 十五 | 癸酉 | 满 | 柳 | 金 | 震 | 燥 | 肺 | 涕 | 壬子 |
| 25 | 日 | 十六 | 甲戌 | 平 | 星 | 火 | 巽 | 热 | 心 | 汗 | 甲子 |
| 26 | 一 | 十七 | 乙亥 | 定 | 张 | 火 | 坎 | 热 | 心 | 汗 | 丙子 |
| 27 | 二 | 十八 | 丙子 | 执 | 翼 | 水 | 艮 | 寒 | 肾 | 唾 | 戊子 |
| 28 | 三 | 十九 | 丁丑 | 破 | 轸 | 水 | 坤 | 寒 | 肾 | 唾 | 庚子 |
| 29 | 四 | 二十 | 戊寅 | 危 | 角 | 土 | 乾 | 湿 | 脾 | 涎 | 壬子 |
| 30 | 五 | 廿一 | 己卯 | 成 | 亢 | 土 | 兑 | 湿 | 脾 | 涎 | 甲子 |
| 31 | 六 | 廿二 | 庚辰 | 收 | 氐 | 金 | 离 | 燥 | 肺 | 涕 | 丙子 |

## 8月大

立秋　7日14时54分
处暑　23日05时35分

农历六月(7月10日–8月7日)　月干支:乙未

| 公历 | 星期 | 农历 | 干支 | 日建 | 星宿 | 五行 | 八卦 | 五气 | 五脏 | 五汁 | 时辰 |
|---|---|---|---|---|---|---|---|---|---|---|---|
| 1 | 日 | 六月 | 辛巳 | 开 | 房 | 金 | 艮 | 燥 | 肺 | 涕 | 戊子 |
| 2 | 一 | 廿四 | 壬午 | 闭 | 心 | 木 | 坤 | 风 | 肝 | 泪 | 庚子 |
| 3 | 二 | 廿五 | 癸未 | 建 | 尾 | 木 | 乾 | 风 | 肝 | 泪 | 壬子 |
| 4 | 三 | 廿六 | 甲申 | 除 | 箕 | 水 | 兑 | 寒 | 肾 | 唾 | 甲子 |
| 5 | 四 | 廿七 | 乙酉 | 满 | 斗 | 水 | 离 | 寒 | 肾 | 唾 | 丙子 |
| 6 | 五 | 廿八 | 丙戌 | 平 | 牛 | 土 | 震 | 湿 | 脾 | 涎 | 戊子 |
| 7 | 六 | 廿九 | 丁亥 | 平 | 女 | 土 | 巽 | 湿 | 脾 | 涎 | 庚子 |
| 8 | 日 | 七月 | 戊子 | 定 | 虚 | 火 | 坎 | 热 | 心 | 汗 | 壬子 |
| 9 | 一 | 初二 | 己丑 | 执 | 危 | 火 | 艮 | 热 | 心 | 汗 | 甲子 |
| 10 | 二 | 初三 | 庚寅 | 破 | 室 | 木 | 坤 | 风 | 肝 | 泪 | 丙子 |
| 11 | 三 | 初四 | 辛卯 | 危 | 壁 | 木 | 乾 | 风 | 肝 | 泪 | 戊子 |
| 12 | 四 | 初五 | 壬辰 | 成 | 奎 | 水 | 兑 | 寒 | 肾 | 唾 | 庚子 |
| 13 | 五 | 初六 | 癸巳 | 收 | 娄 | 水 | 离 | 寒 | 肾 | 唾 | 壬子 |
| 14 | 六 | 初七 | 甲午 | 开 | 胃 | 金 | 震 | 燥 | 肺 | 涕 | 甲子 |
| 15 | 日 | 初八 | 乙未 | 闭 | 昴 | 金 | 巽 | 燥 | 肺 | 涕 | 丙子 |
| 16 | 一 | 初九 | 丙申 | 建 | 毕 | 火 | 坎 | 热 | 心 | 汗 | 戊子 |
| 17 | 二 | 初十 | 丁酉 | 除 | 觜 | 火 | 艮 | 热 | 心 | 汗 | 庚子 |
| 18 | 三 | 十一 | 戊戌 | 满 | 参 | 木 | 坤 | 风 | 肝 | 泪 | 壬子 |
| 19 | 四 | 十二 | 己亥 | 平 | 井 | 木 | 乾 | 风 | 肝 | 泪 | 甲子 |
| 20 | 五 | 十三 | 庚子 | 定 | 鬼 | 土 | 兑 | 湿 | 脾 | 涎 | 丙子 |
| 21 | 六 | 十四 | 辛丑 | 执 | 柳 | 土 | 离 | 湿 | 脾 | 涎 | 戊子 |
| 22 | 日 | 十五 | 壬寅 | 破 | 星 | 金 | 震 | 燥 | 肺 | 涕 | 庚子 |
| 23 | 一 | 十六 | 癸卯 | 危 | 张 | 金 | 巽 | 燥 | 肺 | 涕 | 壬子 |
| 24 | 二 | 十七 | 甲辰 | 成 | 翼 | 火 | 坎 | 热 | 心 | 汗 | 甲子 |
| 25 | 三 | 十八 | 乙巳 | 收 | 轸 | 火 | 艮 | 热 | 心 | 汗 | 丙子 |
| 26 | 四 | 十九 | 丙午 | 开 | 角 | 水 | 坤 | 寒 | 肾 | 唾 | 戊子 |
| 27 | 五 | 二十 | 丁未 | 闭 | 亢 | 水 | 乾 | 寒 | 肾 | 唾 | 庚子 |
| 28 | 六 | 廿一 | 戊申 | 建 | 氐 | 土 | 兑 | 湿 | 脾 | 涎 | 壬子 |
| 29 | 日 | 廿二 | 己酉 | 除 | 房 | 土 | 离 | 湿 | 脾 | 涎 | 甲子 |
| 30 | 一 | 廿三 | 庚戌 | 满 | 心 | 金 | 震 | 燥 | 肺 | 涕 | 丙子 |
| 31 | 二 | 廿四 | 辛亥 | 平 | 尾 | 金 | 巽 | 燥 | 肺 | 涕 | 戊子 |

# 公元 2021 年　　　　农历辛丑(牛)年

## 9月小　白露 7日17时53分　秋分 23日03时21分

农历七月(8月8日–9月6日)　月干支:丙申

| 公历 | 星期 | 农历 | 干支 | 日建 | 星宿 | 五行 | 八卦 | 五气 | 五脏 | 五汁 | 时辰 |
|---|---|---|---|---|---|---|---|---|---|---|---|
| 1 | 三 | 七月 | 壬子 | 定 | 箕 | 木 | 兑 | 风 | 肝 | 泪 | 庚子 |
| 2 | 四 | 廿六 | 癸丑 | 执 | 斗 | 木 | 离 | 风 | 肝 | 泪 | 壬子 |
| 3 | 五 | 廿七 | 甲寅 | 破 | 牛 | 水 | 震 | 寒 | 肾 | 唾 | 甲子 |
| 4 | 六 | 廿八 | 乙卯 | 危 | 女 | 水 | 巽 | 寒 | 肾 | 唾 | 丙子 |
| 5 | 日 | 廿九 | 丙辰 | 成 | 虚 | 土 | 坎 | 湿 | 脾 | 涎 | 戊子 |
| 6 | 一 | 三十 | 丁巳 | 收 | 危 | 土 | 艮 | 湿 | 脾 | 涎 | 庚子 |
| 7 | 二 | 八月 | 戊午 | 收 | 室 | 火 | 离 | 热 | 心 | 汗 | 壬子 |
| 8 | 三 | 初二 | 己未 | 开 | 壁 | 火 | 震 | 热 | 心 | 汗 | 甲子 |
| 9 | 四 | 初三 | 庚申 | 闭 | 奎 | 木 | 巽 | 风 | 肝 | 泪 | 丙子 |
| 10 | 五 | 初四 | 辛酉 | 建 | 娄 | 木 | 坎 | 风 | 肝 | 泪 | 戊子 |
| 11 | 六 | 初五 | 壬戌 | 除 | 胃 | 水 | 艮 | 寒 | 肾 | 唾 | 庚子 |
| 12 | 日 | 初六 | 癸亥 | 满 | 昴 | 水 | 坤 | 寒 | 肾 | 唾 | 壬子 |
| 13 | 一 | 初七 | 甲子 | 平 | 毕 | 金 | 乾 | 燥 | 肺 | 涕 | 甲子 |
| 14 | 二 | 初八 | 乙丑 | 定 | 觜 | 金 | 兑 | 燥 | 肺 | 涕 | 丙子 |
| 15 | 三 | 初九 | 丙寅 | 执 | 参 | 火 | 离 | 热 | 心 | 汗 | 戊子 |
| 16 | 四 | 初十 | 丁卯 | 破 | 井 | 火 | 震 | 热 | 心 | 汗 | 庚子 |
| 17 | 五 | 十一 | 戊辰 | 危 | 鬼 | 木 | 巽 | 风 | 肝 | 泪 | 壬子 |
| 18 | 六 | 十二 | 己巳 | 成 | 柳 | 木 | 坎 | 风 | 肝 | 泪 | 甲子 |
| 19 | 日 | 十三 | 庚午 | 收 | 星 | 土 | 艮 | 湿 | 脾 | 涎 | 丙子 |
| 20 | 一 | 十四 | 辛未 | 开 | 张 | 土 | 坤 | 湿 | 脾 | 涎 | 戊子 |
| 21 | 二 | 十五 | 壬申 | 闭 | 翼 | 金 | 乾 | 燥 | 肺 | 涕 | 庚子 |
| 22 | 三 | 十六 | 癸酉 | 建 | 轸 | 金 | 兑 | 燥 | 肺 | 涕 | 壬子 |
| 23 | 四 | 十七 | 甲戌 | 除 | 角 | 火 | 离 | 热 | 心 | 汗 | 甲子 |
| 24 | 五 | 十八 | 乙亥 | 满 | 亢 | 火 | 震 | 热 | 心 | 汗 | 丙子 |
| 25 | 六 | 十九 | 丙子 | 平 | 氐 | 水 | 巽 | 寒 | 肾 | 唾 | 戊子 |
| 26 | 日 | 二十 | 丁丑 | 定 | 房 | 水 | 坎 | 寒 | 肾 | 唾 | 庚子 |
| 27 | 一 | 廿一 | 戊寅 | 执 | 心 | 土 | 艮 | 湿 | 脾 | 涎 | 壬子 |
| 28 | 二 | 廿二 | 己卯 | 破 | 尾 | 土 | 坤 | 湿 | 脾 | 涎 | 甲子 |
| 29 | 三 | 廿三 | 庚辰 | 危 | 箕 | 金 | 乾 | 燥 | 肺 | 涕 | 丙子 |
| 30 | 四 | 廿四 | 辛巳 | 成 | 斗 | 金 | 兑 | 燥 | 肺 | 涕 | 戊子 |

## 10月大　寒露 8日09时39分　霜降 23日12时51分

农历八月(9月7日–10月5日)　月干支:丁酉

| 公历 | 星期 | 农历 | 干支 | 日建 | 星宿 | 五行 | 八卦 | 五气 | 五脏 | 五汁 | 时辰 |
|---|---|---|---|---|---|---|---|---|---|---|---|
| 1 | 五 | 八月 | 壬午 | 收 | 牛 | 木 | 离 | 风 | 肝 | 泪 | 庚子 |
| 2 | 六 | 廿六 | 癸未 | 开 | 女 | 木 | 震 | 风 | 肝 | 泪 | 壬子 |
| 3 | 日 | 廿七 | 甲申 | 闭 | 虚 | 水 | 巽 | 寒 | 肾 | 唾 | 甲子 |
| 4 | 一 | 廿八 | 乙酉 | 建 | 危 | 水 | 坎 | 寒 | 肾 | 唾 | 丙子 |
| 5 | 二 | 廿九 | 丙戌 | 除 | 室 | 土 | 艮 | 湿 | 脾 | 涎 | 戊子 |
| 6 | 三 | 九月 | 丁亥 | 满 | 壁 | 土 | 震 | 湿 | 脾 | 涎 | 庚子 |
| 7 | 四 | 初二 | 戊子 | 平 | 奎 | 火 | 巽 | 热 | 心 | 汗 | 壬子 |
| 8 | 五 | 初三 | 己丑 | 平 | 娄 | 火 | 坎 | 热 | 心 | 汗 | 甲子 |
| 9 | 六 | 初四 | 庚寅 | 定 | 胃 | 木 | 艮 | 风 | 肝 | 泪 | 丙子 |
| 10 | 日 | 初五 | 辛卯 | 执 | 昴 | 木 | 坤 | 风 | 肝 | 泪 | 戊子 |
| 11 | 一 | 初六 | 壬辰 | 破 | 毕 | 水 | 乾 | 寒 | 肾 | 唾 | 庚子 |
| 12 | 二 | 初七 | 癸巳 | 危 | 觜 | 水 | 兑 | 寒 | 肾 | 唾 | 壬子 |
| 13 | 三 | 初八 | 甲午 | 成 | 参 | 金 | 离 | 燥 | 肺 | 涕 | 甲子 |
| 14 | 四 | 初九 | 乙未 | 收 | 井 | 金 | 震 | 燥 | 肺 | 涕 | 丙子 |
| 15 | 五 | 初十 | 丙申 | 开 | 鬼 | 火 | 巽 | 热 | 心 | 汗 | 戊子 |
| 16 | 六 | 十一 | 丁酉 | 闭 | 柳 | 火 | 坎 | 热 | 心 | 汗 | 庚子 |
| 17 | 日 | 十二 | 戊戌 | 建 | 星 | 木 | 艮 | 风 | 肝 | 泪 | 壬子 |
| 18 | 一 | 十三 | 己亥 | 除 | 张 | 木 | 坤 | 风 | 肝 | 泪 | 甲子 |
| 19 | 二 | 十四 | 庚子 | 满 | 翼 | 土 | 乾 | 湿 | 脾 | 涎 | 丙子 |
| 20 | 三 | 十五 | 辛丑 | 平 | 轸 | 土 | 兑 | 湿 | 脾 | 涎 | 戊子 |
| 21 | 四 | 十六 | 壬寅 | 定 | 角 | 金 | 离 | 燥 | 肺 | 涕 | 庚子 |
| 22 | 五 | 十七 | 癸卯 | 执 | 亢 | 金 | 震 | 燥 | 肺 | 涕 | 壬子 |
| 23 | 六 | 十八 | 甲辰 | 破 | 氐 | 火 | 巽 | 热 | 心 | 汗 | 甲子 |
| 24 | 日 | 十九 | 乙巳 | 危 | 房 | 火 | 坎 | 热 | 心 | 汗 | 丙子 |
| 25 | 一 | 二十 | 丙午 | 成 | 心 | 水 | 艮 | 寒 | 肾 | 唾 | 戊子 |
| 26 | 二 | 廿一 | 丁未 | 收 | 尾 | 水 | 坤 | 寒 | 肾 | 唾 | 庚子 |
| 27 | 三 | 廿二 | 戊申 | 开 | 箕 | 土 | 乾 | 湿 | 脾 | 涎 | 壬子 |
| 28 | 四 | 廿三 | 己酉 | 闭 | 斗 | 土 | 兑 | 湿 | 脾 | 涎 | 甲子 |
| 29 | 五 | 廿四 | 庚戌 | 建 | 牛 | 金 | 离 | 燥 | 肺 | 涕 | 丙子 |
| 30 | 六 | 廿五 | 辛亥 | 除 | 女 | 金 | 震 | 燥 | 肺 | 涕 | 戊子 |
| 31 | 日 | 廿六 | 壬子 | 满 | 虚 | 木 | 巽 | 风 | 肝 | 泪 | 庚子 |

实用干支万年历

# 公元 2021 年　　　　农历辛丑(牛)年

## 11月小

| | |
|---|---|
| 立冬 | 7日12时59分 |
| 小雪 | 22日10时34分 |

农历九月(10月6日–11月4日)　月干支:戊戌
农历十月(11月5日–12月3日)　月干支:己亥

| 公历 | 星期 | 农历 | 干支 | 日建 | 星宿 | 五行 | 八卦 | 五气 | 五脏 | 五汁 | 时辰 |
|---|---|---|---|---|---|---|---|---|---|---|---|
| 1 | 一 | 九月 | 癸丑 | 平 | 危 | 木 | 坎 | 风 | 肝 | 泪 | 壬子 |
| 2 | 二 | 廿八 | 甲寅 | 定 | 室 | 水 | 艮 | 寒 | 肾 | 唾 | 甲子 |
| 3 | 三 | 廿九 | 乙卯 | 执 | 壁 | 水 | 坤 | 寒 | 肾 | 唾 | 丙子 |
| 4 | 四 | 三十 | 丙辰 | 破 | 奎 | 土 | 乾 | 湿 | 脾 | 涎 | 戊子 |
| 5 | 五 | 十月 | 丁巳 | 危 | 娄 | 土 | 巽 | 湿 | 脾 | 涎 | 庚子 |
| 6 | 六 | 初二 | 戊午 | 成 | 胃 | 火 | 坎 | 热 | 心 | 汗 | 壬子 |
| 7 | 日 | 初三 | 己未 | 成 | 昴 | 火 | 艮 | 热 | 心 | 汗 | 甲子 |
| 8 | 一 | 初四 | 庚申 | 收 | 毕 | 木 | 坤 | 风 | 肝 | 泪 | 丙子 |
| 9 | 二 | 初五 | 辛酉 | 开 | 觜 | 木 | 乾 | 风 | 肝 | 泪 | 戊子 |
| 10 | 三 | 初六 | 壬戌 | 闭 | 参 | 水 | 兑 | 寒 | 肾 | 唾 | 庚子 |
| 11 | 四 | 初七 | 癸亥 | 建 | 井 | 水 | 离 | 寒 | 肾 | 唾 | 壬子 |
| 12 | 五 | 初八 | 甲子 | 除 | 鬼 | 金 | 震 | 燥 | 肺 | 涕 | 甲子 |
| 13 | 六 | 初九 | 乙丑 | 满 | 柳 | 金 | 巽 | 燥 | 肺 | 涕 | 丙子 |
| 14 | 日 | 初十 | 丙寅 | 平 | 星 | 火 | 坎 | 热 | 心 | 汗 | 戊子 |
| 15 | 一 | 十一 | 丁卯 | 定 | 张 | 火 | 艮 | 热 | 心 | 汗 | 庚子 |
| 16 | 二 | 十二 | 戊辰 | 执 | 翼 | 木 | 坤 | 风 | 肝 | 泪 | 壬子 |
| 17 | 三 | 十三 | 己巳 | 破 | 轸 | 木 | 乾 | 风 | 肝 | 泪 | 甲子 |
| 18 | 四 | 十四 | 庚午 | 危 | 角 | 土 | 兑 | 湿 | 脾 | 涎 | 丙子 |
| 19 | 五 | 十五 | 辛未 | 成 | 亢 | 土 | 离 | 湿 | 脾 | 涎 | 戊子 |
| 20 | 六 | 十六 | 壬申 | 收 | 氐 | 金 | 震 | 燥 | 肺 | 涕 | 庚子 |
| 21 | 日 | 十七 | 癸酉 | 开 | 房 | 金 | 巽 | 燥 | 肺 | 涕 | 壬子 |
| 22 | 一 | 十八 | 甲戌 | 闭 | 心 | 火 | 坎 | 热 | 心 | 汗 | 甲子 |
| 23 | 二 | 十九 | 乙亥 | 建 | 尾 | 火 | 艮 | 热 | 心 | 汗 | 丙子 |
| 24 | 三 | 二十 | 丙子 | 除 | 箕 | 水 | 坤 | 寒 | 肾 | 唾 | 戊子 |
| 25 | 四 | 廿一 | 丁丑 | 满 | 斗 | 水 | 乾 | 寒 | 肾 | 唾 | 庚子 |
| 26 | 五 | 廿二 | 戊寅 | 平 | 牛 | 土 | 兑 | 湿 | 脾 | 涎 | 壬子 |
| 27 | 六 | 廿三 | 己卯 | 定 | 女 | 土 | 离 | 湿 | 脾 | 涎 | 甲子 |
| 28 | 日 | 廿四 | 庚辰 | 执 | 虚 | 金 | 震 | 燥 | 肺 | 涕 | 丙子 |
| 29 | 一 | 廿五 | 辛巳 | 破 | 危 | 金 | 巽 | 燥 | 肺 | 涕 | 戊子 |
| 30 | 二 | 廿六 | 壬午 | 危 | 室 | 木 | 坎 | 风 | 肝 | 泪 | 庚子 |

## 12月大

| | |
|---|---|
| 大雪 | 7日05时57分 |
| 冬至 | 21日23时59分 |

农历冬月(12月4日–1月2日)　月干支:庚子

| 公历 | 星期 | 农历 | 干支 | 日建 | 星宿 | 五行 | 八卦 | 五气 | 五脏 | 五汁 | 时辰 |
|---|---|---|---|---|---|---|---|---|---|---|---|
| 1 | 三 | 十月 | 癸未 | 成 | 壁 | 木 | 艮 | 风 | 肝 | 泪 | 壬子 |
| 2 | 四 | 廿八 | 甲申 | 收 | 奎 | 水 | 坤 | 寒 | 肾 | 唾 | 甲子 |
| 3 | 五 | 廿九 | 乙酉 | 开 | 娄 | 水 | 乾 | 寒 | 肾 | 唾 | 丙子 |
| 4 | 六 | 冬月 | 丙戌 | 闭 | 胃 | 土 | 坎 | 湿 | 脾 | 涎 | 戊子 |
| 5 | 日 | 初二 | 丁亥 | 建 | 昴 | 土 | 艮 | 湿 | 脾 | 涎 | 庚子 |
| 6 | 一 | 初三 | 戊子 | 除 | 毕 | 火 | 坤 | 热 | 心 | 汗 | 壬子 |
| 7 | 二 | 初四 | 己丑 | 除 | 觜 | 火 | 乾 | 热 | 心 | 汗 | 甲子 |
| 8 | 三 | 初五 | 庚寅 | 满 | 参 | 木 | 兑 | 风 | 肝 | 泪 | 丙子 |
| 9 | 四 | 初六 | 辛卯 | 平 | 井 | 木 | 离 | 风 | 肝 | 泪 | 戊子 |
| 10 | 五 | 初七 | 壬辰 | 定 | 鬼 | 水 | 震 | 寒 | 肾 | 唾 | 庚子 |
| 11 | 六 | 初八 | 癸巳 | 执 | 柳 | 水 | 巽 | 寒 | 肾 | 唾 | 壬子 |
| 12 | 日 | 初九 | 甲午 | 破 | 星 | 金 | 坎 | 燥 | 肺 | 涕 | 甲子 |
| 13 | 一 | 初十 | 乙未 | 危 | 张 | 金 | 艮 | 燥 | 肺 | 涕 | 丙子 |
| 14 | 二 | 十一 | 丙申 | 成 | 翼 | 火 | 坤 | 热 | 心 | 汗 | 戊子 |
| 15 | 三 | 十二 | 丁酉 | 收 | 轸 | 火 | 乾 | 热 | 心 | 汗 | 庚子 |
| 16 | 四 | 十三 | 戊戌 | 开 | 角 | 木 | 兑 | 风 | 肝 | 泪 | 壬子 |
| 17 | 五 | 十四 | 己亥 | 闭 | 亢 | 木 | 离 | 风 | 肝 | 泪 | 甲子 |
| 18 | 六 | 十五 | 庚子 | 建 | 氐 | 土 | 震 | 湿 | 脾 | 涎 | 丙子 |
| 19 | 日 | 十六 | 辛丑 | 除 | 房 | 土 | 巽 | 湿 | 脾 | 涎 | 戊子 |
| 20 | 一 | 十七 | 壬寅 | 满 | 心 | 金 | 坎 | 燥 | 肺 | 涕 | 庚子 |
| 21 | 二 | 十八 | 癸卯 | 平 | 尾 | 金 | 艮 | 燥 | 肺 | 涕 | 壬子 |
| 22 | 三 | 十九 | 甲辰 | 定 | 箕 | 火 | 坤 | 热 | 心 | 汗 | 甲子 |
| 23 | 四 | 二十 | 乙巳 | 执 | 斗 | 火 | 乾 | 热 | 心 | 汗 | 丙子 |
| 24 | 五 | 廿一 | 丙午 | 破 | 牛 | 水 | 兑 | 寒 | 肾 | 唾 | 戊子 |
| 25 | 六 | 廿二 | 丁未 | 危 | 女 | 水 | 离 | 寒 | 肾 | 唾 | 庚子 |
| 26 | 日 | 廿三 | 戊申 | 成 | 虚 | 土 | 震 | 湿 | 脾 | 涎 | 壬子 |
| 27 | 一 | 廿四 | 己酉 | 收 | 危 | 土 | 巽 | 湿 | 脾 | 涎 | 甲子 |
| 28 | 二 | 廿五 | 庚戌 | 开 | 室 | 金 | 坎 | 燥 | 肺 | 涕 | 丙子 |
| 29 | 三 | 廿六 | 辛亥 | 闭 | 壁 | 金 | 艮 | 燥 | 肺 | 涕 | 戊子 |
| 30 | 四 | 廿七 | 壬子 | 建 | 奎 | 木 | 坤 | 风 | 肝 | 泪 | 庚子 |
| 31 | 五 | 廿八 | 癸丑 | 除 | 娄 | 木 | 乾 | 风 | 肝 | 泪 | 壬子 |

# 公元 2022 年　　　　　农历壬寅(虎)年

## 1月大

小寒　5 日 17 时 14 分
大寒　20 日 10 时 39 分

农历腊月(1月3日–1月31日)　月干支:辛丑

| 公历 | 星期 | 农历 | 干支 | 日建 | 星宿 | 五行 | 八卦 | 五气 | 五脏 | 五汁 | 时辰 |
|---|---|---|---|---|---|---|---|---|---|---|---|
| 1 | 六 | 冬月 | 甲寅 | 满 | 胃 | 水 | 兑 | 寒 | 肾 | 唾 | 甲子 |
| 2 | 日 | 三十 | 乙卯 | 平 | 昴 | 水 | 离 | 寒 | 肾 | 唾 | 丙子 |
| 3 | 一 | 腊月 | 丙辰 | 定 | 毕 | 土 | 艮 | 湿 | 脾 | 涎 | 戊子 |
| 4 | 二 | 初二 | 丁巳 | 执 | 觜 | 土 | 坤 | 湿 | 脾 | 涎 | 庚子 |
| 5 | 三 | 初三 | 戊午 | 执 | 参 | 火 | 乾 | 热 | 心 | 汗 | 壬子 |
| 6 | 四 | 初四 | 己未 | 破 | 井 | 火 | 兑 | 热 | 心 | 汗 | 甲子 |
| 7 | 五 | 初五 | 庚申 | 危 | 鬼 | 木 | 离 | 风 | 肝 | 泪 | 丙子 |
| 8 | 六 | 初六 | 辛酉 | 成 | 柳 | 木 | 震 | 风 | 肝 | 泪 | 戊子 |
| 9 | 日 | 初七 | 壬戌 | 收 | 星 | 水 | 巽 | 寒 | 肾 | 唾 | 庚子 |
| 10 | 一 | 初八 | 癸亥 | 开 | 张 | 水 | 坎 | 寒 | 肾 | 唾 | 壬子 |
| 11 | 二 | 初九 | 甲子 | 闭 | 翼 | 金 | 艮 | 燥 | 肺 | 涕 | 甲子 |
| 12 | 三 | 初十 | 乙丑 | 建 | 轸 | 金 | 坤 | 燥 | 肺 | 涕 | 丙子 |
| 13 | 四 | 十一 | 丙寅 | 除 | 角 | 火 | 乾 | 热 | 心 | 汗 | 戊子 |
| 14 | 五 | 十二 | 丁卯 | 满 | 亢 | 火 | 兑 | 热 | 心 | 汗 | 庚子 |
| 15 | 六 | 十三 | 戊辰 | 平 | 氐 | 木 | 离 | 风 | 肝 | 泪 | 壬子 |
| 16 | 日 | 十四 | 己巳 | 定 | 房 | 木 | 震 | 风 | 肝 | 泪 | 甲子 |
| 17 | 一 | 十五 | 庚午 | 执 | 心 | 土 | 巽 | 湿 | 脾 | 涎 | 丙子 |
| 18 | 二 | 十六 | 辛未 | 破 | 尾 | 土 | 坎 | 湿 | 脾 | 涎 | 戊子 |
| 19 | 三 | 十七 | 壬申 | 危 | 箕 | 金 | 艮 | 燥 | 肺 | 涕 | 庚子 |
| 20 | 四 | 十八 | 癸酉 | 成 | 斗 | 金 | 坤 | 燥 | 肺 | 涕 | 壬子 |
| 21 | 五 | 十九 | 甲戌 | 收 | 牛 | 火 | 乾 | 热 | 心 | 汗 | 甲子 |
| 22 | 六 | 二十 | 乙亥 | 开 | 女 | 火 | 兑 | 热 | 心 | 汗 | 丙子 |
| 23 | 日 | 廿一 | 丙子 | 闭 | 虚 | 水 | 离 | 寒 | 肾 | 唾 | 戊子 |
| 24 | 一 | 廿二 | 丁丑 | 建 | 危 | 水 | 震 | 寒 | 肾 | 唾 | 庚子 |
| 25 | 二 | 廿三 | 戊寅 | 除 | 室 | 土 | 巽 | 湿 | 脾 | 涎 | 壬子 |
| 26 | 三 | 廿四 | 己卯 | 满 | 壁 | 土 | 坎 | 湿 | 脾 | 涎 | 甲子 |
| 27 | 四 | 廿五 | 庚辰 | 平 | 奎 | 金 | 艮 | 燥 | 肺 | 涕 | 丙子 |
| 28 | 五 | 廿六 | 辛巳 | 定 | 娄 | 金 | 坤 | 燥 | 肺 | 涕 | 戊子 |
| 29 | 六 | 廿七 | 壬午 | 执 | 胃 | 木 | 乾 | 风 | 肝 | 泪 | 庚子 |
| 30 | 日 | 廿八 | 癸未 | 破 | 昴 | 木 | 兑 | 风 | 肝 | 泪 | 壬子 |
| 31 | 一 | 廿九 | 甲申 | 危 | 毕 | 水 | 离 | 寒 | 肾 | 唾 | 甲子 |

## 2月平

立春　4 日 04 时 51 分
雨水　19 日 00 时 43 分

农历正月(2月1日–3月2日)　月干支:壬寅

| 公历 | 星期 | 农历 | 干支 | 日建 | 星宿 | 五行 | 八卦 | 五气 | 五脏 | 五汁 | 时辰 |
|---|---|---|---|---|---|---|---|---|---|---|---|
| 1 | 二 | 正月 | 乙酉 | 成 | 觜 | 水 | 巽 | 寒 | 肾 | 唾 | 丙子 |
| 2 | 三 | 初二 | 丙戌 | 收 | 参 | 土 | 坎 | 湿 | 脾 | 涎 | 戊子 |
| 3 | 四 | 初三 | 丁亥 | 开 | 井 | 土 | 艮 | 湿 | 脾 | 涎 | 庚子 |
| 4 | 五 | 初四 | 戊子 | 开 | 鬼 | 火 | 坤 | 热 | 心 | 汗 | 壬子 |
| 5 | 六 | 初五 | 己丑 | 闭 | 柳 | 火 | 乾 | 热 | 心 | 汗 | 甲子 |
| 6 | 日 | 初六 | 庚寅 | 建 | 星 | 木 | 兑 | 风 | 肝 | 泪 | 丙子 |
| 7 | 一 | 初七 | 辛卯 | 除 | 张 | 木 | 离 | 风 | 肝 | 泪 | 戊子 |
| 8 | 二 | 初八 | 壬辰 | 满 | 翼 | 水 | 震 | 寒 | 肾 | 唾 | 庚子 |
| 9 | 三 | 初九 | 癸巳 | 平 | 轸 | 水 | 巽 | 寒 | 肾 | 唾 | 壬子 |
| 10 | 四 | 初十 | 甲午 | 定 | 角 | 金 | 坎 | 燥 | 肺 | 涕 | 甲子 |
| 11 | 五 | 十一 | 乙未 | 执 | 亢 | 金 | 艮 | 燥 | 肺 | 涕 | 丙子 |
| 12 | 六 | 十二 | 丙申 | 破 | 氐 | 火 | 坤 | 热 | 心 | 汗 | 戊子 |
| 13 | 日 | 十三 | 丁酉 | 危 | 房 | 火 | 乾 | 热 | 心 | 汗 | 庚子 |
| 14 | 一 | 十四 | 戊戌 | 成 | 心 | 木 | 兑 | 风 | 肝 | 泪 | 壬子 |
| 15 | 二 | 十五 | 己亥 | 收 | 尾 | 木 | 离 | 风 | 肝 | 泪 | 甲子 |
| 16 | 三 | 十六 | 庚子 | 开 | 箕 | 土 | 震 | 湿 | 脾 | 涎 | 丙子 |
| 17 | 四 | 十七 | 辛丑 | 闭 | 斗 | 土 | 巽 | 湿 | 脾 | 涎 | 戊子 |
| 18 | 五 | 十八 | 壬寅 | 建 | 牛 | 金 | 坎 | 燥 | 肺 | 涕 | 庚子 |
| 19 | 六 | 十九 | 癸卯 | 除 | 女 | 金 | 艮 | 燥 | 肺 | 涕 | 壬子 |
| 20 | 日 | 二十 | 甲辰 | 满 | 虚 | 火 | 坤 | 热 | 心 | 汗 | 甲子 |
| 21 | 一 | 廿一 | 乙巳 | 平 | 危 | 火 | 乾 | 热 | 心 | 汗 | 丙子 |
| 22 | 二 | 廿二 | 丙午 | 定 | 室 | 水 | 兑 | 寒 | 肾 | 唾 | 戊子 |
| 23 | 三 | 廿三 | 丁未 | 执 | 壁 | 水 | 离 | 寒 | 肾 | 唾 | 庚子 |
| 24 | 四 | 廿四 | 戊申 | 破 | 奎 | 土 | 震 | 湿 | 脾 | 涎 | 壬子 |
| 25 | 五 | 廿五 | 己酉 | 危 | 娄 | 土 | 巽 | 湿 | 脾 | 涎 | 甲子 |
| 26 | 六 | 廿六 | 庚戌 | 成 | 胃 | 金 | 坎 | 燥 | 肺 | 涕 | 丙子 |
| 27 | 日 | 廿七 | 辛亥 | 收 | 昴 | 金 | 艮 | 燥 | 肺 | 涕 | 戊子 |
| 28 | 一 | 廿八 | 壬子 | 开 | 毕 | 木 | 坤 | 风 | 肝 | 泪 | 庚子 |

146

实用干支万年历

# 公元2022年　　　　农历壬寅(虎)年

| 3月大 | | 惊蛰 5日22时44分<br>春分 20日23时34分 | | | | | | | | | |
|---|---|---|---|---|---|---|---|---|---|---|---|
| 农历二月(3月3日-3月31日)　月干支:癸卯 | | | | | | | | | | | |
| 公历 | 星期 | 农历 | 干支 | 日建 | 星宿 | 五行 | 八卦 | 五气 | 五脏 | 五汁 | 时辰 |
| 1 | 二 | 正月 | 癸丑 | 闭 | 觜 | 木 | 乾 | 风 | 肝 | 泪 | 壬子 |
| 2 | 三 | 三十 | 甲寅 | 建 | 参 | 水 | 兑 | 寒 | 肾 | 唾 | 甲子 |
| 3 | 四 | 二月 | 乙卯 | 除 | 井 | 水 | 坎 | 寒 | 肾 | 唾 | 丙子 |
| 4 | 五 | 初二 | 丙辰 | 满 | 鬼 | 水 | 艮 | 湿 | 脾 | 涎 | 戊子 |
| 5 | 六 | 初三 | 丁巳 | 满 | 柳 | 土 | 坤 | 湿 | 脾 | 涎 | 庚子 |
| 6 | 日 | 初四 | 戊午 | 平 | 星 | 火 | 乾 | 热 | 心 | 汗 | 壬子 |
| 7 | 一 | 初五 | 己未 | 定 | 张 | 火 | 兑 | 热 | 心 | 汗 | 甲子 |
| 8 | 二 | 初六 | 庚申 | 执 | 翼 | 木 | 离 | 风 | 肝 | 泪 | 丙子 |
| 9 | 三 | 初七 | 辛酉 | 破 | 轸 | 木 | 震 | 风 | 肝 | 泪 | 戊子 |
| 10 | 四 | 初八 | 壬戌 | 危 | 角 | 水 | 巽 | 寒 | 肾 | 唾 | 庚子 |
| 11 | 五 | 初九 | 癸亥 | 成 | 亢 | 水 | 坎 | 寒 | 肾 | 唾 | 壬子 |
| 12 | 六 | 初十 | 甲子 | 收 | 氐 | 金 | 艮 | 燥 | 肺 | 涕 | 甲子 |
| 13 | 日 | 十一 | 乙丑 | 开 | 房 | 金 | 坤 | 燥 | 肺 | 涕 | 丙子 |
| 14 | 一 | 十二 | 丙寅 | 闭 | 心 | 火 | 乾 | 热 | 心 | 汗 | 戊子 |
| 15 | 二 | 十三 | 丁卯 | 建 | 尾 | 火 | 兑 | 热 | 心 | 汗 | 庚子 |
| 16 | 三 | 十四 | 戊辰 | 除 | 箕 | 木 | 离 | 风 | 肝 | 泪 | 壬子 |
| 17 | 四 | 十五 | 己巳 | 满 | 斗 | 木 | 震 | 风 | 肝 | 泪 | 甲子 |
| 18 | 五 | 十六 | 庚午 | 平 | 牛 | 土 | 巽 | 湿 | 脾 | 涎 | 丙子 |
| 19 | 六 | 十七 | 辛未 | 定 | 女 | 土 | 坎 | 湿 | 脾 | 涎 | 戊子 |
| 20 | 日 | 十八 | 壬申 | 执 | 虚 | 金 | 艮 | 燥 | 肺 | 涕 | 庚子 |
| 21 | 一 | 十九 | 癸酉 | 破 | 危 | 金 | 坤 | 燥 | 肺 | 涕 | 壬子 |
| 22 | 二 | 二十 | 甲戌 | 危 | 室 | 火 | 乾 | 热 | 心 | 汗 | 甲子 |
| 23 | 三 | 廿一 | 乙亥 | 成 | 壁 | 火 | 兑 | 热 | 心 | 汗 | 丙子 |
| 24 | 四 | 廿二 | 丙子 | 收 | 奎 | 水 | 离 | 寒 | 肾 | 唾 | 戊子 |
| 25 | 五 | 廿三 | 丁丑 | 开 | 娄 | 水 | 震 | 寒 | 肾 | 唾 | 庚子 |
| 26 | 六 | 廿四 | 戊寅 | 闭 | 胃 | 土 | 巽 | 湿 | 脾 | 涎 | 壬子 |
| 27 | 日 | 廿五 | 己卯 | 建 | 昴 | 土 | 坎 | 湿 | 脾 | 涎 | 甲子 |
| 28 | 一 | 廿六 | 庚辰 | 除 | 毕 | 金 | 艮 | 燥 | 肺 | 涕 | 丙子 |
| 29 | 二 | 廿七 | 辛巳 | 满 | 觜 | 金 | 坤 | 燥 | 肺 | 涕 | 戊子 |
| 30 | 三 | 廿八 | 壬午 | 平 | 参 | 木 | 乾 | 风 | 肝 | 泪 | 庚子 |
| 31 | 四 | 廿九 | 癸未 | 定 | 井 | 木 | 兑 | 风 | 肝 | 泪 | 壬子 |

| 4月小 | | 清明 5日03时21分<br>谷雨 20日10时25分 | | | | | | | | | |
|---|---|---|---|---|---|---|---|---|---|---|---|
| 农历三月(4月1日-4月30日)　月干支:甲辰 | | | | | | | | | | | |
| 公历 | 星期 | 农历 | 干支 | 日建 | 星宿 | 五行 | 八卦 | 五气 | 五脏 | 五汁 | 时辰 |
| 1 | 五 | 三月 | 甲申 | 执 | 鬼 | 水 | 艮 | 寒 | 肾 | 唾 | 甲子 |
| 2 | 六 | 初二 | 乙酉 | 破 | 柳 | 水 | 坤 | 寒 | 肾 | 唾 | 丙子 |
| 3 | 日 | 初三 | 丙戌 | 危 | 星 | 土 | 乾 | 湿 | 脾 | 涎 | 戊子 |
| 4 | 一 | 初四 | 丁亥 | 成 | 张 | 土 | 兑 | 湿 | 脾 | 涎 | 庚子 |
| 5 | 二 | 初五 | 戊子 | 成 | 翼 | 火 | 离 | 热 | 心 | 汗 | 壬子 |
| 6 | 三 | 初六 | 己丑 | 收 | 轸 | 火 | 震 | 热 | 心 | 汗 | 甲子 |
| 7 | 四 | 初七 | 庚寅 | 开 | 角 | 木 | 巽 | 风 | 肝 | 泪 | 丙子 |
| 8 | 五 | 初八 | 辛卯 | 闭 | 亢 | 木 | 坎 | 风 | 肝 | 泪 | 戊子 |
| 9 | 六 | 初九 | 壬辰 | 建 | 氐 | 水 | 艮 | 寒 | 肾 | 唾 | 庚子 |
| 10 | 日 | 初十 | 癸巳 | 除 | 房 | 水 | 坤 | 寒 | 肾 | 唾 | 壬子 |
| 11 | 一 | 十一 | 甲午 | 满 | 心 | 金 | 乾 | 燥 | 肺 | 涕 | 甲子 |
| 12 | 二 | 十二 | 乙未 | 平 | 尾 | 金 | 兑 | 燥 | 肺 | 涕 | 丙子 |
| 13 | 三 | 十三 | 丙申 | 定 | 箕 | 火 | 离 | 热 | 心 | 汗 | 戊子 |
| 14 | 四 | 十四 | 丁酉 | 执 | 斗 | 火 | 震 | 热 | 心 | 汗 | 庚子 |
| 15 | 五 | 十五 | 戊戌 | 破 | 牛 | 木 | 巽 | 风 | 肝 | 泪 | 壬子 |
| 16 | 六 | 十六 | 己亥 | 危 | 女 | 木 | 坎 | 风 | 肝 | 泪 | 甲子 |
| 17 | 日 | 十七 | 庚子 | 成 | 虚 | 土 | 艮 | 湿 | 脾 | 涎 | 丙子 |
| 18 | 一 | 十八 | 辛丑 | 收 | 危 | 土 | 坤 | 湿 | 脾 | 涎 | 戊子 |
| 19 | 二 | 十九 | 壬寅 | 开 | 室 | 金 | 乾 | 燥 | 肺 | 涕 | 庚子 |
| 20 | 三 | 二十 | 癸卯 | 闭 | 壁 | 金 | 兑 | 燥 | 肺 | 涕 | 壬子 |
| 21 | 四 | 廿一 | 甲辰 | 建 | 奎 | 火 | 离 | 热 | 心 | 汗 | 甲子 |
| 22 | 五 | 廿二 | 乙巳 | 除 | 娄 | 火 | 震 | 热 | 心 | 汗 | 丙子 |
| 23 | 六 | 廿三 | 丙午 | 满 | 胃 | 水 | 巽 | 寒 | 肾 | 唾 | 戊子 |
| 24 | 日 | 廿四 | 丁未 | 平 | 昴 | 水 | 坎 | 寒 | 肾 | 唾 | 庚子 |
| 25 | 一 | 廿五 | 戊申 | 定 | 毕 | 土 | 艮 | 湿 | 脾 | 涎 | 壬子 |
| 26 | 二 | 廿六 | 己酉 | 执 | 觜 | 土 | 坤 | 湿 | 脾 | 涎 | 甲子 |
| 27 | 三 | 廿七 | 庚戌 | 破 | 参 | 金 | 乾 | 燥 | 肺 | 涕 | 丙子 |
| 28 | 四 | 廿八 | 辛亥 | 危 | 井 | 金 | 兑 | 燥 | 肺 | 涕 | 戊子 |
| 29 | 五 | 廿九 | 壬子 | 成 | 鬼 | 木 | 离 | 风 | 肝 | 泪 | 庚子 |
| 30 | 六 | 三十 | 癸丑 | 收 | 柳 | 木 | 震 | 风 | 肝 | 泪 | 壬子 |

147

# 公元2022年　　　　　　　　农历壬寅(虎)年

## 5月大　　立夏 5日20时27分　　小满 21日09时23分

农历四月(5月1日-5月29日)　月干支:乙巳

| 公历 | 星期 | 农历 | 干支 | 日建 | 星宿 | 五行 | 八卦 | 五气 | 五脏 | 五汁 | 时辰 |
|---|---|---|---|---|---|---|---|---|---|---|---|
| 1 | 日 | 四月 | 甲寅 | 开 | 星 | 水 | 坤 | 寒 | 肾 | 唾 | 甲子 |
| 2 | 一 | 初二 | 乙卯 | 闭 | 张 | 水 | 乾 | 寒 | 肾 | 唾 | 丙子 |
| 3 | 二 | 初三 | 丙辰 | 建 | 翼 | 土 | 兑 | 湿 | 脾 | 涎 | 戊子 |
| 4 | 三 | 初四 | 丁巳 | 除 | 轸 | 土 | 离 | 湿 | 脾 | 涎 | 庚子 |
| 5 | 四 | 初五 | 戊午 | 除 | 角 | 火 | 震 | 热 | 心 | 汗 | 壬子 |
| 6 | 五 | 初六 | 己未 | 满 | 亢 | 火 | 巽 | 热 | 心 | 汗 | 甲子 |
| 7 | 六 | 初七 | 庚申 | 平 | 氐 | 木 | 坎 | 风 | 肝 | 泪 | 丙子 |
| 8 | 日 | 初八 | 辛酉 | 定 | 房 | 木 | 艮 | 风 | 肝 | 泪 | 戊子 |
| 9 | 一 | 初九 | 壬戌 | 执 | 心 | 水 | 坤 | 寒 | 肾 | 唾 | 庚子 |
| 10 | 二 | 初十 | 癸亥 | 破 | 尾 | 水 | 乾 | 寒 | 肾 | 唾 | 壬子 |
| 11 | 三 | 十一 | 甲子 | 危 | 箕 | 金 | 兑 | 燥 | 肺 | 涕 | 甲子 |
| 12 | 四 | 十二 | 乙丑 | 成 | 斗 | 金 | 离 | 燥 | 肺 | 涕 | 丙子 |
| 13 | 五 | 十三 | 丙寅 | 收 | 牛 | 火 | 震 | 热 | 心 | 汗 | 戊子 |
| 14 | 六 | 十四 | 丁卯 | 开 | 女 | 火 | 巽 | 热 | 心 | 汗 | 庚子 |
| 15 | 日 | 十五 | 戊辰 | 闭 | 虚 | 木 | 坎 | 风 | 肝 | 泪 | 壬子 |
| 16 | 一 | 十六 | 己巳 | 建 | 危 | 木 | 艮 | 风 | 肝 | 泪 | 甲子 |
| 17 | 二 | 十七 | 庚午 | 除 | 室 | 土 | 坤 | 湿 | 脾 | 涎 | 丙子 |
| 18 | 三 | 十八 | 辛未 | 满 | 壁 | 土 | 乾 | 湿 | 脾 | 涎 | 戊子 |
| 19 | 四 | 十九 | 壬申 | 平 | 奎 | 金 | 兑 | 燥 | 肺 | 涕 | 庚子 |
| 20 | 五 | 二十 | 癸酉 | 定 | 娄 | 金 | 离 | 燥 | 肺 | 涕 | 壬子 |
| 21 | 六 | 廿一 | 甲戌 | 执 | 胃 | 火 | 震 | 热 | 心 | 汗 | 甲子 |
| 22 | 日 | 廿二 | 乙亥 | 破 | 昴 | 火 | 巽 | 热 | 心 | 汗 | 丙子 |
| 23 | 一 | 廿三 | 丙子 | 危 | 毕 | 水 | 坎 | 寒 | 肾 | 唾 | 戊子 |
| 24 | 二 | 廿四 | 丁丑 | 成 | 觜 | 水 | 艮 | 寒 | 肾 | 唾 | 庚子 |
| 25 | 三 | 廿五 | 戊寅 | 收 | 参 | 土 | 坤 | 湿 | 脾 | 涎 | 壬子 |
| 26 | 四 | 廿六 | 己卯 | 开 | 井 | 土 | 乾 | 湿 | 脾 | 涎 | 甲子 |
| 27 | 五 | 廿七 | 庚辰 | 闭 | 鬼 | 金 | 兑 | 燥 | 肺 | 涕 | 丙子 |
| 28 | 六 | 廿八 | 辛巳 | 建 | 柳 | 金 | 离 | 燥 | 肺 | 涕 | 戊子 |
| 29 | 日 | 廿九 | 壬午 | 除 | 星 | 木 | 震 | 风 | 肝 | 泪 | 庚子 |
| 30 | 一 | 五月 | 癸未 | 满 | 张 | 木 | 巽 | 风 | 肝 | 泪 | 壬子 |
| 31 | 二 | 初二 | 甲申 | 平 | 翼 | 水 | 坎 | 寒 | 肾 | 唾 | 甲子 |

## 6月小　　芒种 6日00时26分　　夏至 21日17时15分

农历五月(5月30日-6月28日)　月干支:丙午

| 公历 | 星期 | 农历 | 干支 | 日建 | 星宿 | 五行 | 八卦 | 五气 | 五脏 | 五汁 | 时辰 |
|---|---|---|---|---|---|---|---|---|---|---|---|
| 1 | 三 | 五月 | 乙酉 | 定 | 轸 | 水 | 离 | 寒 | 肾 | 唾 | 丙子 |
| 2 | 四 | 初四 | 丙戌 | 执 | 角 | 土 | 震 | 湿 | 脾 | 涎 | 戊子 |
| 3 | 五 | 初五 | 丁亥 | 破 | 亢 | 土 | 巽 | 湿 | 脾 | 涎 | 庚子 |
| 4 | 六 | 初六 | 戊子 | 危 | 氐 | 火 | 坎 | 热 | 心 | 汗 | 壬子 |
| 5 | 日 | 初七 | 己丑 | 成 | 房 | 火 | 艮 | 热 | 心 | 汗 | 甲子 |
| 6 | 一 | 初八 | 庚寅 | 成 | 心 | 木 | 坤 | 风 | 肝 | 泪 | 丙子 |
| 7 | 二 | 初九 | 辛卯 | 收 | 尾 | 木 | 乾 | 风 | 肝 | 泪 | 戊子 |
| 8 | 三 | 初十 | 壬辰 | 开 | 箕 | 水 | 兑 | 寒 | 肾 | 唾 | 庚子 |
| 9 | 四 | 十一 | 癸巳 | 闭 | 斗 | 水 | 离 | 寒 | 肾 | 唾 | 壬子 |
| 10 | 五 | 十二 | 甲午 | 建 | 牛 | 金 | 震 | 燥 | 肺 | 涕 | 甲子 |
| 11 | 六 | 十三 | 乙未 | 除 | 女 | 金 | 巽 | 燥 | 肺 | 涕 | 丙子 |
| 12 | 日 | 十四 | 丙申 | 满 | 虚 | 火 | 坎 | 热 | 心 | 汗 | 戊子 |
| 13 | 一 | 十五 | 丁酉 | 平 | 危 | 火 | 艮 | 热 | 心 | 汗 | 庚子 |
| 14 | 二 | 十六 | 戊戌 | 定 | 室 | 木 | 坤 | 风 | 肝 | 泪 | 壬子 |
| 15 | 三 | 十七 | 己亥 | 执 | 壁 | 木 | 乾 | 风 | 肝 | 泪 | 甲子 |
| 16 | 四 | 十八 | 庚子 | 破 | 奎 | 土 | 兑 | 湿 | 脾 | 涎 | 丙子 |
| 17 | 五 | 十九 | 辛丑 | 危 | 娄 | 土 | 离 | 湿 | 脾 | 涎 | 戊子 |
| 18 | 六 | 二十 | 壬寅 | 成 | 胃 | 金 | 震 | 燥 | 肺 | 涕 | 庚子 |
| 19 | 日 | 廿一 | 癸卯 | 收 | 昴 | 金 | 巽 | 燥 | 肺 | 涕 | 壬子 |
| 20 | 一 | 廿二 | 甲辰 | 开 | 毕 | 火 | 坎 | 热 | 心 | 汗 | 甲子 |
| 21 | 二 | 廿三 | 乙巳 | 闭 | 觜 | 火 | 艮 | 热 | 心 | 汗 | 丙子 |
| 22 | 三 | 廿四 | 丙午 | 建 | 参 | 水 | 坤 | 寒 | 肾 | 唾 | 戊子 |
| 23 | 四 | 廿五 | 丁未 | 除 | 井 | 水 | 乾 | 寒 | 肾 | 唾 | 庚子 |
| 24 | 五 | 廿六 | 戊申 | 满 | 鬼 | 土 | 兑 | 湿 | 脾 | 涎 | 壬子 |
| 25 | 六 | 廿七 | 己酉 | 平 | 柳 | 土 | 离 | 湿 | 脾 | 涎 | 甲子 |
| 26 | 日 | 廿八 | 庚戌 | 定 | 星 | 金 | 震 | 燥 | 肺 | 涕 | 丙子 |
| 27 | 一 | 廿九 | 辛亥 | 执 | 张 | 金 | 巽 | 燥 | 肺 | 涕 | 戊子 |
| 28 | 二 | 三十 | 壬子 | 破 | 翼 | 木 | 坎 | 风 | 肝 | 泪 | 庚子 |
| 29 | 三 | 六月 | 癸丑 | 危 | 轸 | 木 | 乾 | 风 | 肝 | 泪 | 壬子 |
| 30 | 四 | 初二 | 甲寅 | 成 | 角 | 水 | 兑 | 寒 | 肾 | 唾 | 甲子 |

实用干支万年历

# 公元2022年　　　　　农历壬寅(虎)年

## 7月大

小暑　7日10时39分
大暑　23日04时08分

农历六月(6月29日－7月28日)　月干支:丁未

| 公历 | 星期 | 农历 | 干支 | 日建 | 星宿 | 五行 | 八卦 | 五气 | 五脏 | 五汁 | 时辰 |
|---|---|---|---|---|---|---|---|---|---|---|---|
| 1 | 五 | 六月 | 乙卯 | 收 | 亢 | 水土 | 震 | 寒湿 | 肾脾 | 唾涎 | 丙子 |
| 2 | 六 | 初四 | 丙辰 | 开 | 氐 | 水土 | 巽 | 寒湿 | 肾脾 | 唾涎 | 戊子 |
| 3 | 日 | 初五 | 丁巳 | 闭 | 房 | 火土 | 坎 | 湿热 | 脾心 | 涎汗 | 庚子 |
| 4 | 一 | 初六 | 戊午 | 建 | 心 | 火 | 艮 | 热 | 心 | 汗 | 壬子 |
| 5 | 二 | 初七 | 己未 | 除 | 尾 | 火 | 坤 | 热 | 心 | 汗 | 甲子 |
| 6 | 三 | 初八 | 庚申 | 满 | 箕 | 木 | 乾 | 风 | 肝 | 泪 | 丙子 |
| 7 | 四 | 初九 | 辛酉 | 满 | 斗 | 木 | 兑 | 风 | 肝 | 泪 | 戊子 |
| 8 | 五 | 初十 | 壬戌 | 平 | 牛 | 水 | 离 | 寒 | 肾 | 唾 | 庚子 |
| 9 | 六 | 十一 | 癸亥 | 定 | 女 | 水 | 震 | 寒 | 肾 | 唾 | 壬子 |
| 10 | 日 | 十二 | 甲子 | 执 | 虚 | 金 | 巽 | 燥 | 肺 | 涕 | 甲子 |
| 11 | 一 | 十三 | 乙丑 | 破 | 危 | 金 | 坎 | 燥 | 肺 | 涕 | 丙子 |
| 12 | 二 | 十四 | 丙寅 | 危 | 室 | 火 | 艮 | 热 | 心 | 汗 | 戊子 |
| 13 | 三 | 十五 | 丁卯 | 成 | 壁 | 火 | 坤 | 热 | 心 | 汗 | 庚子 |
| 14 | 四 | 十六 | 戊辰 | 收 | 奎 | 木 | 乾 | 风 | 肝 | 泪 | 壬子 |
| 15 | 五 | 十七 | 己巳 | 开 | 娄 | 木 | 兑 | 风 | 肝 | 泪 | 甲子 |
| 16 | 六 | 十八 | 庚午 | 闭 | 胃 | 土 | 离 | 湿 | 脾 | 涎 | 丙子 |
| 17 | 日 | 十九 | 辛未 | 建 | 昴 | 土 | 震 | 湿 | 脾 | 涎 | 戊子 |
| 18 | 一 | 二十 | 壬申 | 除 | 毕 | 金 | 巽 | 燥 | 肺 | 涕 | 庚子 |
| 19 | 二 | 廿一 | 癸酉 | 满 | 觜 | 金 | 坎 | 燥 | 肺 | 涕 | 壬子 |
| 20 | 三 | 廿二 | 甲戌 | 平 | 参 | 火 | 艮 | 热 | 心 | 汗 | 甲子 |
| 21 | 四 | 廿三 | 乙亥 | 定 | 井 | 火 | 坤 | 热 | 心 | 汗 | 丙子 |
| 22 | 五 | 廿四 | 丙子 | 执 | 鬼 | 水 | 乾 | 寒 | 肾 | 唾 | 戊子 |
| 23 | 六 | 廿五 | 丁丑 | 破 | 柳 | 水 | 兑 | 寒 | 肾 | 唾 | 庚子 |
| 24 | 日 | 廿六 | 戊寅 | 危 | 星 | 土 | 离 | 湿 | 脾 | 涎 | 壬子 |
| 25 | 一 | 廿七 | 己卯 | 成 | 张 | 土 | 震 | 湿 | 脾 | 涎 | 甲子 |
| 26 | 二 | 廿八 | 庚辰 | 收 | 翼 | 金 | 巽 | 燥 | 肺 | 涕 | 丙子 |
| 27 | 三 | 廿九 | 辛巳 | 开 | 轸 | 金 | 坎 | 燥 | 肺 | 涕 | 戊子 |
| 28 | 四 | 三十 | 壬午 | 闭 | 角 | 木 | 艮 | 风 | 肝 | 泪 | 庚子 |
| 29 | 五 | 七月 | 癸未 | 建 | 亢 | 木 | 坤 | 风 | 肝 | 泪 | 壬子 |
| 30 | 六 | 初二 | 甲申 | 除 | 氐 | 水 | 乾 | 寒 | 肾 | 唾 | 甲子 |
| 31 | 日 | 初三 | 乙酉 | 满 | 房 | 水 | 兑 | 寒 | 肾 | 唾 | 丙子 |

## 8月大

立秋　7日20时30分
处暑　23日11时17分

农历七月(7月29日－8月26日)　月干支:戊申

| 公历 | 星期 | 农历 | 干支 | 日建 | 星宿 | 五行 | 八卦 | 五气 | 五脏 | 五汁 | 时辰 |
|---|---|---|---|---|---|---|---|---|---|---|---|
| 1 | 一 | 七月 | 丙戌 | 平 | 心 | 土 | 坎 | 湿 | 脾 | 涎 | 戊子 |
| 2 | 二 | 初五 | 丁亥 | 定 | 尾 | 土 | 艮 | 湿 | 脾 | 涎 | 庚子 |
| 3 | 三 | 初六 | 戊子 | 执 | 箕 | 火 | 坤 | 热 | 心 | 汗 | 壬子 |
| 4 | 四 | 初七 | 己丑 | 破 | 斗 | 火 | 乾 | 热 | 心 | 汗 | 甲子 |
| 5 | 五 | 初八 | 庚寅 | 危 | 牛 | 木 | 兑 | 风 | 肝 | 泪 | 丙子 |
| 6 | 六 | 初九 | 辛卯 | 成 | 女 | 木 | 离 | 风 | 肝 | 泪 | 戊子 |
| 7 | 日 | 初十 | 壬辰 | 成 | 虚 | 水 | 震 | 寒 | 肾 | 唾 | 庚子 |
| 8 | 一 | 十一 | 癸巳 | 收 | 危 | 水 | 巽 | 寒 | 肾 | 唾 | 壬子 |
| 9 | 二 | 十二 | 甲午 | 开 | 室 | 金 | 坎 | 燥 | 肺 | 涕 | 甲子 |
| 10 | 三 | 十三 | 乙未 | 闭 | 壁 | 金 | 艮 | 燥 | 肺 | 涕 | 丙子 |
| 11 | 四 | 十四 | 丙申 | 建 | 奎 | 火 | 坤 | 热 | 心 | 汗 | 戊子 |
| 12 | 五 | 十五 | 丁酉 | 除 | 娄 | 火 | 乾 | 热 | 心 | 汗 | 庚子 |
| 13 | 六 | 十六 | 戊戌 | 满 | 胃 | 木 | 兑 | 风 | 肝 | 泪 | 壬子 |
| 14 | 日 | 十七 | 己亥 | 平 | 昴 | 木 | 离 | 风 | 肝 | 泪 | 甲子 |
| 15 | 一 | 十八 | 庚子 | 定 | 毕 | 土 | 震 | 湿 | 脾 | 涎 | 丙子 |
| 16 | 二 | 十九 | 辛丑 | 执 | 觜 | 土 | 巽 | 湿 | 脾 | 涎 | 戊子 |
| 17 | 三 | 二十 | 壬寅 | 破 | 参 | 金 | 坎 | 燥 | 肺 | 涕 | 庚子 |
| 18 | 四 | 廿一 | 癸卯 | 危 | 井 | 金 | 艮 | 燥 | 肺 | 涕 | 壬子 |
| 19 | 五 | 廿二 | 甲辰 | 成 | 鬼 | 火 | 坤 | 热 | 心 | 汗 | 甲子 |
| 20 | 六 | 廿三 | 乙巳 | 收 | 柳 | 火 | 乾 | 热 | 心 | 汗 | 丙子 |
| 21 | 日 | 廿四 | 丙午 | 开 | 星 | 水 | 兑 | 寒 | 肾 | 唾 | 戊子 |
| 22 | 一 | 廿五 | 丁未 | 闭 | 张 | 水 | 离 | 寒 | 肾 | 唾 | 庚子 |
| 23 | 二 | 廿六 | 戊申 | 建 | 翼 | 土 | 震 | 湿 | 脾 | 涎 | 壬子 |
| 24 | 三 | 廿七 | 己酉 | 除 | 轸 | 土 | 巽 | 湿 | 脾 | 涎 | 甲子 |
| 25 | 四 | 廿八 | 庚戌 | 满 | 角 | 金 | 坎 | 燥 | 肺 | 涕 | 丙子 |
| 26 | 五 | 廿九 | 辛亥 | 平 | 亢 | 金 | 艮 | 燥 | 肺 | 涕 | 戊子 |
| 27 | 六 | 八月 | 壬子 | 定 | 氐 | 木 | 震 | 风 | 肝 | 泪 | 庚子 |
| 28 | 日 | 初二 | 癸丑 | 执 | 房 | 木 | 巽 | 风 | 肝 | 泪 | 壬子 |
| 29 | 一 | 初三 | 甲寅 | 破 | 心 | 水 | 坎 | 寒 | 肾 | 唾 | 甲子 |
| 30 | 二 | 初四 | 乙卯 | 危 | 尾 | 水 | 艮 | 寒 | 肾 | 唾 | 丙子 |
| 31 | 三 | 初五 | 丙辰 | 成 | 箕 | 土 | 坤 | 湿 | 脾 | 涎 | 戊子 |

# 公元2022年　　农历壬寅(虎)年

## 9月小　白露 7日23时33分　秋分 23日09时05分

农历八月(8月27日－9月25日)　月干支：己酉

| 公历 | 星期 | 农历 | 干支 | 日建 | 星宿 | 五行 | 八卦 | 五气 | 五脏 | 五汁 | 时辰 |
|---|---|---|---|---|---|---|---|---|---|---|---|
| 1 | 四 | 八月 | 丁巳 | 收 | 斗 | 土 | 乾 | 湿 | 脾 | 涎 | 庚子 |
| 2 | 五 | 初七 | 戊午 | 开 | 牛 | 火 | 兑 | 热 | 心 | 汗 | 壬子 |
| 3 | 六 | 初八 | 己未 | 闭 | 女 | 火 | 离 | 热 | 心 | 汗 | 甲子 |
| 4 | 日 | 初九 | 庚申 | 建 | 虚 | 木 | 震 | 风 | 肝 | 泪 | 丙子 |
| 5 | 一 | 初十 | 辛酉 | 除 | 危 | 木 | 巽 | 风 | 肝 | 泪 | 戊子 |
| 6 | 二 | 十一 | 壬戌 | 满 | 室 | 水 | 坎 | 寒 | 肾 | 唾 | 庚子 |
| 7 | 三 | 十二 | 癸亥 | 满 | 壁 | 水 | 艮 | 寒 | 肾 | 唾 | 壬子 |
| 8 | 四 | 十三 | 甲子 | 平 | 奎 | 金 | 乾 | 燥 | 肺 | 涕 | 甲子 |
| 9 | 五 | 十四 | 乙丑 | 定 | 娄 | 金 | 兑 | 燥 | 肺 | 涕 | 丙子 |
| 10 | 六 | 十五 | 丙寅 | 执 | 胃 | 火 | 离 | 热 | 心 | 汗 | 戊子 |
| 11 | 日 | 十六 | 丁卯 | 破 | 昴 | 火 | 震 | 热 | 心 | 汗 | 庚子 |
| 12 | 一 | 十七 | 戊辰 | 危 | 毕 | 木 | 巽 | 风 | 肝 | 泪 | 壬子 |
| 13 | 二 | 十八 | 己巳 | 成 | 觜 | 木 | 坎 | 风 | 肝 | 泪 | 甲子 |
| 14 | 三 | 十九 | 庚午 | 收 | 参 | 土 | 艮 | 湿 | 脾 | 涎 | 丙子 |
| 15 | 四 | 二十 | 辛未 | 开 | 井 | 土 | 坤 | 湿 | 脾 | 涎 | 戊子 |
| 16 | 五 | 廿一 | 壬申 | 闭 | 鬼 | 金 | 坤 | 燥 | 肺 | 涕 | 庚子 |
| 17 | 六 | 廿二 | 癸酉 | 建 | 柳 | 金 | 乾 | 燥 | 肺 | 涕 | 壬子 |
| 18 | 日 | 廿三 | 甲戌 | 除 | 星 | 火 | 兑 | 热 | 心 | 汗 | 甲子 |
| 19 | 一 | 廿四 | 乙亥 | 满 | 张 | 火 | 离 | 热 | 心 | 汗 | 丙子 |
| 20 | 二 | 廿五 | 丙子 | 平 | 翼 | 水 | 震 | 寒 | 肾 | 唾 | 戊子 |
| 21 | 三 | 廿六 | 丁丑 | 定 | 轸 | 水 | 巽 | 寒 | 肾 | 唾 | 庚子 |
| 22 | 四 | 廿七 | 戊寅 | 执 | 角 | 土 | 坎 | 湿 | 脾 | 涎 | 壬子 |
| 23 | 五 | 廿八 | 己卯 | 破 | 亢 | 土 | 艮 | 湿 | 脾 | 涎 | 甲子 |
| 24 | 六 | 廿九 | 庚辰 | 危 | 氐 | 金 | 坤 | 燥 | 肺 | 涕 | 丙子 |
| 25 | 日 | 三十 | 辛巳 | 成 | 房 | 金 | 乾 | 燥 | 肺 | 涕 | 戊子 |
| 26 | 一 | 九月 | 壬午 | 收 | 心 | 木 | 兑 | 风 | 肝 | 泪 | 庚子 |
| 27 | 二 | 初二 | 癸未 | 开 | 尾 | 木 | 离 | 风 | 肝 | 泪 | 壬子 |
| 28 | 三 | 初三 | 甲申 | 闭 | 箕 | 水 | 震 | 寒 | 肾 | 唾 | 甲子 |
| 29 | 四 | 初四 | 乙酉 | 建 | 斗 | 水 | 巽 | 寒 | 肾 | 唾 | 丙子 |
| 30 | 五 | 初五 | 丙戌 | 除 | 牛 | 土 | 坎 | 湿 | 脾 | 涎 | 戊子 |
| 31 | | | | | | | | | | | |

## 10月大　寒露 8日15时23分　霜降 23日18时37分

农历九月(9月26日－10月24日)　月干支：庚戌

| 公历 | 星期 | 农历 | 干支 | 日建 | 星宿 | 五行 | 八卦 | 五气 | 五脏 | 五汁 | 时辰 |
|---|---|---|---|---|---|---|---|---|---|---|---|
| 1 | 六 | 九月 | 丁亥 | 满 | 女 | 土 | 兑 | 湿 | 脾 | 涎 | 庚子 |
| 2 | 日 | 初七 | 戊子 | 平 | 虚 | 火 | 离 | 热 | 心 | 汗 | 壬子 |
| 3 | 一 | 初八 | 己丑 | 定 | 危 | 火 | 震 | 热 | 心 | 汗 | 甲子 |
| 4 | 二 | 初九 | 庚寅 | 执 | 室 | 木 | 巽 | 风 | 肝 | 泪 | 丙子 |
| 5 | 三 | 初十 | 辛卯 | 破 | 壁 | 木 | 坎 | 风 | 肝 | 泪 | 戊子 |
| 6 | 四 | 十一 | 壬辰 | 危 | 奎 | 水 | 艮 | 寒 | 肾 | 唾 | 庚子 |
| 7 | 五 | 十二 | 癸巳 | 成 | 娄 | 水 | 坤 | 寒 | 肾 | 唾 | 壬子 |
| 8 | 六 | 十三 | 甲午 | 成 | 胃 | 金 | 乾 | 燥 | 肺 | 涕 | 甲子 |
| 9 | 日 | 十四 | 乙未 | 收 | 昴 | 金 | 兑 | 燥 | 肺 | 涕 | 丙子 |
| 10 | 一 | 十五 | 丙申 | 开 | 毕 | 火 | 离 | 热 | 心 | 汗 | 戊子 |
| 11 | 二 | 十六 | 丁酉 | 闭 | 觜 | 火 | 震 | 热 | 心 | 汗 | 庚子 |
| 12 | 三 | 十七 | 戊戌 | 建 | 参 | 木 | 巽 | 风 | 肝 | 泪 | 壬子 |
| 13 | 四 | 十八 | 己亥 | 除 | 井 | 木 | 坎 | 风 | 肝 | 泪 | 甲子 |
| 14 | 五 | 十九 | 庚子 | 满 | 鬼 | 土 | 艮 | 湿 | 脾 | 涎 | 丙子 |
| 15 | 六 | 二十 | 辛丑 | 平 | 柳 | 土 | 坤 | 湿 | 脾 | 涎 | 戊子 |
| 16 | 日 | 廿一 | 壬寅 | 定 | 星 | 金 | 乾 | 燥 | 肺 | 涕 | 庚子 |
| 17 | 一 | 廿二 | 癸卯 | 执 | 张 | 金 | 兑 | 燥 | 肺 | 涕 | 壬子 |
| 18 | 二 | 廿三 | 甲辰 | 破 | 翼 | 火 | 离 | 热 | 心 | 汗 | 甲子 |
| 19 | 三 | 廿四 | 乙巳 | 危 | 轸 | 火 | 震 | 热 | 心 | 汗 | 丙子 |
| 20 | 四 | 廿五 | 丙午 | 成 | 角 | 水 | 巽 | 寒 | 肾 | 唾 | 戊子 |
| 21 | 五 | 廿六 | 丁未 | 收 | 亢 | 水 | 坎 | 寒 | 肾 | 唾 | 庚子 |
| 22 | 六 | 廿七 | 戊申 | 开 | 氐 | 土 | 艮 | 湿 | 脾 | 涎 | 壬子 |
| 23 | 日 | 廿八 | 己酉 | 闭 | 房 | 土 | 坤 | 湿 | 脾 | 涎 | 甲子 |
| 24 | 一 | 廿九 | 庚戌 | 建 | 心 | 金 | 乾 | 燥 | 肺 | 涕 | 丙子 |
| 25 | 二 | 十月 | 辛亥 | 除 | 尾 | 金 | 兑 | 燥 | 肺 | 涕 | 戊子 |
| 26 | 三 | 初二 | 壬子 | 满 | 箕 | 木 | 离 | 风 | 肝 | 泪 | 庚子 |
| 27 | 四 | 初三 | 癸丑 | 平 | 斗 | 木 | 震 | 风 | 肝 | 泪 | 壬子 |
| 28 | 五 | 初四 | 甲寅 | 定 | 牛 | 水 | 巽 | 寒 | 肾 | 唾 | 甲子 |
| 29 | 六 | 初五 | 乙卯 | 执 | 女 | 水 | 坎 | 寒 | 肾 | 唾 | 丙子 |
| 30 | 日 | 初六 | 丙辰 | 破 | 虚 | 土 | 艮 | 湿 | 脾 | 涎 | 戊子 |
| 31 | 一 | 初七 | 丁巳 | 危 | 危 | 土 | 坤 | 湿 | 脾 | 涎 | 庚子 |

实用干支万年历

# 公元2022年　　　　农历壬寅(虎)年

## 11月小

立冬　7日18时46分
小雪　22日16时21分

农历十月(10月25日–11月23日)　月干支:辛亥

| 公历 | 星期 | 农历 | 干支 | 日建 | 星宿 | 五行 | 八卦 | 五气 | 五脏 | 五汁 | 时辰 |
|---|---|---|---|---|---|---|---|---|---|---|---|
| 1 | 二 | 十月 | 戊午 | 成 | 室 | 火 | 巽 | 热 | 心 | 汗 | 壬子 |
| 2 | 三 | 初九 | 己未 | 收 | 壁 | 火 | 坎 | 热 | 心 | 汗 | 甲子 |
| 3 | 四 | 初十 | 庚申 | 开 | 奎 | 木 | 艮 | 风 | 肝 | 泪 | 丙子 |
| 4 | 五 | 十一 | 辛酉 | 闭 | 娄 | 木 | 坤 | 风 | 肝 | 泪 | 戊子 |
| 5 | 六 | 十二 | 壬戌 | 建 | 胃 | 水 | 乾 | 寒 | 肾 | 唾 | 庚子 |
| 6 | 日 | 十三 | 癸亥 | 除 | 昴 | 水 | 兑 | 寒 | 肾 | 唾 | 壬子 |
| 7 | 一 | 十四 | 甲子 | 除 | 毕 | 金 | 离 | 燥 | 肺 | 涕 | 甲子 |
| 8 | 二 | 十五 | 乙丑 | 满 | 觜 | 金 | 震 | 燥 | 肺 | 涕 | 丙子 |
| 9 | 三 | 十六 | 丙寅 | 平 | 参 | 火 | 巽 | 热 | 心 | 汗 | 戊子 |
| 10 | 四 | 十七 | 丁卯 | 定 | 井 | 火 | 坎 | 热 | 心 | 汗 | 庚子 |
| 11 | 五 | 十八 | 戊辰 | 执 | 鬼 | 木 | 艮 | 风 | 肝 | 泪 | 壬子 |
| 12 | 六 | 十九 | 己巳 | 破 | 柳 | 木 | 坤 | 风 | 肝 | 泪 | 甲子 |
| 13 | 日 | 二十 | 庚午 | 危 | 星 | 土 | 乾 | 湿 | 脾 | 涎 | 丙子 |
| 14 | 一 | 廿一 | 辛未 | 成 | 张 | 土 | 兑 | 湿 | 脾 | 涎 | 戊子 |
| 15 | 二 | 廿二 | 壬申 | 收 | 翼 | 金 | 离 | 燥 | 肺 | 涕 | 庚子 |
| 16 | 三 | 廿三 | 癸酉 | 开 | 轸 | 金 | 震 | 燥 | 肺 | 涕 | 壬子 |
| 17 | 四 | 廿四 | 甲戌 | 闭 | 角 | 火 | 巽 | 热 | 心 | 汗 | 甲子 |
| 18 | 五 | 廿五 | 乙亥 | 建 | 亢 | 火 | 坎 | 热 | 心 | 汗 | 丙子 |
| 19 | 六 | 廿六 | 丙子 | 除 | 氐 | 水 | 艮 | 寒 | 肾 | 唾 | 戊子 |
| 20 | 日 | 廿七 | 丁丑 | 满 | 房 | 水 | 坤 | 寒 | 肾 | 唾 | 庚子 |
| 21 | 一 | 廿八 | 戊寅 | 平 | 心 | 土 | 乾 | 湿 | 脾 | 涎 | 壬子 |
| 22 | 二 | 廿九 | 己卯 | 定 | 尾 | 土 | 兑 | 湿 | 脾 | 涎 | 甲子 |
| 23 | 三 | 三十 | 庚辰 | 执 | 箕 | 金 | 离 | 燥 | 肺 | 涕 | 丙子 |
| 24 | 四 | 冬月 | 辛巳 | 破 | 斗 | 金 | 艮 | 燥 | 肺 | 涕 | 戊子 |
| 25 | 五 | 初二 | 壬午 | 危 | 牛 | 木 | 坤 | 风 | 肝 | 泪 | 庚子 |
| 26 | 六 | 初三 | 癸未 | 成 | 女 | 木 | 乾 | 风 | 肝 | 泪 | 壬子 |
| 27 | 日 | 初四 | 甲申 | 收 | 虚 | 水 | 兑 | 寒 | 肾 | 唾 | 甲子 |
| 28 | 一 | 初五 | 乙酉 | 开 | 危 | 水 | 离 | 寒 | 肾 | 唾 | 丙子 |
| 29 | 二 | 初六 | 丙戌 | 闭 | 室 | 土 | 震 | 湿 | 脾 | 涎 | 戊子 |
| 30 | 三 | 初七 | 丁亥 | 建 | 壁 | 土 | 巽 | 湿 | 脾 | 涎 | 庚子 |
| 31 | | | | | | | | | | | |

## 12月大

大雪　7日11时47分
冬至　22日05时48分

农历冬月(11月24日–12月22日)　月干支:壬子

| 公历 | 星期 | 农历 | 干支 | 日建 | 星宿 | 五行 | 八卦 | 五气 | 五脏 | 五汁 | 时辰 |
|---|---|---|---|---|---|---|---|---|---|---|---|
| 1 | 四 | 冬月 | 戊子 | 除 | 奎 | 火 | 坎 | 热 | 心 | 汗 | 壬子 |
| 2 | 五 | 初九 | 己丑 | 满 | 娄 | 火 | 艮 | 热 | 心 | 汗 | 甲子 |
| 3 | 六 | 初十 | 庚寅 | 平 | 胃 | 木 | 坤 | 风 | 肝 | 泪 | 丙子 |
| 4 | 日 | 十一 | 辛卯 | 定 | 昴 | 木 | 乾 | 风 | 肝 | 泪 | 戊子 |
| 5 | 一 | 十二 | 壬辰 | 执 | 毕 | 水 | 兑 | 寒 | 肾 | 唾 | 庚子 |
| 6 | 二 | 十三 | 癸巳 | 破 | 觜 | 水 | 离 | 寒 | 肾 | 唾 | 壬子 |
| 7 | 三 | 十四 | 甲午 | 破 | 参 | 金 | 震 | 燥 | 肺 | 涕 | 甲子 |
| 8 | 四 | 十五 | 乙未 | 危 | 井 | 金 | 巽 | 燥 | 肺 | 涕 | 丙子 |
| 9 | 五 | 十六 | 丙申 | 成 | 鬼 | 火 | 坎 | 热 | 心 | 汗 | 戊子 |
| 10 | 六 | 十七 | 丁酉 | 收 | 柳 | 火 | 艮 | 热 | 心 | 汗 | 庚子 |
| 11 | 日 | 十八 | 戊戌 | 开 | 星 | 土 | 坤 | 湿 | 脾 | 涎 | 壬子 |
| 12 | 一 | 十九 | 己亥 | 闭 | 张 | 土 | 乾 | 湿 | 脾 | 涎 | 甲子 |
| 13 | 二 | 二十 | 庚子 | 建 | 翼 | 金 | 兑 | 燥 | 肺 | 涕 | 丙子 |
| 14 | 三 | 廿一 | 辛丑 | 除 | 轸 | 金 | 离 | 燥 | 肺 | 涕 | 戊子 |
| 15 | 四 | 廿二 | 壬寅 | 满 | 角 | 金 | 震 | 燥 | 肺 | 涕 | 庚子 |
| 16 | 五 | 廿三 | 癸卯 | 平 | 亢 | 金 | 巽 | 燥 | 肺 | 涕 | 壬子 |
| 17 | 六 | 廿四 | 甲辰 | 定 | 氐 | 火 | 坎 | 热 | 心 | 汗 | 甲子 |
| 18 | 日 | 廿五 | 乙巳 | 执 | 房 | 火 | 艮 | 热 | 心 | 汗 | 丙子 |
| 19 | 一 | 廿六 | 丙午 | 破 | 心 | 水 | 坤 | 寒 | 肾 | 唾 | 戊子 |
| 20 | 二 | 廿七 | 丁未 | 危 | 尾 | 水 | 乾 | 寒 | 肾 | 唾 | 庚子 |
| 21 | 三 | 廿八 | 戊申 | 成 | 箕 | 土 | 兑 | 湿 | 脾 | 涎 | 壬子 |
| 22 | 四 | 廿九 | 己酉 | 收 | 斗 | 土 | 离 | 湿 | 脾 | 涎 | 甲子 |
| 23 | 五 | 腊月 | 庚戌 | 开 | 牛 | 金 | 震 | 燥 | 肺 | 涕 | 丙子 |
| 24 | 六 | 初二 | 辛亥 | 闭 | 女 | 金 | 巽 | 燥 | 肺 | 涕 | 戊子 |
| 25 | 日 | 初三 | 壬子 | 建 | 虚 | 木 | 坎 | 风 | 肝 | 泪 | 庚子 |
| 26 | 一 | 初四 | 癸丑 | 除 | 危 | 木 | 艮 | 风 | 肝 | 泪 | 壬子 |
| 27 | 二 | 初五 | 甲寅 | 满 | 室 | 水 | 坤 | 寒 | 肾 | 唾 | 甲子 |
| 28 | 三 | 初六 | 乙卯 | 平 | 壁 | 水 | 乾 | 寒 | 肾 | 唾 | 丙子 |
| 29 | 四 | 初七 | 丙辰 | 定 | 奎 | 土 | 兑 | 湿 | 脾 | 涎 | 戊子 |
| 30 | 五 | 初八 | 丁巳 | 执 | 娄 | 土 | 离 | 湿 | 脾 | 涎 | 庚子 |
| 31 | 六 | 初九 | 戊午 | 破 | 胃 | 火 | 艮 | 热 | 心 | 汗 | 壬子 |

# 公元2023年　　农历癸卯(兔)年(闰二月)

| 1月大 | 小寒　5日23时05分<br>大寒　20日16时30分 |
|---|---|

农历腊月(12月23日-1月21日)　月干支:癸丑

| 公历 | 星期 | 农历 | 干支 | 日建 | 星宿 | 五行 | 八卦 | 五气 | 五脏 | 五汁 | 时辰 |
|---|---|---|---|---|---|---|---|---|---|---|---|
| 1 | 日 | 腊月 | 己未 | 危 | 昂毕 | 火 | 乾 | 热 | 心 | 汗 | 甲子 |
| 2 | 一 | 十一 | 庚申 | 成 | 毕觜 | 木 | 兑 | 风 | 肝 | 泪 | 丙子 |
| 3 | 二 | 十二 | 辛酉 | 收 | 觜参 | 木 | 离 | 风 | 肝 | 泪 | 戊子 |
| 4 | 三 | 十三 | 壬戌 | 开 | 参井 | 水 | 震 | 寒 | 肾 | 唾 | 庚子 |
| 5 | 四 | 十四 | 癸亥 | 开 | 井 | 水 | 巽 | 寒 | 肾 | 唾 | 壬子 |
| 6 | 五 | 十五 | 甲子 | 闭 | 鬼柳 | 金 | 坎 | 燥 | 肺 | 涕 | 甲子 |
| 7 | 六 | 十六 | 乙丑 | 建 | 柳星 | 金 | 艮 | 燥 | 肺 | 涕 | 丙子 |
| 8 | 日 | 十七 | 丙寅 | 除 | 星张 | 火 | 坤 | 热 | 心 | 汗 | 戊子 |
| 9 | 一 | 十八 | 丁卯 | 满 | 张翼 | 火 | 乾 | 热 | 心 | 汗 | 庚子 |
| 10 | 二 | 十九 | 戊辰 | 平 | 翼 | 木 | 兑 | 风 | 肝 | 泪 | 壬子 |
| 11 | 三 | 二十 | 己巳 | 定 | 轸角 | 木 | 离 | 风 | 肝 | 泪 | 甲子 |
| 12 | 四 | 廿一 | 庚午 | 执 | 角亢 | 土 | 震 | 湿 | 脾 | 涎 | 丙子 |
| 13 | 五 | 廿二 | 辛未 | 破 | 亢氐 | 土 | 巽 | 湿 | 脾 | 涎 | 戊子 |
| 14 | 六 | 廿三 | 壬申 | 危 | 氐房 | 金 | 坎 | 燥 | 肺 | 涕 | 庚子 |
| 15 | 日 | 廿四 | 癸酉 | 成 | 房 | 金 | 艮 | 燥 | 肺 | 涕 | 壬子 |
| 16 | 一 | 廿五 | 甲戌 | 收 | 心尾 | 火 | 坤 | 热 | 心 | 汗 | 甲子 |
| 17 | 二 | 廿六 | 乙亥 | 开 | 尾箕 | 火 | 乾 | 热 | 心 | 汗 | 丙子 |
| 18 | 三 | 廿七 | 丙子 | 闭 | 箕斗 | 水 | 兑 | 寒 | 肾 | 唾 | 戊子 |
| 19 | 四 | 廿八 | 丁丑 | 建 | 斗牛 | 水 | 离 | 寒 | 肾 | 唾 | 庚子 |
| 20 | 五 | 廿九 | 戊寅 | 除 | 牛 | 土 | 震 | 湿 | 脾 | 涎 | 壬子 |
| 21 | 六 | 三十 | 己卯 | 满 | 女 | 土 | 巽 | 湿 | 脾 | 涎 | 甲子 |
| 22 | 日 | 正月 | 庚辰 | 平 | 虚 | 金 | 坎 | 燥 | 肺 | 涕 | 丙子 |
| 23 | 一 | 初二 | 辛巳 | 定 | 危 | 金 | 艮 | 燥 | 肺 | 涕 | 戊子 |
| 24 | 二 | 初三 | 壬午 | 执 | 室 | 木 | 坤 | 风 | 肝 | 泪 | 庚子 |
| 25 | 三 | 初四 | 癸未 | 破 | 壁 | 木 | 乾 | 风 | 肝 | 泪 | 壬子 |
| 26 | 四 | 初五 | 甲申 | 危 | 奎 | 水 | 兑 | 寒 | 肾 | 唾 | 甲子 |
| 27 | 五 | 初六 | 乙酉 | 成 | 娄 | 水 | 离 | 寒 | 肾 | 唾 | 丙子 |
| 28 | 六 | 初七 | 丙戌 | 收 | 胃 | 土 | 震 | 湿 | 脾 | 涎 | 戊子 |
| 29 | 日 | 初八 | 丁亥 | 开 | 昴毕 | 土 | 巽 | 湿 | 脾 | 涎 | 庚子 |
| 30 | 一 | 初九 | 戊子 | 闭 | 毕觜 | 火 | 坎 | 热 | 心 | 汗 | 壬子 |
| 31 | 二 | 初十 | 己丑 | 建 | 觜 | 火 | 艮 | 热 | 心 | 汗 | 甲子 |

| 2月平 | 立春　4日10时43分<br>雨水　19日06时35分 |
|---|---|

农历正月(1月22日-2月19日)　月干支:甲寅

| 公历 | 星期 | 农历 | 干支 | 日建 | 星宿 | 五行 | 八卦 | 五气 | 五脏 | 五汁 | 时辰 |
|---|---|---|---|---|---|---|---|---|---|---|---|
| 1 | 三 | 正月 | 庚寅 | 除 | 参井 | 木 | 坤 | 风 | 肝 | 泪 | 丙子 |
| 2 | 四 | 十二 | 辛卯 | 满 | 井鬼 | 木 | 乾 | 风 | 肝 | 泪 | 戊子 |
| 3 | 五 | 十三 | 壬辰 | 平 | 鬼柳 | 水 | 兑 | 寒 | 肾 | 唾 | 庚子 |
| 4 | 六 | 十四 | 癸巳 | 平 | 柳星 | 水 | 离 | 寒 | 肾 | 唾 | 壬子 |
| 5 | 日 | 十五 | 甲午 | 定 | 星 | 金 | 震 | 燥 | 肺 | 涕 | 甲子 |
| 6 | 一 | 十六 | 乙未 | 执 | 张翼 | 金 | 巽 | 燥 | 肺 | 涕 | 丙子 |
| 7 | 二 | 十七 | 丙申 | 破 | 翼轸 | 火 | 坎 | 热 | 心 | 汗 | 戊子 |
| 8 | 三 | 十八 | 丁酉 | 危 | 轸角 | 火 | 艮 | 热 | 心 | 汗 | 庚子 |
| 9 | 四 | 十九 | 戊戌 | 成 | 角亢 | 木 | 坤 | 风 | 肝 | 泪 | 壬子 |
| 10 | 五 | 二十 | 己亥 | 收 | 亢 | 木 | 乾 | 风 | 肝 | 泪 | 甲子 |
| 11 | 六 | 廿一 | 庚子 | 开 | 氐房 | 土 | 兑 | 湿 | 脾 | 涎 | 丙子 |
| 12 | 日 | 廿二 | 辛丑 | 闭 | 房心 | 土 | 离 | 湿 | 脾 | 涎 | 戊子 |
| 13 | 一 | 廿三 | 壬寅 | 建 | 心尾 | 金 | 震 | 燥 | 肺 | 涕 | 庚子 |
| 14 | 二 | 廿四 | 癸卯 | 除 | 尾箕 | 金 | 巽 | 燥 | 肺 | 涕 | 壬子 |
| 15 | 三 | 廿五 | 甲辰 | 满 | 箕 | 火 | 坎 | 热 | 心 | 汗 | 甲子 |
| 16 | 四 | 廿六 | 乙巳 | 平 | 斗牛 | 火 | 艮 | 热 | 心 | 汗 | 丙子 |
| 17 | 五 | 廿七 | 丙午 | 定 | 牛女 | 水 | 坤 | 寒 | 肾 | 唾 | 戊子 |
| 18 | 六 | 廿八 | 丁未 | 执 | 女虚 | 水 | 乾 | 寒 | 肾 | 唾 | 庚子 |
| 19 | 日 | 廿九 | 戊申 | 破 | 虚危 | 土 | 兑 | 湿 | 脾 | 涎 | 壬子 |
| 20 | 一 | 二月 | 己酉 | 危 | 危 | 土 | 离 | 湿 | 脾 | 涎 | 甲子 |
| 21 | 二 | 初二 | 庚戌 | 成 | 室壁 | 金 | 震 | 燥 | 肺 | 涕 | 丙子 |
| 22 | 三 | 初三 | 辛亥 | 收 | 壁奎 | 金 | 巽 | 燥 | 肺 | 涕 | 戊子 |
| 23 | 四 | 初四 | 壬子 | 开 | 奎娄 | 木 | 坎 | 风 | 肝 | 泪 | 庚子 |
| 24 | 五 | 初五 | 癸丑 | 闭 | 娄胃 | 木 | 艮 | 风 | 肝 | 泪 | 壬子 |
| 25 | 六 | 初六 | 甲寅 | 建 | 胃 | 水 | 坤 | 寒 | 肾 | 唾 | 甲子 |
| 26 | 日 | 初七 | 乙卯 | 除 | 昴毕 | 水 | 巽 | 寒 | 肾 | 唾 | 丙子 |
| 27 | 一 | 初八 | 丙辰 | 满 | 毕觜 | 土 | 坎 | 湿 | 脾 | 涎 | 戊子 |
| 28 | 二 | 初九 | 丁巳 | 平 | 觜 | 土 | 艮 | 湿 | 脾 | 涎 | 庚子 |

# 公元2023年　　农历癸卯(兔)年(闰二月)

## 3月大

惊蛰　6日04时37分　　春分　21日05时25分

农历二月(2月20日-3月21日)　月干支:乙卯

| 公历 | 星期 | 农历 | 干支 | 日建 | 星宿 | 五行 | 八卦 | 五气 | 五脏 | 五汁 | 时辰 |
|---|---|---|---|---|---|---|---|---|---|---|---|
| 1 | 三 | 二月 | 戊午 | 定 | 参 | 火 | 坤 | 热 | 心 | 汗 | 壬子 |
| 2 | 四 | 十一 | 己未 | 执 | 井 | 火 | 乾 | 热 | 心 | 汗 | 甲子 |
| 3 | 五 | 十二 | 庚申 | 破 | 鬼 | 木 | 兑 | 风 | 肝 | 泪 | 丙子 |
| 4 | 六 | 十三 | 辛酉 | 危 | 柳 | 木 | 离 | 风 | 肝 | 泪 | 戊子 |
| 5 | 日 | 十四 | 壬戌 | 成 | 星 | 水 | 震 | 寒 | 肾 | 唾 | 庚子 |
| 6 | 一 | 十五 | 癸亥 | 成 | 张 | 水 | 巽 | 寒 | 肾 | 唾 | 壬子 |
| 7 | 二 | 十六 | 甲子 | 收 | 翼 | 金 | 坎 | 燥 | 肺 | 涕 | 甲子 |
| 8 | 三 | 十七 | 乙丑 | 开 | 轸 | 金 | 艮 | 燥 | 肺 | 涕 | 丙子 |
| 9 | 四 | 十八 | 丙寅 | 闭 | 角 | 火 | 乾 | 热 | 心 | 汗 | 戊子 |
| 10 | 五 | 十九 | 丁卯 | 建 | 亢 | 火 | 离 | 热 | 心 | 汗 | 庚子 |
| 11 | 六 | 二十 | 戊辰 | 除 | 氐 | 木 | 震 | 风 | 肝 | 泪 | 壬子 |
| 12 | 日 | 廿一 | 己巳 | 满 | 房 | 木 | 巽 | 风 | 肝 | 泪 | 甲子 |
| 13 | 一 | 廿二 | 庚午 | 平 | 心 | 土 | 坎 | 湿 | 脾 | 涎 | 丙子 |
| 14 | 二 | 廿三 | 辛未 | 定 | 尾 | 土 | 艮 | 湿 | 脾 | 涎 | 戊子 |
| 15 | 三 | 廿四 | 壬申 | 执 | 箕 | 金 | 坤 | 燥 | 肺 | 涕 | 庚子 |
| 16 | 四 | 廿五 | 癸酉 | 破 | 斗 | 金 | 乾 | 燥 | 肺 | 涕 | 壬子 |
| 17 | 五 | 廿六 | 甲戌 | 危 | 牛 | 火 | 兑 | 热 | 心 | 汗 | 甲子 |
| 18 | 六 | 廿七 | 乙亥 | 成 | 女 | 火 | 离 | 热 | 心 | 汗 | 丙子 |
| 19 | 日 | 廿八 | 丙子 | 收 | 虚 | 水 | 震 | 寒 | 肾 | 唾 | 戊子 |
| 20 | 一 | 廿九 | 丁丑 | 开 | 危 | 水 | 巽 | 寒 | 肾 | 唾 | 庚子 |
| 21 | 二 | 三十 | 戊寅 | 闭 | 室 | 土 | 坎 | 湿 | 脾 | 涎 | 壬子 |
| 22 | 三 | 闰二 | 己卯 | 建 | 壁 | 土 | 艮 | 湿 | 脾 | 涎 | 甲子 |
| 23 | 四 | 初二 | 庚辰 | 除 | 奎 | 金 | 坤 | 燥 | 肺 | 涕 | 丙子 |
| 24 | 五 | 初三 | 辛巳 | 满 | 娄 | 金 | 乾 | 燥 | 肺 | 涕 | 戊子 |
| 25 | 六 | 初四 | 壬午 | 平 | 胃 | 木 | 兑 | 风 | 肝 | 泪 | 庚子 |
| 26 | 日 | 初五 | 癸未 | 定 | 昴 | 木 | 离 | 风 | 肝 | 泪 | 壬子 |
| 27 | 一 | 初六 | 甲申 | 执 | 毕 | 水 | 震 | 寒 | 肾 | 唾 | 甲子 |
| 28 | 二 | 初七 | 乙酉 | 破 | 觜 | 水 | 巽 | 寒 | 肾 | 唾 | 丙子 |
| 29 | 三 | 初八 | 丙戌 | 危 | 参 | 土 | 坎 | 湿 | 脾 | 涎 | 戊子 |
| 30 | 四 | 初九 | 丁亥 | 成 | 井 | 土 | 艮 | 湿 | 脾 | 涎 | 庚子 |
| 31 | 五 | 初十 | 戊子 | 收 | 鬼 | 火 | 坤 | 热 | 心 | 汗 | 壬子 |

## 4月小

清明　5日09时14分　　谷雨　20日16时14分

农历闰二月(3月22日-4月19日)　月干支:乙卯

| 公历 | 星期 | 农历 | 干支 | 日建 | 星宿 | 五行 | 八卦 | 五气 | 五脏 | 五汁 | 时辰 |
|---|---|---|---|---|---|---|---|---|---|---|---|
| 1 | 六 | 闰二 | 己丑 | 开 | 柳 | 火 | 乾 | 热 | 心 | 汗 | 甲子 |
| 2 | 日 | 十二 | 庚寅 | 闭 | 星 | 木 | 兑 | 风 | 肝 | 泪 | 丙子 |
| 3 | 一 | 十三 | 辛卯 | 建 | 张 | 木 | 离 | 风 | 肝 | 泪 | 戊子 |
| 4 | 二 | 十四 | 壬辰 | 除 | 翼 | 水 | 震 | 寒 | 肾 | 唾 | 庚子 |
| 5 | 三 | 十五 | 癸巳 | 除 | 轸 | 水 | 巽 | 寒 | 肾 | 唾 | 壬子 |
| 6 | 四 | 十六 | 甲午 | 满 | 角 | 金 | 坎 | 燥 | 肺 | 涕 | 甲子 |
| 7 | 五 | 十七 | 乙未 | 平 | 亢 | 金 | 艮 | 燥 | 肺 | 涕 | 丙子 |
| 8 | 六 | 十八 | 丙申 | 定 | 氐 | 火 | 乾 | 热 | 心 | 汗 | 戊子 |
| 9 | 日 | 十九 | 丁酉 | 执 | 房 | 火 | 离 | 热 | 心 | 汗 | 庚子 |
| 10 | 一 | 二十 | 戊戌 | 破 | 心 | 木 | 震 | 风 | 肝 | 泪 | 壬子 |
| 11 | 二 | 廿一 | 己亥 | 危 | 尾 | 木 | 巽 | 风 | 肝 | 泪 | 甲子 |
| 12 | 三 | 廿二 | 庚子 | 成 | 箕 | 土 | 坎 | 湿 | 脾 | 涎 | 丙子 |
| 13 | 四 | 廿三 | 辛丑 | 收 | 斗 | 土 | 艮 | 湿 | 脾 | 涎 | 戊子 |
| 14 | 五 | 廿四 | 壬寅 | 开 | 牛 | 金 | 乾 | 燥 | 肺 | 涕 | 庚子 |
| 15 | 六 | 廿五 | 癸卯 | 闭 | 女 | 金 | 离 | 燥 | 肺 | 涕 | 壬子 |
| 16 | 日 | 廿六 | 甲辰 | 建 | 虚 | 火 | 坤 | 热 | 心 | 汗 | 甲子 |
| 17 | 一 | 廿七 | 乙巳 | 除 | 危 | 火 | 乾 | 热 | 心 | 汗 | 丙子 |
| 18 | 二 | 廿八 | 丙午 | 满 | 室 | 水 | 兑 | 寒 | 肾 | 唾 | 戊子 |
| 19 | 三 | 廿九 | 丁未 | 平 | 壁 | 水 | 离 | 寒 | 肾 | 唾 | 庚子 |
| 20 | 四 | 三月 | 戊申 | 定 | 奎 | 土 | 坤 | 湿 | 脾 | 涎 | 壬子 |
| 21 | 五 | 初二 | 己酉 | 执 | 娄 | 土 | 乾 | 湿 | 脾 | 涎 | 甲子 |
| 22 | 六 | 初三 | 庚戌 | 破 | 胃 | 金 | 兑 | 燥 | 肺 | 涕 | 丙子 |
| 23 | 日 | 初四 | 辛亥 | 危 | 昴 | 金 | 离 | 燥 | 肺 | 涕 | 戊子 |
| 24 | 一 | 初五 | 壬子 | 成 | 毕 | 木 | 震 | 风 | 肝 | 泪 | 庚子 |
| 25 | 二 | 初六 | 癸丑 | 收 | 觜 | 木 | 巽 | 风 | 肝 | 泪 | 壬子 |
| 26 | 三 | 初七 | 甲寅 | 开 | 参 | 水 | 坎 | 寒 | 肾 | 唾 | 甲子 |
| 27 | 四 | 初八 | 乙卯 | 闭 | 井 | 水 | 艮 | 寒 | 肾 | 唾 | 丙子 |
| 28 | 五 | 初九 | 丙辰 | 建 | 鬼 | 土 | 乾 | 湿 | 脾 | 涎 | 戊子 |
| 29 | 六 | 初十 | 丁巳 | 除 | 柳 | 土 | 离 | 湿 | 脾 | 涎 | 庚子 |
| 30 | 日 | 十一 | 戊午 | 满 | 星 | 火 | 坤 | 热 | 心 | 汗 | 壬子 |

# 公元2023年　　农历癸卯(兔)年(闰二月)

## 5月大　　立夏 6日02时19分　小满 21日15时10分
农历三月(4月20日－5月18日)　月干支:丙辰

| 公历 | 星期 | 农历 | 干支 | 日建 | 星宿 | 五行 | 八卦 | 五气 | 五脏 | 五汁 | 时辰 |
|---|---|---|---|---|---|---|---|---|---|---|---|
| 1 | 一 | 三月 | 己未 | 平 | 张 | 火 | 离 | 热 | 心 | 汗 | 甲子 |
| 2 | 二 | 十三 | 庚申 | 定 | 翼 | 木 | 震 | 风 | 肝 | 泪 | 丙子 |
| 3 | 三 | 十四 | 辛酉 | 执 | 轸 | 木 | 巽 | 风 | 肝 | 泪 | 戊子 |
| 4 | 四 | 十五 | 壬戌 | 破 | 角 | 水 | 坎 | 寒 | 肾 | 唾 | 庚子 |
| 5 | 五 | 十六 | 癸亥 | 危 | 亢 | 水 | 艮 | 寒 | 肾 | 唾 | 壬子 |
| 6 | 六 | 十七 | 甲子 | 危 | 氐 | 金 | 坤 | 燥 | 肺 | 涕 | 甲子 |
| 7 | 日 | 十八 | 乙丑 | 成 | 房 | 金 | 乾 | 燥 | 肺 | 涕 | 丙子 |
| 8 | 一 | 十九 | 丙寅 | 收 | 心 | 火 | 兑 | 热 | 心 | 汗 | 戊子 |
| 9 | 二 | 二十 | 丁卯 | 开 | 尾 | 火 | 离 | 热 | 心 | 汗 | 庚子 |
| 10 | 三 | 廿一 | 戊辰 | 闭 | 箕 | 木 | 震 | 风 | 肝 | 泪 | 壬子 |
| 11 | 四 | 廿二 | 己巳 | 建 | 斗 | 木 | 巽 | 风 | 肝 | 泪 | 甲子 |
| 12 | 五 | 廿三 | 庚午 | 除 | 牛 | 土 | 坎 | 湿 | 脾 | 涎 | 丙子 |
| 13 | 六 | 廿四 | 辛未 | 满 | 女 | 土 | 艮 | 湿 | 脾 | 涎 | 戊子 |
| 14 | 日 | 廿五 | 壬申 | 平 | 虚 | 金 | 坤 | 燥 | 肺 | 涕 | 庚子 |
| 15 | 一 | 廿六 | 癸酉 | 定 | 危 | 金 | 乾 | 燥 | 肺 | 涕 | 壬子 |
| 16 | 二 | 廿七 | 甲戌 | 执 | 室 | 火 | 兑 | 热 | 心 | 汗 | 甲子 |
| 17 | 三 | 廿八 | 乙亥 | 破 | 壁 | 火 | 离 | 热 | 心 | 汗 | 丙子 |
| 18 | 四 | 廿九 | 丙子 | 危 | 奎 | 水 | 震 | 寒 | 肾 | 唾 | 戊子 |
| 19 | 五 | 四月 | 丁丑 | 成 | 娄 | 水 | 巽 | 寒 | 肾 | 唾 | 庚子 |
| 20 | 六 | 初二 | 戊寅 | 收 | 胃 | 土 | 坎 | 湿 | 脾 | 涎 | 壬子 |
| 21 | 日 | 初三 | 己卯 | 开 | 昴 | 土 | 艮 | 湿 | 脾 | 涎 | 甲子 |
| 22 | 一 | 初四 | 庚辰 | 闭 | 毕 | 金 | 坤 | 燥 | 肺 | 涕 | 丙子 |
| 23 | 二 | 初五 | 辛巳 | 建 | 觜 | 金 | 乾 | 燥 | 肺 | 涕 | 戊子 |
| 24 | 三 | 初六 | 壬午 | 除 | 参 | 木 | 兑 | 风 | 肝 | 泪 | 庚子 |
| 25 | 四 | 初七 | 癸未 | 满 | 井 | 木 | 离 | 风 | 肝 | 泪 | 壬子 |
| 26 | 五 | 初八 | 甲申 | 平 | 鬼 | 水 | 震 | 寒 | 肾 | 唾 | 甲子 |
| 27 | 六 | 初九 | 乙酉 | 定 | 柳 | 水 | 巽 | 寒 | 肾 | 唾 | 丙子 |
| 28 | 日 | 初十 | 丙戌 | 执 | 星 | 土 | 坎 | 湿 | 脾 | 涎 | 戊子 |
| 29 | 一 | 十一 | 丁亥 | 破 | 张 | 土 | 艮 | 湿 | 脾 | 涎 | 庚子 |
| 30 | 二 | 十二 | 戊子 | 危 | 翼 | 火 | 坤 | 热 | 心 | 汗 | 壬子 |
| 31 | 三 | 十三 | 己丑 | 成 | 轸 | 火 | 乾 | 热 | 心 | 汗 | 甲子 |

## 6月小　　芒种 6日06时19分　夏至 21日22时58分
农历四月(5月19日－6月17日)　月干支:丁巳

| 公历 | 星期 | 农历 | 干支 | 日建 | 星宿 | 五行 | 八卦 | 五气 | 五脏 | 五汁 | 时辰 |
|---|---|---|---|---|---|---|---|---|---|---|---|
| 1 | 四 | 四月 | 庚寅 | 收 | 角 | 木 | 兑 | 风 | 肝 | 泪 | 丙子 |
| 2 | 五 | 十五 | 辛卯 | 开 | 亢 | 木 | 离 | 风 | 肝 | 泪 | 戊子 |
| 3 | 六 | 十六 | 壬辰 | 闭 | 氐 | 水 | 震 | 寒 | 肾 | 唾 | 庚子 |
| 4 | 日 | 十七 | 癸巳 | 建 | 房 | 水 | 巽 | 寒 | 肾 | 唾 | 壬子 |
| 5 | 一 | 十八 | 甲午 | 除 | 心 | 金 | 坎 | 燥 | 肺 | 涕 | 甲子 |
| 6 | 二 | 十九 | 乙未 | 除 | 尾 | 金 | 艮 | 燥 | 肺 | 涕 | 丙子 |
| 7 | 三 | 二十 | 丙申 | 满 | 箕 | 火 | 坤 | 热 | 心 | 汗 | 戊子 |
| 8 | 四 | 廿一 | 丁酉 | 平 | 斗 | 火 | 乾 | 热 | 心 | 汗 | 庚子 |
| 9 | 五 | 廿二 | 戊戌 | 定 | 牛 | 木 | 兑 | 风 | 肝 | 泪 | 壬子 |
| 10 | 六 | 廿三 | 己亥 | 执 | 女 | 木 | 离 | 风 | 肝 | 泪 | 甲子 |
| 11 | 日 | 廿四 | 庚子 | 破 | 虚 | 土 | 震 | 湿 | 脾 | 涎 | 丙子 |
| 12 | 一 | 廿五 | 辛丑 | 危 | 危 | 土 | 巽 | 湿 | 脾 | 涎 | 戊子 |
| 13 | 二 | 廿六 | 壬寅 | 成 | 室 | 金 | 坎 | 燥 | 肺 | 涕 | 庚子 |
| 14 | 三 | 廿七 | 癸卯 | 收 | 壁 | 金 | 艮 | 燥 | 肺 | 涕 | 壬子 |
| 15 | 四 | 廿八 | 甲辰 | 开 | 奎 | 火 | 坤 | 热 | 心 | 汗 | 甲子 |
| 16 | 五 | 廿九 | 乙巳 | 闭 | 娄 | 火 | 乾 | 热 | 心 | 汗 | 丙子 |
| 17 | 六 | 三十 | 丙午 | 建 | 胃 | 水 | 兑 | 寒 | 肾 | 唾 | 戊子 |
| 18 | 日 | 五月 | 丁未 | 除 | 昴 | 水 | 离 | 寒 | 肾 | 唾 | 庚子 |
| 19 | 一 | 初二 | 戊申 | 满 | 毕 | 土 | 震 | 湿 | 脾 | 涎 | 壬子 |
| 20 | 二 | 初三 | 己酉 | 平 | 觜 | 土 | 巽 | 湿 | 脾 | 涎 | 甲子 |
| 21 | 三 | 初四 | 庚戌 | 定 | 参 | 金 | 坎 | 燥 | 肺 | 涕 | 丙子 |
| 22 | 四 | 初五 | 辛亥 | 执 | 井 | 金 | 艮 | 燥 | 肺 | 涕 | 戊子 |
| 23 | 五 | 初六 | 壬子 | 破 | 鬼 | 木 | 坤 | 风 | 肝 | 泪 | 庚子 |
| 24 | 六 | 初七 | 癸丑 | 危 | 柳 | 木 | 乾 | 风 | 肝 | 泪 | 壬子 |
| 25 | 日 | 初八 | 甲寅 | 成 | 星 | 水 | 兑 | 寒 | 肾 | 唾 | 甲子 |
| 26 | 一 | 初九 | 乙卯 | 收 | 张 | 水 | 离 | 寒 | 肾 | 唾 | 丙子 |
| 27 | 二 | 初十 | 丙辰 | 开 | 翼 | 土 | 震 | 湿 | 脾 | 涎 | 戊子 |
| 28 | 三 | 十一 | 丁巳 | 闭 | 轸 | 土 | 巽 | 湿 | 脾 | 涎 | 庚子 |
| 29 | 四 | 十二 | 戊午 | 建 | 角 | 火 | 坎 | 热 | 心 | 汗 | 壬子 |
| 30 | 五 | 十三 | 己未 | 除 | 亢 | 火 | 艮 | 热 | 心 | 汗 | 甲子 |

154

# 公元2023年　农历癸卯(兔)年(闰二月)

## 7月大

小暑　7日16时31分　　大暑　23日09时51分

农历五月(6月18日–7月17日)　　月干支:戊午

| 公历 | 星期 | 农历 | 干支 | 日建 | 星宿 | 五行 | 八卦 | 五气 | 五脏 | 五汁 | 时辰 |
|---|---|---|---|---|---|---|---|---|---|---|---|
| 1 | 六 | **五月** 十四 | 庚申 | 满 | 氐 | 木 | 艮 | 风 | 肝 | 泪 | 丙子 |
| 2 | 日 | 十五 | 辛酉 | 平 | 房 | 木 | 坤 | 风 | 肝 | 泪 | 戊子 |
| 3 | 一 | 十六 | 壬戌 | 定 | 心 | 水 | 乾 | 寒 | 肾 | 唾 | 庚子 |
| 4 | 二 | 十七 | 癸亥 | 执 | 尾 | 水 | 兑 | 寒 | 肾 | 唾 | 壬子 |
| 5 | 三 | 十八 | 甲子 | 破 | 箕 | 金 | 离 | 燥 | 肺 | 涕 | 甲子 |
| 6 | 四 | 十九 | 乙丑 | 危 | 斗 | 金 | 震 | 燥 | 肺 | 涕 | 丙子 |
| 7 | 五 | 二十 | 丙寅 | 成 | 牛 | 火 | 巽 | 热 | 心 | 汗 | 戊子 |
| 8 | 六 | 廿一 | 丁卯 | 收 | 女 | 火 | 坎 | 热 | 心 | 汗 | 庚子 |
| 9 | 日 | 廿二 | 戊辰 | 开 | 虚 | 木 | 艮 | 风 | 肝 | 泪 | 壬子 |
| 10 | 一 | 廿三 | 己巳 | 闭 | 危 | 木 | 坤 | 风 | 肝 | 泪 | 甲子 |
| 11 | 二 | 廿四 | 庚午 | 建 | 室 | 土 | 乾 | 湿 | 脾 | 涎 | 丙子 |
| 12 | 三 | 廿五 | 辛未 | 除 | 壁 | 土 | 兑 | 湿 | 脾 | 涎 | 戊子 |
| 13 | 四 | 廿六 | 壬申 | 满 | 奎 | 金 | 离 | 燥 | 肺 | 涕 | 庚子 |
| 14 | 五 | 廿七 | 癸酉 | 平 | 娄 | 金 | 震 | 燥 | 肺 | 涕 | 壬子 |
| 15 | 六 | 廿八 | 甲戌 | 定 | 胃 | 火 | 巽 | 热 | 心 | 汗 | 甲子 |
| 16 | 日 | 廿九 | 乙亥 | 执 | 昴 | 火 | 坎 | 热 | 心 | 汗 | 丙子 |
| 17 | 一 | 三十 | 丙子 | 破 | 毕 | 水 | 艮 | 寒 | 肾 | 唾 | 戊子 |
| 18 | 二 | **六月** 初一 | 丁丑 | 危 | 觜 | 水 | 坤 | 寒 | 肾 | 唾 | 庚子 |
| 19 | 三 | 初二 | 戊寅 | 成 | 参 | 土 | 乾 | 湿 | 脾 | 涎 | 壬子 |
| 20 | 四 | 初三 | 己卯 | 收 | 井 | 土 | 兑 | 湿 | 脾 | 涎 | 甲子 |
| 21 | 五 | 初四 | 庚辰 | 开 | 鬼 | 金 | 离 | 燥 | 肺 | 涕 | 丙子 |
| 22 | 六 | 初五 | 辛巳 | 闭 | 柳 | 金 | 震 | 燥 | 肺 | 涕 | 戊子 |
| 23 | 日 | 初六 | 壬午 | 建 | 星 | 木 | 巽 | 风 | 肝 | 泪 | 庚子 |
| 24 | 一 | 初七 | 癸未 | 除 | 张 | 木 | 坎 | 风 | 肝 | 泪 | 壬子 |
| 25 | 二 | 初八 | 甲申 | 满 | 翼 | 水 | 艮 | 寒 | 肾 | 唾 | 甲子 |
| 26 | 三 | 初九 | 乙酉 | 平 | 轸 | 水 | 坤 | 寒 | 肾 | 唾 | 丙子 |
| 27 | 四 | 初十 | 丙戌 | 定 | 角 | 土 | 乾 | 湿 | 脾 | 涎 | 戊子 |
| 28 | 五 | 十一 | 丁亥 | 执 | 亢 | 土 | 兑 | 湿 | 脾 | 涎 | 庚子 |
| 29 | 六 | 十二 | 戊子 | 破 | 氐 | 火 | 离 | 热 | 心 | 汗 | 壬子 |
| 30 | 日 | 十三 | 己丑 | 危 | 房 | 火 | 震 | 热 | 心 | 汗 | 甲子 |
| 31 | 一 | 十四 | 庚寅 | 成 | 心 | 木 | 巽 | 风 | 肝 | 泪 | 丙子 |

## 8月大

立秋　8日02时23分　　处暑　23日17时02分

农历六月(7月18日–8月15日)　　月干支:己未

| 公历 | 星期 | 农历 | 干支 | 日建 | 星宿 | 五行 | 八卦 | 五气 | 五脏 | 五汁 | 时辰 |
|---|---|---|---|---|---|---|---|---|---|---|---|
| 1 | 二 | **六月** 十五 | 辛卯 | 成 | 尾 | 水 | 坎 | 寒 | 肾 | 唾 | 戊子 |
| 2 | 三 | 十六 | 壬辰 | 收 | 箕 | 水 | 艮 | 寒 | 肾 | 唾 | 庚子 |
| 3 | 四 | 十七 | 癸巳 | 开 | 斗 | 金 | 坤 | 燥 | 肺 | 涕 | 壬子 |
| 4 | 五 | 十八 | 甲午 | 闭 | 牛 | 金 | 乾 | 燥 | 肺 | 涕 | 甲子 |
| 5 | 六 | 十九 | 乙未 | 建 | 女 | 火 | 兑 | 热 | 心 | 汗 | 丙子 |
| 6 | 日 | 二十 | 丙申 | 除 | 虚 | 火 | 离 | 热 | 心 | 汗 | 戊子 |
| 7 | 一 | 廿一 | 丁酉 | 满 | 危 | 木 | 震 | 风 | 肝 | 泪 | 庚子 |
| 8 | 二 | 廿二 | 戊戌 | 满 | 室 | 木 | 巽 | 风 | 肝 | 泪 | 壬子 |
| 9 | 三 | 廿三 | 己亥 | 平 | 壁 | 土 | 坎 | 湿 | 脾 | 涎 | 甲子 |
| 10 | 四 | 廿四 | 庚子 | 定 | 奎 | 土 | 艮 | 湿 | 脾 | 涎 | 丙子 |
| 11 | 五 | 廿五 | 辛丑 | 执 | 娄 | 金 | 坤 | 燥 | 肺 | 涕 | 戊子 |
| 12 | 六 | 廿六 | 壬寅 | 破 | 胃 | 金 | 乾 | 燥 | 肺 | 涕 | 庚子 |
| 13 | 日 | 廿七 | 癸卯 | 危 | 昴 | 火 | 兑 | 热 | 心 | 汗 | 壬子 |
| 14 | 一 | 廿八 | 甲辰 | 成 | 毕 | 火 | 离 | 热 | 心 | 汗 | 甲子 |
| 15 | 二 | 廿九 | 乙巳 | 收 | 觜 | 水 | 震 | 寒 | 肾 | 唾 | 丙子 |
| 16 | 三 | **七月** 初一 | 丙午 | 开 | 参 | 水 | 巽 | 寒 | 肾 | 唾 | 戊子 |
| 17 | 四 | 初二 | 丁未 | 闭 | 井 | 土 | 坎 | 湿 | 脾 | 涎 | 庚子 |
| 18 | 五 | 初三 | 戊申 | 建 | 鬼 | 土 | 艮 | 湿 | 脾 | 涎 | 壬子 |
| 19 | 六 | 初四 | 己酉 | 除 | 柳 | 金 | 坤 | 燥 | 肺 | 涕 | 甲子 |
| 20 | 日 | 初五 | 庚戌 | 满 | 星 | 金 | 乾 | 燥 | 肺 | 涕 | 丙子 |
| 21 | 一 | 初六 | 辛亥 | 平 | 张 | 木 | 兑 | 风 | 肝 | 泪 | 戊子 |
| 22 | 二 | 初七 | 壬子 | 定 | 翼 | 木 | 离 | 风 | 肝 | 泪 | 庚子 |
| 23 | 三 | 初八 | 癸丑 | 执 | 轸 | 水 | 震 | 寒 | 肾 | 唾 | 壬子 |
| 24 | 四 | 初九 | 甲寅 | 破 | 角 | 水 | 巽 | 寒 | 肾 | 唾 | 甲子 |
| 25 | 五 | 初十 | 乙卯 | 危 | 亢 | 土 | 坎 | 湿 | 脾 | 涎 | 丙子 |
| 26 | 六 | 十一 | 丙辰 | 成 | 氐 | 土 | 艮 | 湿 | 脾 | 涎 | 戊子 |
| 27 | 日 | 十二 | 丁巳 | 收 | 房 | 火 | 坤 | 热 | 心 | 汗 | 庚子 |
| 28 | 一 | 十三 | 戊午 | 开 | 心 | 火 | 乾 | 热 | 心 | 汗 | 壬子 |
| 29 | 二 | 十四 | 己未 | 闭 | 尾 | 木 | 兑 | 风 | 肝 | 泪 | 甲子 |
| 30 | 三 | 十五 | 庚申 | 建 | 箕 | 木 | 离 | 风 | 肝 | 泪 | 丙子 |
| 31 | 四 | 十六 | 辛酉 | 除 | 斗 | 水 | 震 | 寒 | 肾 | 唾 | 戊子 |

# 公元2023年　　农历癸卯(兔)年(闰二月)

## 9月小
白露　8日05时27分
秋分　23日14时50分

农历七月(8月16日-9月14日)　月干支:庚申

| 公历 | 星期 | 农历 | 干支 | 日建 | 星宿 | 五行 | 八卦 | 五气 | 五脏 | 五汁 | 时辰 |
|---|---|---|---|---|---|---|---|---|---|---|---|
| 1 | 五 | 七月 | 壬戌 | 满 | 牛 | 水 | 震 | 寒 | 肾 | 唾 | 庚子 |
| 2 | 六 | 十八 | 癸亥 | 平 | 女 | 水 | 巽 | 寒 | 肾 | 唾 | 壬子 |
| 3 | 日 | 十九 | 甲子 | 定 | 虚 | 金 | 坎 | 燥 | 肺 | 涕 | 甲子 |
| 4 | 一 | 二十 | 乙丑 | 执 | 危 | 金 | 坤 | 燥 | 肺 | 涕 | 丙子 |
| 5 | 二 | 廿一 | 丙寅 | 破 | 室 | 火 | 艮 | 热 | 心 | 汗 | 戊子 |
| 6 | 三 | 廿二 | 丁卯 | 危 | 壁 | 火 | 乾 | 热 | 心 | 汗 | 庚子 |
| 7 | 四 | 廿三 | 戊辰 | 成 | 奎 | 木 | 兑 | 风 | 肝 | 泪 | 壬子 |
| 8 | 五 | 廿四 | 己巳 | 成 | 娄 | 木 | 离 | 风 | 肝 | 泪 | 甲子 |
| 9 | 六 | 廿五 | 庚午 | 收 | 胃 | 土 | 震 | 湿 | 脾 | 涎 | 丙子 |
| 10 | 日 | 廿六 | 辛未 | 开 | 昴 | 土 | 巽 | 湿 | 脾 | 涎 | 戊子 |
| 11 | 一 | 廿七 | 壬申 | 闭 | 毕 | 金 | 坎 | 燥 | 肺 | 涕 | 庚子 |
| 12 | 二 | 廿八 | 癸酉 | 建 | 觜 | 金 | 艮 | 燥 | 肺 | 涕 | 壬子 |
| 13 | 三 | 廿九 | 甲戌 | 除 | 参 | 火 | 坤 | 热 | 心 | 汗 | 甲子 |
| 14 | 四 | 三十 | 乙亥 | 满 | 井 | 火 | 乾 | 热 | 心 | 汗 | 丙子 |
| 15 | 五 | 八月 | 丙子 | 平 | 鬼 | 水 | 兑 | 寒 | 肾 | 唾 | 戊子 |
| 16 | 六 | 初二 | 丁丑 | 定 | 柳 | 水 | 离 | 寒 | 肾 | 唾 | 庚子 |
| 17 | 日 | 初三 | 戊寅 | 执 | 星 | 土 | 震 | 湿 | 脾 | 涎 | 壬子 |
| 18 | 一 | 初四 | 己卯 | 破 | 张 | 土 | 巽 | 湿 | 脾 | 涎 | 甲子 |
| 19 | 二 | 初五 | 庚辰 | 危 | 翼 | 金 | 坎 | 燥 | 肺 | 涕 | 丙子 |
| 20 | 三 | 初六 | 辛巳 | 成 | 轸 | 金 | 艮 | 燥 | 肺 | 涕 | 戊子 |
| 21 | 四 | 初七 | 壬午 | 收 | 角 | 木 | 坤 | 风 | 肝 | 泪 | 庚子 |
| 22 | 五 | 初八 | 癸未 | 开 | 亢 | 木 | 乾 | 风 | 肝 | 泪 | 壬子 |
| 23 | 六 | 初九 | 甲申 | 闭 | 氐 | 水 | 兑 | 寒 | 肾 | 唾 | 甲子 |
| 24 | 日 | 初十 | 乙酉 | 建 | 房 | 水 | 离 | 寒 | 肾 | 唾 | 丙子 |
| 25 | 一 | 十一 | 丙戌 | 除 | 心 | 土 | 震 | 湿 | 脾 | 涎 | 戊子 |
| 26 | 二 | 十二 | 丁亥 | 满 | 尾 | 土 | 坤 | 湿 | 脾 | 涎 | 庚子 |
| 27 | 三 | 十三 | 戊子 | 平 | 箕 | 火 | 乾 | 热 | 心 | 汗 | 壬子 |
| 28 | 四 | 十四 | 己丑 | 定 | 斗 | 火 | 兑 | 热 | 心 | 汗 | 甲子 |
| 29 | 五 | 十五 | 庚寅 | 执 | 牛 | 木 | 离 | 风 | 肝 | 泪 | 丙子 |
| 30 | 六 | 十六 | 辛卯 | 破 | 女 | 木 | 震 | 风 | 肝 | 泪 | 戊子 |

## 10月大
寒露　8日21时16分
霜降　24日00时21分

农历八月(9月15日-10月14日)　月干支:辛酉

| 公历 | 星期 | 农历 | 干支 | 日建 | 星宿 | 五行 | 八卦 | 五气 | 五脏 | 五汁 | 时辰 |
|---|---|---|---|---|---|---|---|---|---|---|---|
| 1 | 日 | 八月 | 壬辰 | 危 | 虚 | 水 | 巽 | 寒 | 肾 | 唾 | 庚子 |
| 2 | 一 | 十八 | 癸巳 | 成 | 危 | 水 | 坎 | 寒 | 肾 | 唾 | 壬子 |
| 3 | 二 | 十九 | 甲午 | 收 | 室 | 金 | 艮 | 燥 | 肺 | 涕 | 甲子 |
| 4 | 三 | 二十 | 乙未 | 开 | 壁 | 金 | 坤 | 燥 | 肺 | 涕 | 丙子 |
| 5 | 四 | 廿一 | 丙申 | 闭 | 奎 | 火 | 乾 | 热 | 心 | 汗 | 戊子 |
| 6 | 五 | 廿二 | 丁酉 | 建 | 娄 | 火 | 兑 | 热 | 心 | 汗 | 庚子 |
| 7 | 六 | 廿三 | 戊戌 | 除 | 胃 | 木 | 离 | 风 | 肝 | 泪 | 壬子 |
| 8 | 日 | 廿四 | 己亥 | 除 | 昴 | 木 | 震 | 风 | 肝 | 泪 | 甲子 |
| 9 | 一 | 廿五 | 庚子 | 满 | 毕 | 土 | 巽 | 湿 | 脾 | 涎 | 丙子 |
| 10 | 二 | 廿六 | 辛丑 | 平 | 觜 | 土 | 坎 | 湿 | 脾 | 涎 | 戊子 |
| 11 | 三 | 廿七 | 壬寅 | 定 | 参 | 金 | 艮 | 燥 | 肺 | 涕 | 庚子 |
| 12 | 四 | 廿八 | 癸卯 | 执 | 井 | 金 | 坤 | 燥 | 肺 | 涕 | 壬子 |
| 13 | 五 | 廿九 | 甲辰 | 破 | 鬼 | 火 | 乾 | 热 | 心 | 汗 | 甲子 |
| 14 | 六 | 三十 | 乙巳 | 危 | 柳 | 火 | 兑 | 热 | 心 | 汗 | 丙子 |
| 15 | 日 | 九月 | 丙午 | 成 | 星 | 水 | 离 | 寒 | 肾 | 唾 | 戊子 |
| 16 | 一 | 初二 | 丁未 | 收 | 张 | 水 | 震 | 寒 | 肾 | 唾 | 庚子 |
| 17 | 二 | 初三 | 戊申 | 开 | 翼 | 土 | 巽 | 湿 | 脾 | 涎 | 壬子 |
| 18 | 三 | 初四 | 己酉 | 闭 | 轸 | 土 | 坎 | 湿 | 脾 | 涎 | 甲子 |
| 19 | 四 | 初五 | 庚戌 | 建 | 角 | 金 | 艮 | 燥 | 肺 | 涕 | 丙子 |
| 20 | 五 | 初六 | 辛亥 | 除 | 亢 | 金 | 坤 | 燥 | 肺 | 涕 | 戊子 |
| 21 | 六 | 初七 | 壬子 | 满 | 氐 | 木 | 乾 | 风 | 肝 | 泪 | 庚子 |
| 22 | 日 | 初八 | 癸丑 | 平 | 房 | 木 | 兑 | 风 | 肝 | 泪 | 壬子 |
| 23 | 一 | 初九 | 甲寅 | 定 | 心 | 水 | 离 | 寒 | 肾 | 唾 | 甲子 |
| 24 | 二 | 初十 | 乙卯 | 执 | 尾 | 水 | 震 | 寒 | 肾 | 唾 | 丙子 |
| 25 | 三 | 十一 | 丙辰 | 破 | 箕 | 土 | 巽 | 湿 | 脾 | 涎 | 戊子 |
| 26 | 四 | 十二 | 丁巳 | 危 | 斗 | 土 | 坎 | 湿 | 脾 | 涎 | 庚子 |
| 27 | 五 | 十三 | 戊午 | 成 | 牛 | 火 | 艮 | 热 | 心 | 汗 | 壬子 |
| 28 | 六 | 十四 | 己未 | 收 | 女 | 火 | 坤 | 热 | 心 | 汗 | 甲子 |
| 29 | 日 | 十五 | 庚申 | 开 | 虚 | 木 | 乾 | 风 | 肝 | 泪 | 丙子 |
| 30 | 一 | 十六 | 辛酉 | 闭 | 危 | 木 | 兑 | 风 | 肝 | 泪 | 戊子 |
| 31 | 二 | 十七 | 壬戌 | 建 | 室 | 水 | 离 | 寒 | 肾 | 唾 | 庚子 |

实用干支万年历

# 公元2023年　农历癸卯(兔)年(闰二月)

## 11月小

立冬　8日00时36分
小雪　22日22时03分

农历九月(10月15日–11月12日)　月干支:壬戌

| 公历 | 星期 | 农历 | 干支 | 日建 | 星宿 | 五行 | 八卦 | 五气 | 五脏 | 五汁 | 时辰 |
|---|---|---|---|---|---|---|---|---|---|---|---|
| 1 | 三 | 九月 | 癸亥 | 除 | 壁 | 水 | 艮 | 寒 | 肾 | 唾 | 壬子 |
| 2 | 四 | 十九 | 甲子 | 满 | 奎 | 金 | 坤 | 燥 | 肺 | 涕 | 甲子 |
| 3 | 五 | 二十 | 乙丑 | 平 | 娄 | 金 | 乾 | 燥 | 肺 | 涕 | 丙子 |
| 4 | 六 | 廿一 | 丙寅 | 定 | 胃 | 火 | 兑 | 热 | 心 | 汗 | 戊子 |
| 5 | 日 | 廿二 | 丁卯 | 执 | 昴 | 火 | 离 | 热 | 心 | 汗 | 庚子 |
| 6 | 一 | 廿三 | 戊辰 | 破 | 毕 | 木 | 震 | 风 | 肝 | 泪 | 壬子 |
| 7 | 二 | 廿四 | 己巳 | 危 | 觜 | 木 | 巽 | 风 | 肝 | 泪 | 甲子 |
| 8 | 三 | 廿五 | 庚午 | 危 | 参 | 土 | 坎 | 湿 | 脾 | 涎 | 丙子 |
| 9 | 四 | 廿六 | 辛未 | 成 | 井 | 土 | 艮 | 湿 | 脾 | 涎 | 戊子 |
| 10 | 五 | 廿七 | 壬申 | 收 | 鬼 | 金 | | 燥 | 肺 | 涕 | 庚子 |
| 11 | 六 | 廿八 | 癸酉 | 开 | 柳 | 金 | 乾 | 燥 | 肺 | 涕 | 壬子 |
| 12 | 日 | 廿九 | 甲戌 | 闭 | 星 | 火 | 兑 | 热 | 心 | 汗 | 甲子 |
| 13 | 一 | 十月 | 乙亥 | 建 | 张 | 火 | 艮 | 热 | 心 | 汗 | 丙子 |
| 14 | 二 | 初二 | 丙子 | 除 | 翼 | 水 | 坤 | 寒 | 肾 | 唾 | 戊子 |
| 15 | 三 | 初三 | 丁丑 | 满 | 轸 | 水 | 乾 | 寒 | 肾 | 唾 | 庚子 |
| 16 | 四 | 初四 | 戊寅 | 平 | 角 | 土 | 兑 | 湿 | 脾 | 涎 | 壬子 |
| 17 | 五 | 初五 | 己卯 | 定 | 亢 | 土 | 离 | 湿 | 脾 | 涎 | 甲子 |
| 18 | 六 | 初六 | 庚辰 | 执 | 氐 | 金 | 震 | 燥 | 肺 | 涕 | 丙子 |
| 19 | 日 | 初七 | 辛巳 | 破 | 房 | 金 | 巽 | 燥 | 肺 | 涕 | 戊子 |
| 20 | 一 | 初八 | 壬午 | 危 | 心 | 木 | 坎 | 风 | 肝 | 泪 | 庚子 |
| 21 | 二 | 初九 | 癸未 | 成 | 尾 | 木 | 艮 | 风 | 肝 | 泪 | 壬子 |
| 22 | 三 | 初十 | 甲申 | 收 | 箕 | 水 | 坤 | 寒 | 肾 | 唾 | 甲子 |
| 23 | 四 | 十一 | 乙酉 | 开 | 斗 | 水 | 乾 | 寒 | 肾 | 唾 | 丙子 |
| 24 | 五 | 十二 | 丙戌 | 闭 | 牛 | 土 | 兑 | 湿 | 脾 | 涎 | 戊子 |
| 25 | 六 | 十三 | 丁亥 | 建 | 女 | 土 | 离 | 湿 | 脾 | 涎 | 庚子 |
| 26 | 日 | 十四 | 戊子 | 除 | 虚 | 火 | 震 | 热 | 心 | 汗 | 壬子 |
| 27 | 一 | 十五 | 己丑 | 满 | 危 | 火 | 巽 | 热 | 心 | 汗 | 甲子 |
| 28 | 二 | 十六 | 庚寅 | 平 | 室 | 木 | 坎 | 风 | 肝 | 泪 | 丙子 |
| 29 | 三 | 十七 | 辛卯 | 定 | 壁 | 木 | 艮 | 风 | 肝 | 泪 | 戊子 |
| 30 | 四 | 十八 | 壬辰 | 执 | 奎 | 水 | 坤 | 寒 | 肾 | 唾 | 庚子 |
| 31 | | | | | | | | | | | 壬子 |

## 12月大

大雪　7日17时33分
冬至　22日11时28分

农历十月(11月13日–12月12日)　月干支:癸亥

| 公历 | 星期 | 农历 | 干支 | 日建 | 星宿 | 五行 | 八卦 | 五气 | 五脏 | 五汁 | 时辰 |
|---|---|---|---|---|---|---|---|---|---|---|---|
| 1 | 五 | 十月 | 癸巳 | 破 | 娄 | 水 | 乾 | 寒 | 肾 | 唾 | 壬子 |
| 2 | 六 | 二十 | 甲午 | 危 | 胃 | 金 | 离 | 燥 | 肺 | 涕 | 甲子 |
| 3 | 日 | 廿一 | 乙未 | 成 | 昴 | 金 | 震 | 燥 | 肺 | 涕 | 丙子 |
| 4 | 一 | 廿二 | 丙申 | 收 | 毕 | 火 | 巽 | 热 | 心 | 汗 | 戊子 |
| 5 | 二 | 廿三 | 丁酉 | 开 | 觜 | 火 | | 热 | 心 | 汗 | 庚子 |
| 6 | 三 | 廿四 | 戊戌 | 闭 | 参 | 木 | 坎 | 风 | 肝 | 泪 | 壬子 |
| 7 | 四 | 廿五 | 己亥 | 闭 | 井 | 木 | 艮 | 风 | 肝 | 泪 | 甲子 |
| 8 | 五 | 廿六 | 庚子 | 建 | 鬼 | 土 | 坤 | 湿 | 脾 | 涎 | 丙子 |
| 9 | 六 | 廿七 | 辛丑 | 除 | 柳 | 土 | 乾 | 湿 | 脾 | 涎 | 戊子 |
| 10 | 日 | 廿八 | 壬寅 | 满 | 星 | 金 | | 燥 | 肺 | 涕 | 庚子 |
| 11 | 一 | 廿九 | 癸卯 | 平 | 张 | 金 | 离 | 燥 | 肺 | 涕 | 壬子 |
| 12 | 二 | 三十 | 甲辰 | 定 | 翼 | 火 | 震 | 热 | 心 | 汗 | 甲子 |
| 13 | 三 | 冬月 | 乙巳 | 执 | 轸 | 火 | 坤 | 热 | 心 | 汗 | 丙子 |
| 14 | 四 | 初二 | 丙午 | 破 | 角 | 水 | 乾 | 寒 | 肾 | 唾 | 戊子 |
| 15 | 五 | 初三 | 丁未 | 危 | 亢 | 水 | 兑 | 寒 | 肾 | 唾 | 庚子 |
| 16 | 六 | 初四 | 戊申 | 成 | 氐 | 土 | 离 | 湿 | 脾 | 涎 | 壬子 |
| 17 | 日 | 初五 | 己酉 | 收 | 房 | 土 | 震 | 湿 | 脾 | 涎 | 甲子 |
| 18 | 一 | 初六 | 庚戌 | 开 | 心 | 金 | 巽 | 燥 | 肺 | 涕 | 丙子 |
| 19 | 二 | 初七 | 辛亥 | 闭 | 尾 | 金 | 坎 | 燥 | 肺 | 涕 | 戊子 |
| 20 | 三 | 初八 | 壬子 | 建 | 箕 | 木 | | 风 | 肝 | 泪 | 庚子 |
| 21 | 四 | 初九 | 癸丑 | 除 | 斗 | 木 | 坤 | 风 | 肝 | 泪 | 壬子 |
| 22 | 五 | 初十 | 甲寅 | 满 | 牛 | 水 | 乾 | 寒 | 肾 | 唾 | 甲子 |
| 23 | 六 | 十一 | 乙卯 | 平 | 女 | 水 | 兑 | 寒 | 肾 | 唾 | 丙子 |
| 24 | 日 | 十二 | 丙辰 | 定 | 虚 | 土 | 离 | 湿 | 脾 | 涎 | 戊子 |
| 25 | 一 | 十三 | 丁巳 | 执 | 危 | 土 | 震 | 湿 | 脾 | 涎 | 庚子 |
| 26 | 二 | 十四 | 戊午 | 破 | 室 | 火 | 巽 | 热 | 心 | 汗 | 壬子 |
| 27 | 三 | 十五 | 己未 | 危 | 壁 | 火 | 坎 | 热 | 心 | 汗 | 甲子 |
| 28 | 四 | 十六 | 庚申 | 成 | 奎 | 木 | 艮 | 风 | 肝 | 泪 | 丙子 |
| 29 | 五 | 十七 | 辛酉 | 收 | 娄 | 木 | 坤 | 风 | 肝 | 泪 | 戊子 |
| 30 | 六 | 十八 | 壬戌 | 开 | 胃 | 水 | 乾 | 寒 | 肾 | 唾 | 庚子 |
| 31 | 日 | 十九 | 癸亥 | 闭 | 昴 | 水 | 兑 | 寒 | 肾 | 唾 | 壬子 |

# 公元2024年　　　　　　农历甲辰(龙)年

## 1月大
小寒　6日04时50分
大寒　20日22时08分

农历冬月(12月13日-1月10日)　月干支:甲子

| 公历 | 星期 | 农历 | 干支 | 日建 | 星宿 | 五行 | 八卦 | 五气 | 五脏 | 五汁 | 时辰 |
|---|---|---|---|---|---|---|---|---|---|---|---|
| 1 | 一 | 冬月 | 甲子 | 建 | 毕 | 金 | 离 | 燥 | 肺 | 涕 | 甲子 |
| 2 | 二 | 廿一 | 乙丑 | 除 | 觜 | 金 | 震 | 燥 | 肺 | 涕 | 丙子 |
| 3 | 三 | 廿二 | 丙寅 | 满 | 参 | 火 | 巽 | 热 | 心 | 汗 | 戊子 |
| 4 | 四 | 廿三 | 丁卯 | 平 | 井 | 火 | 坎 | 热 | 心 | 汗 | 庚子 |
| 5 | 五 | 廿四 | 戊辰 | 定 | 鬼 | 木 | 艮 | 风 | 肝 | 泪 | 壬子 |
| 6 | 六 | 廿五 | 己巳 | 定 | 柳 | 木 | 坤 | 风 | 肝 | 泪 | 甲子 |
| 7 | 日 | 廿六 | 庚午 | 执 | 星 | 土 | 乾 | 湿 | 脾 | 涎 | 丙子 |
| 8 | 一 | 廿七 | 辛未 | 破 | 张 | 土 | 兑 | 湿 | 脾 | 涎 | 戊子 |
| 9 | 二 | 廿八 | 壬申 | 危 | 翼 | 金 | 离 | 燥 | 肺 | 涕 | 庚子 |
| 10 | 三 | 廿九 | 癸酉 | 成 | 轸 | 金 | 震 | 燥 | 肺 | 涕 | 壬子 |
| 11 | 四 | 腊月 | 甲戌 | 收 | 角 | 火 | 巽 | 热 | 心 | 汗 | 甲子 |
| 12 | 五 | 初二 | 乙亥 | 开 | 亢 | 火 | 坎 | 热 | 心 | 汗 | 丙子 |
| 13 | 六 | 初三 | 丙子 | 闭 | 氐 | 水 | 艮 | 寒 | 肾 | 唾 | 戊子 |
| 14 | 日 | 初四 | 丁丑 | 建 | 房 | 水 | 坤 | 寒 | 肾 | 唾 | 庚子 |
| 15 | 一 | 初五 | 戊寅 | 除 | 心 | 土 | 巽 | 湿 | 脾 | 涎 | 壬子 |
| 16 | 二 | 初六 | 己卯 | 满 | 尾 | 土 | 坎 | 湿 | 脾 | 涎 | 甲子 |
| 17 | 三 | 初七 | 庚辰 | 平 | 箕 | 金 | 艮 | 燥 | 肺 | 涕 | 丙子 |
| 18 | 四 | 初八 | 辛巳 | 定 | 斗 | 金 | 坤 | 燥 | 肺 | 涕 | 戊子 |
| 19 | 五 | 初九 | 壬午 | 执 | 牛 | 木 | 乾 | 风 | 肝 | 泪 | 庚子 |
| 20 | 六 | 初十 | 癸未 | 破 | 女 | 木 | 兑 | 风 | 肝 | 泪 | 壬子 |
| 21 | 日 | 十一 | 甲申 | 危 | 虚 | 水 | 离 | 寒 | 肾 | 唾 | 甲子 |
| 22 | 一 | 十二 | 乙酉 | 成 | 危 | 水 | 震 | 寒 | 肾 | 唾 | 丙子 |
| 23 | 二 | 十三 | 丙戌 | 收 | 室 | 土 | 巽 | 湿 | 脾 | 涎 | 戊子 |
| 24 | 三 | 十四 | 丁亥 | 开 | 壁 | 土 | 坎 | 湿 | 脾 | 涎 | 庚子 |
| 25 | 四 | 十五 | 戊子 | 闭 | 奎 | 火 | 艮 | 热 | 心 | 汗 | 壬子 |
| 26 | 五 | 十六 | 己丑 | 建 | 娄 | 火 | 坤 | 热 | 心 | 汗 | 甲子 |
| 27 | 六 | 十七 | 庚寅 | 除 | 胃 | 木 | 乾 | 风 | 肝 | 泪 | 丙子 |
| 28 | 日 | 十八 | 辛卯 | 满 | 昴 | 木 | 兑 | 风 | 肝 | 泪 | 戊子 |
| 29 | 一 | 十九 | 壬辰 | 平 | 毕 | 水 | 离 | 寒 | 肾 | 唾 | 庚子 |
| 30 | 二 | 二十 | 癸巳 | 定 | 觜 | 水 | 震 | 寒 | 肾 | 唾 | 壬子 |
| 31 | 三 | 廿一 | 甲午 | 执 | 参 | 金 | 巽 | 燥 | 肺 | 涕 | 甲子 |

## 2月闰
立春　4日16时27分
雨水　19日12时13分

农历腊月(1月11日-2月9日)　月干支:乙丑

| 公历 | 星期 | 农历 | 干支 | 日建 | 星宿 | 五行 | 八卦 | 五气 | 五脏 | 五汁 | 时辰 |
|---|---|---|---|---|---|---|---|---|---|---|---|
| 1 | 四 | 腊月 | 乙未 | 破 | 井 | 金 | 坎 | 燥 | 肺 | 涕 | 丙子 |
| 2 | 五 | 廿三 | 丙申 | 危 | 鬼 | 火 | 艮 | 热 | 心 | 汗 | 戊子 |
| 3 | 六 | 廿四 | 丁酉 | 成 | 柳 | 火 | 坤 | 热 | 心 | 汗 | 庚子 |
| 4 | 日 | 廿五 | 戊戌 | 成 | 星 | 木 | 乾 | 风 | 肝 | 泪 | 壬子 |
| 5 | 一 | 廿六 | 己亥 | 收 | 张 | 木 | 兑 | 风 | 肝 | 泪 | 甲子 |
| 6 | 二 | 廿七 | 庚子 | 开 | 翼 | 土 | 离 | 湿 | 脾 | 涎 | 丙子 |
| 7 | 三 | 廿八 | 辛丑 | 闭 | 轸 | 土 | 震 | 湿 | 脾 | 涎 | 戊子 |
| 8 | 四 | 廿九 | 壬寅 | 建 | 角 | 金 | 巽 | 燥 | 肺 | 涕 | 庚子 |
| 9 | 五 | 三十 | 癸卯 | 除 | 亢 | 金 | 坎 | 燥 | 肺 | 涕 | 壬子 |
| 10 | 六 | 正月 | 甲辰 | 满 | 氐 | 火 | 艮 | 热 | 心 | 汗 | 甲子 |
| 11 | 日 | 初二 | 乙巳 | 平 | 房 | 火 | 坤 | 热 | 心 | 汗 | 丙子 |
| 12 | 一 | 初三 | 丙午 | 定 | 心 | 水 | 乾 | 寒 | 肾 | 唾 | 戊子 |
| 13 | 二 | 初四 | 丁未 | 执 | 尾 | 水 | 兑 | 寒 | 肾 | 唾 | 庚子 |
| 14 | 三 | 初五 | 戊申 | 破 | 箕 | 土 | 离 | 湿 | 脾 | 涎 | 壬子 |
| 15 | 四 | 初六 | 己酉 | 危 | 斗 | 土 | 震 | 湿 | 脾 | 涎 | 甲子 |
| 16 | 五 | 初七 | 庚戌 | 成 | 牛 | 金 | 巽 | 燥 | 肺 | 涕 | 丙子 |
| 17 | 六 | 初八 | 辛亥 | 收 | 女 | 金 | 坎 | 燥 | 肺 | 涕 | 戊子 |
| 18 | 日 | 初九 | 壬子 | 开 | 虚 | 木 | 艮 | 风 | 肝 | 泪 | 庚子 |
| 19 | 一 | 初十 | 癸丑 | 闭 | 危 | 木 | 坤 | 风 | 肝 | 泪 | 壬子 |
| 20 | 二 | 十一 | 甲寅 | 建 | 室 | 水 | 乾 | 寒 | 肾 | 唾 | 甲子 |
| 21 | 三 | 十二 | 乙卯 | 除 | 壁 | 水 | 兑 | 寒 | 肾 | 唾 | 丙子 |
| 22 | 四 | 十三 | 丙辰 | 满 | 奎 | 土 | 离 | 湿 | 脾 | 涎 | 戊子 |
| 23 | 五 | 十四 | 丁巳 | 平 | 娄 | 土 | 震 | 湿 | 脾 | 涎 | 庚子 |
| 24 | 六 | 十五 | 戊午 | 定 | 胃 | 火 | 巽 | 热 | 心 | 汗 | 壬子 |
| 25 | 日 | 十六 | 己未 | 执 | 昴 | 火 | 坎 | 热 | 心 | 汗 | 甲子 |
| 26 | 一 | 十七 | 庚申 | 破 | 毕 | 木 | 艮 | 风 | 肝 | 泪 | 丙子 |
| 27 | 二 | 十八 | 辛酉 | 危 | 觜 | 木 | 坤 | 风 | 肝 | 泪 | 戊子 |
| 28 | 三 | 十九 | 壬戌 | 成 | 参 | 水 | 乾 | 寒 | 肾 | 唾 | 庚子 |
| 29 | 四 | 二十 | 癸亥 | 收 | 井 | 水 | 兑 | 寒 | 肾 | 唾 | 壬子 |

实用干支万年历

# 公元2024年　　农历甲辰(龙)年

## 3月大

惊蛰　5日10时23分
春分　20日11时07分

农历正月(2月10日–3月9日)　月干支:丙寅

| 公历 | 星期 | 农历 | 干支 | 日建 | 星宿 | 五行 | 八卦 | 五气 | 五脏 | 五汁 | 时辰 |
|---|---|---|---|---|---|---|---|---|---|---|---|
| 1 | 五 | 正月 | 甲子 | 开 | 鬼 | 金 | 离 | 燥 | 肺 | 涕 | 甲子 |
| 2 | 六 | 廿二 | 乙丑 | 闭 | 柳 | 金 | 震 | 燥 | 肺 | 涕 | 丙子 |
| 3 | 日 | 廿三 | 丙寅 | 建 | 星 | 火 | 巽 | 热 | 心 | 汗 | 戊子 |
| 4 | 一 | 廿四 | 丁卯 | 除 | 张 | 火 | 坎 | 热 | 心 | 汗 | 庚子 |
| 5 | 二 | 廿五 | 戊辰 | 除 | 翼 | 木 | 艮 | 风 | 肝 | 泪 | 壬子 |
| 6 | 三 | 廿六 | 己巳 | 满 | 轸 | 木 | 坤 | 风 | 肝 | 泪 | 甲子 |
| 7 | 四 | 廿七 | 庚午 | 平 | 角 | 土 | 乾 | 湿 | 脾 | 涎 | 丙子 |
| 8 | 五 | 廿八 | 辛未 | 定 | 亢 | 土 | 兑 | 湿 | 脾 | 涎 | 戊子 |
| 9 | 六 | 廿九 | 壬申 | 执 | 氐 | 金 | 离 | 燥 | 肺 | 涕 | 庚子 |
| 10 | 日 | 二月 | 癸酉 | 破 | 房 | 金 | 震 | 燥 | 肺 | 涕 | 壬子 |
| 11 | 一 | 初二 | 甲戌 | 危 | 心 | 火 | 巽 | 热 | 心 | 汗 | 甲子 |
| 12 | 二 | 初三 | 乙亥 | 成 | 尾 | 火 | 坎 | 热 | 心 | 汗 | 丙子 |
| 13 | 三 | 初四 | 丙子 | 收 | 箕 | 水 | 艮 | 寒 | 肾 | 唾 | 戊子 |
| 14 | 四 | 初五 | 丁丑 | 开 | 斗 | 水 | 坤 | 寒 | 肾 | 唾 | 庚子 |
| 15 | 五 | 初六 | 戊寅 | 闭 | 牛 | 土 | 乾 | 湿 | 脾 | 涎 | 壬子 |
| 16 | 六 | 初七 | 己卯 | 建 | 女 | 土 | 兑 | 湿 | 脾 | 涎 | 甲子 |
| 17 | 日 | 初八 | 庚辰 | 除 | 虚 | 金 | 离 | 燥 | 肺 | 涕 | 丙子 |
| 18 | 一 | 初九 | 辛巳 | 满 | 危 | 金 | 震 | 燥 | 肺 | 涕 | 戊子 |
| 19 | 二 | 初十 | 壬午 | 平 | 室 | 木 | 巽 | 风 | 肝 | 泪 | 庚子 |
| 20 | 三 | 十一 | 癸未 | 定 | 壁 | 木 | 坎 | 风 | 肝 | 泪 | 壬子 |
| 21 | 四 | 十二 | 甲申 | 执 | 奎 | 水 | 艮 | 寒 | 肾 | 唾 | 甲子 |
| 22 | 五 | 十三 | 乙酉 | 破 | 娄 | 水 | 坤 | 寒 | 肾 | 唾 | 丙子 |
| 23 | 六 | 十四 | 丙戌 | 危 | 胃 | 土 | 乾 | 湿 | 脾 | 涎 | 戊子 |
| 24 | 日 | 十五 | 丁亥 | 成 | 昴 | 土 | 兑 | 湿 | 脾 | 涎 | 庚子 |
| 25 | 一 | 十六 | 戊子 | 收 | 毕 | 火 | 离 | 热 | 心 | 汗 | 壬子 |
| 26 | 二 | 十七 | 己丑 | 开 | 觜 | 火 | 震 | 热 | 心 | 汗 | 甲子 |
| 27 | 三 | 十八 | 庚寅 | 闭 | 参 | 木 | 巽 | 风 | 肝 | 泪 | 丙子 |
| 28 | 四 | 十九 | 辛卯 | 建 | 井 | 木 | 坎 | 风 | 肝 | 泪 | 戊子 |
| 29 | 五 | 二十 | 壬辰 | 除 | 鬼 | 水 | 艮 | 寒 | 肾 | 唾 | 庚子 |
| 30 | 六 | 廿一 | 癸巳 | 满 | 柳 | 水 | 坤 | 寒 | 肾 | 唾 | 壬子 |
| 31 | 日 | 廿二 | 甲午 | 平 | 星 | 金 | 乾 | 燥 | 肺 | 涕 | 甲子 |

## 4月小

清明　4日15时03分
谷雨　19日22时01分

农历二月(3月10日–4月8日)　月干支:丁卯

| 公历 | 星期 | 农历 | 干支 | 日建 | 星宿 | 五行 | 八卦 | 五气 | 五脏 | 五汁 | 时辰 |
|---|---|---|---|---|---|---|---|---|---|---|---|
| 1 | 一 | 二月 | 乙未 | 定 | 张 | 金 | 兑 | 燥 | 肺 | 涕 | 丙子 |
| 2 | 二 | 廿四 | 丙申 | 执 | 翼 | 火 | 离 | 热 | 心 | 汗 | 戊子 |
| 3 | 三 | 廿五 | 丁酉 | 破 | 轸 | 火 | 震 | 热 | 心 | 汗 | 庚子 |
| 4 | 四 | 廿六 | 戊戌 | 危 | 角 | 木 | 巽 | 风 | 肝 | 泪 | 壬子 |
| 5 | 五 | 廿七 | 己亥 | 成 | 亢 | 木 | 坎 | 风 | 肝 | 泪 | 甲子 |
| 6 | 六 | 廿八 | 庚子 | 收 | 氐 | 土 | 艮 | 湿 | 脾 | 涎 | 丙子 |
| 7 | 日 | 廿九 | 辛丑 | 开 | 房 | 土 | 坤 | 湿 | 脾 | 涎 | 戊子 |
| 8 | 一 | 三十 | 壬寅 | 闭 | 心 | 金 | 乾 | 燥 | 肺 | 涕 | 庚子 |
| 9 | 二 | 三月 | 癸卯 | 建 | 尾 | 金 | 兑 | 燥 | 肺 | 涕 | 壬子 |
| 10 | 三 | 初二 | 甲辰 | 除 | 箕 | 火 | 离 | 热 | 心 | 汗 | 甲子 |
| 11 | 四 | 初三 | 乙巳 | 满 | 斗 | 火 | 震 | 热 | 心 | 汗 | 丙子 |
| 12 | 五 | 初四 | 丙午 | 平 | 牛 | 水 | 巽 | 寒 | 肾 | 唾 | 戊子 |
| 13 | 六 | 初五 | 丁未 | 定 | 女 | 水 | 坎 | 寒 | 肾 | 唾 | 庚子 |
| 14 | 日 | 初六 | 戊申 | 执 | 虚 | 土 | 艮 | 湿 | 脾 | 涎 | 壬子 |
| 15 | 一 | 初七 | 己酉 | 破 | 危 | 土 | 坤 | 湿 | 脾 | 涎 | 甲子 |
| 16 | 二 | 初八 | 庚戌 | 危 | 室 | 金 | 乾 | 燥 | 肺 | 涕 | 丙子 |
| 17 | 三 | 初九 | 辛亥 | 成 | 壁 | 金 | 兑 | 燥 | 肺 | 涕 | 戊子 |
| 18 | 四 | 初十 | 壬子 | 收 | 奎 | 木 | 离 | 风 | 肝 | 泪 | 庚子 |
| 19 | 五 | 十一 | 癸丑 | 开 | 娄 | 木 | 震 | 风 | 肝 | 泪 | 壬子 |
| 20 | 六 | 十二 | 甲寅 | 闭 | 胃 | 水 | 巽 | 寒 | 肾 | 唾 | 甲子 |
| 21 | 日 | 十三 | 乙卯 | 建 | 昴 | 水 | 坎 | 寒 | 肾 | 唾 | 丙子 |
| 22 | 一 | 十四 | 丙辰 | 除 | 毕 | 土 | 艮 | 湿 | 脾 | 涎 | 戊子 |
| 23 | 二 | 十五 | 丁巳 | 满 | 觜 | 土 | 坤 | 湿 | 脾 | 涎 | 庚子 |
| 24 | 三 | 十六 | 戊午 | 平 | 参 | 火 | 乾 | 热 | 心 | 汗 | 壬子 |
| 25 | 四 | 十七 | 己未 | 定 | 井 | 火 | 兑 | 热 | 心 | 汗 | 甲子 |
| 26 | 五 | 十八 | 庚申 | 执 | 鬼 | 木 | 离 | 风 | 肝 | 泪 | 丙子 |
| 27 | 六 | 十九 | 辛酉 | 破 | 柳 | 木 | 震 | 风 | 肝 | 泪 | 戊子 |
| 28 | 日 | 二十 | 壬戌 | 危 | 星 | 水 | 巽 | 寒 | 肾 | 唾 | 庚子 |
| 29 | 一 | 廿一 | 癸亥 | 成 | 张 | 水 | 坎 | 寒 | 肾 | 唾 | 壬子 |
| 30 | 二 | 廿二 | 甲子 | 收 | 翼 | 金 | 艮 | 燥 | 肺 | 涕 | 甲子 |

# 公元 2024 年　　　　　　农历甲辰(龙)年

## 5月大　　立夏 5日08时11分　　小满 20日21时00分

农历三月(4月9日-5月7日)　月干支:戊辰
农历四月(5月8日-6月5日)　月干支:己巳

| 公历 | 星期 | 农历 | 干支 | 日建 | 星宿 | 五行 | 八卦 | 五气 | 五脏 | 五汁 | 时辰 |
|---|---|---|---|---|---|---|---|---|---|---|---|
| 1 | 三 | 三月 | 乙丑 | 收 | 轸 | 金 | 乾兑 | 燥 | 肺 | 涕 | 丙子 |
| 2 | 四 | 廿四 | 丙寅 | 开 | 角 | 火 | 离 | 热 | 心 | 汗 | 戊子 |
| 3 | 五 | 廿五 | 丁卯 | 闭 | 亢 | 火 | 离 | 热 | 心 | 汗 | 庚子 |
| 4 | 六 | 廿六 | 戊辰 | 建 | 氐 | 木 | 震巽 | 风 | 肝 | 泪 | 壬子 |
| 5 | 日 | 廿七 | 己巳 | 建 | 房 | 木 | 震巽 | 风 | 肝 | 泪 | 甲子 |
| 6 | 一 | 廿八 | 庚午 | 除 | 心 | 土 | 艮坤 | 湿 | 脾 | 涎 | 丙子 |
| 7 | 二 | 廿九 | 辛未 | 满 | 尾 | 土 | 艮坤 | 湿 | 脾 | 涎 | 戊子 |
| 8 | 三 | 四月 | 壬申 | 平 | 箕 | 金 | 乾兑 | 燥 | 肺 | 涕 | 庚子 |
| 9 | 四 | 初二 | 癸酉 | 定 | 斗 | 金 | 乾兑 | 燥 | 肺 | 涕 | 壬子 |
| 10 | 五 | 初三 | 甲戌 | 执 | 牛 | 火 | 离 | 热 | 心 | 汗 | 甲子 |
| 11 | 六 | 初四 | 乙亥 | 破 | 女 | 火 | 离 | 热 | 心 | 汗 | 丙子 |
| 12 | 日 | 初五 | 丙子 | 危 | 虚 | 水 | 坎 | 寒 | 肾 | 唾 | 戊子 |
| 13 | 一 | 初六 | 丁丑 | 成 | 危 | 水 | 坎 | 寒 | 肾 | 唾 | 庚子 |
| 14 | 二 | 初七 | 戊寅 | 收 | 室 | 土 | 艮坤 | 湿 | 脾 | 涎 | 壬子 |
| 15 | 三 | 初八 | 己卯 | 开 | 壁 | 土 | 艮坤 | 湿 | 脾 | 涎 | 甲子 |
| 16 | 四 | 初九 | 庚辰 | 闭 | 奎 | 金 | 乾兑 | 燥 | 肺 | 涕 | 丙子 |
| 17 | 五 | 初十 | 辛巳 | 建 | 娄 | 金 | 乾兑 | 燥 | 肺 | 涕 | 戊子 |
| 18 | 六 | 十一 | 壬午 | 除 | 胃 | 木 | 震巽 | 风 | 肝 | 泪 | 庚子 |
| 19 | 日 | 十二 | 癸未 | 满 | 昴 | 木 | 震巽 | 风 | 肝 | 泪 | 壬子 |
| 20 | 一 | 十三 | 甲申 | 平 | 毕 | 水 | 坎 | 寒 | 肾 | 唾 | 甲子 |
| 21 | 二 | 十四 | 乙酉 | 定 | 觜 | 水 | 坎 | 寒 | 肾 | 唾 | 丙子 |
| 22 | 三 | 十五 | 丙戌 | 执 | 参 | 土 | 艮坤 | 湿 | 脾 | 涎 | 戊子 |
| 23 | 四 | 十六 | 丁亥 | 破 | 井 | 土 | 艮坤 | 湿 | 脾 | 涎 | 庚子 |
| 24 | 五 | 十七 | 戊子 | 危 | 鬼 | 火 | 离 | 热 | 心 | 汗 | 壬子 |
| 25 | 六 | 十八 | 己丑 | 成 | 柳 | 火 | 离 | 热 | 心 | 汗 | 甲子 |
| 26 | 日 | 十九 | 庚寅 | 收 | 星 | 木 | 震巽 | 风 | 肝 | 泪 | 丙子 |
| 27 | 一 | 二十 | 辛卯 | 开 | 张 | 木 | 震巽 | 风 | 肝 | 泪 | 戊子 |
| 28 | 二 | 廿一 | 壬辰 | 闭 | 翼 | 水 | 坎 | 寒 | 肾 | 唾 | 庚子 |
| 29 | 三 | 廿二 | 癸巳 | 建 | 轸 | 水 | 坎 | 寒 | 肾 | 唾 | 壬子 |
| 30 | 四 | 廿三 | 甲午 | 除 | 角 | 金 | 乾兑 | 燥 | 肺 | 涕 | 甲子 |
| 31 | 五 | 廿四 | 乙未 | 满 | 亢 | 金 | 乾兑 | 燥 | 肺 | 涕 | 丙子 |

## 6月小　　芒种 5日12时11分　　夏至 21日04时52分

农历四月(5月8日-6月5日)　月干支:己巳
农历五月(6月6日-7月5日)　月干支:庚午

| 公历 | 星期 | 农历 | 干支 | 日建 | 星宿 | 五行 | 八卦 | 五气 | 五脏 | 五汁 | 时辰 |
|---|---|---|---|---|---|---|---|---|---|---|---|
| 1 | 六 | 四月 | 丙申 | 平 | 氐 | 火 | 离 | 热 | 心 | 汗 | 戊子 |
| 2 | 日 | 廿六 | 丁酉 | 定 | 房 | 火 | 离 | 热 | 心 | 汗 | 庚子 |
| 3 | 一 | 廿七 | 戊戌 | 执 | 心 | 木 | 震巽 | 风 | 肝 | 泪 | 壬子 |
| 4 | 二 | 廿八 | 己亥 | 破 | 尾 | 木 | 震巽 | 风 | 肝 | 泪 | 甲子 |
| 5 | 三 | 廿九 | 庚子 | 破 | 箕 | 土 | 艮坤 | 湿 | 脾 | 涎 | 丙子 |
| 6 | 四 | 五月 | 辛丑 | 危 | 斗 | 土 | 艮坤 | 湿 | 脾 | 涎 | 戊子 |
| 7 | 五 | 初二 | 壬寅 | 成 | 牛 | 金 | 乾兑 | 燥 | 肺 | 涕 | 庚子 |
| 8 | 六 | 初三 | 癸卯 | 收 | 女 | 金 | 乾兑 | 燥 | 肺 | 涕 | 壬子 |
| 9 | 日 | 初四 | 甲辰 | 开 | 虚 | 火 | 离 | 热 | 心 | 汗 | 甲子 |
| 10 | 一 | 初五 | 乙巳 | 闭 | 危 | 火 | 离 | 热 | 心 | 汗 | 丙子 |
| 11 | 二 | 初六 | 丙午 | 建 | 室 | 水 | 坎 | 寒 | 肾 | 唾 | 戊子 |
| 12 | 三 | 初七 | 丁未 | 除 | 壁 | 水 | 坎 | 寒 | 肾 | 唾 | 庚子 |
| 13 | 四 | 初八 | 戊申 | 满 | 奎 | 土 | 艮坤 | 湿 | 脾 | 涎 | 壬子 |
| 14 | 五 | 初九 | 己酉 | 平 | 娄 | 土 | 艮坤 | 湿 | 脾 | 涎 | 甲子 |
| 15 | 六 | 初十 | 庚戌 | 定 | 胃 | 金 | 乾兑 | 燥 | 肺 | 涕 | 丙子 |
| 16 | 日 | 十一 | 辛亥 | 执 | 昴 | 金 | 乾兑 | 燥 | 肺 | 涕 | 戊子 |
| 17 | 一 | 十二 | 壬子 | 破 | 毕 | 木 | 震巽 | 风 | 肝 | 泪 | 庚子 |
| 18 | 二 | 十三 | 癸丑 | 危 | 觜 | 木 | 震巽 | 风 | 肝 | 泪 | 壬子 |
| 19 | 三 | 十四 | 甲寅 | 成 | 参 | 水 | 坎 | 寒 | 肾 | 唾 | 甲子 |
| 20 | 四 | 十五 | 乙卯 | 收 | 井 | 水 | 坎 | 寒 | 肾 | 唾 | 丙子 |
| 21 | 五 | 十六 | 丙辰 | 开 | 鬼 | 土 | 艮坤 | 湿 | 脾 | 涎 | 戊子 |
| 22 | 六 | 十七 | 丁巳 | 闭 | 柳 | 土 | 艮坤 | 湿 | 脾 | 涎 | 庚子 |
| 23 | 日 | 十八 | 戊午 | 建 | 星 | 火 | 离 | 热 | 心 | 汗 | 壬子 |
| 24 | 一 | 十九 | 己未 | 除 | 张 | 火 | 离 | 热 | 心 | 汗 | 甲子 |
| 25 | 二 | 二十 | 庚申 | 满 | 翼 | 木 | 震巽 | 风 | 肝 | 泪 | 丙子 |
| 26 | 三 | 廿一 | 辛酉 | 平 | 轸 | 木 | 震巽 | 风 | 肝 | 泪 | 戊子 |
| 27 | 四 | 廿二 | 壬戌 | 定 | 角 | 水 | 坎 | 寒 | 肾 | 唾 | 庚子 |
| 28 | 五 | 廿三 | 癸亥 | 执 | 亢 | 水 | 坎 | 寒 | 肾 | 唾 | 壬子 |
| 29 | 六 | 廿四 | 甲子 | 破 | 氐 | 金 | 乾兑 | 燥 | 肺 | 涕 | 甲子 |
| 30 | 日 | 廿五 | 乙丑 | 危 | 房 | 金 | 乾兑 | 燥 | 肺 | 涕 | 丙子 |

实用
干支
万年历

# 公元2024年　　　　　　　　　农历甲辰(龙)年

## 7月大

小暑　6日22时21分
大暑　22日15时45分

农历六月(7月6日-8月3日)　月干支:辛未

| 公历 | 星期 | 农历 | 干支 | 日建 | 星宿 | 五行 | 八卦 | 五气 | 五脏 | 五汁 | 时辰 |
|---|---|---|---|---|---|---|---|---|---|---|---|
| 1 | 一 | 五月 | 丙寅 | 成 | 心 | 火 | 震 | 热 | 心 | 汗 | 戊子 |
| 2 | 二 | 廿七 | 丁卯 | 收 | 尾 | 火 | 巽 | 热 | 心 | 汗 | 庚子 |
| 3 | 三 | 廿八 | 戊辰 | 开 | 箕 | 木 | 坎 | 风 | 肝 | 泪 | 壬子 |
| 4 | 四 | 廿九 | 己巳 | 闭 | 斗 | 木 | 艮 | 风 | 肝 | 泪 | 甲子 |
| 5 | 五 | 三十 | 庚午 | 建 | 牛 | 土 | 坤 | 湿 | 脾 | 涎 | 丙子 |
| 6 | 六 | 六月 | 辛未 | 建 | 女 | 土 | 震 | 湿 | 脾 | 涎 | 戊子 |
| 7 | 日 | 初二 | 壬申 | 除 | 虚 | 金 | 巽 | 燥 | 肺 | 涕 | 庚子 |
| 8 | 一 | 初三 | 癸酉 | 满 | 危 | 金 | 坎 | 燥 | 肺 | 涕 | 壬子 |
| 9 | 二 | 初四 | 甲戌 | 平 | 室 | 火 | 艮 | 热 | 心 | 汗 | 甲子 |
| 10 | 三 | 初五 | 乙亥 | 定 | 壁 | 火 | 坤 | 热 | 心 | 汗 | 丙子 |
| 11 | 四 | 初六 | 丙子 | 执 | 奎 | 水 | 乾 | 寒 | 肾 | 唾 | 戊子 |
| 12 | 五 | 初七 | 丁丑 | 破 | 娄 | 水 | 兑 | 寒 | 肾 | 唾 | 庚子 |
| 13 | 六 | 初八 | 戊寅 | 危 | 胃 | 土 | 离 | 湿 | 脾 | 涎 | 壬子 |
| 14 | 日 | 初九 | 己卯 | 成 | 昴 | 土 | 震 | 湿 | 脾 | 涎 | 甲子 |
| 15 | 一 | 初十 | 庚辰 | 收 | 毕 | 金 | 巽 | 燥 | 肺 | 涕 | 丙子 |
| 16 | 二 | 十一 | 辛巳 | 开 | 觜 | 金 | 坎 | 燥 | 肺 | 涕 | 戊子 |
| 17 | 三 | 十二 | 壬午 | 闭 | 参 | 木 | 艮 | 风 | 肝 | 泪 | 庚子 |
| 18 | 四 | 十三 | 癸未 | 建 | 井 | 木 | 坤 | 风 | 肝 | 泪 | 壬子 |
| 19 | 五 | 十四 | 甲申 | 除 | 鬼 | 水 | 乾 | 寒 | 肾 | 唾 | 甲子 |
| 20 | 六 | 十五 | 乙酉 | 满 | 柳 | 水 | 兑 | 寒 | 肾 | 唾 | 丙子 |
| 21 | 日 | 十六 | 丙戌 | 平 | 星 | 土 | 离 | 湿 | 脾 | 涎 | 戊子 |
| 22 | 一 | 十七 | 丁亥 | 定 | 张 | 土 | 震 | 湿 | 脾 | 涎 | 庚子 |
| 23 | 二 | 十八 | 戊子 | 执 | 翼 | 火 | 巽 | 热 | 心 | 汗 | 壬子 |
| 24 | 三 | 十九 | 己丑 | 破 | 轸 | 火 | 坎 | 热 | 心 | 汗 | 甲子 |
| 25 | 四 | 二十 | 庚寅 | 危 | 角 | 木 | 艮 | 风 | 肝 | 泪 | 丙子 |
| 26 | 五 | 廿一 | 辛卯 | 成 | 亢 | 木 | 坤 | 风 | 肝 | 泪 | 戊子 |
| 27 | 六 | 廿二 | 壬辰 | 收 | 氐 | 水 | 乾 | 寒 | 肾 | 唾 | 庚子 |
| 28 | 日 | 廿三 | 癸巳 | 开 | 房 | 水 | 兑 | 寒 | 肾 | 唾 | 壬子 |
| 29 | 一 | 廿四 | 甲午 | 闭 | 心 | 金 | 离 | 燥 | 肺 | 涕 | 甲子 |
| 30 | 二 | 廿五 | 乙未 | 建 | 尾 | 金 | 震 | 燥 | 肺 | 涕 | 丙子 |
| 31 | 三 | 廿六 | 丙申 | 除 | 箕 | 火 | 巽 | 热 | 心 | 汗 | 戊子 |

## 8月大

立秋　7日08时10分
处暑　22日22时56分

农历七月(8月4日-9月2日)　月干支:壬申

| 公历 | 星期 | 农历 | 干支 | 日建 | 星宿 | 五行 | 八卦 | 五气 | 五脏 | 五汁 | 时辰 |
|---|---|---|---|---|---|---|---|---|---|---|---|
| 1 | 四 | 六月 | 丁酉 | 满 | 斗 | 火 | 坎 | 热 | 心 | 汗 | 庚子 |
| 2 | 五 | 廿八 | 戊戌 | 平 | 牛 | 木 | 艮 | 风 | 肝 | 泪 | 壬子 |
| 3 | 六 | 廿九 | 己亥 | 定 | 女 | 木 | 坤 | 风 | 肝 | 泪 | 甲子 |
| 4 | 日 | 七月 | 庚子 | 执 | 虚 | 土 | 巽 | 湿 | 脾 | 涎 | 丙子 |
| 5 | 一 | 初二 | 辛丑 | 破 | 危 | 土 | 坎 | 湿 | 脾 | 涎 | 戊子 |
| 6 | 二 | 初三 | 壬寅 | 危 | 室 | 金 | 艮 | 燥 | 肺 | 涕 | 庚子 |
| 7 | 三 | 初四 | 癸卯 | 危 | 壁 | 金 | 坤 | 燥 | 肺 | 涕 | 壬子 |
| 8 | 四 | 初五 | 甲辰 | 成 | 奎 | 火 | 乾 | 热 | 心 | 汗 | 甲子 |
| 9 | 五 | 初六 | 乙巳 | 收 | 娄 | 火 | 兑 | 热 | 心 | 汗 | 丙子 |
| 10 | 六 | 初七 | 丙午 | 开 | 胃 | 水 | 离 | 寒 | 肾 | 唾 | 戊子 |
| 11 | 日 | 初八 | 丁未 | 闭 | 昴 | 水 | 震 | 寒 | 肾 | 唾 | 庚子 |
| 12 | 一 | 初九 | 戊申 | 建 | 毕 | 土 | 巽 | 湿 | 脾 | 涎 | 壬子 |
| 13 | 二 | 初十 | 己酉 | 除 | 觜 | 土 | 坎 | 湿 | 脾 | 涎 | 甲子 |
| 14 | 三 | 十一 | 庚戌 | 满 | 参 | 金 | 艮 | 燥 | 肺 | 涕 | 丙子 |
| 15 | 四 | 十二 | 辛亥 | 平 | 井 | 金 | 坤 | 燥 | 肺 | 涕 | 戊子 |
| 16 | 五 | 十三 | 壬子 | 定 | 鬼 | 木 | 乾 | 风 | 肝 | 泪 | 庚子 |
| 17 | 六 | 十四 | 癸丑 | 执 | 柳 | 木 | 兑 | 风 | 肝 | 泪 | 壬子 |
| 18 | 日 | 十五 | 甲寅 | 破 | 星 | 水 | 离 | 寒 | 肾 | 唾 | 甲子 |
| 19 | 一 | 十六 | 乙卯 | 危 | 张 | 水 | 震 | 寒 | 肾 | 唾 | 丙子 |
| 20 | 二 | 十七 | 丙辰 | 成 | 翼 | 土 | 巽 | 湿 | 脾 | 涎 | 戊子 |
| 21 | 三 | 十八 | 丁巳 | 收 | 轸 | 土 | 坎 | 湿 | 脾 | 涎 | 庚子 |
| 22 | 四 | 十九 | 戊午 | 开 | 角 | 火 | 艮 | 热 | 心 | 汗 | 壬子 |
| 23 | 五 | 二十 | 己未 | 闭 | 亢 | 火 | 坤 | 热 | 心 | 汗 | 甲子 |
| 24 | 六 | 廿一 | 庚申 | 建 | 氐 | 木 | 乾 | 风 | 肝 | 泪 | 丙子 |
| 25 | 日 | 廿二 | 辛酉 | 除 | 房 | 木 | 兑 | 风 | 肝 | 泪 | 戊子 |
| 26 | 一 | 廿三 | 壬戌 | 满 | 心 | 水 | 离 | 寒 | 肾 | 唾 | 庚子 |
| 27 | 二 | 廿四 | 癸亥 | 平 | 尾 | 水 | 震 | 寒 | 肾 | 唾 | 壬子 |
| 28 | 三 | 廿五 | 甲子 | 定 | 箕 | 金 | 巽 | 燥 | 肺 | 涕 | 甲子 |
| 29 | 四 | 廿六 | 乙丑 | 执 | 斗 | 金 | 坎 | 燥 | 肺 | 涕 | 丙子 |
| 30 | 五 | 廿七 | 丙寅 | 破 | 牛 | 火 | 艮 | 热 | 心 | 汗 | 戊子 |
| 31 | 六 | 廿八 | 丁卯 | 危 | 女 | 火 | 坤 | 热 | 心 | 汗 | 庚子 |

# 公元 2024 年　　　　　农历甲辰(龙)年

## 9 月小
白露　7日11时12分
秋分　22日20时45分

农历八月(9月3日-10月2日)　月干支:癸酉

| 公历 | 星期 | 农历 | 干支 | 日建 | 星宿 | 五行 | 八卦 | 五气 | 五脏 | 五汁 | 时辰 |
|---|---|---|---|---|---|---|---|---|---|---|---|
| 1 | 日 | 七月 | 戊辰 | 成 | 虚 | 木 | 乾 | 风 | 肝 | 泪 | 壬子 |
| 2 | 一 | 三十 | 己巳 | 收 | 危 | 木 | 兑 | 风 | 肝 | 泪 | 甲子 |
| 3 | 二 | 八月 | 庚午 | 开 | 室 | 土 | 坎 | 湿 | 脾 | 涎 | 丙子 |
| 4 | 三 | 初二 | 辛未 | 闭 | 壁 | 土 | 艮 | 湿 | 脾 | 涎 | 戊子 |
| 5 | 四 | 初三 | 壬申 | 建 | 奎 | 金 | 坤 | 燥 | 肺 | 涕 | 庚子 |
| 6 | 五 | 初四 | 癸酉 | 除 | 娄 | 金 | 乾 | 燥 | 肺 | 涕 | 壬子 |
| 7 | 六 | 初五 | 甲戌 | 除 | 胃 | 火 | 兑 | 热 | 心 | 汗 | 甲子 |
| 8 | 日 | 初六 | 乙亥 | 满 | 昴 | 火 | 离 | 热 | 心 | 汗 | 丙子 |
| 9 | 一 | 初七 | 丙子 | 平 | 毕 | 水 | 震 | 寒 | 肾 | 唾 | 戊子 |
| 10 | 二 | 初八 | 丁丑 | 定 | 觜 | 水 | 巽 | 寒 | 肾 | 唾 | 庚子 |
| 11 | 三 | 初九 | 戊寅 | 执 | 参 | 土 | 坎 | 湿 | 脾 | 涎 | 壬子 |
| 12 | 四 | 初十 | 己卯 | 破 | 井 | 土 | 艮 | 湿 | 脾 | 涎 | 甲子 |
| 13 | 五 | 十一 | 庚辰 | 危 | 鬼 | 金 | 乾 | 燥 | 肺 | 涕 | 丙子 |
| 14 | 六 | 十二 | 辛巳 | 成 | 柳 | 金 | 兑 | 燥 | 肺 | 涕 | 戊子 |
| 15 | 日 | 十三 | 壬午 | 收 | 星 | 木 | | 风 | 肝 | 泪 | 庚子 |
| 16 | 一 | 十四 | 癸未 | 开 | 张 | 水 | 离 | 风 | 肝 | 泪 | 壬子 |
| 17 | 二 | 十五 | 甲申 | 闭 | 翼 | 水 | 震 | 寒 | 肾 | 唾 | 甲子 |
| 18 | 三 | 十六 | 乙酉 | 建 | 轸 | 水 | 巽 | 寒 | 肾 | 唾 | 丙子 |
| 19 | 四 | 十七 | 丙戌 | 除 | 角 | 土 | 坎 | 湿 | 脾 | 涎 | 戊子 |
| 20 | 五 | 十八 | 丁亥 | 满 | 亢 | 土 | 艮 | 湿 | 脾 | 涎 | 庚子 |
| 21 | 六 | 十九 | 戊子 | 平 | 氐 | 火 | 坤 | 热 | 心 | 汗 | 壬子 |
| 22 | 日 | 二十 | 己丑 | 定 | 房 | 火 | 乾 | 热 | 心 | 汗 | 甲子 |
| 23 | 一 | 廿一 | 庚寅 | 执 | 心 | 木 | 兑 | 风 | 肝 | 泪 | 丙子 |
| 24 | 二 | 廿二 | 辛卯 | 破 | 尾 | 木 | 离 | 风 | 肝 | 泪 | 戊子 |
| 25 | 三 | 廿三 | 壬辰 | 危 | 箕 | 水 | 震 | 寒 | 肾 | 唾 | 庚子 |
| 26 | 四 | 廿四 | 癸巳 | 成 | 斗 | 水 | 巽 | 寒 | 肾 | 唾 | 壬子 |
| 27 | 五 | 廿五 | 甲午 | 收 | 牛 | 金 | 坎 | 燥 | 肺 | 涕 | 甲子 |
| 28 | 六 | 廿六 | 乙未 | 开 | 女 | 金 | 艮 | 燥 | 肺 | 涕 | 丙子 |
| 29 | 日 | 廿七 | 丙申 | 闭 | 虚 | 火 | 坤 | 热 | 心 | 汗 | 戊子 |
| 30 | 一 | 廿八 | 丁酉 | 建 | 危 | 火 | 乾 | 热 | 心 | 汗 | 庚子 |
| 31 | | | | | | | | | | | |

## 10 月大
寒露　8日03时01分
霜降　23日06时15分

农历九月(10月3日-10月31日)　月干支:甲戌

| 公历 | 星期 | 农历 | 干支 | 日建 | 星宿 | 五行 | 八卦 | 五气 | 五脏 | 五汁 | 时辰 |
|---|---|---|---|---|---|---|---|---|---|---|---|
| 1 | 二 | 八月 | 戊戌 | 除 | 室 | 木 | 兑 | 风 | 肝 | 泪 | 壬子 |
| 2 | 三 | 三十 | 己亥 | 满 | 壁 | 木 | 离 | 风 | 肝 | 泪 | 甲子 |
| 3 | 四 | 九月 | 庚子 | 平 | 奎 | 土 | 艮 | 湿 | 脾 | 涎 | 丙子 |
| 4 | 五 | 初二 | 辛丑 | 定 | 娄 | 土 | 坤 | 湿 | 脾 | 涎 | 戊子 |
| 5 | 六 | 初三 | 壬寅 | 执 | 胃 | 金 | 乾 | 燥 | 肺 | 涕 | 庚子 |
| 6 | 日 | 初四 | 癸卯 | 破 | 昴 | 金 | 兑 | 燥 | 肺 | 涕 | 壬子 |
| 7 | 一 | 初五 | 甲辰 | 危 | 毕 | 火 | 离 | 热 | 心 | 汗 | 甲子 |
| 8 | 二 | 初六 | 乙巳 | 危 | 觜 | 火 | 震 | 热 | 心 | 汗 | 丙子 |
| 9 | 三 | 初七 | 丙午 | 成 | 参 | 水 | 巽 | 寒 | 肾 | 唾 | 戊子 |
| 10 | 四 | 初八 | 丁未 | 收 | 井 | 水 | 坎 | 寒 | 肾 | 唾 | 庚子 |
| 11 | 五 | 初九 | 戊申 | 开 | 鬼 | 土 | 艮 | 湿 | 脾 | 涎 | 壬子 |
| 12 | 六 | 初十 | 己酉 | 闭 | 柳 | 土 | 坤 | 湿 | 脾 | 涎 | 甲子 |
| 13 | 日 | 十一 | 庚戌 | 建 | 星 | 金 | 乾 | 燥 | 肺 | 涕 | 丙子 |
| 14 | 一 | 十二 | 辛亥 | 除 | 张 | 金 | 兑 | 燥 | 肺 | 涕 | 戊子 |
| 15 | 二 | 十三 | 壬子 | 满 | 翼 | 木 | 离 | 风 | 肝 | 泪 | 庚子 |
| 16 | 三 | 十四 | 癸丑 | 平 | 轸 | 木 | 震 | 风 | 肝 | 泪 | 壬子 |
| 17 | 四 | 十五 | 甲寅 | 定 | 角 | 水 | 巽 | 寒 | 肾 | 唾 | 甲子 |
| 18 | 五 | 十六 | 乙卯 | 执 | 亢 | 水 | 坎 | 寒 | 肾 | 唾 | 丙子 |
| 19 | 六 | 十七 | 丙辰 | 破 | 氐 | 土 | 艮 | 湿 | 脾 | 涎 | 戊子 |
| 20 | 日 | 十八 | 丁巳 | 危 | 房 | 土 | 坤 | 湿 | 脾 | 涎 | 庚子 |
| 21 | 一 | 十九 | 戊午 | 成 | 心 | 火 | 乾 | 热 | 心 | 汗 | 壬子 |
| 22 | 二 | 二十 | 己未 | 收 | 尾 | 火 | 兑 | 热 | 心 | 汗 | 甲子 |
| 23 | 三 | 廿一 | 庚申 | 开 | 箕 | 木 | 离 | 风 | 肝 | 泪 | 丙子 |
| 24 | 四 | 廿二 | 辛酉 | 闭 | 斗 | 木 | 震 | 风 | 肝 | 泪 | 戊子 |
| 25 | 五 | 廿三 | 壬戌 | 建 | 牛 | 水 | 巽 | 寒 | 肾 | 唾 | 庚子 |
| 26 | 六 | 廿四 | 癸亥 | 除 | 女 | 水 | 坎 | 寒 | 肾 | 唾 | 壬子 |
| 27 | 日 | 廿五 | 甲子 | 满 | 虚 | 金 | 艮 | 燥 | 肺 | 涕 | 甲子 |
| 28 | 一 | 廿六 | 乙丑 | 平 | 危 | 金 | 坤 | 燥 | 肺 | 涕 | 丙子 |
| 29 | 二 | 廿七 | 丙寅 | 定 | 室 | 火 | 乾 | 热 | 心 | 汗 | 戊子 |
| 30 | 三 | 廿八 | 丁卯 | 执 | 壁 | 火 | 兑 | 热 | 心 | 汗 | 庚子 |
| 31 | 四 | 廿九 | 戊辰 | 破 | 奎 | 木 | 离 | 风 | 肝 | 泪 | 壬子 |

实用干支万年历

# 公元2024年　　　　农历甲辰(龙)年

## 11月小

| 立冬 | 7日06时20分 |
| --- | --- |
| 小雪 | 22日03时57分 |

农历十月(11月1日–11月30日)　月干支:乙亥

| 公历 | 星期 | 农历 | 干支 | 日建 | 星宿 | 五行 | 八卦 | 五气 | 五脏 | 五汁 | 时辰 |
| --- | --- | --- | --- | --- | --- | --- | --- | --- | --- | --- | --- |
| 1 | 五 | 十月 | 己巳 | 危 | 娄 | 木 | 坤 | 风 | 肝 | 泪 | 甲子 |
| 2 | 六 | 初二 | 庚午 | 成 | 胃 | 土 | 乾 | 湿 | 脾 | 涎 | 丙子 |
| 3 | 日 | 初三 | 辛未 | 收 | 昴 | 土 | 兑 | 湿 | 脾 | 涎 | 戊子 |
| 4 | 一 | 初四 | 壬申 | 开 | 毕 | 金 | 离 | 燥 | 肺 | 涕 | 庚子 |
| 5 | 二 | 初五 | 癸酉 | 闭 | 觜 | 金 | 震 | 燥 | 肺 | 涕 | 壬子 |
| 6 | 三 | 初六 | 甲戌 | 建 | 参 | 火 | 巽 | 热 | 心 | 汗 | 甲子 |
| 7 | 四 | 初七 | 乙亥 | 建 | 井 | 火 | 坎 | 热 | 心 | 汗 | 丙子 |
| 8 | 五 | 初八 | 丙子 | 除 | 鬼 | 水 | 艮 | 寒 | 肾 | 唾 | 戊子 |
| 9 | 六 | 初九 | 丁丑 | 满 | 柳 | 水 | 坤 | 寒 | 肾 | 唾 | 庚子 |
| 10 | 日 | 初十 | 戊寅 | 平 | 星 | 土 | 乾 | 湿 | 脾 | 涎 | 壬子 |
| 11 | 一 | 十一 | 己卯 | 定 | 张 | 土 | 兑 | 湿 | 脾 | 涎 | 甲子 |
| 12 | 二 | 十二 | 庚辰 | 执 | 翼 | 金 | 离 | 燥 | 肺 | 涕 | 丙子 |
| 13 | 三 | 十三 | 辛巳 | 破 | 轸 | 金 | 震 | 燥 | 肺 | 涕 | 戊子 |
| 14 | 四 | 十四 | 壬午 | 危 | 角 | 木 | 巽 | 风 | 肝 | 泪 | 庚子 |
| 15 | 五 | 十五 | 癸未 | 成 | 亢 | 木 | 坎 | 风 | 肝 | 泪 | 壬子 |
| 16 | 六 | 十六 | 甲申 | 收 | 氐 | 水 | 艮 | 寒 | 肾 | 唾 | 甲子 |
| 17 | 日 | 十七 | 乙酉 | 开 | 房 | 水 | 坤 | 寒 | 肾 | 唾 | 丙子 |
| 18 | 一 | 十八 | 丙戌 | 闭 | 心 | 土 | 乾 | 湿 | 脾 | 涎 | 戊子 |
| 19 | 二 | 十九 | 丁亥 | 建 | 尾 | 土 | 兑 | 湿 | 脾 | 涎 | 庚子 |
| 20 | 三 | 二十 | 戊子 | 除 | 箕 | 火 | 离 | 热 | 心 | 汗 | 壬子 |
| 21 | 四 | 廿一 | 己丑 | 满 | 斗 | 火 | 震 | 热 | 心 | 汗 | 甲子 |
| 22 | 五 | 廿二 | 庚寅 | 平 | 牛 | 木 | 巽 | 风 | 肝 | 泪 | 丙子 |
| 23 | 六 | 廿三 | 辛卯 | 定 | 女 | 木 | 坎 | 风 | 肝 | 泪 | 戊子 |
| 24 | 日 | 廿四 | 壬辰 | 执 | 虚 | 水 | 艮 | 寒 | 肾 | 唾 | 庚子 |
| 25 | 一 | 廿五 | 癸巳 | 破 | 危 | 水 | 坤 | 寒 | 肾 | 唾 | 壬子 |
| 26 | 二 | 廿六 | 甲午 | 危 | 室 | 金 | 乾 | 燥 | 肺 | 涕 | 甲子 |
| 27 | 三 | 廿七 | 乙未 | 成 | 壁 | 金 | 兑 | 燥 | 肺 | 涕 | 丙子 |
| 28 | 四 | 廿八 | 丙申 | 收 | 奎 | 火 | 离 | 热 | 心 | 汗 | 戊子 |
| 29 | 五 | 廿九 | 丁酉 | 开 | 娄 | 火 | 震 | 热 | 心 | 汗 | 庚子 |
| 30 | 六 | 三十 | 戊戌 | 闭 | 胃 | 木 | 巽 | 风 | 肝 | 泪 | 壬子 |
| 31 | | | | | | | | | | | |

## 12月大

| 大雪 | 6日23时17分 |
| --- | --- |
| 冬至 | 21日17时21分 |

农历十一月(12月1日–12月30日)　月干支:丙子

| 公历 | 星期 | 农历 | 干支 | 日建 | 星宿 | 五行 | 八卦 | 五气 | 五脏 | 五汁 | 时辰 |
| --- | --- | --- | --- | --- | --- | --- | --- | --- | --- | --- | --- |
| 1 | 日 | 冬月 | 己亥 | 建 | 昴 | 木 | 乾 | 风 | 肝 | 泪 | 甲子 |
| 2 | 一 | 初二 | 庚子 | 除 | 毕 | 土 | 兑 | 湿 | 脾 | 涎 | 丙子 |
| 3 | 二 | 初三 | 辛丑 | 满 | 觜 | 土 | 离 | 湿 | 脾 | 涎 | 戊子 |
| 4 | 三 | 初四 | 壬寅 | 平 | 参 | 金 | 震 | 燥 | 肺 | 涕 | 庚子 |
| 5 | 四 | 初五 | 癸卯 | 定 | 井 | 金 | 巽 | 燥 | 肺 | 涕 | 壬子 |
| 6 | 五 | 初六 | 甲辰 | 定 | 鬼 | 火 | 坎 | 热 | 心 | 汗 | 甲子 |
| 7 | 六 | 初七 | 乙巳 | 执 | 柳 | 火 | 艮 | 热 | 心 | 汗 | 丙子 |
| 8 | 日 | 初八 | 丙午 | 破 | 星 | 水 | 坤 | 寒 | 肾 | 唾 | 戊子 |
| 9 | 一 | 初九 | 丁未 | 危 | 张 | 水 | 乾 | 寒 | 肾 | 唾 | 庚子 |
| 10 | 二 | 初十 | 戊申 | 成 | 翼 | 土 | 兑 | 湿 | 脾 | 涎 | 壬子 |
| 11 | 三 | 十一 | 己酉 | 收 | 轸 | 土 | 离 | 湿 | 脾 | 涎 | 甲子 |
| 12 | 四 | 十二 | 庚戌 | 开 | 角 | 金 | 震 | 燥 | 肺 | 涕 | 丙子 |
| 13 | 五 | 十三 | 辛亥 | 闭 | 亢 | 金 | 巽 | 燥 | 肺 | 涕 | 戊子 |
| 14 | 六 | 十四 | 壬子 | 建 | 氐 | 木 | 坎 | 风 | 肝 | 泪 | 庚子 |
| 15 | 日 | 十五 | 癸丑 | 除 | 房 | 木 | 艮 | 风 | 肝 | 泪 | 壬子 |
| 16 | 一 | 十六 | 甲寅 | 满 | 心 | 水 | 坤 | 寒 | 肾 | 唾 | 甲子 |
| 17 | 二 | 十七 | 乙卯 | 平 | 尾 | 水 | 乾 | 寒 | 肾 | 唾 | 丙子 |
| 18 | 三 | 十八 | 丙辰 | 定 | 箕 | 土 | 兑 | 湿 | 脾 | 涎 | 戊子 |
| 19 | 四 | 十九 | 丁巳 | 执 | 斗 | 土 | 离 | 湿 | 脾 | 涎 | 庚子 |
| 20 | 五 | 二十 | 戊午 | 破 | 牛 | 火 | 震 | 热 | 心 | 汗 | 壬子 |
| 21 | 六 | 廿一 | 己未 | 危 | 女 | 火 | 巽 | 热 | 心 | 汗 | 甲子 |
| 22 | 日 | 廿二 | 庚申 | 成 | 虚 | 木 | 坎 | 风 | 肝 | 泪 | 丙子 |
| 23 | 一 | 廿三 | 辛酉 | 收 | 危 | 木 | 艮 | 风 | 肝 | 泪 | 戊子 |
| 24 | 二 | 廿四 | 壬戌 | 开 | 室 | 水 | 坤 | 寒 | 肾 | 唾 | 庚子 |
| 25 | 三 | 廿五 | 癸亥 | 闭 | 壁 | 水 | 乾 | 寒 | 肾 | 唾 | 壬子 |
| 26 | 四 | 廿六 | 甲子 | 建 | 奎 | 金 | 兑 | 燥 | 肺 | 涕 | 甲子 |
| 27 | 五 | 廿七 | 乙丑 | 除 | 娄 | 金 | 离 | 燥 | 肺 | 涕 | 丙子 |
| 28 | 六 | 廿八 | 丙寅 | 满 | 胃 | 火 | 震 | 热 | 心 | 汗 | 戊子 |
| 29 | 日 | 廿九 | 丁卯 | 平 | 昴 | 火 | 巽 | 热 | 心 | 汗 | 庚子 |
| 30 | 一 | 三十 | 戊辰 | 定 | 毕 | 木 | 坎 | 风 | 肝 | 泪 | 壬子 |
| 31 | 二 | 腊月 | 己巳 | 执 | 觜 | 木 | 艮 | 风 | 肝 | 泪 | 甲子 |

# 公元2025年　　农历乙巳(蛇)年(闰六月)

## 1月大

小寒　5日10时33分
大寒　20日04时01分

农历腊月(12月31日–1月28日)　月干支:丁丑

| 公历 | 星期 | 农历 | 干支 | 日建 | 星宿 | 五行 | 八卦 | 五气 | 五脏 | 五汁 | 时辰 |
|---|---|---|---|---|---|---|---|---|---|---|---|
| 1 | 三 | 腊月 | 庚午 | 破 | 参 | 土 | 离 | 湿 | 脾 | 涎 | 丙子 |
| 2 | 四 | 初三 | 辛未 | 危 | 井 | 土 | 震 | 湿 | 脾 | 涎 | 戊子 |
| 3 | 五 | 初四 | 壬申 | 成 | 鬼 | 金 | 巽 | 燥 | 肺 | 涕 | 庚子 |
| 4 | 六 | 初五 | 癸酉 | 收 | 柳 | 金 | 坎 | 燥 | 肺 | 涕 | 壬子 |
| 5 | 日 | 初六 | 甲戌 | 收 | 星 | 火 | 艮 | 热 | 心 | 汗 | 甲子 |
| 6 | 一 | 初七 | 乙亥 | 开 | 张 | 火 | 坤 | 热 | 心 | 汗 | 丙子 |
| 7 | 二 | 初八 | 丙子 | 闭 | 翼 | 水 | 乾 | 寒 | 肾 | 唾 | 戊子 |
| 8 | 三 | 初九 | 丁丑 | 建 | 轸 | 水 | 兑 | 寒 | 肾 | 唾 | 庚子 |
| 9 | 四 | 初十 | 戊寅 | 除 | 角 | 土 | 离 | 湿 | 脾 | 涎 | 壬子 |
| 10 | 五 | 十一 | 己卯 | 满 | 亢 | 土 | 震 | 湿 | 脾 | 涎 | 甲子 |
| 11 | 六 | 十二 | 庚辰 | 平 | 氐 | 金 | 巽 | 燥 | 肺 | 涕 | 丙子 |
| 12 | 日 | 十三 | 辛巳 | 定 | 房 | 金 | 坎 | 燥 | 肺 | 涕 | 戊子 |
| 13 | 一 | 十四 | 壬午 | 执 | 心 | 木 | 艮 | 风 | 肝 | 泪 | 庚子 |
| 14 | 二 | 十五 | 癸未 | 破 | 尾 | 木 | 坤 | 风 | 肝 | 泪 | 壬子 |
| 15 | 三 | 十六 | 甲申 | 危 | 箕 | 水 | 乾 | 寒 | 肾 | 唾 | 甲子 |
| 16 | 四 | 十七 | 乙酉 | 成 | 斗 | 水 | 兑 | 寒 | 肾 | 唾 | 丙子 |
| 17 | 五 | 十八 | 丙戌 | 收 | 牛 | 土 | 离 | 湿 | 脾 | 涎 | 戊子 |
| 18 | 六 | 十九 | 丁亥 | 开 | 女 | 土 | 震 | 湿 | 脾 | 涎 | 庚子 |
| 19 | 日 | 二十 | 戊子 | 闭 | 虚 | 火 | 巽 | 热 | 心 | 汗 | 壬子 |
| 20 | 一 | 廿一 | 己丑 | 建 | 危 | 火 | 坎 | 热 | 心 | 汗 | 甲子 |
| 21 | 二 | 廿二 | 庚寅 | 除 | 室 | 木 | 艮 | 风 | 肝 | 泪 | 丙子 |
| 22 | 三 | 廿三 | 辛卯 | 满 | 壁 | 木 | 坤 | 风 | 肝 | 泪 | 戊子 |
| 23 | 四 | 廿四 | 壬辰 | 平 | 奎 | 水 | 乾 | 寒 | 肾 | 唾 | 庚子 |
| 24 | 五 | 廿五 | 癸巳 | 定 | 娄 | 水 | 兑 | 寒 | 肾 | 唾 | 壬子 |
| 25 | 六 | 廿六 | 甲午 | 执 | 胃 | 金 | 离 | 燥 | 肺 | 涕 | 甲子 |
| 26 | 日 | 廿七 | 乙未 | 破 | 昴 | 金 | 震 | 燥 | 肺 | 涕 | 丙子 |
| 27 | 一 | 廿八 | 丙申 | 危 | 毕 | 火 | 巽 | 热 | 心 | 汗 | 戊子 |
| 28 | 二 | 廿九 | 丁酉 | 成 | 觜 | 火 | 坎 | 热 | 心 | 汗 | 庚子 |
| 29 | 三 | 正月 | 戊戌 | 收 | 参 | 木 | 艮 | 风 | 肝 | 泪 | 壬子 |
| 30 | 四 | 初二 | 己亥 | 开 | 井 | 木 | 坤 | 风 | 肝 | 泪 | 甲子 |
| 31 | 五 | 初三 | 庚子 | 闭 | 鬼 | 土 | 兑 | 湿 | 脾 | 涎 | 丙子 |

## 2月平

立春　3日22时11分
雨水　18日18时07分

农历正月(1月29日–2月27日)　月干支:戊寅

| 公历 | 星期 | 农历 | 干支 | 日建 | 星宿 | 五行 | 八卦 | 五气 | 五脏 | 五汁 | 时辰 |
|---|---|---|---|---|---|---|---|---|---|---|---|
| 1 | 六 | 正月 | 辛丑 | 建 | 柳 | 土 | 离 | 湿 | 脾 | 涎 | 戊子 |
| 2 | 日 | 初五 | 壬寅 | 除 | 星 | 金 | 震 | 燥 | 肺 | 涕 | 庚子 |
| 3 | 一 | 初六 | 癸卯 | 除 | 张 | 金 | 巽 | 燥 | 肺 | 涕 | 壬子 |
| 4 | 二 | 初七 | 甲辰 | 满 | 翼 | 火 | 坎 | 热 | 心 | 汗 | 甲子 |
| 5 | 三 | 初八 | 乙巳 | 平 | 轸 | 火 | 艮 | 热 | 心 | 汗 | 丙子 |
| 6 | 四 | 初九 | 丙午 | 定 | 角 | 水 | 坤 | 寒 | 肾 | 唾 | 戊子 |
| 7 | 五 | 初十 | 丁未 | 执 | 亢 | 水 | 乾 | 寒 | 肾 | 唾 | 庚子 |
| 8 | 六 | 十一 | 戊申 | 破 | 氐 | 土 | 兑 | 湿 | 脾 | 涎 | 壬子 |
| 9 | 日 | 十二 | 己酉 | 危 | 房 | 土 | 离 | 湿 | 脾 | 涎 | 甲子 |
| 10 | 一 | 十三 | 庚戌 | 成 | 心 | 金 | 震 | 燥 | 肺 | 涕 | 丙子 |
| 11 | 二 | 十四 | 辛亥 | 收 | 尾 | 金 | 巽 | 燥 | 肺 | 涕 | 戊子 |
| 12 | 三 | 十五 | 壬子 | 开 | 箕 | 木 | 坎 | 风 | 肝 | 泪 | 庚子 |
| 13 | 四 | 十六 | 癸丑 | 闭 | 斗 | 木 | 艮 | 风 | 肝 | 泪 | 壬子 |
| 14 | 五 | 十七 | 甲寅 | 建 | 牛 | 水 | 坤 | 寒 | 肾 | 唾 | 甲子 |
| 15 | 六 | 十八 | 乙卯 | 除 | 女 | 水 | 乾 | 寒 | 肾 | 唾 | 丙子 |
| 16 | 日 | 十九 | 丙辰 | 满 | 虚 | 土 | 兑 | 湿 | 脾 | 涎 | 戊子 |
| 17 | 一 | 二十 | 丁巳 | 平 | 危 | 土 | 离 | 湿 | 脾 | 涎 | 庚子 |
| 18 | 二 | 廿一 | 戊午 | 定 | 室 | 火 | 震 | 热 | 心 | 汗 | 壬子 |
| 19 | 三 | 廿二 | 己未 | 执 | 壁 | 火 | 巽 | 热 | 心 | 汗 | 甲子 |
| 20 | 四 | 廿三 | 庚申 | 破 | 奎 | 木 | 坎 | 风 | 肝 | 泪 | 丙子 |
| 21 | 五 | 廿四 | 辛酉 | 危 | 娄 | 木 | 艮 | 风 | 肝 | 泪 | 戊子 |
| 22 | 六 | 廿五 | 壬戌 | 成 | 胃 | 水 | 坤 | 寒 | 肾 | 唾 | 庚子 |
| 23 | 日 | 廿六 | 癸亥 | 收 | 昴 | 水 | 乾 | 寒 | 肾 | 唾 | 壬子 |
| 24 | 一 | 廿七 | 甲子 | 开 | 毕 | 金 | 兑 | 燥 | 肺 | 涕 | 甲子 |
| 25 | 二 | 廿八 | 乙丑 | 闭 | 觜 | 金 | 离 | 燥 | 肺 | 涕 | 丙子 |
| 26 | 三 | 廿九 | 丙寅 | 建 | 参 | 火 | 震 | 热 | 心 | 汗 | 戊子 |
| 27 | 四 | 三十 | 丁卯 | 除 | 井 | 火 | 巽 | 热 | 心 | 汗 | 庚子 |
| 28 | 五 | 二月 | 戊辰 | 满 | 鬼 | 木 |  | 风 | 肝 | 泪 | 壬子 |

实用干支万年历

# 公元2025年　　　　农历乙巳(蛇)年(闰六月)

## 3月大　　惊蛰　5日16时08分　　春分　20日17时02分

农历二月(2月28日－3月28日)　月干支:己卯

| 公历 | 星期 | 农历 | 干支 | 日建 | 星宿 | 五行 | 八卦 | 五气 | 五脏 | 五汁 | 时辰 |
|---|---|---|---|---|---|---|---|---|---|---|---|
| 1 | 六 | 二月 | 己巳 | 平 | 柳星 | 木 | 兑 | 风 | 肝 | 泪 | 甲子 |
| 2 | 日 | 初三 | 庚午 | 定 | 星 | 土 | 离 | 湿 | 脾 | 涎 | 丙子 |
| 3 | 一 | 初四 | 辛未 | 执 | 张 | 土 | 震 | 湿 | 脾 | 涎 | 戊子 |
| 4 | 二 | 初五 | 壬申 | 破 | 翼 | 金 | 巽 | 燥 | 肺 | 涕 | 庚子 |
| 5 | 三 | 初六 | 癸酉 | 破 | 轸 | 金 | 坎 | 燥 | 肺 | 涕 | 壬子 |
| 6 | 四 | 初七 | 甲戌 | 危 | 角 | 火 | 艮 | 热 | 心 | 汗 | 甲子 |
| 7 | 五 | 初八 | 乙亥 | 成 | 亢 | 火 | 乾 | 热 | 心 | 汗 | 丙子 |
| 8 | 六 | 初九 | 丙子 | 收 | 氐 | 水 | 兑 | 寒 | 肾 | 唾 | 戊子 |
| 9 | 日 | 初十 | 丁丑 | 开 | 房 | 水 | 离 | 寒 | 肾 | 唾 | 庚子 |
| 10 | 一 | 十一 | 戊寅 | 闭 | 心 | 土 | | 湿 | 脾 | 涎 | 壬子 |
| 11 | 二 | 十二 | 己卯 | 建 | 尾 | 土 | 震 | 湿 | 脾 | 涎 | 甲子 |
| 12 | 三 | 十三 | 庚辰 | 除 | 箕 | 金 | 巽 | 燥 | 肺 | 涕 | 丙子 |
| 13 | 四 | 十四 | 辛巳 | 满 | 斗 | 金 | 坎 | 燥 | 肺 | 涕 | 戊子 |
| 14 | 五 | 十五 | 壬午 | 平 | 牛 | 木 | 艮 | 风 | 肝 | 泪 | 庚子 |
| 15 | 六 | 十六 | 癸未 | 定 | 女 | 木 | | 风 | 肝 | 泪 | 壬子 |
| 16 | 日 | 十七 | 甲申 | 执 | 虚 | 水 | 乾 | 寒 | 肾 | 唾 | 甲子 |
| 17 | 一 | 十八 | 乙酉 | 破 | 危 | 水 | 兑 | 寒 | 肾 | 唾 | 丙子 |
| 18 | 二 | 十九 | 丙戌 | 危 | 室 | 土 | 离 | 湿 | 脾 | 涎 | 戊子 |
| 19 | 三 | 二十 | 丁亥 | 成 | 壁 | 土 | 震 | 湿 | 脾 | 涎 | 庚子 |
| 20 | 四 | 廿一 | 戊子 | 收 | 奎 | 火 | 巽 | 热 | 心 | 汗 | 壬子 |
| 21 | 五 | 廿二 | 己丑 | 开 | 娄 | 火 | 坎 | 热 | 心 | 汗 | 甲子 |
| 22 | 六 | 廿三 | 庚寅 | 闭 | 胃 | 木 | 艮 | 风 | 肝 | 泪 | 丙子 |
| 23 | 日 | 廿四 | 辛卯 | 建 | 昴 | 木 | 坤 | 风 | 肝 | 泪 | 戊子 |
| 24 | 一 | 廿五 | 壬辰 | 除 | 毕 | 水 | 乾 | 寒 | 肾 | 唾 | 庚子 |
| 25 | 二 | 廿六 | 癸巳 | 满 | 觜 | 水 | | 寒 | 肾 | 唾 | 壬子 |
| 26 | 三 | 廿七 | 甲午 | 平 | 参 | 金 | 离 | 燥 | 肺 | 涕 | 甲子 |
| 27 | 四 | 廿八 | 乙未 | 定 | 井 | 金 | 震 | 燥 | 肺 | 涕 | 丙子 |
| 28 | 五 | 廿九 | 丙申 | 执 | 鬼 | 火 | 巽 | 热 | 心 | 汗 | 戊子 |
| 29 | 六 | 三月 | 丁酉 | 破 | 柳 | 火 | 坎 | 热 | 心 | 汗 | 庚子 |
| 30 | 日 | 初二 | 戊戌 | 危 | 星 | 木 | 艮 | 风 | 肝 | 泪 | 壬子 |
| 31 | 一 | 初三 | 己亥 | 成 | 张 | 木 | 坤 | 风 | 肝 | 泪 | 甲子 |

## 4月小　　清明　4日20时49分　　谷雨　20日03时57分

农历三月(3月29日－4月27日)　月干支:庚辰

| 公历 | 星期 | 农历 | 干支 | 日建 | 星宿 | 五行 | 八卦 | 五气 | 五脏 | 五汁 | 时辰 |
|---|---|---|---|---|---|---|---|---|---|---|---|
| 1 | 二 | 三月 | 庚子 | 收 | 翼 | 土 | 巽 | 湿 | 脾 | 涎 | 丙子 |
| 2 | 三 | 初五 | 辛丑 | 开 | 轸 | 土 | 坎 | 湿 | 脾 | 涎 | 戊子 |
| 3 | 四 | 初六 | 壬寅 | 闭 | 角 | 金 | 艮 | 燥 | 肺 | 涕 | 庚子 |
| 4 | 五 | 初七 | 癸卯 | 闭 | 亢 | 金 | 乾 | 燥 | 肺 | 涕 | 壬子 |
| 5 | 六 | 初八 | 甲辰 | 建 | 氐 | 火 | | 热 | 心 | 汗 | 甲子 |
| 6 | 日 | 初九 | 乙巳 | 除 | 房 | 火 | 兑 | 热 | 心 | 汗 | 丙子 |
| 7 | 一 | 初十 | 丙午 | 满 | 心 | 水 | 离 | 寒 | 肾 | 唾 | 戊子 |
| 8 | 二 | 十一 | 丁未 | 平 | 尾 | 水 | 震 | 寒 | 肾 | 唾 | 庚子 |
| 9 | 三 | 十二 | 戊申 | 定 | 箕 | 土 | 巽 | 湿 | 脾 | 涎 | 壬子 |
| 10 | 四 | 十三 | 己酉 | 执 | 斗 | 土 | 坎 | 湿 | 脾 | 涎 | 甲子 |
| 11 | 五 | 十四 | 庚戌 | 破 | 牛 | 金 | 艮 | 燥 | 肺 | 涕 | 丙子 |
| 12 | 六 | 十五 | 辛亥 | 危 | 女 | 金 | 乾 | 燥 | 肺 | 涕 | 戊子 |
| 13 | 日 | 十六 | 壬子 | 成 | 虚 | 木 | 兑 | 风 | 肝 | 泪 | 庚子 |
| 14 | 一 | 十七 | 癸丑 | 收 | 危 | 木 | 离 | 风 | 肝 | 泪 | 壬子 |
| 15 | 二 | 十八 | 甲寅 | 开 | 室 | 水 | | 寒 | 肾 | 唾 | 甲子 |
| 16 | 三 | 十九 | 乙卯 | 闭 | 壁 | 水 | 震 | 寒 | 肾 | 唾 | 丙子 |
| 17 | 四 | 二十 | 丙辰 | 建 | 奎 | 土 | 巽 | 湿 | 脾 | 涎 | 戊子 |
| 18 | 五 | 廿一 | 丁巳 | 除 | 娄 | 土 | 坎 | 湿 | 脾 | 涎 | 庚子 |
| 19 | 六 | 廿二 | 戊午 | 满 | 胃 | 火 | 艮 | 热 | 心 | 汗 | 壬子 |
| 20 | 日 | 廿三 | 己未 | 平 | 昴 | 火 | 坤 | 热 | 心 | 汗 | 甲子 |
| 21 | 一 | 廿四 | 庚申 | 定 | 毕 | 木 | 乾 | 风 | 肝 | 泪 | 丙子 |
| 22 | 二 | 廿五 | 辛酉 | 执 | 觜 | 木 | 兑 | 风 | 肝 | 泪 | 戊子 |
| 23 | 三 | 廿六 | 壬戌 | 破 | 参 | 水 | 离 | 寒 | 肾 | 唾 | 庚子 |
| 24 | 四 | 廿七 | 癸亥 | 危 | 井 | 水 | 震 | 寒 | 肾 | 唾 | 壬子 |
| 25 | 五 | 廿八 | 甲子 | 成 | 鬼 | 金 | 巽 | 燥 | 肺 | 涕 | 甲子 |
| 26 | 六 | 廿九 | 乙丑 | 收 | 柳 | 金 | 坎 | 燥 | 肺 | 涕 | 丙子 |
| 27 | 日 | 三十 | 丙寅 | 开 | 星 | 火 | 艮 | 热 | 心 | 汗 | 戊子 |
| 28 | 一 | 四月 | 丁卯 | 闭 | 张 | 火 | 坤 | 热 | 心 | 汗 | 庚子 |
| 29 | 二 | 初二 | 戊辰 | 建 | 翼 | 木 | 乾 | 风 | 肝 | 泪 | 壬子 |
| 30 | 三 | 初三 | 己巳 | 除 | 轸 | 木 | 兑 | 风 | 肝 | 泪 | 甲子 |
| 31 | | | | | | | | | | | |

# 公元 2025 年　　　　农历乙巳(蛇)年(闰六月)

## 5 月大

立夏　5 日 13 时 58 分
小满　21 日 02 时 56 分

农历四月(4月28日－5月26日)　月干支：辛巳

| 公历 | 星期 | 农历 | 干支 | 日建 | 星宿 | 五行 | 八卦 | 五气 | 五脏 | 五汁 | 时辰 |
|---|---|---|---|---|---|---|---|---|---|---|---|
| 1 | 四 | 四月 | 庚午 | 满 | 角 | 土 | 坎 | 湿 | 脾 | 涎 | 丙子 |
| 2 | 五 | 初五 | 辛未 | 平 | 亢 | 土 | 艮 | 湿 | 脾 | 涎 | 戊子 |
| 3 | 六 | 初六 | 壬申 | 定 | 氐 | 金 | 坤 | 燥 | 肺 | 涕 | 庚子 |
| 4 | 日 | 初七 | 癸酉 | 执 | 房 | 金 | 乾 | 燥 | 肺 | 涕 | 壬子 |
| 5 | 一 | 初八 | 甲戌 | 执 | 心 | 火 | 兑 | 热 | 心 | 汗 | 甲子 |
| 6 | 二 | 初九 | 乙亥 | 破 | 尾 | 火 | 离 | 热 | 心 | 汗 | 丙子 |
| 7 | 三 | 初十 | 丙子 | 危 | 箕 | 水 | 震 | 寒 | 肾 | 唾 | 戊子 |
| 8 | 四 | 十一 | 丁丑 | 成 | 斗 | 水 | 巽 | 寒 | 肾 | 唾 | 庚子 |
| 9 | 五 | 十二 | 戊寅 | 收 | 牛 | 土 | 坎 | 湿 | 脾 | 涎 | 壬子 |
| 10 | 六 | 十三 | 己卯 | 开 | 女 | 土 | 艮 | 湿 | 脾 | 涎 | 甲子 |
| 11 | 日 | 十四 | 庚辰 | 闭 | 虚 | 金 | 坤 | 燥 | 肺 | 涕 | 丙子 |
| 12 | 一 | 十五 | 辛巳 | 建 | 危 | 金 | 乾 | 燥 | 肺 | 涕 | 戊子 |
| 13 | 二 | 十六 | 壬午 | 除 | 室 | 木 | 兑 | 风 | 肝 | 泪 | 庚子 |
| 14 | 三 | 十七 | 癸未 | 满 | 壁 | 木 | 离 | 风 | 肝 | 泪 | 壬子 |
| 15 | 四 | 十八 | 甲申 | 平 | 奎 | 水 | 震 | 寒 | 肾 | 唾 | 甲子 |
| 16 | 五 | 十九 | 乙酉 | 定 | 娄 | 水 | 巽 | 寒 | 肾 | 唾 | 丙子 |
| 17 | 六 | 二十 | 丙戌 | 执 | 胃 | 土 | 坎 | 湿 | 脾 | 涎 | 戊子 |
| 18 | 日 | 廿一 | 丁亥 | 破 | 昴 | 土 | 艮 | 湿 | 脾 | 涎 | 庚子 |
| 19 | 一 | 廿二 | 戊子 | 危 | 毕 | 火 | 乾 | 热 | 心 | 汗 | 壬子 |
| 20 | 二 | 廿三 | 己丑 | 成 | 觜 | 火 |  | 热 | 心 | 汗 | 甲子 |
| 21 | 三 | 廿四 | 庚寅 | 收 | 参 | 木 | 兑 | 风 | 肝 | 泪 | 丙子 |
| 22 | 四 | 廿五 | 辛卯 | 开 | 井 | 木 | 离 | 风 | 肝 | 泪 | 戊子 |
| 23 | 五 | 廿六 | 壬辰 | 闭 | 鬼 | 水 | 震 | 寒 | 肾 | 唾 | 庚子 |
| 24 | 六 | 廿七 | 癸巳 | 建 | 柳 | 水 | 巽 | 寒 | 肾 | 唾 | 壬子 |
| 25 | 日 | 廿八 | 甲午 | 除 | 星 | 金 | 坎 | 燥 | 肺 | 涕 | 甲子 |
| 26 | 一 | 廿九 | 乙未 | 满 | 张 | 金 | 艮 | 燥 | 肺 | 涕 | 丙子 |
| 27 | 二 | 五月 | 丙申 | 平 | 翼 | 火 | 坤 | 热 | 心 | 汗 | 戊子 |
| 28 | 三 | 初二 | 丁酉 | 定 | 轸 | 火 | 乾 | 热 | 心 | 汗 | 庚子 |
| 29 | 四 | 初三 | 戊戌 | 执 | 角 | 木 | 兑 | 风 | 肝 | 泪 | 壬子 |
| 30 | 五 | 初四 | 己亥 | 破 | 亢 | 木 | 离 | 风 | 肝 | 泪 | 甲子 |
| 31 | 六 | 初五 | 庚子 | 危 | 氐 | 土 |  | 湿 | 脾 | 涎 | 丙子 |

## 6 月小

芒种　5 日 17 时 58 分
夏至　21 日 10 时 43 分

农历五月(5月27日－6月24日)　月干支：壬午

| 公历 | 星期 | 农历 | 干支 | 日建 | 星宿 | 五行 | 八卦 | 五气 | 五脏 | 五汁 | 时辰 |
|---|---|---|---|---|---|---|---|---|---|---|---|
| 1 | 日 | 五月 | 辛丑 | 成 | 房 | 土 | 乾 | 湿 | 脾 | 涎 | 戊子 |
| 2 | 一 | 初七 | 壬寅 | 收 | 心 | 金 | 兑 | 燥 | 肺 | 涕 | 庚子 |
| 3 | 二 | 初八 | 癸卯 | 开 | 尾 | 金 | 离 | 燥 | 肺 | 涕 | 壬子 |
| 4 | 三 | 初九 | 甲辰 | 闭 | 箕 | 火 | 震 | 热 | 心 | 汗 | 甲子 |
| 5 | 四 | 初十 | 乙巳 | 闭 | 斗 | 火 | 巽 | 热 | 心 | 汗 | 丙子 |
| 6 | 五 | 十一 | 丙午 | 建 | 牛 | 水 | 坎 | 寒 | 肾 | 唾 | 戊子 |
| 7 | 六 | 十二 | 丁未 | 除 | 女 | 水 | 艮 | 寒 | 肾 | 唾 | 庚子 |
| 8 | 日 | 十三 | 戊申 | 满 | 虚 | 土 | 乾 | 湿 | 脾 | 涎 | 壬子 |
| 9 | 一 | 十四 | 己酉 | 平 | 危 | 土 | 坤 | 湿 | 脾 | 涎 | 甲子 |
| 10 | 二 | 十五 | 庚戌 | 定 | 室 | 金 |  | 燥 | 肺 |  | 丙子 |
| 11 | 三 | 十六 | 辛亥 | 执 | 壁 | 金 | 离 | 燥 | 肺 | 涕 | 戊子 |
| 12 | 四 | 十七 | 壬子 | 破 | 奎 | 木 | 震 | 风 | 肝 | 泪 | 庚子 |
| 13 | 五 | 十八 | 癸丑 | 危 | 娄 | 木 | 巽 | 风 | 肝 | 泪 | 壬子 |
| 14 | 六 | 十九 | 甲寅 | 成 | 胃 | 水 | 坎 | 寒 | 肾 | 唾 | 甲子 |
| 15 | 日 | 二十 | 乙卯 | 收 | 昴 | 水 |  | 寒 | 肾 | 唾 | 丙子 |
| 16 | 一 | 廿一 | 丙辰 | 开 | 毕 | 土 | 坤 | 湿 | 脾 | 涎 | 戊子 |
| 17 | 二 | 廿二 | 丁巳 | 闭 | 觜 | 土 | 乾 | 湿 | 脾 | 涎 | 庚子 |
| 18 | 三 | 廿三 | 戊午 | 建 | 参 | 火 | 兑 | 热 | 心 | 汗 | 壬子 |
| 19 | 四 | 廿四 | 己未 | 除 | 井 | 火 | 离 | 热 | 心 | 汗 | 甲子 |
| 20 | 五 | 廿五 | 庚申 | 满 | 鬼 | 木 | 震 | 风 | 肝 |  | 丙子 |
| 21 | 六 | 廿六 | 辛酉 | 平 | 柳 | 木 | 巽 | 风 | 肝 | 泪 | 戊子 |
| 22 | 日 | 廿七 | 壬戌 | 定 | 星 | 水 | 坎 | 寒 | 肾 | 唾 | 庚子 |
| 23 | 一 | 廿八 | 癸亥 | 执 | 张 | 水 | 艮 | 寒 | 肾 | 唾 | 壬子 |
| 24 | 二 | 廿九 | 甲子 | 破 | 翼 | 金 | 坤 | 燥 | 肺 | 涕 | 甲子 |
| 25 | 三 | 六月 | 乙丑 | 危 | 轸 | 金 | 乾 | 燥 | 肺 | 涕 | 丙子 |
| 26 | 四 | 初二 | 丙寅 | 成 | 角 | 火 | 兑 | 热 | 心 | 汗 | 戊子 |
| 27 | 五 | 初三 | 丁卯 | 收 | 亢 | 火 | 离 | 热 | 心 | 汗 | 庚子 |
| 28 | 六 | 初四 | 戊辰 | 开 | 氐 | 木 | 震 | 风 | 肝 | 泪 | 壬子 |
| 29 | 日 | 初五 | 己巳 | 闭 | 房 | 木 | 巽 | 风 | 肝 | 泪 | 甲子 |
| 30 | 一 | 初六 | 庚午 | 建 | 心 | 土 | 坎 | 湿 | 脾 | 涎 | 丙子 |
| 31 |  |  |  |  |  |  |  |  |  |  |  |

实用 干支 万年历

# 公元 2025 年　　　　农历乙巳(蛇)年(闰六月)

## 7月大
小暑　7日04时06分
大暑　22日21时30分

农历六月(6月25日–7月24日)　月干支:癸未

| 公历 | 星期 | 农历 | 干支 | 日建 | 星宿 | 五行 | 八卦 | 五气 | 五脏 | 五汁 | 时辰 |
|---|---|---|---|---|---|---|---|---|---|---|---|
| 1 | 二 | 六月 | 辛未 | 除 | 尾 | 土 | 离 | 湿 | 脾 | 涎 | 戊子 |
| 2 | 三 | 初八 | 壬申 | 满 | 箕 | 金 | 震 | 燥 | 肺 | 涕 | 庚子 |
| 3 | 四 | 初九 | 癸酉 | 平 | 斗 | 金 | 巽 | 燥 | 肺 | 涕 | 壬子 |
| 4 | 五 | 初十 | 甲戌 | 定 | 牛 | 火 | 坎 | 热 | 心 | 汗 | 甲子 |
| 5 | 六 | 十一 | 乙亥 | 执 | 女 | 火 | 艮 | 热 | 心 | 汗 | 丙子 |
| 6 | 日 | 十二 | 丙子 | 破 | 虚 | 水 | 坤 | 寒 | 肾 | 唾 | 戊子 |
| 7 | 一 | 十三 | 丁丑 | 破 | 危 | 水 | 乾 | 寒 | 肾 | 唾 | 庚子 |
| 8 | 二 | 十四 | 戊寅 | 危 | 室 | 土 | 兑 | 湿 | 脾 | 涎 | 壬子 |
| 9 | 三 | 十五 | 己卯 | 成 | 壁 | 土 | 离 | 燥 | 脾 | 涎 | 甲子 |
| 10 | 四 | 十六 | 庚辰 | 收 | 奎 | 金 | 震 | 燥 | 肺 | 涕 | 丙子 |
| 11 | 五 | 十七 | 辛巳 | 开 | 娄 | 金 | 巽 | 燥 | 肺 | 涕 | 戊子 |
| 12 | 六 | 十八 | 壬午 | 闭 | 胃 | 木 | 坎 | 风 | 肝 | 泪 | 庚子 |
| 13 | 日 | 十九 | 癸未 | 建 | 昴 | 木 | 艮 | 风 | 肝 | 泪 | 壬子 |
| 14 | 一 | 二十 | 甲申 | 除 | 毕 | 水 | 坤 | 寒 | 肾 | 唾 | 甲子 |
| 15 | 二 | 廿一 | 乙酉 | 满 | 觜 | 水 | 乾 | 寒 | 肾 | 唾 | 丙子 |
| 16 | 三 | 廿二 | 丙戌 | 平 | 参 | 土 | 兑 | 湿 | 脾 | 涎 | 戊子 |
| 17 | 四 | 廿三 | 丁亥 | 定 | 井 | 土 | 离 | 湿 | 脾 | 涎 | 庚子 |
| 18 | 五 | 廿四 | 戊子 | 执 | 鬼 | 火 | 震 | 热 | 心 | 汗 | 壬子 |
| 19 | 六 | 廿五 | 己丑 | 破 | 柳 | 火 | 巽 | 热 | 心 | 汗 | 甲子 |
| 20 | 日 | 廿六 | 庚寅 | 危 | 星 | 木 | 坎 | 风 | 肝 | 泪 | 丙子 |
| 21 | 一 | 廿七 | 辛卯 | 成 | 张 | 木 | 艮 | 风 | 肝 | 泪 | 戊子 |
| 22 | 二 | 廿八 | 壬辰 | 收 | 翼 | 水 | 坤 | 寒 | 肾 | 唾 | 庚子 |
| 23 | 三 | 廿九 | 癸巳 | 开 | 轸 | 水 | 乾 | 寒 | 肾 | 唾 | 壬子 |
| 24 | 四 | 三十 | 甲午 | 闭 | 角 | 金 | 兑 | 燥 | 肺 | 涕 | 甲子 |
| 25 | 五 | 闰六 | 乙未 | 建 | 亢 | 金 | 巽 | 燥 | 肺 | 涕 | 丙子 |
| 26 | 六 | 初二 | 丙申 | 除 | 氐 | 火 | 坎 | 热 | 心 | 汗 | 戊子 |
| 27 | 日 | 初三 | 丁酉 | 满 | 房 | 火 | 艮 | 热 | 心 | 汗 | 庚子 |
| 28 | 一 | 初四 | 戊戌 | 平 | 心 | 木 | 坤 | 湿 | 脾 | 涎 | 壬子 |
| 29 | 二 | 初五 | 己亥 | 定 | 尾 | 木 | 乾 | 风 | 肝 | 泪 | 甲子 |
| 30 | 三 | 初六 | 庚子 | 执 | 箕 | 土 | 兑 | 燥 | 脾 | 涎 | 丙子 |
| 31 | 四 | 初七 | 辛丑 | 破 | 斗 | 土 | 离 | 燥 | 脾 | 涎 | 戊子 |

## 8月大
立秋　7日13时52分
处暑　23日04时35分

农历闰六月(7月25日–8月22日)　月干支:癸未

| 公历 | 星期 | 农历 | 干支 | 日建 | 星宿 | 五行 | 八卦 | 五气 | 五脏 | 五汁 | 时辰 |
|---|---|---|---|---|---|---|---|---|---|---|---|
| 1 | 五 | 闰六 | 壬寅 | 危 | 牛 | 金 | 震 | 燥 | 肺 | 涕 | 庚子 |
| 2 | 六 | 初九 | 癸卯 | 成 | 女 | 金 | 巽 | 燥 | 心 | 涕 | 壬子 |
| 3 | 日 | 初十 | 甲辰 | 收 | 虚 | 火 | 坎 | 热 | 心 | 汗 | 甲子 |
| 4 | 一 | 十一 | 乙巳 | 开 | 危 | 火 | 艮 | 热 | 心 | 汗 | 丙子 |
| 5 | 二 | 十二 | 丙午 | 闭 | 室 | 水 | 坤 | 寒 | 肾 | 唾 | 戊子 |
| 6 | 三 | 十三 | 丁未 | 建 | 壁 | 水 | 乾 | 寒 | 肾 | 唾 | 庚子 |
| 7 | 四 | 十四 | 戊申 | 建 | 奎 | 土 | 兑 | 湿 | 脾 | 涎 | 壬子 |
| 8 | 五 | 十五 | 己酉 | 除 | 娄 | 土 | 离 | 湿 | 脾 | 涎 | 甲子 |
| 9 | 六 | 十六 | 庚戌 | 满 | 胃 | 金 | 震 | 燥 | 肺 | 涕 | 丙子 |
| 10 | 日 | 十七 | 辛亥 | 平 | 昴 | 金 | 巽 | 燥 | 肺 | 涕 | 戊子 |
| 11 | 一 | 十八 | 壬子 | 定 | 毕 | 木 | 坎 | 风 | 肝 | 泪 | 庚子 |
| 12 | 二 | 十九 | 癸丑 | 执 | 觜 | 木 | 艮 | 风 | 肝 | 泪 | 壬子 |
| 13 | 三 | 二十 | 甲寅 | 破 | 参 | 水 | 坤 | 寒 | 肾 | 唾 | 甲子 |
| 14 | 四 | 廿一 | 乙卯 | 危 | 井 | 水 | 乾 | 寒 | 肾 | 唾 | 丙子 |
| 15 | 五 | 廿二 | 丙辰 | 成 | 鬼 | 土 | 兑 | 湿 | 脾 | 涎 | 戊子 |
| 16 | 六 | 廿三 | 丁巳 | 收 | 柳 | 土 | 离 | 湿 | 脾 | 涎 | 庚子 |
| 17 | 日 | 廿四 | 戊午 | 开 | 星 | 火 | 震 | 热 | 心 | 汗 | 壬子 |
| 18 | 一 | 廿五 | 己未 | 闭 | 张 | 火 | 巽 | 热 | 心 | 汗 | 甲子 |
| 19 | 二 | 廿六 | 庚申 | 建 | 翼 | 木 | 坎 | 风 | 肝 | 泪 | 丙子 |
| 20 | 三 | 廿七 | 辛酉 | 除 | 轸 | 木 | 艮 | 风 | 肝 | 泪 | 戊子 |
| 21 | 四 | 廿八 | 壬戌 | 满 | 角 | 水 | 坤 | 寒 | 肾 | 唾 | 庚子 |
| 22 | 五 | 廿九 | 癸亥 | 平 | 亢 | 水 | 乾 | 寒 | 肾 | 唾 | 壬子 |
| 23 | 六 | 七月 | 甲子 | 定 | 氐 | 金 | 坎 | 燥 | 肺 | 涕 | 甲子 |
| 24 | 日 | 初二 | 乙丑 | 执 | 房 | 金 | 坤 | 燥 | 肺 | 涕 | 丙子 |
| 25 | 一 | 初三 | 丙寅 | 破 | 心 | 火 | | 热 | 心 | 汗 | 戊子 |
| 26 | 二 | 初四 | 丁卯 | 危 | 尾 | 火 | 乾 | 热 | 心 | 汗 | 庚子 |
| 27 | 三 | 初五 | 戊辰 | 成 | 箕 | 木 | 兑 | 湿 | 脾 | 涎 | 壬子 |
| 28 | 四 | 初六 | 己巳 | 收 | 斗 | 木 | 离 | 风 | 肝 | 泪 | 甲子 |
| 29 | 五 | 初七 | 庚午 | 开 | 牛 | 土 | 震 | 湿 | 脾 | 涎 | 丙子 |
| 30 | 六 | 初八 | 辛未 | 闭 | 女 | 土 | 巽 | 燥 | 脾 | 涎 | 戊子 |
| 31 | 日 | 初九 | 壬申 | 建 | 虚 | 金 | 坎 | 燥 | 肺 | 涕 | 庚子 |

# 公元2025年　　农历乙巳(蛇)年(闰六月)

## 9月小
白露　7日16时53分
秋分　23日02时20分

农历七月(8月23日-9月21日)　月干支:甲申

| 公历 | 星期 | 农历 | 干支 | 日建 | 星宿 | 五行 | 八卦 | 五气 | 五脏 | 五汁 | 时辰 |
|---|---|---|---|---|---|---|---|---|---|---|---|
| 1 | 一 | 七月 | 癸酉 | 除 | 危 | 金 | 艮 | 燥 | 肺 | 涕 | 壬子 |
| 2 | 二 | 十一 | 甲戌 | 满 | 室 | 火 | 乾 | 热 | 心 | 汗 | 甲子 |
| 3 | 三 | 十二 | 乙亥 | 平 | 壁 | 火 | 兑 | 热 | 心 | 汗 | 丙子 |
| 4 | 四 | 十三 | 丙子 | 定 | 奎 | 水 | 离 | 寒 | 肾 | 唾 | 戊子 |
| 5 | 五 | 十四 | 丁丑 | 执 | 娄 | 水 | 震 | 寒 | 肾 | 唾 | 庚子 |
| 6 | 六 | 十五 | 戊寅 | 破 | 胃 | 土 | 震 | 湿 | 脾 | 涎 | 壬子 |
| 7 | 日 | 十六 | 己卯 | 破 | 昴 | 土 | 巽 | 湿 | 脾 | 涎 | 甲子 |
| 8 | 一 | 十七 | 庚辰 | 危 | 毕 | 金 | 坎 | 燥 | 肺 | 涕 | 丙子 |
| 9 | 二 | 十八 | 辛巳 | 成 | 觜 | 金 | 艮 | 燥 | 肺 | 涕 | 戊子 |
| 10 | 三 | 十九 | 壬午 | 收 | 参 | 木 | 坤 | 风 | 肝 | 泪 | 庚子 |
| 11 | 四 | 二十 | 癸未 | 开 | 井 | 木 | 乾 | 风 | 肝 | 泪 | 壬子 |
| 12 | 五 | 廿一 | 甲申 | 闭 | 鬼 | 水 | 兑 | 寒 | 肾 | 唾 | 甲子 |
| 13 | 六 | 廿二 | 乙酉 | 建 | 柳 | 水 | 离 | 寒 | 肾 | 唾 | 丙子 |
| 14 | 日 | 廿三 | 丙戌 | 除 | 星 | 土 | 震 | 湿 | 脾 | 涎 | 戊子 |
| 15 | 一 | 廿四 | 丁亥 | 满 | 张 | 土 | 巽 | 湿 | 脾 | 涎 | 庚子 |
| 16 | 二 | 廿五 | 戊子 | 平 | 翼 | 火 | 坎 | 热 | 心 | 汗 | 壬子 |
| 17 | 三 | 廿六 | 己丑 | 定 | 轸 | 火 | 艮 | 热 | 心 | 汗 | 甲子 |
| 18 | 四 | 廿七 | 庚寅 | 执 | 角 | 木 | 坤 | 风 | 肝 | 泪 | 丙子 |
| 19 | 五 | 廿八 | 辛卯 | 破 | 亢 | 木 | 乾 | 风 | 肝 | 泪 | 戊子 |
| 20 | 六 | 廿九 | 壬辰 | 危 | 氐 | 水 | 兑 | 寒 | 肾 | 唾 | 庚子 |
| 21 | 日 | 三十 | 癸巳 | 成 | 房 | 水 | 离 | 寒 | 肾 | 唾 | 壬子 |
| 22 | 一 | 八月 | 甲午 | 收 | 心 | 金 | 震 | 燥 | 肺 | 涕 | 甲子 |
| 23 | 二 | 初二 | 乙未 | 开 | 尾 | 金 | 巽 | 燥 | 肺 | 涕 | 丙子 |
| 24 | 三 | 初三 | 丙申 | 闭 | 箕 | 火 | 坎 | 热 | 心 | 汗 | 戊子 |
| 25 | 四 | 初四 | 丁酉 | 建 | 斗 | 火 | 艮 | 热 | 心 | 汗 | 庚子 |
| 26 | 五 | 初五 | 戊戌 | 除 | 牛 | 木 | 离 | 风 | 肝 | 泪 | 壬子 |
| 27 | 六 | 初六 | 己亥 | 满 | 女 | 木 | 震 | 风 | 肝 | 泪 | 甲子 |
| 28 | 日 | 初七 | 庚子 | 平 | 虚 | 土 | 巽 | 湿 | 脾 | 涎 | 丙子 |
| 29 | 一 | 初八 | 辛丑 | 定 | 危 | 土 | 坎 | 湿 | 脾 | 涎 | 戊子 |
| 30 | 二 | 初九 | 壬寅 | 执 | 室 | 金 | 艮 | 燥 | 肺 | 涕 | 庚子 |
| 31 |  |  |  |  |  |  |  |  |  |  |  |

## 10月大
寒露　8日08时42分
霜降　23日11时52分

农历八月(9月22日-10月20日)　月干支:乙酉

| 公历 | 星期 | 农历 | 干支 | 日建 | 星宿 | 五行 | 八卦 | 五气 | 五脏 | 五汁 | 时辰 |
|---|---|---|---|---|---|---|---|---|---|---|---|
| 1 | 三 | 八月 | 癸卯 | 破 | 壁 | 金 | 坤 | 燥 | 肺 | 涕 | 壬子 |
| 2 | 四 | 十一 | 甲辰 | 成 | 奎 | 火 | 乾 | 热 | 心 | 汗 | 甲子 |
| 3 | 五 | 十二 | 乙巳 | 收 | 娄 | 火 | 兑 | 热 | 心 | 汗 | 丙子 |
| 4 | 六 | 十三 | 丙午 | 开 | 胃 | 水 | 离 | 寒 | 肾 | 唾 | 戊子 |
| 5 | 日 | 十四 | 丁未 | 闭 | 昴 | 水 | 震 | 寒 | 肾 | 唾 | 庚子 |
| 6 | 一 | 十五 | 戊申 | 建 | 毕 | 土 | 巽 | 湿 | 脾 | 涎 | 壬子 |
| 7 | 二 | 十六 | 己酉 | 建 | 觜 | 土 | 坎 | 湿 | 脾 | 涎 | 甲子 |
| 8 | 三 | 十七 | 庚戌 | 除 | 参 | 金 | 艮 | 燥 | 肺 | 涕 | 丙子 |
| 9 | 四 | 十八 | 辛亥 | 满 | 井 | 金 | 坤 | 燥 | 肺 | 涕 | 戊子 |
| 10 | 五 | 十九 | 壬子 | 平 | 鬼 | 木 | 乾 | 风 | 肝 | 泪 | 庚子 |
| 11 | 六 | 二十 | 癸丑 | 定 | 柳 | 木 | 兑 | 风 | 肝 | 泪 | 壬子 |
| 12 | 日 | 廿一 | 甲寅 | 执 | 星 | 水 | 离 | 寒 | 肾 | 唾 | 甲子 |
| 13 | 一 | 廿二 | 乙卯 | 破 | 张 | 水 | 震 | 寒 | 肾 | 唾 | 丙子 |
| 14 | 二 | 廿三 | 丙辰 | 危 | 翼 | 土 | 巽 | 湿 | 脾 | 涎 | 戊子 |
| 15 | 三 | 廿四 | 丁巳 | 成 | 轸 | 土 | 坎 | 湿 | 脾 | 涎 | 庚子 |
| 16 | 四 | 廿五 | 戊午 | 收 | 角 | 火 | 艮 | 热 | 心 | 汗 | 壬子 |
| 17 | 五 | 廿六 | 己未 | 开 | 亢 | 火 | 坤 | 热 | 心 | 汗 | 甲子 |
| 18 | 六 | 廿七 | 庚申 | 闭 | 氐 | 木 | 乾 | 风 | 肝 | 泪 | 丙子 |
| 19 | 日 | 廿八 | 辛酉 | 闭 | 房 | 木 | 兑 | 风 | 肝 | 泪 | 戊子 |
| 20 | 一 | 廿九 | 壬戌 | 建 | 心 | 水 | 离 | 寒 | 肾 | 唾 | 庚子 |
| 21 | 二 | 九月 | 癸亥 | 除 | 尾 | 水 | 坤 | 寒 | 肾 | 唾 | 壬子 |
| 22 | 三 | 初二 | 甲子 | 满 | 箕 | 金 | 乾 | 燥 | 肺 | 涕 | 甲子 |
| 23 | 四 | 初三 | 乙丑 | 平 | 斗 | 金 | 兑 | 燥 | 肺 | 涕 | 丙子 |
| 24 | 五 | 初四 | 丙寅 | 定 | 牛 | 火 | 离 | 热 | 心 | 汗 | 戊子 |
| 25 | 六 | 初五 | 丁卯 | 执 | 女 | 火 | 震 | 热 | 心 | 汗 | 庚子 |
| 26 | 日 | 初六 | 戊辰 | 破 | 虚 | 木 | 巽 | 风 | 肝 | 泪 | 壬子 |
| 27 | 一 | 初七 | 己巳 | 危 | 危 | 木 | 坎 | 风 | 肝 | 泪 | 甲子 |
| 28 | 二 | 初八 | 庚午 | 成 | 室 | 土 | 艮 | 湿 | 脾 | 涎 | 丙子 |
| 29 | 三 | 初九 | 辛未 | 收 | 壁 | 土 | 坤 | 湿 | 脾 | 涎 | 戊子 |
| 30 | 四 | 初十 | 壬申 | 开 | 奎 | 金 | 乾 | 燥 | 肺 | 涕 | 庚子 |
| 31 | 五 | 十一 | 癸酉 | 闭 | 娄 | 金 | 兑 | 燥 | 肺 | 涕 | 壬子 |

实用

# 公元2025年　农历乙巳(蛇)年(闰六月)

## 11月小
立冬　7日12时05分
小雪　22日09时36分

农历九月(10月21日–11月19日)　月干支:丙戌

| 公历 | 星期 | 农历 | 干支 | 日建 | 星宿 | 五行 | 八卦 | 五气 | 五脏 | 五汁 | 时辰 |
|---|---|---|---|---|---|---|---|---|---|---|---|
| 1 | 六 | 九月 | 甲戌 | 建 | 胃昴 | 火 | 离 | 热 | 心 | 汗 | 甲子 |
| 2 | 日 | 十三 | 乙亥 | 除 | 昴毕 | 水 | 震 | 热 | 心 | 汗 | 丙子 |
| 3 | 一 | 十四 | 丙子 | 满 | 毕觜 | 水 | 巽 | 寒 | 肾 | 唾 | 戊子 |
| 4 | 二 | 十五 | 丁丑 | 平 | 觜参 | 水 | 坎 | 寒 | 肾 | 唾 | 庚子 |
| 5 | 三 | 十六 | 戊寅 | 定 | 参 | 土 | 艮 | 湿 | 脾 | 涎 | 壬子 |
| 6 | 四 | 十七 | 己卯 | 执 | 井鬼 | 土 | 坤 | 湿 | 脾 | 涎 | 甲子 |
| 7 | 五 | 十八 | 庚辰 | 执 | 鬼柳 | 金 | 乾 | 燥 | 肺 | 涕 | 丙子 |
| 8 | 六 | 十九 | 辛巳 | 破 | 柳星 | 金 | 兑 | 热 | 肺 | 涕 | 戊子 |
| 9 | 日 | 二十 | 壬午 | 危 | 星 | 木 | 离 | 风 | 肝 | 泪 | 庚子 |
| 10 | 一 | 廿一 | 癸未 | 成 | 张 | 木 | 震 | 风 | 肝 | 泪 | 壬子 |
| 11 | 二 | 廿二 | 甲申 | 收 | 翼轸 | 水 | 巽 | 寒 | 肾 | 唾 | 甲子 |
| 12 | 三 | 廿三 | 乙酉 | 开 | 轸角 | 水 | 坎 | 寒 | 肾 | 唾 | 丙子 |
| 13 | 四 | 廿四 | 丙戌 | 闭 | 角亢 | 土 | 艮 | 湿 | 脾 | 涎 | 戊子 |
| 14 | 五 | 廿五 | 丁亥 | 建 | 亢氐 | 土 | 乾 | 湿 | 脾 | 涎 | 庚子 |
| 15 | 六 | 廿六 | 戊子 | 除 | 氐 | 火 | 兑 | 热 | 心 | 汗 | 壬子 |
| 16 | 日 | 廿七 | 己丑 | 满 | 房心 | 火 | 离 | 热 | 心 | 汗 | 甲子 |
| 17 | 一 | 廿八 | 庚寅 | 平 | 心尾 | 木 | 震 | 风 | 肝 | 泪 | 丙子 |
| 18 | 二 | 廿九 | 辛卯 | 定 | 尾箕 | 木 | 巽 | 风 | 肝 | 泪 | 戊子 |
| 19 | 三 | 三十 | 壬辰 | 执 | 箕斗 | 水 | 坎 | 寒 | 肾 | 唾 | 庚子 |
| 20 | 四 | 十月 | 癸巳 | 破 | 斗 | 水 | 乾 | 寒 | 肾 | 唾 | 壬子 |
| 21 | 五 | 初二 | 甲午 | 危 | 牛女 | 金 | 兑 | 燥 | 肺 | 涕 | 甲子 |
| 22 | 六 | 初三 | 乙未 | 成 | 女 | 金 | 离 | 燥 | 肺 | 涕 | 丙子 |
| 23 | 日 | 初四 | 丙申 | 收 | 虚危 | 火 | 震 | 热 | 心 | 汗 | 戊子 |
| 24 | 一 | 初五 | 丁酉 | 开 | 危室 | 火 | 巽 | 热 | 心 | 汗 | 庚子 |
| 25 | 二 | 初六 | 戊戌 | 闭 | 室 | 木 | 坎 | 风 | 肝 | 泪 | 壬子 |
| 26 | 三 | 初七 | 己亥 | 建 | 壁 | 木 | 艮 | 风 | 肝 | 泪 | 甲子 |
| 27 | 四 | 初八 | 庚子 | 除 | 奎娄 | 土 | 乾 | 湿 | 脾 | 涎 | 丙子 |
| 28 | 五 | 初九 | 辛丑 | 满 | 娄胃 | 土 | 兑 | 湿 | 脾 | 涎 | 戊子 |
| 29 | 六 | 初十 | 壬寅 | 平 | 胃 | 金 | 离 | 燥 | 肺 | 涕 | 庚子 |
| 30 | 日 | 十一 | 癸卯 | 定 | 昴 | 金 | 震 | 燥 | 肺 | 涕 | 壬子 |
| 31 | | | | | | | | | | | |

## 12月大
大雪　7日05时05分
冬至　21日23时03分

农历十月(11月20日–12月19日)　月干支:丁亥

| 公历 | 星期 | 农历 | 干支 | 日建 | 星宿 | 五行 | 八卦 | 五气 | 五脏 | 五汁 | 时辰 |
|---|---|---|---|---|---|---|---|---|---|---|---|
| 1 | 一 | 十月 | 甲辰 | 执 | 毕觜 | 火 | 震 | 热 | 心 | 汗 | 甲子 |
| 2 | 二 | 十三 | 乙巳 | 破 | 觜参 | 火 | 巽 | 热 | 心 | 汗 | 丙子 |
| 3 | 三 | 十四 | 丙午 | 危 | 参井 | 水 | 坎 | 寒 | 肾 | 唾 | 戊子 |
| 4 | 四 | 十五 | 丁未 | 成 | 井鬼 | 水 | 艮 | 寒 | 肾 | 唾 | 庚子 |
| 5 | 五 | 十六 | 戊申 | 收 | 鬼 | 土 | 坤 | 湿 | 脾 | 涎 | 壬子 |
| 6 | 六 | 十七 | 己酉 | 开 | 柳星 | 土 | 乾 | 湿 | 脾 | 涎 | 甲子 |
| 7 | 日 | 十八 | 庚戌 | 开 | 张 | 金 | 兑 | 燥 | 肺 | 涕 | 丙子 |
| 8 | 一 | 十九 | 辛亥 | 闭 | 翼 | 金 | 离 | 燥 | 肺 | 涕 | 戊子 |
| 9 | 二 | 二十 | 壬子 | 建 | 翼轸 | 木 | 震 | 风 | 肝 | 泪 | 庚子 |
| 10 | 三 | 廿一 | 癸丑 | 除 | 轸 | 木 | 巽 | 风 | 肝 | 泪 | 壬子 |
| 11 | 四 | 廿二 | 甲寅 | 满 | 角亢 | 水 | 坎 | 寒 | 肾 | 唾 | 甲子 |
| 12 | 五 | 廿三 | 乙卯 | 平 | 亢氐 | 水 | 艮 | 寒 | 肾 | 唾 | 丙子 |
| 13 | 六 | 廿四 | 丙辰 | 定 | 氐房 | 土 | 坤 | 湿 | 脾 | 涎 | 戊子 |
| 14 | 日 | 廿五 | 丁巳 | 执 | 房心 | 土 | 乾 | 湿 | 脾 | 涎 | 庚子 |
| 15 | 一 | 廿六 | 戊午 | 破 | 心 | 火 | 兑 | 热 | 心 | 汗 | 壬子 |
| 16 | 二 | 廿七 | 己未 | 危 | 尾箕 | 火 | 离 | 热 | 心 | 汗 | 甲子 |
| 17 | 三 | 廿八 | 庚申 | 成 | 箕斗 | 木 | 震 | 风 | 肝 | 泪 | 丙子 |
| 18 | 四 | 廿九 | 辛酉 | 收 | 斗牛 | 木 | 巽 | 风 | 肝 | 泪 | 戊子 |
| 19 | 五 | 三十 | 壬戌 | 开 | 牛女 | 水 | 坎 | 寒 | 肾 | 唾 | 庚子 |
| 20 | 六 | 冬月 | 癸亥 | 闭 | 女 | 水 | 兑 | 寒 | 肾 | 唾 | 壬子 |
| 21 | 日 | 初二 | 甲子 | 建 | 虚 | 金 | 离 | 燥 | 肺 | 涕 | 甲子 |
| 22 | 一 | 初三 | 乙丑 | 除 | 危室 | 金 | 震 | 燥 | 肺 | 涕 | 丙子 |
| 23 | 二 | 初四 | 丙寅 | 满 | 室壁 | 火 | 巽 | 热 | 心 | 汗 | 戊子 |
| 24 | 三 | 初五 | 丁卯 | 平 | 壁奎 | 火 | 坎 | 热 | 心 | 汗 | 庚子 |
| 25 | 四 | 初六 | 戊辰 | 定 | 奎 | 土 | 艮 | 湿 | 脾 | 涎 | 壬子 |
| 26 | 五 | 初七 | 己巳 | 执 | 娄胃 | 木 | 坤 | 风 | 肝 | 泪 | 甲子 |
| 27 | 六 | 初八 | 庚午 | 破 | 胃昴 | 土 | 乾 | 湿 | 脾 | 涎 | 丙子 |
| 28 | 日 | 初九 | 辛未 | 危 | 昴毕 | 土 | 兑 | 湿 | 脾 | 涎 | 戊子 |
| 29 | 一 | 初十 | 壬申 | 成 | 毕觜 | 金 | 离 | 燥 | 肺 | 涕 | 庚子 |
| 30 | 二 | 十一 | 癸酉 | 收 | 觜参 | 金 | 震 | 燥 | 肺 | 涕 | 壬子 |
| 31 | 三 | 十二 | 甲戌 | 开 | 参 | 火 | 巽 | 热 | 心 | 汗 | 甲子 |

# 公元 2026 年　　农历丙午(马)年

## 1月大

小寒　5 日 16 时 23 分
大寒　20 日 09 时 45 分

农历冬月(12月20日–1月18日)　月干支:戊子

| 公历 | 星期 | 农历 | 干支 | 日建 | 星宿 | 五行 | 八卦 | 五气 | 五脏 | 五汁 | 时辰 |
|---|---|---|---|---|---|---|---|---|---|---|---|
| 1 | 四 | 冬月 | 乙亥 | 闭 | 井 | 火 | 坎 | 热 | 心 | 汗 | 丙子 |
| 2 | 五 | 十四 | 丙子 | 建 | 鬼 | 水 | 艮 | 寒 | 肾 | 唾 | 戊子 |
| 3 | 六 | 十五 | 丁丑 | 除 | 柳 | 水 | 坤 | 寒 | 肾 | 唾 | 庚子 |
| 4 | 日 | 十六 | 戊寅 | 满 | 星 | 土 | 乾 | 湿 | 脾 | 涎 | 壬子 |
| 5 | 一 | 十七 | 己卯 | 满 | 张 | 土 | 兑 | 湿 | 脾 | 涎 | 甲子 |
| 6 | 二 | 十八 | 庚辰 | 平 | 翼 | 金 | 离 | 燥 | 肺 | 涕 | 丙子 |
| 7 | 三 | 十九 | 辛巳 | 定 | 轸 | 金 | 震 | 燥 | 肺 | 涕 | 戊子 |
| 8 | 四 | 二十 | 壬午 | 执 | 角 | 木 | 巽 | 风 | 肝 | 泪 | 庚子 |
| 9 | 五 | 廿一 | 癸未 | 破 | 亢 | 木 | 坎 | 风 | 肝 | 泪 | 壬子 |
| 10 | 六 | 廿二 | 甲申 | 危 | 氐 | 水 | 艮 | 寒 | 肾 | 唾 | 甲子 |
| 11 | 日 | 廿三 | 乙酉 | 成 | 房 | 水 | 坤 | 寒 | 肾 | 唾 | 丙子 |
| 12 | 一 | 廿四 | 丙戌 | 收 | 心 | 土 | 乾 | 湿 | 脾 | 涎 | 戊子 |
| 13 | 二 | 廿五 | 丁亥 | 开 | 尾 | 土 | 兑 | 湿 | 脾 | 涎 | 庚子 |
| 14 | 三 | 廿六 | 戊子 | 闭 | 箕 | 火 | 离 | 热 | 心 | 汗 | 壬子 |
| 15 | 四 | 廿七 | 己丑 | 建 | 斗 | 火 | 震 | 热 | 心 | 汗 | 甲子 |
| 16 | 五 | 廿八 | 庚寅 | 除 | 牛 | 木 | 巽 | 风 | 肝 | 泪 | 丙子 |
| 17 | 六 | 廿九 | 辛卯 | 满 | 女 | 木 | 坎 | 风 | 肝 | 泪 | 戊子 |
| 18 | 日 | 三十 | 壬辰 | 平 | 虚 | 水 | 艮 | 寒 | 肾 | 唾 | 庚子 |
| 19 | 一 | 腊月 | 癸巳 | 定 | 危 | 水 | 离 | 寒 | 肾 | 唾 | 壬子 |
| 20 | 二 | 初二 | 甲午 | 执 | 室 | 金 | 震 | 燥 | 肺 | 涕 | 甲子 |
| 21 | 三 | 初三 | 乙未 | 破 | 壁 | 金 | 巽 | 燥 | 肺 | 涕 | 丙子 |
| 22 | 四 | 初四 | 丙申 | 危 | 奎 | 火 | 坎 | 热 | 心 | 汗 | 戊子 |
| 23 | 五 | 初五 | 丁酉 | 成 | 娄 | 火 | 艮 | 热 | 心 | 汗 | 庚子 |
| 24 | 六 | 初六 | 戊戌 | 收 | 胃 | 木 | 坤 | 风 | 肝 | 泪 | 壬子 |
| 25 | 日 | 初七 | 己亥 | 开 | 昴 | 木 | 乾 | 风 | 肝 | 泪 | 甲子 |
| 26 | 一 | 初八 | 庚子 | 闭 | 毕 | 土 | 兑 | 湿 | 脾 | 涎 | 丙子 |
| 27 | 二 | 初九 | 辛丑 | 建 | 觜 | 土 | 离 | 湿 | 脾 | 涎 | 戊子 |
| 28 | 三 | 初十 | 壬寅 | 除 | 参 | 金 | 震 | 燥 | 肺 | 涕 | 庚子 |
| 29 | 四 | 十一 | 癸卯 | 满 | 井 | 金 | 巽 | 燥 | 肺 | 涕 | 壬子 |
| 30 | 五 | 十二 | 甲辰 | 平 | 鬼 | 火 | 坎 | 热 | 心 | 汗 | 甲子 |
| 31 | 六 | 十三 | 乙巳 | 定 | 柳 | 火 | 艮 | 热 | 心 | 汗 | 丙子 |

## 2月平

立春　4 日 04 时 02 分
雨水　18 日 23 时 52 分

农历腊月(1月19日–2月16日)　月干支:己丑

| 公历 | 星期 | 农历 | 干支 | 日建 | 星宿 | 五行 | 八卦 | 五气 | 五脏 | 五汁 | 时辰 |
|---|---|---|---|---|---|---|---|---|---|---|---|
| 1 | 日 | 腊月 | 丙午 | 执 | 星 | 水 | 坤 | 寒 | 肾 | 唾 | 戊子 |
| 2 | 一 | 十五 | 丁未 | 破 | 张 | 水 | 兑 | 寒 | 肾 | 唾 | 庚子 |
| 3 | 二 | 十六 | 戊申 | 危 | 翼 | 土 | 离 | 湿 | 脾 | 涎 | 壬子 |
| 4 | 三 | 十七 | 己酉 | 危 | 轸 | 土 | 震 | 湿 | 脾 | 涎 | 甲子 |
| 5 | 四 | 十八 | 庚戌 | 成 | 角 | 金 | 巽 | 燥 | 肺 | 涕 | 丙子 |
| 6 | 五 | 十九 | 辛亥 | 收 | 亢 | 金 | 坎 | 燥 | 肺 | 涕 | 戊子 |
| 7 | 六 | 二十 | 壬子 | 开 | 氐 | 木 | 艮 | 风 | 肝 | 泪 | 庚子 |
| 8 | 日 | 廿一 | 癸丑 | 闭 | 房 | 木 | 坤 | 风 | 肝 | 泪 | 壬子 |
| 9 | 一 | 廿二 | 甲寅 | 建 | 心 | 水 | 乾 | 寒 | 肾 | 唾 | 甲子 |
| 10 | 二 | 廿三 | 乙卯 | 除 | 尾 | 水 | 坎 | 寒 | 肾 | 唾 | 丙子 |
| 11 | 三 | 廿四 | 丙辰 | 满 | 箕 | 土 | 兑 | 湿 | 脾 | 涎 | 戊子 |
| 12 | 四 | 廿五 | 丁巳 | 平 | 斗 | 土 | 离 | 湿 | 脾 | 涎 | 庚子 |
| 13 | 五 | 廿六 | 戊午 | 定 | 牛 | 火 | 震 | 热 | 心 | 汗 | 壬子 |
| 14 | 六 | 廿七 | 己未 | 执 | 女 | 火 | 巽 | 热 | 心 | 汗 | 甲子 |
| 15 | 日 | 廿八 | 庚申 | 破 | 虚 | 木 | 坎 | 风 | 肝 | 泪 | 丙子 |
| 16 | 一 | 廿九 | 辛酉 | 危 | 危 | 木 | 艮 | 风 | 肝 | 泪 | 戊子 |
| 17 | 二 | 正月 | 壬戌 | 成 | 室 | 水 | 乾 | 寒 | 肾 | 唾 | 庚子 |
| 18 | 三 | 初二 | 癸亥 | 收 | 壁 | 水 | 兑 | 寒 | 肾 | 唾 | 壬子 |
| 19 | 四 | 初三 | 甲子 | 开 | 奎 | 金 | 离 | 燥 | 肺 | 涕 | 甲子 |
| 20 | 五 | 初四 | 乙丑 | 闭 | 娄 | 金 | 震 | 燥 | 肺 | 涕 | 丙子 |
| 21 | 六 | 初五 | 丙寅 | 建 | 胃 | 火 | 巽 | 热 | 心 | 汗 | 戊子 |
| 22 | 日 | 初六 | 丁卯 | 除 | 昴 | 火 | 坎 | 热 | 心 | 汗 | 庚子 |
| 23 | 一 | 初七 | 戊辰 | 满 | 毕 | 木 | 艮 | 风 | 肝 | 泪 | 壬子 |
| 24 | 二 | 初八 | 己巳 | 平 | 觜 | 木 | 坤 | 风 | 肝 | 泪 | 甲子 |
| 25 | 三 | 初九 | 庚午 | 定 | 参 | 土 | 乾 | 湿 | 脾 | 涎 | 丙子 |
| 26 | 四 | 初十 | 辛未 | 执 | 井 | 土 | 兑 | 湿 | 脾 | 涎 | 戊子 |
| 27 | 五 | 十一 | 壬申 | 破 | 鬼 | 金 | 离 | 燥 | 肺 | 涕 | 庚子 |
| 28 | 六 | 十二 | 癸酉 | 危 | 柳 | 金 | 震 | 燥 | 肺 | 涕 | 壬子 |
| 29 | | | | | | | | | | | |
| 30 | | | | | | | | | | | |
| 31 | | | | | | | | | | | |

# 公元 2026 年　　农历丙午(马)年

## 3月大

| 惊蛰 | 5 日 21 时 59 分 |
|---|---|
| 春分 | 20 日 22 时 46 分 |

农历正月(2月17日-3月18日)　月干支:庚寅

| 公历 | 星期 | 农历 | 干支 | 日建 | 星宿 | 五行 | 八卦 | 五气 | 五脏 | 五汁 | 时辰 |
|---|---|---|---|---|---|---|---|---|---|---|---|
| 1 | 日 | 正月 十三 | 甲戌 | 成 | 星 | 火 | 巽 | 热 | 心 | 汗 | 甲子 |
| 2 | 一 | 十四 | 乙亥 | 收 | 张 | 火 | 坎 | 热 | 心 | 汗 | 丙子 |
| 3 | 二 | 十五 | 丙子 | 开 | 翼 | 水 | 艮 | 寒 | 肾 | 唾 | 戊子 |
| 4 | 三 | 十六 | 丁丑 | 闭 | 轸 | 水 | 坤 | 寒 | 肾 | 唾 | 庚子 |
| 5 | 四 | 十七 | 戊寅 | 闭 | 角 | 土 | 乾 | 湿 | 脾 | 涎 | 壬子 |
| 6 | 五 | 十八 | 己卯 | 建 | 亢 | 土 | 兑 | 湿 | 脾 | 涎 | 甲子 |
| 7 | 六 | 十九 | 庚辰 | 除 | 氐 | 金 | 离 | 燥 | 肺 | 涕 | 丙子 |
| 8 | 日 | 二十 | 辛巳 | 满 | 房 | 金 | 震 | 燥 | 肺 | 涕 | 戊子 |
| 9 | 一 | 廿一 | 壬午 | 平 | 心 | 木 | 巽 | 风 | 肝 | 泪 | 庚子 |
| 10 | 二 | 廿二 | 癸未 | 定 | 尾 | 木 | 坎 | 风 | 肝 | 泪 | 壬子 |
| 11 | 三 | 廿三 | 甲申 | 执 | 箕 | 水 | 艮 | 寒 | 肾 | 唾 | 甲子 |
| 12 | 四 | 廿四 | 乙酉 | 破 | 斗 | 水 | 坤 | 寒 | 肾 | 唾 | 丙子 |
| 13 | 五 | 廿五 | 丙戌 | 危 | 牛 | 土 | 乾 | 湿 | 脾 | 涎 | 戊子 |
| 14 | 六 | 廿六 | 丁亥 | 成 | 女 | 土 | 兑 | 湿 | 脾 | 涎 | 庚子 |
| 15 | 日 | 廿七 | 戊子 | 收 | 虚 | 火 | 离 | 热 | 心 | 汗 | 壬子 |
| 16 | 一 | 廿八 | 己丑 | 开 | 危 | 火 | 震 | 热 | 心 | 汗 | 甲子 |
| 17 | 二 | 廿九 | 庚寅 | 闭 | 室 | 木 | 巽 | 风 | 肝 | 泪 | 丙子 |
| 18 | 三 | 三十 | 辛卯 | 建 | 壁 | 木 | 坎 | 风 | 肝 | 泪 | 戊子 |
| 19 | 四 | 二月 初一 | 壬辰 | 除 | 奎 | 水 | 艮 | 寒 | 肾 | 唾 | 庚子 |
| 20 | 五 | 初二 | 癸巳 | 满 | 娄 | 水 | 坤 | 寒 | 肾 | 唾 | 壬子 |
| 21 | 六 | 初三 | 甲午 | 平 | 胃 | 金 | 乾 | 燥 | 肺 | 涕 | 甲子 |
| 22 | 日 | 初四 | 乙未 | 定 | 昴 | 金 | 兑 | 燥 | 肺 | 涕 | 丙子 |
| 23 | 一 | 初五 | 丙申 | 执 | 毕 | 火 | 离 | 热 | 心 | 汗 | 戊子 |
| 24 | 二 | 初六 | 丁酉 | 破 | 觜 | 火 | 震 | 热 | 心 | 汗 | 庚子 |
| 25 | 三 | 初七 | 戊戌 | 危 | 参 | 木 | 巽 | 风 | 肝 | 泪 | 壬子 |
| 26 | 四 | 初八 | 己亥 | 成 | 井 | 木 | 坎 | 风 | 肝 | 泪 | 甲子 |
| 27 | 五 | 初九 | 庚子 | 收 | 鬼 | 土 | 艮 | 湿 | 脾 | 涎 | 丙子 |
| 28 | 六 | 初十 | 辛丑 | 开 | 柳 | 土 | 坤 | 湿 | 脾 | 涎 | 戊子 |
| 29 | 日 | 十一 | 壬寅 | 闭 | 星 | 金 | 乾 | 燥 | 肺 | 涕 | 庚子 |
| 30 | 一 | 十二 | 癸卯 | 建 | 张 | 金 | 兑 | 燥 | 肺 | 涕 | 壬子 |
| 31 | 二 | 十三 | 甲辰 | 除 | 翼 | 火 | 离 | 热 | 心 | 汗 | 甲子 |

## 4月小

| 清明 | 5 日 02 时 40 分 |
|---|---|
| 谷雨 | 20 日 09 时 40 分 |

农历二月(3月19日-4月16日)　月干支:辛卯

| 公历 | 星期 | 农历 | 干支 | 日建 | 星宿 | 五行 | 八卦 | 五气 | 五脏 | 五汁 | 时辰 |
|---|---|---|---|---|---|---|---|---|---|---|---|
| 1 | 三 | 二月 十四 | 乙巳 | 满 | 轸 | 火 | 震 | 热 | 心 | 汗 | 丙子 |
| 2 | 四 | 十五 | 丙午 | 平 | 角 | 水 | 巽 | 寒 | 肾 | 唾 | 戊子 |
| 3 | 五 | 十六 | 丁未 | 定 | 亢 | 水 | 坎 | 寒 | 肾 | 唾 | 庚子 |
| 4 | 六 | 十七 | 戊申 | 执 | 氐 | 土 | 艮 | 湿 | 脾 | 涎 | 壬子 |
| 5 | 日 | 十八 | 己酉 | 执 | 房 | 土 | 坤 | 湿 | 脾 | 涎 | 甲子 |
| 6 | 一 | 十九 | 庚戌 | 破 | 心 | 金 | 乾 | 燥 | 肺 | 涕 | 丙子 |
| 7 | 二 | 二十 | 辛亥 | 危 | 尾 | 金 | 兑 | 燥 | 肺 | 涕 | 戊子 |
| 8 | 三 | 廿一 | 壬子 | 成 | 箕 | 木 | 离 | 风 | 肝 | 泪 | 庚子 |
| 9 | 四 | 廿二 | 癸丑 | 收 | 斗 | 木 | 震 | 风 | 肝 | 泪 | 壬子 |
| 10 | 五 | 廿三 | 甲寅 | 开 | 牛 | 水 | 巽 | 寒 | 肾 | 唾 | 甲子 |
| 11 | 六 | 廿四 | 乙卯 | 闭 | 女 | 水 | 坎 | 寒 | 肾 | 唾 | 丙子 |
| 12 | 日 | 廿五 | 丙辰 | 建 | 虚 | 土 | 艮 | 湿 | 脾 | 涎 | 戊子 |
| 13 | 一 | 廿六 | 丁巳 | 除 | 危 | 土 | 坤 | 湿 | 脾 | 涎 | 庚子 |
| 14 | 二 | 廿七 | 戊午 | 满 | 室 | 火 | 乾 | 热 | 心 | 汗 | 壬子 |
| 15 | 三 | 廿八 | 己未 | 平 | 壁 | 火 | 兑 | 热 | 心 | 汗 | 甲子 |
| 16 | 四 | 廿九 | 庚申 | 定 | 奎 | 木 | 离 | 风 | 肝 | 泪 | 丙子 |
| 17 | 五 | 三月 初一 | 辛酉 | 执 | 娄 | 木 | 震 | 风 | 肝 | 泪 | 戊子 |
| 18 | 六 | 初二 | 壬戌 | 破 | 胃 | 水 | 巽 | 寒 | 肾 | 唾 | 庚子 |
| 19 | 日 | 初三 | 癸亥 | 危 | 昴 | 水 | 坎 | 寒 | 肾 | 唾 | 壬子 |
| 20 | 一 | 初四 | 甲子 | 成 | 毕 | 金 | 艮 | 燥 | 肺 | 涕 | 甲子 |
| 21 | 二 | 初五 | 乙丑 | 收 | 觜 | 金 | 坤 | 燥 | 肺 | 涕 | 丙子 |
| 22 | 三 | 初六 | 丙寅 | 开 | 参 | 火 | 乾 | 热 | 心 | 汗 | 戊子 |
| 23 | 四 | 初七 | 丁卯 | 闭 | 井 | 火 | 兑 | 热 | 心 | 汗 | 庚子 |
| 24 | 五 | 初八 | 戊辰 | 建 | 鬼 | 木 | 离 | 风 | 肝 | 泪 | 壬子 |
| 25 | 六 | 初九 | 己巳 | 除 | 柳 | 木 | 震 | 风 | 肝 | 泪 | 甲子 |
| 26 | 日 | 初十 | 庚午 | 满 | 星 | 土 | 巽 | 湿 | 脾 | 涎 | 丙子 |
| 27 | 一 | 十一 | 辛未 | 平 | 张 | 土 | 坎 | 湿 | 脾 | 涎 | 戊子 |
| 28 | 二 | 十二 | 壬申 | 定 | 翼 | 金 | 艮 | 燥 | 肺 | 涕 | 庚子 |
| 29 | 三 | 十三 | 癸酉 | 执 | 轸 | 金 | 坤 | 燥 | 肺 | 涕 | 壬子 |
| 30 | 四 | 十四 | 甲戌 | 破 | 角 | 火 | 乾 | 热 | 心 | 汗 | 甲子 |

# 公元2026年　　　　　　　　农历丙午(马)年

## 5月大

立夏　5日19时50分
小满　21日08时38分

农历三月(4月17日－5月16日)　月干支:壬辰

| 公历 | 星期 | 农历 | 干支 | 日建 | 星宿 | 五行 | 八卦 | 五气 | 五脏 | 五汁 | 时辰 |
|---|---|---|---|---|---|---|---|---|---|---|---|
| 1 | 五 | 三月 | 乙亥 | 危 | 亢 | 火 | 乾 | 热 | 心 | 汗 | 丙子 |
| 2 | 六 | 十六 | 丙子 | 成 | 氐 | 水 | 兑 | 寒 | 肾 | 唾 | 戊子 |
| 3 | 日 | 十七 | 丁丑 | 收 | 房 | 水 | 离 | 寒 | 肾 | 唾 | 庚子 |
| 4 | 一 | 十八 | 戊寅 | 开 | 心 | 土 | 震 | 湿 | 脾 | 涎 | 壬子 |
| 5 | 二 | 十九 | 己卯 | 开 | 尾 | 土 | 巽 | 湿 | 脾 | 涎 | 甲子 |
| 6 | 三 | 二十 | 庚辰 | 闭 | 箕 | 金 | 坎 | 燥 | 肺 | 涕 | 丙子 |
| 7 | 四 | 廿一 | 辛巳 | 建 | 斗 | 金 | 艮 | 燥 | 肺 | 涕 | 戊子 |
| 8 | 五 | 廿二 | 壬午 | 除 | 牛 | 木 | 坤 | 风 | 肝 | 泪 | 庚子 |
| 9 | 六 | 廿三 | 癸未 | 满 | 女 | 木 | 乾 | 风 | 肝 | 泪 | 壬子 |
| 10 | 日 | 廿四 | 甲申 | 平 | 虚 | 水 | 兑 | 寒 | 肾 | 唾 | 甲子 |
| 11 | 一 | 廿五 | 乙酉 | 定 | 危 | 水 | 离 | 寒 | 肾 | 唾 | 丙子 |
| 12 | 二 | 廿六 | 丙戌 | 执 | 室 | 土 | 震 | 湿 | 脾 | 涎 | 戊子 |
| 13 | 三 | 廿七 | 丁亥 | 破 | 壁 | 土 | 巽 | 湿 | 脾 | 涎 | 庚子 |
| 14 | 四 | 廿八 | 戊子 | 危 | 奎 | 火 | 坎 | 热 | 心 | 汗 | 壬子 |
| 15 | 五 | 廿九 | 己丑 | 成 | 娄 | 火 | 艮 | 热 | 心 | 汗 | 甲子 |
| 16 | 六 | 三十 | 庚寅 | 收 | 胃 | 木 | 坤 | 风 | 肝 | 泪 | 丙子 |
| 17 | 日 | 四月 | 辛卯 | 开 | 昴 | 木 | 乾 | 风 | 肝 | 泪 | 戊子 |
| 18 | 一 | 初二 | 壬辰 | 闭 | 毕 | 水 | 兑 | 寒 | 肾 | 唾 | 庚子 |
| 19 | 二 | 初三 | 癸巳 | 建 | 觜 | 水 | 离 | 寒 | 肾 | 唾 | 壬子 |
| 20 | 三 | 初四 | 甲午 | 除 | 参 | 金 | 震 | 燥 | 肺 | 涕 | 甲子 |
| 21 | 四 | 初五 | 乙未 | 满 | 井 | 金 | 巽 | 燥 | 肺 | 涕 | 丙子 |
| 22 | 五 | 初六 | 丙申 | 平 | 鬼 | 火 | 坎 | 热 | 心 | 汗 | 戊子 |
| 23 | 六 | 初七 | 丁酉 | 定 | 柳 | 火 | 艮 | 热 | 心 | 汗 | 庚子 |
| 24 | 日 | 初八 | 戊戌 | 执 | 星 | 木 | 坤 | 风 | 肝 | 泪 | 壬子 |
| 25 | 一 | 初九 | 己亥 | 破 | 张 | 木 | 乾 | 风 | 肝 | 泪 | 甲子 |
| 26 | 二 | 初十 | 庚子 | 危 | 翼 | 土 | 兑 | 湿 | 脾 | 涎 | 丙子 |
| 27 | 三 | 十一 | 辛丑 | 成 | 轸 | 土 | 离 | 湿 | 脾 | 涎 | 戊子 |
| 28 | 四 | 十二 | 壬寅 | 收 | 角 | 金 | 震 | 燥 | 肺 | 涕 | 庚子 |
| 29 | 五 | 十三 | 癸卯 | 开 | 亢 | 金 | 巽 | 燥 | 肺 | 涕 | 壬子 |
| 30 | 六 | 十四 | 甲辰 | 闭 | 氐 | 火 | 坎 | 热 | 心 | 汗 | 甲子 |
| 31 | 日 | 十五 | 乙巳 | 建 | 房 | 火 | 艮 | 热 | 心 | 汗 | 丙子 |

## 6月小

芒种　5日23时50分
夏至　21日16时26分

农历四月(5月17日－6月14日)　月干支:癸巳

| 公历 | 星期 | 农历 | 干支 | 日建 | 星宿 | 五行 | 八卦 | 五气 | 五脏 | 五汁 | 时辰 |
|---|---|---|---|---|---|---|---|---|---|---|---|
| 1 | 一 | 四月 | 丙午 | 除 | 心 | 水 | 坤 | 寒 | 肾 | 唾 | 戊子 |
| 2 | 二 | 十七 | 丁未 | 满 | 尾 | 水 | 乾 | 寒 | 肾 | 唾 | 庚子 |
| 3 | 三 | 十八 | 戊申 | 平 | 箕 | 土 | 兑 | 湿 | 脾 | 涎 | 壬子 |
| 4 | 四 | 十九 | 己酉 | 定 | 斗 | 土 | 离 | 湿 | 脾 | 涎 | 甲子 |
| 5 | 五 | 二十 | 庚戌 | 定 | 牛 | 金 | 震 | 燥 | 肺 | 涕 | 丙子 |
| 6 | 六 | 廿一 | 辛亥 | 执 | 女 | 金 | 巽 | 燥 | 肺 | 涕 | 戊子 |
| 7 | 日 | 廿二 | 壬子 | 破 | 虚 | 木 | 坎 | 风 | 肝 | 泪 | 庚子 |
| 8 | 一 | 廿三 | 癸丑 | 危 | 室 | 木 | 艮 | 风 | 肝 | 泪 | 壬子 |
| 9 | 二 | 廿四 | 甲寅 | 成 | 壁 | 水 | 坤 | 寒 | 肾 | 唾 | 甲子 |
| 10 | 三 | 廿五 | 乙卯 | 收 | 奎 | 水 | 乾 | 寒 | 肾 | 唾 | 丙子 |
| 11 | 四 | 廿六 | 丙辰 | 开 | 娄 | 土 | 兑 | 湿 | 脾 | 涎 | 戊子 |
| 12 | 五 | 廿七 | 丁巳 | 闭 | 胃 | 土 | 离 | 湿 | 脾 | 涎 | 庚子 |
| 13 | 六 | 廿八 | 戊午 | 建 | 昴 | 火 | 震 | 热 | 心 | 汗 | 壬子 |
| 14 | 日 | 廿九 | 己未 | 除 | 毕 | 火 | 巽 | 热 | 心 | 汗 | 甲子 |
| 15 | 一 | 五月 | 庚申 | 满 | 觜 | 木 | 坎 | 风 | 肝 | 泪 | 丙子 |
| 16 | 二 | 初二 | 辛酉 | 平 | 参 | 木 | 艮 | 风 | 肝 | 泪 | 戊子 |
| 17 | 三 | 初三 | 壬戌 | 定 | 井 | 水 | 坤 | 寒 | 肾 | 唾 | 庚子 |
| 18 | 四 | 初四 | 癸亥 | 执 | 鬼 | 水 | 乾 | 寒 | 肾 | 唾 | 壬子 |
| 19 | 五 | 初五 | 甲子 | 破 | 柳 | 金 | 兑 | 燥 | 肺 | 涕 | 甲子 |
| 20 | 六 | 初六 | 乙丑 | 危 | 星 | 金 | 离 | 燥 | 肺 | 涕 | 丙子 |
| 21 | 日 | 初七 | 丙寅 | 成 | 张 | 火 | 震 | 热 | 心 | 汗 | 戊子 |
| 22 | 一 | 初八 | 丁卯 | 收 | 翼 | 火 | 巽 | 热 | 心 | 汗 | 庚子 |
| 23 | 二 | 初九 | 戊辰 | 开 | 轸 | 木 | 坎 | 风 | 肝 | 泪 | 壬子 |
| 24 | 三 | 初十 | 己巳 | 闭 | 角 | 木 | 艮 | 风 | 肝 | 泪 | 甲子 |
| 25 | 四 | 十一 | 庚午 | 建 | 亢 | 土 | 坤 | 湿 | 脾 | 涎 | 丙子 |
| 26 | 五 | 十二 | 辛未 | 除 | 氐 | 土 | 乾 | 湿 | 脾 | 涎 | 戊子 |
| 27 | 六 | 十三 | 壬申 | 满 | 房 | 金 | 兑 | 燥 | 肺 | 涕 | 庚子 |
| 28 | 日 | 十四 | 癸酉 | 平 | 心 | 金 | 离 | 燥 | 肺 | 涕 | 壬子 |
| 29 | 一 | 十五 | 甲戌 | 定 | 尾 | 火 | 震 | 热 | 心 | 汗 | 甲子 |
| 30 | 二 | 十六 | 乙亥 | 执 | 箕 | 火 | 巽 | 热 | 心 | 汗 | 丙子 |

172

# 公元2026年　　　　　农历丙午(马)年

## 7月大

小暑　7日09时58分
大暑　23日03时14分

农历五月(6月15日-7月13日)　月干支:甲午

| 公历 | 星期 | 农历 | 干支 | 日建 | 星宿 | 五行 | 八卦 | 五气 | 五脏 | 五汁 | 时辰 |
|---|---|---|---|---|---|---|---|---|---|---|---|
| 1 | 三 | 五月 | 丙子 | 破 | 箕 | 水 | 巽 | 寒 | 肾 | 唾 | 戊子 |
| 2 | 四 | 十八 | 丁丑 | 危 | 斗 | 水 | 坎 | 寒 | 肾 | 唾 | 庚子 |
| 3 | 五 | 十九 | 戊寅 | 成 | 牛 | 土 | 艮 | 湿 | 脾 | 涎 | 壬子 |
| 4 | 六 | 二十 | 己卯 | 收 | 女 | 土 | 坤 | 湿 | 脾 | 涎 | 甲子 |
| 5 | 日 | 廿一 | 庚辰 | 开 | 虚 | 金 | 乾 | 燥 | 肺 | 涕 | 丙子 |
| 6 | 一 | 廿二 | 辛巳 | 闭 | 危 | 金 | 兑 | 燥 | 肺 | 涕 | 戊子 |
| 7 | 二 | 廿三 | 壬午 | 建 | 室 | 木 | 离 | 风 | 肝 | 泪 | 庚子 |
| 8 | 三 | 廿四 | 癸未 | 建 | 壁 | 木 | 震 | 风 | 肝 | 泪 | 壬子 |
| 9 | 四 | 廿五 | 甲申 | 除 | 奎 | 水 | 巽 | 寒 | 肾 | 唾 | 甲子 |
| 10 | 五 | 廿六 | 乙酉 | 满 | 娄 | 水 | 坎 | 寒 | 肾 | 唾 | 丙子 |
| 11 | 六 | 廿七 | 丙戌 | 平 | 胃 | 土 | 艮 | 湿 | 脾 | 涎 | 戊子 |
| 12 | 日 | 廿八 | 丁亥 | 定 | 昴 | 土 | 坤 | 湿 | 脾 | 涎 | 庚子 |
| 13 | 一 | 廿九 | 戊子 | 执 | 毕 | 火 | 乾 | 热 | 心 | 汗 | 壬子 |
| 14 | 二 | 六月 | 己丑 | 破 | 觜 | 火 | 兑 | 热 | 心 | 汗 | 甲子 |
| 15 | 三 | 初二 | 庚寅 | 危 | 参 | 木 | 离 | 风 | 肝 | 泪 | 丙子 |
| 16 | 四 | 初三 | 辛卯 | 成 | 井 | 木 | 震 | 风 | 肝 | 泪 | 戊子 |
| 17 | 五 | 初四 | 壬辰 | 收 | 鬼 | 水 | 巽 | 寒 | 肾 | 唾 | 庚子 |
| 18 | 六 | 初五 | 癸巳 | 开 | 柳 | 水 | 坎 | 寒 | 肾 | 唾 | 壬子 |
| 19 | 日 | 初六 | 甲午 | 闭 | 星 | 金 | 艮 | 燥 | 肺 | 涕 | 甲子 |
| 20 | 一 | 初七 | 乙未 | 建 | 张 | 金 | 坤 | 燥 | 肺 | 涕 | 丙子 |
| 21 | 二 | 初八 | 丙申 | 除 | 翼 | 火 | 乾 | 热 | 心 | 汗 | 戊子 |
| 22 | 三 | 初九 | 丁酉 | 满 | 轸 | 火 | 兑 | 热 | 心 | 汗 | 庚子 |
| 23 | 四 | 初十 | 戊戌 | 平 | 角 | 木 | 离 | 风 | 肝 | 泪 | 壬子 |
| 24 | 五 | 十一 | 己亥 | 定 | 亢 | 木 | 震 | 风 | 肝 | 泪 | 甲子 |
| 25 | 六 | 十二 | 庚子 | 执 | 氐 | 土 | 巽 | 湿 | 脾 | 涎 | 丙子 |
| 26 | 日 | 十三 | 辛丑 | 破 | 房 | 土 | 坎 | 湿 | 脾 | 涎 | 戊子 |
| 27 | 一 | 十四 | 壬寅 | 危 | 心 | 金 | 艮 | 燥 | 肺 | 涕 | 庚子 |
| 28 | 二 | 十五 | 癸卯 | 成 | 尾 | 金 | 坤 | 燥 | 肺 | 涕 | 壬子 |
| 29 | 三 | 十六 | 甲辰 | 收 | 箕 | 火 | 乾 | 热 | 心 | 汗 | 甲子 |
| 30 | 四 | 十七 | 乙巳 | 开 | 斗 | 火 | 兑 | 热 | 心 | 汗 | 丙子 |
| 31 | 五 | 十八 | 丙午 | 闭 | 牛 | 水 | 离 | 寒 | 肾 | 唾 | 戊子 |

## 8月大

立秋　7日19时44分
处暑　23日10时20分

农历六月(7月14日-8月12日)　月干支:乙未

| 公历 | 星期 | 农历 | 干支 | 日建 | 星宿 | 五行 | 八卦 | 五气 | 五脏 | 五汁 | 时辰 |
|---|---|---|---|---|---|---|---|---|---|---|---|
| 1 | 六 | 六月 | 丁未 | 建 | 女 | 木 | 震 | 风 | 肝 | 泪 | 庚子 |
| 2 | 日 | 二十 | 戊申 | 除 | 虚 | 土 | 巽 | 湿 | 脾 | 涎 | 壬子 |
| 3 | 一 | 廿一 | 己酉 | 满 | 危 | 土 | 坎 | 湿 | 脾 | 涎 | 甲子 |
| 4 | 二 | 廿二 | 庚戌 | 平 | 室 | 金 | 艮 | 燥 | 肺 | 涕 | 丙子 |
| 5 | 三 | 廿三 | 辛亥 | 定 | 壁 | 金 | 坤 | 燥 | 肺 | 涕 | 戊子 |
| 6 | 四 | 廿四 | 壬子 | 执 | 奎 | 木 | 乾 | 风 | 肝 | 泪 | 庚子 |
| 7 | 五 | 廿五 | 癸丑 | 破 | 娄 | 木 | 兑 | 风 | 肝 | 泪 | 壬子 |
| 8 | 六 | 廿六 | 甲寅 | 破 | 胃 | 水 | 离 | 寒 | 肾 | 唾 | 甲子 |
| 9 | 日 | 廿七 | 乙卯 | 危 | 昴 | 水 | 震 | 寒 | 肾 | 唾 | 丙子 |
| 10 | 一 | 廿八 | 丙辰 | 成 | 毕 | 土 | 巽 | 湿 | 脾 | 涎 | 戊子 |
| 11 | 二 | 廿九 | 丁巳 | 收 | 觜 | 土 | 坎 | 湿 | 脾 | 涎 | 庚子 |
| 12 | 三 | 三十 | 戊午 | 开 | 参 | 火 | 艮 | 热 | 心 | 汗 | 壬子 |
| 13 | 四 | 七月 | 己未 | 闭 | 井 | 火 | 坤 | 热 | 心 | 汗 | 甲子 |
| 14 | 五 | 初二 | 庚申 | 建 | 鬼 | 木 | 乾 | 风 | 肝 | 泪 | 丙子 |
| 15 | 六 | 初三 | 辛酉 | 除 | 柳 | 木 | 兑 | 风 | 肝 | 泪 | 戊子 |
| 16 | 日 | 初四 | 壬戌 | 满 | 星 | 水 | 离 | 寒 | 肾 | 唾 | 庚子 |
| 17 | 一 | 初五 | 癸亥 | 平 | 张 | 水 | 震 | 寒 | 肾 | 唾 | 壬子 |
| 18 | 二 | 初六 | 甲子 | 定 | 翼 | 金 | 巽 | 燥 | 肺 | 涕 | 甲子 |
| 19 | 三 | 初七 | 乙丑 | 执 | 轸 | 金 | 坎 | 燥 | 肺 | 涕 | 丙子 |
| 20 | 四 | 初八 | 丙寅 | 破 | 角 | 火 | 艮 | 热 | 心 | 汗 | 戊子 |
| 21 | 五 | 初九 | 丁卯 | 危 | 亢 | 火 | 坤 | 热 | 心 | 汗 | 庚子 |
| 22 | 六 | 初十 | 戊辰 | 成 | 氐 | 木 | 乾 | 风 | 肝 | 泪 | 壬子 |
| 23 | 日 | 十一 | 己巳 | 收 | 房 | 木 | 兑 | 风 | 肝 | 泪 | 甲子 |
| 24 | 一 | 十二 | 庚午 | 开 | 心 | 土 | 离 | 湿 | 脾 | 涎 | 丙子 |
| 25 | 二 | 十三 | 辛未 | 闭 | 尾 | 土 | 震 | 湿 | 脾 | 涎 | 戊子 |
| 26 | 三 | 十四 | 壬申 | 建 | 箕 | 金 | 巽 | 燥 | 肺 | 涕 | 庚子 |
| 27 | 四 | 十五 | 癸酉 | 除 | 斗 | 金 | 坎 | 燥 | 肺 | 涕 | 壬子 |
| 28 | 五 | 十六 | 甲戌 | 满 | 牛 | 火 | 艮 | 热 | 心 | 汗 | 甲子 |
| 29 | 六 | 十七 | 乙亥 | 平 | 女 | 火 | 坤 | 热 | 心 | 汗 | 丙子 |
| 30 | 日 | 十八 | 丙子 | 定 | 虚 | 水 | 乾 | 寒 | 肾 | 唾 | 戊子 |
| 31 | 一 | 十九 | 丁丑 | 执 | 危 | 水 | 兑 | 寒 | 肾 | 唾 | 庚子 |

# 公元 2026 年　　　　　　农历丙午(马)年

## 9 月小

| | |
|---|---|
| 白露 | 7 日 22 时 42 分 |
| 秋分 | 23 日 08 时 06 分 |

农历七月(8月13日-9月10日)　月干支:丙申

| 公历 | 星期 | 农历 | 干支 | 日建 | 星宿 | 五行 | 八卦 | 五气 | 五脏 | 五汁 | 时辰 |
|---|---|---|---|---|---|---|---|---|---|---|---|
| 1 | 二 | 七月 | 戊寅 | 破 | 室 | 土 | 兑 | 湿 | 脾 | 涎 | 壬子 |
| 2 | 三 | 廿一 | 己卯 | 危 | 壁 | 土 | 离 | 湿 | 脾 | 涎 | 甲子 |
| 3 | 四 | 廿二 | 庚辰 | 成 | 奎 | 金 | 震 | 燥 | 肺 | 涕 | 丙子 |
| 4 | 五 | 廿三 | 辛巳 | 收 | 娄 | 金 | 巽 | 燥 | 肺 | 涕 | 戊子 |
| 5 | 六 | 廿四 | 壬午 | 开 | 胃 | 木 | 坎 | 风 | 肝 | 泪 | 庚子 |
| 6 | 日 | 廿五 | 癸未 | 闭 | 昴 | 木 | 艮 | 风 | 肝 | 泪 | 壬子 |
| 7 | 一 | 廿六 | 甲申 | 闭 | 毕 | 水 | 坤 | 寒 | 肾 | 唾 | 甲子 |
| 8 | 二 | 廿七 | 乙酉 | 建 | 觜 | 水 | 乾 | 寒 | 肾 | 唾 | 丙子 |
| 9 | 三 | 廿八 | 丙戌 | 除 | 参 | 土 | 兑 | 湿 | 脾 | 涎 | 戊子 |
| 10 | 四 | 廿九 | 丁亥 | 满 | 井 | 土 | 离 | 湿 | 脾 | 涎 | 庚子 |
| 11 | 五 | 八月 | 戊子 | 平 | 鬼 | 火 | 坤 | 热 | 心 | 汗 | 壬子 |
| 12 | 六 | 初二 | 己丑 | 定 | 柳 | 火 | 乾 | 热 | 心 | 汗 | 甲子 |
| 13 | 日 | 初三 | 庚寅 | 执 | 星 | 木 | 离 | 风 | 肝 | 泪 | 丙子 |
| 14 | 一 | 初四 | 辛卯 | 破 | 张 | 木 | 震 | 风 | 肝 | 泪 | 戊子 |
| 15 | 二 | 初五 | 壬辰 | 危 | 翼 | 水 | 巽 | 寒 | 肾 | 唾 | 庚子 |
| 16 | 三 | 初六 | 癸巳 | 成 | 轸 | 水 | 坎 | 寒 | 肾 | 唾 | 壬子 |
| 17 | 四 | 初七 | 甲午 | 收 | 角 | 金 | 艮 | 燥 | 肺 | 涕 | 甲子 |
| 18 | 五 | 初八 | 乙未 | 开 | 亢 | 金 | 坤 | 燥 | 肺 | 涕 | 丙子 |
| 19 | 六 | 初九 | 丙申 | 闭 | 氐 | 火 | 乾 | 热 | 心 | 汗 | 戊子 |
| 20 | 日 | 初十 | 丁酉 | 建 | 房 | 火 | 兑 | 热 | 心 | 汗 | 庚子 |
| 21 | 一 | 十一 | 戊戌 | 除 | 心 | 木 | 兑 | 风 | 肝 | 泪 | 壬子 |
| 22 | 二 | 十二 | 己亥 | 满 | 尾 | 木 | 离 | 风 | 肝 | 泪 | 甲子 |
| 23 | 三 | 十三 | 庚子 | 平 | 箕 | 土 | 震 | 湿 | 脾 | 涎 | 丙子 |
| 24 | 四 | 十四 | 辛丑 | 定 | 斗 | 土 | 巽 | 湿 | 脾 | 涎 | 戊子 |
| 25 | 五 | 十五 | 壬寅 | 执 | 牛 | 金 | 坎 | 燥 | 肺 | 涕 | 庚子 |
| 26 | 六 | 十六 | 癸卯 | 破 | 女 | 金 | 艮 | 燥 | 肺 | 涕 | 壬子 |
| 27 | 日 | 十七 | 甲辰 | 危 | 虚 | 火 | 坤 | 热 | 心 | 汗 | 甲子 |
| 28 | 一 | 十八 | 乙巳 | 成 | 危 | 火 | 乾 | 热 | 心 | 汗 | 丙子 |
| 29 | 二 | 十九 | 丙午 | 收 | 室 | 水 | 兑 | 寒 | 肾 | 唾 | 戊子 |
| 30 | 三 | 二十 | 丁未 | 开 | 壁 | 水 | 离 | 寒 | 肾 | 唾 | 庚子 |
| 31 | | | | | | | | | | | |

## 10 月大

| | |
|---|---|
| 寒露 | 8 日 14 时 30 分 |
| 霜降 | 23 日 17 时 39 分 |

农历八月(9月11日-10月9日)　月干支:丁酉

| 公历 | 星期 | 农历 | 干支 | 日建 | 星宿 | 五行 | 八卦 | 五气 | 五脏 | 五汁 | 时辰 |
|---|---|---|---|---|---|---|---|---|---|---|---|
| 1 | 四 | 八月 | 戊申 | 闭 | 奎 | 土 | 震 | 湿 | 脾 | 涎 | 壬子 |
| 2 | 五 | 廿二 | 己酉 | 建 | 娄 | 土 | 巽 | 湿 | 脾 | 涎 | 甲子 |
| 3 | 六 | 廿三 | 庚戌 | 除 | 胃 | 金 | 坎 | 燥 | 肺 | 涕 | 丙子 |
| 4 | 日 | 廿四 | 辛亥 | 满 | 昴 | 金 | 艮 | 燥 | 肺 | 涕 | 戊子 |
| 5 | 一 | 廿五 | 壬子 | 平 | 毕 | 木 | 乾 | 风 | 肝 | 泪 | 庚子 |
| 6 | 二 | 廿六 | 癸丑 | 定 | 觜 | 木 | 兑 | 风 | 肝 | 泪 | 壬子 |
| 7 | 三 | 廿七 | 甲寅 | 执 | 参 | 水 | 离 | 寒 | 肾 | 唾 | 甲子 |
| 8 | 四 | 廿八 | 乙卯 | 执 | 井 | 水 | 震 | 寒 | 肾 | 唾 | 丙子 |
| 9 | 五 | 廿九 | 丙辰 | 破 | 鬼 | 土 | 巽 | 湿 | 脾 | 涎 | 戊子 |
| 10 | 六 | 九月 | 丁巳 | 危 | 柳 | 土 | 乾 | 湿 | 脾 | 涎 | 庚子 |
| 11 | 日 | 初二 | 戊午 | 成 | 星 | 火 | 离 | 热 | 心 | 汗 | 壬子 |
| 12 | 一 | 初三 | 己未 | 收 | 张 | 火 | 震 | 热 | 心 | 汗 | 甲子 |
| 13 | 二 | 初四 | 庚申 | 开 | 翼 | 木 | 巽 | 风 | 肝 | 泪 | 丙子 |
| 14 | 三 | 初五 | 辛酉 | 闭 | 轸 | 木 | 坎 | 风 | 肝 | 泪 | 戊子 |
| 15 | 四 | 初六 | 壬戌 | 建 | 角 | 水 | 艮 | 寒 | 肾 | 唾 | 庚子 |
| 16 | 五 | 初七 | 癸亥 | 除 | 亢 | 水 | 坤 | 寒 | 肾 | 唾 | 壬子 |
| 17 | 六 | 初八 | 甲子 | 满 | 氐 | 金 | 乾 | 燥 | 肺 | 涕 | 甲子 |
| 18 | 日 | 初九 | 乙丑 | 平 | 房 | 金 | 兑 | 燥 | 肺 | 涕 | 丙子 |
| 19 | 一 | 初十 | 丙寅 | 定 | 心 | 火 | 离 | 热 | 心 | 汗 | 戊子 |
| 20 | 二 | 十一 | 丁卯 | 执 | 尾 | 火 | 震 | 热 | 心 | 汗 | 庚子 |
| 21 | 三 | 十二 | 戊辰 | 破 | 箕 | 木 | 震 | 风 | 肝 | 泪 | 壬子 |
| 22 | 四 | 十三 | 己巳 | 危 | 斗 | 木 | 巽 | 风 | 肝 | 泪 | 甲子 |
| 23 | 五 | 十四 | 庚午 | 成 | 牛 | 土 | 坎 | 湿 | 脾 | 涎 | 丙子 |
| 24 | 六 | 十五 | 辛未 | 收 | 女 | 土 | 艮 | 湿 | 脾 | 涎 | 戊子 |
| 25 | 日 | 十六 | 壬申 | 开 | 虚 | 金 | 坤 | 燥 | 肺 | 涕 | 庚子 |
| 26 | 一 | 十七 | 癸酉 | 闭 | 危 | 金 | 乾 | 燥 | 肺 | 涕 | 壬子 |
| 27 | 二 | 十八 | 甲戌 | 建 | 室 | 火 | 兑 | 热 | 心 | 汗 | 甲子 |
| 28 | 三 | 十九 | 乙亥 | 除 | 壁 | 火 | 离 | 热 | 心 | 汗 | 丙子 |
| 29 | 四 | 二十 | 丙子 | 满 | 奎 | 水 | 震 | 寒 | 肾 | 唾 | 戊子 |
| 30 | 五 | 廿一 | 丁丑 | 平 | 娄 | 水 | 巽 | 寒 | 肾 | 唾 | 庚子 |
| 31 | 六 | 廿二 | 戊寅 | 定 | 胃 | 土 | 坎 | 湿 | 脾 | 涎 | 壬子 |

# 公元2026年　　　农历丙午(马)年

## 11月小
立冬　7日17时53分
小雪　22日15时24分

农历九月(10月10日–11月8日)　月干支:戊戌

| 公历 | 星期 | 农历 | 干支 | 日建 | 星宿 | 五行 | 八卦 | 五气 | 五脏 | 五汁 | 时辰 |
|---|---|---|---|---|---|---|---|---|---|---|---|
| 1 | 日 | 九月 | 己卯 | 执 | 昴 | 土 | 艮 | 湿 | 脾 | 涎 | 甲子 |
| 2 | 一 | 廿四 | 庚辰 | 破 | 毕 | 金 | 坤 | 燥 | 肺 | 涕 | 丙子 |
| 3 | 二 | 廿五 | 辛巳 | 危 | 觜 | 金 | 乾 | 燥 | 肺 | 涕 | 戊子 |
| 4 | 三 | 廿六 | 壬午 | 成 | 参 | 木 | 兑 | 风 | 肝 | 泪 | 庚子 |
| 5 | 四 | 廿七 | 癸未 | 收 | 井 | 木 | 离 | 风 | 肝 | 泪 | 壬子 |
| 6 | 五 | 廿八 | 甲申 | 开 | 鬼 | 水 | 震 | 寒 | 肾 | 唾 | 甲子 |
| 7 | 六 | 廿九 | 乙酉 | 开 | 柳 | 水 | 巽 | 寒 | 肾 | 唾 | 丙子 |
| 8 | 日 | 三十 | 丙戌 | 闭 | 星 | 土 | 坎 | 湿 | 脾 | 涎 | 戊子 |
| 9 | 一 | 十月 | 丁亥 | 建 | 张 | 土 | 艮 | 湿 | 脾 | 涎 | 庚子 |
| 10 | 二 | 初二 | 戊子 | 除 | 翼 | 火 | 离 | 热 | 心 | 汗 | 壬子 |
| 11 | 三 | 初三 | 己丑 | 满 | 轸 | 火 | 震 | 热 | 心 | 汗 | 甲子 |
| 12 | 四 | 初四 | 庚寅 | 平 | 角 | 木 | 巽 | 风 | 肝 | 泪 | 丙子 |
| 13 | 五 | 初五 | 辛卯 | 定 | 亢 | 水 | 坎 | 寒 | 肾 | 唾 | 戊子 |
| 14 | 六 | 初六 | 壬辰 | 执 | 氐 | 水 | 艮 | 寒 | 肾 | 唾 | 庚子 |
| 15 | 日 | 初七 | 癸巳 | 破 | 房 | 水 | 坤 | 寒 | 肾 | 唾 | 壬子 |
| 16 | 一 | 初八 | 甲午 | 危 | 心 | 金 | 乾 | 燥 | 肺 | 涕 | 甲子 |
| 17 | 二 | 初九 | 乙未 | 成 | 尾 | 金 | 兑 | 燥 | 肺 | 涕 | 丙子 |
| 18 | 三 | 初十 | 丙申 | 收 | 箕 | 火 | 离 | 热 | 心 | 汗 | 戊子 |
| 19 | 四 | 十一 | 丁酉 | 开 | 斗 | 火 | 震 | 热 | 心 | 汗 | 庚子 |
| 20 | 五 | 十二 | 戊戌 | 闭 | 牛 | 木 | 巽 | 风 | 肝 | 泪 | 壬子 |
| 21 | 六 | 十三 | 己亥 | 建 | 女 | 木 | 坎 | 风 | 肝 | 泪 | 甲子 |
| 22 | 日 | 十四 | 庚子 | 除 | 虚 | 土 | 艮 | 湿 | 脾 | 涎 | 丙子 |
| 23 | 一 | 十五 | 辛丑 | 满 | 危 | 土 | 坤 | 湿 | 脾 | 涎 | 戊子 |
| 24 | 二 | 十六 | 壬寅 | 平 | 室 | 金 | 乾 | 燥 | 肺 | 涕 | 庚子 |
| 25 | 三 | 十七 | 癸卯 | 定 | 壁 | 金 | 兑 | 燥 | 肺 | 涕 | 壬子 |
| 26 | 四 | 十八 | 甲辰 | 执 | 奎 | 火 | 离 | 热 | 心 | 汗 | 甲子 |
| 27 | 五 | 十九 | 乙巳 | 破 | 娄 | 火 | 震 | 热 | 心 | 汗 | 丙子 |
| 28 | 六 | 二十 | 丙午 | 危 | 胃 | 水 | 巽 | 寒 | 肾 | 唾 | 戊子 |
| 29 | 日 | 廿一 | 丁未 | 成 | 昴 | 水 | 坎 | 寒 | 肾 | 唾 | 庚子 |
| 30 | 一 | 廿二 | 戊申 | 收 | 毕 | 土 | 艮 | 湿 | 脾 | 涎 | 壬子 |

## 12月大
大雪　7日10时53分
冬至　22日04时51分

农历十月(11月9日–12月8日)　月干支:己亥

| 公历 | 星期 | 农历 | 干支 | 日建 | 星宿 | 五行 | 八卦 | 五气 | 五脏 | 五汁 | 时辰 |
|---|---|---|---|---|---|---|---|---|---|---|---|
| 1 | 二 | 十月 | 己酉 | 开 | 觜 | 土 | 坤 | 湿 | 脾 | 涎 | 甲子 |
| 2 | 三 | 廿四 | 庚戌 | 闭 | 参 | 金 | 乾 | 燥 | 肺 | 涕 | 丙子 |
| 3 | 四 | 廿五 | 辛亥 | 建 | 井 | 金 | 离 | 燥 | 肺 | 涕 | 戊子 |
| 4 | 五 | 廿六 | 壬子 | 除 | 鬼 | 木 | 震 | 风 | 肝 | 泪 | 庚子 |
| 5 | 六 | 廿七 | 癸丑 | 满 | 柳 | 木 | 巽 | 风 | 肝 | 泪 | 壬子 |
| 6 | 日 | 廿八 | 甲寅 | 平 | 星 | 水 | 坎 | 寒 | 肾 | 唾 | 甲子 |
| 7 | 一 | 廿九 | 乙卯 | 平 | 张 | 水 | 艮 | 寒 | 肾 | 唾 | 丙子 |
| 8 | 二 | 三十 | 丙辰 | 定 | 翼 | 土 | 离 | 湿 | 脾 | 涎 | 戊子 |
| 9 | 三 | 冬月 | 丁巳 | 执 | 轸 | 土 | 震 | 湿 | 脾 | 涎 | 庚子 |
| 10 | 四 | 初二 | 戊午 | 破 | 角 | 火 | 巽 | 热 | 心 | 汗 | 壬子 |
| 11 | 五 | 初三 | 己未 | 危 | 亢 | 火 | 坎 | 热 | 心 | 汗 | 甲子 |
| 12 | 六 | 初四 | 庚申 | 成 | 氐 | 木 | 艮 | 风 | 肝 | 泪 | 丙子 |
| 13 | 日 | 初五 | 辛酉 | 收 | 房 | 木 | 坤 | 风 | 肝 | 泪 | 戊子 |
| 14 | 一 | 初六 | 壬戌 | 开 | 心 | 水 | 乾 | 寒 | 肾 | 唾 | 庚子 |
| 15 | 二 | 初七 | 癸亥 | 闭 | 尾 | 水 | 兑 | 寒 | 肾 | 唾 | 壬子 |
| 16 | 三 | 初八 | 甲子 | 建 | 箕 | 金 | 离 | 燥 | 肺 | 涕 | 甲子 |
| 17 | 四 | 初九 | 乙丑 | 除 | 斗 | 金 | 震 | 燥 | 肺 | 涕 | 丙子 |
| 18 | 五 | 初十 | 丙寅 | 满 | 牛 | 火 | 巽 | 热 | 心 | 汗 | 戊子 |
| 19 | 六 | 十一 | 丁卯 | 平 | 女 | 火 | 坎 | 热 | 心 | 汗 | 庚子 |
| 20 | 日 | 十二 | 戊辰 | 定 | 虚 | 木 | 艮 | 风 | 肝 | 泪 | 壬子 |
| 21 | 一 | 十三 | 己巳 | 执 | 室 | 木 | 坤 | 风 | 肝 | 泪 | 甲子 |
| 22 | 二 | 十四 | 庚午 | 破 | 壁 | 土 | 乾 | 湿 | 脾 | 涎 | 丙子 |
| 23 | 三 | 十五 | 辛未 | 危 | 奎 | 土 | 兑 | 湿 | 脾 | 涎 | 戊子 |
| 24 | 四 | 十六 | 壬申 | 成 | 娄 | 金 | 离 | 燥 | 肺 | 涕 | 庚子 |
| 25 | 五 | 十七 | 癸酉 | 收 | 胃 | 金 | 震 | 燥 | 肺 | 涕 | 壬子 |
| 26 | 六 | 十八 | 甲戌 | 开 | 昴 | 火 | 巽 | 热 | 心 | 汗 | 甲子 |
| 27 | 日 | 十九 | 乙亥 | 闭 | 毕 | 火 | 坎 | 热 | 心 | 汗 | 丙子 |
| 28 | 一 | 二十 | 丙子 | 建 | 觜 | 水 | 艮 | 寒 | 肾 | 唾 | 戊子 |
| 29 | 二 | 廿一 | 丁丑 | 除 | 参 | 水 | 坤 | 寒 | 肾 | 唾 | 庚子 |
| 30 | 三 | 廿二 | 戊寅 | 满 | 井 | 土 | 乾 | 湿 | 脾 | 涎 | 壬子 |
| 31 | 四 | 廿三 | 己卯 | 平 | 鬼 | 土 | 乾 | 湿 | 脾 | 涎 | 甲子 |

# 公元 2027 年　　　　　　　农历丁未(羊)年

| 1月大 | 小寒　5 日 22 时 10 分　　大寒　20 日 15 时 30 分 |
|---|---|

农历冬月(12月9日–1月7日)　　　　月干支:庚子
农历腊月(1月8日–2月5日)　　　　　月干支:辛丑

| 公历 | 星期 | 农历 | 干支 | 日建 | 星宿 | 五行 | 八卦 | 五气 | 五脏 | 五汁 | 时辰 |
|---|---|---|---|---|---|---|---|---|---|---|---|
| 1 | 五 | 冬月 | 庚辰 | 定 | 鬼 | 金 | 兑 | 燥 | 肺 | 涕 | 丙子 |
| 2 | 六 | 廿五 | 辛巳 | 执 | 柳 | 金 | 离 | 燥 | 肺 | 涕 | 戊子 |
| 3 | 日 | 廿六 | 壬午 | 破 | 星 | 木 | 震 | 风 | 肝 | 泪 | 庚子 |
| 4 | 一 | 廿七 | 癸未 | 危 | 张 | 木 | 巽 | 风 | 肝 | 泪 | 壬子 |
| 5 | 二 | 廿八 | 甲申 | 危 | 翼 | 水 | 坎 | 寒 | 肾 | 唾 | 甲子 |
| 6 | 三 | 廿九 | 乙酉 | 成 | 轸 | 水 | 艮 | 寒 | 肾 | 唾 | 丙子 |
| 7 | 四 | 三十 | 丙戌 | 收 | 角 | 土 | 坤 | 湿 | 脾 | 涎 | 戊子 |
| 8 | 五 | 腊月 | 丁亥 | 开 | 亢 | 土 | 震 | 湿 | 脾 | 涎 | 庚子 |
| 9 | 六 | 初二 | 戊子 | 闭 | 氐 | 火 | 巽 | 热 | 心 | 汗 | 壬子 |
| 10 | 日 | 初三 | 己丑 | 建 | 房 | 火 | 离 | 热 | 心 | 汗 | 甲子 |
| 11 | 一 | 初四 | 庚寅 | 除 | 心 | 木 | 艮 | 风 | 肝 | 泪 | 丙子 |
| 12 | 二 | 初五 | 辛卯 | 满 | 尾 | 木 | 坤 | 风 | 肝 | 泪 | 戊子 |
| 13 | 三 | 初六 | 壬辰 | 平 | 箕 | 水 | 乾 | 寒 | 肾 | 唾 | 庚子 |
| 14 | 四 | 初七 | 癸巳 | 定 | 斗 | 水 | 兑 | 寒 | 肾 | 唾 | 壬子 |
| 15 | 五 | 初八 | 甲午 | 执 | 牛 | 金 | 离 | 燥 | 肺 | 涕 | 甲子 |
| 16 | 六 | 初九 | 乙未 | 破 | 女 | 金 | 震 | 燥 | 肺 | 涕 | 丙子 |
| 17 | 日 | 初十 | 丙申 | 危 | 虚 | 火 | 巽 | 热 | 心 | 汗 | 戊子 |
| 18 | 一 | 十一 | 丁酉 | 成 | 危 | 火 | 坎 | 热 | 心 | 汗 | 庚子 |
| 19 | 二 | 十二 | 戊戌 | 收 | 室 | 木 | 艮 | 风 | 肝 | 泪 | 壬子 |
| 20 | 三 | 十三 | 己亥 | 开 | 壁 | 木 | 坤 | 风 | 肝 | 泪 | 甲子 |
| 21 | 四 | 十四 | 庚子 | 闭 | 奎 | 土 | 乾 | 湿 | 脾 | 涎 | 丙子 |
| 22 | 五 | 十五 | 辛丑 | 建 | 娄 | 土 | 兑 | 湿 | 脾 | 涎 | 戊子 |
| 23 | 六 | 十六 | 壬寅 | 除 | 胃 | 金 | 离 | 燥 | 肺 | 涕 | 庚子 |
| 24 | 日 | 十七 | 癸卯 | 满 | 昴 | 金 | 震 | 燥 | 肺 | 涕 | 壬子 |
| 25 | 一 | 十八 | 甲辰 | 平 | 毕 | 火 | 巽 | 热 | 心 | 汗 | 甲子 |
| 26 | 二 | 十九 | 乙巳 | 定 | 觜 | 火 | 坎 | 热 | 心 | 汗 | 丙子 |
| 27 | 三 | 二十 | 丙午 | 执 | 参 | 水 | 艮 | 寒 | 肾 | 唾 | 戊子 |
| 28 | 四 | 廿一 | 丁未 | 破 | 井 | 水 | 坤 | 寒 | 肾 | 唾 | 庚子 |
| 29 | 五 | 廿二 | 戊申 | 危 | 鬼 | 土 | 乾 | 湿 | 脾 | 涎 | 壬子 |
| 30 | 六 | 廿三 | 己酉 | 成 | 柳 | 土 | 兑 | 湿 | 脾 | 涎 | 甲子 |
| 31 | 日 | 廿四 | 庚戌 | 收 | 星 | 金 | 离 | 燥 | 肺 | 涕 | 丙子 |

| 2月平 | 立春　4 日 09 时 47 分　　雨水　19 日 05 时 34 分 |
|---|---|

农历正月(2月6日–3月7日)　　　　月干支:壬寅

| 公历 | 星期 | 农历 | 干支 | 日建 | 星宿 | 五行 | 八卦 | 五气 | 五脏 | 五汁 | 时辰 |
|---|---|---|---|---|---|---|---|---|---|---|---|
| 1 | 一 | 腊月 | 辛亥 | 开 | 张 | 金 | 震 | 燥 | 肺 | 涕 | 戊子 |
| 2 | 二 | 廿六 | 壬子 | 闭 | 翼 | 木 | 巽 | 风 | 肝 | 泪 | 庚子 |
| 3 | 三 | 廿七 | 癸丑 | 建 | 轸 | 木 | 坎 | 风 | 肝 | 泪 | 壬子 |
| 4 | 四 | 廿八 | 甲寅 | 建 | 角 | 水 | 艮 | 寒 | 肾 | 唾 | 甲子 |
| 5 | 五 | 廿九 | 乙卯 | 除 | 亢 | 水 | 坤 | 寒 | 肾 | 唾 | 丙子 |
| 6 | 六 | 正月 | 丙辰 | 满 | 氐 | 土 | 兑 | 湿 | 脾 | 涎 | 戊子 |
| 7 | 日 | 初二 | 丁巳 | 平 | 房 | 土 | 离 | 湿 | 脾 | 涎 | 庚子 |
| 8 | 一 | 初三 | 戊午 | 定 | 心 | 火 | 震 | 热 | 心 | 汗 | 壬子 |
| 9 | 二 | 初四 | 己未 | 执 | 尾 | 火 | 巽 | 热 | 心 | 汗 | 甲子 |
| 10 | 三 | 初五 | 庚申 | 破 | 箕 | 木 | 坎 | 风 | 肝 | 泪 | 丙子 |
| 11 | 四 | 初六 | 辛酉 | 危 | 斗 | 木 | 艮 | 风 | 肝 | 泪 | 戊子 |
| 12 | 五 | 初七 | 壬戌 | 成 | 牛 | 水 | 坤 | 寒 | 肾 | 唾 | 庚子 |
| 13 | 六 | 初八 | 癸亥 | 收 | 女 | 水 | 乾 | 寒 | 肾 | 唾 | 壬子 |
| 14 | 日 | 初九 | 甲子 | 开 | 虚 | 金 | 兑 | 燥 | 肺 | 涕 | 甲子 |
| 15 | 一 | 初十 | 乙丑 | 闭 | 危 | 金 | 离 | 燥 | 肺 | 涕 | 丙子 |
| 16 | 二 | 十一 | 丙寅 | 建 | 室 | 火 | 震 | 热 | 心 | 汗 | 戊子 |
| 17 | 三 | 十二 | 丁卯 | 除 | 壁 | 火 | 巽 | 热 | 心 | 汗 | 庚子 |
| 18 | 四 | 十三 | 戊辰 | 满 | 奎 | 木 | 坎 | 风 | 肝 | 泪 | 壬子 |
| 19 | 五 | 十四 | 己巳 | 平 | 娄 | 木 | 艮 | 风 | 肝 | 泪 | 甲子 |
| 20 | 六 | 十五 | 庚午 | 定 | 胃 | 土 | 坤 | 湿 | 脾 | 涎 | 丙子 |
| 21 | 日 | 十六 | 辛未 | 执 | 昴 | 土 | 乾 | 湿 | 脾 | 涎 | 戊子 |
| 22 | 一 | 十七 | 壬申 | 破 | 毕 | 金 | 兑 | 燥 | 肺 | 涕 | 庚子 |
| 23 | 二 | 十八 | 癸酉 | 危 | 觜 | 金 | 离 | 燥 | 肺 | 涕 | 壬子 |
| 24 | 三 | 十九 | 甲戌 | 成 | 参 | 火 | 震 | 热 | 心 | 汗 | 甲子 |
| 25 | 四 | 二十 | 乙亥 | 收 | 井 | 火 | 巽 | 热 | 心 | 汗 | 丙子 |
| 26 | 五 | 廿一 | 丙子 | 开 | 鬼 | 水 | 坎 | 寒 | 肾 | 唾 | 戊子 |
| 27 | 六 | 廿二 | 丁丑 | 闭 | 柳 | 水 | 艮 | 寒 | 肾 | 唾 | 庚子 |
| 28 | 日 | 廿三 | 戊寅 | 建 | 星 | 土 | 坤 | 湿 | 脾 | 涎 | 壬子 |

实用干支万年历

# 公元 2027 年　　　　农历丁未(羊)年

## 3月大

惊蛰　6日03时40分
春分　21日04时25分

农历二月(3月8日-4月6日)　月干支:癸卯

| 公历 | 星期 | 农历 | 干支 | 日建 | 星宿 | 五行 | 八卦 | 五气 | 五脏 | 五汁 | 时辰 |
|---|---|---|---|---|---|---|---|---|---|---|---|
| 1 | 一 | 正月 | 己卯 | 除 | 张 | 土 | 乾 | 湿 | 脾 | 涎 | 甲子 |
| 2 | 二 | 廿五 | 庚辰 | 满 | 翼 | 金 | 兑 | 燥 | 肺 | 涕 | 丙子 |
| 3 | 三 | 廿六 | 辛巳 | 平 | 轸 | 金 | 离 | 燥 | 肺 | 涕 | 戊子 |
| 4 | 四 | 廿七 | 壬午 | 定 | 角 | 木 | 震 | 风 | 肝 | 泪 | 庚子 |
| 5 | 五 | 廿八 | 癸未 | 执 | 亢 | 木 | 巽 | 风 | 肝 | 泪 | 壬子 |
| 6 | 六 | 廿九 | 甲申 | 执 | 氐 | 水 | 坎 | 寒 | 肾 | 唾 | 甲子 |
| 7 | 日 | 三十 | 乙酉 | 破 | 房 | 水 | 艮 | 寒 | 肾 | 唾 | 丙子 |
| 8 | 一 | 二月 | 丙戌 | 危 | 心 | 土 | 离 | 湿 | 脾 | 涎 | 戊子 |
| 9 | 二 | 初二 | 丁亥 | 成 | 尾 | 火 | 震 | 热 | 心 | 汗 | 庚子 |
| 10 | 三 | 初三 | 戊子 | 收 | 箕 | 火 | 巽 | 热 | 心 | 汗 | 壬子 |
| 11 | 四 | 初四 | 己丑 | 开 | 斗 | 火 | 坎 | 热 | 心 | 汗 | 甲子 |
| 12 | 五 | 初五 | 庚寅 | 闭 | 牛 | 木 | 艮 | 风 | 肝 | 泪 | 丙子 |
| 13 | 六 | 初六 | 辛卯 | 建 | 女 | 木 | 乾 | 风 | 肝 | 泪 | 戊子 |
| 14 | 日 | 初七 | 壬辰 | 除 | 虚 | 水 | 兑 | 寒 | 肾 | 唾 | 庚子 |
| 15 | 一 | 初八 | 癸巳 | 满 | 危 | 水 |  | 寒 | 肾 |  | 壬子 |
| 16 | 二 | 初九 | 甲午 | 平 | 室 | 金 | 离 | 燥 | 肺 | 涕 | 甲子 |
| 17 | 三 | 初十 | 乙未 | 定 | 壁 | 金 | 震 | 燥 | 肺 | 涕 | 丙子 |
| 18 | 四 | 十一 | 丙申 | 执 | 奎 | 火 | 巽 | 热 | 心 | 汗 | 戊子 |
| 19 | 五 | 十二 | 丁酉 | 破 | 娄 | 火 | 坎 | 热 | 心 | 汗 | 庚子 |
| 20 | 六 | 十三 | 戊戌 | 危 | 胃 | 木 | 艮 | 风 | 肝 | 泪 | 壬子 |
| 21 | 日 | 十四 | 己亥 | 成 | 昴 | 木 | 坤 | 风 | 肝 | 泪 | 甲子 |
| 22 | 一 | 十五 | 庚子 | 收 | 毕 | 土 | 乾 | 湿 | 脾 | 涎 | 丙子 |
| 23 | 二 | 十六 | 辛丑 | 开 | 觜 | 土 | 兑 | 湿 | 脾 | 涎 | 戊子 |
| 24 | 三 | 十七 | 壬寅 | 闭 | 参 | 金 | 离 | 燥 | 肺 | 涕 | 庚子 |
| 25 | 四 | 十八 | 癸卯 | 建 | 井 | 金 | 震 | 燥 | 肺 | 涕 | 壬子 |
| 26 | 五 | 十九 | 甲辰 | 除 | 鬼 | 火 | 巽 | 热 | 心 | 汗 | 甲子 |
| 27 | 六 | 二十 | 乙巳 | 满 | 柳 | 火 | 坎 | 热 | 心 | 汗 | 丙子 |
| 28 | 日 | 廿一 | 丙午 | 平 | 星 | 水 | 艮 | 寒 | 肾 | 唾 | 戊子 |
| 29 | 一 | 廿二 | 丁未 | 定 | 张 | 水 | 坤 | 寒 | 肾 | 唾 | 庚子 |
| 30 | 二 | 廿三 | 戊申 | 执 | 翼 | 土 | 乾 | 湿 | 脾 | 涎 | 壬子 |
| 31 | 三 | 廿四 | 己酉 | 破 | 轸 | 土 | 兑 | 湿 | 脾 | 涎 | 甲子 |

## 4月小

清明　5日08时18分
谷雨　20日15时18分

农历三月(4月7日-5月5日)　月干支:甲辰

| 公历 | 星期 | 农历 | 干支 | 日建 | 星宿 | 五行 | 八卦 | 五气 | 五脏 | 五汁 | 时辰 |
|---|---|---|---|---|---|---|---|---|---|---|---|
| 1 | 四 | 二月 | 庚戌 | 危 | 角 | 金 | 离 | 燥 | 肺 | 涕 | 丙子 |
| 2 | 五 | 廿六 | 辛亥 | 成 | 亢 | 金 | 震 | 燥 | 肺 | 涕 | 戊子 |
| 3 | 六 | 廿七 | 壬子 | 收 | 氐 | 木 | 巽 | 风 | 肝 | 泪 | 庚子 |
| 4 | 日 | 廿八 | 癸丑 | 开 | 房 | 木 | 坎 | 风 | 肝 | 泪 | 壬子 |
| 5 | 一 | 廿九 | 甲寅 | 开 | 心 | 水 | 艮 | 寒 | 肾 | 唾 | 甲子 |
| 6 | 二 | 三十 | 乙卯 | 闭 | 尾 | 水 | 坤 | 寒 | 肾 | 唾 | 丙子 |
| 7 | 三 | 三月 | 丙辰 | 建 | 箕 | 土 | 震 | 湿 | 脾 | 涎 | 戊子 |
| 8 | 四 | 初二 | 丁巳 | 除 | 斗 | 土 | 巽 | 湿 | 脾 | 涎 | 庚子 |
| 9 | 五 | 初三 | 戊午 | 满 | 牛 | 火 | 坎 | 热 | 心 | 汗 | 壬子 |
| 10 | 六 | 初四 | 己未 | 平 | 女 | 火 | 艮 | 热 | 心 | 汗 | 甲子 |
| 11 | 日 | 初五 | 庚申 | 定 | 虚 | 木 | 坤 | 风 | 肝 | 泪 | 丙子 |
| 12 | 一 | 初六 | 辛酉 | 执 | 危 | 木 | 乾 | 风 | 肝 | 泪 | 戊子 |
| 13 | 二 | 初七 | 壬戌 | 破 | 室 | 水 | 兑 | 寒 | 肾 | 唾 | 庚子 |
| 14 | 三 | 初八 | 癸亥 | 危 | 壁 | 水 | 离 | 寒 | 肾 | 唾 | 壬子 |
| 15 | 四 | 初九 | 甲子 | 成 | 奎 | 金 | 震 | 燥 | 肺 | 涕 | 甲子 |
| 16 | 五 | 初十 | 乙丑 | 收 | 娄 | 金 | 巽 | 燥 | 肺 | 涕 | 丙子 |
| 17 | 六 | 十一 | 丙寅 | 开 | 胃 | 火 | 坎 | 热 | 心 | 汗 | 戊子 |
| 18 | 日 | 十二 | 丁卯 | 闭 | 昴 | 火 | 艮 | 热 | 心 | 汗 | 庚子 |
| 19 | 一 | 十三 | 戊辰 | 建 | 毕 | 木 | 坤 | 风 | 肝 | 泪 | 壬子 |
| 20 | 二 | 十四 | 己巳 | 除 | 觜 | 木 | 乾 | 风 | 肝 | 泪 | 甲子 |
| 21 | 三 | 十五 | 庚午 | 满 | 参 | 土 | 兑 | 湿 | 脾 | 涎 | 丙子 |
| 22 | 四 | 十六 | 辛未 | 平 | 井 | 土 | 离 | 湿 | 脾 | 涎 | 戊子 |
| 23 | 五 | 十七 | 壬申 | 定 | 鬼 | 金 | 震 | 燥 | 肺 | 涕 | 庚子 |
| 24 | 六 | 十八 | 癸酉 | 执 | 柳 | 金 | 巽 | 燥 | 肺 | 涕 | 壬子 |
| 25 | 日 | 十九 | 甲戌 | 破 | 星 | 火 | 坎 | 热 | 心 | 汗 | 甲子 |
| 26 | 一 | 二十 | 乙亥 | 危 | 张 | 火 | 艮 | 热 | 心 | 汗 | 丙子 |
| 27 | 二 | 廿一 | 丙子 | 成 | 翼 | 水 | 坤 | 寒 | 肾 | 唾 | 戊子 |
| 28 | 三 | 廿二 | 丁丑 | 收 | 轸 | 水 | 乾 | 寒 | 肾 | 唾 | 庚子 |
| 29 | 四 | 廿三 | 戊寅 | 开 | 角 | 土 | 兑 | 湿 | 脾 | 涎 | 壬子 |
| 30 | 五 | 廿四 | 己卯 | 闭 | 亢 | 土 |  | 湿 | 脾 |  | 甲子 |
| 31 |  |  |  |  |  |  |  |  |  |  |  |

# 公元2027年　　　　　　　农历丁未(羊)年

## 5月大　立夏 6日01时25分　小满 21日14时19分
农历四月(5月6日-6月4日)　月干支:乙巳

| 公历 | 星期 | 农历 | 干支 | 日建 | 星宿 | 五行 | 八卦 | 五气 | 五脏 | 五汁 | 时辰 |
|---|---|---|---|---|---|---|---|---|---|---|---|
| 1 | 六 | 三月 | 庚辰 | 建 | 氐 | 金 | 震 | 燥 | 肺 | 涕 | 丙子 |
| 2 | 日 | 廿六 | 辛巳 | 除 | 房 | 金 | 巽 | 燥 | 肺 | 涕 | 戊子 |
| 3 | 一 | 廿七 | 壬午 | 满 | 心 | 木 | 坎 | 风 | 肝 | 泪 | 庚子 |
| 4 | 二 | 廿八 | 癸未 | 平 | 尾 | 木 | 艮 | 风 | 肝 | 泪 | 壬子 |
| 5 | 三 | 廿九 | 甲申 | 定 | 箕 | 水 | 坤 | 寒 | 肾 | 唾 | 甲子 |
| 6 | 四 | 四月 | 乙酉 | 定 | 斗 | 水 | 巽 | 寒 | 肾 | 唾 | 丙子 |
| 7 | 五 | 初二 | 丙戌 | 执 | 牛 | 土 | 坎 | 湿 | 脾 | 涎 | 戊子 |
| 8 | 六 | 初三 | 丁亥 | 破 | 女 | 土 | 艮 | 湿 | 脾 | 涎 | 庚子 |
| 9 | 日 | 初四 | 戊子 | 危 | 虚 | 火 | 坤 | 热 | 心 | 汗 | 壬子 |
| 10 | 一 | 初五 | 己丑 | 成 | 危 | 火 | 乾 | 热 | 心 | 汗 | 甲子 |
| 11 | 二 | 初六 | 庚寅 | 收 | 室 | 木 | 兑 | 风 | 肝 | 泪 | 丙子 |
| 12 | 三 | 初七 | 辛卯 | 开 | 壁 | 木 | 离 | 风 | 肝 | 泪 | 戊子 |
| 13 | 四 | 初八 | 壬辰 | 闭 | 奎 | 水 | 震 | 寒 | 肾 | 唾 | 庚子 |
| 14 | 五 | 初九 | 癸巳 | 建 | 娄 | 水 | 巽 | 寒 | 肾 | 唾 | 壬子 |
| 15 | 六 | 初十 | 甲午 | 除 | 胃 | 金 | 坎 | 燥 | 肺 | 涕 | 甲子 |
| 16 | 日 | 十一 | 乙未 | 满 | 昴 | 金 | 艮 | 燥 | 肺 | 涕 | 丙子 |
| 17 | 一 | 十二 | 丙申 | 平 | 毕 | 火 | 坤 | 热 | 心 | 汗 | 戊子 |
| 18 | 二 | 十三 | 丁酉 | 定 | 觜 | 火 | 乾 | 热 | 心 | 汗 | 庚子 |
| 19 | 三 | 十四 | 戊戌 | 执 | 参 | 木 | 兑 | 风 | 肝 | 泪 | 壬子 |
| 20 | 四 | 十五 | 己亥 | 破 | 井 | 木 | 离 | 风 | 肝 | 泪 | 甲子 |
| 21 | 五 | 十六 | 庚子 | 危 | 鬼 | 土 | 震 | 湿 | 脾 | 涎 | 丙子 |
| 22 | 六 | 十七 | 辛丑 | 成 | 柳 | 土 | 巽 | 湿 | 脾 | 涎 | 戊子 |
| 23 | 日 | 十八 | 壬寅 | 收 | 星 | 金 | 坎 | 燥 | 肺 | 涕 | 庚子 |
| 24 | 一 | 十九 | 癸卯 | 开 | 张 | 金 | 艮 | 燥 | 肺 | 涕 | 壬子 |
| 25 | 二 | 二十 | 甲辰 | 闭 | 翼 | 火 | 坤 | 热 | 心 | 汗 | 甲子 |
| 26 | 三 | 廿一 | 乙巳 | 建 | 轸 | 火 | 乾 | 热 | 心 | 汗 | 丙子 |
| 27 | 四 | 廿二 | 丙午 | 除 | 角 | 水 | 兑 | 寒 | 肾 | 唾 | 戊子 |
| 28 | 五 | 廿三 | 丁未 | 满 | 亢 | 水 | 离 | 寒 | 肾 | 唾 | 庚子 |
| 29 | 六 | 廿四 | 戊申 | 平 | 氐 | 土 | 震 | 湿 | 脾 | 涎 | 壬子 |
| 30 | 日 | 廿五 | 己酉 | 定 | 房 | 土 | 巽 | 湿 | 脾 | 涎 | 甲子 |
| 31 | 一 | 廿六 | 庚戌 | 执 | 心 | 金 | 坎 | 燥 | 肺 | 涕 | 丙子 |

## 6月小　芒种 6日05时26分　夏至 21日22时11分
农历五月(6月5日-7月3日)　月干支:丙午

| 公历 | 星期 | 农历 | 干支 | 日建 | 星宿 | 五行 | 八卦 | 五气 | 五脏 | 五汁 | 时辰 |
|---|---|---|---|---|---|---|---|---|---|---|---|
| 1 | 二 | 四月 | 辛亥 | 破 | 尾 | 金 | 艮 | 燥 | 肺 | 涕 | 戊子 |
| 2 | 三 | 廿八 | 壬子 | 危 | 箕 | 木 | 坤 | 风 | 肝 | 泪 | 庚子 |
| 3 | 四 | 廿九 | 癸丑 | 成 | 斗 | 木 | 乾 | 风 | 肝 | 泪 | 壬子 |
| 4 | 五 | 三十 | 甲寅 | 收 | 牛 | 水 | 兑 | 寒 | 肾 | 唾 | 甲子 |
| 5 | 六 | 五月 | 乙卯 | 开 | 女 | 水 | 坎 | 寒 | 肾 | 唾 | 丙子 |
| 6 | 日 | 初二 | 丙辰 | 开 | 虚 | 土 | 艮 | 湿 | 脾 | 涎 | 戊子 |
| 7 | 一 | 初三 | 丁巳 | 闭 | 危 | 土 | 坤 | 湿 | 脾 | 涎 | 庚子 |
| 8 | 二 | 初四 | 戊午 | 建 | 室 | 火 | 乾 | 热 | 心 | 汗 | 壬子 |
| 9 | 三 | 初五 | 己未 | 除 | 壁 | 火 | 兑 | 热 | 心 | 汗 | 甲子 |
| 10 | 四 | 初六 | 庚申 | 满 | 奎 | 木 | 离 | 风 | 肝 | 泪 | 丙子 |
| 11 | 五 | 初七 | 辛酉 | 平 | 娄 | 木 | 震 | 风 | 肝 | 泪 | 戊子 |
| 12 | 六 | 初八 | 壬戌 | 定 | 胃 | 水 | 巽 | 寒 | 肾 | 唾 | 庚子 |
| 13 | 日 | 初九 | 癸亥 | 执 | 昴 | 水 | 坎 | 寒 | 肾 | 唾 | 壬子 |
| 14 | 一 | 初十 | 甲子 | 破 | 毕 | 金 | 艮 | 燥 | 肺 | 涕 | 甲子 |
| 15 | 二 | 十一 | 乙丑 | 危 | 觜 | 金 | 坤 | 燥 | 肺 | 涕 | 丙子 |
| 16 | 三 | 十二 | 丙寅 | 成 | 参 | 火 | 乾 | 热 | 心 | 汗 | 戊子 |
| 17 | 四 | 十三 | 丁卯 | 收 | 井 | 火 | 兑 | 热 | 心 | 汗 | 庚子 |
| 18 | 五 | 十四 | 戊辰 | 开 | 鬼 | 木 | 离 | 风 | 肝 | 泪 | 壬子 |
| 19 | 六 | 十五 | 己巳 | 闭 | 柳 | 木 | 震 | 风 | 肝 | 泪 | 甲子 |
| 20 | 日 | 十六 | 庚午 | 建 | 星 | 土 | 巽 | 湿 | 脾 | 涎 | 丙子 |
| 21 | 一 | 十七 | 辛未 | 除 | 张 | 土 | 坎 | 湿 | 脾 | 涎 | 戊子 |
| 22 | 二 | 十八 | 壬申 | 满 | 翼 | 金 | 艮 | 燥 | 肺 | 涕 | 庚子 |
| 23 | 三 | 十九 | 癸酉 | 平 | 轸 | 金 | 坤 | 燥 | 肺 | 涕 | 壬子 |
| 24 | 四 | 二十 | 甲戌 | 定 | 角 | 火 | 乾 | 热 | 心 | 汗 | 甲子 |
| 25 | 五 | 廿一 | 乙亥 | 执 | 亢 | 火 | 兑 | 热 | 心 | 汗 | 丙子 |
| 26 | 六 | 廿二 | 丙子 | 破 | 氐 | 水 | 离 | 寒 | 肾 | 唾 | 戊子 |
| 27 | 日 | 廿三 | 丁丑 | 危 | 房 | 水 | 震 | 寒 | 肾 | 唾 | 庚子 |
| 28 | 一 | 廿四 | 戊寅 | 成 | 心 | 土 | 巽 | 湿 | 脾 | 涎 | 壬子 |
| 29 | 二 | 廿五 | 己卯 | 收 | 尾 | 土 | 坎 | 湿 | 脾 | 涎 | 甲子 |
| 30 | 三 | 廿六 | 庚辰 | 开 | 箕 | 金 | 艮 | 燥 | 肺 | 涕 | 丙子 |

178

实用干支万年历

# 公元2027年　　　农历丁未(羊)年

## 7月大　小暑 7日15时38分　大暑 23日09时05分

农历六月(7月4日-8月1日)　月干支:丁未

| 公历 | 星期 | 农历 | 干支 | 日建 | 星宿 | 五行 | 八卦 | 五气 | 五脏 | 五汁 | 时辰 |
|---|---|---|---|---|---|---|---|---|---|---|---|
| 1 | 四 | 五月 | 辛巳 | 闭 | 斗牛 | 金 | 坤 | 燥 | 肺 | 涕 | 戊子 |
| 2 | 五 | 廿八 | 壬午 | 建 | 牛女 | 木 | 乾 | 风 | 肝 | 泪 | 庚子 |
| 3 | 六 | 廿九 | 癸未 | 除 | 女虚 | 木 | 兑 | 风 | 肝 | 泪 | 壬子 |
| 4 | 日 | 六月 | 甲申 | 满 | 虚危 | 水 | 艮 | 寒 | 肾 | 唾 | 甲子 |
| 5 | 一 | 初二 | 乙酉 | 平 | 危 | 水 | 坤 | 寒 | 肾 | 唾 | 丙子 |
| 6 | 二 | 初三 | 丙戌 | 定 | 室壁 | 土 | 乾 | 湿 | 脾 | 涎 | 戊子 |
| 7 | 三 | 初四 | 丁亥 | 定 | 壁奎 | 土 | 兑 | 湿 | 脾 | 涎 | 庚子 |
| 8 | 四 | 初五 | 戊子 | 执 | 奎娄 | 火 | 离 | 热 | 心 | 汗 | 壬子 |
| 9 | 五 | 初六 | 己丑 | 破 | 娄胃 | 火 | 震 | 热 | 心 | 汗 | 甲子 |
| 10 | 六 | 初七 | 庚寅 | 危 | 胃 | 木 | 巽 | 风 | 肝 | 泪 | 戊子 |
| 11 | 日 | 初八 | 辛卯 | 成 | 昴毕 | 木 | 坎 | 风 | 肝 | 泪 | 戊子 |
| 12 | 一 | 初九 | 壬辰 | 收 | 毕觜 | 水 | 艮 | 寒 | 肾 | 唾 | 庚子 |
| 13 | 二 | 初十 | 癸巳 | 开 | 觜参 | 水 | 坤 | 寒 | 肾 | 唾 | 壬子 |
| 14 | 三 | 十一 | 甲午 | 闭 | 参井 | 金 | 乾 | 燥 | 肺 | 涕 | 甲子 |
| 15 | 四 | 十二 | 乙未 | 建 | 井 | 金 | 兑 | 燥 | 肺 | 涕 | 戊子 |
| 16 | 五 | 十三 | 丙申 | 除 | 鬼柳 | 火 | 离 | 热 | 心 | 汗 | 戊子 |
| 17 | 六 | 十四 | 丁酉 | 满 | 柳星 | 火 | 震 | 热 | 心 | 汗 | 庚子 |
| 18 | 日 | 十五 | 戊戌 | 平 | 张翼 | 木 | 巽 | 风 | 肝 | 泪 | 壬子 |
| 19 | 一 | 十六 | 己亥 | 定 | 张翼 | 木 | 坎 | 风 | 肝 | 泪 | 甲子 |
| 20 | 二 | 十七 | 庚子 | 执 | 翼 | 土 | 艮 | 湿 | 脾 | 涎 | 丙子 |
| 21 | 三 | 十八 | 辛丑 | 破 | 轸角 | 土 | 坤 | 湿 | 脾 | 涎 | 戊子 |
| 22 | 四 | 十九 | 壬寅 | 危 | 角亢 | 金 | 乾 | 燥 | 肺 | 涕 | 庚子 |
| 23 | 五 | 二十 | 癸卯 | 成 | 亢氐 | 金 | 兑 | 燥 | 肺 | 涕 | 壬子 |
| 24 | 六 | 廿一 | 甲辰 | 收 | 氐房 | 火 | 离 | 热 | 心 | 汗 | 甲子 |
| 25 | 日 | 廿二 | 乙巳 | 开 | 房 | 火 | 震 | 热 | 心 | 汗 | 丙子 |
| 26 | 一 | 廿三 | 丙午 | 闭 | 心尾 | 水 | 巽 | 寒 | 肾 | 唾 | 戊子 |
| 27 | 二 | 廿四 | 丁未 | 建 | 尾箕 | 水 | 坎 | 寒 | 肾 | 唾 | 庚子 |
| 28 | 三 | 廿五 | 戊申 | 除 | 箕斗 | 土 | 艮 | 湿 | 脾 | 涎 | 壬子 |
| 29 | 四 | 廿六 | 己酉 | 满 | 斗牛 | 土 | 坤 | 湿 | 脾 | 涎 | 甲子 |
| 30 | 五 | 廿七 | 庚戌 | 平 | 牛女 | 金 | 乾 | 燥 | 肺 | 涕 | 丙子 |
| 31 | 六 | 廿八 | 辛亥 | 定 | 女 | 金 | 兑 | 燥 | 肺 | 涕 | 戊子 |

## 8月大　立秋 8日01时27分　处暑 23日16时15分

农历七月(8月2日-8月31日)　月干支:戊申

| 公历 | 星期 | 农历 | 干支 | 日建 | 星宿 | 五行 | 八卦 | 五气 | 五脏 | 五汁 | 时辰 |
|---|---|---|---|---|---|---|---|---|---|---|---|
| 1 | 日 | 六月 | 壬子 | 执 | 虚 | 木 | 离 | 风 | 肝 | 泪 | 庚子 |
| 2 | 一 | 七月 | 癸丑 | 破 | 危室 | 木 | 坤 | 风 | 肝 | 泪 | 壬子 |
| 3 | 二 | 初二 | 甲寅 | 危 | 室壁 | 水 | 乾 | 寒 | 肾 | 唾 | 甲子 |
| 4 | 三 | 初三 | 乙卯 | 成 | 壁奎 | 水 | 兑 | 寒 | 肾 | 唾 | 丙子 |
| 5 | 四 | 初四 | 丙辰 | 收 | 奎 | 土 | 离 | 湿 | 脾 | 涎 | 戊子 |
| 6 | 五 | 初五 | 丁巳 | 开 | 娄胃 | 土 | 震 | 湿 | 脾 | 涎 | 庚子 |
| 7 | 六 | 初六 | 戊午 | 闭 | 胃昴 | 火 | 巽 | 热 | 心 | 汗 | 壬子 |
| 8 | 日 | 初七 | 己未 | 闭 | 昴毕 | 火 | 坎 | 热 | 心 | 汗 | 甲子 |
| 9 | 一 | 初八 | 庚申 | 建 | 毕觜 | 木 | 艮 | 风 | 肝 | 泪 | 丙子 |
| 10 | 二 | 初九 | 辛酉 | 除 | 觜 | 木 | 坤 | 风 | 肝 | 泪 | 戊子 |
| 11 | 三 | 初十 | 壬戌 | 满 | 参井 | 水 | 乾 | 寒 | 肾 | 唾 | 庚子 |
| 12 | 四 | 十一 | 癸亥 | 平 | 井鬼 | 水 | 兑 | 寒 | 肾 | 唾 | 壬子 |
| 13 | 五 | 十二 | 甲子 | 定 | 鬼柳 | 金 | 离 | 燥 | 肺 | 涕 | 甲子 |
| 14 | 六 | 十三 | 乙丑 | 执 | 柳星 | 金 | 震 | 燥 | 肺 | 涕 | 丙子 |
| 15 | 日 | 十四 | 丙寅 | 破 | 星 | 火 | 巽 | 热 | 心 | 汗 | 戊子 |
| 16 | 一 | 十五 | 丁卯 | 危 | 张 | 火 | 坎 | 热 | 心 | 汗 | 庚子 |
| 17 | 二 | 十六 | 戊辰 | 成 | 翼 | 木 | 艮 | 风 | 肝 | 泪 | 壬子 |
| 18 | 三 | 十七 | 己巳 | 收 | 轸角 | 木 | 坤 | 风 | 肝 | 泪 | 甲子 |
| 19 | 四 | 十八 | 庚午 | 开 | 角亢 | 土 | 乾 | 湿 | 脾 | 涎 | 丙子 |
| 20 | 五 | 十九 | 辛未 | 闭 | 亢 | 土 | 兑 | 湿 | 脾 | 涎 | 戊子 |
| 21 | 六 | 二十 | 壬申 | 建 | 氐房 | 金 | 离 | 燥 | 肺 | 涕 | 庚子 |
| 22 | 日 | 廿一 | 癸酉 | 除 | 房心 | 金 | 震 | 燥 | 肺 | 涕 | 壬子 |
| 23 | 一 | 廿二 | 甲戌 | 满 | 心尾 | 火 | 巽 | 热 | 心 | 汗 | 甲子 |
| 24 | 二 | 廿三 | 乙亥 | 平 | 尾箕 | 水 | 坎 | 寒 | 肾 | 唾 | 丙子 |
| 25 | 三 | 廿四 | 丙子 | 定 | 箕 | 水 | 艮 | 寒 | 肾 | 唾 | 戊子 |
| 26 | 四 | 廿五 | 丁丑 | 执 | 斗牛 | 水 | 坤 | 寒 | 肾 | 唾 | 庚子 |
| 27 | 五 | 廿六 | 戊寅 | 破 | 牛女 | 土 | 乾 | 湿 | 脾 | 涎 | 壬子 |
| 28 | 六 | 廿七 | 己卯 | 危 | 女虚 | 土 | 兑 | 湿 | 脾 | 涎 | 甲子 |
| 29 | 日 | 廿八 | 庚辰 | 成 | 虚危 | 金 | 离 | 燥 | 肺 | 涕 | 丙子 |
| 30 | 一 | 廿九 | 辛巳 | 收 | 危室 | 金 | 震 | 燥 | 肺 | 涕 | 戊子 |
| 31 | 二 | 三十 | 壬午 | 开 | 室 | 木 | 巽 | 风 | 肝 | 泪 | 庚子 |

# 公元 2027 年　　　　　　农历丁未(羊)年

## 9月小　　白露　8 日 04 时 29 分　　秋分　23 日 14 时 02 分

农历八月(9月1日–9月29日)　月干支:己酉

| 公历 | 星期 | 农历 | 干支 | 日建 | 星宿 | 五行 | 八卦 | 五气 | 五脏 | 五汁 | 时辰 |
|---|---|---|---|---|---|---|---|---|---|---|---|
| 1 | 三 | 八月 | 癸未 | 闭 | 壁 | 木 | 乾 | 风 | 肝 | 泪 | 壬子 |
| 2 | 四 | 初二 | 甲申 | 建 | 奎 | 水 | 兑 | 寒 | 肾 | 唾 | 甲子 |
| 3 | 五 | 初三 | 乙酉 | 除 | 娄 | 水 | 离 | 寒 | 肾 | 唾 | 丙子 |
| 4 | 六 | 初四 | 丙戌 | 满 | 胃 | 土 | 震 | 湿 | 脾 | 涎 | 戊子 |
| 5 | 日 | 初五 | 丁亥 | 平 | 昴 | 土 | 巽 | 湿 | 脾 | 涎 | 庚子 |
| 6 | 一 | 初六 | 戊子 | 定 | 毕 | 火 | 坎 | 热 | 心 | 汗 | 壬子 |
| 7 | 二 | 初七 | 己丑 | 执 | 觜 | 火 | 艮 | 热 | 心 | 汗 | 甲子 |
| 8 | 三 | 初八 | 庚寅 | 执 | 参 | 木 | 坤 | 风 | 肝 | 泪 | 丙子 |
| 9 | 四 | 初九 | 辛卯 | 破 | 井 | 木 | 乾 | 风 | 肝 | 泪 | 戊子 |
| 10 | 五 | 初十 | 壬辰 | 危 | 鬼 | 水 | 兑 | 寒 | 肾 | 唾 | 庚子 |
| 11 | 六 | 十一 | 癸巳 | 成 | 柳 | 水 | 离 | 寒 | 肾 | 唾 | 壬子 |
| 12 | 日 | 十二 | 甲午 | 收 | 星 | 金 | 震 | 燥 | 肺 | 涕 | 甲子 |
| 13 | 一 | 十三 | 乙未 | 开 | 张 | 金 | 巽 | 燥 | 肺 | 涕 | 丙子 |
| 14 | 二 | 十四 | 丙申 | 闭 | 翼 | 火 | 坎 | 热 | 心 | 汗 | 戊子 |
| 15 | 三 | 十五 | 丁酉 | 建 | 轸 | 火 | 艮 | 热 | 心 | 汗 | 庚子 |
| 16 | 四 | 十六 | 戊戌 | 除 | 角 | 木 | 坤 | 风 | 肝 | 泪 | 壬子 |
| 17 | 五 | 十七 | 己亥 | 满 | 亢 | 木 | 乾 | 风 | 肝 | 泪 | 甲子 |
| 18 | 六 | 十八 | 庚子 | 平 | 氐 | 土 | 兑 | 湿 | 脾 | 涎 | 丙子 |
| 19 | 日 | 十九 | 辛丑 | 定 | 房 | 土 | 离 | 湿 | 脾 | 涎 | 戊子 |
| 20 | 一 | 二十 | 壬寅 | 执 | 心 | 金 | 震 | 燥 | 肺 | 涕 | 庚子 |
| 21 | 二 | 廿一 | 癸卯 | 破 | 尾 | 金 | 巽 | 燥 | 肺 | 涕 | 壬子 |
| 22 | 三 | 廿二 | 甲辰 | 危 | 箕 | 火 | 坎 | 热 | 心 | 汗 | 甲子 |
| 23 | 四 | 廿三 | 乙巳 | 成 | 斗 | 火 | 艮 | 热 | 心 | 汗 | 丙子 |
| 24 | 五 | 廿四 | 丙午 | 收 | 牛 | 水 | 坤 | 寒 | 肾 | 唾 | 戊子 |
| 25 | 六 | 廿五 | 丁未 | 开 | 女 | 水 | 乾 | 寒 | 肾 | 唾 | 庚子 |
| 26 | 日 | 廿六 | 戊申 | 闭 | 虚 | 土 | 兑 | 湿 | 脾 | 涎 | 壬子 |
| 27 | 一 | 廿七 | 己酉 | 建 | 危 | 土 | 离 | 湿 | 脾 | 涎 | 甲子 |
| 28 | 二 | 廿八 | 庚戌 | 除 | 室 | 金 | 震 | 燥 | 肺 | 涕 | 丙子 |
| 29 | 三 | 廿九 | 辛亥 | 满 | 壁 | 金 | 巽 | 燥 | 肺 | 涕 | 戊子 |
| 30 | 四 | 九月 | 壬子 | 平 | 奎 | 木 | 坎 | 风 | 肝 | 泪 | 庚子 |
| 31 | | | | | | | | | | | |

## 10月大　　寒露　8 日 20 时 18 分　　霜降　23 日 23 时 33 分

农历九月(9月30日–10月28日)　月干支:庚戌

| 公历 | 星期 | 农历 | 干支 | 日建 | 星宿 | 五行 | 八卦 | 五气 | 五脏 | 五汁 | 时辰 |
|---|---|---|---|---|---|---|---|---|---|---|---|
| 1 | 五 | 九月 | 癸丑 | 定 | 娄 | 木 | 离 | 风 | 肝 | 泪 | 壬子 |
| 2 | 六 | 初三 | 甲寅 | 执 | 胃 | 水 | 震 | 寒 | 肾 | 唾 | 甲子 |
| 3 | 日 | 初四 | 乙卯 | 破 | 昴 | 水 | 巽 | 寒 | 肾 | 唾 | 丙子 |
| 4 | 一 | 初五 | 丙辰 | 危 | 毕 | 土 | 坎 | 湿 | 脾 | 涎 | 戊子 |
| 5 | 二 | 初六 | 丁巳 | 成 | 觜 | 土 | 艮 | 湿 | 脾 | 涎 | 庚子 |
| 6 | 三 | 初七 | 戊午 | 收 | 参 | 火 | 坤 | 热 | 心 | 汗 | 壬子 |
| 7 | 四 | 初八 | 己未 | 开 | 井 | 火 | 乾 | 热 | 心 | 汗 | 甲子 |
| 8 | 五 | 初九 | 庚申 | 开 | 鬼 | 木 | 兑 | 风 | 肝 | 泪 | 丙子 |
| 9 | 六 | 初十 | 辛酉 | 闭 | 柳 | 木 | 离 | 风 | 肝 | 泪 | 戊子 |
| 10 | 日 | 十一 | 壬戌 | 建 | 星 | 水 | 震 | 寒 | 肾 | 唾 | 庚子 |
| 11 | 一 | 十二 | 癸亥 | 除 | 张 | 水 | 巽 | 寒 | 肾 | 唾 | 壬子 |
| 12 | 二 | 十三 | 甲子 | 满 | 翼 | 金 | 坎 | 燥 | 肺 | 涕 | 甲子 |
| 13 | 三 | 十四 | 乙丑 | 平 | 轸 | 金 | 艮 | 燥 | 肺 | 涕 | 丙子 |
| 14 | 四 | 十五 | 丙寅 | 定 | 角 | 火 | 坤 | 热 | 心 | 汗 | 戊子 |
| 15 | 五 | 十六 | 丁卯 | 执 | 亢 | 火 | 乾 | 热 | 心 | 汗 | 庚子 |
| 16 | 六 | 十七 | 戊辰 | 破 | 氐 | 木 | 兑 | 风 | 肝 | 泪 | 壬子 |
| 17 | 日 | 十八 | 己巳 | 危 | 房 | 木 | 离 | 风 | 肝 | 泪 | 甲子 |
| 18 | 一 | 十九 | 庚午 | 成 | 心 | 土 | 震 | 湿 | 脾 | 涎 | 丙子 |
| 19 | 二 | 二十 | 辛未 | 收 | 尾 | 土 | 巽 | 湿 | 脾 | 涎 | 戊子 |
| 20 | 三 | 廿一 | 壬申 | 开 | 箕 | 金 | 坎 | 燥 | 肺 | 涕 | 庚子 |
| 21 | 四 | 廿二 | 癸酉 | 闭 | 斗 | 金 | 艮 | 燥 | 肺 | 涕 | 壬子 |
| 22 | 五 | 廿三 | 甲戌 | 建 | 牛 | 火 | 坤 | 热 | 心 | 汗 | 甲子 |
| 23 | 六 | 廿四 | 乙亥 | 除 | 女 | 火 | 乾 | 热 | 心 | 汗 | 丙子 |
| 24 | 日 | 廿五 | 丙子 | 满 | 虚 | 水 | 兑 | 寒 | 肾 | 唾 | 戊子 |
| 25 | 一 | 廿六 | 丁丑 | 平 | 危 | 水 | 离 | 寒 | 肾 | 唾 | 庚子 |
| 26 | 二 | 廿七 | 戊寅 | 定 | 室 | 土 | 震 | 湿 | 脾 | 涎 | 壬子 |
| 27 | 三 | 廿八 | 己卯 | 执 | 壁 | 土 | 巽 | 湿 | 脾 | 涎 | 甲子 |
| 28 | 四 | 廿九 | 庚辰 | 破 | 奎 | 金 | 坎 | 燥 | 肺 | 涕 | 丙子 |
| 29 | 五 | 十月 | 辛巳 | 危 | 娄 | 金 | 离 | 燥 | 肺 | 涕 | 戊子 |
| 30 | 六 | 初二 | 壬午 | 成 | 胃 | 木 | 震 | 风 | 肝 | 泪 | 庚子 |
| 31 | 日 | 初三 | 癸未 | 收 | 昴 | 木 | 巽 | 风 | 肝 | 泪 | 壬子 |

实用干支万年历

# 公元 2027 年　　　　　农历丁未(羊)年

## 11 月小

立冬　7日23时39分
小雪　22日21时17分

农历十月(10月29日–11月27日)　月干支:辛亥

| 公历 | 星期 | 农历 | 干支 | 日建 | 星宿 | 五行 | 八卦 | 五气 | 五脏 | 五汁 | 时辰 |
|---|---|---|---|---|---|---|---|---|---|---|---|
| 1 | 一 | 十月 | 甲申 | 开 | 毕 | 水 | 坎 | 寒 | 肾 | 唾 | 甲子 |
| 2 | 二 | 初五 | 乙酉 | 闭 | 觜 | 水 | 艮 | 寒 | 肾 | 唾 | 丙子 |
| 3 | 三 | 初六 | 丙戌 | 建 | 参 | 土 | 乾 | 湿 | 脾 | 涎 | 戊子 |
| 4 | 四 | 初七 | 丁亥 | 除 | 井 | 火 | 兑 | 热 | 心 | 汗 | 庚子 |
| 5 | 五 | 初八 | 戊子 | 满 | 鬼 | 火 | 离 | 热 | 心 | 汗 | 壬子 |
| 6 | 六 | 初九 | 己丑 | 平 | 柳 | 火 | 离 | 热 | 心 | 汗 | 甲子 |
| 7 | 日 | 初十 | 庚寅 | 平 | 星 | 木 | 震 | 风 | 肝 | 泪 | 丙子 |
| 8 | 一 | 十一 | 辛卯 | 定 | 张 | 木 | 巽 | 风 | 肝 | 泪 | 戊子 |
| 9 | 二 | 十二 | 壬辰 | 执 | 翼 | 水 | 坎 | 寒 | 肾 | 唾 | 庚子 |
| 10 | 三 | 十三 | 癸巳 | 破 | 轸 | 水 | 艮 | 寒 | 肾 | 唾 | 壬子 |
| 11 | 四 | 十四 | 甲午 | 危 | 角 | 金 | 乾 | 燥 | 肺 | 涕 | 甲子 |
| 12 | 五 | 十五 | 乙未 | 成 | 亢 | 金 | 兑 | 燥 | 肺 | 涕 | 丙子 |
| 13 | 六 | 十六 | 丙申 | 收 | 氐 | 火 | 离 | 热 | 心 | 汗 | 戊子 |
| 14 | 日 | 十七 | 丁酉 | 开 | 房 | 火 | 震 | 热 | 心 | 汗 | 庚子 |
| 15 | 一 | 十八 | 戊戌 | 闭 | 心 | 木 | 巽 | 风 | 肝 | 泪 | 壬子 |
| 16 | 二 | 十九 | 己亥 | 建 | 尾 | 木 | 坎 | 风 | 肝 | 泪 | 甲子 |
| 17 | 三 | 二十 | 庚子 | 除 | 箕 | 土 | 艮 | 湿 | 脾 | 涎 | 丙子 |
| 18 | 四 | 廿一 | 辛丑 | 满 | 斗 | 土 | 坤 | 湿 | 脾 | 涎 | 戊子 |
| 19 | 五 | 廿二 | 壬寅 | 平 | 牛 | 金 | 乾 | 燥 | 肺 | 涕 | 庚子 |
| 20 | 六 | 廿三 | 癸卯 | 定 | 女 | 金 | 兑 | 燥 | 肺 | 涕 | 壬子 |
| 21 | 日 | 廿四 | 甲辰 | 执 | 虚 | 火 | 离 | 热 | 心 | 汗 | 甲子 |
| 22 | 一 | 廿五 | 乙巳 | 破 | 危 | 火 | 震 | 热 | 心 | 汗 | 丙子 |
| 23 | 二 | 廿六 | 丙午 | 危 | 室 | 水 | 巽 | 寒 | 肾 | 唾 | 戊子 |
| 24 | 三 | 廿七 | 丁未 | 成 | 壁 | 水 | 坎 | 寒 | 肾 | 唾 | 庚子 |
| 25 | 四 | 廿八 | 戊申 | 收 | 奎 | 土 | 艮 | 湿 | 脾 | 涎 | 壬子 |
| 26 | 五 | 廿九 | 己酉 | 开 | 娄 | 土 | 坤 | 湿 | 脾 | 涎 | 甲子 |
| 27 | 六 | 三十 | 庚戌 | 闭 | 胃 | 金 | 乾 | 燥 | 肺 | 涕 | 丙子 |
| 28 | 日 | 冬月 | 辛亥 | 建 | 昴 | 金 | 震 | 燥 | 肺 | 涕 | 戊子 |
| 29 | 一 | 初二 | 壬子 | 除 | 毕 | 木 | 巽 | 风 | 肝 | 泪 | 庚子 |
| 30 | 二 | 初三 | 癸丑 | 满 | 觜 | 木 | 坎 | 风 | 肝 | 泪 | 壬子 |
| 31 | | | | | | | | | | | |

## 12 月大

大雪　7日16时38分
冬至　22日10时43分

农历冬月(11月28日–12月27日)　月干支:壬子

| 公历 | 星期 | 农历 | 干支 | 日建 | 星宿 | 五行 | 八卦 | 五气 | 五脏 | 五汁 | 时辰 |
|---|---|---|---|---|---|---|---|---|---|---|---|
| 1 | 三 | 冬月 | 甲寅 | 平 | 参 | 水 | 艮 | 寒 | 肾 | 唾 | 甲子 |
| 2 | 四 | 初五 | 乙卯 | 定 | 井 | 水 | 坤 | 寒 | 肾 | 唾 | 丙子 |
| 3 | 五 | 初六 | 丙辰 | 执 | 鬼 | 土 | 乾 | 湿 | 脾 | 涎 | 戊子 |
| 4 | 六 | 初七 | 丁巳 | 破 | 柳 | 火 | 兑 | 热 | 心 | 汗 | 庚子 |
| 5 | 日 | 初八 | 戊午 | 危 | 星 | 火 | 离 | 热 | 心 | 汗 | 壬子 |
| 6 | 一 | 初九 | 己未 | 成 | 张 | 火 | 震 | 热 | 心 | 汗 | 甲子 |
| 7 | 二 | 初十 | 庚申 | 成 | 翼 | 木 | 巽 | 风 | 肝 | 泪 | 丙子 |
| 8 | 三 | 十一 | 辛酉 | 收 | 轸 | 木 | 坎 | 风 | 肝 | 泪 | 戊子 |
| 9 | 四 | 十二 | 壬戌 | 开 | 角 | 水 | 艮 | 寒 | 肾 | 唾 | 庚子 |
| 10 | 五 | 十三 | 癸亥 | 闭 | 亢 | 水 | 坤 | 寒 | 肾 | 唾 | 壬子 |
| 11 | 六 | 十四 | 甲子 | 建 | 氐 | 金 | 乾 | 燥 | 肺 | 涕 | 甲子 |
| 12 | 日 | 十五 | 乙丑 | 除 | 房 | 金 | 兑 | 燥 | 肺 | 涕 | 丙子 |
| 13 | 一 | 十六 | 丙寅 | 满 | 心 | 火 | 离 | 热 | 心 | 汗 | 戊子 |
| 14 | 二 | 十七 | 丁卯 | 平 | 尾 | 火 | 震 | 热 | 心 | 汗 | 庚子 |
| 15 | 三 | 十八 | 戊辰 | 定 | 箕 | 木 | 巽 | 风 | 肝 | 泪 | 壬子 |
| 16 | 四 | 十九 | 己巳 | 执 | 斗 | 木 | 坎 | 风 | 肝 | 泪 | 甲子 |
| 17 | 五 | 二十 | 庚午 | 破 | 牛 | 土 | 艮 | 湿 | 脾 | 涎 | 丙子 |
| 18 | 六 | 廿一 | 辛未 | 危 | 女 | 土 | 坤 | 湿 | 脾 | 涎 | 戊子 |
| 19 | 日 | 廿二 | 壬申 | 成 | 虚 | 金 | 乾 | 燥 | 肺 | 涕 | 庚子 |
| 20 | 一 | 廿三 | 癸酉 | 收 | 危 | 金 | 兑 | 燥 | 肺 | 涕 | 壬子 |
| 21 | 二 | 廿四 | 甲戌 | 开 | 室 | 火 | 离 | 热 | 心 | 汗 | 甲子 |
| 22 | 三 | 廿五 | 乙亥 | 闭 | 壁 | 火 | 震 | 热 | 心 | 汗 | 丙子 |
| 23 | 四 | 廿六 | 丙子 | 建 | 奎 | 水 | 巽 | 寒 | 肾 | 唾 | 戊子 |
| 24 | 五 | 廿七 | 丁丑 | 除 | 娄 | 水 | 坎 | 寒 | 肾 | 唾 | 庚子 |
| 25 | 六 | 廿八 | 戊寅 | 满 | 胃 | 土 | 艮 | 湿 | 脾 | 涎 | 壬子 |
| 26 | 日 | 廿九 | 己卯 | 平 | 昴 | 土 | 坤 | 湿 | 脾 | 涎 | 甲子 |
| 27 | 一 | 三十 | 庚辰 | 定 | 毕 | 金 | 乾 | 燥 | 肺 | 涕 | 丙子 |
| 28 | 二 | 腊月 | 辛巳 | 执 | 觜 | 金 | 震 | 燥 | 肺 | 涕 | 戊子 |
| 29 | 三 | 初二 | 壬午 | 破 | 参 | 木 | 巽 | 风 | 肝 | 泪 | 庚子 |
| 30 | 四 | 初三 | 癸未 | 危 | 井 | 木 | 坎 | 风 | 肝 | 泪 | 壬子 |
| 31 | 五 | 初四 | 甲申 | 成 | 鬼 | 水 | 坤 | 寒 | 肾 | 唾 | 甲子 |

# 公元2028年　　农历戊申(猴)年(闰五月)

## 1月大
小寒　6日03时55分
大寒　20日21时22分

农历腊月(12月28日-1月25日)　月干支:癸丑

| 公历 | 星期 | 农历 | 干支 | 日建 | 星宿 | 五行 | 八卦 | 五气 | 五脏 | 五汁 | 时辰 |
|---|---|---|---|---|---|---|---|---|---|---|---|
| 1 | 六 | 腊月 | 乙酉 | 收 | 柳 | 水 | 乾 | 寒 | 肾 | 唾 | 丙子 |
| 2 | 日 | 初六 | 丙戌 | 开 | 星 | 土 | 兑 | 湿 | 脾 | 涎 | 戊子 |
| 3 | 一 | 初七 | 丁亥 | 闭 | 张 | 土 | 离 | 湿 | 脾 | 涎 | 庚子 |
| 4 | 二 | 初八 | 戊子 | 建 | 翼 | 火 | 震 | 热 | 心 | 汗 | 壬子 |
| 5 | 三 | 初九 | 己丑 | 除 | 轸 | 火 | 巽 | 热 | 心 | 汗 | 甲子 |
| 6 | 四 | 初十 | 庚寅 | 除 | 角 | 木 | 坎 | 风 | 肝 | 泪 | 丙子 |
| 7 | 五 | 十一 | 辛卯 | 满 | 亢 | 木 | 艮 | 风 | 肝 | 泪 | 戊子 |
| 8 | 六 | 十二 | 壬辰 | 平 | 氐 | 水 | 坤 | 寒 | 肾 | 唾 | 庚子 |
| 9 | 日 | 十三 | 癸巳 | 定 | 房 | 水 | 乾 | 寒 | 肾 | 唾 | 壬子 |
| 10 | 一 | 十四 | 甲午 | 执 | 心 | 金 | 兑 | 燥 | 肺 | 涕 | 甲子 |
| 11 | 二 | 十五 | 乙未 | 破 | 尾 | 金 | 离 | 燥 | 肺 | 涕 | 丙子 |
| 12 | 三 | 十六 | 丙申 | 危 | 箕 | 火 | 震 | 热 | 心 | 汗 | 戊子 |
| 13 | 四 | 十七 | 丁酉 | 成 | 斗 | 火 | 巽 | 热 | 心 | 汗 | 庚子 |
| 14 | 五 | 十八 | 戊戌 | 收 | 牛 | 木 | 坎 | 风 | 肝 | 泪 | 壬子 |
| 15 | 六 | 十九 | 己亥 | 开 | 女 | 木 | 艮 | 风 | 肝 | 泪 | 甲子 |
| 16 | 日 | 二十 | 庚子 | 闭 | 虚 | 土 | 坤 | 湿 | 脾 | 涎 | 丙子 |
| 17 | 一 | 廿一 | 辛丑 | 建 | 危 | 土 | 乾 | 湿 | 脾 | 涎 | 戊子 |
| 18 | 二 | 廿二 | 壬寅 | 除 | 室 | 金 | 兑 | 燥 | 肺 | 涕 | 庚子 |
| 19 | 三 | 廿三 | 癸卯 | 满 | 壁 | 金 | 离 | 燥 | 肺 | 涕 | 壬子 |
| 20 | 四 | 廿四 | 甲辰 | 平 | 奎 | 火 | 震 | 热 | 心 | 汗 | 甲子 |
| 21 | 五 | 廿五 | 乙巳 | 定 | 娄 | 火 | 巽 | 热 | 心 | 汗 | 丙子 |
| 22 | 六 | 廿六 | 丙午 | 执 | 胃 | 水 | 坎 | 寒 | 肾 | 唾 | 戊子 |
| 23 | 日 | 廿七 | 丁未 | 破 | 昴 | 水 | 艮 | 寒 | 肾 | 唾 | 庚子 |
| 24 | 一 | 廿八 | 戊申 | 危 | 毕 | 土 | 坤 | 湿 | 脾 | 涎 | 壬子 |
| 25 | 二 | 廿九 | 己酉 | 成 | 觜 | 土 | 乾 | 湿 | 脾 | 涎 | 甲子 |
| 26 | 三 | 正月 | 庚戌 | 收 | 参 | 金 | 兑 | 燥 | 肺 | 涕 | 丙子 |
| 27 | 四 | 初二 | 辛亥 | 开 | 井 | 金 | 离 | 燥 | 肺 | 涕 | 戊子 |
| 28 | 五 | 初三 | 壬子 | 闭 | 鬼 | 木 | 震 | 风 | 肝 | 泪 | 庚子 |
| 29 | 六 | 初四 | 癸丑 | 建 | 柳 | 木 | 巽 | 风 | 肝 | 泪 | 壬子 |
| 30 | 日 | 初五 | 甲寅 | 除 | 星 | 水 | 坎 | 寒 | 肾 | 唾 | 甲子 |
| 31 | 一 | 初六 | 乙卯 | 满 | 张 | 水 | 艮 | 寒 | 肾 | 唾 | 丙子 |

## 2月闰
立春　4日15时32分
雨水　19日11时26分

农历正月(1月26日-2月24日)　月干支:甲寅

| 公历 | 星期 | 农历 | 干支 | 日建 | 星宿 | 五行 | 八卦 | 五气 | 五脏 | 五汁 | 时辰 |
|---|---|---|---|---|---|---|---|---|---|---|---|
| 1 | 二 | 正月 | 丙辰 | 平 | 翼 | 土 | 坤 | 湿 | 脾 | 涎 | 戊子 |
| 2 | 三 | 初八 | 丁巳 | 定 | 轸 | 土 | 乾 | 湿 | 脾 | 涎 | 庚子 |
| 3 | 四 | 初九 | 戊午 | 执 | 角 | 火 | 兑 | 热 | 心 | 汗 | 壬子 |
| 4 | 五 | 初十 | 己未 | 执 | 亢 | 火 | 离 | 热 | 心 | 汗 | 甲子 |
| 5 | 六 | 十一 | 庚申 | 破 | 氐 | 木 | 震 | 风 | 肝 | 泪 | 丙子 |
| 6 | 日 | 十二 | 辛酉 | 危 | 房 | 木 | 巽 | 风 | 肝 | 泪 | 戊子 |
| 7 | 一 | 十三 | 壬戌 | 成 | 心 | 水 | 坎 | 寒 | 肾 | 唾 | 庚子 |
| 8 | 二 | 十四 | 癸亥 | 收 | 尾 | 水 | 艮 | 寒 | 肾 | 唾 | 壬子 |
| 9 | 三 | 十五 | 甲子 | 开 | 箕 | 金 | 坤 | 燥 | 肺 | 涕 | 甲子 |
| 10 | 四 | 十六 | 乙丑 | 闭 | 斗 | 金 | 乾 | 燥 | 肺 | 涕 | 丙子 |
| 11 | 五 | 十七 | 丙寅 | 建 | 牛 | 火 | 兑 | 热 | 心 | 汗 | 戊子 |
| 12 | 六 | 十八 | 丁卯 | 除 | 女 | 火 | 离 | 热 | 心 | 汗 | 庚子 |
| 13 | 日 | 十九 | 戊辰 | 满 | 虚 | 木 | 震 | 风 | 肝 | 泪 | 壬子 |
| 14 | 一 | 二十 | 己巳 | 平 | 危 | 木 | 巽 | 风 | 肝 | 泪 | 甲子 |
| 15 | 二 | 廿一 | 庚午 | 定 | 室 | 土 | 坎 | 湿 | 脾 | 涎 | 丙子 |
| 16 | 三 | 廿二 | 辛未 | 执 | 壁 | 土 | 艮 | 湿 | 脾 | 涎 | 戊子 |
| 17 | 四 | 廿三 | 壬申 | 破 | 奎 | 金 | 坤 | 燥 | 肺 | 涕 | 庚子 |
| 18 | 五 | 廿四 | 癸酉 | 危 | 娄 | 金 | 乾 | 燥 | 肺 | 涕 | 壬子 |
| 19 | 六 | 廿五 | 甲戌 | 成 | 胃 | 火 | 兑 | 热 | 心 | 汗 | 甲子 |
| 20 | 日 | 廿六 | 乙亥 | 收 | 昴 | 火 | 离 | 热 | 心 | 汗 | 丙子 |
| 21 | 一 | 廿七 | 丙子 | 开 | 毕 | 水 | 震 | 寒 | 肾 | 唾 | 戊子 |
| 22 | 二 | 廿八 | 丁丑 | 闭 | 觜 | 水 | 巽 | 寒 | 肾 | 唾 | 庚子 |
| 23 | 三 | 廿九 | 戊寅 | 建 | 参 | 土 | 坎 | 湿 | 脾 | 涎 | 壬子 |
| 24 | 四 | 三十 | 己卯 | 除 | 井 | 土 | 艮 | 湿 | 脾 | 涎 | 甲子 |
| 25 | 五 | 二月 | 庚辰 | 满 | 鬼 | 金 | 坤 | 燥 | 肺 | 涕 | 丙子 |
| 26 | 六 | 初二 | 辛巳 | 平 | 柳 | 金 | 乾 | 燥 | 肺 | 涕 | 戊子 |
| 27 | 日 | 初三 | 壬午 | 定 | 星 | 木 | 兑 | 风 | 肝 | 泪 | 庚子 |
| 28 | 一 | 初四 | 癸未 | 执 | 张 | 木 | 离 | 风 | 肝 | 泪 | 壬子 |
| 29 | 二 | 初五 | 甲申 | 破 | 翼 | 水 | 震 | 寒 | 肾 | 唾 | 甲子 |

实用干支万年历

## 3月大

惊蛰　5日09时25分　春分　20日10时18分

农历二月(2月25日-3月25日)　月干支:乙卯

| 公历 | 星期 | 农历 | 干支 | 日建 | 星宿 | 五行 | 八卦 | 五气 | 五脏 | 五汁 | 时辰 |
|---|---|---|---|---|---|---|---|---|---|---|---|
| 1 | 三 | 二月 | 乙酉 | 危 | 角 | 水 | 乾 | 寒 | 肾 | 唾 | 丙子 |
| 2 | 四 | 初七 | 丙戌 | 成 | 亢 | 土 | 兑 | 湿 | 脾 | 涎 | 戊子 |
| 3 | 五 | 初八 | 丁亥 | 收 | 氐 | 土 | 离 | 湿 | 脾 | 涎 | 庚子 |
| 4 | 六 | 初九 | 戊子 | 开 | 房 | 火 | 震 | 热 | 心 | 汗 | 壬子 |
| 5 | 日 | 初十 | 己丑 | 开 | 心 | 火 | 巽 | 热 | 心 | 汗 | 甲子 |
| 6 | 一 | 十一 | 庚寅 | 闭 | 尾 | 木 | 坎 | 风 | 肝 | 泪 | 丙子 |
| 7 | 二 | 十二 | 辛卯 | 建 | 箕 | 木 | 艮 | 风 | 肝 | 泪 | 戊子 |
| 8 | 三 | 十三 | 壬辰 | 除 | 斗 | 水 | 坤 | 寒 | 肾 | 唾 | 庚子 |
| 9 | 四 | 十四 | 癸巳 | 满 | 牛 | 水 | 乾 | 寒 | 肾 | 唾 | 壬子 |
| 10 | 五 | 十五 | 甲午 | 平 | 女 | 金 | 兑 | 燥 | 肺 | 涕 | 甲子 |
| 11 | 六 | 十六 | 乙未 | 定 | 虚 | 金 | 离 | 燥 | 肺 | 涕 | 丙子 |
| 12 | 日 | 十七 | 丙申 | 执 | 危 | 火 | 震 | 热 | 心 | 汗 | 戊子 |
| 13 | 一 | 十八 | 丁酉 | 破 | 室 | 火 | 巽 | 热 | 心 | 汗 | 庚子 |
| 14 | 二 | 十九 | 戊戌 | 危 | 壁 | 木 | 坎 | 风 | 肝 | 泪 | 壬子 |
| 15 | 三 | 二十 | 己亥 | 成 | 奎 | 木 | 艮 | 风 | 肝 | 泪 | 甲子 |
| 16 | 四 | 廿一 | 庚子 | 收 | 娄 | 土 | 坤 | 湿 | 脾 | 涎 | 丙子 |
| 17 | 五 | 廿二 | 辛丑 | 开 | 胃 | 土 | 乾 | 湿 | 脾 | 涎 | 戊子 |
| 18 | 六 | 廿三 | 壬寅 | 闭 | 昴 | 金 | 兑 | 燥 | 肺 | 涕 | 庚子 |
| 19 | 日 | 廿四 | 癸卯 | 建 | 毕 | 金 | 离 | 燥 | 肺 | 涕 | 壬子 |
| 20 | 一 | 廿五 | 甲辰 | 除 | 觜 | 火 | 震 | 热 | 心 | 汗 | 甲子 |
| 21 | 二 | 廿六 | 乙巳 | 满 | 参 | 火 | 巽 | 热 | 心 | 汗 | 丙子 |
| 22 | 三 | 廿七 | 丙午 | 平 | 井 | 水 | 坎 | 寒 | 肾 | 唾 | 戊子 |
| 23 | 四 | 廿八 | 丁未 | 定 | 鬼 | 水 | 艮 | 寒 | 肾 | 唾 | 庚子 |
| 24 | 五 | 廿九 | 戊申 | 执 | 柳 | 土 | 坤 | 湿 | 脾 | 涎 | 壬子 |
| 25 | 六 | 三十 | 己酉 | 破 | 星 | 土 | 乾 | 湿 | 脾 | 涎 | 甲子 |
| 26 | 日 | 三月 | 庚戌 | 危 | 张 | 金 | 兑 | 燥 | 肺 | 涕 | 丙子 |
| 27 | 一 | 初二 | 辛亥 | 成 | 翼 | 金 | 离 | 燥 | 肺 | 涕 | 戊子 |
| 28 | 二 | 初三 | 壬子 | 收 | 轸 | 木 | 震 | 风 | 肝 | 泪 | 庚子 |
| 29 | 三 | 初四 | 癸丑 | 开 | 角 | 木 | 巽 | 风 | 肝 | 泪 | 壬子 |
| 30 | 四 | 初五 | 甲寅 | 闭 | 亢 | 水 | 坎 | 寒 | 肾 | 唾 | 甲子 |
| 31 | 五 | 初六 | 乙卯 | 建 | 氐 | 水 | 艮 | 寒 | 肾 | 唾 | 丙子 |

## 4月小

清明　4日14时04分　谷雨　19日21时10分

农历三月(3月26日-4月24日)　月干支:丙辰

| 公历 | 星期 | 农历 | 干支 | 日建 | 星宿 | 五行 | 八卦 | 五气 | 五脏 | 五汁 | 时辰 |
|---|---|---|---|---|---|---|---|---|---|---|---|
| 1 | 六 | 三月 | 丙辰 | 除 | 氐 | 土 | 离 | 湿 | 脾 | 涎 | 戊子 |
| 2 | 日 | 初八 | 丁巳 | 满 | 房 | 土 | 震 | 湿 | 脾 | 涎 | 庚子 |
| 3 | 一 | 初九 | 戊午 | 平 | 心 | 火 | 巽 | 热 | 心 | 汗 | 壬子 |
| 4 | 二 | 初十 | 己未 | 平 | 尾 | 火 | 坎 | 热 | 心 | 汗 | 甲子 |
| 5 | 三 | 十一 | 庚申 | 定 | 箕 | 木 | 艮 | 风 | 肝 | 泪 | 丙子 |
| 6 | 四 | 十二 | 辛酉 | 执 | 斗 | 木 | 坤 | 风 | 肝 | 泪 | 戊子 |
| 7 | 五 | 十三 | 壬戌 | 破 | 牛 | 水 | 乾 | 寒 | 肾 | 唾 | 庚子 |
| 8 | 六 | 十四 | 癸亥 | 危 | 女 | 金 | 兑 | 燥 | 肺 | 涕 | 壬子 |
| 9 | 日 | 十五 | 甲子 | 成 | 虚 | 金 | 离 | 燥 | 肺 | 涕 | 甲子 |
| 10 | 一 | 十六 | 乙丑 | 收 | 危 | 火 | 震 | 热 | 心 | 汗 | 丙子 |
| 11 | 二 | 十七 | 丙寅 | 开 | 室 | 火 | 巽 | 热 | 心 | 汗 | 戊子 |
| 12 | 三 | 十八 | 丁卯 | 闭 | 壁 | 火 | 坎 | 热 | 心 | 汗 | 庚子 |
| 13 | 四 | 十九 | 戊辰 | 建 | 奎 | 木 | 艮 | 风 | 肝 | 泪 | 壬子 |
| 14 | 五 | 二十 | 己巳 | 除 | 娄 | 木 | 坤 | 风 | 肝 | 泪 | 甲子 |
| 15 | 六 | 廿一 | 庚午 | 满 | 胃 | 土 | 乾 | 湿 | 脾 | 涎 | 丙子 |
| 16 | 日 | 廿二 | 辛未 | 平 | 昴 | 土 | 兑 | 湿 | 脾 | 涎 | 戊子 |
| 17 | 一 | 廿三 | 壬申 | 定 | 毕 | 金 | 离 | 燥 | 肺 | 涕 | 庚子 |
| 18 | 二 | 廿四 | 癸酉 | 执 | 觜 | 金 | 震 | 燥 | 肺 | 涕 | 壬子 |
| 19 | 三 | 廿五 | 甲戌 | 破 | 参 | 火 | 巽 | 热 | 心 | 汗 | 甲子 |
| 20 | 四 | 廿六 | 乙亥 | 危 | 井 | 火 | 坎 | 热 | 心 | 汗 | 丙子 |
| 21 | 五 | 廿七 | 丙子 | 成 | 鬼 | 水 | 艮 | 寒 | 肾 | 唾 | 戊子 |
| 22 | 六 | 廿八 | 丁丑 | 收 | 柳 | 水 | 坤 | 寒 | 肾 | 唾 | 庚子 |
| 23 | 日 | 廿九 | 戊寅 | 开 | 星 | 土 | 乾 | 湿 | 脾 | 涎 | 壬子 |
| 24 | 一 | 三十 | 己卯 | 闭 | 张 | 土 | 兑 | 湿 | 脾 | 涎 | 甲子 |
| 25 | 二 | 四月 | 庚辰 | 建 | 翼 | 金 | 离 | 燥 | 肺 | 涕 | 丙子 |
| 26 | 三 | 初二 | 辛巳 | 除 | 轸 | 金 | 震 | 燥 | 肺 | 涕 | 戊子 |
| 27 | 四 | 初三 | 壬午 | 满 | 角 | 木 | 巽 | 风 | 肝 | 泪 | 庚子 |
| 28 | 五 | 初四 | 癸未 | 平 | 亢 | 木 | 坎 | 风 | 肝 | 泪 | 壬子 |
| 29 | 六 | 初五 | 甲申 | 定 | 氐 | 水 | 艮 | 寒 | 肾 | 唾 | 甲子 |
| 30 | 日 | 初六 | 乙酉 | 执 | 房 | 水 | 坤 | 寒 | 肾 | 唾 | 丙子 |

# 公元2028年　　农历戊申(猴)年(闰五月)

## 5月大
立夏　5日07时13分
小满　20日20时10分

农历四月(4月25日-5月23日)　月干支:丁巳

| 公历 | 星期 | 农历 | 干支 | 日建 | 星宿 | 五行 | 八卦 | 五气 | 五脏 | 五汁 | 时辰 |
|---|---|---|---|---|---|---|---|---|---|---|---|
| 1 | 一 | 四月 | 丙戌 | 破 | 心 | 土 | 震 | 湿 | 脾 | 涎 | 戊子 |
| 2 | 二 | 初八 | 丁亥 | 危 | 尾 | 土 | 巽 | 湿 | 脾 | 涎 | 庚子 |
| 3 | 三 | 初九 | 戊子 | 成 | 箕 | 火 | 坎 | 热 | 心 | 汗 | 壬子 |
| 4 | 四 | 初十 | 己丑 | 收 | 斗 | 火 | 艮 | 热 | 心 | 汗 | 甲子 |
| 5 | 五 | 十一 | 庚寅 | 收 | 牛 | 木 | 坤 | 风 | 肝 | 泪 | 丙子 |
| 6 | 六 | 十二 | 辛卯 | 开 | 女 | 木 | 乾 | 风 | 肝 | 泪 | 戊子 |
| 7 | 日 | 十三 | 壬辰 | 闭 | 虚 | 水 | 兑 | 寒 | 肾 | 唾 | 庚子 |
| 8 | 一 | 十四 | 癸巳 | 建 | 危 | 水 | 离 | 寒 | 肾 | 唾 | 壬子 |
| 9 | 二 | 十五 | 甲午 | 除 | 室 | 金 | 震 | 燥 | 肺 | 涕 | 甲子 |
| 10 | 三 | 十六 | 乙未 | 满 | 壁 | 金 | 巽 | 燥 | 肺 | 涕 | 丙子 |
| 11 | 四 | 十七 | 丙申 | 平 | 奎 | 火 | 坎 | 热 | 心 | 汗 | 戊子 |
| 12 | 五 | 十八 | 丁酉 | 定 | 娄 | 火 | 艮 | 热 | 心 | 汗 | 庚子 |
| 13 | 六 | 十九 | 戊戌 | 执 | 胃 | 木 | 坤 | 风 | 肝 | 泪 | 壬子 |
| 14 | 日 | 二十 | 己亥 | 破 | 昴 | 木 | 乾 | 风 | 肝 | 泪 | 甲子 |
| 15 | 一 | 廿一 | 庚子 | 危 | 毕 | 土 | 兑 | 湿 | 脾 | 涎 | 丙子 |
| 16 | 二 | 廿二 | 辛丑 | 成 | 觜 | 土 | 离 | 湿 | 脾 | 涎 | 戊子 |
| 17 | 三 | 廿三 | 壬寅 | 收 | 参 | 金 | 震 | 燥 | 肺 | 涕 | 庚子 |
| 18 | 四 | 廿四 | 癸卯 | 开 | 井 | 金 | 巽 | 燥 | 肺 | 涕 | 壬子 |
| 19 | 五 | 廿五 | 甲辰 | 闭 | 鬼 | 火 | 坎 | 热 | 心 | 汗 | 甲子 |
| 20 | 六 | 廿六 | 乙巳 | 建 | 柳 | 火 | 艮 | 热 | 心 | 汗 | 丙子 |
| 21 | 日 | 廿七 | 丙午 | 除 | 星 | 水 | 坤 | 寒 | 肾 | 唾 | 戊子 |
| 22 | 一 | 廿八 | 丁未 | 满 | 张 | 水 | 乾 | 寒 | 肾 | 唾 | 庚子 |
| 23 | 二 | 廿九 | 戊申 | 平 | 翼 | 土 | 兑 | 湿 | 脾 | 涎 | 壬子 |
| 24 | 三 | 五月 | 己酉 | 定 | 轸 | 土 | 离 | 湿 | 脾 | 涎 | 甲子 |
| 25 | 四 | 初二 | 庚戌 | 执 | 角 | 金 | 坤 | 燥 | 肺 | 涕 | 丙子 |
| 26 | 五 | 初三 | 辛亥 | 破 | 亢 | 金 | 乾 | 燥 | 肺 | 涕 | 戊子 |
| 27 | 六 | 初四 | 壬子 | 危 | 氐 | 木 | 兑 | 风 | 肝 | 泪 | 庚子 |
| 28 | 日 | 初五 | 癸丑 | 成 | 房 | 木 | 离 | 风 | 肝 | 泪 | 壬子 |
| 29 | 一 | 初六 | 甲寅 | 收 | 心 | 水 | 震 | 寒 | 肾 | 唾 | 甲子 |
| 30 | 二 | 初七 | 乙卯 | 开 | 尾 | 水 | 巽 | 寒 | 肾 | 唾 | 丙子 |
| 31 | 三 | 初八 | 丙辰 | 闭 | 箕 | 土 | 坎 | 湿 | 脾 | 涎 | 戊子 |

## 6月小
芒种　5日11时17分
夏至　21日04时02分

农历五月(5月24日-6月22日)　月干支:戊午

| 公历 | 星期 | 农历 | 干支 | 日建 | 星宿 | 五行 | 八卦 | 五气 | 五脏 | 五汁 | 时辰 |
|---|---|---|---|---|---|---|---|---|---|---|---|
| 1 | 四 | 五月 | 丁巳 | 建 | 斗 | 土 | 艮 | 湿 | 脾 | 涎 | 庚子 |
| 2 | 五 | 初十 | 戊午 | 除 | 牛 | 火 | 坤 | 热 | 心 | 汗 | 壬子 |
| 3 | 六 | 十一 | 己未 | 满 | 女 | 火 | 乾 | 热 | 心 | 汗 | 甲子 |
| 4 | 日 | 十二 | 庚申 | 平 | 虚 | 木 | 兑 | 风 | 肝 | 泪 | 丙子 |
| 5 | 一 | 十三 | 辛酉 | 平 | 危 | 木 | 离 | 风 | 肝 | 泪 | 戊子 |
| 6 | 二 | 十四 | 壬戌 | 定 | 室 | 水 | 震 | 寒 | 肾 | 唾 | 庚子 |
| 7 | 三 | 十五 | 癸亥 | 执 | 壁 | 水 | 巽 | 寒 | 肾 | 唾 | 壬子 |
| 8 | 四 | 十六 | 甲子 | 破 | 奎 | 金 | 坎 | 燥 | 肺 | 涕 | 甲子 |
| 9 | 五 | 十七 | 乙丑 | 危 | 娄 | 金 | 艮 | 燥 | 肺 | 涕 | 丙子 |
| 10 | 六 | 十八 | 丙寅 | 成 | 胃 | 火 | 坤 | 热 | 心 | 汗 | 戊子 |
| 11 | 日 | 十九 | 丁卯 | 收 | 昴 | 火 | 乾 | 热 | 心 | 汗 | 庚子 |
| 12 | 一 | 二十 | 戊辰 | 开 | 毕 | 木 | 兑 | 风 | 肝 | 泪 | 壬子 |
| 13 | 二 | 廿一 | 己巳 | 闭 | 觜 | 木 | 离 | 风 | 肝 | 泪 | 甲子 |
| 14 | 三 | 廿二 | 庚午 | 建 | 参 | 土 | 震 | 湿 | 脾 | 涎 | 丙子 |
| 15 | 四 | 廿三 | 辛未 | 除 | 井 | 土 | 巽 | 湿 | 脾 | 涎 | 戊子 |
| 16 | 五 | 廿四 | 壬申 | 满 | 鬼 | 金 | 坎 | 燥 | 肺 | 涕 | 庚子 |
| 17 | 六 | 廿五 | 癸酉 | 平 | 柳 | 金 | 艮 | 燥 | 肺 | 涕 | 壬子 |
| 18 | 日 | 廿六 | 甲戌 | 定 | 星 | 火 | 坤 | 热 | 心 | 汗 | 甲子 |
| 19 | 一 | 廿七 | 乙亥 | 执 | 张 | 火 | 乾 | 热 | 心 | 汗 | 丙子 |
| 20 | 二 | 廿八 | 丙子 | 破 | 翼 | 水 | 兑 | 寒 | 肾 | 唾 | 戊子 |
| 21 | 三 | 廿九 | 丁丑 | 危 | 轸 | 水 | 离 | 寒 | 肾 | 唾 | 庚子 |
| 22 | 四 | 三十 | 戊寅 | 成 | 角 | 土 | 震 | 湿 | 脾 | 涎 | 壬子 |
| 23 | 五 | 闰五 | 己卯 | 收 | 亢 | 土 | 巽 | 湿 | 脾 | 涎 | 甲子 |
| 24 | 六 | 初二 | 庚辰 | 开 | 氐 | 金 | 坎 | 燥 | 肺 | 涕 | 丙子 |
| 25 | 日 | 初三 | 辛巳 | 闭 | 房 | 金 | 艮 | 燥 | 肺 | 涕 | 戊子 |
| 26 | 一 | 初四 | 壬午 | 建 | 心 | 木 | 坤 | 风 | 肝 | 泪 | 庚子 |
| 27 | 二 | 初五 | 癸未 | 除 | 尾 | 木 | 乾 | 风 | 肝 | 泪 | 壬子 |
| 28 | 三 | 初六 | 甲申 | 满 | 箕 | 水 | 兑 | 寒 | 肾 | 唾 | 甲子 |
| 29 | 四 | 初七 | 乙酉 | 平 | 斗 | 水 | 离 | 寒 | 肾 | 唾 | 丙子 |
| 30 | 五 | 初八 | 丙戌 | 定 | 牛 | 土 | 震 | 湿 | 脾 | 涎 | 戊子 |
| 31 | | | | | | | | | | | |

实用干支万年历

# 公元2028年　　农历戊申(猴)年(闰五月)

## 7月大　小暑 6日21时31分　大暑 22日14时55分

农历闰五月(6月23日-7月21日)　月干支:戊午

| 公历 | 星期 | 农历 | 干支 | 日建 | 星宿 | 五行 | 八卦 | 五气 | 五脏 | 五汁 | 时辰 |
|---|---|---|---|---|---|---|---|---|---|---|---|
| 1 | 六 | 闰五 初九 | 丁亥 | 执 | 女 | 土 | 坤 | 湿 | 脾 | 涎 | 庚子 |
| 2 | 日 | 初十 | 戊子 | 破 | 虚 | 火 | 乾 | 热 | 心 | 汗 | 壬子 |
| 3 | 一 | 十一 | 己丑 | 危 | 危 | 火 | 兑 | 热 | 心 | 汗 | 甲子 |
| 4 | 二 | 十二 | 庚寅 | 成 | 室 | 木 | 离 | 风 | 肝 | 泪 | 丙子 |
| 5 | 三 | 十三 | 辛卯 | 收 | 壁 | 木 | 震 | 风 | 肝 | 泪 | 戊子 |
| 6 | 四 | 十四 | 壬辰 | 收 | 奎 | 水 | 巽 | 寒 | 肾 | 唾 | 庚子 |
| 7 | 五 | 十五 | 癸巳 | 开 | 娄 | 水 | 坎 | 寒 | 肾 | 唾 | 壬子 |
| 8 | 六 | 十六 | 甲午 | 闭 | 胃 | 金 | 艮 | 燥 | 肺 | 涕 | 甲子 |
| 9 | 日 | 十七 | 乙未 | 建 | 昴 | 金 | 坤 | 燥 | 肺 | 涕 | 丙子 |
| 10 | 一 | 十八 | 丙申 | 除 | 毕 | 火 | 乾 | 热 | 心 | 汗 | 戊子 |
| 11 | 二 | 十九 | 丁酉 | 满 | 觜 | 火 | 兑 | 热 | 心 | 汗 | 庚子 |
| 12 | 三 | 二十 | 戊戌 | 平 | 参 | 木 | 离 | 风 | 肝 | 泪 | 壬子 |
| 13 | 四 | 廿一 | 己亥 | 定 | 井 | 木 | 震 | 风 | 肝 | 泪 | 甲子 |
| 14 | 五 | 廿二 | 庚子 | 执 | 鬼 | 土 | 巽 | 湿 | 脾 | 涎 | 丙子 |
| 15 | 六 | 廿三 | 辛丑 | 破 | 柳 | 土 | 坎 | 湿 | 脾 | 涎 | 戊子 |
| 16 | 日 | 廿四 | 壬寅 | 危 | 星 | 金 | 艮 | 燥 | 肺 | 涕 | 庚子 |
| 17 | 一 | 廿五 | 癸卯 | 成 | 张 | 金 | 坤 | 燥 | 肺 | 涕 | 壬子 |
| 18 | 二 | 廿六 | 甲辰 | 收 | 翼 | 火 | 乾 | 热 | 心 | 汗 | 甲子 |
| 19 | 三 | 廿七 | 乙巳 | 开 | 轸 | 火 | 兑 | 热 | 心 | 汗 | 丙子 |
| 20 | 四 | 廿八 | 丙午 | 闭 | 角 | 水 | 离 | 寒 | 肾 | 唾 | 戊子 |
| 21 | 五 | 廿九 | 丁未 | 建 | 亢 | 水 | 震 | 寒 | 肾 | 唾 | 庚子 |
| 22 | 六 | 六月 初一 | 戊申 | 除 | 氐 | 土 | 巽 | 湿 | 脾 | 涎 | 壬子 |
| 23 | 日 | 初二 | 己酉 | 满 | 房 | 土 | 坎 | 湿 | 脾 | 涎 | 甲子 |
| 24 | 一 | 初三 | 庚戌 | 平 | 心 | 金 | 艮 | 燥 | 肺 | 涕 | 丙子 |
| 25 | 二 | 初四 | 辛亥 | 定 | 尾 | 金 | 坤 | 燥 | 肺 | 涕 | 戊子 |
| 26 | 三 | 初五 | 壬子 | 执 | 箕 | 木 | 乾 | 风 | 肝 | 泪 | 庚子 |
| 27 | 四 | 初六 | 癸丑 | 破 | 斗 | 木 | 兑 | 风 | 肝 | 泪 | 壬子 |
| 28 | 五 | 初七 | 甲寅 | 危 | 牛 | 水 | 离 | 寒 | 肾 | 唾 | 甲子 |
| 29 | 六 | 初八 | 乙卯 | 成 | 女 | 水 | 震 | 寒 | 肾 | 唾 | 丙子 |
| 30 | 日 | 初九 | 丙辰 | 收 | 虚 | 土 | 巽 | 湿 | 脾 | 涎 | 戊子 |
| 31 | 一 | 初十 | 丁巳 | 开 | 危 | 土 | 坎 | 湿 | 脾 | 涎 | 庚子 |

## 8月大　立秋 7日07时22分　处暑 22日22时02分

农历六月(7月22日-8月19日)　月干支:己未

| 公历 | 星期 | 农历 | 干支 | 日建 | 星宿 | 五行 | 八卦 | 五气 | 五脏 | 五汁 | 时辰 |
|---|---|---|---|---|---|---|---|---|---|---|---|
| 1 | 二 | 六月 十一 | 戊午 | 闭 | 室 | 火 | 艮 | 热 | 心 | 汗 | 壬子 |
| 2 | 三 | 十二 | 己未 | 建 | 壁 | 火 | 坤 | 热 | 心 | 汗 | 甲子 |
| 3 | 四 | 十三 | 庚申 | 除 | 奎 | 木 | 乾 | 风 | 肝 | 泪 | 丙子 |
| 4 | 五 | 十四 | 辛酉 | 满 | 娄 | 木 | 兑 | 风 | 肝 | 泪 | 戊子 |
| 5 | 六 | 十五 | 壬戌 | 平 | 胃 | 水 | 离 | 寒 | 肾 | 唾 | 庚子 |
| 6 | 日 | 十六 | 癸亥 | 定 | 昴 | 水 | 震 | 寒 | 肾 | 唾 | 壬子 |
| 7 | 一 | 十七 | 甲子 | 定 | 毕 | 金 | 巽 | 燥 | 肺 | 涕 | 甲子 |
| 8 | 二 | 十八 | 乙丑 | 执 | 觜 | 金 | 坎 | 燥 | 肺 | 涕 | 丙子 |
| 9 | 三 | 十九 | 丙寅 | 破 | 参 | 火 | 艮 | 热 | 心 | 汗 | 戊子 |
| 10 | 四 | 二十 | 丁卯 | 危 | 井 | 火 | 坤 | 热 | 心 | 汗 | 庚子 |
| 11 | 五 | 廿一 | 戊辰 | 成 | 鬼 | 木 | 乾 | 风 | 肝 | 泪 | 壬子 |
| 12 | 六 | 廿二 | 己巳 | 收 | 柳 | 木 | 兑 | 风 | 肝 | 泪 | 甲子 |
| 13 | 日 | 廿三 | 庚午 | 开 | 星 | 土 | 离 | 湿 | 脾 | 涎 | 丙子 |
| 14 | 一 | 廿四 | 辛未 | 闭 | 张 | 土 | 震 | 湿 | 脾 | 涎 | 戊子 |
| 15 | 二 | 廿五 | 壬申 | 建 | 翼 | 金 | 巽 | 燥 | 肺 | 涕 | 庚子 |
| 16 | 三 | 廿六 | 癸酉 | 除 | 轸 | 金 | 坎 | 燥 | 肺 | 涕 | 壬子 |
| 17 | 四 | 廿七 | 甲戌 | 满 | 角 | 火 | 艮 | 热 | 心 | 汗 | 甲子 |
| 18 | 五 | 廿八 | 乙亥 | 平 | 亢 | 火 | 坤 | 热 | 心 | 汗 | 丙子 |
| 19 | 六 | 廿九 | 丙子 | 定 | 氐 | 水 | 乾 | 寒 | 肾 | 唾 | 戊子 |
| 20 | 日 | 七月 初一 | 丁丑 | 执 | 房 | 水 | 兑 | 寒 | 肾 | 唾 | 庚子 |
| 21 | 一 | 初二 | 戊寅 | 破 | 心 | 土 | 离 | 湿 | 脾 | 涎 | 壬子 |
| 22 | 二 | 初三 | 己卯 | 危 | 尾 | 土 | 震 | 湿 | 脾 | 涎 | 甲子 |
| 23 | 三 | 初四 | 庚辰 | 成 | 箕 | 金 | 巽 | 燥 | 肺 | 涕 | 丙子 |
| 24 | 四 | 初五 | 辛巳 | 收 | 斗 | 金 | 坎 | 燥 | 肺 | 涕 | 戊子 |
| 25 | 五 | 初六 | 壬午 | 开 | 牛 | 木 | 艮 | 风 | 肝 | 泪 | 庚子 |
| 26 | 六 | 初七 | 癸未 | 闭 | 女 | 木 | 坤 | 风 | 肝 | 泪 | 壬子 |
| 27 | 日 | 初八 | 甲申 | 建 | 虚 | 水 | 乾 | 寒 | 肾 | 唾 | 甲子 |
| 28 | 一 | 初九 | 乙酉 | 除 | 危 | 水 | 兑 | 寒 | 肾 | 唾 | 丙子 |
| 29 | 二 | 初十 | 丙戌 | 满 | 室 | 土 | 离 | 湿 | 脾 | 涎 | 戊子 |
| 30 | 三 | 十一 | 丁亥 | 平 | 壁 | 土 | 震 | 湿 | 脾 | 涎 | 庚子 |
| 31 | 四 | 十二 | 戊子 | 定 | 奎 | 火 | 巽 | 热 | 心 | 汗 | 壬子 |

# 公元2028年　农历戊申(猴)年(闰五月)

## 9月小

白露　7日 10时23分　　秋分　22日 19时46分

农历七月(8月20日–9月18日)　月干支:庚申

| 公历 | 星期 | 农历 | 干支 | 日建 | 星宿 | 五行 | 八卦 | 五气 | 五脏 | 五汁 | 时辰 |
|---|---|---|---|---|---|---|---|---|---|---|---|
| 1 | 五 | 七月 | 己丑 | 执 | 娄 | 火 | 巽 | 热 | 心 | 汗 | 甲子 |
| 2 | 六 | 十四 | 庚寅 | 破 | 胃 | 木 | 坎 | 风 | 肝 | 泪 | 丙子 |
| 3 | 日 | 十五 | 辛卯 | 危 | 昴 | 木 | 艮 | 风 | 肝 | 泪 | 戊子 |
| 4 | 一 | 十六 | 壬辰 | 成 | 毕 | 水 | 坤 | 寒 | 肾 | 唾 | 庚子 |
| 5 | 二 | 十七 | 癸巳 | 收 | 觜 | 水 | 乾 | 寒 | 肾 | 唾 | 壬子 |
| 6 | 三 | 十八 | 甲午 | 开 | 参 | 金 | 兑 | 燥 | 肺 | 涕 | 甲子 |
| 7 | 四 | 十九 | 乙未 | 开 | 井 | 金 | 离 | 燥 | 肺 | 涕 | 丙子 |
| 8 | 五 | 二十 | 丙申 | 闭 | 鬼 | 火 | 震 | 热 | 心 | 汗 | 戊子 |
| 9 | 六 | 廿一 | 丁酉 | 建 | 柳 | 火 | 巽 | 热 | 心 | 汗 | 庚子 |
| 10 | 日 | 廿二 | 戊戌 | 除 | 星 | 木 | 坎 | 风 | 肝 | 泪 | 壬子 |
| 11 | 一 | 廿三 | 己亥 | 满 | 张 | 木 | 艮 | 风 | 肝 | 泪 | 甲子 |
| 12 | 二 | 廿四 | 庚子 | 平 | 翼 | 土 | 坤 | 湿 | 脾 | 涎 | 丙子 |
| 13 | 三 | 廿五 | 辛丑 | 定 | 轸 | 土 | 乾 | 湿 | 脾 | 涎 | 戊子 |
| 14 | 四 | 廿六 | 壬寅 | 执 | 角 | 金 | 兑 | 燥 | 肺 | 涕 | 庚子 |
| 15 | 五 | 廿七 | 癸卯 | 破 | 亢 | 金 | 离 | 燥 | 肺 | 涕 | 壬子 |
| 16 | 六 | 廿八 | 甲辰 | 危 | 氐 | 火 | 震 | 热 | 心 | 汗 | 甲子 |
| 17 | 日 | 廿九 | 乙巳 | 成 | 房 | 火 | 巽 | 热 | 心 | 汗 | 丙子 |
| 18 | 一 | 三十 | 丙午 | 收 | 心 | 水 | 坎 | 寒 | 肾 | 唾 | 戊子 |
| 19 | 二 | 八月 | 丁未 | 开 | 尾 | 水 | 艮 | 寒 | 肾 | 唾 | 庚子 |
| 20 | 三 | 初二 | 戊申 | 闭 | 箕 | 土 | 坤 | 湿 | 脾 | 涎 | 壬子 |
| 21 | 四 | 初三 | 己酉 | 建 | 斗 | 土 | 乾 | 湿 | 脾 | 涎 | 甲子 |
| 22 | 五 | 初四 | 庚戌 | 除 | 牛 | 金 | 兑 | 燥 | 肺 | 涕 | 丙子 |
| 23 | 六 | 初五 | 辛亥 | 满 | 女 | 金 | 离 | 燥 | 肺 | 涕 | 戊子 |
| 24 | 日 | 初六 | 壬子 | 平 | 虚 | 木 | 震 | 风 | 肝 | 泪 | 庚子 |
| 25 | 一 | 初七 | 癸丑 | 定 | 危 | 木 | 巽 | 风 | 肝 | 泪 | 壬子 |
| 26 | 二 | 初八 | 甲寅 | 执 | 室 | 水 | 坎 | 寒 | 肾 | 唾 | 甲子 |
| 27 | 三 | 初九 | 乙卯 | 破 | 壁 | 水 | 艮 | 寒 | 肾 | 唾 | 丙子 |
| 28 | 四 | 初十 | 丙辰 | 危 | 奎 | 土 | 坤 | 湿 | 脾 | 涎 | 戊子 |
| 29 | 五 | 十一 | 丁巳 | 成 | 娄 | 土 | 乾 | 湿 | 脾 | 涎 | 庚子 |
| 30 | 六 | 十二 | 戊午 | 收 | 胃 | 火 | 兑 | 热 | 心 | 汗 | 壬子 |
| 31 | | | | | | | | | | | |

## 10月大

寒露　8日 02时09分　　霜降　23日 05时14分

农历八月(9月19日–10月17日)　月干支:辛酉

| 公历 | 星期 | 农历 | 干支 | 日建 | 星宿 | 五行 | 八卦 | 五气 | 五脏 | 五汁 | 时辰 |
|---|---|---|---|---|---|---|---|---|---|---|---|
| 1 | 日 | 八月 | 己未 | 开 | 昴 | 火 | 离 | 热 | 心 | 汗 | 甲子 |
| 2 | 一 | 十四 | 庚申 | 闭 | 毕 | 木 | 震 | 风 | 肝 | 泪 | 丙子 |
| 3 | 二 | 十五 | 辛酉 | 建 | 觜 | 木 | 巽 | 风 | 肝 | 泪 | 戊子 |
| 4 | 三 | 十六 | 壬戌 | 除 | 参 | 水 | 坎 | 寒 | 肾 | 唾 | 庚子 |
| 5 | 四 | 十七 | 癸亥 | 满 | 井 | 水 | 艮 | 寒 | 肾 | 唾 | 壬子 |
| 6 | 五 | 十八 | 甲子 | 平 | 鬼 | 金 | 坤 | 燥 | 肺 | 涕 | 甲子 |
| 7 | 六 | 十九 | 乙丑 | 定 | 柳 | 金 | 乾 | 燥 | 肺 | 涕 | 丙子 |
| 8 | 日 | 二十 | 丙寅 | 定 | 星 | 火 | 兑 | 热 | 心 | 汗 | 戊子 |
| 9 | 一 | 廿一 | 丁卯 | 执 | 张 | 火 | 离 | 热 | 心 | 汗 | 庚子 |
| 10 | 二 | 廿二 | 戊辰 | 破 | 翼 | 木 | 震 | 风 | 肝 | 泪 | 壬子 |
| 11 | 三 | 廿三 | 己巳 | 危 | 轸 | 木 | 巽 | 风 | 肝 | 泪 | 甲子 |
| 12 | 四 | 廿四 | 庚午 | 成 | 角 | 土 | 坎 | 湿 | 脾 | 涎 | 丙子 |
| 13 | 五 | 廿五 | 辛未 | 收 | 亢 | 土 | 艮 | 湿 | 脾 | 涎 | 戊子 |
| 14 | 六 | 廿六 | 壬申 | 开 | 氐 | 金 | 坤 | 燥 | 肺 | 涕 | 庚子 |
| 15 | 日 | 廿七 | 癸酉 | 闭 | 房 | 金 | 乾 | 燥 | 肺 | 涕 | 壬子 |
| 16 | 一 | 廿八 | 甲戌 | 建 | 心 | 火 | 兑 | 热 | 心 | 汗 | 甲子 |
| 17 | 二 | 廿九 | 乙亥 | 除 | 尾 | 火 | 离 | 热 | 心 | 汗 | 丙子 |
| 18 | 三 | 九月 | 丙子 | 满 | 箕 | 水 | 震 | 寒 | 肾 | 唾 | 戊子 |
| 19 | 四 | 初二 | 丁丑 | 平 | 斗 | 水 | 巽 | 寒 | 肾 | 唾 | 庚子 |
| 20 | 五 | 初三 | 戊寅 | 定 | 牛 | 土 | 坎 | 湿 | 脾 | 涎 | 壬子 |
| 21 | 六 | 初四 | 己卯 | 执 | 女 | 土 | 艮 | 湿 | 脾 | 涎 | 甲子 |
| 22 | 日 | 初五 | 庚辰 | 破 | 虚 | 金 | 坤 | 燥 | 肺 | 涕 | 丙子 |
| 23 | 一 | 初六 | 辛巳 | 危 | 危 | 金 | 乾 | 燥 | 肺 | 涕 | 戊子 |
| 24 | 二 | 初七 | 壬午 | 成 | 室 | 木 | 兑 | 风 | 肝 | 泪 | 庚子 |
| 25 | 三 | 初八 | 癸未 | 收 | 壁 | 木 | 离 | 风 | 肝 | 泪 | 壬子 |
| 26 | 四 | 初九 | 甲申 | 开 | 奎 | 水 | 震 | 寒 | 肾 | 唾 | 甲子 |
| 27 | 五 | 初十 | 乙酉 | 闭 | 娄 | 水 | 巽 | 寒 | 肾 | 唾 | 丙子 |
| 28 | 六 | 十一 | 丙戌 | 建 | 胃 | 土 | 坎 | 湿 | 脾 | 涎 | 戊子 |
| 29 | 日 | 十二 | 丁亥 | 除 | 昴 | 土 | 艮 | 湿 | 脾 | 涎 | 庚子 |
| 30 | 一 | 十三 | 戊子 | 满 | 毕 | 火 | 坤 | 热 | 心 | 汗 | 壬子 |
| 31 | 二 | 十四 | 己丑 | 平 | 觜 | 火 | 乾 | 热 | 心 | 汗 | 甲子 |

186

实用 干支 万年历

# 公元 2028 年　农历戊申(猴)年(闰五月)

## 11月小
立冬　7日05时28分　　小雪　22日02时55分

农历九月(10月18日–11月15日)　月干支:壬戌

| 公历 | 星期 | 农历 | 干支 | 日建 | 星宿 | 五行 | 八卦 | 五气 | 五脏 | 五汁 | 时辰 |
|---|---|---|---|---|---|---|---|---|---|---|---|
| 1 | 三 | 九月 | 庚寅 | 定 | 参 | 木 | 乾 | 风 | 肝 | 泪 | 丙子 |
| 2 | 四 | 十六 | 辛卯 | 执 | 井 | 木 | 兑 | 风 | 肝 | 泪 | 戊子 |
| 3 | 五 | 十七 | 壬辰 | 破 | 鬼 | 水 | 离 | 寒 | 肾 | 唾 | 庚子 |
| 4 | 六 | 十八 | 癸巳 | 危 | 柳 | 水 | 震 | 寒 | 肾 | 唾 | 壬子 |
| 5 | 日 | 十九 | 甲午 | 成 | 星 | 金 | 巽 | 燥 | 肺 | 涕 | 甲子 |
| 6 | 一 | 二十 | 乙未 | 收 | 张 | 金 | 坎 | 燥 | 肺 | 涕 | 丙子 |
| 7 | 二 | 廿一 | 丙申 | 收 | 翼 | 火 | 艮 | 热 | 心 | 汗 | 戊子 |
| 8 | 三 | 廿二 | 丁酉 | 开 | 轸 | 火 | 坤 | 热 | 心 | 汗 | 庚子 |
| 9 | 四 | 廿三 | 戊戌 | 闭 | 角 | 木 | 乾 | 风 | 肝 | 泪 | 壬子 |
| 10 | 五 | 廿四 | 己亥 | 建 | 亢 | 木 | 兑 | 风 | 肝 | 泪 | 甲子 |
| 11 | 六 | 廿五 | 庚子 | 除 | 氐 | 土 | 离 | 湿 | 脾 | 涎 | 丙子 |
| 12 | 日 | 廿六 | 辛丑 | 满 | 房 | 土 | 震 | 湿 | 脾 | 涎 | 戊子 |
| 13 | 一 | 廿七 | 壬寅 | 平 | 心 | 金 | 巽 | 燥 | 肺 | 涕 | 庚子 |
| 14 | 二 | 廿八 | 癸卯 | 定 | 尾 | 金 | 坎 | 燥 | 肺 | 涕 | 壬子 |
| 15 | 三 | 廿九 | 甲辰 | 执 | 箕 | 火 | 艮 | 热 | 心 | 汗 | 甲子 |
| 16 | 四 | 十月 | 乙巳 | 破 | 斗 | 火 | 震 | 热 | 心 | 汗 | 丙子 |
| 17 | 五 | 初二 | 丙午 | 危 | 牛 | 水 | 巽 | 寒 | 肾 | 唾 | 戊子 |
| 18 | 六 | 初三 | 丁未 | 成 | 女 | 水 | 坎 | 寒 | 肾 | 唾 | 庚子 |
| 19 | 日 | 初四 | 戊申 | 收 | 虚 | 土 | 艮 | 湿 | 脾 | 涎 | 壬子 |
| 20 | 一 | 初五 | 己酉 | 开 | 危 | 土 | 坤 | 湿 | 脾 | 涎 | 甲子 |
| 21 | 二 | 初六 | 庚戌 | 闭 | 室 | 金 | 乾 | 燥 | 肺 | 涕 | 丙子 |
| 22 | 三 | 初七 | 辛亥 | 建 | 壁 | 金 | 兑 | 燥 | 肺 | 涕 | 戊子 |
| 23 | 四 | 初八 | 壬子 | 除 | 奎 | 木 | 离 | 风 | 肝 | 泪 | 庚子 |
| 24 | 五 | 初九 | 癸丑 | 满 | 娄 | 木 | 震 | 风 | 肝 | 泪 | 壬子 |
| 25 | 六 | 初十 | 甲寅 | 平 | 胃 | 水 | 巽 | 寒 | 肾 | 唾 | 甲子 |
| 26 | 日 | 十一 | 乙卯 | 定 | 昴 | 水 | 坎 | 寒 | 肾 | 唾 | 丙子 |
| 27 | 一 | 十二 | 丙辰 | 执 | 毕 | 土 | 艮 | 湿 | 脾 | 涎 | 戊子 |
| 28 | 二 | 十三 | 丁巳 | 破 | 觜 | 土 | 坤 | 湿 | 脾 | 涎 | 庚子 |
| 29 | 三 | 十四 | 戊午 | 危 | 参 | 火 | 乾 | 热 | 心 | 汗 | 壬子 |
| 30 | 四 | 十五 | 己未 | 成 | 井 | 火 | 兑 | 热 | 心 | 汗 | 甲子 |

## 12月大
大雪　6日22时25分　　冬至　21日16时20分

农历十月(11月16日–12月15日)　月干支:癸亥

| 公历 | 星期 | 农历 | 干支 | 日建 | 星宿 | 五行 | 八卦 | 五气 | 五脏 | 五汁 | 时辰 |
|---|---|---|---|---|---|---|---|---|---|---|---|
| 1 | 五 | 十月 | 庚申 | 收 | 鬼 | 木 | 离 | 风 | 肝 | 泪 | 丙子 |
| 2 | 六 | 十七 | 辛酉 | 开 | 柳 | 木 | 震 | 风 | 肝 | 泪 | 戊子 |
| 3 | 日 | 十八 | 壬戌 | 闭 | 星 | 水 | 巽 | 寒 | 肾 | 唾 | 庚子 |
| 4 | 一 | 十九 | 癸亥 | 建 | 张 | 水 | 坎 | 寒 | 肾 | 唾 | 壬子 |
| 5 | 二 | 二十 | 甲子 | 除 | 翼 | 金 | 艮 | 燥 | 肺 | 涕 | 甲子 |
| 6 | 三 | 廿一 | 乙丑 | 除 | 轸 | 金 | 坤 | 燥 | 肺 | 涕 | 丙子 |
| 7 | 四 | 廿二 | 丙寅 | 满 | 角 | 火 | 乾 | 热 | 心 | 汗 | 戊子 |
| 8 | 五 | 廿三 | 丁卯 | 平 | 亢 | 火 | 兑 | 热 | 心 | 汗 | 庚子 |
| 9 | 六 | 廿四 | 戊辰 | 定 | 氐 | 木 | 离 | 风 | 肝 | 泪 | 壬子 |
| 10 | 日 | 廿五 | 己巳 | 执 | 房 | 木 | 震 | 风 | 肝 | 泪 | 甲子 |
| 11 | 一 | 廿六 | 庚午 | 破 | 心 | 土 | 巽 | 湿 | 脾 | 涎 | 丙子 |
| 12 | 二 | 廿七 | 辛未 | 危 | 尾 | 土 | 坎 | 湿 | 脾 | 涎 | 戊子 |
| 13 | 三 | 廿八 | 壬申 | 成 | 箕 | 金 | 艮 | 燥 | 肺 | 涕 | 庚子 |
| 14 | 四 | 廿九 | 癸酉 | 收 | 斗 | 金 | 坤 | 燥 | 肺 | 涕 | 壬子 |
| 15 | 五 | 三十 | 甲戌 | 开 | 牛 | 火 | 乾 | 热 | 心 | 汗 | 甲子 |
| 16 | 六 | 冬月 | 乙亥 | 闭 | 女 | 火 | 兑 | 热 | 心 | 汗 | 丙子 |
| 17 | 日 | 初二 | 丙子 | 建 | 虚 | 水 | 离 | 寒 | 肾 | 唾 | 戊子 |
| 18 | 一 | 初三 | 丁丑 | 除 | 危 | 水 | 震 | 寒 | 肾 | 唾 | 庚子 |
| 19 | 二 | 初四 | 戊寅 | 满 | 室 | 土 | 巽 | 湿 | 脾 | 涎 | 壬子 |
| 20 | 三 | 初五 | 己卯 | 平 | 壁 | 土 | 坎 | 湿 | 脾 | 涎 | 甲子 |
| 21 | 四 | 初六 | 庚辰 | 定 | 奎 | 金 | 艮 | 燥 | 肺 | 涕 | 丙子 |
| 22 | 五 | 初七 | 辛巳 | 执 | 娄 | 金 | 离 | 燥 | 肺 | 涕 | 戊子 |
| 23 | 六 | 初八 | 壬午 | 破 | 胃 | 木 | 震 | 风 | 肝 | 泪 | 庚子 |
| 24 | 日 | 初九 | 癸未 | 危 | 昴 | 木 | 巽 | 风 | 肝 | 泪 | 壬子 |
| 25 | 一 | 初十 | 甲申 | 成 | 毕 | 水 | 坎 | 寒 | 肾 | 唾 | 甲子 |
| 26 | 二 | 十一 | 乙酉 | 收 | 觜 | 水 | 艮 | 寒 | 肾 | 唾 | 丙子 |
| 27 | 三 | 十二 | 丙戌 | 开 | 参 | 土 | 坤 | 湿 | 脾 | 涎 | 戊子 |
| 28 | 四 | 十三 | 丁亥 | 闭 | 井 | 土 | 乾 | 湿 | 脾 | 涎 | 庚子 |
| 29 | 五 | 十四 | 戊子 | 建 | 鬼 | 火 | 兑 | 热 | 心 | 汗 | 壬子 |
| 30 | 六 | 十五 | 己丑 | 除 | 柳 | 火 | 离 | 热 | 心 | 汗 | 甲子 |
| 31 | 日 | 十六 | 庚寅 | 满 | 星 | 木 | 震 | 风 | 肝 | 泪 | 丙子 |

## 1 月大

小寒 5 日 09 时 43 分　大寒 20 日 03 时 02 分

农历冬月(12 月 16 日 –1 月 14 日)　月干支:甲子

| 公历 | 星期 | 农历 | 干支 | 日建 | 星宿 | 五行 | 八卦 | 五气 | 五脏 | 五汁 | 时辰 |
|---|---|---|---|---|---|---|---|---|---|---|---|
| 1 | 一 | 冬月 | 辛卯 | 平 | 张 | 木 | 巽 | 风 | 肝 | 泪 | 戊子 |
| 2 | 二 | 十八 | 壬辰 | 定 | 翼 | 水 | 坎 | 寒 | 肾 | 唾 | 庚子 |
| 3 | 三 | 十九 | 癸巳 | 执 | 轸 | 水 | 艮 | 寒 | 肾 | 唾 | 壬子 |
| 4 | 四 | 二十 | 甲午 | 破 | 角 | 金 | 乾 | 燥 | 肺 | 涕 | 甲子 |
| 5 | 五 | 廿一 | 乙未 | 破 | 亢 | 金 | 坤 | 燥 | 肺 | 涕 | 丙子 |
| 6 | 六 | 廿二 | 丙申 | 危 | 氐 | 火 | 兑 | 热 | 心 | 汗 | 戊子 |
| 7 | 日 | 廿三 | 丁酉 | 成 | 房 | 火 | 离 | 热 | 心 | 汗 | 庚子 |
| 8 | 一 | 廿四 | 戊戌 | 收 | 心 | 木 | 震 | 风 | 肝 | 泪 | 壬子 |
| 9 | 二 | 廿五 | 己亥 | 开 | 尾 | 木 | 巽 | 风 | 肝 | 泪 | 甲子 |
| 10 | 三 | 廿六 | 庚子 | 闭 | 箕 | 土 | 坎 | 湿 | 脾 | 涎 | 丙子 |
| 11 | 四 | 廿七 | 辛丑 | 建 | 斗 | 土 | 艮 | 湿 | 脾 | 涎 | 戊子 |
| 12 | 五 | 廿八 | 壬寅 | 除 | 牛 | 金 | 乾 | 燥 | 肺 | 涕 | 庚子 |
| 13 | 六 | 廿九 | 癸卯 | 满 | 女 | 金 | 坤 | 燥 | 肺 | 涕 | 壬子 |
| 14 | 日 | 三十 | 甲辰 | 平 | 虚 | 火 | 兑 | 热 | 心 | 汗 | 甲子 |
| 15 | 一 | 腊月 | 乙巳 | 定 | 危 | 火 | 离 | 热 | 心 | 汗 | 丙子 |
| 16 | 二 | 初二 | 丙午 | 执 | 室 | 水 | 震 | 寒 | 肾 | 唾 | 戊子 |
| 17 | 三 | 初三 | 丁未 | 破 | 壁 | 水 | 巽 | 寒 | 肾 | 唾 | 庚子 |
| 18 | 四 | 初四 | 戊申 | 危 | 奎 | 土 | 坎 | 湿 | 脾 | 涎 | 壬子 |
| 19 | 五 | 初五 | 己酉 | 成 | 娄 | 土 | 艮 | 湿 | 脾 | 涎 | 甲子 |
| 20 | 六 | 初六 | 庚戌 | 收 | 胃 | 金 | 乾 | 燥 | 肺 | 涕 | 丙子 |
| 21 | 日 | 初七 | 辛亥 | 开 | 昴 | 金 | 坤 | 燥 | 肺 | 涕 | 戊子 |
| 22 | 一 | 初八 | 壬子 | 闭 | 毕 | 木 | 兑 | 风 | 肝 | 泪 | 庚子 |
| 23 | 二 | 初九 | 癸丑 | 建 | 觜 | 木 | 离 | 风 | 肝 | 泪 | 壬子 |
| 24 | 三 | 初十 | 甲寅 | 除 | 参 | 水 | 震 | 寒 | 肾 | 唾 | 甲子 |
| 25 | 四 | 十一 | 乙卯 | 满 | 井 | 水 | 巽 | 寒 | 肾 | 唾 | 丙子 |
| 26 | 五 | 十二 | 丙辰 | 平 | 鬼 | 土 | 坎 | 湿 | 脾 | 涎 | 戊子 |
| 27 | 六 | 十三 | 丁巳 | 定 | 柳 | 土 | 艮 | 湿 | 脾 | 涎 | 庚子 |
| 28 | 日 | 十四 | 戊午 | 执 | 星 | 火 | 乾 | 热 | 心 | 汗 | 壬子 |
| 29 | 一 | 十五 | 己未 | 破 | 张 | 火 | 坤 | 热 | 心 | 汗 | 甲子 |
| 30 | 二 | 十六 | 庚申 | 危 | 翼 | 木 | 兑 | 风 | 肝 | 泪 | 丙子 |
| 31 | 三 | 十七 | 辛酉 | 成 | 轸 | 木 | 离 | 风 | 肝 | 泪 | 戊子 |

## 2 月平

立春 3 日 21 时 21 分　雨水 18 日 17 时 08 分

农历腊月(1 月 15 日 –2 月 12 日)　月干支:乙丑

| 公历 | 星期 | 农历 | 干支 | 日建 | 星宿 | 五行 | 八卦 | 五气 | 五脏 | 五汁 | 时辰 |
|---|---|---|---|---|---|---|---|---|---|---|---|
| 1 | 四 | 腊月 | 壬戌 | 收 | 角 | 水 | 震 | 寒 | 肾 | 唾 | 庚子 |
| 2 | 五 | 十九 | 癸亥 | 开 | 亢 | 水 | 巽 | 寒 | 肾 | 唾 | 壬子 |
| 3 | 六 | 二十 | 甲子 | 开 | 氐 | 金 | 坎 | 燥 | 肺 | 涕 | 甲子 |
| 4 | 日 | 廿一 | 乙丑 | 闭 | 房 | 金 | 艮 | 燥 | 肺 | 涕 | 丙子 |
| 5 | 一 | 廿二 | 丙寅 | 建 | 心 | 火 | 乾 | 热 | 心 | 汗 | 戊子 |
| 6 | 二 | 廿三 | 丁卯 | 除 | 尾 | 火 | 坤 | 热 | 心 | 汗 | 庚子 |
| 7 | 三 | 廿四 | 戊辰 | 满 | 箕 | 木 | 兑 | 风 | 肝 | 泪 | 壬子 |
| 8 | 四 | 廿五 | 己巳 | 平 | 斗 | 木 | 离 | 风 | 肝 | 泪 | 甲子 |
| 9 | 五 | 廿六 | 庚午 | 定 | 牛 | 土 | 震 | 湿 | 脾 | 涎 | 丙子 |
| 10 | 六 | 廿七 | 辛未 | 执 | 女 | 土 | 巽 | 湿 | 脾 | 涎 | 戊子 |
| 11 | 日 | 廿八 | 壬申 | 破 | 虚 | 金 | 坎 | 燥 | 肺 | 涕 | 庚子 |
| 12 | 一 | 廿九 | 癸酉 | 危 | 危 | 金 | 艮 | 燥 | 肺 | 涕 | 壬子 |
| 13 | 二 | 正月 | 甲戌 | 成 | 室 | 火 | 乾 | 热 | 心 | 汗 | 甲子 |
| 14 | 三 | 初二 | 乙亥 | 收 | 壁 | 火 | 坤 | 热 | 心 | 汗 | 丙子 |
| 15 | 四 | 初三 | 丙子 | 开 | 奎 | 水 | 兑 | 寒 | 肾 | 唾 | 戊子 |
| 16 | 五 | 初四 | 丁丑 | 闭 | 娄 | 水 | 离 | 寒 | 肾 | 唾 | 庚子 |
| 17 | 六 | 初五 | 戊寅 | 建 | 胃 | 土 | 震 | 湿 | 脾 | 涎 | 壬子 |
| 18 | 日 | 初六 | 己卯 | 除 | 昴 | 土 | 巽 | 湿 | 脾 | 涎 | 甲子 |
| 19 | 一 | 初七 | 庚辰 | 满 | 毕 | 金 | 坎 | 燥 | 肺 | 涕 | 丙子 |
| 20 | 二 | 初八 | 辛巳 | 平 | 觜 | 金 | 艮 | 燥 | 肺 | 涕 | 戊子 |
| 21 | 三 | 初九 | 壬午 | 定 | 参 | 木 | 乾 | 风 | 肝 | 泪 | 庚子 |
| 22 | 四 | 初十 | 癸未 | 执 | 井 | 木 | 坤 | 风 | 肝 | 泪 | 壬子 |
| 23 | 五 | 十一 | 甲申 | 破 | 鬼 | 水 | 兑 | 寒 | 肾 | 唾 | 甲子 |
| 24 | 六 | 十二 | 乙酉 | 危 | 柳 | 水 | 离 | 寒 | 肾 | 唾 | 丙子 |
| 25 | 日 | 十三 | 丙戌 | 成 | 星 | 土 | 震 | 湿 | 脾 | 涎 | 戊子 |
| 26 | 一 | 十四 | 丁亥 | 收 | 张 | 土 | 巽 | 湿 | 脾 | 涎 | 庚子 |
| 27 | 二 | 十五 | 戊子 | 开 | 翼 | 火 | 坎 | 热 | 心 | 汗 | 壬子 |
| 28 | 三 | 十六 | 己丑 | 闭 | 轸 | 火 | 艮 | 热 | 心 | 汗 | 甲子 |

实用干支万年历

# 公元2029年　　　　农历己酉(鸡)年

## 3月大

惊蛰　5日15时18分
春分　20日16时02分

农历正月(2月13日-3月14日)　月干支:丙寅

| 公历 | 星期 | 农历 | 干支 | 日建 | 星宿 | 五行 | 八卦 | 五气 | 五脏 | 五汁 | 时辰 |
|---|---|---|---|---|---|---|---|---|---|---|---|
| 1 | 四 | 正月 | 庚寅 | 建 | 角 | 木 | 震 | 风 | 肝 | 泪 | 丙子 |
| 2 | 五 | 十八 | 辛卯 | 除 | 亢 | 木 | 巽 | 风 | 肝 | 泪 | 戊子 |
| 3 | 六 | 十九 | 壬辰 | 满 | 氐 | 水 | 坎 | 寒 | 肾 | 唾 | 庚子 |
| 4 | 日 | 二十 | 癸巳 | 平 | 房 | 水 | 艮 | 寒 | 肾 | 唾 | 壬子 |
| 5 | 一 | 廿一 | 甲午 | 平 | 心 | 金 | 坤 | 燥 | 肺 | 涕 | 甲子 |
| 6 | 二 | 廿二 | 乙未 | 定 | 尾 | 金 | 乾 | 燥 | 肺 | 涕 | 丙子 |
| 7 | 三 | 廿三 | 丙申 | 执 | 箕 | 火 | 兑 | 热 | 心 | 汗 | 戊子 |
| 8 | 四 | 廿四 | 丁酉 | 破 | 斗 | 火 | 离 | 热 | 心 | 汗 | 庚子 |
| 9 | 五 | 廿五 | 戊戌 | 危 | 牛 | 木 | 震 | 风 | 肝 | 泪 | 壬子 |
| 10 | 六 | 廿六 | 己亥 | 成 | 女 | 木 | 巽 | 风 | 肝 | 泪 | 甲子 |
| 11 | 日 | 廿七 | 庚子 | 收 | 虚 | 土 | 坎 | 湿 | 脾 | 涎 | 丙子 |
| 12 | 一 | 廿八 | 辛丑 | 开 | 危 | 土 | 艮 | 湿 | 脾 | 涎 | 戊子 |
| 13 | 二 | 廿九 | 壬寅 | 闭 | 室 | 金 | 坤 | 燥 | 肺 | 涕 | 庚子 |
| 14 | 三 | 三十 | 癸卯 | 建 | 壁 | 金 | 乾 | 燥 | 肺 | 涕 | 壬子 |
| 15 | 四 | 二月 | 甲辰 | 除 | 奎 | 火 | 兑 | 热 | 心 | 汗 | 甲子 |
| 16 | 五 | 初二 | 乙巳 | 满 | 娄 | 火 | 坎 | 热 | 心 | 汗 | 丙子 |
| 17 | 六 | 初三 | 丙午 | 平 | 胃 | 水 | 艮 | 寒 | 肾 | 唾 | 戊子 |
| 18 | 日 | 初四 | 丁未 | 定 | 昴 | 水 | 乾 | 寒 | 肾 | 唾 | 庚子 |
| 19 | 一 | 初五 | 戊申 | 执 | 毕 | 土 | 兑 | 湿 | 脾 | 涎 | 壬子 |
| 20 | 二 | 初六 | 己酉 | 破 | 觜 | 土 | 离 | 湿 | 脾 | 涎 | 甲子 |
| 21 | 三 | 初七 | 庚戌 | 危 | 参 | 金 | 离 | 燥 | 肺 | 涕 | 丙子 |
| 22 | 四 | 初八 | 辛亥 | 成 | 井 | 金 | 震 | 燥 | 肺 | 涕 | 戊子 |
| 23 | 五 | 初九 | 壬子 | 收 | 鬼 | 木 | 巽 | 风 | 肝 | 泪 | 庚子 |
| 24 | 六 | 初十 | 癸丑 | 开 | 柳 | 木 | 坎 | 风 | 肝 | 泪 | 壬子 |
| 25 | 日 | 十一 | 甲寅 | 闭 | 星 | 水 | 艮 | 寒 | 肾 | 唾 | 甲子 |
| 26 | 一 | 十二 | 乙卯 | 建 | 张 | 水 | 坤 | 寒 | 肾 | 唾 | 丙子 |
| 27 | 二 | 十三 | 丙辰 | 除 | 翼 | 土 | 乾 | 湿 | 脾 | 涎 | 戊子 |
| 28 | 三 | 十四 | 丁巳 | 满 | 轸 | 土 | 兑 | 湿 | 脾 | 涎 | 庚子 |
| 29 | 四 | 十五 | 戊午 | 平 | 角 | 火 | 离 | 热 | 心 | 汗 | 壬子 |
| 30 | 五 | 十六 | 己未 | 定 | 亢 | 火 | 震 | 热 | 心 | 汗 | 甲子 |
| 31 | 六 | 十七 | 庚申 | 执 | 氐 | 木 | 巽 | 风 | 肝 | 泪 | 丙子 |

## 4月小

清明　4日19时59分
谷雨　20日02时56分

农历二月(3月15日-4月13日)　月干支:丁卯

| 公历 | 星期 | 农历 | 干支 | 日建 | 星宿 | 五行 | 八卦 | 五气 | 五脏 | 五汁 | 时辰 |
|---|---|---|---|---|---|---|---|---|---|---|---|
| 1 | 日 | 二月 | 辛酉 | 破 | 房 | 木 | 坎 | 风 | 肝 | 泪 | 戊子 |
| 2 | 一 | 十九 | 壬戌 | 危 | 心 | 水 | 艮 | 寒 | 肾 | 唾 | 庚子 |
| 3 | 二 | 二十 | 癸亥 | 成 | 尾 | 水 | 乾 | 寒 | 肾 | 唾 | 壬子 |
| 4 | 三 | 廿一 | 甲子 | 成 | 箕 | 金 | 兑 | 燥 | 肺 | 涕 | 甲子 |
| 5 | 四 | 廿二 | 乙丑 | 收 | 斗 | 金 | 离 | 燥 | 肺 | 涕 | 丙子 |
| 6 | 五 | 廿三 | 丙寅 | 开 | 牛 | 火 | 离 | 热 | 心 | 汗 | 戊子 |
| 7 | 六 | 廿四 | 丁卯 | 闭 | 女 | 火 | 震 | 热 | 心 | 汗 | 庚子 |
| 8 | 日 | 廿五 | 戊辰 | 建 | 虚 | 木 | 巽 | 风 | 肝 | 泪 | 壬子 |
| 9 | 一 | 廿六 | 己巳 | 除 | 危 | 木 | 坎 | 风 | 肝 | 泪 | 甲子 |
| 10 | 二 | 廿七 | 庚午 | 满 | 室 | 土 | 艮 | 湿 | 脾 | 涎 | 丙子 |
| 11 | 三 | 廿八 | 辛未 | 平 | 壁 | 土 | 坤 | 湿 | 脾 | 涎 | 戊子 |
| 12 | 四 | 廿九 | 壬申 | 定 | 奎 | 金 | 乾 | 燥 | 肺 | 涕 | 庚子 |
| 13 | 五 | 三十 | 癸酉 | 执 | 娄 | 金 | 兑 | 燥 | 肺 | 涕 | 壬子 |
| 14 | 六 | 三月 | 甲戌 | 破 | 胃 | 火 | 坎 | 热 | 心 | 汗 | 甲子 |
| 15 | 日 | 初二 | 乙亥 | 危 | 昴 | 火 | 艮 | 热 | 心 | 汗 | 丙子 |
| 16 | 一 | 初三 | 丙子 | 成 | 毕 | 水 | 坤 | 寒 | 肾 | 唾 | 戊子 |
| 17 | 二 | 初四 | 丁丑 | 收 | 觜 | 水 | 乾 | 寒 | 肾 | 唾 | 庚子 |
| 18 | 三 | 初五 | 戊寅 | 开 | 参 | 土 | 离 | 湿 | 脾 | 涎 | 壬子 |
| 19 | 四 | 初六 | 己卯 | 闭 | 井 | 土 | 震 | 湿 | 脾 | 涎 | 甲子 |
| 20 | 五 | 初七 | 庚辰 | 建 | 鬼 | 金 | 巽 | 燥 | 肺 | 涕 | 丙子 |
| 21 | 六 | 初八 | 辛巳 | 除 | 柳 | 金 | 坎 | 燥 | 肺 | 涕 | 戊子 |
| 22 | 日 | 初九 | 壬午 | 满 | 星 | 木 | 艮 | 风 | 肝 | 泪 | 庚子 |
| 23 | 一 | 初十 | 癸未 | 平 | 张 | 木 | 坤 | 风 | 肝 | 泪 | 壬子 |
| 24 | 二 | 十一 | 甲申 | 定 | 翼 | 水 | 乾 | 寒 | 肾 | 唾 | 甲子 |
| 25 | 三 | 十二 | 乙酉 | 执 | 轸 | 水 | 兑 | 寒 | 肾 | 唾 | 丙子 |
| 26 | 四 | 十三 | 丙戌 | 破 | 角 | 土 | 离 | 湿 | 脾 | 涎 | 戊子 |
| 27 | 五 | 十四 | 丁亥 | 危 | 亢 | 土 | 震 | 湿 | 脾 | 涎 | 庚子 |
| 28 | 六 | 十五 | 戊子 | 成 | 氐 | 火 | 巽 | 热 | 心 | 汗 | 壬子 |
| 29 | 日 | 十六 | 己丑 | 收 | 房 | 火 | 坎 | 热 | 心 | 汗 | 甲子 |
| 30 | 一 | 十七 | 庚寅 | 开 | 心 | 木 | 艮 | 风 | 肝 | 泪 | 丙子 |

# 公元 2029 年　　　　农历己酉(鸡)年

## 5月大　　立夏 5日13时08分　小满 21日01时56分

农历三月(4月14日-5月12日)　月干支:戊辰

| 公历 | 星期 | 农历 | 干支 | 日建 | 星宿 | 五行 | 八卦 | 五气 | 五脏 | 五汁 | 时辰 |
|---|---|---|---|---|---|---|---|---|---|---|---|
| 1 | 二 | 三月 | 辛卯 | 闭 | 尾 | 木 | 艮 | 风 | 肝 | 泪 | 戊子 |
| 2 | 三 | 十九 | 壬辰 | 建 | 箕 | 水 | 坤 | 寒 | 肾 | 唾 | 庚子 |
| 3 | 四 | 二十 | 癸巳 | 除 | 斗 | 水 | 乾 | 寒 | 肾 | 唾 | 壬子 |
| 4 | 五 | 廿一 | 甲午 | 满 | 牛 | 金 | 兑 | 燥 | 肺 | 涕 | 甲子 |
| 5 | 六 | 廿二 | 乙未 | 满 | 女 | 金 | 离 | 燥 | 肺 | 涕 | 丙子 |
| 6 | 日 | 廿三 | 丙申 | 平 | 虚 | 火 | 震 | 热 | 心 | 汗 | 戊子 |
| 7 | 一 | 廿四 | 丁酉 | 定 | 危 | 火 | 巽 | 热 | 心 | 汗 | 庚子 |
| 8 | 二 | 廿五 | 戊戌 | 执 | 室 | 木 | 坎 | 风 | 肝 | 泪 | 壬子 |
| 9 | 三 | 廿六 | 己亥 | 破 | 壁 | 木 | 艮 | 风 | 肝 | 泪 | 甲子 |
| 10 | 四 | 廿七 | 庚子 | 危 | 奎 | 土 | 坤 | 湿 | 脾 | 涎 | 丙子 |
| 11 | 五 | 廿八 | 辛丑 | 成 | 娄 | 土 | 乾 | 湿 | 脾 | 涎 | 戊子 |
| 12 | 六 | 廿九 | 壬寅 | 收 | 胃 | 金 | 兑 | 燥 | 肺 | 涕 | 庚子 |
| 13 | 日 | 四月 | 癸卯 | 开 | 昴 | 金 | 离 | 燥 | 肺 | 涕 | 壬子 |
| 14 | 一 | 初二 | 甲辰 | 闭 | 毕 | 火 | 坎 | 热 | 心 | 汗 | 甲子 |
| 15 | 二 | 初三 | 乙巳 | 建 | 觜 | 火 | 乾 | 热 | 心 | 汗 | 丙子 |
| 16 | 三 | 初四 | 丙午 | 除 | 参 | 水 | 兑 | 寒 | 肾 | 唾 | 戊子 |
| 17 | 四 | 初五 | 丁未 | 满 | 井 | 水 | 离 | 寒 | 肾 | 唾 | 庚子 |
| 18 | 五 | 初六 | 戊申 | 平 | 鬼 | 土 | 震 | 湿 | 脾 | 涎 | 壬子 |
| 19 | 六 | 初七 | 己酉 | 定 | 柳 | 土 | 巽 | 湿 | 脾 | 涎 | 甲子 |
| 20 | 日 | 初八 | 庚戌 | 执 | 星 | 金 | 坎 | 燥 | 肺 | 涕 | 丙子 |
| 21 | 一 | 初九 | 辛亥 | 破 | 张 | 金 | 艮 | 燥 | 肺 | 涕 | 戊子 |
| 22 | 二 | 初十 | 壬子 | 危 | 翼 | 木 | 坤 | 风 | 肝 | 泪 | 庚子 |
| 23 | 三 | 十一 | 癸丑 | 成 | 轸 | 木 | 乾 | 风 | 肝 | 泪 | 壬子 |
| 24 | 四 | 十二 | 甲寅 | 收 | 角 | 水 | 兑 | 寒 | 肾 | 唾 | 甲子 |
| 25 | 五 | 十三 | 乙卯 | 开 | 亢 | 水 | 离 | 寒 | 肾 | 唾 | 丙子 |
| 26 | 六 | 十四 | 丙辰 | 闭 | 氐 | 土 | 震 | 湿 | 脾 | 涎 | 戊子 |
| 27 | 日 | 十五 | 丁巳 | 建 | 房 | 土 | 巽 | 湿 | 脾 | 涎 | 庚子 |
| 28 | 一 | 十六 | 戊午 | 除 | 心 | 火 | 坎 | 热 | 心 | 汗 | 壬子 |
| 29 | 二 | 十七 | 己未 | 满 | 尾 | 火 | 艮 | 热 | 心 | 汗 | 甲子 |
| 30 | 三 | 十八 | 庚申 | 平 | 箕 | 木 | 坤 | 风 | 肝 | 泪 | 丙子 |
| 31 | 四 | 十九 | 辛酉 | 定 | 斗 | 木 | 乾 | 风 | 肝 | 泪 | 戊子 |

## 6月小　　芒种 5日17时11分　夏至 21日09时49分

农历四月(5月13日-6月11日)　月干支:己巳

| 公历 | 星期 | 农历 | 干支 | 日建 | 星宿 | 五行 | 八卦 | 五气 | 五脏 | 五汁 | 时辰 |
|---|---|---|---|---|---|---|---|---|---|---|---|
| 1 | 五 | 四月 | 壬戌 | 执 | 牛 | 水 | 兑 | 寒 | 肾 | 唾 | 庚子 |
| 2 | 六 | 廿一 | 癸亥 | 破 | 女 | 水 | 离 | 寒 | 肾 | 唾 | 壬子 |
| 3 | 日 | 廿二 | 甲子 | 危 | 虚 | 金 | 震 | 燥 | 肺 | 涕 | 甲子 |
| 4 | 一 | 廿三 | 乙丑 | 成 | 室 | 金 | 巽 | 燥 | 肺 | 涕 | 丙子 |
| 5 | 二 | 廿四 | 丙寅 | 成 | 壁 | 火 | 坎 | 热 | 心 | 汗 | 戊子 |
| 6 | 三 | 廿五 | 丁卯 | 收 | 奎 | 火 | 艮 | 热 | 心 | 汗 | 庚子 |
| 7 | 四 | 廿六 | 戊辰 | 开 | 娄 | 木 | 乾 | 风 | 肝 | 泪 | 壬子 |
| 8 | 五 | 廿七 | 己巳 | 闭 | 胃 | 木 | 兑 | 风 | 肝 | 泪 | 甲子 |
| 9 | 六 | 廿八 | 庚午 | 建 | 昴 | 土 | 离 | 湿 | 脾 | 涎 | 丙子 |
| 10 | 日 | 廿九 | 辛未 | 除 | 毕 | 土 | 震 | 湿 | 脾 | 涎 | 戊子 |
| 11 | 一 | 三十 | 壬申 | 满 | 觜 | 金 | 坤 | 燥 | 肺 | 涕 | 庚子 |
| 12 | 二 | 五月 | 癸酉 | 平 | 参 | 金 | 乾 | 燥 | 肺 | 涕 | 壬子 |
| 13 | 三 | 初二 | 甲戌 | 定 | 井 | 火 | 兑 | 热 | 心 | 汗 | 甲子 |
| 14 | 四 | 初三 | 乙亥 | 执 | 鬼 | 火 | 离 | 热 | 心 | 汗 | 丙子 |
| 15 | 五 | 初四 | 丙子 | 破 | 柳 | 水 | 震 | 寒 | 肾 | 唾 | 戊子 |
| 16 | 六 | 初五 | 丁丑 | 危 | 星 | 水 | 巽 | 寒 | 肾 | 唾 | 庚子 |
| 17 | 日 | 初六 | 戊寅 | 成 | 张 | 土 | 坎 | 湿 | 脾 | 涎 | 壬子 |
| 18 | 一 | 初七 | 己卯 | 收 | 翼 | 土 | 艮 | 湿 | 脾 | 涎 | 甲子 |
| 19 | 二 | 初八 | 庚辰 | 开 | 轸 | 金 | 乾 | 燥 | 肺 | 涕 | 丙子 |
| 20 | 三 | 初九 | 辛巳 | 闭 | 角 | 金 | 坤 | 燥 | 肺 | 涕 | 戊子 |
| 21 | 四 | 初十 | 壬午 | 建 | 亢 | 木 | 乾 | 风 | 肝 | 泪 | 庚子 |
| 22 | 五 | 十一 | 癸未 | 除 | 氐 | 木 | 兑 | 风 | 肝 | 泪 | 壬子 |
| 23 | 六 | 十二 | 甲申 | 满 | 房 | 水 | 离 | 寒 | 肾 | 唾 | 甲子 |
| 24 | 日 | 十三 | 乙酉 | 平 | 心 | 水 | 震 | 寒 | 肾 | 唾 | 丙子 |
| 25 | 一 | 十四 | 丙戌 | 定 | 尾 | 土 | 巽 | 湿 | 脾 | 涎 | 戊子 |
| 26 | 二 | 十五 | 丁亥 | 执 | 箕 | 土 | 坎 | 湿 | 脾 | 涎 | 庚子 |
| 27 | 三 | 十六 | 戊子 | 破 | 斗 | 火 | 艮 | 热 | 心 | 汗 | 壬子 |
| 28 | 四 | 十七 | 己丑 | 危 | 牛 | 火 | 乾 | 热 | 心 | 汗 | 甲子 |
| 29 | 五 | 十八 | 庚寅 | 成 | 女 | 木 | 坤 | 风 | 肝 | 泪 | 丙子 |
| 30 | 六 | 十九 | 辛卯 | 收 | 虚 | 木 | 乾 | 风 | 肝 | 泪 | 戊子 |

# 公元2029年　　　农历己酉(鸡)年

## 7月大

小暑　7日03时23分
大暑　22日20时43分

农历五月(6月12日-7月10日)　月干支:庚午

| 公历 | 星期 | 农历 | 干支 | 日建 | 星宿 | 五行 | 八卦 | 五气 | 五脏 | 五汁 | 时辰 |
|---|---|---|---|---|---|---|---|---|---|---|---|
| 1 | 日 | 五月 | 壬辰 | 开 | 虚 | 水 | 离 | 寒 | 肾 | 唾 | 壬子 |
| 2 | 一 | 廿一 | 癸巳 | 闭 | 危 | 水 | 震 | 寒 | 肾 | 唾 | 甲子 |
| 3 | 二 | 廿二 | 甲午 | 建 | 室 | 金 | 巽 | 燥 | 肺 | 涕 | 丙子 |
| 4 | 三 | 廿三 | 乙未 | 除 | 壁 | 金 | 坎 | 燥 | 肺 | 涕 | 戊子 |
| 5 | 四 | 廿四 | 丙申 | 满 | 奎 | 火 | 艮 | 热 | 心 | 汗 | 庚子 |
| 6 | 五 | 廿五 | 丁酉 | 平 | 娄 | 火 | 坤 | 热 | 心 | 汗 | 壬子 |
| 7 | 六 | 廿六 | 戊戌 | 平 | 胃 | 木 | 乾 | 风 | 肝 | 泪 | 甲子 |
| 8 | 日 | 廿七 | 己亥 | 定 | 昴 | 木 | 兑 | 风 | 肝 | 泪 | 丙子 |
| 9 | 一 | 廿八 | 庚子 | 执 | 毕 | 土 | 离 | 湿 | 脾 | 涎 | 戊子 |
| 10 | 二 | 廿九 | 辛丑 | 破 | 觜 | 土 | 震 | 湿 | 脾 | 涎 | 庚子 |
| 11 | 三 | 六月 | 壬寅 | 危 | 参 | 金 | 乾 | 燥 | 肺 | 涕 | 壬子 |
| 12 | 四 | 初二 | 癸卯 | 成 | 井 | 金 | 兑 | 燥 | 肺 | 涕 | 甲子 |
| 13 | 五 | 初三 | 甲辰 | 收 | 鬼 | 火 | 离 | 热 | 心 | 汗 | 丙子 |
| 14 | 六 | 初四 | 乙巳 | 开 | 柳 | 火 | 震 | 热 | 心 | 汗 | 戊子 |
| 15 | 日 | 初五 | 丙午 | 闭 | 星 | 水 | 巽 | 寒 | 肾 | 唾 | 庚子 |
| 16 | 一 | 初六 | 丁未 | 建 | 张 | 水 | 坎 | 寒 | 肾 | 唾 | 壬子 |
| 17 | 二 | 初七 | 戊申 | 除 | 翼 | 土 | 艮 | 湿 | 脾 | 涎 | 甲子 |
| 18 | 三 | 初八 | 己酉 | 满 | 轸 | 土 | 坤 | 湿 | 脾 | 涎 | 丙子 |
| 19 | 四 | 初九 | 庚戌 | 平 | 角 | 金 | 乾 | 燥 | 肺 | 涕 | 戊子 |
| 20 | 五 | 初十 | 辛亥 | 定 | 亢 | 金 | 兑 | 燥 | 肺 | 涕 | 庚子 |
| 21 | 六 | 十一 | 壬子 | 执 | 氐 | 木 | 离 | 风 | 肝 | 泪 | 庚子 |
| 22 | 日 | 十二 | 癸丑 | 破 | 房 | 木 | 震 | 风 | 肝 | 泪 | 壬子 |
| 23 | 一 | 十三 | 甲寅 | 危 | 心 | 水 | 巽 | 寒 | 肾 | 唾 | 甲子 |
| 24 | 二 | 十四 | 乙卯 | 成 | 尾 | 水 | 坎 | 寒 | 肾 | 唾 | 丙子 |
| 25 | 三 | 十五 | 丙辰 | 收 | 箕 | 土 | 艮 | 湿 | 脾 | 涎 | 戊子 |
| 26 | 四 | 十六 | 丁巳 | 开 | 斗 | 土 | 坤 | 湿 | 脾 | 涎 | 庚子 |
| 27 | 五 | 十七 | 戊午 | 闭 | 牛 | 火 | 乾 | 热 | 心 | 汗 | 壬子 |
| 28 | 六 | 十八 | 己未 | 建 | 女 | 火 | 兑 | 热 | 心 | 汗 | 甲子 |
| 29 | 日 | 十九 | 庚申 | 除 | 虚 | 木 | 离 | 风 | 肝 | 泪 | 丙子 |
| 30 | 一 | 二十 | 辛酉 | 满 | 危 | 木 | 震 | 风 | 肝 | 泪 | 戊子 |
| 31 | 二 | 廿一 | 壬戌 | 平 | 室 | 水 | 巽 | 寒 | 肾 | 唾 | 庚子 |

## 8月大

立秋　7日13时12分
处暑　23日03时52分

农历六月(7月11日-8月9日)　月干支:辛未

| 公历 | 星期 | 农历 | 干支 | 日建 | 星宿 | 五行 | 八卦 | 五气 | 五脏 | 五汁 | 时辰 |
|---|---|---|---|---|---|---|---|---|---|---|---|
| 1 | 三 | 六月 | 癸亥 | 定 | 壁 | 水 | 坎 | 寒 | 肾 | 唾 | 壬子 |
| 2 | 四 | 廿三 | 甲子 | 执 | 奎 | 金 | 艮 | 燥 | 肺 | 涕 | 甲子 |
| 3 | 五 | 廿四 | 乙丑 | 破 | 娄 | 金 | 坤 | 燥 | 肺 | 涕 | 丙子 |
| 4 | 六 | 廿五 | 丙寅 | 危 | 胃 | 火 | 乾 | 热 | 心 | 汗 | 戊子 |
| 5 | 日 | 廿六 | 丁卯 | 成 | 昴 | 火 | 兑 | 热 | 心 | 汗 | 庚子 |
| 6 | 一 | 廿七 | 戊辰 | 收 | 毕 | 木 | 离 | 风 | 肝 | 泪 | 壬子 |
| 7 | 二 | 廿八 | 己巳 | 收 | 觜 | 木 | 震 | 风 | 肝 | 泪 | 甲子 |
| 8 | 三 | 廿九 | 庚午 | 开 | 参 | 土 | 巽 | 湿 | 脾 | 涎 | 丙子 |
| 9 | 四 | 三十 | 辛未 | 闭 | 井 | 土 | 坎 | 湿 | 脾 | 涎 | 戊子 |
| 10 | 五 | 七月 | 壬申 | 建 | 鬼 | 金 | 艮 | 燥 | 肺 | 涕 | 庚子 |
| 11 | 六 | 初二 | 癸酉 | 除 | 柳 | 金 | 离 | 燥 | 肺 | 涕 | 壬子 |
| 12 | 日 | 初三 | 甲戌 | 满 | 星 | 火 | 震 | 热 | 心 | 汗 | 甲子 |
| 13 | 一 | 初四 | 乙亥 | 平 | 张 | 火 | 巽 | 热 | 心 | 汗 | 丙子 |
| 14 | 二 | 初五 | 丙子 | 定 | 翼 | 水 | 坎 | 寒 | 肾 | 唾 | 戊子 |
| 15 | 三 | 初六 | 丁丑 | 执 | 轸 | 水 | 艮 | 寒 | 肾 | 唾 | 庚子 |
| 16 | 四 | 初七 | 戊寅 | 破 | 角 | 土 | 坤 | 湿 | 脾 | 涎 | 壬子 |
| 17 | 五 | 初八 | 己卯 | 危 | 亢 | 土 | 乾 | 湿 | 脾 | 涎 | 甲子 |
| 18 | 六 | 初九 | 庚辰 | 成 | 氐 | 金 | 兑 | 燥 | 肺 | 涕 | 丙子 |
| 19 | 日 | 初十 | 辛巳 | 收 | 房 | 金 | 离 | 燥 | 肺 | 涕 | 戊子 |
| 20 | 一 | 十一 | 壬午 | 开 | 心 | 木 | 震 | 风 | 肝 | 泪 | 庚子 |
| 21 | 二 | 十二 | 癸未 | 闭 | 尾 | 木 | 巽 | 风 | 肝 | 泪 | 壬子 |
| 22 | 三 | 十三 | 甲申 | 建 | 箕 | 水 | 坎 | 寒 | 肾 | 唾 | 甲子 |
| 23 | 四 | 十四 | 乙酉 | 除 | 斗 | 水 | 艮 | 寒 | 肾 | 唾 | 丙子 |
| 24 | 五 | 十五 | 丙戌 | 满 | 牛 | 土 | 坤 | 湿 | 脾 | 涎 | 戊子 |
| 25 | 六 | 十六 | 丁亥 | 平 | 女 | 土 | 乾 | 湿 | 脾 | 涎 | 庚子 |
| 26 | 日 | 十七 | 戊子 | 定 | 虚 | 火 | 兑 | 热 | 心 | 汗 | 壬子 |
| 27 | 一 | 十八 | 己丑 | 执 | 危 | 火 | 离 | 热 | 心 | 汗 | 甲子 |
| 28 | 二 | 十九 | 庚寅 | 破 | 室 | 木 | 震 | 风 | 肝 | 泪 | 丙子 |
| 29 | 三 | 二十 | 辛卯 | 危 | 壁 | 木 | 巽 | 风 | 肝 | 泪 | 戊子 |
| 30 | 四 | 廿一 | 壬辰 | 成 | 奎 | 水 | 坎 | 寒 | 肾 | 唾 | 庚子 |
| 31 | 五 | 廿二 | 癸巳 | 收 | 娄 | 水 | 艮 | 寒 | 肾 | 唾 | 壬子 |

# 公元2029年　　　　农历己酉(鸡)年

## 9月小

白露　7日16时12分
秋分　23日01时39分

农历七月(8月10日–9月7日)　月干支:壬申

| 公历 | 星期 | 农历 | 干支 | 日建 | 星宿 | 五行 | 八卦 | 五气 | 五脏 | 五汁 | 时辰 |
|---|---|---|---|---|---|---|---|---|---|---|---|
| 1 | 六 | 七月 | 甲午 | 开 | 胃 | 金 | 坤 | 燥 | 肺 | 涕 | 甲子 |
| 2 | 日 | 廿四 | 乙未 | 闭 | 昴 | 金 | 乾 | 燥 | 肺 | 涕 | 丙子 |
| 3 | 一 | 廿五 | 丙申 | 建 | 毕 | 火 | 兑 | 热 | 心 | 汗 | 戊子 |
| 4 | 二 | 廿六 | 丁酉 | 除 | 觜 | 火 | 离 | 热 | 心 | 汗 | 庚子 |
| 5 | 三 | 廿七 | 戊戌 | 满 | 参 | 木 | 震 | 风 | 肝 | 泪 | 壬子 |
| 6 | 四 | 廿八 | 己亥 | 平 | 井 | 木 | 巽 | 风 | 肝 | 泪 | 甲子 |
| 7 | 五 | 廿九 | 庚子 | 平 | 鬼 | 土 | 坎 | 湿 | 脾 | 涎 | 丙子 |
| 8 | 六 | 八月 | 辛丑 | 定 | 柳 | 土 | 离 | 湿 | 脾 | 涎 | 戊子 |
| 9 | 日 | 初二 | 壬寅 | 执 | 星 | 金 | 震 | 燥 | 肺 | 涕 | 庚子 |
| 10 | 一 | 初三 | 癸卯 | 破 | 张 | 金 | 兑 | 燥 | 肺 | 涕 | 壬子 |
| 11 | 二 | 初四 | 甲辰 | 危 | 翼 | 火 | 坎 | 热 | 心 | 汗 | 甲子 |
| 12 | 三 | 初五 | 乙巳 | 成 | 轸 | 火 | 艮 | 热 | 心 | 汗 | 丙子 |
| 13 | 四 | 初六 | 丙午 | 收 | 角 | 水 | 乾 | 寒 | 肾 | 唾 | 戊子 |
| 14 | 五 | 初七 | 丁未 | 开 | 亢 | 水 | 兑 | 寒 | 肾 | 唾 | 庚子 |
| 15 | 六 | 初八 | 戊申 | 闭 | 氐 | 土 | 离 | 湿 | 脾 | 涎 | 壬子 |
| 16 | 日 | 初九 | 己酉 | 建 | 房 | 土 | 震 | 湿 | 脾 | 涎 | 甲子 |
| 17 | 一 | 初十 | 庚戌 | 除 | 心 | 金 | 巽 | 燥 | 肺 | 涕 | 丙子 |
| 18 | 二 | 十一 | 辛亥 | 满 | 尾 | 金 | 坎 | 燥 | 肺 | 涕 | 戊子 |
| 19 | 三 | 十二 | 壬子 | 平 | 箕 | 木 | 艮 | 风 | 肝 | 泪 | 庚子 |
| 20 | 四 | 十三 | 癸丑 | 定 | 斗 | 木 | 坤 | 风 | 肝 | 泪 | 壬子 |
| 21 | 五 | 十四 | 甲寅 | 执 | 牛 | 水 | 坤 | 寒 | 肾 | 唾 | 甲子 |
| 22 | 六 | 十五 | 乙卯 | 破 | 女 | 水 | 乾 | 寒 | 肾 | 唾 | 丙子 |
| 23 | 日 | 十六 | 丙辰 | 危 | 虚 | 土 | 兑 | 湿 | 脾 | 涎 | 戊子 |
| 24 | 一 | 十七 | 丁巳 | 成 | 危 | 土 | 离 | 湿 | 脾 | 涎 | 庚子 |
| 25 | 二 | 十八 | 戊午 | 收 | 室 | 火 | 震 | 热 | 心 | 汗 | 壬子 |
| 26 | 三 | 十九 | 己未 | 开 | 壁 | 火 | 巽 | 热 | 心 | 汗 | 甲子 |
| 27 | 四 | 二十 | 庚申 | 闭 | 奎 | 木 | 坎 | 风 | 肝 | 泪 | 丙子 |
| 28 | 五 | 廿一 | 辛酉 | 建 | 娄 | 木 | 艮 | 风 | 肝 | 泪 | 戊子 |
| 29 | 六 | 廿二 | 壬戌 | 除 | 胃 | 水 | 坤 | 寒 | 肾 | 唾 | 庚子 |
| 30 | 日 | 廿三 | 癸亥 | 满 | 昴 | 水 | 乾 | 寒 | 肾 | 唾 | 壬子 |
| 31 | | | | | | | | | | | |

## 10月大

寒露　8日07时58分
霜降　23日11时08分

农历八月(9月8日–10月7日)　月干支:癸酉

| 公历 | 星期 | 农历 | 干支 | 日建 | 星宿 | 五行 | 八卦 | 五气 | 五脏 | 五汁 | 时辰 |
|---|---|---|---|---|---|---|---|---|---|---|---|
| 1 | 一 | 八月 | 甲子 | 平 | 毕 | 金 | 兑 | 燥 | 肺 | 涕 | 甲子 |
| 2 | 二 | 廿五 | 乙丑 | 定 | 觜 | 金 | 离 | 燥 | 肺 | 涕 | 丙子 |
| 3 | 三 | 廿六 | 丙寅 | 执 | 参 | 火 | 震 | 热 | 心 | 汗 | 戊子 |
| 4 | 四 | 廿七 | 丁卯 | 破 | 井 | 火 | 巽 | 热 | 心 | 汗 | 庚子 |
| 5 | 五 | 廿八 | 戊辰 | 危 | 鬼 | 木 | 坎 | 风 | 肝 | 泪 | 壬子 |
| 6 | 六 | 廿九 | 己巳 | 成 | 柳 | 木 | 艮 | 风 | 肝 | 泪 | 甲子 |
| 7 | 日 | 三十 | 庚午 | 收 | 星 | 土 | 坤 | 湿 | 脾 | 涎 | 丙子 |
| 8 | 一 | 九月 | 辛未 | 收 | 张 | 土 | 震 | 湿 | 脾 | 涎 | 戊子 |
| 9 | 二 | 初二 | 壬申 | 开 | 翼 | 金 | 巽 | 燥 | 肺 | 涕 | 庚子 |
| 10 | 三 | 初三 | 癸酉 | 闭 | 轸 | 金 | 坎 | 燥 | 肺 | 涕 | 壬子 |
| 11 | 四 | 初四 | 甲戌 | 建 | 角 | 火 | 艮 | 热 | 心 | 汗 | 甲子 |
| 12 | 五 | 初五 | 乙亥 | 除 | 亢 | 火 | 乾 | 热 | 心 | 汗 | 丙子 |
| 13 | 六 | 初六 | 丙子 | 满 | 氐 | 水 | 兑 | 寒 | 肾 | 唾 | 戊子 |
| 14 | 日 | 初七 | 丁丑 | 平 | 房 | 水 | 离 | 寒 | 肾 | 唾 | 庚子 |
| 15 | 一 | 初八 | 戊寅 | 定 | 心 | 土 | 震 | 湿 | 脾 | 涎 | 壬子 |
| 16 | 二 | 初九 | 己卯 | 执 | 尾 | 土 | 巽 | 湿 | 脾 | 涎 | 甲子 |
| 17 | 三 | 初十 | 庚辰 | 破 | 箕 | 金 | 坎 | 燥 | 肺 | 涕 | 丙子 |
| 18 | 四 | 十一 | 辛巳 | 危 | 斗 | 金 | 艮 | 燥 | 肺 | 涕 | 戊子 |
| 19 | 五 | 十二 | 壬午 | 成 | 牛 | 木 | 坤 | 风 | 肝 | 泪 | 庚子 |
| 20 | 六 | 十三 | 癸未 | 收 | 女 | 木 | 乾 | 风 | 肝 | 泪 | 壬子 |
| 21 | 日 | 十四 | 甲申 | 开 | 虚 | 水 | 兑 | 寒 | 肾 | 唾 | 甲子 |
| 22 | 一 | 十五 | 乙酉 | 闭 | 危 | 水 | 离 | 寒 | 肾 | 唾 | 丙子 |
| 23 | 二 | 十六 | 丙戌 | 建 | 室 | 土 | 震 | 湿 | 脾 | 涎 | 戊子 |
| 24 | 三 | 十七 | 丁亥 | 除 | 壁 | 土 | 巽 | 湿 | 脾 | 涎 | 庚子 |
| 25 | 四 | 十八 | 戊子 | 满 | 奎 | 火 | 坎 | 热 | 心 | 汗 | 壬子 |
| 26 | 五 | 十九 | 己丑 | 平 | 娄 | 火 | 艮 | 热 | 心 | 汗 | 甲子 |
| 27 | 六 | 二十 | 庚寅 | 定 | 胃 | 木 | 乾 | 风 | 肝 | 泪 | 丙子 |
| 28 | 日 | 廿一 | 辛卯 | 执 | 昴 | 木 | 坤 | 风 | 肝 | 泪 | 戊子 |
| 29 | 一 | 廿二 | 壬辰 | 破 | 毕 | 水 | 兑 | 寒 | 肾 | 唾 | 庚子 |
| 30 | 二 | 廿三 | 癸巳 | 危 | 觜 | 水 | 离 | 寒 | 肾 | 唾 | 壬子 |
| 31 | 三 | 廿四 | 甲午 | 成 | 参 | 金 | 震 | 燥 | 肺 | 涕 | 甲子 |

实用干支万年历

# 公元2029年　　农历己酉(鸡)年

## 11月小
立冬　7日11时17分
小雪　22日08时50分

农历九月(10月8日–11月5日)　月干支:甲戌
农历十月(11月6日–12月4日)　月干支:乙亥

| 公历 | 星期 | 农历 | 干支 | 日建 | 星宿 | 五行 | 八卦 | 五气 | 五脏 | 五汁 | 时辰 |
|---|---|---|---|---|---|---|---|---|---|---|---|
| 1 | 四 | 九月 | 乙未 | 收 | 井鬼 | 金 | 震 | 燥 | 肺 | 涕 | 丙子 |
| 2 | 五 | 廿六 | 丙申 | 开 | 鬼柳 | 火 | 巽 | 热 | 心 | 汗 | 戊子 |
| 3 | 六 | 廿七 | 丁酉 | 闭 | 柳星 | 火 | 坎 | 热 | 心 | 汗 | 庚子 |
| 4 | 日 | 廿八 | 戊戌 | 建 | 星张 | 木 | 艮 | 风 | 肝 | 泪 | 壬子 |
| 5 | 一 | 廿九 | 己亥 | 除 | 张 | 木 | 坤 | 风 | 肝 | 泪 | 甲子 |
| 6 | 二 | 十月 | 庚子 | 满 | 翼 | 土 | 巽 | 湿 | 脾 | 涎 | 丙子 |
| 7 | 三 | 初二 | 辛丑 | 满 | 轸 | 土 | 坎 | 湿 | 脾 | 涎 | 戊子 |
| 8 | 四 | 初三 | 壬寅 | 平 | 角 | 金 | 艮 | 燥 | 肺 | 涕 | 庚子 |
| 9 | 五 | 初四 | 癸卯 | 定 | 亢氐 | 金 | 乾 | 燥 | 肺 | 涕 | 壬子 |
| 10 | 六 | 初五 | 甲辰 | 执 | 氐 | 火 | | 热 | 心 | 汗 | 甲子 |
| 11 | 日 | 初六 | 乙巳 | 破 | 房 | 火 | 兑 | 热 | 心 | 汗 | 丙子 |
| 12 | 一 | 初七 | 丙午 | 危 | 心 | 水 | 离 | 寒 | 肾 | 唾 | 戊子 |
| 13 | 二 | 初八 | 丁未 | 成 | 尾 | 水 | 震 | 寒 | 肾 | 唾 | 庚子 |
| 14 | 三 | 初九 | 戊申 | 收 | 箕 | 土 | 巽 | 湿 | 脾 | 涎 | 壬子 |
| 15 | 四 | 初十 | 己酉 | 开 | 斗 | 土 | 坎 | 湿 | 脾 | 涎 | 甲子 |
| 16 | 五 | 十一 | 庚戌 | 闭 | 牛 | 金 | 艮 | 燥 | 肺 | 涕 | 丙子 |
| 17 | 六 | 十二 | 辛亥 | 建 | 女 | 金 | 坤 | 燥 | 肺 | 涕 | 戊子 |
| 18 | 日 | 十三 | 壬子 | 除 | 虚 | 木 | 乾 | 风 | 肝 | 泪 | 庚子 |
| 19 | 一 | 十四 | 癸丑 | 满 | 危 | 木 | 兑 | 风 | 肝 | 泪 | 壬子 |
| 20 | 二 | 十五 | 甲寅 | 平 | 室 | 水 | 离 | 寒 | 肾 | 唾 | 甲子 |
| 21 | 三 | 十六 | 乙卯 | 定 | 壁 | 水 | 震 | 寒 | 肾 | 唾 | 丙子 |
| 22 | 四 | 十七 | 丙辰 | 执 | 奎 | 土 | 巽 | 湿 | 脾 | 涎 | 戊子 |
| 23 | 五 | 十八 | 丁巳 | 破 | 娄 | 土 | 坎 | 湿 | 脾 | 涎 | 庚子 |
| 24 | 六 | 十九 | 戊午 | 危 | 胃 | 火 | 艮 | 热 | 心 | 汗 | 壬子 |
| 25 | 日 | 二十 | 己未 | 成 | 昴 | 火 | 坤 | 热 | 心 | 汗 | 甲子 |
| 26 | 一 | 廿一 | 庚申 | 收 | 毕 | 木 | 乾 | 风 | 肝 | 泪 | 丙子 |
| 27 | 二 | 廿二 | 辛酉 | 开 | 觜 | 木 | 兑 | 风 | 肝 | 泪 | 戊子 |
| 28 | 三 | 廿三 | 壬戌 | 闭 | 参 | 水 | 离 | 寒 | 肾 | 唾 | 庚子 |
| 29 | 四 | 廿四 | 癸亥 | 建 | 井 | 水 | 震 | 寒 | 肾 | 唾 | 壬子 |
| 30 | 五 | 廿五 | 甲子 | 除 | 鬼 | 金 | 巽 | 燥 | 肺 | 涕 | 甲子 |

## 12月大
大雪　7日04时15分
冬至　21日22时15分

农历冬月(12月5日–1月3日)　月干支:丙子

| 公历 | 星期 | 农历 | 干支 | 日建 | 星宿 | 五行 | 八卦 | 五气 | 五脏 | 五汁 | 时辰 |
|---|---|---|---|---|---|---|---|---|---|---|---|
| 1 | 六 | 十月 | 乙丑 | 满 | 柳 | 金 | 坤 | 燥 | 肺 | 涕 | 丙子 |
| 2 | 日 | 廿七 | 丙寅 | 平 | 星 | 火 | 艮 | 热 | 心 | 汗 | 戊子 |
| 3 | 一 | 廿八 | 丁卯 | 定 | 张 | 火 | 坤 | 热 | 心 | 汗 | 庚子 |
| 4 | 二 | 廿九 | 戊辰 | 执 | 翼 | 木 | 乾 | 风 | 肝 | 泪 | 壬子 |
| 5 | 三 | 冬月 | 己巳 | 破 | 轸 | 木 | 坎 | 风 | 肝 | 泪 | 甲子 |
| 6 | 四 | 初二 | 庚午 | 危 | 角亢 | 土 | 艮 | 湿 | 脾 | 涎 | 丙子 |
| 7 | 五 | 初三 | 辛未 | 危 | 亢氐 | 土 | 坤 | 湿 | 脾 | 涎 | 戊子 |
| 8 | 六 | 初四 | 壬申 | 成 | 房 | 金 | 乾 | 燥 | 肺 | 涕 | 庚子 |
| 9 | 日 | 初五 | 癸酉 | 收 | 心 | 金 | 离 | 燥 | 肺 | 涕 | 壬子 |
| 10 | 一 | 初六 | 甲戌 | 开 | 尾 | 火 | 火 | 热 | 心 | 汗 | 甲子 |
| 11 | 二 | 初七 | 乙亥 | 闭 | 尾 | 火 | 震 | 热 | 心 | 汗 | 丙子 |
| 12 | 三 | 初八 | 丙子 | 建 | 箕 | 水 | 巽 | 寒 | 肾 | 唾 | 戊子 |
| 13 | 四 | 初九 | 丁丑 | 除 | 斗 | 水 | 坎 | 寒 | 肾 | 唾 | 庚子 |
| 14 | 五 | 初十 | 戊寅 | 满 | 牛 | 土 | 艮 | 湿 | 脾 | 涎 | 壬子 |
| 15 | 六 | 十一 | 己卯 | 平 | 女 | 土 | 坤 | 湿 | 脾 | 涎 | 甲子 |
| 16 | 日 | 十二 | 庚辰 | 定 | 虚 | 金 | 乾 | 燥 | 肺 | 涕 | 丙子 |
| 17 | 一 | 十三 | 辛巳 | 执 | 危 | 金 | 兑 | 燥 | 肺 | 涕 | 戊子 |
| 18 | 二 | 十四 | 壬午 | 破 | 室 | 木 | 离 | 风 | 肝 | 泪 | 庚子 |
| 19 | 三 | 十五 | 癸未 | 危 | 壁 | 木 | 震 | 风 | 肝 | 泪 | 壬子 |
| 20 | 四 | 十六 | 甲申 | 成 | 奎 | 水 | 巽 | 寒 | 肾 | 唾 | 甲子 |
| 21 | 五 | 十七 | 乙酉 | 收 | 娄 | 水 | 坎 | 寒 | 肾 | 唾 | 丙子 |
| 22 | 六 | 十八 | 丙戌 | 开 | 胃 | 土 | 艮 | 湿 | 脾 | 涎 | 戊子 |
| 23 | 日 | 十九 | 丁亥 | 闭 | 昴 | 土 | 坤 | 湿 | 脾 | 涎 | 庚子 |
| 24 | 一 | 二十 | 戊子 | 建 | 毕 | 火 | 乾 | 热 | 心 | 汗 | 壬子 |
| 25 | 二 | 廿一 | 己丑 | 除 | 觜 | 火 | 兑 | 热 | 心 | 汗 | 甲子 |
| 26 | 三 | 廿二 | 庚寅 | 满 | 参 | 木 | 离 | 风 | 肝 | 泪 | 丙子 |
| 27 | 四 | 廿三 | 辛卯 | 平 | 井 | 木 | 震 | 风 | 肝 | 泪 | 戊子 |
| 28 | 五 | 廿四 | 壬辰 | 定 | 鬼 | 水 | 巽 | 寒 | 肾 | 唾 | 庚子 |
| 29 | 六 | 廿五 | 癸巳 | 执 | 柳 | 水 | 坎 | 寒 | 肾 | 唾 | 壬子 |
| 30 | 日 | 廿六 | 甲午 | 破 | 星 | 金 | 艮 | 燥 | 肺 | 涕 | 甲子 |
| 31 | 一 | 廿七 | 乙未 | 危 | 张 | 金 | 坤 | 燥 | 肺 | 涕 | 丙子 |

# 公元2030年　　　　农历庚戌(狗)年

实用干支万年历

| 1月大 | 小寒　5日15时31分　大寒　20日08时55分 |
|---|---|

农历腊月(1月4日-2月2日)　月干支:丁丑

| 公历 | 星期 | 农历 | 干支 | 日建 | 星宿 | 五行 | 八卦 | 五气 | 五脏 | 五汁 | 时辰 |
|---|---|---|---|---|---|---|---|---|---|---|---|
| 1 | 二 | 冬月 | 丙申 | 成 | 翼 | 火 | 乾 | 热 | 心 | 汗 | 戊子 |
| 2 | 三 | 廿九 | 丁酉 | 收 | 轸 | 火 | 兑 | 热 | 心 | 汗 | 庚子 |
| 3 | 四 | 三十 | 戊戌 | 开 | 角 | 木 | 离 | 风 | 肝 | 泪 | 壬子 |
| 4 | 五 | 腊月 | 己亥 | 闭 | 亢 | 木 | 艮 | 风 | 肝 | 泪 | 甲子 |
| 5 | 六 | 初二 | 庚子 | 闭 | 氐 | 土 | 坤 | 湿 | 脾 | 涎 | 丙子 |
| 6 | 日 | 初三 | 辛丑 | 建 | 房 | 土 | 乾 | 湿 | 脾 | 涎 | 戊子 |
| 7 | 一 | 初四 | 壬寅 | 除 | 心 | 金 | 兑 | 燥 | 肺 | 涕 | 庚子 |
| 8 | 二 | 初五 | 癸卯 | 满 | 尾 | 金 | 离 | 燥 | 肺 | 涕 | 壬子 |
| 9 | 三 | 初六 | 甲辰 | 平 | 箕 | 火 | 震 | 热 | 心 | 汗 | 甲子 |
| 10 | 四 | 初七 | 乙巳 | 定 | 斗 | 火 | 巽 | 热 | 心 | 汗 | 丙子 |
| 11 | 五 | 初八 | 丙午 | 执 | 牛 | 水 | 坎 | 寒 | 肾 | 唾 | 戊子 |
| 12 | 六 | 初九 | 丁未 | 破 | 女 | 水 | 艮 | 寒 | 肾 | 唾 | 庚子 |
| 13 | 日 | 初十 | 戊申 | 危 | 虚 | 土 | 坤 | 湿 | 脾 | 涎 | 壬子 |
| 14 | 一 | 十一 | 己酉 | 成 | 危 | 土 | 乾 | 湿 | 脾 | 涎 | 甲子 |
| 15 | 二 | 十二 | 庚戌 | 收 | 室 | 金 | 兑 | 燥 | 肺 | 涕 | 丙子 |
| 16 | 三 | 十三 | 辛亥 | 开 | 壁 | 金 | 离 | 燥 | 肺 | 涕 | 戊子 |
| 17 | 四 | 十四 | 壬子 | 闭 | 奎 | 木 | 震 | 风 | 肝 | 泪 | 庚子 |
| 18 | 五 | 十五 | 癸丑 | 建 | 娄 | 木 | 巽 | 风 | 肝 | 泪 | 壬子 |
| 19 | 六 | 十六 | 甲寅 | 除 | 胃 | 水 | 坎 | 寒 | 肾 | 唾 | 甲子 |
| 20 | 日 | 十七 | 乙卯 | 满 | 昴 | 水 | 艮 | 寒 | 肾 | 唾 | 丙子 |
| 21 | 一 | 十八 | 丙辰 | 平 | 毕 | 土 | 坤 | 湿 | 脾 | 涎 | 戊子 |
| 22 | 二 | 十九 | 丁巳 | 定 | 觜 | 土 | 乾 | 湿 | 脾 | 涎 | 庚子 |
| 23 | 三 | 二十 | 戊午 | 执 | 参 | 火 | 兑 | 热 | 心 | 汗 | 壬子 |
| 24 | 四 | 廿一 | 己未 | 破 | 井 | 火 | 离 | 热 | 心 | 汗 | 甲子 |
| 25 | 五 | 廿二 | 庚申 | 危 | 鬼 | 木 | 震 | 风 | 肝 | 泪 | 丙子 |
| 26 | 六 | 廿三 | 辛酉 | 成 | 柳 | 木 | 巽 | 风 | 肝 | 泪 | 戊子 |
| 27 | 日 | 廿四 | 壬戌 | 收 | 星 | 水 | 坎 | 寒 | 肾 | 唾 | 庚子 |
| 28 | 一 | 廿五 | 癸亥 | 开 | 张 | 水 | 艮 | 寒 | 肾 | 唾 | 壬子 |
| 29 | 二 | 廿六 | 甲子 | 闭 | 翼 | 金 | 坤 | 燥 | 肺 | 涕 | 甲子 |
| 30 | 三 | 廿七 | 乙丑 | 建 | 轸 | 金 | 乾 | 燥 | 肺 | 涕 | 丙子 |
| 31 | 四 | 廿八 | 丙寅 | 除 | 角 | 火 | 兑 | 热 | 心 | 汗 | 戊子 |

| 2月平 | 立春　4日03时09分　雨水　18日23时00分 |
|---|---|

农历正月(2月3日-3月3日)　月干支:戊寅

| 公历 | 星期 | 农历 | 干支 | 日建 | 星宿 | 五行 | 八卦 | 五气 | 五脏 | 五汁 | 时辰 |
|---|---|---|---|---|---|---|---|---|---|---|---|
| 1 | 五 | 腊月 | 丁卯 | 满 | 亢 | 火 | 离 | 热 | 心 | 汗 | 庚子 |
| 2 | 六 | 三十 | 戊辰 | 平 | 氐 | 木 | 震 | 风 | 肝 | 泪 | 壬子 |
| 3 | 日 | 正月 | 己巳 | 定 | 房 | 木 | 巽 | 风 | 肝 | 泪 | 甲子 |
| 4 | 一 | 初二 | 庚午 | 定 | 心 | 土 | 坎 | 湿 | 脾 | 涎 | 丙子 |
| 5 | 二 | 初三 | 辛未 | 执 | 尾 | 土 | 艮 | 湿 | 脾 | 涎 | 戊子 |
| 6 | 三 | 初四 | 壬申 | 破 | 箕 | 金 | 坤 | 燥 | 肺 | 涕 | 庚子 |
| 7 | 四 | 初五 | 癸酉 | 危 | 斗 | 金 | 乾 | 燥 | 肺 | 涕 | 壬子 |
| 8 | 五 | 初六 | 甲戌 | 成 | 牛 | 火 | 兑 | 热 | 心 | 汗 | 甲子 |
| 9 | 六 | 初七 | 乙亥 | 收 | 女 | 火 | 离 | 热 | 心 | 汗 | 丙子 |
| 10 | 日 | 初八 | 丙子 | 开 | 虚 | 水 | 震 | 寒 | 肾 | 唾 | 戊子 |
| 11 | 一 | 初九 | 丁丑 | 闭 | 危 | 水 | 巽 | 寒 | 肾 | 唾 | 庚子 |
| 12 | 二 | 初十 | 戊寅 | 建 | 室 | 土 | 坎 | 湿 | 脾 | 涎 | 壬子 |
| 13 | 三 | 十一 | 己卯 | 除 | 壁 | 土 | 艮 | 湿 | 脾 | 涎 | 甲子 |
| 14 | 四 | 十二 | 庚辰 | 满 | 奎 | 金 | 坤 | 燥 | 肺 | 涕 | 丙子 |
| 15 | 五 | 十三 | 辛巳 | 平 | 娄 | 金 | 乾 | 燥 | 肺 | 涕 | 戊子 |
| 16 | 六 | 十四 | 壬午 | 定 | 胃 | 木 | 兑 | 风 | 肝 | 泪 | 庚子 |
| 17 | 日 | 十五 | 癸未 | 执 | 昴 | 木 | 离 | 风 | 肝 | 泪 | 壬子 |
| 18 | 一 | 十六 | 甲申 | 破 | 毕 | 水 | 震 | 寒 | 肾 | 唾 | 甲子 |
| 19 | 二 | 十七 | 乙酉 | 危 | 觜 | 水 | 巽 | 寒 | 肾 | 唾 | 丙子 |
| 20 | 三 | 十八 | 丙戌 | 成 | 参 | 土 | 坎 | 湿 | 脾 | 涎 | 戊子 |
| 21 | 四 | 十九 | 丁亥 | 收 | 井 | 土 | 艮 | 湿 | 脾 | 涎 | 庚子 |
| 22 | 五 | 二十 | 戊子 | 开 | 鬼 | 火 | 坤 | 热 | 心 | 汗 | 壬子 |
| 23 | 六 | 廿一 | 己丑 | 闭 | 柳 | 火 | 乾 | 热 | 心 | 汗 | 甲子 |
| 24 | 日 | 廿二 | 庚寅 | 建 | 星 | 木 | 兑 | 风 | 肝 | 泪 | 丙子 |
| 25 | 一 | 廿三 | 辛卯 | 除 | 张 | 木 | 离 | 风 | 肝 | 泪 | 戊子 |
| 26 | 二 | 廿四 | 壬辰 | 满 | 翼 | 水 | 震 | 寒 | 肾 | 唾 | 庚子 |
| 27 | 三 | 廿五 | 癸巳 | 平 | 轸 | 水 | 巽 | 寒 | 肾 | 唾 | 壬子 |
| 28 | 四 | 廿六 | 甲午 | 定 | 角 | 金 | 坎 | 燥 | 肺 | 涕 | 甲子 |

# 公元2030年　　　　　农历庚戌(狗)年

## 3月大

| 惊蛰 | 5日21时03分 |
| --- | --- |
| 春分 | 20日21时52分 |

农历二月(3月4日–4月2日)　月干支:己卯

| 公历 | 星期 | 农历 | 干支 | 日建 | 星宿 | 五行 | 八卦 | 五气 | 五脏 | 五汁 | 时辰 |
| --- | --- | --- | --- | --- | --- | --- | --- | --- | --- | --- | --- |
| 1 | 五 | 正月 | 乙未 | 执 | 亢 | 金 | 艮 | 燥 | 肺 | 涕 | 丙子 |
| 2 | 六 | 廿八 | 丙申 | 破 | 氐 | 火 | 坤 | 热 | 心 | 汗 | 戊子 |
| 3 | 日 | 廿九 | 丁酉 | 危 | 房 | 火 | 乾 | 热 | 心 | 汗 | 庚子 |
| 4 | 一 | 二月 | 戊戌 | 成 | 心 | 木 | 坎 | 风 | 肝 | 泪 | 壬子 |
| 5 | 二 | 初二 | 己亥 | 成 | 尾 | 木 | 艮 | 风 | 肝 | 泪 | 甲子 |
| 6 | 三 | 初三 | 庚子 | 收 | 箕 | 土 | 坤 | 湿 | 脾 | 涎 | 丙子 |
| 7 | 四 | 初四 | 辛丑 | 开 | 斗 | 土 | 乾 | 湿 | 脾 | 涎 | 戊子 |
| 8 | 五 | 初五 | 壬寅 | 闭 | 牛 | 金 | 兑 | 燥 | 肺 | 涕 | 庚子 |
| 9 | 六 | 初六 | 癸卯 | 建 | 女 | 金 | 离 | 燥 | 肺 | 涕 | 壬子 |
| 10 | 日 | 初七 | 甲辰 | 除 | 虚 | 火 | 震 | 热 | 心 | 汗 | 甲子 |
| 11 | 一 | 初八 | 乙巳 | 满 | 危 | 火 | 巽 | 热 | 心 | 汗 | 丙子 |
| 12 | 二 | 初九 | 丙午 | 平 | 室 | 水 | 坎 | 寒 | 肾 | 唾 | 戊子 |
| 13 | 三 | 初十 | 丁未 | 定 | 壁 | 水 | 艮 | 寒 | 肾 | 唾 | 庚子 |
| 14 | 四 | 十一 | 戊申 | 执 | 奎 | 土 | 坤 | 湿 | 脾 | 涎 | 壬子 |
| 15 | 五 | 十二 | 己酉 | 破 | 娄 | 土 | 乾 | 湿 | 脾 | 涎 | 甲子 |
| 16 | 六 | 十三 | 庚戌 | 危 | 胃 | 金 | 离 | 燥 | 肺 | 涕 | 丙子 |
| 17 | 日 | 十四 | 辛亥 | 成 | 昴 | 金 | 震 | 燥 | 肺 | 涕 | 戊子 |
| 18 | 一 | 十五 | 壬子 | 收 | 毕 | 木 | 巽 | 风 | 肝 | 泪 | 庚子 |
| 19 | 二 | 十六 | 癸丑 | 开 | 觜 | 木 | 坎 | 风 | 肝 | 泪 | 壬子 |
| 20 | 三 | 十七 | 甲寅 | 闭 | 参 | 水 | 艮 | 寒 | 肾 | 唾 | 甲子 |
| 21 | 四 | 十八 | 乙卯 | 建 | 井 | 水 | 艮 | 寒 | 肾 | 唾 | 丙子 |
| 22 | 五 | 十九 | 丙辰 | 除 | 鬼 | 土 | 乾 | 湿 | 脾 | 涎 | 戊子 |
| 23 | 六 | 二十 | 丁巳 | 满 | 柳 | 土 | 坤 | 湿 | 脾 | 涎 | 庚子 |
| 24 | 日 | 廿一 | 戊午 | 平 | 星 | 火 | 兑 | 热 | 心 | 汗 | 壬子 |
| 25 | 一 | 廿二 | 己未 | 定 | 张 | 火 | 离 | 热 | 心 | 汗 | 甲子 |
| 26 | 二 | 廿三 | 庚申 | 执 | 翼 | 木 | 震 | 风 | 肝 | 泪 | 丙子 |
| 27 | 三 | 廿四 | 辛酉 | 破 | 轸 | 木 | 巽 | 风 | 肝 | 泪 | 戊子 |
| 28 | 四 | 廿五 | 壬戌 | 危 | 角 | 水 | 坎 | 寒 | 肾 | 唾 | 庚子 |
| 29 | 五 | 廿六 | 癸亥 | 成 | 亢 | 水 | 艮 | 寒 | 肾 | 唾 | 壬子 |
| 30 | 六 | 廿七 | 甲子 | 收 | 氐 | 金 | 坤 | 燥 | 肺 | 涕 | 甲子 |
| 31 | 日 | 廿八 | 乙丑 | 开 | 房 | 金 | 乾 | 燥 | 肺 | 涕 | 丙子 |

## 4月小

| 清明 | 5日01时42分 |
| --- | --- |
| 谷雨 | 20日08时44分 |

农历三月(4月3日–5月1日)　月干支:庚辰

| 公历 | 星期 | 农历 | 干支 | 日建 | 星宿 | 五行 | 八卦 | 五气 | 五脏 | 五汁 | 时辰 |
| --- | --- | --- | --- | --- | --- | --- | --- | --- | --- | --- | --- |
| 1 | 一 | 二月 | 丙寅 | 闭 | 心 | 火 | 离 | 热 | 心 | 汗 | 戊子 |
| 2 | 二 | 三十 | 丁卯 | 建 | 尾 | 火 | 坤 | 热 | 心 | 汗 | 庚子 |
| 3 | 三 | 三月 | 戊辰 | 除 | 箕 | 木 | 艮 | 风 | 肝 | 泪 | 壬子 |
| 4 | 四 | 初二 | 己巳 | 满 | 斗 | 木 | 震 | 风 | 肝 | 泪 | 甲子 |
| 5 | 五 | 初三 | 庚午 | 满 | 牛 | 土 | 乾 | 湿 | 脾 | 涎 | 丙子 |
| 6 | 六 | 初四 | 辛未 | 平 | 女 | 土 | 离 | 湿 | 脾 | 涎 | 戊子 |
| 7 | 日 | 初五 | 壬申 | 定 | 虚 | 金 | 震 | 燥 | 肺 | 涕 | 庚子 |
| 8 | 一 | 初六 | 癸酉 | 执 | 危 | 金 | 巽 | 燥 | 肺 | 涕 | 壬子 |
| 9 | 二 | 初七 | 甲戌 | 破 | 室 | 火 | 坎 | 热 | 心 | 汗 | 甲子 |
| 10 | 三 | 初八 | 乙亥 | 危 | 壁 | 火 | 艮 | 热 | 心 | 汗 | 丙子 |
| 11 | 四 | 初九 | 丙子 | 成 | 奎 | 水 | 坤 | 寒 | 肾 | 唾 | 戊子 |
| 12 | 五 | 初十 | 丁丑 | 收 | 娄 | 水 | 乾 | 寒 | 肾 | 唾 | 庚子 |
| 13 | 六 | 十一 | 戊寅 | 开 | 胃 | 土 | 兑 | 湿 | 脾 | 涎 | 壬子 |
| 14 | 日 | 十二 | 己卯 | 闭 | 昴 | 土 | 离 | 湿 | 脾 | 涎 | 甲子 |
| 15 | 一 | 十三 | 庚辰 | 建 | 毕 | 金 | 震 | 燥 | 肺 | 涕 | 丙子 |
| 16 | 二 | 十四 | 辛巳 | 除 | 觜 | 金 | 巽 | 燥 | 肺 | 涕 | 戊子 |
| 17 | 三 | 十五 | 壬午 | 满 | 参 | 木 | 坎 | 风 | 肝 | 泪 | 庚子 |
| 18 | 四 | 十六 | 癸未 | 平 | 井 | 木 | 艮 | 风 | 肝 | 泪 | 壬子 |
| 19 | 五 | 十七 | 甲申 | 定 | 鬼 | 水 | 坤 | 寒 | 肾 | 唾 | 甲子 |
| 20 | 六 | 十八 | 乙酉 | 执 | 柳 | 水 | 乾 | 寒 | 肾 | 唾 | 丙子 |
| 21 | 日 | 十九 | 丙戌 | 破 | 星 | 土 | 兑 | 湿 | 脾 | 涎 | 戊子 |
| 22 | 一 | 二十 | 丁亥 | 危 | 张 | 土 | 离 | 湿 | 脾 | 涎 | 庚子 |
| 23 | 二 | 廿一 | 戊子 | 成 | 翼 | 火 | 震 | 热 | 心 | 汗 | 壬子 |
| 24 | 三 | 廿二 | 己丑 | 收 | 轸 | 火 | 巽 | 热 | 心 | 汗 | 甲子 |
| 25 | 四 | 廿三 | 庚寅 | 开 | 角 | 木 | 坎 | 风 | 肝 | 泪 | 丙子 |
| 26 | 五 | 廿四 | 辛卯 | 闭 | 亢 | 木 | 艮 | 风 | 肝 | 泪 | 戊子 |
| 27 | 六 | 廿五 | 壬辰 | 建 | 氐 | 水 | 坤 | 寒 | 肾 | 唾 | 庚子 |
| 28 | 日 | 廿六 | 癸巳 | 除 | 房 | 水 | 乾 | 寒 | 肾 | 唾 | 壬子 |
| 29 | 一 | 廿七 | 甲午 | 满 | 心 | 金 | 兑 | 燥 | 肺 | 涕 | 甲子 |
| 30 | 二 | 廿八 | 乙未 | 平 | 尾 | 金 | 离 | 燥 | 肺 | 涕 | 丙子 |

195

# 公元2030年　　　　　农历庚戌(狗)年

## 5月大　立夏 5日18时46分　小满 21日07时42分

农历四月(5月2日-5月31日)　月干支:辛巳

| 公历 | 星期 | 农历 | 干支 | 日建 | 星宿 | 五行 | 八卦 | 五气 | 五脏 | 五汁 | 时辰 |
|---|---|---|---|---|---|---|---|---|---|---|---|
| 1 | 三 | 三月 | 丙申 | 定 | 箕 | 火 | 离 | 热 | 心 | 汗 | 戊子 |
| 2 | 四 | 四月 | 丁酉 | 执 | 斗 | 火 | 坤 | 热 | 心 | 汗 | 庚子 |
| 3 | 五 | 初二 | 戊戌 | 破 | 牛 | 木 | 乾 | 风 | 肝 | 泪 | 壬子 |
| 4 | 六 | 初三 | 己亥 | 危 | 女 | 木 | 兑 | 风 | 肝 | 泪 | 甲子 |
| 5 | 日 | 初四 | 庚子 | 危 | 虚 | 土 | 离 | 湿 | 脾 | 涎 | 丙子 |
| 6 | 一 | 初五 | 辛丑 | 成 | 危 | 土 | 震 | 湿 | 脾 | 涎 | 戊子 |
| 7 | 二 | 初六 | 壬寅 | 收 | 室 | 金 | 巽 | 燥 | 肺 | 涕 | 庚子 |
| 8 | 三 | 初七 | 癸卯 | 开 | 壁 | 金 | 坎 | 燥 | 肺 | 涕 | 壬子 |
| 9 | 四 | 初八 | 甲辰 | 闭 | 奎 | 火 | 艮 | 热 | 心 | 汗 | 甲子 |
| 10 | 五 | 初九 | 乙巳 | 建 | 娄 | 火 | 坤 | 热 | 心 | 汗 | 丙子 |
| 11 | 六 | 初十 | 丙午 | 除 | 胃 | 水 | 乾 | 寒 | 肾 | 唾 | 戊子 |
| 12 | 日 | 十一 | 丁未 | 满 | 昴 | 水 | 兑 | 寒 | 肾 | 唾 | 庚子 |
| 13 | 一 | 十二 | 戊申 | 平 | 毕 | 土 | 离 | 湿 | 脾 | 涎 | 壬子 |
| 14 | 二 | 十三 | 己酉 | 定 | 觜 | 土 | 震 | 湿 | 脾 | 涎 | 甲子 |
| 15 | 三 | 十四 | 庚戌 | 执 | 参 | 金 | 巽 | 燥 | 肺 | 涕 | 丙子 |
| 16 | 四 | 十五 | 辛亥 | 破 | 井 | 金 | 坎 | 燥 | 肺 | 涕 | 戊子 |
| 17 | 五 | 十六 | 壬子 | 危 | 鬼 | 木 | 艮 | 风 | 肝 | 泪 | 庚子 |
| 18 | 六 | 十七 | 癸丑 | 成 | 柳 | 木 | 坤 | 风 | 肝 | 泪 | 壬子 |
| 19 | 日 | 十八 | 甲寅 | 收 | 星 | 水 | 乾 | 寒 | 肾 | 唾 | 甲子 |
| 20 | 一 | 十九 | 乙卯 | 开 | 张 | 水 | 兑 | 寒 | 肾 | 唾 | 丙子 |
| 21 | 二 | 二十 | 丙辰 | 闭 | 翼 | 土 | 离 | 湿 | 脾 | 涎 | 戊子 |
| 22 | 三 | 廿一 | 丁巳 | 建 | 轸 | 土 | 震 | 湿 | 脾 | 涎 | 庚子 |
| 23 | 四 | 廿二 | 戊午 | 除 | 角 | 火 | 巽 | 热 | 心 | 汗 | 壬子 |
| 24 | 五 | 廿三 | 己未 | 满 | 亢 | 火 | 坎 | 热 | 心 | 汗 | 甲子 |
| 25 | 六 | 廿四 | 庚申 | 平 | 氐 | 木 | 艮 | 风 | 肝 | 泪 | 丙子 |
| 26 | 日 | 廿五 | 辛酉 | 定 | 房 | 木 | 坤 | 风 | 肝 | 泪 | 戊子 |
| 27 | 一 | 廿六 | 壬戌 | 执 | 心 | 水 | 乾 | 寒 | 肾 | 唾 | 庚子 |
| 28 | 二 | 廿七 | 癸亥 | 破 | 尾 | 水 | 兑 | 寒 | 肾 | 唾 | 壬子 |
| 29 | 三 | 廿八 | 甲子 | 危 | 箕 | 金 | 离 | 燥 | 肺 | 涕 | 甲子 |
| 30 | 四 | 廿九 | 乙丑 | 成 | 斗 | 金 | 震 | 燥 | 肺 | 涕 | 丙子 |
| 31 | 五 | 三十 | 丙寅 | 收 | 牛 | 火 | 巽 | 热 | 心 | 汗 | 戊子 |

## 6月小　芒种 5日22时45分　夏至 21日15时32分

农历五月(6月1日-6月30日)　月干支:壬午

| 公历 | 星期 | 农历 | 干支 | 日建 | 星宿 | 五行 | 八卦 | 五气 | 五脏 | 五汁 | 时辰 |
|---|---|---|---|---|---|---|---|---|---|---|---|
| 1 | 六 | 五月 | 丁卯 | 开 | 女 | 火 | 乾 | 热 | 心 | 汗 | 庚子 |
| 2 | 日 | 初二 | 戊辰 | 闭 | 虚 | 木 | 兑 | 风 | 肝 | 泪 | 壬子 |
| 3 | 一 | 初三 | 己巳 | 建 | 危 | 木 | 离 | 风 | 肝 | 泪 | 甲子 |
| 4 | 二 | 初四 | 庚午 | 除 | 室 | 土 | 震 | 湿 | 脾 | 涎 | 丙子 |
| 5 | 三 | 初五 | 辛未 | 除 | 壁 | 土 | 巽 | 湿 | 脾 | 涎 | 戊子 |
| 6 | 四 | 初六 | 壬申 | 满 | 奎 | 金 | 坎 | 燥 | 肺 | 涕 | 庚子 |
| 7 | 五 | 初七 | 癸酉 | 平 | 娄 | 金 | 艮 | 燥 | 肺 | 涕 | 壬子 |
| 8 | 六 | 初八 | 甲戌 | 定 | 胃 | 火 | 坤 | 热 | 心 | 汗 | 甲子 |
| 9 | 日 | 初九 | 乙亥 | 执 | 昴 | 火 | 乾 | 热 | 心 | 汗 | 丙子 |
| 10 | 一 | 初十 | 丙子 | 破 | 毕 | 水 | 兑 | 寒 | 肾 | 唾 | 戊子 |
| 11 | 二 | 十一 | 丁丑 | 危 | 觜 | 水 | 离 | 寒 | 肾 | 唾 | 庚子 |
| 12 | 三 | 十二 | 戊寅 | 成 | 参 | 土 | 震 | 湿 | 脾 | 涎 | 壬子 |
| 13 | 四 | 十三 | 己卯 | 收 | 井 | 土 | 巽 | 湿 | 脾 | 涎 | 甲子 |
| 14 | 五 | 十四 | 庚辰 | 开 | 鬼 | 金 | 坎 | 燥 | 肺 | 涕 | 丙子 |
| 15 | 六 | 十五 | 辛巳 | 闭 | 柳 | 金 | 艮 | 燥 | 肺 |  | 戊子 |
| 16 | 日 | 十六 | 壬午 | 建 | 星 | 木 | 坤 | 风 | 肝 | 泪 | 庚子 |
| 17 | 一 | 十七 | 癸未 | 除 | 张 | 木 | 乾 | 风 | 肝 | 泪 | 壬子 |
| 18 | 二 | 十八 | 甲申 | 满 | 翼 | 水 | 兑 | 寒 | 肾 | 唾 | 甲子 |
| 19 | 三 | 十九 | 乙酉 | 平 | 轸 | 水 | 离 | 寒 | 肾 | 涎 | 丙子 |
| 20 | 四 | 二十 | 丙戌 | 定 | 角 | 土 | 震 | 湿 | 脾 |  | 戊子 |
| 21 | 五 | 廿一 | 丁亥 | 执 | 亢 | 土 | 巽 | 湿 | 脾 | 涎 | 庚子 |
| 22 | 六 | 廿二 | 戊子 | 破 | 氐 | 火 | 坎 | 热 | 心 | 汗 | 壬子 |
| 23 | 日 | 廿三 | 己丑 | 危 | 房 | 火 | 艮 | 热 | 心 | 汗 | 甲子 |
| 24 | 一 | 廿四 | 庚寅 | 成 | 心 | 木 | 坤 | 风 | 肝 | 泪 | 丙子 |
| 25 | 二 | 廿五 | 辛卯 | 收 | 尾 | 木 | 乾 | 风 | 肝 | 泪 | 戊子 |
| 26 | 三 | 廿六 | 壬辰 | 开 | 箕 | 水 | 兑 | 寒 | 肾 | 唾 | 庚子 |
| 27 | 四 | 廿七 | 癸巳 | 闭 | 斗 | 水 | 离 | 寒 | 肾 | 唾 | 壬子 |
| 28 | 五 | 廿八 | 甲午 | 建 | 牛 | 金 | 震 | 燥 | 肺 | 涕 | 甲子 |
| 29 | 六 | 廿九 | 乙未 | 除 | 女 | 金 | 巽 | 燥 | 肺 | 涕 | 丙子 |
| 30 | 日 | 三十 | 丙申 | 满 | 虚 | 火 | 坎 | 热 | 心 |  | 戊子 |

实用干支万年历

# 公元2030年　　农历庚戌(狗)年

## 7月大

小暑　7日08时56分
大暑　23日02时26分

农历六月(7月1日–7月29日)　月干支:癸未

| 公历 | 星期 | 农历 | 干支 | 日建 | 星宿 | 五行 | 八卦 | 五气 | 五脏 | 五汁 | 时辰 |
|---|---|---|---|---|---|---|---|---|---|---|---|
| 1 | 一 | 六月 | 丁酉 | 平 | 危 | 火 | 兑 | 热 | 心 | 汗 | 庚子 |
| 2 | 二 | 初二 | 戊戌 | 定 | 室 | 木 | 离 | 风 | 肝 | 泪 | 壬子 |
| 3 | 三 | 初三 | 己亥 | 执 | 壁 | 木 | 震 | 风 | 肝 | 泪 | 甲子 |
| 4 | 四 | 初四 | 庚子 | 破 | 奎 | 土 | 巽 | 湿 | 脾 | 涎 | 丙子 |
| 5 | 五 | 初五 | 辛丑 | 危 | 娄 | 土 | 坎 | 湿 | 脾 | 涎 | 戊子 |
| 6 | 六 | 初六 | 壬寅 | 成 | 胃 | 金 | 艮 | 燥 | 肺 | 涕 | 庚子 |
| 7 | 日 | 初七 | 癸卯 | 收 | 昴 | 金 | 坤 | 燥 | 肺 | 涕 | 壬子 |
| 8 | 一 | 初八 | 甲辰 | 开 | 毕 | 火 | 乾 | 热 | 心 | 汗 | 甲子 |
| 9 | 二 | 初九 | 乙巳 | 闭 | 觜 | 火 | 兑 | 热 | 心 | 汗 | 丙子 |
| 10 | 三 | 初十 | 丙午 | 建 | 参 | 水 | 离 | 寒 | 肾 | 唾 | 戊子 |
| 11 | 四 | 十一 | 丁未 | 建 | 井 | 水 | 震 | 寒 | 肾 | 唾 | 庚子 |
| 12 | 五 | 十二 | 戊申 | 除 | 鬼 | 土 | 巽 | 湿 | 脾 | 涎 | 壬子 |
| 13 | 六 | 十三 | 己酉 | 满 | 柳 | 土 | 坎 | 湿 | 脾 | 涎 | 甲子 |
| 14 | 日 | 十四 | 庚戌 | 平 | 星 | 金 | 艮 | 燥 | 肺 | 涕 | 丙子 |
| 15 | 一 | 十五 | 辛亥 | 定 | 张 | 金 | 坤 | 燥 | 肺 | 涕 | 戊子 |
| 16 | 二 | 十六 | 壬子 | 执 | 翼 | 木 | 乾 | 风 | 肝 | 泪 | 庚子 |
| 17 | 三 | 十七 | 癸丑 | 破 | 轸 | 木 | 兑 | 风 | 肝 | 泪 | 壬子 |
| 18 | 四 | 十八 | 甲寅 | 危 | 角 | 水 | 离 | 寒 | 肾 | 唾 | 甲子 |
| 19 | 五 | 十九 | 乙卯 | 成 | 亢 | 水 | 震 | 寒 | 肾 | 唾 | 丙子 |
| 20 | 六 | 二十 | 丙辰 | 收 | 氐 | 土 | 巽 | 湿 | 脾 | 涎 | 戊子 |
| 21 | 日 | 廿一 | 丁巳 | 开 | 房 | 土 | 坎 | 湿 | 脾 | 涎 | 庚子 |
| 22 | 一 | 廿二 | 戊午 | 闭 | 心 | 火 | 艮 | 热 | 心 | 汗 | 壬子 |
| 23 | 二 | 廿三 | 己未 | 建 | 尾 | 火 | 坤 | 热 | 心 | 汗 | 甲子 |
| 24 | 三 | 廿四 | 庚申 | 除 | 箕 | 木 | 乾 | 风 | 肝 | 泪 | 丙子 |
| 25 | 四 | 廿五 | 辛酉 | 满 | 斗 | 木 | 兑 | 风 | 肝 | 泪 | 戊子 |
| 26 | 五 | 廿六 | 壬戌 | 平 | 牛 | 水 | 离 | 寒 | 肾 | 唾 | 庚子 |
| 27 | 六 | 廿七 | 癸亥 | 定 | 女 | 水 | 震 | 寒 | 肾 | 唾 | 壬子 |
| 28 | 日 | 廿八 | 甲子 | 执 | 虚 | 金 | 巽 | 燥 | 肺 | 涕 | 甲子 |
| 29 | 一 | 廿九 | 乙丑 | 破 | 危 | 金 | 坎 | 燥 | 肺 | 涕 | 丙子 |
| 30 | 二 | 七月 | 丙寅 | 危 | 室 | 火 | 艮 | 热 | 心 | 汗 | 戊子 |
| 31 | 三 | 初二 | 丁卯 | 成 | 壁 | 火 | 坤 | 热 | 心 | 汗 | 庚子 |

## 8月大

立秋　7日18时48分
处暑　23日09时37分

农历七月(7月30日–8月28日)　月干支:甲申

| 公历 | 星期 | 农历 | 干支 | 日建 | 星宿 | 五行 | 八卦 | 五气 | 五脏 | 五汁 | 时辰 |
|---|---|---|---|---|---|---|---|---|---|---|---|
| 1 | 四 | 七月 | 戊辰 | 收 | 奎 | 木 | 乾 | 风 | 肝 | 泪 | 壬子 |
| 2 | 五 | 初四 | 己巳 | 开 | 娄 | 木 | 兑 | 风 | 肝 | 泪 | 甲子 |
| 3 | 六 | 初五 | 庚午 | 闭 | 胃 | 土 | 离 | 湿 | 脾 | 涎 | 丙子 |
| 4 | 日 | 初六 | 辛未 | 建 | 昴 | 土 | 震 | 湿 | 脾 | 涎 | 戊子 |
| 5 | 一 | 初七 | 壬申 | 除 | 毕 | 金 | 巽 | 燥 | 肺 | 涕 | 庚子 |
| 6 | 二 | 初八 | 癸酉 | 满 | 觜 | 金 | 坎 | 燥 | 肺 | 涕 | 壬子 |
| 7 | 三 | 初九 | 甲戌 | 平 | 参 | 火 | 艮 | 热 | 心 | 汗 | 甲子 |
| 8 | 四 | 初十 | 乙亥 | 定 | 井 | 火 | 坤 | 热 | 心 | 汗 | 丙子 |
| 9 | 五 | 十一 | 丙子 | 执 | 鬼 | 水 | 乾 | 寒 | 肾 | 唾 | 戊子 |
| 10 | 六 | 十二 | 丁丑 | 破 | 柳 | 水 | 兑 | 寒 | 肾 | 唾 | 庚子 |
| 11 | 日 | 十三 | 戊寅 | 危 | 星 | 土 | 离 | 湿 | 脾 | 涎 | 壬子 |
| 12 | 一 | 十四 | 己卯 | 成 | 张 | 土 | 震 | 湿 | 脾 | 涎 | 甲子 |
| 13 | 二 | 十五 | 庚辰 | 收 | 翼 | 金 | 巽 | 燥 | 肺 | 涕 | 丙子 |
| 14 | 三 | 十六 | 辛巳 | 开 | 轸 | 金 | 坎 | 燥 | 肺 | 涕 | 戊子 |
| 15 | 四 | 十七 | 壬午 | 闭 | 角 | 木 | 艮 | 风 | 肝 | 泪 | 庚子 |
| 16 | 五 | 十八 | 癸未 | 建 | 亢 | 木 | 坤 | 风 | 肝 | 泪 | 壬子 |
| 17 | 六 | 十九 | 甲申 | 建 | 氐 | 水 | 乾 | 寒 | 肾 | 唾 | 甲子 |
| 18 | 日 | 二十 | 乙酉 | 除 | 房 | 水 | 兑 | 寒 | 肾 | 唾 | 丙子 |
| 19 | 一 | 廿一 | 丙戌 | 满 | 心 | 土 | 离 | 湿 | 脾 | 涎 | 戊子 |
| 20 | 二 | 廿二 | 丁亥 | 平 | 尾 | 土 | 震 | 湿 | 脾 | 涎 | 庚子 |
| 21 | 三 | 廿三 | 戊子 | 定 | 箕 | 火 | 巽 | 热 | 心 | 汗 | 壬子 |
| 22 | 四 | 廿四 | 己丑 | 执 | 斗 | 火 | 坎 | 热 | 心 | 汗 | 甲子 |
| 23 | 五 | 廿五 | 庚寅 | 破 | 牛 | 木 | 艮 | 风 | 肝 | 泪 | 丙子 |
| 24 | 六 | 廿六 | 辛卯 | 危 | 女 | 木 | 坤 | 风 | 肝 | 泪 | 戊子 |
| 25 | 日 | 廿七 | 壬辰 | 成 | 虚 | 水 | 乾 | 寒 | 肾 | 唾 | 庚子 |
| 26 | 一 | 廿八 | 癸巳 | 收 | 危 | 水 | 兑 | 寒 | 肾 | 唾 | 壬子 |
| 27 | 二 | 廿九 | 甲午 | 开 | 室 | 金 | 离 | 燥 | 肺 | 涕 | 甲子 |
| 28 | 三 | 三十 | 乙未 | 闭 | 壁 | 金 | 震 | 燥 | 肺 | 涕 | 丙子 |
| 29 | 四 | 八月 | 丙申 | 建 | 奎 | 火 | 巽 | 热 | 心 | 汗 | 戊子 |
| 30 | 五 | 初二 | 丁酉 | 除 | 娄 | 火 | 坎 | 热 | 心 | 汗 | 庚子 |
| 31 | 六 | 初三 | 戊戌 | 满 | 胃 | 木 | 艮 | 风 | 肝 | 泪 | 壬子 |

| 9 月小 | 白露　7 日 21 时 54 分<br>秋分　23 日 07 时 28 分 | 10 月大 | 寒露　8 日 13 时 46 分<br>霜降　23 日 17 时 01 分 |
|---|---|---|---|

农历八月(8 月 29 日 –9 月 26 日)　月干支:乙酉　　　农历九月(9 月 27 日 –10 月 26 日)　月干支:丙戌

| 公历 | 星期 | 农历 | 干支 | 日建 | 星宿 | 五行 | 八卦 | 五气 | 五脏 | 五汁 | 时辰 | 公历 | 星期 | 农历 | 干支 | 日建 | 星宿 | 五行 | 八卦 | 五气 | 五脏 | 五汁 | 时辰 |
|---|---|---|---|---|---|---|---|---|---|---|---|---|---|---|---|---|---|---|---|---|---|---|---|
| 1 | 日 | 八月 | 己亥 | 平 | 昴 | 木 | 艮 | 风 | 肝 | 泪 | 甲子 | 1 | 二 | 九月 | 己巳 | 成 | 觜 | 木 | 乾 | 风 | 肝 | 泪 | 甲子 |
| 2 | 一 | 初五 | 庚子 | 定 | 毕 | 土 | 坤 | 湿 | 脾 | 涎 | 丙子 | 2 | 三 | 初六 | 庚午 | 收 | 参 | 土 | 兑 | 湿 | 脾 | 涎 | 丙子 |
| 3 | 二 | 初六 | 辛丑 | 执 | 觜 | 土 | 乾 | 湿 | 脾 | 涎 | 戊子 | 3 | 四 | 初七 | 辛未 | 开 | 井 | 土 | 离 | 湿 | 脾 | 涎 | 戊子 |
| 4 | 三 | 初七 | 壬寅 | 破 | 参 | 金 | 兑 | 燥 | 肺 | 涕 | 庚子 | 4 | 五 | 初八 | 壬申 | 闭 | 鬼 | 金 | 震 | 燥 | 肺 | 涕 | 庚子 |
| 5 | 四 | 初八 | 癸卯 | 危 | 井 | 金 | 离 | 燥 | 肺 | 涕 | 壬子 | 5 | 六 | 初九 | 癸酉 | 建 | 柳 | 金 | 巽 | 燥 | 肺 | 涕 | 壬子 |
| 6 | 五 | 初九 | 甲辰 | 成 | 鬼 | 火 | 震 | 热 | 心 | 汗 | 甲子 | 6 | 日 | 初十 | 甲戌 | 除 | 星 | 火 | 坎 | 热 | 心 | 汗 | 甲子 |
| 7 | 六 | 初十 | 乙巳 | 成 | 柳 | 火 | 巽 | 热 | 心 | 汗 | 丙子 | 7 | 一 | 十一 | 乙亥 | 满 | 张 | 火 | 艮 | 热 | 心 | 汗 | 丙子 |
| 8 | 日 | 十一 | 丙午 | 收 | 星 | 水 | 坎 | 寒 | 肾 | 唾 | 戊子 | 8 | 二 | 十二 | 丙子 | 满 | 翼 | 水 | 坤 | 寒 | 肾 | 唾 | 戊子 |
| 9 | 一 | 十二 | 丁未 | 开 | 张 | 水 | 艮 | 寒 | 肾 | 唾 | 庚子 | 9 | 三 | 十三 | 丁丑 | 平 | 轸 | 水 | 乾 | 寒 | 肾 | 唾 | 庚子 |
| 10 | 二 | 十三 | 戊申 | 闭 | 翼 | 土 | 坤 | 湿 | 脾 | 涎 | 壬子 | 10 | 四 | 十四 | 戊寅 | 定 | 角 | 土 | 兑 | 湿 | 脾 | 涎 | 壬子 |
| 11 | 三 | 十四 | 己酉 | 建 | 轸 | 土 | 乾 | 湿 | 脾 | 涎 | 甲子 | 11 | 五 | 十五 | 己卯 | 执 | 亢 | 土 | 离 | 湿 | 脾 | 涎 | 甲子 |
| 12 | 四 | 十五 | 庚戌 | 除 | 角 | 金 | 兑 | 燥 | 肺 | 涕 | 丙子 | 12 | 六 | 十六 | 庚辰 | 破 | 氐 | 金 | 震 | 燥 | 肺 | 涕 | 丙子 |
| 13 | 五 | 十六 | 辛亥 | 满 | 亢 | 金 | 离 | 燥 | 肺 | 涕 | 戊子 | 13 | 日 | 十七 | 辛巳 | 危 | 房 | 金 | 巽 | 燥 | 肝 | 泪 | 戊子 |
| 14 | 六 | 十七 | 壬子 | 平 | 氐 | 木 | 震 | 风 | 肝 | 泪 | 庚子 | 14 | 一 | 十八 | 壬午 | 成 | 心 | 木 | 坎 | 风 | 肝 | 泪 | 庚子 |
| 15 | 日 | 十八 | 癸丑 | 定 | 房 | 木 | 巽 | 风 | 肝 | 泪 | 壬子 | 15 | 二 | 十九 | 癸未 | 收 | 尾 | 木 | 艮 | 风 | 肝 | 泪 | 壬子 |
| 16 | 一 | 十九 | 甲寅 | 执 | 心 | 水 | 坎 | 寒 | 肾 | 唾 | 甲子 | 16 | 三 | 二十 | 甲申 | 开 | 箕 | 水 | 坤 | 寒 | 肾 | 唾 | 甲子 |
| 17 | 二 | 二十 | 乙卯 | 破 | 尾 | 水 | 艮 | 寒 | 肾 | 唾 | 丙子 | 17 | 四 | 廿一 | 乙酉 | 闭 | 斗 | 水 | 乾 | 寒 | 肾 | 唾 | 丙子 |
| 18 | 三 | 廿一 | 丙辰 | 危 | 箕 | 土 | 坤 | 湿 | 脾 | 涎 | 戊子 | 18 | 五 | 廿二 | 丙戌 | 建 | 牛 | 土 | 兑 | 湿 | 脾 | 涎 | 戊子 |
| 19 | 四 | 廿二 | 丁巳 | 成 | 斗 | 土 | 乾 | 湿 | 脾 | 涎 | 庚子 | 19 | 六 | 廿三 | 丁亥 | 除 | 女 | 土 | 离 | 湿 | 脾 | 涎 | 庚子 |
| 20 | 五 | 廿三 | 戊午 | 收 | 牛 | 火 | 兑 | 热 | 心 | 汗 | 壬子 | 20 | 日 | 廿四 | 戊子 | 满 | 虚 | 火 | 震 | 热 | 心 | 汗 | 壬子 |
| 21 | 六 | 廿四 | 己未 | 开 | 女 | 火 | 离 | 热 | 心 | 汗 | 甲子 | 21 | 一 | 廿五 | 己丑 | 平 | 危 | 火 | 巽 | 热 | 心 | 汗 | 甲子 |
| 22 | 日 | 廿五 | 庚申 | 闭 | 虚 | 木 | 震 | 风 | 肝 | 泪 | 丙子 | 22 | 二 | 廿六 | 庚寅 | 定 | 室 | 木 | 坎 | 风 | 肝 | 泪 | 丙子 |
| 23 | 一 | 廿六 | 辛酉 | 建 | 危 | 木 | 巽 | 风 | 肝 | 泪 | 戊子 | 23 | 三 | 廿七 | 辛卯 | 执 | 壁 | 木 | 艮 | 风 | 肝 | 泪 | 戊子 |
| 24 | 二 | 廿七 | 壬戌 | 除 | 室 | 水 | 坎 | 寒 | 肾 | 唾 | 庚子 | 24 | 四 | 廿八 | 壬辰 | 破 | 奎 | 水 | 坤 | 寒 | 肾 | 唾 | 庚子 |
| 25 | 三 | 廿八 | 癸亥 | 满 | 壁 | 水 | 艮 | 寒 | 肾 | 唾 | 壬子 | 25 | 五 | 廿九 | 癸巳 | 危 | 娄 | 水 | 乾 | 寒 | 肾 | 唾 | 壬子 |
| 26 | 四 | 廿九 | 甲子 | 平 | 奎 | 金 | 坤 | 燥 | 肺 | 涕 | 甲子 | 26 | 六 | 三十 | 甲午 | 成 | 胃 | 金 | 兑 | 燥 | 肺 | 涕 | 甲子 |
| 27 | 五 | 九月 | 乙丑 | 定 | 娄 | 金 | 巽 | 燥 | 肺 | 涕 | 丙子 | 27 | 日 | 十月 | 乙未 | 收 | 昴 | 金 | 离 | 燥 | 肺 | 涕 | 丙子 |
| 28 | 六 | 初二 | 丙寅 | 执 | 胃 | 火 | 坎 | 热 | 心 | 汗 | 戊子 | 28 | 一 | 初二 | 丙申 | 开 | 毕 | 火 | 震 | 热 | 心 | 汗 | 戊子 |
| 29 | 日 | 初三 | 丁卯 | 破 | 昴 | 火 | 艮 | 热 | 心 | 汗 | 庚子 | 29 | 二 | 初三 | 丁酉 | 闭 | 觜 | 火 | 巽 | 热 | 心 | 汗 | 庚子 |
| 30 | 一 | 初四 | 戊辰 | 危 | 毕 | 木 | 坤 | 风 | 肝 | 泪 | 壬子 | 30 | 三 | 初四 | 戊戌 | 建 | 参 | 木 | 坎 | 风 | 肝 | 泪 | 壬子 |
| 31 |  |  |  |  |  |  |  |  |  |  |  | 31 | 四 | 初五 | 己亥 | 除 | 井 | 木 | 艮 | 风 | 肝 | 泪 | 甲子 |

实用干支

万年历

# 公元2030年　　农历庚戌(狗)年

| 11月小 | 立冬 7日17时09分 |
|---|---|
| | 小雪 22日14时45分 |

| 12月大 | 大雪 7日10时08分 |
|---|---|
| | 冬至 22日04时10分 |

农历十月(10月27日-11月24日)　月干支:丁亥

农历冬月(11月25日-12月24日)　月干支:戊子

| 公历 | 星期 | 农历 | 干支 | 日建 | 星宿 | 五行 | 八卦 | 五气 | 五脏 | 五汁 | 时辰 | 公历 | 星期 | 农历 | 干支 | 日建 | 星宿 | 五行 | 八卦 | 五气 | 五脏 | 五汁 | 五行 | 时辰 |
|---|---|---|---|---|---|---|---|---|---|---|---|---|---|---|---|---|---|---|---|---|---|---|---|---|
| 1 | 五 | 十月 | 庚子 | 满 | 鬼 | 土 | 离 | 湿 | 脾 | 涎 | 丙子 | 1 | 日 | 冬月 | 庚午 | 危 | 星 | 土 | 巽 | 湿 | 脾 | 涎 | | 丙子 |
| 2 | 六 | 初七 | 辛丑 | 平 | 柳 | 土 | 震 | 湿 | 脾 | 涎 | 戊子 | 2 | 一 | 初八 | 辛未 | 成 | 张 | 土 | 坎 | 湿 | 脾 | 涎 | | 戊子 |
| 3 | 日 | 初八 | 壬寅 | 定 | 星 | 金 | 巽 | 燥 | 肺 | 涕 | 庚子 | 3 | 二 | 初九 | 壬申 | 收 | 翼 | 金 | 艮 | 燥 | 肺 | 涕 | | 庚子 |
| 4 | 一 | 初九 | 癸卯 | 执 | 张 | 金 | 坎 | 燥 | 肺 | 涕 | 壬子 | 4 | 三 | 初十 | 癸酉 | 开 | 轸 | 金 | 坤 | 燥 | 肺 | 涕 | | 壬子 |
| 5 | 二 | 初十 | 甲辰 | 破 | 翼 | 火 | 艮 | 热 | 心 | 汗 | 甲子 | 5 | 四 | 十一 | 甲戌 | 闭 | 角 | 火 | 乾 | 热 | 心 | 汗 | | 甲子 |
| 6 | 三 | 十一 | 乙巳 | 危 | 轸 | 火 | 坤 | 热 | 心 | 汗 | 丙子 | 6 | 五 | 十二 | 乙亥 | 建 | 亢 | 火 | 兑 | 热 | 心 | 汗 | | 丙子 |
| 7 | 四 | 十二 | 丙午 | 成 | 角 | 水 | 乾 | 寒 | 肾 | 唾 | 戊子 | 7 | 六 | 十三 | 丙子 | 建 | 氐 | 水 | 离 | 寒 | 肾 | 唾 | | 戊子 |
| 8 | 五 | 十三 | 丁未 | 收 | 亢 | 水 | 兑 | 寒 | 肾 | 唾 | 庚子 | 8 | 日 | 十四 | 丁丑 | 除 | 房 | 水 | 震 | 寒 | 肾 | 唾 | | 庚子 |
| 9 | 六 | 十四 | 戊申 | 开 | 氐 | 土 | 离 | 湿 | 脾 | 涎 | 壬子 | 9 | 一 | 十五 | 戊寅 | 满 | 心 | 土 | 巽 | 湿 | 脾 | 涎 | | 壬子 |
| 10 | 日 | 十五 | 己酉 | | 房 | 土 | 震 | 湿 | 脾 | | 甲子 | 10 | 二 | 十六 | 己卯 | 平 | 尾 | 土 | 坎 | 湿 | 脾 | | | 甲子 |
| 11 | 一 | 十六 | 庚戌 | 闭 | 心 | 金 | 巽 | 燥 | 肺 | 涕 | 丙子 | 11 | 三 | 十七 | 庚辰 | 定 | 箕 | 金 | 艮 | 燥 | 肺 | 涕 | | 丙子 |
| 12 | 二 | 十七 | 辛亥 | 建 | 尾 | 金 | 坎 | 燥 | 肺 | 涕 | 戊子 | 12 | 四 | 十八 | 辛巳 | 执 | 斗 | 金 | 坤 | 燥 | 肺 | 涕 | | 戊子 |
| 13 | 三 | 十八 | 壬子 | 除 | 箕 | 木 | 艮 | 风 | 肝 | 泪 | 庚子 | 13 | 五 | 十九 | 壬午 | 破 | 牛 | 木 | 乾 | 风 | 肝 | 泪 | | 庚子 |
| 14 | 四 | 十九 | 癸丑 | 满 | 斗 | 木 | 坤 | 风 | 肝 | 泪 | 壬子 | 14 | 六 | 二十 | 癸未 | 危 | 女 | 木 | 兑 | 风 | 肝 | 泪 | | 壬子 |
| 15 | 五 | 二十 | 甲寅 | 平 | 牛 | 水 | 乾 | 寒 | 肾 | 唾 | 甲子 | 15 | 日 | 廿一 | 甲申 | 成 | 虚 | 水 | 离 | 寒 | 肾 | 唾 | | 甲子 |
| 16 | 六 | 廿一 | 乙卯 | 定 | 女 | 水 | 兑 | 寒 | 肾 | 唾 | 丙子 | 16 | 一 | 廿二 | 乙酉 | 收 | 危 | 水 | 震 | 寒 | 肾 | 唾 | | 丙子 |
| 17 | 日 | 廿二 | 丙辰 | 执 | 虚 | 土 | 离 | 湿 | 脾 | 涎 | 戊子 | 17 | 二 | 廿三 | 丙戌 | 开 | 室 | 土 | 巽 | 湿 | 脾 | 涎 | | 戊子 |
| 18 | 一 | 廿三 | 丁巳 | 破 | 危 | 土 | 震 | 湿 | 脾 | 涎 | 庚子 | 18 | 三 | 廿四 | 丁亥 | 闭 | 壁 | 土 | 坎 | 湿 | 脾 | 涎 | | 庚子 |
| 19 | 二 | 廿四 | 戊午 | 危 | 室 | 火 | 巽 | 热 | 心 | 汗 | 壬子 | 19 | 四 | 廿五 | 戊子 | 建 | 奎 | 火 | 艮 | 热 | 心 | 汗 | | 壬子 |
| 20 | 三 | 廿五 | 己未 | 成 | 壁 | 火 | 坎 | 热 | 心 | 汗 | 甲子 | 20 | 五 | 廿六 | 己丑 | 除 | 娄 | 火 | 坤 | 热 | 心 | 汗 | | 甲子 |
| 21 | 四 | 廿六 | 庚申 | 收 | 奎 | 木 | 艮 | 风 | 肝 | 泪 | 丙子 | 21 | 六 | 廿七 | 庚寅 | 满 | 胃 | 木 | 乾 | 风 | 肝 | 泪 | | 丙子 |
| 22 | 五 | 廿七 | 辛酉 | 开 | 娄 | 木 | 坤 | 风 | 肝 | 泪 | 戊子 | 22 | 日 | 廿八 | 辛卯 | 平 | 昴 | 木 | 兑 | 风 | 肝 | 泪 | | 戊子 |
| 23 | 六 | 廿八 | 壬戌 | 闭 | 胃 | 水 | 乾 | 寒 | 肾 | 唾 | 庚子 | 23 | 一 | 廿九 | 壬辰 | 定 | 毕 | 水 | 离 | 寒 | 肾 | 唾 | | 庚子 |
| 24 | 日 | 廿九 | 癸亥 | 建 | 昴 | 水 | 兑 | 寒 | 肾 | 唾 | 壬子 | 24 | 二 | 三十 | 癸巳 | 执 | 觜 | 水 | 震 | 寒 | 肾 | 唾 | | 壬子 |
| 25 | 一 | 冬月 | 甲子 | 除 | 毕 | 金 | 离 | 燥 | 肺 | 涕 | 甲子 | 25 | 三 | 腊月 | 甲午 | 破 | 参 | 金 | 巽 | 燥 | 肺 | | | 甲子 |
| 26 | 二 | 初二 | 乙丑 | 满 | 觜 | 金 | 坤 | 燥 | 肺 | 涕 | 丙子 | 26 | 四 | 初二 | 乙未 | 危 | 井 | 金 | 乾 | 燥 | 肺 | 涕 | | 丙子 |
| 27 | 三 | 初三 | 丙寅 | 平 | 参 | 火 | 乾 | 热 | 心 | 汗 | 戊子 | 27 | 五 | 初三 | 丙申 | 成 | 鬼 | 火 | 兑 | 热 | 心 | 汗 | | 戊子 |
| 28 | 四 | 初四 | 丁卯 | 定 | 井 | 火 | 兑 | 热 | 心 | 汗 | 庚子 | 28 | 六 | 初四 | 丁酉 | 收 | 柳 | 火 | 离 | 热 | 心 | 汗 | | 庚子 |
| 29 | 五 | 初五 | 戊辰 | 执 | 鬼 | 木 | 离 | 风 | 肝 | 泪 | 壬子 | 29 | 日 | 初五 | 戊戌 | 开 | 星 | 木 | 震 | 风 | 肝 | 泪 | | 壬子 |
| 30 | 六 | 初六 | 己巳 | 破 | 柳 | 木 | 震 | 风 | 肝 | 泪 | 甲子 | 30 | 一 | 初六 | 己亥 | 闭 | 张 | 木 | 巽 | 风 | 肝 | 泪 | | 甲子 |
| 31 | | | | | | | | | | | | 31 | 二 | 初七 | 庚子 | 建 | 翼 | 土 | 坎 | 湿 | 脾 | 涎 | | 丙子 |

# 公元2031年　　农历辛亥(猪)年(闰三月)

## 1月大
小寒　5日21时24分　　大寒　20日14时48分

农历腊月(12月25日–1月22日)　月干支:己丑

| 公历 | 星期 | 农历 | 干支 | 日建 | 星宿 | 五行 | 八卦 | 五气 | 五脏 | 五汁 | 时辰 |
|---|---|---|---|---|---|---|---|---|---|---|---|
| 1 | 三 | 腊月 | 辛丑 | 除 | 轸 | 土 | 艮坤 | 湿 | 脾 | 涎 | 戊子 |
| 2 | 四 | 初九 | 壬寅 | 满 | 角 | 金 | 乾 | 燥 | 肺 | 涕 | 庚子 |
| 3 | 五 | 初十 | 癸卯 | 平 | 亢 | 金 | 兑离 | 燥 | 肺 | 涕 | 壬子 |
| 4 | 六 | 十一 | 甲辰 | 定 | 氐 | 火 | | 热 | 心 | 汗 | 甲子 |
| 5 | 日 | 十二 | 乙巳 | 定 | 房 | 火 | | 热 | 心 | 汗 | 丙子 |
| 6 | 一 | 十三 | 丙午 | 执 | 心 | 水 | 震 | 寒 | 肾 | 唾 | 戊子 |
| 7 | 二 | 十四 | 丁未 | 破 | 尾 | 水 | 巽坎 | 寒 | 肾 | 唾 | 庚子 |
| 8 | 三 | 十五 | 戊申 | 危 | 箕 | 土 | 坤 | 湿 | 脾 | 涎 | 壬子 |
| 9 | 四 | 十六 | 己酉 | 成 | 斗 | 土 | 艮 | 湿 | 脾 | 涎 | 甲子 |
| 10 | 五 | 十七 | 庚戌 | 收 | 牛 | 金 | | 燥 | 肺 | 涕 | 丙子 |
| 11 | 六 | 十八 | 辛亥 | 开 | 女 | 金 | 乾兑 | 燥 | 肺 | 涕 | 戊子 |
| 12 | 日 | 十九 | 壬子 | 闭 | 虚 | 木 | 离 | 风 | 肝 | 泪 | 庚子 |
| 13 | 一 | 二十 | 癸丑 | 建 | 危 | 木 | 震 | 风 | 肝 | 泪 | 壬子 |
| 14 | 二 | 廿一 | 甲寅 | 除 | 室 | 水 | 震 | 寒 | 肾 | 唾 | 甲子 |
| 15 | 三 | 廿二 | 乙卯 | 满 | 壁 | 水 | 巽 | 寒 | 肾 | 唾 | 丙子 |
| 16 | 四 | 廿三 | 丙辰 | 平 | 奎 | 土 | 坎艮 | 湿 | 脾 | 涎 | 戊子 |
| 17 | 五 | 廿四 | 丁巳 | 定 | 娄 | 土 | 坤 | 湿 | 脾 | 涎 | 庚子 |
| 18 | 六 | 廿五 | 戊午 | 执 | 胃 | 火 | 乾 | 热 | 心 | 汗 | 壬子 |
| 19 | 日 | 廿六 | 己未 | 破 | 昴 | 火 | 兑 | 热 | 心 | 汗 | 甲子 |
| 20 | 一 | 廿七 | 庚申 | 危 | 毕 | 木 | | 风 | 肝 | 泪 | 丙子 |
| 21 | 二 | 廿八 | 辛酉 | 成 | 觜 | 木 | 离 | 风 | 肝 | 泪 | 戊子 |
| 22 | 三 | 廿九 | 壬戌 | 收 | 参 | 水 | 震坎 | 寒 | 肾 | 唾 | 庚子 |
| 23 | 四 | 正月 | 癸亥 | 开 | 井 | 水 | 艮 | 寒 | 肾 | 唾 | 壬子 |
| 24 | 五 | 初二 | 甲子 | 闭 | 鬼 | 金 | 坤 | 燥 | 肺 | 涕 | 甲子 |
| 25 | 六 | 初三 | 乙丑 | 建 | 柳 | 金 | | 燥 | 肺 | 涕 | 丙子 |
| 26 | 日 | 初四 | 丙寅 | 除 | 星 | 火 | 乾 | 热 | 心 | 汗 | 戊子 |
| 27 | 一 | 初五 | 丁卯 | 满 | 张 | 火 | 兑 | 热 | 心 | 汗 | 庚子 |
| 28 | 二 | 初六 | 戊辰 | 平 | 翼 | 木 | 离 | 风 | 肝 | 泪 | 壬子 |
| 29 | 三 | 初七 | 己巳 | 定 | 轸 | 木 | 震巽 | 风 | 肝 | 泪 | 甲子 |
| 30 | 四 | 初八 | 庚午 | 执 | 角 | 土 | 坎 | 湿 | 脾 | 涎 | 丙子 |
| 31 | 五 | 初九 | 辛未 | 破 | 亢 | 土 | 艮 | 湿 | 脾 | 涎 | 戊子 |

## 2月平
立春　4日08时59分　　雨水　19日04时51分

农历正月(1月23日–2月20日)　月干支:庚寅

| 公历 | 星期 | 农历 | 干支 | 日建 | 星宿 | 五行 | 八卦 | 五气 | 五脏 | 五汁 | 时辰 |
|---|---|---|---|---|---|---|---|---|---|---|---|
| 1 | 六 | 正月 | 壬申 | 成 | 氐 | 金 | 艮坤 | 燥 | 肺 | 涕 | 庚子 |
| 2 | 日 | 十一 | 癸酉 | 收 | 房 | 金 | 乾兑 | 燥 | 肺 | 涕 | 壬子 |
| 3 | 一 | 十二 | 甲戌 | 收 | 心 | 火 | 离 | 热 | 心 | 汗 | 甲子 |
| 4 | 二 | 十三 | 乙亥 | 开 | 尾 | 火 | | 热 | 心 | 汗 | 丙子 |
| 5 | 三 | 十四 | 丙子 | 开 | 箕 | 水 | 坎 | 寒 | 肾 | 唾 | 戊子 |
| 6 | 四 | 十五 | 丁丑 | 闭 | 斗 | 水 | 震巽 | 寒 | 肾 | 唾 | 庚子 |
| 7 | 五 | 十六 | 戊寅 | 建 | 牛 | 土 | 乾兑 | 湿 | 脾 | 涎 | 壬子 |
| 8 | 六 | 十七 | 己卯 | 除 | 女 | 土 | 离 | 湿 | 脾 | 涎 | 甲子 |
| 9 | 日 | 十八 | 庚辰 | 满 | 虚 | 金 | 坎艮 | 燥 | 肺 | 涕 | 丙子 |
| 10 | 一 | 十九 | 辛巳 | 平 | 危 | 金 | | 燥 | 肺 | 涕 | 戊子 |
| 11 | 二 | 二十 | 壬午 | 定 | 室 | 木 | 乾兑 | 风 | 肝 | 泪 | 庚子 |
| 12 | 三 | 廿一 | 癸未 | 执 | 壁 | 木 | 离 | 风 | 肝 | 泪 | 壬子 |
| 13 | 四 | 廿二 | 甲申 | 破 | 奎 | 水 | 坎 | 寒 | 肾 | 唾 | 甲子 |
| 14 | 五 | 廿三 | 乙酉 | 危 | 娄 | 水 | 震 | 寒 | 肾 | 唾 | 丙子 |
| 15 | 六 | 廿四 | 丙戌 | 成 | 胃 | 土 | 巽 | 湿 | 脾 | 涎 | 戊子 |
| 16 | 日 | 廿五 | 丁亥 | 收 | 昴 | 土 | 坎艮 | 湿 | 脾 | 涎 | 庚子 |
| 17 | 一 | 廿六 | 戊子 | 开 | 毕 | 火 | 坤 | 热 | 心 | 汗 | 壬子 |
| 18 | 二 | 廿七 | 己丑 | 闭 | 觜 | 火 | 乾 | 热 | 心 | 汗 | 甲子 |
| 19 | 三 | 廿八 | 庚寅 | 建 | 参 | 木 | 兑 | 风 | 肝 | 泪 | 丙子 |
| 20 | 四 | 廿九 | 辛卯 | 除 | 井 | 木 | | 风 | 肝 | 泪 | 戊子 |
| 21 | 五 | 二月 | 壬辰 | 满 | 鬼 | 水 | 艮坤 | 寒 | 肾 | 唾 | 庚子 |
| 22 | 六 | 初二 | 癸巳 | 平 | 柳 | 水 | 乾兑 | 寒 | 肾 | 唾 | 壬子 |
| 23 | 日 | 初三 | 甲午 | 定 | 星 | 金 | 离 | 燥 | 肺 | 涕 | 甲子 |
| 24 | 一 | 初四 | 乙未 | 执 | 张 | 金 | | 燥 | 肺 | 涕 | 丙子 |
| 25 | 二 | 初五 | 丙申 | 破 | 翼 | 火 | 离 | 热 | 心 | 汗 | 戊子 |
| 26 | 三 | 初六 | 丁酉 | 危 | 轸 | 火 | 震巽 | 热 | 心 | 汗 | 庚子 |
| 27 | 四 | 初七 | 戊戌 | 成 | 角 | 木 | 坎 | 风 | 肝 | 泪 | 壬子 |
| 28 | 五 | 初八 | 己亥 | 收 | 亢 | 木 | 艮 | 风 | 肝 | 泪 | 甲子 |

实用干支万年历

# 公元2031年　　　　农历辛亥(猪)年(闰三月)

## 3月大

惊蛰　6日02时51分
春分　21日03时41分

农历二月(2月21日－3月22日)　月干支:辛卯

| 公历 | 星期 | 农历 | 干支 | 日建 | 星宿 | 五行 | 八卦 | 五气 | 五脏 | 五汁 | 时辰 |
|---|---|---|---|---|---|---|---|---|---|---|---|
| 1 | 六 | 二月 | 庚子 | 开 | 氐 | 土 | 艮 | 湿 | 脾 | 涎 | 丙子 |
| 2 | 日 | 初十 | 辛丑 | 闭 | 房 | 土 | 坤 | 湿 | 脾 | 涎 | 戊子 |
| 3 | 一 | 十一 | 壬寅 | 建 | 心 | 金 | 乾 | 燥 | 肺 | 涕 | 庚子 |
| 4 | 二 | 十二 | 癸卯 | 除 | 尾 | 金 | 兑 | 燥 | 肺 | 涕 | 壬子 |
| 5 | 三 | 十三 | 甲辰 | 满 | 箕 | 火 | 离 | 热 | 心 | 汗 | 甲子 |
| 6 | 四 | 十四 | 乙巳 | 满 | 斗 | 火 | 震 | 热 | 心 | 汗 | 丙子 |
| 7 | 五 | 十五 | 丙午 | 平 | 牛 | 水 | 巽 | 寒 | 肾 | 唾 | 戊子 |
| 8 | 六 | 十六 | 丁未 | 定 | 女 | 水 | 坎 | 寒 | 肾 | 唾 | 庚子 |
| 9 | 日 | 十七 | 戊申 | 执 | 虚 | 土 | 艮 | 湿 | 脾 | 涎 | 壬子 |
| 10 | 一 | 十八 | 己酉 | 破 | 危 | 土 | 坤 | 湿 | 脾 | 涎 | 甲子 |
| 11 | 二 | 十九 | 庚戌 | 危 | 室 | 金 | 乾 | 燥 | 肺 | 涕 | 丙子 |
| 12 | 三 | 二十 | 辛亥 | 成 | 壁 | 金 | 兑 | 燥 | 肺 | 涕 | 戊子 |
| 13 | 四 | 廿一 | 壬子 | 收 | 奎 | 木 | 离 | 风 | 肝 | 泪 | 庚子 |
| 14 | 五 | 廿二 | 癸丑 | 开 | 娄 | 木 | 震 | 风 | 肝 | 泪 | 壬子 |
| 15 | 六 | 廿三 | 甲寅 | 闭 | 胃 | 水 | 巽 | 寒 | 肾 | 唾 | 甲子 |
| 16 | 日 | 廿四 | 乙卯 | 建 | 昴 | 水 | 坎 | 寒 | 肾 | 唾 | 丙子 |
| 17 | 一 | 廿五 | 丙辰 | 除 | 毕 | 土 | 艮 | 湿 | 脾 | 涎 | 戊子 |
| 18 | 二 | 廿六 | 丁巳 | 满 | 觜 | 土 | 坤 | 湿 | 脾 | 涎 | 庚子 |
| 19 | 三 | 廿七 | 戊午 | 平 | 参 | 火 | 乾 | 热 | 心 | 汗 | 壬子 |
| 20 | 四 | 廿八 | 己未 | 定 | 井 | 火 | 兑 | 热 | 心 | 汗 | 甲子 |
| 21 | 五 | 廿九 | 庚申 | 执 | 鬼 | 木 | 离 | 风 | 肝 | 泪 | 丙子 |
| 22 | 六 | 三十 | 辛酉 | 破 | 柳 | 木 | 震 | 风 | 肝 | 泪 | 戊子 |
| 23 | 日 | 三月 | 壬戌 | 危 | 星 | 水 | 巽 | 寒 | 肾 | 唾 | 庚子 |
| 24 | 一 | 初二 | 癸亥 | 成 | 张 | 水 | 坎 | 寒 | 肾 | 唾 | 壬子 |
| 25 | 二 | 初三 | 甲子 | 收 | 翼 | 金 | 艮 | 燥 | 肺 | 涕 | 甲子 |
| 26 | 三 | 初四 | 乙丑 | 开 | 轸 | 金 | 坤 | 燥 | 肺 | 涕 | 丙子 |
| 27 | 四 | 初五 | 丙寅 | 闭 | 角 | 火 | 乾 | 热 | 心 | 汗 | 戊子 |
| 28 | 五 | 初六 | 丁卯 | 建 | 亢 | 火 | 兑 | 热 | 心 | 汗 | 庚子 |
| 29 | 六 | 初七 | 戊辰 | 除 | 氐 | 木 | 离 | 风 | 肝 | 泪 | 壬子 |
| 30 | 日 | 初八 | 己巳 | 满 | 房 | 木 | 震 | 风 | 肝 | 泪 | 甲子 |
| 31 | 一 | 初九 | 庚午 | 平 | 心 | 土 | 巽 | 湿 | 脾 | 涎 | 丙子 |

## 4月小

清明　5日07时29分
谷雨　20日14时31分

农历三月(3月23日－4月21日)　月干支:壬辰

| 公历 | 星期 | 农历 | 干支 | 日建 | 星宿 | 五行 | 八卦 | 五气 | 五脏 | 五汁 | 时辰 |
|---|---|---|---|---|---|---|---|---|---|---|---|
| 1 | 二 | 三月 | 辛未 | 定 | 尾 | 土 | 乾 | 湿 | 脾 | 涎 | 戊子 |
| 2 | 三 | 十一 | 壬申 | 执 | 箕 | 金 | 兑 | 燥 | 肺 | 涕 | 庚子 |
| 3 | 四 | 十二 | 癸酉 | 破 | 斗 | 金 | 离 | 燥 | 肺 | 涕 | 壬子 |
| 4 | 五 | 十三 | 甲戌 | 危 | 牛 | 火 | 震 | 热 | 心 | 汗 | 甲子 |
| 5 | 六 | 十四 | 乙亥 | 危 | 女 | 火 | 巽 | 热 | 心 | 汗 | 丙子 |
| 6 | 日 | 十五 | 丙子 | 成 | 虚 | 水 | 坎 | 寒 | 肾 | 唾 | 戊子 |
| 7 | 一 | 十六 | 丁丑 | 收 | 危 | 水 | 艮 | 寒 | 肾 | 唾 | 庚子 |
| 8 | 二 | 十七 | 戊寅 | 开 | 室 | 土 | 坤 | 湿 | 脾 | 涎 | 壬子 |
| 9 | 三 | 十八 | 己卯 | 闭 | 壁 | 土 | 乾 | 湿 | 脾 | 涎 | 甲子 |
| 10 | 四 | 十九 | 庚辰 | 建 | 奎 | 金 | 兑 | 燥 | 肺 | 涕 | 丙子 |
| 11 | 五 | 二十 | 辛巳 | 除 | 娄 | 金 | 离 | 燥 | 肺 | 涕 | 戊子 |
| 12 | 六 | 廿一 | 壬午 | 满 | 胃 | 木 | 震 | 风 | 肝 | 泪 | 庚子 |
| 13 | 日 | 廿二 | 癸未 | 平 | 昴 | 木 | 巽 | 风 | 肝 | 泪 | 壬子 |
| 14 | 一 | 廿三 | 甲申 | 定 | 毕 | 水 | 坎 | 寒 | 肾 | 唾 | 甲子 |
| 15 | 二 | 廿四 | 乙酉 | 执 | 觜 | 水 | 艮 | 寒 | 肾 | 唾 | 丙子 |
| 16 | 三 | 廿五 | 丙戌 | 破 | 参 | 土 | 坤 | 湿 | 脾 | 涎 | 戊子 |
| 17 | 四 | 廿六 | 丁亥 | 危 | 井 | 土 | 乾 | 湿 | 脾 | 涎 | 庚子 |
| 18 | 五 | 廿七 | 戊子 | 成 | 鬼 | 火 | 兑 | 热 | 心 | 汗 | 壬子 |
| 19 | 六 | 廿八 | 己丑 | 收 | 柳 | 火 | 离 | 热 | 心 | 汗 | 甲子 |
| 20 | 日 | 廿九 | 庚寅 | 开 | 星 | 木 | 震 | 风 | 肝 | 泪 | 丙子 |
| 21 | 一 | 三十 | 辛卯 | 闭 | 张 | 木 | 巽 | 风 | 肝 | 泪 | 戊子 |
| 22 | 二 | 闰三 | 壬辰 | 建 | 翼 | 水 | 坎 | 寒 | 肾 | 唾 | 庚子 |
| 23 | 三 | 初二 | 癸巳 | 除 | 轸 | 水 | 艮 | 寒 | 肾 | 唾 | 壬子 |
| 24 | 四 | 初三 | 甲午 | 满 | 角 | 金 | 坤 | 燥 | 肺 | 涕 | 甲子 |
| 25 | 五 | 初四 | 乙未 | 平 | 亢 | 金 | 乾 | 燥 | 肺 | 涕 | 丙子 |
| 26 | 六 | 初五 | 丙申 | 定 | 氐 | 火 | 兑 | 热 | 心 | 汗 | 戊子 |
| 27 | 日 | 初六 | 丁酉 | 执 | 房 | 火 | 离 | 热 | 心 | 汗 | 庚子 |
| 28 | 一 | 初七 | 戊戌 | 破 | 心 | 木 | 震 | 风 | 肝 | 泪 | 壬子 |
| 29 | 二 | 初八 | 己亥 | 危 | 尾 | 木 | 巽 | 风 | 肝 | 泪 | 甲子 |
| 30 | 三 | 初九 | 庚子 | 成 | 箕 | 土 | 坎 | 湿 | 脾 | 涎 | 丙子 |

# 公元2031年　农历辛亥(猪)年(闰三月)

## 5月大

立夏　6日00时35分　　小满　21日13时28分

农历闰三月(4月22日–5月20日)　月干支:壬辰

| 公历 | 星期 | 农历 | 干支 | 日建 | 星宿 | 五行 | 八卦 | 五气 | 五脏 | 五汁 | 时辰 |
|---|---|---|---|---|---|---|---|---|---|---|---|
| 1 | 四 | 闰三 | 辛丑 | 收 | 斗 | 土 | 乾 | 湿 | 脾 | 涎 | 戊子 |
| 2 | 五 | 十一 | 壬寅 | 开 | 牛 | 金 | 兑 | 燥 | 肺 | 涕 | 庚子 |
| 3 | 六 | 十二 | 癸卯 | 闭 | 女 | 金 | 离 | 燥 | 肺 | 涕 | 壬子 |
| 4 | 日 | 十三 | 甲辰 | 建 | 虚 | 火 | 震 | 热 | 心 | 汗 | 甲子 |
| 5 | 一 | 十四 | 乙巳 | 除 | 危 | 火 | 巽 | 热 | 心 | 汗 | 丙子 |
| 6 | 二 | 十五 | 丙午 | 除 | 室 | 水 | 坎 | 寒 | 肾 | 唾 | 戊子 |
| 7 | 三 | 十六 | 丁未 | 满 | 壁 | 水 | 艮 | 寒 | 肾 | 唾 | 庚子 |
| 8 | 四 | 十七 | 戊申 | 平 | 奎 | 土 | 坤 | 湿 | 脾 | 涎 | 壬子 |
| 9 | 五 | 十八 | 己酉 | 定 | 娄 | 土 | 乾 | 湿 | 脾 | 涎 | 甲子 |
| 10 | 六 | 十九 | 庚戌 | 执 | 胃 | 金 | 兑 | 燥 | 肺 | 涕 | 丙子 |
| 11 | 日 | 二十 | 辛亥 | 破 | 昴 | 金 | 离 | 燥 | 肺 | 涕 | 戊子 |
| 12 | 一 | 廿一 | 壬子 | 危 | 毕 | 木 | 震 | 风 | 肝 | 泪 | 庚子 |
| 13 | 二 | 廿二 | 癸丑 | 成 | 觜 | 木 | 巽 | 风 | 肝 | 泪 | 壬子 |
| 14 | 三 | 廿三 | 甲寅 | 收 | 参 | 水 | 坎 | 寒 | 肾 | 唾 | 甲子 |
| 15 | 四 | 廿四 | 乙卯 | 开 | 井 | 水 | 艮 | 寒 | 肾 | 唾 | 丙子 |
| 16 | 五 | 廿五 | 丙辰 | 闭 | 鬼 | 土 | 坤 | 湿 | 脾 | 涎 | 戊子 |
| 17 | 六 | 廿六 | 丁巳 | 建 | 柳 | 土 | 乾 | 湿 | 脾 | 涎 | 庚子 |
| 18 | 日 | 廿七 | 戊午 | 除 | 星 | 火 | 兑 | 热 | 心 | 汗 | 壬子 |
| 19 | 一 | 廿八 | 己未 | 满 | 张 | 火 | 离 | 热 | 心 | 汗 | 甲子 |
| 20 | 二 | 廿九 | 庚申 | 平 | 翼 | 木 | 震 | 风 | 肝 | 泪 | 丙子 |
| 21 | 三 | 四月 | 辛酉 | 定 | 轸 | 木 | 巽 | 风 | 肝 | 泪 | 戊子 |
| 22 | 四 | 初二 | 壬戌 | 执 | 角 | 水 | 坎 | 寒 | 肾 | 唾 | 庚子 |
| 23 | 五 | 初三 | 癸亥 | 破 | 亢 | 水 | 艮 | 寒 | 肾 | 唾 | 壬子 |
| 24 | 六 | 初四 | 甲子 | 危 | 氐 | 金 | 坤 | 燥 | 肺 | 涕 | 甲子 |
| 25 | 日 | 初五 | 乙丑 | 成 | 房 | 金 | 乾 | 燥 | 肺 | 涕 | 丙子 |
| 26 | 一 | 初六 | 丙寅 | 收 | 心 | 火 | 兑 | 热 | 心 | 汗 | 戊子 |
| 27 | 二 | 初七 | 丁卯 | 开 | 尾 | 火 | 离 | 热 | 心 | 汗 | 庚子 |
| 28 | 三 | 初八 | 戊辰 | 闭 | 箕 | 木 | 震 | 风 | 肝 | 泪 | 壬子 |
| 29 | 四 | 初九 | 己巳 | 建 | 斗 | 木 | 巽 | 风 | 肝 | 泪 | 甲子 |
| 30 | 五 | 初十 | 庚午 | 除 | 牛 | 土 | 坎 | 湿 | 脾 | 涎 | 丙子 |
| 31 | 六 | 十一 | 辛未 | 满 | 女 | 土 | 艮 | 湿 | 脾 | 涎 | 戊子 |

## 6月小

芒种　6日04时36分　　夏至　21日21时17分

农历四月(5月21日–6月19日)　月干支:癸巳

| 公历 | 星期 | 农历 | 干支 | 日建 | 星宿 | 五行 | 八卦 | 五气 | 五脏 | 五汁 | 时辰 |
|---|---|---|---|---|---|---|---|---|---|---|---|
| 1 | 日 | 四月 | 壬申 | 平 | 虚 | 金 | 坤 | 燥 | 肺 | 涕 | 庚子 |
| 2 | 一 | 十三 | 癸酉 | 定 | 危 | 金 | 乾 | 燥 | 肺 | 涕 | 壬子 |
| 3 | 二 | 十四 | 甲戌 | 执 | 室 | 火 | 兑 | 热 | 心 | 汗 | 甲子 |
| 4 | 三 | 十五 | 乙亥 | 破 | 壁 | 火 | 离 | 热 | 心 | 汗 | 丙子 |
| 5 | 四 | 十六 | 丙子 | 危 | 奎 | 水 | 震 | 寒 | 肾 | 唾 | 戊子 |
| 6 | 五 | 十七 | 丁丑 | 危 | 娄 | 水 | 巽 | 寒 | 肾 | 唾 | 庚子 |
| 7 | 六 | 十八 | 戊寅 | 成 | 胃 | 土 | 坎 | 湿 | 脾 | 涎 | 壬子 |
| 8 | 日 | 十九 | 己卯 | 收 | 昴 | 土 | 艮 | 湿 | 脾 | 涎 | 甲子 |
| 9 | 一 | 二十 | 庚辰 | 开 | 毕 | 金 | 坤 | 燥 | 肺 | 涕 | 丙子 |
| 10 | 二 | 廿一 | 辛巳 | 闭 | 觜 | 金 | 乾 | 燥 | 肺 | 涕 | 戊子 |
| 11 | 三 | 廿二 | 壬午 | 建 | 参 | 木 | 兑 | 风 | 肝 | 泪 | 庚子 |
| 12 | 四 | 廿三 | 癸未 | 除 | 井 | 木 | 离 | 风 | 肝 | 泪 | 壬子 |
| 13 | 五 | 廿四 | 甲申 | 满 | 鬼 | 水 | 震 | 寒 | 肾 | 唾 | 甲子 |
| 14 | 六 | 廿五 | 乙酉 | 平 | 柳 | 水 | 巽 | 寒 | 肾 | 唾 | 丙子 |
| 15 | 日 | 廿六 | 丙戌 | 定 | 星 | 土 | 坎 | 湿 | 脾 | 涎 | 戊子 |
| 16 | 一 | 廿七 | 丁亥 | 执 | 张 | 土 | 艮 | 湿 | 脾 | 涎 | 庚子 |
| 17 | 二 | 廿八 | 戊子 | 破 | 翼 | 火 | 坤 | 热 | 心 | 汗 | 壬子 |
| 18 | 三 | 廿九 | 己丑 | 危 | 轸 | 火 | 乾 | 热 | 心 | 汗 | 甲子 |
| 19 | 四 | 三十 | 庚寅 | 成 | 角 | 木 | 兑 | 风 | 肝 | 泪 | 丙子 |
| 20 | 五 | 五月 | 辛卯 | 收 | 亢 | 木 | 离 | 风 | 肝 | 泪 | 戊子 |
| 21 | 六 | 初二 | 壬辰 | 开 | 氐 | 水 | 震 | 寒 | 肾 | 唾 | 庚子 |
| 22 | 日 | 初三 | 癸巳 | 闭 | 房 | 水 | 巽 | 寒 | 肾 | 唾 | 壬子 |
| 23 | 一 | 初四 | 甲午 | 建 | 心 | 金 | 坎 | 燥 | 肺 | 涕 | 甲子 |
| 24 | 二 | 初五 | 乙未 | 除 | 尾 | 金 | 艮 | 燥 | 肺 | 涕 | 丙子 |
| 25 | 三 | 初六 | 丙申 | 满 | 箕 | 火 | 坤 | 热 | 心 | 汗 | 戊子 |
| 26 | 四 | 初七 | 丁酉 | 平 | 斗 | 火 | 乾 | 热 | 心 | 汗 | 庚子 |
| 27 | 五 | 初八 | 戊戌 | 定 | 牛 | 木 | 兑 | 风 | 肝 | 泪 | 壬子 |
| 28 | 六 | 初九 | 己亥 | 执 | 女 | 木 | 离 | 风 | 肝 | 泪 | 甲子 |
| 29 | 日 | 初十 | 庚子 | 破 | 虚 | 土 | 震 | 湿 | 脾 | 涎 | 丙子 |
| 30 | 一 | 十一 | 辛丑 | 危 | 危 | 土 | 巽 | 湿 | 脾 | 涎 | 戊子 |

# 公元2031年　　　　农历辛亥(猪)年(闰三月)

第八章　2016—2050年实用干支历

203

## 7月大

小暑　7日 14时 49分
大暑　23日 08时 11分

农历五月(6月20日－7月18日)　月干支:甲午

| 公历 | 星期 | 农历 | 干支 | 日建 | 星宿 | 五行 | 八卦 | 五气 | 五脏 | 五汁 | 时辰 |
|---|---|---|---|---|---|---|---|---|---|---|---|
| 1 | 二 | 五月 | 壬寅 | 成 | 室 | 金 | 巽 | 燥 | 肺 | 涕 | 庚子 |
| 2 | 三 | 十三 | 癸卯 | 收 | 壁 | 金 | 坎 | 燥 | 肺 | 涕 | 壬子 |
| 3 | 四 | 十四 | 甲辰 | 开 | 奎 | 火 | 艮 | 热 | 心 | 汗 | 甲子 |
| 4 | 五 | 十五 | 乙巳 | 闭 | 娄 | 火 | 坤 | 热 | 心 | 汗 | 丙子 |
| 5 | 六 | 十六 | 丙午 | 建 | 胃 | 水 | 乾 | 寒 | 肾 |  | 戊子 |
| 6 | 日 | 十七 | 丁未 | 除 | 昴 | 水 | 兑 | 寒 | 肾 |  | 庚子 |
| 7 | 一 | 十八 | 戊申 | 除 | 毕 | 土 | 离 | 湿 | 脾 | 涎 | 壬子 |
| 8 | 二 | 十九 | 己酉 | 满 | 觜 | 土 | 震 | 湿 | 脾 | 涎 | 甲子 |
| 9 | 三 | 二十 | 庚戌 | 平 | 参 | 金 | 巽 | 燥 | 肺 | 涕 | 丙子 |
| 10 | 四 | 廿一 | 辛亥 | 定 | 井 | 金 | 坎 | 燥 | 肺 |  | 戊子 |
| 11 | 五 | 廿二 | 壬子 | 执 | 鬼 | 木 | 艮 | 风 | 肝 | 泪 | 庚子 |
| 12 | 六 | 廿三 | 癸丑 | 破 | 柳 | 木 | 乾 | 风 | 肝 | 泪 | 壬子 |
| 13 | 日 | 廿四 | 甲寅 | 危 | 星 | 水 | 兑 | 寒 | 肾 | 唾 | 甲子 |
| 14 | 一 | 廿五 | 乙卯 | 成 | 张 | 水 | 离 | 寒 | 肾 | 唾 | 丙子 |
| 15 | 二 | 廿六 | 丙辰 | 收 | 翼 | 土 | 震 | 湿 | 脾 | 涎 | 戊子 |
| 16 | 三 | 廿七 | 丁巳 | 开 | 轸 | 土 | 巽 | 湿 | 脾 | 涎 | 庚子 |
| 17 | 四 | 廿八 | 戊午 | 闭 | 角 | 火 | 坎 | 热 | 心 | 汗 | 壬子 |
| 18 | 五 | 廿九 | 己未 | 建 | 亢 | 火 | 艮 | 热 | 心 | 汗 | 甲子 |
| 19 | 六 | 六月 | 庚申 | 除 | 氐 | 木 | 乾 | 风 | 肝 | 泪 | 丙子 |
| 20 | 日 | 初二 | 辛酉 | 满 | 房 | 木 | 兑 | 风 | 肝 | 泪 | 戊子 |
| 21 | 一 | 初三 | 壬戌 | 平 | 心 | 水 | 离 | 寒 | 肾 | 唾 | 庚子 |
| 22 | 二 | 初四 | 癸亥 | 定 | 尾 | 水 | 震 | 寒 | 肾 | 唾 | 壬子 |
| 23 | 三 | 初五 | 甲子 | 执 | 箕 | 金 | 巽 | 燥 | 肺 | 涕 | 甲子 |
| 24 | 四 | 初六 | 乙丑 | 破 | 斗 | 金 | 坎 | 燥 | 肺 | 涕 | 丙子 |
| 25 | 五 | 初七 | 丙寅 | 危 | 牛 | 火 | 艮 | 热 | 心 | 汗 | 戊子 |
| 26 | 六 | 初八 | 丁卯 | 成 | 女 | 火 | 乾 | 热 | 心 | 汗 | 庚子 |
| 27 | 日 | 初九 | 戊辰 | 收 | 虚 | 木 | 兑 | 风 | 肝 | 泪 | 壬子 |
| 28 | 一 | 初十 | 己巳 | 开 | 危 | 木 | 离 | 风 | 肝 | 泪 | 甲子 |
| 29 | 二 | 十一 | 庚午 | 闭 | 室 | 土 | 震 | 湿 | 脾 | 涎 | 丙子 |
| 30 | 三 | 十二 | 辛未 | 建 | 壁 | 土 | 巽 | 湿 | 脾 | 涎 | 戊子 |
| 31 | 四 | 十三 | 壬申 | 除 | 奎 | 金 |  | 燥 | 肺 | 涕 | 庚子 |

## 8月大

立秋　8日 00时 44分
处暑　23日 15时 24分

农历六月(7月19日－8月17日)　月干支:乙未

| 公历 | 星期 | 农历 | 干支 | 日建 | 星宿 | 五行 | 八卦 | 五气 | 五脏 | 五汁 | 时辰 |
|---|---|---|---|---|---|---|---|---|---|---|---|
| 1 | 五 | 六月 | 癸酉 | 满 | 娄 | 金 | 坤 | 燥 | 肺 | 涕 | 壬子 |
| 2 | 六 | 十五 | 甲戌 | 平 | 胃 | 火 | 乾 | 热 | 心 | 汗 | 甲子 |
| 3 | 日 | 十六 | 乙亥 | 定 | 昴 | 火 | 兑 | 热 | 心 | 汗 | 丙子 |
| 4 | 一 | 十七 | 丙子 | 执 | 毕 | 水 | 离 | 寒 | 肾 |  | 戊子 |
| 5 | 二 | 十八 | 丁丑 | 破 | 觜 | 水 | 震 | 寒 | 肾 |  | 庚子 |
| 6 | 三 | 十九 | 戊寅 | 危 | 参 | 土 | 巽 | 湿 | 脾 | 涎 | 壬子 |
| 7 | 四 | 二十 | 己卯 | 成 | 井 | 土 | 坎 | 湿 | 脾 | 涎 | 甲子 |
| 8 | 五 | 廿一 | 庚辰 | 成 | 鬼 | 金 | 艮 | 燥 | 肺 | 涕 | 丙子 |
| 9 | 六 | 廿二 | 辛巳 | 收 | 柳 | 金 | 乾 | 燥 | 肺 | 涕 | 戊子 |
| 10 | 日 | 廿三 | 壬午 | 开 | 星 | 木 | 兑 | 风 | 肝 | 泪 | 庚子 |
| 11 | 一 | 廿四 | 癸未 | 闭 | 张 | 木 | 离 | 风 | 肝 | 泪 | 壬子 |
| 12 | 二 | 廿五 | 甲申 | 建 | 翼 | 水 | 震 | 寒 | 肾 | 唾 | 甲子 |
| 13 | 三 | 廿六 | 乙酉 | 除 | 轸 | 水 | 巽 | 寒 | 肾 | 唾 | 丙子 |
| 14 | 四 | 廿七 | 丙戌 | 满 | 角 | 土 | 坎 | 湿 | 脾 | 涎 | 戊子 |
| 15 | 五 | 廿八 | 丁亥 | 平 | 亢 | 土 | 艮 | 湿 | 脾 | 涎 | 庚子 |
| 16 | 六 | 廿九 | 戊子 | 定 | 氐 | 火 | 乾 | 热 | 心 | 汗 | 壬子 |
| 17 | 日 | 三十 | 己丑 | 执 | 房 | 火 | 兑 | 热 | 心 | 汗 | 甲子 |
| 18 | 一 | 七月 | 庚寅 | 破 | 心 | 木 | 离 | 风 | 肝 | 泪 | 丙子 |
| 19 | 二 | 初二 | 辛卯 | 危 | 尾 | 木 | 震 | 风 | 肝 | 泪 | 戊子 |
| 20 | 三 | 初三 | 壬辰 | 成 | 箕 | 水 |  | 寒 | 肾 |  | 庚子 |
| 21 | 四 | 初四 | 癸巳 | 收 | 斗 | 水 | 巽 | 寒 | 肾 |  | 壬子 |
| 22 | 五 | 初五 | 甲午 | 开 | 牛 | 金 | 坎 | 燥 | 肺 | 涕 | 甲子 |
| 23 | 六 | 初六 | 乙未 | 闭 | 女 | 金 | 离 | 燥 | 肺 | 涕 | 丙子 |
| 24 | 日 | 初七 | 丙申 | 除 | 虚 | 火 | 兑 | 热 | 心 | 汗 | 戊子 |
| 25 | 一 | 初八 | 丁酉 | 除 | 危 | 火 | 乾 | 热 | 心 | 汗 | 庚子 |
| 26 | 二 | 初九 | 戊戌 | 满 | 室 | 木 | 兑 | 风 | 肝 | 泪 | 壬子 |
| 27 | 三 | 初十 | 己亥 | 平 | 壁 | 木 | 离 | 风 | 肝 | 泪 | 甲子 |
| 28 | 四 | 十一 | 庚子 | 定 | 奎 | 土 | 震 | 湿 | 脾 | 涎 | 丙子 |
| 29 | 五 | 十二 | 辛丑 | 执 | 娄 | 土 | 巽 | 湿 | 脾 | 涎 | 戊子 |
| 30 | 六 | 十三 | 壬寅 | 破 | 胃 | 金 | 坎 | 燥 | 肺 | 涕 | 庚子 |
| 31 | 日 | 十四 | 癸卯 | 危 | 昴 | 金 | 乾 | 燥 | 肺 | 涕 | 壬子 |

# 公元 2031 年　　农历辛亥(猪)年(闰三月)

## 9月小

白露　8日03时51分
秋分　23日13时16分

农历七月(8月18日–9月16日)　月干支:丙申

| 公历 | 星期 | 农历 | 干支 | 日建 | 星宿 | 五行 | 八卦 | 五气 | 五脏 | 五汁 | 时辰 |
|---|---|---|---|---|---|---|---|---|---|---|---|
| 1 | 一 | 七月 | 甲辰 | 成 | 毕 | 火 | 兑 | 热 | 心 | 汗 | 甲子 |
| 2 | 二 | 十六 | 乙巳 | 收 | 觜 | 火 | 离 | 热 | 心 | 汗 | 丙子 |
| 3 | 三 | 十七 | 丙午 | 开 | 参 | 水 | 震 | 寒 | 肾 | 唾 | 戊子 |
| 4 | 四 | 十八 | 丁未 | 闭 | 井 | 水 | 巽 | 寒 | 肾 | 唾 | 庚子 |
| 5 | 五 | 十九 | 戊申 | 建 | 鬼 | 土 | 坎 | 湿 | 脾 | 涎 | 壬子 |
| 6 | 六 | 二十 | 己酉 | 除 | 柳 | 土 | 艮 | 湿 | 脾 | 涎 | 甲子 |
| 7 | 日 | 廿一 | 庚戌 | 满 | 星 | 金 | 乾 | 燥 | 肺 | 涕 | 丙子 |
| 8 | 一 | 廿二 | 辛亥 | 满 | 张 | 金 | 兑 | 燥 | 肺 | 涕 | 戊子 |
| 9 | 二 | 廿三 | 壬子 | 平 | 翼 | 木 | 离 | 风 | 肝 | 泪 | 庚子 |
| 10 | 三 | 廿四 | 癸丑 | 定 | 轸 | 木 | 震 | 风 | 肝 | 泪 | 壬子 |
| 11 | 四 | 廿五 | 甲寅 | 执 | 角 | 水 | 巽 | 寒 | 肾 | 唾 | 甲子 |
| 12 | 五 | 廿六 | 乙卯 | 破 | 亢 | 水 | 坎 | 寒 | 肾 | 唾 | 丙子 |
| 13 | 六 | 廿七 | 丙辰 | 危 | 氐 | 土 | 艮 | 湿 | 脾 | 涎 | 戊子 |
| 14 | 日 | 廿八 | 丁巳 | 成 | 房 | 土 | 乾 | 湿 | 脾 | 涎 | 庚子 |
| 15 | 一 | 廿九 | 戊午 | 收 | 心 | 火 | 兑 | 热 | 心 | 汗 | 壬子 |
| 16 | 二 | 三十 | 己未 | 开 | 尾 | 火 | 离 | 热 | 心 | 汗 | 甲子 |
| 17 | 三 | 八月 | 庚申 | 闭 | 箕 | 木 | 震 | 风 | 肝 | 泪 | 丙子 |
| 18 | 四 | 初二 | 辛酉 | 建 | 斗 | 木 | 巽 | 风 | 肝 | 泪 | 戊子 |
| 19 | 五 | 初三 | 壬戌 | 除 | 牛 | 水 | 坎 | 寒 | 肾 | 唾 | 庚子 |
| 20 | 六 | 初四 | 癸亥 | 满 | 女 | 水 | 艮 | 寒 | 肾 | 唾 | 壬子 |
| 21 | 日 | 初五 | 甲子 | 平 | 虚 | 金 | 乾 | 燥 | 肺 | 涕 | 甲子 |
| 22 | 一 | 初六 | 乙丑 | 定 | 危 | 金 | 兑 | 燥 | 肺 | 涕 | 丙子 |
| 23 | 二 | 初七 | 丙寅 | 执 | 室 | 火 | 离 | 热 | 心 | 汗 | 戊子 |
| 24 | 三 | 初八 | 丁卯 | 破 | 壁 | 火 | 震 | 热 | 心 | 汗 | 庚子 |
| 25 | 四 | 初九 | 戊辰 | 危 | 奎 | 木 | 巽 | 风 | 肝 | 泪 | 壬子 |
| 26 | 五 | 初十 | 己巳 | 成 | 娄 | 木 | 坎 | 风 | 肝 | 泪 | 甲子 |
| 27 | 六 | 十一 | 庚午 | 收 | 胃 | 土 | 艮 | 湿 | 脾 | 涎 | 丙子 |
| 28 | 日 | 十二 | 辛未 | 开 | 昴 | 土 | 乾 | 湿 | 脾 | 涎 | 戊子 |
| 29 | 一 | 十三 | 壬申 | 闭 | 毕 | 金 | 兑 | 燥 | 肺 | 涕 | 庚子 |
| 30 | 二 | 十四 | 癸酉 | 建 | 觜 | 金 | 离 | 燥 | 肺 | 涕 | 壬子 |

## 10月大

寒露　8日19时44分
霜降　23日22时50分

农历八月(9月17日–10月15日)　月干支:丁酉

| 公历 | 星期 | 农历 | 干支 | 日建 | 星宿 | 五行 | 八卦 | 五气 | 五脏 | 五汁 | 时辰 |
|---|---|---|---|---|---|---|---|---|---|---|---|
| 1 | 三 | 八月 | 甲戌 | 除 | 参 | 火 | 震 | 热 | 心 | 汗 | 甲子 |
| 2 | 四 | 十六 | 乙亥 | 满 | 井 | 火 | 巽 | 热 | 心 | 汗 | 丙子 |
| 3 | 五 | 十七 | 丙子 | 平 | 鬼 | 水 | 坎 | 寒 | 肾 | 唾 | 戊子 |
| 4 | 六 | 十八 | 丁丑 | 定 | 柳 | 水 | 艮 | 寒 | 肾 | 唾 | 庚子 |
| 5 | 日 | 十九 | 戊寅 | 执 | 星 | 土 | 乾 | 湿 | 脾 | 涎 | 壬子 |
| 6 | 一 | 二十 | 己卯 | 破 | 张 | 土 | 兑 | 湿 | 脾 | 涎 | 甲子 |
| 7 | 二 | 廿一 | 庚辰 | 危 | 翼 | 金 | 离 | 燥 | 肺 | 涕 | 丙子 |
| 8 | 三 | 廿二 | 辛巳 | 危 | 轸 | 金 | 震 | 燥 | 肺 | 涕 | 戊子 |
| 9 | 四 | 廿三 | 壬午 | 成 | 角 | 木 | 巽 | 风 | 肝 | 泪 | 庚子 |
| 10 | 五 | 廿四 | 癸未 | 收 | 亢 | 木 | 坎 | 风 | 肝 | 泪 | 壬子 |
| 11 | 六 | 廿五 | 甲申 | 开 | 氐 | 水 | 艮 | 寒 | 肾 | 唾 | 甲子 |
| 12 | 日 | 廿六 | 乙酉 | 闭 | 房 | 水 | 乾 | 寒 | 肾 | 唾 | 丙子 |
| 13 | 一 | 廿七 | 丙戌 | 建 | 心 | 土 | 兑 | 湿 | 脾 | 涎 | 戊子 |
| 14 | 二 | 廿八 | 丁亥 | 除 | 尾 | 土 | 离 | 湿 | 脾 | 涎 | 庚子 |
| 15 | 三 | 廿九 | 戊子 | 满 | 箕 | 火 | 震 | 热 | 心 | 汗 | 壬子 |
| 16 | 四 | 九月 | 己丑 | 平 | 斗 | 火 | 巽 | 热 | 心 | 汗 | 甲子 |
| 17 | 五 | 初二 | 庚寅 | 定 | 牛 | 木 | 坎 | 风 | 肝 | 泪 | 丙子 |
| 18 | 六 | 初三 | 辛卯 | 执 | 女 | 木 | 艮 | 风 | 肝 | 泪 | 戊子 |
| 19 | 日 | 初四 | 壬辰 | 破 | 虚 | 水 | 乾 | 寒 | 肾 | 唾 | 庚子 |
| 20 | 一 | 初五 | 癸巳 | 危 | 危 | 水 | 兑 | 寒 | 肾 | 唾 | 壬子 |
| 21 | 二 | 初六 | 甲午 | 成 | 室 | 金 | 离 | 燥 | 肺 | 涕 | 甲子 |
| 22 | 三 | 初七 | 乙未 | 收 | 壁 | 金 | 震 | 燥 | 肺 | 涕 | 丙子 |
| 23 | 四 | 初八 | 丙申 | 开 | 奎 | 火 | 巽 | 热 | 心 | 汗 | 戊子 |
| 24 | 五 | 初九 | 丁酉 | 闭 | 娄 | 火 | 坎 | 热 | 心 | 汗 | 庚子 |
| 25 | 六 | 初十 | 戊戌 | 建 | 胃 | 木 | 艮 | 风 | 肝 | 泪 | 壬子 |
| 26 | 日 | 十一 | 己亥 | 除 | 昴 | 木 | 乾 | 风 | 肝 | 泪 | 甲子 |
| 27 | 一 | 十二 | 庚子 | 满 | 毕 | 土 | 兑 | 湿 | 脾 | 涎 | 丙子 |
| 28 | 二 | 十三 | 辛丑 | 平 | 觜 | 土 | 离 | 湿 | 脾 | 涎 | 戊子 |
| 29 | 三 | 十四 | 壬寅 | 定 | 参 | 金 | 震 | 燥 | 肺 | 涕 | 庚子 |
| 30 | 四 | 十五 | 癸卯 | 执 | 井 | 金 | 巽 | 燥 | 肺 | 涕 | 壬子 |
| 31 | 五 | 十六 | 甲辰 | 破 | 鬼 | 火 | 坎 | 热 | 心 | 汗 | 甲子 |

# 公元2031年　　农历辛亥(猪)年(闰三月)

## 11月小
立冬　7日23时06分
小雪　22日20时33分

农历九月(10月16日–11月14日)　月干支:戊戌

| 公历 | 星期 | 农历 | 干支 | 日建 | 星宿 | 五行 | 八卦 | 五气 | 五脏 | 五汁 | 时辰 |
|---|---|---|---|---|---|---|---|---|---|---|---|
| 1 | 六 | 九月 | 乙巳 | 危 | 柳 | 火 | 坎 | 热 | 心 | 汗 | 丙子 |
| 2 | 日 | 十八 | 丙午 | 成 | 张 | 水 | 艮 | 寒 | 肾 | 唾 | 戊戌 |
| 3 | 一 | 十九 | 丁未 | 收 | 翼 | 水 | 乾 | 寒 | 肾 | 唾 | 庚子 |
| 4 | 二 | 二十 | 戊申 | 开 | 轸 | 土 | 兑 | 湿 | 脾 | 涎 | 壬子 |
| 5 | 三 | 廿一 | 己酉 | 闭 |  | 土 |  | 湿 | 脾 | 涎 | 甲子 |
| 6 | 四 | 廿二 | 庚戌 | 建 | 角 | 金 | 离 | 燥 | 肺 | 涕 | 丙子 |
| 7 | 五 | 廿三 | 辛亥 | 建 | 亢 | 金 | 震 | 燥 | 肺 | 涕 | 戊戌 |
| 8 | 六 | 廿四 | 壬子 | 除 | 氐 | 木 | 巽 | 风 | 肝 | 泪 | 庚子 |
| 9 | 日 | 廿五 | 癸丑 | 满 | 房 | 木 | 坎 | 风 | 肝 | 泪 | 壬子 |
| 10 | 一 | 廿六 | 甲寅 | 平 | 心 | 水 | 艮 | 寒 | 肾 | 唾 | 甲子 |
| 11 | 二 | 廿七 | 乙卯 | 定 | 尾 | 水 | 坤 | 寒 | 肾 | 唾 | 丙子 |
| 12 | 三 | 廿八 | 丙辰 | 执 | 箕 | 土 | 乾 | 湿 | 脾 | 涎 | 戊戌 |
| 13 | 四 | 廿九 | 丁巳 | 破 | 斗 | 土 | 兑 | 湿 | 脾 | 涎 | 庚子 |
| 14 | 五 | 三十 | 戊午 | 危 | 牛 | 火 | 离 | 热 | 心 | 汗 | 壬子 |
| 15 | 六 | 十月 | 己未 | 成 | 女 | 火 | 艮 | 热 | 心 | 汗 | 甲子 |
| 16 | 日 | 初二 | 庚申 | 收 | 虚 | 木 | 坤 | 风 | 肝 | 泪 | 丙子 |
| 17 | 一 | 初三 | 辛酉 | 开 | 危 | 木 | 乾 | 风 | 肝 | 泪 | 戊戌 |
| 18 | 二 | 初四 | 壬戌 | 闭 | 室 | 水 | 兑 | 寒 | 肾 | 唾 | 庚子 |
| 19 | 三 | 初五 | 癸亥 | 建 | 壁 | 水 | 离 | 寒 | 肾 | 唾 | 壬子 |
| 20 | 四 | 初六 | 甲子 | 除 | 奎 | 金 | 震 | 燥 | 肺 | 涕 | 甲子 |
| 21 | 五 | 初七 | 乙丑 | 满 | 娄 | 金 | 巽 | 燥 | 肺 | 涕 | 丙子 |
| 22 | 六 | 初八 | 丙寅 | 平 | 胃 | 火 | 坎 | 热 | 心 | 汗 | 戊戌 |
| 23 | 日 | 初九 | 丁卯 | 定 | 昴 | 火 | 艮 | 热 | 心 | 汗 | 庚子 |
| 24 | 一 | 初十 | 戊辰 | 执 | 毕 | 木 | 坤 | 风 | 肝 | 泪 | 壬子 |
| 25 | 二 | 十一 | 己巳 | 破 | 觜 | 木 | 乾 | 风 | 肝 | 泪 | 甲子 |
| 26 | 三 | 十二 | 庚午 | 危 | 参 | 土 | 兑 | 湿 | 脾 | 涎 | 丙子 |
| 27 | 四 | 十三 | 辛未 | 成 | 井 | 土 | 离 | 湿 | 脾 | 涎 | 戊戌 |
| 28 | 五 | 十四 | 壬申 | 收 | 鬼 | 金 | 震 | 燥 | 肺 | 涕 | 庚子 |
| 29 | 六 | 十五 | 癸酉 | 开 | 柳 | 金 | 巽 | 燥 | 肺 | 涕 | 壬子 |
| 30 | 日 | 十六 | 甲戌 | 闭 | 星 | 火 | 坎 | 热 | 心 | 汗 | 甲子 |
| 31 |  |  |  |  |  |  |  |  |  |  |  |

## 12月大
大雪　7日16时04分
冬至　22日09时56分

农历十月(11月15日–12月13日)　月干支:己亥

| 公历 | 星期 | 农历 | 干支 | 日建 | 星宿 | 五行 | 八卦 | 五气 | 五脏 | 五汁 | 时辰 |
|---|---|---|---|---|---|---|---|---|---|---|---|
| 1 | 一 | 十月 | 乙亥 | 建 | 张 | 火 | 艮 | 热 | 心 | 汗 | 丙子 |
| 2 | 二 | 十八 | 丙子 | 除 | 翼 | 水 | 坤 | 寒 | 肾 | 唾 | 戊戌 |
| 3 | 三 | 十九 | 丁丑 | 满 | 轸 | 水 | 乾 | 寒 | 肾 | 唾 | 庚子 |
| 4 | 四 | 二十 | 戊寅 | 平 | 角 | 土 | 兑 | 湿 | 脾 | 涎 | 壬子 |
| 5 | 五 | 廿一 | 己卯 | 定 | 亢 | 土 | 离 | 湿 | 脾 | 涎 | 甲子 |
| 6 | 六 | 廿二 | 庚辰 | 执 | 氐 | 金 | 震 | 燥 | 肺 | 涕 | 丙子 |
| 7 | 日 | 廿三 | 辛巳 | 执 | 房 | 金 | 巽 | 燥 | 肺 | 涕 | 戊戌 |
| 8 | 一 | 廿四 | 壬午 | 破 | 心 | 木 | 坎 | 风 | 肝 | 泪 | 庚子 |
| 9 | 二 | 廿五 | 癸未 | 危 | 尾 | 木 | 艮 | 风 | 肝 | 泪 | 壬子 |
| 10 | 三 | 廿六 | 甲申 | 成 | 箕 | 水 | 坤 | 寒 | 肾 | 唾 | 甲子 |
| 11 | 四 | 廿七 | 乙酉 | 收 | 斗 | 水 | 乾 | 寒 | 肾 | 唾 | 丙子 |
| 12 | 五 | 廿八 | 丙戌 | 开 | 牛 | 土 | 兑 | 湿 | 脾 | 涎 | 戊戌 |
| 13 | 六 | 廿九 | 丁亥 | 闭 | 女 | 土 | 离 | 湿 | 脾 | 涎 | 庚子 |
| 14 | 日 | 冬月 | 戊子 | 建 | 虚 | 火 | 坤 | 热 | 心 | 汗 | 壬子 |
| 15 | 一 | 初二 | 己丑 | 除 | 危 | 火 | 乾 | 热 | 心 | 汗 | 甲子 |
| 16 | 二 | 初三 | 庚寅 | 满 | 室 | 木 | 兑 | 风 | 肝 | 泪 | 丙子 |
| 17 | 三 | 初四 | 辛卯 | 平 | 壁 | 木 | 离 | 风 | 肝 | 泪 | 戊戌 |
| 18 | 四 | 初五 | 壬辰 | 定 | 奎 | 水 | 震 | 寒 | 肾 | 唾 | 庚子 |
| 19 | 五 | 初六 | 癸巳 | 执 | 娄 | 水 | 巽 | 寒 | 肾 | 唾 | 壬子 |
| 20 | 六 | 初七 | 甲午 | 破 | 胃 | 金 | 坎 | 燥 | 肺 | 涕 | 甲子 |
| 21 | 日 | 初八 | 乙未 | 危 | 昴 | 金 | 艮 | 燥 | 肺 | 涕 | 丙子 |
| 22 | 一 | 初九 | 丙申 | 成 | 毕 | 火 | 坤 | 热 | 心 | 汗 | 戊戌 |
| 23 | 二 | 初十 | 丁酉 | 收 | 觜 | 火 | 乾 | 热 | 心 | 汗 | 庚子 |
| 24 | 三 | 十一 | 戊戌 | 开 | 参 | 木 | 兑 | 风 | 肝 | 泪 | 壬子 |
| 25 | 四 | 十二 | 己亥 | 闭 | 井 | 木 | 离 | 风 | 肝 | 泪 | 甲子 |
| 26 | 五 | 十三 | 庚子 | 建 | 鬼 | 土 | 震 | 湿 | 脾 | 涎 | 丙子 |
| 27 | 六 | 十四 | 辛丑 | 除 | 柳 | 土 | 巽 | 湿 | 脾 | 涎 | 戊戌 |
| 28 | 日 | 十五 | 壬寅 | 满 | 星 | 金 | 坎 | 燥 | 肺 | 涕 | 庚子 |
| 29 | 一 | 十六 | 癸卯 | 平 | 张 | 金 | 艮 | 燥 | 肺 | 涕 | 壬子 |
| 30 | 二 | 十七 | 甲辰 | 定 | 翼 | 火 | 坤 | 热 | 心 | 汗 | 甲子 |
| 31 | 三 | 十八 | 乙巳 | 执 | 轸 | 火 | 乾 | 热 | 心 | 汗 | 丙子 |

# 公元2032年　　　　农历壬子(鼠)年

| 1月大 | 小寒　6日03时17分<br>大寒　20日20时32分 |
|---|---|

| 2月闰 | 立春　4日14时49分<br>雨水　19日10时33分 |
|---|---|

农历冬月(12月14日–1月12日)　月干支:庚子

农历腊月(1月13日–2月10日)　月干支:辛丑

## 1月大

| 公历 | 星期 | 农历 | 干支 | 日建 | 星宿 | 五行 | 八卦 | 五气 | 五脏 | 五汁 | 时辰 |
|---|---|---|---|---|---|---|---|---|---|---|---|
| 1 | 四 | 冬月 | 丙午 | 破 | 角 | 水 | 离 | 寒 | 肾 | 唾 | 戊子 |
| 2 | 五 | 二十 | 丁未 | 危 | 亢 | 水 | 震 | 湿 | 脾 | 涎 | 庚子 |
| 3 | 六 | 廿一 | 戊申 | 成 | 氐 | 土 | 巽 | 燥 | 肺 | 涕 | 壬子 |
| 4 | 日 | 廿二 | 己酉 | 收 | 房 | 土 | 坎 | 燥 | 肺 | 涕 | 甲子 |
| 5 | 一 | 廿三 | 庚戌 | 开 | 心 | 金 | 坤 | 燥 | 肺 | 涕 | 丙子 |
| 6 | 二 | 廿四 | 辛亥 | 开 | 尾 | 金 | 艮 | 燥 | 肺 | 涕 | 戊子 |
| 7 | 三 | 廿五 | 壬子 | 闭 | 箕 | 木 | 乾 | 风 | 肝 | 泪 | 庚子 |
| 8 | 四 | 廿六 | 癸丑 | 建 | 斗 | 木 | 兑 | 风 | 肝 | 泪 | 壬子 |
| 9 | 五 | 廿七 | 甲寅 | 除 | 牛 | 水 | 离 | 寒 | 肾 | 唾 | 甲子 |
| 10 | 六 | 廿八 | 乙卯 | 满 | 女 | 水 | 震 | 寒 | 肾 | 唾 | 丙子 |
| 11 | 日 | 廿九 | 丙辰 | 平 | 虚 | 土 | 巽 | 湿 | 脾 | 涎 | 戊子 |
| 12 | 一 | 三十 | 丁巳 | 定 | 危 | 土 | 坎 | 湿 | 脾 | 涎 | 庚子 |
| 13 | 二 | 腊月 | 戊午 | 执 | 室 | 火 | 乾 | 热 | 心 | 汗 | 壬子 |
| 14 | 三 | 初二 | 己未 | 破 | 壁 | 火 | 兑 | 热 | 心 | 汗 | 甲子 |
| 15 | 四 | 初三 | 庚申 | 危 | 奎 | 木 | 离 | 风 | 肝 | 泪 | 丙子 |
| 16 | 五 | 初四 | 辛酉 | 成 | 娄 | 木 | 震 | 风 | 肝 | 泪 | 戊子 |
| 17 | 六 | 初五 | 壬戌 | 收 | 胃 | 水 | 巽 | 寒 | 肾 | 唾 | 庚子 |
| 18 | 日 | 初六 | 癸亥 | 开 | 昴 | 水 | 坎 | 寒 | 肾 | 唾 | 壬子 |
| 19 | 一 | 初七 | 甲子 | 闭 | 毕 | 金 | 艮 | 燥 | 肺 | 涕 | 甲子 |
| 20 | 二 | 初八 | 乙丑 | 建 | 觜 | 金 | 坤 | 燥 | 肺 | 涕 | 丙子 |
| 21 | 三 | 初九 | 丙寅 | 除 | 参 | 火 | 乾 | 热 | 心 | 汗 | 戊子 |
| 22 | 四 | 初十 | 丁卯 | 满 | 井 | 火 | 兑 | 热 | 心 | 汗 | 庚子 |
| 23 | 五 | 十一 | 戊辰 | 平 | 鬼 | 木 | 离 | 风 | 肝 | 泪 | 壬子 |
| 24 | 六 | 十二 | 己巳 | 定 | 柳 | 木 | 震 | 风 | 肝 | 泪 | 甲子 |
| 25 | 日 | 十三 | 庚午 | 执 | 星 | 土 | 巽 | 热 | 脾 | 涎 | 丙子 |
| 26 | 一 | 十四 | 辛未 | 破 | 张 | 土 | 坎 | 热 | 脾 | 涎 | 戊子 |
| 27 | 二 | 十五 | 壬申 | 危 | 翼 | 金 | 艮 | 燥 | 肺 | 涕 | 庚子 |
| 28 | 三 | 十六 | 癸酉 | 成 | 轸 | 金 | 坤 | 燥 | 肺 | 涕 | 壬子 |
| 29 | 四 | 十七 | 甲戌 | 收 | 角 | 火 | 乾 | 热 | 心 | 汗 | 甲子 |
| 30 | 五 | 十八 | 乙亥 | 开 | 亢 | 火 | 兑 | 热 | 心 | 汗 | 丙子 |
| 31 | 六 | 十九 | 丙子 | 闭 | 氐 | 水 | 离 | 寒 | 肾 | 唾 | 戊子 |

## 2月闰

| 公历 | 星期 | 农历 | 干支 | 日建 | 星宿 | 五行 | 八卦 | 五气 | 五脏 | 五汁 | 时辰 |
|---|---|---|---|---|---|---|---|---|---|---|---|
| 1 | 日 | 腊月 | 丁丑 | 建 | 房 | 水 | 震 | 寒 | 肾 | 唾 | 庚子 |
| 2 | 一 | 廿一 | 戊寅 | 除 | 心 | 土 | 巽 | 湿 | 脾 | 涎 | 壬子 |
| 3 | 二 | 廿二 | 己卯 | 满 | 尾 | 土 | 坎 | 湿 | 脾 | 涎 | 甲子 |
| 4 | 三 | 廿三 | 庚辰 | 满 | 箕 | 金 | 艮 | 燥 | 肺 | 涕 | 丙子 |
| 5 | 四 | 廿四 | 辛巳 | 平 | 斗 | 金 | 坤 | 燥 | 肺 | 涕 | 戊子 |
| 6 | 五 | 廿五 | 壬午 | 定 | 牛 | 木 | 乾 | 风 | 肝 | 泪 | 庚子 |
| 7 | 六 | 廿六 | 癸未 | 执 | 女 | 木 | 兑 | 风 | 肝 | 泪 | 壬子 |
| 8 | 日 | 廿七 | 甲申 | 破 | 虚 | 水 | 离 | 寒 | 肾 | 唾 | 甲子 |
| 9 | 一 | 廿八 | 乙酉 | 危 | 危 | 水 | 震 | 寒 | 肾 | 唾 | 丙子 |
| 10 | 二 | 廿九 | 丙戌 | 成 | 室 | 土 | 巽 | 湿 | 脾 | 涎 | 戊子 |
| 11 | 三 | 正月 | 丁亥 | 收 | 壁 | 土 | 坎 | 湿 | 脾 | 涎 | 庚子 |
| 12 | 四 | 初二 | 戊子 | 开 | 奎 | 火 | 乾 | 热 | 心 | 汗 | 壬子 |
| 13 | 五 | 初三 | 己丑 | 闭 | 娄 | 火 | 兑 | 热 | 心 | 汗 | 甲子 |
| 14 | 六 | 初四 | 庚寅 | 建 | 胃 | 木 | 离 | 风 | 肝 | 泪 | 丙子 |
| 15 | 日 | 初五 | 辛卯 | 除 | 昴 | 木 | 震 | 风 | 肝 | 泪 | 戊子 |
| 16 | 一 | 初六 | 壬辰 | 满 | 毕 | 水 | 巽 | 寒 | 肾 | 唾 | 庚子 |
| 17 | 二 | 初七 | 癸巳 | 平 | 觜 | 水 | 坎 | 寒 | 肾 | 唾 | 壬子 |
| 18 | 三 | 初八 | 甲午 | 定 | 参 | 金 | 艮 | 燥 | 肺 | 涕 | 甲子 |
| 19 | 四 | 初九 | 乙未 | 执 | 井 | 金 | 坤 | 燥 | 肺 | 涕 | 丙子 |
| 20 | 五 | 初十 | 丙申 | 破 | 鬼 | 火 | 乾 | 热 | 心 | 汗 | 戊子 |
| 21 | 六 | 十一 | 丁酉 | 危 | 柳 | 火 | 巽 | 热 | 心 | 汗 | 庚子 |
| 22 | 日 | 十二 | 戊戌 | 成 | 星 | 木 | 坎 | 风 | 肝 | 泪 | 壬子 |
| 23 | 一 | 十三 | 己亥 | 收 | 张 | 木 | 艮 | 风 | 肝 | 泪 | 甲子 |
| 24 | 二 | 十四 | 庚子 | 开 | 翼 | 土 | 坤 | 湿 | 脾 | 涎 | 丙子 |
| 25 | 三 | 十五 | 辛丑 | 闭 | 轸 | 土 | 乾 | 湿 | 脾 | 涎 | 戊子 |
| 26 | 四 | 十六 | 壬寅 | 建 | 角 | 金 | 兑 | 燥 | 肺 | 涕 | 庚子 |
| 27 | 五 | 十七 | 癸卯 | 除 | 亢 | 金 | 离 | 燥 | 肺 | 涕 | 壬子 |
| 28 | 六 | 十八 | 甲辰 | 满 | 氐 | 火 | 震 | 热 | 心 | 汗 | 甲子 |
| 29 | 日 | 十九 | 乙巳 | 平 | 房 | 火 | 巽 | 热 | 心 | 汗 | 丙子 |

实用干支万年历

# 公元2032年　　　　农历壬子(鼠)年

| 3月大 | 惊蛰　5日08时44分 | | 4月小 | 清明　4日13时18分 |
|---|---|---|---|---|
| | 春分　20日09时22分 | | | 谷雨　19日20时14分 |

**农历正月(2月11日－3月11日)　月干支:壬寅**

| 公历 | 星期 | 农历 | 干支 | 日建 | 星宿 | 五行 | 八卦 | 五气 | 五脏 | 五汁 | 时辰 |
|---|---|---|---|---|---|---|---|---|---|---|---|
| 1 | 一 | 正月 | 丙午 | 定 | 心 | 水 | 坎 | 寒 | 肾 | 唾 | 戊子 |
| 2 | 二 | 廿一 | 丁未 | 执 | 尾 | 水 | 艮 | 寒 | 肾 | 唾 | 庚子 |
| 3 | 三 | 廿二 | 戊申 | 破 | 箕 | 土 | 坤 | 湿 | 脾 | 涎 | 壬子 |
| 4 | 四 | 廿三 | 己酉 | 危 | 斗 | 土 | 乾 | 湿 | 脾 | 涎 | 甲子 |
| 5 | 五 | 廿四 | 庚戌 | 危 | 牛 | 金 | 兑 | 燥 | 肺 | 涕 | 丙子 |
| 6 | 六 | 廿五 | 辛亥 | 成 | 女 | 金 | 离 | 燥 | 肺 | 涕 | 戊子 |
| 7 | 日 | 廿六 | 壬子 | 收 | 虚 | 木 | 震 | 风 | 肝 | 泪 | 庚子 |
| 8 | 一 | 廿七 | 癸丑 | 开 | 危 | 木 | 巽 | 风 | 肝 | 泪 | 壬子 |
| 9 | 二 | 廿八 | 甲寅 | 闭 | 室 | 水 | 坎 | 寒 | 肾 | 唾 | 甲子 |
| 10 | 三 | 廿九 | 乙卯 | 建 | 壁 | 水 | 艮 | 寒 | 肾 | 唾 | 丙子 |
| 11 | 四 | 三十 | 丙辰 | 除 | 奎 | 土 | 坤 | 湿 | 脾 | 涎 | 戊子 |
| 12 | 五 | 二月 | 丁巳 | 满 | 娄 | 土 | 震 | 湿 | 脾 | 涎 | 庚子 |
| 13 | 六 | 初二 | 戊午 | 平 | 胃 | 火 | 巽 | 热 | 心 | 汗 | 壬子 |
| 14 | 日 | 初三 | 己未 | 定 | 昴 | 火 | 坎 | 热 | 心 | 汗 | 甲子 |
| 15 | 一 | 初四 | 庚申 | 执 | 毕 | 木 | 艮 | 风 | 肝 | 泪 | 丙子 |
| 16 | 二 | 初五 | 辛酉 | 破 | 觜 | 木 | 坤 | 风 | 肝 | 泪 | 戊子 |
| 17 | 三 | 初六 | 壬戌 | 危 | 参 | 水 | 乾 | 寒 | 肾 | 唾 | 庚子 |
| 18 | 四 | 初七 | 癸亥 | 成 | 井 | 水 | 兑 | 寒 | 肾 | 唾 | 壬子 |
| 19 | 五 | 初八 | 甲子 | 收 | 鬼 | 金 | 离 | 燥 | 肺 | 涕 | 甲子 |
| 20 | 六 | 初九 | 乙丑 | 开 | 柳 | 金 | 震 | 燥 | 肺 | 涕 | 丙子 |
| 21 | 日 | 初十 | 丙寅 | 闭 | 星 | 火 | 巽 | 热 | 心 | 汗 | 戊子 |
| 22 | 一 | 十一 | 丁卯 | 建 | 张 | 火 | 坎 | 热 | 心 | 汗 | 庚子 |
| 23 | 二 | 十二 | 戊辰 | 除 | 翼 | 木 | 艮 | 风 | 肝 | 泪 | 壬子 |
| 24 | 三 | 十三 | 己巳 | 满 | 轸 | 木 | 坤 | 风 | 肝 | 泪 | 甲子 |
| 25 | 四 | 十四 | 庚午 | 平 | 角 | 土 | 乾 | 湿 | 脾 | 涎 | 丙子 |
| 26 | 五 | 十五 | 辛未 | 定 | 亢 | 土 | 兑 | 湿 | 脾 | 涎 | 戊子 |
| 27 | 六 | 十六 | 壬申 | 执 | 氐 | 金 | 离 | 燥 | 肺 | 涕 | 庚子 |
| 28 | 日 | 十七 | 癸酉 | 破 | 房 | 金 | 震 | 燥 | 肺 | 涕 | 壬子 |
| 29 | 一 | 十八 | 甲戌 | 危 | 心 | 火 | 巽 | 热 | 心 | 汗 | 甲子 |
| 30 | 二 | 十九 | 乙亥 | 成 | 尾 | 火 | 坎 | 热 | 心 | 汗 | 丙子 |
| 31 | 三 | 二十 | 丙子 | 收 | 箕 | 水 | 艮 | 寒 | 肾 | 唾 | 戊子 |

**农历二月(3月12日－4月9日)　月干支:癸卯**

| 公历 | 星期 | 农历 | 干支 | 日建 | 星宿 | 五行 | 八卦 | 五气 | 五脏 | 五汁 | 时辰 |
|---|---|---|---|---|---|---|---|---|---|---|---|
| 1 | 四 | 二月 | 丁丑 | 开 | 斗 | 水 | 坤 | 湿 | 肾 | 唾 | 庚子 |
| 2 | 五 | 廿二 | 戊寅 | 闭 | 牛 | 土 | 乾 | 湿 | 脾 | 涎 | 壬子 |
| 3 | 六 | 廿三 | 己卯 | 建 | 女 | 土 | 兑 | 湿 | 脾 | 涎 | 甲子 |
| 4 | 日 | 廿四 | 庚辰 | 建 | 虚 | 金 | 离 | 燥 | 肺 | 涕 | 丙子 |
| 5 | 一 | 廿五 | 辛巳 | 除 | 危 | 金 | 震 | 燥 | 肺 | 涕 | 戊子 |
| 6 | 二 | 廿六 | 壬午 | 满 | 室 | 木 | 巽 | 风 | 肝 | 泪 | 庚子 |
| 7 | 三 | 廿七 | 癸未 | 平 | 壁 | 木 | 坎 | 风 | 肝 | 泪 | 壬子 |
| 8 | 四 | 廿八 | 甲申 | 定 | 奎 | 水 | 艮 | 寒 | 肾 | 唾 | 甲子 |
| 9 | 五 | 廿九 | 乙酉 | 执 | 娄 | 水 | 坤 | 寒 | 肾 | 唾 | 丙子 |
| 10 | 六 | 三月 | 丙戌 | 破 | 胃 | 土 | 巽 | 湿 | 脾 | 涎 | 戊子 |
| 11 | 日 | 初二 | 丁亥 | 危 | 昴 | 土 | 坎 | 湿 | 脾 | 涎 | 庚子 |
| 12 | 一 | 初三 | 戊子 | 成 | 毕 | 火 | 艮 | 热 | 心 | 汗 | 壬子 |
| 13 | 二 | 初四 | 己丑 | 收 | 觜 | 火 | 乾 | 热 | 心 | 汗 | 甲子 |
| 14 | 三 | 初五 | 庚寅 | 开 | 参 | 木 | 兑 | 风 | 肝 | 泪 | 丙子 |
| 15 | 四 | 初六 | 辛卯 | 闭 | 井 | 木 | 离 | 风 | 肝 | 泪 | 戊子 |
| 16 | 五 | 初七 | 壬辰 | 建 | 鬼 | 水 | 震 | 寒 | 肾 | 唾 | 庚子 |
| 17 | 六 | 初八 | 癸巳 | 除 | 柳 | 水 | 巽 | 寒 | 肾 | 唾 | 壬子 |
| 18 | 日 | 初九 | 甲午 | 满 | 星 | 金 | 坎 | 燥 | 肺 | 涕 | 甲子 |
| 19 | 一 | 初十 | 乙未 | 平 | 张 | 金 | 艮 | 燥 | 肺 | 涕 | 丙子 |
| 20 | 二 | 十一 | 丙申 | 定 | 翼 | 火 | 乾 | 热 | 心 | 汗 | 戊子 |
| 21 | 三 | 十二 | 丁酉 | 执 | 轸 | 火 | 兑 | 热 | 心 | 汗 | 庚子 |
| 22 | 四 | 十三 | 戊戌 | 破 | 角 | 木 | 离 | 风 | 肝 | 泪 | 壬子 |
| 23 | 五 | 十四 | 己亥 | 危 | 亢 | 木 | 震 | 风 | 肝 | 泪 | 甲子 |
| 24 | 六 | 十五 | 庚子 | 成 | 氐 | 土 | 巽 | 湿 | 脾 | 涎 | 丙子 |
| 25 | 日 | 十六 | 辛丑 | 收 | 房 | 土 | 坎 | 湿 | 脾 | 涎 | 戊子 |
| 26 | 一 | 十七 | 壬寅 | 开 | 心 | 金 | 艮 | 燥 | 肺 | 涕 | 庚子 |
| 27 | 二 | 十八 | 癸卯 | 闭 | 尾 | 金 | 乾 | 燥 | 肺 | 涕 | 壬子 |
| 28 | 三 | 十九 | 甲辰 | 建 | 箕 | 火 | 兑 | 热 | 心 | 汗 | 甲子 |
| 29 | 四 | 二十 | 乙巳 | 除 | 斗 | 火 | 离 | 热 | 心 | 汗 | 丙子 |
| 30 | 五 | 廿一 | 丙午 | 满 | 牛 | 水 | 震 | 寒 | 肾 | 唾 | 戊子 |

## 公元2032年　　农历壬子(鼠)年

### 5月大　　立夏 5日06时26分　　小满 20日19时15分

农历三月(4月10日–5月8日)　月干支:甲辰

| 公历 | 星期 | 农历 | 干支 | 日建 | 星宿 | 五行 | 八卦 | 五气 | 五脏 | 五汁 | 时辰 |
|---|---|---|---|---|---|---|---|---|---|---|---|
| 1 | 六 | 三月 | 丁未 | 平 | 女 | 水 | 兑 | 寒 | 肾 | 唾 | 庚子 |
| 2 | 日 | 廿三 | 戊申 | 定 | 虚 | 土 | 震 | 湿 | 脾 | 涎 | 壬子 |
| 3 | 一 | 廿四 | 己酉 | 执 | 危 | 土 | 巽 | 湿 | 脾 | 涎 | 甲子 |
| 4 | 二 | 廿五 | 庚戌 | 破 | 室 | 金 | 坎 | 燥 | 肺 | 涕 | 丙子 |
| 5 | 三 | 廿六 | 辛亥 | 破 | 壁 | 金 | 艮 | 燥 | 肺 | 涕 | 戊子 |
| 6 | 四 | 廿七 | 壬子 | 危 | 奎 | 木 | 坤 | 风 | 肝 | 泪 | 庚子 |
| 7 | 五 | 廿八 | 癸丑 | 成 | 娄 | 木 | 乾 | 风 | 肝 | 泪 | 壬子 |
| 8 | 六 | 廿九 | 甲寅 | 收 | 胃 | 水 | 离 | 寒 | 肾 | 唾 | 甲子 |
| 9 | 日 | 四月 | 乙卯 | 开 | 昴 | 水 | 兑 | 寒 | 肾 | 唾 | 丙子 |
| 10 | 一 | 初二 | 丙辰 | 闭 | 毕 | 土 | 震 | 湿 | 脾 | 涎 | 戊子 |
| 11 | 二 | 初三 | 丁巳 | 建 | 觜 | 土 | 巽 | 湿 | 脾 | 涎 | 庚子 |
| 12 | 三 | 初四 | 戊午 | 除 | 参 | 火 | 坎 | 热 | 心 | 汗 | 壬子 |
| 13 | 四 | 初五 | 己未 | 满 | 井 | 火 | 艮 | 热 | 心 | 汗 | 甲子 |
| 14 | 五 | 初六 | 庚申 | 平 | 鬼 | 木 | 坤 | 风 | 肝 | 泪 | 丙子 |
| 15 | 六 | 初七 | 辛酉 | 定 | 柳 | 木 | 乾 | 风 | 肝 | 泪 | 戊子 |
| 16 | 日 | 初八 | 壬戌 | 执 | 星 | 水 | 离 | 寒 | 肾 | 唾 | 庚子 |
| 17 | 一 | 初九 | 癸亥 | 破 | 张 | 水 | 兑 | 寒 | 肾 | 唾 | 壬子 |
| 18 | 二 | 初十 | 甲子 | 危 | 翼 | 金 | 震 | 燥 | 肺 | 涕 | 甲子 |
| 19 | 三 | 十一 | 乙丑 | 成 | 轸 | 金 | 巽 | 燥 | 肺 | 涕 | 丙子 |
| 20 | 四 | 十二 | 丙寅 | 收 | 角 | 火 | 坎 | 热 | 心 | 汗 | 戊子 |
| 21 | 五 | 十三 | 丁卯 | 开 | 亢 | 火 | 艮 | 热 | 心 | 汗 | 庚子 |
| 22 | 六 | 十四 | 戊辰 | 闭 | 氐 | 木 | 坤 | 风 | 肝 | 泪 | 壬子 |
| 23 | 日 | 十五 | 己巳 | 建 | 房 | 木 | 乾 | 风 | 肝 | 泪 | 甲子 |
| 24 | 一 | 十六 | 庚午 | 除 | 心 | 土 | 离 | 湿 | 脾 | 涎 | 丙子 |
| 25 | 二 | 十七 | 辛未 | 满 | 尾 | 土 | 兑 | 湿 | 脾 | 涎 | 戊子 |
| 26 | 三 | 十八 | 壬申 | 平 | 箕 | 金 | 震 | 燥 | 肺 | 涕 | 庚子 |
| 27 | 四 | 十九 | 癸酉 | 定 | 斗 | 金 | 巽 | 燥 | 肺 | 涕 | 壬子 |
| 28 | 五 | 二十 | 甲戌 | 执 | 牛 | 火 | 坎 | 热 | 心 | 汗 | 甲子 |
| 29 | 六 | 廿一 | 乙亥 | 破 | 女 | 火 | 艮 | 热 | 心 | 汗 | 丙子 |
| 30 | 日 | 廿二 | 丙子 | 危 | 虚 | 水 | 坤 | 寒 | 肾 | 唾 | 戊子 |
| 31 | 一 | 廿三 | 丁丑 | 成 | 危 | 水 | 乾 | 寒 | 肾 | 唾 | 庚子 |

### 6月小　　芒种 5日10时28分　　夏至 21日03时09分

农历四月(5月9日–6月7日)　月干支:乙巳

| 公历 | 星期 | 农历 | 干支 | 日建 | 星宿 | 五行 | 八卦 | 五气 | 五脏 | 五汁 | 时辰 |
|---|---|---|---|---|---|---|---|---|---|---|---|
| 1 | 二 | 四月 | 戊寅 | 收 | 室 | 土 | 巽 | 湿 | 脾 | 涎 | 壬子 |
| 2 | 三 | 廿五 | 己卯 | 开 | 壁 | 土 | 坎 | 湿 | 脾 | 涎 | 甲子 |
| 3 | 四 | 廿六 | 庚辰 | 闭 | 奎 | 金 | 艮 | 燥 | 肺 | 涕 | 丙子 |
| 4 | 五 | 廿七 | 辛巳 | 建 | 娄 | 金 | 坤 | 燥 | 肺 | 涕 | 戊子 |
| 5 | 六 | 廿八 | 壬午 | 建 | 胃 | 木 | 乾 | 风 | 肝 | 泪 | 庚子 |
| 6 | 日 | 廿九 | 癸未 | 除 | 昴 | 木 | 离 | 风 | 肝 | 泪 | 壬子 |
| 7 | 一 | 三十 | 甲申 | 满 | 毕 | 水 | 兑 | 寒 | 肾 | 唾 | 甲子 |
| 8 | 二 | 五月 | 乙酉 | 平 | 觜 | 水 | 震 | 寒 | 肾 | 唾 | 丙子 |
| 9 | 三 | 初二 | 丙戌 | 定 | 参 | 土 | 巽 | 湿 | 脾 | 涎 | 戊子 |
| 10 | 四 | 初三 | 丁亥 | 执 | 井 | 土 | 坎 | 湿 | 脾 | 涎 | 庚子 |
| 11 | 五 | 初四 | 戊子 | 破 | 鬼 | 火 | 艮 | 热 | 心 | 汗 | 壬子 |
| 12 | 六 | 初五 | 己丑 | 危 | 柳 | 火 | 坤 | 热 | 心 | 汗 | 甲子 |
| 13 | 日 | 初六 | 庚寅 | 成 | 星 | 木 | 乾 | 风 | 肝 | 泪 | 丙子 |
| 14 | 一 | 初七 | 辛卯 | 收 | 张 | 木 | 离 | 风 | 肝 | 泪 | 戊子 |
| 15 | 二 | 初八 | 壬辰 | 开 | 翼 | 水 | 兑 | 寒 | 肾 | 唾 | 庚子 |
| 16 | 三 | 初九 | 癸巳 | 闭 | 轸 | 水 | 震 | 寒 | 肾 | 唾 | 壬子 |
| 17 | 四 | 初十 | 甲午 | 建 | 角 | 金 | 巽 | 燥 | 肺 | 涕 | 甲子 |
| 18 | 五 | 十一 | 乙未 | 除 | 亢 | 金 | 坎 | 燥 | 肺 | 涕 | 丙子 |
| 19 | 六 | 十二 | 丙申 | 满 | 氐 | 火 | 艮 | 热 | 心 | 汗 | 戊子 |
| 20 | 日 | 十三 | 丁酉 | 平 | 房 | 火 | 坤 | 热 | 心 | 汗 | 庚子 |
| 21 | 一 | 十四 | 戊戌 | 定 | 心 | 木 | 乾 | 风 | 肝 | 泪 | 壬子 |
| 22 | 二 | 十五 | 己亥 | 执 | 尾 | 木 | 离 | 风 | 肝 | 泪 | 甲子 |
| 23 | 三 | 十六 | 庚子 | 破 | 箕 | 土 | 兑 | 湿 | 脾 | 涎 | 丙子 |
| 24 | 四 | 十七 | 辛丑 | 危 | 斗 | 土 | 震 | 湿 | 脾 | 涎 | 戊子 |
| 25 | 五 | 十八 | 壬寅 | 成 | 牛 | 金 | 巽 | 燥 | 肺 | 涕 | 庚子 |
| 26 | 六 | 十九 | 癸卯 | 收 | 女 | 金 | 坎 | 燥 | 肺 | 涕 | 壬子 |
| 27 | 日 | 二十 | 甲辰 | 开 | 虚 | 火 | 艮 | 热 | 心 | 汗 | 甲子 |
| 28 | 一 | 廿一 | 乙巳 | 闭 | 危 | 火 | 坤 | 热 | 心 | 汗 | 丙子 |
| 29 | 二 | 廿二 | 丙午 | 建 | 室 | 水 | 乾 | 寒 | 肾 | 唾 | 戊子 |
| 30 | 三 | 廿三 | 丁未 | 除 | 壁 | 水 | 离 | 寒 | 肾 | 唾 | 庚子 |

实用 干支 万年历

# 公元2032年　　　　农历壬子(鼠)年

| 7月大 | 小暑 6日20时42分 大暑 22日14时06分 |
|---|---|

农历五月(6月8日－7月6日)　月干支:丙午

| 公历 | 星期 | 农历 | 干支 | 日建 | 星宿 | 五行 | 八卦 | 五气 | 五脏 | 五汁 | 时辰 |
|---|---|---|---|---|---|---|---|---|---|---|---|
| 1 | 四 | 五月 | 戊申 | 满 | 奎 | 土 | 坎 | 湿 | 脾 | 涎 | 壬子 |
| 2 | 五 | 廿五 | 己酉 | 平 | 娄 | 土 | 艮 | 湿 | 脾 | 涎 | 甲子 |
| 3 | 六 | 廿六 | 庚戌 | 定 | 胃 | 金 | 坤 | 燥 | 肺 | 涕 | 丙子 |
| 4 | 日 | 廿七 | 辛亥 | 执 | 昴 | 金 | 乾 | 燥 | 肺 | 涕 | 戊子 |
| 5 | 一 | 廿八 | 壬子 | 破 | 毕 | 木 | 兑 | 风 | 肝 | 泪 | 庚子 |
| 6 | 二 | 廿九 | 癸丑 | 破 | 觜 | 木 | 离 | 风 | 肝 | 泪 | 壬子 |
| 7 | 三 | 六月 | 甲寅 | 危 | 参 | 水 | 坤 | 寒 | 肾 | 唾 | 甲子 |
| 8 | 四 | 初二 | 乙卯 | 成 | 井 | 水 | 乾 | 寒 | 肾 | 唾 | 丙子 |
| 9 | 五 | 初三 | 丙辰 | 收 | 鬼 | 土 | 兑 | 湿 | 脾 | 涎 | 戊子 |
| 10 | 六 | 初四 | 丁巳 | 开 | 柳 | 土 | 离 | 湿 | 脾 | 涎 | 庚子 |
| 11 | 日 | 初五 | 戊午 | 闭 | 星 | 火 | 震 | 热 | 心 | 汗 | 壬子 |
| 12 | 一 | 初六 | 己未 | 建 | 张 | 火 | 巽 | 热 | 心 | 汗 | 甲子 |
| 13 | 二 | 初七 | 庚申 | 除 | 翼 | 木 | 坎 | 风 | 肝 | 泪 | 丙子 |
| 14 | 三 | 初八 | 辛酉 | 满 | 轸 | 木 | 艮 | 风 | 肝 | 泪 | 戊子 |
| 15 | 四 | 初九 | 壬戌 | 平 | 角 | 水 |  | 寒 | 肾 | 唾 | 庚子 |
| 16 | 五 | 初十 | 癸亥 | 定 | 亢 | 水 | 乾 | 寒 | 肾 | 唾 | 壬子 |
| 17 | 六 | 十一 | 甲子 | 执 | 氐 | 金 | 兑 | 燥 | 肺 | 涕 | 甲子 |
| 18 | 日 | 十二 | 乙丑 | 破 | 房 | 金 | 离 | 燥 | 肺 | 涕 | 丙子 |
| 19 | 一 | 十三 | 丙寅 | 危 | 心 | 火 | 震 | 热 | 心 | 汗 | 戊子 |
| 20 | 二 | 十四 | 丁卯 | 成 | 尾 | 火 | 巽 | 热 | 心 | 汗 | 庚子 |
| 21 | 三 | 十五 | 戊辰 | 收 | 箕 | 木 | 坎 | 风 | 肝 | 泪 | 壬子 |
| 22 | 四 | 十六 | 己巳 | 开 | 斗 | 木 | 艮 | 风 | 肝 | 泪 | 甲子 |
| 23 | 五 | 十七 | 庚午 | 闭 | 牛 | 土 | 坤 | 湿 | 脾 | 涎 | 丙子 |
| 24 | 六 | 十八 | 辛未 | 建 | 女 | 土 | 乾 | 湿 | 脾 | 涎 | 戊子 |
| 25 | 日 | 十九 | 壬申 | 除 | 虚 | 金 |  | 燥 | 肺 | 涕 | 庚子 |
| 26 | 一 | 二十 | 癸酉 | 满 | 危 | 金 | 离 | 燥 | 肺 | 涕 | 壬子 |
| 27 | 二 | 廿一 | 甲戌 | 平 | 室 | 火 | 震 | 热 | 心 | 汗 | 甲子 |
| 28 | 三 | 廿二 | 乙亥 | 定 | 壁 | 火 | 巽 | 热 | 心 | 汗 | 丙子 |
| 29 | 四 | 廿三 | 丙子 | 执 | 奎 | 水 | 坎 | 寒 | 肾 | 唾 | 戊子 |
| 30 | 五 | 廿四 | 丁丑 | 破 | 娄 | 水 | 艮 | 寒 | 肾 | 唾 | 庚子 |
| 31 | 六 | 廿五 | 戊寅 | 危 | 胃 | 土 |  | 湿 | 脾 | 涎 | 壬子 |

| 8月大 | 立秋 7日06时34分 处暑 22日21时19分 |
|---|---|

农历六月(7月7日－8月5日)　月干支:丁未

| 公历 | 星期 | 农历 | 干支 | 日建 | 星宿 | 五行 | 八卦 | 五气 | 五脏 | 五汁 | 时辰 |
|---|---|---|---|---|---|---|---|---|---|---|---|
| 1 | 日 | 六月 | 己卯 | 成 | 昴 | 土 | 乾 | 湿 | 脾 | 涎 | 甲子 |
| 2 | 一 | 廿七 | 庚辰 | 收 | 毕 | 金 | 兑 | 燥 | 肺 | 涕 | 丙子 |
| 3 | 二 | 廿八 | 辛巳 | 开 | 觜 | 金 | 离 | 燥 | 肺 | 涕 | 戊子 |
| 4 | 三 | 廿九 | 壬午 | 闭 | 参 | 木 | 震 | 风 | 肝 | 泪 | 庚子 |
| 5 | 四 | 三十 | 癸未 | 建 | 井 | 木 | 巽 | 风 | 肝 | 泪 | 壬子 |
| 6 | 五 | 七月 | 甲申 | 除 | 鬼 | 水 | 坎 | 寒 | 肾 | 唾 | 甲子 |
| 7 | 六 | 初二 | 乙酉 | 除 | 柳 | 水 | 兑 | 寒 | 肾 | 唾 | 丙子 |
| 8 | 日 | 初三 | 丙戌 | 满 | 星 | 土 | 离 | 湿 | 脾 | 涎 | 戊子 |
| 9 | 一 | 初四 | 丁亥 | 平 | 张 | 土 | 震 | 湿 | 脾 | 涎 | 庚子 |
| 10 | 二 | 初五 | 戊子 | 定 | 翼 | 火 | 巽 | 热 | 心 | 汗 | 壬子 |
| 11 | 三 | 初六 | 己丑 | 执 | 轸 | 火 | 坎 | 热 | 心 | 汗 | 甲子 |
| 12 | 四 | 初七 | 庚寅 | 破 | 角 | 木 | 艮 | 风 | 肝 | 泪 | 丙子 |
| 13 | 五 | 初八 | 辛卯 | 危 | 亢 | 木 | 乾 | 风 | 肝 | 泪 | 戊子 |
| 14 | 六 | 初九 | 壬辰 | 成 | 氐 | 水 | 兑 | 寒 | 肾 | 唾 | 庚子 |
| 15 | 日 | 初十 | 癸巳 | 收 | 房 | 水 |  | 寒 | 肾 | 唾 | 壬子 |
| 16 | 一 | 十一 | 甲午 | 开 | 心 | 金 | 离 | 燥 | 肺 | 涕 | 甲子 |
| 17 | 二 | 十二 | 乙未 | 闭 | 尾 | 金 | 震 | 燥 | 肺 | 涕 | 丙子 |
| 18 | 三 | 十三 | 丙申 | 建 | 箕 | 火 | 巽 | 热 | 心 | 汗 | 戊子 |
| 19 | 四 | 十四 | 丁酉 | 除 | 斗 | 火 | 坎 | 热 | 心 | 汗 | 庚子 |
| 20 | 五 | 十五 | 戊戌 | 满 | 牛 | 木 | 艮 | 风 | 肝 | 泪 | 壬子 |
| 21 | 六 | 十六 | 己亥 | 平 | 女 | 木 | 坤 | 风 | 肝 | 泪 | 甲子 |
| 22 | 日 | 十七 | 庚子 | 定 | 虚 | 土 | 乾 | 湿 | 脾 | 涎 | 丙子 |
| 23 | 一 | 十八 | 辛丑 | 执 | 危 | 土 | 兑 | 湿 | 脾 | 涎 | 戊子 |
| 24 | 二 | 十九 | 壬寅 | 破 | 室 | 金 | 离 | 燥 | 肺 | 涕 | 庚子 |
| 25 | 三 | 二十 | 癸卯 | 危 | 壁 | 金 |  | 燥 | 肺 | 涕 | 壬子 |
| 26 | 四 | 廿一 | 甲辰 | 成 | 奎 | 火 | 巽 | 热 | 心 | 汗 | 甲子 |
| 27 | 五 | 廿二 | 乙巳 | 收 | 娄 | 火 | 坎 | 热 | 心 | 汗 | 丙子 |
| 28 | 六 | 廿三 | 丙午 | 开 | 胃 | 水 | 艮 | 寒 | 肾 | 唾 | 戊子 |
| 29 | 日 | 廿四 | 丁未 | 闭 | 昴 | 水 | 乾 | 寒 | 肾 | 唾 | 庚子 |
| 30 | 一 | 廿五 | 戊申 | 建 | 毕 | 土 |  | 湿 | 脾 | 涎 | 壬子 |
| 31 | 二 | 廿六 | 己酉 | 除 | 觜 | 土 | 兑 | 湿 | 脾 | 涎 | 甲子 |

## 公元 2032 年　　　　　　　　农历壬子(鼠)年

| 9 月小 | 白露　7日09时39分<br>秋分　22日19时12分 | 10 月大 | 寒露　8日01时31分<br>霜降　23日04时47分 |
| --- | --- | --- | --- |

农历七月(8月6日–9月4日)　月干支:戊申

| 公历 | 星期 | 农历 | 干支 | 日建 | 星宿 | 五行 | 八卦 | 五气 | 五脏 | 五汁 | 时辰 |
| --- | --- | --- | --- | --- | --- | --- | --- | --- | --- | --- | --- |
| 1 | 三 | 七月 | 庚戌 | 满 | 参 | 金 | 离 | 燥 | 肺 | 涕 | 丙子 |
| 2 | 四 | 廿八 | 辛亥 | 平 | 井 | 金 | 震 | 燥 | 肺 | 涕 | 戊子 |
| 3 | 五 | 廿九 | 壬子 | 定 | 鬼 | 木 | 巽 | 风 | 肝 | 泪 | 庚子 |
| 4 | 六 | 三十 | 癸丑 | 执 | 柳 | 木 | 坎 | 风 | 肝 | 泪 | 壬子 |
| 5 | 日 | 八月 | 甲寅 | 破 | 星 | 水 | 兑 | 寒 | 肾 | 唾 | 甲子 |
| 6 | 一 | 初二 | 乙卯 | 危 | 张 | 水 | 离 | 寒 | 肾 | 唾 | 丙子 |
| 7 | 二 | 初三 | 丙辰 | 危 | 翼 | 土 | 震 | 湿 | 脾 | 涎 | 戊子 |
| 8 | 三 | 初四 | 丁巳 | 成 | 轸 | 火 | 巽 | 热 | 心 | 汗 | 庚子 |
| 9 | 四 | 初五 | 戊午 | 收 | 角 | 火 | 坎 | 热 | 心 | 汗 | 壬子 |
| 10 | 五 | 初六 | 己未 | 开 | 亢 | 火 | 艮 | 热 | 心 | 汗 | 甲子 |
| 11 | 六 | 初七 | 庚申 | 闭 | 氐 | 木 | 坤 | 风 | 肝 | 泪 | 丙子 |
| 12 | 日 | 初八 | 辛酉 | 建 | 房 | 木 | 乾 | 风 | 肝 | 泪 | 戊子 |
| 13 | 一 | 初九 | 壬戌 | 除 | 心 | 水 | 兑 | 寒 | 肾 | 唾 | 庚子 |
| 14 | 二 | 初十 | 癸亥 | 满 | 尾 | 水 | 离 | 寒 | 肾 | 唾 | 壬子 |
| 15 | 三 | 十一 | 甲子 | 平 | 箕 | 金 | 震 | 燥 | 肺 | 涕 | 甲子 |
| 16 | 四 | 十二 | 乙丑 | 定 | 斗 | 金 | 巽 | 燥 | 肺 | 涕 | 丙子 |
| 17 | 五 | 十三 | 丙寅 | 执 | 牛 | 火 | 坎 | 热 | 心 | 汗 | 戊子 |
| 18 | 六 | 十四 | 丁卯 | 破 | 女 | 火 | 艮 | 热 | 心 | 汗 | 庚子 |
| 19 | 日 | 十五 | 戊辰 | 危 | 虚 | 木 | 坤 | 风 | 肝 | 泪 | 壬子 |
| 20 | 一 | 十六 | 己巳 | 成 | 危 | 木 | 乾 | 风 | 肝 | 泪 | 甲子 |
| 21 | 二 | 十七 | 庚午 | 收 | 室 | 土 | 兑 | 湿 | 脾 | 涎 | 丙子 |
| 22 | 三 | 十八 | 辛未 | 开 | 壁 | 土 | 离 | 湿 | 脾 | 涎 | 戊子 |
| 23 | 四 | 十九 | 壬申 | 闭 | 奎 | 金 | 震 | 燥 | 肺 | 涕 | 庚子 |
| 24 | 五 | 二十 | 癸酉 | 建 | 娄 | 金 | 巽 | 燥 | 肺 | 涕 | 壬子 |
| 25 | 六 | 廿一 | 甲戌 | 除 | 胃 | 火 | 坎 | 热 | 心 | 汗 | 甲子 |
| 26 | 日 | 廿二 | 乙亥 | 满 | 昴 | 火 | 艮 | 热 | 心 | 汗 | 丙子 |
| 27 | 一 | 廿三 | 丙子 | 平 | 毕 | 水 | 坤 | 寒 | 肾 | 唾 | 戊子 |
| 28 | 二 | 廿四 | 丁丑 | 定 | 觜 | 水 | 乾 | 寒 | 肾 | 唾 | 庚子 |
| 29 | 三 | 廿五 | 戊寅 | 执 | 参 | 土 | 兑 | 湿 | 脾 | 涎 | 壬子 |
| 30 | 四 | 廿六 | 己卯 | 破 | 井 | 土 | 离 | 湿 | 脾 | 涎 | 甲子 |
| 31 | | | | | | | | | | | |

农历八月(9月5日–10月3日)　月干支:己酉

| 公历 | 星期 | 农历 | 干支 | 日建 | 星宿 | 五行 | 八卦 | 五气 | 五脏 | 五汁 | 时辰 |
| --- | --- | --- | --- | --- | --- | --- | --- | --- | --- | --- | --- |
| 1 | 五 | 八月 | 庚辰 | 危 | 鬼 | 金 | 震 | 燥 | 肺 | 涕 | 丙子 |
| 2 | 六 | 廿八 | 辛巳 | 成 | 柳 | 金 | 巽 | 燥 | 肺 | 涕 | 戊子 |
| 3 | 日 | 廿九 | 壬午 | 收 | 星 | 木 | 坎 | 风 | 肝 | 泪 | 庚子 |
| 4 | 一 | 九月 | 癸未 | 开 | 张 | 木 | 离 | 风 | 肝 | 泪 | 壬子 |
| 5 | 二 | 初二 | 甲申 | 闭 | 翼 | 水 | 震 | 寒 | 肾 | 唾 | 甲子 |
| 6 | 三 | 初三 | 乙酉 | 建 | 轸 | 水 | 巽 | 寒 | 肾 | 唾 | 丙子 |
| 7 | 四 | 初四 | 丙戌 | 除 | 角 | 土 | 坎 | 湿 | 脾 | 涎 | 戊子 |
| 8 | 五 | 初五 | 丁亥 | 除 | 亢 | 土 | 艮 | 湿 | 脾 | 涎 | 庚子 |
| 9 | 六 | 初六 | 戊子 | 满 | 氐 | 火 | 坤 | 热 | 心 | 汗 | 壬子 |
| 10 | 日 | 初七 | 己丑 | 平 | 房 | 火 | 乾 | 热 | 心 | 汗 | 甲子 |
| 11 | 一 | 初八 | 庚寅 | 定 | 心 | 木 | 兑 | 风 | 肝 | 泪 | 丙子 |
| 12 | 二 | 初九 | 辛卯 | 执 | 尾 | 木 | 离 | 风 | 肝 | 泪 | 戊子 |
| 13 | 三 | 初十 | 壬辰 | 破 | 箕 | 水 | 震 | 寒 | 肾 | 唾 | 庚子 |
| 14 | 四 | 十一 | 癸巳 | 危 | 斗 | 水 | 巽 | 寒 | 肾 | 唾 | 壬子 |
| 15 | 五 | 十二 | 甲午 | 成 | 牛 | 金 | 坎 | 燥 | 肺 | 涕 | 甲子 |
| 16 | 六 | 十三 | 乙未 | 收 | 女 | 金 | 艮 | 燥 | 肺 | 涕 | 丙子 |
| 17 | 日 | 十四 | 丙申 | 开 | 虚 | 火 | 坤 | 热 | 心 | 汗 | 戊子 |
| 18 | 一 | 十五 | 丁酉 | 闭 | 危 | 火 | 乾 | 热 | 心 | 汗 | 庚子 |
| 19 | 二 | 十六 | 戊戌 | 建 | 室 | 木 | 兑 | 风 | 肝 | 泪 | 壬子 |
| 20 | 三 | 十七 | 己亥 | 除 | 壁 | 木 | 离 | 风 | 肝 | 泪 | 甲子 |
| 21 | 四 | 十八 | 庚子 | 满 | 奎 | 土 | 震 | 湿 | 脾 | 涎 | 丙子 |
| 22 | 五 | 十九 | 辛丑 | 平 | 娄 | 土 | 巽 | 湿 | 脾 | 涎 | 戊子 |
| 23 | 六 | 二十 | 壬寅 | 定 | 胃 | 金 | 坎 | 燥 | 肺 | 涕 | 庚子 |
| 24 | 日 | 廿一 | 癸卯 | 执 | 昴 | 金 | 艮 | 燥 | 肺 | 涕 | 壬子 |
| 25 | 一 | 廿二 | 甲辰 | 破 | 毕 | 火 | 坤 | 热 | 心 | 汗 | 甲子 |
| 26 | 二 | 廿三 | 乙巳 | 危 | 觜 | 火 | 乾 | 热 | 心 | 汗 | 丙子 |
| 27 | 三 | 廿四 | 丙午 | 成 | 参 | 水 | 兑 | 寒 | 肾 | 唾 | 戊子 |
| 28 | 四 | 廿五 | 丁未 | 收 | 井 | 水 | 离 | 寒 | 肾 | 唾 | 庚子 |
| 29 | 五 | 廿六 | 戊申 | 开 | 鬼 | 土 | 震 | 湿 | 脾 | 涎 | 壬子 |
| 30 | 六 | 廿七 | 己酉 | 闭 | 柳 | 土 | 巽 | 湿 | 脾 | 涎 | 甲子 |
| 31 | 日 | 廿八 | 庚戌 | 建 | 星 | 金 | 坎 | 燥 | 肺 | 涕 | 丙子 |

实用干支万年历

# 公元2032年　　　　农历壬子(鼠)年

## 11月小　立冬 7日04时55分　小雪 22日02时32分

农历九月(10月4日–11月2日)　　月干支:庚戌

| 公历 | 星期 | 农历 | 干支 | 日建 | 星宿 | 五行 | 八卦 | 五气 | 五脏 | 五汁 | 时辰 |
|---|---|---|---|---|---|---|---|---|---|---|---|
| 1 | 一 | 九月 | 辛亥 | 除 | 张 | 金 | 艮 | 燥 | 肺 | 涕 | 戊子 |
| 2 | 二 | 三十 | 壬子 | 满 | 翼 | 木 | 坤 | 风 | 肝 | 泪 | 庚子 |
| 3 | 三 | 十月 | 癸丑 | 平 | 轸 | 木 | 震 | 风 | 肝 | 泪 | 壬子 |
| 4 | 四 | 初二 | 甲寅 | 定 | 角 | 水 | 巽 | 寒 | 肾 | 唾 | 甲子 |
| 5 | 五 | 初三 | 乙卯 | 执 | 亢 | 水 | 坎 | 寒 | 肾 | 唾 | 丙子 |
| 6 | 六 | 初四 | 丙辰 | 破 | 氐 | 土 | 艮 | 湿 | 脾 | 涎 | 戊子 |
| 7 | 日 | 初五 | 丁巳 | 破 | 房 | 土 | 坤 | 湿 | 脾 | 涎 | 庚子 |
| 8 | 一 | 初六 | 戊午 | 危 | 心 | 火 | 乾 | 热 | 心 | 汗 | 壬子 |
| 9 | 二 | 初七 | 己未 | 成 | 尾 | 火 | 兑 | 热 | 心 | 汗 | 甲子 |
| 10 | 三 | 初八 | 庚申 | 收 | 箕 | 木 | 离 | 风 | 肝 | 泪 | 丙子 |
| 11 | 四 | 初九 | 辛酉 | 开 | 斗 | 木 | 震 | 风 | 肝 | 泪 | 戊子 |
| 12 | 五 | 初十 | 壬戌 | 闭 | 牛 | 水 | 巽 | 寒 | 肾 | 唾 | 庚子 |
| 13 | 六 | 十一 | 癸亥 | 建 | 女 | 水 | 坎 | 寒 | 肾 | 唾 | 壬子 |
| 14 | 日 | 十二 | 甲子 | 除 | 虚 | 金 | 艮 | 燥 | 肺 | 涕 | 甲子 |
| 15 | 一 | 十三 | 乙丑 | 满 | 危 | 金 | 坤 | 燥 | 肺 | 涕 | 丙子 |
| 16 | 二 | 十四 | 丙寅 | 平 | 室 | 火 | 乾 | 热 | 心 | 汗 | 戊子 |
| 17 | 三 | 十五 | 丁卯 | 定 | 壁 | 火 | 兑 | 热 | 心 | 汗 | 庚子 |
| 18 | 四 | 十六 | 戊辰 | 执 | 奎 | 木 | 离 | 风 | 肝 | 泪 | 壬子 |
| 19 | 五 | 十七 | 己巳 | 破 | 娄 | 木 | 震 | 风 | 肝 | 泪 | 甲子 |
| 20 | 六 | 十八 | 庚午 | 危 | 胃 | 土 | 巽 | 湿 | 脾 | 涎 | 丙子 |
| 21 | 日 | 十九 | 辛未 | 成 | 昴 | 土 | 坎 | 湿 | 脾 | 涎 | 戊子 |
| 22 | 一 | 二十 | 壬申 | 收 | 毕 | 金 | 艮 | 燥 | 肺 | 涕 | 庚子 |
| 23 | 二 | 廿一 | 癸酉 | 开 | 觜 | 金 | 坤 | 燥 | 肺 | 涕 | 壬子 |
| 24 | 三 | 廿二 | 甲戌 | 闭 | 参 | 火 | 乾 | 热 | 心 | 汗 | 甲子 |
| 25 | 四 | 廿三 | 乙亥 | 建 | 井 | 火 | 兑 | 热 | 心 | 汗 | 丙子 |
| 26 | 五 | 廿四 | 丙子 | 除 | 鬼 | 水 | 离 | 寒 | 肾 | 唾 | 戊子 |
| 27 | 六 | 廿五 | 丁丑 | 满 | 柳 | 水 | 震 | 寒 | 肾 | 唾 | 庚子 |
| 28 | 日 | 廿六 | 戊寅 | 平 | 星 | 土 | 巽 | 湿 | 脾 | 涎 | 壬子 |
| 29 | 一 | 廿七 | 己卯 | 定 | 张 | 土 | 坎 | 湿 | 脾 | 涎 | 甲子 |
| 30 | 二 | 廿八 | 庚辰 | 执 | 翼 | 金 | 艮 | 燥 | 肺 | 涕 | 丙子 |
| 31 | | | | | | | | | | | |

## 12月大　大雪 6日21时54分　冬至 21日15时57分

农历十月(11月3日–12月2日)　　月干支:辛亥
农历冬月(12月3日–12月31日)　　月干支:壬子

| 公历 | 星期 | 农历 | 干支 | 日建 | 星宿 | 五行 | 八卦 | 五气 | 五脏 | 五汁 | 时辰 |
|---|---|---|---|---|---|---|---|---|---|---|---|
| 1 | 三 | 十月 | 辛巳 | 破 | 轸 | 金 | 坤 | 燥 | 肺 | 涕 | 戊子 |
| 2 | 四 | 三十 | 壬午 | 危 | 角 | 木 | 乾 | 风 | 肝 | 泪 | 庚子 |
| 3 | 五 | 冬月 | 癸未 | 成 | 亢 | 木 | 巽 | 风 | 肝 | 泪 | 壬子 |
| 4 | 六 | 初二 | 甲申 | 收 | 氐 | 水 | 坎 | 寒 | 肾 | 唾 | 甲子 |
| 5 | 日 | 初三 | 乙酉 | 开 | 房 | 水 | 艮 | 寒 | 肾 | 唾 | 丙子 |
| 6 | 一 | 初四 | 丙戌 | 开 | 心 | 土 | 坤 | 湿 | 脾 | 涎 | 戊子 |
| 7 | 二 | 初五 | 丁亥 | 闭 | 尾 | 土 | 乾 | 湿 | 脾 | 涎 | 庚子 |
| 8 | 三 | 初六 | 戊子 | 建 | 箕 | 火 | 兑 | 热 | 心 | 汗 | 壬子 |
| 9 | 四 | 初七 | 己丑 | 除 | 斗 | 火 | 离 | 热 | 心 | 汗 | 甲子 |
| 10 | 五 | 初八 | 庚寅 | 满 | 牛 | 木 | 震 | 风 | 肝 | 泪 | 丙子 |
| 11 | 六 | 初九 | 辛卯 | 平 | 女 | 木 | 巽 | 风 | 肝 | 泪 | 戊子 |
| 12 | 日 | 初十 | 壬辰 | 定 | 虚 | 水 | 坎 | 寒 | 肾 | 唾 | 庚子 |
| 13 | 一 | 十一 | 癸巳 | 执 | 危 | 水 | 艮 | 寒 | 肾 | 唾 | 壬子 |
| 14 | 二 | 十二 | 甲午 | 破 | 室 | 金 | 坤 | 燥 | 肺 | 涕 | 甲子 |
| 15 | 三 | 十三 | 乙未 | 危 | 壁 | 金 | 乾 | 燥 | 肺 | 涕 | 丙子 |
| 16 | 四 | 十四 | 丙申 | 成 | 奎 | 火 | 兑 | 热 | 心 | 汗 | 戊子 |
| 17 | 五 | 十五 | 丁酉 | 收 | 娄 | 火 | 离 | 热 | 心 | 汗 | 庚子 |
| 18 | 六 | 十六 | 戊戌 | 开 | 胃 | 木 | 震 | 风 | 肝 | 泪 | 壬子 |
| 19 | 日 | 十七 | 己亥 | 闭 | 昴 | 木 | 巽 | 风 | 肝 | 泪 | 甲子 |
| 20 | 一 | 十八 | 庚子 | 建 | 毕 | 土 | 坎 | 湿 | 脾 | 涎 | 丙子 |
| 21 | 二 | 十九 | 辛丑 | 除 | 觜 | 土 | 艮 | 湿 | 脾 | 涎 | 戊子 |
| 22 | 三 | 二十 | 壬寅 | 满 | 参 | 金 | 坤 | 燥 | 肺 | 涕 | 庚子 |
| 23 | 四 | 廿一 | 癸卯 | 平 | 井 | 金 | 乾 | 燥 | 肺 | 涕 | 壬子 |
| 24 | 五 | 廿二 | 甲辰 | 定 | 鬼 | 火 | 兑 | 热 | 心 | 汗 | 甲子 |
| 25 | 六 | 廿三 | 乙巳 | 执 | 柳 | 火 | 离 | 热 | 心 | 汗 | 丙子 |
| 26 | 日 | 廿四 | 丙午 | 破 | 星 | 水 | 震 | 寒 | 肾 | 唾 | 戊子 |
| 27 | 一 | 廿五 | 丁未 | 危 | 张 | 水 | 巽 | 寒 | 肾 | 唾 | 庚子 |
| 28 | 二 | 廿六 | 戊申 | 成 | 翼 | 土 | 坎 | 湿 | 脾 | 涎 | 壬子 |
| 29 | 三 | 廿七 | 己酉 | 收 | 轸 | 土 | 艮 | 湿 | 脾 | 涎 | 甲子 |
| 30 | 四 | 廿八 | 庚戌 | 开 | 角 | 金 | 坤 | 燥 | 肺 | 涕 | 丙子 |
| 31 | 五 | 廿九 | 辛亥 | 闭 | 亢 | 金 | 乾 | 燥 | 肺 | 涕 | 戊子 |

# 公元2033年　农历癸丑(牛)年(闰十一月)

## 1月大
小寒　5日09时09分　大寒　20日02时34分

农历腊月(1月1日-1月30日)　月干支:癸丑

| 公历 | 星期 | 农历 | 干支 | 日建 | 星宿 | 五行 | 八卦 | 五气 | 五脏 | 五汁 | 时辰 |
|---|---|---|---|---|---|---|---|---|---|---|---|
| 1 | 六 | 腊月 | 壬子 | 建 | 氐 | 木 | 坎 | 风 | 肝 | 泪 | 庚子 |
| 2 | 日 | 初二 | 癸丑 | 除 | 房 | 木 | 艮 | 寒 | 肾 | 唾 | 壬子 |
| 3 | 一 | 初三 | 甲寅 | 满 | 心 | 水 | 坤 | 寒 | 肾 | 唾 | 甲子 |
| 4 | 二 | 初四 | 乙卯 | 平 | 尾 | 水 | 乾 | 寒 | 肾 | 唾 | 丙子 |
| 5 | 三 | 初五 | 丙辰 | 平 | 箕 | 土 | 兑 | 湿 | 脾 | 涎 | 戊子 |
| 6 | 四 | 初六 | 丁巳 | 定 | 斗 | 土 | 离 | 湿 | 脾 | 涎 | 庚子 |
| 7 | 五 | 初七 | 戊午 | 执 | 牛 | 火 | 震 | 热 | 心 | 汗 | 壬子 |
| 8 | 六 | 初八 | 己未 | 破 | 女 | 火 | 巽 | 热 | 心 | 汗 | 甲子 |
| 9 | 日 | 初九 | 庚申 | 危 | 虚 | 木 | 坎 | 风 | 肝 | 泪 | 丙子 |
| 10 | 一 | 初十 | 辛酉 | 成 | 危 | 木 | 艮 | 风 | 肝 | 泪 | 戊子 |
| 11 | 二 | 十一 | 壬戌 | 收 | 室 | 水 | 坤 | 寒 | 肾 | 唾 | 庚子 |
| 12 | 三 | 十二 | 癸亥 | 开 | 壁 | 水 | 乾 | 寒 | 肾 | 唾 | 壬子 |
| 13 | 四 | 十三 | 甲子 | 闭 | 奎 | 金 | 兑 | 燥 | 肺 | 涕 | 甲子 |
| 14 | 五 | 十四 | 乙丑 | 建 | 娄 | 金 | 离 | 燥 | 肺 | 涕 | 丙子 |
| 15 | 六 | 十五 | 丙寅 | 除 | 胃 | 火 | 震 | 热 | 心 | 汗 | 戊子 |
| 16 | 日 | 十六 | 丁卯 | 满 | 昴 | 火 | 巽 | 热 | 心 | 汗 | 庚子 |
| 17 | 一 | 十七 | 戊辰 | 平 | 毕 | 木 | 坎 | 风 | 肝 | 泪 | 壬子 |
| 18 | 二 | 十八 | 己巳 | 定 | 觜 | 木 | 艮 | 风 | 肝 | 泪 | 甲子 |
| 19 | 三 | 十九 | 庚午 | 执 | 参 | 土 | 坤 | 湿 | 脾 | 涎 | 丙子 |
| 20 | 四 | 二十 | 辛未 | 破 | 井 | 土 | 乾 | 湿 | 脾 | 涎 | 戊子 |
| 21 | 五 | 廿一 | 壬申 | 危 | 鬼 | 金 | 兑 | 燥 | 肺 | 涕 | 庚子 |
| 22 | 六 | 廿二 | 癸酉 | 成 | 柳 | 金 | 离 | 燥 | 肺 | 涕 | 壬子 |
| 23 | 日 | 廿三 | 甲戌 | 收 | 星 | 火 | 震 | 热 | 心 | 汗 | 甲子 |
| 24 | 一 | 廿四 | 乙亥 | 开 | 张 | 火 | 巽 | 热 | 心 | 汗 | 丙子 |
| 25 | 二 | 廿五 | 丙子 | 闭 | 翼 | 水 | 坎 | 寒 | 肾 | 唾 | 戊子 |
| 26 | 三 | 廿六 | 丁丑 | 建 | 轸 | 水 | 艮 | 寒 | 肾 | 唾 | 庚子 |
| 27 | 四 | 廿七 | 戊寅 | 除 | 角 | 土 | 坤 | 湿 | 脾 | 涎 | 壬子 |
| 28 | 五 | 廿八 | 己卯 | 满 | 亢 | 土 | 乾 | 湿 | 脾 | 涎 | 甲子 |
| 29 | 六 | 廿九 | 庚辰 | 平 | 氐 | 金 | 兑 | 燥 | 肺 | 涕 | 丙子 |
| 30 | 日 | 三十 | 辛巳 | 定 | 房 | 金 | 离 | 燥 | 肺 | 涕 | 戊子 |
| 31 | 一 | 正月 | 壬午 | 执 | 心 | 木 | 震 | 风 | 肝 | 泪 | 庚子 |

## 2月平
立春　3日20时43分　雨水　18日16时35分

农历正月(1月31日-2月28日)　月干支:甲寅

| 公历 | 星期 | 农历 | 干支 | 日建 | 星宿 | 五行 | 八卦 | 五气 | 五脏 | 五汁 | 时辰 |
|---|---|---|---|---|---|---|---|---|---|---|---|
| 1 | 二 | 正月 | 癸未 | 破 | 尾 | 木 | 巽 | 风 | 肝 | 泪 | 壬子 |
| 2 | 三 | 初三 | 甲申 | 危 | 箕 | 水 | 坎 | 寒 | 肾 | 唾 | 甲子 |
| 3 | 四 | 初四 | 乙酉 | 危 | 斗 | 水 | 艮 | 寒 | 肾 | 唾 | 丙子 |
| 4 | 五 | 初五 | 丙戌 | 成 | 牛 | 土 | 坤 | 湿 | 脾 | 涎 | 戊子 |
| 5 | 六 | 初六 | 丁亥 | 收 | 女 | 土 | 乾 | 湿 | 脾 | 涎 | 庚子 |
| 6 | 日 | 初七 | 戊子 | 开 | 虚 | 火 | 兑 | 热 | 心 | 汗 | 壬子 |
| 7 | 一 | 初八 | 己丑 | 闭 | 危 | 火 | 离 | 热 | 心 | 汗 | 甲子 |
| 8 | 二 | 初九 | 庚寅 | 建 | 室 | 木 | 震 | 风 | 肝 | 泪 | 丙子 |
| 9 | 三 | 初十 | 辛卯 | 除 | 壁 | 木 | 巽 | 风 | 肝 | 泪 | 戊子 |
| 10 | 四 | 十一 | 壬辰 | 满 | 奎 | 水 | 坎 | 寒 | 肾 | 唾 | 庚子 |
| 11 | 五 | 十二 | 癸巳 | 平 | 娄 | 水 | 艮 | 寒 | 肾 | 唾 | 壬子 |
| 12 | 六 | 十三 | 甲午 | 定 | 胃 | 金 | 坤 | 燥 | 肺 | 涕 | 甲子 |
| 13 | 日 | 十四 | 乙未 | 执 | 昴 | 金 | 乾 | 燥 | 肺 | 涕 | 丙子 |
| 14 | 一 | 十五 | 丙申 | 破 | 毕 | 火 | 兑 | 热 | 心 | 汗 | 戊子 |
| 15 | 二 | 十六 | 丁酉 | 危 | 觜 | 火 | 离 | 热 | 心 | 汗 | 庚子 |
| 16 | 三 | 十七 | 戊戌 | 成 | 参 | 木 | 震 | 风 | 肝 | 泪 | 壬子 |
| 17 | 四 | 十八 | 己亥 | 收 | 井 | 木 | 巽 | 风 | 肝 | 泪 | 甲子 |
| 18 | 五 | 十九 | 庚子 | 开 | 鬼 | 土 | 坎 | 湿 | 脾 | 涎 | 丙子 |
| 19 | 六 | 二十 | 辛丑 | 闭 | 柳 | 土 | 艮 | 湿 | 脾 | 涎 | 戊子 |
| 20 | 日 | 廿一 | 壬寅 | 建 | 星 | 金 | 坤 | 燥 | 肺 | 涕 | 庚子 |
| 21 | 一 | 廿二 | 癸卯 | 除 | 张 | 金 | 乾 | 燥 | 肺 | 涕 | 壬子 |
| 22 | 二 | 廿三 | 甲辰 | 满 | 翼 | 火 | 兑 | 热 | 心 | 汗 | 甲子 |
| 23 | 三 | 廿四 | 乙巳 | 平 | 轸 | 火 | 离 | 热 | 心 | 汗 | 丙子 |
| 24 | 四 | 廿五 | 丙午 | 定 | 角 | 水 | 震 | 寒 | 肾 | 唾 | 戊子 |
| 25 | 五 | 廿六 | 丁未 | 执 | 亢 | 水 | 巽 | 寒 | 肾 | 唾 | 庚子 |
| 26 | 六 | 廿七 | 戊申 | 破 | 氐 | 土 | 坎 | 湿 | 脾 | 涎 | 壬子 |
| 27 | 日 | 廿八 | 己酉 | 危 | 房 | 土 | 艮 | 湿 | 脾 | 涎 | 甲子 |
| 28 | 一 | 廿九 | 庚戌 | 成 | 心 | 金 | 坤 | 燥 | 肺 | 涕 | 丙子 |

实用干支万年历

# 公元2033年　农历癸丑(牛)年(闰十一月)

## 3月大

惊蛰　5日14时33分
春分　20日15时23分

农历二月(3月1日-3月30日)　月干支:乙卯

| 公历 | 星期 | 农历 | 干支 | 日建 | 星宿 | 五行 | 八卦 | 五气 | 五脏 | 五汁 | 时辰 |
|---|---|---|---|---|---|---|---|---|---|---|---|
| 1 | 二 | 二月 | 辛亥 | 收 | 尾 | 金 | 巽 | 燥 | 肺 | 涕 | 戊子 |
| 2 | 三 | 初二 | 壬子 | 开 | 箕 | 木 | 坎 | 风 | 肝 | 泪 | 庚子 |
| 3 | 四 | 初三 | 癸丑 | 闭 | 斗 | 木 | 艮 | 风 | 肾 | 唾 | 壬子 |
| 4 | 五 | 初四 | 甲寅 | 建 | 牛 | 水 | 坤 | 寒 | 肾 | 唾 | 甲子 |
| 5 | 六 | 初五 | 乙卯 | 建 | 女 | 水 | 乾 | 寒 | | | 丙子 |
| 6 | 日 | 初六 | 丙辰 | 除 | 虚 | 土 | 兑 | 湿 | 脾 | 涎 | 戊子 |
| 7 | 一 | 初七 | 丁巳 | 满 | 危 | 土 | 离 | 湿 | 脾 | 涎 | 庚子 |
| 8 | 二 | 初八 | 戊午 | 平 | 室 | 火 | 震 | 热 | 心 | 汗 | 壬子 |
| 9 | 三 | 初九 | 己未 | 定 | 壁 | 火 | 巽 | 热 | 心 | 汗 | 甲子 |
| 10 | 四 | 初十 | 庚申 | 执 | 奎 | 木 | 坎 | 风 | 肝 | 泪 | 丙子 |
| 11 | 五 | 十一 | 辛酉 | 破 | 娄 | 木 | 艮 | 风 | 肝 | 泪 | 戊子 |
| 12 | 六 | 十二 | 壬戌 | 危 | 胃 | 水 | 坤 | 寒 | 肾 | 唾 | 庚子 |
| 13 | 日 | 十三 | 癸亥 | 成 | 昴 | 水 | 乾 | 寒 | 肾 | 唾 | 壬子 |
| 14 | 一 | 十四 | 甲子 | 收 | 毕 | 金 | 兑 | 燥 | 肺 | 涕 | 甲子 |
| 15 | 二 | 十五 | 乙丑 | 开 | 觜 | 金 | 离 | 燥 | 肺 | 涕 | 丙子 |
| 16 | 三 | 十六 | 丙寅 | 闭 | 参 | 火 | 震 | 热 | 心 | 汗 | 戊子 |
| 17 | 四 | 十七 | 丁卯 | 建 | 井 | 火 | 巽 | 热 | 心 | 汗 | 庚子 |
| 18 | 五 | 十八 | 戊辰 | 除 | 鬼 | 木 | 坎 | 风 | 肝 | 泪 | 壬子 |
| 19 | 六 | 十九 | 己巳 | 满 | 柳 | 木 | 艮 | 风 | 肝 | 泪 | 甲子 |
| 20 | 日 | 二十 | 庚午 | 平 | 星 | 土 | 坤 | 湿 | 脾 | 涎 | 丙子 |
| 21 | 一 | 廿一 | 辛未 | 定 | 张 | 土 | 乾 | 湿 | 脾 | 涎 | 戊子 |
| 22 | 二 | 廿二 | 壬申 | 执 | 翼 | 金 | 兑 | 燥 | 肺 | 涕 | 庚子 |
| 23 | 三 | 廿三 | 癸酉 | 破 | 轸 | 金 | 离 | 燥 | 肺 | 涕 | 壬子 |
| 24 | 四 | 廿四 | 甲戌 | 危 | 角 | 火 | 震 | 热 | 心 | 汗 | 甲子 |
| 25 | 五 | 廿五 | 乙亥 | 成 | 亢 | 火 | | | | | 丙子 |
| 26 | 六 | 廿六 | 丙子 | 收 | 氐 | 水 | 坎 | 寒 | 肾 | 唾 | 戊子 |
| 27 | 日 | 廿七 | 丁丑 | 开 | 房 | 水 | 艮 | 寒 | 肾 | 唾 | 庚子 |
| 28 | 一 | 廿八 | 戊寅 | 闭 | 心 | 土 | 坤 | 湿 | 脾 | 涎 | 壬子 |
| 29 | 二 | 廿九 | 己卯 | 建 | 尾 | 土 | 乾 | 湿 | 脾 | 涎 | 甲子 |
| 30 | 三 | 三十 | 庚辰 | 除 | 箕 | 金 | 兑 | 燥 | 肺 | 涕 | 丙子 |
| 31 | 四 | 三月 | 辛巳 | 满 | 斗 | 金 | | | | | 戊子 |

## 4月小

清明　4日19时08分
谷雨　20日02时13分

农历三月(3月31日-4月28日)　月干支:丙辰

| 公历 | 星期 | 农历 | 干支 | 日建 | 星宿 | 五行 | 八卦 | 五气 | 五脏 | 五汁 | 时辰 |
|---|---|---|---|---|---|---|---|---|---|---|---|
| 1 | 五 | 三月 | 壬午 | 平 | 牛 | 木 | 艮 | 风 | 肝 | 泪 | 庚子 |
| 2 | 六 | 初三 | 癸未 | 定 | 女 | 木 | 坤 | 风 | 肾 | 唾 | 壬子 |
| 3 | 日 | 初四 | 甲申 | 执 | 虚 | 水 | 乾 | 寒 | 肾 | 唾 | 甲子 |
| 4 | 一 | 初五 | 乙酉 | 执 | 危 | 水 | 兑 | 寒 | 肾 | 唾 | 丙子 |
| 5 | 二 | 初六 | 丙戌 | 破 | 室 | 土 | 离 | 湿 | 脾 | 涎 | 戊子 |
| 6 | 三 | 初七 | 丁亥 | 危 | 壁 | 土 | 震 | 湿 | 脾 | 涎 | 庚子 |
| 7 | 四 | 初八 | 戊子 | 成 | 奎 | 火 | 巽 | 热 | 心 | 汗 | 壬子 |
| 8 | 五 | 初九 | 己丑 | 收 | 娄 | 火 | 坎 | 热 | 心 | 汗 | 甲子 |
| 9 | 六 | 初十 | 庚寅 | 开 | 胃 | 木 | 艮 | 风 | 肝 | 泪 | 丙子 |
| 10 | 日 | 十一 | 辛卯 | 闭 | 昴 | 木 | 坤 | 风 | 肝 | 泪 | 戊子 |
| 11 | 一 | 十二 | 壬辰 | 建 | 毕 | 水 | 乾 | 寒 | 肾 | 唾 | 庚子 |
| 12 | 二 | 十三 | 癸巳 | 除 | 觜 | 水 | 兑 | 寒 | 肾 | 唾 | 壬子 |
| 13 | 三 | 十四 | 甲午 | 满 | 参 | 金 | 离 | 燥 | 肺 | 涕 | 甲子 |
| 14 | 四 | 十五 | 乙未 | 平 | 井 | 金 | 震 | 燥 | 肺 | 涕 | 丙子 |
| 15 | 五 | 十六 | 丙申 | 定 | 鬼 | 火 | 巽 | 热 | 心 | 汗 | 戊子 |
| 16 | 六 | 十七 | 丁酉 | 执 | 柳 | 火 | 坎 | 热 | 心 | 汗 | 庚子 |
| 17 | 日 | 十八 | 戊戌 | 破 | 星 | 木 | 艮 | 风 | 肝 | 泪 | 壬子 |
| 18 | 一 | 十九 | 己亥 | 危 | 张 | 木 | 坤 | 风 | 肝 | 泪 | 甲子 |
| 19 | 二 | 二十 | 庚子 | 成 | 翼 | 土 | 乾 | 湿 | 脾 | 涎 | 丙子 |
| 20 | 三 | 廿一 | 辛丑 | 收 | 轸 | 土 | 兑 | 湿 | 脾 | 涎 | 戊子 |
| 21 | 四 | 廿二 | 壬寅 | 开 | 角 | 金 | 离 | 燥 | 肺 | 涕 | 庚子 |
| 22 | 五 | 廿三 | 癸卯 | 闭 | 亢 | 金 | 震 | 燥 | 肺 | 涕 | 壬子 |
| 23 | 六 | 廿四 | 甲辰 | 建 | 氐 | 火 | 巽 | 热 | 心 | 汗 | 甲子 |
| 24 | 日 | 廿五 | 乙巳 | 除 | 房 | 火 | 坎 | 热 | 心 | 汗 | 丙子 |
| 25 | 一 | 廿六 | 丙午 | 满 | 心 | 水 | 艮 | 寒 | 肾 | 唾 | 戊子 |
| 26 | 二 | 廿七 | 丁未 | 平 | 尾 | 水 | 坤 | 寒 | 肾 | 唾 | 庚子 |
| 27 | 三 | 廿八 | 戊申 | 定 | 箕 | 土 | 乾 | 湿 | 脾 | 涎 | 壬子 |
| 28 | 四 | 廿九 | 己酉 | 执 | 斗 | 土 | 兑 | 湿 | 脾 | 涎 | 甲子 |
| 29 | 五 | 四月 | 庚戌 | 破 | 牛 | 金 | 离 | 燥 | 肺 | 涕 | 丙子 |
| 30 | 六 | 初二 | 辛亥 | 危 | 女 | 金 | 震 | 燥 | 肺 | 涕 | 戊子 |

# 公元2033年　　农历癸丑(牛)年(闰十一月)

## 5月大
立夏　5日12时14分　小满　21日01时11分

农历四月(4月29日-5月27日)　月干支:丁巳

| 公历 | 星期 | 农历 | 干支 | 日建 | 星宿 | 五行 | 八卦 | 五气 | 五脏 | 五汁 | 时辰 |
|---|---|---|---|---|---|---|---|---|---|---|---|
| 1 | 日 | 四月 | 壬子 | 成 | 虚 | 木 | 乾 | 风 | 肝 | 泪 | 庚子 |
| 2 | 一 | 初四 | 癸丑 | 收 | 危 | 木 | 兑 | 风 | 肝 | 泪 | 壬子 |
| 3 | 二 | 初五 | 甲寅 | 开 | 室 | 水 | 离 | 寒 | 肾 | 唾 | 甲子 |
| 4 | 三 | 初六 | 乙卯 | 闭 | 壁 | 水 | 震 | 寒 | 肾 | 唾 | 丙子 |
| 5 | 四 | 初七 | 丙辰 | 闭 | 奎 | 土 | 巽 | 湿 | 脾 | 涎 | 戊子 |
| 6 | 五 | 初八 | 丁巳 | 建 | 娄 | 土 | 坎 | 湿 | 脾 | 涎 | 庚子 |
| 7 | 六 | 初九 | 戊午 | 除 | 胃 | 火 | 艮 | 热 | 心 | 汗 | 壬子 |
| 8 | 日 | 初十 | 己未 | 满 | 昴 | 火 | 坤 | 热 | 心 | 汗 | 甲子 |
| 9 | 一 | 十一 | 庚申 | 平 | 毕 | 木 | 乾 | 风 | 肝 | 泪 | 丙子 |
| 10 | 二 | 十二 | 辛酉 | 定 | 觜 | 木 | 兑 | 风 | 肝 | 泪 | 戊子 |
| 11 | 三 | 十三 | 壬戌 | 执 | 参 | 水 | 离 | 寒 | 肾 | 唾 | 庚子 |
| 12 | 四 | 十四 | 癸亥 | 破 | 井 | 水 | 震 | 寒 | 肾 | 唾 | 壬子 |
| 13 | 五 | 十五 | 甲子 | 危 | 鬼 | 金 | 巽 | 燥 | 肺 | 涕 | 甲子 |
| 14 | 六 | 十六 | 乙丑 | 成 | 柳 | 金 | 坎 | 燥 | 肺 | 涕 | 丙子 |
| 15 | 日 | 十七 | 丙寅 | 收 | 星 | 火 | 艮 | 热 | 心 | 汗 | 戊子 |
| 16 | 一 | 十八 | 丁卯 | 开 | 张 | 火 | 坤 | 热 | 心 | 汗 | 庚子 |
| 17 | 二 | 十九 | 戊辰 | 闭 | 翼 | 木 | 乾 | 风 | 肝 | 泪 | 壬子 |
| 18 | 三 | 二十 | 己巳 | 建 | 轸 | 木 | 兑 | 风 | 肝 | 泪 | 甲子 |
| 19 | 四 | 廿一 | 庚午 | 除 | 角 | 土 | 离 | 湿 | 脾 | 涎 | 丙子 |
| 20 | 五 | 廿二 | 辛未 | 满 | 亢 | 土 | 震 | 湿 | 脾 | 涎 | 戊子 |
| 21 | 六 | 廿三 | 壬申 | 平 | 氐 | 金 | 巽 | 燥 | 肺 | 涕 | 庚子 |
| 22 | 日 | 廿四 | 癸酉 | 定 | 房 | 金 | 坎 | 燥 | 肺 | 涕 | 壬子 |
| 23 | 一 | 廿五 | 甲戌 | 执 | 心 | 火 | 艮 | 热 | 心 | 汗 | 甲子 |
| 24 | 二 | 廿六 | 乙亥 | 破 | 尾 | 火 | 坤 | 热 | 心 | 汗 | 丙子 |
| 25 | 三 | 廿七 | 丙子 | 危 | 箕 | 水 | 乾 | 寒 | 肾 | 唾 | 戊子 |
| 26 | 四 | 廿八 | 丁丑 | 成 | 斗 | 水 | 兑 | 寒 | 肾 | 唾 | 庚子 |
| 27 | 五 | 廿九 | 戊寅 | 收 | 牛 | 土 | 离 | 湿 | 脾 | 涎 | 壬子 |
| 28 | 六 | 五月 | 己卯 | 开 | 女 | 土 | 震 | 湿 | 脾 | 涎 | 甲子 |
| 29 | 日 | 初二 | 庚辰 | 闭 | 虚 | 金 | 巽 | 燥 | 肺 | 涕 | 丙子 |
| 30 | 一 | 初三 | 辛巳 | 建 | 危 | 金 | 坎 | 燥 | 肺 | 涕 | 戊子 |
| 31 | 二 | 初四 | 壬午 | 除 | 室 | 木 | 艮 | 风 | 肝 | 泪 | 庚子 |

## 6月小
芒种　5日16时14分　夏至　21日09时01分

农历五月(5月28日-6月26日)　月干支:戊午

| 公历 | 星期 | 农历 | 干支 | 日建 | 星宿 | 五行 | 八卦 | 五气 | 五脏 | 五汁 | 时辰 |
|---|---|---|---|---|---|---|---|---|---|---|---|
| 1 | 三 | 五月 | 癸未 | 满 | 壁 | 木 | 巽 | 风 | 肝 | 泪 | 壬子 |
| 2 | 四 | 初六 | 甲申 | 平 | 奎 | 水 | 坎 | 寒 | 肾 | 唾 | 甲子 |
| 3 | 五 | 初七 | 乙酉 | 定 | 娄 | 水 | 艮 | 寒 | 肾 | 唾 | 丙子 |
| 4 | 六 | 初八 | 丙戌 | 执 | 胃 | 土 | 坤 | 湿 | 脾 | 涎 | 戊子 |
| 5 | 日 | 初九 | 丁亥 | 执 | 昴 | 土 | 乾 | 湿 | 脾 | 涎 | 庚子 |
| 6 | 一 | 初十 | 戊子 | 破 | 毕 | 火 | 兑 | 热 | 心 | 汗 | 壬子 |
| 7 | 二 | 十一 | 己丑 | 危 | 觜 | 火 | 离 | 热 | 心 | 汗 | 甲子 |
| 8 | 三 | 十二 | 庚寅 | 成 | 参 | 木 | 震 | 风 | 肝 | 泪 | 丙子 |
| 9 | 四 | 十三 | 辛卯 | 收 | 井 | 木 | 巽 | 风 | 肝 | 泪 | 戊子 |
| 10 | 五 | 十四 | 壬辰 | 开 | 鬼 | 水 | 坎 | 寒 | 肾 | 唾 | 庚子 |
| 11 | 六 | 十五 | 癸巳 | 闭 | 柳 | 水 | 艮 | 寒 | 肾 | 唾 | 壬子 |
| 12 | 日 | 十六 | 甲午 | 建 | 星 | 金 | 坤 | 燥 | 肺 | 涕 | 甲子 |
| 13 | 一 | 十七 | 乙未 | 除 | 张 | 金 | 乾 | 燥 | 肺 | 涕 | 丙子 |
| 14 | 二 | 十八 | 丙申 | 满 | 翼 | 火 | 兑 | 热 | 心 | 汗 | 戊子 |
| 15 | 三 | 十九 | 丁酉 | 平 | 轸 | 火 | 离 | 热 | 心 | 汗 | 庚子 |
| 16 | 四 | 二十 | 戊戌 | 定 | 角 | 木 | 震 | 风 | 肝 | 泪 | 壬子 |
| 17 | 五 | 廿一 | 己亥 | 执 | 亢 | 木 | 巽 | 风 | 肝 | 泪 | 甲子 |
| 18 | 六 | 廿二 | 庚子 | 破 | 氐 | 土 | 坎 | 湿 | 脾 | 涎 | 丙子 |
| 19 | 日 | 廿三 | 辛丑 | 危 | 房 | 土 | 艮 | 湿 | 脾 | 涎 | 戊子 |
| 20 | 一 | 廿四 | 壬寅 | 成 | 心 | 金 | 坤 | 燥 | 肺 | 涕 | 庚子 |
| 21 | 二 | 廿五 | 癸卯 | 收 | 尾 | 金 | 乾 | 燥 | 肺 | 涕 | 壬子 |
| 22 | 三 | 廿六 | 甲辰 | 开 | 箕 | 火 | 兑 | 热 | 心 | 汗 | 甲子 |
| 23 | 四 | 廿七 | 乙巳 | 闭 | 斗 | 火 | 离 | 热 | 心 | 汗 | 丙子 |
| 24 | 五 | 廿八 | 丙午 | 建 | 牛 | 水 | 震 | 寒 | 肾 | 唾 | 戊子 |
| 25 | 六 | 廿九 | 丁未 | 除 | 女 | 水 | 巽 | 寒 | 肾 | 唾 | 庚子 |
| 26 | 日 | 三十 | 戊申 | 满 | 虚 | 土 | 坎 | 湿 | 脾 | 涎 | 壬子 |
| 27 | 一 | 六月 | 己酉 | 平 | 危 | 土 | 艮 | 湿 | 脾 | 涎 | 甲子 |
| 28 | 二 | 初二 | 庚戌 | 定 | 室 | 金 | 坤 | 燥 | 肺 | 涕 | 丙子 |
| 29 | 三 | 初三 | 辛亥 | 执 | 壁 | 金 | 乾 | 燥 | 肺 | 涕 | 戊子 |
| 30 | 四 | 初四 | 壬子 | 破 | 奎 | 木 | 离 | 风 | 肝 | 泪 | 庚子 |

实用干支万年历

# 公元2033年　　农历癸丑(牛)年(闰十一月)

| 7月大 | 小暑　7日02时25分　大暑　22日19时53分 | 8月大 | 立秋　7日12时16分　处暑　23日03时02分 |
|---|---|---|---|

**农历六月(6月27日-7月25日)　月干支:己未**　　　**农历七月(7月26日-8月24日)　月干支:庚申**

| 公历 | 星期 | 农历 | 干支 | 日建 | 星宿 | 五行 | 八卦 | 五气 | 五脏 | 五汁 | 时辰 | 公历 | 星期 | 农历 | 干支 | 日建 | 星宿 | 五行 | 八卦 | 五气 | 五脏 | 五汁 | 时辰 |
|---|---|---|---|---|---|---|---|---|---|---|---|---|---|---|---|---|---|---|---|---|---|---|---|
| 1 | 五 | 六月 | 癸丑 | 危 | 娄 | 木 | 巽 | 风 | 肝 | 泪 | 壬子 | 1 | 一 | 七月 | 甲申 | 除 | 毕 | 水 | 坤 | 寒 | 肾 | 唾 | 甲子 |
| 2 | 六 | 初六 | 甲寅 | 成 | 胃 | 水 | 坎 | 寒 | 肾 | 唾 | 甲子 | 2 | 二 | 初八 | 乙酉 | 满 | 觜 | 水 | 乾 | 寒 | 肾 | 唾 | 丙子 |
| 3 | 日 | 初七 | 乙卯 | 收 | 昴 | 水 | 艮 | 寒 | 肾 | 唾 | 丙子 | 3 | 三 | 初九 | 丙戌 | 平 | 参 | 土 | 兑 | 湿 | 脾 | 涎 | 戊子 |
| 4 | 一 | 初八 | 丙辰 | 开 | 毕 | 土 | 坤 | 湿 | 脾 | 涎 | 戊子 | 4 | 四 | 初十 | 丁亥 | 定 | 井 | 土 | 离 | 湿 | 脾 | 涎 | 庚子 |
| 5 | 二 | 初九 | 丁巳 | 闭 | 觜 | 土 | 乾 | 湿 | 脾 | 涎 | 庚子 | 5 | 五 | 十一 | 戊子 | 执 | 鬼 | 火 | 震 | 热 | 心 | 汗 | 壬子 |
| 6 | 三 | 初十 | 戊午 | 建 | 参 | 火 | 兑 | 热 | 心 | 汗 | 壬子 | 6 | 六 | 十二 | 己丑 | 破 | 柳 | 火 | 巽 | 热 | 心 | 汗 | 甲子 |
| 7 | 四 | 十一 | 己未 | 建 | 井 | 火 | 离 | 热 | 心 | 汗 | 甲子 | 7 | 日 | 十三 | 庚寅 | 破 | 星 | 木 | 坎 | 风 | 肝 | 泪 | 丙子 |
| 8 | 五 | 十二 | 庚申 | 除 | 鬼 | 木 | 震 | 风 | 肝 | 泪 | 丙子 | 8 | 一 | 十四 | 辛卯 | 危 | 张 | 木 | 艮 | 风 | 肝 | 泪 | 戊子 |
| 9 | 六 | 十三 | 辛酉 | 满 | 柳 | 木 | 巽 | 风 | 肝 | 泪 | 戊子 | 9 | 二 | 十五 | 壬辰 | 成 | 翼 | 水 | 坤 | 寒 | 肾 | 唾 | 庚子 |
| 10 | 日 | 十四 | 壬戌 | 平 | 星 | 水 | 坎 | 寒 | 肾 | 唾 | 庚子 | 10 | 三 | 十六 | 癸巳 | 收 | 轸 | 水 | 乾 | 寒 | 肾 | 唾 | 壬子 |
| 11 | 一 | 十五 | 癸亥 | 定 | 张 | 水 | 艮 | 寒 | 肾 | 唾 | 壬子 | 11 | 四 | 十七 | 甲午 | 开 | 角 | 金 | 兑 | 燥 | 肺 | 涕 | 甲子 |
| 12 | 二 | 十六 | 甲子 | 执 | 翼 | 金 | 坤 | 燥 | 肺 | 涕 | 甲子 | 12 | 五 | 十八 | 乙未 | 闭 | 亢 | 金 | 离 | 燥 | 肺 | 涕 | 丙子 |
| 13 | 三 | 十七 | 乙丑 | 破 | 轸 | 金 | 乾 | 燥 | 肺 | 涕 | 丙子 | 13 | 六 | 十九 | 丙申 | 建 | 氐 | 火 | 震 | 热 | 心 | 汗 | 戊子 |
| 14 | 四 | 十八 | 丙寅 | 危 | 角 | 火 | 兑 | 热 | 心 | 汗 | 戊子 | 14 | 日 | 二十 | 丁酉 | 除 | 房 | 火 | 巽 | 热 | 心 | 汗 | 庚子 |
| 15 | 五 | 十九 | 丁卯 | 成 | 亢 | 火 | 离 | 热 | 心 | 汗 | 庚子 | 15 | 一 | 廿一 | 戊戌 | 满 | 心 | 木 | 坎 | 风 | 肝 | 泪 | 壬子 |
| 16 | 六 | 二十 | 戊辰 | 收 | 氐 | 木 | 震 | 风 | 肝 | 泪 | 壬子 | 16 | 二 | 廿二 | 己亥 | 平 | 尾 | 木 | 艮 | 风 | 肝 | 泪 | 甲子 |
| 17 | 日 | 廿一 | 己巳 | 开 | 房 | 木 | 巽 | 风 | 肝 | 泪 | 甲子 | 17 | 三 | 廿三 | 庚子 | 定 | 箕 | 土 | 坤 | 湿 | 脾 | 涎 | 丙子 |
| 18 | 一 | 廿二 | 庚午 | 闭 | 心 | 土 | 坎 | 湿 | 脾 | 涎 | 丙子 | 18 | 四 | 廿四 | 辛丑 | 执 | 斗 | 土 | 乾 | 湿 | 脾 | 涎 | 戊子 |
| 19 | 二 | 廿三 | 辛未 | 建 | 尾 | 土 | 艮 | 湿 | 脾 | 涎 | 戊子 | 19 | 五 | 廿五 | 壬寅 | 破 | 牛 | 金 | 兑 | 燥 | 肺 | 涕 | 庚子 |
| 20 | 三 | 廿四 | 壬申 | 除 | 箕 | 金 | 坤 | 燥 | 肺 | 涕 | 庚子 | 20 | 六 | 廿六 | 癸卯 | 危 | 女 | 金 | 离 | 燥 | 肺 | 涕 | 壬子 |
| 21 | 四 | 廿五 | 癸酉 | 满 | 斗 | 金 | 乾 | 燥 | 肺 | 涕 | 壬子 | 21 | 日 | 廿七 | 甲辰 | 成 | 虚 | 火 | 震 | 热 | 心 | 汗 | 甲子 |
| 22 | 五 | 廿六 | 甲戌 | 平 | 牛 | 火 | 兑 | 热 | 心 | 汗 | 甲子 | 22 | 一 | 廿八 | 乙巳 | 收 | 危 | 火 | 巽 | 热 | 心 | 汗 | 丙子 |
| 23 | 六 | 廿七 | 乙亥 | 定 | 女 | 火 | 离 | 热 | 心 | 汗 | 丙子 | 23 | 二 | 廿九 | 丙午 | 开 | 室 | 水 | 坎 | 寒 | 肾 | 唾 | 戊子 |
| 24 | 日 | 廿八 | 丙子 | 执 | 虚 | 水 | 震 | 寒 | 肾 | 唾 | 戊子 | 24 | 三 | 三十 | 丁未 | 闭 | 壁 | 水 | 艮 | 寒 | 肾 | 唾 | 庚子 |
| 25 | 一 | 廿九 | 丁丑 | 破 | 危 | 水 | 巽 | 寒 | 肾 | 唾 | 庚子 | 25 | 四 | 八月 | 戊申 | 建 | 奎 | 土 | | | | | 壬子 |
| 26 | 二 | 七月 | 戊寅 | 危 | 室 | 土 | 兑 | 湿 | 脾 | 涎 | 壬子 | 26 | 五 | 初二 | 己酉 | 除 | 娄 | 土 | 震 | 湿 | 脾 | 涎 | 甲子 |
| 27 | 三 | 初二 | 己卯 | 成 | 壁 | 土 | 离 | 湿 | 脾 | 涎 | 甲子 | 27 | 六 | 初三 | 庚戌 | 满 | 胃 | 金 | 巽 | 燥 | 肺 | 涕 | 丙子 |
| 28 | 四 | 初三 | 庚辰 | 收 | 奎 | 金 | 震 | 燥 | 肺 | 涕 | 丙子 | 28 | 日 | 初四 | 辛亥 | 平 | 昴 | 金 | 坎 | 燥 | 肺 | 涕 | 戊子 |
| 29 | 五 | 初四 | 辛巳 | 开 | 娄 | 金 | 巽 | 燥 | 肺 | 涕 | 戊子 | 29 | 一 | 初五 | 壬子 | 定 | 毕 | 木 | 艮 | 风 | 肝 | 泪 | 庚子 |
| 30 | 六 | 初五 | 壬午 | 闭 | 胃 | 木 | 坎 | 风 | 肝 | 泪 | 庚子 | 30 | 二 | 初六 | 癸丑 | 执 | 觜 | 木 | 坤 | 风 | 肝 | 泪 | 壬子 |
| 31 | 日 | 初六 | 癸未 | 建 | 昴 | 木 | 艮 | 风 | 肝 | 泪 | 壬子 | 31 | 三 | 初七 | 甲寅 | 破 | 参 | 水 | 乾 | 寒 | 肾 | 唾 | 甲子 |

# 公元 2033 年　　农历癸丑(牛)年(闰十一月)

## 9月小　白露　7日15时21分　秋分　23日00时52分

农历八月(8月25日-9月22日)　月干支:辛酉

| 公历 | 星期 | 农历 | 干支 | 日建 | 星宿 | 五行 | 八卦 | 五气 | 五脏 | 五汁 | 时辰 |
|---|---|---|---|---|---|---|---|---|---|---|---|
| 1 | 四 | 八月 | 乙卯 | 危 | 井 | 水 | 兑 | 寒 | 肾 | 唾 | 丙子 |
| 2 | 五 | 初九 | 丙辰 | 成 | 鬼 | 土 | 离 | 湿 | 脾 | 涎 | 戊子 |
| 3 | 六 | 初十 | 丁巳 | 收 | 柳 | 土 | 震 | 湿 | 脾 | 涎 | 庚子 |
| 4 | 日 | 十一 | 戊午 | 开 | 星 | 火 | 巽 | 热 | 心 | 汗 | 壬子 |
| 5 | 一 | 十二 | 己未 | 闭 | 张 | 火 | 坎 | 热 | 心 | 汗 | 甲子 |
| 6 | 二 | 十三 | 庚申 | 建 | 翼 | 木 | 艮 | 风 | 肝 | 泪 | 丙子 |
| 7 | 三 | 十四 | 辛酉 | 建 | 轸 | 木 | 坤 | 风 | 肝 | 泪 | 戊子 |
| 8 | 四 | 十五 | 壬戌 | 除 | 角 | 水 | 乾 | 寒 | 肾 | 唾 | 庚子 |
| 9 | 五 | 十六 | 癸亥 | 满 | 亢 | 水 | 兑 | 寒 | 肾 | 唾 | 壬子 |
| 10 | 六 | 十七 | 甲子 | 平 | 氐 | 金 | 离 | 燥 | 肺 | 涕 | 甲子 |
| 11 | 日 | 十八 | 乙丑 | 定 | 房 | 金 | 震 | 燥 | 肺 | 涕 | 丙子 |
| 12 | 一 | 十九 | 丙寅 | 执 | 心 | 火 | 巽 | 热 | 心 | 汗 | 戊子 |
| 13 | 二 | 二十 | 丁卯 | 破 | 尾 | 火 | 坎 | 热 | 心 | 汗 | 庚子 |
| 14 | 三 | 廿一 | 戊辰 | 危 | 箕 | 木 | 艮 | 风 | 肝 | 泪 | 壬子 |
| 15 | 四 | 廿二 | 己巳 | 成 | 斗 | 木 | 坤 | 风 | 肝 | 泪 | 甲子 |
| 16 | 五 | 廿三 | 庚午 | 收 | 牛 | 土 | 乾 | 湿 | 脾 | 涎 | 丙子 |
| 17 | 六 | 廿四 | 辛未 | 开 | 女 | 土 | 兑 | 湿 | 脾 | 涎 | 戊子 |
| 18 | 日 | 廿五 | 壬申 | 闭 | 虚 | 金 | 离 | 燥 | 肺 | 涕 | 庚子 |
| 19 | 一 | 廿六 | 癸酉 | 建 | 危 | 金 | 震 | 燥 | 肺 | 涕 | 壬子 |
| 20 | 二 | 廿七 | 甲戌 | 除 | 室 | 火 | 巽 | 热 | 心 | 汗 | 甲子 |
| 21 | 三 | 廿八 | 乙亥 | 满 | 壁 | 火 | 坎 | 热 | 心 | 汗 | 丙子 |
| 22 | 四 | 廿九 | 丙子 | 平 | 奎 | 水 | 艮 | 寒 | 肾 | 唾 | 戊子 |
| 23 | 五 | 九月 | 丁丑 | 定 | 娄 | 水 | 坤 | 寒 | 肾 | 唾 | 庚子 |
| 24 | 六 | 初二 | 戊寅 | 执 | 胃 | 土 | 乾 | 湿 | 脾 | 涎 | 壬子 |
| 25 | 日 | 初三 | 己卯 | 破 | 昴 | 土 | 兑 | 湿 | 脾 | 涎 | 甲子 |
| 26 | 一 | 初四 | 庚辰 | 危 | 毕 | 金 | 艮 | 燥 | 肺 | 涕 | 丙子 |
| 27 | 二 | 初五 | 辛巳 | 成 | 觜 | 金 | 坤 | 燥 | 肺 | 涕 | 戊子 |
| 28 | 三 | 初六 | 壬午 | 收 | 参 | 木 | 乾 | 风 | 肝 | 泪 | 庚子 |
| 29 | 四 | 初七 | 癸未 | 开 | 井 | 木 | 兑 | 风 | 肝 | 泪 | 壬子 |
| 30 | 五 | 初八 | 甲申 | 闭 | 鬼 | 水 | 离 | 寒 | 肾 | 唾 | 甲子 |
| 31 | | | | | | | | | | | |

## 10月大　寒露　8日07时14分　霜降　23日10时28分

农历九月(9月23日-10月22日)　月干支:壬戌

| 公历 | 星期 | 农历 | 干支 | 日建 | 星宿 | 五行 | 八卦 | 五气 | 五脏 | 五汁 | 时辰 |
|---|---|---|---|---|---|---|---|---|---|---|---|
| 1 | 六 | 九月 | 乙酉 | 建 | 柳 | 水 | 震 | 寒 | 肾 | 唾 | 丙子 |
| 2 | 日 | 初十 | 丙戌 | 除 | 星 | 土 | 巽 | 湿 | 脾 | 涎 | 戊子 |
| 3 | 一 | 十一 | 丁亥 | 满 | 张 | 土 | 坎 | 湿 | 脾 | 涎 | 庚子 |
| 4 | 二 | 十二 | 戊子 | 平 | 翼 | 火 | 艮 | 热 | 心 | 汗 | 壬子 |
| 5 | 三 | 十三 | 己丑 | 定 | 轸 | 火 | 坤 | 热 | 心 | 汗 | 甲子 |
| 6 | 四 | 十四 | 庚寅 | 执 | 角 | 木 | 乾 | 风 | 肝 | 泪 | 丙子 |
| 7 | 五 | 十五 | 辛卯 | 破 | 亢 | 木 | 兑 | 风 | 肝 | 泪 | 戊子 |
| 8 | 六 | 十六 | 壬辰 | 破 | 氐 | 水 | 离 | 寒 | 肾 | 唾 | 庚子 |
| 9 | 日 | 十七 | 癸巳 | 危 | 房 | 水 | 震 | 寒 | 肾 | 唾 | 壬子 |
| 10 | 一 | 十八 | 甲午 | 成 | 心 | 金 | 巽 | 燥 | 肺 | 涕 | 甲子 |
| 11 | 二 | 十九 | 乙未 | 收 | 尾 | 金 | 坎 | 燥 | 肺 | 涕 | 丙子 |
| 12 | 三 | 二十 | 丙申 | 开 | 箕 | 火 | 艮 | 热 | 心 | 汗 | 戊子 |
| 13 | 四 | 廿一 | 丁酉 | 闭 | 斗 | 火 | 坤 | 热 | 心 | 汗 | 庚子 |
| 14 | 五 | 廿二 | 戊戌 | 建 | 牛 | 木 | 乾 | 风 | 肝 | 泪 | 壬子 |
| 15 | 六 | 廿三 | 己亥 | 除 | 女 | 木 | 兑 | 风 | 肝 | 泪 | 甲子 |
| 16 | 日 | 廿四 | 庚子 | 满 | 虚 | 土 | 离 | 湿 | 脾 | 涎 | 丙子 |
| 17 | 一 | 廿五 | 辛丑 | 平 | 危 | 土 | 震 | 湿 | 脾 | 涎 | 戊子 |
| 18 | 二 | 廿六 | 壬寅 | 定 | 室 | 金 | 巽 | 燥 | 肺 | 涕 | 庚子 |
| 19 | 三 | 廿七 | 癸卯 | 执 | 壁 | 金 | 坎 | 燥 | 肺 | 涕 | 壬子 |
| 20 | 四 | 廿八 | 甲辰 | 破 | 奎 | 火 | 艮 | 热 | 心 | 汗 | 甲子 |
| 21 | 五 | 廿九 | 乙巳 | 危 | 娄 | 火 | 坤 | 热 | 心 | 汗 | 丙子 |
| 22 | 六 | 三十 | 丙午 | 成 | 胃 | 水 | 乾 | 寒 | 肾 | 唾 | 戊子 |
| 23 | 日 | 十月 | 丁未 | 收 | 昴 | 水 | 兑 | 寒 | 肾 | 唾 | 庚子 |
| 24 | 一 | 初二 | 戊申 | 开 | 毕 | 土 | 离 | 湿 | 脾 | 涎 | 壬子 |
| 25 | 二 | 初三 | 己酉 | 闭 | 觜 | 土 | 震 | 湿 | 脾 | 涎 | 甲子 |
| 26 | 三 | 初四 | 庚戌 | 建 | 参 | 金 | 巽 | 燥 | 肺 | 涕 | 丙子 |
| 27 | 四 | 初五 | 辛亥 | 除 | 井 | 金 | 坎 | 燥 | 肺 | 涕 | 戊子 |
| 28 | 五 | 初六 | 壬子 | 满 | 鬼 | 木 | 艮 | 风 | 肝 | 泪 | 庚子 |
| 29 | 六 | 初七 | 癸丑 | 平 | 柳 | 木 | 坤 | 风 | 肝 | 泪 | 壬子 |
| 30 | 日 | 初八 | 甲寅 | 定 | 星 | 水 | 乾 | 寒 | 肾 | 唾 | 甲子 |
| 31 | 一 | 初九 | 乙卯 | 执 | 张 | 水 | 兑 | 寒 | 肾 | 唾 | 丙子 |

实用干支万年历

# 公元 2033 年　　农历癸丑(牛)年(闰十一月)

| 11 月小 | 立冬　7 日 10 时 41 分　小雪　22 日 08 时 16 分 |
|---|---|

| 12 月大 | 大雪　7 日 03 时 45 分　冬至　21 日 21 时 46 分 |
|---|---|

农历十月(10 月 23 日 -11 月 21 日)　月干支:癸亥

农历冬月(11 月 22 日 -12 月 21 日)　月干支:甲子

| 公历 | 星期 | 农历 | 干支 | 日建 | 星宿 | 五行 | 八卦 | 五气 | 五脏 | 五汁 | 时辰 |
|---|---|---|---|---|---|---|---|---|---|---|---|
| 1 | 二 | 十月 | 丙辰 | 破 | 翼 | 土 | 坎 | 湿 | 脾 | 涎 | 戊子 |
| 2 | 三 | 十一 | 丁巳 | 危 | 轸 | 土 | 艮 | 湿 | 脾 | 涎 | 庚子 |
| 3 | 四 | 十二 | 戊午 | 成 | 角 | 火 | 坤 | 热 | 心 | 汗 | 壬子 |
| 4 | 五 | 十三 | 己未 | 收 | 亢 | 火 | 乾 | 热 | 心 | 汗 | 甲子 |
| 5 | 六 | 十四 | 庚申 | 开 | 氐 | 木 | 兑 | 风 | 肝 | 泪 | 丙子 |
| 6 | 日 | 十五 | 辛酉 | 闭 | 房 | 木 | 离 | 风 | 肝 | 泪 | 戊子 |
| 7 | 一 | 十六 | 壬戌 | 闭 | 心 | 水 | 震 | 寒 | 肾 | 唾 | 庚子 |
| 8 | 二 | 十七 | 癸亥 | 建 | 尾 | 水 | 巽 | 寒 | 肾 | 唾 | 壬子 |
| 9 | 三 | 十八 | 甲子 | 除 | 箕 | 金 | 坎 | 燥 | 肺 | 涕 | 甲子 |
| 10 | 四 | 十九 | 乙丑 | 满 | 斗 | 金 | 艮 | 燥 | 肺 | 涕 | 丙子 |
| 11 | 五 | 二十 | 丙寅 | 平 | 牛 | 火 | 坤 | 热 | 心 | 汗 | 戊子 |
| 12 | 六 | 廿一 | 丁卯 | 定 | 女 | 火 | 乾 | 热 | 心 | 汗 | 庚子 |
| 13 | 日 | 廿二 | 戊辰 | 执 | 虚 | 木 | 兑 | 风 | 肝 | 泪 | 壬子 |
| 14 | 一 | 廿三 | 己巳 | 破 | 危 | 木 | 离 | 风 | 肝 | 泪 | 甲子 |
| 15 | 二 | 廿四 | 庚午 | 危 | 室 | 土 | 震 | 湿 | 脾 | 涎 | 丙子 |
| 16 | 三 | 廿五 | 辛未 | 成 | 壁 | 土 | 巽 | 湿 | 脾 | 涎 | 戊子 |
| 17 | 四 | 廿六 | 壬申 | 收 | 奎 | 金 | 坎 | 燥 | 肺 | 涕 | 庚子 |
| 18 | 五 | 廿七 | 癸酉 | 开 | 娄 | 金 | 艮 | 燥 | 肺 | 涕 | 壬子 |
| 19 | 六 | 廿八 | 甲戌 | 闭 | 胃 | 火 | 坤 | 热 | 心 | 汗 | 甲子 |
| 20 | 日 | 廿九 | 乙亥 | 建 | 昴 | 火 | 乾 | 热 | 心 | 汗 | 丙子 |
| 21 | 一 | 三十 | 丙子 | 除 | 毕 | 水 | 兑 | 寒 | 肾 | 唾 | 戊子 |
| 22 | 二 | 冬月 | 丁丑 | 满 | 觜 | 水 | 坎 | 寒 | 肾 | 唾 | 庚子 |
| 23 | 三 | 初二 | 戊寅 | 平 | 参 | 土 | 艮 | 湿 | 脾 | 涎 | 壬子 |
| 24 | 四 | 初三 | 己卯 | 定 | 井 | 土 | 坤 | 湿 | 脾 | 涎 | 甲子 |
| 25 | 五 | 初四 | 庚辰 | 执 | 鬼 | 金 | 乾 | 燥 | 肺 | 涕 | 丙子 |
| 26 | 六 | 初五 | 辛巳 | 破 | 柳 | 金 | 兑 | 燥 | 肺 | 涕 | 戊子 |
| 27 | 日 | 初六 | 壬午 | 危 | 星 | 木 | 离 | 风 | 肝 | 泪 | 庚子 |
| 28 | 一 | 初七 | 癸未 | 成 | 张 | 木 | 震 | 风 | 肝 | 泪 | 壬子 |
| 29 | 二 | 初八 | 甲申 | 收 | 翼 | 水 | 巽 | 寒 | 肾 | 唾 | 甲子 |
| 30 | 三 | 初九 | 乙酉 | 开 | 轸 | 水 | 坎 | 寒 | 肾 | 唾 | 丙子 |
| 31 |  |  |  |  |  |  |  |  |  |  |  |

| 公历 | 星期 | 农历 | 干支 | 日建 | 星宿 | 五行 | 八卦 | 五气 | 五脏 | 五汁 | 时辰 |
|---|---|---|---|---|---|---|---|---|---|---|---|
| 1 | 四 | 冬月 | 丙戌 | 闭 | 角 | 土 | 艮 | 湿 | 脾 | 涎 | 戊子 |
| 2 | 五 | 十一 | 丁亥 | 建 | 亢 | 土 | 坤 | 湿 | 脾 | 涎 | 庚子 |
| 3 | 六 | 十二 | 戊子 | 除 | 氐 | 火 | 乾 | 热 | 心 | 汗 | 壬子 |
| 4 | 日 | 十三 | 己丑 | 满 | 房 | 火 | 兑 | 热 | 心 | 汗 | 甲子 |
| 5 | 一 | 十四 | 庚寅 | 平 | 心 | 木 | 离 | 风 | 肝 | 泪 | 丙子 |
| 6 | 二 | 十五 | 辛卯 | 定 | 尾 | 木 | 震 | 风 | 肝 | 泪 | 戊子 |
| 7 | 三 | 十六 | 壬辰 | 定 | 箕 | 水 | 巽 | 寒 | 肾 | 唾 | 庚子 |
| 8 | 四 | 十七 | 癸巳 | 执 | 斗 | 水 | 坎 | 寒 | 肾 | 唾 | 壬子 |
| 9 | 五 | 十八 | 甲午 | 破 | 牛 | 金 | 艮 | 燥 | 肺 | 涕 | 甲子 |
| 10 | 六 | 十九 | 乙未 | 危 | 女 | 金 | 坤 | 燥 | 肺 | 涕 | 丙子 |
| 11 | 日 | 二十 | 丙申 | 成 | 虚 | 火 | 乾 | 热 | 心 | 汗 | 戊子 |
| 12 | 一 | 廿一 | 丁酉 | 收 | 危 | 火 | 兑 | 热 | 心 | 汗 | 庚子 |
| 13 | 二 | 廿二 | 戊戌 | 开 | 室 | 木 | 离 | 风 | 肝 | 泪 | 壬子 |
| 14 | 三 | 廿三 | 己亥 | 闭 | 壁 | 木 | 震 | 风 | 肝 | 泪 | 甲子 |
| 15 | 四 | 廿四 | 庚子 | 建 | 奎 | 土 | 巽 | 湿 | 脾 | 涎 | 丙子 |
| 16 | 五 | 廿五 | 辛丑 | 除 | 娄 | 土 | 坎 | 湿 | 脾 | 涎 | 戊子 |
| 17 | 六 | 廿六 | 壬寅 | 满 | 胃 | 金 | 艮 | 燥 | 肺 | 涕 | 庚子 |
| 18 | 日 | 廿七 | 癸卯 | 平 | 昴 | 金 | 坤 | 燥 | 肺 | 涕 | 壬子 |
| 19 | 一 | 廿八 | 甲辰 | 定 | 毕 | 火 | 乾 | 热 | 心 | 汗 | 甲子 |
| 20 | 二 | 廿九 | 乙巳 | 执 | 觜 | 火 | 兑 | 热 | 心 | 汗 | 丙子 |
| 21 | 三 | 三十 | 丙午 | 破 | 参 | 水 | 离 | 寒 | 肾 | 唾 | 戊子 |
| 22 | 四 | 闰冬 | 丁未 | 危 | 井 | 水 | 震 | 寒 | 肾 | 唾 | 庚子 |
| 23 | 五 | 初二 | 戊申 | 成 | 鬼 | 土 | 巽 | 湿 | 脾 | 涎 | 壬子 |
| 24 | 六 | 初三 | 己酉 | 收 | 柳 | 土 | 坎 | 湿 | 脾 | 涎 | 甲子 |
| 25 | 日 | 初四 | 庚戌 | 开 | 星 | 金 | 艮 | 燥 | 肺 | 涕 | 丙子 |
| 26 | 一 | 初五 | 辛亥 | 闭 | 张 | 金 | 坤 | 燥 | 肺 | 涕 | 戊子 |
| 27 | 二 | 初六 | 壬子 | 建 | 翼 | 木 | 乾 | 风 | 肝 | 泪 | 庚子 |
| 28 | 三 | 初七 | 癸丑 | 除 | 轸 | 木 | 兑 | 风 | 肝 | 泪 | 壬子 |
| 29 | 四 | 初八 | 甲寅 | 满 | 角 | 水 | 离 | 寒 | 肾 | 唾 | 甲子 |
| 30 | 五 | 初九 | 乙卯 | 平 | 亢 | 水 | 震 | 寒 | 肾 | 唾 | 丙子 |
| 31 | 六 | 初十 | 丙辰 | 定 | 氐 | 土 | 巽 | 湿 | 脾 | 涎 | 戊子 |

# 公元2034年　　　农历甲寅(虎)年

## 1月大
小寒　5日15时04分
大寒　20日08时27分

农历闰冬月(12月22日-1月19日)　月干支:甲子

| 公历 | 星期 | 农历 | 干支 | 日建 | 星宿 | 五行 | 八卦 | 五气 | 五脏 | 五汁 | 时辰 |
|---|---|---|---|---|---|---|---|---|---|---|---|
| 1 | 日 | 闰冬 | 丁巳 | 执 | 房 | 土 | 坤 | 湿 | 脾 | 涎 | 庚子 |
| 2 | 一 | 十二 | 戊午 | 破 | 心 | 火 | 兑 | 热 | 心 | 汗 | 壬子 |
| 3 | 二 | 十三 | 己未 | 危 | 尾 | 火 | 离 | 热 | 心 | 汗 | 甲子 |
| 4 | 三 | 十四 | 庚申 | 成 | 箕 | 木 | 震 | 风 | 肝 | 泪 | 丙子 |
| 5 | 四 | 十五 | 辛酉 | 成 | 斗 | 木 |  | 风 | 肝 | 泪 | 戊子 |
| 6 | 五 | 十六 | 壬戌 | 收 | 牛 | 水 | 巽 | 寒 | 肾 | 唾 | 庚子 |
| 7 | 六 | 十七 | 癸亥 | 开 | 女 | 水 | 坎 | 寒 | 肾 | 唾 | 壬子 |
| 8 | 日 | 十八 | 甲子 | 闭 | 虚 | 金 | 艮 | 燥 | 肺 | 涕 | 甲子 |
| 9 | 一 | 十九 | 乙丑 | 建 | 危 | 金 | 坤 | 燥 | 肺 | 涕 | 丙子 |
| 10 | 二 | 二十 | 丙寅 | 除 | 室 | 火 |  | 热 | 心 |  | 戊子 |
| 11 | 三 | 廿一 | 丁卯 | 满 | 壁 | 火 | 兑 | 热 | 心 | 汗 | 庚子 |
| 12 | 四 | 廿二 | 戊辰 | 平 | 奎 | 木 | 离 | 风 | 肝 | 泪 | 壬子 |
| 13 | 五 | 廿三 | 己巳 | 定 | 娄 | 木 | 震 | 风 | 肝 | 泪 | 甲子 |
| 14 | 六 | 廿四 | 庚午 | 执 | 胃 | 土 | 巽 | 湿 | 脾 | 涎 | 丙子 |
| 15 | 日 | 廿五 | 辛未 | 破 | 昴 | 土 | 坎 | 湿 | 脾 | 涎 | 戊子 |
| 16 | 一 | 廿六 | 壬申 | 危 | 毕 | 金 | 艮 | 燥 | 肺 | 涕 | 庚子 |
| 17 | 二 | 廿七 | 癸酉 | 成 | 觜 | 金 | 坤 | 燥 | 肺 | 涕 | 壬子 |
| 18 | 三 | 廿八 | 甲戌 | 收 | 参 | 火 | 乾 | 热 | 心 | 汗 | 甲子 |
| 19 | 四 | 廿九 | 乙亥 | 开 | 井 | 火 | 兑 | 热 | 心 | 汗 | 丙子 |
| 20 | 五 | 腊月 | 丙子 | 闭 | 鬼 | 水 | 坎 | 寒 | 肾 |  | 戊子 |
| 21 | 六 | 初二 | 丁丑 | 建 | 柳 | 水 | 坤 | 寒 | 肾 | 唾 | 庚子 |
| 22 | 日 | 初三 | 戊寅 | 除 | 星 | 土 | 乾 | 湿 | 脾 | 涎 | 壬子 |
| 23 | 一 | 初四 | 己卯 | 满 | 张 | 土 | 离 | 湿 | 脾 | 涎 | 甲子 |
| 24 | 二 | 初五 | 庚辰 | 平 | 翼 | 金 | 震 | 燥 | 肺 | 涕 | 丙子 |
| 25 | 三 | 初六 | 辛巳 | 定 | 轸 | 金 |  | 燥 | 肺 |  | 戊子 |
| 26 | 四 | 初七 | 壬午 | 执 | 角 | 木 | 巽 | 风 | 肝 | 泪 | 庚子 |
| 27 | 五 | 初八 | 癸未 | 破 | 亢 | 木 | 坎 | 风 | 肝 | 泪 | 壬子 |
| 28 | 六 | 初九 | 甲申 | 危 | 氐 | 水 | 艮 | 寒 | 肾 | 唾 | 甲子 |
| 29 | 日 | 初十 | 乙酉 | 成 | 房 | 水 | 坤 | 寒 | 肾 | 唾 | 丙子 |
| 30 | 一 | 十一 | 丙戌 | 收 | 心 | 土 | 乾 | 湿 | 脾 | 涎 | 戊子 |
| 31 | 二 | 十二 | 丁亥 | 开 | 尾 | 土 | 兑 | 湿 | 脾 | 涎 | 庚子 |

## 2月平
立春　4日02时41分
雨水　18日22时30分

农历腊月(1月20日-2月18日)　月干支:乙丑
农历正月(2月19日-3月19日)　月干支:丙寅

| 公历 | 星期 | 农历 | 干支 | 日建 | 星宿 | 五行 | 八卦 | 五气 | 五脏 | 五汁 | 时辰 |
|---|---|---|---|---|---|---|---|---|---|---|---|
| 1 | 三 | 腊月 | 戊子 | 闭 | 箕 | 火 | 离 | 热 | 心 | 汗 | 壬子 |
| 2 | 四 | 十四 | 己丑 | 建 | 斗 | 火 | 震 | 热 | 心 | 汗 | 甲子 |
| 3 | 五 | 十五 | 庚寅 | 除 | 牛 | 木 | 巽 | 风 | 肝 | 泪 | 丙子 |
| 4 | 六 | 十六 | 辛卯 | 除 | 女 | 木 | 坎 | 风 | 肝 | 泪 | 戊子 |
| 5 | 日 | 十七 | 壬辰 | 满 | 虚 | 水 | 艮 | 寒 | 肾 |  | 庚子 |
| 6 | 一 | 十八 | 癸巳 | 平 | 危 | 水 | 坤 | 寒 | 肾 | 唾 | 壬子 |
| 7 | 二 | 十九 | 甲午 | 定 | 室 | 金 | 乾 | 燥 | 肺 | 涕 | 甲子 |
| 8 | 三 | 二十 | 乙未 | 执 | 壁 | 金 | 兑 | 燥 | 肺 | 涕 | 丙子 |
| 9 | 四 | 廿一 | 丙申 | 破 | 奎 | 火 | 离 | 热 | 心 | 汗 | 戊子 |
| 10 | 五 | 廿二 | 丁酉 | 危 | 娄 | 火 | 震 | 热 | 心 |  | 庚子 |
| 11 | 六 | 廿三 | 戊戌 | 成 | 胃 | 木 | 巽 | 风 | 肝 | 泪 | 壬子 |
| 12 | 日 | 廿四 | 己亥 | 收 | 昴 | 木 | 坎 | 风 | 肝 | 泪 | 甲子 |
| 13 | 一 | 廿五 | 庚子 | 开 | 毕 | 土 | 艮 | 湿 | 脾 | 涎 | 丙子 |
| 14 | 二 | 廿六 | 辛丑 | 闭 | 觜 | 土 | 坤 | 湿 | 脾 | 涎 | 戊子 |
| 15 | 三 | 廿七 | 壬寅 | 建 | 参 | 金 | 乾 | 燥 | 肺 | 涕 | 庚子 |
| 16 | 四 | 廿八 | 癸卯 | 除 | 井 | 金 | 兑 | 燥 | 肺 | 涕 | 壬子 |
| 17 | 五 | 廿九 | 甲辰 | 满 | 鬼 | 火 | 离 | 热 | 心 | 汗 | 甲子 |
| 18 | 六 | 三十 | 乙巳 | 平 | 柳 | 火 | 震 | 热 | 心 | 汗 | 丙子 |
| 19 | 日 | 正月 | 丙午 | 定 | 星 | 水 | 巽 | 寒 | 肾 |  | 戊子 |
| 20 | 一 | 初二 | 丁未 | 执 | 张 | 水 | 坎 | 寒 | 肾 |  | 庚子 |
| 21 | 二 | 初三 | 戊申 | 破 | 翼 | 土 | 艮 | 湿 | 脾 | 涎 | 壬子 |
| 22 | 三 | 初四 | 己酉 | 危 | 轸 | 土 | 坤 | 湿 | 脾 | 涎 | 甲子 |
| 23 | 四 | 初五 | 庚戌 | 成 | 角 | 金 | 乾 | 燥 | 肺 | 涕 | 丙子 |
| 24 | 五 | 初六 | 辛亥 | 收 | 亢 | 金 | 兑 | 燥 | 肺 | 涕 | 戊子 |
| 25 | 六 | 初七 | 壬子 | 开 | 氐 | 木 | 离 | 风 | 肝 | 泪 | 庚子 |
| 26 | 日 | 初八 | 癸丑 | 闭 | 房 | 木 | 震 | 风 | 肝 | 泪 | 壬子 |
| 27 | 一 | 初九 | 甲寅 | 建 | 心 | 水 | 巽 | 寒 | 肾 | 唾 | 甲子 |
| 28 | 二 | 初十 | 乙卯 | 除 | 尾 | 水 | 坎 | 寒 | 肾 | 唾 | 丙子 |

实用干支万年历

# 公元2034年　　　　农历甲寅(虎)年

## 3月大　惊蛰　5日20时33分　春分　20日21时18分

农历二月(3月20日-4月18日)　月干支:丁卯

| 公历 | 星期 | 农历 | 干支 | 日建 | 星宿 | 五行 | 八卦 | 五气 | 五脏 | 五汁 | 时辰 |
|---|---|---|---|---|---|---|---|---|---|---|---|
| 1 | 三 | 正月十一 | 丙辰 | 满 | 箕 | 土 | 艮 | 湿 | 脾 | 延 | 戊子 |
| 2 | 四 | 十二 | 丁巳 | 平 | 斗 | 土 | 坤 | 湿 | 脾 | 延 | 庚子 |
| 3 | 五 | 十三 | 戊午 | 定 | 牛 | 火 | 乾 | 热 | 心 | 汗 | 壬子 |
| 4 | 六 | 十四 | 己未 | 执 | 女 | 火 | 兑 | 热 | 心 | 汗 | 甲子 |
| 5 | 日 | 十五 | 庚申 | 执 | 虚 | 木 | 离 | 风 | 肝 | 泪 | 丙子 |
| 6 | 一 | 十六 | 辛酉 | 破 | 危 | 木 | 震 | 风 | 肝 | 泪 | 戊子 |
| 7 | 二 | 十七 | 壬戌 | 危 | 室 | 水 | 巽 | 寒 | 肾 | 唾 | 庚子 |
| 8 | 三 | 十八 | 癸亥 | 成 | 壁 | 水 | 坎 | 寒 | 肾 | 唾 | 壬子 |
| 9 | 四 | 十九 | 甲子 | 收 | 奎 | 金 | 艮 | 燥 | 肺 | 涕 | 甲子 |
| 10 | 五 | 二十 | 乙丑 | 开 | 娄 | 金 | 坤 | 燥 | 肺 | 涕 | 丙子 |
| 11 | 六 | 廿一 | 丙寅 | 闭 | 胃 | 火 | 乾 | 热 | 心 | 汗 | 戊子 |
| 12 | 日 | 廿二 | 丁卯 | 建 | 昴 | 火 | 兑 | 热 | 心 | 汗 | 庚子 |
| 13 | 一 | 廿三 | 戊辰 | 除 | 毕 | 木 | 离 | 风 | 肝 | 泪 | 壬子 |
| 14 | 二 | 廿四 | 己巳 | 满 | 觜 | 木 | 震 | 风 | 肝 | 泪 | 甲子 |
| 15 | 三 | 廿五 | 庚午 | 平 | 参 | 土 | 巽 | 湿 | 脾 | 延 | 丙子 |
| 16 | 四 | 廿六 | 辛未 | 定 | 井 | 土 | 坎 | 湿 | 脾 | 延 | 戊子 |
| 17 | 五 | 廿七 | 壬申 | 执 | 鬼 | 金 | 艮 | 燥 | 肺 | 涕 | 庚子 |
| 18 | 六 | 廿八 | 癸酉 | 破 | 柳 | 金 | 坤 | 燥 | 肺 | 涕 | 壬子 |
| 19 | 日 | 廿九 | 甲戌 | 危 | 星 | 火 | 乾 | 热 | 心 | 汗 | 甲子 |
| 20 | 一 | 二月(初一) | 乙亥 | 成 | 张 | 火 | 坎 | 热 | 心 | 汗 | 丙子 |
| 21 | 二 | 初二 | 丙子 | 收 | 翼 | 水 | 艮 | 寒 | 肾 | 唾 | 戊子 |
| 22 | 三 | 初三 | 丁丑 | 开 | 轸 | 水 | 乾 | 寒 | 肾 | 唾 | 庚子 |
| 23 | 四 | 初四 | 戊寅 | 闭 | 角 | 土 | 兑 | 湿 | 脾 | 延 | 壬子 |
| 24 | 五 | 初五 | 己卯 | 建 | 亢 | 土 | 离 | 湿 | 脾 | 延 | 甲子 |
| 25 | 六 | 初六 | 庚辰 | 除 | 氐 | 金 | 震 | 燥 | 肺 | 涕 | 丙子 |
| 26 | 日 | 初七 | 辛巳 | 满 | 房 | 金 | 巽 | 燥 | 肺 | 涕 | 戊子 |
| 27 | 一 | 初八 | 壬午 | 平 | 心 | 木 | 坎 | 风 | 肝 | 泪 | 庚子 |
| 28 | 二 | 初九 | 癸未 | 定 | 尾 | 木 | 艮 | 风 | 肝 | 泪 | 壬子 |
| 29 | 三 | 初十 | 甲申 | 执 | 箕 | 水 | 坤 | 寒 | 肾 | 唾 | 甲子 |
| 30 | 四 | 十一 | 乙酉 | 破 | 斗 | 水 | 乾 | 寒 | 肾 | 唾 | 丙子 |
| 31 | 五 | 十二 | 丙戌 | 危 | 牛 | 土 | 坎 | 湿 | 脾 | 延 | 戊子 |

## 4月小　清明　5日01时07分　谷雨　20日08时04分

农历三月(4月19日-5月17日)　月干支:戊辰

| 公历 | 星期 | 农历 | 干支 | 日建 | 星宿 | 五行 | 八卦 | 五气 | 五脏 | 五汁 | 时辰 |
|---|---|---|---|---|---|---|---|---|---|---|---|
| 1 | 六 | 二月十三 | 丁亥 | 成 | 女 | 土 | 兑 | 湿 | 脾 | 延 | 庚子 |
| 2 | 日 | 十四 | 戊子 | 收 | 虚 | 火 | 离 | 热 | 心 | 汗 | 壬子 |
| 3 | 一 | 十五 | 己丑 | 开 | 危 | 火 | 震 | 热 | 心 | 汗 | 甲子 |
| 4 | 二 | 十六 | 庚寅 | 闭 | 室 | 木 | 巽 | 风 | 肝 | 泪 | 丙子 |
| 5 | 三 | 十七 | 辛卯 | 闭 | 壁 | 木 | 坎 | 风 | 肝 | 泪 | 戊子 |
| 6 | 四 | 十八 | 壬辰 | 建 | 奎 | 水 | 艮 | 寒 | 肾 | 唾 | 庚子 |
| 7 | 五 | 十九 | 癸巳 | 除 | 娄 | 水 | 坤 | 寒 | 肾 | 唾 | 壬子 |
| 8 | 六 | 二十 | 甲午 | 满 | 胃 | 金 | 乾 | 燥 | 肺 | 涕 | 甲子 |
| 9 | 日 | 廿一 | 乙未 | 平 | 昴 | 金 | 兑 | 燥 | 肺 | 涕 | 丙子 |
| 10 | 一 | 廿二 | 丙申 | 定 | 毕 | 火 | 离 | 热 | 心 | 汗 | 戊子 |
| 11 | 二 | 廿三 | 丁酉 | 执 | 觜 | 火 | 震 | 热 | 心 | 汗 | 庚子 |
| 12 | 三 | 廿四 | 戊戌 | 破 | 参 | 木 | 巽 | 风 | 肝 | 泪 | 壬子 |
| 13 | 四 | 廿五 | 己亥 | 危 | 井 | 木 | 坎 | 风 | 肝 | 泪 | 甲子 |
| 14 | 五 | 廿六 | 庚子 | 成 | 鬼 | 土 | 艮 | 湿 | 脾 | 延 | 丙子 |
| 15 | 六 | 廿七 | 辛丑 | 收 | 柳 | 土 | 坤 | 湿 | 脾 | 延 | 戊子 |
| 16 | 日 | 廿八 | 壬寅 | 开 | 星 | 金 | 乾 | 燥 | 肺 | 涕 | 庚子 |
| 17 | 一 | 廿九 | 癸卯 | 闭 | 张 | 金 | 兑 | 燥 | 肺 | 涕 | 壬子 |
| 18 | 二 | 三十 | 甲辰 | 建 | 翼 | 火 | 离 | 热 | 心 | 汗 | 甲子 |
| 19 | 三 | 三月(初一) | 乙巳 | 除 | 轸 | 火 | 震 | 热 | 心 | 汗 | 丙子 |
| 20 | 四 | 初二 | 丙午 | 满 | 角 | 水 | 坤 | 寒 | 肾 | 唾 | 戊子 |
| 21 | 五 | 初三 | 丁未 | 平 | 亢 | 水 | 乾 | 寒 | 肾 | 唾 | 庚子 |
| 22 | 六 | 初四 | 戊申 | 定 | 氐 | 土 | 兑 | 湿 | 脾 | 延 | 壬子 |
| 23 | 日 | 初五 | 己酉 | 执 | 房 | 土 | 离 | 湿 | 脾 | 延 | 甲子 |
| 24 | 一 | 初六 | 庚戌 | 破 | 心 | 金 | 震 | 燥 | 肺 | 涕 | 丙子 |
| 25 | 二 | 初七 | 辛亥 | 危 | 尾 | 金 | 巽 | 燥 | 肺 | 涕 | 戊子 |
| 26 | 三 | 初八 | 壬子 | 成 | 箕 | 木 | 坎 | 风 | 肝 | 泪 | 庚子 |
| 27 | 四 | 初九 | 癸丑 | 收 | 斗 | 木 | 艮 | 风 | 肝 | 泪 | 壬子 |
| 28 | 五 | 初十 | 甲寅 | 开 | 牛 | 水 | 坤 | 寒 | 肾 | 唾 | 甲子 |
| 29 | 六 | 十一 | 乙卯 | 闭 | 女 | 水 | 乾 | 寒 | 肾 | 唾 | 丙子 |
| 30 | 日 | 十二 | 丙辰 | 建 | 虚 | 土 | 兑 | 湿 | 脾 | 延 | 戊子 |

# 公元2034年　　　　　　　　　　农历甲寅(虎)年

## 5月大
立夏　5日18时10分
小满　21日06时57分
农历四月(5月18日－6月15日)　月干支:己巳

| 公历 | 星期 | 农历 | 干支 | 日建 | 星宿 | 五行 | 八卦 | 五气 | 五脏 | 五汁 | 时辰 |
|---|---|---|---|---|---|---|---|---|---|---|---|
| 1 | 一 | 三月 | 丁巳 | 除 | 危 | 土 | 离 | 湿 | 脾 | 涎 | 庚子 |
| 2 | 二 | 十四 | 戊午 | 满 | 室 | 火 | 震 | 热 | 心 | 汗 | 壬子 |
| 3 | 三 | 十五 | 己未 | 平 | 壁 | 火 | 巽 | 热 | 心 | 汗 | 甲子 |
| 4 | 四 | 十六 | 庚申 | 定 | 奎 | 木 | 坎 | 风 | 肝 | 泪 | 丙子 |
| 5 | 五 | 十七 | 辛酉 | 定 | 娄 | 木 | 艮 | 风 | 肝 | 泪 | 戊子 |
| 6 | 六 | 十八 | 壬戌 | 执 | 胃 | 水 | 坤 | 寒 | 肾 | 唾 | 庚子 |
| 7 | 日 | 十九 | 癸亥 | 破 | 昴 | 水 | 乾 | 寒 | 肾 | 唾 | 壬子 |
| 8 | 一 | 二十 | 甲子 | 危 | 毕 | 金 | 兑 | 燥 | 肺 | 涕 | 甲子 |
| 9 | 二 | 廿一 | 乙丑 | 成 | 觜 | 金 | 离 | 燥 | 肺 | 涕 | 丙子 |
| 10 | 三 | 廿二 | 丙寅 | 收 | 参 | 火 | 震 | 热 | 心 | 汗 | 戊子 |
| 11 | 四 | 廿三 | 丁卯 | 开 | 井 | 火 | 巽 | 热 | 心 | 汗 | 庚子 |
| 12 | 五 | 廿四 | 戊辰 | 闭 | 鬼 | 木 | 坎 | 风 | 肝 | 泪 | 壬子 |
| 13 | 六 | 廿五 | 己巳 | 建 | 柳 | 木 | 艮 | 风 | 肝 | 泪 | 甲子 |
| 14 | 日 | 廿六 | 庚午 | 除 | 星 | 土 | 坤 | 湿 | 脾 | 涎 | 丙子 |
| 15 | 一 | 廿七 | 辛未 | 满 | 张 | 土 | 乾 | 湿 | 脾 | 涎 | 戊子 |
| 16 | 二 | 廿八 | 壬申 | 平 | 翼 | 金 | 兑 | 燥 | 肺 | 涕 | 庚子 |
| 17 | 三 | 廿九 | 癸酉 | 定 | 轸 | 金 | 离 | 燥 | 肺 | 涕 | 壬子 |
| 18 | 四 | 四月 | 甲戌 | 执 | 角 | 火 | 坤 | 热 | 心 | 汗 | 甲子 |
| 19 | 五 | 初二 | 乙亥 | 破 | 亢 | 火 | 乾 | 热 | 心 | 汗 | 丙子 |
| 20 | 六 | 初三 | 丙子 | 危 | 氐 | 水 | 兑 | 寒 | 肾 | 唾 | 戊子 |
| 21 | 日 | 初四 | 丁丑 | 成 | 房 | 水 | 离 | 寒 | 肾 | 唾 | 庚子 |
| 22 | 一 | 初五 | 戊寅 | 收 | 心 | 土 | 震 | 湿 | 脾 | 涎 | 壬子 |
| 23 | 二 | 初六 | 己卯 | 开 | 尾 | 土 | 巽 | 湿 | 脾 | 涎 | 甲子 |
| 24 | 三 | 初七 | 庚辰 | 闭 | 箕 | 金 | 坎 | 燥 | 肺 | 涕 | 丙子 |
| 25 | 四 | 初八 | 辛巳 | 建 | 斗 | 金 | 艮 | 燥 | 肺 | 涕 | 戊子 |
| 26 | 五 | 初九 | 壬午 | 除 | 牛 | 木 | 坤 | 风 | 肝 | 泪 | 庚子 |
| 27 | 六 | 初十 | 癸未 | 满 | 女 | 木 | 乾 | 风 | 肝 | 泪 | 壬子 |
| 28 | 日 | 十一 | 甲申 | 平 | 虚 | 水 | 兑 | 寒 | 肾 | 唾 | 甲子 |
| 29 | 一 | 十二 | 乙酉 | 定 | 危 | 水 | 离 | 寒 | 肾 | 唾 | 丙子 |
| 30 | 二 | 十三 | 丙戌 | 执 | 室 | 土 | 震 | 湿 | 脾 | 涎 | 戊子 |
| 31 | 三 | 十四 | 丁亥 | 破 | 壁 | 土 | 巽 | 湿 | 脾 | 涎 | 庚子 |

## 6月小
芒种　5日22时07分
夏至　21日14时45分
农历五月(6月16日－7月15日)　月干支:庚午

| 公历 | 星期 | 农历 | 干支 | 日建 | 星宿 | 五行 | 八卦 | 五气 | 五脏 | 五汁 | 时辰 |
|---|---|---|---|---|---|---|---|---|---|---|---|
| 1 | 四 | 四月 | 戊子 | 危 | 奎 | 火 | 坎 | 热 | 心 | 汗 | 壬子 |
| 2 | 五 | 十六 | 己丑 | 成 | 娄 | 火 | 艮 | 热 | 心 | 汗 | 甲子 |
| 3 | 六 | 十七 | 庚寅 | 收 | 胃 | 木 | 坤 | 风 | 肝 | 泪 | 丙子 |
| 4 | 日 | 十八 | 辛卯 | 开 | 昴 | 木 | 乾 | 风 | 肝 | 泪 | 戊子 |
| 5 | 一 | 十九 | 壬辰 | 开 | 毕 | 水 | 兑 | 寒 | 肾 | 唾 | 庚子 |
| 6 | 二 | 二十 | 癸巳 | 闭 | 觜 | 水 | 离 | 寒 | 肾 | 唾 | 壬子 |
| 7 | 三 | 廿一 | 甲午 | 建 | 参 | 金 | 震 | 燥 | 肺 | 涕 | 甲子 |
| 8 | 四 | 廿二 | 乙未 | 除 | 井 | 金 | 巽 | 燥 | 肺 | 涕 | 丙子 |
| 9 | 五 | 廿三 | 丙申 | 满 | 鬼 | 火 | 坎 | 热 | 心 | 汗 | 戊子 |
| 10 | 六 | 廿四 | 丁酉 | 平 | 柳 | 火 | 艮 | 热 | 心 | 汗 | 庚子 |
| 11 | 日 | 廿五 | 戊戌 | 定 | 星 | 木 | 坤 | 风 | 肝 | 泪 | 壬子 |
| 12 | 一 | 廿六 | 己亥 | 执 | 张 | 木 | 乾 | 风 | 肝 | 泪 | 甲子 |
| 13 | 二 | 廿七 | 庚子 | 破 | 翼 | 土 | 离 | 湿 | 脾 | 涎 | 丙子 |
| 14 | 三 | 廿八 | 辛丑 | 危 | 轸 | 土 | 震 | 湿 | 脾 | 涎 | 戊子 |
| 15 | 四 | 廿九 | 壬寅 | 成 | 角 | 金 | 巽 | 燥 | 肺 | 涕 | 庚子 |
| 16 | 五 | 五月 | 癸卯 | 收 | 亢 | 金 | 坎 | 燥 | 肺 | 涕 | 壬子 |
| 17 | 六 | 初二 | 甲辰 | 开 | 氐 | 火 | 艮 | 热 | 心 | 汗 | 甲子 |
| 18 | 日 | 初三 | 乙巳 | 闭 | 房 | 火 | 坤 | 热 | 心 | 汗 | 丙子 |
| 19 | 一 | 初四 | 丙午 | 建 | 心 | 水 | 乾 | 寒 | 肾 | 唾 | 戊子 |
| 20 | 二 | 初五 | 丁未 | 除 | 尾 | 水 | 兑 | 寒 | 肾 | 唾 | 庚子 |
| 21 | 三 | 初六 | 戊申 | 满 | 箕 | 土 | 坎 | 湿 | 脾 | 涎 | 壬子 |
| 22 | 四 | 初七 | 己酉 | 平 | 斗 | 土 | 艮 | 湿 | 脾 | 涎 | 甲子 |
| 23 | 五 | 初八 | 庚戌 | 定 | 牛 | 金 | 坤 | 燥 | 肺 | 涕 | 丙子 |
| 24 | 六 | 初九 | 辛亥 | 执 | 女 | 金 | 乾 | 燥 | 肺 | 涕 | 戊子 |
| 25 | 日 | 初十 | 壬子 | 破 | 虚 | 木 | 兑 | 风 | 肝 | 泪 | 庚子 |
| 26 | 一 | 十一 | 癸丑 | 危 | 危 | 木 | 离 | 风 | 肝 | 泪 | 壬子 |
| 27 | 二 | 十二 | 甲寅 | 成 | 室 | 水 | 震 | 寒 | 肾 | 唾 | 甲子 |
| 28 | 三 | 十三 | 乙卯 | 收 | 壁 | 水 | 巽 | 寒 | 肾 | 唾 | 丙子 |
| 29 | 四 | 十四 | 丙辰 | 开 | 奎 | 土 | 坎 | 湿 | 脾 | 涎 | 戊子 |
| 30 | 五 | 十五 | 丁巳 | 闭 | 娄 | 土 | 艮 | 湿 | 脾 | 涎 | 庚子 |

实用干支万年历

# 公元2034年　　农历甲寅(虎)年

## 7月大

小暑　7日08时18分
大暑　23日01时37分

农历六月(7月16日–8月13日)　月干支：辛未

| 公历 | 星期 | 农历 | 干支 | 日建 | 星宿 | 五行 | 八卦 | 五气 | 五脏 | 五汁 | 时辰 |
|---|---|---|---|---|---|---|---|---|---|---|---|
| 1 | 六 | 五月 | 戊午 | 建 | 胃 | 火 | 坤 | 热 | 心 | 汗 | 壬子 |
| 2 | 日 | 十七 | 己未 | 除 | 昴 | 火 | 乾 | 热 | 心 | 汗 | 甲子 |
| 3 | 一 | 十八 | 庚申 | 满 | 毕 | 木 | 兑 | 风 | 肝 | 泪 | 丙子 |
| 4 | 二 | 十九 | 辛酉 | 平 | 觜 | 木 | 离 | 风 | 肝 | 泪 | 戊子 |
| 5 | 三 | 二十 | 壬戌 | 定 | 参 | 水 | 震 | 寒 | 肾 | 唾 | 庚子 |
| 6 | 四 | 廿一 | 癸亥 | 执 | 井 | 水 | 巽 | 寒 | 肾 | 唾 | 壬子 |
| 7 | 五 | 廿二 | 甲子 | 执 | 鬼 | 金 | 坎 | 燥 | 肺 | 涕 | 甲子 |
| 8 | 六 | 廿三 | 乙丑 | 破 | 柳 | 金 | 艮 | 燥 | 肺 | 涕 | 丙子 |
| 9 | 日 | 廿四 | 丙寅 | 危 | 星 | 火 | 坤 | 热 | 心 | 汗 | 戊子 |
| 10 | 一 | 廿五 | 丁卯 | 成 | 张 | 火 | 乾 | 热 | 心 | 汗 | 庚子 |
| 11 | 二 | 廿六 | 戊辰 | 收 | 翼 | 木 | 兑 | 风 | 肝 | 泪 | 壬子 |
| 12 | 三 | 廿七 | 己巳 | 开 | 轸 | 木 | 离 | 风 | 肝 | 泪 | 甲子 |
| 13 | 四 | 廿八 | 庚午 | 闭 | 角 | 土 | 震 | 湿 | 脾 | 涎 | 丙子 |
| 14 | 五 | 廿九 | 辛未 | 建 | 亢 | 土 | 巽 | 湿 | 脾 | 涎 | 戊子 |
| 15 | 六 | 三十 | 壬申 | 除 | 氐 | 金 | 坎 | 燥 | 肺 | 涕 | 庚子 |
| 16 | 日 | 六月 | 癸酉 | 满 | 房 | 金 | 艮 | 燥 | 肺 | 涕 | 壬子 |
| 17 | 一 | 初二 | 甲戌 | 平 | 心 | 火 | 坤 | 热 | 心 | 汗 | 甲子 |
| 18 | 二 | 初三 | 乙亥 | 定 | 尾 | 火 | 乾 | 热 | 心 | 汗 | 丙子 |
| 19 | 三 | 初四 | 丙子 | 执 | 箕 | 水 | 兑 | 寒 | 肾 | 唾 | 戊子 |
| 20 | 四 | 初五 | 丁丑 | 破 | 斗 | 水 | 离 | 寒 | 肾 | 唾 | 庚子 |
| 21 | 五 | 初六 | 戊寅 | 危 | 牛 | 土 | 震 | 湿 | 脾 | 涎 | 壬子 |
| 22 | 六 | 初七 | 己卯 | 成 | 女 | 土 | 巽 | 湿 | 脾 | 涎 | 甲子 |
| 23 | 日 | 初八 | 庚辰 | 收 | 虚 | 金 | 坎 | 燥 | 肺 | 涕 | 丙子 |
| 24 | 一 | 初九 | 辛巳 | 开 | 危 | 金 | 艮 | 燥 | 肺 | 涕 | 戊子 |
| 25 | 二 | 初十 | 壬午 | 闭 | 室 | 木 | 坤 | 风 | 肝 | 泪 | 庚子 |
| 26 | 三 | 十一 | 癸未 | 建 | 壁 | 木 | 乾 | 风 | 肝 | 泪 | 壬子 |
| 27 | 四 | 十二 | 甲申 | 除 | 奎 | 水 | 兑 | 寒 | 肾 | 唾 | 甲子 |
| 28 | 五 | 十三 | 乙酉 | 满 | 娄 | 水 | 离 | 寒 | 肾 | 唾 | 丙子 |
| 29 | 六 | 十四 | 丙戌 | 平 | 胃 | 土 | 震 | 湿 | 脾 | 涎 | 戊子 |
| 30 | 日 | 十五 | 丁亥 | 定 | 昴 | 土 | 巽 | 湿 | 脾 | 涎 | 庚子 |
| 31 | 一 | 十六 | 戊子 | 执 | 毕 | 火 | 坎 | 热 | 心 | 汗 | 壬子 |

## 8月大

立秋　7日18时10分
处暑　23日08时48分

农历七月(8月14日–9月12日)　月干支：壬申

| 公历 | 星期 | 农历 | 干支 | 日建 | 星宿 | 五行 | 八卦 | 五气 | 五脏 | 五汁 | 时辰 |
|---|---|---|---|---|---|---|---|---|---|---|---|
| 1 | 二 | 六月 | 己丑 | 破 | 觜 | 火 | 艮 | 热 | 心 | 汗 | 甲子 |
| 2 | 三 | 十八 | 庚寅 | 危 | 参 | 木 | 坤 | 风 | 肝 | 泪 | 丙子 |
| 3 | 四 | 十九 | 辛卯 | 成 | 井 | 木 | 乾 | 风 | 肝 | 泪 | 戊子 |
| 4 | 五 | 二十 | 壬辰 | 收 | 鬼 | 水 | 兑 | 寒 | 肾 | 唾 | 庚子 |
| 5 | 六 | 廿一 | 癸巳 | 开 | 柳 | 水 | 离 | 寒 | 肾 | 唾 | 壬子 |
| 6 | 日 | 廿二 | 甲午 | 闭 | 星 | 金 | 震 | 燥 | 肺 | 涕 | 甲子 |
| 7 | 一 | 廿三 | 乙未 | 闭 | 张 | 金 | 巽 | 燥 | 肺 | 涕 | 丙子 |
| 8 | 二 | 廿四 | 丙申 | 建 | 翼 | 火 | 坎 | 热 | 心 | 汗 | 戊子 |
| 9 | 三 | 廿五 | 丁酉 | 除 | 轸 | 火 | 艮 | 热 | 心 | 汗 | 庚子 |
| 10 | 四 | 廿六 | 戊戌 | 满 | 角 | 木 | 坤 | 风 | 肝 | 泪 | 壬子 |
| 11 | 五 | 廿七 | 己亥 | 平 | 亢 | 木 | 乾 | 风 | 肝 | 泪 | 甲子 |
| 12 | 六 | 廿八 | 庚子 | 定 | 氐 | 土 | 兑 | 湿 | 脾 | 涎 | 丙子 |
| 13 | 日 | 廿九 | 辛丑 | 执 | 房 | 土 | 离 | 湿 | 脾 | 涎 | 戊子 |
| 14 | 一 | 七月 | 壬寅 | 破 | 心 | 金 | 震 | 燥 | 肺 | 涕 | 庚子 |
| 15 | 二 | 初二 | 癸卯 | 危 | 尾 | 金 | 巽 | 燥 | 肺 | 涕 | 壬子 |
| 16 | 三 | 初三 | 甲辰 | 成 | 箕 | 火 | 坎 | 热 | 心 | 汗 | 甲子 |
| 17 | 四 | 初四 | 乙巳 | 收 | 斗 | 火 | 艮 | 热 | 心 | 汗 | 丙子 |
| 18 | 五 | 初五 | 丙午 | 开 | 牛 | 水 | 坤 | 寒 | 肾 | 唾 | 戊子 |
| 19 | 六 | 初六 | 丁未 | 闭 | 女 | 水 | 乾 | 寒 | 肾 | 唾 | 庚子 |
| 20 | 日 | 初七 | 戊申 | 建 | 虚 | 土 | 兑 | 湿 | 脾 | 涎 | 壬子 |
| 21 | 一 | 初八 | 己酉 | 除 | 危 | 土 | 离 | 湿 | 脾 | 涎 | 甲子 |
| 22 | 二 | 初九 | 庚戌 | 满 | 室 | 金 | 震 | 燥 | 肺 | 涕 | 丙子 |
| 23 | 三 | 初十 | 辛亥 | 平 | 壁 | 金 | 巽 | 燥 | 肺 | 涕 | 戊子 |
| 24 | 四 | 十一 | 壬子 | 定 | 奎 | 木 | 坎 | 风 | 肝 | 泪 | 庚子 |
| 25 | 五 | 十二 | 癸丑 | 执 | 娄 | 木 | 艮 | 风 | 肝 | 泪 | 壬子 |
| 26 | 六 | 十三 | 甲寅 | 破 | 胃 | 水 | 坤 | 寒 | 肾 | 唾 | 甲子 |
| 27 | 日 | 十四 | 乙卯 | 危 | 昴 | 水 | 乾 | 寒 | 肾 | 唾 | 丙子 |
| 28 | 一 | 十五 | 丙辰 | 成 | 毕 | 土 | 兑 | 湿 | 脾 | 涎 | 戊子 |
| 29 | 二 | 十六 | 丁巳 | 收 | 觜 | 土 | 离 | 湿 | 脾 | 涎 | 庚子 |
| 30 | 三 | 十七 | 戊午 | 开 | 参 | 火 | 震 | 热 | 心 | 汗 | 壬子 |
| 31 | 四 | 十八 | 己未 | 闭 | 井 | 火 | 巽 | 热 | 心 | 汗 | 甲子 |

# 公元2034年　　农历甲寅(虎)年

## 9月小

白露　7日21时15分
秋分　23日06时40分

农历八月(9月13日–10月11日)　月干支:癸酉

| 公历 | 星期 | 农历 | 干支 | 日建 | 星宿 | 五行 | 八卦 | 五气 | 五脏 | 五汁 | 时辰 |
|---|---|---|---|---|---|---|---|---|---|---|---|
| 1 | 五 | 七月十九 | 庚申 | 建 | 鬼 | 木 | 巽 | 风 | 肝 | 泪 | 丙子 |
| 2 | 六 | 二十 | 辛酉 | 除 | 柳 | 木 | 坎 | 风 | 肝 | 泪 | 戊子 |
| 3 | 日 | 廿一 | 壬戌 | 满 | 星 | 水 | 坎 | 寒 | 肾 | 唾 | 庚子 |
| 4 | 一 | 廿二 | 癸亥 | 平 | 张 | 水 | 艮 | 寒 | 肾 | 唾 | 壬子 |
| 5 | 二 | 廿三 | 甲子 | 定 | 翼 | 金 | 乾 | 燥 | 肺 | 涕 | 甲子 |
| 6 | 三 | 廿四 | 乙丑 | 执 | 轸 | 金 | 兑 | 燥 | 肺 | 涕 | 丙子 |
| 7 | 四 | 廿五 | 丙寅 | 执 | 角 | 火 | 离 | 热 | 心 | 汗 | 戊子 |
| 8 | 五 | 廿六 | 丁卯 | 破 | 亢 | 火 | 震 | 热 | 心 | 汗 | 庚子 |
| 9 | 六 | 廿七 | 戊辰 | 危 | 氐 | 木 | 巽 | 风 | 肝 | 泪 | 壬子 |
| 10 | 日 | 廿八 | 己巳 | 成 | 房 | 木 | 坎 | 风 | 肝 | 泪 | 甲子 |
| 11 | 一 | 廿九 | 庚午 | 收 | 心 | 土 | 艮 | 湿 | 脾 | 涎 | 丙子 |
| 12 | 二 | 三十 | 辛未 | 开 | 尾 | 土 | 乾 | 湿 | 脾 | 涎 | 戊子 |
| 13 | 三 | 八月初一 | 壬申 | 闭 | 箕 | 金 | 兑 | 燥 | 肺 | 涕 | 庚子 |
| 14 | 四 | 初二 | 癸酉 | 建 | 斗 | 金 | 离 | 燥 | 肺 | 涕 | 壬子 |
| 15 | 五 | 初三 | 甲戌 | 除 | 牛 | 火 | 震 | 热 | 心 | 汗 | 甲子 |
| 16 | 六 | 初四 | 乙亥 | 满 | 女 | 火 | 巽 | 热 | 心 | 汗 | 丙子 |
| 17 | 日 | 初五 | 丙子 | 平 | 虚 | 水 | 坎 | 寒 | 肾 | 唾 | 戊子 |
| 18 | 一 | 初六 | 丁丑 | 定 | 危 | 水 | 艮 | 寒 | 肾 | 唾 | 庚子 |
| 19 | 二 | 初七 | 戊寅 | 执 | 室 | 土 | 乾 | 湿 | 脾 | 涎 | 壬子 |
| 20 | 三 | 初八 | 己卯 | 破 | 壁 | 土 | 兑 | 湿 | 脾 | 涎 | 甲子 |
| 21 | 四 | 初九 | 庚辰 | 危 | 奎 | 金 | 震 | 燥 | 肺 | 涕 | 丙子 |
| 22 | 五 | 初十 | 辛巳 | 成 | 娄 | 金 | 巽 | 燥 | 肺 | 涕 | 戊子 |
| 23 | 六 | 十一 | 壬午 | 收 | 胃 | 木 | 坎 | 风 | 肝 | 泪 | 庚子 |
| 24 | 日 | 十二 | 癸未 | 开 | 昴 | 木 | 艮 | 风 | 肝 | 泪 | 壬子 |
| 25 | 一 | 十三 | 甲申 | 闭 | 毕 | 水 | 乾 | 寒 | 肾 | 唾 | 甲子 |
| 26 | 二 | 十四 | 乙酉 | 建 | 觜 | 水 | 兑 | 寒 | 肾 | 唾 | 丙子 |
| 27 | 三 | 十五 | 丙戌 | 除 | 参 | 土 | 离 | 湿 | 脾 | 涎 | 戊子 |
| 28 | 四 | 十六 | 丁亥 | 满 | 井 | 土 | 震 | 湿 | 脾 | 涎 | 庚子 |
| 29 | 五 | 十七 | 戊子 | 平 | 鬼 | 火 | 巽 | 热 | 心 | 汗 | 壬子 |
| 30 | 六 | 十八 | 己丑 | 定 | 柳 | 火 | 坎 | 热 | 心 | 汗 | 甲子 |
| 31 |  |  |  |  |  |  |  |  |  |  |  |

## 10月大

寒露　8日13时08分
霜降　23日16时17分

农历九月(10月12日–11月10日)　月干支:甲戌

| 公历 | 星期 | 农历 | 干支 | 日建 | 星宿 | 五行 | 八卦 | 五气 | 五脏 | 五汁 | 时辰 |
|---|---|---|---|---|---|---|---|---|---|---|---|
| 1 | 日 | 八月十九 | 庚寅 | 执 | 星 | 木 | 坤 | 风 | 肝 | 泪 | 丙子 |
| 2 | 一 | 二十 | 辛卯 | 破 | 张 | 木 | 艮 | 风 | 肝 | 泪 | 戊子 |
| 3 | 二 | 廿一 | 壬辰 | 危 | 翼 | 水 | 乾 | 寒 | 肾 | 唾 | 庚子 |
| 4 | 三 | 廿二 | 癸巳 | 成 | 轸 | 水 | 兑 | 寒 | 肾 | 唾 | 壬子 |
| 5 | 四 | 廿三 | 甲午 | 收 | 角 | 金 | 离 | 燥 | 肺 | 涕 | 甲子 |
| 6 | 五 | 廿四 | 乙未 | 开 | 亢 | 金 | 震 | 燥 | 肺 | 涕 | 丙子 |
| 7 | 六 | 廿五 | 丙申 | 闭 | 氐 | 火 | 巽 | 热 | 心 | 汗 | 戊子 |
| 8 | 日 | 廿六 | 丁酉 | 闭 | 房 | 火 | 坎 | 热 | 心 | 汗 | 庚子 |
| 9 | 一 | 廿七 | 戊戌 | 建 | 心 | 木 | 坤 | 风 | 肝 | 泪 | 壬子 |
| 10 | 二 | 廿八 | 己亥 | 除 | 尾 | 木 | 艮 | 风 | 肝 | 泪 | 甲子 |
| 11 | 三 | 廿九 | 庚子 | 满 | 箕 | 土 | 乾 | 湿 | 脾 | 涎 | 丙子 |
| 12 | 四 | 九月初一 | 辛丑 | 平 | 斗 | 土 | 兑 | 湿 | 脾 | 涎 | 戊子 |
| 13 | 五 | 初二 | 壬寅 | 定 | 牛 | 金 | 离 | 燥 | 肺 | 涕 | 庚子 |
| 14 | 六 | 初三 | 癸卯 | 执 | 女 | 金 | 震 | 燥 | 肺 | 涕 | 壬子 |
| 15 | 日 | 初四 | 甲辰 | 破 | 虚 | 火 | 巽 | 热 | 心 | 汗 | 甲子 |
| 16 | 一 | 初五 | 乙巳 | 危 | 危 | 火 | 坎 | 热 | 心 | 汗 | 丙子 |
| 17 | 二 | 初六 | 丙午 | 成 | 室 | 水 | 坤 | 寒 | 肾 | 唾 | 戊子 |
| 18 | 三 | 初七 | 丁未 | 收 | 壁 | 水 | 艮 | 寒 | 肾 | 唾 | 庚子 |
| 19 | 四 | 初八 | 戊申 | 开 | 奎 | 土 | 乾 | 湿 | 脾 | 涎 | 壬子 |
| 20 | 五 | 初九 | 己酉 | 闭 | 娄 | 土 | 兑 | 湿 | 脾 | 涎 | 甲子 |
| 21 | 六 | 初十 | 庚戌 | 建 | 胃 | 金 | 离 | 燥 | 肺 | 涕 | 丙子 |
| 22 | 日 | 十一 | 辛亥 | 除 | 昴 | 金 | 震 | 燥 | 肺 | 涕 | 戊子 |
| 23 | 一 | 十二 | 壬子 | 满 | 毕 | 木 | 巽 | 风 | 肝 | 泪 | 庚子 |
| 24 | 二 | 十三 | 癸丑 | 平 | 觜 | 木 | 坎 | 风 | 肝 | 泪 | 壬子 |
| 25 | 三 | 十四 | 甲寅 | 定 | 参 | 水 | 坤 | 寒 | 肾 | 唾 | 甲子 |
| 26 | 四 | 十五 | 乙卯 | 执 | 井 | 水 | 艮 | 寒 | 肾 | 唾 | 丙子 |
| 27 | 五 | 十六 | 丙辰 | 破 | 鬼 | 土 | 乾 | 湿 | 脾 | 涎 | 戊子 |
| 28 | 六 | 十七 | 丁巳 | 危 | 柳 | 土 | 兑 | 湿 | 脾 | 涎 | 庚子 |
| 29 | 日 | 十八 | 戊午 | 成 | 星 | 火 | 离 | 热 | 心 | 汗 | 壬子 |
| 30 | 一 | 十九 | 己未 | 收 | 张 | 火 | 震 | 热 | 心 | 汗 | 甲子 |
| 31 | 二 | 二十 | 庚申 | 开 | 翼 | 木 | 巽 | 风 | 肝 | 泪 | 丙子 |

实用干支万年历

# 公元2034年　　　　农历甲寅(虎)年

## 11月小

立冬　7日16时35分
小雪　22日14时06分

农历十月(11月11日-12月10日)　月干支:乙亥

| 公历 | 星期 | 农历 | 干支 | 日建 | 星宿 | 五行 | 八卦 | 五气 | 五脏 | 五汁 | 时辰 |
|---|---|---|---|---|---|---|---|---|---|---|---|
| 1 | 三 | 九月 | 辛酉 | 闭 | 轸 | 木 | 乾 | 风 | 肝 | 泪 | 戊子 |
| 2 | 四 | 廿二 | 壬戌 | 建 | 角 | 水 | 兑 | 寒 | 肾 | 唾 | 庚子 |
| 3 | 五 | 廿三 | 癸亥 | 除 | 亢 | 水 | 离 | 寒 | 肾 | 唾 | 壬子 |
| 4 | 六 | 廿四 | 甲子 | 满 | 氐 | 金 | 震 | 燥 | 肺 | 涕 | 甲子 |
| 5 | 日 | 廿五 | 乙丑 | 平 | 房 | 金 | 巽 | 燥 | 肺 | 涕 | 丙子 |
| 6 | 一 | 廿六 | 丙寅 | 定 | 心 | 火 | 坎 | 热 | 心 | 汗 | 戊子 |
| 7 | 二 | 廿七 | 丁卯 | 定 | 尾 | 火 | 艮 | 热 | 心 | 汗 | 庚子 |
| 8 | 三 | 廿八 | 戊辰 | 执 | 箕 | 木 | 坤 | 风 | 肝 | 泪 | 壬子 |
| 9 | 四 | 廿九 | 己巳 | 破 | 斗 | 木 | 乾 | 风 | 肝 | 泪 | 甲子 |
| 10 | 五 | 三十 | 庚午 | 危 | 牛 | 土 | 兑 | 湿 | 脾 | 涎 | 丙子 |
| 11 | 六 | 十月 | 辛未 | 成 | 女 | 土 | 坎 | 湿 | 脾 | 涎 | 戊子 |
| 12 | 日 | 初二 | 壬申 | 收 | 虚 | 金 | 艮 | 燥 | 肺 | 涕 | 庚子 |
| 13 | 一 | 初三 | 癸酉 | 开 | 危 | 金 | 坤 | 燥 | 肺 | 涕 | 壬子 |
| 14 | 二 | 初四 | 甲戌 | 闭 | 室 | 火 | 乾 | 热 | 心 | 汗 | 甲子 |
| 15 | 三 | 初五 | 乙亥 | 建 | 壁 | 火 | 兑 | 热 | 心 | 汗 | 丙子 |
| 16 | 四 | 初六 | 丙子 | 除 | 奎 | 水 | 离 | 寒 | 肾 | 唾 | 戊子 |
| 17 | 五 | 初七 | 丁丑 | 满 | 娄 | 水 | 震 | 寒 | 肾 | 唾 | 庚子 |
| 18 | 六 | 初八 | 戊寅 | 平 | 胃 | 土 | 巽 | 湿 | 脾 | 涎 | 壬子 |
| 19 | 日 | 初九 | 己卯 | 定 | 昴 | 土 | 坎 | 湿 | 脾 | 涎 | 甲子 |
| 20 | 一 | 初十 | 庚辰 | 执 | 毕 | 金 | 艮 | 燥 | 肺 | 涕 | 丙子 |
| 21 | 二 | 十一 | 辛巳 | 破 | 觜 | 金 | 坤 | 燥 | 肺 | 涕 | 戊子 |
| 22 | 三 | 十二 | 壬午 | 危 | 参 | 木 | 乾 | 风 | 肝 | 泪 | 庚子 |
| 23 | 四 | 十三 | 癸未 | 成 | 井 | 木 | 兑 | 风 | 肝 | 泪 | 壬子 |
| 24 | 五 | 十四 | 甲申 | 收 | 鬼 | 水 | 离 | 寒 | 肾 | 唾 | 甲子 |
| 25 | 六 | 十五 | 乙酉 | 开 | 柳 | 水 | 震 | 寒 | 肾 | 唾 | 丙子 |
| 26 | 日 | 十六 | 丙戌 | 闭 | 星 | 土 | 巽 | 湿 | 脾 | 涎 | 戊子 |
| 27 | 一 | 十七 | 丁亥 | 建 | 张 | 土 | 坎 | 湿 | 脾 | 涎 | 庚子 |
| 28 | 二 | 十八 | 戊子 | 除 | 翼 | 火 | 艮 | 热 | 心 | 汗 | 壬子 |
| 29 | 三 | 十九 | 己丑 | 满 | 轸 | 火 | 坤 | 热 | 心 | 汗 | 甲子 |
| 30 | 四 | 二十 | 庚寅 | 平 | 角 | 木 | 乾 | 风 | 肝 | 泪 | 丙子 |

## 12月大

大雪　7日09时38分
冬至　22日03时35分

农历冬月(12月11日-1月8日)　月干支:丙子

| 公历 | 星期 | 农历 | 干支 | 日建 | 星宿 | 五行 | 八卦 | 五气 | 五脏 | 五汁 | 时辰 |
|---|---|---|---|---|---|---|---|---|---|---|---|
| 1 | 五 | 十月 | 辛卯 | 定 | 亢 | 木 | 兑 | 风 | 肝 | 泪 | 戊子 |
| 2 | 六 | 廿二 | 壬辰 | 执 | 氐 | 水 | 离 | 寒 | 肾 | 唾 | 庚子 |
| 3 | 日 | 廿三 | 癸巳 | 破 | 房 | 水 | 震 | 寒 | 肾 | 唾 | 壬子 |
| 4 | 一 | 廿四 | 甲午 | 危 | 心 | 金 | 巽 | 燥 | 肺 | 涕 | 甲子 |
| 5 | 二 | 廿五 | 乙未 | 成 | 尾 | 金 | 坎 | 燥 | 肺 | 涕 | 丙子 |
| 6 | 三 | 廿六 | 丙申 | 收 | 箕 | 火 | 艮 | 热 | 心 | 汗 | 戊子 |
| 7 | 四 | 廿七 | 丁酉 | 收 | 斗 | 火 | 坤 | 热 | 心 | 汗 | 庚子 |
| 8 | 五 | 廿八 | 戊戌 | 开 | 牛 | 木 | 乾 | 风 | 肝 | 泪 | 壬子 |
| 9 | 六 | 廿九 | 己亥 | 闭 | 女 | 木 | 兑 | 风 | 肝 | 泪 | 甲子 |
| 10 | 日 | 三十 | 庚子 | 建 | 虚 | 土 | 离 | 湿 | 脾 | 涎 | 丙子 |
| 11 | 一 | 冬月 | 辛丑 | 除 | 危 | 土 | 艮 | 湿 | 脾 | 涎 | 戊子 |
| 12 | 二 | 初二 | 壬寅 | 满 | 室 | 金 | 坤 | 燥 | 肺 | 涕 | 庚子 |
| 13 | 三 | 初三 | 癸卯 | 平 | 壁 | 金 | 乾 | 燥 | 肺 | 涕 | 壬子 |
| 14 | 四 | 初四 | 甲辰 | 定 | 奎 | 火 | 兑 | 热 | 心 | 汗 | 甲子 |
| 15 | 五 | 初五 | 乙巳 | 执 | 娄 | 火 | 离 | 热 | 心 | 汗 | 丙子 |
| 16 | 六 | 初六 | 丙午 | 破 | 胃 | 水 | 震 | 寒 | 肾 | 唾 | 戊子 |
| 17 | 日 | 初七 | 丁未 | 危 | 昴 | 水 | 巽 | 寒 | 肾 | 唾 | 庚子 |
| 18 | 一 | 初八 | 戊申 | 成 | 毕 | 土 | 坎 | 湿 | 脾 | 涎 | 壬子 |
| 19 | 二 | 初九 | 己酉 | 收 | 觜 | 土 | 艮 | 湿 | 脾 | 涎 | 甲子 |
| 20 | 三 | 初十 | 庚戌 | 开 | 参 | 金 | 坤 | 燥 | 肺 | 涕 | 丙子 |
| 21 | 四 | 十一 | 辛亥 | 闭 | 井 | 金 | 乾 | 燥 | 肺 | 涕 | 戊子 |
| 22 | 五 | 十二 | 壬子 | 建 | 鬼 | 木 | 兑 | 风 | 肝 | 泪 | 庚子 |
| 23 | 六 | 十三 | 癸丑 | 除 | 柳 | 木 | 离 | 风 | 肝 | 泪 | 壬子 |
| 24 | 日 | 十四 | 甲寅 | 满 | 星 | 水 | 震 | 寒 | 肾 | 唾 | 甲子 |
| 25 | 一 | 十五 | 乙卯 | 平 | 张 | 水 | 巽 | 寒 | 肾 | 唾 | 丙子 |
| 26 | 二 | 十六 | 丙辰 | 定 | 翼 | 土 | 坎 | 湿 | 脾 | 涎 | 戊子 |
| 27 | 三 | 十七 | 丁巳 | 执 | 轸 | 土 | 艮 | 湿 | 脾 | 涎 | 庚子 |
| 28 | 四 | 十八 | 戊午 | 破 | 角 | 火 | 坤 | 热 | 心 | 汗 | 壬子 |
| 29 | 五 | 十九 | 己未 | 危 | 亢 | 火 | 乾 | 热 | 心 | 汗 | 甲子 |
| 30 | 六 | 二十 | 庚申 | 成 | 氐 | 木 | 兑 | 风 | 肝 | 泪 | 丙子 |
| 31 | 日 | 廿一 | 辛酉 | 收 | 房 | 木 | 离 | 风 | 肝 | 泪 | 戊子 |

## 公元 2035 年　　农历乙卯(兔)年

### 1月大

小寒　5日20时57分　　大寒　20日14时15分

农历腊月(1月9日-2月7日)　月干支:丁丑

| 公历 | 星期 | 农历 | 干支 | 日建 | 星宿 | 五行 | 八卦 | 五气 | 五脏 | 五汁 | 时辰 |
|---|---|---|---|---|---|---|---|---|---|---|---|
| 1 | 一 | 冬月 | 壬戌 | 开 | 心 | 水 | 震 | 寒 | 肾 | 唾 | 庚子 |
| 2 | 二 | 廿三 | 癸亥 | 闭 | 尾 | 水 | 巽 | 寒 | 肾 | 唾 | 壬子 |
| 3 | 三 | 廿四 | 甲子 | 建 | 箕 | 金 | 坎 | 燥 | 肺 | 涕 | 甲子 |
| 4 | 四 | 廿五 | 乙丑 | 除 | 斗 | 金 | 艮 | 燥 | 肺 | 涕 | 丙子 |
| 5 | 五 | 廿六 | 丙寅 | 除 | 牛 | 火 | 坤 | 热 | 心 | 汗 | 戊子 |
| 6 | 六 | 廿七 | 丁卯 | 满 | 女 | 火 | 乾 | 热 | 心 | 汗 | 庚子 |
| 7 | 日 | 廿八 | 戊辰 | 平 | 虚 | 木 | 兑 | 风 | 肝 | 泪 | 壬子 |
| 8 | 一 | 廿九 | 己巳 | 定 | 危 | 木 | 离 | 风 | 肝 | 泪 | 甲子 |
| 9 | 二 | 腊月 | 庚午 | 执 | 室 | 土 | 坎 | 湿 | 脾 | 涎 | 丙子 |
| 10 | 三 | 初二 | 辛未 | 破 | 壁 | 土 | 坤 | 湿 | 脾 | 涎 | 戊子 |
| 11 | 四 | 初三 | 壬申 | 危 | 奎 | 金 | 乾 | 燥 | 肺 | 涕 | 庚子 |
| 12 | 五 | 初四 | 癸酉 | 成 | 娄 | 金 | 兑 | 燥 | 肺 | 涕 | 壬子 |
| 13 | 六 | 初五 | 甲戌 | 收 | 胃 | 火 | 离 | 热 | 心 | 汗 | 甲子 |
| 14 | 日 | 初六 | 乙亥 | 开 | 昴 | 火 | 震 | 热 | 心 | 汗 | 丙子 |
| 15 | 一 | 初七 | 丙子 | 闭 | 毕 | 水 | 巽 | 寒 | 肾 | 唾 | 戊子 |
| 16 | 二 | 初八 | 丁丑 | 建 | 觜 | 水 | 坎 | 寒 | 肾 | 唾 | 庚子 |
| 17 | 三 | 初九 | 戊寅 | 除 | 参 | 土 | 艮 | 湿 | 脾 | 涎 | 壬子 |
| 18 | 四 | 初十 | 己卯 | 满 | 井 | 土 | 乾 | 湿 | 脾 | 涎 | 甲子 |
| 19 | 五 | 十一 | 庚辰 | 平 | 鬼 | 金 | 兑 | 燥 | 肺 | 涕 | 丙子 |
| 20 | 六 | 十二 | 辛巳 | 定 | 柳 | 金 | 离 | 燥 | 肺 | 涕 | 戊子 |
| 21 | 日 | 十三 | 壬午 | 执 | 星 | 木 | 震 | 风 | 肝 | 泪 | 庚子 |
| 22 | 一 | 十四 | 癸未 | 破 | 张 | 木 | 巽 | 风 | 肝 | 泪 | 壬子 |
| 23 | 二 | 十五 | 甲申 | 危 | 翼 | 水 | 坎 | 寒 | 肾 | 唾 | 甲子 |
| 24 | 三 | 十六 | 乙酉 | 成 | 轸 | 水 | 艮 | 寒 | 肾 | 唾 | 丙子 |
| 25 | 四 | 十七 | 丙戌 | 收 | 角 | 土 | 坤 | 湿 | 脾 | 涎 | 戊子 |
| 26 | 五 | 十八 | 丁亥 | 开 | 亢 | 土 | 乾 | 湿 | 脾 | 涎 | 庚子 |
| 27 | 六 | 十九 | 戊子 | 闭 | 氐 | 火 | 兑 | 热 | 心 | 汗 | 壬子 |
| 28 | 日 | 二十 | 己丑 | 建 | 房 | 火 | 离 | 热 | 心 | 汗 | 甲子 |
| 29 | 一 | 廿一 | 庚寅 | 除 | 心 | 木 | 震 | 风 | 肝 | 泪 | 丙子 |
| 30 | 二 | 廿二 | 辛卯 | 满 | 尾 | 木 | 巽 | 风 | 肝 | 泪 | 戊子 |
| 31 | 三 | 廿三 | 壬辰 | 平 | 箕 | 水 | 坎 | 寒 | 肾 | 唾 | 庚子 |

### 2月平

立春　4日08时33分　　雨水　19日04时17分

农历正月(2月8日-3月9日)　月干支:戊寅

| 公历 | 星期 | 农历 | 干支 | 日建 | 星宿 | 五行 | 八卦 | 五气 | 五脏 | 五汁 | 时辰 |
|---|---|---|---|---|---|---|---|---|---|---|---|
| 1 | 四 | 腊月 | 癸巳 | 定 | 斗 | 水 | 艮 | 寒 | 肾 | 唾 | 壬子 |
| 2 | 五 | 廿五 | 甲午 | 执 | 牛 | 金 | 坤 | 燥 | 肺 | 涕 | 甲子 |
| 3 | 六 | 廿六 | 乙未 | 破 | 女 | 金 | 乾 | 燥 | 肺 | 涕 | 丙子 |
| 4 | 日 | 廿七 | 丙申 | 破 | 虚 | 火 | 兑 | 热 | 心 | 汗 | 戊子 |
| 5 | 一 | 廿八 | 丁酉 | 危 | 危 | 火 | 离 | 热 | 心 | 汗 | 庚子 |
| 6 | 二 | 廿九 | 戊戌 | 成 | 室 | 木 | 震 | 风 | 肝 | 泪 | 壬子 |
| 7 | 三 | 三十 | 己亥 | 收 | 壁 | 木 | 巽 | 风 | 肝 | 泪 | 甲子 |
| 8 | 四 | 正月 | 庚子 | 开 | 奎 | 土 | 坎 | 湿 | 脾 | 涎 | 丙子 |
| 9 | 五 | 初二 | 辛丑 | 闭 | 娄 | 土 | 艮 | 湿 | 脾 | 涎 | 戊子 |
| 10 | 六 | 初三 | 壬寅 | 建 | 胃 | 金 | 坤 | 燥 | 肺 | 涕 | 庚子 |
| 11 | 日 | 初四 | 癸卯 | 除 | 昴 | 金 | 乾 | 燥 | 肺 | 涕 | 壬子 |
| 12 | 一 | 初五 | 甲辰 | 满 | 毕 | 火 | 兑 | 热 | 心 | 汗 | 甲子 |
| 13 | 二 | 初六 | 乙巳 | 平 | 觜 | 火 | 离 | 热 | 心 | 汗 | 丙子 |
| 14 | 三 | 初七 | 丙午 | 定 | 参 | 水 | 震 | 寒 | 肾 | 唾 | 戊子 |
| 15 | 四 | 初八 | 丁未 | 执 | 井 | 水 | 巽 | 寒 | 肾 | 唾 | 庚子 |
| 16 | 五 | 初九 | 戊申 | 破 | 鬼 | 土 | 坎 | 湿 | 脾 | 涎 | 壬子 |
| 17 | 六 | 初十 | 己酉 | 危 | 柳 | 土 | 艮 | 湿 | 脾 | 涎 | 甲子 |
| 18 | 日 | 十一 | 庚戌 | 成 | 星 | 金 | 坤 | 燥 | 肺 | 涕 | 丙子 |
| 19 | 一 | 十二 | 辛亥 | 收 | 张 | 金 | 乾 | 燥 | 肺 | 涕 | 戊子 |
| 20 | 二 | 十三 | 壬子 | 开 | 翼 | 木 | 兑 | 风 | 肝 | 泪 | 庚子 |
| 21 | 三 | 十四 | 癸丑 | 闭 | 轸 | 木 | 离 | 风 | 肝 | 泪 | 壬子 |
| 22 | 四 | 十五 | 甲寅 | 建 | 角 | 水 | 震 | 寒 | 肾 | 唾 | 甲子 |
| 23 | 五 | 十六 | 乙卯 | 除 | 亢 | 水 | 巽 | 寒 | 肾 | 唾 | 丙子 |
| 24 | 六 | 十七 | 丙辰 | 满 | 氐 | 土 | 坎 | 湿 | 脾 | 涎 | 戊子 |
| 25 | 日 | 十八 | 丁巳 | 平 | 房 | 土 | 艮 | 湿 | 脾 | 涎 | 庚子 |
| 26 | 一 | 十九 | 戊午 | 定 | 心 | 火 | 坤 | 热 | 心 | 汗 | 壬子 |
| 27 | 二 | 二十 | 己未 | 执 | 尾 | 火 | 乾 | 热 | 心 | 汗 | 甲子 |
| 28 | 三 | 廿一 | 庚申 | 破 | 箕 | 木 | 兑 | 风 | 肝 | 泪 | 丙子 |

实用 干支 万年历

# 公元2035年　　农历乙卯(兔)年

## 3月大

惊蛰 6日02时23分　春分 21日03时04分

农历二月(3月10日-4月7日)　月干支:己卯

| 公历 | 星期 | 农历 | 干支 | 日建 | 星宿 | 五行 | 八卦 | 五气 | 五脏 | 五汁 | 时辰 |
|---|---|---|---|---|---|---|---|---|---|---|---|
| 1 | 四 | 正月 | 辛酉 | 危 | 斗 | 木 | 离 | 风 | 肝 | 泪 | 戊子 |
| 2 | 五 | 廿三 | 壬戌 | 成 | 牛 | 水 | 坎 | 寒 | 肾 | 唾 | 庚子 |
| 3 | 六 | 廿四 | 癸亥 | 收 | 女 | 水 | 坎 | 寒 | 肾 | 唾 | 壬子 |
| 4 | 日 | 廿五 | 甲子 | 开 | 虚 | 金 | 艮 | 燥 | 肺 | 涕 | 甲子 |
| 5 | 一 | 廿六 | 乙丑 | 闭 | 危 | 金 | 艮 | 燥 | 肺 | 涕 | 丙子 |
| 6 | 二 | 廿七 | 丙寅 | 闭 | 室 | 火 | 坤 | 热 | 心 | 汗 | 戊子 |
| 7 | 三 | 廿八 | 丁卯 | 建 | 壁 | 火 | 乾 | 热 | 心 | 汗 | 庚子 |
| 8 | 四 | 廿九 | 戊辰 | 除 | 奎 | 木 | 兑 | 风 | 肝 | 泪 | 壬子 |
| 9 | 五 | 三十 | 己巳 | 满 | 娄 | 木 | 离 | 风 | 肝 | 泪 | 甲子 |
| 10 | 六 | 二月 | 庚午 | 平 | 胃 | 土 | 艮 | 湿 | 脾 | 涎 | 丙子 |
| 11 | 日 | 初二 | 辛未 | 定 | 昴 | 土 | 坤 | 湿 | 脾 | 涎 | 戊子 |
| 12 | 一 | 初三 | 壬申 | 执 | 毕 | 金 | 乾 | 燥 | 肺 | 涕 | 庚子 |
| 13 | 二 | 初四 | 癸酉 | 破 | 觜 | 金 | 兑 | 燥 | 肺 | 涕 | 壬子 |
| 14 | 三 | 初五 | 甲戌 | 危 | 参 | 火 | 离 | 热 | 心 | 汗 | 甲子 |
| 15 | 四 | 初六 | 乙亥 | 成 | 井 | 火 | 震 | 热 | 心 | 汗 | 丙子 |
| 16 | 五 | 初七 | 丙子 | 收 | 鬼 | 水 | 巽 | 寒 | 肾 | 唾 | 戊子 |
| 17 | 六 | 初八 | 丁丑 | 开 | 柳 | 水 | 坎 | 寒 | 肾 | 唾 | 庚子 |
| 18 | 日 | 初九 | 戊寅 | 闭 | 星 | 土 | 艮 | 湿 | 脾 | 涎 | 壬子 |
| 19 | 一 | 初十 | 己卯 | 建 | 张 | 土 | 坤 | 湿 | 脾 | 涎 | 甲子 |
| 20 | 二 | 十一 | 庚辰 | 除 | 翼 | 金 | 乾 | 燥 | 肺 | 涕 | 丙子 |
| 21 | 三 | 十二 | 辛巳 | 满 | 轸 | 金 | 兑 | 燥 | 肺 | 涕 | 戊子 |
| 22 | 四 | 十三 | 壬午 | 平 | 角 | 木 | 离 | 风 | 肝 | 泪 | 庚子 |
| 23 | 五 | 十四 | 癸未 | 定 | 亢 | 木 | 震 | 风 | 肝 | 泪 | 壬子 |
| 24 | 六 | 十五 | 甲申 | 执 | 氐 | 水 | 巽 | 寒 | 肾 | 唾 | 甲子 |
| 25 | 日 | 十六 | 乙酉 | 破 | 房 | 水 | 坎 | 寒 | 肾 | 唾 | 丙子 |
| 26 | 一 | 十七 | 丙戌 | 危 | 心 | 土 | 艮 | 湿 | 脾 | 涎 | 戊子 |
| 27 | 二 | 十八 | 丁亥 | 成 | 尾 | 土 | 坤 | 湿 | 脾 | 涎 | 庚子 |
| 28 | 三 | 十九 | 戊子 | 收 | 箕 | 火 | 乾 | 热 | 心 | 汗 | 壬子 |
| 29 | 四 | 二十 | 己丑 | 开 | 斗 | 火 | 兑 | 热 | 心 | 汗 | 甲子 |
| 30 | 五 | 廿一 | 庚寅 | 闭 | 牛 | 木 | 离 | 风 | 肝 | 泪 | 丙子 |
| 31 | 六 | 廿二 | 辛卯 | 建 | 女 | 木 | 震 | 风 | 肝 | 泪 | 戊子 |

## 4月小

清明 5日06时55分　谷雨 20日13时50分

农历三月(4月8日-5月7日)　月干支:庚辰

| 公历 | 星期 | 农历 | 干支 | 日建 | 星宿 | 五行 | 八卦 | 五气 | 五脏 | 五汁 | 时辰 |
|---|---|---|---|---|---|---|---|---|---|---|---|
| 1 | 日 | 二月 | 壬辰 | 除 | 虚 | 水 | 巽 | 寒 | 肾 | 唾 | 庚子 |
| 2 | 一 | 廿四 | 癸巳 | 满 | 危 | 水 | 坎 | 寒 | 肾 | 唾 | 壬子 |
| 3 | 二 | 廿五 | 甲午 | 平 | 室 | 金 | 艮 | 燥 | 肺 | 涕 | 甲子 |
| 4 | 三 | 廿六 | 乙未 | 定 | 壁 | 金 | 坤 | 燥 | 肺 | 涕 | 丙子 |
| 5 | 四 | 廿七 | 丙申 | 定 | 奎 | 火 | 乾 | 热 | 心 | 汗 | 戊子 |
| 6 | 五 | 廿八 | 丁酉 | 执 | 娄 | 火 | 离 | 热 | 心 | 汗 | 庚子 |
| 7 | 六 | 廿九 | 戊戌 | 破 | 胃 | 木 | 兑 | 风 | 肝 | 泪 | 壬子 |
| 8 | 日 | 三月 | 己亥 | 危 | 昴 | 木 | 坤 | 风 | 肝 | 泪 | 甲子 |
| 9 | 一 | 初二 | 庚子 | 成 | 毕 | 土 | 乾 | 湿 | 脾 | 涎 | 丙子 |
| 10 | 二 | 初三 | 辛丑 | 收 | 觜 | 土 | 兑 | 湿 | 脾 | 涎 | 戊子 |
| 11 | 三 | 初四 | 壬寅 | 开 | 参 | 金 | 离 | 燥 | 肺 | 涕 | 庚子 |
| 12 | 四 | 初五 | 癸卯 | 闭 | 井 | 金 | 震 | 燥 | 肺 | 涕 | 壬子 |
| 13 | 五 | 初六 | 甲辰 | 建 | 鬼 | 火 | 巽 | 热 | 心 | 汗 | 甲子 |
| 14 | 六 | 初七 | 乙巳 | 除 | 柳 | 火 | 坎 | 热 | 心 | 汗 | 丙子 |
| 15 | 日 | 初八 | 丙午 | 满 | 星 | 水 | 艮 | 寒 | 肾 | 唾 | 戊子 |
| 16 | 一 | 初九 | 丁未 | 平 | 张 | 水 | 坤 | 寒 | 肾 | 唾 | 庚子 |
| 17 | 二 | 初十 | 戊申 | 定 | 翼 | 土 | 乾 | 湿 | 脾 | 涎 | 壬子 |
| 18 | 三 | 十一 | 己酉 | 执 | 轸 | 土 | 兑 | 湿 | 脾 | 涎 | 甲子 |
| 19 | 四 | 十二 | 庚戌 | 破 | 角 | 金 | 离 | 燥 | 肺 | 涕 | 丙子 |
| 20 | 五 | 十三 | 辛亥 | 危 | 亢 | 金 | 震 | 燥 | 肺 | 涕 | 戊子 |
| 21 | 六 | 十四 | 壬子 | 成 | 氐 | 木 | 巽 | 风 | 肝 | 泪 | 庚子 |
| 22 | 日 | 十五 | 癸丑 | 收 | 房 | 木 | 坎 | 风 | 肝 | 泪 | 壬子 |
| 23 | 一 | 十六 | 甲寅 | 开 | 心 | 水 | 艮 | 寒 | 肾 | 唾 | 甲子 |
| 24 | 二 | 十七 | 乙卯 | 闭 | 尾 | 水 | 坤 | 寒 | 肾 | 唾 | 丙子 |
| 25 | 三 | 十八 | 丙辰 | 建 | 箕 | 土 | 乾 | 湿 | 脾 | 涎 | 戊子 |
| 26 | 四 | 十九 | 丁巳 | 除 | 斗 | 土 | 兑 | 湿 | 脾 | 涎 | 庚子 |
| 27 | 五 | 二十 | 戊午 | 满 | 牛 | 火 | 离 | 热 | 心 | 汗 | 壬子 |
| 28 | 六 | 廿一 | 己未 | 平 | 女 | 火 | 震 | 热 | 心 | 汗 | 甲子 |
| 29 | 日 | 廿二 | 庚申 | 定 | 虚 | 木 | 巽 | 风 | 肝 | 泪 | 丙子 |
| 30 | 一 | 廿三 | 辛酉 | 执 | 危 | 木 | 坎 | 风 | 肝 | 泪 | 戊子 |

# 公元 2035 年　　　　农历乙卯(兔)年

| 5月大 | 立夏 | 5 日 23 时 55 分 |
|---|---|---|
| | 小满 | 21 日 12 时 44 分 |

农历四月(5月8日–6月5日)　月干支:辛巳

| 公历 | 星期 | 农历 | 干支 | 日建 | 星宿 | 五行 | 八卦 | 五气 | 五脏 | 五汁 | 时辰 |
|---|---|---|---|---|---|---|---|---|---|---|---|
| 1 | 二 | 三月 | 壬戌 | 破 | 室 | 水 | 艮坤 | 寒 | 肾 | 唾 | 庚子 |
| 2 | 三 | 廿五 | 癸亥 | 危 | 壁 | 水 | 坤乾 | 寒 | 肾 | 唾 | 壬子 |
| 3 | 四 | 廿六 | 甲子 | 成 | 奎 | 金 | 乾兑 | 燥 | 肺 | 涕 | 甲子 |
| 4 | 五 | 廿七 | 乙丑 | 收 | 娄 | 金 | 兑离 | 燥 | 肺 | 涕 | 丙子 |
| 5 | 六 | 廿八 | 丙寅 | 收 | 胃 | 火 | 离 | 热 | 心 | 汗 | 戊子 |
| 6 | 日 | 廿九 | 丁卯 | 开 | 昴 | 火 | 震 | 热 | 心 | 汗 | 庚子 |
| 7 | 一 | 三十 | 戊辰 | 闭 | 毕 | 木 | 巽乾 | 风 | 肝 | 泪 | 壬子 |
| 8 | 二 | 四月 | 己巳 | 建 | 觜 | 木 | 乾兑 | 风 | 肝 | 泪 | 甲子 |
| 9 | 三 | 初二 | 庚午 | 除 | 参 | 土 | 兑离 | 湿 | 脾 | 涎 | 丙子 |
| 10 | 四 | 初三 | 辛未 | 满 | 井 | 土 | 离 | 湿 | 脾 | 涎 | 戊子 |
| 11 | 五 | 初四 | 壬申 | 平 | 鬼 | 金 | 震巽 | 燥 | 肺 | 涕 | 庚子 |
| 12 | 六 | 初五 | 癸酉 | 定 | 柳 | 金 | 巽坎 | 燥 | 肺 | 涕 | 壬子 |
| 13 | 日 | 初六 | 甲戌 | 执 | 星 | 火 | 坎艮 | 热 | 心 | 汗 | 甲子 |
| 14 | 一 | 初七 | 乙亥 | 破 | 张 | 火 | 艮坤 | 热 | 心 | 汗 | 丙子 |
| 15 | 二 | 初八 | 丙子 | 危 | 翼 | 水 | 坤 | 寒 | 肾 | 唾 | 戊子 |
| 16 | 三 | 初九 | 丁丑 | 成 | 轸 | 水 | 乾兑 | 寒 | 肾 | 唾 | 庚子 |
| 17 | 四 | 初十 | 戊寅 | 收 | 角 | 土 | 兑离 | 湿 | 脾 | 涎 | 壬子 |
| 18 | 五 | 十一 | 己卯 | 开 | 亢 | 土 | 离震 | 湿 | 脾 | 涎 | 甲子 |
| 19 | 六 | 十二 | 庚辰 | 闭 | 氐 | 金 | 震巽 | 燥 | 肺 | 涕 | 丙子 |
| 20 | 日 | 十三 | 辛巳 | 建 | 房 | 金 | 巽 | 燥 | 肺 | 涕 | 戊子 |
| 21 | 一 | 十四 | 壬午 | 除 | 心 | 木 | 坎 | 风 | 肝 | 泪 | 庚子 |
| 22 | 二 | 十五 | 癸未 | 满 | 尾 | 木 | 坎艮 | 风 | 肝 | 泪 | 壬子 |
| 23 | 三 | 十六 | 甲申 | 平 | 箕 | 水 | 艮乾 | 寒 | 肾 | 唾 | 甲子 |
| 24 | 四 | 十七 | 乙酉 | 定 | 斗 | 水 | 乾兑 | 寒 | 肾 | 唾 | 丙子 |
| 25 | 五 | 十八 | 丙戌 | 执 | 牛 | 土 | 兑 | 湿 | 脾 | 涎 | 戊子 |
| 26 | 六 | 十九 | 丁亥 | 破 | 女 | 土 | 离震 | 湿 | 脾 | 涎 | 庚子 |
| 27 | 日 | 二十 | 戊子 | 危 | 虚 | 火 | 震巽 | 热 | 心 | 汗 | 壬子 |
| 28 | 一 | 廿一 | 己丑 | 成 | 危 | 火 | 巽坎 | 热 | 心 | 汗 | 甲子 |
| 29 | 二 | 廿二 | 庚寅 | 收 | 室 | 木 | 坎艮 | 风 | 肝 | 泪 | 丙子 |
| 30 | 三 | 廿三 | 辛卯 | 开 | 壁 | 木 | 艮 | 风 | 肝 | 泪 | 戊子 |
| 31 | 四 | 廿四 | 壬辰 | 闭 | 奎 | 水 | 坤 | 寒 | 肾 | 唾 | 庚子 |

| 6月小 | 芒种 | 6 日 03 时 51 分 |
|---|---|---|
| | 夏至 | 21 日 20 时 33 分 |

农历五月(6月6日–7月4日)　月干支:壬午

| 公历 | 星期 | 农历 | 干支 | 日建 | 星宿 | 五行 | 八卦 | 五气 | 五脏 | 五汁 | 时辰 |
|---|---|---|---|---|---|---|---|---|---|---|---|
| 1 | 五 | 四月 | 癸巳 | 建 | 娄 | 水 | 乾兑 | 寒 | 肾 | 唾 | 壬子 |
| 2 | 六 | 廿六 | 甲午 | 除 | 胃 | 金 | 兑离 | 燥 | 肺 | 涕 | 甲子 |
| 3 | 日 | 廿七 | 乙未 | 满 | 昴 | 金 | 离震 | 燥 | 肺 | 涕 | 丙子 |
| 4 | 一 | 廿八 | 丙申 | 平 | 毕 | 火 | 震巽 | 热 | 心 | 汗 | 戊子 |
| 5 | 二 | 廿九 | 丁酉 | 定 | 觜 | 火 | 巽 | 热 | 心 | 汗 | 庚子 |
| 6 | 三 | 五月 | 戊戌 | 定 | 参 | 木 | 兑离 | 风 | 肝 | 泪 | 壬子 |
| 7 | 四 | 初二 | 己亥 | 执 | 井 | 木 | 离震 | 风 | 肝 | 泪 | 甲子 |
| 8 | 五 | 初三 | 庚子 | 破 | 鬼 | 土 | 震巽 | 湿 | 脾 | 涎 | 丙子 |
| 9 | 六 | 初四 | 辛丑 | 危 | 柳 | 土 | 巽坎 | 湿 | 脾 | 涎 | 戊子 |
| 10 | 日 | 初五 | 壬寅 | 成 | 星 | 金 | 坎 | 燥 | 肺 | 涕 | 庚子 |
| 11 | 一 | 初六 | 癸卯 | 收 | 张 | 金 | 艮坤 | 燥 | 肺 | 涕 | 壬子 |
| 12 | 二 | 初七 | 甲辰 | 开 | 翼 | 火 | 兑离 | 热 | 心 | 汗 | 甲子 |
| 13 | 三 | 初八 | 乙巳 | 闭 | 轸 | 火 | 离 | 热 | 心 | 汗 | 丙子 |
| 14 | 四 | 初九 | 丙午 | 建 | 角 | 水 | 震 | 寒 | 肾 | 唾 | 戊子 |
| 15 | 五 | 初十 | 丁未 | 除 | 亢 | 水 | 坎艮 | 寒 | 肾 | 唾 | 庚子 |
| 16 | 六 | 十一 | 戊申 | 满 | 氐 | 土 | 艮坤 | 湿 | 脾 | 涎 | 壬子 |
| 17 | 日 | 十二 | 己酉 | 平 | 房 | 土 | 坤巽 | 湿 | 脾 | 涎 | 甲子 |
| 18 | 一 | 十三 | 庚戌 | 定 | 心 | 金 | 巽坎 | 燥 | 肺 | 涕 | 丙子 |
| 19 | 二 | 十四 | 辛亥 | 执 | 尾 | 金 | 坎艮 | 燥 | 肺 | 涕 | 戊子 |
| 20 | 三 | 十五 | 壬子 | 破 | 箕 | 木 | 艮 | 风 | 肝 | 泪 | 庚子 |
| 21 | 四 | 十六 | 癸丑 | 危 | 斗 | 木 | 乾兑 | 风 | 肝 | 泪 | 壬子 |
| 22 | 五 | 十七 | 甲寅 | 成 | 牛 | 水 | 兑离 | 寒 | 肾 | 唾 | 甲子 |
| 23 | 六 | 十八 | 乙卯 | 收 | 女 | 水 | 离震 | 寒 | 肾 | 唾 | 丙子 |
| 24 | 日 | 十九 | 丙辰 | 开 | 虚 | 土 | 震巽 | 湿 | 脾 | 涎 | 戊子 |
| 25 | 一 | 二十 | 丁巳 | 闭 | 危 | 土 | 巽 | 湿 | 脾 | 涎 | 庚子 |
| 26 | 二 | 廿一 | 戊午 | 建 | 室 | 火 | 坎艮 | 热 | 心 | 汗 | 壬子 |
| 27 | 三 | 廿二 | 己未 | 除 | 壁 | 火 | 艮坤 | 热 | 心 | 汗 | 甲子 |
| 28 | 四 | 廿三 | 庚申 | 满 | 奎 | 木 | 坤乾 | 风 | 肝 | 泪 | 丙子 |
| 29 | 五 | 廿四 | 辛酉 | 平 | 娄 | 木 | 乾兑 | 风 | 肝 | 泪 | 戊子 |
| 30 | 六 | 廿五 | 壬戌 | 定 | 胃 | 水 | 兑 | 寒 | 肾 | 唾 | 庚子 |

# 公元2035年　　　　农历乙卯(兔)年

## 7月大

小暑　7日14时02分
大暑　23日07时29分

农历六月(7月5日–8月3日)　月干支:癸未

| 公历 | 星期 | 农历 | 干支 | 日建 | 星宿 | 五行 | 八卦 | 五气 | 五脏 | 五汁 | 时辰 |
|---|---|---|---|---|---|---|---|---|---|---|---|
| 1 | 日 | 五月 | 癸亥 | 执 | 昴 | 水 | 离 | 寒 | 肾 | 涕 | 壬子 |
| 2 | 一 | 廿七 | 甲子 | 破 | 毕 | 金 | 震 | 燥 | 肺 | 涕 | 甲子 |
| 3 | 二 | 廿八 | 乙丑 | 危 | 觜 | 金 | 巽 | 燥 | 肺 | 涕 | 丙子 |
| 4 | 三 | 廿九 | 丙寅 | 成 | 参 | 火 | 坎 | 热 | 心 | 汗 | 戊子 |
| 5 | 四 | 六月 | 丁卯 | 收 | 井 | 火 | 离 | 热 | 心 | 汗 | 庚子 |
| 6 | 五 | 初二 | 戊辰 | 开 | 鬼 | 木 | 震 | 风 | 肝 | 泪 | 壬子 |
| 7 | 六 | 初三 | 己巳 | 闭 | 柳 | 木 | 巽 | 风 | 肝 | 泪 | 甲子 |
| 8 | 日 | 初四 | 庚午 | 建 | 星 | 土 | 坎 | 湿 | 脾 | 涎 | 丙子 |
| 9 | 一 | 初五 | 辛未 | 除 | 张 | 土 | 艮 | 湿 | 脾 | 涎 | 戊子 |
| 10 | 二 | 初六 | 壬申 | 满 | 翼 | 金 | 坤 | 燥 | 肺 | 涕 | 庚子 |
| 11 | 三 | 初七 | 癸酉 | 满 | 轸 | 金 | 乾 | 燥 | 肺 | 涕 | 壬子 |
| 12 | 四 | 初八 | 甲戌 | 平 | 角 | 火 | 兑 | 热 | 心 | 汗 | 甲子 |
| 13 | 五 | 初九 | 乙亥 | 定 | 亢 | 火 | 离 | 热 | 心 | 汗 | 丙子 |
| 14 | 六 | 初十 | 丙子 | 执 | 氐 | 水 | 震 | 寒 | 肾 | 唾 | 戊子 |
| 15 | 日 | 十一 | 丁丑 | 破 | 房 | 水 | 巽 | 寒 | 肾 | 唾 | 庚子 |
| 16 | 一 | 十二 | 戊寅 | 危 | 心 | 土 | 坎 | 湿 | 脾 | 涎 | 壬子 |
| 17 | 二 | 十三 | 己卯 | 成 | 尾 | 土 | 艮 | 湿 | 脾 | 涎 | 甲子 |
| 18 | 三 | 十四 | 庚辰 | 收 | 箕 | 金 | 坤 | 燥 | 肺 | 涕 | 丙子 |
| 19 | 四 | 十五 | 辛巳 | 开 | 斗 | 金 | 乾 | 燥 | 肺 | 涕 | 戊子 |
| 20 | 五 | 十六 | 壬午 | 闭 | 牛 | 木 | 兑 | 风 | 肝 | 泪 | 庚子 |
| 21 | 六 | 十七 | 癸未 | 建 | 女 | 木 | 离 | 风 | 肝 | 泪 | 壬子 |
| 22 | 日 | 十八 | 甲申 | 除 | 虚 | 水 | 震 | 寒 | 肾 | 唾 | 甲子 |
| 23 | 一 | 十九 | 乙酉 | 满 | 危 | 水 | 巽 | 寒 | 肾 | 唾 | 丙子 |
| 24 | 二 | 二十 | 丙戌 | 平 | 室 | 土 | 坎 | 湿 | 脾 | 涎 | 戊子 |
| 25 | 三 | 廿一 | 丁亥 | 定 | 壁 | 土 | 艮 | 湿 | 脾 | 涎 | 庚子 |
| 26 | 四 | 廿二 | 戊子 | 执 | 奎 | 火 | 坤 | 热 | 心 | 汗 | 壬子 |
| 27 | 五 | 廿三 | 己丑 | 破 | 娄 | 火 | 乾 | 热 | 心 | 汗 | 甲子 |
| 28 | 六 | 廿四 | 庚寅 | 危 | 胃 | 木 | 兑 | 风 | 肝 | 泪 | 丙子 |
| 29 | 日 | 廿五 | 辛卯 | 成 | 昴 | 木 | 离 | 风 | 肝 | 泪 | 戊子 |
| 30 | 一 | 廿六 | 壬辰 | 收 | 毕 | 水 | 震 | 寒 | 肾 | 唾 | 庚子 |
| 31 | 二 | 廿七 | 癸巳 | 开 | 觜 | 水 | 巽 | 寒 | 肾 | 唾 | 壬子 |

## 8月大

立秋　7日23时55分
处暑　23日14时45分

农历七月(8月4日–9月1日)　月干支:甲申

| 公历 | 星期 | 农历 | 干支 | 日建 | 星宿 | 五行 | 八卦 | 五气 | 五脏 | 五汁 | 时辰 |
|---|---|---|---|---|---|---|---|---|---|---|---|
| 1 | 三 | 六月 | 甲午 | 闭 | 参 | 金 | 坎 | 燥 | 肺 | 涕 | 甲子 |
| 2 | 四 | 廿九 | 乙未 | 建 | 井 | 金 | 艮 | 燥 | 肺 | 涕 | 丙子 |
| 3 | 五 | 三十 | 丙申 | 除 | 鬼 | 火 | 坤 | 热 | 心 | 汗 | 戊子 |
| 4 | 六 | 七月 | 丁酉 | 满 | 柳 | 火 | 震 | 热 | 心 | 汗 | 庚子 |
| 5 | 日 | 初二 | 戊戌 | 平 | 星 | 木 | 巽 | 风 | 肝 | 泪 | 壬子 |
| 6 | 一 | 初三 | 己亥 | 定 | 张 | 木 | 坎 | 风 | 肝 | 泪 | 甲子 |
| 7 | 二 | 初四 | 庚子 | 执 | 翼 | 土 | 艮 | 湿 | 脾 | 涎 | 丙子 |
| 8 | 三 | 初五 | 辛丑 | 执 | 轸 | 土 | 坤 | 湿 | 脾 | 涎 | 戊子 |
| 9 | 四 | 初六 | 壬寅 | 破 | 角 | 金 | 乾 | 燥 | 肺 | 涕 | 庚子 |
| 10 | 五 | 初七 | 癸卯 | 危 | 亢 | 金 | 兑 | 燥 | 肺 | 涕 | 壬子 |
| 11 | 六 | 初八 | 甲辰 | 成 | 氐 | 火 | 离 | 热 | 心 | 汗 | 甲子 |
| 12 | 日 | 初九 | 乙巳 | 收 | 房 | 火 | 震 | 热 | 心 | 汗 | 丙子 |
| 13 | 一 | 初十 | 丙午 | 开 | 心 | 水 | 巽 | 寒 | 肾 | 唾 | 戊子 |
| 14 | 二 | 十一 | 丁未 | 闭 | 尾 | 水 | 坎 | 寒 | 肾 | 唾 | 庚子 |
| 15 | 三 | 十二 | 戊申 | 建 | 箕 | 土 | 艮 | 湿 | 脾 | 涎 | 壬子 |
| 16 | 四 | 十三 | 己酉 | 除 | 斗 | 土 | 坤 | 湿 | 脾 | 涎 | 甲子 |
| 17 | 五 | 十四 | 庚戌 | 满 | 牛 | 金 | 乾 | 燥 | 肺 | 涕 | 丙子 |
| 18 | 六 | 十五 | 辛亥 | 平 | 女 | 金 | 兑 | 燥 | 肺 | 涕 | 戊子 |
| 19 | 日 | 十六 | 壬子 | 定 | 虚 | 木 | 离 | 风 | 肝 | 泪 | 庚子 |
| 20 | 一 | 十七 | 癸丑 | 执 | 危 | 木 | 震 | 风 | 肝 | 泪 | 壬子 |
| 21 | 二 | 十八 | 甲寅 | 破 | 室 | 水 | 巽 | 寒 | 肾 | 唾 | 甲子 |
| 22 | 三 | 十九 | 乙卯 | 危 | 壁 | 水 | 坎 | 寒 | 肾 | 唾 | 丙子 |
| 23 | 四 | 二十 | 丙辰 | 成 | 奎 | 土 | 艮 | 湿 | 脾 | 涎 | 戊子 |
| 24 | 五 | 廿一 | 丁巳 | 收 | 娄 | 土 | 坤 | 湿 | 脾 | 涎 | 庚子 |
| 25 | 六 | 廿二 | 戊午 | 开 | 胃 | 火 | 乾 | 热 | 心 | 汗 | 壬子 |
| 26 | 日 | 廿三 | 己未 | 闭 | 昴 | 火 | 兑 | 热 | 心 | 汗 | 甲子 |
| 27 | 一 | 廿四 | 庚申 | 建 | 毕 | 木 | 离 | 风 | 肝 | 泪 | 丙子 |
| 28 | 二 | 廿五 | 辛酉 | 除 | 觜 | 木 | 震 | 风 | 肝 | 泪 | 戊子 |
| 29 | 三 | 廿六 | 壬戌 | 满 | 参 | 水 | 巽 | 寒 | 肾 | 唾 | 庚子 |
| 30 | 四 | 廿七 | 癸亥 | 平 | 井 | 水 | 坎 | 寒 | 肾 | 唾 | 壬子 |
| 31 | 五 | 廿八 | 甲子 | 定 | 鬼 | 金 | 艮 | 燥 | 肺 | 涕 | 甲子 |

# 公元2035年　　　　农历乙卯(兔)年

## 9月小

白露　8日03时03分
秋分　23日12时40分

农历八月(9月2日–9月30日)　月干支:乙酉

| 公历 | 星期 | 农历 | 干支 | 日建 | 星宿 | 五行 | 八卦 | 五气 | 五脏 | 五汁 | 时辰 |
|---|---|---|---|---|---|---|---|---|---|---|---|
| 1 | 六 | 廿九 | 乙丑 | 执 | 柳星 | 金 | 坤 | 燥 | 肺 | 涕 | 丙子 |
| 2 | 日 | 八月 | 丙寅 | 破 | 星 | 火 | 巽 | 热 | 心 | 汗 | 戊子 |
| 3 | 一 | 初二 | 丁卯 | 危 | 张 | 火 | 坎 | 热 | 心 | 汗 | 庚子 |
| 4 | 二 | 初三 | 戊辰 | 成 | 翼 | 木 | 艮 | 风 | 肝 | 泪 | 壬子 |
| 5 | 三 | 初四 | 己巳 | 收 | 轸 | 木 | 坤 | 风 | 肝 | 泪 | 甲子 |
| 6 | 四 | 初五 | 庚午 | 开 | 角 | 土 | 乾 | 湿 | 脾 | 涎 | 丙子 |
| 7 | 五 | 初六 | 辛未 | 闭 | 亢 | 土 | 兑 | 湿 | 脾 | 涎 | 戊子 |
| 8 | 六 | 初七 | 壬申 | 闭 | 氐 | 金 | 离 | 燥 | 肺 | 涕 | 庚子 |
| 9 | 日 | 初八 | 癸酉 | 建 | 房 | 金 | 震 | 燥 | 肺 | 涕 | 壬子 |
| 10 | 一 | 初九 | 甲戌 | 除 | 心 | 火 | 巽 | 热 | 心 | 汗 | 甲子 |
| 11 | 二 | 初十 | 乙亥 | 满 | 尾 | 火 | 坎 | 热 | 心 | 汗 | 丙子 |
| 12 | 三 | 十一 | 丙子 | 平 | 箕 | 水 | 艮 | 寒 | 肾 | 唾 | 戊子 |
| 13 | 四 | 十二 | 丁丑 | 定 | 斗 | 水 | 坤 | 寒 | 肾 | 唾 | 庚子 |
| 14 | 五 | 十三 | 戊寅 | 执 | 牛 | 土 | 乾 | 湿 | 脾 | 涎 | 壬子 |
| 15 | 六 | 十四 | 己卯 | 破 | 女 | 土 | 兑 | 湿 | 脾 | 涎 | 甲子 |
| 16 | 日 | 十五 | 庚辰 | 危 | 虚 | 金 | 离 | 燥 | 肺 | 涕 | 丙子 |
| 17 | 一 | 十六 | 辛巳 | 成 | 危 | 金 | 震 | 燥 | 肺 | 涕 | 戊子 |
| 18 | 二 | 十七 | 壬午 | 收 | 室 | 木 | 巽 | 风 | 肝 | 泪 | 庚子 |
| 19 | 三 | 十八 | 癸未 | 开 | 壁 | 木 | 坎 | 风 | 肝 | 泪 | 壬子 |
| 20 | 四 | 十九 | 甲申 | 闭 | 奎 | 水 | 艮 | 寒 | 肾 | 唾 | 甲子 |
| 21 | 五 | 二十 | 乙酉 | 建 | 娄 | 水 | 坤 | 寒 | 肾 | 唾 | 丙子 |
| 22 | 六 | 廿一 | 丙戌 | 除 | 胃 | 土 | 乾 | 湿 | 脾 | 涎 | 戊子 |
| 23 | 日 | 廿二 | 丁亥 | 满 | 昴 | 土 | 兑 | 湿 | 脾 | 涎 | 庚子 |
| 24 | 一 | 廿三 | 戊子 | 平 | 毕 | 火 | 离 | 热 | 心 | 汗 | 壬子 |
| 25 | 二 | 廿四 | 己丑 | 定 | 觜 | 火 | 震 | 热 | 心 | 汗 | 甲子 |
| 26 | 三 | 廿五 | 庚寅 | 执 | 参 | 木 | 巽 | 风 | 肝 | 泪 | 丙子 |
| 27 | 四 | 廿六 | 辛卯 | 破 | 井 | 木 | 坎 | 风 | 肝 | 泪 | 戊子 |
| 28 | 五 | 廿七 | 壬辰 | 危 | 鬼 | 水 | 艮 | 寒 | 肾 | 唾 | 庚子 |
| 29 | 六 | 廿八 | 癸巳 | 成 | 柳 | 水 | 坤 | 寒 | 肾 | 唾 | 壬子 |
| 30 | 日 | 廿九 | 甲午 | 收 | 星 | 金 |  | 燥 | 肺 |  | 甲子 |
| 31 |  |  |  |  |  |  |  |  |  |  |  |

## 10月大

寒露　8日18时58分
霜降　23日22时17分

农历九月(10月1日–10月30日)　月干支:丙戌

| 公历 | 星期 | 农历 | 干支 | 日建 | 星宿 | 五行 | 八卦 | 五气 | 五脏 | 五汁 | 时辰 |
|---|---|---|---|---|---|---|---|---|---|---|---|
| 1 | 一 | 九月 | 乙未 | 开 | 张 | 金 | 坎 | 燥 | 肺 | 涕 | 丙子 |
| 2 | 二 | 初二 | 丙申 | 闭 | 翼 | 火 | 艮 | 热 | 心 | 汗 | 戊子 |
| 3 | 三 | 初三 | 丁酉 | 建 | 轸 | 火 | 坤 | 热 | 心 | 汗 | 庚子 |
| 4 | 四 | 初四 | 戊戌 | 除 | 角 | 木 | 乾 | 风 | 肝 | 泪 | 壬子 |
| 5 | 五 | 初五 | 己亥 | 满 | 亢 | 木 | 兑 | 风 | 肝 | 泪 | 甲子 |
| 6 | 六 | 初六 | 庚子 | 平 | 氐 | 土 | 离 | 湿 | 脾 | 涎 | 丙子 |
| 7 | 日 | 初七 | 辛丑 | 定 | 房 | 土 | 震 | 湿 | 脾 | 涎 | 戊子 |
| 8 | 一 | 初八 | 壬寅 | 定 | 心 | 金 | 巽 | 燥 | 肺 | 涕 | 庚子 |
| 9 | 二 | 初九 | 癸卯 | 执 | 尾 | 金 | 坎 | 燥 | 肺 | 涕 | 壬子 |
| 10 | 三 | 初十 | 甲辰 | 破 | 箕 | 火 | 艮 | 热 | 心 | 汗 | 甲子 |
| 11 | 四 | 十一 | 乙巳 | 危 | 斗 | 火 | 坤 | 热 | 心 | 汗 | 丙子 |
| 12 | 五 | 十二 | 丙午 | 成 | 牛 | 水 | 乾 | 寒 | 肾 | 唾 | 戊子 |
| 13 | 六 | 十三 | 丁未 | 收 | 女 | 水 | 兑 | 寒 | 肾 | 唾 | 庚子 |
| 14 | 日 | 十四 | 戊申 | 开 | 虚 | 土 | 离 | 湿 | 脾 | 涎 | 壬子 |
| 15 | 一 | 十五 | 己酉 | 闭 | 危 | 土 | 震 | 湿 | 脾 | 涎 | 甲子 |
| 16 | 二 | 十六 | 庚戌 | 建 | 室 | 金 | 巽 | 燥 | 肺 | 涕 | 丙子 |
| 17 | 三 | 十七 | 辛亥 | 除 | 壁 | 金 | 坎 | 燥 | 肺 | 涕 | 戊子 |
| 18 | 四 | 十八 | 壬子 | 满 | 奎 | 木 | 艮 | 风 | 肝 | 泪 | 庚子 |
| 19 | 五 | 十九 | 癸丑 | 平 | 娄 | 木 | 坤 | 风 | 肝 | 泪 | 壬子 |
| 20 | 六 | 二十 | 甲寅 | 定 | 胃 | 水 | 乾 | 寒 | 肾 | 唾 | 甲子 |
| 21 | 日 | 廿一 | 乙卯 | 执 | 昴 | 水 | 兑 | 寒 | 肾 | 唾 | 丙子 |
| 22 | 一 | 廿二 | 丙辰 | 破 | 毕 | 土 | 离 | 湿 | 脾 | 涎 | 戊子 |
| 23 | 二 | 廿三 | 丁巳 | 危 | 觜 | 土 | 震 | 湿 | 脾 | 涎 | 庚子 |
| 24 | 三 | 廿四 | 戊午 | 成 | 参 | 火 | 巽 | 热 | 心 | 汗 | 壬子 |
| 25 | 四 | 廿五 | 己未 | 收 | 井 | 火 | 坎 | 热 | 心 | 汗 | 甲子 |
| 26 | 五 | 廿六 | 庚申 | 开 | 鬼 | 木 | 艮 | 风 | 肝 | 泪 | 丙子 |
| 27 | 六 | 廿七 | 辛酉 | 闭 | 柳 | 木 | 坤 | 风 | 肝 | 泪 | 戊子 |
| 28 | 日 | 廿八 | 壬戌 | 建 | 星 | 水 | 乾 | 寒 | 肾 | 唾 | 庚子 |
| 29 | 一 | 廿九 | 癸亥 | 除 | 张 | 水 | 兑 | 寒 | 肾 | 唾 | 壬子 |
| 30 | 二 | 三十 | 甲子 | 满 | 翼 | 金 | 离 | 燥 | 肺 | 涕 | 甲子 |
| 31 | 三 | 十月 | 乙丑 | 平 | 轸 | 金 | 艮 | 燥 | 肺 | 涕 | 丙子 |

实用干支万年历

# 公元2035年　　　　农历乙卯(兔)年

## 11月小
立冬　7日22时15分
小雪　22日20时04分

农历十月(10月31日－11月29日)　月干支:丁亥

| 公历 | 星期 | 农历 | 干支 | 日建 | 星宿 | 五行 | 八卦 | 五气 | 五脏 | 五汁 | 时辰 |
|---|---|---|---|---|---|---|---|---|---|---|---|
| 1 | 四 | 十月 | 丙寅 | 定 | 角 | 火 | 坤 | 热 | 心 | 汗 | 戊子 |
| 2 | 五 | 初三 | 丁卯 | 执 | 亢 | 火 | 乾 | 热 | 心 | 汗 | 庚子 |
| 3 | 六 | 初四 | 戊辰 | 破 | 氐 | 木 | 兑 | 风 | 肝 | 泪 | 壬子 |
| 4 | 日 | 初五 | 己巳 | 危 | 房 | 木 | 离 | 风 | 肝 | 泪 | 甲子 |
| 5 | 一 | 初六 | 庚午 | 成 | 心 | 土 | 震 | 湿 | 脾 | 涎 | 丙子 |
| 6 | 二 | 初七 | 辛未 | 收 | 尾 | 土 | 巽 | 湿 | 脾 | 涎 | 戊子 |
| 7 | 三 | 初八 | 壬申 | 收 | 箕 | 金 | 坎 | 燥 | 肺 | 涕 | 庚子 |
| 8 | 四 | 初九 | 癸酉 | 开 | 斗 | 金 | 艮 | 燥 | 肺 | 涕 | 壬子 |
| 9 | 五 | 初十 | 甲戌 | 闭 | 牛 | 火 | 坤 | 热 | 心 | 汗 | 甲子 |
| 10 | 六 | 十一 | 乙亥 | 建 | 女 | 火 | 乾 | 热 | 心 | 汗 | 丙子 |
| 11 | 日 | 十二 | 丙子 | 除 | 虚 | 水 | 兑 | 寒 | 肾 | 唾 | 戊子 |
| 12 | 一 | 十三 | 丁丑 | 满 | 危 | 水 | 离 | 寒 | 肾 | 唾 | 庚子 |
| 13 | 二 | 十四 | 戊寅 | 平 | 室 | 土 | 震 | 湿 | 脾 | 涎 | 壬子 |
| 14 | 三 | 十五 | 己卯 | 定 | 壁 | 土 | 巽 | 湿 | 脾 | 涎 | 甲子 |
| 15 | 四 | 十六 | 庚辰 | 执 | 奎 | 金 | 坎 | 燥 | 肺 | 涕 | 丙子 |
| 16 | 五 | 十七 | 辛巳 | 破 | 娄 | 金 | 艮 | 燥 | 肺 | 涕 | 戊子 |
| 17 | 六 | 十八 | 壬午 | 危 | 胃 | 木 | 坤 | 风 | 肝 | 泪 | 庚子 |
| 18 | 日 | 十九 | 癸未 | 成 | 昴 | 木 | 乾 | 风 | 肝 | 泪 | 壬子 |
| 19 | 一 | 二十 | 甲申 | 收 | 毕 | 水 | 兑 | 寒 | 肾 | 唾 | 甲子 |
| 20 | 二 | 廿一 | 乙酉 | 开 | 觜 | 水 | 离 | 寒 | 肾 | 唾 | 丙子 |
| 21 | 三 | 廿二 | 丙戌 | 闭 | 参 | 土 | 震 | 湿 | 脾 | 涎 | 戊子 |
| 22 | 四 | 廿三 | 丁亥 | 建 | 井 | 土 | 巽 | 湿 | 脾 | 涎 | 庚子 |
| 23 | 五 | 廿四 | 戊子 | 除 | 鬼 | 火 | 坎 | 热 | 心 | 汗 | 壬子 |
| 24 | 六 | 廿五 | 己丑 | 满 | 柳 | 火 | 艮 | 热 | 心 | 汗 | 甲子 |
| 25 | 日 | 廿六 | 庚寅 | 平 | 星 | 木 | 坤 | 风 | 肝 | 泪 | 丙子 |
| 26 | 一 | 廿七 | 辛卯 | 定 | 张 | 木 | 乾 | 风 | 肝 | 泪 | 戊子 |
| 27 | 二 | 廿八 | 壬辰 | 执 | 翼 | 水 | 兑 | 寒 | 肾 | 唾 | 庚子 |
| 28 | 三 | 廿九 | 癸巳 | 破 | 轸 | 水 | 离 | 寒 | 肾 | 唾 | 壬子 |
| 29 | 四 | 三十 | 甲午 | 危 | 角 | 金 | 震 | 燥 | 肺 | 涕 | 甲子 |
| 30 | 五 | 冬月 | 乙未 | 成 | 亢 | 金 | 巽 | 燥 | 肺 | 涕 | 丙子 |
| 31 | | | | | | | | | | | |

## 12月大
大雪　7日15时26分
冬至　22日09时31分

农历冬月(11月30日－12月28日)　月干支:戊子

| 公历 | 星期 | 农历 | 干支 | 日建 | 星宿 | 五行 | 八卦 | 五气 | 五脏 | 五汁 | 时辰 |
|---|---|---|---|---|---|---|---|---|---|---|---|
| 1 | 六 | 冬月 | 丙申 | 收 | 氐 | 火 | 乾 | 热 | 心 | 汗 | 戊子 |
| 2 | 日 | 初三 | 丁酉 | 开 | 房 | 火 | 离 | 热 | 心 | 汗 | 庚子 |
| 3 | 一 | 初四 | 戊戌 | 闭 | 心 | 木 | 震 | 风 | 肝 | 泪 | 壬子 |
| 4 | 二 | 初五 | 己亥 | 建 | 尾 | 木 | 巽 | 风 | 肝 | 泪 | 甲子 |
| 5 | 三 | 初六 | 庚子 | 除 | 箕 | 土 | 坎 | 湿 | 脾 | 涎 | 丙子 |
| 6 | 四 | 初七 | 辛丑 | 满 | 斗 | 土 | 艮 | 湿 | 脾 | 涎 | 戊子 |
| 7 | 五 | 初八 | 壬寅 | 满 | 牛 | 金 | 坤 | 燥 | 肺 | 涕 | 庚子 |
| 8 | 六 | 初九 | 癸卯 | 平 | 女 | 金 | 乾 | 燥 | 肺 | 涕 | 壬子 |
| 9 | 日 | 初十 | 甲辰 | 定 | 虚 | 火 | 兑 | 热 | 心 | 汗 | 甲子 |
| 10 | 一 | 十一 | 乙巳 | 执 | 危 | 火 | 离 | 热 | 心 | 汗 | 丙子 |
| 11 | 二 | 十二 | 丙午 | 破 | 室 | 水 | 震 | 寒 | 肾 | 唾 | 戊子 |
| 12 | 三 | 十三 | 丁未 | 危 | 壁 | 水 | 巽 | 寒 | 肾 | 唾 | 庚子 |
| 13 | 四 | 十四 | 戊申 | 成 | 奎 | 土 | 坎 | 湿 | 脾 | 涎 | 壬子 |
| 14 | 五 | 十五 | 己酉 | 收 | 娄 | 土 | 离 | 湿 | 脾 | 涎 | 甲子 |
| 15 | 六 | 十六 | 庚戌 | 开 | 胃 | 金 | 艮 | 燥 | 肺 | 涕 | 丙子 |
| 16 | 日 | 十七 | 辛亥 | 闭 | 昴 | 金 | 坤 | 燥 | 肺 | 涕 | 戊子 |
| 17 | 一 | 十八 | 壬子 | 建 | 毕 | 木 | 乾 | 风 | 肝 | 泪 | 庚子 |
| 18 | 二 | 十九 | 癸丑 | 除 | 觜 | 木 | 兑 | 风 | 肝 | 泪 | 壬子 |
| 19 | 三 | 二十 | 甲寅 | 满 | 参 | 水 | 离 | 寒 | 肾 | 唾 | 甲子 |
| 20 | 四 | 廿一 | 乙卯 | 平 | 井 | 水 | 震 | 寒 | 肾 | 唾 | 丙子 |
| 21 | 五 | 廿二 | 丙辰 | 定 | 鬼 | 土 | 巽 | 湿 | 脾 | 涎 | 戊子 |
| 22 | 六 | 廿三 | 丁巳 | 执 | 柳 | 土 | 坎 | 湿 | 脾 | 涎 | 庚子 |
| 23 | 日 | 廿四 | 戊午 | 破 | 星 | 火 | 艮 | 热 | 心 | 汗 | 壬子 |
| 24 | 一 | 廿五 | 己未 | 危 | 张 | 火 | 坤 | 热 | 心 | 汗 | 甲子 |
| 25 | 二 | 廿六 | 庚申 | 成 | 翼 | 木 | 乾 | 风 | 肝 | 泪 | 丙子 |
| 26 | 三 | 廿七 | 辛酉 | 收 | 轸 | 木 | 兑 | 风 | 肝 | 泪 | 戊子 |
| 27 | 四 | 廿八 | 壬戌 | 开 | 角 | 水 | 离 | 寒 | 肾 | 唾 | 庚子 |
| 28 | 五 | 廿九 | 癸亥 | 闭 | 亢 | 水 | 震 | 寒 | 肾 | 唾 | 壬子 |
| 29 | 六 | 腊月 | 甲子 | 建 | 氐 | 金 | 巽 | 燥 | 肺 | 涕 | 甲子 |
| 30 | 日 | 初二 | 乙丑 | 除 | 房 | 金 | 坎 | 燥 | 肺 | 涕 | 丙子 |
| 31 | 一 | 初三 | 丙寅 | 满 | 心 | 火 | 艮 | 热 | 心 | 汗 | 戊子 |

# 公元2036年　　农历丙辰(龙)年(闰六月)

## 1月大
小寒　6日02时44分　　大寒　20日20时11分

农历腊月(12月29日–1月27日)　月干支:己丑

| 公历 | 星期 | 农历 | 干支 | 日建 | 星宿 | 五行 | 八卦 | 五气 | 五脏 | 五汁 | 时辰 |
|---|---|---|---|---|---|---|---|---|---|---|---|
| 1 | 二 | 腊月 | 丁卯 | 平 | 尾 | 火 | 震 | 热 | 心 | 汗 | 庚子 |
| 2 | 三 | 初五 | 戊辰 | 定 | 箕 | 木 | 巽 | 风 | 肝 | 泪 | 壬子 |
| 3 | 四 | 初六 | 己巳 | 执 | 斗 | 木 | 坎 | 风 | 肝 | 泪 | 甲子 |
| 4 | 五 | 初七 | 庚午 | 破 | 牛 | 土 | 艮 | 湿 | 脾 | 涎 | 丙子 |
| 5 | 六 | 初八 | 辛未 | 危 | 女 | 土 | 坤 | 湿 | 脾 | 涎 | 戊子 |
| 6 | 日 | 初九 | 壬申 | 危 | 虚 | 金 | 乾 | 燥 | 肺 | 涕 | 庚子 |
| 7 | 一 | 初十 | 癸酉 | 成 | 危 | 金 | 兑 | 燥 | 肺 | 涕 | 壬子 |
| 8 | 二 | 十一 | 甲戌 | 收 | 室 | 火 | 离 | 热 | 心 | 汗 | 甲子 |
| 9 | 三 | 十二 | 乙亥 | 开 | 壁 | 火 | 震 | 热 | 心 | 汗 | 丙子 |
| 10 | 四 | 十三 | 丙子 | 闭 | 奎 | 水 | 巽 | 寒 | 肾 | 唾 | 戊子 |
| 11 | 五 | 十四 | 丁丑 | 建 | 娄 | 水 | 坎 | 寒 | 肾 | 唾 | 庚子 |
| 12 | 六 | 十五 | 戊寅 | 除 | 胃 | 土 | 艮 | 湿 | 脾 | 涎 | 壬子 |
| 13 | 日 | 十六 | 己卯 | 满 | 昴 | 土 | 坤 | 湿 | 脾 | 涎 | 甲子 |
| 14 | 一 | 十七 | 庚辰 | 平 | 毕 | 金 | 乾 | 燥 | 肺 | 涕 | 丙子 |
| 15 | 二 | 十八 | 辛巳 | 定 | 觜 | 金 | 兑 | 燥 | 肺 | 涕 | 戊子 |
| 16 | 三 | 十九 | 壬午 | 执 | 参 | 木 | 离 | 风 | 肝 | 泪 | 庚子 |
| 17 | 四 | 二十 | 癸未 | 破 | 井 | 木 | 震 | 风 | 肝 | 泪 | 壬子 |
| 18 | 五 | 廿一 | 甲申 | 危 | 鬼 | 水 | 巽 | 寒 | 肾 | 唾 | 甲子 |
| 19 | 六 | 廿二 | 乙酉 | 成 | 柳 | 水 | 坎 | 寒 | 肾 | 唾 | 丙子 |
| 20 | 日 | 廿三 | 丙戌 | 收 | 星 | 土 | 艮 | 湿 | 脾 | 涎 | 戊子 |
| 21 | 一 | 廿四 | 丁亥 | 开 | 张 | 土 | 坤 | 湿 | 脾 | 涎 | 庚子 |
| 22 | 二 | 廿五 | 戊子 | 闭 | 翼 | 火 | 乾 | 热 | 心 | 汗 | 壬子 |
| 23 | 三 | 廿六 | 己丑 | 建 | 轸 | 火 | 兑 | 热 | 心 | 汗 | 甲子 |
| 24 | 四 | 廿七 | 庚寅 | 除 | 角 | 木 | 离 | 风 | 肝 | 泪 | 丙子 |
| 25 | 五 | 廿八 | 辛卯 | 满 | 亢 | 木 | 震 | 风 | 肝 | 泪 | 戊子 |
| 26 | 六 | 廿九 | 壬辰 | 平 | 氐 | 水 | 巽 | 寒 | 肾 | 唾 | 庚子 |
| 27 | 日 | 三十 | 癸巳 | 定 | 房 | 水 | 坎 | 寒 | 肾 | 唾 | 壬子 |
| 28 | 一 | 正月 | 甲午 | 执 | 心 | 金 | 艮 | 燥 | 肺 | 涕 | 甲子 |
| 29 | 二 | 初二 | 乙未 | 破 | 尾 | 金 | 坤 | 燥 | 肺 | 涕 | 丙子 |
| 30 | 三 | 初三 | 丙申 | 危 | 箕 | 火 | 乾 | 热 | 心 | 汗 | 戊子 |
| 31 | 四 | 初四 | 丁酉 | 成 | 斗 | 火 | 兑 | 热 | 心 | 汗 | 庚子 |

## 2月闰
立春　4日14时20分　　雨水　19日10时14分

农历正月(1月28日–2月26日)　月干支:庚寅

| 公历 | 星期 | 农历 | 干支 | 日建 | 星宿 | 五行 | 八卦 | 五气 | 五脏 | 五汁 | 时辰 |
|---|---|---|---|---|---|---|---|---|---|---|---|
| 1 | 五 | 正月 | 戊戌 | 收 | 牛 | 木 | 离 | 风 | 肝 | 泪 | 壬子 |
| 2 | 六 | 初六 | 己亥 | 开 | 女 | 木 | 震 | 风 | 肝 | 泪 | 甲子 |
| 3 | 日 | 初七 | 庚子 | 闭 | 虚 | 土 | 巽 | 湿 | 脾 | 涎 | 丙子 |
| 4 | 一 | 初八 | 辛丑 | 闭 | 危 | 土 | 坎 | 湿 | 脾 | 涎 | 戊子 |
| 5 | 二 | 初九 | 壬寅 | 建 | 室 | 金 | 艮 | 燥 | 肺 | 涕 | 庚子 |
| 6 | 三 | 初十 | 癸卯 | 除 | 壁 | 金 | 坤 | 燥 | 肺 | 涕 | 壬子 |
| 7 | 四 | 十一 | 甲辰 | 满 | 奎 | 火 | 乾 | 热 | 心 | 汗 | 甲子 |
| 8 | 五 | 十二 | 乙巳 | 平 | 娄 | 火 | 兑 | 热 | 心 | 汗 | 丙子 |
| 9 | 六 | 十三 | 丙午 | 定 | 胃 | 水 | 离 | 寒 | 肾 | 唾 | 戊子 |
| 10 | 日 | 十四 | 丁未 | 执 | 昴 | 水 | 震 | 寒 | 肾 | 唾 | 庚子 |
| 11 | 一 | 十五 | 戊申 | 破 | 毕 | 土 | 巽 | 湿 | 脾 | 涎 | 壬子 |
| 12 | 二 | 十六 | 己酉 | 危 | 觜 | 土 | 坎 | 湿 | 脾 | 涎 | 甲子 |
| 13 | 三 | 十七 | 庚戌 | 成 | 参 | 金 | 艮 | 燥 | 肺 | 涕 | 丙子 |
| 14 | 四 | 十八 | 辛亥 | 收 | 井 | 金 | 坤 | 燥 | 肺 | 涕 | 戊子 |
| 15 | 五 | 十九 | 壬子 | 开 | 鬼 | 木 | 乾 | 风 | 肝 | 泪 | 庚子 |
| 16 | 六 | 二十 | 癸丑 | 闭 | 柳 | 木 | 兑 | 风 | 肝 | 泪 | 壬子 |
| 17 | 日 | 廿一 | 甲寅 | 建 | 星 | 水 | 离 | 寒 | 肾 | 唾 | 甲子 |
| 18 | 一 | 廿二 | 乙卯 | 除 | 张 | 水 | 震 | 寒 | 肾 | 唾 | 丙子 |
| 19 | 二 | 廿三 | 丙辰 | 满 | 翼 | 土 | 巽 | 湿 | 脾 | 涎 | 戊子 |
| 20 | 三 | 廿四 | 丁巳 | 平 | 轸 | 土 | 坎 | 湿 | 脾 | 涎 | 庚子 |
| 21 | 四 | 廿五 | 戊午 | 定 | 角 | 火 | 艮 | 热 | 心 | 汗 | 壬子 |
| 22 | 五 | 廿六 | 己未 | 执 | 亢 | 火 | 坤 | 热 | 心 | 汗 | 甲子 |
| 23 | 六 | 廿七 | 庚申 | 破 | 氐 | 木 | 乾 | 风 | 肝 | 泪 | 丙子 |
| 24 | 日 | 廿八 | 辛酉 | 危 | 房 | 木 | 兑 | 风 | 肝 | 泪 | 戊子 |
| 25 | 一 | 廿九 | 壬戌 | 成 | 心 | 水 | 离 | 寒 | 肾 | 唾 | 庚子 |
| 26 | 二 | 三十 | 癸亥 | 收 | 尾 | 水 | 震 | 寒 | 肾 | 唾 | 壬子 |
| 27 | 三 | 二月 | 甲子 | 开 | 箕 | 金 | 巽 | 燥 | 肺 | 涕 | 甲子 |
| 28 | 四 | 初二 | 乙丑 | 闭 | 斗 | 金 | 坎 | 燥 | 肺 | 涕 | 丙子 |
| 29 | 五 | 初三 | 丙寅 | 建 | 牛 | 火 | 艮 | 热 | 心 | 汗 | 戊子 |

# 公元2036年 农历丙辰(龙)年(闰六月)

## 3月大

惊蛰 5日08时12分　春分 20日09时03分

农历二月(2月27日-3月27日)　月干支:辛卯

| 公历 | 星期 | 农历 | 干支 | 日建 | 星宿 | 五行 | 八卦 | 五气 | 五脏 | 五汁 | 时辰 |
|---|---|---|---|---|---|---|---|---|---|---|---|
| 1 | 六 | 二月·初四 | 丁卯 | 除 | 女 | 火 | 离 | 热 | 心 | 汗 | 庚子 |
| 2 | 日 | 初五 | 戊辰 | 满 | 虚 | 木 | 震 | 风 | 肝 | 泪 | 壬子 |
| 3 | 一 | 初六 | 己巳 | 平 | 危 | 木 | 巽 | 风 | 肝 | 泪 | 甲子 |
| 4 | 二 | 初七 | 庚午 | 定 | 室 | 土 | 坎 | 湿 | 脾 | 涎 | 丙子 |
| 5 | 三 | 初八 | 辛未 | 定 | 壁 | 土 | 艮 | 湿 | 脾 | 涎 | 戊子 |
| 6 | 四 | 初九 | 壬申 | 执 | 奎 | 金 | 坤 | 燥 | 肺 | 涕 | 庚子 |
| 7 | 五 | 初十 | 癸酉 | 破 | 娄 | 金 | 乾 | 燥 | 肺 | 涕 | 壬子 |
| 8 | 六 | 十一 | 甲戌 | 危 | 胃 | 火 | 兑 | 热 | 心 | 汗 | 甲子 |
| 9 | 日 | 十二 | 乙亥 | 成 | 昴 | 火 | 离 | 热 | 心 | 汗 | 丙子 |
| 10 | 一 | 十三 | 丙子 | 收 | 毕 | 水 | 震 | 寒 | 肾 | 唾 | 戊子 |
| 11 | 二 | 十四 | 丁丑 | 开 | 觜 | 水 | 巽 | 寒 | 肾 | 唾 | 庚子 |
| 12 | 三 | 十五 | 戊寅 | 闭 | 参 | 土 | 坎 | 湿 | 脾 | 涎 | 壬子 |
| 13 | 四 | 十六 | 己卯 | 建 | 井 | 土 | 艮 | 湿 | 脾 | 涎 | 甲子 |
| 14 | 五 | 十七 | 庚辰 | 除 | 鬼 | 金 | 坤 | 燥 | 肺 | 涕 | 丙子 |
| 15 | 六 | 十八 | 辛巳 | 满 | 柳 | 金 | 乾 | 燥 | 肺 | 涕 | 戊子 |
| 16 | 日 | 十九 | 壬午 | 平 | 星 | 木 | 兑 | 风 | 肝 | 泪 | 庚子 |
| 17 | 一 | 二十 | 癸未 | 定 | 张 | 木 | 离 | 风 | 肝 | 泪 | 壬子 |
| 18 | 二 | 廿一 | 甲申 | 执 | 翼 | 水 | 震 | 寒 | 肾 | 唾 | 甲子 |
| 19 | 三 | 廿二 | 乙酉 | 破 | 轸 | 水 | 巽 | 寒 | 肾 | 唾 | 丙子 |
| 20 | 四 | 廿三 | 丙戌 | 危 | 角 | 土 | 坎 | 湿 | 脾 | 涎 | 戊子 |
| 21 | 五 | 廿四 | 丁亥 | 成 | 亢 | 土 | 艮 | 湿 | 脾 | 涎 | 庚子 |
| 22 | 六 | 廿五 | 戊子 | 收 | 氐 | 火 | 坤 | 热 | 心 | 汗 | 壬子 |
| 23 | 日 | 廿六 | 己丑 | 开 | 房 | 火 | 乾 | 热 | 心 | 汗 | 甲子 |
| 24 | 一 | 廿七 | 庚寅 | 闭 | 心 | 木 | 兑 | 风 | 肝 | 泪 | 丙子 |
| 25 | 二 | 廿八 | 辛卯 | 建 | 尾 | 木 | 离 | 风 | 肝 | 泪 | 戊子 |
| 26 | 三 | 廿九 | 壬辰 | 除 | 箕 | 水 | 震 | 寒 | 肾 | 唾 | 庚子 |
| 27 | 四 | 三十 | 癸巳 | 满 | 斗 | 水 | 巽 | 寒 | 肾 | 唾 | 壬子 |
| 28 | 五 | 三月·初一 | 甲午 | 平 | 牛 | 金 | 坎 | 燥 | 肺 | 涕 | 甲子 |
| 29 | 六 | 初二 | 乙未 | 定 | 女 | 金 | 艮 | 燥 | 肺 | 涕 | 丙子 |
| 30 | 日 | 初三 | 丙申 | 执 | 虚 | 火 | 坤 | 热 | 心 | 汗 | 戊子 |
| 31 | 一 | 初四 | 丁酉 | 破 | 危 | 火 | 乾 | 热 | 心 | 汗 | 庚子 |

## 4月小

清明 4日12时46分　谷雨 19日19时50分

农历三月(3月28日-4月25日)　月干支:壬辰

| 公历 | 星期 | 农历 | 干支 | 日建 | 星宿 | 五行 | 八卦 | 五气 | 五脏 | 五汁 | 时辰 |
|---|---|---|---|---|---|---|---|---|---|---|---|
| 1 | 二 | 三月·初五 | 戊戌 | 危 | 室 | 木 | 兑 | 风 | 肝 | 泪 | 壬子 |
| 2 | 三 | 初六 | 己亥 | 成 | 壁 | 木 | 离 | 风 | 肝 | 泪 | 甲子 |
| 3 | 四 | 初七 | 庚子 | 收 | 奎 | 土 | 震 | 湿 | 脾 | 涎 | 丙子 |
| 4 | 五 | 初八 | 辛丑 | 收 | 娄 | 土 | 巽 | 湿 | 脾 | 涎 | 戊子 |
| 5 | 六 | 初九 | 壬寅 | 开 | 胃 | 金 | 坎 | 燥 | 肺 | 涕 | 庚子 |
| 6 | 日 | 初十 | 癸卯 | 闭 | 昴 | 金 | 艮 | 燥 | 肺 | 涕 | 壬子 |
| 7 | 一 | 十一 | 甲辰 | 建 | 毕 | 火 | 坤 | 热 | 心 | 汗 | 甲子 |
| 8 | 二 | 十二 | 乙巳 | 除 | 觜 | 火 | 乾 | 热 | 心 | 汗 | 丙子 |
| 9 | 三 | 十三 | 丙午 | 满 | 参 | 水 | 兑 | 寒 | 肾 | 唾 | 戊子 |
| 10 | 四 | 十四 | 丁未 | 平 | 井 | 水 | 离 | 寒 | 肾 | 唾 | 庚子 |
| 11 | 五 | 十五 | 戊申 | 定 | 鬼 | 土 | 震 | 湿 | 脾 | 涎 | 壬子 |
| 12 | 六 | 十六 | 己酉 | 执 | 柳 | 土 | 巽 | 湿 | 脾 | 涎 | 甲子 |
| 13 | 日 | 十七 | 庚戌 | 破 | 星 | 金 | 坎 | 燥 | 肺 | 涕 | 丙子 |
| 14 | 一 | 十八 | 辛亥 | 危 | 张 | 金 | 艮 | 燥 | 肺 | 涕 | 戊子 |
| 15 | 二 | 十九 | 壬子 | 成 | 翼 | 木 | 坤 | 风 | 肝 | 泪 | 庚子 |
| 16 | 三 | 二十 | 癸丑 | 收 | 轸 | 木 | 乾 | 风 | 肝 | 泪 | 壬子 |
| 17 | 四 | 廿一 | 甲寅 | 开 | 角 | 水 | 兑 | 寒 | 肾 | 唾 | 甲子 |
| 18 | 五 | 廿二 | 乙卯 | 闭 | 亢 | 水 | 离 | 寒 | 肾 | 唾 | 丙子 |
| 19 | 六 | 廿三 | 丙辰 | 建 | 氐 | 土 | 震 | 湿 | 脾 | 涎 | 戊子 |
| 20 | 日 | 廿四 | 丁巳 | 除 | 房 | 土 | 巽 | 湿 | 脾 | 涎 | 庚子 |
| 21 | 一 | 廿五 | 戊午 | 满 | 心 | 火 | 坎 | 热 | 心 | 汗 | 壬子 |
| 22 | 二 | 廿六 | 己未 | 平 | 尾 | 火 | 艮 | 热 | 心 | 汗 | 甲子 |
| 23 | 三 | 廿七 | 庚申 | 定 | 箕 | 木 | 坤 | 风 | 肝 | 泪 | 丙子 |
| 24 | 四 | 廿八 | 辛酉 | 执 | 斗 | 木 | 乾 | 风 | 肝 | 泪 | 戊子 |
| 25 | 五 | 廿九 | 壬戌 | 破 | 牛 | 水 | 兑 | 寒 | 肾 | 唾 | 庚子 |
| 26 | 六 | 四月·初一 | 癸亥 | 危 | 女 | 水 | 离 | 寒 | 肾 | 唾 | 壬子 |
| 27 | 日 | 初二 | 甲子 | 成 | 虚 | 金 | 震 | 燥 | 肺 | 涕 | 甲子 |
| 28 | 一 | 初三 | 乙丑 | 收 | 危 | 金 | 巽 | 燥 | 肺 | 涕 | 丙子 |
| 29 | 二 | 初四 | 丙寅 | 开 | 室 | 火 | 坎 | 热 | 心 | 汗 | 戊子 |
| 30 | 三 | 初五 | 丁卯 | 闭 | 壁 | 火 | 艮 | 热 | 心 | 汗 | 庚子 |

# 公元 2036 年　　农历丙辰(龙)年(闰六月)

## 5月大　立夏 5日05时49分　小满 20日18时45分

农历四月(4月26日–5月25日)　月干支:癸巳

| 公历 | 星期 | 农历 | 干支 | 日建 | 星宿 | 五行 | 八卦 | 五气 | 五脏 | 五汁 | 时辰 |
|---|---|---|---|---|---|---|---|---|---|---|---|
| 1 | 四 | 四月 | 戊辰 | 建 | 奎 | 木 | 艮 | 风 | 肝 | 泪 | 壬子 |
| 2 | 五 | 初七 | 己巳 | 除 | 娄 | 木 | 坤 | 风 | 肝 | 泪 | 甲子 |
| 3 | 六 | 初八 | 庚午 | 满 | 胃 | 土 | 乾 | 湿 | 脾 | 涎 | 丙子 |
| 4 | 日 | 初九 | 辛未 | 平 | 昴 | 土 | 兑 | 湿 | 脾 | 涎 | 戊子 |
| 5 | 一 | 初十 | 壬申 | 平 | 毕 | 金 | 离 | 燥 | 肺 | 涕 | 庚子 |
| 6 | 二 | 十一 | 癸酉 | 定 | 觜 | 金 | 震 | 燥 | 肺 | 涕 | 壬子 |
| 7 | 三 | 十二 | 甲戌 | 执 | 参 | 火 | 巽 | 热 | 心 | 汗 | 甲子 |
| 8 | 四 | 十三 | 乙亥 | 破 | 井 | 火 | 坎 | 热 | 心 | 汗 | 丙子 |
| 9 | 五 | 十四 | 丙子 | 危 | 鬼 | 水 | 艮 | 寒 | 肾 | 唾 | 戊子 |
| 10 | 六 | 十五 | 丁丑 | 成 | 柳 | 水 | 坤 | 寒 | 肾 | 唾 | 庚子 |
| 11 | 日 | 十六 | 戊寅 | 收 | 星 | 土 | 乾 | 湿 | 脾 | 涎 | 壬子 |
| 12 | 一 | 十七 | 己卯 | 开 | 张 | 土 | 兑 | 湿 | 脾 | 涎 | 甲子 |
| 13 | 二 | 十八 | 庚辰 | 闭 | 翼 | 金 | 离 | 燥 | 肺 | 涕 | 丙子 |
| 14 | 三 | 十九 | 辛巳 | 建 | 轸 | 金 | 震 | 燥 | 肺 | 涕 | 戊子 |
| 15 | 四 | 二十 | 壬午 | 除 | 角 | 木 | 巽 | 风 | 肝 | 泪 | 庚子 |
| 16 | 五 | 廿一 | 癸未 | 满 | 亢 | 木 | 坎 | 风 | 肝 | 泪 | 壬子 |
| 17 | 六 | 廿二 | 甲申 | 平 | 氐 | 水 | 艮 | 寒 | 肾 | 唾 | 甲子 |
| 18 | 日 | 廿三 | 乙酉 | 定 | 房 | 水 | 坤 | 寒 | 肾 | 唾 | 丙子 |
| 19 | 一 | 廿四 | 丙戌 | 执 | 心 | 土 | 乾 | 湿 | 脾 | 涎 | 戊子 |
| 20 | 二 | 廿五 | 丁亥 | 破 | 尾 | 土 | 兑 | 湿 | 脾 | 涎 | 庚子 |
| 21 | 三 | 廿六 | 戊子 | 危 | 箕 | 火 | 离 | 热 | 心 | 汗 | 壬子 |
| 22 | 四 | 廿七 | 己丑 | 成 | 斗 | 火 | 震 | 热 | 心 | 汗 | 甲子 |
| 23 | 五 | 廿八 | 庚寅 | 收 | 牛 | 木 | 巽 | 风 | 肝 | 泪 | 丙子 |
| 24 | 六 | 廿九 | 辛卯 | 开 | 女 | 木 | 坎 | 风 | 肝 | 泪 | 戊子 |
| 25 | 日 | 三十 | 壬辰 | 闭 | 虚 | 水 | 艮 | 寒 | 肾 | 唾 | 庚子 |
| 26 | 一 | 五月 | 癸巳 | 建 | 危 | 水 | 坤 | 寒 | 肾 | 唾 | 壬子 |
| 27 | 二 | 初二 | 甲午 | 除 | 室 | 金 | 乾 | 燥 | 肺 | 涕 | 甲子 |
| 28 | 三 | 初三 | 乙未 | 满 | 壁 | 金 | 兑 | 燥 | 肺 | 涕 | 丙子 |
| 29 | 四 | 初四 | 丙申 | 平 | 奎 | 火 | 离 | 热 | 心 | 汗 | 戊子 |
| 30 | 五 | 初五 | 丁酉 | 定 | 娄 | 火 | 震 | 热 | 心 | 汗 | 庚子 |
| 31 | 六 | 初六 | 戊戌 | 执 | 胃 | 木 | 巽 | 风 | 肝 | 泪 | 壬子 |

## 6月小　芒种 5日09时47分　夏至 21日02时32分

农历五月(5月26日–6月23日)　月干支:甲午

| 公历 | 星期 | 农历 | 干支 | 日建 | 星宿 | 五行 | 八卦 | 五气 | 五脏 | 五汁 | 时辰 |
|---|---|---|---|---|---|---|---|---|---|---|---|
| 1 | 日 | 五月 | 己亥 | 破 | 昴 | 木 | 乾 | 风 | 肝 | 泪 | 甲子 |
| 2 | 一 | 初八 | 庚子 | 危 | 毕 | 土 | 兑 | 湿 | 脾 | 涎 | 丙子 |
| 3 | 二 | 初九 | 辛丑 | 成 | 觜 | 土 | 离 | 湿 | 脾 | 涎 | 戊子 |
| 4 | 三 | 初十 | 壬寅 | 收 | 参 | 金 | 震 | 燥 | 肺 | 涕 | 庚子 |
| 5 | 四 | 十一 | 癸卯 | 收 | 井 | 金 | 巽 | 燥 | 肺 | 涕 | 壬子 |
| 6 | 五 | 十二 | 甲辰 | 开 | 鬼 | 火 | 坎 | 热 | 心 | 汗 | 甲子 |
| 7 | 六 | 十三 | 乙巳 | 闭 | 柳 | 火 | 艮 | 热 | 心 | 汗 | 丙子 |
| 8 | 日 | 十四 | 丙午 | 建 | 星 | 水 | 坤 | 寒 | 肾 | 唾 | 戊子 |
| 9 | 一 | 十五 | 丁未 | 除 | 张 | 水 | 乾 | 寒 | 肾 | 唾 | 庚子 |
| 10 | 二 | 十六 | 戊申 | 满 | 翼 | 土 | 兑 | 湿 | 脾 | 涎 | 壬子 |
| 11 | 三 | 十七 | 己酉 | 平 | 轸 | 土 | 离 | 湿 | 脾 | 涎 | 甲子 |
| 12 | 四 | 十八 | 庚戌 | 定 | 角 | 金 | 震 | 燥 | 肺 | 涕 | 丙子 |
| 13 | 五 | 十九 | 辛亥 | 执 | 亢 | 金 | 巽 | 燥 | 肺 | 涕 | 戊子 |
| 14 | 六 | 二十 | 壬子 | 破 | 氐 | 木 | 坎 | 风 | 肝 | 泪 | 庚子 |
| 15 | 日 | 廿一 | 癸丑 | 危 | 房 | 木 | 艮 | 风 | 肝 | 泪 | 壬子 |
| 16 | 一 | 廿二 | 甲寅 | 成 | 心 | 水 | 坤 | 寒 | 肾 | 唾 | 甲子 |
| 17 | 二 | 廿三 | 乙卯 | 收 | 尾 | 水 | 乾 | 寒 | 肾 | 唾 | 丙子 |
| 18 | 三 | 廿四 | 丙辰 | 开 | 箕 | 土 | 兑 | 湿 | 脾 | 涎 | 戊子 |
| 19 | 四 | 廿五 | 丁巳 | 闭 | 斗 | 土 | 离 | 湿 | 脾 | 涎 | 庚子 |
| 20 | 五 | 廿六 | 戊午 | 建 | 牛 | 火 | 震 | 热 | 心 | 汗 | 壬子 |
| 21 | 六 | 廿七 | 己未 | 除 | 女 | 火 | 巽 | 热 | 心 | 汗 | 甲子 |
| 22 | 日 | 廿八 | 庚申 | 满 | 虚 | 木 | 坎 | 风 | 肝 | 泪 | 丙子 |
| 23 | 一 | 廿九 | 辛酉 | 平 | 危 | 木 | 艮 | 风 | 肝 | 泪 | 戊子 |
| 24 | 二 | 六月 | 壬戌 | 定 | 室 | 水 | 坤 | 寒 | 肾 | 唾 | 庚子 |
| 25 | 三 | 初二 | 癸亥 | 执 | 壁 | 水 | 乾 | 寒 | 肾 | 唾 | 壬子 |
| 26 | 四 | 初三 | 甲子 | 破 | 奎 | 金 | 兑 | 燥 | 肺 | 涕 | 甲子 |
| 27 | 五 | 初四 | 乙丑 | 危 | 娄 | 金 | 离 | 燥 | 肺 | 涕 | 丙子 |
| 28 | 六 | 初五 | 丙寅 | 成 | 胃 | 火 | 震 | 热 | 心 | 汗 | 戊子 |
| 29 | 日 | 初六 | 丁卯 | 收 | 昴 | 火 | 巽 | 热 | 心 | 汗 | 庚子 |
| 30 | 一 | 初七 | 戊辰 | 开 | 毕 | 木 | 坎 | 风 | 肝 | 泪 | 壬子 |

# 公元2036年　农历丙辰(龙)年(闰六月)

## 7月大　　小暑 6日19时57分　　大暑 22日13时23分

农历六月(6月24日–7月22日)　月干支:乙未

| 公历 | 星期 | 农历 | 干支 | 日建 | 星宿 | 五行 | 八卦 | 五气 | 五脏 | 五汁 | 时辰 |
|---|---|---|---|---|---|---|---|---|---|---|---|
| 1 | 二 | 六月 | 己巳 | 闭 | 觜参 | 木 | 离震 | 风 | 肝 | 泪 | 甲子 |
| 2 | 三 | 初九 | 庚午 | 建 | 井 | 土 | 巽 | 湿 | 脾 | 涎 | 丙子 |
| 3 | 四 | 初十 | 辛未 | 除 | 鬼 | 土 | 坎艮 | 湿 | 脾 | 涎 | 戊子 |
| 4 | 五 | 十一 | 壬申 | 满 | 柳 | 金 | 乾 | 燥 | 肺 | 涕 | 庚子 |
| 5 | 六 | 十二 | 癸酉 | 平 | 星 | 金 | 兑 | 燥 | 肺 | 涕 | 壬子 |
| 6 | 日 | 十三 | 甲戌 | 平 | 张 | 火 | 坤乾 | 热 | 心 | 汗 | 甲子 |
| 7 | 一 | 十四 | 乙亥 | 定 | 翼 | 火 | 兑 | 热 | 心 | 汗 | 丙子 |
| 8 | 二 | 十五 | 丙子 | 执 | 轸 | 水 | 坎 | 寒 | 肾 | 唾 | 戊子 |
| 9 | 三 | 十六 | 丁丑 | 破 | 角 | 水 | 离 | 寒 | 肾 | 唾 | 庚子 |
| 10 | 四 | 十七 | 戊寅 | 危 | 亢 | 土 | 震 | 湿 | 脾 | 涎 | 壬子 |
| 11 | 五 | 十八 | 己卯 | 成 | 氐房 | 土 | 巽坎 | 湿 | 脾 | 涎 | 甲子 |
| 12 | 六 | 十九 | 庚辰 | 收 | 心 | 金 | 艮 | 燥 | 肺 | 涕 | 丙子 |
| 13 | 日 | 二十 | 辛巳 | 开 | 尾 | 金 | 乾 | 燥 | 肺 | 涕 | 戊子 |
| 14 | 一 | 廿一 | 壬午 | 闭 | 箕 | 木 | 坤 | 风 | 肝 | 泪 | 庚子 |
| 15 | 二 | 廿二 | 癸未 | 建 | 斗 | 木 | 坎 | 风 | 肝 | 泪 | 壬子 |
| 16 | 三 | 廿三 | 甲申 | 除 | 牛 | 水 | 坎离 | 寒 | 肾 | 唾 | 甲子 |
| 17 | 四 | 廿四 | 乙酉 | 满 | 女 | 水 | 震 | 寒 | 肾 | 唾 | 丙子 |
| 18 | 五 | 廿五 | 丙戌 | 平 | 虚 | 土 | 巽 | 湿 | 脾 | 涎 | 戊子 |
| 19 | 六 | 廿六 | 丁亥 | 定 | 危 | 土 | 坎 | 湿 | 脾 | 涎 | 庚子 |
| 20 | 日 | 廿七 | 戊子 | 执 | 室 | 火 | 艮 | 热 | 心 | 汗 | 壬子 |
| 21 | 一 | 廿八 | 己丑 | 破 | 壁 | 火 | 乾兑 | 热 | 心 | 汗 | 甲子 |
| 22 | 二 | 廿九 | 庚寅 | 危 | 奎 | 木 | 坤 | 风 | 肝 | 泪 | 丙子 |
| 23 | 三 | 闰六 | 辛卯 | 成 | 娄 | 木 | 坎 | 风 | 肝 | 泪 | 戊子 |
| 24 | 四 | 初二 | 壬辰 | 收 | 胃 | 水 | 离 | 寒 | 肾 | 唾 | 庚子 |
| 25 | 五 | 初三 | 癸巳 | 开 | 昴 | 水 | 震 | 寒 | 肾 | 唾 | 壬子 |
| 26 | 六 | 初四 | 甲午 | 闭 | 毕 | 金 | 巽坎 | 燥 | 肺 | 涕 | 甲子 |
| 27 | 日 | 初五 | 乙未 | 建 | 觜 | 金 | 艮 | 燥 | 肺 | 涕 | 丙子 |
| 28 | 一 | 初六 | 丙申 | 除 | 参 | 火 | 乾 | 热 | 心 | 汗 | 戊子 |
| 29 | 二 | 初七 | 丁酉 | 满 | 井 | 火 | 兑 | 热 | 心 | 汗 | 庚子 |
| 30 | 三 | 初八 | 戊戌 | 平 | 鬼 | 木 | 离 | 风 | 肝 | 泪 | 壬子 |
| 31 | 四 | 初九 | 己亥 | 定 | 柳 | 木 | 震 | 风 | 肝 | 泪 | 甲子 |

## 8月大　　立秋 7日05时49分　　处暑 22日20时33分

农历闰六月(7月23日–8月21日)　月干支:乙未

| 公历 | 星期 | 农历 | 干支 | 日建 | 星宿 | 五行 | 八卦 | 五气 | 五脏 | 五汁 | 时辰 |
|---|---|---|---|---|---|---|---|---|---|---|---|
| 1 | 五 | 闰六 | 庚子 | 执 | 鬼柳 | 土 | 巽坎 | 湿 | 脾 | 涎 | 丙子 |
| 2 | 六 | 十一 | 辛丑 | 破 | 星 | 土 | 艮 | 湿 | 脾 | 涎 | 戊子 |
| 3 | 日 | 十二 | 壬寅 | 危 | 张 | 金 | 乾 | 燥 | 肺 | 涕 | 庚子 |
| 4 | 一 | 十三 | 癸卯 | 成 | 翼 | 金 | 坤 | 燥 | 肺 | 涕 | 壬子 |
| 5 | 二 | 十四 | 甲辰 | 收 | 轸 | 火 | 火 | 热 | 心 | 汗 | 甲子 |
| 6 | 三 | 十五 | 乙巳 | 开 | 角 | 火 | 离 | 热 | 心 | 汗 | 丙子 |
| 7 | 四 | 十六 | 丙午 | 开 | 亢 | 水 | 兑 | 寒 | 肾 | 唾 | 戊子 |
| 8 | 五 | 十七 | 丁未 | 闭 | 氐房 | 水 | 震 | 寒 | 肾 | 唾 | 庚子 |
| 9 | 六 | 十八 | 戊申 | 建 | 心 | 土 | 巽坎 | 湿 | 脾 | 涎 | 壬子 |
| 10 | 日 | 十九 | 己酉 | 除 | 尾 | 土 | 坎 | 湿 | 脾 | 涎 | 甲子 |
| 11 | 一 | 二十 | 庚戌 | 满 | 箕 | 金 | 艮坤 | 燥 | 肺 | 涕 | 丙子 |
| 12 | 二 | 廿一 | 辛亥 | 平 | 尾 | 金 | 乾 | 燥 | 肺 | 涕 | 戊子 |
| 13 | 三 | 廿二 | 壬子 | 定 | 箕斗 | 木 | 兑离 | 风 | 肝 | 泪 | 庚子 |
| 14 | 四 | 廿三 | 癸丑 | 执 | 斗牛 | 木 | 震 | 风 | 肝 | 泪 | 壬子 |
| 15 | 五 | 廿四 | 甲寅 | 破 | 女 | 水 | 坎 | 寒 | 肾 | 唾 | 甲子 |
| 16 | 六 | 廿五 | 乙卯 | 危 | 虚 | 水 | 震 | 寒 | 肾 | 唾 | 丙子 |
| 17 | 日 | 廿六 | 丙辰 | 成 | 危 | 土 | 巽坎 | 湿 | 脾 | 涎 | 戊子 |
| 18 | 一 | 廿七 | 丁巳 | 收 | 室 | 土 | 坎 | 湿 | 脾 | 涎 | 庚子 |
| 19 | 二 | 廿八 | 戊午 | 开 | 壁 | 火 | 艮坤 | 热 | 心 | 汗 | 壬子 |
| 20 | 三 | 廿九 | 己未 | 闭 | 奎 | 火 | 坤 | 热 | 心 | 汗 | 甲子 |
| 21 | 四 | 三十 | 庚申 | 建 | 娄 | 木 | 乾 | 风 | 肝 | 泪 | 丙子 |
| 22 | 五 | 七月 | 辛酉 | 除 | 胃 | 木 | 巽坎 | 风 | 肝 | 泪 | 戊子 |
| 23 | 六 | 初二 | 壬戌 | 满 | 昴毕 | 水 | 坎 | 寒 | 肾 | 唾 | 庚子 |
| 24 | 日 | 初三 | 癸亥 | 平 | 毕 | 水 | 坤 | 寒 | 肾 | 唾 | 壬子 |
| 25 | 一 | 初四 | 甲子 | 定 | 觜 | 金 | 金 | 燥 | 肺 | 涕 | 甲子 |
| 26 | 二 | 初五 | 乙丑 | 执 | 参 | 金 | 乾 | 燥 | 肺 | 涕 | 丙子 |
| 27 | 三 | 初六 | 丙寅 | 破 | 井 | 火 | 兑 | 热 | 心 | 汗 | 戊子 |
| 28 | 四 | 初七 | 丁卯 | 危 | 鬼 | 火 | 离 | 热 | 心 | 汗 | 庚子 |
| 29 | 五 | 初八 | 戊辰 | 成 | 柳 | 木 | 震 | 风 | 肝 | 泪 | 壬子 |
| 30 | 六 | 初九 | 己巳 | 收 | 星 | 木 | 巽坎 | 风 | 肝 | 泪 | 甲子 |
| 31 | 日 | 初十 | 庚午 | 开 | 张 | 土 | 坤 | 湿 | 脾 | 涎 | 丙子 |

# 公元2036年　　农历丙辰(龙)年(闰六月)

## 9月小

白露　7日08时56分
秋分　22日18时24分

农历七月(8月22日-9月19日)　月干支:丙申

| 公历 | 星期 | 农历 | 干支 | 日建 | 星宿 | 五行 | 八卦 | 五气 | 五脏 | 五汁 | 时辰 |
|---|---|---|---|---|---|---|---|---|---|---|---|
| 1 | 一 | 七月 | 辛未 | 闭 | 张 | 土 | 艮 | 湿 | 脾 | 涎 | 戊子 |
| 2 | 二 | 十二 | 壬申 | 建 | 翼 | 金 | 坤 | 燥 | 肺 | 涕 | 庚子 |
| 3 | 三 | 十三 | 癸酉 | 除 | 轸 | 金 | 乾 | 燥 | 肺 | 涕 | 壬子 |
| 4 | 四 | 十四 | 甲戌 | 满 | 角 | 火 | 兑 | 热 | 心 | 汗 | 甲子 |
| 5 | 五 | 十五 | 乙亥 | 平 | 亢 | 火 | 离 | 热 | 心 | 汗 | 丙子 |
| 6 | 六 | 十六 | 丙子 | 定 | 氐 | 水 | 震 | 寒 | 肾 | 唾 | 戊子 |
| 7 | 日 | 十七 | 丁丑 | 定 | 房 | 水 | 巽 | 寒 | 肾 | 唾 | 庚子 |
| 8 | 一 | 十八 | 戊寅 | 执 | 心 | 土 | 坎 | 湿 | 脾 | 涎 | 壬子 |
| 9 | 二 | 十九 | 己卯 | 破 | 尾 | 土 | 艮 | 湿 | 脾 | 涎 | 甲子 |
| 10 | 三 | 二十 | 庚辰 | 危 | 箕 | 金 | 坤 | 燥 | 肺 | 涕 | 丙子 |
| 11 | 四 | 廿一 | 辛巳 | 成 | 斗 | 金 | 乾 | 燥 | 肺 | 涕 | 戊子 |
| 12 | 五 | 廿二 | 壬午 | 收 | 牛 | 木 | 兑 | 风 | 肝 | 泪 | 庚子 |
| 13 | 六 | 廿三 | 癸未 | 开 | 女 | 木 | 离 | 风 | 肝 | 泪 | 壬子 |
| 14 | 日 | 廿四 | 甲申 | 闭 | 虚 | 水 | 震 | 寒 | 肾 | 唾 | 甲子 |
| 15 | 一 | 廿五 | 乙酉 | 建 | 危 | 水 | 巽 | 寒 | 肾 | 唾 | 丙子 |
| 16 | 二 | 廿六 | 丙戌 | 除 | 室 | 土 | 坎 | 湿 | 脾 | 涎 | 戊子 |
| 17 | 三 | 廿七 | 丁亥 | 满 | 壁 | 土 | 艮 | 湿 | 脾 | 涎 | 庚子 |
| 18 | 四 | 廿八 | 戊子 | 平 | 奎 | 火 | 乾 | 热 | 心 | 汗 | 壬子 |
| 19 | 五 | 廿九 | 己丑 | 定 | 娄 | 火 | 坎 | 热 | 心 | 汗 | 甲子 |
| 20 | 六 | 八月 | 庚寅 | 执 | 胃 | 木 | 坤 | 风 | 肝 | 泪 | 丙子 |
| 21 | 日 | 初二 | 辛卯 | 破 | 昴 | 木 | 乾 | 风 | 肝 | 泪 | 戊子 |
| 22 | 一 | 初三 | 壬辰 | 危 | 毕 | 水 | 兑 | 寒 | 肾 | 唾 | 庚子 |
| 23 | 二 | 初四 | 癸巳 | 成 | 觜 | 水 | 离 | 寒 | 肾 | 唾 | 壬子 |
| 24 | 三 | 初五 | 甲午 | 收 | 参 | 金 | 震 | 燥 | 肺 | 涕 | 甲子 |
| 25 | 四 | 初六 | 乙未 | 开 | 井 | 金 | 巽 | 燥 | 肺 | 涕 | 丙子 |
| 26 | 五 | 初七 | 丙申 | 闭 | 鬼 | 火 | 坎 | 热 | 心 | 汗 | 戊子 |
| 27 | 六 | 初八 | 丁酉 | 建 | 柳 | 火 | 艮 | 热 | 心 | 汗 | 庚子 |
| 28 | 日 | 初九 | 戊戌 | 除 | 星 | 木 | 坤 | 风 | 肝 | 泪 | 壬子 |
| 29 | 一 | 初十 | 己亥 | 满 | 张 | 木 | 乾 | 风 | 肝 | 泪 | 甲子 |
| 30 | 二 | 十一 | 庚子 | 平 | 翼 | 土 | 兑 | 湿 | 脾 | 涎 | 丙子 |
| 31 | | | | | | | | | | | |

## 10月大

寒露　8日00时50分
霜降　23日03时59分

农历八月(9月20日-10月18日)　月干支:丁酉

| 公历 | 星期 | 农历 | 干支 | 日建 | 星宿 | 五行 | 八卦 | 五气 | 五脏 | 五汁 | 时辰 |
|---|---|---|---|---|---|---|---|---|---|---|---|
| 1 | 三 | 八月 | 辛丑 | 定 | 轸 | 土 | 乾 | 湿 | 脾 | 涎 | 戊子 |
| 2 | 四 | 十三 | 壬寅 | 执 | 角 | 金 | 兑 | 燥 | 肺 | 涕 | 庚子 |
| 3 | 五 | 十四 | 癸卯 | 破 | 亢 | 金 | 离 | 燥 | 肺 | 涕 | 壬子 |
| 4 | 六 | 十五 | 甲辰 | 危 | 氐 | 火 | 震 | 热 | 心 | 汗 | 甲子 |
| 5 | 日 | 十六 | 乙巳 | 成 | 房 | 火 | 巽 | 热 | 心 | 汗 | 丙子 |
| 6 | 一 | 十七 | 丙午 | 收 | 心 | 水 | 坎 | 寒 | 肾 | 唾 | 戊子 |
| 7 | 二 | 十八 | 丁未 | 开 | 尾 | 水 | 艮 | 寒 | 肾 | 唾 | 庚子 |
| 8 | 三 | 十九 | 戊申 | 开 | 箕 | 土 | 乾 | 湿 | 脾 | 涎 | 壬子 |
| 9 | 四 | 二十 | 己酉 | 闭 | 斗 | 土 | 兑 | 湿 | 脾 | 涎 | 甲子 |
| 10 | 五 | 廿一 | 庚戌 | 建 | 牛 | 金 | 离 | 燥 | 肺 | 涕 | 丙子 |
| 11 | 六 | 廿二 | 辛亥 | 除 | 女 | 金 | 震 | 燥 | 肺 | 涕 | 戊子 |
| 12 | 日 | 廿三 | 壬子 | 满 | 虚 | 木 | 巽 | 风 | 肝 | 泪 | 庚子 |
| 13 | 一 | 廿四 | 癸丑 | 平 | 危 | 木 | 坎 | 风 | 肝 | 泪 | 壬子 |
| 14 | 二 | 廿五 | 甲寅 | 定 | 室 | 水 | 艮 | 寒 | 肾 | 唾 | 甲子 |
| 15 | 三 | 廿六 | 乙卯 | 执 | 壁 | 水 | 乾 | 寒 | 肾 | 唾 | 丙子 |
| 16 | 四 | 廿七 | 丙辰 | 破 | 奎 | 土 | 坤 | 湿 | 脾 | 涎 | 戊子 |
| 17 | 五 | 廿八 | 丁巳 | 危 | 娄 | 土 | 乾 | 湿 | 脾 | 涎 | 庚子 |
| 18 | 六 | 廿九 | 戊午 | 成 | 胃 | 火 | 兑 | 热 | 心 | 汗 | 壬子 |
| 19 | 日 | 九月 | 己未 | 收 | 昴 | 火 | 离 | 热 | 心 | 汗 | 甲子 |
| 20 | 一 | 初二 | 庚申 | 开 | 毕 | 木 | 震 | 风 | 肝 | 泪 | 丙子 |
| 21 | 二 | 初三 | 辛酉 | 闭 | 觜 | 木 | 乾 | 风 | 肝 | 泪 | 戊子 |
| 22 | 三 | 初四 | 壬戌 | 建 | 参 | 水 | 兑 | 寒 | 肾 | 唾 | 庚子 |
| 23 | 四 | 初五 | 癸亥 | 除 | 井 | 水 | 离 | 寒 | 肾 | 唾 | 壬子 |
| 24 | 五 | 初六 | 甲子 | 满 | 鬼 | 金 | 震 | 燥 | 肺 | 涕 | 甲子 |
| 25 | 六 | 初七 | 乙丑 | 平 | 柳 | 金 | 巽 | 燥 | 肺 | 涕 | 丙子 |
| 26 | 日 | 初八 | 丙寅 | 定 | 星 | 火 | 坎 | 热 | 心 | 汗 | 戊子 |
| 27 | 一 | 初九 | 丁卯 | 执 | 张 | 火 | 艮 | 热 | 心 | 汗 | 庚子 |
| 28 | 二 | 初十 | 戊辰 | 破 | 翼 | 木 | 坤 | 风 | 肝 | 泪 | 壬子 |
| 29 | 三 | 十一 | 己巳 | 危 | 轸 | 木 | 乾 | 风 | 肝 | 泪 | 甲子 |
| 30 | 四 | 十二 | 庚午 | 成 | 角 | 土 | 兑 | 湿 | 脾 | 涎 | 丙子 |
| 31 | 五 | 十三 | 辛未 | 收 | 亢 | 土 | 离 | 湿 | 脾 | 涎 | 戊子 |

实用
干支
万年历

# 公元2036年　农历丙辰(龙)年(闰六月)

## 11月小

立冬　7日04时25分
小雪　22日01时46分

农历九月(10月19日–11月17日)　　月干支:戊戌

| 公历 | 星期 | 农历 | 干支 | 日建 | 星宿 | 五行 | 八卦 | 五气 | 五脏 | 五汁 | 时辰 |
|---|---|---|---|---|---|---|---|---|---|---|---|
| 1 | 六 | 九月 | 壬申 | 开 | 氐 | 金 | 震 | 燥 | 肺 | 涕 | 庚子 |
| 2 | 日 | 十五 | 癸酉 | 闭 | 房 | 金 | 巽 | 燥 | 肺 | 涕 | 壬子 |
| 3 | 一 | 十六 | 甲戌 | 建 | 心 | 火 | 坎 | 热 | 心 | 汗 | 甲子 |
| 4 | 二 | 十七 | 乙亥 | 除 | 尾 | 火 | 艮 | 热 | 心 | 汗 | 丙子 |
| 5 | 三 | 十八 | 丙子 | 满 | 箕 | 水 | 坤 | 寒 | 肾 | 唾 | 戊子 |
| 6 | 四 | 十九 | 丁丑 | 平 | 斗 | 水 | 乾 | 寒 | 肾 | 唾 | 庚子 |
| 7 | 五 | 二十 | 戊寅 | 平 | 牛 | 土 | 兑 | 湿 | 脾 | 涎 | 壬子 |
| 8 | 六 | 廿一 | 己卯 | 定 | 女 | 土 | 离 | 湿 | 脾 | 涎 | 甲子 |
| 9 | 日 | 廿二 | 庚辰 | 执 | 虚 | 金 | 震 | 燥 | 肺 | 涕 | 丙子 |
| 10 | 一 | 廿三 | 辛巳 | 破 | 危 | 金 | 巽 | 燥 | 肺 | 涕 | 戊子 |
| 11 | 二 | 廿四 | 壬午 | 危 | 室 | 木 | 坎 | 风 | 肝 | 泪 | 庚子 |
| 12 | 三 | 廿五 | 癸未 | 成 | 壁 | 木 | 艮 | 风 | 肝 | 泪 | 壬子 |
| 13 | 四 | 廿六 | 甲申 | 收 | 奎 | 水 | 坤 | 寒 | 肾 | 唾 | 甲子 |
| 14 | 五 | 廿七 | 乙酉 | 开 | 娄 | 水 | 乾 | 寒 | 肾 | 唾 | 丙子 |
| 15 | 六 | 廿八 | 丙戌 | 闭 | 胃 | 土 | 兑 | 湿 | 脾 | 涎 | 戊子 |
| 16 | 日 | 廿九 | 丁亥 | 建 | 昴 | 土 | 离 | 湿 | 脾 | 涎 | 庚子 |
| 17 | 一 | 三十 | 戊子 | 除 | 毕 | 火 | 震 | 热 | 心 | 汗 | 壬子 |
| 18 | 二 | 十月 | 己丑 | 满 | 觜 | 火 | 坤 | 热 | 心 | 汗 | 甲子 |
| 19 | 三 | 初二 | 庚寅 | 平 | 参 | 木 | 乾 | 风 | 肝 | 泪 | 丙子 |
| 20 | 四 | 初三 | 辛卯 | 定 | 井 | 木 | 兑 | 风 | 肝 | 泪 | 戊子 |
| 21 | 五 | 初四 | 壬辰 | 执 | 鬼 | 水 | 离 | 寒 | 肾 | 唾 | 庚子 |
| 22 | 六 | 初五 | 癸巳 | 破 | 柳 | 水 | 震 | 寒 | 肾 | 唾 | 壬子 |
| 23 | 日 | 初六 | 甲午 | 危 | 星 | 金 | 巽 | 燥 | 肺 | 涕 | 甲子 |
| 24 | 一 | 初七 | 乙未 | 成 | 张 | 金 | 坎 | 燥 | 肺 | 涕 | 丙子 |
| 25 | 二 | 初八 | 丙申 | 收 | 翼 | 火 | 艮 | 热 | 心 | 汗 | 戊子 |
| 26 | 三 | 初九 | 丁酉 | 开 | 轸 | 火 | 坤 | 热 | 心 | 汗 | 庚子 |
| 27 | 四 | 初十 | 戊戌 | 闭 | 角 | 木 | 乾 | 风 | 肝 | 泪 | 壬子 |
| 28 | 五 | 十一 | 己亥 | 建 | 亢 | 木 | 兑 | 风 | 肝 | 泪 | 甲子 |
| 29 | 六 | 十二 | 庚子 | 除 | 氐 | 土 | 离 | 湿 | 脾 | 涎 | 丙子 |
| 30 | 日 | 十三 | 辛丑 | 满 | 房 | 土 | 震 | 湿 | 脾 | 涎 | 戊子 |
| 31 | | | | | | | | | | | |

## 12月大

大雪　6日21时16分
冬至　21日15时13分

农历十月(11月18日–12月16日)　　月干支:己亥

| 公历 | 星期 | 农历 | 干支 | 日建 | 星宿 | 五行 | 八卦 | 五气 | 五脏 | 五汁 | 时辰 |
|---|---|---|---|---|---|---|---|---|---|---|---|
| 1 | 一 | 十月 | 壬寅 | 平 | 心 | 金 | 巽 | 燥 | 肺 | 涕 | 庚子 |
| 2 | 二 | 十五 | 癸卯 | 定 | 尾 | 金 | 坎 | 燥 | 肺 | 涕 | 壬子 |
| 3 | 三 | 十六 | 甲辰 | 执 | 箕 | 火 | 艮 | 热 | 心 | 汗 | 甲子 |
| 4 | 四 | 十七 | 乙巳 | 破 | 斗 | 火 | 坤 | 热 | 心 | 汗 | 丙子 |
| 5 | 五 | 十八 | 丙午 | 危 | 牛 | 水 | 乾 | 寒 | 肾 | 唾 | 戊子 |
| 6 | 六 | 十九 | 丁未 | 成 | 女 | 水 | 兑 | 寒 | 肾 | 唾 | 庚子 |
| 7 | 日 | 二十 | 戊申 | 收 | 虚 | 土 | 离 | 湿 | 脾 | 涎 | 壬子 |
| 8 | 一 | 廿一 | 己酉 | 开 | 危 | 土 | 震 | 湿 | 脾 | 涎 | 甲子 |
| 9 | 二 | 廿二 | 庚戌 | 闭 | 室 | 金 | 巽 | 燥 | 肺 | 涕 | 丙子 |
| 10 | 三 | 廿三 | 辛亥 | 建 | 壁 | 金 | 坎 | 燥 | 肺 | 涕 | 戊子 |
| 11 | 四 | 廿四 | 壬子 | 除 | 奎 | 木 | 艮 | 风 | 肝 | 泪 | 庚子 |
| 12 | 五 | 廿五 | 癸丑 | 满 | 娄 | 木 | 乾 | 风 | 肝 | 泪 | 壬子 |
| 13 | 六 | 廿六 | 甲寅 | 平 | 胃 | 水 | 兑 | 寒 | 肾 | 唾 | 甲子 |
| 14 | 日 | 廿七 | 乙卯 | 定 | 昴 | 水 | 离 | 寒 | 肾 | 唾 | 丙子 |
| 15 | 一 | 廿八 | 丙辰 | 定 | 毕 | 土 | 震 | 湿 | 脾 | 涎 | 戊子 |
| 16 | 二 | 廿九 | 丁巳 | 执 | 觜 | 土 | 乾 | 湿 | 脾 | 涎 | 庚子 |
| 17 | 三 | 冬月 | 戊午 | 破 | 参 | 火 | 兑 | 热 | 心 | 汗 | 壬子 |
| 18 | 四 | 初二 | 己未 | 危 | 井 | 火 | 离 | 热 | 心 | 汗 | 甲子 |
| 19 | 五 | 初三 | 庚申 | 成 | 鬼 | 木 | 震 | 风 | 肝 | 泪 | 丙子 |
| 20 | 六 | 初四 | 辛酉 | 收 | 柳 | 木 | 巽 | 风 | 肝 | 泪 | 戊子 |
| 21 | 日 | 初五 | 壬戌 | 开 | 星 | 水 | 巽 | 寒 | 肾 | 唾 | 庚子 |
| 22 | 一 | 初六 | 癸亥 | 闭 | 张 | 水 | 坎 | 寒 | 肾 | 唾 | 壬子 |
| 23 | 二 | 初七 | 甲子 | 建 | 翼 | 金 | 艮 | 燥 | 肺 | 涕 | 甲子 |
| 24 | 三 | 初八 | 乙丑 | 除 | 轸 | 金 | 坤 | 燥 | 肺 | 涕 | 丙子 |
| 25 | 四 | 初九 | 丙寅 | 满 | 角 | 火 | 乾 | 热 | 心 | 汗 | 戊子 |
| 26 | 五 | 初十 | 丁卯 | 平 | 亢 | 火 | 兑 | 热 | 心 | 汗 | 庚子 |
| 27 | 六 | 十一 | 戊辰 | 定 | 氐 | 木 | 离 | 风 | 肝 | 泪 | 壬子 |
| 28 | 日 | 十二 | 己巳 | 执 | 房 | 木 | 震 | 风 | 肝 | 泪 | 甲子 |
| 29 | 一 | 十三 | 庚午 | 破 | 心 | 土 | 巽 | 湿 | 脾 | 涎 | 丙子 |
| 30 | 二 | 十四 | 辛未 | 危 | 尾 | 土 | 坎 | 湿 | 脾 | 涎 | 戊子 |
| 31 | 三 | 十五 | 壬申 | 成 | 箕 | 金 | 艮 | 燥 | 肺 | 涕 | 庚子 |

# 公元 2037 年　　　农历丁巳（蛇）年

## 1月大

小寒　5日08时35分
大寒　20日01时54分

农历冬月（12月17日–1月15日）　月干支：庚子

| 公历 | 星期 | 农历 | 干支 | 日建 | 星宿 | 五行 | 八卦 | 五气 | 五脏 | 五汁 | 时辰 |
|---|---|---|---|---|---|---|---|---|---|---|---|
| 1 | 四 | 冬月 | 癸酉 | 收 | 斗 | 金 | 坤 | 燥 | 肺 | 涕 | 壬子 |
| 2 | 五 | 十七 | 甲戌 | 开 | 牛 | 火 | 乾 | 热 | 心 | 汗 | 甲子 |
| 3 | 六 | 十八 | 乙亥 | 闭 | 女 | 火 | 兑 | 热 | 心 | 汗 | 丙子 |
| 4 | 日 | 十九 | 丙子 | 建 | 虚 | 水 | 离 | 寒 | 肾 | 唾 | 戊子 |
| 5 | 一 | 二十 | 丁丑 | 建 | 危 | 水 | 震 | 寒 | 肾 | 唾 | 庚子 |
| 6 | 二 | 廿一 | 戊寅 | 除 | 室 | 土 | 巽 | 湿 | 脾 | 涎 | 壬子 |
| 7 | 三 | 廿二 | 己卯 | 满 | 壁 | 土 | 坎 | 湿 | 脾 | 涎 | 甲子 |
| 8 | 四 | 廿三 | 庚辰 | 平 | 奎 | 金 | 艮 | 燥 | 肺 | 涕 | 丙子 |
| 9 | 五 | 廿四 | 辛巳 | 定 | 娄 | 金 | 坤 | 燥 | 肺 | 涕 | 戊子 |
| 10 | 六 | 廿五 | 壬午 | 执 | 胃 | 木 | 乾 | 风 | 肝 | 泪 | 庚子 |
| 11 | 日 | 廿六 | 癸未 | 破 | 昴 | 木 | 兑 | 风 | 肝 | 泪 | 壬子 |
| 12 | 一 | 廿七 | 甲申 | 危 | 毕 | 水 | 离 | 寒 | 肾 | 唾 | 甲子 |
| 13 | 二 | 廿八 | 乙酉 | 成 | 觜 | 水 | 震 | 寒 | 肾 | 唾 | 丙子 |
| 14 | 三 | 廿九 | 丙戌 | 收 | 参 | 土 | 巽 | 湿 | 脾 | 涎 | 戊子 |
| 15 | 四 | 三十 | 丁亥 | 开 | 井 | 土 | 坎 | 湿 | 脾 | 涎 | 庚子 |
| 16 | 五 | 腊月 | 戊子 | 闭 | 鬼 | 火 | 艮 | 热 | 心 | 汗 | 壬子 |
| 17 | 六 | 初二 | 己丑 | 建 | 柳 | 火 | 坤 | 热 | 心 | 汗 | 甲子 |
| 18 | 日 | 初三 | 庚寅 | 除 | 星 | 木 | 乾 | 风 | 肝 | 泪 | 丙子 |
| 19 | 一 | 初四 | 辛卯 | 满 | 张 | 木 | 兑 | 风 | 肝 | 泪 | 戊子 |
| 20 | 二 | 初五 | 壬辰 | 平 | 翼 | 水 | 离 | 寒 | 肾 | 唾 | 庚子 |
| 21 | 三 | 初六 | 癸巳 | 定 | 轸 | 水 | 震 | 寒 | 肾 | 唾 | 壬子 |
| 22 | 四 | 初七 | 甲午 | 执 | 角 | 金 | 巽 | 燥 | 肺 | 涕 | 甲子 |
| 23 | 五 | 初八 | 乙未 | 破 | 亢 | 金 | 坎 | 燥 | 肺 | 涕 | 丙子 |
| 24 | 六 | 初九 | 丙申 | 危 | 氐 | 火 | 艮 | 热 | 心 | 汗 | 戊子 |
| 25 | 日 | 初十 | 丁酉 | 成 | 房 | 火 | 坤 | 热 | 心 | 汗 | 庚子 |
| 26 | 一 | 十一 | 戊戌 | 收 | 心 | 木 | 乾 | 风 | 肝 | 泪 | 壬子 |
| 27 | 二 | 十二 | 己亥 | 开 | 尾 | 木 | 兑 | 风 | 肝 | 泪 | 甲子 |
| 28 | 三 | 十三 | 庚子 | 闭 | 箕 | 土 | 离 | 湿 | 脾 | 涎 | 丙子 |
| 29 | 四 | 十四 | 辛丑 | 建 | 斗 | 土 | 震 | 湿 | 脾 | 涎 | 戊子 |
| 30 | 五 | 十五 | 壬寅 | 除 | 牛 | 金 | 巽 | 燥 | 肺 | 涕 | 庚子 |
| 31 | 六 | 十六 | 癸卯 | 满 | 女 | 金 | 坎 | 燥 | 肺 | 涕 | 壬子 |

## 2月平

立春　3日20时12分
雨水　18日15时59分

农历腊月（1月16日–2月14日）　月干支：辛丑
农历正月（2月15日–3月16日）　月干支：壬寅

| 公历 | 星期 | 农历 | 干支 | 日建 | 星宿 | 五行 | 八卦 | 五气 | 五脏 | 五汁 | 时辰 |
|---|---|---|---|---|---|---|---|---|---|---|---|
| 1 | 日 | 腊月 | 甲辰 | 平 | 虚 | 火 | 艮 | 热 | 心 | 汗 | 甲子 |
| 2 | 一 | 十八 | 乙巳 | 定 | 危 | 火 | 坤 | 热 | 心 | 汗 | 丙子 |
| 3 | 二 | 十九 | 丙午 | 定 | 室 | 水 | 乾 | 寒 | 肾 | 唾 | 戊子 |
| 4 | 三 | 二十 | 丁未 | 执 | 壁 | 水 | 兑 | 寒 | 肾 | 唾 | 庚子 |
| 5 | 四 | 廿一 | 戊申 | 破 | 奎 | 土 | 离 | 湿 | 脾 | 涎 | 壬子 |
| 6 | 五 | 廿二 | 己酉 | 危 | 娄 | 土 | 震 | 湿 | 脾 | 涎 | 甲子 |
| 7 | 六 | 廿三 | 庚戌 | 成 | 胃 | 金 | 巽 | 燥 | 肺 | 涕 | 丙子 |
| 8 | 日 | 廿四 | 辛亥 | 收 | 昴 | 金 | 坎 | 燥 | 肺 | 涕 | 戊子 |
| 9 | 一 | 廿五 | 壬子 | 开 | 毕 | 木 | 艮 | 风 | 肝 | 泪 | 庚子 |
| 10 | 二 | 廿六 | 癸丑 | 闭 | 觜 | 木 | 坤 | 风 | 肝 | 泪 | 壬子 |
| 11 | 三 | 廿七 | 甲寅 | 建 | 参 | 水 | 乾 | 寒 | 肾 | 唾 | 甲子 |
| 12 | 四 | 廿八 | 乙卯 | 除 | 井 | 水 | 兑 | 寒 | 肾 | 唾 | 丙子 |
| 13 | 五 | 廿九 | 丙辰 | 满 | 鬼 | 土 | 离 | 湿 | 脾 | 涎 | 戊子 |
| 14 | 六 | 三十 | 丁巳 | 平 | 柳 | 土 | 震 | 湿 | 脾 | 涎 | 庚子 |
| 15 | 日 | 正月 | 戊午 | 定 | 星 | 火 | 巽 | 热 | 心 | 汗 | 壬子 |
| 16 | 一 | 初二 | 己未 | 执 | 张 | 火 | 坎 | 热 | 心 | 汗 | 甲子 |
| 17 | 二 | 初三 | 庚申 | 破 | 翼 | 木 | 艮 | 风 | 肝 | 泪 | 丙子 |
| 18 | 三 | 初四 | 辛酉 | 危 | 轸 | 木 | 坤 | 风 | 肝 | 泪 | 戊子 |
| 19 | 四 | 初五 | 壬戌 | 成 | 角 | 水 | 乾 | 寒 | 肾 | 唾 | 庚子 |
| 20 | 五 | 初六 | 癸亥 | 收 | 亢 | 水 | 兑 | 寒 | 肾 | 唾 | 壬子 |
| 21 | 六 | 初七 | 甲子 | 开 | 氐 | 金 | 离 | 燥 | 肺 | 涕 | 甲子 |
| 22 | 日 | 初八 | 乙丑 | 闭 | 房 | 金 | 震 | 燥 | 肺 | 涕 | 丙子 |
| 23 | 一 | 初九 | 丙寅 | 建 | 心 | 火 | 巽 | 热 | 心 | 汗 | 戊子 |
| 24 | 二 | 初十 | 丁卯 | 除 | 尾 | 火 | 坎 | 热 | 心 | 汗 | 庚子 |
| 25 | 三 | 十一 | 戊辰 | 满 | 箕 | 木 | 艮 | 风 | 肝 | 泪 | 壬子 |
| 26 | 四 | 十二 | 己巳 | 平 | 斗 | 木 | 坤 | 风 | 肝 | 泪 | 甲子 |
| 27 | 五 | 十三 | 庚午 | 定 | 牛 | 土 | 乾 | 湿 | 脾 | 涎 | 丙子 |
| 28 | 六 | 十四 | 辛未 | 执 | 女 | 土 | 兑 | 湿 | 脾 | 涎 | 戊子 |

实用干支万年历

# 公元 2037 年　　农历丁巳(蛇)年

## 3月大

惊蛰　5日14时06分　　春分　20日14时50分

农历二月(3月17日-4月15日)　月干支:癸卯

| 公历 | 星期 | 农历 | 干支 | 日建 | 星宿 | 五行 | 八卦 | 五气 | 五脏 | 五汁 | 时辰 |
|---|---|---|---|---|---|---|---|---|---|---|---|
| 1 | 日 | 正月 | 壬申 | 破 | 虚 | 金 | 坎 | 燥 | 肺 | 涕 | 庚子 |
| 2 | 一 | 十六 | 癸酉 | 危 | 危 | 金 | 艮 | 燥 | 肺 | 涕 | 壬子 |
| 3 | 二 | 十七 | 甲戌 | 成 | 室 | 火 | 坤 | 热 | 心 | 汗 | 甲子 |
| 4 | 三 | 十八 | 乙亥 | 收 | 壁 | 火 | 乾 | 热 | 心 | 汗 | 丙子 |
| 5 | 四 | 十九 | 丙子 | 收 | 奎 | 水 | 兑 | 寒 | 肾 | 唾 | 戊子 |
| 6 | 五 | 二十 | 丁丑 | 开 | 娄 | 水 | 离 | 寒 | 肾 | 唾 | 庚子 |
| 7 | 六 | 廿一 | 戊寅 | 闭 | 胃 | 土 | 震 | 湿 | 脾 | 涎 | 壬子 |
| 8 | 日 | 廿二 | 己卯 | 建 | 昴 | 土 | 巽 | 湿 | 脾 | 涎 | 甲子 |
| 9 | 一 | 廿三 | 庚辰 | 除 | 毕 | 金 | 坎 | 燥 | 肺 | 涕 | 丙子 |
| 10 | 二 | 廿四 | 辛巳 | 满 | 觜 | 金 | 艮 | 燥 | 肺 | 涕 | 戊子 |
| 11 | 三 | 廿五 | 壬午 | 平 | 参 | 木 | 坤 | 风 | 肝 | 泪 | 庚子 |
| 12 | 四 | 廿六 | 癸未 | 定 | 井 | 木 | 乾 | 风 | 肝 | 泪 | 壬子 |
| 13 | 五 | 廿七 | 甲申 | 执 | 鬼 | 水 | 兑 | 寒 | 肾 | 唾 | 甲子 |
| 14 | 六 | 廿八 | 乙酉 | 破 | 柳 | 水 | 离 | 寒 | 肾 | 唾 | 丙子 |
| 15 | 日 | 廿九 | 丙戌 | 危 | 星 | 土 | 震 | 湿 | 脾 | 涎 | 戊子 |
| 16 | 一 | 三十 | 丁亥 | 成 | 张 | 土 | 巽 | 湿 | 脾 | 涎 | 庚子 |
| 17 | 二 | 二月 | 戊子 | 收 | 翼 | 火 | 坎 | 热 | 心 | 汗 | 壬子 |
| 18 | 三 | 初二 | 己丑 | 开 | 轸 | 火 | 艮 | 热 | 心 | 汗 | 甲子 |
| 19 | 四 | 初三 | 庚寅 | 闭 | 角 | 木 | 坤 | 风 | 肝 | 泪 | 丙子 |
| 20 | 五 | 初四 | 辛卯 | 建 | 亢 | 木 | 乾 | 风 | 肝 | 泪 | 戊子 |
| 21 | 六 | 初五 | 壬辰 | 除 | 氐 | 水 | 兑 | 寒 | 肾 | 唾 | 庚子 |
| 22 | 日 | 初六 | 癸巳 | 满 | 房 | 水 | 离 | 寒 | 肾 | 唾 | 壬子 |
| 23 | 一 | 初七 | 甲午 | 平 | 心 | 金 | 震 | 燥 | 肺 | 涕 | 甲子 |
| 24 | 二 | 初八 | 乙未 | 定 | 尾 | 金 | 巽 | 燥 | 肺 | 涕 | 丙子 |
| 25 | 三 | 初九 | 丙申 | 执 | 箕 | 火 | 坎 | 热 | 心 | 汗 | 戊子 |
| 26 | 四 | 初十 | 丁酉 | 破 | 斗 | 火 | 艮 | 热 | 心 | 汗 | 庚子 |
| 27 | 五 | 十一 | 戊戌 | 危 | 牛 | 木 | 坤 | 风 | 肝 | 泪 | 壬子 |
| 28 | 六 | 十二 | 己亥 | 成 | 女 | 木 | 乾 | 风 | 肝 | 泪 | 甲子 |
| 29 | 日 | 十三 | 庚子 | 收 | 虚 | 土 | 兑 | 湿 | 脾 | 涎 | 丙子 |
| 30 | 一 | 十四 | 辛丑 | 开 | 危 | 土 | 离 | 湿 | 脾 | 涎 | 戊子 |
| 31 | 二 | 十五 | 壬寅 | 闭 | 室 | 金 | 震 | 燥 | 肺 | 涕 | 庚子 |

## 4月小

清明　4日18时44分　　谷雨　20日01时41分

农历三月(4月16日-5月14日)　月干支:甲辰

| 公历 | 星期 | 农历 | 干支 | 日建 | 星宿 | 五行 | 八卦 | 五气 | 五脏 | 五汁 | 时辰 |
|---|---|---|---|---|---|---|---|---|---|---|---|
| 1 | 三 | 二月 | 癸卯 | 建 | 壁 | 金 | 巽 | 燥 | 肺 | 涕 | 壬子 |
| 2 | 四 | 十七 | 甲辰 | 除 | 奎 | 火 | 坎 | 热 | 心 | 汗 | 甲子 |
| 3 | 五 | 十八 | 乙巳 | 满 | 娄 | 火 | 艮 | 热 | 心 | 汗 | 丙子 |
| 4 | 六 | 十九 | 丙午 | 满 | 胃 | 水 | 坤 | 寒 | 肾 | 唾 | 戊子 |
| 5 | 日 | 二十 | 丁未 | 平 | 昴 | 水 | 乾 | 寒 | 肾 | 唾 | 庚子 |
| 6 | 一 | 廿一 | 戊申 | 定 | 毕 | 土 | 兑 | 湿 | 脾 | 涎 | 壬子 |
| 7 | 二 | 廿二 | 己酉 | 执 | 觜 | 土 | 离 | 湿 | 脾 | 涎 | 甲子 |
| 8 | 三 | 廿三 | 庚戌 | 破 | 参 | 金 | 震 | 燥 | 肺 | 涕 | 丙子 |
| 9 | 四 | 廿四 | 辛亥 | 危 | 井 | 金 | 巽 | 燥 | 肺 | 涕 | 戊子 |
| 10 | 五 | 廿五 | 壬子 | 成 | 鬼 | 木 | 坎 | 风 | 肝 | 泪 | 庚子 |
| 11 | 六 | 廿六 | 癸丑 | 收 | 柳 | 木 | 艮 | 风 | 肝 | 泪 | 壬子 |
| 12 | 日 | 廿七 | 甲寅 | 开 | 星 | 水 | 坤 | 寒 | 肾 | 唾 | 甲子 |
| 13 | 一 | 廿八 | 乙卯 | 闭 | 张 | 水 | 乾 | 寒 | 肾 | 唾 | 丙子 |
| 14 | 二 | 廿九 | 丙辰 | 建 | 翼 | 土 | 兑 | 湿 | 脾 | 涎 | 戊子 |
| 15 | 三 | 三十 | 丁巳 | 除 | 轸 | 土 | 离 | 湿 | 脾 | 涎 | 庚子 |
| 16 | 四 | 三月 | 戊午 | 满 | 角 | 火 | 震 | 热 | 心 | 汗 | 壬子 |
| 17 | 五 | 初二 | 己未 | 平 | 亢 | 火 | 巽 | 热 | 心 | 汗 | 甲子 |
| 18 | 六 | 初三 | 庚申 | 定 | 氐 | 木 | 坎 | 风 | 肝 | 泪 | 丙子 |
| 19 | 日 | 初四 | 辛酉 | 执 | 房 | 木 | 艮 | 风 | 肝 | 泪 | 戊子 |
| 20 | 一 | 初五 | 壬戌 | 破 | 心 | 水 | 坤 | 寒 | 肾 | 唾 | 庚子 |
| 21 | 二 | 初六 | 癸亥 | 危 | 尾 | 水 | 乾 | 寒 | 肾 | 唾 | 壬子 |
| 22 | 三 | 初七 | 甲子 | 成 | 箕 | 金 | 兑 | 燥 | 肺 | 涕 | 甲子 |
| 23 | 四 | 初八 | 乙丑 | 收 | 斗 | 金 | 离 | 燥 | 肺 | 涕 | 丙子 |
| 24 | 五 | 初九 | 丙寅 | 开 | 牛 | 火 | 震 | 热 | 心 | 汗 | 戊子 |
| 25 | 六 | 初十 | 丁卯 | 闭 | 女 | 火 | 巽 | 热 | 心 | 汗 | 庚子 |
| 26 | 日 | 十一 | 戊辰 | 建 | 虚 | 木 | 坎 | 风 | 肝 | 泪 | 壬子 |
| 27 | 一 | 十二 | 己巳 | 除 | 危 | 木 | 艮 | 风 | 肝 | 泪 | 甲子 |
| 28 | 二 | 十三 | 庚午 | 满 | 室 | 土 | 坤 | 湿 | 脾 | 涎 | 丙子 |
| 29 | 三 | 十四 | 辛未 | 平 | 壁 | 土 | 乾 | 湿 | 脾 | 涎 | 戊子 |
| 30 | 四 | 十五 | 壬申 | 定 | 奎 | 金 | 兑 | 燥 | 肺 | 涕 | 庚子 |

# 公元2037年　　　　　农历丁巳(蛇)年

## 5月大

立夏　5日11时50分　　小满　21日00时36分

农历四月(5月15日–6月13日)　月干支:乙巳

| 公历 | 星期 | 农历 | 干支 | 日建 | 星宿 | 五行 | 八卦 | 五气 | 五脏 | 五汁 | 时辰 |
|---|---|---|---|---|---|---|---|---|---|---|---|
| 1 | 五 | 三月 | 癸酉 | 执 | 娄 | 金 | 乾 | 燥 | 肺 | 涕 | 壬子 |
| 2 | 六 | 十七 | 甲戌 | 破 | 胃 | 火 | 兑 | 热 | 心 | 汗 | 甲子 |
| 3 | 日 | 十八 | 乙亥 | 危 | 昴 | 火 | 离 | 热 | 心 | 汗 | 丙子 |
| 4 | 一 | 十九 | 丙子 | 成 | 毕 | 水 | 震 | 寒 | 肾 | 唾 | 戊子 |
| 5 | 二 | 二十 | 丁丑 | 成 | 觜 | 水 | 巽 | 寒 | 肾 | 唾 | 庚子 |
| 6 | 三 | 廿一 | 戊寅 | 收 | 参 | 土 | 坎 | 湿 | 脾 | 涎 | 壬子 |
| 7 | 四 | 廿二 | 己卯 | 开 | 井 | 土 | 艮 | 湿 | 脾 | 涎 | 甲子 |
| 8 | 五 | 廿三 | 庚辰 | 闭 | 鬼 | 金 | 坤 | 燥 | 肺 | 涕 | 丙子 |
| 9 | 六 | 廿四 | 辛巳 | 建 | 柳 | 金 | 乾 | 燥 | 肺 | 涕 | 戊子 |
| 10 | 日 | 廿五 | 壬午 | 除 | 星 | 木 | 兑 | 风 | 肝 | 泪 | 庚子 |
| 11 | 一 | 廿六 | 癸未 | 满 | 张 | 木 | 离 | 风 | 肝 | 泪 | 壬子 |
| 12 | 二 | 廿七 | 甲申 | 平 | 翼 | 水 | 震 | 寒 | 肾 | 唾 | 甲子 |
| 13 | 三 | 廿八 | 乙酉 | 定 | 轸 | 水 | 巽 | 寒 | 肾 | 唾 | 丙子 |
| 14 | 四 | 廿九 | 丙戌 | 执 | 角 | 土 | 坎 | 湿 | 脾 | 涎 | 戊子 |
| 15 | 五 | 四月 | 丁亥 | 破 | 亢 | 土 | 艮 | 湿 | 脾 | 涎 | 庚子 |
| 16 | 六 | 初二 | 戊子 | 危 | 氐 | 火 | 坤 | 热 | 心 | 汗 | 壬子 |
| 17 | 日 | 初三 | 己丑 | 成 | 房 | 火 | 乾 | 热 | 心 | 汗 | 甲子 |
| 18 | 一 | 初四 | 庚寅 | 收 | 心 | 木 | 兑 | 风 | 肝 | 泪 | 丙子 |
| 19 | 二 | 初五 | 辛卯 | 开 | 尾 | 木 | 离 | 风 | 肝 | 泪 | 戊子 |
| 20 | 三 | 初六 | 壬辰 | 闭 | 箕 | 水 | 震 | 寒 | 肾 | 唾 | 庚子 |
| 21 | 四 | 初七 | 癸巳 | 建 | 斗 | 水 | 巽 | 寒 | 肾 | 唾 | 壬子 |
| 22 | 五 | 初八 | 甲午 | 除 | 牛 | 金 | 坎 | 燥 | 肺 | 涕 | 甲子 |
| 23 | 六 | 初九 | 乙未 | 满 | 女 | 金 | 艮 | 燥 | 肺 | 涕 | 丙子 |
| 24 | 日 | 初十 | 丙申 | 平 | 虚 | 火 | 坤 | 热 | 心 | 汗 | 戊子 |
| 25 | 一 | 十一 | 丁酉 | 定 | 危 | 火 | 乾 | 热 | 心 | 汗 | 庚子 |
| 26 | 二 | 十二 | 戊戌 | 执 | 室 | 木 | 兑 | 风 | 肝 | 泪 | 壬子 |
| 27 | 三 | 十三 | 己亥 | 破 | 壁 | 木 | 离 | 风 | 肝 | 泪 | 甲子 |
| 28 | 四 | 十四 | 庚子 | 危 | 奎 | 土 | 震 | 湿 | 脾 | 涎 | 丙子 |
| 29 | 五 | 十五 | 辛丑 | 成 | 娄 | 土 | 巽 | 湿 | 脾 | 涎 | 戊子 |
| 30 | 六 | 十六 | 壬寅 | 收 | 胃 | 金 | 坎 | 燥 | 肺 | 涕 | 庚子 |
| 31 | 日 | 十七 | 癸卯 | 开 | 昴 | 金 | 艮 | 燥 | 肺 | 涕 | 壬子 |

## 6月小

芒种　5日15时47分　　夏至　21日08时23分

农历五月(6月14日–7月12日)　月干支:丙午

| 公历 | 星期 | 农历 | 干支 | 日建 | 星宿 | 五行 | 八卦 | 五气 | 五脏 | 五汁 | 时辰 |
|---|---|---|---|---|---|---|---|---|---|---|---|
| 1 | 一 | 四月 | 甲辰 | 闭 | 毕 | 火 | 坤 | 热 | 心 | 汗 | 甲子 |
| 2 | 二 | 十九 | 乙巳 | 建 | 觜 | 火 | 乾 | 热 | 心 | 汗 | 丙子 |
| 3 | 三 | 二十 | 丙午 | 除 | 参 | 水 | 兑 | 寒 | 肾 | 唾 | 戊子 |
| 4 | 四 | 廿一 | 丁未 | 满 | 井 | 水 | 离 | 寒 | 肾 | 唾 | 庚子 |
| 5 | 五 | 廿二 | 戊申 | 满 | 鬼 | 土 | 震 | 湿 | 脾 | 涎 | 壬子 |
| 6 | 六 | 廿三 | 己酉 | 平 | 柳 | 土 | 巽 | 湿 | 脾 | 涎 | 甲子 |
| 7 | 日 | 廿四 | 庚戌 | 定 | 星 | 金 | 坎 | 燥 | 肺 | 涕 | 丙子 |
| 8 | 一 | 廿五 | 辛亥 | 执 | 张 | 金 | 艮 | 燥 | 肺 | 涕 | 戊子 |
| 9 | 二 | 廿六 | 壬子 | 破 | 翼 | 木 | 坤 | 风 | 肝 | 泪 | 庚子 |
| 10 | 三 | 廿七 | 癸丑 | 危 | 轸 | 木 | 乾 | 风 | 肝 | 泪 | 壬子 |
| 11 | 四 | 廿八 | 甲寅 | 成 | 角 | 水 | 兑 | 寒 | 肾 | 唾 | 甲子 |
| 12 | 五 | 廿九 | 乙卯 | 收 | 亢 | 水 | 离 | 寒 | 肾 | 唾 | 丙子 |
| 13 | 六 | 三十 | 丙辰 | 开 | 氐 | 土 | 震 | 湿 | 脾 | 涎 | 戊子 |
| 14 | 日 | 五月 | 丁巳 | 闭 | 房 | 土 | 巽 | 湿 | 脾 | 涎 | 庚子 |
| 15 | 一 | 初二 | 戊午 | 建 | 心 | 火 | 坎 | 热 | 心 | 汗 | 壬子 |
| 16 | 二 | 初三 | 己未 | 除 | 尾 | 火 | 艮 | 热 | 心 | 汗 | 甲子 |
| 17 | 三 | 初四 | 庚申 | 满 | 箕 | 木 | 坤 | 风 | 肝 | 泪 | 丙子 |
| 18 | 四 | 初五 | 辛酉 | 平 | 斗 | 木 | 乾 | 风 | 肝 | 泪 | 戊子 |
| 19 | 五 | 初六 | 壬戌 | 定 | 牛 | 水 | 兑 | 寒 | 肾 | 唾 | 庚子 |
| 20 | 六 | 初七 | 癸亥 | 执 | 女 | 水 | 离 | 寒 | 肾 | 唾 | 壬子 |
| 21 | 日 | 初八 | 甲子 | 破 | 虚 | 金 | 震 | 燥 | 肺 | 涕 | 甲子 |
| 22 | 一 | 初九 | 乙丑 | 危 | 危 | 金 | 巽 | 燥 | 肺 | 涕 | 丙子 |
| 23 | 二 | 初十 | 丙寅 | 成 | 室 | 火 | 坎 | 热 | 心 | 汗 | 戊子 |
| 24 | 三 | 十一 | 丁卯 | 收 | 壁 | 火 | 艮 | 热 | 心 | 汗 | 庚子 |
| 25 | 四 | 十二 | 戊辰 | 开 | 奎 | 木 | 坤 | 风 | 肝 | 泪 | 壬子 |
| 26 | 五 | 十三 | 己巳 | 闭 | 娄 | 木 | 乾 | 风 | 肝 | 泪 | 甲子 |
| 27 | 六 | 十四 | 庚午 | 建 | 胃 | 土 | 兑 | 湿 | 脾 | 涎 | 丙子 |
| 28 | 日 | 十五 | 辛未 | 除 | 昴 | 土 | 离 | 湿 | 脾 | 涎 | 戊子 |
| 29 | 一 | 十六 | 壬申 | 满 | 毕 | 金 | 震 | 燥 | 肺 | 涕 | 庚子 |
| 30 | 二 | 十七 | 癸酉 | 平 | 觜 | 金 | 巽 | 燥 | 肺 | 涕 | 壬子 |

实用干支万年历

# 公元 2037 年　　　　　农历丁巳(蛇)年

## 7月大
小暑　7日01时56分
大暑　22日19时13分

农历六月(7月13日–8月10日)　月干支:丁未

| 公历 | 星期 | 农历 | 干支 | 日建 | 星宿 | 五行 | 八卦 | 五气 | 五脏 | 五汁 | 时辰 |
|---|---|---|---|---|---|---|---|---|---|---|---|
| 1 | 三 | 五月 | 甲戌 | 定 | 参 | 火 | 巽 | 热 | 心 | 汗 | 甲子 |
| 2 | 四 | 十九 | 乙亥 | 执 | 井 | 火 | 坎 | 热 | 心 | 汗 | 丙子 |
| 3 | 五 | 二十 | 丙子 | 破 | 鬼 | 水 | 艮 | 寒 | 肾 | 唾 | 戊子 |
| 4 | 六 | 廿一 | 丁丑 | 危 | 柳 | 水 | 坤 | 寒 | 肾 | 唾 | 庚子 |
| 5 | 日 | 廿二 | 戊寅 | 成 | 星 | 土 | 乾 | 湿 | 脾 | 涎 | 壬子 |
| 6 | 一 | 廿三 | 己卯 | 收 | 张 | 土 | 兑 | 湿 | 脾 | 涎 | 甲子 |
| 7 | 二 | 廿四 | 庚辰 | 收 | 翼 | 金 | 离 | 燥 | 肺 | 涕 | 丙子 |
| 8 | 三 | 廿五 | 辛巳 | 开 | 轸 | 金 | 震 | 燥 | 肺 | 涕 | 戊子 |
| 9 | 四 | 廿六 | 壬午 | 闭 | 角 | 木 | 巽 | 风 | 肝 | 泪 | 庚子 |
| 10 | 五 | 廿七 | 癸未 | 建 | 亢 | 木 | 坎 | 风 | 肝 | 泪 | 壬子 |
| 11 | 六 | 廿八 | 甲申 | 除 | 氐 | 水 | 艮 | 寒 | 肾 | 唾 | 甲子 |
| 12 | 日 | 廿九 | 乙酉 | 满 | 房 | 水 | 坤 | 寒 | 肾 | 唾 | 丙子 |
| 13 | 一 | 六月 | 丙戌 | 平 | 心 | 土 | 巽 | 湿 | 脾 | 涎 | 戊子 |
| 14 | 二 | 初二 | 丁亥 | 定 | 尾 | 土 | 坎 | 湿 | 脾 | 涎 | 庚子 |
| 15 | 三 | 初三 | 戊子 | 执 | 箕 | 火 | 艮 | 热 | 心 | 汗 | 壬子 |
| 16 | 四 | 初四 | 己丑 | 破 | 斗 | 火 | 坤 | 热 | 心 | 汗 | 甲子 |
| 17 | 五 | 初五 | 庚寅 | 危 | 牛 | 木 | 乾 | 风 | 肝 | 泪 | 丙子 |
| 18 | 六 | 初六 | 辛卯 | 成 | 女 | 木 | 兑 | 风 | 肝 | 泪 | 戊子 |
| 19 | 日 | 初七 | 壬辰 | 收 | 虚 | 水 | 离 | 寒 | 肾 | 唾 | 庚子 |
| 20 | 一 | 初八 | 癸巳 | 开 | 危 | 水 | 震 | 寒 | 肾 | 唾 | 壬子 |
| 21 | 二 | 初九 | 甲午 | 闭 | 室 | 金 | 巽 | 燥 | 肺 | 涕 | 甲子 |
| 22 | 三 | 初十 | 乙未 | 建 | 壁 | 金 | 坎 | 燥 | 肺 | 涕 | 丙子 |
| 23 | 四 | 十一 | 丙申 | 除 | 奎 | 火 | 艮 | 热 | 心 | 汗 | 戊子 |
| 24 | 五 | 十二 | 丁酉 | 满 | 娄 | 火 | 坤 | 热 | 心 | 汗 | 庚子 |
| 25 | 六 | 十三 | 戊戌 | 平 | 胃 | 木 | 乾 | 风 | 肝 | 泪 | 壬子 |
| 26 | 日 | 十四 | 己亥 | 定 | 昴 | 木 | 兑 | 风 | 肝 | 泪 | 甲子 |
| 27 | 一 | 十五 | 庚子 | 执 | 毕 | 土 | 离 | 湿 | 脾 | 涎 | 丙子 |
| 28 | 二 | 十六 | 辛丑 | 破 | 觜 | 土 | 震 | 湿 | 脾 | 涎 | 戊子 |
| 29 | 三 | 十七 | 壬寅 | 危 | 参 | 金 | 巽 | 燥 | 肺 | 涕 | 庚子 |
| 30 | 四 | 十八 | 癸卯 | 成 | 井 | 金 | 坎 | 燥 | 肺 | 涕 | 壬子 |
| 31 | 五 | 十九 | 甲辰 | 收 | 鬼 | 火 | 艮 | 热 | 心 | 汗 | 甲子 |

## 8月大
立秋　7日11时43分
处暑　23日02时22分

农历七月(8月11日–9月9日)　月干支:戊申

| 公历 | 星期 | 农历 | 干支 | 日建 | 星宿 | 五行 | 八卦 | 五气 | 五脏 | 五汁 | 时辰 |
|---|---|---|---|---|---|---|---|---|---|---|---|
| 1 | 六 | 六月 | 乙巳 | 开 | 柳 | 火 | 坤 | 热 | 心 | 汗 | 丙子 |
| 2 | 日 | 廿一 | 丙午 | 闭 | 星 | 水 | 乾 | 寒 | 肾 | 唾 | 戊子 |
| 3 | 一 | 廿二 | 丁未 | 建 | 张 | 水 | 兑 | 寒 | 肾 | 唾 | 庚子 |
| 4 | 二 | 廿三 | 戊申 | 除 | 翼 | 土 | 离 | 湿 | 脾 | 涎 | 壬子 |
| 5 | 三 | 廿四 | 己酉 | 满 | 轸 | 土 | 震 | 湿 | 脾 | 涎 | 甲子 |
| 6 | 四 | 廿五 | 庚戌 | 平 | 角 | 金 | 巽 | 燥 | 肺 | 涕 | 丙子 |
| 7 | 五 | 廿六 | 辛亥 | 平 | 亢 | 金 | 坎 | 燥 | 肺 | 涕 | 戊子 |
| 8 | 六 | 廿七 | 壬子 | 定 | 氐 | 木 | 艮 | 风 | 肝 | 泪 | 庚子 |
| 9 | 日 | 廿八 | 癸丑 | 执 | 房 | 木 | 坤 | 风 | 肝 | 泪 | 壬子 |
| 10 | 一 | 廿九 | 甲寅 | 破 | 心 | 水 | 乾 | 寒 | 肾 | 唾 | 甲子 |
| 11 | 二 | 七月 | 乙卯 | 危 | 尾 | 水 | 坎 | 寒 | 肾 | 唾 | 丙子 |
| 12 | 三 | 初二 | 丙辰 | 成 | 箕 | 土 | 艮 | 湿 | 脾 | 涎 | 戊子 |
| 13 | 四 | 初三 | 丁巳 | 收 | 斗 | 土 | 坤 | 湿 | 脾 | 涎 | 庚子 |
| 14 | 五 | 初四 | 戊午 | 开 | 牛 | 火 | 乾 | 热 | 心 | 汗 | 壬子 |
| 15 | 六 | 初五 | 己未 | 闭 | 女 | 火 | 兑 | 热 | 心 | 汗 | 甲子 |
| 16 | 日 | 初六 | 庚申 | 建 | 虚 | 木 | 离 | 风 | 肝 | 泪 | 丙子 |
| 17 | 一 | 初七 | 辛酉 | 除 | 危 | 木 | 震 | 风 | 肝 | 泪 | 戊子 |
| 18 | 二 | 初八 | 壬戌 | 满 | 室 | 水 | 巽 | 寒 | 肾 | 唾 | 庚子 |
| 19 | 三 | 初九 | 癸亥 | 平 | 壁 | 水 | 坎 | 寒 | 肾 | 唾 | 壬子 |
| 20 | 四 | 初十 | 甲子 | 定 | 奎 | 金 | 艮 | 燥 | 肺 | 涕 | 甲子 |
| 21 | 五 | 十一 | 乙丑 | 执 | 娄 | 金 | 坤 | 燥 | 肺 | 涕 | 丙子 |
| 22 | 六 | 十二 | 丙寅 | 破 | 胃 | 火 | 乾 | 热 | 心 | 汗 | 戊子 |
| 23 | 日 | 十三 | 丁卯 | 危 | 昴 | 火 | 兑 | 热 | 心 | 汗 | 庚子 |
| 24 | 一 | 十四 | 戊辰 | 成 | 毕 | 木 | 离 | 风 | 肝 | 泪 | 壬子 |
| 25 | 二 | 十五 | 己巳 | 收 | 觜 | 木 | 震 | 风 | 肝 | 泪 | 甲子 |
| 26 | 三 | 十六 | 庚午 | 开 | 参 | 土 | 巽 | 湿 | 脾 | 涎 | 丙子 |
| 27 | 四 | 十七 | 辛未 | 闭 | 井 | 土 | 坎 | 湿 | 脾 | 涎 | 戊子 |
| 28 | 五 | 十八 | 壬申 | 建 | 鬼 | 金 | 艮 | 燥 | 肺 | 涕 | 庚子 |
| 29 | 六 | 十九 | 癸酉 | 除 | 柳 | 金 | 坤 | 燥 | 肺 | 涕 | 壬子 |
| 30 | 日 | 二十 | 甲戌 | 满 | 星 | 火 | 乾 | 热 | 心 | 汗 | 甲子 |
| 31 | 一 | 廿一 | 乙亥 | 平 | 张 | 火 | 兑 | 热 | 心 | 汗 | 丙子 |

# 公元2037年　　农历丁巳(蛇)年

## 9月小
白露　7日14时46分
秋分　23日00时14分

农历八月(9月10日–10月8日)　月干支:己酉

| 公历 | 星期 | 农历 | 干支 | 日建 | 星宿 | 五行 | 八卦 | 五气 | 五脏 | 五汁 | 时辰 |
|---|---|---|---|---|---|---|---|---|---|---|---|
| 1 | 二 | 七月 | 丙子 | 定 | 翼 | 水 | 离 | 寒 | 肾 | 唾 | 戊子 |
| 2 | 三 | 廿三 | 丁丑 | 执 | 轸 | 水 | 震 | 寒 | 肾 | 唾 | 庚子 |
| 3 | 四 | 廿四 | 戊寅 | 破 | 角 | 土 | 巽 | 湿 | 脾 | 涎 | 壬子 |
| 4 | 五 | 廿五 | 己卯 | 危 | 亢 | 土 | 坎 | 湿 | 脾 | 涎 | 甲子 |
| 5 | 六 | 廿六 | 庚辰 | 成 | 氐 | 金 | 艮 | 燥 | 肺 | 涕 | 丙子 |
| 6 | 日 | 廿七 | 辛巳 | 收 | 房 | 金 | 坤 | 燥 | 肺 | 涕 | 戊子 |
| 7 | 一 | 廿八 | 壬午 | 收 | 心 | 木 | 乾 | 风 | 肝 | 泪 | 庚子 |
| 8 | 二 | 廿九 | 癸未 | 开 | 尾 | 木 | 兑 | 风 | 肝 | 泪 | 壬子 |
| 9 | 三 | 三十 | 甲申 | 闭 | 箕 | 水 | 离 | 寒 | 肾 | 唾 | 甲子 |
| 10 | 四 | 八月 | 乙酉 | 建 | 斗 | 水 | 坎 | 寒 | 肾 | 唾 | 丙子 |
| 11 | 五 | 初二 | 丙戌 | 除 | 牛 | 土 | 坤 | 湿 | 脾 | 涎 | 戊子 |
| 12 | 六 | 初三 | 丁亥 | 满 | 女 | 土 | 乾 | 湿 | 脾 | 涎 | 庚子 |
| 13 | 日 | 初四 | 戊子 | 平 | 虚 | 火 | 兑 | 热 | 心 | 汗 | 壬子 |
| 14 | 一 | 初五 | 己丑 | 定 | 危 | 火 | 离 | 热 | 心 | 汗 | 甲子 |
| 15 | 二 | 初六 | 庚寅 | 执 | 室 | 木 | 震 | 风 | 肝 | 泪 | 丙子 |
| 16 | 三 | 初七 | 辛卯 | 破 | 壁 | 木 | 巽 | 风 | 肝 | 泪 | 戊子 |
| 17 | 四 | 初八 | 壬辰 | 危 | 奎 | 水 | 坎 | 寒 | 肾 | 唾 | 庚子 |
| 18 | 五 | 初九 | 癸巳 | 成 | 娄 | 水 | 艮 | 寒 | 肾 | 唾 | 壬子 |
| 19 | 六 | 初十 | 甲午 | 收 | 胃 | 金 | 坤 | 燥 | 肺 | 涕 | 甲子 |
| 20 | 日 | 十一 | 乙未 | 开 | 昴 | 金 | 乾 | 燥 | 肺 | 涕 | 丙子 |
| 21 | 一 | 十二 | 丙申 | 闭 | 毕 | 火 | 兑 | 热 | 心 | 汗 | 戊子 |
| 22 | 二 | 十三 | 丁酉 | 建 | 觜 | 火 | 离 | 热 | 心 | 汗 | 庚子 |
| 23 | 三 | 十四 | 戊戌 | 除 | 参 | 木 | 震 | 风 | 肝 | 泪 | 壬子 |
| 24 | 四 | 十五 | 己亥 | 满 | 井 | 木 | 巽 | 风 | 肝 | 泪 | 甲子 |
| 25 | 五 | 十六 | 庚子 | 平 | 鬼 | 土 | 坎 | 湿 | 脾 | 涎 | 丙子 |
| 26 | 六 | 十七 | 辛丑 | 定 | 柳 | 土 | 艮 | 湿 | 脾 | 涎 | 戊子 |
| 27 | 日 | 十八 | 壬寅 | 执 | 星 | 金 | 坤 | 燥 | 肺 | 涕 | 庚子 |
| 28 | 一 | 十九 | 癸卯 | 破 | 张 | 金 | 乾 | 燥 | 肺 | 涕 | 壬子 |
| 29 | 二 | 二十 | 甲辰 | 危 | 翼 | 火 | 兑 | 热 | 心 | 汗 | 甲子 |
| 30 | 三 | 廿一 | 乙巳 | 成 | 轸 | 火 | 离 | 热 | 心 | 汗 | 丙子 |
| 31 | | | | | | | | | | | |

## 10月大
寒露　8日06时39分
霜降　23日09时51分

农历九月(10月9日–11月6日)　月干支:庚戌

| 公历 | 星期 | 农历 | 干支 | 日建 | 星宿 | 五行 | 八卦 | 五气 | 五脏 | 五汁 | 时辰 |
|---|---|---|---|---|---|---|---|---|---|---|---|
| 1 | 四 | 八月 | 丙午 | 收 | 角 | 水 | 震 | 寒 | 肾 | 唾 | 戊子 |
| 2 | 五 | 廿三 | 丁未 | 开 | 亢 | 水 | 坎 | 寒 | 肾 | 唾 | 庚子 |
| 3 | 六 | 廿四 | 戊申 | 闭 | 氐 | 土 | 艮 | 湿 | 脾 | 涎 | 壬子 |
| 4 | 日 | 廿五 | 己酉 | 建 | 房 | 土 | 坤 | 湿 | 脾 | 涎 | 甲子 |
| 5 | 一 | 廿六 | 庚戌 | 除 | 心 | 金 | 乾 | 燥 | 肺 | 涕 | 丙子 |
| 6 | 二 | 廿七 | 辛亥 | 满 | 尾 | 金 | 兑 | 燥 | 肺 | 涕 | 戊子 |
| 7 | 三 | 廿八 | 壬子 | 平 | 箕 | 木 | 离 | 风 | 肝 | 泪 | 庚子 |
| 8 | 四 | 廿九 | 癸丑 | 平 | 斗 | 木 | 乾 | 风 | 肝 | 泪 | 壬子 |
| 9 | 五 | 九月 | 甲寅 | 定 | 牛 | 水 | 坤 | 寒 | 肾 | 唾 | 甲子 |
| 10 | 六 | 初二 | 乙卯 | 执 | 女 | 水 | 坎 | 寒 | 肾 | 唾 | 丙子 |
| 11 | 日 | 初三 | 丙辰 | 破 | 虚 | 土 | 离 | 湿 | 脾 | 涎 | 戊子 |
| 12 | 一 | 初四 | 丁巳 | 危 | 危 | 土 | 震 | 湿 | 脾 | 涎 | 庚子 |
| 13 | 二 | 初五 | 戊午 | 成 | 室 | 火 | 巽 | 热 | 心 | 汗 | 壬子 |
| 14 | 三 | 初六 | 己未 | 收 | 壁 | 火 | 坎 | 热 | 心 | 汗 | 甲子 |
| 15 | 四 | 初七 | 庚申 | 开 | 奎 | 木 | 艮 | 风 | 肝 | 泪 | 丙子 |
| 16 | 五 | 初八 | 辛酉 | 闭 | 胃 | 木 | 坤 | 风 | 肝 | 泪 | 戊子 |
| 17 | 六 | 初九 | 壬戌 | 建 | 昴 | 水 | 乾 | 寒 | 肾 | 唾 | 庚子 |
| 18 | 日 | 初十 | 癸亥 | 除 | 毕 | 水 | 离 | 寒 | 肾 | 唾 | 壬子 |
| 19 | 一 | 十一 | 甲子 | 满 | 觜 | 金 | 兑 | 燥 | 肺 | 涕 | 甲子 |
| 20 | 二 | 十二 | 乙丑 | 平 | 参 | 金 | 离 | 燥 | 肺 | 涕 | 丙子 |
| 21 | 三 | 十三 | 丙寅 | 定 | 井 | 火 | 震 | 热 | 心 | 汗 | 戊子 |
| 22 | 四 | 十四 | 丁卯 | 执 | 鬼 | 火 | 巽 | 热 | 心 | 汗 | 庚子 |
| 23 | 五 | 十五 | 戊辰 | 破 | 柳 | 木 | 坎 | 风 | 肝 | 泪 | 壬子 |
| 24 | 六 | 十六 | 己巳 | 危 | 星 | 木 | 艮 | 风 | 肝 | 泪 | 甲子 |
| 25 | 日 | 十七 | 庚午 | 成 | 张 | 土 | 坤 | 湿 | 脾 | 涎 | 丙子 |
| 26 | 一 | 十八 | 辛未 | 收 | 翼 | 土 | 乾 | 湿 | 脾 | 涎 | 戊子 |
| 27 | 二 | 十九 | 壬申 | 开 | 轸 | 金 | 兑 | 燥 | 肺 | 涕 | 庚子 |
| 28 | 三 | 二十 | 癸酉 | 闭 | 角 | 金 | 离 | 燥 | 肺 | 涕 | 壬子 |
| 29 | 四 | 廿一 | 甲戌 | 建 | 亢 | 火 | 震 | 热 | 心 | 汗 | 甲子 |
| 30 | 五 | 廿二 | 乙亥 | 除 | 氐 | 火 | 巽 | 热 | 心 | 汗 | 丙子 |
| 31 | 六 | 廿三 | 丙子 | 满 | 房 | 水 | 坎 | 寒 | 肾 | 唾 | 戊子 |

实用干支万年历

# 公元2037年　　　　　　农历丁巳(蛇)年

## 11月小

立冬　7日10时05分
小雪　22日07时39分

农历十月(11月7日–12月6日)　月干支:辛亥

| 公历 | 星期 | 农历 | 干支 | 日建 | 星宿 | 五行 | 八卦 | 五气 | 五脏 | 五汁 | 时辰 |
|---|---|---|---|---|---|---|---|---|---|---|---|
| 1 | 日 | 九月 | 丁丑 | 平 | 房 | 水 | 艮 | 寒 | 肾 | 唾 | 庚子 |
| 2 | 一 | 廿五 | 戊寅 | 定 | 心 | 土 | 坤 | 湿 | 脾 | 涎 | 壬子 |
| 3 | 二 | 廿六 | 己卯 | 执 | 尾 | 土 | 乾 | 湿 | 脾 | 涎 | 甲子 |
| 4 | 三 | 廿七 | 庚辰 | 破 | 箕 | 金 | 兑 | 燥 | 肺 | 涕 | 丙子 |
| 5 | 四 | 廿八 | 辛巳 | 危 | 斗 | 金 | 离 | 燥 | 肺 | 涕 | 戊子 |
| 6 | 五 | 廿九 | 壬午 | 成 | 牛 | 木 | 震 | 风 | 肝 | 泪 | 庚子 |
| 7 | 六 | 十月 | 癸未 | 成 | 女 | 木 | 乾 | 风 | 肝 | 泪 | 壬子 |
| 8 | 日 | 初二 | 甲申 | 收 | 虚 | 水 | 兑 | 寒 | 肾 | 唾 | 甲子 |
| 9 | 一 | 初三 | 乙酉 | 开 | 危 | 水 | 离 | 寒 | 肾 | 唾 | 丙子 |
| 10 | 二 | 初四 | 丙戌 | 闭 | 室 | 土 | 震 | 湿 | 脾 | 涎 | 戊子 |
| 11 | 三 | 初五 | 丁亥 | 建 | 壁 | 土 | 巽 | 湿 | 脾 | 涎 | 庚子 |
| 12 | 四 | 初六 | 戊子 | 除 | 奎 | 火 | 坎 | 热 | 心 | 汗 | 壬子 |
| 13 | 五 | 初七 | 己丑 | 满 | 娄 | 火 | 艮 | 热 | 心 | 汗 | 甲子 |
| 14 | 六 | 初八 | 庚寅 | 平 | 胃 | 木 | 坤 | 风 | 肝 | 泪 | 丙子 |
| 15 | 日 | 初九 | 辛卯 | 定 | 昴 | 木 | 乾 | 风 | 肝 | 泪 | 戊子 |
| 16 | 一 | 初十 | 壬辰 | 执 | 毕 | 水 | 兑 | 寒 | 肾 | 唾 | 庚子 |
| 17 | 二 | 十一 | 癸巳 | 破 | 觜 | 水 | 离 | 寒 | 肾 | 唾 | 壬子 |
| 18 | 三 | 十二 | 甲午 | 危 | 参 | 金 | 震 | 燥 | 肺 | 涕 | 甲子 |
| 19 | 四 | 十三 | 乙未 | 成 | 井 | 金 | 巽 | 燥 | 肺 | 涕 | 丙子 |
| 20 | 五 | 十四 | 丙申 | 收 | 鬼 | 火 | 坎 | 热 | 心 | 汗 | 戊子 |
| 21 | 六 | 十五 | 丁酉 | 开 | 柳 | 火 | 艮 | 热 | 心 | 汗 | 庚子 |
| 22 | 日 | 十六 | 戊戌 | 闭 | 星 | 木 | 坤 | 风 | 肝 | 泪 | 壬子 |
| 23 | 一 | 十七 | 己亥 | 建 | 张 | 木 | 乾 | 风 | 肝 | 泪 | 甲子 |
| 24 | 二 | 十八 | 庚子 | 除 | 翼 | 土 | 兑 | 湿 | 脾 | 涎 | 丙子 |
| 25 | 三 | 十九 | 辛丑 | 满 | 轸 | 土 | 离 | 湿 | 脾 | 涎 | 戊子 |
| 26 | 四 | 二十 | 壬寅 | 平 | 角 | 金 | 震 | 燥 | 肺 | 涕 | 庚子 |
| 27 | 五 | 廿一 | 癸卯 | 定 | 亢 | 金 | 巽 | 燥 | 肺 | 涕 | 壬子 |
| 28 | 六 | 廿二 | 甲辰 | 执 | 氐 | 火 | 坎 | 热 | 心 | 汗 | 甲子 |
| 29 | 日 | 廿三 | 乙巳 | 破 | 房 | 火 | 艮 | 热 | 心 | 汗 | 丙子 |
| 30 | 一 | 廿四 | 丙午 | 危 | 心 | 水 | 坤 | 寒 | 肾 | 唾 | 戊子 |
| 31 | | | | | | | | | | | |

## 12月大

大雪　7日03时08分
冬至　21日21时08分

农历冬月(12月7日–1月4日)　月干支:壬子

| 公历 | 星期 | 农历 | 干支 | 日建 | 星宿 | 五行 | 八卦 | 五气 | 五脏 | 五汁 | 时辰 |
|---|---|---|---|---|---|---|---|---|---|---|---|
| 1 | 二 | 十月 | 丁未 | 成 | 尾 | 水 | 乾 | 寒 | 肾 | 唾 | 庚子 |
| 2 | 三 | 廿六 | 戊申 | 收 | 箕 | 土 | 兑 | 湿 | 脾 | 涎 | 壬子 |
| 3 | 四 | 廿七 | 己酉 | 开 | 斗 | 土 | 离 | 湿 | 脾 | 涎 | 甲子 |
| 4 | 五 | 廿八 | 庚戌 | 闭 | 牛 | 金 | 震 | 燥 | 肺 | 涕 | 丙子 |
| 5 | 六 | 廿九 | 辛亥 | 建 | 女 | 金 | 巽 | 燥 | 肺 | 涕 | 戊子 |
| 6 | 日 | 三十 | 壬子 | 除 | 虚 | 木 | 坎 | 风 | 肝 | 泪 | 庚子 |
| 7 | 一 | 冬月 | 癸丑 | 除 | 危 | 木 | 艮 | 风 | 肝 | 泪 | 壬子 |
| 8 | 二 | 初二 | 甲寅 | 满 | 室 | 水 | 离 | 寒 | 肾 | 唾 | 甲子 |
| 9 | 三 | 初三 | 乙卯 | 平 | 壁 | 水 | 震 | 寒 | 肾 | 唾 | 丙子 |
| 10 | 四 | 初四 | 丙辰 | 定 | 奎 | 土 | 巽 | 湿 | 脾 | 涎 | 戊子 |
| 11 | 五 | 初五 | 丁巳 | 执 | 娄 | 土 | 坎 | 湿 | 脾 | 涎 | 庚子 |
| 12 | 六 | 初六 | 戊午 | 破 | 胃 | 火 | 艮 | 热 | 心 | 汗 | 壬子 |
| 13 | 日 | 初七 | 己未 | 危 | 昴 | 火 | 乾 | 热 | 心 | 汗 | 甲子 |
| 14 | 一 | 初八 | 庚申 | 成 | 毕 | 木 | 兑 | 风 | 肝 | 泪 | 丙子 |
| 15 | 二 | 初九 | 辛酉 | 收 | 觜 | 木 | 离 | 风 | 肝 | 泪 | 戊子 |
| 16 | 三 | 初十 | 壬戌 | 开 | 参 | 水 | 震 | 寒 | 肾 | 唾 | 庚子 |
| 17 | 四 | 十一 | 癸亥 | 闭 | 井 | 水 | 巽 | 寒 | 肾 | 唾 | 壬子 |
| 18 | 五 | 十二 | 甲子 | 建 | 鬼 | 金 | 坎 | 燥 | 肺 | 涕 | 甲子 |
| 19 | 六 | 十三 | 乙丑 | 除 | 柳 | 金 | 艮 | 燥 | 肺 | 涕 | 丙子 |
| 20 | 日 | 十四 | 丙寅 | 满 | 星 | 火 | 坤 | 热 | 心 | 汗 | 戊子 |
| 21 | 一 | 十五 | 丁卯 | 平 | 张 | 火 | 乾 | 热 | 心 | 汗 | 庚子 |
| 22 | 二 | 十六 | 戊辰 | 定 | 翼 | 木 | 兑 | 风 | 肝 | 泪 | 壬子 |
| 23 | 三 | 十七 | 己巳 | 执 | 轸 | 木 | 离 | 风 | 肝 | 泪 | 甲子 |
| 24 | 四 | 十八 | 庚午 | 破 | 角 | 土 | 震 | 湿 | 脾 | 涎 | 丙子 |
| 25 | 五 | 十九 | 辛未 | 危 | 亢 | 土 | 巽 | 湿 | 脾 | 涎 | 戊子 |
| 26 | 六 | 二十 | 壬申 | 成 | 氐 | 金 | 坎 | 燥 | 肺 | 涕 | 庚子 |
| 27 | 日 | 廿一 | 癸酉 | 收 | 房 | 金 | 艮 | 燥 | 肺 | 涕 | 壬子 |
| 28 | 一 | 廿二 | 甲戌 | 开 | 心 | 火 | 乾 | 热 | 心 | 汗 | 甲子 |
| 29 | 二 | 廿三 | 乙亥 | 闭 | 尾 | 火 | 兑 | 热 | 心 | 汗 | 丙子 |
| 30 | 三 | 廿四 | 丙子 | 建 | 箕 | 水 | 坤 | 寒 | 肾 | 唾 | 戊子 |
| 31 | 四 | 廿五 | 丁丑 | 除 | 斗 | 水 | 乾 | 寒 | 肾 | 唾 | 庚子 |

# 公元2038年　　　　农历戊午(马)年

## 1月大

小寒　5日14时27分
大寒　20日07时49分

农历腊月(1月5日-2月3日)　月干支:癸丑

| 公历 | 星期 | 农历 | 干支 | 日建 | 星宿 | 五行 | 八卦 | 五气 | 五脏 | 五汁 | 时辰 |
|---|---|---|---|---|---|---|---|---|---|---|---|
| 1 | 五 | 冬月 廿六 | 戊寅 | 满 | 牛 | 土 | 离 | 湿 | 脾 | 涎 | 壬子 |
| 2 | 六 | 廿七 | 己卯 | 平 | 女 | 土 | 震 | 湿 | 脾 | 涎 | 甲子 |
| 3 | 日 | 廿八 | 庚辰 | 定 | 虚 | 金 | 巽 | 燥 | 肺 | 涕 | 丙子 |
| 4 | 一 | 廿九 | 辛巳 | 执 | 危 | 金 | 坎 | 燥 | 肺 | 涕 | 戊子 |
| 5 | 二 | 腊月 | 壬午 | 执 | 室 | 木 | 离 | 风 | 肝 | 泪 | 庚子 |
| 6 | 三 | 初二 | 癸未 | 破 | 壁 | 木 | 震 | 风 | 肝 | 泪 | 壬子 |
| 7 | 四 | 初三 | 甲申 | 危 | 奎 | 水 | 巽 | 寒 | 肾 | 唾 | 甲子 |
| 8 | 五 | 初四 | 乙酉 | 成 | 娄 | 水 | 坎 | 寒 | 肾 | 唾 | 丙子 |
| 9 | 六 | 初五 | 丙戌 | 收 | 胃 | 土 | 艮 | 湿 | 脾 | 涎 | 戊子 |
| 10 | 日 | 初六 | 丁亥 | 开 | 昴 | 土 | 坤 | 湿 | 脾 | 涎 | 庚子 |
| 11 | 一 | 初七 | 戊子 | 闭 | 毕 | 火 | 乾 | 热 | 心 | 汗 | 壬子 |
| 12 | 二 | 初八 | 己丑 | 建 | 觜 | 火 | 兑 | 热 | 心 | 汗 | 甲子 |
| 13 | 三 | 初九 | 庚寅 | 除 | 参 | 木 | 离 | 风 | 肝 | 泪 | 丙子 |
| 14 | 四 | 初十 | 辛卯 | 满 | 井 | 木 | 震 | 风 | 肝 | 泪 | 戊子 |
| 15 | 五 | 十一 | 壬辰 | 平 | 鬼 | 水 | 巽 | 寒 | 肾 | 唾 | 庚子 |
| 16 | 六 | 十二 | 癸巳 | 定 | 柳 | 水 | 坎 | 寒 | 肾 | 唾 | 壬子 |
| 17 | 日 | 十三 | 甲午 | 执 | 星 | 金 | 艮 | 燥 | 肺 | 涕 | 甲子 |
| 18 | 一 | 十四 | 乙未 | 破 | 张 | 金 | 坤 | 燥 | 肺 | 涕 | 丙子 |
| 19 | 二 | 十五 | 丙申 | 危 | 翼 | 火 | 乾 | 热 | 心 | 汗 | 戊子 |
| 20 | 三 | 十六 | 丁酉 | 成 | 轸 | 火 | 兑 | 热 | 心 | 汗 | 庚子 |
| 21 | 四 | 十七 | 戊戌 | 收 | 角 | 木 | 离 | 风 | 肝 | 泪 | 壬子 |
| 22 | 五 | 十八 | 己亥 | 开 | 亢 | 木 | 震 | 风 | 肝 | 泪 | 甲子 |
| 23 | 六 | 十九 | 庚子 | 闭 | 氐 | 土 | 巽 | 湿 | 脾 | 涎 | 丙子 |
| 24 | 日 | 二十 | 辛丑 | 建 | 房 | 土 | 坎 | 湿 | 脾 | 涎 | 戊子 |
| 25 | 一 | 廿一 | 壬寅 | 除 | 心 | 金 | 艮 | 燥 | 肺 | 涕 | 庚子 |
| 26 | 二 | 廿二 | 癸卯 | 满 | 尾 | 金 | 坤 | 燥 | 肺 | 涕 | 壬子 |
| 27 | 三 | 廿三 | 甲辰 | 平 | 箕 | 火 | 乾 | 热 | 心 | 汗 | 甲子 |
| 28 | 四 | 廿四 | 乙巳 | 定 | 斗 | 火 | 兑 | 热 | 心 | 汗 | 丙子 |
| 29 | 五 | 廿五 | 丙午 | 执 | 牛 | 水 | 离 | 寒 | 肾 | 唾 | 戊子 |
| 30 | 六 | 廿六 | 丁未 | 破 | 女 | 水 | 震 | 寒 | 肾 | 唾 | 庚子 |
| 31 | 日 | 廿七 | 戊申 | 危 | 虚 | 土 | 巽 | 湿 | 脾 | 涎 | 壬子 |

## 2月平

立春　4日02时04分
雨水　18日21时52分

农历正月(2月4日-3月5日)　月干支:甲寅

| 公历 | 星期 | 农历 | 干支 | 日建 | 星宿 | 五行 | 八卦 | 五气 | 五脏 | 五汁 | 时辰 |
|---|---|---|---|---|---|---|---|---|---|---|---|
| 1 | 一 | 腊月 廿八 | 己酉 | 成 | 危 | 土 | 坎 | 湿 | 脾 | 涎 | 甲子 |
| 2 | 二 | 廿九 | 庚戌 | 收 | 室 | 金 | 艮 | 燥 | 肺 | 涕 | 丙子 |
| 3 | 三 | 三十 | 辛亥 | 开 | 壁 | 金 | 坤 | 燥 | 肺 | 涕 | 戊子 |
| 4 | 四 | 正月 | 壬子 | 开 | 奎 | 木 | 离 | 风 | 肝 | 泪 | 庚子 |
| 5 | 五 | 初二 | 癸丑 | 闭 | 娄 | 木 | 震 | 风 | 肝 | 泪 | 壬子 |
| 6 | 六 | 初三 | 甲寅 | 建 | 胃 | 水 | 巽 | 寒 | 肾 | 唾 | 甲子 |
| 7 | 日 | 初四 | 乙卯 | 除 | 昴 | 水 | 坎 | 寒 | 肾 | 唾 | 丙子 |
| 8 | 一 | 初五 | 丙辰 | 满 | 毕 | 土 | 艮 | 湿 | 脾 | 涎 | 戊子 |
| 9 | 二 | 初六 | 丁巳 | 平 | 觜 | 土 | 坤 | 湿 | 脾 | 涎 | 庚子 |
| 10 | 三 | 初七 | 戊午 | 定 | 参 | 火 | 乾 | 热 | 心 | 汗 | 壬子 |
| 11 | 四 | 初八 | 己未 | 执 | 井 | 火 | 兑 | 热 | 心 | 汗 | 甲子 |
| 12 | 五 | 初九 | 庚申 | 破 | 鬼 | 木 | 离 | 风 | 肝 | 泪 | 丙子 |
| 13 | 六 | 初十 | 辛酉 | 危 | 柳 | 木 | 震 | 风 | 肝 | 泪 | 戊子 |
| 14 | 日 | 十一 | 壬戌 | 成 | 星 | 水 | 巽 | 寒 | 肾 | 唾 | 庚子 |
| 15 | 一 | 十二 | 癸亥 | 收 | 张 | 水 | 坎 | 寒 | 肾 | 唾 | 壬子 |
| 16 | 二 | 十三 | 甲子 | 开 | 翼 | 金 | 艮 | 燥 | 肺 | 涕 | 甲子 |
| 17 | 三 | 十四 | 乙丑 | 闭 | 轸 | 金 | 坤 | 燥 | 肺 | 涕 | 丙子 |
| 18 | 四 | 十五 | 丙寅 | 建 | 角 | 火 | 乾 | 热 | 心 | 汗 | 戊子 |
| 19 | 五 | 十六 | 丁卯 | 除 | 亢 | 火 | 兑 | 热 | 心 | 汗 | 庚子 |
| 20 | 六 | 十七 | 戊辰 | 满 | 氐 | 木 | 离 | 风 | 肝 | 泪 | 壬子 |
| 21 | 日 | 十八 | 己巳 | 平 | 房 | 木 | 震 | 风 | 肝 | 泪 | 甲子 |
| 22 | 一 | 十九 | 庚午 | 定 | 心 | 土 | 巽 | 湿 | 脾 | 涎 | 丙子 |
| 23 | 二 | 二十 | 辛未 | 执 | 尾 | 土 | 坎 | 湿 | 脾 | 涎 | 戊子 |
| 24 | 三 | 廿一 | 壬申 | 破 | 箕 | 金 | 艮 | 燥 | 肺 | 涕 | 庚子 |
| 25 | 四 | 廿二 | 癸酉 | 危 | 斗 | 金 | 坤 | 燥 | 肺 | 涕 | 壬子 |
| 26 | 五 | 廿三 | 甲戌 | 成 | 牛 | 火 | 乾 | 热 | 心 | 汗 | 甲子 |
| 27 | 六 | 廿四 | 乙亥 | 收 | 女 | 火 | 兑 | 热 | 心 | 汗 | 丙子 |
| 28 | 日 | 廿五 | 丙子 | 开 | 虚 | 水 | 离 | 寒 | 肾 | 唾 | 戊子 |

# 公元2038年　　　　农历戊午(马)年

## 3月大

惊蛰　5日19时55分
春分　20日20时41分

农历二月(3月6日-4月4日)　月干支:乙卯

| 公历 | 星期 | 农历 | 干支 | 日建 | 星宿 | 五行 | 八卦 | 五气 | 五脏 | 五汁 | 时辰 |
|---|---|---|---|---|---|---|---|---|---|---|---|
| 1 | 一 | 正月 | 丁丑 | 闭 | 危 | 水 | 兑 | 寒 | 肾 | 唾 | 庚子 |
| 2 | 二 | 廿七 | 戊寅 | 建 | 室 | 土 | 离 | 湿 | 脾 | 涎 | 壬子 |
| 3 | 三 | 廿八 | 己卯 | 除 | 壁 | 土 | 震 | 湿 | 脾 | 涎 | 甲子 |
| 4 | 四 | 廿九 | 庚辰 | 满 | 奎 | 金 | 巽 | 燥 | 肺 | 涕 | 丙子 |
| 5 | 五 | 三十 | 辛巳 | 满 | 娄 | 金 | 坎 | 燥 | 肺 | 涕 | 戊子 |
| 6 | 六 | 二月 | 壬午 | 平 | 胃 | 木 | 兑 | 风 | 肝 | 泪 | 庚子 |
| 7 | 日 | 初二 | 癸未 | 定 | 昴 | 木 | 离 | 风 | 肝 | 泪 | 壬子 |
| 8 | 一 | 初三 | 甲申 | 执 | 毕 | 水 | 震 | 寒 | 肾 | 唾 | 甲子 |
| 9 | 二 | 初四 | 乙酉 | 破 | 觜 | 水 | 巽 | 寒 | 肾 | 唾 | 丙子 |
| 10 | 三 | 初五 | 丙戌 | 危 | 参 | 土 | 坎 | 湿 | 脾 | 涎 | 戊子 |
| 11 | 四 | 初六 | 丁亥 | 成 | 井 | 土 | 艮 | 湿 | 脾 | 涎 | 庚子 |
| 12 | 五 | 初七 | 戊子 | 收 | 鬼 | 火 | 坤 | 热 | 心 | 汗 | 壬子 |
| 13 | 六 | 初八 | 己丑 | 开 | 柳 | 火 | 乾 | 热 | 心 | 汗 | 甲子 |
| 14 | 日 | 初九 | 庚寅 | 闭 | 星 | 木 | 兑 | 风 | 肝 | 泪 | 丙子 |
| 15 | 一 | 初十 | 辛卯 | 建 | 张 | 木 | 离 | 风 | 肝 | 泪 | 戊子 |
| 16 | 二 | 十一 | 壬辰 | 除 | 翼 | 水 | 震 | 寒 | 肾 | 唾 | 庚子 |
| 17 | 三 | 十二 | 癸巳 | 满 | 轸 | 水 | 巽 | 寒 | 肾 | 唾 | 壬子 |
| 18 | 四 | 十三 | 甲午 | 平 | 角 | 金 | 坎 | 燥 | 肺 | 涕 | 甲子 |
| 19 | 五 | 十四 | 乙未 | 定 | 亢 | 金 | 艮 | 燥 | 肺 | 涕 | 丙子 |
| 20 | 六 | 十五 | 丙申 | 执 | 氐 | 火 | 坤 | 热 | 心 | 汗 | 戊子 |
| 21 | 日 | 十六 | 丁酉 | 破 | 房 | 火 | 乾 | 热 | 心 | 汗 | 庚子 |
| 22 | 一 | 十七 | 戊戌 | 危 | 心 | 木 | 兑 | 风 | 肝 | 泪 | 壬子 |
| 23 | 二 | 十八 | 己亥 | 成 | 尾 | 木 | 离 | 风 | 肝 | 泪 | 甲子 |
| 24 | 三 | 十九 | 庚子 | 收 | 箕 | 土 | 震 | 湿 | 脾 | 涎 | 丙子 |
| 25 | 四 | 二十 | 辛丑 | 开 | 斗 | 土 | 巽 | 湿 | 脾 | 涎 | 戊子 |
| 26 | 五 | 廿一 | 壬寅 | 闭 | 牛 | 金 | 坎 | 燥 | 肺 | 涕 | 庚子 |
| 27 | 六 | 廿二 | 癸卯 | 建 | 女 | 金 | 艮 | 燥 | 肺 | 涕 | 壬子 |
| 28 | 日 | 廿三 | 甲辰 | 除 | 虚 | 火 | 坤 | 热 | 心 | 汗 | 甲子 |
| 29 | 一 | 廿四 | 乙巳 | 满 | 危 | 火 | 乾 | 热 | 心 | 汗 | 丙子 |
| 30 | 二 | 廿五 | 丙午 | 平 | 室 | 水 | 兑 | 寒 | 肾 | 唾 | 戊子 |
| 31 | 三 | 廿六 | 丁未 | 定 | 壁 | 水 | 离 | 寒 | 肾 | 唾 | 庚子 |

## 4月小

清明　5日00时29分
谷雨　20日07时29分

农历三月(4月5日-5月3日)　月干支:丙辰

| 公历 | 星期 | 农历 | 干支 | 日建 | 星宿 | 五行 | 八卦 | 五气 | 五脏 | 五汁 | 时辰 |
|---|---|---|---|---|---|---|---|---|---|---|---|
| 1 | 四 | 二月 | 戊申 | 执 | 奎 | 土 | 震 | 湿 | 脾 | 涎 | 壬子 |
| 2 | 五 | 廿八 | 己酉 | 破 | 娄 | 土 | 巽 | 湿 | 脾 | 涎 | 甲子 |
| 3 | 六 | 廿九 | 庚戌 | 危 | 胃 | 金 | 坎 | 燥 | 肺 | 涕 | 丙子 |
| 4 | 日 | 三十 | 辛亥 | 成 | 昴 | 金 | 艮 | 燥 | 肺 | 涕 | 戊子 |
| 5 | 一 | 三月 | 壬子 | 成 | 毕 | 木 | 离 | 风 | 肝 | 泪 | 庚子 |
| 6 | 二 | 初二 | 癸丑 | 收 | 觜 | 木 | 震 | 风 | 肝 | 泪 | 壬子 |
| 7 | 三 | 初三 | 甲寅 | 开 | 参 | 水 | 巽 | 寒 | 肾 | 唾 | 甲子 |
| 8 | 四 | 初四 | 乙卯 | 闭 | 井 | 水 | 坎 | 寒 | 肾 | 唾 | 丙子 |
| 9 | 五 | 初五 | 丙辰 | 建 | 鬼 | 土 | 艮 | 湿 | 脾 | 涎 | 戊子 |
| 10 | 六 | 初六 | 丁巳 | 除 | 柳 | 土 | 坤 | 湿 | 脾 | 涎 | 庚子 |
| 11 | 日 | 初七 | 戊午 | 满 | 星 | 火 | 乾 | 热 | 心 | 汗 | 壬子 |
| 12 | 一 | 初八 | 己未 | 平 | 张 | 火 | 兑 | 热 | 心 | 汗 | 甲子 |
| 13 | 二 | 初九 | 庚申 | 定 | 翼 | 木 | 离 | 风 | 肝 | 泪 | 丙子 |
| 14 | 三 | 初十 | 辛酉 | 执 | 轸 | 木 | 震 | 风 | 肝 | 泪 | 戊子 |
| 15 | 四 | 十一 | 壬戌 | 破 | 角 | 水 | 巽 | 寒 | 肾 | 唾 | 庚子 |
| 16 | 五 | 十二 | 癸亥 | 危 | 亢 | 水 | 坎 | 寒 | 肾 | 唾 | 壬子 |
| 17 | 六 | 十三 | 甲子 | 成 | 氐 | 金 | 艮 | 燥 | 肺 | 涕 | 甲子 |
| 18 | 日 | 十四 | 乙丑 | 收 | 房 | 金 | 坤 | 燥 | 肺 | 涕 | 丙子 |
| 19 | 一 | 十五 | 丙寅 | 开 | 心 | 火 | 乾 | 热 | 心 | 汗 | 戊子 |
| 20 | 二 | 十六 | 丁卯 | 闭 | 尾 | 火 | 兑 | 热 | 心 | 汗 | 庚子 |
| 21 | 三 | 十七 | 戊辰 | 建 | 箕 | 木 | 离 | 风 | 肝 | 泪 | 壬子 |
| 22 | 四 | 十八 | 己巳 | 除 | 斗 | 木 | 震 | 风 | 肝 | 泪 | 甲子 |
| 23 | 五 | 十九 | 庚午 | 满 | 牛 | 土 | 巽 | 湿 | 脾 | 涎 | 丙子 |
| 24 | 六 | 二十 | 辛未 | 平 | 女 | 土 | 坎 | 湿 | 脾 | 涎 | 戊子 |
| 25 | 日 | 廿一 | 壬申 | 定 | 虚 | 金 | 艮 | 燥 | 肺 | 涕 | 庚子 |
| 26 | 一 | 廿二 | 癸酉 | 执 | 危 | 金 | 坤 | 燥 | 肺 | 涕 | 壬子 |
| 27 | 二 | 廿三 | 甲戌 | 破 | 室 | 火 | 乾 | 热 | 心 | 汗 | 甲子 |
| 28 | 三 | 廿四 | 乙亥 | 危 | 壁 | 火 | 兑 | 热 | 心 | 汗 | 丙子 |
| 29 | 四 | 廿五 | 丙子 | 成 | 奎 | 水 | 离 | 寒 | 肾 | 唾 | 戊子 |
| 30 | 五 | 廿六 | 丁丑 | 收 | 娄 | 水 | 震 | 寒 | 肾 | 唾 | 庚子 |
| 31 |  |  |  |  |  |  |  |  |  |  |  |

# 公元2038年　　　　　　农历戊午(马)年

## 5月大

立夏　5日17时31分　　小满　21日06时23分

农历四月(5月4日-6月2日)　月干支:丁巳

| 公历 | 星期 | 农历 | 干支 | 日建 | 星宿 | 五行 | 八卦 | 五气 | 五脏 | 五汁 | 时辰 |
|---|---|---|---|---|---|---|---|---|---|---|---|
| 1 | 六 | 三月 | 戊寅 | 开 | 胃 | 土 | 巽坎 | 湿 | 脾 | 涎 | 壬子 |
| 2 | 日 | 廿八 | 己卯 | 闭 | 昴 | 土 | 坎艮 | 湿 | 脾 | 涎 | 甲子 |
| 3 | 一 | 廿九 | 庚辰 | 建 | 毕 | 金 | 艮震 | 燥 | 肺 | 涕 | 丙子 |
| 4 | 二 | 四月 | 辛巳 | 除 | 觜 | 金 | 震巽 | 燥 | 肺 | 涕 | 戊子 |
| 5 | 三 | 初二 | 壬午 | 除 | 参 | 木 | 巽 | 风 | 肝 | 泪 | 庚子 |
| 6 | 四 | 初三 | 癸未 | 满 | 井 | 木 | 巽坎 | 风 | 肝 | 泪 | 壬子 |
| 7 | 五 | 初四 | 甲申 | 平 | 鬼 | 水 | 坎艮 | 寒 | 肾 | 唾 | 甲子 |
| 8 | 六 | 初五 | 乙酉 | 定 | 柳 | 水 | 艮乾 | 寒 | 肾 | 唾 | 丙子 |
| 9 | 日 | 初六 | 丙戌 | 执 | 星 | 土 | 乾 | 湿 | 脾 | 涎 | 戊子 |
| 10 | 一 | 初七 | 丁亥 | 破 | 张 | 土 |  | 湿 | 脾 | 涎 | 庚子 |
| 11 | 二 | 初八 | 戊子 | 危 | 翼 | 火 | 离震 | 热 | 心 | 汗 | 壬子 |
| 12 | 三 | 初九 | 己丑 | 成 | 轸 | 火 | 震巽 | 热 | 心 | 汗 | 甲子 |
| 13 | 四 | 初十 | 庚寅 | 收 | 角 | 木 | 巽坎 | 风 | 肝 | 泪 | 丙子 |
| 14 | 五 | 十一 | 辛卯 | 开 | 亢 | 木 | 坎艮 | 风 | 肝 | 泪 | 戊子 |
| 15 | 六 | 十二 | 壬辰 | 闭 | 氐 | 水 | 艮 | 寒 | 肾 | 唾 | 庚子 |
| 16 | 日 | 十三 | 癸巳 | 建 | 房 | 水 | 坤乾 | 寒 | 肾 | 唾 | 壬子 |
| 17 | 一 | 十四 | 甲午 | 除 | 心 | 金 | 乾 | 燥 | 肺 | 涕 | 甲子 |
| 18 | 二 | 十五 | 乙未 | 满 | 尾 | 金 | 兑 | 燥 | 肺 | 涕 | 丙子 |
| 19 | 三 | 十六 | 丙申 | 平 | 箕 | 火 | 离 | 热 | 心 | 汗 | 戊子 |
| 20 | 四 | 十七 | 丁酉 | 定 | 斗 | 火 | 震 | 热 | 心 | 汗 | 庚子 |
| 21 | 五 | 十八 | 戊戌 | 执 | 牛 | 木 | 巽坎 | 风 | 肝 | 泪 | 壬子 |
| 22 | 六 | 十九 | 己亥 | 破 | 女 | 木 | 坎艮 | 风 | 肝 | 泪 | 甲子 |
| 23 | 日 | 二十 | 庚子 | 危 | 虚 | 土 | 艮坤 | 湿 | 脾 | 涎 | 丙子 |
| 24 | 一 | 廿一 | 辛丑 | 成 | 危 | 土 | 坤乾 | 湿 | 脾 | 涎 | 戊子 |
| 25 | 二 | 廿二 | 壬寅 | 收 | 室 | 金 | 乾 | 燥 | 肺 | 涕 | 庚子 |
| 26 | 三 | 廿三 | 癸卯 | 开 | 壁 | 金 | 兑 | 燥 | 肺 | 涕 | 壬子 |
| 27 | 四 | 廿四 | 甲辰 | 闭 | 奎 | 火 | 离震 | 热 | 心 | 汗 | 甲子 |
| 28 | 五 | 廿五 | 乙巳 | 建 | 娄 | 火 | 震巽 | 热 | 心 | 汗 | 丙子 |
| 29 | 六 | 廿六 | 丙午 | 除 | 胃 | 水 | 巽坎 | 寒 | 肾 | 唾 | 戊子 |
| 30 | 日 | 廿七 | 丁未 | 满 | 昴 | 水 | 坎艮 | 寒 | 肾 | 唾 | 庚子 |
| 31 | 一 | 廿八 | 戊申 | 平 | 毕 | 土 | 巽 | 湿 | 脾 | 涎 | 壬子 |

## 6月小

芒种　5日21时25分　　夏至　21日14时09分

农历五月(6月3日-7月1日)　月干支:戊午

| 公历 | 星期 | 农历 | 干支 | 日建 | 星宿 | 五行 | 八卦 | 五气 | 五脏 | 五汁 | 时辰 |
|---|---|---|---|---|---|---|---|---|---|---|---|
| 1 | 二 | 四月 | 己酉 | 定 | 觜 | 土 | 坤乾 | 湿 | 脾 | 涎 | 甲子 |
| 2 | 三 | 三十 | 庚戌 | 执 | 参 | 金 | 乾巽 | 燥 | 肺 | 涕 | 丙子 |
| 3 | 四 | 五月 | 辛亥 | 破 | 井 | 金 | 巽坎 | 燥 | 肺 | 涕 | 戊子 |
| 4 | 五 | 初二 | 壬子 | 危 | 鬼 | 木 | 坎 | 风 | 肝 | 泪 | 庚子 |
| 5 | 六 | 初三 | 癸丑 | 危 | 柳 | 木 |  | 风 | 肝 | 泪 | 壬子 |
| 6 | 日 | 初四 | 甲寅 | 成 | 星 | 水 | 坤乾 | 寒 | 肾 | 唾 | 甲子 |
| 7 | 一 | 初五 | 乙卯 | 收 | 张 | 水 | 乾兑 | 寒 | 肾 | 唾 | 丙子 |
| 8 | 二 | 初六 | 丙辰 | 开 | 翼 | 土 | 兑离 | 湿 | 脾 | 涎 | 戊子 |
| 9 | 三 | 初七 | 丁巳 | 闭 | 轸 | 土 | 离震 | 湿 | 脾 | 涎 | 庚子 |
| 10 | 四 | 初八 | 戊午 | 建 | 角 | 火 | 震 | 热 | 心 | 汗 | 壬子 |
| 11 | 五 | 初九 | 己未 | 除 | 亢 | 火 | 巽坎 | 热 | 心 | 汗 | 甲子 |
| 12 | 六 | 初十 | 庚申 | 满 | 氐 | 木 | 坎艮 | 风 | 肝 | 泪 | 丙子 |
| 13 | 日 | 十一 | 辛酉 | 平 | 房 | 木 | 艮坤 | 风 | 肝 | 泪 | 戊子 |
| 14 | 一 | 十二 | 壬戌 | 定 | 心 | 水 | 坤乾 | 寒 | 肾 | 唾 | 庚子 |
| 15 | 二 | 十三 | 癸亥 | 执 | 尾 | 水 | 乾 | 寒 | 肾 | 唾 | 壬子 |
| 16 | 三 | 十四 | 甲子 | 破 | 箕 | 金 | 兑离 | 燥 | 肺 | 涕 | 甲子 |
| 17 | 四 | 十五 | 乙丑 | 危 | 斗 | 金 | 离震 | 燥 | 肺 | 涕 | 丙子 |
| 18 | 五 | 十六 | 丙寅 | 成 | 牛 | 火 | 震巽 | 热 | 心 | 汗 | 戊子 |
| 19 | 六 | 十七 | 丁卯 | 收 | 女 | 火 | 巽坎 | 热 | 心 | 汗 | 庚子 |
| 20 | 日 | 十八 | 戊辰 | 开 | 虚 | 木 | 坎 | 风 | 肝 | 泪 | 壬子 |
| 21 | 一 | 十九 | 己巳 | 闭 | 危 | 木 | 艮坤 | 风 | 肝 | 泪 | 甲子 |
| 22 | 二 | 二十 | 庚午 | 建 | 室 | 土 | 坤乾 | 湿 | 脾 | 涎 | 丙子 |
| 23 | 三 | 廿一 | 辛未 | 除 | 壁 | 土 | 乾兑 | 湿 | 脾 | 涎 | 戊子 |
| 24 | 四 | 廿二 | 壬申 | 满 | 奎 | 金 | 兑离 | 燥 | 肺 | 涕 | 庚子 |
| 25 | 五 | 廿三 | 癸酉 | 平 | 娄 | 金 | 离 | 燥 | 肺 | 涕 | 壬子 |
| 26 | 六 | 廿四 | 甲戌 | 定 | 胃 | 火 | 震巽 | 热 | 心 | 汗 | 甲子 |
| 27 | 日 | 廿五 | 乙亥 | 执 | 昴 | 火 | 巽坎 | 热 | 心 | 汗 | 丙子 |
| 28 | 一 | 廿六 | 丙子 | 破 | 毕 | 水 | 坎艮 | 寒 | 肾 | 唾 | 戊子 |
| 29 | 二 | 廿七 | 丁丑 | 危 | 觜 | 水 | 艮坤 | 寒 | 肾 | 唾 | 庚子 |
| 30 | 三 | 廿八 | 戊寅 | 成 | 参 | 土 | 坤 | 湿 | 脾 | 涎 | 壬子 |

实用 干支 万年历

# 公元2038年　　农历戊午(马)年

## 7月大

小暑　7日07时33分
大暑　23日01时00分

农历六月(7月2日－7月31日)　　月干支:己未

| 公历 | 星期 | 农历 | 干支 | 日建 | 星宿 | 五行 | 八卦 | 五气 | 五脏 | 五汁 | 时辰 |
|---|---|---|---|---|---|---|---|---|---|---|---|
| 1 | 四 | 廿九 | 己卯 | 收 | 井 | 土 | 乾 | 湿 | 脾 | 涎 | 甲子 |
| 2 | 五 | 六月 | 庚辰 | 开 | 鬼 | 金 | 坎 | 燥 | 肺 | 涕 | 丙子 |
| 3 | 六 | 初二 | 辛巳 | 闭 | 柳 | 金 | 艮 | 燥 | 肺 | 涕 | 戊子 |
| 4 | 日 | 初三 | 壬午 | 建 | 星 | 木 | 坤 | 风 | 肝 | 泪 | 庚子 |
| 5 | 一 | 初四 | 癸未 | 除 | 张 | 木 | 乾 | 风 | 肝 | 泪 | 壬子 |
| 6 | 二 | 初五 | 甲申 | 满 | 翼 | 水 | 兑 | 寒 | 肾 | 唾 | 甲子 |
| 7 | 三 | 初六 | 乙酉 | 满 | 轸 | 水 | 离 | 寒 | 肾 | 唾 | 丙子 |
| 8 | 四 | 初七 | 丙戌 | 平 | 角 | 土 | 震 | 湿 | 脾 | 涎 | 戊子 |
| 9 | 五 | 初八 | 丁亥 | 定 | 亢 | 土 | 巽 | 湿 | 脾 | 涎 | 庚子 |
| 10 | 六 | 初九 | 戊子 | 执 | 氐 | 火 | 坎 | 热 | 心 | 汗 | 壬子 |
| 11 | 日 | 初十 | 己丑 | 破 | 房 | 火 | 艮 | 热 | 心 | 汗 | 甲子 |
| 12 | 一 | 十一 | 庚寅 | 危 | 心 | 木 | 坤 | 风 | 肝 | 泪 | 丙子 |
| 13 | 二 | 十二 | 辛卯 | 成 | 尾 | 木 | 乾 | 风 | 肝 | 泪 | 戊子 |
| 14 | 三 | 十三 | 壬辰 | 收 | 箕 | 水 | 兑 | 寒 | 肾 | 唾 | 庚子 |
| 15 | 四 | 十四 | 癸巳 | 开 | 斗 | 水 | 离 | 寒 | 肾 | 唾 | 壬子 |
| 16 | 五 | 十五 | 甲午 | 闭 | 牛 | 金 | 震 | 燥 | 肺 | 涕 | 甲子 |
| 17 | 六 | 十六 | 乙未 | 建 | 女 | 金 | 巽 | 燥 | 肺 | 涕 | 丙子 |
| 18 | 日 | 十七 | 丙申 | 除 | 虚 | 火 | 坎 | 热 | 心 | 汗 | 戊子 |
| 19 | 一 | 十八 | 丁酉 | 满 | 危 | 火 | 艮 | 热 | 心 | 汗 | 庚子 |
| 20 | 二 | 十九 | 戊戌 | 平 | 室 | 木 | 坤 | 风 | 肝 | 泪 | 壬子 |
| 21 | 三 | 二十 | 己亥 | 定 | 壁 | 木 | 乾 | 风 | 肝 | 泪 | 甲子 |
| 22 | 四 | 廿一 | 庚子 | 执 | 奎 | 土 | 兑 | 湿 | 脾 | 涎 | 丙子 |
| 23 | 五 | 廿二 | 辛丑 | 破 | 娄 | 土 | 离 | 湿 | 脾 | 涎 | 戊子 |
| 24 | 六 | 廿三 | 壬寅 | 危 | 胃 | 金 | 震 | 燥 | 肺 | 涕 | 庚子 |
| 25 | 日 | 廿四 | 癸卯 | 成 | 昴 | 金 | 巽 | 燥 | 肺 | 涕 | 壬子 |
| 26 | 一 | 廿五 | 甲辰 | 收 | 毕 | 火 | 坎 | 热 | 心 | 汗 | 甲子 |
| 27 | 二 | 廿六 | 乙巳 | 开 | 觜 | 火 | 艮 | 热 | 心 | 汗 | 丙子 |
| 28 | 三 | 廿七 | 丙午 | 闭 | 参 | 水 | 坤 | 寒 | 肾 | 唾 | 戊子 |
| 29 | 四 | 廿八 | 丁未 | 建 | 井 | 水 | 乾 | 寒 | 肾 | 唾 | 庚子 |
| 30 | 五 | 廿九 | 戊申 | 除 | 鬼 | 土 | 坤 | 湿 | 脾 | 涎 | 壬子 |
| 31 | 六 | 三十 | 己酉 | 满 | 柳 | 土 | 离 | 湿 | 脾 | 涎 | 甲子 |

## 8月大

立秋　7日17时21分
处暑　23日08时10分

农历七月(8月1日－8月29日)　　月干支:庚申

| 公历 | 星期 | 农历 | 干支 | 日建 | 星宿 | 五行 | 八卦 | 五气 | 五脏 | 五汁 | 时辰 |
|---|---|---|---|---|---|---|---|---|---|---|---|
| 1 | 日 | 七月 | 庚戌 | 平 | 星 | 金 | 艮 | 燥 | 肺 | 涕 | 丙子 |
| 2 | 一 | 初二 | 辛亥 | 定 | 张 | 金 | 坤 | 燥 | 肺 | 涕 | 戊子 |
| 3 | 二 | 初三 | 壬子 | 执 | 翼 | 木 | 乾 | 风 | 肝 | 泪 | 庚子 |
| 4 | 三 | 初四 | 癸丑 | 破 | 轸 | 木 | 兑 | 风 | 肝 | 泪 | 壬子 |
| 5 | 四 | 初五 | 甲寅 | 危 | 角 | 水 | 离 | 寒 | 肾 | 唾 | 甲子 |
| 6 | 五 | 初六 | 乙卯 | 成 | 亢 | 水 | 震 | 寒 | 肾 | 唾 | 丙子 |
| 7 | 六 | 初七 | 丙辰 | 成 | 氐 | 土 | 巽 | 湿 | 脾 | 涎 | 戊子 |
| 8 | 日 | 初八 | 丁巳 | 收 | 房 | 土 | 坎 | 湿 | 脾 | 涎 | 庚子 |
| 9 | 一 | 初九 | 戊午 | 开 | 心 | 火 | 艮 | 热 | 心 | 汗 | 壬子 |
| 10 | 二 | 初十 | 己未 | 闭 | 尾 | 火 | 坤 | 热 | 心 | 汗 | 甲子 |
| 11 | 三 | 十一 | 庚申 | 建 | 箕 | 木 | 乾 | 风 | 肝 | 泪 | 丙子 |
| 12 | 四 | 十二 | 辛酉 | 除 | 斗 | 木 | 兑 | 风 | 肝 | 泪 | 戊子 |
| 13 | 五 | 十三 | 壬戌 | 满 | 牛 | 水 | 离 | 寒 | 肾 | 唾 | 庚子 |
| 14 | 六 | 十四 | 癸亥 | 平 | 女 | 水 | 震 | 寒 | 肾 | 唾 | 壬子 |
| 15 | 日 | 十五 | 甲子 | 定 | 虚 | 金 | 巽 | 燥 | 肺 | 涕 | 甲子 |
| 16 | 一 | 十六 | 乙丑 | 执 | 危 | 金 | 坎 | 燥 | 肺 | 涕 | 丙子 |
| 17 | 二 | 十七 | 丙寅 | 破 | 室 | 火 | 艮 | 热 | 心 | 汗 | 戊子 |
| 18 | 三 | 十八 | 丁卯 | 危 | 壁 | 火 | 坤 | 热 | 心 | 汗 | 庚子 |
| 19 | 四 | 十九 | 戊辰 | 成 | 奎 | 木 | 乾 | 风 | 肝 | 泪 | 壬子 |
| 20 | 五 | 二十 | 己巳 | 收 | 娄 | 木 | 兑 | 风 | 肝 | 泪 | 甲子 |
| 21 | 六 | 廿一 | 庚午 | 开 | 胃 | 土 | 离 | 湿 | 脾 | 涎 | 丙子 |
| 22 | 日 | 廿二 | 辛未 | 闭 | 昴 | 土 | 震 | 湿 | 脾 | 涎 | 戊子 |
| 23 | 一 | 廿三 | 壬申 | 建 | 毕 | 金 | 巽 | 燥 | 肺 | 涕 | 庚子 |
| 24 | 二 | 廿四 | 癸酉 | 除 | 觜 | 金 | 坎 | 燥 | 肺 | 涕 | 壬子 |
| 25 | 三 | 廿五 | 甲戌 | 满 | 参 | 火 | 艮 | 热 | 心 | 汗 | 甲子 |
| 26 | 四 | 廿六 | 乙亥 | 平 | 井 | 火 | 坤 | 热 | 心 | 汗 | 丙子 |
| 27 | 五 | 廿七 | 丙子 | 定 | 鬼 | 水 | 乾 | 寒 | 肾 | 唾 | 戊子 |
| 28 | 六 | 廿八 | 丁丑 | 执 | 柳 | 水 | 兑 | 寒 | 肾 | 唾 | 庚子 |
| 29 | 日 | 廿九 | 戊寅 | 破 | 星 | 土 | 离 | 湿 | 脾 | 涎 | 壬子 |
| 30 | 一 | 八月 | 己卯 | 危 | 张 | 土 | 坤 | 湿 | 脾 | 涎 | 甲子 |
| 31 | 二 | 初二 | 庚辰 | 成 | 翼 | 金 | 乾 | 燥 | 肺 | 涕 | 丙子 |

# 公元2038年　　　　农历戊午(马)年

## 9月小
白露　7日20时27分
秋分　23日06时03分

农历八月(8月30日–9月28日)　月干支:辛酉

| 公历 | 星期 | 农历 | 干支 | 日建 | 星宿 | 五行 | 八卦 | 五气 | 五脏 | 五汁 | 时辰 |
|---|---|---|---|---|---|---|---|---|---|---|---|
| 1 | 三 | 八月 | 辛巳 | 收 | 轸 | 金 | 兑 | 燥 | 肺 | 涕 | 戊子 |
| 2 | 四 | 初四 | 壬午 | 开 | 角 | 木 | 离 | 风 | 肝 | 泪 | 庚子 |
| 3 | 五 | 初五 | 癸未 | 闭 | 亢氐 | 木 | 震 | 风 | 肝 | 泪 | 壬子 |
| 4 | 六 | 初六 | 甲申 | 建 | 氐房 | 水 | 巽 | 寒 | 肾 | 唾 | 甲子 |
| 5 | 日 | 初七 | 乙酉 | 除 | 房 | 水 | 坎 | 寒 | 肾 | 唾 | 丙子 |
| 6 | 一 | 初八 | 丙戌 | 满 | 心 | 土 | 艮 | 湿 | 脾 | 涎 | 戊子 |
| 7 | 二 | 初九 | 丁亥 | 满 | 尾 | 土 | 坤 | 湿 | 脾 | 涎 | 庚子 |
| 8 | 三 | 初十 | 戊子 | 平 | 箕 | 火 | 乾 | 热 | 心 | 汗 | 壬子 |
| 9 | 四 | 十一 | 己丑 | 定 | 斗 | 火 | 兑 | 热 | 心 | 汗 | 甲子 |
| 10 | 五 | 十二 | 庚寅 | 执 | 牛 | 木 | 离 | 风 | 肝 | 泪 | 丙子 |
| 11 | 六 | 十三 | 辛卯 | 破 | 女 | 木 | 震 | 风 | 肝 | 泪 | 戊子 |
| 12 | 日 | 十四 | 壬辰 | 危 | 虚 | 水 | 巽 | 寒 | 肾 | 唾 | 庚子 |
| 13 | 一 | 十五 | 癸巳 | 成 | 危 | 水 | 坎 | 寒 | 肾 | 唾 | 壬子 |
| 14 | 二 | 十六 | 甲午 | 收 | 室 | 金 | 艮 | 燥 | 肺 | 涕 | 甲子 |
| 15 | 三 | 十七 | 乙未 | 开 | 壁 | 金 | 坤 | 燥 | 肺 | 涕 | 丙子 |
| 16 | 四 | 十八 | 丙申 | 闭 | 奎娄 | 火 | 乾 | 热 | 心 | 汗 | 戊子 |
| 17 | 五 | 十九 | 丁酉 | 建 | 娄胃 | 火 | 兑 | 热 | 心 | 汗 | 庚子 |
| 18 | 六 | 二十 | 戊戌 | 除 | 胃 | 木 | 离 | 风 | 肝 | 泪 | 壬子 |
| 19 | 日 | 廿一 | 己亥 | 满 | 昴毕 | 木 | 震 | 风 | 肝 | 泪 | 甲子 |
| 20 | 一 | 廿二 | 庚子 | 平 | 毕 | 土 | 巽 | 湿 | 脾 | 涎 | 丙子 |
| 21 | 二 | 廿三 | 辛丑 | 定 | 觜 | 土 | 坎 | 湿 | 脾 | 涎 | 戊子 |
| 22 | 三 | 廿四 | 壬寅 | 执 | 参井 | 金 | 艮 | 燥 | 肺 | 涕 | 庚子 |
| 23 | 四 | 廿五 | 癸卯 | 破 | 井 | 金 | 坤 | 燥 | 肺 | 涕 | 壬子 |
| 24 | 五 | 廿六 | 甲辰 | 危 | 鬼 | 火 | 乾 | 热 | 心 | 汗 | 甲子 |
| 25 | 六 | 廿七 | 乙巳 | 成 | 柳 | 火 | 兑 | 热 | 心 | 汗 | 丙子 |
| 26 | 日 | 廿八 | 丙午 | 收 | 星 | 水 | 离 | 寒 | 肾 | 唾 | 戊子 |
| 27 | 一 | 廿九 | 丁未 | 开 | 张 | 水 | 震 | 寒 | 肾 | 唾 | 庚子 |
| 28 | 二 | 三十 | 戊申 | 闭 | 翼 | 土 | 巽 | 湿 | 脾 | 涎 | 壬子 |
| 29 | 三 | 九月 | 己酉 | 建 | 轸 | 土 | 乾 | 湿 | 脾 | 涎 | 甲子 |
| 30 | 四 | 初二 | 庚戌 | 除 | 角 | 金 | 坤 | 燥 | 肺 | 涕 | 丙子 |
| 31 | | | | | | | | | | | |

## 10月大
寒露　8日12时22分
霜降　23日15时41分

农历九月(9月29日–10月27日)　月干支:壬戌

| 公历 | 星期 | 农历 | 干支 | 日建 | 星宿 | 五行 | 八卦 | 五气 | 五脏 | 五汁 | 时辰 |
|---|---|---|---|---|---|---|---|---|---|---|---|
| 1 | 五 | 九月 | 辛亥 | 满 | 亢氐 | 金 | 离 | 燥 | 肺 | 涕 | 戊子 |
| 2 | 六 | 初四 | 壬子 | 平 | 氐房 | 木 | 震 | 风 | 肝 | 泪 | 庚子 |
| 3 | 日 | 初五 | 癸丑 | 定 | 房心 | 木 | 巽 | 风 | 肝 | 泪 | 壬子 |
| 4 | 一 | 初六 | 甲寅 | 执 | 心尾 | 水 | 坎 | 寒 | 肾 | 唾 | 甲子 |
| 5 | 二 | 初七 | 乙卯 | 破 | 尾 | 水 | 艮 | 寒 | 肾 | 唾 | 丙子 |
| 6 | 三 | 初八 | 丙辰 | 危 | 箕斗 | 土 | 坤 | 湿 | 脾 | 涎 | 戊子 |
| 7 | 四 | 初九 | 丁巳 | 成 | 斗牛 | 土 | 乾 | 湿 | 脾 | 涎 | 庚子 |
| 8 | 五 | 初十 | 戊午 | 成 | 女 | 火 | 兑 | 热 | 心 | 汗 | 壬子 |
| 9 | 六 | 十一 | 己未 | 收 | 虚 | 火 | 离 | 热 | 心 | 汗 | 甲子 |
| 10 | 日 | 十二 | 庚申 | 开 | 危 | 木 | 震 | 风 | 肝 | 泪 | 丙子 |
| 11 | 一 | 十三 | 辛酉 | 闭 | 室 | 木 | 巽 | 风 | 肝 | 泪 | 戊子 |
| 12 | 二 | 十四 | 壬戌 | 建 | 壁 | 水 | 坎 | 寒 | 肾 | 唾 | 庚子 |
| 13 | 三 | 十五 | 癸亥 | 除 | 奎 | 水 | 艮 | 寒 | 肾 | 唾 | 壬子 |
| 14 | 四 | 十六 | 甲子 | 满 | 娄 | 金 | 坤 | 燥 | 肺 | 涕 | 甲子 |
| 15 | 五 | 十七 | 乙丑 | 平 | 娄 | 金 | 乾 | 燥 | 肺 | 涕 | 丙子 |
| 16 | 六 | 十八 | 丙寅 | 定 | 胃昴 | 火 | 离 | 热 | 心 | 汗 | 戊子 |
| 17 | 日 | 十九 | 丁卯 | 执 | 毕觜 | 火 | 震 | 热 | 心 | 汗 | 庚子 |
| 18 | 一 | 二十 | 戊辰 | 破 | 觜参 | 木 | 巽 | 风 | 肝 | 泪 | 壬子 |
| 19 | 二 | 廿一 | 己巳 | 危 | 参 | 木 | 坎 | 风 | 肝 | 泪 | 甲子 |
| 20 | 三 | 廿二 | 庚午 | 成 | 井 | 土 | 巽 | 湿 | 脾 | 涎 | 丙子 |
| 21 | 四 | 廿三 | 辛未 | 收 | 井鬼 | 土 | 艮 | 湿 | 脾 | 涎 | 戊子 |
| 22 | 五 | 廿四 | 壬申 | 开 | 柳 | 金 | 坤 | 燥 | 肺 | 涕 | 庚子 |
| 23 | 六 | 廿五 | 癸酉 | 闭 | 星张 | 金 | 乾 | 燥 | 肺 | 涕 | 壬子 |
| 24 | 日 | 廿六 | 甲戌 | 建 | 张 | 火 | 兑 | 热 | 心 | 汗 | 甲子 |
| 25 | 一 | 廿七 | 乙亥 | 除 | 翼 | 火 | 离 | 热 | 心 | 汗 | 丙子 |
| 26 | 二 | 廿八 | 丙子 | 满 | 翼 | 水 | 震 | 寒 | 肾 | 唾 | 戊子 |
| 27 | 三 | 廿九 | 丁丑 | 平 | 轸角 | 水 | 巽 | 寒 | 肾 | 唾 | 庚子 |
| 28 | 四 | 十月 | 戊寅 | 定 | 角亢 | 土 | 坎 | 湿 | 脾 | 涎 | 壬子 |
| 29 | 五 | 初二 | 己卯 | 执 | 亢氐 | 土 | 艮 | 湿 | 脾 | 涎 | 甲子 |
| 30 | 六 | 初三 | 庚辰 | 破 | 氐房 | 金 | 坤 | 燥 | 肺 | 涕 | 丙子 |
| 31 | 日 | 初四 | 辛巳 | 危 | 房 | 金 | 巽 | 燥 | 肺 | 涕 | 戊子 |

实用干支万年历

# 公元 2038 年　　　　农历戊午(马)年

| 11 月小 | | 立冬　7 日 15 时 52 分　小雪　22 日 13 时 32 分 | | | | | | | | | 12 月大 | | 大雪　7 日 08 时 57 分　冬至　22 日 03 时 03 分 | | | | | | | |
|---|---|---|---|---|---|---|---|---|---|---|---|---|---|---|---|---|---|---|---|---|
| 农历十月(10月28日–11月25日)　月干支:癸亥 | | | | | | | | | | | 农历冬月(11月26日–12月25日)　月干支:甲子 | | | | | | | | | |
| 公历 | 星期 | 农历 | 干支 | 日建 | 星宿 | 五行 | 八卦 | 五气 | 五脏 | 五汁 | 时辰 | 公历 | 星期 | 农历 | 干支 | 日建 | 星宿 | 五行 | 八卦 | 五气 | 五脏 | 五汁 | 时辰 |
| 1 | 一 | 十月 | 壬午 | 成 | 心 | 木 | 坎 | 风 | 肝 | 泪 | 庚子 | 1 | 三 | 冬月 | 壬子 | 除 | 箕 | 木 | 坤 | 风 | 肝 | 泪 | 庚子 |
| 2 | 二 | 初六 | 癸未 | 收 | 尾 | 木 | 艮 | 风 | 肝 | 泪 | 壬子 | 2 | 四 | 初七 | 癸丑 | 满 | 斗 | 木 | 乾 | 风 | 肝 | 泪 | 壬子 |
| 3 | 三 | 初七 | 甲申 | 开 | 箕 | 水 | 坤 | 寒 | 肾 | 唾 | 甲子 | 3 | 五 | 初八 | 甲寅 | 平 | 牛 | 水 | 兑 | 寒 | 肾 | 唾 | 甲子 |
| 4 | 四 | 初八 | 乙酉 | 闭 | 斗 | 水 | 乾 | 寒 | 肾 | 唾 | 丙子 | 4 | 六 | 初九 | 乙卯 | 定 | 女 | 水 | 离 | 寒 | 肾 | 唾 | 丙子 |
| 5 | 五 | 初九 | 丙戌 | 建 | 牛 | 土 | 兑 | 湿 | 脾 | 涎 | 戊子 | 5 | 日 | 初十 | 丙辰 | 执 | 虚 | 土 | 震 | 湿 | 脾 | 涎 | 戊子 |
| 6 | 六 | 初十 | 丁亥 | 除 | 女 | 土 | 离 | 湿 | 脾 | 涎 | 庚子 | 6 | 一 | 十一 | 丁巳 | 破 | 危 | 土 | 巽 | 湿 | 脾 | 涎 | 庚子 |
| 7 | 日 | 十一 | 戊子 | 满 | 虚 | 火 | 震 | 热 | 心 | 汗 | 壬子 | 7 | 二 | 十二 | 戊午 | 破 | 室 | 火 | 坎 | 热 | 心 | 汗 | 壬子 |
| 8 | 一 | 十二 | 己丑 | 平 | 危 | 火 | 巽 | 热 | 心 | 汗 | 甲子 | 8 | 三 | 十三 | 己未 | 危 | 壁 | 火 | 艮 | 热 | 心 | 汗 | 甲子 |
| 9 | 二 | 十三 | 庚寅 | 定 | 室 | 木 | 坎 | 风 | 肝 | 泪 | 丙子 | 9 | 四 | 十四 | 庚申 | 成 | 奎 | 木 | 坤 | 风 | 肝 | 泪 | 丙子 |
| 10 | 三 | 十四 | 辛卯 | 执 | 壁 | 木 | 艮 | 风 | 肝 | 泪 | 戊子 | 10 | 五 | 十五 | 辛酉 | 收 | 娄 | 木 | 乾 | 风 | 肝 | 泪 | 戊子 |
| 11 | 四 | 十五 | 壬辰 | 破 | 奎 | 水 | 坤 | 寒 | 肾 | 唾 | 庚子 | 11 | 六 | 十六 | 壬戌 | 开 | 胃 | 水 | 兑 | 寒 | 肾 | 唾 | 庚子 |
| 12 | 五 | 十六 | 癸巳 | 危 | 娄 | 水 | 乾 | 寒 | 肾 | 唾 | 壬子 | 12 | 日 | 十七 | 癸亥 | 闭 | 昴 | 水 | 离 | 寒 | 肾 | 唾 | 壬子 |
| 13 | 六 | 十七 | 甲午 | 成 | 胃 | 金 | 兑 | 燥 | 肺 | 涕 | 甲子 | 13 | 一 | 十八 | 甲子 | 建 | 毕 | 金 | 震 | 燥 | 肺 | 涕 | 甲子 |
| 14 | 日 | 十八 | 乙未 | 收 | 昴 | 金 | 离 | 燥 | 肺 | 涕 | 丙子 | 14 | 二 | 十九 | 乙丑 | 除 | 觜 | 金 | 巽 | 燥 | 肺 | 涕 | 丙子 |
| 15 | 一 | 十九 | 丙申 | 开 | 毕 | 火 | 震 | 热 | 心 | 汗 | 戊子 | 15 | 三 | 二十 | 丙寅 | 满 | 参 | 火 | 坎 | 热 | 心 | 汗 | 戊子 |
| 16 | 二 | 二十 | 丁酉 | 闭 | 觜 | 火 | 巽 | 热 | 心 | 汗 | 庚子 | 16 | 四 | 廿一 | 丁卯 | 平 | 井 | 火 | 艮 | 热 | 心 | 汗 | 庚子 |
| 17 | 三 | 廿一 | 戊戌 | 建 | 参 | 木 | 坎 | 风 | 肝 | 泪 | 壬子 | 17 | 五 | 廿二 | 戊辰 | 定 | 鬼 | 木 | 坤 | 风 | 肝 | 泪 | 壬子 |
| 18 | 四 | 廿二 | 己亥 | 除 | 井 | 木 | 艮 | 风 | 肝 | 泪 | 甲子 | 18 | 六 | 廿三 | 己巳 | 执 | 柳 | 木 | 乾 | 风 | 肝 | 泪 | 甲子 |
| 19 | 五 | 廿三 | 庚子 | 满 | 鬼 | 土 | 坤 | 湿 | 脾 | 涎 | 丙子 | 19 | 日 | 廿四 | 庚午 | 破 | 星 | 土 | 兑 | 湿 | 脾 | 涎 | 丙子 |
| 20 | 六 | 廿四 | 辛丑 | 平 | 柳 | 土 | 乾 | 湿 | 脾 | 涎 | 戊子 | 20 | 一 | 廿五 | 辛未 | 危 | 张 | 土 | 离 | 湿 | 脾 | 涎 | 戊子 |
| 21 | 日 | 廿五 | 壬寅 | 定 | 星 | 金 | 兑 | 燥 | 肺 | 涕 | 庚子 | 21 | 二 | 廿六 | 壬申 | 成 | 翼 | 金 | 震 | 燥 | 肺 | 涕 | 庚子 |
| 22 | 一 | 廿六 | 癸卯 | 执 | 张 | 金 | 离 | 燥 | 肺 | 涕 | 壬子 | 22 | 三 | 廿七 | 癸酉 | 收 | 轸 | 金 | 巽 | 燥 | 肺 | 涕 | 壬子 |
| 23 | 二 | 廿七 | 甲辰 | 破 | 翼 | 火 | 震 | 热 | 心 | 汗 | 甲子 | 23 | 四 | 廿八 | 甲戌 | 开 | 角 | 火 | 坎 | 热 | 心 | 汗 | 甲子 |
| 24 | 三 | 廿八 | 乙巳 | 危 | 轸 | 火 | 巽 | 热 | 心 | 汗 | 丙子 | 24 | 五 | 廿九 | 乙亥 | 闭 | 亢 | 火 | 艮 | 热 | 心 | 汗 | 丙子 |
| 25 | 四 | 廿九 | 丙午 | 成 | 角 | 水 | 坎 | 寒 | 肾 | 唾 | 戊子 | 25 | 六 | 三十 | 丙子 | 建 | 氐 | 水 | 坤 | 寒 | 肾 | 唾 | 戊子 |
| 26 | 五 | 冬月 | 丁未 | 收 | 亢 | 水 | 离 | 寒 | 肾 | 唾 | 庚子 | 26 | 日 | 腊月 | 丁丑 | 除 | 房 | 水 | 乾 | 寒 | 肾 | 唾 | 庚子 |
| 27 | 六 | 初二 | 戊申 | 开 | 氐 | 土 | 震 | 湿 | 脾 | 涎 | 壬子 | 27 | 一 | 初二 | 戊寅 | 满 | 心 | 土 | 兑 | 湿 | 脾 | 涎 | 壬子 |
| 28 | 日 | 初三 | 己酉 | 闭 | 房 | 土 | 巽 | 湿 | 脾 | 涎 | 甲子 | 28 | 二 | 初三 | 己卯 | 平 | 尾 | 土 | 离 | 湿 | 脾 | 涎 | 甲子 |
| 29 | 一 | 初四 | 庚戌 | 建 | 心 | 金 | 坎 | 燥 | 肺 | 涕 | 丙子 | 29 | 三 | 初四 | 庚辰 | 定 | 箕 | 金 | 震 | 燥 | 肺 | 涕 | 丙子 |
| 30 | 二 | 初五 | 辛亥 | 除 | 尾 | 金 | 艮 | 燥 | 肺 | 涕 | 戊子 | 30 | 四 | 初五 | 辛巳 | 执 | 斗 | 金 | 巽 | 燥 | 肺 | 涕 | 戊子 |
| 31 | | | | | | | | | | | | 31 | 五 | 初六 | 壬午 | 破 | 牛 | 木 | 坎 | 风 | 肝 | 泪 | 庚子 |

# 公元2039年　　农历己未(羊)年(闰五月)

## 1月大
小寒　5日20时17分
大寒　20日13时44分

农历腊月(12月26日-1月23日)　月干支:乙丑

| 公历 | 星期 | 农历 | 干支 | 日建 | 星宿 | 五行 | 八卦 | 五气 | 五脏 | 五汁 | 时辰 |
|---|---|---|---|---|---|---|---|---|---|---|---|
| 1 | 六 | 腊月 | 癸未 | 危 | 女 | 木 | 兑 | 风 | 肝 | 泪 | 壬子 |
| 2 | 日 | 初八 | 甲申 | 成 | 虚 | 水 | 离 | 寒 | 肾 | 唾 | 甲子 |
| 3 | 一 | 初九 | 乙酉 | 收 | 危 | 水 | 震 | 寒 | 肾 | 唾 | 丙子 |
| 4 | 二 | 初十 | 丙戌 | 开 | 室 | 土 | 巽 | 湿 | 脾 | 涎 | 戊子 |
| 5 | 三 | 十一 | 丁亥 | 开 | 壁 | 土 | 坎 | 湿 | 脾 | 涎 | 庚子 |
| 6 | 四 | 十二 | 戊子 | 闭 | 奎 | 火 | 艮 | 热 | 心 | 汗 | 壬子 |
| 7 | 五 | 十三 | 己丑 | 建 | 娄 | 火 | 乾 | 热 | 心 | 汗 | 甲子 |
| 8 | 六 | 十四 | 庚寅 | 除 | 胃 | 木 | 兑 | 风 | 肝 | 泪 | 丙子 |
| 9 | 日 | 十五 | 辛卯 | 满 | 昴 | 木 | 离 | 风 | 肝 | 泪 | 戊子 |
| 10 | 一 | 十六 | 壬辰 | 平 | 毕 | 水 | 震 | 寒 | 肾 | 唾 | 庚子 |
| 11 | 二 | 十七 | 癸巳 | 定 | 觜 | 水 | 巽 | 寒 | 肾 | 唾 | 壬子 |
| 12 | 三 | 十八 | 甲午 | 执 | 参 | 金 | 坎 | 燥 | 肺 | 涕 | 甲子 |
| 13 | 四 | 十九 | 乙未 | 破 | 井 | 金 | 艮 | 燥 | 肺 | 涕 | 丙子 |
| 14 | 五 | 二十 | 丙申 | 危 | 鬼 | 火 | 乾 | 热 | 心 | 汗 | 戊子 |
| 15 | 六 | 廿一 | 丁酉 | 成 | 柳 | 火 | 兑 | 热 | 心 | 汗 | 庚子 |
| 16 | 日 | 廿二 | 戊戌 | 收 | 星 | 木 | 离 | 风 | 肝 | 泪 | 壬子 |
| 17 | 一 | 廿三 | 己亥 | 开 | 张 | 木 | 震 | 风 | 肝 | 泪 | 甲子 |
| 18 | 二 | 廿四 | 庚子 | 闭 | 翼 | 土 | 巽 | 湿 | 脾 | 涎 | 丙子 |
| 19 | 三 | 廿五 | 辛丑 | 建 | 轸 | 土 | 坎 | 湿 | 脾 | 涎 | 戊子 |
| 20 | 四 | 廿六 | 壬寅 | 除 | 角 | 金 | 艮 | 燥 | 肺 | 涕 | 庚子 |
| 21 | 五 | 廿七 | 癸卯 | 满 | 亢 | 金 | 坎 | 燥 | 肺 | 涕 | 壬子 |
| 22 | 六 | 廿八 | 甲辰 | 平 | 氐 | 火 | 艮 | 热 | 心 | 汗 | 甲子 |
| 23 | 日 | 廿九 | 乙巳 | 定 | 房 | 火 | 乾 | 热 | 心 | 汗 | 丙子 |
| 24 | 一 | 正月 | 丙午 | 执 | 心 | 水 | 兑 | 寒 | 肾 | 唾 | 戊子 |
| 25 | 二 | 初二 | 丁未 | 破 | 尾 | 水 | 离 | 寒 | 肾 | 唾 | 庚子 |
| 26 | 三 | 初三 | 戊申 | 危 | 箕 | 土 | 震 | 湿 | 脾 | 涎 | 壬子 |
| 27 | 四 | 初四 | 己酉 | 成 | 斗 | 土 | 巽 | 湿 | 脾 | 涎 | 甲子 |
| 28 | 五 | 初五 | 庚戌 | 收 | 牛 | 金 | 坎 | 燥 | 肺 | 涕 | 丙子 |
| 29 | 六 | 初六 | 辛亥 | 开 | 女 | 金 | 坤 | 燥 | 肺 | 涕 | 戊子 |
| 30 | 日 | 初七 | 壬子 | 闭 | 虚 | 木 | 乾 | 风 | 肝 | 泪 | 庚子 |
| 31 | 一 | 初八 | 癸丑 | 建 | 危 | 木 | 兑 | 风 | 肝 | 泪 | 壬子 |

## 2月平
立春　4日07时53分
雨水　19日03时46分

农历正月(1月24日-2月22日)　月干支:丙寅

| 公历 | 星期 | 农历 | 干支 | 日建 | 星宿 | 五行 | 八卦 | 五气 | 五脏 | 五汁 | 时辰 |
|---|---|---|---|---|---|---|---|---|---|---|---|
| 1 | 二 | 正月 | 甲寅 | 除 | 室 | 水 | 兑 | 寒 | 肾 | 唾 | 甲子 |
| 2 | 三 | 初十 | 乙卯 | 满 | 壁 | 水 | 离 | 寒 | 肾 | 唾 | 丙子 |
| 3 | 四 | 十一 | 丙辰 | 平 | 奎 | 土 | 震 | 湿 | 脾 | 涎 | 戊子 |
| 4 | 五 | 十二 | 丁巳 | 平 | 娄 | 土 | 巽 | 湿 | 脾 | 涎 | 庚子 |
| 5 | 六 | 十三 | 戊午 | 定 | 胃 | 火 | 坎 | 热 | 心 | 汗 | 壬子 |
| 6 | 日 | 十四 | 己未 | 执 | 昴 | 火 | 艮 | 热 | 心 | 汗 | 甲子 |
| 7 | 一 | 十五 | 庚申 | 破 | 毕 | 木 | 乾 | 风 | 肝 | 泪 | 丙子 |
| 8 | 二 | 十六 | 辛酉 | 危 | 觜 | 木 | 兑 | 风 | 肝 | 泪 | 戊子 |
| 9 | 三 | 十七 | 壬戌 | 成 | 参 | 水 | 离 | 寒 | 肾 | 唾 | 庚子 |
| 10 | 四 | 十八 | 癸亥 | 收 | 井 | 水 | 震 | 寒 | 肾 | 唾 | 壬子 |
| 11 | 五 | 十九 | 甲子 | 开 | 鬼 | 金 | 巽 | 燥 | 肺 | 涕 | 甲子 |
| 12 | 六 | 二十 | 乙丑 | 闭 | 柳 | 金 | 坎 | 燥 | 肺 | 涕 | 丙子 |
| 13 | 日 | 廿一 | 丙寅 | 建 | 星 | 火 | 艮 | 热 | 心 | 汗 | 戊子 |
| 14 | 一 | 廿二 | 丁卯 | 除 | 张 | 火 | 乾 | 热 | 心 | 汗 | 庚子 |
| 15 | 二 | 廿三 | 戊辰 | 满 | 翼 | 木 | 兑 | 风 | 肝 | 泪 | 壬子 |
| 16 | 三 | 廿四 | 己巳 | 平 | 轸 | 土 | 离 | 湿 | 脾 | 涎 | 甲子 |
| 17 | 四 | 廿五 | 庚午 | 定 | 角 | 土 | 震 | 湿 | 脾 | 涎 | 丙子 |
| 18 | 五 | 廿六 | 辛未 | 执 | 亢 | 金 | 巽 | 燥 | 肺 | 涕 | 戊子 |
| 19 | 六 | 廿七 | 壬申 | 破 | 氐 | 金 | 坎 | 燥 | 肺 | 涕 | 庚子 |
| 20 | 日 | 廿八 | 癸酉 | 危 | 房 | 金 | 艮 | 燥 | 肺 | 涕 | 壬子 |
| 21 | 一 | 廿九 | 甲戌 | 成 | 心 | 火 | 坎 | 热 | 心 | 汗 | 甲子 |
| 22 | 二 | 三十 | 乙亥 | 收 | 尾 | 火 | 离 | 热 | 心 | 汗 | 丙子 |
| 23 | 三 | 二月 | 丙子 | 开 | 箕 | 水 | 震 | 寒 | 肾 | 唾 | 戊子 |
| 24 | 四 | 初二 | 丁丑 | 闭 | 斗 | 水 | 巽 | 寒 | 肾 | 唾 | 庚子 |
| 25 | 五 | 初三 | 戊寅 | 建 | 牛 | 土 | 坎 | 湿 | 脾 | 涎 | 壬子 |
| 26 | 六 | 初四 | 己卯 | 除 | 女 | 土 | 艮 | 湿 | 脾 | 涎 | 甲子 |
| 27 | 日 | 初五 | 庚辰 | 满 | 虚 | 金 | 坤 | 燥 | 肺 | 涕 | 丙子 |
| 28 | 一 | 初六 | 辛巳 | 平 | 危 | 金 |  | 燥 | 肺 | 涕 | 戊子 |

# 公元2039年　农历己未(羊)年(闰五月)

## 3月大

惊蛰　6日01时43分　　春分　21日02时32分

农历二月(2月23日-3月24日)　月干支:丁卯

| 公历 | 星期 | 农历 | 干支 | 日建 | 星宿 | 五行 | 八卦 | 五气 | 五脏 | 五汁 | 时辰 |
|---|---|---|---|---|---|---|---|---|---|---|---|
| 1 | 二 | 二月 | 壬午 | 定 | 室 | 木 | 乾 | 风 | 肝 | 泪 | 庚子 |
| 2 | 三 | 初八 | 癸未 | 执 | 壁 | 木 | 兑 | 风 | 肝 | 泪 | 壬子 |
| 3 | 四 | 初九 | 甲申 | 破 | 奎 | 水 | 离 | 寒 | 肾 | 唾 | 甲子 |
| 4 | 五 | 初十 | 乙酉 | 危 | 娄 | 水 | 震 | 寒 | 肾 | 唾 | 丙子 |
| 5 | 六 | 十一 | 丙戌 | 成 | 胃 | 土 | 巽 | 湿 | 脾 | 涎 | 戊子 |
| 6 | 日 | 十二 | 丁亥 | 成 | 昴 | 土 | 坎 | 湿 | 脾 | 涎 | 庚子 |
| 7 | 一 | 十三 | 戊子 | 收 | 毕 | 火 | 艮 | 热 | 心 | 汗 | 壬子 |
| 8 | 二 | 十四 | 己丑 | 开 | 觜 | 火 | 坤 | 热 | 心 | 汗 | 甲子 |
| 9 | 三 | 十五 | 庚寅 | 闭 | 参 | 木 | 乾 | 风 | 肝 | 泪 | 丙子 |
| 10 | 四 | 十六 | 辛卯 | 建 | 井 | 木 | 兑 | 风 | 肝 | 泪 | 戊子 |
| 11 | 五 | 十七 | 壬辰 | 除 | 鬼 | 水 | 离 | 寒 | 肾 | 唾 | 庚子 |
| 12 | 六 | 十八 | 癸巳 | 满 | 柳 | 水 | 震 | 寒 | 肾 | 唾 | 壬子 |
| 13 | 日 | 十九 | 甲午 | 平 | 星 | 金 | 巽 | 燥 | 肺 | 涕 | 甲子 |
| 14 | 一 | 二十 | 乙未 | 定 | 张 | 金 | 坎 | 燥 | 肺 | 涕 | 丙子 |
| 15 | 二 | 廿一 | 丙申 | 执 | 翼 | 火 | 艮 | 热 | 心 | 汗 | 戊子 |
| 16 | 三 | 廿二 | 丁酉 | 破 | 轸 | 火 | 坤 | 热 | 心 | 汗 | 庚子 |
| 17 | 四 | 廿三 | 戊戌 | 危 | 角 | 木 | 乾 | 风 | 肝 | 泪 | 壬子 |
| 18 | 五 | 廿四 | 己亥 | 成 | 亢 | 木 | 兑 | 风 | 肝 | 泪 | 甲子 |
| 19 | 六 | 廿五 | 庚子 | 收 | 氐 | 土 | 离 | 湿 | 脾 | 涎 | 丙子 |
| 20 | 日 | 廿六 | 辛丑 | 开 | 房 | 土 | 震 | 湿 | 脾 | 涎 | 戊子 |
| 21 | 一 | 廿七 | 壬寅 | 闭 | 心 | 金 | 巽 | 燥 | 肺 | 涕 | 庚子 |
| 22 | 二 | 廿八 | 癸卯 | 建 | 尾 | 金 | 坎 | 燥 | 肺 | 涕 | 壬子 |
| 23 | 三 | 廿九 | 甲辰 | 除 | 箕 | 火 | 艮 | 热 | 心 | 汗 | 甲子 |
| 24 | 四 | 三十 | 乙巳 | 满 | 斗 | 火 | 坤 | 热 | 心 | 汗 | 丙子 |
| 25 | 五 | 三月 | 丙午 | 平 | 牛 | 水 | 乾 | 寒 | 肾 | 唾 | 戊子 |
| 26 | 六 | 初二 | 丁未 | 定 | 女 | 水 | 兑 | 寒 | 肾 | 唾 | 庚子 |
| 27 | 日 | 初三 | 戊申 | 执 | 虚 | 土 | 离 | 湿 | 脾 | 涎 | 壬子 |
| 28 | 一 | 初四 | 己酉 | 破 | 危 | 土 | 震 | 湿 | 脾 | 涎 | 甲子 |
| 29 | 二 | 初五 | 庚戌 | 危 | 室 | 金 | 巽 | 燥 | 肺 | 涕 | 丙子 |
| 30 | 三 | 初六 | 辛亥 | 成 | 壁 | 金 | 坎 | 燥 | 肺 | 涕 | 戊子 |
| 31 | 四 | 初七 | 壬子 | 收 | 奎 | 木 | 艮 | 风 | 肝 | 泪 | 庚子 |

## 4月小

清明　5日06时16分　　谷雨　20日13时18分

农历三月(3月25日-4月22日)　月干支:戊辰

| 公历 | 星期 | 农历 | 干支 | 日建 | 星宿 | 五行 | 八卦 | 五气 | 五脏 | 五汁 | 时辰 |
|---|---|---|---|---|---|---|---|---|---|---|---|
| 1 | 五 | 三月 | 癸丑 | 开 | 娄 | 木 | 离 | 风 | 肝 | 泪 | 壬子 |
| 2 | 六 | 初九 | 甲寅 | 闭 | 胃 | 水 | 震 | 寒 | 肾 | 唾 | 甲子 |
| 3 | 日 | 初十 | 乙卯 | 建 | 昴 | 水 | 巽 | 寒 | 肾 | 唾 | 丙子 |
| 4 | 一 | 十一 | 丙辰 | 除 | 毕 | 土 | 坎 | 湿 | 脾 | 涎 | 戊子 |
| 5 | 二 | 十二 | 丁巳 | 除 | 觜 | 土 | 艮 | 湿 | 脾 | 涎 | 庚子 |
| 6 | 三 | 十三 | 戊午 | 满 | 参 | 火 | 坤 | 热 | 心 | 汗 | 壬子 |
| 7 | 四 | 十四 | 己未 | 平 | 井 | 火 | 乾 | 热 | 心 | 汗 | 甲子 |
| 8 | 五 | 十五 | 庚申 | 定 | 鬼 | 木 | 兑 | 风 | 肝 | 泪 | 丙子 |
| 9 | 六 | 十六 | 辛酉 | 执 | 柳 | 木 | 离 | 风 | 肝 | 泪 | 戊子 |
| 10 | 日 | 十七 | 壬戌 | 破 | 星 | 水 | 震 | 寒 | 肾 | 唾 | 庚子 |
| 11 | 一 | 十八 | 癸亥 | 危 | 张 | 水 | 巽 | 寒 | 肾 | 唾 | 壬子 |
| 12 | 二 | 十九 | 甲子 | 成 | 翼 | 金 | 坎 | 燥 | 肺 | 涕 | 甲子 |
| 13 | 三 | 二十 | 乙丑 | 收 | 轸 | 金 | 艮 | 燥 | 肺 | 涕 | 丙子 |
| 14 | 四 | 廿一 | 丙寅 | 开 | 角 | 火 | 坤 | 热 | 心 | 汗 | 戊子 |
| 15 | 五 | 廿二 | 丁卯 | 闭 | 亢 | 火 | 乾 | 热 | 心 | 汗 | 庚子 |
| 16 | 六 | 廿三 | 戊辰 | 建 | 氐 | 木 | 兑 | 风 | 肝 | 泪 | 壬子 |
| 17 | 日 | 廿四 | 己巳 | 除 | 房 | 木 | 离 | 风 | 肝 | 泪 | 甲子 |
| 18 | 一 | 廿五 | 庚午 | 满 | 心 | 土 | 震 | 湿 | 脾 | 涎 | 丙子 |
| 19 | 二 | 廿六 | 辛未 | 平 | 尾 | 土 | 巽 | 湿 | 脾 | 涎 | 戊子 |
| 20 | 三 | 廿七 | 壬申 | 定 | 箕 | 金 | 坎 | 燥 | 肺 | 涕 | 庚子 |
| 21 | 四 | 廿八 | 癸酉 | 执 | 斗 | 金 | 艮 | 燥 | 肺 | 涕 | 壬子 |
| 22 | 五 | 廿九 | 甲戌 | 破 | 牛 | 火 | 坤 | 热 | 心 | 汗 | 甲子 |
| 23 | 六 | 四月 | 乙亥 | 危 | 女 | 火 | 乾 | 热 | 心 | 汗 | 丙子 |
| 24 | 日 | 初二 | 丙子 | 成 | 虚 | 水 | 兑 | 寒 | 肾 | 唾 | 戊子 |
| 25 | 一 | 初三 | 丁丑 | 收 | 危 | 水 | 离 | 寒 | 肾 | 唾 | 庚子 |
| 26 | 二 | 初四 | 戊寅 | 开 | 室 | 土 | 震 | 湿 | 脾 | 涎 | 壬子 |
| 27 | 三 | 初五 | 己卯 | 闭 | 壁 | 土 | 巽 | 湿 | 脾 | 涎 | 甲子 |
| 28 | 四 | 初六 | 庚辰 | 建 | 奎 | 金 | 坎 | 燥 | 肺 | 涕 | 丙子 |
| 29 | 五 | 初七 | 辛巳 | 除 | 娄 | 金 | 艮 | 燥 | 肺 | 涕 | 戊子 |
| 30 | 六 | 初八 | 壬午 | 满 | 胃 | 木 | 坤 | 风 | 肝 | 泪 | 庚子 |

249

实用干支万年历

# 公元2039年　　农历己未(羊)年(闰五月)

## 5月大

立夏　5日23时18分
小满　21日12时11分

农历四月(4月23日-5月22日)　月干支:己巳

| 公历 | 星期 | 农历 | 干支 | 日建 | 星宿 | 五行 | 八卦 | 五气 | 五脏 | 五汁 | 时辰 |
|---|---|---|---|---|---|---|---|---|---|---|---|
| 1 | 日 | 四月 | 癸未 | 平 | 昴 | 木 | 巽 | 风 | 肝 | 泪 | 壬子 |
| 2 | 一 | 初十 | 甲申 | 定 | 毕 | 水 | 坎 | 寒 | 肾 | 唾 | 甲子 |
| 3 | 二 | 十一 | 乙酉 | 执 | 觜 | 水 | 艮 | 寒 | 肾 | 唾 | 丙子 |
| 4 | 三 | 十二 | 丙戌 | 破 | 参 | 土 | 乾 | 湿 | 脾 | 涎 | 戊子 |
| 5 | 四 | 十三 | 丁亥 | 破 | 井 | 土 | 坤 | 湿 | 脾 | 涎 | 庚子 |
| 6 | 五 | 十四 | 戊子 | 危 | 鬼 | 火 | 离 | 热 | 心 | 汗 | 壬子 |
| 7 | 六 | 十五 | 己丑 | 成 | 柳 | 火 | 震 | 热 | 心 | 汗 | 甲子 |
| 8 | 日 | 十六 | 庚寅 | 收 | 星 | 木 | 巽 | 风 | 肝 | 泪 | 丙子 |
| 9 | 一 | 十七 | 辛卯 | 开 | 张 | 木 | 坎 | 风 | 肝 | 泪 | 戊子 |
| 10 | 二 | 十八 | 壬辰 | 闭 | 翼 | 水 | 艮 | 寒 | 肾 | 唾 | 庚子 |
| 11 | 三 | 十九 | 癸巳 | 建 | 轸 | 水 | 乾 | 寒 | 肾 | 唾 | 壬子 |
| 12 | 四 | 二十 | 甲午 | 除 | 角 | 金 | 坤 | 燥 | 肺 | 涕 | 甲子 |
| 13 | 五 | 廿一 | 乙未 | 满 | 亢 | 金 | 离 | 燥 | 肺 | 涕 | 丙子 |
| 14 | 六 | 廿二 | 丙申 | 平 | 氐 | 火 | 震 | 热 | 心 | 汗 | 戊子 |
| 15 | 日 | 廿三 | 丁酉 | 定 | 房 | 火 | 巽 | 热 | 心 | 汗 | 庚子 |
| 16 | 一 | 廿四 | 戊戌 | 执 | 心 | 木 | 坎 | 风 | 肝 | 泪 | 壬子 |
| 17 | 二 | 廿五 | 己亥 | 破 | 尾 | 木 | 艮 | 风 | 肝 | 泪 | 甲子 |
| 18 | 三 | 廿六 | 庚子 | 危 | 箕 | 土 | 乾 | 湿 | 脾 | 涎 | 丙子 |
| 19 | 四 | 廿七 | 辛丑 | 成 | 斗 | 土 | 坤 | 湿 | 脾 | 涎 | 戊子 |
| 20 | 五 | 廿八 | 壬寅 | 收 | 牛 | 金 | 离 | 燥 | 肺 | 涕 | 庚子 |
| 21 | 六 | 廿九 | 癸卯 | 开 | 女 | 金 | 震 | 燥 | 肺 | 涕 | 壬子 |
| 22 | 日 | 三十 | 甲辰 | 闭 | 虚 | 火 | 巽 | 热 | 心 | 汗 | 甲子 |
| 23 | 一 | 五月 | 乙巳 | 建 | 危 | 火 | 坎 | 热 | 心 | 汗 | 丙子 |
| 24 | 二 | 初二 | 丙午 | 除 | 室 | 水 | 艮 | 寒 | 肾 | 唾 | 戊子 |
| 25 | 三 | 初三 | 丁未 | 满 | 壁 | 水 | 乾 | 寒 | 肾 | 唾 | 庚子 |
| 26 | 四 | 初四 | 戊申 | 平 | 奎 | 土 | 坤 | 湿 | 脾 | 涎 | 壬子 |
| 27 | 五 | 初五 | 己酉 | 定 | 娄 | 土 | 离 | 湿 | 脾 | 涎 | 甲子 |
| 28 | 六 | 初六 | 庚戌 | 执 | 胃 | 金 | 震 | 燥 | 肺 | 涕 | 丙子 |
| 29 | 日 | 初七 | 辛亥 | 破 | 昴 | 金 | 巽 | 燥 | 肺 | 涕 | 戊子 |
| 30 | 一 | 初八 | 壬子 | 危 | 毕 | 木 | 坎 | 风 | 肝 | 泪 | 庚子 |
| 31 | 二 | 初九 | 癸丑 | 成 | 觜 | 木 | 艮 | 风 | 肝 | 泪 | 壬子 |

## 6月小

芒种　6日03时16分
夏至　21日19时58分

农历五月(5月23日-6月21日)　月干支:庚午

| 公历 | 星期 | 农历 | 干支 | 日建 | 星宿 | 五行 | 八卦 | 五气 | 五脏 | 五汁 | 时辰 |
|---|---|---|---|---|---|---|---|---|---|---|---|
| 1 | 三 | 五月 | 甲寅 | 收 | 参 | 水 | 乾 | 寒 | 肾 | 唾 | 甲子 |
| 2 | 四 | 十一 | 乙卯 | 开 | 井 | 水 | 坤 | 寒 | 肾 | 唾 | 丙子 |
| 3 | 五 | 十二 | 丙辰 | 闭 | 鬼 | 土 | 离 | 湿 | 脾 | 涎 | 戊子 |
| 4 | 六 | 十三 | 丁巳 | 建 | 柳 | 土 | 震 | 湿 | 脾 | 涎 | 庚子 |
| 5 | 日 | 十四 | 戊午 | 除 | 星 | 火 | 巽 | 热 | 心 | 汗 | 壬子 |
| 6 | 一 | 十五 | 己未 | 除 | 张 | 火 | 坎 | 热 | 心 | 汗 | 甲子 |
| 7 | 二 | 十六 | 庚申 | 满 | 翼 | 木 | 艮 | 风 | 肝 | 泪 | 丙子 |
| 8 | 三 | 十七 | 辛酉 | 平 | 轸 | 木 | 乾 | 风 | 肝 | 泪 | 戊子 |
| 9 | 四 | 十八 | 壬戌 | 定 | 角 | 水 | 坤 | 寒 | 肾 | 唾 | 庚子 |
| 10 | 五 | 十九 | 癸亥 | 执 | 亢 | 水 | 离 | 寒 | 肾 | 唾 | 壬子 |
| 11 | 六 | 二十 | 甲子 | 破 | 氐 | 金 | 震 | 燥 | 肺 | 涕 | 甲子 |
| 12 | 日 | 廿一 | 乙丑 | 危 | 房 | 金 | 巽 | 燥 | 肺 | 涕 | 丙子 |
| 13 | 一 | 廿二 | 丙寅 | 成 | 心 | 火 | 坎 | 热 | 心 | 汗 | 戊子 |
| 14 | 二 | 廿三 | 丁卯 | 收 | 尾 | 火 | 艮 | 热 | 心 | 汗 | 庚子 |
| 15 | 三 | 廿四 | 戊辰 | 开 | 箕 | 木 | 乾 | 风 | 肝 | 泪 | 壬子 |
| 16 | 四 | 廿五 | 己巳 | 闭 | 斗 | 木 | 坤 | 风 | 肝 | 泪 | 甲子 |
| 17 | 五 | 廿六 | 庚午 | 建 | 牛 | 土 | 离 | 湿 | 脾 | 涎 | 丙子 |
| 18 | 六 | 廿七 | 辛未 | 除 | 女 | 土 | 震 | 湿 | 脾 | 涎 | 戊子 |
| 19 | 日 | 廿八 | 壬申 | 满 | 虚 | 金 | 巽 | 燥 | 肺 | 涕 | 庚子 |
| 20 | 一 | 廿九 | 癸酉 | 平 | 危 | 金 | 坎 | 燥 | 肺 | 涕 | 壬子 |
| 21 | 二 | 三十 | 甲戌 | 定 | 室 | 火 | 艮 | 热 | 心 | 汗 | 甲子 |
| 22 | 三 | 闰五 | 乙亥 | 执 | 壁 | 火 | 乾 | 热 | 心 | 汗 | 丙子 |
| 23 | 四 | 初二 | 丙子 | 破 | 奎 | 水 | 坤 | 寒 | 肾 | 唾 | 戊子 |
| 24 | 五 | 初三 | 丁丑 | 危 | 娄 | 水 | 离 | 寒 | 肾 | 唾 | 庚子 |
| 25 | 六 | 初四 | 戊寅 | 成 | 胃 | 土 | 震 | 湿 | 脾 | 涎 | 壬子 |
| 26 | 日 | 初五 | 己卯 | 收 | 昴 | 土 | 巽 | 湿 | 脾 | 涎 | 甲子 |
| 27 | 一 | 初六 | 庚辰 | 开 | 毕 | 金 | 坎 | 燥 | 肺 | 涕 | 丙子 |
| 28 | 二 | 初七 | 辛巳 | 闭 | 觜 | 金 | 艮 | 燥 | 肺 | 涕 | 戊子 |
| 29 | 三 | 初八 | 壬午 | 建 | 参 | 木 | 乾 | 风 | 肝 | 泪 | 庚子 |
| 30 | 四 | 初九 | 癸未 | 除 | 井 | 木 | 坤 | 风 | 肝 | 泪 | 壬子 |

## 7月大

小暑　7 日 13 时 26 分
大暑　23 日 06 时 48 分

农历闰五月(6 月 22 日 -7 月 20 日)　月干支:庚午

| 公历 | 星期 | 农历 | 干支 | 日建 | 星宿 | 五行 | 八卦 | 五气 | 五脏 | 五汁 | 时辰 |
|---|---|---|---|---|---|---|---|---|---|---|---|
| 1 | 五 | 闰五 | 甲申 | 满 | 鬼 | 水 | 艮 | 寒 | 肾 | 唾 | 甲子 |
| 2 | 六 | 十一 | 乙酉 | 平 | 柳 | 水 | 坤 | 寒 | 肾 | 唾 | 丙子 |
| 3 | 日 | 十二 | 丙戌 | 定 | 星 | 土 | 乾 | 湿 | 脾 | 涎 | 戊子 |
| 4 | 一 | 十三 | 丁亥 | 执 | 张 | 土 | 兑 | 湿 | 脾 | 涎 | 庚子 |
| 5 | 二 | 十四 | 戊子 | 破 | 翼 | 火 | 离 | 热 | 心 | 汗 | 壬子 |
| 6 | 三 | 十五 | 己丑 | 危 | 轸 | 火 | 震 | 热 | 心 | 汗 | 甲子 |
| 7 | 四 | 十六 | 庚寅 | 危 | 角 | 木 | 巽 | 风 | 肝 | 泪 | 丙子 |
| 8 | 五 | 十七 | 辛卯 | 成 | 亢 | 木 | 坎 | 风 | 肝 | 泪 | 戊子 |
| 9 | 六 | 十八 | 壬辰 | 收 | 氐 | 水 | 艮 | 寒 | 肾 | 唾 | 庚子 |
| 10 | 日 | 十九 | 癸巳 | 开 | 房 | 水 | 坤 | 寒 | 肾 | 唾 | 壬子 |
| 11 | 一 | 二十 | 甲午 | 闭 | 心 | 金 | 乾 | 燥 | 肺 | 涕 | 甲子 |
| 12 | 二 | 廿一 | 乙未 | 建 | 尾 | 金 | 兑 | 燥 | 肺 | 涕 | 丙子 |
| 13 | 三 | 廿二 | 丙申 | 除 | 箕 | 火 | 离 | 热 | 心 | 汗 | 戊子 |
| 14 | 四 | 廿三 | 丁酉 | 满 | 斗 | 火 | 震 | 热 | 心 | 汗 | 庚子 |
| 15 | 五 | 廿四 | 戊戌 | 平 | 牛 | 木 | 巽 | 风 | 肝 | 泪 | 壬子 |
| 16 | 六 | 廿五 | 己亥 | 定 | 女 | 木 | 坎 | 风 | 肝 | 泪 | 甲子 |
| 17 | 日 | 廿六 | 庚子 | 执 | 虚 | 土 | 艮 | 湿 | 脾 | 涎 | 丙子 |
| 18 | 一 | 廿七 | 辛丑 | 破 | 危 | 土 | 坤 | 湿 | 脾 | 涎 | 戊子 |
| 19 | 二 | 廿八 | 壬寅 | 危 | 室 | 金 | 乾 | 燥 | 肺 | 涕 | 庚子 |
| 20 | 三 | 廿九 | 癸卯 | 成 | 壁 | 金 | 兑 | 燥 | 肺 | 涕 | 壬子 |
| 21 | 四 | 六月 | 甲辰 | 收 | 奎 | 火 | 离 | 热 | 心 | 汗 | 甲子 |
| 22 | 五 | 初二 | 乙巳 | 开 | 娄 | 火 | 震 | 热 | 心 | 汗 | 丙子 |
| 23 | 六 | 初三 | 丙午 | 闭 | 胃 | 水 | 巽 | 寒 | 肾 | 唾 | 戊子 |
| 24 | 日 | 初四 | 丁未 | 建 | 昴 | 水 | 坎 | 寒 | 肾 | 唾 | 庚子 |
| 25 | 一 | 初五 | 戊申 | 除 | 毕 | 土 | 艮 | 湿 | 脾 | 涎 | 壬子 |
| 26 | 二 | 初六 | 己酉 | 满 | 觜 | 土 | 坤 | 湿 | 脾 | 涎 | 甲子 |
| 27 | 三 | 初七 | 庚戌 | 平 | 参 | 金 | 乾 | 燥 | 肺 | 涕 | 丙子 |
| 28 | 四 | 初八 | 辛亥 | 定 | 井 | 金 | 兑 | 燥 | 肺 | 涕 | 戊子 |
| 29 | 五 | 初九 | 壬子 | 执 | 鬼 | 木 | 离 | 风 | 肝 | 泪 | 庚子 |
| 30 | 六 | 初十 | 癸丑 | 破 | 柳 | 木 | 震 | 风 | 肝 | 泪 | 壬子 |
| 31 | 日 | 十一 | 甲寅 | 危 | 星 | 水 | 巽 | 寒 | 肾 | 唾 | 甲子 |

## 8月大

立秋　7 日 23 时 18 分
处暑　23 日 13 时 59 分

农历六月(7 月 21 日 -8 月 19 日)　月干支:辛未

| 公历 | 星期 | 农历 | 干支 | 日建 | 星宿 | 五行 | 八卦 | 五气 | 五脏 | 五汁 | 时辰 |
|---|---|---|---|---|---|---|---|---|---|---|---|
| 1 | 一 | 六月 | 乙卯 | 成 | 张 | 水 | 坎 | 寒 | 肾 | 唾 | 丙子 |
| 2 | 二 | 十三 | 丙辰 | 收 | 翼 | 土 | 艮 | 湿 | 脾 | 涎 | 戊子 |
| 3 | 三 | 十四 | 丁巳 | 开 | 轸 | 土 | 坤 | 湿 | 脾 | 涎 | 庚子 |
| 4 | 四 | 十五 | 戊午 | 闭 | 角 | 火 | 乾 | 热 | 心 | 汗 | 壬子 |
| 5 | 五 | 十六 | 己未 | 建 | 亢 | 火 | 兑 | 热 | 心 | 汗 | 甲子 |
| 6 | 六 | 十七 | 庚申 | 除 | 氐 | 木 | 离 | 风 | 肝 | 泪 | 丙子 |
| 7 | 日 | 十八 | 辛酉 | 除 | 房 | 木 | 震 | 风 | 肝 | 泪 | 戊子 |
| 8 | 一 | 十九 | 壬戌 | 满 | 心 | 水 | 巽 | 寒 | 肾 | 唾 | 庚子 |
| 9 | 二 | 二十 | 癸亥 | 平 | 尾 | 水 | 坎 | 寒 | 肾 | 唾 | 壬子 |
| 10 | 三 | 廿一 | 甲子 | 定 | 箕 | 金 | 艮 | 燥 | 肺 | 涕 | 甲子 |
| 11 | 四 | 廿二 | 乙丑 | 执 | 斗 | 金 | 坤 | 燥 | 肺 | 涕 | 丙子 |
| 12 | 五 | 廿三 | 丙寅 | 破 | 牛 | 火 | 乾 | 热 | 心 | 汗 | 戊子 |
| 13 | 六 | 廿四 | 丁卯 | 危 | 女 | 火 | 兑 | 热 | 心 | 汗 | 庚子 |
| 14 | 日 | 廿五 | 戊辰 | 成 | 虚 | 木 | 离 | 风 | 肝 | 泪 | 壬子 |
| 15 | 一 | 廿六 | 己巳 | 收 | 危 | 木 | 震 | 风 | 肝 | 泪 | 甲子 |
| 16 | 二 | 廿七 | 庚午 | 开 | 室 | 土 | 巽 | 湿 | 脾 | 涎 | 丙子 |
| 17 | 三 | 廿八 | 辛未 | 闭 | 壁 | 土 | 坎 | 湿 | 脾 | 涎 | 戊子 |
| 18 | 四 | 廿九 | 壬申 | 建 | 奎 | 金 | 艮 | 燥 | 肺 | 涕 | 庚子 |
| 19 | 五 | 三十 | 癸酉 | 除 | 娄 | 金 | 坤 | 燥 | 肺 | 涕 | 壬子 |
| 20 | 六 | 七月 | 甲戌 | 满 | 胃 | 火 | 乾 | 热 | 心 | 汗 | 甲子 |
| 21 | 日 | 初二 | 乙亥 | 平 | 昴 | 火 | 兑 | 热 | 心 | 汗 | 丙子 |
| 22 | 一 | 初三 | 丙子 | 定 | 毕 | 水 | 离 | 寒 | 肾 | 唾 | 戊子 |
| 23 | 二 | 初四 | 丁丑 | 执 | 觜 | 水 | 震 | 寒 | 肾 | 唾 | 庚子 |
| 24 | 三 | 初五 | 戊寅 | 破 | 参 | 土 | 巽 | 湿 | 脾 | 涎 | 壬子 |
| 25 | 四 | 初六 | 己卯 | 危 | 井 | 土 | 坎 | 湿 | 脾 | 涎 | 甲子 |
| 26 | 五 | 初七 | 庚辰 | 成 | 鬼 | 金 | 艮 | 燥 | 肺 | 涕 | 丙子 |
| 27 | 六 | 初八 | 辛巳 | 收 | 柳 | 金 | 坤 | 燥 | 肺 | 涕 | 戊子 |
| 28 | 日 | 初九 | 壬午 | 开 | 星 | 木 | 乾 | 风 | 肝 | 泪 | 庚子 |
| 29 | 一 | 初十 | 癸未 | 闭 | 张 | 木 | 兑 | 风 | 肝 | 泪 | 壬子 |
| 30 | 二 | 十一 | 甲申 | 建 | 翼 | 水 | 离 | 寒 | 肾 | 唾 | 甲子 |
| 31 | 三 | 十二 | 乙酉 | 除 | 轸 | 水 | 震 | 寒 | 肾 | 唾 | 丙子 |

# 公元2039年　农历己未(羊)年(闰五月)

## 9月小

白露　8日02时24分　　秋分　23日11时50分

农历七月(8月20日–9月17日)　月干支：壬申

| 公历 | 星期 | 农历 | 干支 | 日建 | 星宿 | 五行 | 八卦 | 五气 | 五脏 | 五汁 | 时辰 |
|---|---|---|---|---|---|---|---|---|---|---|---|
| 1 | 四 | 七月 | 丙戌 | 满 | 角 | 土 | 震 | 湿 | 脾 | 涎 | 戊子 |
| 2 | 五 | 十四 | 丁亥 | 平 | 亢 | 土 | 巽 | 湿 | 脾 | 涎 | 庚子 |
| 3 | 六 | 十五 | 戊子 | 定 | 氐 | 火 | 坎 | 热 | 心 | 汗 | 壬子 |
| 4 | 日 | 十六 | 己丑 | 执 | 房 | 火 | 艮 | 热 | 心 | 汗 | 甲子 |
| 5 | 一 | 十七 | 庚寅 | 破 | 心 | 木 | 坤 | 风 | 肝 | 泪 | 丙子 |
| 6 | 二 | 十八 | 辛卯 | 危 | 尾 | 木 | 乾 | 风 | 肝 | 泪 | 戊子 |
| 7 | 三 | 十九 | 壬辰 | 成 | 箕 | 水 | 兑 | 寒 | 肾 | 唾 | 庚子 |
| 8 | 四 | 二十 | 癸巳 | 成 | 斗 | 水 | 离 | 寒 | 肾 | 唾 | 壬子 |
| 9 | 五 | 廿一 | 甲午 | 收 | 牛 | 金 | 震 | 燥 | 肺 | 涕 | 甲子 |
| 10 | 六 | 廿二 | 乙未 | 开 | 女 | 金 | 巽 | 燥 | 肺 | 涕 | 丙子 |
| 11 | 日 | 廿三 | 丙申 | 闭 | 虚 | 火 | 坎 | 热 | 心 | 汗 | 戊子 |
| 12 | 一 | 廿四 | 丁酉 | 建 | 危 | 火 | 艮 | 热 | 心 | 汗 | 庚子 |
| 13 | 二 | 廿五 | 戊戌 | 除 | 室 | 木 | 坤 | 风 | 肝 | 泪 | 壬子 |
| 14 | 三 | 廿六 | 己亥 | 满 | 壁 | 木 | 乾 | 风 | 肝 | 泪 | 甲子 |
| 15 | 四 | 廿七 | 庚子 | 平 | 奎 | 土 | 兑 | 湿 | 脾 | 涎 | 丙子 |
| 16 | 五 | 廿八 | 辛丑 | 定 | 娄 | 土 | 离 | 湿 | 脾 | 涎 | 戊子 |
| 17 | 六 | 廿九 | 壬寅 | 执 | 胃 | 金 | 震 | 燥 | 肺 | 涕 | 庚子 |
| 18 | 日 | 八月 | 癸卯 | 破 | 昴 | 金 | 巽 | 燥 | 肺 | 涕 | 壬子 |
| 19 | 一 | 初二 | 甲辰 | 危 | 毕 | 火 | 坎 | 热 | 心 | 汗 | 甲子 |
| 20 | 二 | 初三 | 乙巳 | 成 | 觜 | 火 | 艮 | 热 | 心 | 汗 | 丙子 |
| 21 | 三 | 初四 | 丙午 | 收 | 参 | 水 | 坤 | 寒 | 肾 | 唾 | 戊子 |
| 22 | 四 | 初五 | 丁未 | 开 | 井 | 水 | 乾 | 寒 | 肾 | 唾 | 庚子 |
| 23 | 五 | 初六 | 戊申 | 闭 | 鬼 | 土 | 兑 | 湿 | 脾 | 涎 | 壬子 |
| 24 | 六 | 初七 | 己酉 | 建 | 柳 | 土 | 离 | 湿 | 脾 | 涎 | 甲子 |
| 25 | 日 | 初八 | 庚戌 | 除 | 星 | 金 | 震 | 燥 | 肺 | 涕 | 丙子 |
| 26 | 一 | 初九 | 辛亥 | 满 | 张 | 金 | 巽 | 燥 | 肺 | 涕 | 戊子 |
| 27 | 二 | 初十 | 壬子 | 平 | 翼 | 木 | 坎 | 风 | 肝 | 泪 | 庚子 |
| 28 | 三 | 十一 | 癸丑 | 定 | 轸 | 木 | 艮 | 风 | 肝 | 泪 | 壬子 |
| 29 | 四 | 十二 | 甲寅 | 执 | 角 | 水 | 坤 | 寒 | 肾 | 唾 | 甲子 |
| 30 | 五 | 十三 | 乙卯 | 破 | 亢 | 水 | 乾 | 寒 | 肾 | 唾 | 丙子 |
| 31 |  |  |  |  |  |  |  |  |  |  |  |

## 10月大

寒露　8日18时18分　　霜降　23日21时26分

农历八月(9月18日–10月17日)　月干支：癸酉

| 公历 | 星期 | 农历 | 干支 | 日建 | 星宿 | 五行 | 八卦 | 五气 | 五脏 | 五汁 | 时辰 |
|---|---|---|---|---|---|---|---|---|---|---|---|
| 1 | 六 | 八月 | 丙辰 | 危 | 氐 | 土 | 兑 | 湿 | 脾 | 涎 | 戊子 |
| 2 | 日 | 十五 | 丁巳 | 成 | 房 | 土 | 离 | 湿 | 脾 | 涎 | 庚子 |
| 3 | 一 | 十六 | 戊午 | 收 | 心 | 火 | 震 | 热 | 心 | 汗 | 壬子 |
| 4 | 二 | 十七 | 己未 | 开 | 尾 | 火 | 巽 | 热 | 心 | 汗 | 甲子 |
| 5 | 三 | 十八 | 庚申 | 闭 | 箕 | 木 | 坎 | 风 | 肝 | 泪 | 丙子 |
| 6 | 四 | 十九 | 辛酉 | 建 | 斗 | 木 | 艮 | 风 | 肝 | 泪 | 戊子 |
| 7 | 五 | 二十 | 壬戌 | 除 | 牛 | 水 | 坤 | 寒 | 肾 | 唾 | 庚子 |
| 8 | 六 | 廿一 | 癸亥 | 除 | 女 | 水 | 乾 | 寒 | 肾 | 唾 | 壬子 |
| 9 | 日 | 廿二 | 甲子 | 满 | 虚 | 金 | 兑 | 燥 | 肺 | 涕 | 甲子 |
| 10 | 一 | 廿三 | 乙丑 | 平 | 危 | 金 | 离 | 燥 | 肺 | 涕 | 丙子 |
| 11 | 二 | 廿四 | 丙寅 | 定 | 室 | 火 | 震 | 热 | 心 | 汗 | 戊子 |
| 12 | 三 | 廿五 | 丁卯 | 执 | 壁 | 火 | 巽 | 热 | 心 | 汗 | 庚子 |
| 13 | 四 | 廿六 | 戊辰 | 破 | 奎 | 木 | 坎 | 风 | 肝 | 泪 | 壬子 |
| 14 | 五 | 廿七 | 己巳 | 危 | 娄 | 木 | 艮 | 风 | 肝 | 泪 | 甲子 |
| 15 | 六 | 廿八 | 庚午 | 成 | 胃 | 土 | 坤 | 湿 | 脾 | 涎 | 丙子 |
| 16 | 日 | 廿九 | 辛未 | 收 | 昴 | 土 | 乾 | 湿 | 脾 | 涎 | 戊子 |
| 17 | 一 | 三十 | 壬申 | 开 | 毕 | 金 | 兑 | 燥 | 肺 | 涕 | 庚子 |
| 18 | 二 | 九月 | 癸酉 | 闭 | 觜 | 金 | 离 | 燥 | 肺 | 涕 | 壬子 |
| 19 | 三 | 初二 | 甲戌 | 建 | 参 | 火 | 震 | 热 | 心 | 汗 | 甲子 |
| 20 | 四 | 初三 | 乙亥 | 除 | 井 | 火 | 巽 | 热 | 心 | 汗 | 丙子 |
| 21 | 五 | 初四 | 丙子 | 满 | 鬼 | 水 | 坎 | 寒 | 肾 | 唾 | 戊子 |
| 22 | 六 | 初五 | 丁丑 | 平 | 柳 | 水 | 艮 | 寒 | 肾 | 唾 | 庚子 |
| 23 | 日 | 初六 | 戊寅 | 定 | 星 | 土 | 坤 | 湿 | 脾 | 涎 | 壬子 |
| 24 | 一 | 初七 | 己卯 | 执 | 张 | 土 | 乾 | 湿 | 脾 | 涎 | 甲子 |
| 25 | 二 | 初八 | 庚辰 | 破 | 翼 | 金 | 兑 | 燥 | 肺 | 涕 | 丙子 |
| 26 | 三 | 初九 | 辛巳 | 危 | 轸 | 金 | 离 | 燥 | 肺 | 涕 | 戊子 |
| 27 | 四 | 初十 | 壬午 | 成 | 角 | 木 | 震 | 风 | 肝 | 泪 | 庚子 |
| 28 | 五 | 十一 | 癸未 | 收 | 亢 | 木 | 巽 | 风 | 肝 | 泪 | 壬子 |
| 29 | 六 | 十二 | 甲申 | 开 | 氐 | 水 | 坎 | 寒 | 肾 | 唾 | 甲子 |
| 30 | 日 | 十三 | 乙酉 | 闭 | 房 | 水 | 艮 | 寒 | 肾 | 唾 | 丙子 |
| 31 | 一 | 十四 | 丙戌 | 建 | 心 | 土 | 坤 | 湿 | 脾 | 涎 | 戊子 |

实用

干支

万年历

# 公元2039年　农历己未(羊)年(闰五月)

## 11月小

立冬　7日21时44分
小雪　22日19时13分

农历九月(10月18日-11月15日)　月干支:甲戌

| 公历 | 星期 | 农历 | 干支 | 日建 | 星宿 | 五行 | 八卦 | 五气 | 五脏 | 五汁 | 时辰 |
| --- | --- | --- | --- | --- | --- | --- | --- | --- | --- | --- | --- |
| 1 | 二 | 九月 | 丁亥 | 除 | 尾 | 土 | 坤 | 湿 | 脾 | 涎 | 庚子 |
| 2 | 三 | 十六 | 戊子 | 满 | 箕 | 火 | 乾 | 热 | 心 | 汗 | 壬子 |
| 3 | 四 | 十七 | 己丑 | 平 | 斗 | 火 | 兑 | 热 | 心 | 汗 | 甲子 |
| 4 | 五 | 十八 | 庚寅 | 定 | 牛 | 木 | 离 | 风 | 肝 | 泪 | 丙子 |
| 5 | 六 | 十九 | 辛卯 | 执 | 女 | 木 | 震 | 风 | 肝 | 泪 | 戊子 |
| 6 | 日 | 二十 | 壬辰 | 破 | 虚 | 水 | 巽 | 寒 | 肾 | 唾 | 庚子 |
| 7 | 一 | 廿一 | 癸巳 | 破 | 危 | 水 | 坎 | 寒 | 肾 | 唾 | 壬子 |
| 8 | 二 | 廿二 | 甲午 | 危 | 室 | 金 | 艮 | 燥 | 肺 | 涕 | 甲子 |
| 9 | 三 | 廿三 | 乙未 | 成 | 壁 | 金 | 坤 | 燥 | 肺 | 涕 | 丙子 |
| 10 | 四 | 廿四 | 丙申 | 收 | 奎 | 火 | 乾 | 热 | 心 | 汗 | 戊子 |
| 11 | 五 | 廿五 | 丁酉 | 开 | 娄 | 火 | 兑 | 热 | 心 | 汗 | 庚子 |
| 12 | 六 | 廿六 | 戊戌 | 闭 | 胃 | 木 | 离 | 风 | 肝 | 泪 | 壬子 |
| 13 | 日 | 廿七 | 己亥 | 建 | 昴 | 木 | 震 | 风 | 肝 | 泪 | 甲子 |
| 14 | 一 | 廿八 | 庚子 | 除 | 毕 | 土 | 巽 | 湿 | 脾 | 涎 | 丙子 |
| 15 | 二 | 廿九 | 辛丑 | 满 | 觜 | 土 | 坎 | 湿 | 脾 | 涎 | 戊子 |
| 16 | 三 | 十月 | 壬寅 | 平 | 参 | 金 | 艮 | 燥 | 肺 | 涕 | 庚子 |
| 17 | 四 | 初二 | 癸卯 | 定 | 井 | 金 | 坤 | 燥 | 肺 | 涕 | 壬子 |
| 18 | 五 | 初三 | 甲辰 | 执 | 鬼 | 火 | 乾 | 热 | 心 | 汗 | 甲子 |
| 19 | 六 | 初四 | 乙巳 | 破 | 柳 | 火 | 兑 | 热 | 心 | 汗 | 丙子 |
| 20 | 日 | 初五 | 丙午 | 危 | 星 | 水 | 离 | 寒 | 肾 | 唾 | 戊子 |
| 21 | 一 | 初六 | 丁未 | 成 | 张 | 水 | 震 | 寒 | 肾 | 唾 | 庚子 |
| 22 | 二 | 初七 | 戊申 | 收 | 翼 | 土 | 巽 | 湿 | 脾 | 涎 | 壬子 |
| 23 | 三 | 初八 | 己酉 | 开 | 轸 | 土 | 坎 | 湿 | 脾 | 涎 | 甲子 |
| 24 | 四 | 初九 | 庚戌 | 闭 | 角 | 金 | 艮 | 燥 | 肺 | 涕 | 丙子 |
| 25 | 五 | 初十 | 辛亥 | 建 | 亢 | 金 | 坤 | 燥 | 肺 | 涕 | 戊子 |
| 26 | 六 | 十一 | 壬子 | 除 | 氐 | 木 | 乾 | 风 | 肝 | 泪 | 庚子 |
| 27 | 日 | 十二 | 癸丑 | 满 | 房 | 木 | 兑 | 风 | 肝 | 泪 | 壬子 |
| 28 | 一 | 十三 | 甲寅 | 平 | 心 | 水 | 离 | 寒 | 肾 | 唾 | 甲子 |
| 29 | 二 | 十四 | 乙卯 | 定 | 尾 | 水 | 震 | 寒 | 肾 | 唾 | 丙子 |
| 30 | 三 | 十五 | 丙辰 | 执 | 箕 | 土 | 巽 | 湿 | 脾 | 涎 | 戊子 |

## 12月大

大雪　7日14时46分
冬至　22日08时42分

农历十月(11月16日-12月15日)　月干支:乙亥

| 公历 | 星期 | 农历 | 干支 | 日建 | 星宿 | 五行 | 八卦 | 五气 | 五脏 | 五汁 | 时辰 |
| --- | --- | --- | --- | --- | --- | --- | --- | --- | --- | --- | --- |
| 1 | 四 | 十月 | 丁巳 | 破 | 斗 | 土 | 坎 | 湿 | 脾 | 涎 | 庚子 |
| 2 | 五 | 十七 | 戊午 | 危 | 牛 | 火 | 艮 | 热 | 心 | 汗 | 壬子 |
| 3 | 六 | 十八 | 己未 | 成 | 女 | 火 | 坤 | 热 | 心 | 汗 | 甲子 |
| 4 | 日 | 十九 | 庚申 | 收 | 虚 | 木 | 乾 | 风 | 肝 | 泪 | 丙子 |
| 5 | 一 | 二十 | 辛酉 | 开 | 危 | 木 | 兑 | 风 | 肝 | 泪 | 戊子 |
| 6 | 二 | 廿一 | 壬戌 | 闭 | 室 | 水 | 离 | 寒 | 肾 | 唾 | 庚子 |
| 7 | 三 | 廿二 | 癸亥 | 闭 | 壁 | 水 | 震 | 寒 | 肾 | 唾 | 壬子 |
| 8 | 四 | 廿三 | 甲子 | 建 | 奎 | 金 | 巽 | 燥 | 肺 | 涕 | 甲子 |
| 9 | 五 | 廿四 | 乙丑 | 除 | 娄 | 金 | 坎 | 燥 | 肺 | 涕 | 丙子 |
| 10 | 六 | 廿五 | 丙寅 | 满 | 胃 | 火 | 艮 | 热 | 心 | 汗 | 戊子 |
| 11 | 日 | 廿六 | 丁卯 | 平 | 昴 | 火 | 坤 | 热 | 心 | 汗 | 庚子 |
| 12 | 一 | 廿七 | 戊辰 | 定 | 毕 | 木 | 乾 | 风 | 肝 | 泪 | 壬子 |
| 13 | 二 | 廿八 | 己巳 | 执 | 觜 | 木 | 兑 | 风 | 肝 | 泪 | 甲子 |
| 14 | 三 | 廿九 | 庚午 | 破 | 参 | 土 | 离 | 湿 | 脾 | 涎 | 丙子 |
| 15 | 四 | 三十 | 辛未 | 危 | 井 | 土 | 震 | 湿 | 脾 | 涎 | 戊子 |
| 16 | 五 | 冬月 | 壬申 | 成 | 鬼 | 金 | 巽 | 燥 | 肺 | 涕 | 庚子 |
| 17 | 六 | 初二 | 癸酉 | 收 | 柳 | 金 | 坎 | 燥 | 肺 | 涕 | 壬子 |
| 18 | 日 | 初三 | 甲戌 | 开 | 星 | 火 | 艮 | 热 | 心 | 汗 | 甲子 |
| 19 | 一 | 初四 | 乙亥 | 闭 | 张 | 火 | 坤 | 热 | 心 | 汗 | 丙子 |
| 20 | 二 | 初五 | 丙子 | 建 | 翼 | 水 | 乾 | 寒 | 肾 | 唾 | 戊子 |
| 21 | 三 | 初六 | 丁丑 | 除 | 轸 | 水 | 兑 | 寒 | 肾 | 唾 | 庚子 |
| 22 | 四 | 初七 | 戊寅 | 满 | 角 | 土 | 离 | 湿 | 脾 | 涎 | 壬子 |
| 23 | 五 | 初八 | 己卯 | 平 | 亢 | 土 | 震 | 湿 | 脾 | 涎 | 甲子 |
| 24 | 六 | 初九 | 庚辰 | 定 | 氐 | 金 | 巽 | 燥 | 肺 | 涕 | 丙子 |
| 25 | 日 | 初十 | 辛巳 | 执 | 房 | 金 | 坎 | 燥 | 肺 | 涕 | 戊子 |
| 26 | 一 | 十一 | 壬午 | 破 | 心 | 木 | 艮 | 风 | 肝 | 泪 | 庚子 |
| 27 | 二 | 十二 | 癸未 | 危 | 尾 | 木 | 坤 | 风 | 肝 | 泪 | 壬子 |
| 28 | 三 | 十三 | 甲申 | 成 | 箕 | 水 | 乾 | 寒 | 肾 | 唾 | 甲子 |
| 29 | 四 | 十四 | 乙酉 | 收 | 斗 | 水 | 兑 | 寒 | 肾 | 唾 | 丙子 |
| 30 | 五 | 十五 | 丙戌 | 开 | 牛 | 土 | 离 | 湿 | 脾 | 涎 | 戊子 |
| 31 | 六 | 十六 | 丁亥 | 闭 | 女 | 土 | 震 | 湿 | 脾 | 涎 | 庚子 |

# 公元2040年　　　　　　农历庚申(猴)年

## 1月大

小寒　6日02时04分
大寒　20日19时22分

农历冬月(12月16日–1月13日)　月干支:丙子
农历腊月(1月14日–2月11日)　月干支:丁丑

| 公历 | 星期 | 农历 | 干支 | 日建 | 星宿 | 五行 | 八卦 | 五气 | 五脏 | 五汁 | 时辰 |
|---|---|---|---|---|---|---|---|---|---|---|---|
| 1 | 日 | 冬月 | 戊子 | 建 | 虚 | 火 | 震 | 热 | 心 | 汗 | 壬子 |
| 2 | 一 | 十八 | 己丑 | 除 | 危 | 火 | 巽 | 热 | 心 | 汗 | 甲子 |
| 3 | 二 | 十九 | 庚寅 | 满 | 室 | 木 | 坎 | 风 | 肝 | 泪 | 丙子 |
| 4 | 三 | 二十 | 辛卯 | 平 | 壁 | 木 | 艮 | 风 | 肝 | 泪 | 戊子 |
| 5 | 四 | 廿一 | 壬辰 | 定 | 奎 | 水 | 坤 | 寒 | 肾 | 唾 | 庚子 |
| 6 | 五 | 廿二 | 癸巳 | 定 | 娄 | 水 | 乾 | 寒 | 肾 | 唾 | 壬子 |
| 7 | 六 | 廿三 | 甲午 | 执 | 胃 | 金 | 兑 | 燥 | 肺 | 涕 | 甲子 |
| 8 | 日 | 廿四 | 乙未 | 破 | 昴 | 金 | 离 | 燥 | 肺 | 涕 | 丙子 |
| 9 | 一 | 廿五 | 丙申 | 危 | 毕 | 火 | 震 | 热 | 心 | 汗 | 戊子 |
| 10 | 二 | 廿六 | 丁酉 | 成 | 觜 | 火 | 巽 | 热 | 心 | 汗 | 庚子 |
| 11 | 三 | 廿七 | 戊戌 | 收 | 参 | 木 | 坎 | 风 | 肝 | 泪 | 壬子 |
| 12 | 四 | 廿八 | 己亥 | 开 | 井 | 木 | 艮 | 风 | 肝 | 泪 | 甲子 |
| 13 | 五 | 廿九 | 庚子 | 闭 | 鬼 | 土 | 坤 | 湿 | 脾 | 涎 | 丙子 |
| 14 | 六 | 腊月 | 辛丑 | 建 | 柳 | 土 | 乾 | 湿 | 脾 | 涎 | 戊子 |
| 15 | 日 | 初二 | 壬寅 | 除 | 星 | 金 | 兑 | 燥 | 肺 | 涕 | 庚子 |
| 16 | 一 | 初三 | 癸卯 | 满 | 张 | 金 | 离 | 燥 | 肺 | 涕 | 壬子 |
| 17 | 二 | 初四 | 甲辰 | 平 | 翼 | 火 | 震 | 热 | 心 | 汗 | 甲子 |
| 18 | 三 | 初五 | 乙巳 | 定 | 轸 | 火 | 巽 | 热 | 心 | 汗 | 丙子 |
| 19 | 四 | 初六 | 丙午 | 执 | 角 | 水 | 坎 | 寒 | 肾 | 唾 | 戊子 |
| 20 | 五 | 初七 | 丁未 | 破 | 亢 | 水 | 艮 | 寒 | 肾 | 唾 | 庚子 |
| 21 | 六 | 初八 | 戊申 | 危 | 氐 | 土 | 坤 | 湿 | 脾 | 涎 | 壬子 |
| 22 | 日 | 初九 | 己酉 | 成 | 房 | 土 | 乾 | 湿 | 脾 | 涎 | 甲子 |
| 23 | 一 | 初十 | 庚戌 | 收 | 心 | 金 | 兑 | 燥 | 肺 | 涕 | 丙子 |
| 24 | 二 | 十一 | 辛亥 | 开 | 尾 | 金 | 离 | 燥 | 肺 | 涕 | 戊子 |
| 25 | 三 | 十二 | 壬子 | 闭 | 箕 | 木 | 震 | 风 | 肝 | 泪 | 庚子 |
| 26 | 四 | 十三 | 癸丑 | 建 | 斗 | 木 | 巽 | 风 | 肝 | 泪 | 壬子 |
| 27 | 五 | 十四 | 甲寅 | 除 | 牛 | 水 | 坎 | 寒 | 肾 | 唾 | 甲子 |
| 28 | 六 | 十五 | 乙卯 | 满 | 女 | 水 | 艮 | 寒 | 肾 | 唾 | 丙子 |
| 29 | 日 | 十六 | 丙辰 | 平 | 虚 | 土 | 坤 | 湿 | 脾 | 涎 | 戊子 |
| 30 | 一 | 十七 | 丁巳 | 定 | 危 | 土 | 乾 | 湿 | 脾 | 涎 | 庚子 |
| 31 | 二 | 十八 | 戊午 | 执 | 室 | 火 | 兑 | 热 | 心 | 汗 | 壬子 |

## 2月闰

立春　4日13时40分
雨水　19日09时24分

农历正月(2月12日–3月12日)　月干支:戊寅

| 公历 | 星期 | 农历 | 干支 | 日建 | 星宿 | 五行 | 八卦 | 五气 | 五脏 | 五汁 | 时辰 |
|---|---|---|---|---|---|---|---|---|---|---|---|
| 1 | 三 | 腊月 | 己未 | 破 | 壁 | 火 | 离 | 热 | 心 | 汗 | 甲子 |
| 2 | 四 | 二十 | 庚申 | 危 | 奎 | 木 | 震 | 风 | 肝 | 泪 | 丙子 |
| 3 | 五 | 廿一 | 辛酉 | 成 | 娄 | 木 | 巽 | 风 | 肝 | 泪 | 戊子 |
| 4 | 六 | 廿二 | 壬戌 | 成 | 胃 | 水 | 坎 | 寒 | 肾 | 唾 | 庚子 |
| 5 | 日 | 廿三 | 癸亥 | 收 | 昴 | 水 | 艮 | 寒 | 肾 | 唾 | 壬子 |
| 6 | 一 | 廿四 | 甲子 | 开 | 毕 | 金 | 坤 | 燥 | 肺 | 涕 | 甲子 |
| 7 | 二 | 廿五 | 乙丑 | 闭 | 觜 | 金 | 乾 | 燥 | 肺 | 涕 | 丙子 |
| 8 | 三 | 廿六 | 丙寅 | 建 | 参 | 火 | 兑 | 热 | 心 | 汗 | 戊子 |
| 9 | 四 | 廿七 | 丁卯 | 除 | 井 | 火 | 离 | 热 | 心 | 汗 | 庚子 |
| 10 | 五 | 廿八 | 戊辰 | 满 | 鬼 | 木 | 震 | 风 | 肝 | 泪 | 壬子 |
| 11 | 六 | 廿九 | 己巳 | 平 | 柳 | 木 | 巽 | 风 | 肝 | 泪 | 甲子 |
| 12 | 日 | 正月 | 庚午 | 定 | 星 | 土 | 坎 | 湿 | 脾 | 涎 | 丙子 |
| 13 | 一 | 初二 | 辛未 | 执 | 张 | 土 | 艮 | 湿 | 脾 | 涎 | 戊子 |
| 14 | 二 | 初三 | 壬申 | 破 | 翼 | 金 | 坤 | 燥 | 肺 | 涕 | 庚子 |
| 15 | 三 | 初四 | 癸酉 | 危 | 轸 | 金 | 乾 | 燥 | 肺 | 涕 | 壬子 |
| 16 | 四 | 初五 | 甲戌 | 成 | 角 | 火 | 兑 | 热 | 心 | 汗 | 甲子 |
| 17 | 五 | 初六 | 乙亥 | 收 | 亢 | 火 | 离 | 热 | 心 | 汗 | 丙子 |
| 18 | 六 | 初七 | 丙子 | 开 | 氐 | 水 | 震 | 寒 | 肾 | 唾 | 戊子 |
| 19 | 日 | 初八 | 丁丑 | 闭 | 房 | 水 | 巽 | 寒 | 肾 | 唾 | 庚子 |
| 20 | 一 | 初九 | 戊寅 | 建 | 心 | 土 | 坎 | 湿 | 脾 | 涎 | 壬子 |
| 21 | 二 | 初十 | 己卯 | 除 | 尾 | 土 | 艮 | 湿 | 脾 | 涎 | 甲子 |
| 22 | 三 | 十一 | 庚辰 | 满 | 箕 | 金 | 坤 | 燥 | 肺 | 涕 | 丙子 |
| 23 | 四 | 十二 | 辛巳 | 平 | 斗 | 金 | 乾 | 燥 | 肺 | 涕 | 戊子 |
| 24 | 五 | 十三 | 壬午 | 定 | 牛 | 木 | 兑 | 风 | 肝 | 泪 | 庚子 |
| 25 | 六 | 十四 | 癸未 | 执 | 女 | 木 | 离 | 风 | 肝 | 泪 | 壬子 |
| 26 | 日 | 十五 | 甲申 | 破 | 虚 | 水 | 震 | 寒 | 肾 | 唾 | 甲子 |
| 27 | 一 | 十六 | 乙酉 | 危 | 危 | 水 | 巽 | 寒 | 肾 | 唾 | 丙子 |
| 28 | 二 | 十七 | 丙戌 | 成 | 室 | 土 | 坎 | 湿 | 脾 | 涎 | 戊子 |
| 29 | 三 | 十八 | 丁亥 | 收 | 壁 | 土 | 艮 | 湿 | 脾 | 涎 | 庚子 |

实用　干支　万年历

# 公元2040年　　　　农历庚申(猴)年

## 3月大

| | | |
|---|---|---|
| 惊蛰 | 5日07时32分 |
| 春分 | 20日08时12分 |

农历二月(3月13日-4月10日)　月干支:己卯

| 公历 | 星期 | 农历 | 干支 | 日建 | 星宿 | 五行 | 八卦 | 五气 | 五脏 | 五汁 | 时辰 |
|---|---|---|---|---|---|---|---|---|---|---|---|
| 1 | 四 | 正月 | 戊子 | 开 | 奎 | 火 | 巽 | 热 | 心 | 汗 | 壬子 |
| 2 | 五 | 二十 | 己丑 | 闭 | 娄 | 火 | 坎 | 热 | 心 | 汗 | 甲子 |
| 3 | 六 | 廿一 | 庚寅 | 建 | 胃 | 木 | 艮 | 风 | 肝 | 泪 | 丙子 |
| 4 | 日 | 廿二 | 辛卯 | 除 | 昴 | 木 | 乾 | 风 | 肝 | 泪 | 戊子 |
| 5 | 一 | 廿三 | 壬辰 | 除 | 毕 | 水 | 坎 | 寒 | 肾 | 唾 | 庚子 |
| 6 | 二 | 廿四 | 癸巳 | 满 | 觜 | 水 | 离 | 寒 | 肾 | 唾 | 壬子 |
| 7 | 三 | 廿五 | 甲午 | 平 | 参 | 金 | 震 | 燥 | 肺 | 涕 | 甲子 |
| 8 | 四 | 廿六 | 乙未 | 定 | 井 | 金 | 巽 | 燥 | 肺 | 涕 | 丙子 |
| 9 | 五 | 廿七 | 丙申 | 执 | 鬼 | 火 | 坎 | 热 | 心 | 汗 | 戊子 |
| 10 | 六 | 廿八 | 丁酉 | 破 | 柳 | 火 | | 热 | 心 | 汗 | 庚子 |
| 11 | 日 | 廿九 | 戊戌 | 危 | 星 | 木 | 艮 | 风 | 肝 | 泪 | 壬子 |
| 12 | 一 | 三十 | 己亥 | 成 | 张 | 木 | 坤 | 风 | 肝 | 泪 | 甲子 |
| 13 | 二 | 二月 | 庚子 | 收 | 翼 | 土 | 震 | 湿 | 脾 | 涎 | 丙子 |
| 14 | 三 | 初二 | 辛丑 | 开 | 轸 | 土 | 巽 | 湿 | 脾 | 涎 | 戊子 |
| 15 | 四 | 初三 | 壬寅 | 闭 | 角 | 金 | 坎 | 燥 | 肺 | 涕 | 庚子 |
| 16 | 五 | 初四 | 癸卯 | 建 | 亢 | 金 | 艮 | 燥 | 肺 | 涕 | 壬子 |
| 17 | 六 | 初五 | 甲辰 | 除 | 氐 | 火 | 乾 | 热 | 心 | 汗 | 甲子 |
| 18 | 日 | 初六 | 乙巳 | 满 | 房 | 火 | 兑 | 热 | 心 | 汗 | 丙子 |
| 19 | 一 | 初七 | 丙午 | 平 | 心 | 水 | 离 | 寒 | 肾 | 唾 | 戊子 |
| 20 | 二 | 初八 | 丁未 | 定 | 尾 | 水 | 震 | 寒 | 肾 | 唾 | 庚子 |
| 21 | 三 | 初九 | 戊申 | 执 | 箕 | 土 | 巽 | 湿 | 脾 | 涎 | 壬子 |
| 22 | 四 | 初十 | 己酉 | 破 | 斗 | 土 | 坎 | 湿 | 脾 | 涎 | 甲子 |
| 23 | 五 | 十一 | 庚戌 | 危 | 牛 | 金 | 艮 | 燥 | 肺 | 涕 | 丙子 |
| 24 | 六 | 十二 | 辛亥 | 成 | 女 | 金 | 坤 | 燥 | 肺 | 涕 | 戊子 |
| 25 | 日 | 十三 | 壬子 | 收 | 虚 | 木 | 乾 | 风 | 肝 | 泪 | 庚子 |
| 26 | 一 | 十四 | 癸丑 | 开 | 危 | 木 | 兑 | 风 | 肝 | 泪 | 壬子 |
| 27 | 二 | 十五 | 甲寅 | 闭 | 室 | 水 | 离 | 寒 | 肾 | 唾 | 甲子 |
| 28 | 三 | 十六 | 乙卯 | 建 | 壁 | 水 | 震 | 寒 | 肾 | 唾 | 丙子 |
| 29 | 四 | 十七 | 丙辰 | 除 | 奎 | 土 | 巽 | 湿 | 脾 | 涎 | 戊子 |
| 30 | 五 | 十八 | 丁巳 | 满 | 娄 | 土 | 坎 | 湿 | 脾 | 涎 | 庚子 |
| 31 | 六 | 十九 | 戊午 | 平 | 胃 | 火 | | 热 | 心 | 汗 | 壬子 |

## 4月小

| | | |
|---|---|---|
| 清明 | 4日12时06分 |
| 谷雨 | 19日19时00分 |

农历三月(4月11日-5月10日)　月干支:庚辰

| 公历 | 星期 | 农历 | 干支 | 日建 | 星宿 | 五行 | 八卦 | 五气 | 五脏 | 五汁 | 时辰 |
|---|---|---|---|---|---|---|---|---|---|---|---|
| 1 | 日 | 二月 | 己未 | 定 | 昴 | 火 | 艮 | 热 | 心 | 汗 | 甲子 |
| 2 | 一 | 廿一 | 庚申 | 执 | 毕 | 木 | 坤 | 风 | 肝 | 泪 | 丙子 |
| 3 | 二 | 廿二 | 辛酉 | 破 | 觜 | 木 | 乾 | 风 | 肝 | 泪 | 戊子 |
| 4 | 三 | 廿三 | 壬戌 | 破 | 参 | 水 | 兑 | 寒 | 肾 | 唾 | 庚子 |
| 5 | 四 | 廿四 | 癸亥 | 危 | 井 | 水 | 离 | 寒 | 肾 | 唾 | 壬子 |
| 6 | 五 | 廿五 | 甲子 | 成 | 鬼 | 金 | 震 | 燥 | 肺 | 涕 | 甲子 |
| 7 | 六 | 廿六 | 乙丑 | 收 | 柳 | 金 | 巽 | 燥 | 肺 | 涕 | 丙子 |
| 8 | 日 | 廿七 | 丙寅 | 开 | 星 | 火 | 坎 | 热 | 心 | 汗 | 戊子 |
| 9 | 一 | 廿八 | 丁卯 | 闭 | 张 | 火 | 艮 | 热 | 心 | 汗 | 庚子 |
| 10 | 二 | 廿九 | 戊辰 | 建 | 翼 | 木 | 坤 | 风 | 肝 | 泪 | 壬子 |
| 11 | 三 | 三月 | 己巳 | 除 | 轸 | 木 | 巽 | 风 | 肝 | 泪 | 甲子 |
| 12 | 四 | 初二 | 庚午 | 满 | 角 | 土 | 坎 | 湿 | 脾 | 涎 | 丙子 |
| 13 | 五 | 初三 | 辛未 | 平 | 亢 | 土 | 艮 | 湿 | 脾 | 涎 | 戊子 |
| 14 | 六 | 初四 | 壬申 | 定 | 氐 | 金 | 乾 | 燥 | 肺 | 涕 | 庚子 |
| 15 | 日 | 初五 | 癸酉 | 执 | 房 | 金 | | 燥 | 肺 | 涕 | 壬子 |
| 16 | 一 | 初六 | 甲戌 | 破 | 心 | 火 | 兑 | 热 | 心 | 汗 | 甲子 |
| 17 | 二 | 初七 | 乙亥 | 危 | 尾 | 火 | 离 | 热 | 心 | 汗 | 丙子 |
| 18 | 三 | 初八 | 丙子 | 成 | 箕 | 水 | 震 | 寒 | 肾 | 唾 | 戊子 |
| 19 | 四 | 初九 | 丁丑 | 收 | 斗 | 水 | 巽 | 寒 | 肾 | 唾 | 庚子 |
| 20 | 五 | 初十 | 戊寅 | 开 | 牛 | 土 | 坎 | 湿 | 脾 | 涎 | 壬子 |
| 21 | 六 | 十一 | 己卯 | 闭 | 女 | 土 | 艮 | 湿 | 脾 | 涎 | 甲子 |
| 22 | 日 | 十二 | 庚辰 | 建 | 虚 | 金 | 坤 | 燥 | 肺 | 涕 | 丙子 |
| 23 | 一 | 十三 | 辛巳 | 除 | 危 | 金 | 乾 | 燥 | 肺 | 涕 | 戊子 |
| 24 | 二 | 十四 | 壬午 | 满 | 室 | 木 | 兑 | 风 | 肝 | 泪 | 庚子 |
| 25 | 三 | 十五 | 癸未 | 平 | 壁 | 木 | | 风 | 肝 | 泪 | 壬子 |
| 26 | 四 | 十六 | 甲申 | 定 | 奎 | 水 | 震 | 寒 | 肾 | 唾 | 甲子 |
| 27 | 五 | 十七 | 乙酉 | 执 | 娄 | 水 | 巽 | 寒 | 肾 | 唾 | 丙子 |
| 28 | 六 | 十八 | 丙戌 | 破 | 胃 | 土 | 坎 | 湿 | 脾 | 涎 | 戊子 |
| 29 | 日 | 十九 | 丁亥 | 危 | 昴 | 土 | 艮 | 湿 | 脾 | 涎 | 庚子 |
| 30 | 一 | 二十 | 戊子 | 成 | 毕 | 火 | 坤 | 热 | 心 | 汗 | 壬子 |
| 31 | | | | | | | | | | | |

# 公元 2040 年　　　　农历庚申（猴）年

## 5月大
立夏　5日05时10分
小满　20日17时56分

农历四月（5月11日－6月9日）　月干支：辛巳

| 公历 | 星期 | 农历 | 干支 | 日建 | 星宿 | 五行 | 八卦 | 五气 | 五脏 | 五汁 | 时辰 |
|---|---|---|---|---|---|---|---|---|---|---|---|
| 1 | 二 | 三月 | 己丑 | 收 | 觜 | 火 | 乾 | 热 | 心 | 汗 | 甲子 |
| 2 | 三 | 廿二 | 庚寅 | 开 | 参 | 木 | 兑 | 风 | 肝 | 泪 | 丙子 |
| 3 | 四 | 廿三 | 辛卯 | 闭 | 井 | 木 | 离 | 风 | 肝 | 泪 | 戊子 |
| 4 | 五 | 廿四 | 壬辰 | 建 | 鬼 | 水 | 震 | 寒 | 肾 | 唾 | 庚子 |
| 5 | 六 | 廿五 | 癸巳 | 建 | 柳 | 水 | 巽 | 寒 | 肾 | 唾 | 壬子 |
| 6 | 日 | 廿六 | 甲午 | 除 | 星 | 金 | 坎 | 燥 | 肺 | 涕 | 甲子 |
| 7 | 一 | 廿七 | 乙未 | 满 | 张 | 金 | 艮 | 燥 | 肺 | 涕 | 丙子 |
| 8 | 二 | 廿八 | 丙申 | 平 | 翼 | 火 | 坤 | 热 | 心 | 汗 | 戊子 |
| 9 | 三 | 廿九 | 丁酉 | 定 | 轸 | 火 | 乾 | 热 | 心 | 汗 | 庚子 |
| 10 | 四 | 三十 | 戊戌 | 执 | 角 | 木 | 兑 | 风 | 肝 | 泪 | 壬子 |
| 11 | 五 | 四月 | 己亥 | 破 | 亢 | 木 | 离 | 风 | 肝 | 泪 | 甲子 |
| 12 | 六 | 初二 | 庚子 | 危 | 氐 | 土 | 震 | 湿 | 脾 | 涎 | 丙子 |
| 13 | 日 | 初三 | 辛丑 | 成 | 房 | 土 | 巽 | 湿 | 脾 | 涎 | 戊子 |
| 14 | 一 | 初四 | 壬寅 | 收 | 心 | 金 | 坎 | 燥 | 肺 | 涕 | 庚子 |
| 15 | 二 | 初五 | 癸卯 | 开 | 尾 | 金 | 艮 | 燥 | 肺 | 涕 | 壬子 |
| 16 | 三 | 初六 | 甲辰 | 闭 | 箕 | 火 | 坤 | 热 | 心 | 汗 | 甲子 |
| 17 | 四 | 初七 | 乙巳 | 建 | 斗 | 火 | 乾 | 热 | 心 | 汗 | 丙子 |
| 18 | 五 | 初八 | 丙午 | 除 | 牛 | 水 | 兑 | 寒 | 肾 | 唾 | 戊子 |
| 19 | 六 | 初九 | 丁未 | 满 | 女 | 水 | 离 | 寒 | 肾 | 唾 | 庚子 |
| 20 | 日 | 初十 | 戊申 | 平 | 虚 | 土 | 震 | 湿 | 脾 | 涎 | 壬子 |
| 21 | 一 | 十一 | 己酉 | 定 | 危 | 土 | 巽 | 湿 | 脾 | 涎 | 甲子 |
| 22 | 二 | 十二 | 庚戌 | 执 | 室 | 金 | 坎 | 燥 | 肺 | 涕 | 丙子 |
| 23 | 三 | 十三 | 辛亥 | 破 | 壁 | 金 | 艮 | 燥 | 肺 | 涕 | 戊子 |
| 24 | 四 | 十四 | 壬子 | 危 | 奎 | 木 | 坤 | 风 | 肝 | 泪 | 庚子 |
| 25 | 五 | 十五 | 癸丑 | 成 | 娄 | 木 | 乾 | 风 | 肝 | 泪 | 壬子 |
| 26 | 六 | 十六 | 甲寅 | 收 | 胃 | 水 | 兑 | 寒 | 肾 | 唾 | 甲子 |
| 27 | 日 | 十七 | 乙卯 | 开 | 昴 | 水 | 离 | 寒 | 肾 | 唾 | 丙子 |
| 28 | 一 | 十八 | 丙辰 | 闭 | 毕 | 土 | 震 | 湿 | 脾 | 涎 | 戊子 |
| 29 | 二 | 十九 | 丁巳 | 建 | 觜 | 土 | 巽 | 湿 | 脾 | 涎 | 庚子 |
| 30 | 三 | 二十 | 戊午 | 除 | 参 | 火 | 坎 | 热 | 心 | 汗 | 壬子 |
| 31 | 四 | 廿一 | 己未 | 满 | 井 | 火 | 艮 | 热 | 心 | 汗 | 甲子 |

## 6月小
芒种　5日09时08分
夏至　21日01时47分

农历五月（6月10日－7月8日）　月干支：壬午

| 公历 | 星期 | 农历 | 干支 | 日建 | 星宿 | 五行 | 八卦 | 五气 | 五脏 | 五汁 | 时辰 |
|---|---|---|---|---|---|---|---|---|---|---|---|
| 1 | 五 | 四月 | 庚申 | 平 | 鬼 | 木 | 离 | 风 | 肝 | 泪 | 丙子 |
| 2 | 六 | 廿三 | 辛酉 | 定 | 柳 | 木 | 震 | 风 | 肝 | 泪 | 戊子 |
| 3 | 日 | 廿四 | 壬戌 | 执 | 星 | 水 | 巽 | 寒 | 肾 | 唾 | 庚子 |
| 4 | 一 | 廿五 | 癸亥 | 破 | 张 | 水 | 坎 | 寒 | 肾 | 唾 | 壬子 |
| 5 | 二 | 廿六 | 甲子 | 破 | 翼 | 金 | 艮 | 燥 | 肺 | 涕 | 甲子 |
| 6 | 三 | 廿七 | 乙丑 | 危 | 轸 | 金 | 坤 | 燥 | 肺 | 涕 | 丙子 |
| 7 | 四 | 廿八 | 丙寅 | 成 | 角 | 火 | 乾 | 热 | 心 | 汗 | 戊子 |
| 8 | 五 | 廿九 | 丁卯 | 收 | 亢 | 火 | 兑 | 热 | 心 | 汗 | 庚子 |
| 9 | 六 | 三十 | 戊辰 | 开 | 氐 | 木 | 离 | 风 | 肝 | 泪 | 壬子 |
| 10 | 日 | 五月 | 己巳 | 闭 | 房 | 木 | 震 | 风 | 肝 | 泪 | 甲子 |
| 11 | 一 | 初二 | 庚午 | 建 | 心 | 土 | 巽 | 湿 | 脾 | 涎 | 丙子 |
| 12 | 二 | 初三 | 辛未 | 除 | 尾 | 土 | 坎 | 湿 | 脾 | 涎 | 戊子 |
| 13 | 三 | 初四 | 壬申 | 满 | 箕 | 金 | 艮 | 燥 | 肺 | 涕 | 庚子 |
| 14 | 四 | 初五 | 癸酉 | 平 | 斗 | 金 | 离 | 燥 | 肺 | 涕 | 壬子 |
| 15 | 五 | 初六 | 甲戌 | 定 | 牛 | 火 | 震 | 热 | 心 | 汗 | 甲子 |
| 16 | 六 | 初七 | 乙亥 | 执 | 女 | 火 | 巽 | 热 | 心 | 汗 | 丙子 |
| 17 | 日 | 初八 | 丙子 | 破 | 虚 | 水 | 坎 | 寒 | 肾 | 唾 | 戊子 |
| 18 | 一 | 初九 | 丁丑 | 危 | 危 | 水 | 艮 | 寒 | 肾 | 唾 | 庚子 |
| 19 | 二 | 初十 | 戊寅 | 成 | 室 | 土 | 坤 | 湿 | 脾 | 涎 | 壬子 |
| 20 | 三 | 十一 | 己卯 | 收 | 壁 | 土 | 乾 | 湿 | 脾 | 涎 | 甲子 |
| 21 | 四 | 十二 | 庚辰 | 开 | 奎 | 金 | 兑 | 燥 | 肺 | 涕 | 丙子 |
| 22 | 五 | 十三 | 辛巳 | 闭 | 娄 | 金 | 离 | 燥 | 肺 | 涕 | 戊子 |
| 23 | 六 | 十四 | 壬午 | 建 | 胃 | 木 | 震 | 风 | 肝 | 泪 | 庚子 |
| 24 | 日 | 十五 | 癸未 | 除 | 昴 | 木 | 巽 | 风 | 肝 | 泪 | 壬子 |
| 25 | 一 | 十六 | 甲申 | 满 | 毕 | 水 | 坎 | 寒 | 肾 | 唾 | 甲子 |
| 26 | 二 | 十七 | 乙酉 | 平 | 觜 | 水 | 艮 | 寒 | 肾 | 唾 | 丙子 |
| 27 | 三 | 十八 | 丙戌 | 定 | 参 | 土 | 坤 | 湿 | 脾 | 涎 | 戊子 |
| 28 | 四 | 十九 | 丁亥 | 执 | 井 | 土 | 乾 | 湿 | 脾 | 涎 | 庚子 |
| 29 | 五 | 二十 | 戊子 | 破 | 鬼 | 火 | 兑 | 热 | 心 | 汗 | 壬子 |
| 30 | 六 | 廿一 | 己丑 | 危 | 柳 | 火 | 离 | 热 | 心 | 汗 | 甲子 |

实用干支万年历

# 公元2040年　　农历庚申(猴)年

## 7月大

小暑　6日19时20分
大暑　22日12时41分

农历六月(7月9日-8月7日)　月干支:癸未

| 公历 | 星期 | 农历 | 干支 | 日建 | 星宿 | 五行 | 八卦 | 五气 | 五脏 | 五汁 | 时辰 |
|---|---|---|---|---|---|---|---|---|---|---|---|
| 1 | 日 | 五月 | 庚寅 | 成 | 星 | 木 | 震 | 风 | 肝 | 泪 | 丙子 |
| 2 | 一 | 廿三 | 辛卯 | 收 | 张 | 木 | 巽 | 风 | 肝 | 泪 | 戊子 |
| 3 | 二 | 廿四 | 壬辰 | 开 | 翼 | 水 | 坎 | 寒 | 肾 | 唾 | 庚子 |
| 4 | 三 | 廿五 | 癸巳 | 闭 | 轸 | 水 | 艮 | 寒 | 肾 | 唾 | 壬子 |
| 5 | 四 | 廿六 | 甲午 | 建 | 角 | 金 | 坤 | 燥 | 肺 | 涕 | 甲子 |
| 6 | 五 | 廿七 | 乙未 | 建 | 亢 | 金 | 乾 | 燥 | 肺 | 涕 | 丙子 |
| 7 | 六 | 廿八 | 丙申 | 除 | 氐 | 火 | 兑 | 热 | 心 | 汗 | 戊子 |
| 8 | 日 | 廿九 | 丁酉 | 满 | 房 | 火 | 离 | 热 | 心 | 汗 | 庚子 |
| 9 | 一 | 六月 | 戊戌 | 平 | 心 | 木 | 坤 | 风 | 肝 | 泪 | 壬子 |
| 10 | 二 | 初二 | 己亥 | 定 | 尾 | 木 | 乾 | 风 | 肝 | 泪 | 甲子 |
| 11 | 三 | 初三 | 庚子 | 执 | 箕 | 土 | 兑 | 湿 | 脾 | 涎 | 丙子 |
| 12 | 四 | 初四 | 辛丑 | 破 | 斗 | 土 | 离 | 湿 | 脾 | 涎 | 戊子 |
| 13 | 五 | 初五 | 壬寅 | 危 | 牛 | 金 | 震 | 燥 | 肺 | 涕 | 庚子 |
| 14 | 六 | 初六 | 癸卯 | 成 | 女 | 金 | 巽 | 燥 | 肺 | 涕 | 壬子 |
| 15 | 日 | 初七 | 甲辰 | 收 | 虚 | 火 | 坎 | 热 | 心 | 汗 | 甲子 |
| 16 | 一 | 初八 | 乙巳 | 开 | 危 | 火 | 艮 | 热 | 心 | 汗 | 丙子 |
| 17 | 二 | 初九 | 丙午 | 闭 | 室 | 水 | 坤 | 寒 | 肾 | 唾 | 戊子 |
| 18 | 三 | 初十 | 丁未 | 建 | 壁 | 水 | 乾 | 寒 | 肾 | 唾 | 庚子 |
| 19 | 四 | 十一 | 戊申 | 除 | 奎 | 土 | 兑 | 湿 | 脾 | 涎 | 壬子 |
| 20 | 五 | 十二 | 己酉 | 满 | 娄 | 土 | 离 | 湿 | 脾 | 涎 | 甲子 |
| 21 | 六 | 十三 | 庚戌 | 平 | 胃 | 金 | 震 | 燥 | 肺 | 涕 | 丙子 |
| 22 | 日 | 十四 | 辛亥 | 定 | 昴 | 金 | 巽 | 燥 | 肺 | 涕 | 戊子 |
| 23 | 一 | 十五 | 壬子 | 执 | 毕 | 木 | 坎 | 风 | 肝 | 泪 | 庚子 |
| 24 | 二 | 十六 | 癸丑 | 破 | 觜 | 木 | 艮 | 风 | 肝 | 泪 | 壬子 |
| 25 | 三 | 十七 | 甲寅 | 危 | 参 | 水 | 坤 | 寒 | 肾 | 唾 | 甲子 |
| 26 | 四 | 十八 | 乙卯 | 成 | 井 | 水 | 乾 | 寒 | 肾 | 唾 | 丙子 |
| 27 | 五 | 十九 | 丙辰 | 收 | 鬼 | 土 | 兑 | 湿 | 脾 | 涎 | 戊子 |
| 28 | 六 | 二十 | 丁巳 | 开 | 柳 | 土 | 离 | 湿 | 脾 | 涎 | 庚子 |
| 29 | 日 | 廿一 | 戊午 | 闭 | 星 | 火 | 震 | 热 | 心 | 汗 | 壬子 |
| 30 | 一 | 廿二 | 己未 | 建 | 张 | 火 | 巽 | 热 | 心 | 汗 | 甲子 |
| 31 | 二 | 廿三 | 庚申 | 除 | 翼 | 木 | 坎 | 风 | 肝 | 泪 | 丙子 |

## 8月大

立秋　7日05时11分
处暑　22日19时54分

农历七月(8月8日-9月5日)　月干支:甲申

| 公历 | 星期 | 农历 | 干支 | 日建 | 星宿 | 五行 | 八卦 | 五气 | 五脏 | 五汁 | 时辰 |
|---|---|---|---|---|---|---|---|---|---|---|---|
| 1 | 三 | 六月 | 辛酉 | 满 | 角 | 木 | 坤 | 风 | 肝 | 泪 | 戊子 |
| 2 | 四 | 廿五 | 壬戌 | 平 | 亢 | 水 | 乾 | 寒 | 肾 | 唾 | 庚子 |
| 3 | 五 | 廿六 | 癸亥 | 定 | 氐 | 水 | 兑 | 寒 | 肾 | 唾 | 壬子 |
| 4 | 六 | 廿七 | 甲子 | 执 | 房 | 金 | 离 | 燥 | 肺 | 涕 | 甲子 |
| 5 | 日 | 廿八 | 乙丑 | 破 | 心 | 金 | 离 | 燥 | 肺 | 涕 | 丙子 |
| 6 | 一 | 廿九 | 丙寅 | 危 | 尾 | 火 | 震 | 热 | 心 | 汗 | 戊子 |
| 7 | 二 | 三十 | 丁卯 | 危 | 箕 | 火 | 巽 | 热 | 心 | 汗 | 庚子 |
| 8 | 三 | 七月 | 戊辰 | 成 | 斗 | 木 | 乾 | 风 | 肝 | 泪 | 壬子 |
| 9 | 四 | 初二 | 己巳 | 收 | 牛 | 木 | 兑 | 风 | 肝 | 泪 | 甲子 |
| 10 | 五 | 初三 | 庚午 | 开 | 女 | 土 | 离 | 湿 | 脾 | 涎 | 丙子 |
| 11 | 六 | 初四 | 辛未 | 闭 | 虚 | 土 | 震 | 湿 | 脾 | 涎 | 戊子 |
| 12 | 日 | 初五 | 壬申 | 建 | 危 | 金 | 巽 | 燥 | 肺 | 涕 | 庚子 |
| 13 | 一 | 初六 | 癸酉 | 除 | 室 | 金 | 坎 | 燥 | 肺 | 涕 | 壬子 |
| 14 | 二 | 初七 | 甲戌 | 满 | 壁 | 火 | 艮 | 热 | 心 | 汗 | 甲子 |
| 15 | 三 | 初八 | 乙亥 | 平 | 奎 | 火 | 坤 | 热 | 心 | 汗 | 丙子 |
| 16 | 四 | 初九 | 丙子 | 定 | 娄 | 水 | 乾 | 寒 | 肾 | 唾 | 戊子 |
| 17 | 五 | 初十 | 丁丑 | 执 | 胃 | 水 | 兑 | 寒 | 肾 | 唾 | 庚子 |
| 18 | 六 | 十一 | 戊寅 | 破 | 昴 | 土 | 离 | 湿 | 脾 | 涎 | 壬子 |
| 19 | 日 | 十二 | 己卯 | 危 | 毕 | 土 | 震 | 湿 | 脾 | 涎 | 甲子 |
| 20 | 一 | 十三 | 庚辰 | 成 | 觜 | 金 | 巽 | 燥 | 肺 | 涕 | 丙子 |
| 21 | 二 | 十四 | 辛巳 | 收 | 参 | 金 | 坎 | 燥 | 肺 | 涕 | 戊子 |
| 22 | 三 | 十五 | 壬午 | 开 | 井 | 木 | 艮 | 风 | 肝 | 泪 | 庚子 |
| 23 | 四 | 十六 | 癸未 | 闭 | 鬼 | 木 | 坤 | 风 | 肝 | 泪 | 壬子 |
| 24 | 五 | 十七 | 甲申 | 建 | 柳 | 水 | 乾 | 寒 | 肾 | 唾 | 甲子 |
| 25 | 六 | 十八 | 乙酉 | 除 | 星 | 水 | 兑 | 寒 | 肾 | 唾 | 丙子 |
| 26 | 日 | 十九 | 丙戌 | 满 | 张 | 土 | 离 | 湿 | 脾 | 涎 | 戊子 |
| 27 | 一 | 二十 | 丁亥 | 平 | 翼 | 土 | 震 | 湿 | 脾 | 涎 | 庚子 |
| 28 | 二 | 廿一 | 戊子 | 定 | 轸 | 火 | 巽 | 热 | 心 | 汗 | 壬子 |
| 29 | 三 | 廿二 | 己丑 | 执 | 角 | 火 | 坎 | 热 | 心 | 汗 | 甲子 |
| 30 | 四 | 廿三 | 庚寅 | 破 | 亢 | 木 | 艮 | 风 | 肝 | 泪 | 丙子 |
| 31 | 五 | 廿四 | 辛卯 | 危 | 氐 | 木 | 坤 | 风 | 肝 | 泪 | 戊子 |

# 公元 2040 年　　　　农历庚申(猴)年

## 9 月小
白露　7 日 08 时 15 分
秋分　22 日 17 时 45 分

农历八月(9 月 6 日 –10 月 5 日)　月干支:乙酉

| 公历 | 星期 | 农历 | 干支 | 日建 | 星宿 | 五行 | 八卦 | 五气 | 五脏 | 五汁 | 时辰 |
|---|---|---|---|---|---|---|---|---|---|---|---|
| 1 | 六 | 七月 | 壬辰 | 成 | 氐 | 水 | 乾 | 寒 | 肾 | 唾 | 庚子 |
| 2 | 日 | 廿六 | 癸巳 | 收 | 房 | 水 | 兑 | 寒 | 肾 | 唾 | 壬子 |
| 3 | 一 | 廿七 | 甲午 | 开 | 心 | 金 | 离 | 燥 | 肺 | 涕 | 甲子 |
| 4 | 二 | 廿八 | 乙未 | 闭 | 尾 | 金 | 震 | 燥 | 肺 | 涕 | 丙子 |
| 5 | 三 | 廿九 | 丙申 | 建 | 箕 | 火 | 巽 | 热 | 心 | 汗 | 戊子 |
| 6 | 四 | 八月 | 丁酉 | 除 | 斗 | 火 | 兑 | 热 | 心 | 汗 | 庚子 |
| 7 | 五 | 初二 | 戊戌 | 除 | 牛 | 木 | 离 | 风 | 肝 | 泪 | 壬子 |
| 8 | 六 | 初三 | 己亥 | 满 | 女 | 木 | 震 | 风 | 肝 | 泪 | 甲子 |
| 9 | 日 | 初四 | 庚子 | 平 | 虚 | 土 | 巽 | 湿 | 脾 | 涎 | 丙子 |
| 10 | 一 | 初五 | 辛丑 | 定 | 危 | 土 | 坎 | 湿 | 脾 | 涎 | 戊子 |
| 11 | 二 | 初六 | 壬寅 | 执 | 室 | 金 | 艮 | 燥 | 肺 | 涕 | 庚子 |
| 12 | 三 | 初七 | 癸卯 | 破 | 壁 | 金 | 坤 | 燥 | 肺 | 涕 | 壬子 |
| 13 | 四 | 初八 | 甲辰 | 危 | 奎 | 火 | 乾 | 热 | 心 | 汗 | 甲子 |
| 14 | 五 | 初九 | 乙巳 | 成 | 娄 | 火 | 兑 | 热 | 心 | 汗 | 丙子 |
| 15 | 六 | 初十 | 丙午 | 收 | 胃 | 水 | 离 | 寒 | 肾 | 唾 | 戊子 |
| 16 | 日 | 十一 | 丁未 | 开 | 昴 | 水 | 震 | 寒 | 肾 | 唾 | 庚子 |
| 17 | 一 | 十二 | 戊申 | 闭 | 毕 | 土 | 巽 | 湿 | 脾 | 涎 | 壬子 |
| 18 | 二 | 十三 | 己酉 | 建 | 觜 | 土 | 坎 | 湿 | 脾 | 涎 | 甲子 |
| 19 | 三 | 十四 | 庚戌 | 除 | 参 | 金 | 艮 | 燥 | 肺 | 涕 | 丙子 |
| 20 | 四 | 十五 | 辛亥 | 满 | 井 | 金 | 坤 | 燥 | 肺 | 涕 | 戊子 |
| 21 | 五 | 十六 | 壬子 | 平 | 鬼 | 木 | 乾 | 风 | 肝 | 泪 | 庚子 |
| 22 | 六 | 十七 | 癸丑 | 定 | 柳 | 木 | 兑 | 风 | 肝 | 泪 | 壬子 |
| 23 | 日 | 十八 | 甲寅 | 执 | 星 | 水 | 离 | 寒 | 肾 | 唾 | 甲子 |
| 24 | 一 | 十九 | 乙卯 | 破 | 张 | 水 | 震 | 寒 | 肾 | 唾 | 丙子 |
| 25 | 二 | 二十 | 丙辰 | 危 | 翼 | 土 | 巽 | 湿 | 脾 | 涎 | 戊子 |
| 26 | 三 | 廿一 | 丁巳 | 成 | 轸 | 土 | 坎 | 湿 | 脾 | 涎 | 庚子 |
| 27 | 四 | 廿二 | 戊午 | 收 | 角 | 火 | 艮 | 热 | 心 | 汗 | 壬子 |
| 28 | 五 | 廿三 | 己未 | 开 | 亢 | 火 | 坤 | 热 | 心 | 汗 | 甲子 |
| 29 | 六 | 廿四 | 庚申 | 闭 | 氐 | 木 | 乾 | 风 | 肝 | 泪 | 丙子 |
| 30 | 日 | 廿五 | 辛酉 | 建 | 房 | 木 | 兑 | 风 | 肝 | 泪 | 戊子 |
| 31 | | | | | | | | | | | |

## 10 月大
寒露　8 日 00 时 06 分
霜降　23 日 03 时 20 分

农历九月(10 月 6 日 –11 月 4 日)　月干支:丙戌

| 公历 | 星期 | 农历 | 干支 | 日建 | 星宿 | 五行 | 八卦 | 五气 | 五脏 | 五汁 | 时辰 |
|---|---|---|---|---|---|---|---|---|---|---|---|
| 1 | 一 | 八月 | 壬戌 | 除 | 心 | 水 | 离 | 寒 | 肾 | 唾 | 庚子 |
| 2 | 二 | 廿七 | 癸亥 | 满 | 尾 | 水 | 震 | 寒 | 肾 | 唾 | 壬子 |
| 3 | 三 | 廿八 | 甲子 | 平 | 箕 | 金 | 巽 | 燥 | 肺 | 涕 | 甲子 |
| 4 | 四 | 廿九 | 乙丑 | 定 | 斗 | 金 | 坎 | 燥 | 肺 | 涕 | 丙子 |
| 5 | 五 | 三十 | 丙寅 | 执 | 牛 | 火 | 艮 | 热 | 心 | 汗 | 戊子 |
| 6 | 六 | 九月 | 丁卯 | 破 | 女 | 火 | 离 | 热 | 心 | 汗 | 庚子 |
| 7 | 日 | 初二 | 戊辰 | 危 | 虚 | 木 | 震 | 风 | 肝 | 泪 | 壬子 |
| 8 | 一 | 初三 | 己巳 | 危 | 危 | 木 | 巽 | 风 | 肝 | 泪 | 甲子 |
| 9 | 二 | 初四 | 庚午 | 成 | 室 | 土 | 坎 | 湿 | 脾 | 涎 | 丙子 |
| 10 | 三 | 初五 | 辛未 | 收 | 壁 | 土 | 艮 | 湿 | 脾 | 涎 | 戊子 |
| 11 | 四 | 初六 | 壬申 | 开 | 奎 | 金 | 坤 | 燥 | 肺 | 涕 | 庚子 |
| 12 | 五 | 初七 | 癸酉 | 闭 | 娄 | 金 | 乾 | 燥 | 肺 | 涕 | 壬子 |
| 13 | 六 | 初八 | 甲戌 | 建 | 胃 | 火 | 兑 | 热 | 心 | 汗 | 甲子 |
| 14 | 日 | 初九 | 乙亥 | 除 | 昴 | 火 | 离 | 热 | 心 | 汗 | 丙子 |
| 15 | 一 | 初十 | 丙子 | 满 | 毕 | 水 | 震 | 寒 | 肾 | 唾 | 戊子 |
| 16 | 二 | 十一 | 丁丑 | 平 | 觜 | 水 | 巽 | 寒 | 肾 | 唾 | 庚子 |
| 17 | 三 | 十二 | 戊寅 | 定 | 参 | 土 | 坎 | 湿 | 脾 | 涎 | 壬子 |
| 18 | 四 | 十三 | 己卯 | 执 | 井 | 土 | 艮 | 湿 | 脾 | 涎 | 甲子 |
| 19 | 五 | 十四 | 庚辰 | 破 | 鬼 | 金 | 坤 | 燥 | 肺 | 涕 | 丙子 |
| 20 | 六 | 十五 | 辛巳 | 危 | 柳 | 金 | 乾 | 燥 | 肺 | 涕 | 戊子 |
| 21 | 日 | 十六 | 壬午 | 成 | 星 | 木 | 兑 | 风 | 肝 | 泪 | 庚子 |
| 22 | 一 | 十七 | 癸未 | 收 | 张 | 木 | 离 | 风 | 肝 | 泪 | 壬子 |
| 23 | 二 | 十八 | 甲申 | 开 | 翼 | 水 | 震 | 寒 | 肾 | 唾 | 甲子 |
| 24 | 三 | 十九 | 乙酉 | 闭 | 轸 | 水 | 巽 | 寒 | 肾 | 唾 | 丙子 |
| 25 | 四 | 二十 | 丙戌 | 建 | 角 | 土 | 坎 | 湿 | 脾 | 涎 | 戊子 |
| 26 | 五 | 廿一 | 丁亥 | 除 | 亢 | 土 | 艮 | 湿 | 脾 | 涎 | 庚子 |
| 27 | 六 | 廿二 | 戊子 | 满 | 氐 | 火 | 坤 | 热 | 心 | 汗 | 壬子 |
| 28 | 日 | 廿三 | 己丑 | 平 | 房 | 火 | 乾 | 热 | 心 | 汗 | 甲子 |
| 29 | 一 | 廿四 | 庚寅 | 定 | 心 | 木 | 兑 | 风 | 肝 | 泪 | 丙子 |
| 30 | 二 | 廿五 | 辛卯 | 执 | 尾 | 木 | 离 | 风 | 肝 | 泪 | 戊子 |
| 31 | 三 | 廿六 | 壬辰 | 破 | 箕 | 水 | 震 | 寒 | 肾 | 唾 | 庚子 |

实用干支万年历

# 公元 2040 年　　　　　农历庚申(猴)年

## 11 月小
立冬　7日03时30分
小雪　22日01时06分

农历十月(11月5日–12月3日)　月干支：丁亥

| 公历 | 星期 | 农历 | 干支 | 日建 | 星宿 | 五行 | 八卦 | 五气 | 五脏 | 五汁 | 时辰 |
|---|---|---|---|---|---|---|---|---|---|---|---|
| 1 | 四 | 九月 | 癸巳 | 危 | 斗 | 水 | 巽 | 寒 | 肾 | 唾 | 壬子 |
| 2 | 五 | 廿八 | 甲午 | 成 | 牛 | 金 | 坎 | 燥 | 肺 | 涕 | 甲子 |
| 3 | 六 | 廿九 | 乙未 | 收 | 女 | 金 | 艮 | 燥 | 肺 | 涕 | 丙子 |
| 4 | 日 | 三十 | 丙申 | 开 | 虚 | 火 | 震 | 热 | 心 | 汗 | 戊子 |
| 5 | 一 | 十月 | 丁酉 | 闭 | 危 | 火 |  | 热 | 心 | 汗 | 庚子 |
| 6 | 二 | 初二 | 戊戌 | 建 | 室 | 木 | 巽 | 风 | 肝 | 泪 | 壬子 |
| 7 | 三 | 初三 | 己亥 | 除 | 壁 | 木 | 坎 | 风 | 肝 | 泪 | 甲子 |
| 8 | 四 | 初四 | 庚子 | 满 | 奎 | 土 | 艮 | 湿 | 脾 | 涎 | 丙子 |
| 9 | 五 | 初五 | 辛丑 | 平 | 娄 | 土 | 乾 | 湿 | 脾 | 涎 | 戊子 |
| 10 | 六 | 初六 | 壬寅 |  | 胃 | 金 |  | 燥 | 肺 |  | 庚子 |
| 11 | 日 | 初七 | 癸卯 | 定 | 昴 | 金 | 兑 | 燥 | 肺 | 涕 | 壬子 |
| 12 | 一 | 初八 | 甲辰 | 执 | 毕 | 火 | 离 | 热 | 心 | 汗 | 甲子 |
| 13 | 二 | 初九 | 乙巳 | 破 | 觜 | 火 | 震 | 热 | 心 | 汗 | 丙子 |
| 14 | 三 | 初十 | 丙午 | 危 | 参 | 水 | 巽 | 寒 | 肾 | 唾 | 戊子 |
| 15 | 四 | 十一 | 丁未 | 成 | 井 | 水 | 坎 | 寒 | 肾 | 唾 | 庚子 |
| 16 | 五 | 十二 | 戊申 | 收 | 鬼 | 土 | 艮 | 湿 | 脾 | 涎 | 壬子 |
| 17 | 六 | 十三 | 己酉 | 开 | 柳 | 土 | 乾 | 湿 | 脾 | 涎 | 甲子 |
| 18 | 日 | 十四 | 庚戌 | 闭 | 星 | 金 | 兑 | 燥 | 肺 | 涕 | 丙子 |
| 19 | 一 | 十五 | 辛亥 | 建 | 张 | 金 | 离 | 燥 | 肺 | 涕 | 戊子 |
| 20 | 二 | 十六 | 壬子 | 除 | 翼 | 木 | 震 | 风 | 肝 | 泪 | 庚子 |
| 21 | 三 | 十七 | 癸丑 | 满 | 轸 | 木 | 巽 | 风 | 肝 | 泪 | 壬子 |
| 22 | 四 | 十八 | 甲寅 | 平 | 角 | 水 | 坎 | 寒 | 肾 | 唾 | 甲子 |
| 23 | 五 | 十九 | 乙卯 | 定 | 亢 | 水 | 艮 | 寒 | 肾 | 唾 | 丙子 |
| 24 | 六 | 二十 | 丙辰 | 执 | 氐 | 土 | 乾 | 湿 | 脾 | 涎 | 戊子 |
| 25 | 日 | 廿一 | 丁巳 | 破 | 房 | 土 |  | 湿 | 脾 | 涎 | 庚子 |
| 26 | 一 | 廿二 | 戊午 | 危 | 心 | 火 | 乾 | 热 | 心 | 汗 | 壬子 |
| 27 | 二 | 廿三 | 己未 | 成 | 尾 | 火 | 兑 | 热 | 心 | 汗 | 甲子 |
| 28 | 三 | 廿四 | 庚申 | 收 | 箕 | 木 | 离 | 风 | 肝 | 泪 | 丙子 |
| 29 | 四 | 廿五 | 辛酉 | 开 | 斗 | 木 | 震 | 风 | 肝 | 泪 | 戊子 |
| 30 | 五 | 廿六 | 壬戌 | 闭 | 牛 | 水 | 巽 | 寒 | 肾 | 唾 | 庚子 |
| 31 |  |  |  |  |  |  |  |  |  |  |  |

## 12 月大
大雪　6日20时31分
冬至　21日14时34分

农历冬月(12月4日–1月2日)　月干支：戊子

| 公历 | 星期 | 农历 | 干支 | 日建 | 星宿 | 五行 | 八卦 | 五气 | 五脏 | 五汁 | 时辰 |
|---|---|---|---|---|---|---|---|---|---|---|---|
| 1 | 六 | 十月 | 癸亥 | 建 | 女 | 水 | 坎 | 寒 | 肾 | 唾 | 壬子 |
| 2 | 日 | 廿八 | 甲子 | 除 | 虚 | 金 | 艮 | 燥 | 肺 | 涕 | 甲子 |
| 3 | 一 | 廿九 | 乙丑 | 满 | 危 | 金 | 坤 | 燥 | 肺 | 涕 | 丙子 |
| 4 | 二 | 冬月 | 丙寅 | 平 | 室 | 火 | 巽 | 热 | 心 | 汗 | 戊子 |
| 5 | 三 | 初二 | 丁卯 | 定 | 壁 | 火 | 坎 | 热 | 心 | 汗 | 庚子 |
| 6 | 四 | 初三 | 戊辰 | 定 | 奎 | 木 | 艮 | 风 | 肝 | 泪 | 壬子 |
| 7 | 五 | 初四 | 己巳 | 执 | 娄 | 木 | 坤 | 风 | 肝 | 泪 | 甲子 |
| 8 | 六 | 初五 | 庚午 | 破 | 胃 | 土 | 乾 | 湿 | 脾 | 涎 | 丙子 |
| 9 | 日 | 初六 | 辛未 | 危 | 昴 | 土 | 离 | 湿 | 脾 | 涎 | 戊子 |
| 10 | 一 | 初七 | 壬申 | 成 | 毕 | 金 |  | 燥 | 肺 |  | 庚子 |
| 11 | 二 | 初八 | 癸酉 | 收 | 觜 | 金 | 震 | 燥 | 肺 | 涕 | 壬子 |
| 12 | 三 | 初九 | 甲戌 | 开 | 参 | 火 | 巽 | 热 | 心 | 汗 | 甲子 |
| 13 | 四 | 初十 | 乙亥 | 闭 | 井 | 火 | 坎 | 热 | 心 | 汗 | 丙子 |
| 14 | 五 | 十一 | 丙子 | 建 | 鬼 | 水 | 艮 | 寒 | 肾 | 唾 | 戊子 |
| 15 | 六 | 十二 | 丁丑 | 除 | 柳 | 水 | 坤 | 寒 | 肾 | 唾 | 庚子 |
| 16 | 日 | 十三 | 戊寅 | 满 | 星 | 土 | 乾 | 湿 | 脾 | 涎 | 壬子 |
| 17 | 一 | 十四 | 己卯 | 平 | 张 | 土 | 兑 | 湿 | 脾 | 涎 | 甲子 |
| 18 | 二 | 十五 | 庚辰 | 定 | 翼 | 金 | 离 | 燥 | 肺 | 涕 | 丙子 |
| 19 | 三 | 十六 | 辛巳 | 执 | 轸 | 金 | 震 | 燥 | 肺 | 涕 | 戊子 |
| 20 | 四 | 十七 | 壬午 | 破 | 角 | 木 | 巽 | 风 | 肝 | 泪 | 庚子 |
| 21 | 五 | 十八 | 癸未 | 危 | 亢 | 木 | 坎 | 风 | 肝 | 泪 | 壬子 |
| 22 | 六 | 十九 | 甲申 | 成 | 氐 | 水 | 艮 | 寒 | 肾 | 唾 | 甲子 |
| 23 | 日 | 二十 | 乙酉 | 收 | 房 | 水 | 坤 | 寒 | 肾 | 唾 | 丙子 |
| 24 | 一 | 廿一 | 丙戌 | 开 | 心 | 土 | 乾 | 湿 | 脾 | 涎 | 戊子 |
| 25 | 二 | 廿二 | 丁亥 | 闭 | 尾 | 土 |  | 湿 | 脾 | 涎 | 庚子 |
| 26 | 三 | 廿三 | 戊子 | 建 | 箕 | 火 | 离 | 热 | 心 | 汗 | 壬子 |
| 27 | 四 | 廿四 | 己丑 | 除 | 斗 | 火 | 震 | 热 | 心 | 汗 | 甲子 |
| 28 | 五 | 廿五 | 庚寅 | 满 | 牛 | 木 | 巽 | 风 | 肝 | 泪 | 丙子 |
| 29 | 六 | 廿六 | 辛卯 | 平 | 女 | 木 | 坎 | 风 | 肝 | 泪 | 戊子 |
| 30 | 日 | 廿七 | 壬辰 | 定 | 虚 | 水 | 艮 | 寒 | 肾 | 唾 | 庚子 |
| 31 | 一 | 廿八 | 癸巳 | 执 | 危 | 水 |  | 寒 | 肾 | 唾 | 壬子 |

# 公元2041年　　　　　　　　农历辛酉(鸡)年

## 1月大
小寒　5日07时49分
大寒　20日01时14分

农历腊月(1月3日–1月31日)　月干支:己丑

| 公历 | 星期 | 农历 | 干支 | 日建 | 星宿 | 五行 | 八卦 | 五气 | 五脏 | 五汁 | 时辰 |
|---|---|---|---|---|---|---|---|---|---|---|---|
| 1 | 二 | 冬月 | 甲午 | 破 | 室 | 金 | 乾 | 燥 | 肺 | 涕 | 甲子 |
| 2 | 三 | 三十 | 乙未 | 危 | 壁 | 金 | 兑 | 燥 | 肺 | 涕 | 丙子 |
| 3 | 四 | 腊月 | 丙申 | 成 | 奎 | 火 | 坎 | 热 | 心 | 汗 | 戊子 |
| 4 | 五 | 初二 | 丁酉 | 收 | 娄 | 火 | 艮 | 热 | 心 | 汗 | 庚子 |
| 5 | 六 | 初三 | 戊戌 | 收 | 胃 | 木 | 坤 | 风 | 肝 | 泪 | 壬子 |
| 6 | 日 | 初四 | 己亥 | 开 | 昴 | 木 | 乾 | 风 | 肝 | 泪 | 甲子 |
| 7 | 一 | 初五 | 庚子 | 闭 | 毕 | 土 | 兑 | 湿 | 脾 | 涎 | 丙子 |
| 8 | 二 | 初六 | 辛丑 | 建 | 觜 | 土 | 离 | 湿 | 脾 | 涎 | 戊子 |
| 9 | 三 | 初七 | 壬寅 | 除 | 参 | 金 | 震 | 燥 | 肺 | 涕 | 庚子 |
| 10 | 四 | 初八 | 癸卯 | 满 | 井 | 金 | 巽 | 燥 | 肺 | 涕 | 壬子 |
| 11 | 五 | 初九 | 甲辰 | 平 | 鬼 | 火 | 坎 | 热 | 心 | 汗 | 甲子 |
| 12 | 六 | 初十 | 乙巳 | 定 | 柳 | 火 | 艮 | 热 | 心 | 汗 | 丙子 |
| 13 | 日 | 十一 | 丙午 | 执 | 星 | 水 | 坤 | 寒 | 肾 | 唾 | 戊子 |
| 14 | 一 | 十二 | 丁未 | 破 | 张 | 水 | 乾 | 寒 | 肾 | 唾 | 庚子 |
| 15 | 二 | 十三 | 戊申 | 危 | 翼 | 土 | 兑 | 湿 | 脾 | 涎 | 壬子 |
| 16 | 三 | 十四 | 己酉 | 成 | 轸 | 土 | 离 | 湿 | 脾 | 涎 | 甲子 |
| 17 | 四 | 十五 | 庚戌 | 收 | 角 | 金 | 震 | 燥 | 肺 | 涕 | 丙子 |
| 18 | 五 | 十六 | 辛亥 | 开 | 亢 | 金 | 巽 | 燥 | 肺 | 涕 | 戊子 |
| 19 | 六 | 十七 | 壬子 | 闭 | 氐 | 木 | 坎 | 风 | 肝 | 泪 | 庚子 |
| 20 | 日 | 十八 | 癸丑 | 建 | 房 | 木 | 艮 | 风 | 肝 | 泪 | 壬子 |
| 21 | 一 | 十九 | 甲寅 | 除 | 心 | 水 | 坤 | 寒 | 肾 | 唾 | 甲子 |
| 22 | 二 | 二十 | 乙卯 | 满 | 尾 | 水 | 乾 | 寒 | 肾 | 唾 | 丙子 |
| 23 | 三 | 廿一 | 丙辰 | 平 | 箕 | 土 | 兑 | 湿 | 脾 | 涎 | 戊子 |
| 24 | 四 | 廿二 | 丁巳 | 定 | 斗 | 土 | 离 | 湿 | 脾 | 涎 | 庚子 |
| 25 | 五 | 廿三 | 戊午 | 执 | 牛 | 火 | 震 | 热 | 心 | 汗 | 壬子 |
| 26 | 六 | 廿四 | 己未 | 破 | 女 | 火 | 巽 | 热 | 心 | 汗 | 甲子 |
| 27 | 日 | 廿五 | 庚申 | 危 | 虚 | 木 | 坎 | 风 | 肝 | 泪 | 丙子 |
| 28 | 一 | 廿六 | 辛酉 | 成 | 危 | 木 | 艮 | 风 | 肝 | 泪 | 戊子 |
| 29 | 二 | 廿七 | 壬戌 | 收 | 室 | 水 | 坤 | 寒 | 肾 | 唾 | 庚子 |
| 30 | 三 | 廿八 | 癸亥 | 开 | 壁 | 水 | 乾 | 寒 | 肾 | 唾 | 壬子 |
| 31 | 四 | 廿九 | 甲子 | 闭 | 奎 | 金 | 兑 | 燥 | 肺 | 涕 | 甲子 |

## 2月平
立春　3日19时26分
雨水　18日15时18分

农历正月(2月1日–3月1日)　月干支:庚寅

| 公历 | 星期 | 农历 | 干支 | 日建 | 星宿 | 五行 | 八卦 | 五气 | 五脏 | 五汁 | 时辰 |
|---|---|---|---|---|---|---|---|---|---|---|---|
| 1 | 五 | 正月 | 乙丑 | 建 | 娄 | 金 | 震 | 燥 | 肺 | 涕 | 丙子 |
| 2 | 六 | 初二 | 丙寅 | 除 | 胃 | 火 | 巽 | 热 | 心 | 汗 | 戊子 |
| 3 | 日 | 初三 | 丁卯 | 除 | 昴 | 火 | 坎 | 热 | 心 | 汗 | 庚子 |
| 4 | 一 | 初四 | 戊辰 | 满 | 毕 | 木 | 艮 | 风 | 肝 | 泪 | 壬子 |
| 5 | 二 | 初五 | 己巳 | 平 | 觜 | 木 | 坤 | 风 | 肝 | 泪 | 甲子 |
| 6 | 三 | 初六 | 庚午 | 定 | 参 | 土 | 乾 | 湿 | 脾 | 涎 | 丙子 |
| 7 | 四 | 初七 | 辛未 | 执 | 井 | 土 | 兑 | 湿 | 脾 | 涎 | 戊子 |
| 8 | 五 | 初八 | 壬申 | 破 | 鬼 | 金 | 离 | 燥 | 肺 | 涕 | 庚子 |
| 9 | 六 | 初九 | 癸酉 | 危 | 柳 | 金 | 震 | 燥 | 肺 | 涕 | 壬子 |
| 10 | 日 | 初十 | 甲戌 | 成 | 星 | 火 | 巽 | 热 | 心 | 汗 | 甲子 |
| 11 | 一 | 十一 | 乙亥 | 收 | 张 | 火 | 坎 | 热 | 心 | 汗 | 丙子 |
| 12 | 二 | 十二 | 丙子 | 开 | 翼 | 水 | 艮 | 寒 | 肾 | 唾 | 戊子 |
| 13 | 三 | 十三 | 丁丑 | 闭 | 轸 | 水 | 坤 | 寒 | 肾 | 唾 | 庚子 |
| 14 | 四 | 十四 | 戊寅 | 建 | 角 | 土 | 乾 | 湿 | 脾 | 涎 | 壬子 |
| 15 | 五 | 十五 | 己卯 | 除 | 亢 | 土 | 兑 | 湿 | 脾 | 涎 | 甲子 |
| 16 | 六 | 十六 | 庚辰 | 满 | 氐 | 金 | 离 | 燥 | 肺 | 涕 | 丙子 |
| 17 | 日 | 十七 | 辛巳 | 平 | 房 | 金 | 震 | 燥 | 肺 | 涕 | 戊子 |
| 18 | 一 | 十八 | 壬午 | 定 | 心 | 木 | 巽 | 风 | 肝 | 泪 | 庚子 |
| 19 | 二 | 十九 | 癸未 | 执 | 尾 | 木 | 坎 | 风 | 肝 | 泪 | 壬子 |
| 20 | 三 | 二十 | 甲申 | 破 | 箕 | 水 | 艮 | 寒 | 肾 | 唾 | 甲子 |
| 21 | 四 | 廿一 | 乙酉 | 危 | 斗 | 水 | 坤 | 寒 | 肾 | 唾 | 丙子 |
| 22 | 五 | 廿二 | 丙戌 | 成 | 牛 | 土 | 乾 | 湿 | 脾 | 涎 | 戊子 |
| 23 | 六 | 廿三 | 丁亥 | 收 | 女 | 土 | 兑 | 湿 | 脾 | 涎 | 庚子 |
| 24 | 日 | 廿四 | 戊子 | 开 | 虚 | 火 | 离 | 热 | 心 | 汗 | 壬子 |
| 25 | 一 | 廿五 | 己丑 | 闭 | 危 | 火 | 震 | 热 | 心 | 汗 | 甲子 |
| 26 | 二 | 廿六 | 庚寅 | 建 | 室 | 木 | 巽 | 风 | 肝 | 泪 | 丙子 |
| 27 | 三 | 廿七 | 辛卯 | 除 | 壁 | 木 | 坎 | 风 | 肝 | 泪 | 戊子 |
| 28 | 四 | 廿八 | 壬辰 | 满 | 奎 | 水 | 艮 | 寒 | 肾 | 唾 | 庚子 |

实用干支万年历

# 公元2041年　　　　农历辛酉(鸡)年

## 3月大

惊蛰　5日13时18分
春分　20日14时07分

农历二月(3月2日–3月31日)　月干支:辛卯

| 公历 | 星期 | 农历 | 干支 | 日建 | 星宿 | 五行 | 八卦 | 五气 | 五脏 | 五汁 | 时辰 |
|---|---|---|---|---|---|---|---|---|---|---|---|
| 1 | 五 | 廿九 | 癸巳 | 平 | 娄 | 水 | 坤 | 寒 | 肾 | 唾 | 壬子 |
| 2 | 六 | 二月 | 甲午 | 定 | 胃 | 金 | 巽 | 燥 | 肺 | 涕 | 甲子 |
| 3 | 日 | 初二 | 乙未 | 执 | 昴 | 金 | 坎 | 燥 | 肺 | 涕 | 丙子 |
| 4 | 一 | 初三 | 丙申 | 破 | 毕 | 火 | 艮 | 热 | 心 | 汗 | 戊子 |
| 5 | 二 | 初四 | 丁酉 | 破 | 觜 | 火 | 坤 | 热 | 心 | 汗 | 庚子 |
| 6 | 三 | 初五 | 戊戌 | 危 | 参 | 木 | 乾 | 风 | 肝 | 泪 | 壬子 |
| 7 | 四 | 初六 | 己亥 | 成 | 井 | 木 | 兑 | 风 | 肝 | 泪 | 甲子 |
| 8 | 五 | 初七 | 庚子 | 收 | 鬼 | 土 | 离 | 湿 | 脾 | 涎 | 丙子 |
| 9 | 六 | 初八 | 辛丑 | 开 | 柳 | 土 | 震 | 湿 | 脾 | 涎 | 戊子 |
| 10 | 日 | 初九 | 壬寅 | 闭 | 星 | 金 | 巽 | 燥 | 肺 | 涕 | 庚子 |
| 11 | 一 | 初十 | 癸卯 | 建 | 张 | 金 | 坎 | 燥 | 肺 | 涕 | 壬子 |
| 12 | 二 | 十一 | 甲辰 | 除 | 翼 | 火 | 艮 | 热 | 心 | 汗 | 甲子 |
| 13 | 三 | 十二 | 乙巳 | 满 | 轸 | 火 | 坤 | 热 | 心 | 汗 | 丙子 |
| 14 | 四 | 十三 | 丙午 | 平 | 角 | 水 | 乾 | 寒 | 肾 | 唾 | 戊子 |
| 15 | 五 | 十四 | 丁未 | 定 | 亢 | 水 | 兑 | 寒 | 肾 | 唾 | 庚子 |
| 16 | 六 | 十五 | 戊申 | 执 | 氐 | 土 | 离 | 湿 | 脾 | 涎 | 壬子 |
| 17 | 日 | 十六 | 己酉 | 破 | 房 | 土 | 震 | 湿 | 脾 | 涎 | 甲子 |
| 18 | 一 | 十七 | 庚戌 | 危 | 心 | 金 | 巽 | 燥 | 肺 | 涕 | 丙子 |
| 19 | 二 | 十八 | 辛亥 | 成 | 尾 | 金 | 坎 | 燥 | 肺 | 涕 | 戊子 |
| 20 | 三 | 十九 | 壬子 | 收 | 箕 | 木 | 艮 | 风 | 肝 | 泪 | 庚子 |
| 21 | 四 | 二十 | 癸丑 | 开 | 斗 | 木 | 坤 | 风 | 肝 | 泪 | 壬子 |
| 22 | 五 | 廿一 | 甲寅 | 闭 | 牛 | 水 | 乾 | 寒 | 肾 | 唾 | 甲子 |
| 23 | 六 | 廿二 | 乙卯 | 建 | 女 | 水 | 兑 | 寒 | 肾 | 唾 | 丙子 |
| 24 | 日 | 廿三 | 丙辰 | 除 | 虚 | 土 | 离 | 湿 | 脾 | 涎 | 戊子 |
| 25 | 一 | 廿四 | 丁巳 | 满 | 危 | 土 | 震 | 湿 | 脾 | 涎 | 庚子 |
| 26 | 二 | 廿五 | 戊午 | 平 | 室 | 火 | 巽 | 热 | 心 | 汗 | 壬子 |
| 27 | 三 | 廿六 | 己未 | 定 | 壁 | 火 | 坎 | 热 | 心 | 汗 | 甲子 |
| 28 | 四 | 廿七 | 庚申 | 执 | 奎 | 木 | 艮 | 风 | 肝 | 泪 | 丙子 |
| 29 | 五 | 廿八 | 辛酉 | 破 | 娄 | 木 | 坤 | 风 | 肝 | 泪 | 戊子 |
| 30 | 六 | 廿九 | 壬戌 | 危 | 胃 | 水 | 乾 | 寒 | 肾 | 唾 | 庚子 |
| 31 | 日 | 三十 | 癸亥 | 成 | 昴 | 水 | 兑 | 寒 | 肾 | 唾 | 壬子 |

## 4月小

清明　4日17时53分
谷雨　20日00时55分

农历三月(4月1日–4月29日)　月干支:壬辰

| 公历 | 星期 | 农历 | 干支 | 日建 | 星宿 | 五行 | 八卦 | 五气 | 五脏 | 五汁 | 时辰 |
|---|---|---|---|---|---|---|---|---|---|---|---|
| 1 | 一 | 三月 | 甲子 | 收 | 毕 | 金 | 离 | 燥 | 肺 | 涕 | 甲子 |
| 2 | 二 | 初二 | 乙丑 | 开 | 觜 | 金 | 震 | 燥 | 肺 | 涕 | 丙子 |
| 3 | 三 | 初三 | 丙寅 | 闭 | 参 | 火 | 巽 | 热 | 心 | 汗 | 戊子 |
| 4 | 四 | 初四 | 丁卯 | 闭 | 井 | 火 | 坎 | 热 | 心 | 汗 | 庚子 |
| 5 | 五 | 初五 | 戊辰 | 建 | 鬼 | 木 | 艮 | 风 | 肝 | 泪 | 壬子 |
| 6 | 六 | 初六 | 己巳 | 除 | 柳 | 木 | 坤 | 风 | 肝 | 泪 | 甲子 |
| 7 | 日 | 初七 | 庚午 | 满 | 星 | 土 | 乾 | 湿 | 脾 | 涎 | 丙子 |
| 8 | 一 | 初八 | 辛未 | 平 | 张 | 土 | 兑 | 湿 | 脾 | 涎 | 戊子 |
| 9 | 二 | 初九 | 壬申 | 定 | 翼 | 金 | 离 | 燥 | 肺 | 涕 | 庚子 |
| 10 | 三 | 初十 | 癸酉 | 执 | 轸 | 金 | 震 | 燥 | 肺 | 涕 | 壬子 |
| 11 | 四 | 十一 | 甲戌 | 破 | 角 | 火 | 巽 | 热 | 心 | 汗 | 甲子 |
| 12 | 五 | 十二 | 乙亥 | 危 | 亢 | 火 | 坎 | 热 | 心 | 汗 | 丙子 |
| 13 | 六 | 十三 | 丙子 | 成 | 氐 | 水 | 艮 | 寒 | 肾 | 唾 | 戊子 |
| 14 | 日 | 十四 | 丁丑 | 收 | 房 | 水 | 坤 | 寒 | 肾 | 唾 | 庚子 |
| 15 | 一 | 十五 | 戊寅 | 开 | 心 | 土 | 乾 | 湿 | 脾 | 涎 | 壬子 |
| 16 | 二 | 十六 | 己卯 | 闭 | 尾 | 土 | 兑 | 湿 | 脾 | 涎 | 甲子 |
| 17 | 三 | 十七 | 庚辰 | 建 | 箕 | 金 | 离 | 燥 | 肺 | 涕 | 丙子 |
| 18 | 四 | 十八 | 辛巳 | 除 | 斗 | 金 | 震 | 燥 | 肺 | 涕 | 戊子 |
| 19 | 五 | 十九 | 壬午 | 满 | 牛 | 木 | 巽 | 风 | 肝 | 泪 | 庚子 |
| 20 | 六 | 二十 | 癸未 | 平 | 女 | 木 | 坎 | 风 | 肝 | 泪 | 壬子 |
| 21 | 日 | 廿一 | 甲申 | 定 | 虚 | 水 | 艮 | 寒 | 肾 | 唾 | 甲子 |
| 22 | 一 | 廿二 | 乙酉 | 执 | 危 | 水 | 坤 | 寒 | 肾 | 唾 | 丙子 |
| 23 | 二 | 廿三 | 丙戌 | 破 | 室 | 土 | 乾 | 湿 | 脾 | 涎 | 戊子 |
| 24 | 三 | 廿四 | 丁亥 | 危 | 壁 | 土 | 兑 | 湿 | 脾 | 涎 | 庚子 |
| 25 | 四 | 廿五 | 戊子 | 成 | 奎 | 火 | 离 | 热 | 心 | 汗 | 壬子 |
| 26 | 五 | 廿六 | 己丑 | 收 | 娄 | 火 | 震 | 热 | 心 | 汗 | 甲子 |
| 27 | 六 | 廿七 | 庚寅 | 开 | 胃 | 木 | 巽 | 风 | 肝 | 泪 | 丙子 |
| 28 | 日 | 廿八 | 辛卯 | 闭 | 昴 | 木 | 坎 | 风 | 肝 | 泪 | 戊子 |
| 29 | 一 | 廿九 | 壬辰 | 建 | 毕 | 水 | 艮 | 寒 | 肾 | 唾 | 庚子 |
| 30 | 二 | 四月 | 癸巳 | 除 | 觜 | 水 | 坤 | 寒 | 肾 | 唾 | 壬子 |

# 公元 2041 年　　　　　农历辛酉(鸡)年

## 5月大　立夏 5日10时55分　小满 20日23时49分
农历四月(4月30日－5月29日)　月干支:癸巳

| 公历 | 星期 | 农历 | 干支 | 日建 | 星宿 | 五行 | 八卦 | 五气 | 五脏 | 五汁 | 时辰 |
|---|---|---|---|---|---|---|---|---|---|---|---|
| 1 | 三 | 四月 | 甲午 | 满 | 参 | 金 | 坤 | 燥 | 肺 | 涕 | 甲子 |
| 2 | 四 | 初三 | 乙未 | 平 | 井 | 金 | 乾 | 燥 | 肺 | 汗 | 丙子 |
| 3 | 五 | 初四 | 丙申 | 定 | 鬼 | 火 | 兑 | 热 | 心 | 汗 | 戊子 |
| 4 | 六 | 初五 | 丁酉 | 执 | 柳 | 火 | 离 | 热 | 心 | 汗 | 庚子 |
| 5 | 日 | 初六 | 戊戌 | 执 | 星 | 木 | 震 | 风 | 肝 | 泪 | 壬子 |
| 6 | 一 | 初七 | 己亥 | 破 | 张 | 木 | 巽 | 风 | 肝 | 泪 | 甲子 |
| 7 | 二 | 初八 | 庚子 | 危 | 翼 | 土 | 坎 | 湿 | 脾 | 涎 | 丙子 |
| 8 | 三 | 初九 | 辛丑 | 成 | 轸 | 土 | 艮 | 湿 | 脾 | 涎 | 戊子 |
| 9 | 四 | 初十 | 壬寅 | 收 | 角 | 金 | 乾 | 燥 | 肺 | 涕 | 庚子 |
| 10 | 五 | 十一 | 癸卯 | 开 | 亢 | 金 |  | 燥 | 肺 | 涕 | 壬子 |
| 11 | 六 | 十二 | 甲辰 | 闭 | 氐 | 火 | 兑 | 热 | 心 | 汗 | 甲子 |
| 12 | 日 | 十三 | 乙巳 | 建 | 房 | 火 | 离 | 热 | 心 | 汗 | 丙子 |
| 13 | 一 | 十四 | 丙午 | 除 | 心 | 水 | 震 | 寒 | 肾 | 唾 | 戊子 |
| 14 | 二 | 十五 | 丁未 | 满 | 尾 | 水 | 巽 | 寒 | 肾 | 唾 | 庚子 |
| 15 | 三 | 十六 | 戊申 | 平 | 箕 | 土 | 坎 | 湿 | 脾 | 涎 | 壬子 |
| 16 | 四 | 十七 | 己酉 | 定 | 斗 | 土 | 艮 | 湿 | 脾 | 涎 | 甲子 |
| 17 | 五 | 十八 | 庚戌 | 执 | 牛 | 金 | 乾 | 燥 | 肺 | 涕 | 丙子 |
| 18 | 六 | 十九 | 辛亥 | 破 | 女 | 金 | 兑 | 燥 | 肺 | 涕 | 戊子 |
| 19 | 日 | 二十 | 壬子 | 危 | 虚 | 木 | 离 | 风 | 肝 | 泪 | 庚子 |
| 20 | 一 | 廿一 | 癸丑 | 成 | 危 | 木 | 震 | 风 | 肝 | 泪 | 壬子 |
| 21 | 二 | 廿二 | 甲寅 | 收 | 室 | 水 | 巽 | 寒 | 肾 | 唾 | 甲子 |
| 22 | 三 | 廿三 | 乙卯 | 开 | 壁 | 水 | 坎 | 寒 | 肾 | 唾 | 丙子 |
| 23 | 四 | 廿四 | 丙辰 | 闭 | 奎 | 土 | 艮 | 湿 | 脾 | 涎 | 戊子 |
| 24 | 五 | 廿五 | 丁巳 | 建 | 娄 | 土 | 乾 | 湿 | 脾 | 涎 | 庚子 |
| 25 | 六 | 廿六 | 戊午 | 除 | 胃 | 火 | 兑 | 热 | 心 | 汗 | 壬子 |
| 26 | 日 | 廿七 | 己未 | 满 | 昴 | 火 | 离 | 热 | 心 | 汗 | 甲子 |
| 27 | 一 | 廿八 | 庚申 | 平 | 毕 | 木 | 震 | 风 | 肝 | 泪 | 丙子 |
| 28 | 二 | 廿九 | 辛酉 | 定 | 觜 | 木 | 巽 | 风 | 肝 | 泪 | 戊子 |
| 29 | 三 | 三十 | 壬戌 | 执 | 参 | 水 | 坎 | 寒 | 肾 | 唾 | 庚子 |
| 30 | 四 | 五月 | 癸亥 | 破 | 井 | 水 | 艮 | 寒 | 肾 | 唾 | 壬子 |
| 31 | 五 | 初二 | 甲子 | 危 | 鬼 | 金 |  | 燥 | 肺 | 涕 | 甲子 |

## 6月小　芒种 5日14时50分　夏至 21日07时36分
农历五月(5月30日－6月27日)　月干支:甲午

| 公历 | 星期 | 农历 | 干支 | 日建 | 星宿 | 五行 | 八卦 | 五气 | 五脏 | 五汁 | 时辰 |
|---|---|---|---|---|---|---|---|---|---|---|---|
| 1 | 六 | 五月 | 乙丑 | 成 | 柳 | 金 | 兑 | 燥 | 肺 | 涕 | 丙子 |
| 2 | 日 | 初四 | 丙寅 | 收 | 星 | 火 | 离 | 热 | 心 | 汗 | 戊子 |
| 3 | 一 | 初五 | 丁卯 | 开 | 张 | 火 | 震 | 热 | 心 | 汗 | 庚子 |
| 4 | 二 | 初六 | 戊辰 | 闭 | 翼 | 木 | 巽 | 风 | 肝 | 泪 | 壬子 |
| 5 | 三 | 初七 | 己巳 | 闭 | 轸 | 木 | 坎 | 风 | 肝 | 泪 | 甲子 |
| 6 | 四 | 初八 | 庚午 | 建 | 角 | 土 | 艮 | 湿 | 脾 | 涎 | 丙子 |
| 7 | 五 | 初九 | 辛未 | 除 | 亢 | 土 | 乾 | 湿 | 脾 | 涎 | 戊子 |
| 8 | 六 | 初十 | 壬申 | 满 | 氐 | 金 | 兑 | 燥 | 肺 | 涕 | 庚子 |
| 9 | 日 | 十一 | 癸酉 | 平 | 房 | 金 | 离 | 燥 | 肺 | 涕 | 壬子 |
| 10 | 一 | 十二 | 甲戌 | 定 | 心 | 火 |  | 热 | 心 | 汗 | 甲子 |
| 11 | 二 | 十三 | 乙亥 | 执 | 尾 | 火 | 震 | 热 | 心 | 汗 | 丙子 |
| 12 | 三 | 十四 | 丙子 | 破 | 箕 | 水 | 巽 | 寒 | 肾 | 唾 | 戊子 |
| 13 | 四 | 十五 | 丁丑 | 危 | 斗 | 水 | 坎 | 寒 | 肾 | 唾 | 庚子 |
| 14 | 五 | 十六 | 戊寅 | 成 | 牛 | 土 | 艮 | 湿 | 脾 | 涎 | 壬子 |
| 15 | 六 | 十七 | 己卯 | 收 | 女 | 土 | 乾 | 湿 | 脾 | 涎 | 甲子 |
| 16 | 日 | 十八 | 庚辰 | 开 | 虚 | 金 | 兑 | 燥 | 肺 | 涕 | 丙子 |
| 17 | 一 | 十九 | 辛巳 | 闭 | 危 | 金 | 离 | 燥 | 肺 | 涕 | 戊子 |
| 18 | 二 | 二十 | 壬午 | 建 | 室 | 木 | 震 | 风 | 肝 | 泪 | 庚子 |
| 19 | 三 | 廿一 | 癸未 | 除 | 壁 | 木 | 巽 | 风 | 肝 | 泪 | 壬子 |
| 20 | 四 | 廿二 | 甲申 | 满 | 奎 | 水 | 坎 | 寒 | 肾 | 唾 | 甲子 |
| 21 | 五 | 廿三 | 乙酉 | 平 | 娄 | 水 | 艮 | 寒 | 肾 | 唾 | 丙子 |
| 22 | 六 | 廿四 | 丙戌 | 定 | 胃 | 土 | 乾 | 湿 | 脾 | 涎 | 戊子 |
| 23 | 日 | 廿五 | 丁亥 | 执 | 昴 | 土 | 兑 | 湿 | 脾 | 涎 | 庚子 |
| 24 | 一 | 廿六 | 戊子 | 破 | 毕 | 火 | 离 | 热 | 心 | 汗 | 壬子 |
| 25 | 二 | 廿七 | 己丑 | 危 | 觜 | 火 | 震 | 热 | 心 | 汗 | 甲子 |
| 26 | 三 | 廿八 | 庚寅 | 成 | 参 | 木 | 巽 | 风 | 肝 | 泪 | 丙子 |
| 27 | 四 | 廿九 | 辛卯 | 收 | 井 | 木 | 坎 | 风 | 肝 | 泪 | 戊子 |
| 28 | 五 | 六月 | 壬辰 | 开 | 鬼 | 水 | 艮 | 寒 | 肾 | 唾 | 庚子 |
| 29 | 六 | 初二 | 癸巳 | 闭 | 柳 | 水 | 乾 | 寒 | 肾 | 唾 | 壬子 |
| 30 | 日 | 初三 | 甲午 | 建 | 星 | 金 |  | 燥 | 肺 | 涕 | 甲子 |

# 公元2041年　　　　农历辛酉(鸡)年

## 7月大　　小暑 7日00时59分　　大暑 22日18时27分

农历六月(6月28日－7月27日)　月干支:乙未

| 公历 | 星期 | 农历 | 干支 | 日建 | 星宿 | 五行 | 八卦 | 五气 | 五脏 | 五汁 | 时辰 |
|---|---|---|---|---|---|---|---|---|---|---|---|
| 1 | 一 | 六月 | 乙未 | 除 | 张 | 金 | 震 | 燥 | 肺 | 涕 | 丙子 |
| 2 | 二 | 初五 | 丙申 | 满 | 翼 | 火 | 巽 | 热 | 心 | 汗 | 戊子 |
| 3 | 三 | 初六 | 丁酉 | 平 | 轸 | 火 | 坎 | 热 | 心 | 汗 | 庚子 |
| 4 | 四 | 初七 | 戊戌 | 定 | 角 | 木 | 艮 | 风 | 肝 | 泪 | 壬子 |
| 5 | 五 | 初八 | 己亥 | 执 | 亢 | 木 | 坤 | 风 | 肝 | 泪 | 甲子 |
| 6 | 六 | 初九 | 庚子 | 破 | 氐 | 土 | 乾 | 湿 | 脾 | 涎 | 丙子 |
| 7 | 日 | 初十 | 辛丑 | 破 | 房 | 土 | 兑 | 湿 | 脾 | 涎 | 戊子 |
| 8 | 一 | 十一 | 壬寅 | 危 | 心 | 金 | 离 | 燥 | 肺 | 涕 | 庚子 |
| 9 | 二 | 十二 | 癸卯 | 成 | 尾 | 金 | 震 | 燥 | 肺 | 涕 | 壬子 |
| 10 | 三 | 十三 | 甲辰 | 收 | 箕 | 火 | 巽 | 热 | 心 | 汗 | 甲子 |
| 11 | 四 | 十四 | 乙巳 | 开 | 斗 | 火 | 坎 | 热 | 心 | 汗 | 丙子 |
| 12 | 五 | 十五 | 丙午 | 闭 | 牛 | 水 | 艮 | 寒 | 肾 | 唾 | 戊子 |
| 13 | 六 | 十六 | 丁未 | 建 | 女 | 水 | 坤 | 寒 | 肾 | 唾 | 庚子 |
| 14 | 日 | 十七 | 戊申 | 除 | 虚 | 土 | 乾 | 湿 | 脾 | 涎 | 壬子 |
| 15 | 一 | 十八 | 己酉 | 满 | 危 | 土 | 兑 | 湿 | 脾 | 涎 | 甲子 |
| 16 | 二 | 十九 | 庚戌 | 平 | 室 | 金 | 离 | 燥 | 肺 | 涕 | 丙子 |
| 17 | 三 | 二十 | 辛亥 | 定 | 壁 | 金 | 震 | 燥 | 肺 | 涕 | 戊子 |
| 18 | 四 | 廿一 | 壬子 | 执 | 奎 | 木 | 巽 | 风 | 肝 | 泪 | 庚子 |
| 19 | 五 | 廿二 | 癸丑 | 破 | 娄 | 木 | 坎 | 风 | 肝 | 泪 | 壬子 |
| 20 | 六 | 廿三 | 甲寅 | 危 | 胃 | 水 | 艮 | 寒 | 肾 | 唾 | 甲子 |
| 21 | 日 | 廿四 | 乙卯 | 成 | 昴 | 水 | 坤 | 寒 | 肾 | 唾 | 丙子 |
| 22 | 一 | 廿五 | 丙辰 | 收 | 毕 | 土 | 乾 | 湿 | 脾 | 涎 | 戊子 |
| 23 | 二 | 廿六 | 丁巳 | 开 | 觜 | 土 | 兑 | 湿 | 脾 | 涎 | 庚子 |
| 24 | 三 | 廿七 | 戊午 | 闭 | 参 | 火 | 离 | 热 | 心 | 汗 | 壬子 |
| 25 | 四 | 廿八 | 己未 | 建 | 井 | 火 | 震 | 热 | 心 | 汗 | 甲子 |
| 26 | 五 | 廿九 | 庚申 | 除 | 鬼 | 木 | 巽 | 风 | 肝 | 泪 | 丙子 |
| 27 | 六 | 三十 | 辛酉 | 满 | 柳 | 木 | 坎 | 风 | 肝 | 泪 | 戊子 |
| 28 | 日 | 七月 | 壬戌 | 平 | 星 | 水 | 艮 | 寒 | 肾 | 唾 | 庚子 |
| 29 | 一 | 初二 | 癸亥 | 定 | 张 | 水 | 坤 | 寒 | 肾 | 唾 | 壬子 |
| 30 | 二 | 初三 | 甲子 | 执 | 翼 | 金 | 乾 | 燥 | 肺 | 涕 | 甲子 |
| 31 | 三 | 初四 | 乙丑 | 破 | 轸 | 金 | 兑 | 燥 | 肺 | 涕 | 丙子 |

## 8月大　　立秋 7日10时49分　　处暑 23日01时37分

农历七月(7月28日－8月26日)　月干支:丙申

| 公历 | 星期 | 农历 | 干支 | 日建 | 星宿 | 五行 | 八卦 | 五气 | 五脏 | 五汁 | 时辰 |
|---|---|---|---|---|---|---|---|---|---|---|---|
| 1 | 四 | 七月 | 丙寅 | 危 | 角 | 火 | 离 | 热 | 心 | 汗 | 戊子 |
| 2 | 五 | 初六 | 丁卯 | 成 | 亢 | 火 | 震 | 热 | 心 | 汗 | 庚子 |
| 3 | 六 | 初七 | 戊辰 | 收 | 氐 | 木 | 巽 | 风 | 肝 | 泪 | 壬子 |
| 4 | 日 | 初八 | 己巳 | 开 | 房 | 木 | 坎 | 风 | 肝 | 泪 | 甲子 |
| 5 | 一 | 初九 | 庚午 | 闭 | 心 | 土 | 艮 | 湿 | 脾 | 涎 | 丙子 |
| 6 | 二 | 初十 | 辛未 | 建 | 尾 | 土 | 坤 | 湿 | 脾 | 涎 | 戊子 |
| 7 | 三 | 十一 | 壬申 | 建 | 箕 | 金 | 乾 | 燥 | 肺 | 涕 | 庚子 |
| 8 | 四 | 十二 | 癸酉 | 除 | 斗 | 金 | 兑 | 燥 | 肺 | 涕 | 壬子 |
| 9 | 五 | 十三 | 甲戌 | 满 | 牛 | 火 | 离 | 热 | 心 | 汗 | 甲子 |
| 10 | 六 | 十四 | 乙亥 | 平 | 女 | 火 | 震 | 热 | 心 | 汗 | 丙子 |
| 11 | 日 | 十五 | 丙子 | 定 | 虚 | 水 | 巽 | 寒 | 肾 | 唾 | 戊子 |
| 12 | 一 | 十六 | 丁丑 | 执 | 危 | 水 | 坎 | 寒 | 肾 | 唾 | 庚子 |
| 13 | 二 | 十七 | 戊寅 | 破 | 室 | 土 | 艮 | 湿 | 脾 | 涎 | 壬子 |
| 14 | 三 | 十八 | 己卯 | 危 | 壁 | 土 | 坤 | 湿 | 脾 | 涎 | 甲子 |
| 15 | 四 | 十九 | 庚辰 | 成 | 奎 | 金 | 乾 | 燥 | 肺 | 涕 | 丙子 |
| 16 | 五 | 二十 | 辛巳 | 收 | 娄 | 金 | 兑 | 燥 | 肺 | 涕 | 戊子 |
| 17 | 六 | 廿一 | 壬午 | 开 | 胃 | 木 | 离 | 风 | 肝 | 泪 | 庚子 |
| 18 | 日 | 廿二 | 癸未 | 闭 | 昴 | 木 | 震 | 风 | 肝 | 泪 | 壬子 |
| 19 | 一 | 廿三 | 甲申 | 建 | 毕 | 水 | 巽 | 寒 | 肾 | 唾 | 甲子 |
| 20 | 二 | 廿四 | 乙酉 | 除 | 觜 | 水 | 坎 | 寒 | 肾 | 唾 | 丙子 |
| 21 | 三 | 廿五 | 丙戌 | 满 | 参 | 土 | 艮 | 湿 | 脾 | 涎 | 戊子 |
| 22 | 四 | 廿六 | 丁亥 | 平 | 井 | 土 | 坤 | 湿 | 脾 | 涎 | 庚子 |
| 23 | 五 | 廿七 | 戊子 | 定 | 鬼 | 火 | 乾 | 热 | 心 | 汗 | 壬子 |
| 24 | 六 | 廿八 | 己丑 | 执 | 柳 | 火 | 兑 | 热 | 心 | 汗 | 甲子 |
| 25 | 日 | 廿九 | 庚寅 | 破 | 星 | 木 | 离 | 风 | 肝 | 泪 | 丙子 |
| 26 | 一 | 三十 | 辛卯 | 危 | 张 | 木 | 震 | 风 | 肝 | 泪 | 戊子 |
| 27 | 二 | 八月 | 壬辰 | 成 | 翼 | 水 | 巽 | 寒 | 肾 | 唾 | 庚子 |
| 28 | 三 | 初二 | 癸巳 | 收 | 轸 | 水 | 坎 | 寒 | 肾 | 唾 | 壬子 |
| 29 | 四 | 初三 | 甲午 | 开 | 角 | 金 | 艮 | 燥 | 肺 | 涕 | 甲子 |
| 30 | 五 | 初四 | 乙未 | 闭 | 亢 | 金 | 坤 | 燥 | 肺 | 涕 | 丙子 |
| 31 | 六 | 初五 | 丙申 | 建 | 氐 | 火 | 乾 | 热 | 心 | 汗 | 戊子 |

# 公元2041年　　　　　　　　农历辛酉(鸡)年

实用干支万年历

## 9月小

白露　7日13时54分
秋分　22日23时27分

农历八月(8月27日-9月24日)　月干支:丁酉

| 公历 | 星期 | 农历 | 干支 | 日建 | 星宿 | 五行 | 八卦 | 五气 | 五脏 | 五汁 | 时辰 |
|---|---|---|---|---|---|---|---|---|---|---|---|
| 1 | 日 | 八月 | 丁酉 | 除 | 房 | 火 | 坤 | 热 | 心 | 汗 | 庚子 |
| 2 | 一 | 初七 | 戊戌 | 满 | 心 | 木 | 乾 | 风 | 肝 | 泪 | 壬子 |
| 3 | 二 | 初八 | 己亥 | 平 | 尾 | 木 | 兑 | 风 | 肝 | 泪 | 甲子 |
| 4 | 三 | 初九 | 庚子 | 定 | 箕 | 土 | 离 | 湿 | 脾 | 涎 | 丙子 |
| 5 | 四 | 初十 | 辛丑 | 执 | 斗 | 土 | 震 | 湿 | 脾 | 涎 | 戊子 |
| 6 | 五 | 十一 | 壬寅 | 破 | 牛 | 金 | 巽 | 燥 | 肺 | 涕 | 庚子 |
| 7 | 六 | 十二 | 癸卯 | 破 | 女 | 金 | 坎 | 燥 | 肺 | 涕 | 壬子 |
| 8 | 日 | 十三 | 甲辰 | 危 | 虚 | 火 | 艮 | 热 | 心 | 汗 | 甲子 |
| 9 | 一 | 十四 | 乙巳 | 成 | 危 | 火 | 乾 | 热 | 心 | 汗 | 丙子 |
| 10 | 二 | 十五 | 丙午 | 收 | 室 | 水 | 坤 | 寒 | 肾 | 唾 | 戊子 |
| 11 | 三 | 十六 | 丁未 | 开 | 壁 | 水 | 兑 | 寒 | 肾 | 唾 | 庚子 |
| 12 | 四 | 十七 | 戊申 | 闭 | 奎 | 土 | 离 | 湿 | 脾 | 涎 | 壬子 |
| 13 | 五 | 十八 | 己酉 | 建 | 娄 | 土 | 震 | 湿 | 脾 | 涎 | 甲子 |
| 14 | 六 | 十九 | 庚戌 | 除 | 胃 | 金 | 巽 | 燥 | 肺 | 涕 | 丙子 |
| 15 | 日 | 二十 | 辛亥 | 满 | 昴 | 金 | 坎 | 燥 | 肺 | 涕 | 戊子 |
| 16 | 一 | 廿一 | 壬子 | 平 | 毕 | 木 | 艮 | 风 | 肝 | 泪 | 庚子 |
| 17 | 二 | 廿二 | 癸丑 | 定 | 觜 | 木 | 乾 | 风 | 肝 | 泪 | 壬子 |
| 18 | 三 | 廿三 | 甲寅 | 执 | 参 | 水 | 兑 | 寒 | 肾 | 唾 | 甲子 |
| 19 | 四 | 廿四 | 乙卯 | 破 | 井 | 水 | 离 | 寒 | 肾 | 唾 | 丙子 |
| 20 | 五 | 廿五 | 丙辰 | 危 | 鬼 | 土 | 坤 | 湿 | 脾 | 涎 | 戊子 |
| 21 | 六 | 廿六 | 丁巳 | 成 | 柳 | 土 | 震 | 湿 | 脾 | 涎 | 庚子 |
| 22 | 日 | 廿七 | 戊午 | 收 | 星 | 火 | 巽 | 热 | 心 | 汗 | 壬子 |
| 23 | 一 | 廿八 | 己未 | 开 | 张 | 火 | 坎 | 热 | 心 | 汗 | 甲子 |
| 24 | 二 | 廿九 | 庚申 | 闭 | 翼 | 木 | 艮 | 风 | 肝 | 泪 | 丙子 |
| 25 | 三 | 九月 | 辛酉 | 建 | 轸 | 木 | 乾 | 风 | 肝 | 泪 | 戊子 |
| 26 | 四 | 初二 | 壬戌 | 除 | 角 | 水 | 兑 | 寒 | 肾 | 唾 | 庚子 |
| 27 | 五 | 初三 | 癸亥 | 满 | 亢 | 水 | 离 | 寒 | 肾 | 唾 | 壬子 |
| 28 | 六 | 初四 | 甲子 | 平 | 氐 | 金 | 坤 | 燥 | 肺 | 涕 | 甲子 |
| 29 | 日 | 初五 | 乙丑 | 定 | 房 | 金 | 震 | 燥 | 肺 | 涕 | 丙子 |
| 30 | 一 | 初六 | 丙寅 | 执 | 心 | 火 | 巽 | 热 | 心 | 汗 | 戊子 |
| 31 |  |  |  |  |  |  |  |  |  |  |  |

## 10月大

寒露　8日05时47分
霜降　23日09时03分

农历九月(9月25日-10月24日)　月干支:戊戌

| 公历 | 星期 | 农历 | 干支 | 日建 | 星宿 | 五行 | 八卦 | 五气 | 五脏 | 五汁 | 时辰 |
|---|---|---|---|---|---|---|---|---|---|---|---|
| 1 | 二 | 九月 | 丁卯 | 破 | 尾 | 火 | 离 | 热 | 心 | 汗 | 庚子 |
| 2 | 三 | 初八 | 戊辰 | 危 | 箕 | 木 | 震 | 风 | 肝 | 泪 | 壬子 |
| 3 | 四 | 初九 | 己巳 | 成 | 斗 | 木 | 巽 | 风 | 肝 | 泪 | 甲子 |
| 4 | 五 | 初十 | 庚午 | 收 | 牛 | 土 | 坎 | 湿 | 脾 | 涎 | 丙子 |
| 5 | 六 | 十一 | 辛未 | 开 | 女 | 土 | 艮 | 湿 | 脾 | 涎 | 戊子 |
| 6 | 日 | 十二 | 壬申 | 闭 | 虚 | 金 | 坤 | 燥 | 肺 | 涕 | 庚子 |
| 7 | 一 | 十三 | 癸酉 | 建 | 危 | 金 | 乾 | 燥 | 肺 | 涕 | 壬子 |
| 8 | 二 | 十四 | 甲戌 | 建 | 室 | 火 | 兑 | 热 | 心 | 汗 | 甲子 |
| 9 | 三 | 十五 | 乙亥 | 除 | 壁 | 火 | 离 | 热 | 心 | 汗 | 丙子 |
| 10 | 四 | 十六 | 丙子 | 满 | 奎 | 水 | 震 | 寒 | 肾 | 唾 | 戊子 |
| 11 | 五 | 十七 | 丁丑 | 平 | 娄 | 水 | 巽 | 寒 | 肾 | 唾 | 庚子 |
| 12 | 六 | 十八 | 戊寅 | 定 | 胃 | 土 | 坎 | 湿 | 脾 | 涎 | 壬子 |
| 13 | 日 | 十九 | 己卯 | 执 | 昴 | 土 | 艮 | 湿 | 脾 | 涎 | 甲子 |
| 14 | 一 | 二十 | 庚辰 | 破 | 毕 | 金 | 坤 | 燥 | 肺 | 涕 | 丙子 |
| 15 | 二 | 廿一 | 辛巳 | 危 | 觜 | 金 | 乾 | 燥 | 肺 | 涕 | 戊子 |
| 16 | 三 | 廿二 | 壬午 | 成 | 参 | 木 | 兑 | 风 | 肝 | 泪 | 庚子 |
| 17 | 四 | 廿三 | 癸未 | 收 | 井 | 木 | 离 | 风 | 肝 | 泪 | 壬子 |
| 18 | 五 | 廿四 | 甲申 | 开 | 鬼 | 水 | 震 | 寒 | 肾 | 唾 | 甲子 |
| 19 | 六 | 廿五 | 乙酉 | 闭 | 柳 | 水 | 巽 | 寒 | 肾 | 唾 | 丙子 |
| 20 | 日 | 廿六 | 丙戌 | 建 | 星 | 土 | 坎 | 湿 | 脾 | 涎 | 戊子 |
| 21 | 一 | 廿七 | 丁亥 | 除 | 张 | 土 | 艮 | 湿 | 脾 | 涎 | 庚子 |
| 22 | 二 | 廿八 | 戊子 | 满 | 翼 | 火 | 坤 | 热 | 心 | 汗 | 壬子 |
| 23 | 三 | 廿九 | 己丑 | 平 | 轸 | 火 | 乾 | 热 | 心 | 汗 | 甲子 |
| 24 | 四 | 三十 | 庚寅 | 定 | 角 | 木 | 兑 | 风 | 肝 | 泪 | 丙子 |
| 25 | 五 | 十月 | 辛卯 | 执 | 亢 | 木 | 离 | 风 | 肝 | 泪 | 戊子 |
| 26 | 六 | 初二 | 壬辰 | 破 | 氐 | 水 | 震 | 寒 | 肾 | 唾 | 庚子 |
| 27 | 日 | 初三 | 癸巳 | 危 | 房 | 水 | 巽 | 寒 | 肾 | 唾 | 壬子 |
| 28 | 一 | 初四 | 甲午 | 成 | 心 | 金 | 坎 | 燥 | 肺 | 涕 | 甲子 |
| 29 | 二 | 初五 | 乙未 | 收 | 尾 | 金 | 艮 | 燥 | 肺 | 涕 | 丙子 |
| 30 | 三 | 初六 | 丙申 | 开 | 箕 | 火 | 坤 | 热 | 心 | 汗 | 戊子 |
| 31 | 四 | 初七 | 丁酉 | 闭 | 斗 | 火 | 乾 | 热 | 心 | 汗 | 庚子 |

# 公元 2041 年　　　　　　　　农历辛酉(鸡)年

| 11 月小 | 立冬 7 日 09 时 14 分<br>小雪 22 日 06 时 50 分 |
|---|---|

农历十月(10月25日 –11月23日)　　月干支:己亥

| 公历 | 星期 | 农历 | 干支 | 日建 | 星宿 | 五行 | 八卦 | 五气 | 五脏 | 五汁 | 时辰 |
|---|---|---|---|---|---|---|---|---|---|---|---|
| 1 | 五 | 十月 | 戊戌 | 建 | 牛 | 木 | 震 | 风 | 肝 | 泪 | 壬子 |
| 2 | 六 | 初九 | 己亥 | 除 | 女 | 木 | 巽 | 风 | 肝 | 泪 | 甲子 |
| 3 | 日 | 初十 | 庚子 | 满 | 虚 | 土 | 坎 | 湿 | 脾 | 涎 | 丙子 |
| 4 | 一 | 十一 | 辛丑 | 平 | 危 | 土 | 艮 | 湿 | 脾 | 涎 | 戊子 |
| 5 | 二 | 十二 | 壬寅 | 定 | 室 | 金 | 坤 | 燥 | 肺 | 涕 | 庚子 |
| 6 | 三 | 十三 | 癸卯 | 执 | 壁 | 金 | 乾 | 燥 | 肺 | 涕 | 壬子 |
| 7 | 四 | 十四 | 甲辰 | 执 | 奎 | 火 | 兑 | 热 | 心 | 汗 | 甲子 |
| 8 | 五 | 十五 | 乙巳 | 破 | 娄 | 火 | 离 | 热 | 心 | 汗 | 丙子 |
| 9 | 六 | 十六 | 丙午 | 危 | 胃 | 水 | 震 | 寒 | 肾 | 唾 | 戊子 |
| 10 | 日 | 十七 | 丁未 | 成 | 昴 | 水 | 巽 | 寒 | 肾 | 唾 | 庚子 |
| 11 | 一 | 十八 | 戊申 | 收 | 毕 | 土 | 坎 | 湿 | 脾 | 涎 | 壬子 |
| 12 | 二 | 十九 | 己酉 | 开 | 觜 | 土 | 艮 | 湿 | 脾 | 涎 | 甲子 |
| 13 | 三 | 二十 | 庚戌 | 闭 | 参 | 金 | 坤 | 燥 | 肺 | 涕 | 丙子 |
| 14 | 四 | 廿一 | 辛亥 | 建 | 井 | 金 | 乾 | 燥 | 肺 | 涕 | 戊子 |
| 15 | 五 | 廿二 | 壬子 | 除 | 鬼 | 木 | 兑 | 风 | 肝 | 泪 | 庚子 |
| 16 | 六 | 廿三 | 癸丑 | 满 | 柳 | 木 | 离 | 风 | 肝 | 泪 | 壬子 |
| 17 | 日 | 廿四 | 甲寅 | 平 | 星 | 水 | 震 | 寒 | 肾 | 唾 | 甲子 |
| 18 | 一 | 廿五 | 乙卯 | 定 | 张 | 水 | 巽 | 寒 | 肾 | 唾 | 丙子 |
| 19 | 二 | 廿六 | 丙辰 | 执 | 翼 | 土 | 坎 | 湿 | 脾 | 涎 | 戊子 |
| 20 | 三 | 廿七 | 丁巳 | 破 | 轸 | 土 | 艮 | 湿 | 脾 | 涎 | 庚子 |
| 21 | 四 | 廿八 | 戊午 | 危 | 角 | 火 | 坤 | 热 | 心 | 汗 | 壬子 |
| 22 | 五 | 廿九 | 己未 | 成 | 亢 | 火 | 乾 | 热 | 心 | 汗 | 甲子 |
| 23 | 六 | 三十 | 庚申 | 收 | 氐 | 木 | 兑 | 风 | 肝 | 泪 | 丙子 |
| 24 | 日 | 冬月 | 辛酉 | 开 | 房 | 木 | 离 | 风 | 肝 | 泪 | 戊子 |
| 25 | 一 | 初二 | 壬戌 | 闭 | 心 | 水 | 震 | 寒 | 肾 | 唾 | 庚子 |
| 26 | 二 | 初三 | 癸亥 | 建 | 尾 | 水 | 坤 | 寒 | 肾 | 唾 | 壬子 |
| 27 | 三 | 初四 | 甲子 | 除 | 箕 | 金 | 乾 | 燥 | 肺 | 涕 | 甲子 |
| 28 | 四 | 初五 | 乙丑 | 满 | 斗 | 金 | 兑 | 燥 | 肺 | 涕 | 丙子 |
| 29 | 五 | 初六 | 丙寅 | 平 | 牛 | 火 | 离 | 热 | 心 | 汗 | 戊子 |
| 30 | 六 | 初七 | 丁卯 | 定 | 女 | 火 | 震 | 热 | 心 | 汗 | 庚子 |
| 31 | | | | | | | | | | | |

| 12 月大 | 大雪 7 日 02 时 17 分<br>冬至 21 日 20 时 19 分 |
|---|---|

农历冬月(11月24日 –12月22日)　　月干支:庚子

| 公历 | 星期 | 农历 | 干支 | 日建 | 星宿 | 五行 | 八卦 | 五气 | 五脏 | 五汁 | 时辰 |
|---|---|---|---|---|---|---|---|---|---|---|---|
| 1 | 日 | 冬月 | 戊辰 | 执 | 虚 | 木 | 巽 | 风 | 肝 | 泪 | 壬子 |
| 2 | 一 | 初九 | 己巳 | 破 | 危 | 木 | 坎 | 风 | 肝 | 泪 | 甲子 |
| 3 | 二 | 初十 | 庚午 | 危 | 室 | 土 | 艮 | 湿 | 脾 | 涎 | 丙子 |
| 4 | 三 | 十一 | 辛未 | 成 | 壁 | 土 | 坤 | 湿 | 脾 | 涎 | 戊子 |
| 5 | 四 | 十二 | 壬申 | 收 | 奎 | 金 | 乾 | 燥 | 肺 | 涕 | 庚子 |
| 6 | 五 | 十三 | 癸酉 | 开 | 娄 | 金 | 兑 | 燥 | 肺 | 涕 | 壬子 |
| 7 | 六 | 十四 | 甲戌 | 开 | 胃 | 火 | 离 | 热 | 心 | 汗 | 甲子 |
| 8 | 日 | 十五 | 乙亥 | 闭 | 昴 | 火 | 震 | 热 | 心 | 汗 | 丙子 |
| 9 | 一 | 十六 | 丙子 | 建 | 毕 | 水 | 巽 | 寒 | 肾 | 唾 | 戊子 |
| 10 | 二 | 十七 | 丁丑 | 除 | 觜 | 水 | 坎 | 寒 | 肾 | 唾 | 庚子 |
| 11 | 三 | 十八 | 戊寅 | 满 | 参 | 土 | 艮 | 湿 | 脾 | 涎 | 壬子 |
| 12 | 四 | 十九 | 己卯 | 平 | 井 | 土 | 坤 | 湿 | 脾 | 涎 | 甲子 |
| 13 | 五 | 二十 | 庚辰 | 定 | 鬼 | 金 | 乾 | 燥 | 肺 | 涕 | 丙子 |
| 14 | 六 | 廿一 | 辛巳 | 执 | 柳 | 金 | 兑 | 燥 | 肺 | 涕 | 戊子 |
| 15 | 日 | 廿二 | 壬午 | 破 | 星 | 木 | 离 | 风 | 肝 | 泪 | 庚子 |
| 16 | 一 | 廿三 | 癸未 | 危 | 张 | 木 | 震 | 风 | 肝 | 泪 | 壬子 |
| 17 | 二 | 廿四 | 甲申 | 成 | 翼 | 水 | 巽 | 寒 | 肾 | 唾 | 甲子 |
| 18 | 三 | 廿五 | 乙酉 | 收 | 轸 | 水 | 坎 | 寒 | 肾 | 唾 | 丙子 |
| 19 | 四 | 廿六 | 丙戌 | 开 | 角 | 土 | 艮 | 湿 | 脾 | 涎 | 戊子 |
| 20 | 五 | 廿七 | 丁亥 | 闭 | 亢 | 土 | 坤 | 湿 | 脾 | 涎 | 庚子 |
| 21 | 六 | 廿八 | 戊子 | 建 | 氐 | 火 | 乾 | 热 | 心 | 汗 | 壬子 |
| 22 | 日 | 廿九 | 己丑 | 除 | 房 | 火 | 兑 | 热 | 心 | 汗 | 甲子 |
| 23 | 一 | 腊月 | 庚寅 | 满 | 心 | 木 | 离 | 风 | 肝 | 泪 | 丙子 |
| 24 | 二 | 初二 | 辛卯 | 平 | 尾 | 木 | 震 | 风 | 肝 | 泪 | 戊子 |
| 25 | 三 | 初三 | 壬辰 | 定 | 箕 | 水 | 巽 | 寒 | 肾 | 唾 | 庚子 |
| 26 | 四 | 初四 | 癸巳 | 执 | 斗 | 水 | 坎 | 寒 | 肾 | 唾 | 壬子 |
| 27 | 五 | 初五 | 甲午 | 破 | 牛 | 金 | 艮 | 燥 | 肺 | 涕 | 甲子 |
| 28 | 六 | 初六 | 乙未 | 危 | 女 | 金 | 坤 | 燥 | 肺 | 涕 | 丙子 |
| 29 | 日 | 初七 | 丙申 | 成 | 虚 | 火 | 乾 | 热 | 心 | 汗 | 戊子 |
| 30 | 一 | 初八 | 丁酉 | 收 | 危 | 火 | 兑 | 热 | 心 | 汗 | 庚子 |
| 31 | 二 | 初九 | 戊戌 | 开 | 室 | 木 | 离 | 风 | 肝 | 泪 | 壬子 |

# 公元2042年　　农历壬戌(狗)年(闰二月)

## 1月大

小寒　5日13时36分
大寒　20日07时01分

农历腊月(12月23日-1月21日)　月干支:辛丑

| 公历 | 星期 | 农历 | 干支 | 日建 | 星宿 | 五行 | 八卦 | 五气 | 五脏 | 五汁 | 时辰 |
|---|---|---|---|---|---|---|---|---|---|---|---|
| 1 | 三 | 腊月 | 己亥 | 闭 | 壁 | 木 | 坤 | 风 | 肝 | 泪 | 甲子 |
| 2 | 四 | 十一 | 庚子 | 建 | 奎 | 土 | 乾 | 湿 | 脾 | 涎 | 丙子 |
| 3 | 五 | 十二 | 辛丑 | 除 | 娄 | 土 | 兑 | 湿 | 脾 | 涎 | 戊子 |
| 4 | 六 | 十三 | 壬寅 | 满 | 胃 | 金 | 离 | 燥 | 肺 | 涕 | 庚子 |
| 5 | 日 | 十四 | 癸卯 | 满 | 昴 | 金 | 震 | 燥 | 肺 | 涕 | 壬子 |
| 6 | 一 | 十五 | 甲辰 | 平 | 毕 | 火 | 巽 | 热 | 心 | 汗 | 甲子 |
| 7 | 二 | 十六 | 乙巳 | 定 | 觜 | 火 | 坎 | 热 | 心 | 汗 | 丙子 |
| 8 | 三 | 十七 | 丙午 | 执 | 参 | 水 | 艮 | 寒 | 肾 | 唾 | 戊子 |
| 9 | 四 | 十八 | 丁未 | 破 | 井 | 水 | 坤 | 寒 | 肾 | 唾 | 庚子 |
| 10 | 五 | 十九 | 戊申 | 危 | 鬼 | 土 | 乾 | 湿 | 脾 | 涎 | 壬子 |
| 11 | 六 | 二十 | 己酉 | 成 | 柳 | 土 | 兑 | 湿 | 脾 | 涎 | 甲子 |
| 12 | 日 | 廿一 | 庚戌 | 收 | 星 | 金 | 离 | 燥 | 肺 | 涕 | 丙子 |
| 13 | 一 | 廿二 | 辛亥 | 开 | 张 | 金 | 震 | 燥 | 肺 | 涕 | 戊子 |
| 14 | 二 | 廿三 | 壬子 | 闭 | 翼 | 木 | 巽 | 风 | 肝 | 泪 | 庚子 |
| 15 | 三 | 廿四 | 癸丑 | 建 | 轸 | 木 | 坎 | 风 | 肝 | 泪 | 壬子 |
| 16 | 四 | 廿五 | 甲寅 | 除 | 角 | 水 | 艮 | 寒 | 肾 | 唾 | 甲子 |
| 17 | 五 | 廿六 | 乙卯 | 满 | 亢 | 水 | 乾 | 寒 | 肾 | 唾 | 丙子 |
| 18 | 六 | 廿七 | 丙辰 | 平 | 氐 | 土 | 兑 | 湿 | 脾 | 涎 | 戊子 |
| 19 | 日 | 廿八 | 丁巳 | 定 | 房 | 土 | 离 | 湿 | 脾 | 涎 | 庚子 |
| 20 | 一 | 廿九 | 戊午 | 执 | 心 | 火 | 震 | 热 | 心 | 汗 | 壬子 |
| 21 | 二 | 三十 | 己未 | 破 | 尾 | 火 | 巽 | 热 | 心 | 汗 | 甲子 |
| 22 | 三 | 正月 | 庚申 | 危 | 箕 | 木 | 坎 | 风 | 肝 | 泪 | 丙子 |
| 23 | 四 | 初二 | 辛酉 | 成 | 斗 | 木 | 艮 | 风 | 肝 | 泪 | 戊子 |
| 24 | 五 | 初三 | 壬戌 | 收 | 牛 | 水 | 乾 | 寒 | 肾 | 唾 | 庚子 |
| 25 | 六 | 初四 | 癸亥 | 开 | 女 | 水 | 兑 | 寒 | 肾 | 唾 | 壬子 |
| 26 | 日 | 初五 | 甲子 | 闭 | 虚 | 金 | 乾 | 燥 | 肺 | 涕 | 甲子 |
| 27 | 一 | 初六 | 乙丑 | 建 | 危 | 金 | 兑 | 燥 | 肺 | 涕 | 丙子 |
| 28 | 二 | 初七 | 丙寅 | 除 | 室 | 火 | 离 | 热 | 心 | 汗 | 戊子 |
| 29 | 三 | 初八 | 丁卯 | 满 | 壁 | 火 | 震 | 热 | 心 | 汗 | 庚子 |
| 30 | 四 | 初九 | 戊辰 | 平 | 奎 | 木 | 巽 | 风 | 肝 | 泪 | 壬子 |
| 31 | 五 | 初十 | 己巳 | 定 | 娄 | 木 | 坎 | 风 | 肝 | 泪 | 甲子 |

## 2月平

立春　4日01时14分
雨水　18日21时05分

农历正月(1月22日-2月19日)　月干支:壬寅

| 公历 | 星期 | 农历 | 干支 | 日建 | 星宿 | 五行 | 八卦 | 五气 | 五脏 | 五汁 | 时辰 |
|---|---|---|---|---|---|---|---|---|---|---|---|
| 1 | 六 | 正月 | 庚午 | 执 | 胃 | 土 | 艮 | 湿 | 脾 | 涎 | 丙子 |
| 2 | 日 | 十二 | 辛未 | 破 | 昴 | 土 | 坤 | 湿 | 脾 | 涎 | 戊子 |
| 3 | 一 | 十三 | 壬申 | 危 | 毕 | 金 | 乾 | 燥 | 肺 | 涕 | 庚子 |
| 4 | 二 | 十四 | 癸酉 | 成 | 觜 | 金 | 兑 | 燥 | 肺 | 涕 | 壬子 |
| 5 | 三 | 十五 | 甲戌 | 成 | 参 | 火 | 离 | 热 | 心 | 汗 | 甲子 |
| 6 | 四 | 十六 | 乙亥 | 收 | 井 | 火 | 震 | 热 | 心 | 汗 | 丙子 |
| 7 | 五 | 十七 | 丙子 | 开 | 鬼 | 水 | 巽 | 寒 | 肾 | 唾 | 戊子 |
| 8 | 六 | 十八 | 丁丑 | 闭 | 柳 | 水 | 坎 | 寒 | 肾 | 唾 | 庚子 |
| 9 | 日 | 十九 | 戊寅 | 建 | 星 | 土 | 艮 | 湿 | 脾 | 涎 | 壬子 |
| 10 | 一 | 二十 | 己卯 | 除 | 张 | 土 | 坤 | 湿 | 脾 | 涎 | 甲子 |
| 11 | 二 | 廿一 | 庚辰 | 满 | 翼 | 金 | 乾 | 燥 | 肺 | 涕 | 丙子 |
| 12 | 三 | 廿二 | 辛巳 | 平 | 轸 | 金 | 兑 | 燥 | 肺 | 涕 | 戊子 |
| 13 | 四 | 廿三 | 壬午 | 定 | 角 | 木 | 离 | 风 | 肝 | 泪 | 庚子 |
| 14 | 五 | 廿四 | 癸未 | 执 | 亢 | 木 | 震 | 风 | 肝 | 泪 | 壬子 |
| 15 | 六 | 廿五 | 甲申 | 破 | 氐 | 水 | 巽 | 寒 | 肾 | 唾 | 甲子 |
| 16 | 日 | 廿六 | 乙酉 | 危 | 房 | 水 | 坎 | 寒 | 肾 | 唾 | 丙子 |
| 17 | 一 | 廿七 | 丙戌 | 成 | 心 | 土 | 艮 | 湿 | 脾 | 涎 | 戊子 |
| 18 | 二 | 廿八 | 丁亥 | 收 | 尾 | 土 | 坤 | 湿 | 脾 | 涎 | 庚子 |
| 19 | 三 | 廿九 | 戊子 | 开 | 箕 | 火 | 乾 | 热 | 心 | 汗 | 壬子 |
| 20 | 四 | 二月 | 己丑 | 闭 | 斗 | 火 | 坎 | 热 | 心 | 汗 | 甲子 |
| 21 | 五 | 初二 | 庚寅 | 建 | 牛 | 木 | 艮 | 风 | 肝 | 泪 | 丙子 |
| 22 | 六 | 初三 | 辛卯 | 除 | 女 | 木 | 坤 | 风 | 肝 | 泪 | 戊子 |
| 23 | 日 | 初四 | 壬辰 | 满 | 虚 | 水 | 乾 | 寒 | 肾 | 唾 | 庚子 |
| 24 | 一 | 初五 | 癸巳 | 平 | 危 | 水 | 兑 | 寒 | 肾 | 唾 | 壬子 |
| 25 | 二 | 初六 | 甲午 | 定 | 室 | 金 | 离 | 燥 | 肺 | 涕 | 甲子 |
| 26 | 三 | 初七 | 乙未 | 执 | 壁 | 金 | 震 | 燥 | 肺 | 涕 | 丙子 |
| 27 | 四 | 初八 | 丙申 | 破 | 奎 | 火 | 巽 | 热 | 心 | 汗 | 戊子 |
| 28 | 五 | 初九 | 丁酉 | 危 | 娄 | 火 | 坎 | 热 | 心 | 汗 | 庚子 |

实用干支万年历

# 公元2042年　　农历壬戌(狗)年(闰二月)

## 3月大

惊蛰　5日19时06分
春分　20日19时54分

农历二月(2月20日–3月21日)　月干支:癸卯

| 公历 | 星期 | 农历 | 干支 | 日建 | 星宿 | 五行 | 八卦 | 五气 | 五脏 | 五汁 | 时辰 |
|---|---|---|---|---|---|---|---|---|---|---|---|
| 1 | 六 | 二月 | 戊戌 | 成 | 胃 | 木 | 艮 | 风 | 肝 | 泪 | 壬子 |
| 2 | 日 | 十一 | 己亥 | 收 | 昴 | 木 | 坤 | 风 | 肝 | 泪 | 甲子 |
| 3 | 一 | 十二 | 庚子 | 开 | 毕 | 土 | 乾 | 湿 | 脾 | 涎 | 丙子 |
| 4 | 二 | 十三 | 辛丑 | 闭 | 觜 | 土 | 兑 | 湿 | 脾 | 涎 | 戊子 |
| 5 | 三 | 十四 | 壬寅 | 闭 | 参 | 金 | 离 | 燥 | 肺 | 涕 | 庚子 |
| 6 | 四 | 十五 | 癸卯 | 建 | 井 | 金 | 震 | 燥 | 肺 | 涕 | 壬子 |
| 7 | 五 | 十六 | 甲辰 | 除 | 鬼 | 火 | 巽 | 热 | 心 | 汗 | 甲子 |
| 8 | 六 | 十七 | 乙巳 | 满 | 柳 | 火 | 坎 | 热 | 心 | 汗 | 丙子 |
| 9 | 日 | 十八 | 丙午 | 平 | 星 | 水 | 艮 | 寒 | 肾 | 唾 | 戊子 |
| 10 | 一 | 十九 | 丁未 | 定 | 张 | 水 | 坤 | 寒 | 肾 | 唾 | 庚子 |
| 11 | 二 | 二十 | 戊申 | 执 | 翼 | 土 | 乾 | 湿 | 脾 | 涎 | 壬子 |
| 12 | 三 | 廿一 | 己酉 | 破 | 轸 | 土 | 兑 | 湿 | 脾 | 涎 | 甲子 |
| 13 | 四 | 廿二 | 庚戌 | 危 | 角 | 金 | 离 | 燥 | 肺 | 涕 | 丙子 |
| 14 | 五 | 廿三 | 辛亥 | 成 | 亢 | 金 | 震 | 燥 | 肺 | 涕 | 戊子 |
| 15 | 六 | 廿四 | 壬子 | 收 | 氐 | 木 | 巽 | 风 | 肝 | 泪 | 庚子 |
| 16 | 日 | 廿五 | 癸丑 | 开 | 房 | 木 | 坎 | 风 | 肝 | 泪 | 壬子 |
| 17 | 一 | 廿六 | 甲寅 | 闭 | 心 | 水 | 艮 | 寒 | 肾 | 唾 | 甲子 |
| 18 | 二 | 廿七 | 乙卯 | 建 | 尾 | 水 | 坤 | 寒 | 肾 | 唾 | 丙子 |
| 19 | 三 | 廿八 | 丙辰 | 除 | 箕 | 土 | 乾 | 湿 | 脾 | 涎 | 戊子 |
| 20 | 四 | 廿九 | 丁巳 | 满 | 斗 | 土 | 兑 | 湿 | 脾 | 涎 | 庚子 |
| 21 | 五 | 三十 | 戊午 | 平 | 牛 | 火 | 离 | 热 | 心 | 汗 | 壬子 |
| 22 | 六 | 闰二 | 己未 | 定 | 女 | 火 | 坎 | 热 | 心 | 汗 | 甲子 |
| 23 | 日 | 初二 | 庚申 | 执 | 虚 | 木 | 艮 | 风 | 肝 | 泪 | 丙子 |
| 24 | 一 | 初三 | 辛酉 | 破 | 危 | 水 | 坤 | 风 | 肝 | 泪 | 戊子 |
| 25 | 二 | 初四 | 壬戌 | 危 | 室 | 水 | 乾 | 寒 | 肾 | 唾 | 庚子 |
| 26 | 三 | 初五 | 癸亥 | 成 | 壁 | 水 | 兑 | 寒 | 肾 | 唾 | 壬子 |
| 27 | 四 | 初六 | 甲子 | 收 | 奎 | 金 | 离 | 燥 | 肺 | 涕 | 甲子 |
| 28 | 五 | 初七 | 乙丑 | 开 | 娄 | 金 | 震 | 燥 | 肺 | 涕 | 丙子 |
| 29 | 六 | 初八 | 丙寅 | 闭 | 胃 | 火 | 巽 | 热 | 心 | 汗 | 戊子 |
| 30 | 日 | 初九 | 丁卯 | 建 | 昴 | 火 | 坎 | 热 | 心 | 汗 | 庚子 |
| 31 | 一 | 初十 | 戊辰 | 除 | 毕 | 木 | 艮 | 风 | 肝 | 泪 | 壬子 |

## 4月小

清明　4日23时41分
谷雨　20日06时40分

农历闰二月(3月22日–4月19日)　月干支:癸卯

| 公历 | 星期 | 农历 | 干支 | 日建 | 星宿 | 五行 | 八卦 | 五气 | 五脏 | 五汁 | 时辰 |
|---|---|---|---|---|---|---|---|---|---|---|---|
| 1 | 二 | 闰二 | 己巳 | 满 | 觜 | 木 | 坤 | 风 | 肝 | 泪 | 甲子 |
| 2 | 三 | 十二 | 庚午 | 平 | 参 | 土 | 乾 | 湿 | 脾 | 涎 | 丙子 |
| 3 | 四 | 十三 | 辛未 | 定 | 井 | 土 | 兑 | 湿 | 脾 | 涎 | 戊子 |
| 4 | 五 | 十四 | 壬申 | 定 | 鬼 | 金 | 离 | 燥 | 肺 | 涕 | 庚子 |
| 5 | 六 | 十五 | 癸酉 | 执 | 柳 | 金 | 震 | 燥 | 肺 | 涕 | 壬子 |
| 6 | 日 | 十六 | 甲戌 | 破 | 星 | 火 | 巽 | 热 | 心 | 汗 | 甲子 |
| 7 | 一 | 十七 | 乙亥 | 危 | 张 | 火 | 坎 | 热 | 心 | 汗 | 丙子 |
| 8 | 二 | 十八 | 丙子 | 成 | 翼 | 水 | 艮 | 寒 | 肾 | 唾 | 戊子 |
| 9 | 三 | 十九 | 丁丑 | 收 | 轸 | 水 | 坤 | 寒 | 肾 | 唾 | 庚子 |
| 10 | 四 | 二十 | 戊寅 | 开 | 角 | 土 | 乾 | 湿 | 脾 | 涎 | 壬子 |
| 11 | 五 | 廿一 | 己卯 | 闭 | 亢 | 土 | 兑 | 湿 | 脾 | 涎 | 甲子 |
| 12 | 六 | 廿二 | 庚辰 | 建 | 氐 | 金 | 离 | 燥 | 肺 | 涕 | 丙子 |
| 13 | 日 | 廿三 | 辛巳 | 除 | 房 | 金 | 震 | 燥 | 肺 | 涕 | 戊子 |
| 14 | 一 | 廿四 | 壬午 | 满 | 心 | 木 | 巽 | 风 | 肝 | 泪 | 庚子 |
| 15 | 二 | 廿五 | 癸未 | 平 | 尾 | 木 | 坎 | 风 | 肝 | 泪 | 壬子 |
| 16 | 三 | 廿六 | 甲申 | 定 | 箕 | 水 | 艮 | 寒 | 肾 | 唾 | 甲子 |
| 17 | 四 | 廿七 | 乙酉 | 执 | 斗 | 水 | 坤 | 寒 | 肾 | 唾 | 丙子 |
| 18 | 五 | 廿八 | 丙戌 | 破 | 牛 | 土 | 乾 | 湿 | 脾 | 涎 | 戊子 |
| 19 | 六 | 廿九 | 丁亥 | 危 | 女 | 土 | 兑 | 湿 | 脾 | 涎 | 庚子 |
| 20 | 日 | 三月 | 戊子 | 成 | 虚 | 火 | 坤 | 热 | 心 | 汗 | 壬子 |
| 21 | 一 | 初二 | 己丑 | 收 | 危 | 火 | 坤 | 热 | 心 | 汗 | 甲子 |
| 22 | 二 | 初三 | 庚寅 | 开 | 室 | 木 | 乾 | 风 | 肝 | 泪 | 丙子 |
| 23 | 三 | 初四 | 辛卯 | 闭 | 壁 | 木 | 兑 | 风 | 肝 | 泪 | 戊子 |
| 24 | 四 | 初五 | 壬辰 | 建 | 奎 | 水 | 离 | 寒 | 肾 | 唾 | 庚子 |
| 25 | 五 | 初六 | 癸巳 | 除 | 娄 | 水 | 震 | 寒 | 肾 | 唾 | 壬子 |
| 26 | 六 | 初七 | 甲午 | 满 | 胃 | 金 | 巽 | 燥 | 肺 | 涕 | 甲子 |
| 27 | 日 | 初八 | 乙未 | 平 | 昴 | 金 | 坎 | 燥 | 肺 | 涕 | 丙子 |
| 28 | 一 | 初九 | 丙申 | 定 | 毕 | 火 | 艮 | 热 | 心 | 汗 | 戊子 |
| 29 | 二 | 初十 | 丁酉 | 执 | 觜 | 火 | 坤 | 热 | 心 | 汗 | 庚子 |
| 30 | 三 | 十一 | 戊戌 | 破 | 参 | 木 | 乾 | 风 | 肝 | 泪 | 壬子 |
| 31 |  |  |  |  |  |  |  |  |  |  |  |

# 公元 2042 年　　农历壬戌(狗)年(闰二月)

实用
干支
万年历

## 5月大
立夏　5日16时43分
小满　21日05时32分

农历三月(4月20日-5月18日)　月干支:甲辰

| 公历 | 星期 | 农历 | 干支 | 日建 | 星宿 | 五行 | 八卦 | 五气 | 五脏 | 五汁 | 时辰 |
|---|---|---|---|---|---|---|---|---|---|---|---|
| 1 | 四 | 三月 | 己亥 | 危 | 井 | 木 | 兑 | 风 | 肝 | 泪 | 甲子 |
| 2 | 五 | 十三 | 庚子 | 成 | 鬼 | 土 | 离 | 湿 | 脾 | 涎 | 丙子 |
| 3 | 六 | 十四 | 辛丑 | 收 | 柳 | 土 | 震 | 湿 | 脾 | 涎 | 戊子 |
| 4 | 日 | 十五 | 壬寅 | 开 | 星 | 金 | 巽 | 燥 | 肺 | 涕 | 庚子 |
| 5 | 一 | 十六 | 癸卯 | 开 | 张 | 金 | 坎 | 燥 | 肺 | 涕 | 壬子 |
| 6 | 二 | 十七 | 甲辰 | 闭 | 翼 | 火 | 艮 | 热 | 心 | 汗 | 甲子 |
| 7 | 三 | 十八 | 乙巳 | 建 | 轸 | 火 | 乾 | 热 | 心 | 汗 | 丙子 |
| 8 | 四 | 十九 | 丙午 | 除 | 角 | 水 | 兑 | 寒 | 肾 | 唾 | 戊子 |
| 9 | 五 | 二十 | 丁未 | 满 | 亢 | 水 | 坎 | 寒 | 肾 | 唾 | 庚子 |
| 10 | 六 | 廿一 | 戊申 | 平 | 氐 | 土 | 离 | 湿 | 脾 | 涎 | 壬子 |
| 11 | 日 | 廿二 | 己酉 | 定 | 房 | 土 | 震 | 湿 | 脾 | 涎 | 甲子 |
| 12 | 一 | 廿三 | 庚戌 | 执 | 心 | 金 | 巽 | 燥 | 肺 | 涕 | 丙子 |
| 13 | 二 | 廿四 | 辛亥 | 破 | 尾 | 金 | 坎 | 燥 | 肺 | 涕 | 戊子 |
| 14 | 三 | 廿五 | 壬子 | 危 | 箕 | 木 | 艮 | 风 | 肝 | 泪 | 庚子 |
| 15 | 四 | 廿六 | 癸丑 | 成 | 斗 | 木 | 坤 | 风 | 肝 | 泪 | 壬子 |
| 16 | 五 | 廿七 | 甲寅 | 收 | 牛 | 水 | 乾 | 寒 | 肾 | 唾 | 甲子 |
| 17 | 六 | 廿八 | 乙卯 | 开 | 女 | 水 | 兑 | 寒 | 肾 | 唾 | 丙子 |
| 18 | 日 | 廿九 | 丙辰 | 闭 | 虚 | 土 | 离 | 湿 | 脾 | 涎 | 戊子 |
| 19 | 一 | 四月 | 丁巳 | 建 | 危 | 土 | 坤 | 湿 | 脾 | 涎 | 庚子 |
| 20 | 二 | 初二 | 戊午 | 除 | 室 | 火 | 乾 | 热 | 心 | 汗 | 壬子 |
| 21 | 三 | 初三 | 己未 | 满 | 壁 | 火 | 坎 | 热 | 心 | 汗 | 甲子 |
| 22 | 四 | 初四 | 庚申 | 平 | 奎 | 木 | 艮 | 风 | 肝 | 泪 | 丙子 |
| 23 | 五 | 初五 | 辛酉 | 定 | 娄 | 木 | 坤 | 风 | 肝 | 泪 | 戊子 |
| 24 | 六 | 初六 | 壬戌 | 执 | 胃 | 水 | 乾 | 寒 | 肾 | 唾 | 庚子 |
| 25 | 日 | 初七 | 癸亥 | 破 | 昴 | 水 | 兑 | 寒 | 肾 | 唾 | 壬子 |
| 26 | 一 | 初八 | 甲子 | 危 | 毕 | 金 | 艮 | 燥 | 肺 | 涕 | 甲子 |
| 27 | 二 | 初九 | 乙丑 | 成 | 觜 | 金 | 坤 | 燥 | 肺 | 涕 | 丙子 |
| 28 | 三 | 初十 | 丙寅 | 收 | 参 | 火 | 乾 | 热 | 心 | 汗 | 戊子 |
| 29 | 四 | 十一 | 丁卯 | 开 | 井 | 火 | 兑 | 热 | 心 | 汗 | 庚子 |
| 30 | 五 | 十二 | 戊辰 | 闭 | 鬼 | 木 | 离 | 风 | 肝 | 泪 | 壬子 |
| 31 | 六 | 十三 | 己巳 | 建 | 柳 | 木 | 震 | 风 | 肝 | 泪 | 甲子 |

## 6月小
芒种　5日20时39分
夏至　21日13时16分

农历四月(5月19日-6月17日)　月干支:乙巳

| 公历 | 星期 | 农历 | 干支 | 日建 | 星宿 | 五行 | 八卦 | 五气 | 五脏 | 五汁 | 时辰 |
|---|---|---|---|---|---|---|---|---|---|---|---|
| 1 | 日 | 四月 | 庚午 | 除 | 星 | 土 | 巽 | 湿 | 脾 | 涎 | 丙子 |
| 2 | 一 | 十五 | 辛未 | 满 | 张 | 土 | 坎 | 湿 | 脾 | 涎 | 戊子 |
| 3 | 二 | 十六 | 壬申 | 平 | 翼 | 金 | 艮 | 燥 | 肺 | 涕 | 庚子 |
| 4 | 三 | 十七 | 癸酉 | 定 | 轸 | 金 | 坤 | 燥 | 肺 | 涕 | 壬子 |
| 5 | 四 | 十八 | 甲戌 | 定 | 角 | 火 | 乾 | 热 | 心 | 汗 | 甲子 |
| 6 | 五 | 十九 | 乙亥 | 执 | 亢 | 火 | 兑 | 热 | 心 | 汗 | 丙子 |
| 7 | 六 | 二十 | 丙子 | 破 | 氐 | 水 | 离 | 寒 | 肾 | 唾 | 戊子 |
| 8 | 日 | 廿一 | 丁丑 | 危 | 房 | 水 | 震 | 寒 | 肾 | 唾 | 庚子 |
| 9 | 一 | 廿二 | 戊寅 | 成 | 心 | 土 | 巽 | 湿 | 脾 | 涎 | 壬子 |
| 10 | 二 | 廿三 | 己卯 | 收 | 尾 | 土 | 坎 | 湿 | 脾 | 涎 | 甲子 |
| 11 | 三 | 廿四 | 庚辰 | 开 | 箕 | 金 | 艮 | 燥 | 肺 | 涕 | 丙子 |
| 12 | 四 | 廿五 | 辛巳 | 闭 | 斗 | 金 | 坤 | 燥 | 肺 | 涕 | 戊子 |
| 13 | 五 | 廿六 | 壬午 | 建 | 牛 | 木 | 乾 | 风 | 肝 | 泪 | 庚子 |
| 14 | 六 | 廿七 | 癸未 | 除 | 女 | 木 | 兑 | 风 | 肝 | 泪 | 壬子 |
| 15 | 日 | 廿八 | 甲申 | 满 | 虚 | 水 | 离 | 寒 | 肾 | 唾 | 甲子 |
| 16 | 一 | 廿九 | 乙酉 | 平 | 危 | 水 | 震 | 寒 | 肾 | 唾 | 丙子 |
| 17 | 二 | 三十 | 丙戌 | 定 | 室 | 土 | 巽 | 湿 | 脾 | 涎 | 戊子 |
| 18 | 三 | 五月 | 丁亥 | 执 | 壁 | 土 | 坎 | 湿 | 脾 | 涎 | 庚子 |
| 19 | 四 | 初二 | 戊子 | 破 | 奎 | 火 | 离 | 热 | 心 | 汗 | 壬子 |
| 20 | 五 | 初三 | 己丑 | 危 | 娄 | 火 | 震 | 热 | 心 | 汗 | 甲子 |
| 21 | 六 | 初四 | 庚寅 | 成 | 胃 | 木 | 巽 | 风 | 肝 | 泪 | 丙子 |
| 22 | 日 | 初五 | 辛卯 | 收 | 昴 | 木 | 坎 | 风 | 肝 | 泪 | 戊子 |
| 23 | 一 | 初六 | 壬辰 | 开 | 毕 | 水 | 艮 | 寒 | 肾 | 唾 | 庚子 |
| 24 | 二 | 初七 | 癸巳 | 闭 | 觜 | 水 | 坤 | 寒 | 肾 | 唾 | 壬子 |
| 25 | 三 | 初八 | 甲午 | 建 | 参 | 金 | 乾 | 燥 | 肺 | 涕 | 甲子 |
| 26 | 四 | 初九 | 乙未 | 除 | 井 | 金 | 兑 | 燥 | 肺 | 涕 | 丙子 |
| 27 | 五 | 初十 | 丙申 | 满 | 鬼 | 火 | 离 | 热 | 心 | 汗 | 戊子 |
| 28 | 六 | 十一 | 丁酉 | 平 | 柳 | 火 | 震 | 热 | 心 | 汗 | 庚子 |
| 29 | 日 | 十二 | 戊戌 | 定 | 星 | 木 | 巽 | 风 | 肝 | 泪 | 壬子 |
| 30 | 一 | 十三 | 己亥 | 执 | 张 | 木 | 坎 | 风 | 肝 | 泪 | 甲子 |
| 31 |  |  |  |  |  |  |  |  |  |  |  |

# 公元2042年　农历壬戌(狗)年(闰二月)

## 7月大

小暑　7日06时48分
大暑　23日00时07分

农历五月(6月18日–7月16日)　月干支：丙午

| 公历 | 星期 | 农历 | 干支 | 日建 | 星宿 | 五行 | 八卦 | 五气 | 五脏 | 五汁 | 时辰 |
|---|---|---|---|---|---|---|---|---|---|---|---|
| 1 | 二 | 五月 | 庚子 | 破 | 翼 | 土 | 兑 | 湿 | 脾 | 涎 | 丙子 |
| 2 | 三 | 十五 | 辛丑 | 危 | 轸 | 土 | 离 | 湿 | 脾 | 涎 | 戊子 |
| 3 | 四 | 十六 | 壬寅 | 成 | 角 | 金 | 震 | 燥 | 肺 | 涕 | 庚子 |
| 4 | 五 | 十七 | 癸卯 | 收 | 亢 | 金 | 巽 | 燥 | 肺 | 涕 | 壬子 |
| 5 | 六 | 十八 | 甲辰 | 开 | 氐 | 火 | 坎 | 热 | 心 | 汗 | 甲子 |
| 6 | 日 | 十九 | 乙巳 | 闭 | 房 | 火 | 艮 | 热 | 心 | 汗 | 丙子 |
| 7 | 一 | 二十 | 丙午 | 建 | 心 | 水 | 坤 | 寒 | 肾 | 唾 | 戊子 |
| 8 | 二 | 廿一 | 丁未 | 除 | 尾 | 水 | 乾 | 寒 | 肾 | 唾 | 庚子 |
| 9 | 三 | 廿二 | 戊申 | 满 | 箕 | 土 | 兑 | 湿 | 脾 | 涎 | 壬子 |
| 10 | 四 | 廿三 | 己酉 | 平 | 斗 | 土 | 离 | 湿 | 脾 | 涎 | 甲子 |
| 11 | 五 | 廿四 | 庚戌 | 定 | 牛 | 金 | 震 | 燥 | 肺 | 涕 | 丙子 |
| 12 | 六 | 廿五 | 辛亥 | 执 | 女 | 金 | 巽 | 燥 | 肺 | 涕 | 戊子 |
| 13 | 日 | 廿六 | 壬子 | 破 | 虚 | 木 | 坎 | 风 | 肝 | 泪 | 庚子 |
| 14 | 一 | 廿七 | 癸丑 | 危 | 危 | 木 | 艮 | 风 | 肝 | 泪 | 壬子 |
| 15 | 二 | 廿八 | 甲寅 | 成 | 室 | 水 | 坤 | 寒 | 肾 | 唾 | 甲子 |
| 16 | 三 | 廿九 | 乙卯 | 收 | 壁 | 水 | 乾 | 寒 | 肾 | 唾 | 丙子 |
| 17 | 四 | 六月 | 丙辰 | 开 | 奎 | 土 | 兑 | 湿 | 脾 | 涎 | 戊子 |
| 18 | 五 | 初二 | 丁巳 | 闭 | 娄 | 土 | 离 | 湿 | 脾 | 涎 | 庚子 |
| 19 | 六 | 初三 | 戊午 | 建 | 胃 | 火 | 震 | 热 | 心 | 汗 | 壬子 |
| 20 | 日 | 初四 | 己未 | 除 | 昴 | 火 | 巽 | 热 | 心 | 汗 | 甲子 |
| 21 | 一 | 初五 | 庚申 | 满 | 毕 | 木 | 坎 | 风 | 肝 | 泪 | 丙子 |
| 22 | 二 | 初六 | 辛酉 | 平 | 觜 | 木 | 艮 | 风 | 肝 | 泪 | 戊子 |
| 23 | 三 | 初七 | 壬戌 | 定 | 参 | 水 | 坤 | 寒 | 肾 | 唾 | 庚子 |
| 24 | 四 | 初八 | 癸亥 | 执 | 井 | 水 | 乾 | 寒 | 肾 | 唾 | 壬子 |
| 25 | 五 | 初九 | 甲子 | 破 | 鬼 | 金 | 兑 | 燥 | 肺 | 涕 | 甲子 |
| 26 | 六 | 初十 | 乙丑 | 危 | 柳 | 金 | 离 | 燥 | 肺 | 涕 | 丙子 |
| 27 | 日 | 十一 | 丙寅 | 成 | 星 | 火 | 震 | 热 | 心 | 汗 | 戊子 |
| 28 | 一 | 十二 | 丁卯 | 收 | 张 | 火 | 巽 | 热 | 心 | 汗 | 庚子 |
| 29 | 二 | 十三 | 戊辰 | 开 | 翼 | 木 | 坎 | 风 | 肝 | 泪 | 壬子 |
| 30 | 三 | 十四 | 己巳 | 闭 | 轸 | 木 | 艮 | 风 | 肝 | 泪 | 甲子 |
| 31 | 四 | 十五 | 庚午 | 建 | 角 | 土 | 坤 | 湿 | 脾 | 涎 | 丙子 |

## 8月大

立秋　7日16时39分
处暑　23日07时18分

农历六月(7月17日–8月15日)　月干支：丁未

| 公历 | 星期 | 农历 | 干支 | 日建 | 星宿 | 五行 | 八卦 | 五气 | 五脏 | 五汁 | 时辰 |
|---|---|---|---|---|---|---|---|---|---|---|---|
| 1 | 五 | 六月 | 辛未 | 建 | 亢 | 土 | 乾 | 湿 | 脾 | 涎 | 戊子 |
| 2 | 六 | 十七 | 壬申 | 除 | 氐 | 金 | 兑 | 燥 | 肺 | 涕 | 庚子 |
| 3 | 日 | 十八 | 癸酉 | 满 | 房 | 金 | 离 | 燥 | 肺 | 涕 | 壬子 |
| 4 | 一 | 十九 | 甲戌 | 平 | 心 | 火 | 震 | 热 | 心 | 汗 | 甲子 |
| 5 | 二 | 二十 | 乙亥 | 定 | 尾 | 火 | 巽 | 热 | 心 | 汗 | 丙子 |
| 6 | 三 | 廿一 | 丙子 | 执 | 箕 | 水 | 坎 | 寒 | 肾 | 唾 | 戊子 |
| 7 | 四 | 廿二 | 丁丑 | 破 | 斗 | 水 | 艮 | 寒 | 肾 | 唾 | 庚子 |
| 8 | 五 | 廿三 | 戊寅 | 危 | 牛 | 土 | 坤 | 湿 | 脾 | 涎 | 壬子 |
| 9 | 六 | 廿四 | 己卯 | 成 | 女 | 土 | 乾 | 湿 | 脾 | 涎 | 甲子 |
| 10 | 日 | 廿五 | 庚辰 | 收 | 虚 | 金 | 兑 | 燥 | 肺 | 涕 | 丙子 |
| 11 | 一 | 廿六 | 辛巳 | 开 | 危 | 金 | 离 | 燥 | 肺 | 涕 | 戊子 |
| 12 | 二 | 廿七 | 壬午 | 闭 | 室 | 木 | 震 | 风 | 肝 | 泪 | 庚子 |
| 13 | 三 | 廿八 | 癸未 | 建 | 壁 | 木 | 巽 | 风 | 肝 | 泪 | 壬子 |
| 14 | 四 | 廿九 | 甲申 | 除 | 奎 | 水 | 坎 | 寒 | 肾 | 唾 | 甲子 |
| 15 | 五 | 三十 | 乙酉 | 满 | 娄 | 水 | 艮 | 寒 | 肾 | 唾 | 丙子 |
| 16 | 六 | 七月 | 丙戌 | 平 | 胃 | 土 | 坤 | 湿 | 脾 | 涎 | 戊子 |
| 17 | 日 | 初二 | 丁亥 | 定 | 昴 | 土 | 乾 | 湿 | 脾 | 涎 | 庚子 |
| 18 | 一 | 初三 | 戊子 | 执 | 毕 | 火 | 兑 | 热 | 心 | 汗 | 壬子 |
| 19 | 二 | 初四 | 己丑 | 破 | 觜 | 火 | 离 | 热 | 心 | 汗 | 甲子 |
| 20 | 三 | 初五 | 庚寅 | 危 | 参 | 木 | 震 | 风 | 肝 | 泪 | 丙子 |
| 21 | 四 | 初六 | 辛卯 | 成 | 井 | 木 | 巽 | 风 | 肝 | 泪 | 戊子 |
| 22 | 五 | 初七 | 壬辰 | 收 | 鬼 | 水 | 坎 | 寒 | 肾 | 唾 | 庚子 |
| 23 | 六 | 初八 | 癸巳 | 开 | 柳 | 水 | 艮 | 寒 | 肾 | 唾 | 壬子 |
| 24 | 日 | 初九 | 甲午 | 闭 | 星 | 金 | 坤 | 燥 | 肺 | 涕 | 甲子 |
| 25 | 一 | 初十 | 乙未 | 建 | 张 | 金 | 乾 | 燥 | 肺 | 涕 | 丙子 |
| 26 | 二 | 十一 | 丙申 | 除 | 翼 | 火 | 兑 | 热 | 心 | 汗 | 戊子 |
| 27 | 三 | 十二 | 丁酉 | 满 | 轸 | 火 | 离 | 热 | 心 | 汗 | 庚子 |
| 28 | 四 | 十三 | 戊戌 | 平 | 角 | 木 | 震 | 风 | 肝 | 泪 | 壬子 |
| 29 | 五 | 十四 | 己亥 | 定 | 亢 | 木 | 巽 | 风 | 肝 | 泪 | 甲子 |
| 30 | 六 | 十五 | 庚子 | 执 | 氐 | 土 | 坎 | 湿 | 脾 | 涎 | 丙子 |
| 31 | 日 | 十六 | 辛丑 | 破 | 房 | 土 | 艮 | 湿 | 脾 | 涎 | 戊子 |

# 公元2042年　农历壬戌(狗)年(闰二月)

## 9月小

白露　7日19时46分
秋分　23日05时12分

农历七月(8月16日–9月13日)　月干支:戊申

| 公历 | 星期 | 农历 | 干支 | 日建 | 星宿 | 五行 | 八卦 | 五气 | 五脏 | 五汁 | 时辰 |
|---|---|---|---|---|---|---|---|---|---|---|---|
| 1 | 一 | 七月 | 壬寅 | 破 | 心 | 金 | 离 | 燥 | 肺 | 涕 | 庚子 |
| 2 | 二 | 十八 | 癸卯 | 危 | 尾 | 金 | 震 | 燥 | 肺 | 涕 | 壬子 |
| 3 | 三 | 十九 | 甲辰 | 成 | 箕 | 火 | 巽 | 热 | 心 | 汗 | 甲子 |
| 4 | 四 | 二十 | 乙巳 | 收 | 斗 | 火 | 坎 | 热 | 心 | 汗 | 丙子 |
| 5 | 五 | 廿一 | 丙午 | 开 | 牛 | 水 | 艮 | 寒 | 肾 | 唾 | 戊子 |
| 6 | 六 | 廿二 | 丁未 | 闭 | 女 | 水 | 坤 | 寒 | 肾 | 唾 | 庚子 |
| 7 | 日 | 廿三 | 戊申 | 闭 | 虚 | 土 | 乾 | 湿 | 脾 | 涎 | 壬子 |
| 8 | 一 | 廿四 | 己酉 | 建 | 危 | 土 | 兑 | 湿 | 脾 | 涎 | 甲子 |
| 9 | 二 | 廿五 | 庚戌 | 除 | 室 | 金 | 离 | 燥 | 肺 | 涕 | 丙子 |
| 10 | 三 | 廿六 | 辛亥 | 满 | 壁 | 金 | 震 | 燥 | 肺 | 涕 | 戊子 |
| 11 | 四 | 廿七 | 壬子 | 平 | 奎 | 木 | 巽 | 风 | 肝 | 泪 | 庚子 |
| 12 | 五 | 廿八 | 癸丑 | 定 | 娄 | 木 | 坎 | 风 | 肝 | 泪 | 壬子 |
| 13 | 六 | 廿九 | 甲寅 | 执 | 胃 | 水 | 艮 | 寒 | 肾 | 唾 | 甲子 |
| 14 | 日 | 八月 | 乙卯 | 破 | 昴 | 水 | 震 | 寒 | 肾 | 唾 | 丙子 |
| 15 | 一 | 初二 | 丙辰 | 危 | 毕 | 土 | 巽 | 湿 | 脾 | 涎 | 戊子 |
| 16 | 二 | 初三 | 丁巳 | 成 | 觜 | 土 | 坎 | 湿 | 脾 | 涎 | 庚子 |
| 17 | 三 | 初四 | 戊午 | 收 | 参 | 火 | 艮 | 热 | 心 | 汗 | 壬子 |
| 18 | 四 | 初五 | 己未 | 开 | 井 | 火 | 坤 | 热 | 心 | 汗 | 甲子 |
| 19 | 五 | 初六 | 庚申 | 闭 | 鬼 | 木 | 乾 | 风 | 肝 | 泪 | 丙子 |
| 20 | 六 | 初七 | 辛酉 | 建 | 柳 | 木 | 兑 | 风 | 肝 | 泪 | 戊子 |
| 21 | 日 | 初八 | 壬戌 | 除 | 星 | 水 | 离 | 寒 | 肾 | 唾 | 庚子 |
| 22 | 一 | 初九 | 癸亥 | 满 | 张 | 水 | 震 | 寒 | 肾 | 唾 | 壬子 |
| 23 | 二 | 初十 | 甲子 | 平 | 翼 | 金 | 巽 | 燥 | 肺 | 涕 | 甲子 |
| 24 | 三 | 十一 | 乙丑 | 定 | 轸 | 金 | 坎 | 燥 | 肺 | 涕 | 丙子 |
| 25 | 四 | 十二 | 丙寅 | 执 | 角 | 火 | 艮 | 热 | 心 | 汗 | 戊子 |
| 26 | 五 | 十三 | 丁卯 | 破 | 亢 | 火 | 坤 | 热 | 心 | 汗 | 庚子 |
| 27 | 六 | 十四 | 戊辰 | 危 | 氐 | 木 | 乾 | 风 | 肝 | 泪 | 壬子 |
| 28 | 日 | 十五 | 己巳 | 成 | 房 | 木 | 兑 | 风 | 肝 | 泪 | 甲子 |
| 29 | 一 | 十六 | 庚午 | 收 | 心 | 土 | 离 | 湿 | 脾 | 涎 | 丙子 |
| 30 | 二 | 十七 | 辛未 | 开 | 尾 | 土 | 震 | 湿 | 脾 | 涎 | 戊子 |
| 31 | | | | | | | | | | | |

## 10月大

寒露　8日11时41分
霜降　23日14时50分

农历八月(9月14日–10月13日)　月干支:己酉

| 公历 | 星期 | 农历 | 干支 | 日建 | 星宿 | 五行 | 八卦 | 五气 | 五脏 | 五汁 | 时辰 |
|---|---|---|---|---|---|---|---|---|---|---|---|
| 1 | 三 | 八月 | 壬申 | 闭 | 箕 | 金 | 巽 | 燥 | 肺 | 涕 | 庚子 |
| 2 | 四 | 十九 | 癸酉 | 建 | 斗 | 金 | 坎 | 燥 | 肺 | 涕 | 壬子 |
| 3 | 五 | 二十 | 甲戌 | 除 | 牛 | 火 | 艮 | 热 | 心 | 汗 | 甲子 |
| 4 | 六 | 廿一 | 乙亥 | 满 | 女 | 火 | 坤 | 热 | 心 | 汗 | 丙子 |
| 5 | 日 | 廿二 | 丙子 | 平 | 虚 | 水 | 乾 | 寒 | 肾 | 唾 | 戊子 |
| 6 | 一 | 廿三 | 丁丑 | 定 | 危 | 水 | 兑 | 寒 | 肾 | 唾 | 庚子 |
| 7 | 二 | 廿四 | 戊寅 | 执 | 室 | 土 | 离 | 湿 | 脾 | 涎 | 壬子 |
| 8 | 三 | 廿五 | 己卯 | 执 | 壁 | 土 | 震 | 湿 | 脾 | 涎 | 甲子 |
| 9 | 四 | 廿六 | 庚辰 | 破 | 奎 | 金 | 巽 | 燥 | 肺 | 涕 | 丙子 |
| 10 | 五 | 廿七 | 辛巳 | 危 | 娄 | 金 | 坎 | 燥 | 肺 | 涕 | 戊子 |
| 11 | 六 | 廿八 | 壬午 | 成 | 胃 | 木 | 艮 | 风 | 肝 | 泪 | 庚子 |
| 12 | 日 | 廿九 | 癸未 | 收 | 昴 | 木 | 坤 | 风 | 肝 | 泪 | 壬子 |
| 13 | 一 | 三十 | 甲申 | 开 | 毕 | 水 | 乾 | 寒 | 肾 | 唾 | 甲子 |
| 14 | 二 | 九月 | 乙酉 | 闭 | 觜 | 水 | 兑 | 寒 | 肾 | 唾 | 丙子 |
| 15 | 三 | 初二 | 丙戌 | 建 | 参 | 土 | 离 | 湿 | 脾 | 涎 | 戊子 |
| 16 | 四 | 初三 | 丁亥 | 除 | 井 | 土 | 艮 | 湿 | 脾 | 涎 | 庚子 |
| 17 | 五 | 初四 | 戊子 | 满 | 鬼 | 火 | 坤 | 热 | 心 | 汗 | 壬子 |
| 18 | 六 | 初五 | 己丑 | 平 | 柳 | 火 | 乾 | 热 | 心 | 汗 | 甲子 |
| 19 | 日 | 初六 | 庚寅 | 定 | 星 | 木 | 兑 | 风 | 肝 | 泪 | 丙子 |
| 20 | 一 | 初七 | 辛卯 | 执 | 张 | 木 | 离 | 风 | 肝 | 泪 | 戊子 |
| 21 | 二 | 初八 | 壬辰 | 破 | 翼 | 水 | 震 | 寒 | 肾 | 唾 | 庚子 |
| 22 | 三 | 初九 | 癸巳 | 危 | 轸 | 水 | 巽 | 寒 | 肾 | 唾 | 壬子 |
| 23 | 四 | 初十 | 甲午 | 成 | 角 | 金 | 坎 | 燥 | 肺 | 涕 | 甲子 |
| 24 | 五 | 十一 | 乙未 | 收 | 亢 | 金 | 艮 | 燥 | 肺 | 涕 | 丙子 |
| 25 | 六 | 十二 | 丙申 | 开 | 氐 | 火 | 坤 | 热 | 心 | 汗 | 戊子 |
| 26 | 日 | 十三 | 丁酉 | 闭 | 房 | 火 | 乾 | 热 | 心 | 汗 | 庚子 |
| 27 | 一 | 十四 | 戊戌 | 建 | 心 | 木 | 兑 | 风 | 肝 | 泪 | 壬子 |
| 28 | 二 | 十五 | 己亥 | 除 | 尾 | 木 | 离 | 风 | 肝 | 泪 | 甲子 |
| 29 | 三 | 十六 | 庚子 | 满 | 箕 | 土 | 震 | 湿 | 脾 | 涎 | 丙子 |
| 30 | 四 | 十七 | 辛丑 | 平 | 斗 | 土 | 巽 | 湿 | 脾 | 涎 | 戊子 |
| 31 | 五 | 十八 | 壬寅 | 定 | 牛 | 金 | 坎 | 燥 | 肺 | 涕 | 庚子 |

实用干支万年历

# 公元2042年　　农历壬戌(狗)年(闰二月)

## 11月小
立冬　7日15时08分　　小雪　22日12时38分

农历九月(10月14日–11月12日)　月干支:庚戌

| 公历 | 星期 | 农历 | 干支 | 日建 | 星宿 | 五行 | 八卦 | 五气 | 五脏 | 五汁 | 时辰 |
|---|---|---|---|---|---|---|---|---|---|---|---|
| 1 | 六 | 九月 | 癸卯 | 执 | 女 | 金 | 艮 | 燥 | 肺 | 涕 | 壬子 |
| 2 | 日 | 二十 | 甲辰 | 破 | 虚 | 火 | 坤 | 热 | 心 | 汗 | 甲子 |
| 3 | 一 | 廿一 | 乙巳 | 危 | 危 | 水 | 乾 | 热 | 心 | 汗 | 丙子 |
| 4 | 二 | 廿二 | 丙午 | 成 | 室 | 水 | 兑 | 寒 | 肾 | 唾 | 戊子 |
| 5 | 三 | 廿三 | 丁未 | 收 | 壁 | 水 | 离 | 寒 | 肾 | 唾 | 庚子 |
| 6 | 四 | 廿四 | 戊申 | 开 | 奎 | 土 | 震 | 湿 | 脾 | 涎 | 壬子 |
| 7 | 五 | 廿五 | 己酉 | 开 | 娄 | 土 | 巽 | 湿 | 脾 | 涎 | 甲子 |
| 8 | 六 | 廿六 | 庚戌 | 闭 | 胃 | 金 | 坎 | 燥 | 肺 | 涕 | 丙子 |
| 9 | 日 | 廿七 | 辛亥 | 建 | 昴 | 金 | 艮 | 燥 | 肺 | 涕 | 戊子 |
| 10 | 一 | 廿八 | 壬子 | 除 | 毕 | 木 | 坤 | 风 | 肝 | 泪 | 庚子 |
| 11 | 二 | 廿九 | 癸丑 | 满 | 觜 | 木 | 乾 | 风 | 肝 | 泪 | 壬子 |
| 12 | 三 | 三十 | 甲寅 | 平 | 参 | 水 | 兑 | 寒 | 肾 | 唾 | 甲子 |
| 13 | 四 | 十月 | 乙卯 | 定 | 井 | 水 | 坎 | 寒 | 肾 | 唾 | 丙子 |
| 14 | 五 | 初二 | 丙辰 | 执 | 鬼 | 土 | 艮 | 湿 | 脾 | 涎 | 戊子 |
| 15 | 六 | 初三 | 丁巳 | 破 | 柳 | 土 | 坤 | 湿 | 脾 | 涎 | 庚子 |
| 16 | 日 | 初四 | 戊午 | 危 | 星 | 火 | 乾 | 热 | 心 | 汗 | 壬子 |
| 17 | 一 | 初五 | 己未 | 成 | 张 | 火 | 兑 | 热 | 心 | 汗 | 甲子 |
| 18 | 二 | 初六 | 庚申 | 收 | 翼 | 木 | 离 | 风 | 肝 | 泪 | 丙子 |
| 19 | 三 | 初七 | 辛酉 | 开 | 轸 | 木 | 震 | 风 | 肝 | 泪 | 戊子 |
| 20 | 四 | 初八 | 壬戌 | 闭 | 角 | 水 | 巽 | 寒 | 肾 | 唾 | 庚子 |
| 21 | 五 | 初九 | 癸亥 | 建 | 亢 | 水 | 坎 | 寒 | 肾 | 唾 | 壬子 |
| 22 | 六 | 初十 | 甲子 | 除 | 氐 | 金 | 艮 | 燥 | 肺 | 涕 | 甲子 |
| 23 | 日 | 十一 | 乙丑 | 满 | 房 | 金 | 坤 | 燥 | 肺 | 涕 | 丙子 |
| 24 | 一 | 十二 | 丙寅 | 平 | 心 | 火 | 乾 | 热 | 心 | 汗 | 戊子 |
| 25 | 二 | 十三 | 丁卯 | 定 | 尾 | 火 | 兑 | 热 | 心 | 汗 | 庚子 |
| 26 | 三 | 十四 | 戊辰 | 执 | 箕 | 木 | 离 | 风 | 肝 | 泪 | 壬子 |
| 27 | 四 | 十五 | 己巳 | 破 | 斗 | 木 | 震 | 风 | 肝 | 泪 | 甲子 |
| 28 | 五 | 十六 | 庚午 | 危 | 牛 | 土 | 巽 | 湿 | 脾 | 涎 | 丙子 |
| 29 | 六 | 十七 | 辛未 | 成 | 女 | 土 | 坎 | 湿 | 脾 | 涎 | 戊子 |
| 30 | 日 | 十八 | 壬申 | 收 | 虚 | 金 |  | 燥 | 肺 | 涕 | 庚子 |
| 31 |  |  |  |  |  |  |  |  |  |  |  |

## 12月大
大雪　7日08时10分　　冬至　22日02时05分

农历十月(11月13日–12月11日)　月干支:辛亥

| 公历 | 星期 | 农历 | 干支 | 日建 | 星宿 | 五行 | 八卦 | 五气 | 五脏 | 五汁 | 时辰 |
|---|---|---|---|---|---|---|---|---|---|---|---|
| 1 | 一 | 十月 | 癸酉 | 开 | 危 | 金 | 坤 | 燥 | 肺 | 涕 | 壬子 |
| 2 | 二 | 二十 | 甲戌 | 闭 | 室 | 火 | 乾 | 热 | 心 | 汗 | 甲子 |
| 3 | 三 | 廿一 | 乙亥 | 建 | 壁 | 火 | 兑 | 热 | 心 | 汗 | 丙子 |
| 4 | 四 | 廿二 | 丙子 | 除 | 奎 | 水 | 离 | 寒 | 肾 | 唾 | 戊子 |
| 5 | 五 | 廿三 | 丁丑 | 满 | 娄 | 水 | 震 | 寒 | 肾 | 唾 | 庚子 |
| 6 | 六 | 廿四 | 戊寅 | 平 | 胃 | 土 | 巽 | 湿 | 脾 | 涎 | 壬子 |
| 7 | 日 | 廿五 | 己卯 | 平 | 昴 | 土 | 坎 | 湿 | 脾 | 涎 | 甲子 |
| 8 | 一 | 廿六 | 庚辰 | 定 | 毕 | 金 | 艮 | 燥 | 肺 | 涕 | 丙子 |
| 9 | 二 | 廿七 | 辛巳 | 执 | 觜 | 金 | 坤 | 燥 | 肺 | 涕 | 戊子 |
| 10 | 三 | 廿八 | 壬午 | 破 | 参 | 木 | 乾 | 风 | 肝 | 泪 | 庚子 |
| 11 | 四 | 廿九 | 癸未 | 危 | 井 | 木 | 兑 | 风 | 肝 | 泪 | 壬子 |
| 12 | 五 | 冬月 | 甲申 | 成 | 鬼 | 水 | 坎 | 寒 | 肾 | 唾 | 甲子 |
| 13 | 六 | 初二 | 乙酉 | 收 | 柳 | 水 | 坤 | 寒 | 肾 | 唾 | 丙子 |
| 14 | 日 | 初三 | 丙戌 | 开 | 星 | 土 | 乾 | 湿 | 脾 | 涎 | 戊子 |
| 15 | 一 | 初四 | 丁亥 | 闭 | 张 | 土 | 兑 | 湿 | 脾 | 涎 | 庚子 |
| 16 | 二 | 初五 | 戊子 | 建 | 翼 | 火 | 离 | 热 | 心 | 汗 | 壬子 |
| 17 | 三 | 初六 | 己丑 | 除 | 轸 | 火 | 震 | 热 | 心 | 汗 | 甲子 |
| 18 | 四 | 初七 | 庚寅 | 满 | 角 | 木 | 巽 | 风 | 肝 | 泪 | 丙子 |
| 19 | 五 | 初八 | 辛卯 | 平 | 亢 | 木 | 坎 | 风 | 肝 | 泪 | 戊子 |
| 20 | 六 | 初九 | 壬辰 | 定 | 氐 | 水 | 艮 | 寒 | 肾 | 唾 | 庚子 |
| 21 | 日 | 初十 | 癸巳 | 执 | 房 | 水 | 坤 | 寒 | 肾 | 唾 | 壬子 |
| 22 | 一 | 十一 | 甲午 | 破 | 心 | 金 | 乾 | 燥 | 肺 | 涕 | 甲子 |
| 23 | 二 | 十二 | 乙未 | 危 | 尾 | 金 | 兑 | 燥 | 肺 | 涕 | 丙子 |
| 24 | 三 | 十三 | 丙申 | 成 | 箕 | 火 | 离 | 热 | 心 | 汗 | 戊子 |
| 25 | 四 | 十四 | 丁酉 | 收 | 斗 | 火 | 震 | 热 | 心 | 汗 | 庚子 |
| 26 | 五 | 十五 | 戊戌 | 开 | 牛 | 木 | 巽 | 风 | 肝 | 泪 | 壬子 |
| 27 | 六 | 十六 | 己亥 | 闭 | 女 | 木 | 坎 | 风 | 肝 | 泪 | 甲子 |
| 28 | 日 | 十七 | 庚子 | 建 | 虚 | 土 | 艮 | 湿 | 脾 | 涎 | 丙子 |
| 29 | 一 | 十八 | 辛丑 | 除 | 危 | 土 | 坤 | 湿 | 脾 | 涎 | 戊子 |
| 30 | 二 | 十九 | 壬寅 | 满 | 室 | 金 | 乾 | 燥 | 肺 | 涕 | 庚子 |
| 31 | 三 | 二十 | 癸卯 | 平 | 壁 | 金 | 兑 | 燥 | 肺 | 涕 | 壬子 |

# 公元 2043 年　　　　农历癸亥(猪)年

## 1月大

小寒　5日19时26分
大寒　20日12时43分

农历冬月(12月12日–1月10日)　月干支:壬子
农历腊月(1月11日–2月9日)　月干支:癸丑

| 公历 | 星期 | 农历 | 干支 | 日建 | 星宿 | 五行 | 八卦 | 五气 | 五脏 | 五汁 | 时辰 |
|---|---|---|---|---|---|---|---|---|---|---|---|
| 1 | 四 | 冬月 | 甲辰 | 定 | 奎 | 火 | 离 | 热 | 心 | 汗 | 甲子 |
| 2 | 五 | 廿二 | 乙巳 | 执 | 娄 | 火 | 震 | 热 | 心 | 汗 | 丙子 |
| 3 | 六 | 廿三 | 丙午 | 破 | 胃 | 水 | 巽 | 寒 | 肾 | 唾 | 戊子 |
| 4 | 日 | 廿四 | 丁未 | 危 | 昴 | 水 | 坎 | 寒 | 肾 | 唾 | 庚子 |
| 5 | 一 | 廿五 | 戊申 | 危 | 毕 | 土 | 艮 | 湿 | 脾 | 涎 | 壬子 |
| 6 | 二 | 廿六 | 己酉 | 成 | 觜 | 土 | 坤 | 湿 | 脾 | 涎 | 甲子 |
| 7 | 三 | 廿七 | 庚戌 | 收 | 参 | 金 | 乾 | 燥 | 肺 | 涕 | 丙子 |
| 8 | 四 | 廿八 | 辛亥 | 开 | 井 | 金 | 兑 | 燥 | 肺 | 涕 | 戊子 |
| 9 | 五 | 廿九 | 壬子 | 闭 | 鬼 | 木 | 离 | 风 | 肝 | 泪 | 庚子 |
| 10 | 六 | 三十 | 癸丑 | 建 | 柳 | 木 | 震 | 风 | 肝 | 泪 | 壬子 |
| 11 | 日 | 腊月 | 甲寅 | 除 | 星 | 水 | 巽 | 寒 | 肾 | 唾 | 甲子 |
| 12 | 一 | 初二 | 乙卯 | 满 | 张 | 水 | 坎 | 寒 | 肾 | 唾 | 丙子 |
| 13 | 二 | 初三 | 丙辰 | 平 | 翼 | 土 | 兑 | 湿 | 脾 | 涎 | 戊子 |
| 14 | 三 | 初四 | 丁巳 | 定 | 轸 | 土 | 离 | 湿 | 脾 | 涎 | 庚子 |
| 15 | 四 | 初五 | 戊午 | 执 | 角 | 火 | 震 | 热 | 心 | 汗 | 壬子 |
| 16 | 五 | 初六 | 己未 | 破 | 亢 | 火 | 巽 | 热 | 心 | 汗 | 甲子 |
| 17 | 六 | 初七 | 庚申 | 危 | 氐 | 木 | 坎 | 风 | 肝 | 泪 | 丙子 |
| 18 | 日 | 初八 | 辛酉 | 成 | 房 | 木 | 艮 | 风 | 肝 | 泪 | 戊子 |
| 19 | 一 | 初九 | 壬戌 | 收 | 心 | 水 | 坤 | 寒 | 肾 | 唾 | 庚子 |
| 20 | 二 | 初十 | 癸亥 | 开 | 尾 | 水 | 乾 | 寒 | 肾 | 唾 | 壬子 |
| 21 | 三 | 十一 | 甲子 | 闭 | 箕 | 金 | 兑 | 燥 | 肺 | 涕 | 甲子 |
| 22 | 四 | 十二 | 乙丑 | 建 | 斗 | 金 | 离 | 燥 | 肺 | 涕 | 丙子 |
| 23 | 五 | 十三 | 丙寅 | 除 | 牛 | 火 | 震 | 热 | 心 | 汗 | 戊子 |
| 24 | 六 | 十四 | 丁卯 | 满 | 女 | 火 | 巽 | 热 | 心 | 汗 | 庚子 |
| 25 | 日 | 十五 | 戊辰 | 平 | 虚 | 木 | 坎 | 风 | 肝 | | 壬子 |
| 26 | 一 | 十六 | 己巳 | 定 | 危 | 木 | 艮 | 风 | 肝 | 泪 | 甲子 |
| 27 | 二 | 十七 | 庚午 | 执 | 室 | 土 | 坤 | 湿 | 脾 | 涎 | 丙子 |
| 28 | 三 | 十八 | 辛未 | 破 | 壁 | 土 | 乾 | 湿 | 脾 | 涎 | 戊子 |
| 29 | 四 | 十九 | 壬申 | 危 | 奎 | 金 | 兑 | 燥 | 肺 | 涕 | 庚子 |
| 30 | 五 | 二十 | 癸酉 | 成 | 娄 | 金 | 离 | 燥 | 肺 | 涕 | 壬子 |
| 31 | 六 | 廿一 | 甲戌 | 收 | 胃 | 火 | 震 | 热 | 心 | 汗 | 甲子 |

## 2月平

立春　4日07时00分
雨水　19日02时43分

农历正月(2月10日–3月10日)　月干支:甲寅

| 公历 | 星期 | 农历 | 干支 | 日建 | 星宿 | 五行 | 八卦 | 五气 | 五脏 | 五汁 | 时辰 |
|---|---|---|---|---|---|---|---|---|---|---|---|
| 1 | 日 | 腊月 | 乙亥 | 开 | 昴 | 火 | 巽 | 热 | 心 | 汗 | 丙子 |
| 2 | 一 | 廿三 | 丙子 | 闭 | 毕 | 水 | 坎 | 寒 | 肾 | 唾 | 戊子 |
| 3 | 二 | 廿四 | 丁丑 | 建 | 觜 | 水 | 艮 | 寒 | 肾 | 唾 | 庚子 |
| 4 | 三 | 廿五 | 戊寅 | 建 | 参 | 土 | 坤 | 湿 | 脾 | 涎 | 壬子 |
| 5 | 四 | 廿六 | 己卯 | 除 | 井 | 土 | 乾 | 湿 | 脾 | 涎 | 甲子 |
| 6 | 五 | 廿七 | 庚辰 | 满 | 鬼 | 金 | 兑 | 燥 | 肺 | 涕 | 丙子 |
| 7 | 六 | 廿八 | 辛巳 | 平 | 柳 | 金 | 离 | 燥 | 肺 | 涕 | 戊子 |
| 8 | 日 | 廿九 | 壬午 | 定 | 星 | 木 | 震 | 风 | 肝 | 泪 | 庚子 |
| 9 | 一 | 三十 | 癸未 | 执 | 张 | 木 | 巽 | 风 | 肝 | 泪 | 壬子 |
| 10 | 二 | 正月 | 甲申 | 破 | 翼 | 水 | 坎 | 寒 | 肾 | | 甲子 |
| 11 | 三 | 初二 | 乙酉 | 危 | 轸 | 水 | 艮 | 寒 | 肾 | 唾 | 丙子 |
| 12 | 四 | 初三 | 丙戌 | 成 | 角 | 土 | 坤 | 湿 | 脾 | 涎 | 戊子 |
| 13 | 五 | 初四 | 丁亥 | 收 | 亢 | 土 | 乾 | 湿 | 脾 | 涎 | 庚子 |
| 14 | 六 | 初五 | 戊子 | 开 | 氐 | 火 | 兑 | 热 | 心 | 汗 | 壬子 |
| 15 | 日 | 初六 | 己丑 | 闭 | 房 | 火 | 离 | 热 | 心 | 汗 | 甲子 |
| 16 | 一 | 初七 | 庚寅 | 建 | 心 | 木 | 震 | 风 | 肝 | 泪 | 丙子 |
| 17 | 二 | 初八 | 辛卯 | 除 | 尾 | 木 | 巽 | 风 | 肝 | 泪 | 戊子 |
| 18 | 三 | 初九 | 壬辰 | 满 | 箕 | 水 | 坎 | 寒 | 肾 | 唾 | 庚子 |
| 19 | 四 | 初十 | 癸巳 | 平 | 斗 | 水 | 艮 | 寒 | 肾 | 唾 | 壬子 |
| 20 | 五 | 十一 | 甲午 | 定 | 牛 | 金 | 坤 | 燥 | 肺 | 涕 | 甲子 |
| 21 | 六 | 十二 | 乙未 | 执 | 女 | 金 | 乾 | 燥 | 肺 | 涕 | 丙子 |
| 22 | 日 | 十三 | 丙申 | 破 | 虚 | 火 | 兑 | 热 | 心 | 汗 | 戊子 |
| 23 | 一 | 十四 | 丁酉 | 危 | 室 | 火 | 离 | 热 | 心 | 汗 | 庚子 |
| 24 | 二 | 十五 | 戊戌 | 成 | 壁 | 木 | 震 | 风 | 肝 | 泪 | 壬子 |
| 25 | 三 | 十六 | 己亥 | 收 | 奎 | 木 | 巽 | 风 | 肝 | 泪 | 甲子 |
| 26 | 四 | 十七 | 庚子 | 开 | 娄 | 土 | 坎 | 湿 | 脾 | 涎 | 丙子 |
| 27 | 五 | 十八 | 辛丑 | 闭 | 胃 | 土 | 艮 | 湿 | 脾 | 涎 | 戊子 |
| 28 | 六 | 十九 | 壬寅 | 建 | 昴 | 金 | 坤 | 燥 | 肺 | | 庚子 |

实用干支万年历

# 公元 2043 年　　农历癸亥(猪)年

## 3月大

惊蛰　6日00时48分
春分　21日01时28分

农历二月(3月11日-4月9日)　月干支:乙卯

| 公历 | 星期 | 农历 | 干支 | 日建 | 星宿 | 五行 | 八卦 | 五气 | 五脏 | 五汁 | 时辰 |
|---|---|---|---|---|---|---|---|---|---|---|---|
| 1 | 日 | 正月 | 癸卯 | 除 | 昴 | 金 | 乾 | 燥 | 肺 | 涕 | 壬子 |
| 2 | 一 | 廿一 | 甲辰 | 满 | 毕 | 火 | 兑 | 热 | 心 | 汗 | 甲子 |
| 3 | 二 | 廿二 | 乙巳 | 平 | 觜 | 火 | 离 | 热 | 心 | 汗 | 丙子 |
| 4 | 三 | 廿三 | 丙午 | 定 | 参 | 水 | 震 | 寒 | 肾 | 唾 | 戊子 |
| 5 | 四 | 廿四 | 丁未 | 执 | 井 | 水 | 巽 | 寒 | 肾 | 唾 | 庚子 |
| 6 | 五 | 廿五 | 戊申 | 执 | 鬼 | 土 | 坎 | 湿 | 脾 | 涎 | 壬子 |
| 7 | 六 | 廿六 | 己酉 | 破 | 柳 | 土 | 艮 | 湿 | 脾 | 涎 | 甲子 |
| 8 | 日 | 廿七 | 庚戌 | 危 | 星 | 金 | 乾 | 燥 | 肺 | 涕 | 丙子 |
| 9 | 一 | 廿八 | 辛亥 | 成 | 张 | 金 | 兑 | 燥 | 肺 | 涕 | 戊子 |
| 10 | 二 | 廿九 | 壬子 | 收 | 翼 | 木 | 离 | 风 | 肝 | 泪 | 庚子 |
| 11 | 三 | 二月 | 癸丑 | 开 | 轸 | 木 | 震 | 风 | 肝 | 泪 | 壬子 |
| 12 | 四 | 初二 | 甲寅 | 闭 | 角 | 水 | 巽 | 寒 | 肾 | 唾 | 甲子 |
| 13 | 五 | 初三 | 乙卯 | 建 | 亢 | 水 | 坎 | 寒 | 肾 | 唾 | 丙子 |
| 14 | 六 | 初四 | 丙辰 | 除 | 氐 | 土 | 艮 | 湿 | 脾 | 涎 | 戊子 |
| 15 | 日 | 初五 | 丁巳 | 满 | 房 | 土 | 离 | 湿 | 脾 | 涎 | 庚子 |
| 16 | 一 | 初六 | 戊午 | 平 | 心 | 火 | 震 | 热 | 心 | 汗 | 壬子 |
| 17 | 二 | 初七 | 己未 | 定 | 尾 | 火 | 巽 | 热 | 心 | 汗 | 甲子 |
| 18 | 三 | 初八 | 庚申 | 执 | 箕 | 木 | 坎 | 风 | 肝 | 泪 | 丙子 |
| 19 | 四 | 初九 | 辛酉 | 破 | 斗 | 木 | 艮 | 风 | 肝 | 泪 | 戊子 |
| 20 | 五 | 初十 | 壬戌 | 危 | 牛 | 水 | 乾 | 寒 | 肾 | 唾 | 庚子 |
| 21 | 六 | 十一 | 癸亥 | 成 | 女 | 水 | 兑 | 寒 | 肾 | 唾 | 壬子 |
| 22 | 日 | 十二 | 甲子 | 收 | 虚 | 金 | 离 | 燥 | 肺 | 涕 | 甲子 |
| 23 | 一 | 十三 | 乙丑 | 开 | 危 | 金 | 震 | 燥 | 肺 | 涕 | 丙子 |
| 24 | 二 | 十四 | 丙寅 | 闭 | 室 | 火 | 巽 | 热 | 心 | 汗 | 戊子 |
| 25 | 三 | 十五 | 丁卯 | 建 | 壁 | 火 | 坎 | 热 | 心 | 汗 | 庚子 |
| 26 | 四 | 十六 | 戊辰 | 除 | 奎 | 木 | 艮 | 风 | 肝 | 泪 | 壬子 |
| 27 | 五 | 十七 | 己巳 | 满 | 娄 | 木 | 乾 | 风 | 肝 | 泪 | 甲子 |
| 28 | 六 | 十八 | 庚午 | 平 | 胃 | 土 | 兑 | 湿 | 脾 | 涎 | 丙子 |
| 29 | 日 | 十九 | 辛未 | 定 | 昴 | 土 | 离 | 湿 | 脾 | 涎 | 戊子 |
| 30 | 一 | 二十 | 壬申 | 执 | 毕 | 金 | 震 | 燥 | 肺 | 涕 | 庚子 |
| 31 | 二 | 廿一 | 癸酉 | 破 | 觜 | 金 | 巽 | 燥 | 肺 | 涕 | 壬子 |

## 4月小

清明　5日05时20分
谷雨　20日12时15分

农历三月(4月10日-5月8日)　月干支:丙辰

| 公历 | 星期 | 农历 | 干支 | 日建 | 星宿 | 五行 | 八卦 | 五气 | 五脏 | 五汁 | 时辰 |
|---|---|---|---|---|---|---|---|---|---|---|---|
| 1 | 三 | 二月 | 甲戌 | 危 | 参 | 火 | 震 | 热 | 心 | 汗 | 甲子 |
| 2 | 四 | 廿三 | 乙亥 | 成 | 井 | 火 | 巽 | 热 | 心 | 汗 | 丙子 |
| 3 | 五 | 廿四 | 丙子 | 收 | 鬼 | 水 | 坎 | 寒 | 肾 | 唾 | 戊子 |
| 4 | 六 | 廿五 | 丁丑 | 开 | 柳 | 水 | 艮 | 寒 | 肾 | 唾 | 庚子 |
| 5 | 日 | 廿六 | 戊寅 | 开 | 星 | 土 | 坤 | 湿 | 脾 | 涎 | 壬子 |
| 6 | 一 | 廿七 | 己卯 | 闭 | 张 | 土 | 乾 | 湿 | 脾 | 涎 | 甲子 |
| 7 | 二 | 廿八 | 庚辰 | 建 | 翼 | 金 | 兑 | 燥 | 肺 | 涕 | 丙子 |
| 8 | 三 | 廿九 | 辛巳 | 除 | 轸 | 金 | 离 | 燥 | 肺 | 涕 | 戊子 |
| 9 | 四 | 三十 | 壬午 | 满 | 角 | 木 | 震 | 风 | 肝 | 泪 | 庚子 |
| 10 | 五 | 三月 | 癸未 | 平 | 亢 | 木 | 坤 | 风 | 肝 | 泪 | 壬子 |
| 11 | 六 | 初二 | 甲申 | 定 | 氐 | 水 | 乾 | 寒 | 肾 | 唾 | 甲子 |
| 12 | 日 | 初三 | 乙酉 | 执 | 房 | 水 | 兑 | 寒 | 肾 | 唾 | 丙子 |
| 13 | 一 | 初四 | 丙戌 | 破 | 心 | 土 | 离 | 湿 | 脾 | 涎 | 戊子 |
| 14 | 二 | 初五 | 丁亥 | 危 | 尾 | 土 | 震 | 湿 | 脾 | 涎 | 庚子 |
| 15 | 三 | 初六 | 戊子 | 成 | 箕 | 火 | 巽 | 热 | 心 | 汗 | 壬子 |
| 16 | 四 | 初七 | 己丑 | 收 | 斗 | 火 | 坎 | 热 | 心 | 汗 | 甲子 |
| 17 | 五 | 初八 | 庚寅 | 开 | 牛 | 木 | 艮 | 风 | 肝 | 泪 | 丙子 |
| 18 | 六 | 初九 | 辛卯 | 闭 | 女 | 木 | 坤 | 风 | 肝 | 泪 | 戊子 |
| 19 | 日 | 初十 | 壬辰 | 建 | 虚 | 水 | 乾 | 寒 | 肾 | 唾 | 庚子 |
| 20 | 一 | 十一 | 癸巳 | 除 | 危 | 水 | 兑 | 寒 | 肾 | 唾 | 壬子 |
| 21 | 二 | 十二 | 甲午 | 满 | 室 | 金 | 离 | 燥 | 肺 | 涕 | 甲子 |
| 22 | 三 | 十三 | 乙未 | 平 | 壁 | 金 | 震 | 燥 | 肺 | 涕 | 丙子 |
| 23 | 四 | 十四 | 丙申 | 定 | 奎 | 火 | 巽 | 热 | 心 | 汗 | 戊子 |
| 24 | 五 | 十五 | 丁酉 | 执 | 娄 | 火 | 坎 | 热 | 心 | 汗 | 庚子 |
| 25 | 六 | 十六 | 戊戌 | 破 | 胃 | 木 | 艮 | 风 | 肝 | 泪 | 壬子 |
| 26 | 日 | 十七 | 己亥 | 危 | 昴 | 木 | 坤 | 风 | 肝 | 泪 | 甲子 |
| 27 | 一 | 十八 | 庚子 | 成 | 毕 | 土 | 乾 | 湿 | 脾 | 涎 | 丙子 |
| 28 | 二 | 十九 | 辛丑 | 收 | 觜 | 土 | 兑 | 湿 | 脾 | 涎 | 戊子 |
| 29 | 三 | 二十 | 壬寅 | 开 | 参 | 金 | 离 | 燥 | 肺 | 涕 | 庚子 |
| 30 | 四 | 廿一 | 癸卯 | 闭 | 井 | 金 | 震 | 燥 | 肺 | 涕 | 壬子 |

# 公元2043年　　　　　　农历癸亥(猪)年

## 5月大
立夏　5日22时22分
小满　21日11时09分

农历四月(5月9日-6月6日)　月干支:丁巳

| 公历 | 星期 | 农历 | 干支 | 日建 | 星宿 | 五行 | 八卦 | 五气 | 五脏 | 五汁 | 时辰 |
|---|---|---|---|---|---|---|---|---|---|---|---|
| 1 | 五 | 三月 | 甲辰 | 建 | 鬼 | 火 | 巽 | 热 | 心 | 汗 | 甲子 |
| 2 | 六 | 廿三 | 乙巳 | 除 | 柳 | 火 | 坎 | 热 | 心 | 汗 | 丙子 |
| 3 | 日 | 廿四 | 丙午 | 满 | 星 | 水 | 艮 | 寒 | 肾 | 唾 | 戊子 |
| 4 | 一 | 廿五 | 丁未 | 平 | 张 | 水 | 坤 | 寒 | 肾 | 唾 | 庚子 |
| 5 | 二 | 廿六 | 戊申 | 平 | 翼 | 土 | 乾 | 湿 | 脾 | 涎 | 壬子 |
| 6 | 三 | 廿七 | 己酉 | 定 | 轸 | 土 | 兑 | 湿 | 脾 | 涎 | 甲子 |
| 7 | 四 | 廿八 | 庚戌 | 执 | 角 | 金 | 离 | 燥 | 肺 | 涕 | 丙子 |
| 8 | 五 | 廿九 | 辛亥 | 破 | 亢 | 金 | 震 | 燥 | 肺 | 涕 | 戊子 |
| 9 | 六 | 四月 | 壬子 | 危 | 氐 | 木 | 乾 | 风 | 肝 | 泪 | 庚子 |
| 10 | 日 | 初二 | 癸丑 | 成 | 房 | 木 | 兑 | 风 | 肝 | 泪 | 壬子 |
| 11 | 一 | 初三 | 甲寅 | 收 | 心 | 水 | 离 | 寒 | 肾 | 唾 | 甲子 |
| 12 | 二 | 初四 | 乙卯 | 开 | 尾 | 水 | 震 | 寒 | 肾 | 唾 | 丙子 |
| 13 | 三 | 初五 | 丙辰 | 闭 | 箕 | 土 | 巽 | 湿 | 脾 | 涎 | 戊子 |
| 14 | 四 | 初六 | 丁巳 | 建 | 斗 | 土 | 坎 | 湿 | 脾 | 涎 | 庚子 |
| 15 | 五 | 初七 | 戊午 | 除 | 牛 | 火 | 艮 | 热 | 心 | 汗 | 壬子 |
| 16 | 六 | 初八 | 己未 | 满 | 女 | 火 | 坤 | 热 | 心 | 汗 | 甲子 |
| 17 | 日 | 初九 | 庚申 | 平 | 虚 | 木 | 乾 | 风 | 肝 | 泪 | 丙子 |
| 18 | 一 | 初十 | 辛酉 | 定 | 危 | 木 | 兑 | 风 | 肝 | 泪 | 戊子 |
| 19 | 二 | 十一 | 壬戌 | 执 | 室 | 水 | 离 | 寒 | 肾 | 唾 | 庚子 |
| 20 | 三 | 十二 | 癸亥 | 破 | 壁 | 水 | 震 | 寒 | 肾 | 唾 | 壬子 |
| 21 | 四 | 十三 | 甲子 | 危 | 奎 | 金 | 巽 | 燥 | 肺 | 涕 | 甲子 |
| 22 | 五 | 十四 | 乙丑 | 成 | 娄 | 金 | 坎 | 燥 | 肺 | 涕 | 丙子 |
| 23 | 六 | 十五 | 丙寅 | 收 | 胃 | 火 | 艮 | 热 | 心 | 汗 | 戊子 |
| 24 | 日 | 十六 | 丁卯 | 开 | 昴 | 火 | 坤 | 热 | 心 | 汗 | 庚子 |
| 25 | 一 | 十七 | 戊辰 | 闭 | 毕 | 木 | 乾 | 风 | 肝 | 泪 | 壬子 |
| 26 | 二 | 十八 | 己巳 | 建 | 觜 | 木 | 兑 | 风 | 肝 | 泪 | 甲子 |
| 27 | 三 | 十九 | 庚午 | 除 | 参 | 土 | 离 | 湿 | 脾 | 涎 | 丙子 |
| 28 | 四 | 二十 | 辛未 | 满 | 井 | 土 | 震 | 湿 | 脾 | 涎 | 戊子 |
| 29 | 五 | 廿一 | 壬申 | 平 | 鬼 | 金 | 巽 | 燥 | 肺 | 涕 | 庚子 |
| 30 | 六 | 廿二 | 癸酉 | 定 | 柳 | 金 | 坎 | 燥 | 肺 | 涕 | 壬子 |
| 31 | 日 | 廿三 | 甲戌 | 执 | 星 | 火 | 艮 | 热 | 心 | 汗 | 甲子 |

## 6月小
芒种　6日02时18分
夏至　21日18时58分

农历五月(6月7日-7月6日)　月干支:戊午

| 公历 | 星期 | 农历 | 干支 | 日建 | 星宿 | 五行 | 八卦 | 五气 | 五脏 | 五汁 | 时辰 |
|---|---|---|---|---|---|---|---|---|---|---|---|
| 1 | 一 | 四月 | 乙亥 | 破 | 张 | 火 | 坤 | 热 | 心 | 汗 | 丙子 |
| 2 | 二 | 廿五 | 丙子 | 危 | 翼 | 水 | 乾 | 寒 | 肾 | 唾 | 戊子 |
| 3 | 三 | 廿六 | 丁丑 | 成 | 轸 | 水 | 兑 | 寒 | 肾 | 唾 | 庚子 |
| 4 | 四 | 廿七 | 戊寅 | 收 | 角 | 土 | 离 | 湿 | 脾 | 涎 | 壬子 |
| 5 | 五 | 廿八 | 己卯 | 开 | 亢 | 土 | 震 | 湿 | 脾 | 涎 | 甲子 |
| 6 | 六 | 廿九 | 庚辰 | 开 | 氐 | 金 | 巽 | 燥 | 肺 | 涕 | 丙子 |
| 7 | 日 | 五月 | 辛巳 | 闭 | 房 | 金 | 坎 | 燥 | 肺 | 涕 | 戊子 |
| 8 | 一 | 初二 | 壬午 | 建 | 心 | 木 | 艮 | 风 | 肝 | 泪 | 庚子 |
| 9 | 二 | 初三 | 癸未 | 除 | 尾 | 木 | 坤 | 风 | 肝 | 泪 | 壬子 |
| 10 | 三 | 初四 | 甲申 | 满 | 箕 | 水 | 乾 | 寒 | 肾 | 唾 | 甲子 |
| 11 | 四 | 初五 | 乙酉 | 平 | 斗 | 水 | 坎 | 寒 | 肾 | 唾 | 丙子 |
| 12 | 五 | 初六 | 丙戌 | 定 | 牛 | 土 | 艮 | 湿 | 脾 | 涎 | 戊子 |
| 13 | 六 | 初七 | 丁亥 | 执 | 女 | 土 | 坤 | 湿 | 脾 | 涎 | 庚子 |
| 14 | 日 | 初八 | 戊子 | 破 | 虚 | 火 | 乾 | 热 | 心 | 汗 | 壬子 |
| 15 | 一 | 初九 | 己丑 | 危 | 危 | 火 | 兑 | 热 | 心 | 汗 | 甲子 |
| 16 | 二 | 初十 | 庚寅 | 成 | 室 | 木 | 离 | 风 | 肝 | 泪 | 丙子 |
| 17 | 三 | 十一 | 辛卯 | 收 | 壁 | 木 | 震 | 风 | 肝 | 泪 | 戊子 |
| 18 | 四 | 十二 | 壬辰 | 开 | 奎 | 水 | 巽 | 寒 | 肾 | 唾 | 庚子 |
| 19 | 五 | 十三 | 癸巳 | 闭 | 娄 | 水 | 坎 | 寒 | 肾 | 唾 | 壬子 |
| 20 | 六 | 十四 | 甲午 | 建 | 胃 | 金 | 艮 | 燥 | 肺 | 涕 | 甲子 |
| 21 | 日 | 十五 | 乙未 | 除 | 昴 | 金 | 坤 | 燥 | 肺 | 涕 | 丙子 |
| 22 | 一 | 十六 | 丙申 | 满 | 毕 | 火 | 乾 | 热 | 心 | 汗 | 戊子 |
| 23 | 二 | 十七 | 丁酉 | 平 | 觜 | 火 | 兑 | 热 | 心 | 汗 | 庚子 |
| 24 | 三 | 十八 | 戊戌 | 定 | 参 | 木 | 离 | 风 | 肝 | 泪 | 壬子 |
| 25 | 四 | 十九 | 己亥 | 执 | 井 | 木 | 震 | 风 | 肝 | 泪 | 甲子 |
| 26 | 五 | 二十 | 庚子 | 破 | 鬼 | 土 | 巽 | 湿 | 脾 | 涎 | 丙子 |
| 27 | 六 | 廿一 | 辛丑 | 危 | 柳 | 土 | 坎 | 湿 | 脾 | 涎 | 戊子 |
| 28 | 日 | 廿二 | 壬寅 | 成 | 星 | 金 | 艮 | 燥 | 肺 | 涕 | 庚子 |
| 29 | 一 | 廿三 | 癸卯 | 收 | 张 | 金 | 坤 | 燥 | 肺 | 涕 | 壬子 |
| 30 | 二 | 廿四 | 甲辰 | 开 | 翼 | 火 | 乾 | 热 | 心 | 汗 | 甲子 |

# 公元2043年　　　　　农历癸亥(猪)年

## 7月大

小暑　7日12时28分
大暑　23日05时54分

农历六月(7月7日-8月4日)　月干支:己未

| 公历 | 星期 | 农历 | 干支 | 日建 | 星宿 | 五行 | 八卦 | 五气 | 五脏 | 五汁 | 时辰 |
|---|---|---|---|---|---|---|---|---|---|---|---|
| 1 | 三 | 五月 | 乙巳 | 闭 | 轸 | 火 | 兑 | 热 | 心 | 汗 | 丙子 |
| 2 | 四 | 廿六 | 丙午 | 建 | 角 | 水 | 离 | 寒 | 肾 | 唾 | 戊子 |
| 3 | 五 | 廿七 | 丁未 | 除 | 亢 | 水 | 震 | 寒 | 肾 | 唾 | 庚子 |
| 4 | 六 | 廿八 | 戊申 | 满 | 氐 | 土 | 巽 | 湿 | 脾 | 涎 | 壬子 |
| 5 | 日 | 廿九 | 己酉 | 平 | 房 | 土 | 坎 | 湿 | 脾 | 涎 | 甲子 |
| 6 | 一 | 三十 | 庚戌 | 定 | 心 | 金 | 艮 | 燥 | 肺 | 涕 | 丙子 |
| 7 | 二 | 六月 | 辛亥 | 定 | 尾 | 金 | 离 | 燥 | 肺 | 涕 | 戊子 |
| 8 | 三 | 初二 | 壬子 | 执 | 箕 | 木 | 震 | 风 | 肝 | 泪 | 庚子 |
| 9 | 四 | 初三 | 癸丑 | 破 | 斗 | 木 | 巽 | 风 | 肝 | 泪 | 壬子 |
| 10 | 五 | 初四 | 甲寅 | 危 | 牛 | 水 | 坎 | 寒 | 肾 | 唾 | 甲子 |
| 11 | 六 | 初五 | 乙卯 | 成 | 女 | 水 | 艮 | 寒 | 肾 | 唾 | 丙子 |
| 12 | 日 | 初六 | 丙辰 | 收 | 虚 | 土 | 坤 | 湿 | 脾 | 涎 | 戊子 |
| 13 | 一 | 初七 | 丁巳 | 开 | 危 | 土 | 乾 | 湿 | 脾 | 涎 | 庚子 |
| 14 | 二 | 初八 | 戊午 | 闭 | 室 | 火 | 兑 | 热 | 心 | 汗 | 壬子 |
| 15 | 三 | 初九 | 己未 | 建 | 壁 | 火 | 离 | 热 | 心 | 汗 | 甲子 |
| 16 | 四 | 初十 | 庚申 | 除 | 奎 | 木 | 震 | 风 | 肝 | 泪 | 丙子 |
| 17 | 五 | 十一 | 辛酉 | 满 | 娄 | 木 | 巽 | 风 | 肝 | 泪 | 戊子 |
| 18 | 六 | 十二 | 壬戌 | 平 | 胃 | 水 | 坎 | 寒 | 肾 | 唾 | 庚子 |
| 19 | 日 | 十三 | 癸亥 | 定 | 昴 | 水 | 艮 | 寒 | 肾 | 唾 | 壬子 |
| 20 | 一 | 十四 | 甲子 | 执 | 毕 | 金 | 坤 | 燥 | 肺 | 涕 | 甲子 |
| 21 | 二 | 十五 | 乙丑 | 破 | 觜 | 金 | 乾 | 燥 | 肺 | 涕 | 丙子 |
| 22 | 三 | 十六 | 丙寅 | 危 | 参 | 火 | 兑 | 热 | 心 | 汗 | 戊子 |
| 23 | 四 | 十七 | 丁卯 | 成 | 井 | 火 | 离 | 热 | 心 | 汗 | 庚子 |
| 24 | 五 | 十八 | 戊辰 | 收 | 鬼 | 木 | 震 | 风 | 肝 | 泪 | 壬子 |
| 25 | 六 | 十九 | 己巳 | 开 | 柳 | 木 | 巽 | 风 | 肝 | 泪 | 甲子 |
| 26 | 日 | 二十 | 庚午 | 闭 | 星 | 土 | 坎 | 湿 | 脾 | 涎 | 丙子 |
| 27 | 一 | 廿一 | 辛未 | 建 | 张 | 土 | 艮 | 湿 | 脾 | 涎 | 戊子 |
| 28 | 二 | 廿二 | 壬申 | 除 | 翼 | 金 | 坤 | 燥 | 肺 | 涕 | 庚子 |
| 29 | 三 | 廿三 | 癸酉 | 满 | 轸 | 金 | 乾 | 燥 | 肺 | 涕 | 壬子 |
| 30 | 四 | 廿四 | 甲戌 | 平 | 角 | 火 | 兑 | 热 | 心 | 汗 | 甲子 |
| 31 | 五 | 廿五 | 乙亥 | 定 | 亢 | 火 | 离 | 热 | 心 | 汗 | 丙子 |

## 8月大

立秋　7日22时21分
处暑　23日13时10分

农历七月(8月5日-9月2日)　月干支:庚申

| 公历 | 星期 | 农历 | 干支 | 日建 | 星宿 | 五行 | 八卦 | 五气 | 五脏 | 五汁 | 时辰 |
|---|---|---|---|---|---|---|---|---|---|---|---|
| 1 | 六 | 六月 | 丙子 | 执 | 氐 | 水 | 震 | 寒 | 肾 | 唾 | 戊子 |
| 2 | 日 | 廿七 | 丁丑 | 破 | 房 | 水 | 巽 | 寒 | 肾 | 唾 | 庚子 |
| 3 | 一 | 廿八 | 戊寅 | 危 | 心 | 土 | 坎 | 湿 | 脾 | 涎 | 壬子 |
| 4 | 二 | 廿九 | 己卯 | 成 | 尾 | 土 | 艮 | 湿 | 脾 | 涎 | 甲子 |
| 5 | 三 | 七月 | 庚辰 | 收 | 箕 | 金 | 震 | 燥 | 肺 | 涕 | 丙子 |
| 6 | 四 | 初二 | 辛巳 | 开 | 斗 | 金 | 巽 | 燥 | 肺 | 涕 | 戊子 |
| 7 | 五 | 初三 | 壬午 | 开 | 牛 | 木 | 坎 | 风 | 肝 | 泪 | 庚子 |
| 8 | 六 | 初四 | 癸未 | 闭 | 女 | 木 | 坤 | 风 | 肝 | 泪 | 壬子 |
| 9 | 日 | 初五 | 甲申 | 建 | 虚 | 水 | 乾 | 寒 | 肾 | 唾 | 甲子 |
| 10 | 一 | 初六 | 乙酉 | 除 | 危 | 水 | 乾 | 寒 | 肾 | 唾 | 丙子 |
| 11 | 二 | 初七 | 丙戌 | 满 | 室 | 土 | 离 | 湿 | 脾 | 涎 | 戊子 |
| 12 | 三 | 初八 | 丁亥 | 平 | 壁 | 土 | 离 | 湿 | 脾 | 涎 | 庚子 |
| 13 | 四 | 初九 | 戊子 | 定 | 奎 | 火 | 震 | 热 | 心 | 汗 | 壬子 |
| 14 | 五 | 初十 | 己丑 | 执 | 娄 | 火 | 巽 | 热 | 心 | 汗 | 甲子 |
| 15 | 六 | 十一 | 庚寅 | 破 | 胃 | 木 | 坎 | 风 | 肝 | 泪 | 丙子 |
| 16 | 日 | 十二 | 辛卯 | 危 | 昴 | 木 | 艮 | 风 | 肝 | 泪 | 戊子 |
| 17 | 一 | 十三 | 壬辰 | 成 | 毕 | 水 | 坤 | 寒 | 肾 | 唾 | 庚子 |
| 18 | 二 | 十四 | 癸巳 | 收 | 觜 | 水 | 乾 | 寒 | 肾 | 唾 | 壬子 |
| 19 | 三 | 十五 | 甲午 | 开 | 参 | 金 | 兑 | 燥 | 肺 | 涕 | 甲子 |
| 20 | 四 | 十六 | 乙未 | 闭 | 井 | 金 | 离 | 燥 | 肺 | 涕 | 丙子 |
| 21 | 五 | 十七 | 丙申 | 建 | 鬼 | 火 | 震 | 热 | 心 | 汗 | 戊子 |
| 22 | 六 | 十八 | 丁酉 | 除 | 柳 | 火 | 巽 | 热 | 心 | 汗 | 庚子 |
| 23 | 日 | 十九 | 戊戌 | 满 | 星 | 木 | 坎 | 风 | 肝 | 泪 | 壬子 |
| 24 | 一 | 二十 | 己亥 | 平 | 张 | 木 | 艮 | 风 | 肝 | 泪 | 甲子 |
| 25 | 二 | 廿一 | 庚子 | 定 | 翼 | 土 | 坤 | 湿 | 脾 | 涎 | 丙子 |
| 26 | 三 | 廿二 | 辛丑 | 执 | 轸 | 土 | 乾 | 湿 | 脾 | 涎 | 戊子 |
| 27 | 四 | 廿三 | 壬寅 | 破 | 角 | 金 | 兑 | 燥 | 肺 | 涕 | 庚子 |
| 28 | 五 | 廿四 | 癸卯 | 危 | 亢 | 金 | 离 | 燥 | 肺 | 涕 | 壬子 |
| 29 | 六 | 廿五 | 甲辰 | 成 | 氐 | 火 | 震 | 热 | 心 | 汗 | 甲子 |
| 30 | 日 | 廿六 | 乙巳 | 收 | 房 | 火 | 巽 | 热 | 心 | 汗 | 丙子 |
| 31 | 一 | 廿七 | 丙午 | 开 | 心 | 水 | 坎 | 寒 | 肾 | 唾 | 戊子 |

# 公元2043年　　　　　　农历癸亥(猪)年

## 9月小
白露　8日01时30分
秋分　23日11时07分

农历八月(9月3日-10月2日)　月干支:辛酉

| 公历 | 星期 | 农历 | 干支 | 日建 | 星宿 | 五行 | 八卦 | 五气 | 五脏 | 五汁 | 时辰 |
|---|---|---|---|---|---|---|---|---|---|---|---|
| 1 | 二 | 廿八 | 丁未 | 闭 | 尾 | 水 | 艮 | 寒 | 肾 | 唾 | 庚子 |
| 2 | 三 | 廿九 | 戊申 | 建 | 箕 | 土 | 坤 | 湿 | 脾 | 涎 | 壬子 |
| 3 | 四 | 八月 | 己酉 | 除 | 斗 | 土 | 巽 | 湿 | 脾 | 涎 | 甲子 |
| 4 | 五 | 初二 | 庚戌 | 满 | 牛 | 金 | 坎 | 燥 | 肺 | 涕 | 丙子 |
| 5 | 六 | 初三 | 辛亥 | 平 | 女 | 金 | 艮 | 燥 | 肺 | 涕 | 戊子 |
| 6 | 日 | 初四 | 壬子 | 定 | 虚 | 木 | 坤 | 风 | 肝 | 泪 | 庚子 |
| 7 | 一 | 初五 | 癸丑 | 执 | 危 | 木 | 乾 | 风 | 肝 | 泪 | 壬子 |
| 8 | 二 | 初六 | 甲寅 | 执 | 室 | 水 | 兑 | 寒 | 肾 | 唾 | 甲子 |
| 9 | 三 | 初七 | 乙卯 | 破 | 壁 | 水 | 离 | 寒 | 肾 | 唾 | 丙子 |
| 10 | 四 | 初八 | 丙辰 | 危 | 奎 | 土 | 震 | 湿 | 脾 | 涎 | 戊子 |
| 11 | 五 | 初九 | 丁巳 | 成 | 娄 | 土 | 巽 | 湿 | 脾 | 涎 | 庚子 |
| 12 | 六 | 初十 | 戊午 | 收 | 胃 | 火 | 坎 | 热 | 心 | 汗 | 壬子 |
| 13 | 日 | 十一 | 己未 | 开 | 昴 | 火 | 艮 | 热 | 心 | 汗 | 甲子 |
| 14 | 一 | 十二 | 庚申 | 闭 | 毕 | 木 | 坤 | 风 | 肝 | 泪 | 丙子 |
| 15 | 二 | 十三 | 辛酉 | 建 | 觜 | 木 | 乾 | 风 | 肝 | 泪 | 戊子 |
| 16 | 三 | 十四 | 壬戌 | 除 | 参 | 水 | 兑 | 寒 | 肾 | 唾 | 庚子 |
| 17 | 四 | 十五 | 癸亥 | 满 | 井 | 水 | 离 | 寒 | 肾 | 唾 | 壬子 |
| 18 | 五 | 十六 | 甲子 | 平 | 鬼 | 金 | 震 | 燥 | 肺 | 涕 | 甲子 |
| 19 | 六 | 十七 | 乙丑 | 定 | 柳 | 金 | 巽 | 燥 | 肺 | 涕 | 丙子 |
| 20 | 日 | 十八 | 丙寅 | 执 | 星 | 火 | 坎 | 热 | 心 | 汗 | 戊子 |
| 21 | 一 | 十九 | 丁卯 | 破 | 张 | 火 | 艮 | 热 | 心 | 汗 | 庚子 |
| 22 | 二 | 二十 | 戊辰 | 危 | 翼 | 木 | 坤 | 风 | 肝 | 泪 | 壬子 |
| 23 | 三 | 廿一 | 己巳 | 成 | 轸 | 木 | 乾 | 风 | 肝 | 泪 | 甲子 |
| 24 | 四 | 廿二 | 庚午 | 收 | 角 | 土 | 兑 | 湿 | 脾 | 涎 | 丙子 |
| 25 | 五 | 廿三 | 辛未 | 开 | 亢 | 土 | 离 | 湿 | 脾 | 涎 | 戊子 |
| 26 | 六 | 廿四 | 壬申 | 闭 | 氐 | 金 | 震 | 燥 | 肺 | 涕 | 庚子 |
| 27 | 日 | 廿五 | 癸酉 | 建 | 房 | 金 | 巽 | 燥 | 肺 | 涕 | 壬子 |
| 28 | 一 | 廿六 | 甲戌 | 除 | 心 | 火 | 坎 | 热 | 心 | 汗 | 甲子 |
| 29 | 二 | 廿七 | 乙亥 | 满 | 尾 | 火 | 艮 | 热 | 心 | 汗 | 丙子 |
| 30 | 三 | 廿八 | 丙子 | 平 | 箕 | 水 | 坤 | 寒 | 肾 | 唾 | 戊子 |
| 31 | | | | | | | | | | | |

## 10月大
寒露　8日17时28分
霜降　23日20时47分

农历九月(10月3日-11月1日)　月干支:壬戌

| 公历 | 星期 | 农历 | 干支 | 日建 | 星宿 | 五行 | 八卦 | 五气 | 五脏 | 五汁 | 时辰 |
|---|---|---|---|---|---|---|---|---|---|---|---|
| 1 | 四 | 廿九 | 丁丑 | 定 | 斗 | 水 | 乾 | 寒 | 肾 | 唾 | 庚子 |
| 2 | 五 | 三十 | 戊寅 | 执 | 牛 | 土 | 兑 | 湿 | 脾 | 涎 | 壬子 |
| 3 | 六 | 九月 | 己卯 | 破 | 女 | 土 | 坎 | 湿 | 脾 | 涎 | 甲子 |
| 4 | 日 | 初二 | 庚辰 | 危 | 虚 | 金 | 艮 | 燥 | 肺 | 涕 | 丙子 |
| 5 | 一 | 初三 | 辛巳 | 成 | 危 | 金 | 坤 | 燥 | 肺 | 涕 | 戊子 |
| 6 | 二 | 初四 | 壬午 | 收 | 室 | 木 | 乾 | 风 | 肝 | 泪 | 庚子 |
| 7 | 三 | 初五 | 癸未 | 开 | 壁 | 木 | 兑 | 风 | 肝 | 泪 | 壬子 |
| 8 | 四 | 初六 | 甲申 | 开 | 奎 | 水 | 离 | 寒 | 肾 | 唾 | 甲子 |
| 9 | 五 | 初七 | 乙酉 | 闭 | 娄 | 水 | 震 | 寒 | 肾 | 唾 | 丙子 |
| 10 | 六 | 初八 | 丙戌 | 建 | 胃 | 土 | 巽 | 湿 | 脾 | 涎 | 戊子 |
| 11 | 日 | 初九 | 丁亥 | 除 | 昴 | 土 | 坎 | 湿 | 脾 | 涎 | 庚子 |
| 12 | 一 | 初十 | 戊子 | 满 | 毕 | 火 | 艮 | 热 | 心 | 汗 | 壬子 |
| 13 | 二 | 十一 | 己丑 | 平 | 觜 | 火 | 坤 | 热 | 心 | 汗 | 甲子 |
| 14 | 三 | 十二 | 庚寅 | 定 | 井 | 木 | 乾 | 风 | 肝 | 泪 | 丙子 |
| 15 | 四 | 十三 | 辛卯 | 执 | 鬼 | 木 | 兑 | 风 | 肝 | 泪 | 戊子 |
| 16 | 五 | 十四 | 壬辰 | 破 | 柳 | 水 | 离 | 寒 | 肾 | 唾 | 庚子 |
| 17 | 六 | 十五 | 癸巳 | 危 | 星 | 水 | 震 | 寒 | 肾 | 唾 | 壬子 |
| 18 | 日 | 十六 | 甲午 | 成 | 张 | 金 | 巽 | 燥 | 肺 | 涕 | 甲子 |
| 19 | 一 | 十七 | 乙未 | 收 | 翼 | 金 | 坎 | 燥 | 肺 | 涕 | 丙子 |
| 20 | 二 | 十八 | 丙申 | 开 | 轸 | 火 | 艮 | 热 | 心 | 汗 | 戊子 |
| 21 | 三 | 十九 | 丁酉 | 闭 | 角 | 火 | 坤 | 热 | 心 | 汗 | 庚子 |
| 22 | 四 | 二十 | 戊戌 | 建 | 亢 | 木 | 乾 | 风 | 肝 | 泪 | 壬子 |
| 23 | 五 | 廿一 | 己亥 | 除 | 氐 | 木 | 兑 | 风 | 肝 | 泪 | 甲子 |
| 24 | 六 | 廿二 | 庚子 | 满 | 房 | 土 | 离 | 湿 | 脾 | 涎 | 丙子 |
| 25 | 日 | 廿三 | 辛丑 | 平 | 心 | 土 | 震 | 湿 | 脾 | 涎 | 戊子 |
| 26 | 一 | 廿四 | 壬寅 | 定 | 尾 | 金 | 巽 | 燥 | 肺 | 涕 | 庚子 |
| 27 | 二 | 廿五 | 癸卯 | 执 | 箕 | 金 | 坎 | 燥 | 肺 | 涕 | 壬子 |
| 28 | 三 | 廿六 | 甲辰 | 破 | 斗 | 火 | 艮 | 热 | 心 | 汗 | 甲子 |
| 29 | 四 | 廿七 | 乙巳 | 危 | 牛 | 火 | 坤 | 热 | 心 | 汗 | 丙子 |
| 30 | 五 | 廿八 | 丙午 | 成 | 女 | 水 | 乾 | 寒 | 肾 | 唾 | 戊子 |
| 31 | 六 | 廿九 | 丁未 | 收 | | | | | | | 庚 |

实用干支万年历

# 公元2043年　　农历癸亥(猪)年

## 11月小

立冬　7日20时56分
小雪　22日18时36分

农历十月(11月2日-11月30日)　月干支:癸亥

| 公历 | 星期 | 农历 | 干支 | 日建 | 星宿 | 五行 | 八卦 | 五气 | 五脏 | 五汁 | 时辰 |
|---|---|---|---|---|---|---|---|---|---|---|---|
| 1 | 日 | 三十 | 戊申 | 开 | 虚 | 土 | 离 | 湿 | 脾 | 涎 | 壬子 |
| 2 | 一 | 十月 | 己酉 | 闭 | 危 | 土 | 艮 | 湿 | 脾 | 涎 | 甲子 |
| 3 | 二 | 初二 | 庚戌 | 建 | 室 | 金 | 坤 | 燥 | 肺 | 涕 | 丙子 |
| 4 | 三 | 初三 | 辛亥 | 除 | 壁 | 金 | 乾 | 燥 | 肺 | 涕 | 戊子 |
| 5 | 四 | 初四 | 壬子 | 满 | 奎 | 木 | 兑 | 风 | 肝 | 泪 | 庚子 |
| 6 | 五 | 初五 | 癸丑 | 平 | 娄 | 木 | 离 | 风 | 肝 | 泪 | 壬子 |
| 7 | 六 | 初六 | 甲寅 | 平 | 胃 | 水 | 震 | 寒 | 肾 | 唾 | 甲子 |
| 8 | 日 | 初七 | 乙卯 | 定 | 昴 | 水 | 巽 | 寒 | 肾 | 唾 | 丙子 |
| 9 | 一 | 初八 | 丙辰 | 执 | 毕 | 土 | 坎 | 湿 | 脾 | 涎 | 戊子 |
| 10 | 二 | 初九 | 丁巳 | 破 | 觜 | 土 | 艮 | 湿 | 脾 | 涎 | 庚子 |
| 11 | 三 | 初十 | 戊午 | 危 | 参 | 火 | 坤 | 热 | 心 | 汗 | 壬子 |
| 12 | 四 | 十一 | 己未 | 成 | 井 | 火 | 乾 | 热 | 心 | 汗 | 甲子 |
| 13 | 五 | 十二 | 庚申 | 收 | 鬼 | 木 | 兑 | 风 | 肝 | 泪 | 丙子 |
| 14 | 六 | 十三 | 辛酉 | 开 | 柳 | 木 | 离 | 风 | 肝 | 泪 | 戊子 |
| 15 | 日 | 十四 | 壬戌 | 闭 | 星 | 水 | 震 | 寒 | 肾 | 唾 | 庚子 |
| 16 | 一 | 十五 | 癸亥 | 建 | 张 | 水 | 巽 | 寒 | 肾 | 唾 | 壬子 |
| 17 | 二 | 十六 | 甲子 | 除 | 翼 | 金 | 坎 | 燥 | 肺 | 涕 | 甲子 |
| 18 | 三 | 十七 | 乙丑 | 满 | 轸 | 金 | 艮 | 燥 | 肺 | 涕 | 丙子 |
| 19 | 四 | 十八 | 丙寅 | 平 | 角 | 火 | 坤 | 热 | 心 | 汗 | 戊子 |
| 20 | 五 | 十九 | 丁卯 | 定 | 亢 | 火 | 乾 | 热 | 心 | 汗 | 庚子 |
| 21 | 六 | 二十 | 戊辰 | 执 | 氐 | 木 | 兑 | 风 | 肝 | 泪 | 壬子 |
| 22 | 日 | 廿一 | 己巳 | 破 | 房 | 木 | 离 | 风 | 肝 | 泪 | 甲子 |
| 23 | 一 | 廿二 | 庚午 | 危 | 心 | 土 | 震 | 湿 | 脾 | 涎 | 丙子 |
| 24 | 二 | 廿三 | 辛未 | 成 | 尾 | 土 | 巽 | 湿 | 脾 | 涎 | 戊子 |
| 25 | 三 | 廿四 | 壬申 | 收 | 箕 | 金 | 坎 | 燥 | 肺 | 涕 | 庚子 |
| 26 | 四 | 廿五 | 癸酉 | 开 | 斗 | 金 | 艮 | 燥 | 肺 | 涕 | 壬子 |
| 27 | 五 | 廿六 | 甲戌 | 闭 | 牛 | 火 | 坤 | 热 | 心 | 汗 | 甲子 |
| 28 | 六 | 廿七 | 乙亥 | 建 | 女 | 火 | 乾 | 热 | 心 | 汗 | 丙子 |
| 29 | 日 | 廿八 | 丙子 | 除 | 虚 | 水 | 兑 | 寒 | 肾 | 唾 | 戊子 |
| 30 | 一 | 廿九 | 丁丑 | 满 | 危 | 水 | 离 | 寒 | 肾 | 唾 | 庚子 |
| 31 | | | | | | | | | | | |

## 12月大

大雪　7日13时58分
冬至　22日08时02分

农历冬月(12月1日-12月30日)　月干支:甲子

| 公历 | 星期 | 农历 | 干支 | 日建 | 星宿 | 五行 | 八卦 | 五气 | 五脏 | 五汁 | 时辰 |
|---|---|---|---|---|---|---|---|---|---|---|---|
| 1 | 二 | 冬月 | 戊寅 | 平 | 室 | 土 | 坤 | 湿 | 脾 | 涎 | 壬子 |
| 2 | 三 | 初二 | 己卯 | 定 | 壁 | 土 | 乾 | 湿 | 脾 | 涎 | 甲子 |
| 3 | 四 | 初三 | 庚辰 | 执 | 奎 | 金 | 兑 | 燥 | 肺 | 涕 | 丙子 |
| 4 | 五 | 初四 | 辛巳 | 破 | 娄 | 金 | 离 | 燥 | 肺 | 涕 | 戊子 |
| 5 | 六 | 初五 | 壬午 | 危 | 胃 | 木 | 震 | 风 | 肝 | 泪 | 庚子 |
| 6 | 日 | 初六 | 癸未 | 成 | 昴 | 木 | 巽 | 风 | 肝 | 泪 | 壬子 |
| 7 | 一 | 初七 | 甲申 | 收 | 毕 | 水 | 坎 | 寒 | 肾 | 唾 | 甲子 |
| 8 | 二 | 初八 | 乙酉 | 开 | 觜 | 水 | 艮 | 寒 | 肾 | 唾 | 丙子 |
| 9 | 三 | 初九 | 丙戌 | 开 | 参 | 土 | 坤 | 湿 | 脾 | 涎 | 戊子 |
| 10 | 四 | 初十 | 丁亥 | 闭 | 井 | 土 | 乾 | 湿 | 脾 | 涎 | 庚子 |
| 11 | 五 | 十一 | 戊子 | 建 | 鬼 | 火 | 兑 | 热 | 心 | 汗 | 壬子 |
| 12 | 六 | 十二 | 己丑 | 除 | 柳 | 火 | 离 | 热 | 心 | 汗 | 甲子 |
| 13 | 日 | 十三 | 庚寅 | 满 | 星 | 木 | 震 | 风 | 肝 | 泪 | 丙子 |
| 14 | 一 | 十四 | 辛卯 | 平 | 张 | 木 | 巽 | 风 | 肝 | 泪 | 戊子 |
| 15 | 二 | 十五 | 壬辰 | 定 | 翼 | 水 | 坎 | 寒 | 肾 | 唾 | 庚子 |
| 16 | 三 | 十六 | 癸巳 | 执 | 轸 | 水 | 艮 | 寒 | 肾 | 唾 | 壬子 |
| 17 | 四 | 十七 | 甲午 | 破 | 角 | 金 | 坤 | 燥 | 肺 | 涕 | 甲子 |
| 18 | 五 | 十八 | 乙未 | 危 | 亢 | 金 | 乾 | 燥 | 肺 | 涕 | 丙子 |
| 19 | 六 | 十九 | 丙申 | 成 | 氐 | 火 | 兑 | 热 | 心 | 汗 | 戊子 |
| 20 | 日 | 二十 | 丁酉 | 收 | 房 | 火 | 离 | 热 | 心 | 汗 | 庚子 |
| 21 | 一 | 廿一 | 戊戌 | 开 | 心 | 木 | 震 | 风 | 肝 | 泪 | 壬子 |
| 22 | 二 | 廿二 | 己亥 | 闭 | 尾 | 木 | 巽 | 风 | 肝 | 泪 | 甲子 |
| 23 | 三 | 廿三 | 庚子 | 建 | 箕 | 土 | 坎 | 湿 | 脾 | 涎 | 丙子 |
| 24 | 四 | 廿四 | 辛丑 | 除 | 斗 | 土 | 艮 | 湿 | 脾 | 涎 | 戊子 |
| 25 | 五 | 廿五 | 壬寅 | 满 | 牛 | 金 | 坤 | 燥 | 肺 | 涕 | 庚子 |
| 26 | 六 | 廿六 | 癸卯 | 平 | 女 | 金 | 乾 | 燥 | 肺 | 涕 | 壬子 |
| 27 | 日 | 廿七 | 甲辰 | 定 | 虚 | 火 | 兑 | 热 | 心 | 汗 | 甲子 |
| 28 | 一 | 廿八 | 乙巳 | 执 | 危 | 火 | 离 | 热 | 心 | 汗 | 丙子 |
| 29 | 二 | 廿九 | 丙午 | 破 | 室 | 水 | 震 | 寒 | 肾 | 唾 | 戊子 |
| 30 | 三 | 三十 | 丁未 | 危 | 壁 | 水 | 巽 | 寒 | 肾 | 唾 | 庚子 |
| 31 | 四 | 腊月 | 戊申 | 成 | 奎 | 土 | 坎 | 湿 | 脾 | 涎 | 壬子 |

# 公元2044年　农历甲子(鼠)年(闰七月)

## 1月大
小寒　6日01时13分
大寒　20日18时38分

农历腊月(12月31日–1月29日)　月干支:乙丑

| 公历 | 星期 | 农历 | 干支 | 日建 | 星宿 | 五行 | 八卦 | 五气 | 五脏 | 五汁 | 时辰 |
|---|---|---|---|---|---|---|---|---|---|---|---|
| 1 | 五 | 腊月 | 己酉 | 收 | 娄 | 土 | 兑 | 湿 | 脾 | 涎 | 甲子 |
| 2 | 六 | 初三 | 庚戌 | 开 | 胃 | 金 | 离 | 燥 | 肺 | 涕 | 丙子 |
| 3 | 日 | 初四 | 辛亥 | 闭 | 昴 | 金 | 震 | 燥 | 肺 | 涕 | 戊子 |
| 4 | 一 | 初五 | 壬子 | 建 | 毕 | 木 | 巽 | 风 | 肝 | 泪 | 庚子 |
| 5 | 二 | 初六 | 癸丑 | 除 | 觜 | 木 | 坎 | 风 | 肝 | 泪 | 壬子 |
| 6 | 三 | 初七 | 甲寅 | 除 | 参 | 水 | 艮 | 寒 | 肾 | 唾 | 甲子 |
| 7 | 四 | 初八 | 乙卯 | 满 | 井 | 水 | 坤 | 寒 | 肾 | 唾 | 丙子 |
| 8 | 五 | 初九 | 丙辰 | 平 | 鬼 | 土 | 乾 | 湿 | 脾 | 涎 | 戊子 |
| 9 | 六 | 初十 | 丁巳 | 定 | 柳 | 土 | 兑 | 湿 | 脾 | 涎 | 庚子 |
| 10 | 日 | 十一 | 戊午 | 执 | 星 | 火 | 离 | 热 | 心 | 汗 | 壬子 |
| 11 | 一 | 十二 | 己未 | 破 | 张 | 火 | 震 | 热 | 心 | 汗 | 甲子 |
| 12 | 二 | 十三 | 庚申 | 危 | 翼 | 木 | 巽 | 风 | 肝 | 泪 | 丙子 |
| 13 | 三 | 十四 | 辛酉 | 成 | 轸 | 木 | 坎 | 风 | 肝 | 泪 | 戊子 |
| 14 | 四 | 十五 | 壬戌 | 收 | 角 | 水 | 艮 | 寒 | 肾 | 唾 | 庚子 |
| 15 | 五 | 十六 | 癸亥 | 开 | 亢 | 水 | 坤 | 寒 | 肾 | 唾 | 壬子 |
| 16 | 六 | 十七 | 甲子 | 闭 | 氐 | 金 | 乾 | 燥 | 肺 | 涕 | 甲子 |
| 17 | 日 | 十八 | 乙丑 | 建 | 房 | 金 | 兑 | 燥 | 肺 | 涕 | 丙子 |
| 18 | 一 | 十九 | 丙寅 | 除 | 心 | 火 | 离 | 热 | 心 | 汗 | 戊子 |
| 19 | 二 | 二十 | 丁卯 | 满 | 尾 | 火 | 震 | 热 | 心 | 汗 | 庚子 |
| 20 | 三 | 廿一 | 戊辰 | 平 | 箕 | 木 | 巽 | 风 | 肝 | 泪 | 壬子 |
| 21 | 四 | 廿二 | 己巳 | 定 | 斗 | 木 | 坎 | 风 | 肝 | 泪 | 甲子 |
| 22 | 五 | 廿三 | 庚午 | 执 | 牛 | 土 | 艮 | 湿 | 脾 | 涎 | 丙子 |
| 23 | 六 | 廿四 | 辛未 | 破 | 女 | 土 | 坤 | 湿 | 脾 | 涎 | 戊子 |
| 24 | 日 | 廿五 | 壬申 | 危 | 虚 | 金 | 乾 | 燥 | 肺 | 涕 | 庚子 |
| 25 | 一 | 廿六 | 癸酉 | 成 | 危 | 金 | 兑 | 燥 | 肺 | 涕 | 壬子 |
| 26 | 二 | 廿七 | 甲戌 | 收 | 室 | 火 | 离 | 热 | 心 | 汗 | 甲子 |
| 27 | 三 | 廿八 | 乙亥 | 开 | 壁 | 火 | 震 | 热 | 心 | 汗 | 丙子 |
| 28 | 四 | 廿九 | 丙子 | 闭 | 奎 | 水 | 巽 | 寒 | 肾 | 唾 | 戊子 |
| 29 | 五 | 三十 | 丁丑 | 建 | 娄 | 水 | 坎 | 寒 | 肾 | 唾 | 庚子 |
| 30 | 六 | 正月 | 戊寅 | 除 | 胃 | 土 | 艮 | 湿 | 脾 | 涎 | 壬子 |
| 31 | 日 | 初二 | 己卯 | 满 | 昴 | 土 | 乾 | 湿 | 脾 | 涎 | 甲子 |

## 2月闰
立春　4日12时45分
雨水　19日08时37分

农历正月(1月30日–2月28日)　月干支:丙寅

| 公历 | 星期 | 农历 | 干支 | 日建 | 星宿 | 五行 | 八卦 | 五气 | 五脏 | 五汁 | 时辰 |
|---|---|---|---|---|---|---|---|---|---|---|---|
| 1 | 一 | 正月 | 庚辰 | 平 | 毕 | 金 | 巽 | 燥 | 肺 | 涕 | 丙子 |
| 2 | 二 | 初四 | 辛巳 | 定 | 觜 | 金 | 坎 | 燥 | 肺 | 涕 | 戊子 |
| 3 | 三 | 初五 | 壬午 | 执 | 参 | 木 | 艮 | 风 | 肝 | 泪 | 庚子 |
| 4 | 四 | 初六 | 癸未 | 执 | 井 | 木 | 坤 | 风 | 肝 | 泪 | 壬子 |
| 5 | 五 | 初七 | 甲申 | 破 | 鬼 | 水 | 乾 | 寒 | 肾 | 唾 | 甲子 |
| 6 | 六 | 初八 | 乙酉 | 危 | 柳 | 水 | 兑 | 寒 | 肾 | 唾 | 丙子 |
| 7 | 日 | 初九 | 丙戌 | 成 | 星 | 土 | 离 | 湿 | 脾 | 涎 | 戊子 |
| 8 | 一 | 初十 | 丁亥 | 收 | 张 | 土 | 震 | 湿 | 脾 | 涎 | 庚子 |
| 9 | 二 | 十一 | 戊子 | 开 | 翼 | 火 | 巽 | 热 | 心 | 汗 | 壬子 |
| 10 | 三 | 十二 | 己丑 | 闭 | 轸 | 火 | 坎 | 热 | 心 | 汗 | 甲子 |
| 11 | 四 | 十三 | 庚寅 | 建 | 角 | 木 | 艮 | 风 | 肝 | 泪 | 丙子 |
| 12 | 五 | 十四 | 辛卯 | 除 | 亢 | 木 | 乾 | 风 | 肝 | 泪 | 戊子 |
| 13 | 六 | 十五 | 壬辰 | 满 | 氐 | 水 | 兑 | 寒 | 肾 | 唾 | 庚子 |
| 14 | 日 | 十六 | 癸巳 | 平 | 房 | 水 | 离 | 寒 | 肾 | 唾 | 壬子 |
| 15 | 一 | 十七 | 甲午 | 定 | 心 | 金 | 震 | 燥 | 肺 | 涕 | 甲子 |
| 16 | 二 | 十八 | 乙未 | 执 | 尾 | 金 | 巽 | 燥 | 肺 | 涕 | 丙子 |
| 17 | 三 | 十九 | 丙申 | 破 | 箕 | 火 | 坎 | 热 | 心 | 汗 | 戊子 |
| 18 | 四 | 二十 | 丁酉 | 危 | 斗 | 火 | 艮 | 热 | 心 | 汗 | 庚子 |
| 19 | 五 | 廿一 | 戊戌 | 成 | 牛 | 木 | 乾 | 风 | 肝 | 泪 | 壬子 |
| 20 | 六 | 廿二 | 己亥 | 收 | 女 | 木 | 兑 | 风 | 肝 | 泪 | 甲子 |
| 21 | 日 | 廿三 | 庚子 | 开 | 虚 | 土 | 离 | 湿 | 脾 | 涎 | 丙子 |
| 22 | 一 | 廿四 | 辛丑 | 闭 | 危 | 土 | 震 | 湿 | 脾 | 涎 | 戊子 |
| 23 | 二 | 廿五 | 壬寅 | 建 | 室 | 金 | 巽 | 燥 | 肺 | 涕 | 庚子 |
| 24 | 三 | 廿六 | 癸卯 | 除 | 壁 | 金 | 坎 | 燥 | 肺 | 涕 | 壬子 |
| 25 | 四 | 廿七 | 甲辰 | 满 | 奎 | 火 | 艮 | 热 | 心 | 汗 | 甲子 |
| 26 | 五 | 廿八 | 乙巳 | 平 | 娄 | 火 | 乾 | 热 | 心 | 汗 | 丙子 |
| 27 | 六 | 廿九 | 丙午 | 定 | 胃 | 水 | 兑 | 寒 | 肾 | 唾 | 戊子 |
| 28 | 日 | 三十 | 丁未 | 执 | 昴 | 水 | 离 | 寒 | 肾 | 唾 | 庚子 |
| 29 | 一 | 二月 | 戊申 | 破 | 毕 | 土 | 震 | 湿 | 脾 | 涎 | 壬子 |

实用干支万年历

# 公元2044年　　农历甲子(鼠)年(闰七月)

## 3月大　惊蛰 5日06时32分　春分 20日07时21分

农历二月(2月29日-3月28日)　月干支:丁卯

| 公历 | 星期 | 农历 | 干支 | 日建 | 星宿 | 五行 | 八卦 | 五气 | 五脏 | 五汁 | 时辰 |
|---|---|---|---|---|---|---|---|---|---|---|---|
| 1 | 二 | 二月 | 己酉 | 危 | 觜 | 土 | 巽 | 湿 | 脾 | 涎 | 甲子 |
| 2 | 三 | 初三 | 庚戌 | 成 | 参 | 金 | 坎 | 燥 | 肺 | 涕 | 丙子 |
| 3 | 四 | 初四 | 辛亥 | 收 | 井 | 金 | 艮 | 燥 | 肺 | 涕 | 戊子 |
| 4 | 五 | 初五 | 壬子 | 开 | 鬼 | 木 | 坤 | 风 | 肝 | 泪 | 庚子 |
| 5 | 六 | 初六 | 癸丑 | 开 | 柳 | 木 | 乾 | 风 | 肝 | 泪 | 壬子 |
| 6 | 日 | 初七 | 甲寅 | 闭 | 星 | 水 | 兑 | 寒 | 肾 | 唾 | 甲子 |
| 7 | 一 | 初八 | 乙卯 | 建 | 张 | 水 | 离 | 寒 | 肾 | 唾 | 丙子 |
| 8 | 二 | 初九 | 丙辰 | 除 | 翼 | 土 | 震 | 湿 | 脾 | 涎 | 戊子 |
| 9 | 三 | 初十 | 丁巳 | 满 | 轸 | 火 | 巽 | 湿 | 脾 | 涎 | 庚子 |
| 10 | 四 | 十一 | 戊午 | 平 | 角 | 火 | 坎 | 热 | 心 | 汗 | 壬子 |
| 11 | 五 | 十二 | 己未 | 定 | 亢 | 火 | 艮 | 热 | 心 | 汗 | 甲子 |
| 12 | 六 | 十三 | 庚申 | 执 | 氐 | 木 | 乾 | 风 | 肝 | 泪 | 丙子 |
| 13 | 日 | 十四 | 辛酉 | 破 | 房 | 木 | 兑 | 风 | 肝 | 泪 | 戊子 |
| 14 | 一 | 十五 | 壬戌 | 危 | 心 | 水 | 离 | 寒 | 肾 | 唾 | 庚子 |
| 15 | 二 | 十六 | 癸亥 | 成 | 尾 | 水 | 震 | 寒 | 肾 | 唾 | 壬子 |
| 16 | 三 | 十七 | 甲子 | 收 | 箕 | 金 | 巽 | 燥 | 肺 | 涕 | 甲子 |
| 17 | 四 | 十八 | 乙丑 | 开 | 斗 | 金 | 坎 | 燥 | 肺 | 涕 | 丙子 |
| 18 | 五 | 十九 | 丙寅 | 闭 | 牛 | 火 | 艮 | 热 | 心 | 汗 | 戊子 |
| 19 | 六 | 二十 | 丁卯 | 建 | 女 | 火 | 坤 | 热 | 心 | 汗 | 庚子 |
| 20 | 日 | 廿一 | 戊辰 | 除 | 虚 | 木 | 坤 | 风 | 肝 | 泪 | 壬子 |
| 21 | 一 | 廿二 | 己巳 | 满 | 危 | 木 | 乾 | 风 | 肝 | 泪 | 甲子 |
| 22 | 二 | 廿三 | 庚午 | 平 | 室 | 土 | 兑 | 湿 | 脾 | 涎 | 丙子 |
| 23 | 三 | 廿四 | 辛未 | 定 | 壁 | 土 | 离 | 湿 | 脾 | 涎 | 戊子 |
| 24 | 四 | 廿五 | 壬申 | 执 | 奎 | 金 | 震 | 燥 | 肺 | 涕 | 庚子 |
| 25 | 五 | 廿六 | 癸酉 | 破 | 娄 | 金 | 巽 | 燥 | 肺 | 涕 | 壬子 |
| 26 | 六 | 廿七 | 甲戌 | 危 | 胃 | 火 | 坎 | 热 | 心 | 汗 | 甲子 |
| 27 | 日 | 廿八 | 乙亥 | 成 | 昴 | 火 | 艮 | 热 | 心 | 汗 | 丙子 |
| 28 | 一 | 廿九 | 丙子 | 收 | 毕 | 水 | 坤 | 寒 | 肾 | 唾 | 戊子 |
| 29 | 二 | 三月 | 丁丑 | 开 | 觜 | 水 | 巽 | 寒 | 肾 | 唾 | 庚子 |
| 30 | 三 | 初二 | 戊寅 | 闭 | 参 | 土 | 坎 | 湿 | 脾 | 涎 | 壬子 |
| 31 | 四 | 初三 | 己卯 | 建 | 井 | 土 | 艮 | 湿 | 脾 | 涎 | 甲子 |

## 4月小　清明 4日11时04分　谷雨 19日18时07分

农历三月(3月29日-4月27日)　月干支:戊辰

| 公历 | 星期 | 农历 | 干支 | 日建 | 星宿 | 五行 | 八卦 | 五气 | 五脏 | 五汁 | 时辰 |
|---|---|---|---|---|---|---|---|---|---|---|---|
| 1 | 五 | 三月 | 庚辰 | 除 | 鬼 | 金 | 坤 | 燥 | 肺 | 涕 | 丙子 |
| 2 | 六 | 初五 | 辛巳 | 满 | 柳 | 金 | 乾 | 燥 | 肺 | 涕 | 戊子 |
| 3 | 日 | 初六 | 壬午 | 平 | 星 | 木 | 兑 | 风 | 肝 | 泪 | 庚子 |
| 4 | 一 | 初七 | 癸未 | 平 | 张 | 木 | 离 | 风 | 肝 | 泪 | 壬子 |
| 5 | 二 | 初八 | 甲申 | 定 | 翼 | 水 | 震 | 寒 | 肾 | 唾 | 甲子 |
| 6 | 三 | 初九 | 乙酉 | 执 | 轸 | 水 | 巽 | 寒 | 肾 | 唾 | 丙子 |
| 7 | 四 | 初十 | 丙戌 | 破 | 角 | 土 | 坎 | 湿 | 脾 | 涎 | 戊子 |
| 8 | 五 | 十一 | 丁亥 | 危 | 亢 | 土 | 艮 | 湿 | 脾 | 涎 | 庚子 |
| 9 | 六 | 十二 | 戊子 | 成 | 氐 | 火 | 坤 | 热 | 心 | 汗 | 壬子 |
| 10 | 日 | 十三 | 己丑 | 收 | 房 | 火 | 乾 | 热 | 心 | 汗 | 甲子 |
| 11 | 一 | 十四 | 庚寅 | 开 | 心 | 木 | 兑 | 风 | 肝 | 泪 | 丙子 |
| 12 | 二 | 十五 | 辛卯 | 闭 | 尾 | 木 | 离 | 风 | 肝 | 泪 | 戊子 |
| 13 | 三 | 十六 | 壬辰 | 建 | 箕 | 水 | 震 | 寒 | 肾 | 唾 | 庚子 |
| 14 | 四 | 十七 | 癸巳 | 除 | 斗 | 水 | 巽 | 寒 | 肾 | 唾 | 壬子 |
| 15 | 五 | 十八 | 甲午 | 满 | 牛 | 金 | 坎 | 燥 | 肺 | 涕 | 甲子 |
| 16 | 六 | 十九 | 乙未 | 平 | 女 | 火 | 艮 | 燥 | 肺 | 涕 | 丙子 |
| 17 | 日 | 二十 | 丙申 | 定 | 虚 | 火 | 坤 | 热 | 心 | 汗 | 戊子 |
| 18 | 一 | 廿一 | 丁酉 | 执 | 危 | 火 | 乾 | 热 | 心 | 汗 | 庚子 |
| 19 | 二 | 廿二 | 戊戌 | 破 | 室 | 木 | 兑 | 风 | 肝 | 泪 | 壬子 |
| 20 | 三 | 廿三 | 己亥 | 危 | 壁 | 木 | 离 | 风 | 肝 | 泪 | 甲子 |
| 21 | 四 | 廿四 | 庚子 | 成 | 奎 | 土 | 震 | 湿 | 脾 | 涎 | 丙子 |
| 22 | 五 | 廿五 | 辛丑 | 收 | 娄 | 土 | 巽 | 湿 | 脾 | 涎 | 戊子 |
| 23 | 六 | 廿六 | 壬寅 | 开 | 胃 | 金 | 坎 | 燥 | 肺 | 涕 | 庚子 |
| 24 | 日 | 廿七 | 癸卯 | 闭 | 昴 | 金 | 艮 | 燥 | 肺 | 涕 | 壬子 |
| 25 | 一 | 廿八 | 甲辰 | 建 | 毕 | 火 | 坤 | 热 | 心 | 汗 | 甲子 |
| 26 | 二 | 廿九 | 乙巳 | 除 | 觜 | 火 | 乾 | 热 | 心 | 汗 | 丙子 |
| 27 | 三 | 三十 | 丙午 | 满 | 参 | 水 | 兑 | 寒 | 肾 | 唾 | 戊子 |
| 28 | 四 | 四月 | 丁未 | 平 | 井 | 水 | 离 | 寒 | 肾 | 唾 | 庚子 |
| 29 | 五 | 初二 | 戊申 | 定 | 鬼 | 土 | 坤 | 湿 | 脾 | 涎 | 壬子 |
| 30 | 六 | 初三 | 己酉 | 执 | 柳 | 土 | 乾 | 湿 | 脾 | 涎 | 甲子 |
| 31 |  |  |  |  |  |  |  |  |  |  |  |

# 公元2044年　　　　农历甲子(鼠)年(闰七月)

## 5月大
立夏　5日04时06分　　小满　20日17时02分

农历四月(4月28日-5月26日)　月干支:己巳

| 公历 | 星期 | 农历 | 干支 | 日建 | 星宿 | 五行 | 八卦 | 五气 | 五脏 | 五汁 | 时辰 |
|---|---|---|---|---|---|---|---|---|---|---|---|
| 1 | 日 | 四月 | 庚戌 | 破 | 星 | 金 | 乾 | 燥 | 肺 | 涕 | 丙子 |
| 2 | 一 | 初五 | 辛亥 | 危 | 张 | 金 | 兑 | 燥 | 肺 | 涕 | 戊子 |
| 3 | 二 | 初六 | 壬子 | 成 | 翼 | 木 | 离 | 风 | 肝 | 泪 | 庚子 |
| 4 | 三 | 初七 | 癸丑 | 收 | 轸 | 水 | 震 | 寒 | 肾 | 唾 | 壬子 |
| 5 | 四 | 初八 | 甲寅 | 收 | 角 | 水 | 巽 | 寒 | 肾 | 唾 | 甲子 |
| 6 | 五 | 初九 | 乙卯 | 开 | 亢 | 水 | 坎 | 寒 | 肾 | 唾 | 丙子 |
| 7 | 六 | 初十 | 丙辰 | 闭 | 氐 | 土 | 艮 | 湿 | 脾 | 涎 | 戊子 |
| 8 | 日 | 十一 | 丁巳 | 建 | 房 | 土 | 坤 | 湿 | 脾 | 涎 | 庚子 |
| 9 | 一 | 十二 | 戊午 | 除 | 心 | 火 | 乾 | 热 | 心 | 汗 | 壬子 |
| 10 | 二 | 十三 | 己未 | 满 | 尾 | 火 | 兑 | 热 | 心 | 汗 | 甲子 |
| 11 | 三 | 十四 | 庚申 | 平 | 箕 | 木 | 离 | 风 | 肝 | 泪 | 丙子 |
| 12 | 四 | 十五 | 辛酉 | 定 | 斗 | 木 | 震 | 风 | 肝 | 泪 | 戊子 |
| 13 | 五 | 十六 | 壬戌 | 执 | 牛 | 水 | 巽 | 寒 | 肾 | 唾 | 庚子 |
| 14 | 六 | 十七 | 癸亥 | 破 | 女 | 水 | 坎 | 寒 | 肾 | 唾 | 壬子 |
| 15 | 日 | 十八 | 甲子 | 危 | 虚 | 金 | 艮 | 燥 | 肺 | 涕 | 甲子 |
| 16 | 一 | 十九 | 乙丑 | 成 | 危 | 金 | 坤 | 燥 | 肺 | 涕 | 丙子 |
| 17 | 二 | 二十 | 丙寅 | 收 | 室 | 火 | 乾 | 热 | 心 | 汗 | 戊子 |
| 18 | 三 | 廿一 | 丁卯 | 开 | 壁 | 火 | 兑 | 热 | 心 | 汗 | 庚子 |
| 19 | 四 | 廿二 | 戊辰 | 闭 | 奎 | 木 | 离 | 风 | 肝 | 泪 | 壬子 |
| 20 | 五 | 廿三 | 己巳 | 建 | 娄 | 木 | 震 | 风 | 肝 | 泪 | 甲子 |
| 21 | 六 | 廿四 | 庚午 | 除 | 胃 | 土 | 巽 | 湿 | 脾 | 涎 | 丙子 |
| 22 | 日 | 廿五 | 辛未 | 满 | 昴 | 土 | 坎 | 湿 | 脾 | 涎 | 戊子 |
| 23 | 一 | 廿六 | 壬申 | 平 | 毕 | 金 | 艮 | 燥 | 肺 | 涕 | 庚子 |
| 24 | 二 | 廿七 | 癸酉 | 定 | 觜 | 金 | 坤 | 燥 | 肺 | 涕 | 壬子 |
| 25 | 三 | 廿八 | 甲戌 | 执 | 参 | 火 | 乾 | 热 | 心 | 汗 | 甲子 |
| 26 | 四 | 廿九 | 乙亥 | 破 | 井 | 火 | 兑 | 热 | 心 | 汗 | 丙子 |
| 27 | 五 | 五月 | 丙子 | 危 | 鬼 | 水 | 坎 | 寒 | 肾 | 唾 | 戊子 |
| 28 | 六 | 初二 | 丁丑 | 成 | 柳 | 水 | 坤 | 寒 | 肾 | 唾 | 庚子 |
| 29 | 日 | 初三 | 戊寅 | 收 | 星 | 土 | 乾 | 湿 | 脾 | 涎 | 壬子 |
| 30 | 一 | 初四 | 己卯 | 开 | 张 | 土 | 兑 | 湿 | 脾 | 涎 | 甲子 |
| 31 | 二 | 初五 | 庚辰 | 闭 | 翼 | 金 | 离 | 燥 | 肺 | 涕 | 丙子 |

## 6月小
芒种　5日08时04分　　夏至　21日00时51分

农历五月(5月27日-6月24日)　月干支:庚午

| 公历 | 星期 | 农历 | 干支 | 日建 | 星宿 | 五行 | 八卦 | 五气 | 五脏 | 五汁 | 时辰 |
|---|---|---|---|---|---|---|---|---|---|---|---|
| 1 | 三 | 五月 | 辛巳 | 建 | 轸 | 金 | 震 | 燥 | 肺 | 涕 | 戊子 |
| 2 | 四 | 初七 | 壬午 | 除 | 角 | 木 | 巽 | 风 | 肝 | 泪 | 庚子 |
| 3 | 五 | 初八 | 癸未 | 满 | 亢 | 木 | 坎 | 风 | 肝 | 泪 | 壬子 |
| 4 | 六 | 初九 | 甲申 | 平 | 氐 | 水 | 艮 | 寒 | 肾 | 唾 | 甲子 |
| 5 | 日 | 初十 | 乙酉 | 平 | 房 | 水 | 坤 | 寒 | 肾 | 唾 | 丙子 |
| 6 | 一 | 十一 | 丙戌 | 定 | 心 | 土 | 乾 | 湿 | 脾 | 涎 | 戊子 |
| 7 | 二 | 十二 | 丁亥 | 执 | 尾 | 土 | 兑 | 湿 | 脾 | 涎 | 庚子 |
| 8 | 三 | 十三 | 戊子 | 破 | 箕 | 火 | 离 | 热 | 心 | 汗 | 壬子 |
| 9 | 四 | 十四 | 己丑 | 危 | 斗 | 火 | 震 | 热 | 心 | 汗 | 甲子 |
| 10 | 五 | 十五 | 庚寅 | 成 | 牛 | 木 | 巽 | 风 | 肝 | 泪 | 丙子 |
| 11 | 六 | 十六 | 辛卯 | 收 | 女 | 木 | 坎 | 风 | 肝 | 泪 | 戊子 |
| 12 | 日 | 十七 | 壬辰 | 开 | 虚 | 水 | 艮 | 寒 | 肾 | 唾 | 庚子 |
| 13 | 一 | 十八 | 癸巳 | 闭 | 危 | 水 | 坤 | 寒 | 肾 | 唾 | 壬子 |
| 14 | 二 | 十九 | 甲午 | 建 | 室 | 金 | 乾 | 燥 | 肺 | 涕 | 甲子 |
| 15 | 三 | 二十 | 乙未 | 除 | 壁 | 金 | 兑 | 燥 | 肺 | 涕 | 丙子 |
| 16 | 四 | 廿一 | 丙申 | 满 | 奎 | 火 | 离 | 热 | 心 | 汗 | 戊子 |
| 17 | 五 | 廿二 | 丁酉 | 平 | 娄 | 火 | 震 | 热 | 心 | 汗 | 庚子 |
| 18 | 六 | 廿三 | 戊戌 | 定 | 胃 | 木 | 巽 | 风 | 肝 | 泪 | 壬子 |
| 19 | 日 | 廿四 | 己亥 | 执 | 昴 | 木 | 坎 | 风 | 肝 | 泪 | 甲子 |
| 20 | 一 | 廿五 | 庚子 | 破 | 毕 | 土 | 艮 | 湿 | 脾 | 涎 | 丙子 |
| 21 | 二 | 廿六 | 辛丑 | 危 | 觜 | 土 | 坤 | 湿 | 脾 | 涎 | 戊子 |
| 22 | 三 | 廿七 | 壬寅 | 成 | 参 | 金 | 乾 | 燥 | 肺 | 涕 | 庚子 |
| 23 | 四 | 廿八 | 癸卯 | 收 | 井 | 金 | 兑 | 燥 | 肺 | 涕 | 壬子 |
| 24 | 五 | 廿九 | 甲辰 | 开 | 鬼 | 火 | 离 | 热 | 心 | 汗 | 甲子 |
| 25 | 六 | 六月 | 乙巳 | 闭 | 柳 | 火 | 坤 | 热 | 心 | 汗 | 丙子 |
| 26 | 日 | 初二 | 丙午 | 建 | 星 | 水 | 乾 | 寒 | 肾 | 唾 | 戊子 |
| 27 | 一 | 初三 | 丁未 | 除 | 张 | 水 | 兑 | 寒 | 肾 | 唾 | 庚子 |
| 28 | 二 | 初四 | 戊申 | 满 | 翼 | 土 | 离 | 湿 | 脾 | 涎 | 壬子 |
| 29 | 三 | 初五 | 己酉 | 平 | 轸 | 土 | 震 | 湿 | 脾 | 涎 | 甲子 |
| 30 | 四 | 初六 | 庚戌 | 定 | 角 | 金 | 巽 | 燥 | 肺 | 涕 | 丙子 |

实用干支万年历

# 公元2044年　　农历甲子(鼠)年(闰七月)

## 7月大

小暑　6日18时16分
大暑　22日11时44分

农历六月(6月25日-7月24日)　月干支:辛未

| 公历 | 星期 | 农历 | 干支 | 日建 | 星宿 | 五行 | 八卦 | 五气 | 五脏 | 五汁 | 时辰 |
|---|---|---|---|---|---|---|---|---|---|---|---|
| 1 | 五 | 六月 | 辛亥 | 执 | 亢 | 金 | 坎 | 燥 | 肺 | 涕 | 戊子 |
| 2 | 六 | 初八 | 壬子 | 破 | 氐 | 木 | 坤 | 风 | 肝 | 泪 | 庚子 |
| 3 | 日 | 初九 | 癸丑 | 危 | 房 | 木 | 坤 | 风 | 肝 | 泪 | 壬子 |
| 4 | 一 | 初十 | 甲寅 | 成 | 心 | 水 | 乾 | 寒 | 肾 | 唾 | 甲子 |
| 5 | 二 | 十一 | 乙卯 | 收 | 尾 | 水 | 兑 | 寒 | 肾 | 唾 | 丙子 |
| 6 | 三 | 十二 | 丙辰 | 收 | 箕 | 土 | 离 | 湿 | 脾 | 涎 | 戊子 |
| 7 | 四 | 十三 | 丁巳 | 开 | 斗 | 土 | 震 | 湿 | 脾 | 涎 | 庚子 |
| 8 | 五 | 十四 | 戊午 | 闭 | 牛 | 火 | 巽 | 热 | 心 | 汗 | 壬子 |
| 9 | 六 | 十五 | 己未 | 建 | 女 | 火 | 坎 | 热 | 心 | 汗 | 甲子 |
| 10 | 日 | 十六 | 庚申 | 除 | 虚 | 木 | 艮 | 风 | 肝 | 泪 | 丙子 |
| 11 | 一 | 十七 | 辛酉 | 满 | 危 | 木 | 坤 | 风 | 肝 | 泪 | 戊子 |
| 12 | 二 | 十八 | 壬戌 | 平 | 室 | 水 | 乾 | 寒 | 肾 | 唾 | 庚子 |
| 13 | 三 | 十九 | 癸亥 | 定 | 壁 | 水 | 兑 | 寒 | 肾 | 唾 | 壬子 |
| 14 | 四 | 二十 | 甲子 | 执 | 奎 | 金 | 离 | 燥 | 肺 | 涕 | 甲子 |
| 15 | 五 | 廿一 | 乙丑 | 破 | 娄 | 金 | 震 | 燥 | 肺 | 涕 | 丙子 |
| 16 | 六 | 廿二 | 丙寅 | 危 | 胃 | 火 | 巽 | 热 | 心 | 汗 | 戊子 |
| 17 | 日 | 廿三 | 丁卯 | 成 | 昴 | 火 | 坎 | 热 | 心 | 汗 | 庚子 |
| 18 | 一 | 廿四 | 戊辰 | 收 | 毕 | 木 | 艮 | 风 | 肝 | 泪 | 壬子 |
| 19 | 二 | 廿五 | 己巳 | 开 | 觜 | 木 | 坤 | 风 | 肝 | 泪 | 甲子 |
| 20 | 三 | 廿六 | 庚午 | 闭 | 参 | 土 | 乾 | 湿 | 脾 | 涎 | 丙子 |
| 21 | 四 | 廿七 | 辛未 | 建 | 井 | 土 | 兑 | 湿 | 脾 | 涎 | 戊子 |
| 22 | 五 | 廿八 | 壬申 | 除 | 鬼 | 金 | 离 | 燥 | 肺 | 涕 | 庚子 |
| 23 | 六 | 廿九 | 癸酉 | 满 | 柳 | 金 | 震 | 燥 | 肺 | 涕 | 壬子 |
| 24 | 日 | 三十 | 甲戌 | 平 | 星 | 火 | 巽 | 热 | 心 | 汗 | 甲子 |
| 25 | 一 | 七月 | 乙亥 | 定 | 张 | 火 | 乾 | 热 | 心 | 汗 | 丙子 |
| 26 | 二 | 初二 | 丙子 | 执 | 翼 | 水 | 兑 | 寒 | 肾 | 唾 | 戊子 |
| 27 | 三 | 初三 | 丁丑 | 破 | 轸 | 水 | 离 | 寒 | 肾 | 唾 | 庚子 |
| 28 | 四 | 初四 | 戊寅 | 危 | 角 | 土 | 震 | 湿 | 脾 | 涎 | 壬子 |
| 29 | 五 | 初五 | 己卯 | 成 | 亢 | 土 | 巽 | 湿 | 脾 | 涎 | 甲子 |
| 30 | 六 | 初六 | 庚辰 | 收 | 氐 | 金 | 坎 | 燥 | 肺 | 涕 | 丙子 |
| 31 | 日 | 初七 | 辛巳 | 开 | 房 | 金 | 艮 | 燥 | 肺 | 涕 | 戊子 |

## 8月大

立秋　7日04时09分
处暑　22日18时55分

农历七月(7月25日-8月22日)　月干支:壬申

| 公历 | 星期 | 农历 | 干支 | 日建 | 星宿 | 五行 | 八卦 | 五气 | 五脏 | 五汁 | 时辰 |
|---|---|---|---|---|---|---|---|---|---|---|---|
| 1 | 一 | 七月 | 壬午 | 闭 | 心 | 木 | 坤 | 风 | 肝 | 泪 | 庚子 |
| 2 | 二 | 初九 | 癸未 | 建 | 尾 | 木 | 乾 | 风 | 肝 | 泪 | 壬子 |
| 3 | 三 | 初十 | 甲申 | 除 | 箕 | 水 | 兑 | 寒 | 肾 | 唾 | 甲子 |
| 4 | 四 | 十一 | 乙酉 | 满 | 斗 | 水 | 离 | 寒 | 肾 | 唾 | 丙子 |
| 5 | 五 | 十二 | 丙戌 | 平 | 牛 | 土 | 震 | 湿 | 脾 | 涎 | 戊子 |
| 6 | 六 | 十三 | 丁亥 | 定 | 女 | 土 | 巽 | 湿 | 脾 | 涎 | 庚子 |
| 7 | 日 | 十四 | 戊子 | 定 | 虚 | 火 | 坎 | 热 | 心 | 汗 | 壬子 |
| 8 | 一 | 十五 | 己丑 | 执 | 危 | 火 | 艮 | 热 | 心 | 汗 | 甲子 |
| 9 | 二 | 十六 | 庚寅 | 破 | 室 | 木 | 坤 | 风 | 肝 | 泪 | 丙子 |
| 10 | 三 | 十七 | 辛卯 | 危 | 壁 | 木 | 乾 | 风 | 肝 | 泪 | 戊子 |
| 11 | 四 | 十八 | 壬辰 | 成 | 奎 | 水 | 兑 | 寒 | 肾 | 唾 | 庚子 |
| 12 | 五 | 十九 | 癸巳 | 收 | 娄 | 水 | 离 | 寒 | 肾 | 唾 | 壬子 |
| 13 | 六 | 二十 | 甲午 | 开 | 胃 | 金 | 震 | 燥 | 肺 | 涕 | 甲子 |
| 14 | 日 | 廿一 | 乙未 | 闭 | 昴 | 金 | 巽 | 燥 | 肺 | 涕 | 丙子 |
| 15 | 一 | 廿二 | 丙申 | 建 | 毕 | 火 | 坎 | 热 | 心 | 汗 | 戊子 |
| 16 | 二 | 廿三 | 丁酉 | 除 | 觜 | 火 | 艮 | 热 | 心 | 汗 | 庚子 |
| 17 | 三 | 廿四 | 戊戌 | 满 | 参 | 木 | 坤 | 风 | 肝 | 泪 | 壬子 |
| 18 | 四 | 廿五 | 己亥 | 平 | 井 | 木 | 乾 | 风 | 肝 | 泪 | 甲子 |
| 19 | 五 | 廿六 | 庚子 | 定 | 鬼 | 土 | 兑 | 湿 | 脾 | 涎 | 丙子 |
| 20 | 六 | 廿七 | 辛丑 | 执 | 柳 | 土 | 离 | 湿 | 脾 | 涎 | 戊子 |
| 21 | 日 | 廿八 | 壬寅 | 破 | 星 | 金 | 震 | 燥 | 肺 | 涕 | 庚子 |
| 22 | 一 | 廿九 | 癸卯 | 危 | 张 | 金 | 巽 | 燥 | 肺 | 涕 | 壬子 |
| 23 | 二 | 闰七 | 甲辰 | 成 | 翼 | 火 | 乾 | 热 | 心 | 汗 | 甲子 |
| 24 | 三 | 初二 | 乙巳 | 收 | 轸 | 火 | 兑 | 热 | 心 | 汗 | 丙子 |
| 25 | 四 | 初三 | 丙午 | 开 | 角 | 水 | 离 | 寒 | 肾 | 唾 | 戊子 |
| 26 | 五 | 初四 | 丁未 | 闭 | 亢 | 水 | 震 | 寒 | 肾 | 唾 | 庚子 |
| 27 | 六 | 初五 | 戊申 | 建 | 氐 | 土 | 巽 | 湿 | 脾 | 涎 | 壬子 |
| 28 | 日 | 初六 | 己酉 | 除 | 房 | 土 | 坎 | 湿 | 脾 | 涎 | 甲子 |
| 29 | 一 | 初七 | 庚戌 | 满 | 心 | 金 | 艮 | 燥 | 肺 | 涕 | 丙子 |
| 30 | 二 | 初八 | 辛亥 | 平 | 尾 | 金 | 坤 | 燥 | 肺 | 涕 | 戊子 |
| 31 | 三 | 初九 | 壬子 | 定 | 箕 | 木 | 乾 | 风 | 肝 | 泪 | 庚子 |

# 公元2044年　　农历甲子(鼠)年(闰七月)

## 9月小
白露　7日07时17分
秋分　22日16时48分

农历闰七月(8月23日-9月20日)　月干支:壬申

| 公历 | 星期 | 农历 | 干支 | 日建 | 星宿 | 五行 | 八卦 | 五气 | 五脏 | 五汁 | 时辰 |
|---|---|---|---|---|---|---|---|---|---|---|---|
| 1 | 四 | 闰七 | 癸丑 | 执 | 斗 | 木 | 兑 | 风 | 肝 | 泪 | 壬子 |
| 2 | 五 | 十一 | 甲寅 | 破 | 牛 | 水 | 坎 | 寒 | 肾 | 唾 | 甲子 |
| 3 | 六 | 十二 | 乙卯 | 危 | 女 | 水 | 震 | 寒 | 肾 | 唾 | 丙子 |
| 4 | 日 | 十三 | 丙辰 | 成 | 虚 | 土 | 巽 | 湿 | 脾 | 涎 | 戊子 |
| 5 | 一 | 十四 | 丁巳 | 收 | 危 | 土 | 坎 | 湿 | 脾 | 涎 | 庚子 |
| 6 | 二 | 十五 | 戊午 | 开 | 室 | 火 | 艮 | 热 | 心 | 汗 | 壬子 |
| 7 | 三 | 十六 | 己未 | 开 | 壁 | 火 | 乾 | 热 | 心 | 汗 | 甲子 |
| 8 | 四 | 十七 | 庚申 | 闭 | 奎 | 木 | 兑 | 风 | 肝 | 泪 | 丙子 |
| 9 | 五 | 十八 | 辛酉 | 建 | 娄 | 木 | 离 | 风 | 肝 | 泪 | 戊子 |
| 10 | 六 | 十九 | 壬戌 | 除 | 胃 | 水 | 震 | 寒 | 肾 | 唾 | 庚子 |
| 11 | 日 | 二十 | 癸亥 | 满 | 昴 | 水 | 巽 | 寒 | 肾 | 唾 | 壬子 |
| 12 | 一 | 廿一 | 甲子 | 平 | 毕 | 金 | 坎 | 燥 | 肺 | 涕 | 甲子 |
| 13 | 二 | 廿二 | 乙丑 | 定 | 觜 | 金 | 艮 | 燥 | 肺 | 涕 | 丙子 |
| 14 | 三 | 廿三 | 丙寅 | 执 | 参 | 火 | 坤 | 热 | 心 | 汗 | 戊子 |
| 15 | 四 | 廿四 | 丁卯 | 破 | 井 | 火 | 乾 | 热 | 心 | 汗 | 庚子 |
| 16 | 五 | 廿五 | 戊辰 | 危 | 鬼 | 木 | 兑 | 风 | 肝 | 泪 | 壬子 |
| 17 | 六 | 廿六 | 己巳 | 成 | 柳 | 木 | 离 | 风 | 肝 | 泪 | 甲子 |
| 18 | 日 | 廿七 | 庚午 | 收 | 星 | 土 | 震 | 湿 | 脾 | 涎 | 丙子 |
| 19 | 一 | 廿八 | 辛未 | 开 | 张 | 土 | 巽 | 湿 | 脾 | 涎 | 戊子 |
| 20 | 二 | 廿九 | 壬申 | 闭 | 翼 | 金 | 坎 | 燥 | 肺 | 涕 | 庚子 |
| 21 | 三 | 八月 | 癸酉 | 建 | 轸 | 金 | 兑 | 燥 | 肺 | 涕 | 壬子 |
| 22 | 四 | 初二 | 甲戌 | 除 | 角 | 火 | 离 | 热 | 心 | 汗 | 甲子 |
| 23 | 五 | 初三 | 乙亥 | 满 | 亢 | 水 | 震 | 寒 | 肾 | 唾 | 丙子 |
| 24 | 六 | 初四 | 丙子 | 平 | 氐 | 水 | 巽 | 寒 | 肾 | 唾 | 戊子 |
| 25 | 日 | 初五 | 丁丑 | 定 | 房 | 水 | 坎 | 寒 | 肾 | 唾 | 庚子 |
| 26 | 一 | 初六 | 戊寅 | 执 | 心 | 土 | 艮 | 湿 | 脾 | 涎 | 壬子 |
| 27 | 二 | 初七 | 己卯 | 破 | 尾 | 土 | 坤 | 湿 | 脾 | 涎 | 甲子 |
| 28 | 三 | 初八 | 庚辰 | 危 | 箕 | 金 | 乾 | 燥 | 肺 | 涕 | 丙子 |
| 29 | 四 | 初九 | 辛巳 | 成 | 斗 | 金 | 兑 | 燥 | 肺 | 涕 | 戊子 |
| 30 | 五 | 初十 | 壬午 | 收 | 牛 | 木 | 离 | 风 | 肝 | 泪 | 庚子 |
| 31 | | | | | | | | | | | |

## 10月大
寒露　7日23时13分
霜降　23日02时27分

农历八月(9月21日-10月20日)　月干支:癸酉

| 公历 | 星期 | 农历 | 干支 | 日建 | 星宿 | 五行 | 八卦 | 五气 | 五脏 | 五汁 | 时辰 |
|---|---|---|---|---|---|---|---|---|---|---|---|
| 1 | 六 | 八月 | 癸未 | 开 | 女 | 木 | 震 | 风 | 肝 | 泪 | 壬子 |
| 2 | 日 | 十二 | 甲申 | 闭 | 虚 | 水 | 巽 | 寒 | 肾 | 唾 | 甲子 |
| 3 | 一 | 十三 | 乙酉 | 建 | 危 | 水 | 坎 | 寒 | 肾 | 唾 | 丙子 |
| 4 | 二 | 十四 | 丙戌 | 除 | 室 | 土 | 艮 | 湿 | 脾 | 涎 | 戊子 |
| 5 | 三 | 十五 | 丁亥 | 满 | 壁 | 土 | 坤 | 湿 | 脾 | 涎 | 庚子 |
| 6 | 四 | 十六 | 戊子 | 平 | 奎 | 火 | 乾 | 热 | 心 | 汗 | 壬子 |
| 7 | 五 | 十七 | 己丑 | 平 | 娄 | 火 | 兑 | 热 | 心 | 汗 | 甲子 |
| 8 | 六 | 十八 | 庚寅 | 定 | 胃 | 木 | 离 | 风 | 肝 | 泪 | 丙子 |
| 9 | 日 | 十九 | 辛卯 | 执 | 昴 | 木 | 震 | 风 | 肝 | 泪 | 戊子 |
| 10 | 一 | 二十 | 壬辰 | 破 | 毕 | 水 | 巽 | 寒 | 肾 | 唾 | 庚子 |
| 11 | 二 | 廿一 | 癸巳 | 危 | 觜 | 水 | 坎 | 寒 | 肾 | 唾 | 壬子 |
| 12 | 三 | 廿二 | 甲午 | 成 | 参 | 金 | 艮 | 燥 | 肺 | 涕 | 甲子 |
| 13 | 四 | 廿三 | 乙未 | 收 | 井 | 金 | 坤 | 燥 | 肺 | 涕 | 丙子 |
| 14 | 五 | 廿四 | 丙申 | 开 | 鬼 | 火 | 乾 | 热 | 心 | 汗 | 戊子 |
| 15 | 六 | 廿五 | 丁酉 | 闭 | 柳 | 火 | 兑 | 热 | 心 | 汗 | 庚子 |
| 16 | 日 | 廿六 | 戊戌 | 建 | 星 | 木 | 离 | 风 | 肝 | 泪 | 壬子 |
| 17 | 一 | 廿七 | 己亥 | 除 | 张 | 木 | 震 | 风 | 肝 | 泪 | 甲子 |
| 18 | 二 | 廿八 | 庚子 | 满 | 翼 | 土 | 巽 | 湿 | 脾 | 涎 | 丙子 |
| 19 | 三 | 廿九 | 辛丑 | 平 | 轸 | 土 | 坎 | 湿 | 脾 | 涎 | 戊子 |
| 20 | 四 | 三十 | 壬寅 | 定 | 角 | 金 | 艮 | 燥 | 肺 | 涕 | 庚子 |
| 21 | 五 | 九月 | 癸卯 | 执 | 亢 | 金 | 离 | 燥 | 肺 | 涕 | 壬子 |
| 22 | 六 | 初二 | 甲辰 | 破 | 氐 | 火 | 震 | 热 | 心 | 汗 | 甲子 |
| 23 | 日 | 初三 | 乙巳 | 危 | 房 | 火 | 巽 | 热 | 心 | 汗 | 丙子 |
| 24 | 一 | 初四 | 丙午 | 成 | 心 | 水 | 坎 | 寒 | 肾 | 唾 | 戊子 |
| 25 | 二 | 初五 | 丁未 | 收 | 尾 | 水 | 艮 | 寒 | 肾 | 唾 | 庚子 |
| 26 | 三 | 初六 | 戊申 | 开 | 箕 | 土 | 坤 | 湿 | 脾 | 涎 | 壬子 |
| 27 | 四 | 初七 | 己酉 | 闭 | 斗 | 土 | 乾 | 湿 | 脾 | 涎 | 甲子 |
| 28 | 五 | 初八 | 庚戌 | 建 | 牛 | 金 | 兑 | 燥 | 肺 | 涕 | 丙子 |
| 29 | 六 | 初九 | 辛亥 | 除 | 女 | 金 | 离 | 燥 | 肺 | 涕 | 戊子 |
| 30 | 日 | 初十 | 壬子 | 满 | 虚 | 木 | 震 | 风 | 肝 | 泪 | 庚子 |
| 31 | 一 | 十一 | 癸丑 | 平 | 危 | 木 | 巽 | 风 | 肝 | 泪 | 壬子 |

实用干支

万年历

# 公元2044年　　农历甲子(鼠)年(闰七月)

## 11月小

立冬　7日02时42分
小雪　22日00时16分

农历九月(10月21日–11月18日)　月干支：甲戌

| 公历 | 星期 | 农历 | 干支 | 日建 | 星宿 | 五行 | 八卦 | 五气 | 五脏 | 五汁 | 时辰 |
|---|---|---|---|---|---|---|---|---|---|---|---|
| 1 | 二 | 九月 | 甲寅 | 定 | 室 | 水 | 坎 | 寒 | 肾 | 唾 | 甲子 |
| 2 | 三 | 十三 | 乙卯 | 执 | 壁 | 水 | 艮 | 寒 | 肾 | 唾 | 丙子 |
| 3 | 四 | 十四 | 丙辰 | 破 | 奎 | 土 | 坤 | 湿 | 脾 | 涎 | 戊子 |
| 4 | 五 | 十五 | 丁巳 | 危 | 娄 | 土 | 乾 | 湿 | 脾 | 涎 | 庚子 |
| 5 | 六 | 十六 | 戊午 | 成 | 胃 | 火 | 兑 | 热 | 心 | 汗 | 壬子 |
| 6 | 日 | 十七 | 己未 | 收 | 昴 | 火 | 离 | 热 | 心 | 汗 | 甲子 |
| 7 | 一 | 十八 | 庚申 | 收 | 毕 | 木 | 震 | 风 | 肝 | 泪 | 丙子 |
| 8 | 二 | 十九 | 辛酉 | 开 | 觜 | 木 | 巽 | 风 | 肝 | 泪 | 戊子 |
| 9 | 三 | 二十 | 壬戌 | 闭 | 参 | 水 | 坎 | 寒 | 肾 | 唾 | 庚子 |
| 10 | 四 | 廿一 | 癸亥 | 建 | 井 | 水 | 艮 | 寒 | 肾 | 唾 | 壬子 |
| 11 | 五 | 廿二 | 甲子 | 除 | 鬼 | 金 | 坤 | 燥 | 肺 | 涕 | 甲子 |
| 12 | 六 | 廿三 | 乙丑 | 满 | 柳 | 金 | 乾 | 燥 | 肺 | 涕 | 丙子 |
| 13 | 日 | 廿四 | 丙寅 | 平 | 星 | 火 | 兑 | 热 | 心 | 汗 | 戊子 |
| 14 | 一 | 廿五 | 丁卯 | 定 | 张 | 火 | 离 | 热 | 心 | 汗 | 庚子 |
| 15 | 二 | 廿六 | 戊辰 | 执 | 翼 | 木 | 震 | 风 | 肝 | 泪 | 壬子 |
| 16 | 三 | 廿七 | 己巳 | 破 | 轸 | 木 | 巽 | 风 | 肝 | 泪 | 甲子 |
| 17 | 四 | 廿八 | 庚午 | 危 | 角 | 土 | 坎 | 湿 | 脾 | 涎 | 丙子 |
| 18 | 五 | 廿九 | 辛未 | 成 | 亢 | 土 | 艮 | 湿 | 脾 | 涎 | 戊子 |
| 19 | 六 | 十月 | 壬申 | 收 | 氐 | 金 | 坤 | 燥 | 肺 | 涕 | 庚子 |
| 20 | 日 | 初二 | 癸酉 | 开 | 房 | 金 | 乾 | 燥 | 肺 | 涕 | 壬子 |
| 21 | 一 | 初三 | 甲戌 | 闭 | 心 | 火 | 兑 | 热 | 心 | 汗 | 甲子 |
| 22 | 二 | 初四 | 乙亥 | 建 | 尾 | 火 | 离 | 热 | 心 | 汗 | 丙子 |
| 23 | 三 | 初五 | 丙子 | 除 | 箕 | 水 | 震 | 寒 | 肾 | 唾 | 戊子 |
| 24 | 四 | 初六 | 丁丑 | 满 | 斗 | 水 | 巽 | 寒 | 肾 | 唾 | 庚子 |
| 25 | 五 | 初七 | 戊寅 | 平 | 牛 | 土 | 坎 | 湿 | 脾 | 涎 | 壬子 |
| 26 | 六 | 初八 | 己卯 | 定 | 女 | 土 | 艮 | 湿 | 脾 | 涎 | 甲子 |
| 27 | 日 | 初九 | 庚辰 | 执 | 虚 | 金 | 坤 | 燥 | 肺 | 涕 | 丙子 |
| 28 | 一 | 初十 | 辛巳 | 破 | 危 | 金 | 乾 | 燥 | 肺 | 涕 | 戊子 |
| 29 | 二 | 十一 | 壬午 | 危 | 室 | 木 | 兑 | 风 | 肝 | 泪 | 庚子 |
| 30 | 三 | 十二 | 癸未 | 成 | 壁 | 木 | 离 | 风 | 肝 | 泪 | 壬子 |

## 12月大

大雪　6日19时46分
冬至　21日13时45分

农历十月(11月19日–12月18日)　月干支：乙亥

| 公历 | 星期 | 农历 | 干支 | 日建 | 星宿 | 五行 | 八卦 | 五气 | 五脏 | 五汁 | 时辰 |
|---|---|---|---|---|---|---|---|---|---|---|---|
| 1 | 四 | 十月 | 甲申 | 收 | 奎 | 水 | 震 | 寒 | 肾 | 唾 | 甲子 |
| 2 | 五 | 十四 | 乙酉 | 开 | 娄 | 水 | 巽 | 寒 | 肾 | 唾 | 丙子 |
| 3 | 六 | 十五 | 丙戌 | 闭 | 胃 | 土 | 坎 | 湿 | 脾 | 涎 | 戊子 |
| 4 | 日 | 十六 | 丁亥 | 建 | 昴 | 土 | 艮 | 湿 | 脾 | 涎 | 庚子 |
| 5 | 一 | 十七 | 戊子 | 除 | 毕 | 火 | 坤 | 热 | 心 | 汗 | 壬子 |
| 6 | 二 | 十八 | 己丑 | 除 | 觜 | 火 | 乾 | 热 | 心 | 汗 | 甲子 |
| 7 | 三 | 十九 | 庚寅 | 满 | 参 | 木 | 兑 | 风 | 肝 | 泪 | 丙子 |
| 8 | 四 | 二十 | 辛卯 | 平 | 井 | 木 | 离 | 风 | 肝 | 泪 | 戊子 |
| 9 | 五 | 廿一 | 壬辰 | 定 | 鬼 | 水 | 震 | 寒 | 肾 | 唾 | 庚子 |
| 10 | 六 | 廿二 | 癸巳 | 执 | 柳 | 水 | 巽 | 寒 | 肾 | 唾 | 壬子 |
| 11 | 日 | 廿三 | 甲午 | 破 | 星 | 金 | 坎 | 燥 | 肺 | 涕 | 甲子 |
| 12 | 一 | 廿四 | 乙未 | 危 | 张 | 金 | 艮 | 燥 | 肺 | 涕 | 丙子 |
| 13 | 二 | 廿五 | 丙申 | 成 | 翼 | 火 | 坤 | 热 | 心 | 汗 | 戊子 |
| 14 | 三 | 廿六 | 丁酉 | 收 | 轸 | 火 | 乾 | 热 | 心 | 汗 | 庚子 |
| 15 | 四 | 廿七 | 戊戌 | 开 | 角 | 木 | 兑 | 风 | 肝 | 泪 | 壬子 |
| 16 | 五 | 廿八 | 己亥 | 闭 | 亢 | 木 | 离 | 风 | 肝 | 泪 | 甲子 |
| 17 | 六 | 廿九 | 庚子 | 建 | 氐 | 土 | 震 | 湿 | 脾 | 涎 | 丙子 |
| 18 | 日 | 三十 | 辛丑 | 除 | 房 | 土 | 巽 | 湿 | 脾 | 涎 | 戊子 |
| 19 | 一 | 冬月 | 壬寅 | 满 | 心 | 金 | 坎 | 燥 | 肺 | 涕 | 庚子 |
| 20 | 二 | 初二 | 癸卯 | 平 | 尾 | 金 | 艮 | 燥 | 肺 | 涕 | 壬子 |
| 21 | 三 | 初三 | 甲辰 | 定 | 箕 | 火 | 坤 | 热 | 心 | 汗 | 甲子 |
| 22 | 四 | 初四 | 乙巳 | 执 | 斗 | 火 | 乾 | 热 | 心 | 汗 | 丙子 |
| 23 | 五 | 初五 | 丙午 | 破 | 牛 | 水 | 兑 | 寒 | 肾 | 唾 | 戊子 |
| 24 | 六 | 初六 | 丁未 | 危 | 女 | 水 | 离 | 寒 | 肾 | 唾 | 庚子 |
| 25 | 日 | 初七 | 戊申 | 成 | 虚 | 土 | 震 | 湿 | 脾 | 涎 | 壬子 |
| 26 | 一 | 初八 | 己酉 | 收 | 危 | 土 | 巽 | 湿 | 脾 | 涎 | 甲子 |
| 27 | 二 | 初九 | 庚戌 | 开 | 室 | 金 | 坎 | 燥 | 肺 | 涕 | 丙子 |
| 28 | 三 | 初十 | 辛亥 | 闭 | 壁 | 金 | 艮 | 燥 | 肺 | 涕 | 戊子 |
| 29 | 四 | 十一 | 壬子 | 建 | 奎 | 木 | 坤 | 风 | 肝 | 泪 | 庚子 |
| 30 | 五 | 十二 | 癸丑 | 除 | 娄 | 木 | 乾 | 风 | 肝 | 泪 | 壬子 |
| 31 | 六 | 十三 | 甲寅 | 满 | 胃 | 水 | 兑 | 寒 | 肾 | 唾 | 甲子 |

# 公元2045年　　　　农历乙丑(牛)年

## 1月大

小寒　5日07时04分
大寒　20日00时23分

农历冬月(12月19日–1月17日)　月干支:丙子
农历腊月(1月18日–2月16日)　月干支:丁丑

| 公历 | 星期 | 农历 | 干支 | 日建 | 星宿 | 五行 | 八卦 | 五气 | 五脏 | 五汁 | 时辰 |
|---|---|---|---|---|---|---|---|---|---|---|---|
| 1 | 日 | 冬月 | 乙卯 | 平 | 昴 | 水 | 兑 | 寒 | 肾 | 唾 | 丙子 |
| 2 | 一 | 十五 | 丙辰 | 定 | 毕 | 土 | 离 | 湿 | 脾 | 涎 | 戊子 |
| 3 | 二 | 十六 | 丁巳 | 执 | 觜 | 土 | 震 | 湿 | 脾 | 涎 | 庚子 |
| 4 | 三 | 十七 | 戊午 | 破 | 参 | 火 | 巽 | 热 | 心 | 汗 | 壬子 |
| 5 | 四 | 十八 | 己未 | 破 | 井 | 火 | 坎 | 热 | 心 | 汗 | 甲子 |
| 6 | 五 | 十九 | 庚申 | 危 | 鬼 | 木 | 艮 | 风 | 肝 | 泪 | 丙子 |
| 7 | 六 | 二十 | 辛酉 | 成 | 柳 | 木 | 坤 | 风 | 肝 | 泪 | 戊子 |
| 8 | 日 | 廿一 | 壬戌 | 收 | 星 | 水 | 乾 | 寒 | 肾 | 唾 | 庚子 |
| 9 | 一 | 廿二 | 癸亥 | 开 | 张 | 水 | 兑 | 寒 | 肾 | 唾 | 壬子 |
| 10 | 二 | 廿三 | 甲子 | 闭 | 翼 | 金 | 离 | 燥 | 肺 | 涕 | 甲子 |
| 11 | 三 | 廿四 | 乙丑 | 建 | 轸 | 金 | 震 | 燥 | 肺 | 涕 | 丙子 |
| 12 | 四 | 廿五 | 丙寅 | 除 | 角 | 火 | 巽 | 热 | 心 | 汗 | 戊子 |
| 13 | 五 | 廿六 | 丁卯 | 满 | 亢 | 火 | 坎 | 热 | 心 | 汗 | 庚子 |
| 14 | 六 | 廿七 | 戊辰 | 平 | 氐 | 木 | 艮 | 风 | 肝 | 泪 | 壬子 |
| 15 | 日 | 廿八 | 己巳 | 定 | 房 | 木 | | 风 | 肝 | | 甲子 |
| 16 | 一 | 廿九 | 庚午 | 执 | 心 | 土 | 乾 | 湿 | 脾 | 涎 | 丙子 |
| 17 | 二 | 三十 | 辛未 | 破 | 尾 | 土 | 兑 | 湿 | 脾 | 涎 | 戊子 |
| 18 | 三 | 腊月 | 壬申 | 危 | 箕 | 金 | 坎 | 燥 | 肺 | 涕 | 庚子 |
| 19 | 四 | 初二 | 癸酉 | 成 | 斗 | 金 | 艮 | 燥 | 肺 | 涕 | 壬子 |
| 20 | 五 | 初三 | 甲戌 | 收 | 牛 | 火 | | 热 | 心 | | 甲子 |
| 21 | 六 | 初四 | 乙亥 | 开 | 女 | 火 | 乾 | 热 | 心 | 汗 | 丙子 |
| 22 | 日 | 初五 | 丙子 | 闭 | 虚 | 水 | 兑 | 寒 | 肾 | 唾 | 戊子 |
| 23 | 一 | 初六 | 丁丑 | 建 | 危 | 水 | 离 | 寒 | 肾 | 唾 | 庚子 |
| 24 | 二 | 初七 | 戊寅 | 除 | 室 | 土 | 震 | 湿 | 脾 | 涎 | 壬子 |
| 25 | 三 | 初八 | 己卯 | 满 | 壁 | 土 | | 湿 | 脾 | | 甲子 |
| 26 | 四 | 初九 | 庚辰 | 平 | 奎 | 金 | 坎 | 燥 | 肺 | 涕 | 丙子 |
| 27 | 五 | 初十 | 辛巳 | 定 | 娄 | 金 | 艮 | 燥 | 肺 | 涕 | 戊子 |
| 28 | 六 | 十一 | 壬午 | 执 | 胃 | 木 | 坤 | 风 | 肝 | 泪 | 庚子 |
| 29 | 日 | 十二 | 癸未 | 破 | 昴 | 木 | 乾 | 风 | 肝 | 泪 | 壬子 |
| 30 | 一 | 十三 | 甲申 | 危 | 毕 | 水 | 兑 | 寒 | 肾 | 唾 | 甲子 |
| 31 | 二 | 十四 | 乙酉 | 成 | 觜 | 水 | 离 | 寒 | 肾 | | 丙子 |

## 2月平

立春　3日18时38分
雨水　18日14时23分

农历正月(2月17日–3月18日)　月干支:戊寅

| 公历 | 星期 | 农历 | 干支 | 日建 | 星宿 | 五行 | 八卦 | 五气 | 五脏 | 五汁 | 时辰 |
|---|---|---|---|---|---|---|---|---|---|---|---|
| 1 | 三 | 腊月 | 丙戌 | 收 | 参 | 土 | 震 | 湿 | 脾 | 涎 | 戊子 |
| 2 | 四 | 十六 | 丁亥 | 开 | 井 | 土 | 巽 | 湿 | 脾 | 涎 | 庚子 |
| 3 | 五 | 十七 | 戊子 | 开 | 鬼 | 火 | 坎 | 热 | 心 | 汗 | 壬子 |
| 4 | 六 | 十八 | 己丑 | 闭 | 柳 | 火 | 艮 | 热 | 心 | 汗 | 甲子 |
| 5 | 日 | 十九 | 庚寅 | 建 | 星 | 木 | 坤 | 风 | 肝 | | 丙子 |
| 6 | 一 | 二十 | 辛卯 | 除 | 张 | 木 | 乾 | 风 | 肝 | 泪 | 戊子 |
| 7 | 二 | 廿一 | 壬辰 | 满 | 翼 | 水 | 兑 | 寒 | 肾 | 唾 | 庚子 |
| 8 | 三 | 廿二 | 癸巳 | 平 | 轸 | 水 | 离 | 寒 | 肾 | 唾 | 壬子 |
| 9 | 四 | 廿三 | 甲午 | 定 | 角 | 金 | 震 | 燥 | 肺 | 涕 | 甲子 |
| 10 | 五 | 廿四 | 乙未 | 执 | 亢 | 金 | 巽 | 燥 | 肺 | 涕 | 丙子 |
| 11 | 六 | 廿五 | 丙申 | 破 | 氐 | 火 | 坎 | 热 | 心 | 汗 | 戊子 |
| 12 | 日 | 廿六 | 丁酉 | 危 | 房 | 火 | 艮 | 热 | 心 | 汗 | 庚子 |
| 13 | 一 | 廿七 | 戊戌 | 成 | 心 | 木 | 坤 | 风 | 肝 | 泪 | 壬子 |
| 14 | 二 | 廿八 | 己亥 | 收 | 尾 | 木 | 乾 | 风 | 肝 | 泪 | 甲子 |
| 15 | 三 | 廿九 | 庚子 | 开 | 箕 | 土 | | 湿 | 脾 | | 丙子 |
| 16 | 四 | 三十 | 辛丑 | 闭 | 斗 | 土 | 离 | 湿 | 脾 | 涎 | 戊子 |
| 17 | 五 | 正月 | 壬寅 | 建 | 牛 | 金 | 震 | 燥 | 肺 | 涕 | 庚子 |
| 18 | 六 | 初二 | 癸卯 | 除 | 女 | 金 | 巽 | 燥 | 肺 | 涕 | 壬子 |
| 19 | 日 | 初三 | 甲辰 | 满 | 虚 | 火 | 坎 | 热 | 心 | 汗 | 甲子 |
| 20 | 一 | 初四 | 乙巳 | 平 | 危 | 火 | | 热 | 心 | | 丙子 |
| 21 | 二 | 初五 | 丙午 | 定 | 室 | 水 | 坤 | 寒 | 肾 | 唾 | 戊子 |
| 22 | 三 | 初六 | 丁未 | 执 | 壁 | 水 | 乾 | 寒 | 肾 | 唾 | 庚子 |
| 23 | 四 | 初七 | 戊申 | 破 | 奎 | 土 | 兑 | 湿 | 脾 | 涎 | 壬子 |
| 24 | 五 | 初八 | 己酉 | 危 | 娄 | 土 | 离 | 湿 | 脾 | 涎 | 甲子 |
| 25 | 六 | 初九 | 庚戌 | 成 | 胃 | 金 | 震 | 燥 | 肺 | 涕 | 丙子 |
| 26 | 日 | 初十 | 辛亥 | 收 | 昴 | 金 | 巽 | 燥 | 肺 | 涕 | 戊子 |
| 27 | 一 | 十一 | 壬子 | 开 | 毕 | 木 | 坎 | 风 | 肝 | 泪 | 庚子 |
| 28 | 二 | 十二 | 癸丑 | 闭 | 觜 | 木 | 艮 | 风 | 肝 | 泪 | 壬子 |

# 公元2045年　　农历乙丑(牛)年

## 3月大

惊蛰　5日12时26分
春分　20日13时08分

农历二月(3月19日–4月16日)　月干支：己卯

| 公历 | 星期 | 农历 | 干支 | 日建 | 星宿 | 五行 | 八卦 | 五气 | 五脏 | 五汁 | 时辰 |
|---|---|---|---|---|---|---|---|---|---|---|---|
| 1 | 三 | 正月 | 甲寅 | 建 | 参 | 水 | 坤 | 寒 | 肾 | 唾 | 甲子 |
| 2 | 四 | 十四 | 乙卯 | 除 | 井 | 水 | 乾 | 寒 | 肾 | 唾 | 丙子 |
| 3 | 五 | 十五 | 丙辰 | 满 | 鬼 | 土 | 兑 | 湿 | 脾 | 涎 | 戊子 |
| 4 | 六 | 十六 | 丁巳 | 平 | 柳 | 土 | 离 | 湿 | 脾 | 涎 | 庚子 |
| 5 | 日 | 十七 | 戊午 | 平 | 星 | 火 | 震 | 热 | 心 | 汗 | 壬子 |
| 6 | 一 | 十八 | 己未 | 定 | 张 | 火 | 巽 | 热 | 心 | 汗 | 甲子 |
| 7 | 二 | 十九 | 庚申 | 执 | 翼 | 木 | 坎 | 风 | 肝 | 泪 | 丙子 |
| 8 | 三 | 二十 | 辛酉 | 破 | 轸 | 木 | 艮 | 风 | 肝 | 泪 | 戊子 |
| 9 | 四 | 廿一 | 壬戌 | 危 | 角 | 水 | 坤 | 寒 | 肾 | 唾 | 庚子 |
| 10 | 五 | 廿二 | 癸亥 | 成 | 亢 | 水 | 乾 | 寒 | 肾 | 唾 | 壬子 |
| 11 | 六 | 廿三 | 甲子 | 收 | 氐 | 金 | 兑 | 燥 | 肺 | 涕 | 甲子 |
| 12 | 日 | 廿四 | 乙丑 | 开 | 房 | 金 | 离 | 燥 | 肺 | 涕 | 丙子 |
| 13 | 一 | 廿五 | 丙寅 | 闭 | 心 | 火 | 震 | 热 | 心 | 汗 | 戊子 |
| 14 | 二 | 廿六 | 丁卯 | 建 | 尾 | 火 | 巽 | 热 | 心 | 汗 | 庚子 |
| 15 | 三 | 廿七 | 戊辰 | 除 | 箕 | 木 | 坎 | 风 | 肝 | 泪 | 壬子 |
| 16 | 四 | 廿八 | 己巳 | 满 | 斗 | 木 | 艮 | 风 | 肝 | 泪 | 甲子 |
| 17 | 五 | 廿九 | 庚午 | 平 | 牛 | 土 | 坤 | 湿 | 脾 | 涎 | 丙子 |
| 18 | 六 | 三十 | 辛未 | 定 | 女 | 土 | 乾 | 湿 | 脾 | 涎 | 戊子 |
| 19 | 日 | 二月 | 壬申 | 执 | 虚 | 金 | 兑 | 燥 | 肺 | 涕 | 庚子 |
| 20 | 一 | 初二 | 癸酉 | 破 | 危 | 金 | 离 | 燥 | 肺 | 涕 | 壬子 |
| 21 | 二 | 初三 | 甲戌 | 危 | 室 | 火 | 震 | 热 | 心 | 汗 | 甲子 |
| 22 | 三 | 初四 | 乙亥 | 成 | 壁 | 火 | 巽 | 热 | 心 | 汗 | 丙子 |
| 23 | 四 | 初五 | 丙子 | 收 | 奎 | 水 | 坎 | 寒 | 肾 | 唾 | 戊子 |
| 24 | 五 | 初六 | 丁丑 | 开 | 娄 | 水 | 艮 | 寒 | 肾 | 唾 | 庚子 |
| 25 | 六 | 初七 | 戊寅 | 闭 | 胃 | 土 | 坤 | 湿 | 脾 | 涎 | 壬子 |
| 26 | 日 | 初八 | 己卯 | 建 | 昴 | 土 | 乾 | 湿 | 脾 | 涎 | 甲子 |
| 27 | 一 | 初九 | 庚辰 | 除 | 毕 | 金 | 兑 | 燥 | 肺 | 涕 | 丙子 |
| 28 | 二 | 初十 | 辛巳 | 满 | 觜 | 金 | 离 | 燥 | 肺 | 涕 | 戊子 |
| 29 | 三 | 十一 | 壬午 | 平 | 参 | 木 | 震 | 风 | 肝 | 泪 | 庚子 |
| 30 | 四 | 十二 | 癸未 | 定 | 井 | 木 | 巽 | 风 | 肝 | 泪 | 壬子 |
| 31 | 五 | 十三 | 甲申 | 执 | 鬼 | 水 | 坎 | 寒 | 肾 | 唾 | 甲子 |

## 4月小

清明　4日16时58分
谷雨　19日23时53分

农历三月(4月17日–5月16日)　月干支：庚辰

| 公历 | 星期 | 农历 | 干支 | 日建 | 星宿 | 五行 | 八卦 | 五气 | 五脏 | 五汁 | 时辰 |
|---|---|---|---|---|---|---|---|---|---|---|---|
| 1 | 六 | 二月 | 乙酉 | 破 | 柳 | 水 | 艮 | 寒 | 肾 | 唾 | 丙子 |
| 2 | 日 | 十五 | 丙戌 | 危 | 星 | 土 | 坤 | 湿 | 脾 | 涎 | 戊子 |
| 3 | 一 | 十六 | 丁亥 | 成 | 张 | 土 | 乾 | 湿 | 脾 | 涎 | 庚子 |
| 4 | 二 | 十七 | 戊子 | 成 | 翼 | 火 | 兑 | 热 | 心 | 汗 | 壬子 |
| 5 | 三 | 十八 | 己丑 | 收 | 轸 | 火 | 离 | 热 | 心 | 汗 | 甲子 |
| 6 | 四 | 十九 | 庚寅 | 开 | 角 | 木 | 震 | 风 | 肝 | 泪 | 丙子 |
| 7 | 五 | 二十 | 辛卯 | 闭 | 亢 | 木 | 巽 | 风 | 肝 | 泪 | 戊子 |
| 8 | 六 | 廿一 | 壬辰 | 建 | 氐 | 水 | 坎 | 寒 | 肾 | 唾 | 庚子 |
| 9 | 日 | 廿二 | 癸巳 | 除 | 房 | 水 | 艮 | 寒 | 肾 | 唾 | 壬子 |
| 10 | 一 | 廿三 | 甲午 | 满 | 心 | 金 | 坤 | 燥 | 肺 | 涕 | 甲子 |
| 11 | 二 | 廿四 | 乙未 | 平 | 尾 | 金 | 乾 | 燥 | 肺 | 涕 | 丙子 |
| 12 | 三 | 廿五 | 丙申 | 定 | 箕 | 火 | 兑 | 热 | 心 | 汗 | 戊子 |
| 13 | 四 | 廿六 | 丁酉 | 执 | 斗 | 火 | 离 | 热 | 心 | 汗 | 庚子 |
| 14 | 五 | 廿七 | 戊戌 | 破 | 牛 | 木 | 震 | 风 | 肝 | 泪 | 壬子 |
| 15 | 六 | 廿八 | 己亥 | 危 | 女 | 木 | 巽 | 风 | 肝 | 泪 | 甲子 |
| 16 | 日 | 廿九 | 庚子 | 成 | 虚 | 土 | 坎 | 湿 | 脾 | 涎 | 丙子 |
| 17 | 一 | 三月 | 辛丑 | 收 | 危 | 土 | 艮 | 湿 | 脾 | 涎 | 戊子 |
| 18 | 二 | 初二 | 壬寅 | 开 | 室 | 金 | 坤 | 燥 | 肺 | 涕 | 庚子 |
| 19 | 三 | 初三 | 癸卯 | 闭 | 壁 | 金 | 乾 | 燥 | 肺 | 涕 | 壬子 |
| 20 | 四 | 初四 | 甲辰 | 建 | 奎 | 火 | 兑 | 热 | 心 | 汗 | 甲子 |
| 21 | 五 | 初五 | 乙巳 | 除 | 娄 | 火 | 离 | 热 | 心 | 汗 | 丙子 |
| 22 | 六 | 初六 | 丙午 | 满 | 胃 | 水 | 震 | 寒 | 肾 | 唾 | 戊子 |
| 23 | 日 | 初七 | 丁未 | 平 | 昴 | 水 | 巽 | 寒 | 肾 | 唾 | 庚子 |
| 24 | 一 | 初八 | 戊申 | 定 | 毕 | 土 | 坎 | 湿 | 脾 | 涎 | 壬子 |
| 25 | 二 | 初九 | 己酉 | 执 | 觜 | 土 | 艮 | 湿 | 脾 | 涎 | 甲子 |
| 26 | 三 | 初十 | 庚戌 | 破 | 参 | 金 | 坤 | 燥 | 肺 | 涕 | 丙子 |
| 27 | 四 | 十一 | 辛亥 | 危 | 井 | 金 | 乾 | 燥 | 肺 | 涕 | 戊子 |
| 28 | 五 | 十二 | 壬子 | 成 | 鬼 | 木 | 兑 | 风 | 肝 | 泪 | 庚子 |
| 29 | 六 | 十三 | 癸丑 | 收 | 柳 | 木 | 离 | 风 | 肝 | 泪 | 壬子 |
| 30 | 日 | 十四 | 甲寅 | 开 | 星 | 水 | 震 | 寒 | 肾 | 唾 | 甲子 |

# 公元2045年　　　　农历乙丑(牛)年

## 5月大　　立夏 5日 10时 00分　　小满 20日 22时 46分

农历四月(5月17日–6月14日)　月干支:辛巳

| 公历 | 星期 | 农历 | 干支 | 日建 | 星宿 | 五行 | 八卦 | 五气 | 五脏 | 五汁 | 时辰 |
|---|---|---|---|---|---|---|---|---|---|---|---|
| 1 | 一 | **三月** | 乙卯 | 闭 | 张 | 水 | 震 | 寒 | 肾 | 唾 | 丙子 |
| 2 | 二 | 十六 | 丙辰 | 建 | 翼 | 土 | 巽 | 湿 | 脾 | 涎 | 戊子 |
| 3 | 三 | 十七 | 丁巳 | 除 | 轸 | 土 | 坎 | 湿 | 脾 | 涎 | 庚子 |
| 4 | 四 | 十八 | 戊午 | 满 | 角 | 火 | 艮 | 热 | 心 | 汗 | 壬子 |
| 5 | 五 | 十九 | 己未 | 满 | 亢 | 火 | 坤 | 热 | 心 | 汗 | 甲子 |
| 6 | 六 | 二十 | 庚申 | 平 | 氐 | 木 | 乾 | 风 | 肝 | 泪 | 丙子 |
| 7 | 日 | 廿一 | 辛酉 | 定 | 房 | 木 | 兑 | 风 | 肝 | 泪 | 戊子 |
| 8 | 一 | 廿二 | 壬戌 | 执 | 心 | 水 | 离 | 寒 | 肾 | 唾 | 庚子 |
| 9 | 二 | 廿三 | 癸亥 | 破 | 尾 | 水 | 震 | 寒 | 肾 | 唾 | 壬子 |
| 10 | 三 | 廿四 | 甲子 | 危 | 箕 | 金 | 巽 | 燥 | 肺 | 涕 | 甲子 |
| 11 | 四 | 廿五 | 乙丑 | 成 | 斗 | 金 | 坎 | 燥 | 肺 | 涕 | 丙子 |
| 12 | 五 | 廿六 | 丙寅 | 收 | 牛 | 火 | 艮 | 热 | 心 | 汗 | 戊子 |
| 13 | 六 | 廿七 | 丁卯 | 开 | 女 | 火 | 坤 | 热 | 心 | 汗 | 庚子 |
| 14 | 日 | 廿八 | 戊辰 | 闭 | 虚 | 木 | 乾 | 风 | 肝 | 泪 | 壬子 |
| 15 | 一 | 廿九 | 己巳 | 建 | 危 | 木 | 兑 | 风 | 肝 | 泪 | 甲子 |
| 16 | 二 | 三十 | 庚午 | 除 | 室 | 土 | 离 | 湿 | 脾 | 涎 | 戊子 |
| 17 | 三 | **四月** | 辛未 | 满 | 壁 | 土 | 艮 | 湿 | 脾 | 涎 | 庚子 |
| 18 | 四 | 初二 | 壬申 | 平 | 奎 | 金 | 坤 | 燥 | 肺 | 涕 | 壬子 |
| 19 | 五 | 初三 | 癸酉 | 定 | 娄 | 金 | 乾 | 燥 | 肺 | 涕 | 甲子 |
| 20 | 六 | 初四 | 甲戌 | 执 | 胃 | 火 | | | | | 丙子 |
| 21 | 日 | 初五 | 乙亥 | 破 | 昴 | 火 | 离 | 热 | 心 | 汗 | 戊子 |
| 22 | 一 | 初六 | 丙子 | 危 | 毕 | 水 | 震 | 寒 | 肾 | 唾 | 庚子 |
| 23 | 二 | 初七 | 丁丑 | 成 | 觜 | 水 | 巽 | 寒 | 肾 | 唾 | 壬子 |
| 24 | 三 | 初八 | 戊寅 | 收 | 参 | 土 | 坎 | 湿 | 脾 | 涎 | 甲子 |
| 25 | 四 | 初九 | 己卯 | 开 | 井 | 土 | 艮 | 湿 | 脾 | 涎 | 丙子 |
| 26 | 五 | 初十 | 庚辰 | 闭 | 鬼 | 金 | 坤 | 燥 | 肺 | 涕 | 戊子 |
| 27 | 六 | 十一 | 辛巳 | 建 | 柳 | 金 | 乾 | 燥 | 肺 | 涕 | 庚子 |
| 28 | 日 | 十二 | 壬午 | 除 | 星 | 木 | 兑 | 风 | 肝 | 泪 | 壬子 |
| 29 | 一 | 十三 | 癸未 | 满 | 张 | 木 | 离 | 风 | 肝 | 泪 | 甲子 |
| 30 | 二 | 十四 | 甲申 | 平 | 翼 | 水 | 震 | 寒 | 肾 | 唾 | 丙子 |
| 31 | 三 | 十五 | 乙酉 | 定 | 轸 | 水 | | 寒 | 肾 | | 戊子 |

## 6月小　　芒种 5日 13时 58分　　夏至 21日 06时 34分

农历五月(6月15日–7月13日)　月干支:壬午

| 公历 | 星期 | 农历 | 干支 | 日建 | 星宿 | 五行 | 八卦 | 五气 | 五脏 | 五汁 | 时辰 |
|---|---|---|---|---|---|---|---|---|---|---|---|
| 1 | 四 | **四月** | 丙戌 | 执 | 角 | 土 | 艮 | 湿 | 脾 | 涎 | 戊子 |
| 2 | 五 | 十七 | 丁亥 | 破 | 亢 | 土 | 坤 | 湿 | 脾 | 涎 | 庚子 |
| 3 | 六 | 十八 | 戊子 | 危 | 氐 | 火 | 乾 | 热 | 心 | 汗 | 壬子 |
| 4 | 日 | 十九 | 己丑 | 成 | 房 | 火 | 兑 | 热 | 心 | 汗 | 甲子 |
| 5 | 一 | 二十 | 庚寅 | 成 | 心 | 木 | | | | | 丙子 |
| 6 | 二 | 廿一 | 辛卯 | 收 | 尾 | 木 | 离 | 风 | 肝 | 泪 | 戊子 |
| 7 | 三 | 廿二 | 壬辰 | 开 | 箕 | 水 | 震 | 寒 | 肾 | 唾 | 庚子 |
| 8 | 四 | 廿三 | 癸巳 | 闭 | 斗 | 水 | 巽 | 寒 | 肾 | 唾 | 壬子 |
| 9 | 五 | 廿四 | 甲午 | 建 | 牛 | 金 | 坎 | 燥 | 肺 | 涕 | 甲子 |
| 10 | 六 | 廿五 | 乙未 | 除 | 女 | 金 | 艮 | 燥 | 肺 | 涕 | 丙子 |
| 11 | 日 | 廿六 | 丙申 | 满 | 虚 | 火 | 坤 | 热 | 心 | 汗 | 戊子 |
| 12 | 一 | 廿七 | 丁酉 | 平 | 危 | 火 | 乾 | 热 | 心 | 汗 | 庚子 |
| 13 | 二 | 廿八 | 戊戌 | 定 | 室 | 木 | 兑 | 风 | 肝 | 泪 | 壬子 |
| 14 | 三 | 廿九 | 己亥 | 执 | 壁 | 木 | 坤 | 风 | 肝 | 泪 | 甲子 |
| 15 | 四 | **五月** | 庚子 | 破 | 奎 | 土 | | 湿 | 脾 | 涎 | 丙子 |
| 16 | 五 | 初二 | 辛丑 | 危 | 娄 | 土 | 乾 | 湿 | 脾 | 涎 | 戊子 |
| 17 | 六 | 初三 | 壬寅 | 成 | 胃 | 金 | 兑 | 燥 | 肺 | 涕 | 庚子 |
| 18 | 日 | 初四 | 癸卯 | 收 | 昴 | 金 | 离 | 燥 | 肺 | 涕 | 壬子 |
| 19 | 一 | 初五 | 甲辰 | 开 | 毕 | 火 | 震 | 热 | 心 | 汗 | 甲子 |
| 20 | 二 | 初六 | 乙巳 | 闭 | 觜 | 火 | 巽 | 热 | 心 | 汗 | 丙子 |
| 21 | 三 | 初七 | 丙午 | 建 | 参 | 水 | 坎 | 寒 | 肾 | 唾 | 戊子 |
| 22 | 四 | 初八 | 丁未 | 除 | 井 | 水 | 艮 | 寒 | 肾 | 唾 | 庚子 |
| 23 | 五 | 初九 | 戊申 | 满 | 鬼 | 土 | 坤 | 湿 | 脾 | 涎 | 壬子 |
| 24 | 六 | 初十 | 己酉 | 平 | 柳 | 土 | 乾 | 湿 | 脾 | 涎 | 甲子 |
| 25 | 日 | 十一 | 庚戌 | 定 | 星 | 金 | 兑 | 燥 | 肺 | 涕 | 丙子 |
| 26 | 一 | 十二 | 辛亥 | 执 | 张 | 金 | 离 | 燥 | 肺 | 涕 | 戊子 |
| 27 | 二 | 十三 | 壬子 | 破 | 翼 | 木 | 震 | 风 | 肝 | 泪 | 庚子 |
| 28 | 三 | 十四 | 癸丑 | 危 | 轸 | 木 | 巽 | 风 | 肝 | 泪 | 壬子 |
| 29 | 四 | 十五 | 甲寅 | 成 | 角 | 水 | 坎 | 寒 | 肾 | 唾 | 甲子 |
| 30 | 五 | 十六 | 乙卯 | 收 | 亢 | 水 | 艮 | 寒 | 肾 | 唾 | 丙子 |
| 31 | | | | | | | | | | | |

# 公元 2045 年　　　　农历乙丑(牛)年

| 7月大 | 小暑　7日00时09分　　大暑　22日17时27分 |
|---|---|

农历六月(7月14日-8月12日)　月干支:癸未

| 公历 | 星期 | 农历 | 干支 | 日建 | 星宿 | 五行 | 八卦 | 五气 | 五脏 | 五汁 | 时辰 |
|---|---|---|---|---|---|---|---|---|---|---|---|
| 1 | 六 | 五月十七 | 丙辰 | 开 | 氐 | 土 | 坤 | 湿 | 脾 | 涎 | 戊子 |
| 2 | 日 | 十八 | 丁巳 | 闭 | 房 | 土 | 乾 | 湿 | 脾 | 涎 | 庚子 |
| 3 | 一 | 十九 | 戊午 | 建 | 心 | 火 | 兑 | 热 | 心 | 汗 | 壬子 |
| 4 | 二 | 二十 | 己未 | 除 | 尾 | 火 | 离 | 热 | 心 | 汗 | 甲子 |
| 5 | 三 | 廿一 | 庚申 | 满 | 箕 | 木 | 震 | 风 | 肝 | 泪 | 丙子 |
| 6 | 四 | 廿二 | 辛酉 | 平 | 斗 | 木 | 巽 | 风 | 肝 | 泪 | 戊子 |
| 7 | 五 | 廿三 | 壬戌 | 平 | 牛 | 水 | 坎 | 寒 | 肾 | 唾 | 庚子 |
| 8 | 六 | 廿四 | 癸亥 | 定 | 女 | 水 | 艮 | 寒 | 肾 | 唾 | 壬子 |
| 9 | 日 | 廿五 | 甲子 | 执 | 虚 | 金 | 坤 | 燥 | 肺 | 涕 | 甲子 |
| 10 | 一 | 廿六 | 乙丑 | 破 | 危 | 金 | 乾 | 燥 | 肺 | 涕 | 丙子 |
| 11 | 二 | 廿七 | 丙寅 | 危 | 室 | 火 | 兑 | 热 | 心 | 汗 | 戊子 |
| 12 | 三 | 廿八 | 丁卯 | 成 | 壁 | 火 | 离 | 热 | 心 | 汗 | 庚子 |
| 13 | 四 | 廿九 | 戊辰 | 收 | 奎 | 木 | 震 | 风 | 肝 | 泪 | 壬子 |
| 14 | 五 | 六月初一 | 己巳 | 开 | 娄 | 木 | 乾 | 风 | 肝 | 泪 | 甲子 |
| 15 | 六 | 初二 | 庚午 | 闭 | 胃 | 土 | | 湿 | 脾 | 涎 | 丙子 |
| 16 | 日 | 初三 | 辛未 | 建 | 昴 | 土 | 离 | 湿 | 脾 | 涎 | 戊子 |
| 17 | 一 | 初四 | 壬申 | 除 | 毕 | 金 | 震 | 燥 | 肺 | 涕 | 庚子 |
| 18 | 二 | 初五 | 癸酉 | 满 | 觜 | 金 | 巽 | 燥 | 肺 | 涕 | 壬子 |
| 19 | 三 | 初六 | 甲戌 | 平 | 参 | 火 | 坎 | 热 | 心 | 汗 | 甲子 |
| 20 | 四 | 初七 | 乙亥 | 定 | 井 | 火 | 艮 | 热 | 心 | 汗 | 丙子 |
| 21 | 五 | 初八 | 丙子 | 执 | 鬼 | 水 | 坤 | 寒 | 肾 | 唾 | 戊子 |
| 22 | 六 | 初九 | 丁丑 | 破 | 柳 | 水 | 乾 | 寒 | 肾 | 唾 | 庚子 |
| 23 | 日 | 初十 | 戊寅 | 危 | 星 | 土 | 兑 | 湿 | 脾 | 涎 | 壬子 |
| 24 | 一 | 十一 | 己卯 | 成 | 张 | 土 | 离 | 湿 | 脾 | 涎 | 甲子 |
| 25 | 二 | 十二 | 庚辰 | 收 | 翼 | 金 | 震 | 燥 | 肺 | 涕 | 丙子 |
| 26 | 三 | 十三 | 辛巳 | 开 | 轸 | 金 | 巽 | 燥 | 肺 | 涕 | 戊子 |
| 27 | 四 | 十四 | 壬午 | 闭 | 角 | 木 | 坎 | 风 | 肝 | 泪 | 庚子 |
| 28 | 五 | 十五 | 癸未 | 建 | 亢 | 木 | 艮 | 风 | 肝 | 泪 | 壬子 |
| 29 | 六 | 十六 | 甲申 | 除 | 氐 | 水 | 坤 | 寒 | 肾 | 唾 | 甲子 |
| 30 | 日 | 十七 | 乙酉 | 满 | 房 | 水 | 乾 | 寒 | 肾 | 唾 | 丙子 |
| 31 | 一 | 十八 | 丙戌 | 平 | 心 | 土 | 兑 | 湿 | 脾 | 涎 | 戊子 |

| 8月大 | 立秋　7日10时00分　　处暑　23日00时39分 |
|---|---|

农历七月(8月13日-9月10日)　月干支:甲申

| 公历 | 星期 | 农历 | 干支 | 日建 | 星宿 | 五行 | 八卦 | 五气 | 五脏 | 五汁 | 时辰 |
|---|---|---|---|---|---|---|---|---|---|---|---|
| 1 | 二 | 六月十九 | 丁亥 | 定 | 尾 | 土 | 离 | 湿 | 脾 | 涎 | 庚子 |
| 2 | 三 | 二十 | 戊子 | 执 | 箕 | 火 | 震 | 热 | 心 | 汗 | 壬子 |
| 3 | 四 | 廿一 | 己丑 | 破 | 斗 | 火 | 巽 | 热 | 心 | 汗 | 甲子 |
| 4 | 五 | 廿二 | 庚寅 | 危 | 牛 | 木 | 坎 | 风 | 肝 | 泪 | 丙子 |
| 5 | 六 | 廿三 | 辛卯 | 成 | 女 | 木 | 艮 | 风 | 肝 | 泪 | 戊子 |
| 6 | 日 | 廿四 | 壬辰 | 收 | 虚 | 水 | 坤 | 寒 | 肾 | 唾 | 庚子 |
| 7 | 一 | 廿五 | 癸巳 | 收 | 危 | 水 | 乾 | 寒 | 肾 | 唾 | 壬子 |
| 8 | 二 | 廿六 | 甲午 | 开 | 室 | 金 | 兑 | 燥 | 肺 | 涕 | 甲子 |
| 9 | 三 | 廿七 | 乙未 | 闭 | 壁 | 金 | 离 | 燥 | 肺 | 涕 | 丙子 |
| 10 | 四 | 廿八 | 丙申 | 建 | 奎 | 火 | 震 | 热 | 心 | 汗 | 戊子 |
| 11 | 五 | 廿九 | 丁酉 | 除 | 娄 | 火 | 巽 | 热 | 心 | 汗 | 庚子 |
| 12 | 六 | 三十 | 戊戌 | 满 | 胃 | 木 | 坎 | 风 | 肝 | 泪 | 壬子 |
| 13 | 日 | 七月初一 | 己亥 | 平 | 昴 | 木 | 艮 | 风 | 肝 | 泪 | 甲子 |
| 14 | 一 | 初二 | 庚子 | 定 | 毕 | 土 | 离 | 湿 | 脾 | 涎 | 丙子 |
| 15 | 二 | 初三 | 辛丑 | 执 | 觜 | 土 | 震 | 湿 | 脾 | 涎 | 戊子 |
| 16 | 三 | 初四 | 壬寅 | 破 | 参 | 金 | 巽 | 燥 | 肺 | 涕 | 庚子 |
| 17 | 四 | 初五 | 癸卯 | 危 | 井 | 金 | 坎 | 燥 | 肺 | 涕 | 壬子 |
| 18 | 五 | 初六 | 甲辰 | 成 | 鬼 | 火 | 艮 | 热 | 心 | 汗 | 甲子 |
| 19 | 六 | 初七 | 乙巳 | 收 | 柳 | 火 | 坤 | 热 | 心 | 汗 | 丙子 |
| 20 | 日 | 初八 | 丙午 | 开 | 星 | 水 | 乾 | 寒 | 肾 | 唾 | 戊子 |
| 21 | 一 | 初九 | 丁未 | 闭 | 张 | 水 | 兑 | 寒 | 肾 | 唾 | 庚子 |
| 22 | 二 | 初十 | 戊申 | 建 | 翼 | 土 | 离 | 湿 | 脾 | 涎 | 壬子 |
| 23 | 三 | 十一 | 己酉 | 除 | 轸 | 土 | 震 | 湿 | 脾 | 涎 | 甲子 |
| 24 | 四 | 十二 | 庚戌 | 满 | 角 | 金 | 巽 | 燥 | 肺 | 涕 | 丙子 |
| 25 | 五 | 十三 | 辛亥 | 平 | 亢 | 金 | 坎 | 燥 | 肺 | 涕 | 戊子 |
| 26 | 六 | 十四 | 壬子 | 定 | 氐 | 木 | 艮 | 风 | 肝 | 泪 | 庚子 |
| 27 | 日 | 十五 | 癸丑 | 执 | 房 | 木 | 坤 | 风 | 肝 | 泪 | 壬子 |
| 28 | 一 | 十六 | 甲寅 | 破 | 心 | 水 | 乾 | 寒 | 肾 | 唾 | 甲子 |
| 29 | 二 | 十七 | 乙卯 | 危 | 尾 | 水 | 兑 | 寒 | 肾 | 唾 | 丙子 |
| 30 | 三 | 十八 | 丙辰 | 成 | 箕 | 土 | 离 | 湿 | 脾 | 涎 | 戊子 |
| 31 | 四 | 十九 | 丁巳 | 收 | 斗 | 土 | 震 | 湿 | 脾 | 涎 | 庚子 |

## 公元2045年　　　　　农历乙丑(牛)年

### 9月小　白露 7日13时06分　秋分 22日22时33分

农历八月(9月11日－10月9日)　月干支:乙酉

| 公历 | 星期 | 农历 | 干支 | 日建 | 星宿 | 五行 | 八卦 | 五气 | 五脏 | 五汁 | 时辰 |
|---|---|---|---|---|---|---|---|---|---|---|---|
| 1 | 五 | 七月 | 戊午 | 开 | 牛 | 火 | 巽 | 热 | 心 | 汗 | 壬子 |
| 2 | 六 | 廿一 | 己未 | 闭 | 女 | 火 | 坎 | 热 | 心 | 汗 | 甲子 |
| 3 | 日 | 廿二 | 庚申 | 建 | 虚 | 木 | 艮 | 风 | 肝 | 泪 | 丙子 |
| 4 | 一 | 廿三 | 辛酉 | 除 | 危 | 木 | 坤 | 风 | 肝 | 泪 | 戊子 |
| 5 | 二 | 廿四 | 壬戌 | 满 | 室 | 水 | 乾 | 寒 | 肾 | 唾 | 庚子 |
| 6 | 三 | 廿五 | 癸亥 | 平 | 壁 | 水 | 兑 | 寒 | 肾 | 唾 | 壬子 |
| 7 | 四 | 廿六 | 甲子 | 平 | 奎 | 金 | 离 | 燥 | 肺 | 涕 | 甲子 |
| 8 | 五 | 廿七 | 乙丑 | 定 | 娄 | 金 | 震 | 燥 | 肺 | 涕 | 丙子 |
| 9 | 六 | 廿八 | 丙寅 | 执 | 胃 | 火 | 巽 | 热 | 心 | 汗 | 戊子 |
| 10 | 日 | 廿九 | 丁卯 | 破 | 昴 | 火 | 坎 | 热 | 心 | 汗 | 庚子 |
| 11 | 一 | 八月 | 戊辰 | 危 | 毕 | 木 | 离 | 风 | 肝 | 泪 | 壬子 |
| 12 | 二 | 初二 | 己巳 | 成 | 觜 | 木 | 震 | 风 | 肝 | 泪 | 甲子 |
| 13 | 三 | 初三 | 庚午 | 收 | 参 | 土 | 巽 | 湿 | 脾 | 涎 | 丙子 |
| 14 | 四 | 初四 | 辛未 | 开 | 井 | 土 | 坎 | 湿 | 脾 | 涎 | 戊子 |
| 15 | 五 | 初五 | 壬申 | 闭 | 鬼 | 金 | 艮 | 燥 | 肺 | 涕 | 庚子 |
| 16 | 六 | 初六 | 癸酉 | 建 | 柳 | 金 | 坤 | 燥 | 肺 | 涕 | 壬子 |
| 17 | 日 | 初七 | 甲戌 | 除 | 星 | 火 | 乾 | 热 | 心 | 汗 | 甲子 |
| 18 | 一 | 初八 | 乙亥 | 满 | 张 | 火 | 兑 | 热 | 心 | 汗 | 丙子 |
| 19 | 二 | 初九 | 丙子 | 平 | 翼 | 水 | 离 | 寒 | 肾 | 唾 | 戊子 |
| 20 | 三 | 初十 | 丁丑 | 定 | 轸 | 水 | 震 | 寒 | 肾 | 唾 | 庚子 |
| 21 | 四 | 十一 | 戊寅 | 执 | 角 | 土 | 巽 | 湿 | 脾 | 涎 | 壬子 |
| 22 | 五 | 十二 | 己卯 | 破 | 亢 | 土 | 坎 | 湿 | 脾 | 涎 | 甲子 |
| 23 | 六 | 十三 | 庚辰 | 危 | 氐 | 金 | 艮 | 燥 | 肺 | 涕 | 丙子 |
| 24 | 日 | 十四 | 辛巳 | 成 | 房 | 金 | 坤 | 燥 | 肺 | 涕 | 戊子 |
| 25 | 一 | 十五 | 壬午 | 收 | 心 | 木 | 乾 | 风 | 肝 | 泪 | 庚子 |
| 26 | 二 | 十六 | 癸未 | 开 | 尾 | 木 | 兑 | 风 | 肝 | 泪 | 壬子 |
| 27 | 三 | 十七 | 甲申 | 闭 | 箕 | 水 | 离 | 寒 | 肾 | 唾 | 甲子 |
| 28 | 四 | 十八 | 乙酉 | 建 | 斗 | 水 | 震 | 寒 | 肾 | 唾 | 丙子 |
| 29 | 五 | 十九 | 丙戌 | 除 | 牛 | 土 | 巽 | 湿 | 脾 | 涎 | 戊子 |
| 30 | 六 | 二十 | 丁亥 | 满 | 女 | 土 | 坎 | 湿 | 脾 | 涎 | 庚子 |

### 10月大　寒露 8日05时01分　霜降 23日08时13分

农历九月(10月10日－11月8日)　月干支:丙戌

| 公历 | 星期 | 农历 | 干支 | 日建 | 星宿 | 五行 | 八卦 | 五气 | 五脏 | 五汁 | 时辰 |
|---|---|---|---|---|---|---|---|---|---|---|---|
| 1 | 日 | 八月 | 戊子 | 平 | 虚 | 火 | 艮 | 热 | 心 | 汗 | 壬子 |
| 2 | 一 | 廿二 | 己丑 | 定 | 危 | 火 | 乾 | 热 | 心 | 汗 | 甲子 |
| 3 | 二 | 廿三 | 庚寅 | 执 | 室 | 木 | 兑 | 风 | 肝 | 泪 | 丙子 |
| 4 | 三 | 廿四 | 辛卯 | 破 | 壁 | 木 | 离 | 风 | 肝 | 泪 | 戊子 |
| 5 | 四 | 廿五 | 壬辰 | 危 | 奎 | 水 | 震 | 寒 | 肾 | 唾 | 庚子 |
| 6 | 五 | 廿六 | 癸巳 | 成 | 娄 | 水 | 巽 | 寒 | 肾 | 唾 | 壬子 |
| 7 | 六 | 廿七 | 甲午 | 收 | 胃 | 金 | 坎 | 燥 | 肺 | 涕 | 甲子 |
| 8 | 日 | 廿八 | 乙未 | 收 | 昴 | 金 | 艮 | 燥 | 肺 | 涕 | 丙子 |
| 9 | 一 | 廿九 | 丙申 | 开 | 毕 | 火 | 震 | 热 | 心 | 汗 | 戊子 |
| 10 | 二 | 九月 | 丁酉 | 闭 | 觜 | 火 | 巽 | 热 | 心 | 汗 | 庚子 |
| 11 | 三 | 初二 | 戊戌 | 建 | 参 | 木 | 坎 | 风 | 肝 | 泪 | 壬子 |
| 12 | 四 | 初三 | 己亥 | 除 | 井 | 木 | 艮 | 风 | 肝 | 泪 | 甲子 |
| 13 | 五 | 初四 | 庚子 | 满 | 鬼 | 土 | 坤 | 湿 | 脾 | 涎 | 丙子 |
| 14 | 六 | 初五 | 辛丑 | 平 | 柳 | 土 | 乾 | 湿 | 脾 | 涎 | 戊子 |
| 15 | 日 | 初六 | 壬寅 | 定 | 星 | 金 | 兑 | 燥 | 肺 | 涕 | 庚子 |
| 16 | 一 | 初七 | 癸卯 | 执 | 张 | 金 | 离 | 燥 | 肺 | 涕 | 壬子 |
| 17 | 二 | 初八 | 甲辰 | 破 | 翼 | 火 | 震 | 热 | 心 | 汗 | 甲子 |
| 18 | 三 | 初九 | 乙巳 | 危 | 轸 | 火 | 巽 | 热 | 心 | 汗 | 丙子 |
| 19 | 四 | 初十 | 丙午 | 成 | 角 | 水 | 坎 | 寒 | 肾 | 唾 | 戊子 |
| 20 | 五 | 十一 | 丁未 | 收 | 亢 | 水 | 艮 | 寒 | 肾 | 唾 | 庚子 |
| 21 | 六 | 十二 | 戊申 | 开 | 氐 | 土 | 坤 | 湿 | 脾 | 涎 | 壬子 |
| 22 | 日 | 十三 | 己酉 | 闭 | 房 | 土 | 乾 | 湿 | 脾 | 涎 | 甲子 |
| 23 | 一 | 十四 | 庚戌 | 建 | 心 | 金 | 兑 | 燥 | 肺 | 涕 | 丙子 |
| 24 | 二 | 十五 | 辛亥 | 除 | 尾 | 金 | 离 | 燥 | 肺 | 涕 | 戊子 |
| 25 | 三 | 十六 | 壬子 | 满 | 箕 | 木 | 乾 | 风 | 肝 | 泪 | 庚子 |
| 26 | 四 | 十七 | 癸丑 | 平 | 斗 | 木 | 震 | 风 | 肝 | 泪 | 壬子 |
| 27 | 五 | 十八 | 甲寅 | 定 | 牛 | 水 | 巽 | 寒 | 肾 | 唾 | 甲子 |
| 28 | 六 | 十九 | 乙卯 | 执 | 女 | 水 | 坎 | 寒 | 肾 | 唾 | 丙子 |
| 29 | 日 | 二十 | 丙辰 | 破 | 虚 | 土 | 艮 | 湿 | 脾 | 涎 | 戊子 |
| 30 | 一 | 廿一 | 丁巳 | 危 | 危 | 土 | 坤 | 湿 | 脾 | 涎 | 庚子 |
| 31 | 二 | 廿二 | 戊午 | 成 | 室 | 火 | 乾 | 热 | 心 | 汗 | 壬子 |

288

实用干支万年历

# 公元2045年　　　　农历乙丑(牛)年

## 11月小

立冬　7日08时30分
小雪　22日06时04分

农历十月(11月9日-12月7日)　月干支:丁亥

| 公历 | 星期 | 农历 | 干支 | 日建 | 星宿 | 五行 | 八卦 | 五气 | 五脏 | 五汁 | 时辰 |
|---|---|---|---|---|---|---|---|---|---|---|---|
| 1 | 三 | 九月 | 己未 | 收 | 壁 | 火 | 兑 | 热 | 心 | 汗 | 甲子 |
| 2 | 四 | 廿四 | 庚申 | 开 | 奎 | 木 | 离 | 风 | 肝 | 泪 | 丙子 |
| 3 | 五 | 廿五 | 辛酉 | 闭 | 娄 | 木 | 震 | 风 | 肝 | 泪 | 戊子 |
| 4 | 六 | 廿六 | 壬戌 | 建 | 胃 | 水 | 巽 | 寒 | 肾 | 唾 | 庚子 |
| 5 | 日 | 廿七 | 癸亥 | 除 | 昴 | 水 | 坎 | 寒 | 肾 | 唾 | 壬子 |
| 6 | 一 | 廿八 | 甲子 | 满 | 毕 | 金 | 艮 | 燥 | 肺 | 涕 | 甲子 |
| 7 | 二 | 廿九 | 乙丑 | 满 | 觜 | 金 | 坤 | 燥 | 肺 | 涕 | 丙子 |
| 8 | 三 | 三十 | 丙寅 | 平 | 参 | 火 | 乾 | 热 | 心 | 汗 | 戊子 |
| 9 | 四 | 十月 | 丁卯 | 定 | 井 | 火 | 兑 | 热 | 心 | 汗 | 庚子 |
| 10 | 五 | 初二 | 戊辰 | 执 | 鬼 | 木 | 离 | 风 | 肝 | 泪 | 壬子 |
| 11 | 六 | 初三 | 己巳 | 破 | 柳 | 木 | 艮 | 风 | 肝 | 泪 | 甲子 |
| 12 | 日 | 初四 | 庚午 | 危 | 星 | 土 | 坤 | 湿 | 脾 | 涎 | 丙子 |
| 13 | 一 | 初五 | 辛未 | 成 | 张 | 土 | 乾 | 湿 | 脾 | 涎 | 戊子 |
| 14 | 二 | 初六 | 壬申 | 收 | 翼 | 金 | 兑 | 燥 | 肺 | 涕 | 庚子 |
| 15 | 三 | 初七 | 癸酉 | 开 | 轸 | 金 | 离 | 燥 | 肺 | 涕 | 壬子 |
| 16 | 四 | 初八 | 甲戌 | 闭 | 角 | 火 | 震 | 热 | 心 | 汗 | 甲子 |
| 17 | 五 | 初九 | 乙亥 | 建 | 亢 | 火 | 巽 | 热 | 心 | 汗 | 丙子 |
| 18 | 六 | 初十 | 丙子 | 除 | 氐 | 水 | 坎 | 寒 | 肾 | 唾 | 戊子 |
| 19 | 日 | 十一 | 丁丑 | 满 | 房 | 水 | 艮 | 寒 | 肾 | 唾 | 庚子 |
| 20 | 一 | 十二 | 戊寅 | 平 | 心 | 土 | 坤 | 湿 | 脾 | 涎 | 壬子 |
| 21 | 二 | 十三 | 己卯 | 定 | 尾 | 土 | 乾 | 湿 | 脾 | 涎 | 甲子 |
| 22 | 三 | 十四 | 庚辰 | 执 | 箕 | 金 | 兑 | 燥 | 肺 | 涕 | 丙子 |
| 23 | 四 | 十五 | 辛巳 | 破 | 斗 | 金 | 离 | 燥 | 肺 | 涕 | 戊子 |
| 24 | 五 | 十六 | 壬午 | 危 | 牛 | 木 | 震 | 风 | 肝 | 泪 | 庚子 |
| 25 | 六 | 十七 | 癸未 | 成 | 女 | 木 | 巽 | 风 | 肝 | 泪 | 壬子 |
| 26 | 日 | 十八 | 甲申 | 收 | 虚 | 水 | 坎 | 寒 | 肾 | 唾 | 甲子 |
| 27 | 一 | 十九 | 乙酉 | 开 | 危 | 水 | 艮 | 寒 | 肾 | 唾 | 丙子 |
| 28 | 二 | 二十 | 丙戌 | 闭 | 室 | 土 | 坤 | 湿 | 脾 | 涎 | 戊子 |
| 29 | 三 | 廿一 | 丁亥 | 建 | 壁 | 土 | 乾 | 湿 | 脾 | 涎 | 庚子 |
| 30 | 四 | 廿二 | 戊子 | 除 | 奎 | 火 | 兑 | 热 | 心 | 汗 | 壬子 |

## 12月大

大雪　7日01时36分
冬至　21日19时36分

农历冬月(12月8日-1月6日)　月干支:戊子

| 公历 | 星期 | 农历 | 干支 | 日建 | 星宿 | 五行 | 八卦 | 五气 | 五脏 | 五汁 | 时辰 |
|---|---|---|---|---|---|---|---|---|---|---|---|
| 1 | 五 | 十月 | 己丑 | 满 | 娄 | 火 | 离 | 热 | 心 | 汗 | 甲子 |
| 2 | 六 | 廿四 | 庚寅 | 平 | 胃 | 木 | 震 | 风 | 肝 | 泪 | 丙子 |
| 3 | 日 | 廿五 | 辛卯 | 定 | 昴 | 木 | 巽 | 风 | 肝 | 泪 | 戊子 |
| 4 | 一 | 廿六 | 壬辰 | 执 | 毕 | 水 | 坎 | 寒 | 肾 | 唾 | 庚子 |
| 5 | 二 | 廿七 | 癸巳 | 破 | 觜 | 水 | 艮 | 寒 | 肾 | 唾 | 壬子 |
| 6 | 三 | 廿八 | 甲午 | 危 | 参 | 金 | 坤 | 燥 | 肺 | 涕 | 甲子 |
| 7 | 四 | 廿九 | 乙未 | 危 | 井 | 金 | 乾 | 燥 | 肺 | 涕 | 丙子 |
| 8 | 五 | 冬月 | 丙申 | 成 | 鬼 | 火 | 兑 | 热 | 心 | 汗 | 戊子 |
| 9 | 六 | 初二 | 丁酉 | 收 | 柳 | 火 | 离 | 热 | 心 | 汗 | 庚子 |
| 10 | 日 | 初三 | 戊戌 | 开 | 星 | 木 | 坤 | 风 | 肝 | 泪 | 壬子 |
| 11 | 一 | 初四 | 己亥 | 闭 | 张 | 木 | 乾 | 风 | 肝 | 泪 | 甲子 |
| 12 | 二 | 初五 | 庚子 | 建 | 翼 | 土 | 兑 | 湿 | 脾 | 涎 | 丙子 |
| 13 | 三 | 初六 | 辛丑 | 除 | 轸 | 土 | 离 | 湿 | 脾 | 涎 | 戊子 |
| 14 | 四 | 初七 | 壬寅 | 满 | 角 | 金 | 震 | 燥 | 肺 | 涕 | 庚子 |
| 15 | 五 | 初八 | 癸卯 | 平 | 亢 | 金 | 巽 | 燥 | 肺 | 涕 | 壬子 |
| 16 | 六 | 初九 | 甲辰 | 定 | 氐 | 火 | 坎 | 热 | 心 | 汗 | 甲子 |
| 17 | 日 | 初十 | 乙巳 | 执 | 房 | 火 | 艮 | 热 | 心 | 汗 | 丙子 |
| 18 | 一 | 十一 | 丙午 | 破 | 心 | 水 | 坤 | 寒 | 肾 | 唾 | 戊子 |
| 19 | 二 | 十二 | 丁未 | 危 | 尾 | 水 | 乾 | 寒 | 肾 | 唾 | 庚子 |
| 20 | 三 | 十三 | 戊申 | 成 | 箕 | 土 | 兑 | 湿 | 脾 | 涎 | 壬子 |
| 21 | 四 | 十四 | 己酉 | 收 | 斗 | 土 | 离 | 湿 | 脾 | 涎 | 甲子 |
| 22 | 五 | 十五 | 庚戌 | 开 | 牛 | 金 | 震 | 燥 | 肺 | 涕 | 丙子 |
| 23 | 六 | 十六 | 辛亥 | 闭 | 女 | 金 | 巽 | 燥 | 肺 | 涕 | 戊子 |
| 24 | 日 | 十七 | 壬子 | 建 | 虚 | 木 | 坎 | 风 | 肝 | 泪 | 庚子 |
| 25 | 一 | 十八 | 癸丑 | 除 | 危 | 木 | 艮 | 风 | 肝 | 泪 | 壬子 |
| 26 | 二 | 十九 | 甲寅 | 满 | 室 | 水 | 坤 | 寒 | 肾 | 唾 | 甲子 |
| 27 | 三 | 二十 | 乙卯 | 平 | 壁 | 水 | 乾 | 寒 | 肾 | 唾 | 丙子 |
| 28 | 四 | 廿一 | 丙辰 | 定 | 奎 | 土 | 兑 | 湿 | 脾 | 涎 | 戊子 |
| 29 | 五 | 廿二 | 丁巳 | 执 | 娄 | 土 | 离 | 湿 | 脾 | 涎 | 庚子 |
| 30 | 六 | 廿三 | 戊午 | 破 | 胃 | 火 | 震 | 热 | 心 | 汗 | 壬子 |
| 31 | 日 | 廿四 | 己未 | 危 | 昴 | 火 | 巽 | 热 | 心 | 汗 | 甲子 |

# 公元2046年　　　农历丙寅(虎)年

## 1月大
小寒　5日12时57分
大寒　20日06时16分

农历腊月(1月7日-2月5日)　月干支:己丑

| 公历 | 星期 | 农历 | 干支 | 日建 | 星宿 | 五行 | 八卦 | 五气 | 五脏 | 五汁 | 时辰 |
|---|---|---|---|---|---|---|---|---|---|---|---|
| 1 | 一 | 冬月 | 庚申 | 成 | 毕 | 木 | 坎 | 风 | 肝 | 泪 | 丙子 |
| 2 | 二 | 廿六 | 辛酉 | 收 | 觜 | 木 | 艮 | 风 | 肝 | 泪 | 戊子 |
| 3 | 三 | 廿七 | 壬戌 | 开 | 参 | 水 | 坤 | 寒 | 肾 | 唾 | 庚子 |
| 4 | 四 | 廿八 | 癸亥 | 闭 | 井 | 水 | 乾 | 寒 | 肾 | 唾 | 壬子 |
| 5 | 五 | 廿九 | 甲子 | 闭 | 鬼 | 金 | 兑 | 燥 | 肺 | 涕 | 甲子 |
| 6 | 六 | 三十 | 乙丑 | 建 | 柳 | 金 | 离 | 燥 | 肺 | 涕 | 丙子 |
| 7 | 日 | 腊月 | 丙寅 | 除 | 星 | 火 | 艮 | 热 | 心 | 汗 | 戊子 |
| 8 | 一 | 初二 | 丁卯 | 满 | 张 | 火 | 坤 | 热 | 心 | 汗 | 庚子 |
| 9 | 二 | 初三 | 戊辰 | 平 | 翼 | 木 | 乾 | 风 | 肝 | 泪 | 壬子 |
| 10 | 三 | 初四 | 己巳 | 定 | 轸 | 木 | 兑 | 风 | 肝 | 泪 | 甲子 |
| 11 | 四 | 初五 | 庚午 | 执 | 角 | 土 | 离 | 湿 | 脾 | 涎 | 丙子 |
| 12 | 五 | 初六 | 辛未 | 破 | 亢 | 土 | 震 | 湿 | 脾 | 涎 | 戊子 |
| 13 | 六 | 初七 | 壬申 | 危 | 氐 | 金 | 巽 | 燥 | 肺 | 涕 | 庚子 |
| 14 | 日 | 初八 | 癸酉 | 成 | 房 | 金 | 坎 | 燥 | 肺 | 涕 | 壬子 |
| 15 | 一 | 初九 | 甲戌 | 收 | 心 | 火 | 艮 | 热 | 心 | 汗 | 甲子 |
| 16 | 二 | 初十 | 乙亥 | 开 | 尾 | 火 | 坤 | 热 | 心 | 汗 | 丙子 |
| 17 | 三 | 十一 | 丙子 | 闭 | 箕 | 水 | 乾 | 寒 | 肾 | 唾 | 戊子 |
| 18 | 四 | 十二 | 丁丑 | 建 | 斗 | 水 | 兑 | 寒 | 肾 | 唾 | 庚子 |
| 19 | 五 | 十三 | 戊寅 | 除 | 牛 | 土 | 离 | 湿 | 脾 | 涎 | 壬子 |
| 20 | 六 | 十四 | 己卯 | 满 | 女 | 土 | 震 | 湿 | 脾 | 涎 | 甲子 |
| 21 | 日 | 十五 | 庚辰 | 平 | 虚 | 金 | 巽 | 燥 | 肺 | 涕 | 丙子 |
| 22 | 一 | 十六 | 辛巳 | 定 | 危 | 金 | 坎 | 燥 | 肺 | 涕 | 戊子 |
| 23 | 二 | 十七 | 壬午 | 执 | 室 | 木 | 艮 | 风 | 肝 | 泪 | 庚子 |
| 24 | 三 | 十八 | 癸未 | 破 | 壁 | 木 | 坤 | 风 | 肝 | 泪 | 壬子 |
| 25 | 四 | 十九 | 甲申 | 危 | 奎 | 水 | 乾 | 寒 | 肾 | 唾 | 甲子 |
| 26 | 五 | 二十 | 乙酉 | 成 | 娄 | 水 | 兑 | 寒 | 肾 | 唾 | 丙子 |
| 27 | 六 | 廿一 | 丙戌 | 收 | 胃 | 土 | 离 | 湿 | 脾 | 涎 | 戊子 |
| 28 | 日 | 廿二 | 丁亥 | 开 | 昴 | 土 | 震 | 湿 | 脾 | 涎 | 庚子 |
| 29 | 一 | 廿三 | 戊子 | 闭 | 毕 | 火 | 巽 | 热 | 心 | 汗 | 壬子 |
| 30 | 二 | 廿四 | 己丑 | 建 | 觜 | 火 | 坎 | 热 | 心 | 汗 | 甲子 |
| 31 | 三 | 廿五 | 庚寅 | 除 | 参 | 木 | 艮 | 风 | 肝 | 泪 | 丙子 |

## 2月平
立春　4日00时32分
雨水　18日20时16分

农历正月(2月6日-3月7日)　月干支:庚寅

| 公历 | 星期 | 农历 | 干支 | 日建 | 星宿 | 五行 | 八卦 | 五气 | 五脏 | 五汁 | 时辰 |
|---|---|---|---|---|---|---|---|---|---|---|---|
| 1 | 四 | 腊月 | 辛卯 | 满 | 井 | 木 | 坤 | 风 | 肝 | 泪 | 戊子 |
| 2 | 五 | 廿七 | 壬辰 | 平 | 鬼 | 水 | 乾 | 寒 | 肾 | 唾 | 庚子 |
| 3 | 六 | 廿八 | 癸巳 | 定 | 柳 | 水 | 兑 | 寒 | 肾 | 唾 | 壬子 |
| 4 | 日 | 廿九 | 甲午 | 定 | 星 | 金 | 离 | 燥 | 肺 | 涕 | 甲子 |
| 5 | 一 | 三十 | 乙未 | 执 | 张 | 金 | 震 | 燥 | 肺 | 涕 | 丙子 |
| 6 | 二 | 正月 | 丙申 | 破 | 翼 | 火 | 巽 | 热 | 心 | 汗 | 戊子 |
| 7 | 三 | 初二 | 丁酉 | 危 | 轸 | 火 | 坎 | 热 | 心 | 汗 | 庚子 |
| 8 | 四 | 初三 | 戊戌 | 成 | 角 | 木 | 艮 | 风 | 肝 | 泪 | 壬子 |
| 9 | 五 | 初四 | 己亥 | 收 | 亢 | 木 | 坤 | 风 | 肝 | 泪 | 甲子 |
| 10 | 六 | 初五 | 庚子 | 开 | 氐 | 土 | 乾 | 湿 | 脾 | 涎 | 丙子 |
| 11 | 日 | 初六 | 辛丑 | 闭 | 房 | 土 | 兑 | 湿 | 脾 | 涎 | 戊子 |
| 12 | 一 | 初七 | 壬寅 | 建 | 心 | 金 | 离 | 燥 | 肺 | 涕 | 庚子 |
| 13 | 二 | 初八 | 癸卯 | 除 | 尾 | 金 | 震 | 燥 | 肺 | 涕 | 壬子 |
| 14 | 三 | 初九 | 甲辰 | 满 | 箕 | 火 | 巽 | 热 | 心 | 汗 | 甲子 |
| 15 | 四 | 初十 | 乙巳 | 平 | 斗 | 火 | 坎 | 热 | 心 | 汗 | 丙子 |
| 16 | 五 | 十一 | 丙午 | 定 | 牛 | 水 | 艮 | 寒 | 肾 | 唾 | 戊子 |
| 17 | 六 | 十二 | 丁未 | 执 | 女 | 水 | 乾 | 寒 | 肾 | 唾 | 庚子 |
| 18 | 日 | 十三 | 戊申 | 破 | 虚 | 土 | 兑 | 湿 | 脾 | 涎 | 壬子 |
| 19 | 一 | 十四 | 己酉 | 危 | 危 | 土 | 离 | 湿 | 脾 | 涎 | 甲子 |
| 20 | 二 | 十五 | 庚戌 | 成 | 室 | 金 | 震 | 燥 | 肺 | 涕 | 丙子 |
| 21 | 三 | 十六 | 辛亥 | 收 | 壁 | 金 | 巽 | 燥 | 肺 | 涕 | 戊子 |
| 22 | 四 | 十七 | 壬子 | 开 | 奎 | 木 | 坎 | 风 | 肝 | 泪 | 庚子 |
| 23 | 五 | 十八 | 癸丑 | 闭 | 娄 | 木 | 艮 | 风 | 肝 | 泪 | 壬子 |
| 24 | 六 | 十九 | 甲寅 | 建 | 胃 | 水 | 坤 | 寒 | 肾 | 唾 | 甲子 |
| 25 | 日 | 二十 | 乙卯 | 除 | 昴 | 水 | 乾 | 寒 | 肾 | 唾 | 丙子 |
| 26 | 一 | 廿一 | 丙辰 | 满 | 毕 | 土 | 兑 | 湿 | 脾 | 涎 | 戊子 |
| 27 | 二 | 廿二 | 丁巳 | 平 | 觜 | 土 | 离 | 湿 | 脾 | 涎 | 庚子 |
| 28 | 三 | 廿三 | 戊午 | 定 | 参 | 火 | | | | | 壬子 |

实用干支万年历

# 公元2046年　　　农历丙寅(虎)年

## 3月大

惊蛰　5日18时18分
春分　20日18时59分

农历二月(3月8日-4月5日)　月干支:辛卯

| 公历 | 星期 | 农历 | 干支 | 日建 | 星宿 | 五行 | 八卦 | 五气 | 五脏 | 五汁 | 时辰 |
|---|---|---|---|---|---|---|---|---|---|---|---|
| 1 | 四 | 正月 | 己未 | 执 | 井 | 火 | 震 | 热 | 心 | 汗 | 甲子 |
| 2 | 五 | 廿五 | 庚申 | 破 | 鬼 | 木 | 巽 | 风 | 肝 | 泪 | 丙子 |
| 3 | 六 | 廿六 | 辛酉 | 危 | 柳 | 木 | 坎 | 风 | 肝 | 泪 | 戊子 |
| 4 | 日 | 廿七 | 壬戌 | 成 | 星 | 水 | 艮 | 寒 | 肾 | 唾 | 庚子 |
| 5 | 一 | 廿八 | 癸亥 | 成 | 张 | 水 | 坤 | 寒 | 肾 | 唾 | 壬子 |
| 6 | 二 | 廿九 | 甲子 | 收 | 翼 | 金 | 乾 | 燥 | 肺 | 涕 | 甲子 |
| 7 | 三 | 三十 | 乙丑 | 开 | 轸 | 金 | 兑 | 燥 | 肺 | 涕 | 丙子 |
| 8 | 四 | 二月 | 丙寅 | 闭 | 角 | 火 | 离 | 热 | 心 | 汗 | 戊子 |
| 9 | 五 | 初二 | 丁卯 | 建 | 亢 | 火 | 震 | 热 | 心 | 汗 | 庚子 |
| 10 | 六 | 初三 | 戊辰 | 除 | 氐 | 木 | 巽 | 风 | 肝 | 泪 | 壬子 |
| 11 | 日 | 初四 | 己巳 | 满 | 房 | 木 | 坎 | 风 | 肝 | 泪 | 甲子 |
| 12 | 一 | 初五 | 庚午 | 平 | 心 | 土 | 艮 | 湿 | 脾 | 涎 | 丙子 |
| 13 | 二 | 初六 | 辛未 | 定 | 尾 | 土 | 坤 | 湿 | 脾 | 涎 | 戊子 |
| 14 | 三 | 初七 | 壬申 | 执 | 箕 | 金 | 乾 | 燥 | 肺 | 涕 | 庚子 |
| 15 | 四 | 初八 | 癸酉 | 破 | 斗 | 金 | 兑 | 燥 | 肺 | 涕 | 壬子 |
| 16 | 五 | 初九 | 甲戌 | 危 | 牛 | 火 | 离 | 热 | 心 | 汗 | 甲子 |
| 17 | 六 | 初十 | 乙亥 | 成 | 女 | 火 | 震 | 热 | 心 | 汗 | 丙子 |
| 18 | 日 | 十一 | 丙子 | 收 | 虚 | 水 | 巽 | 寒 | 肾 | 唾 | 戊子 |
| 19 | 一 | 十二 | 丁丑 | 开 | 危 | 水 | 坎 | 寒 | 肾 | 唾 | 庚子 |
| 20 | 二 | 十三 | 戊寅 | 闭 | 室 | 土 | 艮 | 湿 | 脾 | 涎 | 壬子 |
| 21 | 三 | 十四 | 己卯 | 建 | 壁 | 土 | 坤 | 湿 | 脾 | 涎 | 甲子 |
| 22 | 四 | 十五 | 庚辰 | 除 | 奎 | 金 | 乾 | 燥 | 肺 | 涕 | 丙子 |
| 23 | 五 | 十六 | 辛巳 | 满 | 娄 | 金 | 兑 | 燥 | 肺 | 涕 | 戊子 |
| 24 | 六 | 十七 | 壬午 | 平 | 胃 | 木 | 离 | 风 | 肝 | 泪 | 庚子 |
| 25 | 日 | 十八 | 癸未 | 定 | 昴 | 木 | 震 | 风 | 肝 | 泪 | 壬子 |
| 26 | 一 | 十九 | 甲申 | 执 | 毕 | 水 | 巽 | 寒 | 肾 | 唾 | 甲子 |
| 27 | 二 | 二十 | 乙酉 | 破 | 觜 | 水 | 坎 | 寒 | 肾 | 唾 | 丙子 |
| 28 | 三 | 廿一 | 丙戌 | 危 | 参 | 土 | 艮 | 湿 | 脾 | 涎 | 戊子 |
| 29 | 四 | 廿二 | 丁亥 | 成 | 井 | 土 | 坤 | 湿 | 脾 | 涎 | 庚子 |
| 30 | 五 | 廿三 | 戊子 | 收 | 鬼 | 火 | 乾 | 热 | 心 | 汗 | 壬子 |
| 31 | 六 | 廿四 | 己丑 | 开 | 柳 | 火 | 兑 | 热 | 心 | 汗 | 甲子 |

## 4月小

清明　4日22时45分
谷雨　20日05时40分

农历三月(4月6日-5月5日)　月干支:壬辰

| 公历 | 星期 | 农历 | 干支 | 日建 | 星宿 | 五行 | 八卦 | 五气 | 五脏 | 五汁 | 时辰 |
|---|---|---|---|---|---|---|---|---|---|---|---|
| 1 | 日 | 二月 | 庚寅 | 闭 | 星 | 木 | 离 | 风 | 肝 | 泪 | 丙子 |
| 2 | 一 | 廿六 | 辛卯 | 建 | 张 | 木 | 震 | 风 | 肝 | 泪 | 戊子 |
| 3 | 二 | 廿七 | 壬辰 | 除 | 翼 | 水 | 巽 | 寒 | 肾 | 唾 | 庚子 |
| 4 | 三 | 廿八 | 癸巳 | 除 | 轸 | 水 | 坎 | 寒 | 肾 | 唾 | 壬子 |
| 5 | 四 | 廿九 | 甲午 | 满 | 角 | 金 | 艮 | 燥 | 肺 | 涕 | 甲子 |
| 6 | 五 | 三月 | 乙未 | 平 | 亢 | 金 | 坤 | 燥 | 肺 | 涕 | 丙子 |
| 7 | 六 | 初二 | 丙申 | 定 | 氐 | 火 | 乾 | 热 | 心 | 汗 | 戊子 |
| 8 | 日 | 初三 | 丁酉 | 执 | 房 | 火 | 兑 | 热 | 心 | 汗 | 庚子 |
| 9 | 一 | 初四 | 戊戌 | 破 | 心 | 木 | 离 | 风 | 肝 | 泪 | 壬子 |
| 10 | 二 | 初五 | 己亥 | 危 | 尾 | 木 | 震 | 风 | 肝 | 泪 | 甲子 |
| 11 | 三 | 初六 | 庚子 | 成 | 箕 | 土 | 巽 | 湿 | 脾 | 涎 | 丙子 |
| 12 | 四 | 初七 | 辛丑 | 收 | 斗 | 土 | 坎 | 湿 | 脾 | 涎 | 戊子 |
| 13 | 五 | 初八 | 壬寅 | 开 | 牛 | 金 | 艮 | 燥 | 肺 | 涕 | 庚子 |
| 14 | 六 | 初九 | 癸卯 | 闭 | 女 | 金 | 坤 | 燥 | 肺 | 涕 | 壬子 |
| 15 | 日 | 初十 | 甲辰 | 建 | 虚 | 火 | 乾 | 热 | 心 | 汗 | 甲子 |
| 16 | 一 | 十一 | 乙巳 | 除 | 危 | 火 | 兑 | 热 | 心 | 汗 | 丙子 |
| 17 | 二 | 十二 | 丙午 | 满 | 室 | 水 | 离 | 寒 | 肾 | 唾 | 戊子 |
| 18 | 三 | 十三 | 丁未 | 平 | 壁 | 水 | 震 | 寒 | 肾 | 唾 | 庚子 |
| 19 | 四 | 十四 | 戊申 | 定 | 奎 | 土 | 巽 | 湿 | 脾 | 涎 | 壬子 |
| 20 | 五 | 十五 | 己酉 | 执 | 娄 | 土 | 坎 | 湿 | 脾 | 涎 | 甲子 |
| 21 | 六 | 十六 | 庚戌 | 破 | 胃 | 金 | 艮 | 燥 | 肺 | 涕 | 丙子 |
| 22 | 日 | 十七 | 辛亥 | 危 | 昴 | 金 | 坤 | 燥 | 肺 | 涕 | 戊子 |
| 23 | 一 | 十八 | 壬子 | 成 | 毕 | 木 | 乾 | 风 | 肝 | 泪 | 庚子 |
| 24 | 二 | 十九 | 癸丑 | 收 | 觜 | 木 | 兑 | 风 | 肝 | 泪 | 壬子 |
| 25 | 三 | 二十 | 甲寅 | 开 | 参 | 水 | 离 | 寒 | 肾 | 唾 | 甲子 |
| 26 | 四 | 廿一 | 乙卯 | 闭 | 井 | 水 | 震 | 寒 | 肾 | 唾 | 丙子 |
| 27 | 五 | 廿二 | 丙辰 | 建 | 鬼 | 土 | 巽 | 湿 | 脾 | 涎 | 戊子 |
| 28 | 六 | 廿三 | 丁巳 | 除 | 柳 | 土 | 坎 | 湿 | 脾 | 涎 | 庚子 |
| 29 | 日 | 廿四 | 戊午 | 满 | 星 | 火 | 艮 | 热 | 心 | 汗 | 壬子 |
| 30 | 一 | 廿五 | 己未 | 平 | 张 | 火 | 坤 | 热 | 心 | 汗 | 甲子 |

# 公元2046年　　　　　农历丙寅(虎)年

## 5月大

立夏　5日15时41分　　小满　21日04时29分

农历四月(5月6日-6月3日)　月干支:癸巳

| 公历 | 星期 | 农历 | 干支 | 日建 | 星宿 | 五行 | 八卦 | 五气 | 五脏 | 五汁 | 时辰 |
|---|---|---|---|---|---|---|---|---|---|---|---|
| 1 | 二 | 三月 | 庚申 | 定 | 翼 | 木 | 坤 | 风 | 肝 | 泪 | 丙子 |
| 2 | 三 | 廿七 | 辛酉 | 执 | 轸 | 木 | 乾 | 风 | 肝 | 泪 | 戊子 |
| 3 | 四 | 廿八 | 壬戌 | 破 | 角 | 水 | 兑 | 寒 | 肾 | 唾 | 庚子 |
| 4 | 五 | 廿九 | 癸亥 | 危 | 亢 | 水 | 离 | 寒 | 肾 | 唾 | 壬子 |
| 5 | 六 | 三十 | 甲子 | 危 | 氐 | 金 | 震 | 燥 | 肺 | 涕 | 甲子 |
| 6 | 日 | 四月 | 乙丑 | 成 | 房 | 金 | 巽 | 燥 | 肺 | 涕 | 丙子 |
| 7 | 一 | 初二 | 丙寅 | 收 | 心 | 火 | 坎 | 热 | 心 | 汗 | 戊子 |
| 8 | 二 | 初三 | 丁卯 | 开 | 尾 | 火 | 艮 | 热 | 心 | 汗 | 庚子 |
| 9 | 三 | 初四 | 戊辰 | 闭 | 箕 | 木 | 坤 | 风 | 肝 | 泪 | 壬子 |
| 10 | 四 | 初五 | 己巳 | 建 | 斗 | 木 | 乾 | 风 | 肝 | 泪 | 甲子 |
| 11 | 五 | 初六 | 庚午 | 除 | 牛 | 土 | 兑 | 湿 | 脾 | 涎 | 丙子 |
| 12 | 六 | 初七 | 辛未 | 满 | 女 | 土 | 离 | 湿 | 脾 | 涎 | 戊子 |
| 13 | 日 | 初八 | 壬申 | 平 | 虚 | 金 | 震 | 燥 | 肺 | 涕 | 庚子 |
| 14 | 一 | 初九 | 癸酉 | 定 | 危 | 金 | 巽 | 燥 | 肺 | 涕 | 壬子 |
| 15 | 二 | 初十 | 甲戌 | 执 | 室 | 火 | 坎 | 热 | 心 | 汗 | 甲子 |
| 16 | 三 | 十一 | 乙亥 | 破 | 壁 | 火 | 艮 | 热 | 心 | 汗 | 丙子 |
| 17 | 四 | 十二 | 丙子 | 危 | 奎 | 水 | 坤 | 寒 | 肾 | 唾 | 戊子 |
| 18 | 五 | 十三 | 丁丑 | 成 | 娄 | 水 | 乾 | 寒 | 肾 | 唾 | 庚子 |
| 19 | 六 | 十四 | 戊寅 | 收 | 胃 | 土 | 兑 | 湿 | 脾 | 涎 | 壬子 |
| 20 | 日 | 十五 | 己卯 | 开 | 昴 | 土 | 离 | 湿 | 脾 | 涎 | 甲子 |
| 21 | 一 | 十六 | 庚辰 | 闭 | 毕 | 金 | 震 | 燥 | 肺 | 涕 | 丙子 |
| 22 | 二 | 十七 | 辛巳 | 建 | 觜 | 金 | 巽 | 燥 | 肺 | 涕 | 戊子 |
| 23 | 三 | 十八 | 壬午 | 除 | 参 | 木 | 坎 | 风 | 肝 | 泪 | 庚子 |
| 24 | 四 | 十九 | 癸未 | 满 | 井 | 木 | 艮 | 风 | 肝 | 泪 | 壬子 |
| 25 | 五 | 二十 | 甲申 | 平 | 鬼 | 水 | 坤 | 寒 | 肾 | 唾 | 甲子 |
| 26 | 六 | 廿一 | 乙酉 | 定 | 柳 | 水 | 乾 | 寒 | 肾 | 唾 | 丙子 |
| 27 | 日 | 廿二 | 丙戌 | 执 | 星 | 土 | 兑 | 湿 | 脾 | 涎 | 戊子 |
| 28 | 一 | 廿三 | 丁亥 | 破 | 张 | 土 | 离 | 湿 | 脾 | 涎 | 庚子 |
| 29 | 二 | 廿四 | 戊子 | 危 | 翼 | 火 | 震 | 热 | 心 | 汗 | 壬子 |
| 30 | 三 | 廿五 | 己丑 | 成 | 轸 | 火 | 巽 | 热 | 心 | 汗 | 甲子 |
| 31 | 四 | 廿六 | 庚寅 | 收 | 角 | 木 | 坎 | 风 | 肝 | 泪 | 丙子 |

## 6月小

芒种　5日19时33分　　夏至　21日12时15分

农历五月(6月4日-7月3日)　月干支:甲午

| 公历 | 星期 | 农历 | 干支 | 日建 | 星宿 | 五行 | 八卦 | 五气 | 五脏 | 五汁 | 时辰 |
|---|---|---|---|---|---|---|---|---|---|---|---|
| 1 | 五 | 四月 | 辛卯 | 开 | 亢 | 木 | 艮 | 风 | 肝 | 泪 | 戊子 |
| 2 | 六 | 廿八 | 壬辰 | 闭 | 氐 | 水 | 坤 | 寒 | 肾 | 唾 | 庚子 |
| 3 | 日 | 廿九 | 癸巳 | 建 | 房 | 水 | 乾 | 寒 | 肾 | 唾 | 壬子 |
| 4 | 一 | 五月 | 甲午 | 除 | 心 | 金 | 兑 | 燥 | 肺 | 涕 | 甲子 |
| 5 | 二 | 初二 | 乙未 | 除 | 尾 | 金 | 离 | 燥 | 肺 | 涕 | 丙子 |
| 6 | 三 | 初三 | 丙申 | 满 | 箕 | 火 | 震 | 热 | 心 | 汗 | 戊子 |
| 7 | 四 | 初四 | 丁酉 | 平 | 斗 | 火 | 巽 | 热 | 心 | 汗 | 庚子 |
| 8 | 五 | 初五 | 戊戌 | 定 | 牛 | 木 | 坎 | 风 | 肝 | 泪 | 壬子 |
| 9 | 六 | 初六 | 己亥 | 执 | 女 | 木 | 艮 | 风 | 肝 | 泪 | 甲子 |
| 10 | 日 | 初七 | 庚子 | 破 | 虚 | 土 | 坤 | 湿 | 脾 | 涎 | 丙子 |
| 11 | 一 | 初八 | 辛丑 | 危 | 危 | 土 | 乾 | 湿 | 脾 | 涎 | 戊子 |
| 12 | 二 | 初九 | 壬寅 | 成 | 室 | 金 | 兑 | 燥 | 肺 | 涕 | 庚子 |
| 13 | 三 | 初十 | 癸卯 | 收 | 壁 | 金 | 离 | 燥 | 肺 | 涕 | 壬子 |
| 14 | 四 | 十一 | 甲辰 | 开 | 奎 | 火 | 震 | 热 | 心 | 汗 | 甲子 |
| 15 | 五 | 十二 | 乙巳 | 闭 | 娄 | 火 | 巽 | 热 | 心 | 汗 | 丙子 |
| 16 | 六 | 十三 | 丙午 | 建 | 胃 | 水 | 坎 | 寒 | 肾 | 唾 | 戊子 |
| 17 | 日 | 十四 | 丁未 | 除 | 昴 | 水 | 艮 | 寒 | 肾 | 唾 | 庚子 |
| 18 | 一 | 十五 | 戊申 | 满 | 毕 | 土 | 坤 | 湿 | 脾 | 涎 | 壬子 |
| 19 | 二 | 十六 | 己酉 | 平 | 觜 | 土 | 乾 | 湿 | 脾 | 涎 | 甲子 |
| 20 | 三 | 十七 | 庚戌 | 定 | 参 | 金 | 兑 | 燥 | 肺 | 涕 | 丙子 |
| 21 | 四 | 十八 | 辛亥 | 执 | 井 | 金 | 离 | 燥 | 肺 | 涕 | 戊子 |
| 22 | 五 | 十九 | 壬子 | 破 | 鬼 | 木 | 震 | 风 | 肝 | 泪 | 庚子 |
| 23 | 六 | 二十 | 癸丑 | 危 | 柳 | 木 | 巽 | 风 | 肝 | 泪 | 壬子 |
| 24 | 日 | 廿一 | 甲寅 | 成 | 星 | 水 | 坎 | 寒 | 肾 | 唾 | 甲子 |
| 25 | 一 | 廿二 | 乙卯 | 收 | 张 | 水 | 艮 | 寒 | 肾 | 唾 | 丙子 |
| 26 | 二 | 廿三 | 丙辰 | 开 | 翼 | 土 | 坤 | 湿 | 脾 | 涎 | 戊子 |
| 27 | 三 | 廿四 | 丁巳 | 闭 | 轸 | 土 | 乾 | 湿 | 脾 | 涎 | 庚子 |
| 28 | 四 | 廿五 | 戊午 | 建 | 角 | 火 | 兑 | 热 | 心 | 汗 | 壬子 |
| 29 | 五 | 廿六 | 己未 | 除 | 亢 | 火 | 离 | 热 | 心 | 汗 | 甲子 |
| 30 | 六 | 廿七 | 庚申 | 满 | 氐 | 木 | 震 | 风 | 肝 | 泪 | 丙子 |

实用干支万年历

# 公元2046年　　农历丙寅(虎)年

## 7月大

小暑　7日05时41分
大暑　22日23时09分

农历六月(7月4日－8月1日)　　月干支:乙未

| 公历 | 星期 | 农历 | 干支 | 日建 | 星宿 | 五行 | 八卦 | 五气 | 五脏 | 五汁 | 时辰 |
|---|---|---|---|---|---|---|---|---|---|---|---|
| 1 | 日 | 五月 | 辛酉 | 平 | 房 | 木 | 震 | 风 | 肝 | 泪 | 戊子 |
| 2 | 一 | 廿九 | 壬戌 | 定 | 心 | 水 | 巽 | 寒 | 肾 | 唾 | 庚子 |
| 3 | 二 | 三十 | 癸亥 | 执 | 尾 | 水 | 坎 | 寒 | 肾 | 唾 | 壬子 |
| 4 | 三 | 六月 | 甲子 | 破 | 箕 | 金 | 兑 | 燥 | 肺 | 涕 | 甲子 |
| 5 | 四 | 初二 | 乙丑 | 危 | 斗 | 金 | 离 | 燥 | 肺 | 涕 | 丙子 |
| 6 | 五 | 初三 | 丙寅 | 成 | 牛 | 火 | 震 | 热 | 心 | 汗 | 戊子 |
| 7 | 六 | 初四 | 丁卯 | 成 | 女 | 火 | 巽 | 热 | 心 | 汗 | 庚子 |
| 8 | 日 | 初五 | 戊辰 | 收 | 虚 | 木 | 坎 | 风 | 肝 | 泪 | 壬子 |
| 9 | 一 | 初六 | 己巳 | 开 | 危 | 木 | 艮 | 风 | 肝 | 泪 | 甲子 |
| 10 | 二 | 初七 | 庚午 | 闭 | 室 | 土 | 乾 | 湿 | 脾 | 涎 | 丙子 |
| 11 | 三 | 初八 | 辛未 | 建 | 壁 | 土 | 兑 | 湿 | 脾 | 涎 | 戊子 |
| 12 | 四 | 初九 | 壬申 | 除 | 奎 | 金 | 离 | 燥 | 肺 | 涕 | 庚子 |
| 13 | 五 | 初十 | 癸酉 | 满 | 娄 | 金 | 震 | 燥 | 肺 | 涕 | 壬子 |
| 14 | 六 | 十一 | 甲戌 | 平 | 胃 | 火 | 巽 | 热 | 心 | 汗 | 甲子 |
| 15 | 日 | 十二 | 乙亥 | 定 | 昴 | 火 | 坎 | 热 | 心 | 汗 | 丙子 |
| 16 | 一 | 十三 | 丙子 | 执 | 毕 | 水 | 艮 | 寒 | 肾 | 唾 | 戊子 |
| 17 | 二 | 十四 | 丁丑 | 破 | 觜 | 水 | 坤 | 寒 | 肾 | 唾 | 庚子 |
| 18 | 三 | 十五 | 戊寅 | 危 | 参 | 土 | 乾 | 湿 | 脾 | 涎 | 壬子 |
| 19 | 四 | 十六 | 己卯 | 成 | 井 | 土 | 兑 | 湿 | 脾 | 涎 | 甲子 |
| 20 | 五 | 十七 | 庚辰 | 收 | 鬼 | 金 | 离 | 燥 | 肺 | 涕 | 丙子 |
| 21 | 六 | 十八 | 辛巳 | 开 | 柳 | 金 | 震 | 燥 | 肺 | 涕 | 戊子 |
| 22 | 日 | 十九 | 壬午 | 闭 | 星 | 木 | 巽 | 风 | 肝 | 泪 | 庚子 |
| 23 | 一 | 二十 | 癸未 | 建 | 张 | 木 | 坎 | 风 | 肝 | 泪 | 壬子 |
| 24 | 二 | 廿一 | 甲申 | 除 | 翼 | 水 | 艮 | 寒 | 肾 | 唾 | 甲子 |
| 25 | 三 | 廿二 | 乙酉 | 满 | 轸 | 水 | 坤 | 寒 | 肾 | 唾 | 丙子 |
| 26 | 四 | 廿三 | 丙戌 | 平 | 角 | 土 | 坤 | 湿 | 脾 | 涎 | 戊子 |
| 27 | 五 | 廿四 | 丁亥 | 定 | 亢 | 土 | 乾 | 湿 | 脾 | 涎 | 庚子 |
| 28 | 六 | 廿五 | 戊子 | 执 | 氐 | 火 | 兑 | 热 | 心 | 汗 | 壬子 |
| 29 | 日 | 廿六 | 己丑 | 破 | 房 | 火 | 离 | 热 | 心 | 汗 | 甲子 |
| 30 | 一 | 廿七 | 庚寅 | 危 | 心 | 木 | 震 | 风 | 肝 | 泪 | 丙子 |
| 31 | 二 | 廿八 | 辛卯 | 成 | 尾 | 木 | 巽 | 风 | 肝 | 泪 | 戊子 |

## 8月大

立秋　7日15时34分
处暑　23日06时25分

农历七月(8月2日－8月31日)　　月干支:丙申

| 公历 | 星期 | 农历 | 干支 | 日建 | 星宿 | 五行 | 八卦 | 五气 | 五脏 | 五汁 | 时辰 |
|---|---|---|---|---|---|---|---|---|---|---|---|
| 1 | 三 | 廿九 | 壬辰 | 收 | 箕 | 水 | 坎 | 寒 | 肾 | 唾 | 庚子 |
| 2 | 四 | 七月 | 癸巳 | 开 | 斗 | 水 | 离 | 寒 | 肾 | 唾 | 壬子 |
| 3 | 五 | 初二 | 甲午 | 闭 | 牛 | 金 | 震 | 燥 | 肺 | 涕 | 甲子 |
| 4 | 六 | 初三 | 乙未 | 建 | 女 | 金 | 巽 | 燥 | 肺 | 涕 | 丙子 |
| 5 | 日 | 初四 | 丙申 | 除 | 虚 | 火 | 坎 | 热 | 心 | 汗 | 戊子 |
| 6 | 一 | 初五 | 丁酉 | 满 | 危 | 火 | 艮 | 热 | 心 | 汗 | 庚子 |
| 7 | 二 | 初六 | 戊戌 | 满 | 室 | 木 | 乾 | 风 | 肝 | 泪 | 壬子 |
| 8 | 三 | 初七 | 己亥 | 平 | 壁 | 木 | 兑 | 风 | 肝 | 泪 | 甲子 |
| 9 | 四 | 初八 | 庚子 | 定 | 奎 | 土 | 离 | 湿 | 脾 | 涎 | 丙子 |
| 10 | 五 | 初九 | 辛丑 | 执 | 娄 | 土 | 震 | 湿 | 脾 | 涎 | 戊子 |
| 11 | 六 | 初十 | 壬寅 | 破 | 胃 | 金 | 巽 | 燥 | 肺 | 涕 | 庚子 |
| 12 | 日 | 十一 | 癸卯 | 危 | 昴 | 金 | 坎 | 燥 | 肺 | 涕 | 壬子 |
| 13 | 一 | 十二 | 甲辰 | 成 | 毕 | 火 | 艮 | 热 | 心 | 汗 | 甲子 |
| 14 | 二 | 十三 | 乙巳 | 收 | 觜 | 火 | 坤 | 热 | 心 | 汗 | 丙子 |
| 15 | 三 | 十四 | 丙午 | 开 | 参 | 水 | 乾 | 寒 | 肾 | 唾 | 戊子 |
| 16 | 四 | 十五 | 丁未 | 闭 | 井 | 水 | 兑 | 寒 | 肾 | 唾 | 庚子 |
| 17 | 五 | 十六 | 戊申 | 建 | 鬼 | 土 | 离 | 湿 | 脾 | 涎 | 壬子 |
| 18 | 六 | 十七 | 己酉 | 除 | 柳 | 土 | 震 | 湿 | 脾 | 涎 | 甲子 |
| 19 | 日 | 十八 | 庚戌 | 满 | 星 | 金 | 巽 | 燥 | 肺 | 涕 | 丙子 |
| 20 | 一 | 十九 | 辛亥 | 平 | 张 | 金 | 坎 | 燥 | 肺 | 涕 | 戊子 |
| 21 | 二 | 二十 | 壬子 | 定 | 翼 | 木 | 艮 | 风 | 肝 | 泪 | 庚子 |
| 22 | 三 | 廿一 | 癸丑 | 执 | 轸 | 木 | 坤 | 风 | 肝 | 泪 | 壬子 |
| 23 | 四 | 廿二 | 甲寅 | 破 | 角 | 水 | 乾 | 寒 | 肾 | 唾 | 甲子 |
| 24 | 五 | 廿三 | 乙卯 | 危 | 亢 | 水 | 兑 | 寒 | 肾 | 唾 | 丙子 |
| 25 | 六 | 廿四 | 丙辰 | 成 | 氐 | 土 | 离 | 湿 | 脾 | 涎 | 戊子 |
| 26 | 日 | 廿五 | 丁巳 | 收 | 房 | 土 | 离 | 湿 | 脾 | 涎 | 庚子 |
| 27 | 一 | 廿六 | 戊午 | 开 | 心 | 火 | 震 | 热 | 心 | 汗 | 壬子 |
| 28 | 二 | 廿七 | 己未 | 闭 | 尾 | 火 | 巽 | 热 | 心 | 汗 | 甲子 |
| 29 | 三 | 廿八 | 庚申 | 建 | 箕 | 木 | 坎 | 风 | 肝 | 泪 | 丙子 |
| 30 | 四 | 廿九 | 辛酉 | 除 | 斗 | 木 | 艮 | 风 | 肝 | 泪 | 戊子 |
| 31 | 五 | 三十 | 壬戌 | 满 | 牛 | 水 | 坤 | 寒 | 肾 | 唾 | 庚子 |

# 公元2046年　　　　　农历丙寅(虎)年

## 9月小

白露　7日18时44分
秋分　23日04时22分

农历八月(9月1日-9月29日)　月干支:丁酉

| 公历 | 星期 | 农历 | 干支 | 日建 | 星宿 | 五行 | 八卦 | 五气 | 五脏 | 五汁 | 时辰 |
|---|---|---|---|---|---|---|---|---|---|---|---|
| 1 | 六 | 八月 | 癸亥 | 平 | 女 | 水 | 震 | 寒 | 肾 | 唾 | 壬子 |
| 2 | 日 | 初二 | 甲子 | 定 | 虚 | 金 | 巽 | 燥 | 肺 | 涕 | 甲子 |
| 3 | 一 | 初三 | 乙丑 | 执 | 危 | 金 | 坎 | 燥 | 肺 | 涕 | 丙子 |
| 4 | 二 | 初四 | 丙寅 | 破 | 室 | 火 | 艮 | 热 | 心 | 汗 | 戊子 |
| 5 | 三 | 初五 | 丁卯 | 危 | 壁 | 火 | 坤 | 热 | 心 | 汗 | 庚子 |
| 6 | 四 | 初六 | 戊辰 | 成 | 奎 | 木 | 乾 | 风 | 肝 | 泪 | 壬子 |
| 7 | 五 | 初七 | 己巳 | 收 | 娄 | 木 | 兑 | 风 | 肝 | 泪 | 甲子 |
| 8 | 六 | 初八 | 庚午 | 开 | 胃 | 土 | 离 | 湿 | 脾 | 涎 | 丙子 |
| 9 | 日 | 初九 | 辛未 | 闭 | 昴 | 土 | 震 | 湿 | 脾 | 涎 | 戊子 |
| 10 | 一 | 初十 | 壬申 | 建 | 毕 | 金 | 巽 | 燥 | 肺 | 涕 | 庚子 |
| 11 | 二 | 十一 | 癸酉 | 建 | 觜 | 金 | 坎 | 燥 | 肺 | 涕 | 壬子 |
| 12 | 三 | 十二 | 甲戌 | 除 | 参 | 火 | 艮 | 热 | 心 | 汗 | 甲子 |
| 13 | 四 | 十三 | 乙亥 | 满 | 井 | 火 | 坤 | 热 | 心 | 汗 | 丙子 |
| 14 | 五 | 十四 | 丙子 | 平 | 鬼 | 水 | 乾 | 寒 | 肾 | 唾 | 戊子 |
| 15 | 六 | 十五 | 丁丑 | 定 | 柳 | 水 | 兑 | 寒 | 肾 | 唾 | 庚子 |
| 16 | 日 | 十六 | 戊寅 | 执 | 星 | 土 | 离 | 湿 | 脾 | 涎 | 壬子 |
| 17 | 一 | 十七 | 己卯 | 破 | 张 | 土 | 震 | 湿 | 脾 | 涎 | 甲子 |
| 18 | 二 | 十八 | 庚辰 | 危 | 翼 | 金 | 巽 | 燥 | 肺 | 涕 | 丙子 |
| 19 | 三 | 十九 | 辛巳 | 成 | 轸 | 金 | 坎 | 燥 | 肺 | 涕 | 戊子 |
| 20 | 四 | 二十 | 壬午 | 收 | 角 | 木 | 艮 | 风 | 肝 | 泪 | 庚子 |
| 21 | 五 | 廿一 | 癸未 | 开 | 亢 | 木 | 坤 | 风 | 肝 | 泪 | 壬子 |
| 22 | 六 | 廿二 | 甲申 | 闭 | 氐 | 水 | 乾 | 寒 | 肾 | 唾 | 甲子 |
| 23 | 日 | 廿三 | 乙酉 | 建 | 房 | 水 | 兑 | 寒 | 肾 | 唾 | 丙子 |
| 24 | 一 | 廿四 | 丙戌 | 除 | 心 | 土 | 离 | 湿 | 脾 | 涎 | 戊子 |
| 25 | 二 | 廿五 | 丁亥 | 满 | 尾 | 土 | 震 | 湿 | 脾 | 涎 | 庚子 |
| 26 | 三 | 廿六 | 戊子 | 平 | 箕 | 火 | 巽 | 热 | 心 | 汗 | 壬子 |
| 27 | 四 | 廿七 | 己丑 | 定 | 斗 | 火 | 坎 | 热 | 心 | 汗 | 甲子 |
| 28 | 五 | 廿八 | 庚寅 | 执 | 牛 | 木 | 艮 | 风 | 肝 | 泪 | 丙子 |
| 29 | 六 | 廿九 | 辛卯 | 破 | 女 | 木 | 坤 | 风 | 肝 | 泪 | 戊子 |
| 30 | 日 | 九月 | 壬辰 | 危 | 虚 | 水 |  | 寒 |  |  | 庚子 |
| 31 |  |  |  |  |  |  |  |  |  |  |  |

## 10月大

寒露　8日10时43分
霜降　23日14时04分

农历九月(9月30日-10月28日)　月干支:戊戌

| 公历 | 星期 | 农历 | 干支 | 日建 | 星宿 | 五行 | 八卦 | 五气 | 五脏 | 五汁 | 时辰 |
|---|---|---|---|---|---|---|---|---|---|---|---|
| 1 | 一 | 九月 | 癸巳 | 成 | 危 | 水 | 坎 | 寒 | 肾 | 唾 | 壬子 |
| 2 | 二 | 初三 | 甲午 | 收 | 室 | 金 | 艮 | 燥 | 肺 | 涕 | 甲子 |
| 3 | 三 | 初四 | 乙未 | 开 | 壁 | 金 | 坤 | 燥 | 肺 | 涕 | 丙子 |
| 4 | 四 | 初五 | 丙申 | 闭 | 奎 | 火 | 乾 | 热 | 心 | 汗 | 戊子 |
| 5 | 五 | 初六 | 丁酉 | 建 | 娄 | 火 | 兑 | 热 | 心 | 汗 | 庚子 |
| 6 | 六 | 初七 | 戊戌 | 除 | 胃 | 木 | 离 | 风 | 肝 | 泪 | 壬子 |
| 7 | 日 | 初八 | 己亥 | 满 | 昴 | 木 | 震 | 风 | 肝 | 泪 | 甲子 |
| 8 | 一 | 初九 | 庚子 | 平 | 毕 | 土 | 巽 | 湿 | 脾 | 涎 | 丙子 |
| 9 | 二 | 初十 | 辛丑 | 平 | 觜 | 土 | 坎 | 湿 | 脾 | 涎 | 戊子 |
| 10 | 三 | 十一 | 壬寅 | 定 | 参 | 金 | 艮 | 燥 | 肺 | 涕 | 庚子 |
| 11 | 四 | 十二 | 癸卯 | 执 | 井 | 金 | 坤 | 燥 | 肺 | 涕 | 壬子 |
| 12 | 五 | 十三 | 甲辰 | 破 | 鬼 | 火 | 乾 | 热 | 心 | 汗 | 甲子 |
| 13 | 六 | 十四 | 乙巳 | 危 | 柳 | 火 | 兑 | 热 | 心 | 汗 | 丙子 |
| 14 | 日 | 十五 | 丙午 | 成 | 星 | 水 | 离 | 寒 | 肾 | 唾 | 戊子 |
| 15 | 一 | 十六 | 丁未 | 收 | 张 | 水 | 震 | 寒 | 肾 | 唾 | 庚子 |
| 16 | 二 | 十七 | 戊申 | 开 | 翼 | 土 | 巽 | 湿 | 脾 | 涎 | 壬子 |
| 17 | 三 | 十八 | 己酉 | 闭 | 轸 | 土 | 坎 | 湿 | 脾 | 涎 | 甲子 |
| 18 | 四 | 十九 | 庚戌 | 建 | 角 | 金 | 艮 | 燥 | 肺 | 涕 | 丙子 |
| 19 | 五 | 二十 | 辛亥 | 除 | 亢 | 金 | 坤 | 燥 | 肺 | 涕 | 戊子 |
| 20 | 六 | 廿一 | 壬子 | 满 | 氐 | 木 | 乾 | 风 | 肝 | 泪 | 庚子 |
| 21 | 日 | 廿二 | 癸丑 | 平 | 房 | 木 | 兑 | 风 | 肝 | 泪 | 壬子 |
| 22 | 一 | 廿三 | 甲寅 | 定 | 心 | 水 | 离 | 寒 | 肾 | 唾 | 甲子 |
| 23 | 二 | 廿四 | 乙卯 | 执 | 尾 | 水 | 震 | 寒 | 肾 | 唾 | 丙子 |
| 24 | 三 | 廿五 | 丙辰 | 破 | 箕 | 土 | 巽 | 湿 | 脾 | 涎 | 戊子 |
| 25 | 四 | 廿六 | 丁巳 | 危 | 斗 | 土 | 坎 | 湿 | 脾 | 涎 | 庚子 |
| 26 | 五 | 廿七 | 戊午 | 成 | 牛 | 火 | 乾 | 热 | 心 | 汗 | 壬子 |
| 27 | 六 | 廿八 | 己未 | 收 | 女 | 火 | 兑 | 热 | 心 | 汗 | 甲子 |
| 28 | 日 | 廿九 | 庚申 | 开 | 虚 | 木 | 离 | 风 | 肝 | 泪 | 丙子 |
| 29 | 一 | 十月 | 辛酉 | 闭 | 危 | 木 | 震 | 风 | 肝 | 泪 | 戊子 |
| 30 | 二 | 初二 | 壬戌 | 建 | 室 | 水 | 巽 | 寒 | 肾 | 唾 | 庚子 |
| 31 | 三 | 初三 | 癸亥 | 除 | 壁 | 水 | 坎 | 寒 | 肾 | 唾 | 壬子 |

实用干支万年历

# 公元2046年　　　　农历丙寅(虎)年

## 11月小　立冬 7日14时15分　小雪 22日11时57分

农历十月(10月29日–11月27日)　月干支:己亥

| 公历 | 星期 | 农历 | 干支 | 日建 | 星宿 | 五行 | 八卦 | 五气 | 五脏 | 五汁 | 时辰 |
|---|---|---|---|---|---|---|---|---|---|---|---|
| 1 | 四 | 十月 | 甲子 | 满 | 奎 | 金 | 乾 | 燥 | 肺 | 涕 | 甲子 |
| 2 | 五 | 初五 | 乙丑 | 平 | 娄 | 金 | 兑 | 燥 | 肺 | 涕 | 丙子 |
| 3 | 六 | 初六 | 丙寅 | 定 | 胃 | 火 | 离 | 热 | 心 | 汗 | 戊子 |
| 4 | 日 | 初七 | 丁卯 | 执 | 昴 | 火 | 震 | 热 | 心 | 汗 | 庚子 |
| 5 | 一 | 初八 | 戊辰 | 破 | 毕 | 木 | 巽 | 风 | 肝 | 泪 | 壬子 |
| 6 | 二 | 初九 | 己巳 | 危 | 觜 | 木 | 坎 | 风 | 肝 | 泪 | 甲子 |
| 7 | 三 | 初十 | 庚午 | 危 | 参 | 土 | 艮 | 湿 | 脾 | 涎 | 丙子 |
| 8 | 四 | 十一 | 辛未 | 成 | 井 | 土 | 坤 | 湿 | 脾 | 涎 | 戊子 |
| 9 | 五 | 十二 | 壬申 | 收 | 鬼 | 金 | 乾 | 燥 | 肺 | 涕 | 庚子 |
| 10 | 六 | 十三 | 癸酉 | 开 | 柳 | 金 | 兑 | 燥 | 肺 | 涕 | 壬子 |
| 11 | 日 | 十四 | 甲戌 | 闭 | 星 | 火 | 离 | 热 | 心 | 汗 | 甲子 |
| 12 | 一 | 十五 | 乙亥 | 建 | 张 | 火 | 震 | 热 | 心 | 汗 | 丙子 |
| 13 | 二 | 十六 | 丙子 | 除 | 翼 | 水 | 巽 | 寒 | 肾 | 唾 | 戊子 |
| 14 | 三 | 十七 | 丁丑 | 满 | 轸 | 水 | 坎 | 寒 | 肾 | 唾 | 庚子 |
| 15 | 四 | 十八 | 戊寅 | 平 | 角 | 土 | 艮 | 湿 | 脾 | 涎 | 壬子 |
| 16 | 五 | 十九 | 己卯 | 定 | 亢 | 土 | 坤 | 湿 | 脾 | 涎 | 甲子 |
| 17 | 六 | 二十 | 庚辰 | 执 | 氐 | 金 | 乾 | 燥 | 肺 | 涕 | 丙子 |
| 18 | 日 | 廿一 | 辛巳 | 破 | 房 | 金 | 兑 | 燥 | 肺 | 涕 | 戊子 |
| 19 | 一 | 廿二 | 壬午 | 危 | 心 | 木 | 离 | 风 | 肝 | 泪 | 庚子 |
| 20 | 二 | 廿三 | 癸未 | 成 | 尾 | 木 | 震 | 风 | 肝 | 泪 | 壬子 |
| 21 | 三 | 廿四 | 甲申 | 收 | 箕 | 水 | 巽 | 寒 | 肾 | 唾 | 甲子 |
| 22 | 四 | 廿五 | 乙酉 | 开 | 斗 | 水 | 坎 | 寒 | 肾 | 唾 | 丙子 |
| 23 | 五 | 廿六 | 丙戌 | 闭 | 牛 | 土 | 艮 | 湿 | 脾 | 涎 | 戊子 |
| 24 | 六 | 廿七 | 丁亥 | 建 | 女 | 土 | 坤 | 湿 | 脾 | 涎 | 庚子 |
| 25 | 日 | 廿八 | 戊子 | 除 | 虚 | 火 | 乾 | 热 | 心 | 汗 | 壬子 |
| 26 | 一 | 廿九 | 己丑 | 满 | 危 | 火 | 兑 | 热 | 心 | 汗 | 甲子 |
| 27 | 二 | 三十 | 庚寅 | 平 | 室 | 木 | 离 | 风 | 肝 | 泪 | 丙子 |
| 28 | 三 | 冬月 | 辛卯 | 定 | 壁 | 木 | 震 | 风 | 肝 | 泪 | 戊子 |
| 29 | 四 | 初二 | 壬辰 | 执 | 奎 | 水 | 巽 | 寒 | 肾 | 唾 | 庚子 |
| 30 | 五 | 初三 | 癸巳 | 破 | 娄 | 水 | 坎 | 寒 | 肾 | 唾 | 壬子 |
| 31 | | | | | | | | | | | |

## 12月大　大雪 7日07时22分　冬至 22日01时29分

农历冬月(11月28日–12月26日)　月干支:庚子

| 公历 | 星期 | 农历 | 干支 | 日建 | 星宿 | 五行 | 八卦 | 五气 | 五脏 | 五汁 | 时辰 |
|---|---|---|---|---|---|---|---|---|---|---|---|
| 1 | 六 | 冬月 | 甲午 | 危 | 胃 | 金 | 艮 | 燥 | 肺 | 涕 | 甲子 |
| 2 | 日 | 初五 | 乙未 | 成 | 昴 | 金 | 坤 | 燥 | 肺 | 涕 | 丙子 |
| 3 | 一 | 初六 | 丙申 | 收 | 毕 | 火 | 乾 | 热 | 心 | 汗 | 戊子 |
| 4 | 二 | 初七 | 丁酉 | 开 | 觜 | 火 | 兑 | 热 | 心 | 汗 | 庚子 |
| 5 | 三 | 初八 | 戊戌 | 闭 | 参 | 木 | 离 | 风 | 肝 | 泪 | 壬子 |
| 6 | 四 | 初九 | 己亥 | 建 | 井 | 木 | 震 | 风 | 肝 | 泪 | 甲子 |
| 7 | 五 | 初十 | 庚子 | 建 | 鬼 | 土 | 巽 | 湿 | 脾 | 涎 | 丙子 |
| 8 | 六 | 十一 | 辛丑 | 除 | 柳 | 土 | 坎 | 湿 | 脾 | 涎 | 戊子 |
| 9 | 日 | 十二 | 壬寅 | 满 | 星 | 金 | 艮 | 燥 | 肺 | 涕 | 庚子 |
| 10 | 一 | 十三 | 癸卯 | 平 | 张 | 金 | 坤 | 燥 | 肺 | 涕 | 壬子 |
| 11 | 二 | 十四 | 甲辰 | 定 | 翼 | 火 | 乾 | 热 | 心 | 汗 | 甲子 |
| 12 | 三 | 十五 | 乙巳 | 执 | 轸 | 火 | 兑 | 热 | 心 | 汗 | 丙子 |
| 13 | 四 | 十六 | 丙午 | 破 | 角 | 水 | 离 | 寒 | 肾 | 唾 | 戊子 |
| 14 | 五 | 十七 | 丁未 | 危 | 亢 | 水 | 震 | 寒 | 肾 | 唾 | 庚子 |
| 15 | 六 | 十八 | 戊申 | 成 | 氐 | 土 | 巽 | 湿 | 脾 | 涎 | 壬子 |
| 16 | 日 | 十九 | 己酉 | 收 | 房 | 土 | 坎 | 湿 | 脾 | 涎 | 甲子 |
| 17 | 一 | 二十 | 庚戌 | 开 | 心 | 金 | 艮 | 燥 | 肺 | 涕 | 丙子 |
| 18 | 二 | 廿一 | 辛亥 | 闭 | 尾 | 金 | 坤 | 燥 | 肺 | 涕 | 戊子 |
| 19 | 三 | 廿二 | 壬子 | 建 | 箕 | 木 | 乾 | 风 | 肝 | 泪 | 庚子 |
| 20 | 四 | 廿三 | 癸丑 | 除 | 斗 | 木 | 兑 | 风 | 肝 | 泪 | 壬子 |
| 21 | 五 | 廿四 | 甲寅 | 满 | 牛 | 水 | 离 | 寒 | 肾 | 唾 | 甲子 |
| 22 | 六 | 廿五 | 乙卯 | 平 | 女 | 水 | 震 | 寒 | 肾 | 唾 | 丙子 |
| 23 | 日 | 廿六 | 丙辰 | 定 | 虚 | 土 | 巽 | 湿 | 脾 | 涎 | 戊子 |
| 24 | 一 | 廿七 | 丁巳 | 执 | 危 | 土 | 坎 | 湿 | 脾 | 涎 | 庚子 |
| 25 | 二 | 廿八 | 戊午 | 破 | 室 | 火 | 艮 | 热 | 心 | 汗 | 壬子 |
| 26 | 三 | 廿九 | 己未 | 危 | 壁 | 火 | 坤 | 热 | 心 | 汗 | 甲子 |
| 27 | 四 | 腊月 | 庚申 | 成 | 奎 | 木 | 乾 | 风 | 肝 | 泪 | 丙子 |
| 28 | 五 | 初二 | 辛酉 | 收 | 娄 | 木 | 兑 | 风 | 肝 | 泪 | 戊子 |
| 29 | 六 | 初三 | 壬戌 | 开 | 胃 | 水 | 离 | 寒 | 肾 | 唾 | 庚子 |
| 30 | 日 | 初四 | 癸亥 | 闭 | 昴 | 水 | 震 | 寒 | 肾 | 唾 | 壬子 |
| 31 | 一 | 初五 | 甲子 | 建 | 毕 | 金 | 巽 | 燥 | 肺 | 涕 | 甲子 |

# 公元2047年　农历丁卯(兔)年(闰五月)

## 1月大
小寒　5日18时43分　大寒　20日12时11分

农历腊月(12月27日-1月25日)　月干支:辛丑

| 公历 | 星期 | 农历 | 干支 | 日建 | 星宿 | 五行 | 八卦 | 五气 | 五脏 | 五汁 | 时辰 |
|---|---|---|---|---|---|---|---|---|---|---|---|
| 1 | 二 | 腊月 | 乙丑 | 除 | 觜 | 金 | 巽 | 燥 | 肺 | 涕 | 丙子 |
| 2 | 三 | 初七 | 丙寅 | 满 | 参 | 火 | 坎 | 热 | 心 | 汗 | 戊子 |
| 3 | 四 | 初八 | 丁卯 | 平 | 井 | 火 | 艮 | 热 | 心 | 汗 | 庚子 |
| 4 | 五 | 初九 | 戊辰 | 定 | 鬼 | 木 | 坤 | 风 | 肝 | 泪 | 壬子 |
| 5 | 六 | 初十 | 己巳 | 定 | 柳 | 木 | 乾 | 风 | 肝 | 泪 | 甲子 |
| 6 | 日 | 十一 | 庚午 | 执 | 星 | 土 | 兑 | 湿 | 脾 | 涎 | 丙子 |
| 7 | 一 | 十二 | 辛未 | 破 | 张 | 土 | 离 | 湿 | 脾 | 涎 | 戊子 |
| 8 | 二 | 十三 | 壬申 | 危 | 翼 | 金 | 震 | 燥 | 肺 | 涕 | 庚子 |
| 9 | 三 | 十四 | 癸酉 | 成 | 轸 | 金 | 巽 | 燥 | 肺 | 涕 | 壬子 |
| 10 | 四 | 十五 | 甲戌 | 收 | 角 | 火 | 坎 | 热 | 心 | 汗 | 甲子 |
| 11 | 五 | 十六 | 乙亥 | 开 | 亢 | 火 | 艮 | 热 | 心 | 汗 | 丙子 |
| 12 | 六 | 十七 | 丙子 | 闭 | 氐 | 水 | 坤 | 寒 | 肾 | 唾 | 戊子 |
| 13 | 日 | 十八 | 丁丑 | 建 | 房 | 水 | 乾 | 寒 | 肾 | 唾 | 庚子 |
| 14 | 一 | 十九 | 戊寅 | 除 | 心 | 土 | 兑 | 湿 | 脾 | 涎 | 壬子 |
| 15 | 二 | 二十 | 己卯 | 满 | 尾 | 土 | 离 | 湿 | 脾 | 涎 | 甲子 |
| 16 | 三 | 廿一 | 庚辰 | 平 | 箕 | 金 | 震 | 燥 | 肺 | 涕 | 丙子 |
| 17 | 四 | 廿二 | 辛巳 | 定 | 斗 | 金 | 巽 | 燥 | 肺 | 涕 | 戊子 |
| 18 | 五 | 廿三 | 壬午 | 执 | 牛 | 木 | 坎 | 风 | 肝 | 泪 | 庚子 |
| 19 | 六 | 廿四 | 癸未 | 破 | 女 | 木 | 艮 | 风 | 肝 | 泪 | 壬子 |
| 20 | 日 | 廿五 | 甲申 | 危 | 虚 | 水 | 坤 | 寒 | 肾 | 唾 | 甲子 |
| 21 | 一 | 廿六 | 乙酉 | 成 | 危 | 水 | 乾 | 寒 | 肾 | 唾 | 丙子 |
| 22 | 二 | 廿七 | 丙戌 | 收 | 室 | 土 | 兑 | 湿 | 脾 | 涎 | 戊子 |
| 23 | 三 | 廿八 | 丁亥 | 开 | 壁 | 土 | 离 | 湿 | 脾 | 涎 | 庚子 |
| 24 | 四 | 廿九 | 戊子 | 闭 | 奎 | 火 | 震 | 热 | 心 | 汗 | 壬子 |
| 25 | 五 | 三十 | 己丑 | 建 | 娄 | 火 | 巽 | 热 | 心 | 汗 | 甲子 |
| 26 | 六 | 正月 | 庚寅 | 除 | 胃 | 木 | 坎 | 风 | 肝 | 泪 | 丙子 |
| 27 | 日 | 初二 | 辛卯 | 满 | 昴 | 木 | 艮 | 风 | 肝 | 泪 | 戊子 |
| 28 | 一 | 初三 | 壬辰 | 平 | 毕 | 水 | 坤 | 寒 | 肾 | 唾 | 庚子 |
| 29 | 二 | 初四 | 癸巳 | 定 | 觜 | 水 | 乾 | 寒 | 肾 | 唾 | 壬子 |
| 30 | 三 | 初五 | 甲午 | 执 | 参 | 金 | 兑 | 燥 | 肺 | 涕 | 甲子 |
| 31 | 四 | 初六 | 乙未 | 破 | 井 | 金 | 离 | 燥 | 肺 | 涕 | 丙子 |

## 2月平
立春　4日06时19分　雨水　19日02时11分

农历正月(1月26日-2月24日)　月干支:壬寅

| 公历 | 星期 | 农历 | 干支 | 日建 | 星宿 | 五行 | 八卦 | 五气 | 五脏 | 五汁 | 时辰 |
|---|---|---|---|---|---|---|---|---|---|---|---|
| 1 | 五 | 正月 | 丙申 | 危 | 鬼 | 火 | 震 | 热 | 心 | 汗 | 戊子 |
| 2 | 六 | 初八 | 丁酉 | 成 | 柳 | 火 | 巽 | 热 | 心 | 汗 | 庚子 |
| 3 | 日 | 初九 | 戊戌 | 收 | 星 | 木 | 坎 | 风 | 肝 | 泪 | 壬子 |
| 4 | 一 | 初十 | 己亥 | 收 | 张 | 木 | 艮 | 风 | 肝 | 泪 | 甲子 |
| 5 | 二 | 十一 | 庚子 | 开 | 翼 | 土 | 坤 | 湿 | 脾 | 涎 | 丙子 |
| 6 | 三 | 十二 | 辛丑 | 闭 | 轸 | 土 | 乾 | 湿 | 脾 | 涎 | 戊子 |
| 7 | 四 | 十三 | 壬寅 | 建 | 角 | 金 | 兑 | 燥 | 肺 | 涕 | 庚子 |
| 8 | 五 | 十四 | 癸卯 | 除 | 亢 | 金 | 离 | 燥 | 肺 | 涕 | 壬子 |
| 9 | 六 | 十五 | 甲辰 | 满 | 氐 | 火 | 震 | 热 | 心 | 汗 | 甲子 |
| 10 | 日 | 十六 | 乙巳 | 平 | 房 | 火 | 巽 | 热 | 心 | 汗 | 丙子 |
| 11 | 一 | 十七 | 丙午 | 定 | 心 | 水 | 坎 | 寒 | 肾 | 唾 | 戊子 |
| 12 | 二 | 十八 | 丁未 | 执 | 尾 | 水 | 艮 | 寒 | 肾 | 唾 | 庚子 |
| 13 | 三 | 十九 | 戊申 | 破 | 箕 | 土 | 坤 | 湿 | 脾 | 涎 | 壬子 |
| 14 | 四 | 二十 | 己酉 | 危 | 斗 | 土 | 乾 | 湿 | 脾 | 涎 | 甲子 |
| 15 | 五 | 廿一 | 庚戌 | 成 | 牛 | 金 | 兑 | 燥 | 肺 | 涕 | 丙子 |
| 16 | 六 | 廿二 | 辛亥 | 收 | 女 | 金 | 离 | 燥 | 肺 | 涕 | 戊子 |
| 17 | 日 | 廿三 | 壬子 | 开 | 虚 | 木 | 震 | 风 | 肝 | 泪 | 庚子 |
| 18 | 一 | 廿四 | 癸丑 | 闭 | 危 | 木 | 巽 | 风 | 肝 | 泪 | 壬子 |
| 19 | 二 | 廿五 | 甲寅 | 建 | 室 | 水 | 坎 | 寒 | 肾 | 唾 | 甲子 |
| 20 | 三 | 廿六 | 乙卯 | 除 | 壁 | 水 | 艮 | 寒 | 肾 | 唾 | 丙子 |
| 21 | 四 | 廿七 | 丙辰 | 满 | 奎 | 土 | 坤 | 湿 | 脾 | 涎 | 戊子 |
| 22 | 五 | 廿八 | 丁巳 | 平 | 娄 | 土 | 乾 | 湿 | 脾 | 涎 | 庚子 |
| 23 | 六 | 廿九 | 戊午 | 定 | 胃 | 火 | 兑 | 热 | 心 | 汗 | 壬子 |
| 24 | 日 | 三十 | 己未 | 执 | 昴 | 火 | 离 | 热 | 心 | 汗 | 甲子 |
| 25 | 一 | 二月 | 庚申 | 破 | 毕 | 木 | 震 | 风 | 肝 | 泪 | 丙子 |
| 26 | 二 | 初二 | 辛酉 | 危 | 觜 | 木 | 巽 | 风 | 肝 | 泪 | 戊子 |
| 27 | 三 | 初三 | 壬戌 | 成 | 参 | 水 | 坎 | 寒 | 肾 | 唾 | 庚子 |
| 28 | 四 | 初四 | 癸亥 | 收 | 井 | 水 | 艮 | 寒 | 肾 | 唾 | 壬子 |

实用干支万年历

# 公元 2047 年　　　　农历丁卯(兔)年(闰五月)

| 3月大 | 惊蛰　6日 00 时 06 分<br>春分　21日 00 时 54 分 |
|---|---|

农历二月(2月25日–3月25日)　　月干支:癸卯

| 公历 | 星期 | 农历 | 干支 | 日建 | 星宿 | 五行 | 八卦 | 五气 | 五脏 | 五汁 | 时辰 |
|---|---|---|---|---|---|---|---|---|---|---|---|
| 1 | 五 | 二月 | 甲子 | 开 | 鬼 | 金 | 离 | 燥 | 肺 | 涕 | 甲子 |
| 2 | 六 | 初六 | 乙丑 | 闭 | 柳 | 金 | 震 | 燥 | 肺 | 涕 | 丙子 |
| 3 | 日 | 初七 | 丙寅 | 建 | 星 | 火 | 巽 | 热 | 心 | 汗 | 戊子 |
| 4 | 一 | 初八 | 丁卯 | 除 | 张 | 火 | 坎 | 热 | 心 | 汗 | 庚子 |
| 5 | 二 | 初九 | 戊辰 | 满 | 翼 | 木 | 艮 | 风 | 肝 | 泪 | 壬子 |
| 6 | 三 | 初十 | 己巳 | 满 | 轸 | 木 | 坤 | 风 | 肝 | 泪 | 甲子 |
| 7 | 四 | 十一 | 庚午 | 平 | 角 | 土 | 乾 | 湿 | 脾 | 涎 | 丙子 |
| 8 | 五 | 十二 | 辛未 | 定 | 亢 | 土 | 兑 | 湿 | 脾 | 涎 | 戊子 |
| 9 | 六 | 十三 | 壬申 | 执 | 氐 | 金 | 离 | 燥 | 肺 | 涕 | 庚子 |
| 10 | 日 | 十四 | 癸酉 | 破 | 房 | 金 | 震 | 燥 | 肺 | 涕 | 壬子 |
| 11 | 一 | 十五 | 甲戌 | 危 | 心 | 火 | 巽 | 热 | 心 | 汗 | 甲子 |
| 12 | 二 | 十六 | 乙亥 | 成 | 尾 | 火 | 坎 | 热 | 心 | 汗 | 丙子 |
| 13 | 三 | 十七 | 丙子 | 收 | 箕 | 水 | 艮 | 寒 | 肾 | 唾 | 戊子 |
| 14 | 四 | 十八 | 丁丑 | 开 | 斗 | 水 | 坤 | 寒 | 肾 | 唾 | 庚子 |
| 15 | 五 | 十九 | 戊寅 | 闭 | 牛 | 土 | 乾 | 湿 | 脾 | 涎 | 壬子 |
| 16 | 六 | 二十 | 己卯 | 建 | 女 | 土 | 兑 | 湿 | 脾 | 涎 | 甲子 |
| 17 | 日 | 廿一 | 庚辰 | 除 | 虚 | 金 | 离 | 燥 | 肺 | 涕 | 丙子 |
| 18 | 一 | 廿二 | 辛巳 | 满 | 危 | 金 | 震 | 燥 | 肺 | 涕 | 戊子 |
| 19 | 二 | 廿三 | 壬午 | 平 | 室 | 木 | 巽 | 风 | 肝 | 泪 | 庚子 |
| 20 | 三 | 廿四 | 癸未 | 定 | 壁 | 木 | 坎 | 风 | 肝 | 泪 | 壬子 |
| 21 | 四 | 廿五 | 甲申 | 执 | 奎 | 水 | 艮 | 寒 | 肾 | 唾 | 甲子 |
| 22 | 五 | 廿六 | 乙酉 | 破 | 娄 | 水 | 坤 | 寒 | 肾 | 唾 | 丙子 |
| 23 | 六 | 廿七 | 丙戌 | 危 | 胃 | 土 | 乾 | 湿 | 脾 | 涎 | 戊子 |
| 24 | 日 | 廿八 | 丁亥 | 成 | 昴 | 土 | 兑 | 湿 | 脾 | 涎 | 庚子 |
| 25 | 一 | 廿九 | 戊子 | 收 | 毕 | 火 | 离 | 热 | 心 | 汗 | 壬子 |
| 26 | 二 | 三月 | 己丑 | 开 | 觜 | 火 | 坤 | 热 | 心 | 汗 | 甲子 |
| 27 | 三 | 初二 | 庚寅 | 闭 | 参 | 木 | 乾 | 风 | 肝 | 泪 | 丙子 |
| 28 | 四 | 初三 | 辛卯 | 建 | 井 | 木 | 兑 | 风 | 肝 | 泪 | 戊子 |
| 29 | 五 | 初四 | 壬辰 | 除 | 鬼 | 水 | 离 | 寒 | 肾 | 唾 | 庚子 |
| 30 | 六 | 初五 | 癸巳 | 满 | 柳 | 水 | 震 | 寒 | 肾 | 唾 | 壬子 |
| 31 | 日 | 初六 | 甲午 | 平 | 星 | 金 | 巽 | 燥 | 肺 | 涕 | 甲子 |

| 4月小 | 清明　5日 04 时 34 分<br>谷雨　20日 11 时 33 分 |
|---|---|

农历三月(3月26日–4月24日)　　月干支:甲辰

| 公历 | 星期 | 农历 | 干支 | 日建 | 星宿 | 五行 | 八卦 | 五气 | 五脏 | 五汁 | 时辰 |
|---|---|---|---|---|---|---|---|---|---|---|---|
| 1 | 一 | 三月 | 乙未 | 定 | 张 | 金 | 坎 | 燥 | 肺 | 涕 | 丙子 |
| 2 | 二 | 初八 | 丙申 | 执 | 翼 | 火 | 艮 | 热 | 心 | 汗 | 戊子 |
| 3 | 三 | 初九 | 丁酉 | 破 | 轸 | 火 | 坤 | 热 | 心 | 汗 | 庚子 |
| 4 | 四 | 初十 | 戊戌 | 危 | 角 | 木 | 乾 | 风 | 肝 | 泪 | 壬子 |
| 5 | 五 | 十一 | 己亥 | 危 | 亢 | 木 | 兑 | 风 | 肝 | 泪 | 甲子 |
| 6 | 六 | 十二 | 庚子 | 成 | 氐 | 土 | 离 | 湿 | 脾 | 涎 | 丙子 |
| 7 | 日 | 十三 | 辛丑 | 收 | 房 | 土 | 震 | 湿 | 脾 | 涎 | 戊子 |
| 8 | 一 | 十四 | 壬寅 | 开 | 心 | 金 | 巽 | 燥 | 肺 | 涕 | 庚子 |
| 9 | 二 | 十五 | 癸卯 | 闭 | 尾 | 金 | 坎 | 燥 | 肺 | 涕 | 壬子 |
| 10 | 三 | 十六 | 甲辰 | 建 | 箕 | 火 | 艮 | 热 | 心 | 汗 | 甲子 |
| 11 | 四 | 十七 | 乙巳 | 除 | 斗 | 火 | 坤 | 热 | 心 | 汗 | 丙子 |
| 12 | 五 | 十八 | 丙午 | 满 | 牛 | 水 | 乾 | 寒 | 肾 | 唾 | 戊子 |
| 13 | 六 | 十九 | 丁未 | 平 | 女 | 水 | 兑 | 寒 | 肾 | 唾 | 庚子 |
| 14 | 日 | 二十 | 戊申 | 定 | 虚 | 土 | 离 | 湿 | 脾 | 涎 | 壬子 |
| 15 | 一 | 廿一 | 己酉 | 执 | 危 | 土 | 震 | 湿 | 脾 | 涎 | 甲子 |
| 16 | 二 | 廿二 | 庚戌 | 破 | 室 | 金 | 巽 | 燥 | 肺 | 涕 | 丙子 |
| 17 | 三 | 廿三 | 辛亥 | 危 | 壁 | 金 | 坎 | 燥 | 肺 | 涕 | 戊子 |
| 18 | 四 | 廿四 | 壬子 | 成 | 奎 | 木 | 艮 | 风 | 肝 | 泪 | 庚子 |
| 19 | 五 | 廿五 | 癸丑 | 收 | 娄 | 木 | 坤 | 风 | 肝 | 泪 | 壬子 |
| 20 | 六 | 廿六 | 甲寅 | 开 | 胃 | 水 | 乾 | 寒 | 肾 | 唾 | 甲子 |
| 21 | 日 | 廿七 | 乙卯 | 闭 | 昴 | 水 | 兑 | 寒 | 肾 | 唾 | 丙子 |
| 22 | 一 | 廿八 | 丙辰 | 建 | 毕 | 土 | 离 | 湿 | 脾 | 涎 | 戊子 |
| 23 | 二 | 廿九 | 丁巳 | 除 | 觜 | 土 | 震 | 湿 | 脾 | 涎 | 庚子 |
| 24 | 三 | 三十 | 戊午 | 满 | 参 | 火 | 巽 | 热 | 心 | 汗 | 壬子 |
| 25 | 四 | 四月 | 己未 | 平 | 井 | 火 | 坎 | 热 | 心 | 汗 | 甲子 |
| 26 | 五 | 初二 | 庚申 | 定 | 鬼 | 木 | 艮 | 风 | 肝 | 泪 | 丙子 |
| 27 | 六 | 初三 | 辛酉 | 执 | 柳 | 木 | 坤 | 风 | 肝 | 泪 | 戊子 |
| 28 | 日 | 初四 | 壬戌 | 破 | 星 | 水 | 乾 | 寒 | 肾 | 唾 | 庚子 |
| 29 | 一 | 初五 | 癸亥 | 危 | 张 | 水 | 兑 | 寒 | 肾 | 唾 | 壬子 |
| 30 | 二 | 初六 | 甲子 | 成 | 翼 | 金 | 坎 | 燥 | 肺 | 涕 | 甲子 |

# 公元 2047 年　　农历丁卯(兔)年(闰五月)

## 5月大
立夏　5 日 21 时 29 分　　小满　21 日 10 时 20 分

农历四月(4月25日–5月24日)　月干支:乙巳

| 公历 | 星期 | 农历 | 干支 | 日建 | 星宿 | 五行 | 八卦 | 五气 | 五脏 | 五汁 | 时辰 |
|---|---|---|---|---|---|---|---|---|---|---|---|
| 1 | 三 | 四月 | 乙丑 | 收 | 轸 | 金 | 艮 | 燥 | 肺 | 涕 | 丙子 |
| 2 | 四 | 初八 | 丙寅 | 开 | 角 | 火 | 坤 | 热 | 心 | 汗 | 戊子 |
| 3 | 五 | 初九 | 丁卯 | 闭 | 亢 | 火 | 乾 | 热 | 心 | 汗 | 庚子 |
| 4 | 六 | 初十 | 戊辰 | 建 | 氐 | 木 | 兑 | 风 | 肝 | 泪 | 壬子 |
| 5 | 日 | 十一 | 己巳 | 建 | 房 | 木 | 离 | 风 | 肝 | 泪 | 甲子 |
| 6 | 一 | 十二 | 庚午 | 除 | 心 | 土 | 震 | 湿 | 脾 | 涎 | 丙子 |
| 7 | 二 | 十三 | 辛未 | 满 | 尾 | 土 | 巽 | 湿 | 脾 | 涎 | 戊子 |
| 8 | 三 | 十四 | 壬申 | 平 | 箕 | 金 | 坎 | 燥 | 肺 | 涕 | 庚子 |
| 9 | 四 | 十五 | 癸酉 | 定 | 斗 | 金 | 艮 | 燥 | 肺 | 涕 | 壬子 |
| 10 | 五 | 十六 | 甲戌 | 执 | 牛 | 火 | 坤 | 热 | 心 | 汗 | 甲子 |
| 11 | 六 | 十七 | 乙亥 | 破 | 女 | 火 | 乾 | 热 | 心 | 汗 | 丙子 |
| 12 | 日 | 十八 | 丙子 | 危 | 虚 | 水 | 兑 | 寒 | 肾 | 唾 | 戊子 |
| 13 | 一 | 十九 | 丁丑 | 成 | 危 | 水 | 离 | 寒 | 肾 | 唾 | 庚子 |
| 14 | 二 | 二十 | 戊寅 | 收 | 室 | 土 | 震 | 湿 | 脾 | 涎 | 壬子 |
| 15 | 三 | 廿一 | 己卯 | 开 | 壁 | 土 | 巽 | 湿 | 脾 | 涎 | 甲子 |
| 16 | 四 | 廿二 | 庚辰 | 闭 | 奎 | 金 | 坎 | 燥 | 肺 | 涕 | 丙子 |
| 17 | 五 | 廿三 | 辛巳 | 建 | 娄 | 金 | 艮 | 燥 | 肺 | 涕 | 戊子 |
| 18 | 六 | 廿四 | 壬午 | 除 | 胃 | 木 | 坤 | 风 | 肝 | 泪 | 庚子 |
| 19 | 日 | 廿五 | 癸未 | 满 | 昴 | 木 | 乾 | 风 | 肝 | 泪 | 壬子 |
| 20 | 一 | 廿六 | 甲申 | 平 | 毕 | 水 | 兑 | 寒 | 肾 | 唾 | 甲子 |
| 21 | 二 | 廿七 | 乙酉 | 定 | 觜 | 水 | 离 | 寒 | 肾 | 唾 | 丙子 |
| 22 | 三 | 廿八 | 丙戌 | 执 | 参 | 土 | 震 | 湿 | 脾 | 涎 | 戊子 |
| 23 | 四 | 廿九 | 丁亥 | 破 | 井 | 土 | 巽 | 湿 | 脾 | 涎 | 庚子 |
| 24 | 五 | 三十 | 戊子 | 危 | 鬼 | 火 | 坎 | 热 | 心 | 汗 | 壬子 |
| 25 | 六 | 五月 | 己丑 | 成 | 柳 | 火 | 艮 | 热 | 心 | 汗 | 甲子 |
| 26 | 日 | 初二 | 庚寅 | 收 | 星 | 木 | 坤 | 风 | 肝 | 泪 | 丙子 |
| 27 | 一 | 初三 | 辛卯 | 开 | 张 | 木 | 乾 | 风 | 肝 | 泪 | 戊子 |
| 28 | 二 | 初四 | 壬辰 | 闭 | 翼 | 水 | 兑 | 寒 | 肾 | 唾 | 庚子 |
| 29 | 三 | 初五 | 癸巳 | 建 | 轸 | 水 | 离 | 寒 | 肾 | 唾 | 壬子 |
| 30 | 四 | 初六 | 甲午 | 除 | 角 | 金 | 震 | 燥 | 肺 | 涕 | 甲子 |
| 31 | 五 | 初七 | 乙未 | 满 | 亢 | 金 | 巽 | 燥 | 肺 | 涕 | 丙子 |

## 6月小
芒种　6 日 01 时 21 分　　夏至　21 日 18 时 04 分

农历五月(5月25日–6月22日)　月干支:丙午

| 公历 | 星期 | 农历 | 干支 | 日建 | 星宿 | 五行 | 八卦 | 五气 | 五脏 | 五汁 | 时辰 |
|---|---|---|---|---|---|---|---|---|---|---|---|
| 1 | 六 | 五月 | 丙申 | 平 | 氐 | 火 | 坎 | 热 | 心 | 汗 | 戊子 |
| 2 | 日 | 初九 | 丁酉 | 定 | 房 | 火 | 艮 | 热 | 心 | 汗 | 庚子 |
| 3 | 一 | 初十 | 戊戌 | 执 | 心 | 木 | 坤 | 风 | 肝 | 泪 | 壬子 |
| 4 | 二 | 十一 | 己亥 | 破 | 尾 | 木 | 乾 | 风 | 肝 | 泪 | 甲子 |
| 5 | 三 | 十二 | 庚子 | 危 | 箕 | 土 | 兑 | 湿 | 脾 | 涎 | 丙子 |
| 6 | 四 | 十三 | 辛丑 | 危 | 斗 | 土 | 离 | 湿 | 脾 | 涎 | 戊子 |
| 7 | 五 | 十四 | 壬寅 | 成 | 牛 | 金 | 震 | 燥 | 肺 | 涕 | 庚子 |
| 8 | 六 | 十五 | 癸卯 | 收 | 女 | 金 | 巽 | 燥 | 肺 | 涕 | 壬子 |
| 9 | 日 | 十六 | 甲辰 | 开 | 虚 | 火 | 坎 | 热 | 心 | 汗 | 甲子 |
| 10 | 一 | 十七 | 乙巳 | 闭 | 危 | 火 | 艮 | 热 | 心 | 汗 | 丙子 |
| 11 | 二 | 十八 | 丙午 | 建 | 室 | 水 | 坤 | 寒 | 肾 | 唾 | 戊子 |
| 12 | 三 | 十九 | 丁未 | 除 | 壁 | 水 | 乾 | 寒 | 肾 | 唾 | 庚子 |
| 13 | 四 | 二十 | 戊申 | 满 | 奎 | 土 | 兑 | 湿 | 脾 | 涎 | 壬子 |
| 14 | 五 | 廿一 | 己酉 | 平 | 娄 | 土 | 离 | 湿 | 脾 | 涎 | 甲子 |
| 15 | 六 | 廿二 | 庚戌 | 定 | 胃 | 金 | 震 | 燥 | 肺 | 涕 | 丙子 |
| 16 | 日 | 廿三 | 辛亥 | 执 | 昴 | 金 | 巽 | 燥 | 肺 | 涕 | 戊子 |
| 17 | 一 | 廿四 | 壬子 | 破 | 毕 | 木 | 坎 | 风 | 肝 | 泪 | 庚子 |
| 18 | 二 | 廿五 | 癸丑 | 危 | 觜 | 木 | 艮 | 风 | 肝 | 泪 | 壬子 |
| 19 | 三 | 廿六 | 甲寅 | 成 | 参 | 水 | 坤 | 寒 | 肾 | 唾 | 甲子 |
| 20 | 四 | 廿七 | 乙卯 | 收 | 井 | 水 | 乾 | 寒 | 肾 | 唾 | 丙子 |
| 21 | 五 | 廿八 | 丙辰 | 开 | 鬼 | 土 | 兑 | 湿 | 脾 | 涎 | 戊子 |
| 22 | 六 | 廿九 | 丁巳 | 闭 | 柳 | 土 | 离 | 湿 | 脾 | 涎 | 庚子 |
| 23 | 日 | 闰五 | 戊午 | 建 | 星 | 火 | 震 | 热 | 心 | 汗 | 壬子 |
| 24 | 一 | 初二 | 己未 | 除 | 张 | 火 | 巽 | 热 | 心 | 汗 | 甲子 |
| 25 | 二 | 初三 | 庚申 | 满 | 翼 | 木 | 坎 | 风 | 肝 | 泪 | 丙子 |
| 26 | 三 | 初四 | 辛酉 | 平 | 轸 | 木 | 艮 | 风 | 肝 | 泪 | 戊子 |
| 27 | 四 | 初五 | 壬戌 | 定 | 角 | 水 | 坤 | 寒 | 肾 | 唾 | 庚子 |
| 28 | 五 | 初六 | 癸亥 | 执 | 亢 | 水 | 乾 | 寒 | 肾 | 唾 | 壬子 |
| 29 | 六 | 初七 | 甲子 | 破 | 氐 | 金 | 兑 | 燥 | 肺 | 涕 | 甲子 |
| 30 | 日 | 初八 | 乙丑 | 危 | 房 | 金 | 离 | 燥 | 肺 | 涕 | 丙子 |

实用干支万年历

# 公元 2047 年　　农历丁卯(兔)年(闰五月)

## 7 月大

小暑　7 日 11 时 31 分　　大暑　23 日 04 时 56 分

农历闰五月(6 月 23 日–7 月 22 日)　月干支:丙午

| 公历 | 星期 | 农历 | 干支 | 日建 | 星宿 | 五行 | 八卦 | 五气 | 五脏 | 五汁 | 时辰 |
|---|---|---|---|---|---|---|---|---|---|---|---|
| 1 | 一 | 闰五/初九 | 丙寅 | 成 | 心 | 火 | 离 | 热 | 心 | 汗 | 戊子 |
| 2 | 二 | 初十 | 丁卯 | 收 | 尾 | 火 | 震 | 热 | 心 | 汗 | 庚子 |
| 3 | 三 | 十一 | 戊辰 | 开 | 箕 | 木 | 巽 | 风 | 肝 | 泪 | 壬子 |
| 4 | 四 | 十二 | 己巳 | 闭 | 斗 | 木 | 坎 | 风 | 肝 | 泪 | 甲子 |
| 5 | 五 | 十三 | 庚午 | 建 | 牛 | 土 | 艮 | 湿 | 脾 | 涎 | 丙子 |
| 6 | 六 | 十四 | 辛未 | 除 | 女 | 土 | 坤 | 湿 | 脾 | 涎 | 戊子 |
| 7 | 日 | 十五 | 壬申 | 除 | 虚 | 金 | 乾 | 燥 | 肺 | 涕 | 庚子 |
| 8 | 一 | 十六 | 癸酉 | 满 | 危 | 金 | 兑 | 燥 | 肺 | 涕 | 壬子 |
| 9 | 二 | 十七 | 甲戌 | 平 | 室 | 火 | 离 | 热 | 心 | 汗 | 甲子 |
| 10 | 三 | 十八 | 乙亥 | 定 | 壁 | 火 | 震 | 热 | 心 | 汗 | 丙子 |
| 11 | 四 | 十九 | 丙子 | 执 | 奎 | 水 | 巽 | 寒 | 肾 | 唾 | 戊子 |
| 12 | 五 | 二十 | 丁丑 | 破 | 娄 | 水 | 坎 | 寒 | 肾 | 唾 | 庚子 |
| 13 | 六 | 廿一 | 戊寅 | 危 | 胃 | 土 | 艮 | 湿 | 脾 | 涎 | 壬子 |
| 14 | 日 | 廿二 | 己卯 | 成 | 昴 | 土 | 坤 | 湿 | 脾 | 涎 | 甲子 |
| 15 | 一 | 廿三 | 庚辰 | 收 | 毕 | 金 | 乾 | 燥 | 肺 | 涕 | 丙子 |
| 16 | 二 | 廿四 | 辛巳 | 开 | 觜 | 金 | 兑 | 燥 | 肺 | 涕 | 戊子 |
| 17 | 三 | 廿五 | 壬午 | 闭 | 参 | 木 | 离 | 风 | 肝 | 泪 | 庚子 |
| 18 | 四 | 廿六 | 癸未 | 建 | 井 | 木 | 震 | 风 | 肝 | 泪 | 壬子 |
| 19 | 五 | 廿七 | 甲申 | 除 | 鬼 | 水 | 巽 | 寒 | 肾 | 唾 | 甲子 |
| 20 | 六 | 廿八 | 乙酉 | 满 | 柳 | 水 | 坎 | 寒 | 肾 | 唾 | 丙子 |
| 21 | 日 | 廿九 | 丙戌 | 平 | 星 | 土 | 艮 | 湿 | 脾 | 涎 | 戊子 |
| 22 | 一 | 三十 | 丁亥 | 定 | 张 | 土 | 坤 | 湿 | 脾 | 涎 | 庚子 |
| 23 | 二 | 六月/初一 | 戊子 | 执 | 翼 | 火 | 乾 | 热 | 心 | 汗 | 壬子 |
| 24 | 三 | 初二 | 己丑 | 破 | 轸 | 火 | 兑 | 热 | 心 | 汗 | 甲子 |
| 25 | 四 | 初三 | 庚寅 | 危 | 角 | 木 | 离 | 风 | 肝 | 泪 | 丙子 |
| 26 | 五 | 初四 | 辛卯 | 成 | 亢 | 木 | 震 | 风 | 肝 | 泪 | 戊子 |
| 27 | 六 | 初五 | 壬辰 | 收 | 氐 | 水 | 巽 | 寒 | 肾 | 唾 | 庚子 |
| 28 | 日 | 初六 | 癸巳 | 开 | 房 | 水 | 坎 | 寒 | 肾 | 唾 | 壬子 |
| 29 | 一 | 初七 | 甲午 | 闭 | 心 | 金 | 艮 | 燥 | 肺 | 涕 | 甲子 |
| 30 | 二 | 初八 | 乙未 | 建 | 尾 | 金 | 坤 | 燥 | 肺 | 涕 | 丙子 |
| 31 | 三 | 初九 | 丙申 | 除 | 箕 | 火 | 乾 | 热 | 心 | 汗 | 戊子 |

## 8 月大

立秋　7 日 21 时 27 分　　处暑　23 日 12 时 12 分

农历六月(7 月 23 日–8 月 20 日)　月干支:丁未

| 公历 | 星期 | 农历 | 干支 | 日建 | 星宿 | 五行 | 八卦 | 五气 | 五脏 | 五汁 | 时辰 |
|---|---|---|---|---|---|---|---|---|---|---|---|
| 1 | 四 | 六月/初十 | 丁酉 | 满 | 斗 | 火 | 兑 | 热 | 心 | 汗 | 庚子 |
| 2 | 五 | 十一 | 戊戌 | 平 | 牛 | 木 | 离 | 风 | 肝 | 泪 | 壬子 |
| 3 | 六 | 十二 | 己亥 | 定 | 女 | 木 | 震 | 风 | 肝 | 泪 | 甲子 |
| 4 | 日 | 十三 | 庚子 | 执 | 虚 | 土 | 巽 | 湿 | 脾 | 涎 | 丙子 |
| 5 | 一 | 十四 | 辛丑 | 破 | 危 | 土 | 坎 | 湿 | 脾 | 涎 | 戊子 |
| 6 | 二 | 十五 | 壬寅 | 危 | 室 | 金 | 艮 | 燥 | 肺 | 涕 | 庚子 |
| 7 | 三 | 十六 | 癸卯 | 危 | 壁 | 金 | 坤 | 燥 | 肺 | 涕 | 壬子 |
| 8 | 四 | 十七 | 甲辰 | 成 | 奎 | 火 | 乾 | 热 | 心 | 汗 | 甲子 |
| 9 | 五 | 十八 | 乙巳 | 收 | 娄 | 火 | 兑 | 热 | 心 | 汗 | 丙子 |
| 10 | 六 | 十九 | 丙午 | 开 | 胃 | 水 | 离 | 寒 | 肾 | 唾 | 戊子 |
| 11 | 日 | 二十 | 丁未 | 闭 | 昴 | 水 | 震 | 寒 | 肾 | 唾 | 庚子 |
| 12 | 一 | 廿一 | 戊申 | 建 | 毕 | 土 | 巽 | 湿 | 脾 | 涎 | 壬子 |
| 13 | 二 | 廿二 | 己酉 | 除 | 觜 | 土 | 坎 | 湿 | 脾 | 涎 | 甲子 |
| 14 | 三 | 廿三 | 庚戌 | 满 | 参 | 金 | 艮 | 燥 | 肺 | 涕 | 丙子 |
| 15 | 四 | 廿四 | 辛亥 | 平 | 井 | 金 | 坤 | 燥 | 肺 | 涕 | 戊子 |
| 16 | 五 | 廿五 | 壬子 | 定 | 鬼 | 木 | 乾 | 风 | 肝 | 泪 | 庚子 |
| 17 | 六 | 廿六 | 癸丑 | 执 | 柳 | 木 | 兑 | 风 | 肝 | 泪 | 壬子 |
| 18 | 日 | 廿七 | 甲寅 | 破 | 星 | 水 | 离 | 寒 | 肾 | 唾 | 甲子 |
| 19 | 一 | 廿八 | 乙卯 | 危 | 张 | 水 | 震 | 寒 | 肾 | 唾 | 丙子 |
| 20 | 二 | 廿九 | 丙辰 | 成 | 翼 | 土 | 巽 | 湿 | 脾 | 涎 | 戊子 |
| 21 | 三 | 七月/初一 | 丁巳 | 收 | 轸 | 土 | 坎 | 湿 | 脾 | 涎 | 庚子 |
| 22 | 四 | 初二 | 戊午 | 开 | 角 | 火 | 艮 | 热 | 心 | 汗 | 壬子 |
| 23 | 五 | 初三 | 己未 | 闭 | 亢 | 火 | 坤 | 热 | 心 | 汗 | 甲子 |
| 24 | 六 | 初四 | 庚申 | 建 | 氐 | 木 | 乾 | 风 | 肝 | 泪 | 丙子 |
| 25 | 日 | 初五 | 辛酉 | 除 | 房 | 木 | 兑 | 风 | 肝 | 泪 | 戊子 |
| 26 | 一 | 初六 | 壬戌 | 满 | 心 | 水 | 离 | 寒 | 肾 | 唾 | 庚子 |
| 27 | 二 | 初七 | 癸亥 | 平 | 尾 | 水 | 震 | 寒 | 肾 | 唾 | 壬子 |
| 28 | 三 | 初八 | 甲子 | 定 | 箕 | 金 | 巽 | 燥 | 肺 | 涕 | 甲子 |
| 29 | 四 | 初九 | 乙丑 | 执 | 斗 | 金 | 坎 | 燥 | 肺 | 涕 | 丙子 |
| 30 | 五 | 初十 | 丙寅 | 破 | 牛 | 火 | 艮 | 热 | 心 | 汗 | 戊子 |
| 31 | 六 | 十一 | 丁卯 | 危 | 女 | 火 | 坤 | 热 | 心 | 汗 | 庚子 |

# 公元2047年　　农历丁卯(兔)年(闰五月)

## 9月小
白露　8日00时39分
秋分　23日10时09分

农历七月(8月21日–9月19日)　月干支:戊申

| 公历 | 星期 | 农历 | 干支 | 日建 | 星宿 | 五行 | 八卦 | 五气 | 五脏 | 五汁 | 时辰 |
|---|---|---|---|---|---|---|---|---|---|---|---|
| 1 | 日 | 七月 | 戊辰 | 成 | 虚 | 木 | 艮 | 风 | 肝 | 泪 | 壬子 |
| 2 | 一 | 十三 | 己巳 | 收 | 危 | 木 | 坤 | 风 | 肝 | 泪 | 甲子 |
| 3 | 二 | 十四 | 庚午 | 开 | 室 | 土 | 乾 | 湿 | 脾 | 涎 | 丙子 |
| 4 | 三 | 十五 | 辛未 | 闭 | 壁 | 土 | 兑 | 湿 | 脾 | 涎 | 戊子 |
| 5 | 四 | 十六 | 壬申 | 建 | 奎 | 金 | 离 | 燥 | 肺 | 涕 | 庚子 |
| 6 | 五 | 十七 | 癸酉 | 除 | 娄 | 金 | 震 | 燥 | 肺 | 涕 | 壬子 |
| 7 | 六 | 十八 | 甲戌 | 满 | 胃 | 火 | 巽 | 热 | 心 | 汗 | 甲子 |
| 8 | 日 | 十九 | 乙亥 | 满 | 昴 | 火 | 坎 | 热 | 心 | 汗 | 丙子 |
| 9 | 一 | 二十 | 丙子 | 平 | 毕 | 水 | 艮 | 寒 | 肾 | 唾 | 戊子 |
| 10 | 二 | 廿一 | 丁丑 | 定 | 觜 | 水 | 坤 | 寒 | 肾 | 唾 | 庚子 |
| 11 | 三 | 廿二 | 戊寅 | 执 | 参 | 土 | 乾 | 湿 | 脾 | 涎 | 壬子 |
| 12 | 四 | 廿三 | 己卯 | 破 | 井 | 土 | 兑 | 湿 | 脾 | 涎 | 甲子 |
| 13 | 五 | 廿四 | 庚辰 | 危 | 鬼 | 金 | 离 | 燥 | 肺 | 涕 | 丙子 |
| 14 | 六 | 廿五 | 辛巳 | 成 | 柳 | 金 | 震 | 燥 | 肺 | 涕 | 戊子 |
| 15 | 日 | 廿六 | 壬午 | 收 | 星 | 木 | 巽 | 风 | 肝 | 泪 | 庚子 |
| 16 | 一 | 廿七 | 癸未 | 开 | 张 | 木 | 坎 | 风 | 肝 | 泪 | 壬子 |
| 17 | 二 | 廿八 | 甲申 | 闭 | 翼 | 水 | 艮 | 寒 | 肾 | 唾 | 甲子 |
| 18 | 三 | 廿九 | 乙酉 | 建 | 轸 | 水 | 坤 | 寒 | 肾 | 唾 | 丙子 |
| 19 | 四 | 三十 | 丙戌 | 除 | 角 | 土 | 乾 | 湿 | 脾 | 涎 | 戊子 |
| 20 | 五 | 八月 | 丁亥 | 满 | 亢 | 土 | 兑 | 湿 | 脾 | 涎 | 庚子 |
| 21 | 六 | 初二 | 戊子 | 平 | 氐 | 火 | 离 | 热 | 心 | 汗 | 壬子 |
| 22 | 日 | 初三 | 己丑 | 定 | 房 | 火 | 震 | 热 | 心 | 汗 | 甲子 |
| 23 | 一 | 初四 | 庚寅 | 执 | 心 | 木 | 巽 | 风 | 肝 | 泪 | 丙子 |
| 24 | 二 | 初五 | 辛卯 | 破 | 尾 | 木 | 坎 | 风 | 肝 | 泪 | 戊子 |
| 25 | 三 | 初六 | 壬辰 | 危 | 箕 | 水 | 艮 | 寒 | 肾 | 唾 | 庚子 |
| 26 | 四 | 初七 | 癸巳 | 成 | 斗 | 水 | 坤 | 寒 | 肾 | 唾 | 壬子 |
| 27 | 五 | 初八 | 甲午 | 收 | 牛 | 金 | 震 | 燥 | 肺 | 涕 | 甲子 |
| 28 | 六 | 初九 | 乙未 | 开 | 女 | 金 | 巽 | 燥 | 肺 | 涕 | 丙子 |
| 29 | 日 | 初十 | 丙申 | 闭 | 虚 | 火 | 坎 | 热 | 心 | 汗 | 戊子 |
| 30 | 一 | 十一 | 丁酉 | 建 | 危 | 火 | 艮 | 热 | 心 | 汗 | 庚子 |
| 31 | | | | | | | | | | | |

## 10月大
寒露　8日16时38分
霜降　23日19时50分

农历八月(9月20日–10月18日)　月干支:己酉

| 公历 | 星期 | 农历 | 干支 | 日建 | 星宿 | 五行 | 八卦 | 五气 | 五脏 | 五汁 | 时辰 |
|---|---|---|---|---|---|---|---|---|---|---|---|
| 1 | 二 | 八月 | 戊戌 | 除 | 室 | 木 | 坤 | 风 | 肝 | 泪 | 壬子 |
| 2 | 三 | 十三 | 己亥 | 满 | 壁 | 木 | 乾 | 风 | 肝 | 泪 | 甲子 |
| 3 | 四 | 十四 | 庚子 | 平 | 奎 | 土 | 兑 | 湿 | 脾 | 涎 | 丙子 |
| 4 | 五 | 十五 | 辛丑 | 定 | 娄 | 土 | 离 | 湿 | 脾 | 涎 | 戊子 |
| 5 | 六 | 十六 | 壬寅 | 执 | 胃 | 金 | 震 | 燥 | 肺 | 涕 | 庚子 |
| 6 | 日 | 十七 | 癸卯 | 破 | 昴 | 金 | 巽 | 燥 | 肺 | 涕 | 壬子 |
| 7 | 一 | 十八 | 甲辰 | 危 | 毕 | 火 | 坎 | 热 | 心 | 汗 | 甲子 |
| 8 | 二 | 十九 | 乙巳 | 成 | 觜 | 火 | 艮 | 热 | 心 | 汗 | 丙子 |
| 9 | 三 | 二十 | 丙午 | 成 | 参 | 水 | 坤 | 寒 | 肾 | 唾 | 戊子 |
| 10 | 四 | 廿一 | 丁未 | 收 | 井 | 水 | 乾 | 寒 | 肾 | 唾 | 庚子 |
| 11 | 五 | 廿二 | 戊申 | 开 | 鬼 | 土 | 兑 | 湿 | 脾 | 涎 | 壬子 |
| 12 | 六 | 廿三 | 己酉 | 闭 | 柳 | 土 | 离 | 湿 | 脾 | 涎 | 甲子 |
| 13 | 日 | 廿四 | 庚戌 | 建 | 星 | 金 | 震 | 燥 | 肺 | 涕 | 丙子 |
| 14 | 一 | 廿五 | 辛亥 | 除 | 张 | 金 | 巽 | 燥 | 肺 | 涕 | 戊子 |
| 15 | 二 | 廿六 | 壬子 | 满 | 翼 | 木 | 坎 | 风 | 肝 | 泪 | 庚子 |
| 16 | 三 | 廿七 | 癸丑 | 平 | 轸 | 木 | 艮 | 风 | 肝 | 泪 | 壬子 |
| 17 | 四 | 廿八 | 甲寅 | 定 | 角 | 水 | 坤 | 寒 | 肾 | 唾 | 甲子 |
| 18 | 五 | 廿九 | 乙卯 | 执 | 亢 | 水 | 乾 | 寒 | 肾 | 唾 | 丙子 |
| 19 | 六 | 九月 | 丙辰 | 破 | 氐 | 土 | 兑 | 湿 | 脾 | 涎 | 戊子 |
| 20 | 日 | 初二 | 丁巳 | 危 | 房 | 土 | 离 | 湿 | 脾 | 涎 | 庚子 |
| 21 | 一 | 初三 | 戊午 | 成 | 心 | 火 | 震 | 热 | 心 | 汗 | 壬子 |
| 22 | 二 | 初四 | 己未 | 收 | 尾 | 火 | 巽 | 热 | 心 | 汗 | 甲子 |
| 23 | 三 | 初五 | 庚申 | 开 | 箕 | 木 | 坎 | 风 | 肝 | 泪 | 丙子 |
| 24 | 四 | 初六 | 辛酉 | 闭 | 斗 | 木 | 艮 | 风 | 肝 | 泪 | 戊子 |
| 25 | 五 | 初七 | 壬戌 | 建 | 牛 | 水 | 乾 | 寒 | 肾 | 唾 | 庚子 |
| 26 | 六 | 初八 | 癸亥 | 除 | 女 | 水 | 兑 | 寒 | 肾 | 唾 | 壬子 |
| 27 | 日 | 初九 | 甲子 | 满 | 虚 | 金 | 坎 | 燥 | 肺 | 涕 | 甲子 |
| 28 | 一 | 初十 | 乙丑 | 平 | 危 | 金 | 艮 | 燥 | 肺 | 涕 | 丙子 |
| 29 | 二 | 十一 | 丙寅 | 定 | 室 | 火 | 坤 | 热 | 心 | 汗 | 戊子 |
| 30 | 三 | 十二 | 丁卯 | 执 | 壁 | 火 | 乾 | 热 | 心 | 汗 | 庚子 |
| 31 | 四 | 十三 | 戊辰 | 破 | 奎 | 木 | 兑 | 风 | 肝 | 泪 | 壬子 |

实用干支万年历

# 公元 2047 年　　农历丁卯(兔)年(闰五月)

## 11月小

立冬　7日 20时 08分
小雪　22日 17时 39分

农历九月(10月 19日 –11月 16日)　月干支:庚戌

| 公历 | 星期 | 农历 | 干支 | 日建 | 星宿 | 五行 | 八卦 | 五气 | 五脏 | 五汁 | 时辰 |
|---|---|---|---|---|---|---|---|---|---|---|---|
| 1 | 五 | 九月 | 己巳 | 危 | 娄 | 木 | 离 | 风 | 肝 | 泪 | 甲子 |
| 2 | 六 | 十五 | 庚午 | 成 | 胃 | 土 | 震 | 湿 | 脾 | 涎 | 丙子 |
| 3 | 日 | 十六 | 辛未 | 收 | 昴 | 土 | 巽 | 湿 | 脾 | 涎 | 戊子 |
| 4 | 一 | 十七 | 壬申 | 开 | 毕 | 金 | 坎 | 燥 | 肺 | 涕 | 庚子 |
| 5 | 二 | 十八 | 癸酉 | 闭 | 觜 | 金 | 艮 | 燥 | 肺 | 涕 | 壬子 |
| 6 | 三 | 十九 | 甲戌 | 建 | 参 | 火 | 坤 | 热 | 心 | 汗 | 甲子 |
| 7 | 四 | 二十 | 乙亥 | 建 | 井 | 火 | 乾 | 热 | 心 | 汗 | 丙子 |
| 8 | 五 | 廿一 | 丙子 | 除 | 鬼 | 水 | 兑 | 寒 | 肾 | 唾 | 戊子 |
| 9 | 六 | 廿二 | 丁丑 | 满 | 柳 | 水 | 离 | 寒 | 肾 | 唾 | 庚子 |
| 10 | 日 | 廿三 | 戊寅 | 平 | 星 | 土 | 震 | 湿 | 脾 | 涎 | 壬子 |
| 11 | 一 | 廿四 | 己卯 | 定 | 张 | 土 | 巽 | 湿 | 脾 | 涎 | 甲子 |
| 12 | 二 | 廿五 | 庚辰 | 执 | 翼 | 金 | 坎 | 燥 | 肺 | 涕 | 丙子 |
| 13 | 三 | 廿六 | 辛巳 | 破 | 轸 | 金 | 艮 | 燥 | 肺 | 涕 | 戊子 |
| 14 | 四 | 廿七 | 壬午 | 危 | 角 | 木 | 坤 | 风 | 肝 | 泪 | 庚子 |
| 15 | 五 | 廿八 | 癸未 | 成 | 亢 | 木 | 乾 | 风 | 肝 | 泪 | 壬子 |
| 16 | 六 | 廿九 | 甲申 | 收 | 氐 | 水 | 兑 | 寒 | 肾 | 唾 | 甲子 |
| 17 | 日 | 十月 | 乙酉 | 开 | 房 | 水 | 离 | 寒 | 肾 | 唾 | 丙子 |
| 18 | 一 | 初二 | 丙戌 | 闭 | 心 | 土 | 震 | 湿 | 脾 | 涎 | 戊子 |
| 19 | 二 | 初三 | 丁亥 | 建 | 尾 | 土 | 巽 | 湿 | 脾 | 涎 | 庚子 |
| 20 | 三 | 初四 | 戊子 | 除 | 箕 | 火 | 坎 | 热 | 心 | 汗 | 壬子 |
| 21 | 四 | 初五 | 己丑 | 满 | 斗 | 火 | 艮 | 热 | 心 | 汗 | 甲子 |
| 22 | 五 | 初六 | 庚寅 | 平 | 牛 | 木 | 坤 | 风 | 肝 | 泪 | 丙子 |
| 23 | 六 | 初七 | 辛卯 | 定 | 女 | 木 | 乾 | 风 | 肝 | 泪 | 戊子 |
| 24 | 日 | 初八 | 壬辰 | 执 | 虚 | 水 | 兑 | 寒 | 肾 | 唾 | 庚子 |
| 25 | 一 | 初九 | 癸巳 | 破 | 危 | 水 | 离 | 寒 | 肾 | 唾 | 壬子 |
| 26 | 二 | 初十 | 甲午 | 危 | 室 | 金 | 震 | 燥 | 肺 | 涕 | 甲子 |
| 27 | 三 | 十一 | 乙未 | 成 | 壁 | 金 | 巽 | 燥 | 肺 | 涕 | 丙子 |
| 28 | 四 | 十二 | 丙申 | 收 | 奎 | 火 | 坎 | 热 | 心 | 汗 | 戊子 |
| 29 | 五 | 十三 | 丁酉 | 开 | 娄 | 火 | 艮 | 热 | 心 | 汗 | 庚子 |
| 30 | 六 | 十四 | 戊戌 | 闭 | 胃 | 木 | 坤 | 风 | 肝 | 泪 | 壬子 |
| 31 | | | | | | | | | | | |

## 12月大

大雪　7日 13时 12分
冬至　22日 07时 08分

农历十月(11月 17日 –12月 16日)　月干支:辛亥

| 公历 | 星期 | 农历 | 干支 | 日建 | 星宿 | 五行 | 八卦 | 五气 | 五脏 | 五汁 | 时辰 |
|---|---|---|---|---|---|---|---|---|---|---|---|
| 1 | 日 | 十月 | 己亥 | 建 | 昴 | 木 | 巽 | 风 | 肝 | 泪 | 甲子 |
| 2 | 一 | 十六 | 庚子 | 除 | 毕 | 土 | 坎 | 湿 | 脾 | 涎 | 丙子 |
| 3 | 二 | 十七 | 辛丑 | 满 | 觜 | 土 | 艮 | 湿 | 脾 | 涎 | 戊子 |
| 4 | 三 | 十八 | 壬寅 | 平 | 参 | 金 | 坤 | 燥 | 肺 | 涕 | 庚子 |
| 5 | 四 | 十九 | 癸卯 | 定 | 井 | 金 | 乾 | 燥 | 肺 | 涕 | 壬子 |
| 6 | 五 | 二十 | 甲辰 | 执 | 鬼 | 火 | 离 | 热 | 心 | 汗 | 甲子 |
| 7 | 六 | 廿一 | 乙巳 | 执 | 柳 | 火 | 震 | 热 | 心 | 汗 | 丙子 |
| 8 | 日 | 廿二 | 丙午 | 破 | 星 | 水 | 巽 | 寒 | 肾 | 唾 | 戊子 |
| 9 | 一 | 廿三 | 丁未 | 危 | 张 | 水 | 坎 | 寒 | 肾 | 唾 | 庚子 |
| 10 | 二 | 廿四 | 戊申 | 成 | 翼 | 土 | 坤 | 湿 | 脾 | 涎 | 壬子 |
| 11 | 三 | 廿五 | 己酉 | 收 | 轸 | 土 | 艮 | 湿 | 脾 | 涎 | 甲子 |
| 12 | 四 | 廿六 | 庚戌 | 开 | 角 | 金 | 坤 | 燥 | 肺 | 涕 | 丙子 |
| 13 | 五 | 廿七 | 辛亥 | 闭 | 亢 | 金 | 乾 | 燥 | 肺 | 涕 | 戊子 |
| 14 | 六 | 廿八 | 壬子 | 建 | 氐 | 木 | 兑 | 风 | 肝 | 泪 | 庚子 |
| 15 | 日 | 廿九 | 癸丑 | 除 | 房 | 木 | 离 | 风 | 肝 | 泪 | 壬子 |
| 16 | 一 | 三十 | 甲寅 | 满 | 心 | 水 | 震 | 寒 | 肾 | 唾 | 甲子 |
| 17 | 二 | 冬月 | 乙卯 | 平 | 尾 | 水 | 巽 | 寒 | 肾 | 唾 | 丙子 |
| 18 | 三 | 初二 | 丙辰 | 定 | 箕 | 土 | 坎 | 湿 | 脾 | 涎 | 戊子 |
| 19 | 四 | 初三 | 丁巳 | 执 | 斗 | 土 | 艮 | 湿 | 脾 | 涎 | 庚子 |
| 20 | 五 | 初四 | 戊午 | 破 | 牛 | 火 | 坤 | 热 | 心 | 汗 | 壬子 |
| 21 | 六 | 初五 | 己未 | 危 | 女 | 火 | 震 | 热 | 心 | 汗 | 甲子 |
| 22 | 日 | 初六 | 庚申 | 成 | 虚 | 木 | 巽 | 风 | 肝 | 泪 | 丙子 |
| 23 | 一 | 初七 | 辛酉 | 收 | 危 | 木 | 坎 | 风 | 肝 | 泪 | 戊子 |
| 24 | 二 | 初八 | 壬戌 | 开 | 室 | 水 | 艮 | 寒 | 肾 | 唾 | 庚子 |
| 25 | 三 | 初九 | 癸亥 | 闭 | 壁 | 水 | 坤 | 寒 | 肾 | 唾 | 壬子 |
| 26 | 四 | 初十 | 甲子 | 建 | 奎 | 金 | 乾 | 燥 | 肺 | 涕 | 甲子 |
| 27 | 五 | 十一 | 乙丑 | 除 | 娄 | 金 | 兑 | 燥 | 肺 | 涕 | 丙子 |
| 28 | 六 | 十二 | 丙寅 | 满 | 胃 | 火 | 离 | 热 | 心 | 汗 | 戊子 |
| 29 | 日 | 十三 | 丁卯 | 平 | 昴 | 火 | 震 | 热 | 心 | 汗 | 庚子 |
| 30 | 一 | 十四 | 戊辰 | 定 | 毕 | 木 | 巽 | 风 | 肝 | 泪 | 壬子 |
| 31 | 二 | 十五 | 己巳 | 执 | 觜 | 木 | 坎 | 风 | 肝 | 泪 | 甲子 |

# 公元 2048 年　　　　　农历戊辰(龙)年

## 1月大
小寒　6日00时30分　　大寒　20日17时48分

农历冬月(12月17日–1月14日)　月干支:壬子
农历腊月(1月15日–2月13日)　月干支:癸丑

| 公历 | 星期 | 农历 | 干支 | 日建 | 星宿 | 五行 | 八卦 | 五气 | 五脏 | 五汁 | 时辰 |
|---|---|---|---|---|---|---|---|---|---|---|---|
| 1 | 三 | 冬月 | 庚午 | 破 | 参 | 土 | 艮 | 湿 | 脾 | 涎 | 丙子 |
| 2 | 四 | 十七 | 辛未 | 危 | 井 | 土 | 坤 | 湿 | 脾 | 涎 | 戊子 |
| 3 | 五 | 十八 | 壬申 | 成 | 鬼 | 金 | 乾 | 燥 | 肺 | 涕 | 庚子 |
| 4 | 六 | 十九 | 癸酉 | 收 | 柳 | 金 | 兑 | 燥 | 肺 | 涕 | 壬子 |
| 5 | 日 | 二十 | 甲戌 | 开 | 星 | 火 | 离 | 热 | 心 | 汗 | 甲子 |
| 6 | 一 | 廿一 | 乙亥 | 开 | 张 | 火 | 震 | 热 | 心 | 汗 | 丙子 |
| 7 | 二 | 廿二 | 丙子 | 闭 | 翼 | 水 | 巽 | 寒 | 肾 | 唾 | 戊子 |
| 8 | 三 | 廿三 | 丁丑 | 建 | 轸 | 水 | 坎 | 寒 | 肾 | 唾 | 庚子 |
| 9 | 四 | 廿四 | 戊寅 | 除 | 角 | 土 | 艮 | 湿 | 脾 | 涎 | 壬子 |
| 10 | 五 | 廿五 | 己卯 | 满 | 亢 | 土 | 坤 | 湿 | 脾 | 涎 | 甲子 |
| 11 | 六 | 廿六 | 庚辰 | 平 | 氐 | 金 | 乾 | 燥 | 肺 | 涕 | 丙子 |
| 12 | 日 | 廿七 | 辛巳 | 定 | 房 | 金 | 兑 | 燥 | 肺 | 涕 | 戊子 |
| 13 | 一 | 廿八 | 壬午 | 执 | 心 | 木 | 离 | 风 | 肝 | 泪 | 庚子 |
| 14 | 二 | 廿九 | 癸未 | 破 | 尾 | 木 | 震 | 风 | 肝 | 泪 | 壬子 |
| 15 | 三 | 腊月 | 甲申 | 危 | 箕 | 水 | 巽 | 寒 | 肾 | 唾 | 甲子 |
| 16 | 四 | 初二 | 乙酉 | 成 | 斗 | 水 | 坎 | 寒 | 肾 | 唾 | 丙子 |
| 17 | 五 | 初三 | 丙戌 | 收 | 牛 | 土 | 离 | 湿 | 脾 | 涎 | 戊子 |
| 18 | 六 | 初四 | 丁亥 | 开 | 女 | 土 | 震 | 湿 | 脾 | 涎 | 庚子 |
| 19 | 日 | 初五 | 戊子 | 闭 | 虚 | 火 | 巽 | 热 | 心 | 汗 | 壬子 |
| 20 | 一 | 初六 | 己丑 | 建 | 危 | 火 | 坎 | 热 | 心 | 汗 | 甲子 |
| 21 | 二 | 初七 | 庚寅 | 除 | 室 | 木 | 艮 | 风 | 肝 | 泪 | 丙子 |
| 22 | 三 | 初八 | 辛卯 | 满 | 壁 | 木 | 坤 | 风 | 肝 | 泪 | 戊子 |
| 23 | 四 | 初九 | 壬辰 | 平 | 奎 | 水 | 乾 | 寒 | 肾 | 唾 | 庚子 |
| 24 | 五 | 初十 | 癸巳 | 定 | 娄 | 水 | 兑 | 寒 | 肾 | 唾 | 壬子 |
| 25 | 六 | 十一 | 甲午 | 执 | 胃 | 金 | 离 | 燥 | 肺 | 涕 | 甲子 |
| 26 | 日 | 十二 | 乙未 | 破 | 昴 | 金 | 震 | 燥 | 肺 | 涕 | 丙子 |
| 27 | 一 | 十三 | 丙申 | 危 | 毕 | 火 | 巽 | 热 | 心 | 汗 | 戊子 |
| 28 | 二 | 十四 | 丁酉 | 成 | 觜 | 火 | 坎 | 热 | 心 | 汗 | 庚子 |
| 29 | 三 | 十五 | 戊戌 | 收 | 参 | 木 | 艮 | 风 | 肝 | 泪 | 壬子 |
| 30 | 四 | 十六 | 己亥 | 开 | 井 | 木 | 坤 | 风 | 肝 | 泪 | 甲子 |
| 31 | 五 | 十七 | 庚子 | 闭 | 鬼 | 土 | 乾 | 湿 | 脾 | 涎 | 丙子 |

## 2月闰
立春　4日12时05分　　雨水　19日07时49分

农历正月(2月14日–3月13日)　月干支:甲寅

| 公历 | 星期 | 农历 | 干支 | 日建 | 星宿 | 五行 | 八卦 | 五气 | 五脏 | 五汁 | 时辰 |
|---|---|---|---|---|---|---|---|---|---|---|---|
| 1 | 六 | 腊月 | 辛丑 | 建 | 柳 | 土 | 兑 | 湿 | 脾 | 涎 | 戊子 |
| 2 | 日 | 十九 | 壬寅 | 除 | 星 | 金 | 离 | 燥 | 肺 | 涕 | 庚子 |
| 3 | 一 | 二十 | 癸卯 | 满 | 张 | 金 | 震 | 燥 | 肺 | 涕 | 壬子 |
| 4 | 二 | 廿一 | 甲辰 | 满 | 翼 | 火 | 巽 | 热 | 心 | 汗 | 甲子 |
| 5 | 三 | 廿二 | 乙巳 | 平 | 轸 | 火 | 坎 | 热 | 心 | 汗 | 丙子 |
| 6 | 四 | 廿三 | 丙午 | 定 | 角 | 水 | 艮 | 寒 | 肾 | 唾 | 戊子 |
| 7 | 五 | 廿四 | 丁未 | 执 | 亢 | 水 | 坤 | 寒 | 肾 | 唾 | 庚子 |
| 8 | 六 | 廿五 | 戊申 | 破 | 氐 | 土 | 乾 | 湿 | 脾 | 涎 | 壬子 |
| 9 | 日 | 廿六 | 己酉 | 危 | 房 | 土 | 兑 | 湿 | 脾 | 涎 | 甲子 |
| 10 | 一 | 廿七 | 庚戌 | 成 | 心 | 金 | 离 | 燥 | 肺 | 涕 | 丙子 |
| 11 | 二 | 廿八 | 辛亥 | 收 | 尾 | 金 | 震 | 燥 | 肺 | 涕 | 戊子 |
| 12 | 三 | 廿九 | 壬子 | 开 | 箕 | 木 | 巽 | 风 | 肝 | 泪 | 庚子 |
| 13 | 四 | 三十 | 癸丑 | 闭 | 斗 | 木 | 坎 | 风 | 肝 | 泪 | 壬子 |
| 14 | 五 | 正月 | 甲寅 | 建 | 牛 | 水 | 艮 | 寒 | 肾 | 唾 | 甲子 |
| 15 | 六 | 初二 | 乙卯 | 除 | 女 | 水 | 坤 | 寒 | 肾 | 唾 | 丙子 |
| 16 | 日 | 初三 | 丙辰 | 满 | 虚 | 土 | 乾 | 湿 | 脾 | 涎 | 戊子 |
| 17 | 一 | 初四 | 丁巳 | 平 | 危 | 土 | 兑 | 湿 | 脾 | 涎 | 庚子 |
| 18 | 二 | 初五 | 戊午 | 定 | 室 | 火 | 离 | 热 | 心 | 汗 | 壬子 |
| 19 | 三 | 初六 | 己未 | 执 | 壁 | 火 | 震 | 热 | 心 | 汗 | 甲子 |
| 20 | 四 | 初七 | 庚申 | 破 | 奎 | 木 | 巽 | 风 | 肝 | 泪 | 丙子 |
| 21 | 五 | 初八 | 辛酉 | 危 | 娄 | 木 | 坎 | 风 | 肝 | 泪 | 戊子 |
| 22 | 六 | 初九 | 壬戌 | 成 | 胃 | 水 | 艮 | 寒 | 肾 | 唾 | 庚子 |
| 23 | 日 | 初十 | 癸亥 | 收 | 昴 | 水 | 坤 | 寒 | 肾 | 唾 | 壬子 |
| 24 | 一 | 十一 | 甲子 | 开 | 毕 | 金 | 乾 | 燥 | 肺 | 涕 | 甲子 |
| 25 | 二 | 十二 | 乙丑 | 闭 | 觜 | 金 | 兑 | 燥 | 肺 | 涕 | 丙子 |
| 26 | 三 | 十三 | 丙寅 | 建 | 参 | 火 | 离 | 热 | 心 | 汗 | 戊子 |
| 27 | 四 | 十四 | 丁卯 | 除 | 井 | 火 | 震 | 热 | 心 | 汗 | 庚子 |
| 28 | 五 | 十五 | 戊辰 | 满 | 鬼 | 木 | 巽 | 风 | 肝 | 泪 | 壬子 |
| 29 | 六 | 十六 | 己巳 | 平 | 柳 | 木 | 坎 | 风 | 肝 | 泪 | 甲子 |
| 30 | | | | | | | | | | | |
| 31 | | | | | | | | | | | |

实用干支万年历

# 公元 2048 年　　　　　　农历戊辰(龙)年

## 3月大

惊蛰　5日05时55分　　春分　20日06时35分

农历二月(3月14日-4月12日)　　月干支:乙卯

| 公历 | 星期 | 农历 | 干支 | 日建 | 星宿 | 五行 | 八卦 | 五气 | 五脏 | 五汁 | 时辰 |
|---|---|---|---|---|---|---|---|---|---|---|---|
| 1 | 日 | 正月 | 庚午 | 定 | 星 | 土 | 艮 | 湿 | 脾 | 涎 | 丙子 |
| 2 | 一 | 十八 | 辛未 | 执 | 张 | 土 | 坤 | 湿 | 脾 | 涎 | 戊子 |
| 3 | 二 | 十九 | 壬申 | 破 | 翼 | 金 | 乾 | 燥 | 肺 | 涕 | 庚子 |
| 4 | 三 | 二十 | 癸酉 | 危 | 轸 | 金 | 兑 | 燥 | 肺 | 涕 | 壬子 |
| 5 | 四 | 廿一 | 甲戌 | 危 | 角 | 火 | 离 | 热 | 心 | 汗 | 甲子 |
| 6 | 五 | 廿二 | 乙亥 | 成 | 亢 | 火 | 震 | 热 | 心 | 汗 | 丙子 |
| 7 | 六 | 廿三 | 丙子 | 收 | 氐 | 水 | 巽 | 寒 | 肾 | 唾 | 戊子 |
| 8 | 日 | 廿四 | 丁丑 | 开 | 房 | 水 | 坎 | 寒 | 肾 | 唾 | 庚子 |
| 9 | 一 | 廿五 | 戊寅 | 闭 | 心 | 土 | 艮 | 湿 | 脾 | 涎 | 壬子 |
| 10 | 二 | 廿六 | 己卯 | 建 | 尾 | 土 | 坤 | 湿 | 脾 | 涎 | 甲子 |
| 11 | 三 | 廿七 | 庚辰 | 除 | 箕 | 金 | 乾 | 燥 | 肺 | 涕 | 丙子 |
| 12 | 四 | 廿八 | 辛巳 | 满 | 斗 | 金 | 兑 | 燥 | 肺 | 涕 | 戊子 |
| 13 | 五 | 廿九 | 壬午 | 平 | 牛 | 木 | 离 | 风 | 肝 | 泪 | 庚子 |
| 14 | 六 | 二月 | 癸未 | 定 | 女 | 木 | 震 | 风 | 肝 | 泪 | 壬子 |
| 15 | 日 | 初二 | 甲申 | 执 | 虚 | 水 | 巽 | 寒 | 肾 | 唾 | 甲子 |
| 16 | 一 | 初三 | 乙酉 | 破 | 危 | 水 | 坎 | 寒 | 肾 | 唾 | 丙子 |
| 17 | 二 | 初四 | 丙戌 | 危 | 室 | 土 | 艮 | 湿 | 脾 | 涎 | 戊子 |
| 18 | 三 | 初五 | 丁亥 | 成 | 壁 | 土 | 坤 | 湿 | 脾 | 涎 | 庚子 |
| 19 | 四 | 初六 | 戊子 | 收 | 奎 | 火 | 乾 | 热 | 心 | 汗 | 壬子 |
| 20 | 五 | 初七 | 己丑 | 开 | 娄 | 火 | 兑 | 热 | 心 | 汗 | 甲子 |
| 21 | 六 | 初八 | 庚寅 | 闭 | 胃 | 木 | 离 | 风 | 肝 | 泪 | 丙子 |
| 22 | 日 | 初九 | 辛卯 | 建 | 昴 | 木 | 震 | 风 | 肝 | 泪 | 戊子 |
| 23 | 一 | 初十 | 壬辰 | 除 | 毕 | 水 | 巽 | 寒 | 肾 | 唾 | 庚子 |
| 24 | 二 | 十一 | 癸巳 | 满 | 觜 | 水 | 坎 | 寒 | 肾 | 唾 | 壬子 |
| 25 | 三 | 十二 | 甲午 | 平 | 参 | 金 | 艮 | 燥 | 肺 | 涕 | 甲子 |
| 26 | 四 | 十三 | 乙未 | 定 | 井 | 金 | 坤 | 燥 | 肺 | 涕 | 丙子 |
| 27 | 五 | 十四 | 丙申 | 执 | 鬼 | 火 | 乾 | 热 | 心 | 汗 | 戊子 |
| 28 | 六 | 十五 | 丁酉 | 破 | 柳 | 火 | 兑 | 热 | 心 | 汗 | 庚子 |
| 29 | 日 | 十六 | 戊戌 | 危 | 星 | 木 | 离 | 风 | 肝 | 泪 | 壬子 |
| 30 | 一 | 十七 | 己亥 | 成 | 张 | 木 | 震 | 风 | 肝 | 泪 | 甲子 |
| 31 | 二 | 十八 | 庚子 | 收 | 翼 | 土 | 巽 | 湿 | 脾 | 涎 | 丙子 |

## 4月小

清明　4日10时26分　　谷雨　19日17时18分

农历三月(4月13日-5月12日)　　月干支:丙辰

| 公历 | 星期 | 农历 | 干支 | 日建 | 星宿 | 五行 | 八卦 | 五气 | 五脏 | 五汁 | 时辰 |
|---|---|---|---|---|---|---|---|---|---|---|---|
| 1 | 三 | 二月 | 辛丑 | 开 | 轸 | 土 | 坎 | 湿 | 脾 | 涎 | 戊子 |
| 2 | 四 | 二十 | 壬寅 | 闭 | 角 | 金 | 艮 | 燥 | 肺 | 涕 | 庚子 |
| 3 | 五 | 廿一 | 癸卯 | 建 | 亢 | 金 | 坤 | 燥 | 肺 | 涕 | 壬子 |
| 4 | 六 | 廿二 | 甲辰 | 建 | 氐 | 火 | 乾 | 热 | 心 | 汗 | 甲子 |
| 5 | 日 | 廿三 | 乙巳 | 除 | 房 | 火 | 兑 | 热 | 心 | 汗 | 丙子 |
| 6 | 一 | 廿四 | 丙午 | 满 | 心 | 水 | 离 | 寒 | 肾 | 唾 | 戊子 |
| 7 | 二 | 廿五 | 丁未 | 平 | 尾 | 水 | 震 | 寒 | 肾 | 唾 | 庚子 |
| 8 | 三 | 廿六 | 戊申 | 定 | 箕 | 土 | 巽 | 湿 | 脾 | 涎 | 壬子 |
| 9 | 四 | 廿七 | 己酉 | 执 | 斗 | 土 | 坎 | 湿 | 脾 | 涎 | 甲子 |
| 10 | 五 | 廿八 | 庚戌 | 破 | 牛 | 金 | 艮 | 燥 | 肺 | 涕 | 丙子 |
| 11 | 六 | 廿九 | 辛亥 | 危 | 女 | 金 | 坤 | 燥 | 肺 | 涕 | 戊子 |
| 12 | 日 | 三十 | 壬子 | 成 | 虚 | 木 | 乾 | 风 | 肝 | 泪 | 庚子 |
| 13 | 一 | 三月 | 癸丑 | 收 | 危 | 木 | 兑 | 风 | 肝 | 泪 | 壬子 |
| 14 | 二 | 初二 | 甲寅 | 开 | 室 | 水 | 离 | 寒 | 肾 | 唾 | 甲子 |
| 15 | 三 | 初三 | 乙卯 | 闭 | 壁 | 水 | 震 | 寒 | 肾 | 唾 | 丙子 |
| 16 | 四 | 初四 | 丙辰 | 建 | 奎 | 土 | 巽 | 湿 | 脾 | 涎 | 戊子 |
| 17 | 五 | 初五 | 丁巳 | 除 | 娄 | 土 | 坎 | 湿 | 脾 | 涎 | 庚子 |
| 18 | 六 | 初六 | 戊午 | 满 | 胃 | 火 | 艮 | 热 | 心 | 汗 | 壬子 |
| 19 | 日 | 初七 | 己未 | 平 | 昴 | 火 | 坤 | 热 | 心 | 汗 | 甲子 |
| 20 | 一 | 初八 | 庚申 | 定 | 毕 | 木 | 乾 | 风 | 肝 | 泪 | 丙子 |
| 21 | 二 | 初九 | 辛酉 | 执 | 觜 | 木 | 兑 | 风 | 肝 | 泪 | 戊子 |
| 22 | 三 | 初十 | 壬戌 | 破 | 参 | 水 | 离 | 寒 | 肾 | 唾 | 庚子 |
| 23 | 四 | 十一 | 癸亥 | 危 | 井 | 水 | 震 | 寒 | 肾 | 唾 | 壬子 |
| 24 | 五 | 十二 | 甲子 | 成 | 鬼 | 金 | 巽 | 燥 | 肺 | 涕 | 甲子 |
| 25 | 六 | 十三 | 乙丑 | 收 | 柳 | 金 | 坎 | 燥 | 肺 | 涕 | 丙子 |
| 26 | 日 | 十四 | 丙寅 | 开 | 星 | 火 | 艮 | 热 | 心 | 汗 | 戊子 |
| 27 | 一 | 十五 | 丁卯 | 闭 | 张 | 火 | 坤 | 热 | 心 | 汗 | 庚子 |
| 28 | 二 | 十六 | 戊辰 | 建 | 翼 | 木 | 乾 | 风 | 肝 | 泪 | 壬子 |
| 29 | 三 | 十七 | 己巳 | 除 | 轸 | 木 | 兑 | 风 | 肝 | 泪 | 甲子 |
| 30 | 四 | 十八 | 庚午 | 满 | 角 | 土 | 离 | 湿 | 脾 | 涎 | 丙子 |

# 公元2048年　　　　农历戊辰(龙)年

## 5月大

立夏　5日03时25分
小满　20日16时09分

农历四月(5月13日–6月10日)　月干支:丁巳

| 公历 | 星期 | 农历 | 干支 | 日建 | 星宿 | 五行 | 八卦 | 五气 | 五脏 | 五汁 | 时辰 |
|---|---|---|---|---|---|---|---|---|---|---|---|
| 1 | 五 | 三月 | 辛未 | 平 | 氐 | 土 | 离 | 湿 | 脾 | 涎 | 戊子 |
| 2 | 六 | 二十 | 壬申 | 定 | 房 | 金 | 震 | 燥 | 肺 | 涕 | 庚子 |
| 3 | 日 | 廿一 | 癸酉 | 执 | 心 | 金 | 巽 | 燥 | 肺 | 涕 | 壬子 |
| 4 | 一 | 廿二 | 甲戌 | 破 | 尾 | 火 | 坎 | 热 | 心 | 汗 | 甲子 |
| 5 | 二 | 廿三 | 乙亥 | 破 | 箕 | 火 | 艮 | 热 | 心 | 汗 | 丙子 |
| 6 | 三 | 廿四 | 丙子 | 危 | 斗 | 水 | 坤 | 寒 | 肾 | 唾 | 戊子 |
| 7 | 四 | 廿五 | 丁丑 | 成 | 牛 | 水 | 乾 | 寒 | 肾 | 唾 | 庚子 |
| 8 | 五 | 廿六 | 戊寅 | 收 | 女 | 土 | 兑 | 湿 | 脾 | 涎 | 壬子 |
| 9 | 六 | 廿七 | 己卯 | 开 | 虚 | 土 | 离 | 湿 | 脾 | 涎 | 甲子 |
| 10 | 日 | 廿八 | 庚辰 | 闭 | 危 | 金 | 震 | 燥 | 肺 | 涕 | 丙子 |
| 11 | 一 | 廿九 | 辛巳 | 建 | 室 | 金 | 巽 | 燥 | 肺 | 涕 | 戊子 |
| 12 | 二 | 三十 | 壬午 | 除 | 壁 | 木 | 坎 | 风 | 肝 | 泪 | 庚子 |
| 13 | 三 | 四月 | 癸未 | 满 | 奎 | 木 | 艮 | 风 | 肝 | 泪 | 壬子 |
| 14 | 四 | 初二 | 甲申 | 平 | 娄 | 水 | 坤 | 寒 | 肾 | 唾 | 甲子 |
| 15 | 五 | 初三 | 乙酉 | 定 | 胃 | 水 | 乾 | 寒 | 肾 | 唾 | 丙子 |
| 16 | 六 | 初四 | 丙戌 | 执 | 昴 | 土 | 兑 | 湿 | 脾 | 涎 | 戊子 |
| 17 | 日 | 初五 | 丁亥 | 破 | 毕 | 土 | 离 | 湿 | 脾 | 涎 | 庚子 |
| 18 | 一 | 初六 | 戊子 | 危 | 觜 | 火 | 震 | 热 | 心 | 汗 | 壬子 |
| 19 | 二 | 初七 | 己丑 | 成 | 参 | 火 | 巽 | 热 | 心 | 汗 | 甲子 |
| 20 | 三 | 初八 | 庚寅 | 收 | 井 | 木 | 坎 | 风 | 肝 | 泪 | 丙子 |
| 21 | 四 | 初九 | 辛卯 | 开 | 鬼 | 木 | 艮 | 风 | 肝 | 泪 | 戊子 |
| 22 | 五 | 初十 | 壬辰 | 闭 | 柳 | 水 | 坤 | 寒 | 肾 | 唾 | 庚子 |
| 23 | 六 | 十一 | 癸巳 | 建 | 星 | 水 | 乾 | 寒 | 肾 | 唾 | 壬子 |
| 24 | 日 | 十二 | 甲午 | 除 | 张 | 金 | 兑 | 燥 | 肺 | 涕 | 甲子 |
| 25 | 一 | 十三 | 乙未 | 满 | 翼 | 金 | 离 | 燥 | 肺 | 涕 | 丙子 |
| 26 | 二 | 十四 | 丙申 | 平 | 轸 | 火 | 震 | 热 | 心 | 汗 | 戊子 |
| 27 | 三 | 十五 | 丁酉 | 定 | 角 | 火 | 巽 | 热 | 心 | 汗 | 庚子 |
| 28 | 四 | 十六 | 戊戌 | 执 | 亢 | 木 | 坎 | 风 | 肝 | 泪 | 壬子 |
| 29 | 五 | 十七 | 己亥 | 破 | 氐 | 木 | 艮 | 风 | 肝 | 泪 | 甲子 |
| 30 | 六 | 十八 | 庚子 | 危 | 房 | 土 | 坤 | 湿 | 脾 | 涎 | 丙子 |
| 31 | 日 | 十九 | 辛丑 | 成 | 心 | 土 | 乾 | 湿 | 脾 | 涎 | 戊子 |

## 6月小

芒种　5日07时19分
夏至　20日23时54分

农历五月(6月11日–7月10日)　月干支:戊午

| 公历 | 星期 | 农历 | 干支 | 日建 | 星宿 | 五行 | 八卦 | 五气 | 五脏 | 五汁 | 时辰 |
|---|---|---|---|---|---|---|---|---|---|---|---|
| 1 | 一 | 四月 | 壬寅 | 收 | 尾 | 金 | 兑 | 燥 | 肺 | 涕 | 庚子 |
| 2 | 二 | 廿一 | 癸卯 | 开 | 箕 | 金 | 离 | 燥 | 肺 | 涕 | 壬子 |
| 3 | 三 | 廿二 | 甲辰 | 闭 | 斗 | 火 | 震 | 热 | 心 | 汗 | 甲子 |
| 4 | 四 | 廿三 | 乙巳 | 建 | 牛 | 火 | 巽 | 热 | 心 | 汗 | 丙子 |
| 5 | 五 | 廿四 | 丙午 | 建 | 女 | 水 | 坎 | 寒 | 肾 | 唾 | 戊子 |
| 6 | 六 | 廿五 | 丁未 | 除 | 虚 | 水 | 艮 | 寒 | 肾 | 唾 | 庚子 |
| 7 | 日 | 廿六 | 戊申 | 满 | 危 | 土 | 坤 | 湿 | 脾 | 涎 | 壬子 |
| 8 | 一 | 廿七 | 己酉 | 平 | 室 | 土 | 乾 | 湿 | 脾 | 涎 | 甲子 |
| 9 | 二 | 廿八 | 庚戌 | 定 | 壁 | 金 | 兑 | 燥 | 肺 | 涕 | 丙子 |
| 10 | 三 | 廿九 | 辛亥 | 执 | 奎 | 金 | 离 | 燥 | 肺 | 涕 | 戊子 |
| 11 | 四 | 五月 | 壬子 | 破 | 娄 | 木 | 震 | 风 | 肝 | 泪 | 庚子 |
| 12 | 五 | 初二 | 癸丑 | 危 | 胃 | 木 | 巽 | 风 | 肝 | 泪 | 壬子 |
| 13 | 六 | 初三 | 甲寅 | 成 | 昴 | 水 | 坎 | 寒 | 肾 | 唾 | 甲子 |
| 14 | 日 | 初四 | 乙卯 | 收 | 毕 | 水 | 艮 | 寒 | 肾 | 唾 | 丙子 |
| 15 | 一 | 初五 | 丙辰 | 开 | 觜 | 土 | 坤 | 湿 | 脾 | 涎 | 戊子 |
| 16 | 二 | 初六 | 丁巳 | 闭 | 参 | 土 | 乾 | 湿 | 脾 | 涎 | 庚子 |
| 17 | 三 | 初七 | 戊午 | 建 | 井 | 火 | 兑 | 热 | 心 | 汗 | 壬子 |
| 18 | 四 | 初八 | 己未 | 除 | 鬼 | 火 | 离 | 热 | 心 | 汗 | 甲子 |
| 19 | 五 | 初九 | 庚申 | 满 | 柳 | 木 | 震 | 风 | 肝 | 泪 | 丙子 |
| 20 | 六 | 初十 | 辛酉 | 平 | 星 | 木 | 坎 | 风 | 肝 | 泪 | 戊子 |
| 21 | 日 | 十一 | 壬戌 | 定 | 张 | 水 | 艮 | 寒 | 肾 | 唾 | 庚子 |
| 22 | 一 | 十二 | 癸亥 | 执 | 翼 | 水 | 坤 | 寒 | 肾 | 唾 | 壬子 |
| 23 | 二 | 十三 | 甲子 | 破 | 轸 | 金 | 乾 | 燥 | 肺 | 涕 | 甲子 |
| 24 | 三 | 十四 | 乙丑 | 危 | 角 | 金 | 兑 | 燥 | 肺 | 涕 | 丙子 |
| 25 | 四 | 十五 | 丙寅 | 成 | 亢 | 火 | 离 | 热 | 心 | 汗 | 戊子 |
| 26 | 五 | 十六 | 丁卯 | 收 | 氐 | 火 | 震 | 热 | 心 | 汗 | 庚子 |
| 27 | 六 | 十七 | 戊辰 | 开 | 房 | 木 | 巽 | 风 | 肝 | 泪 | 壬子 |
| 28 | 日 | 十八 | 己巳 | 闭 | 心 | 木 | 坎 | 风 | 肝 | 泪 | 甲子 |
| 29 | 一 | 十九 | 庚午 | 建 | 尾 | 土 | 艮 | 湿 | 脾 | 涎 | 丙子 |
| 30 | 二 | 二十 | 辛未 | 除 | 箕 | 土 | 坤 | 湿 | 脾 | 涎 | 戊子 |

实用干支万年历

304

## 7月大

小暑　6日17时27分
大暑　22日10时47分

农历六月（7月11日-8月9日）　月干支：己未

| 公历 | 星期 | 农历 | 干支 | 日建 | 星宿 | 五行 | 八卦 | 五气 | 五脏 | 五汁 | 时辰 |
|---|---|---|---|---|---|---|---|---|---|---|---|
| 1 | 三 | 五月 | 壬申 | 满 | 箕 | 金 | 艮 | 燥 | 肺 | 涕 | 庚子 |
| 2 | 四 | 廿二 | 癸酉 | 平 | 斗 | 金 | 坤 | 燥 | 肺 | 涕 | 壬子 |
| 3 | 五 | 廿三 | 甲戌 | 定 | 牛 | 火 | 乾 | 热 | 心 | 汗 | 甲子 |
| 4 | 六 | 廿四 | 乙亥 | 执 | 女 | 火 | 兑 | 热 | 心 | 汗 | 丙子 |
| 5 | 日 | 廿五 | 丙子 | 破 | 虚 | 水 | 离 | 寒 | 肾 | 唾 | 戊子 |
| 6 | 一 | 廿六 | 丁丑 | 破 | 危 | 水 | 震 | 寒 | 肾 | 唾 | 庚子 |
| 7 | 二 | 廿七 | 戊寅 | 危 | 室 | 土 | 巽 | 湿 | 脾 | 涎 | 壬子 |
| 8 | 三 | 廿八 | 己卯 | 成 | 壁 | 土 | 坎 | 湿 | 脾 | 涎 | 甲子 |
| 9 | 四 | 廿九 | 庚辰 | 收 | 奎 | 金 | 艮 | 燥 | 肺 | 涕 | 丙子 |
| 10 | 五 | 三十 | 辛巳 | 开 | 娄 | 金 | 坤 | 燥 | 肺 | 涕 | 戊子 |
| 11 | 六 | 六月 | 壬午 | 闭 | 胃 | 木 | 震 | 风 | 肝 | 泪 | 庚子 |
| 12 | 日 | 初二 | 癸未 | 建 | 昴 | 木 | 巽 | 风 | 肝 | 泪 | 壬子 |
| 13 | 一 | 初三 | 甲申 | 除 | 毕 | 水 | 坎 | 寒 | 肾 | 唾 | 甲子 |
| 14 | 二 | 初四 | 乙酉 | 满 | 觜 | 水 | 艮 | 寒 | 肾 | 唾 | 丙子 |
| 15 | 三 | 初五 | 丙戌 | 平 | 参 | 土 | 坤 | 湿 | 脾 | 涎 | 戊子 |
| 16 | 四 | 初六 | 丁亥 | 定 | 井 | 土 | 乾 | 湿 | 脾 | 涎 | 庚子 |
| 17 | 五 | 初七 | 戊子 | 执 | 鬼 | 火 | 兑 | 热 | 心 | 汗 | 壬子 |
| 18 | 六 | 初八 | 己丑 | 破 | 柳 | 火 | 离 | 热 | 心 | 汗 | 甲子 |
| 19 | 日 | 初九 | 庚寅 | 危 | 星 | 木 | 震 | 风 | 肝 | 泪 | 丙子 |
| 20 | 一 | 初十 | 辛卯 | 成 | 张 | 木 | 巽 | 风 | 肝 | 泪 | 戊子 |
| 21 | 二 | 十一 | 壬辰 | 收 | 翼 | 水 | 坎 | 寒 | 肾 | 唾 | 庚子 |
| 22 | 三 | 十二 | 癸巳 | 开 | 轸 | 水 | 艮 | 寒 | 肾 | 唾 | 壬子 |
| 23 | 四 | 十三 | 甲午 | 闭 | 角 | 金 | 坤 | 燥 | 肺 | 涕 | 甲子 |
| 24 | 五 | 十四 | 乙未 | 建 | 亢 | 金 | 乾 | 燥 | 肺 | 涕 | 丙子 |
| 25 | 六 | 十五 | 丙申 | 除 | 氐 | 火 | 兑 | 热 | 心 | 汗 | 戊子 |
| 26 | 日 | 十六 | 丁酉 | 满 | 房 | 火 | 离 | 热 | 心 | 汗 | 庚子 |
| 27 | 一 | 十七 | 戊戌 | 平 | 心 | 木 | 震 | 风 | 肝 | 泪 | 壬子 |
| 28 | 二 | 十八 | 己亥 | 定 | 尾 | 木 | 巽 | 风 | 肝 | 泪 | 甲子 |
| 29 | 三 | 十九 | 庚子 | 执 | 箕 | 土 | 坎 | 湿 | 脾 | 涎 | 丙子 |
| 30 | 四 | 二十 | 辛丑 | 破 | 斗 | 土 | 艮 | 湿 | 脾 | 涎 | 戊子 |
| 31 | 五 | 廿一 | 壬寅 | 危 | 牛 | 金 | 坤 | 燥 | 肺 | 涕 | 庚子 |

## 8月大

立秋　7日03时19分
处暑　22日18时03分

农历七月（8月10日-9月7日）　月干支：庚申

| 公历 | 星期 | 农历 | 干支 | 日建 | 星宿 | 五行 | 八卦 | 五气 | 五脏 | 五汁 | 时辰 |
|---|---|---|---|---|---|---|---|---|---|---|---|
| 1 | 六 | 六月 | 癸卯 | 成 | 女 | 金 | 乾 | 燥 | 肺 | 涕 | 壬子 |
| 2 | 日 | 廿三 | 甲辰 | 收 | 虚 | 火 | 兑 | 热 | 心 | 汗 | 甲子 |
| 3 | 一 | 廿四 | 乙巳 | 开 | 危 | 火 | 震 | 热 | 心 | 汗 | 丙子 |
| 4 | 二 | 廿五 | 丙午 | 闭 | 室 | 水 | 巽 | 寒 | 肾 | 唾 | 戊子 |
| 5 | 三 | 廿六 | 丁未 | 建 | 壁 | 水 | 坎 | 寒 | 肾 | 唾 | 庚子 |
| 6 | 四 | 廿七 | 戊申 | 除 | 奎 | 土 | 坎 | 湿 | 脾 | 涎 | 壬子 |
| 7 | 五 | 廿八 | 己酉 | 除 | 娄 | 土 | 艮 | 湿 | 脾 | 涎 | 甲子 |
| 8 | 六 | 廿九 | 庚戌 | 满 | 胃 | 金 | 坤 | 燥 | 肺 | 涕 | 丙子 |
| 9 | 日 | 三十 | 辛亥 | 平 | 昴 | 金 | 乾 | 燥 | 肺 | 涕 | 戊子 |
| 10 | 一 | 七月 | 壬子 | 定 | 毕 | 木 | 巽 | 风 | 肝 | 泪 | 壬子 |
| 11 | 二 | 初二 | 癸丑 | 执 | 觜 | 木 | 坎 | 风 | 肝 | 泪 | 壬子 |
| 12 | 三 | 初三 | 甲寅 | 破 | 参 | 水 | 艮 | 寒 | 肾 | 唾 | 甲子 |
| 13 | 四 | 初四 | 乙卯 | 危 | 井 | 水 | 坤 | 寒 | 肾 | 唾 | 丙子 |
| 14 | 五 | 初五 | 丙辰 | 成 | 鬼 | 土 | 乾 | 湿 | 脾 | 涎 | 戊子 |
| 15 | 六 | 初六 | 丁巳 | 收 | 柳 | 土 | 兑 | 湿 | 脾 | 涎 | 庚子 |
| 16 | 日 | 初七 | 戊午 | 开 | 星 | 火 | 离 | 热 | 心 | 汗 | 壬子 |
| 17 | 一 | 初八 | 己未 | 闭 | 张 | 火 | 震 | 热 | 心 | 汗 | 甲子 |
| 18 | 二 | 初九 | 庚申 | 建 | 翼 | 木 | 巽 | 风 | 肝 | 泪 | 丙子 |
| 19 | 三 | 初十 | 辛酉 | 除 | 轸 | 木 | 坎 | 风 | 肝 | 泪 | 戊子 |
| 20 | 四 | 十一 | 壬戌 | 满 | 角 | 水 | 艮 | 寒 | 肾 | 唾 | 庚子 |
| 21 | 五 | 十二 | 癸亥 | 平 | 亢 | 水 | 坤 | 寒 | 肾 | 唾 | 壬子 |
| 22 | 六 | 十三 | 甲子 | 定 | 氐 | 金 | 乾 | 燥 | 肺 | 涕 | 甲子 |
| 23 | 日 | 十四 | 乙丑 | 执 | 房 | 金 | 兑 | 燥 | 肺 | 涕 | 丙子 |
| 24 | 一 | 十五 | 丙寅 | 破 | 心 | 火 | 离 | 热 | 心 | 汗 | 戊子 |
| 25 | 二 | 十六 | 丁卯 | 危 | 尾 | 火 | 震 | 热 | 心 | 汗 | 庚子 |
| 26 | 三 | 十七 | 戊辰 | 成 | 箕 | 木 | 巽 | 风 | 肝 | 泪 | 壬子 |
| 27 | 四 | 十八 | 己巳 | 收 | 斗 | 木 | 坎 | 风 | 肝 | 泪 | 甲子 |
| 28 | 五 | 十九 | 庚午 | 开 | 牛 | 土 | 艮 | 湿 | 脾 | 涎 | 丙子 |
| 29 | 六 | 二十 | 辛未 | 闭 | 女 | 土 | 坤 | 湿 | 脾 | 涎 | 戊子 |
| 30 | 日 | 廿一 | 壬申 | 建 | 虚 | 金 | 乾 | 燥 | 肺 | 涕 | 庚子 |
| 31 | 一 | 廿二 | 癸酉 | 除 | 危 | 金 | 兑 | 燥 | 肺 | 涕 | 壬子 |

# 公元 2048 年　　　　　　　　农历戊辰(龙)年

## 9月小

白露　7日06时29分
秋分　22日16时01分

农历八月(9月8日-10月7日)　月干支:辛酉

| 公历 | 星期 | 农历 | 干支 | 日建 | 星宿 | 五行 | 八卦 | 五气 | 五脏 | 五汁 | 时辰 |
|---|---|---|---|---|---|---|---|---|---|---|---|
| 1 | 二 | 七月 | 甲戌 | 满 | 室 | 火 | 离 | 热 | 心 | 汗 | 甲子 |
| 2 | 三 | 十四 | 乙亥 | 平 | 壁 | 火 | 震 | 热 | 心 | 汗 | 丙子 |
| 3 | 四 | 廿五 | 丙子 | 定 | 奎 | 水 | 巽 | 寒 | 肾 | 唾 | 戊子 |
| 4 | 五 | 廿六 | 丁丑 | 执 | 娄 | 水 | 坎 | 寒 | 肾 | 唾 | 庚子 |
| 5 | 六 | 廿七 | 戊寅 | 破 | 胃 | 土 | 艮 | 湿 | 脾 | 涎 | 壬子 |
| 6 | 日 | 廿八 | 己卯 | 危 | 昴 | 土 | 坤 | 湿 | 脾 | 涎 | 甲子 |
| 7 | 一 | 廿九 | 庚辰 | 危 | 毕 | 金 | 乾 | 燥 | 肺 | 泪 | 丙子 |
| 8 | 二 | 八月 | 辛巳 | 成 | 觜 | 金 | 坎 | 燥 | 肺 | 泪 | 戊子 |
| 9 | 三 | 初二 | 壬午 | 收 | 参 | 木 | 艮 | 风 | 肝 | 泪 | 庚子 |
| 10 | 四 | 初三 | 癸未 | 开 | 井 | 木 | 坤 | 风 | 肝 | 泪 | 壬子 |
| 11 | 五 | 初四 | 甲申 | 闭 | 鬼 | 水 | 乾 | 寒 | 肾 | 唾 | 甲子 |
| 12 | 六 | 初五 | 乙酉 | 建 | 柳 | 水 | 兑 | 寒 | 肾 | 唾 | 丙子 |
| 13 | 日 | 初六 | 丙戌 | 除 | 星 | 土 | 离 | 湿 | 脾 | 涎 | 戊子 |
| 14 | 一 | 初七 | 丁亥 | 满 | 张 | 土 | 震 | 湿 | 脾 | 涎 | 庚子 |
| 15 | 二 | 初八 | 戊子 | 平 | 翼 | 火 | 巽 | 热 | 心 | 汗 | 壬子 |
| 16 | 三 | 初九 | 己丑 | 定 | 轸 | 火 | 坎 | 热 | 心 | 汗 | 甲子 |
| 17 | 四 | 初十 | 庚寅 | 执 | 角 | 木 | 艮 | 风 | 肝 | 泪 | 丙子 |
| 18 | 五 | 十一 | 辛卯 | 破 | 亢 | 木 | 坤 | 风 | 肝 | 泪 | 戊子 |
| 19 | 六 | 十二 | 壬辰 | 危 | 氐 | 水 | 乾 | 寒 | 肾 | 唾 | 庚子 |
| 20 | 日 | 十三 | 癸巳 | 成 | 房 | 水 | 兑 | 寒 | 肾 | 唾 | 壬子 |
| 21 | 一 | 十四 | 甲午 | 收 | 心 | 金 | 离 | 燥 | 肺 | 涕 | 甲子 |
| 22 | 二 | 十五 | 乙未 | 开 | 尾 | 金 | 震 | 燥 | 肺 | 涕 | 丙子 |
| 23 | 三 | 十六 | 丙申 | 闭 | 箕 | 火 | 巽 | 热 | 心 | 汗 | 戊子 |
| 24 | 四 | 十七 | 丁酉 | 建 | 斗 | 火 | 坎 | 热 | 心 | 汗 | 庚子 |
| 25 | 五 | 十八 | 戊戌 | 除 | 牛 | 木 | 艮 | 风 | 肾 | 泪 | 壬子 |
| 26 | 六 | 十九 | 己亥 | 满 | 女 | 木 | 坤 | 风 | 肾 | 泪 | 甲子 |
| 27 | 日 | 二十 | 庚子 | 平 | 虚 | 土 | 乾 | 湿 | 脾 | 涎 | 丙子 |
| 28 | 一 | 廿一 | 辛丑 | 定 | 危 | 土 | 兑 | 湿 | 脾 | 涎 | 戊子 |
| 29 | 二 | 廿二 | 壬寅 | 执 | 室 | 金 | 离 | 燥 | 肺 | 涕 | 庚子 |
| 30 | 三 | 廿三 | 癸卯 | 破 | 壁 | 金 | 震 | 燥 | 肺 | 涕 | 壬子 |
| 31 | | | | | | | | | | | |

## 10月大

寒露　7日22时27分
霜降　23日01时43分

农历九月(10月8日-11月5日)　月干支:壬戌

| 公历 | 星期 | 农历 | 干支 | 日建 | 星宿 | 五行 | 八卦 | 五气 | 五脏 | 五汁 | 时辰 |
|---|---|---|---|---|---|---|---|---|---|---|---|
| 1 | 四 | 八月 | 甲辰 | 危 | 奎 | 火 | 巽 | 热 | 心 | 汗 | 甲子 |
| 2 | 五 | 廿五 | 乙巳 | 成 | 娄 | 火 | 坎 | 热 | 心 | 汗 | 丙子 |
| 3 | 六 | 廿六 | 丙午 | 收 | 胃 | 水 | 艮 | 寒 | 肾 | 唾 | 戊子 |
| 4 | 日 | 廿七 | 丁未 | 开 | 昴 | 水 | 坤 | 寒 | 肾 | 唾 | 庚子 |
| 5 | 一 | 廿八 | 戊申 | 闭 | 毕 | 土 | 乾 | 湿 | 脾 | 涎 | 壬子 |
| 6 | 二 | 廿九 | 己酉 | 建 | 觜 | 土 | 兑 | 湿 | 脾 | 涎 | 甲子 |
| 7 | 三 | 三十 | 庚戌 | 建 | 参 | 金 | 离 | 燥 | 肺 | 泪 | 丙子 |
| 8 | 四 | 九月 | 辛亥 | 除 | 井 | 金 | 艮 | 燥 | 肺 | 泪 | 戊子 |
| 9 | 五 | 初二 | 壬子 | 满 | 鬼 | 木 | 坤 | 风 | 肝 | 泪 | 庚子 |
| 10 | 六 | 初三 | 癸丑 | 平 | 柳 | 木 | 乾 | 风 | 肝 | 泪 | 壬子 |
| 11 | 日 | 初四 | 甲寅 | 定 | 星 | 水 | 兑 | 寒 | 肾 | 唾 | 甲子 |
| 12 | 一 | 初五 | 乙卯 | 执 | 张 | 水 | 离 | 寒 | 肾 | 唾 | 丙子 |
| 13 | 二 | 初六 | 丙辰 | 破 | 翼 | 土 | 震 | 湿 | 脾 | 涎 | 戊子 |
| 14 | 三 | 初七 | 丁巳 | 危 | 轸 | 土 | 巽 | 湿 | 脾 | 涎 | 庚子 |
| 15 | 四 | 初八 | 戊午 | 成 | 角 | 火 | 坎 | 热 | 心 | 汗 | 壬子 |
| 16 | 五 | 初九 | 己未 | 收 | 亢 | 火 | 艮 | 热 | 心 | 汗 | 甲子 |
| 17 | 六 | 初十 | 庚申 | 开 | 氐 | 木 | 坤 | 风 | 肝 | 泪 | 丙子 |
| 18 | 日 | 十一 | 辛酉 | 闭 | 房 | 木 | 乾 | 风 | 肝 | 泪 | 戊子 |
| 19 | 一 | 十二 | 壬戌 | 建 | 心 | 水 | 兑 | 寒 | 肾 | 唾 | 庚子 |
| 20 | 二 | 十三 | 癸亥 | 除 | 尾 | 水 | 离 | 寒 | 肾 | 唾 | 壬子 |
| 21 | 三 | 十四 | 甲子 | 满 | 箕 | 金 | 震 | 燥 | 肺 | 涕 | 甲子 |
| 22 | 四 | 十五 | 乙丑 | 平 | 斗 | 金 | 巽 | 燥 | 肺 | 涕 | 丙子 |
| 23 | 五 | 十六 | 丙寅 | 定 | 牛 | 火 | 坎 | 热 | 心 | 汗 | 戊子 |
| 24 | 六 | 十七 | 丁卯 | 执 | 女 | 火 | 艮 | 热 | 心 | 汗 | 庚子 |
| 25 | 日 | 十八 | 戊辰 | 破 | 虚 | 木 | 坤 | 风 | 肝 | 泪 | 壬子 |
| 26 | 一 | 十九 | 己巳 | 危 | 危 | 木 | 乾 | 风 | 肝 | 泪 | 甲子 |
| 27 | 二 | 二十 | 庚午 | 成 | 室 | 土 | 兑 | 湿 | 脾 | 涎 | 丙子 |
| 28 | 三 | 廿一 | 辛未 | 收 | 壁 | 土 | 离 | 湿 | 脾 | 涎 | 戊子 |
| 29 | 四 | 廿二 | 壬申 | 开 | 奎 | 金 | 震 | 燥 | 肺 | 涕 | 庚子 |
| 30 | 五 | 廿三 | 癸酉 | 闭 | 娄 | 金 | 巽 | 燥 | 肺 | 涕 | 壬子 |
| 31 | 六 | 廿四 | 甲戌 | 建 | 胃 | 火 | 坎 | 热 | 心 | 汗 | 甲子 |

实用干支万年历

# 公元2048年　　农历戊辰(龙)年

## 11月小

立冬　7日01时57分　　小雪　21日23时33分

农历十月(11月6日-12月4日)　月干支:癸亥

| 公历 | 星期 | 农历 | 干支 | 日建 | 星宿 | 五行 | 八卦 | 五气 | 五脏 | 五汁 | 时辰 |
|---|---|---|---|---|---|---|---|---|---|---|---|
| 1 | 日 | 九月 | 乙亥 | 除 | 昴 | 火 | 艮 | 热 | 心 | 汗 | 丙子 |
| 2 | 一 | 廿六 | 丙子 | 满 | 毕 | 水 | 坤 | 寒 | 肾 | 唾 | 戊子 |
| 3 | 二 | 廿七 | 丁丑 | 平 | 觜 | 水 | 乾 | 寒 | 肾 | 唾 | 庚子 |
| 4 | 三 | 廿八 | 戊寅 | 定 | 参 | 土 | 兑 | 湿 | 脾 | 涎 | 壬子 |
| 5 | 四 | 廿九 | 己卯 | 执 | 井 | 土 | 离 | 湿 | 脾 | 涎 | 甲子 |
| 6 | 五 | 十月 | 庚辰 | 破 | 鬼 | 金 | 坤 | 燥 | 肺 | 涕 | 丙子 |
| 7 | 六 | 初二 | 辛巳 | 破 | 柳 | 金 | 乾 | 燥 | 肺 | 涕 | 戊子 |
| 8 | 日 | 初三 | 壬午 | 危 | 星 | 木 | 兑 | 风 | 肝 | 泪 | 庚子 |
| 9 | 一 | 初四 | 癸未 | 成 | 张 | 木 | 离 | 风 | 肝 | 泪 | 壬子 |
| 10 | 二 | 初五 | 甲申 | 收 | 翼 | 水 | 震 | 寒 | 肾 | 唾 | 甲子 |
| 11 | 三 | 初六 | 乙酉 | 开 | 轸 | 水 | 巽 | 寒 | 肾 | 唾 | 丙子 |
| 12 | 四 | 初七 | 丙戌 | 闭 | 角 | 土 | 坎 | 湿 | 脾 | 涎 | 戊子 |
| 13 | 五 | 初八 | 丁亥 | 建 | 亢 | 土 | 艮 | 湿 | 脾 | 涎 | 庚子 |
| 14 | 六 | 初九 | 戊子 | 除 | 氐 | 火 | 坤 | 热 | 心 | 汗 | 壬子 |
| 15 | 日 | 初十 | 己丑 | 满 | 房 | 火 | 乾 | 热 | 心 | 汗 | 甲子 |
| 16 | 一 | 十一 | 庚寅 | 平 | 心 | 木 | 兑 | 风 | 肝 | 泪 | 丙子 |
| 17 | 二 | 十二 | 辛卯 | 定 | 尾 | 木 | 离 | 风 | 肝 | 泪 | 戊子 |
| 18 | 三 | 十三 | 壬辰 | 执 | 箕 | 水 | 震 | 寒 | 肾 | 唾 | 庚子 |
| 19 | 四 | 十四 | 癸巳 | 破 | 斗 | 水 | 巽 | 寒 | 肾 | 唾 | 壬子 |
| 20 | 五 | 十五 | 甲午 | 危 | 牛 | 金 | 坎 | 燥 | 肺 | 涕 | 甲子 |
| 21 | 六 | 十六 | 乙未 | 成 | 女 | 金 | 艮 | 燥 | 肺 | 涕 | 丙子 |
| 22 | 日 | 十七 | 丙申 | 收 | 虚 | 火 | 坤 | 热 | 心 | 汗 | 戊子 |
| 23 | 一 | 十八 | 丁酉 | 开 | 危 | 火 | 乾 | 热 | 心 | 汗 | 庚子 |
| 24 | 二 | 十九 | 戊戌 | 闭 | 室 | 木 | 兑 | 风 | 肝 | 泪 | 壬子 |
| 25 | 三 | 二十 | 己亥 | 建 | 壁 | 木 | 离 | 风 | 肝 | 泪 | 甲子 |
| 26 | 四 | 廿一 | 庚子 | 除 | 奎 | 土 | 震 | 湿 | 脾 | 涎 | 丙子 |
| 27 | 五 | 廿二 | 辛丑 | 满 | 娄 | 土 | 巽 | 湿 | 脾 | 涎 | 戊子 |
| 28 | 六 | 廿三 | 壬寅 | 平 | 胃 | 金 | 坎 | 燥 | 肺 | 涕 | 庚子 |
| 29 | 日 | 廿四 | 癸卯 | 定 | 昴 | 金 | 艮 | 燥 | 肺 | 涕 | 壬子 |
| 30 | 一 | 廿五 | 甲辰 | 执 | 毕 | 火 | 坤 | 热 | 心 | 汗 | 甲子 |

## 12月大

大雪　6日19时01分　　冬至　21日13时03分

农历冬月(12月5日-1月3日)　月干支:甲子

| 公历 | 星期 | 农历 | 干支 | 日建 | 星宿 | 五行 | 八卦 | 五气 | 五脏 | 五汁 | 时辰 |
|---|---|---|---|---|---|---|---|---|---|---|---|
| 1 | 二 | 十月 | 乙巳 | 破 | 觜 | 火 | 乾 | 热 | 心 | 汗 | 丙子 |
| 2 | 三 | 廿七 | 丙午 | 危 | 参 | 水 | 兑 | 寒 | 肾 | 唾 | 戊子 |
| 3 | 四 | 廿八 | 丁未 | 成 | 井 | 水 | 离 | 寒 | 肾 | 唾 | 庚子 |
| 4 | 五 | 廿九 | 戊申 | 收 | 鬼 | 土 | 震 | 湿 | 脾 | 涎 | 壬子 |
| 5 | 六 | 冬月 | 己酉 | 开 | 柳 | 土 | 巽 | 湿 | 脾 | 涎 | 甲子 |
| 6 | 日 | 初二 | 庚戌 | 开 | 星 | 金 | 兑 | 燥 | 肺 | 涕 | 丙子 |
| 7 | 一 | 初三 | 辛亥 | 闭 | 张 | 金 | 离 | 燥 | 肺 | 涕 | 戊子 |
| 8 | 二 | 初四 | 壬子 | 建 | 翼 | 木 | 震 | 风 | 肝 | 泪 | 庚子 |
| 9 | 三 | 初五 | 癸丑 | 除 | 轸 | 木 | 巽 | 风 | 肝 | 泪 | 壬子 |
| 10 | 四 | 初六 | 甲寅 | 满 | 角 | 水 | 坎 | 寒 | 肾 | 唾 | 甲子 |
| 11 | 五 | 初七 | 乙卯 | 平 | 亢 | 水 | 艮 | 寒 | 肾 | 唾 | 丙子 |
| 12 | 六 | 初八 | 丙辰 | 定 | 氐 | 土 | 坤 | 湿 | 脾 | 涎 | 戊子 |
| 13 | 日 | 初九 | 丁巳 | 执 | 房 | 土 | 乾 | 湿 | 脾 | 涎 | 庚子 |
| 14 | 一 | 初十 | 戊午 | 破 | 心 | 火 | 兑 | 热 | 心 | 汗 | 壬子 |
| 15 | 二 | 十一 | 己未 | 危 | 尾 | 火 | 离 | 热 | 心 | 汗 | 甲子 |
| 16 | 三 | 十二 | 庚申 | 成 | 箕 | 木 | 震 | 风 | 肝 | 泪 | 丙子 |
| 17 | 四 | 十三 | 辛酉 | 收 | 斗 | 木 | 巽 | 风 | 肝 | 泪 | 戊子 |
| 18 | 五 | 十四 | 壬戌 | 开 | 牛 | 水 | 坎 | 寒 | 肾 | 唾 | 庚子 |
| 19 | 六 | 十五 | 癸亥 | 闭 | 女 | 水 | 艮 | 寒 | 肾 | 唾 | 壬子 |
| 20 | 日 | 十六 | 甲子 | 建 | 虚 | 金 | 坤 | 燥 | 肺 | 涕 | 甲子 |
| 21 | 一 | 十七 | 乙丑 | 除 | 危 | 金 | 乾 | 燥 | 肺 | 涕 | 丙子 |
| 22 | 二 | 十八 | 丙寅 | 满 | 室 | 火 | 兑 | 热 | 心 | 汗 | 戊子 |
| 23 | 三 | 十九 | 丁卯 | 平 | 壁 | 火 | 离 | 热 | 心 | 汗 | 庚子 |
| 24 | 四 | 二十 | 戊辰 | 定 | 奎 | 木 | 震 | 风 | 肝 | 泪 | 壬子 |
| 25 | 五 | 廿一 | 己巳 | 执 | 娄 | 木 | 巽 | 风 | 肝 | 泪 | 甲子 |
| 26 | 六 | 廿二 | 庚午 | 破 | 胃 | 土 | 坎 | 湿 | 脾 | 涎 | 丙子 |
| 27 | 日 | 廿三 | 辛未 | 危 | 昴 | 土 | 艮 | 湿 | 脾 | 涎 | 戊子 |
| 28 | 一 | 廿四 | 壬申 | 成 | 毕 | 金 | 坤 | 燥 | 肺 | 涕 | 庚子 |
| 29 | 二 | 廿五 | 癸酉 | 收 | 觜 | 金 | 乾 | 燥 | 肺 | 涕 | 壬子 |
| 30 | 三 | 廿六 | 甲戌 | 开 | 参 | 火 | 兑 | 热 | 心 | 汗 | 甲子 |
| 31 | 四 | 廿七 | 乙亥 | 闭 | 井 | 火 | 离 | 热 | 心 | 汗 | 丙子 |

# 公元2049年　　　　　　　农历己巳(蛇)年

| 1月大 | 小寒 5日06时19分　大寒 19日23时42分 |
|---|---|

农历腊月(1月4日–2月1日)　月干支:乙丑

| 公历 | 星期 | 农历 | 干支 | 日建 | 星宿 | 五行 | 八卦 | 五气 | 五脏 | 五汁 | 时辰 |
|---|---|---|---|---|---|---|---|---|---|---|---|
| 1 | 五 | 冬月 | 丙子 | 建 | 鬼 | 水 | 震 | 寒 | 肾 | 唾 | 戊子 |
| 2 | 六 | 廿九 | 丁丑 | 除 | 柳 | 水 | 巽 | 寒 | 肾 | 唾 | 庚子 |
| 3 | 日 | 三十 | 戊寅 | 满 | 星 | 土 | 坎 | 湿 | 脾 | 涎 | 壬子 |
| 4 | 一 | 腊月 | 己卯 | 平 | 张 | 土 | 兑 | 湿 | 脾 | 涎 | 甲子 |
| 5 | 二 | 初二 | 庚辰 | 平 | 翼 | 金 | 离 | 燥 | 肺 | 涕 | 丙子 |
| 6 | 三 | 初三 | 辛巳 | 定 | 轸 | 金 | 震 | 燥 | 肺 | 涕 | 戊子 |
| 7 | 四 | 初四 | 壬午 | 执 | 角 | 木 | 巽 | 风 | 肝 | 泪 | 庚子 |
| 8 | 五 | 初五 | 癸未 | 破 | 亢 | 木 | 坎 | 风 | 肝 | 泪 | 壬子 |
| 9 | 六 | 初六 | 甲申 | 危 | 氐 | 水 | 艮 | 寒 | 肾 | 唾 | 甲子 |
| 10 | 日 | 初七 | 乙酉 | 成 | 房 | 水 | 坤 | 寒 | 肾 | 唾 | 丙子 |
| 11 | 一 | 初八 | 丙戌 | 收 | 心 | 土 | 乾 | 湿 | 脾 | 涎 | 戊子 |
| 12 | 二 | 初九 | 丁亥 | 开 | 尾 | 土 | 兑 | 湿 | 脾 | 涎 | 庚子 |
| 13 | 三 | 初十 | 戊子 | 闭 | 箕 | 火 | 离 | 热 | 心 | 汗 | 壬子 |
| 14 | 四 | 十一 | 己丑 | 建 | 斗 | 火 | 震 | 热 | 心 | 汗 | 甲子 |
| 15 | 五 | 十二 | 庚寅 | 除 | 牛 | 木 | 巽 | 风 | 肝 | 泪 | 丙子 |
| 16 | 六 | 十三 | 辛卯 | 满 | 女 | 木 | 坎 | 风 | 肝 | 泪 | 戊子 |
| 17 | 日 | 十四 | 壬辰 | 平 | 虚 | 水 | 艮 | 寒 | 肾 | 唾 | 庚子 |
| 18 | 一 | 十五 | 癸巳 | 定 | 危 | 水 | 坤 | 寒 | 肾 | 唾 | 壬子 |
| 19 | 二 | 十六 | 甲午 | 执 | 室 | 金 | 乾 | 燥 | 肺 | 涕 | 甲子 |
| 20 | 三 | 十七 | 乙未 | 破 | 壁 | 金 | 兑 | 燥 | 肺 | 涕 | 丙子 |
| 21 | 四 | 十八 | 丙申 | 危 | 奎 | 火 | 离 | 热 | 心 | 汗 | 戊子 |
| 22 | 五 | 十九 | 丁酉 | 成 | 娄 | 火 | 震 | 热 | 心 | 汗 | 庚子 |
| 23 | 六 | 二十 | 戊戌 | 收 | 胃 | 木 | 巽 | 风 | 肾 | 泪 | 壬子 |
| 24 | 日 | 廿一 | 己亥 | 开 | 昴 | 木 | 坎 | 风 | 肾 | 泪 | 甲子 |
| 25 | 一 | 廿二 | 庚子 | 闭 | 毕 | 土 | 艮 | 湿 | 脾 | 涎 | 丙子 |
| 26 | 二 | 廿三 | 辛丑 | 建 | 觜 | 土 | 坤 | 湿 | 脾 | 涎 | 戊子 |
| 27 | 三 | 廿四 | 壬寅 | 除 | 参 | 金 | 乾 | 燥 | 肺 | 涕 | 庚子 |
| 28 | 四 | 廿五 | 癸卯 | 满 | 井 | 金 | 兑 | 燥 | 肺 | 涕 | 壬子 |
| 29 | 五 | 廿六 | 甲辰 | 平 | 鬼 | 火 | 离 | 热 | 心 | 汗 | 甲子 |
| 30 | 六 | 廿七 | 乙巳 | 定 | 柳 | 火 | 震 | 热 | 心 | 汗 | 丙子 |
| 31 | 日 | 廿八 | 丙午 | 执 | 星 | 水 | 巽 | 寒 | 肾 | 唾 | 戊子 |

| 2月平 | 立春 3日17时54分　雨水 18日13时43分 |
|---|---|

农历正月(2月2日–3月3日)　月干支:丙寅

| 公历 | 星期 | 农历 | 干支 | 日建 | 星宿 | 五行 | 八卦 | 五气 | 五脏 | 五汁 | 时辰 |
|---|---|---|---|---|---|---|---|---|---|---|---|
| 1 | 一 | 廿九 | 丁未 | 破 | 张 | 水 | 坎 | 寒 | 肾 | 唾 | 庚子 |
| 2 | 二 | 正月 | 戊申 | 危 | 翼 | 土 | 坤 | 湿 | 脾 | 涎 | 壬子 |
| 3 | 三 | 初二 | 己酉 | 危 | 轸 | 土 | 乾 | 湿 | 脾 | 涎 | 甲子 |
| 4 | 四 | 初三 | 庚戌 | 成 | 角 | 金 | 兑 | 燥 | 肺 | 涕 | 丙子 |
| 5 | 五 | 初四 | 辛亥 | 收 | 亢 | 金 | 离 | 燥 | 肺 | 涕 | 戊子 |
| 6 | 六 | 初五 | 壬子 | 开 | 氐 | 木 | 震 | 风 | 肝 | 泪 | 庚子 |
| 7 | 日 | 初六 | 癸丑 | 闭 | 房 | 木 | 巽 | 风 | 肝 | 泪 | 壬子 |
| 8 | 一 | 初七 | 甲寅 | 建 | 心 | 水 | 坎 | 寒 | 肾 | 唾 | 甲子 |
| 9 | 二 | 初八 | 乙卯 | 除 | 尾 | 水 | 艮 | 寒 | 肾 | 唾 | 丙子 |
| 10 | 三 | 初九 | 丙辰 | 满 | 箕 | 土 | 坤 | 湿 | 脾 | 涎 | 戊子 |
| 11 | 四 | 初十 | 丁巳 | 平 | 斗 | 土 | 乾 | 湿 | 脾 | 涎 | 庚子 |
| 12 | 五 | 十一 | 戊午 | 定 | 牛 | 火 | 兑 | 热 | 心 | 汗 | 壬子 |
| 13 | 六 | 十二 | 己未 | 执 | 女 | 火 | 离 | 热 | 心 | 汗 | 甲子 |
| 14 | 日 | 十三 | 庚申 | 破 | 虚 | 木 | 震 | 风 | 肝 | 泪 | 丙子 |
| 15 | 一 | 十四 | 辛酉 | 危 | 危 | 木 | 巽 | 风 | 肝 | 泪 | 戊子 |
| 16 | 二 | 十五 | 壬戌 | 成 | 室 | 水 | 坎 | 寒 | 肾 | 唾 | 庚子 |
| 17 | 三 | 十六 | 癸亥 | 收 | 壁 | 水 | 艮 | 寒 | 肾 | 唾 | 壬子 |
| 18 | 四 | 十七 | 甲子 | 开 | 奎 | 金 | 坤 | 燥 | 肺 | 涕 | 甲子 |
| 19 | 五 | 十八 | 乙丑 | 闭 | 娄 | 金 | 乾 | 燥 | 肺 | 涕 | 丙子 |
| 20 | 六 | 十九 | 丙寅 | 建 | 胃 | 火 | 兑 | 热 | 心 | 汗 | 戊子 |
| 21 | 日 | 二十 | 丁卯 | 除 | 昴 | 火 | 离 | 热 | 心 | 汗 | 庚子 |
| 22 | 一 | 廿一 | 戊辰 | 满 | 毕 | 木 | 震 | 风 | 肝 | 泪 | 壬子 |
| 23 | 二 | 廿二 | 己巳 | 平 | 觜 | 木 | 巽 | 风 | 肝 | 泪 | 甲子 |
| 24 | 三 | 廿三 | 庚午 | 定 | 参 | 土 | 坎 | 湿 | 脾 | 涎 | 丙子 |
| 25 | 四 | 廿四 | 辛未 | 执 | 井 | 土 | 艮 | 湿 | 脾 | 涎 | 戊子 |
| 26 | 五 | 廿五 | 壬申 | 破 | 鬼 | 金 | 坤 | 燥 | 肺 | 涕 | 庚子 |
| 27 | 六 | 廿六 | 癸酉 | 危 | 柳 | 金 | 乾 | 燥 | 肺 | 涕 | 壬子 |
| 28 | 日 | 廿七 | 甲戌 | 成 | 星 | 火 |  |  |  |  | 甲子 |

实用干支万年历

# 公元2049年　　　　　农历己巳(蛇)年

## 3月大　　惊蛰　5日11时44分　　春分　20日12时30分

农历二月(3月4日–4月1日)　　月干支:丁卯

| 公历 | 星期 | 农历 | 干支 | 日建 | 星宿 | 五行 | 八卦 | 五气 | 五脏 | 五汁 | 时辰 |
|---|---|---|---|---|---|---|---|---|---|---|---|
| 1 | 一 | 正月 | 乙亥 | 收 | 张翼 | 火水 | 离震 | 热寒 | 心肾 | 汗唾 | 丙子 |
| 2 | 二 | 廿九 | 丙子 | 开 | 翼 | 水火 | 震乾 | 寒热 | 肾心 | 唾汗 | 戊子 |
| 3 | 三 | 三十 | 丁丑 | 闭 | 轸角 | 水土 | 巽兑 | 寒湿 | 肾脾 | 唾涎 | 庚子 |
| 4 | 四 | 二月 | 戊寅 | 建 | 角亢 | 土 | 土 | 湿 | 脾 | 涎 | 壬子 |
| 5 | 五 | 初二 | 己卯 | 建 | 亢 | 土 | 土 | 湿 | 脾 | 涎 | 甲子 |
| 6 | 六 | 初三 | 庚辰 | 除 | 氐房 | 金金 | 离震 | 燥燥 | 肺肺 | 涕涕 | 丙子 |
| 7 | 日 | 初四 | 辛巳 | 满 | 房心 | 金木 | 震巽 | 燥风 | 肺肝 | 涕泪 | 戊子 |
| 8 | 一 | 初五 | 壬午 | 平 | 心尾 | 木木 | 巽坎 | 风风 | 肝肝 | 泪泪 | 庚子 |
| 9 | 二 | 初六 | 癸未 | 定 | 尾箕 | 木水 | 坎 | 风寒 | 肝肾 | 泪唾 | 壬子 |
| 10 | 三 | 初七 | 甲申 | 执 | 箕 | 水 | | 寒 | 肾 | 唾 | 甲子 |
| 11 | 四 | 初八 | 乙酉 | 破 | 斗牛 | 水土 | 坤乾 | 寒湿 | 肾脾 | 唾涎 | 丙子 |
| 12 | 五 | 初九 | 丙戌 | 危 | 牛女 | 土土 | 乾兑 | 湿湿 | 脾脾 | 涎涎 | 戊子 |
| 13 | 六 | 初十 | 丁亥 | 成 | 女虚 | 土火 | 兑离 | 湿热 | 脾心 | 涎汗 | 庚子 |
| 14 | 日 | 十一 | 戊子 | 收 | 虚危 | 火火 | 离震 | 热热 | 心心 | 汗汗 | 壬子 |
| 15 | 一 | 十二 | 己丑 | 开 | 危 | 火 | | 热 | 心 | 汗 | 甲子 |
| 16 | 二 | 十三 | 庚寅 | 闭 | 室壁 | 木木 | 巽坎 | 风风 | 肝肝 | 泪泪 | 丙子 |
| 17 | 三 | 十四 | 辛卯 | 建 | 壁 | 木水 | 坎乾 | 风寒 | 肝肾 | 泪唾 | 戊子 |
| 18 | 四 | 十五 | 壬辰 | 除 | 奎娄 | 水水 | 乾坤 | 寒寒 | 肾肾 | 唾唾 | 庚子 |
| 19 | 五 | 十六 | 癸巳 | 满 | 娄 | 水金 | 坤乾 | 寒燥 | 肾肺 | 唾涕 | 壬子 |
| 20 | 六 | 十七 | 甲午 | 平 | 胃 | 金 | | 燥 | 肺 | 涕 | 甲子 |
| 21 | 日 | 十八 | 乙未 | 定 | 昴毕 | 金火 | 兑离 | 燥热 | 肺心 | 涕汗 | 丙子 |
| 22 | 一 | 十九 | 丙申 | 执 | 毕觜 | 火火 | 离震 | 热热 | 心心 | 汗汗 | 戊子 |
| 23 | 二 | 二十 | 丁酉 | 破 | 觜参 | 火木 | 震巽 | 热风 | 心肝 | 汗泪 | 庚子 |
| 24 | 三 | 廿一 | 戊戌 | 危 | 参井 | 木水 | 巽坎 | 风寒 | 肝肾 | 泪唾 | 壬子 |
| 25 | 四 | 廿二 | 己亥 | 成 | 井 | 水 | | 寒 | 肾 | 唾 | 甲子 |
| 26 | 五 | 廿三 | 庚子 | 收 | 鬼柳 | 土土 | 艮坤 | 湿湿 | 脾脾 | 涎涎 | 丙子 |
| 27 | 六 | 廿四 | 辛丑 | 开 | 柳星 | 土土 | 坤乾 | 湿燥 | 脾肺 | 涎涕 | 戊子 |
| 28 | 日 | 廿五 | 壬寅 | 闭 | 星张 | 金金 | 兑离 | 燥燥 | 肺肺 | 涕涕 | 庚子 |
| 29 | 一 | 廿六 | 癸卯 | 建 | 张翼 | 金火 | 离震 | 燥热 | 肺心 | 涕汗 | 壬子 |
| 30 | 二 | 廿七 | 甲辰 | 除 | 翼轸 | 火火 | 震巽 | 热热 | 心心 | 汗汗 | 甲子 |
| 31 | 三 | 廿八 | 乙巳 | 满 | 轸 | 火 | | 热 | 心 | 汗 | 丙子 |

## 4月小　　清明　4日16时15分　　谷雨　19日23时15分

农历三月(4月2日–5月1日)　　月干支:戊辰

| 公历 | 星期 | 农历 | 干支 | 日建 | 星宿 | 五行 | 八卦 | 五气 | 五脏 | 五汁 | 时辰 |
|---|---|---|---|---|---|---|---|---|---|---|---|
| 1 | 四 | 廿九 | 丙午 | 平 | 角亢 | 水水 | 巽兑 | 寒寒 | 肾肾 | 唾唾 | 戊子 |
| 2 | 五 | 三月 | 丁未 | 定 | 亢氐 | 水火 | 兑离 | 寒湿 | 肾脾 | 唾涎 | 庚子 |
| 3 | 六 | 初二 | 戊申 | 执 | 氐房 | 土土 | 离震 | 湿湿 | 脾脾 | 涎涎 | 壬子 |
| 4 | 日 | 初三 | 己酉 | 执 | 房心 | 土土 | 震巽 | 湿湿 | 脾脾 | 涎涎 | 甲子 |
| 5 | 一 | 初四 | 庚戌 | 破 | 心 | 金 | | 燥 | 肺 | 涕 | 丙子 |
| 6 | 二 | 初五 | 辛亥 | 危 | 尾箕 | 金木 | 坎艮 | 燥风 | 肺肝 | 涕泪 | 戊子 |
| 7 | 三 | 初六 | 壬子 | 成 | 箕斗 | 木木 | 艮坤 | 风风 | 肝肝 | 泪泪 | 庚子 |
| 8 | 四 | 初七 | 癸丑 | 收 | 斗牛 | 木水 | 坤乾 | 风寒 | 肝肾 | 泪唾 | 壬子 |
| 9 | 五 | 初八 | 甲寅 | 开 | 牛女 | 水水 | 乾兑 | 寒寒 | 肾肾 | 唾唾 | 甲子 |
| 10 | 六 | 初九 | 乙卯 | 闭 | 女 | 水 | | 寒 | 肾 | 唾 | 丙子 |
| 11 | 日 | 初十 | 丙辰 | 建 | 虚危 | 土土 | 离震 | 湿湿 | 脾脾 | 涎涎 | 戊子 |
| 12 | 一 | 十一 | 丁巳 | 除 | 危室 | 土火 | 震巽 | 湿热 | 脾心 | 涎汗 | 庚子 |
| 13 | 二 | 十二 | 戊午 | 满 | 室壁 | 火火 | 巽坎 | 热热 | 心心 | 汗汗 | 壬子 |
| 14 | 三 | 十三 | 己未 | 平 | 壁奎 | 火木 | 坎艮 | 热风 | 心肝 | 汗泪 | 甲子 |
| 15 | 四 | 十四 | 庚申 | 定 | 奎 | 木 | | 风 | 肝 | 泪 | 丙子 |
| 16 | 五 | 十五 | 辛酉 | 执 | 娄胃 | 木水 | 坤乾 | 风寒 | 肝肾 | 泪唾 | 戊子 |
| 17 | 六 | 十六 | 壬戌 | 破 | 胃昴 | 水水 | 乾兑 | 寒寒 | 肾肾 | 唾唾 | 庚子 |
| 18 | 日 | 十七 | 癸亥 | 危 | 昴毕 | 水金 | 兑离 | 寒燥 | 肾肺 | 唾涕 | 壬子 |
| 19 | 一 | 十八 | 甲子 | 成 | 毕觜 | 金金 | 离震 | 燥燥 | 肺肺 | 涕涕 | 甲子 |
| 20 | 二 | 十九 | 乙丑 | 收 | 觜 | 金 | | 燥 | 肺 | 涕 | 丙子 |
| 21 | 三 | 二十 | 丙寅 | 开 | 参井 | 火火 | 巽坎 | 热热 | 心心 | 汗汗 | 戊子 |
| 22 | 四 | 廿一 | 丁卯 | 闭 | 井鬼 | 火木 | 坎艮 | 热风 | 心肝 | 汗泪 | 庚子 |
| 23 | 五 | 廿二 | 戊辰 | 建 | 鬼柳 | 木木 | 艮坤 | 风风 | 肝肝 | 泪泪 | 壬子 |
| 24 | 六 | 廿三 | 己巳 | 除 | 柳星 | 木土 | 坤乾 | 风湿 | 肝脾 | 泪涎 | 甲子 |
| 25 | 日 | 廿四 | 庚午 | 满 | 星 | 土 | | 湿 | 脾 | 涎 | 丙子 |
| 26 | 一 | 廿五 | 辛未 | 平 | 张翼 | 土金 | 兑离 | 湿燥 | 脾肺 | 涎涕 | 戊子 |
| 27 | 二 | 廿六 | 壬申 | 定 | 翼轸 | 金金 | 离震 | 燥燥 | 肺肺 | 涕涕 | 庚子 |
| 28 | 三 | 廿七 | 癸酉 | 执 | 轸角 | 金火 | 震巽 | 燥热 | 肺心 | 涕汗 | 壬子 |
| 29 | 四 | 廿八 | 甲戌 | 破 | 角亢 | 火火 | 巽坎 | 热热 | 心心 | 汗汗 | 甲子 |
| 30 | 五 | 廿九 | | | | | | | | | | |
| 31 | | | | | | | | | | | |

309

# 公元2049年　　　　　　　　农历己巳(蛇)年

## 5月大

| | |
|---|---|
| 立夏 | 5日09时14分 |
| 小满 | 20日22时05分 |

农历四月(5月2日–5月30日)　月干支:己巳

| 公历 | 星期 | 农历 | 干支 | 日建 | 星宿 | 五行 | 八卦 | 五气 | 五脏 | 五汁 | 时辰 |
|---|---|---|---|---|---|---|---|---|---|---|---|
| 1 | 六 | 三十 | 丙子 | 成 | 氐 | 水 | 艮 | 寒 | 肾 | 唾 | 戊子 |
| 2 | 日 | **四月** | 丁丑 | 收 | 房 | 水 | 离 | 寒 | 肾 | 唾 | 庚子 |
| 3 | 一 | 初二 | 戊寅 | 开 | 心 | 土 | 震 | 湿 | 脾 | 涎 | 壬子 |
| 4 | 二 | 初三 | 己卯 | 闭 | 尾 | 土 | 巽 | 湿 | 脾 | 涎 | 甲子 |
| 5 | 三 | 初四 | 庚辰 | 闭 | 箕 | 金 | 坎 | 燥 | 肺 | 涕 | 丙子 |
| 6 | 四 | 初五 | 辛巳 | 建 | 斗 | 金 | 艮 | 燥 | 肺 | 涕 | 戊子 |
| 7 | 五 | 初六 | 壬午 | 除 | 牛 | 木 | 坤 | 风 | 肝 | 泪 | 庚子 |
| 8 | 六 | 初七 | 癸未 | 满 | 女 | 木 | 乾 | 风 | 肝 | 泪 | 壬子 |
| 9 | 日 | 初八 | 甲申 | 平 | 虚 | 水 | 兑 | 寒 | 肾 | 唾 | 甲子 |
| 10 | 一 | 初九 | 乙酉 | 定 | 危 | 水 | 离 | 寒 | 肾 | 唾 | 丙子 |
| 11 | 二 | 初十 | 丙戌 | 执 | 室 | 土 | 震 | 湿 | 脾 | 涎 | 戊子 |
| 12 | 三 | 十一 | 丁亥 | 破 | 壁 | 土 | 巽 | 湿 | 脾 | 涎 | 庚子 |
| 13 | 四 | 十二 | 戊子 | 危 | 奎 | 火 | 坎 | 热 | 心 | 汗 | 壬子 |
| 14 | 五 | 十三 | 己丑 | 成 | 娄 | 火 | 艮 | 热 | 心 | 汗 | 甲子 |
| 15 | 六 | 十四 | 庚寅 | 收 | 胃 | 木 | 坤 | 风 | 肝 | 泪 | 丙子 |
| 16 | 日 | 十五 | 辛卯 | 开 | 昴 | 木 | 乾 | 风 | 肝 | 泪 | 戊子 |
| 17 | 一 | 十六 | 壬辰 | 闭 | 毕 | 水 | 兑 | 寒 | 肾 | 唾 | 庚子 |
| 18 | 二 | 十七 | 癸巳 | 建 | 觜 | 水 | 离 | 寒 | 肾 | 唾 | 壬子 |
| 19 | 三 | 十八 | 甲午 | 除 | 参 | 金 | 震 | 燥 | 肺 | 涕 | 甲子 |
| 20 | 四 | 十九 | 乙未 | 满 | 井 | 金 | 巽 | 燥 | 肺 | 涕 | 丙子 |
| 21 | 五 | 二十 | 丙申 | 平 | 鬼 | 火 | 坎 | 热 | 心 | 汗 | 戊子 |
| 22 | 六 | 廿一 | 丁酉 | 定 | 柳 | 火 | 艮 | 热 | 心 | 汗 | 庚子 |
| 23 | 日 | 廿二 | 戊戌 | 执 | 星 | 木 | 坤 | 风 | 肝 | 泪 | 壬子 |
| 24 | 一 | 廿三 | 己亥 | 破 | 张 | 木 | 乾 | 风 | 肝 | 泪 | 甲子 |
| 25 | 二 | 廿四 | 庚子 | 危 | 翼 | 土 | 兑 | 湿 | 脾 | 涎 | 丙子 |
| 26 | 三 | 廿五 | 辛丑 | 成 | 轸 | 土 | 离 | 湿 | 脾 | 涎 | 戊子 |
| 27 | 四 | 廿六 | 壬寅 | 收 | 角 | 金 | 震 | 燥 | 肺 | 涕 | 庚子 |
| 28 | 五 | 廿七 | 癸卯 | 开 | 亢 | 金 | 巽 | 燥 | 肺 | 涕 | 壬子 |
| 29 | 六 | 廿八 | 甲辰 | 闭 | 氐 | 火 | 坎 | 热 | 心 | 汗 | 甲子 |
| 30 | 日 | 廿九 | 乙巳 | 建 | 房 | 火 | 艮 | 热 | 心 | 汗 | 丙子 |
| 31 | 一 | **五月** | 丙午 | 除 | 心 | 水 | 坤 | 寒 | 肾 | 唾 | 戊子 |

## 6月小

| | |
|---|---|
| 芒种 | 5日13时05分 |
| 夏至 | 21日05时48分 |

农历五月(5月31日–6月29日)　月干支:庚午

| 公历 | 星期 | 农历 | 干支 | 日建 | 星宿 | 五行 | 八卦 | 五气 | 五脏 | 五汁 | 时辰 |
|---|---|---|---|---|---|---|---|---|---|---|---|
| 1 | 二 | **五月** | 丁未 | 满 | 尾 | 水 | 巽 | 寒 | 肾 | 唾 | 庚子 |
| 2 | 三 | 初三 | 戊申 | 平 | 箕 | 土 | 坎 | 湿 | 脾 | 涎 | 壬子 |
| 3 | 四 | 初四 | 己酉 | 定 | 斗 | 土 | 艮 | 湿 | 脾 | 涎 | 甲子 |
| 4 | 五 | 初五 | 庚戌 | 执 | 牛 | 金 | 乾 | 燥 | 肺 | 涕 | 丙子 |
| 5 | 六 | 初六 | 辛亥 | 执 | 女 | 金 | 坤 | 燥 | 肺 | 涕 | 戊子 |
| 6 | 日 | 初七 | 壬子 | 破 | 虚 | 木 | 离 | 风 | 肝 | 泪 | 庚子 |
| 7 | 一 | 初八 | 癸丑 | 危 | 危 | 木 | 震 | 风 | 肝 | 泪 | 壬子 |
| 8 | 二 | 初九 | 甲寅 | 成 | 室 | 水 | 兑 | 寒 | 肾 | 唾 | 甲子 |
| 9 | 三 | 初十 | 乙卯 | 收 | 壁 | 水 | 巽 | 寒 | 肾 | 唾 | 丙子 |
| 10 | 四 | 十一 | 丙辰 | 开 | 奎 | 土 | 坎 | 湿 | 脾 | 涎 | 戊子 |
| 11 | 五 | 十二 | 丁巳 | 闭 | 娄 | 土 | 艮 | 湿 | 脾 | 涎 | 庚子 |
| 12 | 六 | 十三 | 戊午 | 建 | 胃 | 火 | 坤 | 热 | 心 | 汗 | 壬子 |
| 13 | 日 | 十四 | 己未 | 除 | 昴 | 火 | 乾 | 热 | 心 | 汗 | 甲子 |
| 14 | 一 | 十五 | 庚申 | 满 | 毕 | 木 | 兑 | 风 | 肝 | 泪 | 丙子 |
| 15 | 二 | 十六 | 辛酉 | 平 | 觜 | 木 | 离 | 风 | 肝 | 泪 | 戊子 |
| 16 | 三 | 十七 | 壬戌 | 定 | 参 | 水 | 震 | 寒 | 肾 | 唾 | 庚子 |
| 17 | 四 | 十八 | 癸亥 | 执 | 井 | 水 | 巽 | 寒 | 肾 | 唾 | 壬子 |
| 18 | 五 | 十九 | 甲子 | 破 | 鬼 | 金 | 坎 | 燥 | 肺 | 涕 | 甲子 |
| 19 | 六 | 二十 | 乙丑 | 危 | 柳 | 金 | 艮 | 燥 | 肺 | 涕 | 丙子 |
| 20 | 日 | 廿一 | 丙寅 | 成 | 星 | 火 | 坤 | 热 | 心 | 汗 | 戊子 |
| 21 | 一 | 廿二 | 丁卯 | 收 | 张 | 火 | 乾 | 热 | 心 | 汗 | 庚子 |
| 22 | 二 | 廿三 | 戊辰 | 开 | 翼 | 木 | 兑 | 风 | 肝 | 泪 | 壬子 |
| 23 | 三 | 廿四 | 己巳 | 闭 | 轸 | 木 | 离 | 风 | 肝 | 泪 | 甲子 |
| 24 | 四 | 廿五 | 庚午 | 建 | 角 | 土 | 震 | 湿 | 脾 | 涎 | 丙子 |
| 25 | 五 | 廿六 | 辛未 | 除 | 亢 | 土 | 巽 | 湿 | 脾 | 涎 | 戊子 |
| 26 | 六 | 廿七 | 壬申 | 满 | 氐 | 金 | 坎 | 燥 | 肺 | 涕 | 庚子 |
| 27 | 日 | 廿八 | 癸酉 | 平 | 房 | 金 | 艮 | 燥 | 肺 | 涕 | 壬子 |
| 28 | 一 | 廿九 | 甲戌 | 定 | 心 | 火 | 坤 | 热 | 心 | 汗 | 甲子 |
| 29 | 二 | 三十 | 乙亥 | 执 | 尾 | 火 | 乾 | 热 | 心 | 汗 | 丙子 |
| 30 | 三 | **六月** | 丙子 | 破 | 箕 | 水 | 巽 | 寒 | 肾 | 唾 | 戊子 |

实用干支万年历

# 公元2049年　　　　农历己巳(蛇)年

| 7月大 | 小暑　6日 23时10分<br>大暑　22日 16时37分 |
|---|---|

农历六月(6月30日-7月29日)　月干支:辛未

| 公历 | 星期 | 农历 | 干支 | 日建 | 星宿 | 五行 | 八卦 | 五气 | 五脏 | 五汁 | 时辰 |
|---|---|---|---|---|---|---|---|---|---|---|---|
| 1 | 四 | 六月 | 丁丑 | 危 | 斗 | 水 | 坎 | 寒 | 肾 | 唾 | 庚子 |
| 2 | 五 | 初三 | 戊寅 | 成 | 牛 | 土 | 艮 | 湿 | 脾 | 涎 | 壬子 |
| 3 | 六 | 初四 | 己卯 | 收 | 女 | 土 | 坤 | 湿 | 脾 | 涎 | 甲子 |
| 4 | 日 | 初五 | 庚辰 | 开 | 虚 | 金 | 乾 | 燥 | 肺 | 涕 | 丙子 |
| 5 | 一 | 初六 | 辛巳 | 闭 | 危 | 金 | 兑 | 燥 | 肺 | 涕 | 戊子 |
| 6 | 二 | 初七 | 壬午 | 建 | 室 | 木 | 离 | 风 | 肝 | 泪 | 庚子 |
| 7 | 三 | 初八 | 癸未 | 建 | 壁 | 木 | 震 | 风 | 肝 | 泪 | 壬子 |
| 8 | 四 | 初九 | 甲申 | 除 | 奎 | 水 | 巽 | 寒 | 肾 | 唾 | 甲子 |
| 9 | 五 | 初十 | 乙酉 | 满 | 娄 | 水 | 坎 | 寒 | 肾 | 唾 | 丙子 |
| 10 | 六 | 十一 | 丙戌 | 平 | 胃 | 土 | 艮 | 湿 | 脾 | 涎 | 戊子 |
| 11 | 日 | 十二 | 丁亥 | 定 | 昴 | 土 | 坤 | 湿 | 脾 | 涎 | 庚子 |
| 12 | 一 | 十三 | 戊子 | 执 | 毕 | 火 | 乾 | 热 | 心 | 汗 | 壬子 |
| 13 | 二 | 十四 | 己丑 | 破 | 觜 | 火 | 兑 | 热 | 心 | 汗 | 甲子 |
| 14 | 三 | 十五 | 庚寅 | 危 | 参 | 木 | 离 | 风 | 肝 | 泪 | 丙子 |
| 15 | 四 | 十六 | 辛卯 | 成 | 井 | 木 | 震 | 风 | 肝 | 泪 | 戊子 |
| 16 | 五 | 十七 | 壬辰 | 收 | 鬼 | 水 | 巽 | 寒 | 肾 | 唾 | 庚子 |
| 17 | 六 | 十八 | 癸巳 | 开 | 柳 | 水 | 坎 | 寒 | 肾 | 唾 | 壬子 |
| 18 | 日 | 十九 | 甲午 | 闭 | 星 | 金 | 艮 | 燥 | 肺 | 涕 | 甲子 |
| 19 | 一 | 二十 | 乙未 | 建 | 张 | 金 | 坤 | 燥 | 肺 | 涕 | 丙子 |
| 20 | 二 | 廿一 | 丙申 | 除 | 翼 | 火 | 乾 | 热 | 心 | 汗 | 戊子 |
| 21 | 三 | 廿二 | 丁酉 | 满 | 轸 | 火 | 兑 | 热 | 心 | 汗 | 庚子 |
| 22 | 四 | 廿三 | 戊戌 | 平 | 角 | 木 | 离 | 风 | 肝 | 泪 | 壬子 |
| 23 | 五 | 廿四 | 己亥 | 定 | 亢 | 木 | 震 | 风 | 肝 | 泪 | 甲子 |
| 24 | 六 | 廿五 | 庚子 | 执 | 氐 | 土 | 巽 | 湿 | 脾 | 涎 | 丙子 |
| 25 | 日 | 廿六 | 辛丑 | 破 | 房 | 土 | 坎 | 湿 | 脾 | 涎 | 戊子 |
| 26 | 一 | 廿七 | 壬寅 | 危 | 心 | 金 | 艮 | 燥 | 肺 | 涕 | 庚子 |
| 27 | 二 | 廿八 | 癸卯 | 成 | 尾 | 金 | 坤 | 燥 | 肺 | 涕 | 壬子 |
| 28 | 三 | 廿九 | 甲辰 | 收 | 箕 | 火 | 乾 | 热 | 心 | 汗 | 甲子 |
| 29 | 四 | 三十 | 乙巳 | 开 | 斗 | 火 | 兑 | 热 | 心 | 汗 | 丙子 |
| 30 | 五 | 七月 | 丙午 | 闭 | 牛 | 水 | 离 | 寒 | 肾 | 唾 | 戊子 |
| 31 | 六 | 初二 | 丁未 | 建 | 女 | 水 | 震 | 寒 | 肾 | 唾 | 庚子 |

| 8月大 | 立秋　7日 08时58分<br>处暑　22日 23时48分 |
|---|---|

农历七月(7月30日-8月27日)　月干支:壬申

| 公历 | 星期 | 农历 | 干支 | 日建 | 星宿 | 五行 | 八卦 | 五气 | 五脏 | 五汁 | 时辰 |
|---|---|---|---|---|---|---|---|---|---|---|---|
| 1 | 日 | 七月 | 戊申 | 除 | 虚 | 土 | 坤 | 湿 | 脾 | 涎 | 壬子 |
| 2 | 一 | 初四 | 己酉 | 满 | 危 | 土 | 乾 | 湿 | 脾 | 涎 | 甲子 |
| 3 | 二 | 初五 | 庚戌 | 平 | 室 | 金 | 兑 | 燥 | 肺 | 涕 | 丙子 |
| 4 | 三 | 初六 | 辛亥 | 定 | 壁 | 金 | 离 | 燥 | 肺 | 涕 | 戊子 |
| 5 | 四 | 初七 | 壬子 | 执 | 奎 | 木 | 震 | 风 | 肝 | 泪 | 庚子 |
| 6 | 五 | 初八 | 癸丑 | 破 | 娄 | 木 | 巽 | 风 | 肝 | 泪 | 壬子 |
| 7 | 六 | 初九 | 甲寅 | 破 | 胃 | 水 | 坎 | 寒 | 肾 | 唾 | 甲子 |
| 8 | 日 | 初十 | 乙卯 | 危 | 昴 | 水 | 艮 | 寒 | 肾 | 唾 | 丙子 |
| 9 | 一 | 十一 | 丙辰 | 成 | 毕 | 土 | 坤 | 湿 | 脾 | 涎 | 戊子 |
| 10 | 二 | 十二 | 丁巳 | 收 | 觜 | 土 | 乾 | 湿 | 脾 | 涎 | 庚子 |
| 11 | 三 | 十三 | 戊午 | 开 | 参 | 火 | 兑 | 热 | 心 | 汗 | 壬子 |
| 12 | 四 | 十四 | 己未 | 闭 | 井 | 火 | 离 | 热 | 心 | 汗 | 甲子 |
| 13 | 五 | 十五 | 庚申 | 建 | 鬼 | 木 | 震 | 风 | 肝 | 泪 | 丙子 |
| 14 | 六 | 十六 | 辛酉 | 除 | 柳 | 木 | 巽 | 风 | 肝 | 泪 | 戊子 |
| 15 | 日 | 十七 | 壬戌 | 满 | 星 | 水 | 坎 | 寒 | 肾 | 唾 | 庚子 |
| 16 | 一 | 十八 | 癸亥 | 平 | 张 | 水 | 艮 | 寒 | 肾 | 唾 | 壬子 |
| 17 | 二 | 十九 | 甲子 | 定 | 翼 | 金 | 坤 | 燥 | 肺 | 涕 | 甲子 |
| 18 | 三 | 二十 | 乙丑 | 执 | 轸 | 金 | 乾 | 燥 | 肺 | 涕 | 丙子 |
| 19 | 四 | 廿一 | 丙寅 | 破 | 角 | 火 | 兑 | 热 | 心 | 汗 | 戊子 |
| 20 | 五 | 廿二 | 丁卯 | 危 | 亢 | 火 | 离 | 热 | 心 | 汗 | 庚子 |
| 21 | 六 | 廿三 | 戊辰 | 成 | 氐 | 木 | 震 | 风 | 肝 | 泪 | 壬子 |
| 22 | 日 | 廿四 | 己巳 | 收 | 房 | 木 | 巽 | 风 | 肝 | 泪 | 甲子 |
| 23 | 一 | 廿五 | 庚午 | 开 | 心 | 土 | 坎 | 湿 | 脾 | 涎 | 丙子 |
| 24 | 二 | 廿六 | 辛未 | 闭 | 尾 | 土 | 艮 | 湿 | 脾 | 涎 | 戊子 |
| 25 | 三 | 廿七 | 壬申 | 建 | 箕 | 金 | 坤 | 燥 | 肺 | 涕 | 庚子 |
| 26 | 四 | 廿八 | 癸酉 | 除 | 斗 | 金 | 乾 | 燥 | 肺 | 涕 | 壬子 |
| 27 | 五 | 廿九 | 甲戌 | 满 | 牛 | 火 | 兑 | 热 | 心 | 汗 | 甲子 |
| 28 | 六 | 八月 | 乙亥 | 平 | 女 | 火 | 离 | 热 | 心 | 汗 | 丙子 |
| 29 | 日 | 初二 | 丙子 | 定 | 虚 | 水 | 震 | 寒 | 肾 | 唾 | 戊子 |
| 30 | 一 | 初三 | 丁丑 | 执 | 危 | 水 | 巽 | 寒 | 肾 | 唾 | 庚子 |
| 31 | 二 | 初四 | 戊寅 | 破 | 室 | 土 | 坎 | 湿 | 脾 | 延 | 壬子 |

## 公元2049年　　　　农历己巳(蛇)年

### 9月小　白露　7日12时06分　秋分　22日21时44分

农历八月(8月28日-9月26日)　月干支:癸酉

| 公历 | 星期 | 农历 | 干支 | 日建 | 星宿 | 五行 | 八卦 | 五气 | 五脏 | 五汁 | 时辰 |
|---|---|---|---|---|---|---|---|---|---|---|---|
| 1 | 三 | 八月 | 己卯 | 危 | 壁 | 土 | 离 | 湿 | 脾 | 涎 | 甲子 |
| 2 | 四 | 初六 | 庚辰 | 成 | 奎 | 金 | 震 | 燥 | 肺 | 涕 | 丙子 |
| 3 | 五 | 初七 | 辛巳 | 收 | 娄 | 金 | 巽 | 燥 | 肺 | 涕 | 戊子 |
| 4 | 六 | 初八 | 壬午 | 开 | 胃 | 木 | 坎 | 风 | 肝 | 泪 | 庚子 |
| 5 | 日 | 初九 | 癸未 | 闭 | 昴 | 木 | 艮 | 风 | 肝 | 泪 | 壬子 |
| 6 | 一 | 初十 | 甲申 | 建 | 毕 | 水 | 坤 | 寒 | 肾 | 唾 | 甲子 |
| 7 | 二 | 十一 | 乙酉 | 建 | 觜 | 水 | 乾 | 寒 | 肾 | 唾 | 丙子 |
| 8 | 三 | 十二 | 丙戌 | 除 | 参 | 土 | 兑 | 湿 | 脾 | 涎 | 戊子 |
| 9 | 四 | 十三 | 丁亥 | 满 | 井 | 土 | 离 | 湿 | 脾 | 涎 | 庚子 |
| 10 | 五 | 十四 | 戊子 | 平 | 鬼 | 火 | 震 | 热 | 心 | 汗 | 壬子 |
| 11 | 六 | 十五 | 己丑 | 定 | 柳 | 火 | 巽 | 热 | 心 | 汗 | 甲子 |
| 12 | 日 | 十六 | 庚寅 | 执 | 星 | 木 | 坎 | 风 | 肝 | 泪 | 丙子 |
| 13 | 一 | 十七 | 辛卯 | 破 | 张 | 木 | 艮 | 风 | 肝 | 泪 | 戊子 |
| 14 | 二 | 十八 | 壬辰 | 危 | 翼 | 水 | 坤 | 寒 | 肾 | 唾 | 庚子 |
| 15 | 三 | 十九 | 癸巳 | 成 | 轸 | 水 | 乾 | 寒 | 肾 | 唾 | 壬子 |
| 16 | 四 | 二十 | 甲午 | 收 | 角 | 金 | 兑 | 燥 | 肺 | 涕 | 甲子 |
| 17 | 五 | 廿一 | 乙未 | 开 | 亢 | 金 | 离 | 燥 | 肺 | 涕 | 丙子 |
| 18 | 六 | 廿二 | 丙申 | 闭 | 氐 | 火 | 震 | 热 | 心 | 汗 | 戊子 |
| 19 | 日 | 廿三 | 丁酉 | 建 | 房 | 火 | 巽 | 热 | 心 | 汗 | 庚子 |
| 20 | 一 | 廿四 | 戊戌 | 除 | 心 | 木 | 坎 | 风 | 肝 | 泪 | 壬子 |
| 21 | 二 | 廿五 | 己亥 | 满 | 尾 | 木 | 艮 | 风 | 肝 | 泪 | 甲子 |
| 22 | 三 | 廿六 | 庚子 | 平 | 箕 | 土 | 坤 | 湿 | 脾 | 涎 | 丙子 |
| 23 | 四 | 廿七 | 辛丑 | 定 | 斗 | 土 | 乾 | 湿 | 脾 | 涎 | 戊子 |
| 24 | 五 | 廿八 | 壬寅 | 执 | 牛 | 金 | 兑 | 燥 | 肺 | 涕 | 庚子 |
| 25 | 六 | 廿九 | 癸卯 | 破 | 女 | 金 | 离 | 燥 | 肺 | 涕 | 壬子 |
| 26 | 日 | 三十 | 甲辰 | 危 | 虚 | 火 | 震 | 热 | 心 | 汗 | 甲子 |
| 27 | 一 | 九月 | 乙巳 | 成 | 危 | 火 | 坤 | 热 | 心 | 汗 | 丙子 |
| 28 | 二 | 初二 | 丙午 | 收 | 室 | 水 | 乾 | 寒 | 肾 | 唾 | 戊子 |
| 29 | 三 | 初三 | 丁未 | 开 | 壁 | 水 | 兑 | 寒 | 肾 | 唾 | 庚子 |
| 30 | 四 | 初四 | 戊申 | 闭 | 奎 | 土 | 离 | 湿 | 脾 | 涎 | 壬子 |
| 31 | | | | | | | | | | | |

### 10月大　寒露　8日04时06分　霜降　23日07时26分

农历九月(9月27日-10月26日)　月干支:甲戌

| 公历 | 星期 | 农历 | 干支 | 日建 | 星宿 | 五行 | 八卦 | 五气 | 五脏 | 五汁 | 时辰 |
|---|---|---|---|---|---|---|---|---|---|---|---|
| 1 | 五 | 九月 | 己酉 | 建 | 娄 | 土 | 震 | 湿 | 脾 | 涎 | 甲子 |
| 2 | 六 | 初六 | 庚戌 | 除 | 胃 | 金 | 巽 | 燥 | 肺 | 涕 | 丙子 |
| 3 | 日 | 初七 | 辛亥 | 满 | 昴 | 金 | 坎 | 燥 | 肺 | 涕 | 戊子 |
| 4 | 一 | 初八 | 壬子 | 平 | 毕 | 木 | 艮 | 风 | 肝 | 泪 | 庚子 |
| 5 | 二 | 初九 | 癸丑 | 定 | 觜 | 木 | 坤 | 风 | 肝 | 泪 | 壬子 |
| 6 | 三 | 初十 | 甲寅 | 执 | 参 | 水 | 乾 | 寒 | 肾 | 唾 | 甲子 |
| 7 | 四 | 十一 | 乙卯 | 破 | 井 | 水 | 兑 | 寒 | 肾 | 唾 | 丙子 |
| 8 | 五 | 十二 | 丙辰 | 破 | 鬼 | 土 | 离 | 湿 | 脾 | 涎 | 戊子 |
| 9 | 六 | 十三 | 丁巳 | 危 | 柳 | 土 | 震 | 湿 | 脾 | 涎 | 庚子 |
| 10 | 日 | 十四 | 戊午 | 成 | 星 | 火 | 巽 | 热 | 心 | 汗 | 壬子 |
| 11 | 一 | 十五 | 己未 | 收 | 张 | 火 | 坎 | 热 | 心 | 汗 | 甲子 |
| 12 | 二 | 十六 | 庚申 | 开 | 翼 | 木 | 艮 | 风 | 肝 | 泪 | 丙子 |
| 13 | 三 | 十七 | 辛酉 | 闭 | 轸 | 木 | 坤 | 风 | 肝 | 泪 | 戊子 |
| 14 | 四 | 十八 | 壬戌 | 建 | 角 | 水 | 乾 | 寒 | 肾 | 唾 | 庚子 |
| 15 | 五 | 十九 | 癸亥 | 除 | 亢 | 水 | 兑 | 寒 | 肾 | 唾 | 壬子 |
| 16 | 六 | 二十 | 甲子 | 满 | 氐 | 金 | 离 | 燥 | 肺 | 涕 | 甲子 |
| 17 | 日 | 廿一 | 乙丑 | 平 | 房 | 金 | 震 | 燥 | 肺 | 涕 | 丙子 |
| 18 | 一 | 廿二 | 丙寅 | 定 | 心 | 火 | 巽 | 热 | 心 | 汗 | 戊子 |
| 19 | 二 | 廿三 | 丁卯 | 执 | 尾 | 火 | 坎 | 热 | 心 | 汗 | 庚子 |
| 20 | 三 | 廿四 | 戊辰 | 破 | 箕 | 木 | 艮 | 风 | 肝 | 泪 | 壬子 |
| 21 | 四 | 廿五 | 己巳 | 危 | 斗 | 木 | 坤 | 风 | 肝 | 泪 | 甲子 |
| 22 | 五 | 廿六 | 庚午 | 成 | 牛 | 土 | 乾 | 湿 | 脾 | 涎 | 丙子 |
| 23 | 六 | 廿七 | 辛未 | 收 | 女 | 土 | 兑 | 湿 | 脾 | 涎 | 戊子 |
| 24 | 日 | 廿八 | 壬申 | 开 | 虚 | 金 | 离 | 燥 | 肺 | 涕 | 庚子 |
| 25 | 一 | 廿九 | 癸酉 | 闭 | 危 | 金 | 震 | 燥 | 肺 | 涕 | 壬子 |
| 26 | 二 | 三十 | 甲戌 | 建 | 室 | 火 | 巽 | 热 | 心 | 汗 | 甲子 |
| 27 | 三 | 十月 | 乙亥 | 除 | 壁 | 火 | 乾 | 热 | 心 | 汗 | 丙子 |
| 28 | 四 | 初二 | 丙子 | 满 | 奎 | 水 | 兑 | 寒 | 肾 | 唾 | 戊子 |
| 29 | 五 | 初三 | 丁丑 | 平 | 娄 | 水 | 离 | 寒 | 肾 | 唾 | 庚子 |
| 30 | 六 | 初四 | 戊寅 | 定 | 胃 | 土 | 震 | 湿 | 脾 | 涎 | 壬子 |
| 31 | 日 | 初五 | 己卯 | 执 | 昴 | 土 | 巽 | 湿 | 脾 | 涎 | 甲子 |

实用干支万年历

# 公元2049年　　农历己巳(蛇)年

## 11月小　立冬 7日07时39分　小雪 22日05时20分

农历十月(10月27日-11月24日)　月干支:乙亥

| 公历 | 星期 | 农历 | 干支 | 日建 | 星宿 | 五行 | 八卦 | 五气 | 五脏 | 五汁 | 时辰 |
|---|---|---|---|---|---|---|---|---|---|---|---|
| 1 | 一 | 十月 | 庚辰 | 破 | 毕 | 金 | 坎 | 燥 | 肺 | 涕 | 丙子 |
| 2 | 二 | 初七 | 辛巳 | 危 | 觜 | 金 | 艮 | 燥 | 肺 | 涕 | 戊子 |
| 3 | 三 | 初八 | 壬午 | 成 | 参 | 木 | 坤 | 风 | 肝 | 泪 | 庚子 |
| 4 | 四 | 初九 | 癸未 | 收 | 井 | 木 | 乾 | 风 | 肝 | 泪 | 壬子 |
| 5 | 五 | 初十 | 甲申 | 开 | 鬼 | 水 | 兑 | 寒 | 肾 | 唾 | 甲子 |
| 6 | 六 | 十一 | 乙酉 | 闭 | 柳 | 水 | 离 | 寒 | 肾 | 唾 | 丙子 |
| 7 | 日 | 十二 | 丙戌 | 闭 | 星 | 土 | 震 | 湿 | 脾 | 涎 | 戊子 |
| 8 | 一 | 十三 | 丁亥 | 建 | 张 | 土 | 巽 | 湿 | 脾 | 涎 | 庚子 |
| 9 | 二 | 十四 | 戊子 | 除 | 翼 | 火 | 坎 | 热 | 心 | 汗 | 壬子 |
| 10 | 三 | 十五 | 己丑 | 满 | 轸 | 火 | 艮 | 热 | 心 | 汗 | 甲子 |
| 11 | 四 | 十六 | 庚寅 | 平 | 角 | 木 | 坤 | 风 | 肝 | 泪 | 丙子 |
| 12 | 五 | 十七 | 辛卯 | 定 | 亢 | 木 | 乾 | 风 | 肝 | 泪 | 戊子 |
| 13 | 六 | 十八 | 壬辰 | 执 | 氐 | 水 | 兑 | 寒 | 肾 | 唾 | 庚子 |
| 14 | 日 | 十九 | 癸巳 | 破 | 房 | 水 | 离 | 寒 | 肾 | 唾 | 壬子 |
| 15 | 一 | 二十 | 甲午 | 危 | 心 | 金 | 震 | 燥 | 肺 | 涕 | 甲子 |
| 16 | 二 | 廿一 | 乙未 | 成 | 尾 | 金 | 巽 | 燥 | 肺 | 涕 | 丙子 |
| 17 | 三 | 廿二 | 丙申 | 收 | 箕 | 火 | 坎 | 热 | 心 | 汗 | 戊子 |
| 18 | 四 | 廿三 | 丁酉 | 开 | 斗 | 火 | 艮 | 热 | 心 | 汗 | 庚子 |
| 19 | 五 | 廿四 | 戊戌 | 闭 | 牛 | 木 | 坤 | 风 | 肝 | 泪 | 壬子 |
| 20 | 六 | 廿五 | 己亥 | 建 | 女 | 木 | 乾 | 风 | 肝 | 泪 | 甲子 |
| 21 | 日 | 廿六 | 庚子 | 除 | 虚 | 土 | 兑 | 湿 | 脾 | 涎 | 丙子 |
| 22 | 一 | 廿七 | 辛丑 | 满 | 危 | 土 | 离 | 湿 | 脾 | 涎 | 戊子 |
| 23 | 二 | 廿八 | 壬寅 | 平 | 室 | 金 | 震 | 燥 | 肺 | 涕 | 庚子 |
| 24 | 三 | 廿九 | 癸卯 | 定 | 壁 | 金 | 巽 | 燥 | 肺 | 涕 | 壬子 |
| 25 | 四 | 冬月 | 甲辰 | 执 | 奎 | 火 | 坎 | 热 | 心 | 汗 | 甲子 |
| 26 | 五 | 初二 | 乙巳 | 破 | 娄 | 火 | 离 | 热 | 心 | 汗 | 丙子 |
| 27 | 六 | 初三 | 丙午 | 危 | 胃 | 水 | 震 | 寒 | 肾 | 唾 | 戊子 |
| 28 | 日 | 初四 | 丁未 | 成 | 昴 | 水 | 巽 | 寒 | 肾 | 唾 | 庚子 |
| 29 | 一 | 初五 | 戊申 | 收 | 毕 | 土 | 坎 | 湿 | 脾 | 涎 | 壬子 |
| 30 | 二 | 初六 | 己酉 | 开 | 觜 | 土 | 艮 | 湿 | 脾 | 涎 | 甲子 |
| 31 |  |  |  |  |  |  |  |  |  |  |  |

## 12月大　大雪 7日00时48分　冬至 21日18时53分

农历冬月(11月25日-12月24日)　月干支:丙子

| 公历 | 星期 | 农历 | 干支 | 日建 | 星宿 | 五行 | 八卦 | 五气 | 五脏 | 五汁 | 时辰 |
|---|---|---|---|---|---|---|---|---|---|---|---|
| 1 | 三 | 冬月 | 庚戌 | 闭 | 参 | 金 | 坤 | 燥 | 肺 | 涕 | 丙子 |
| 2 | 四 | 初八 | 辛亥 | 建 | 井 | 金 | 乾 | 燥 | 肺 | 涕 | 戊子 |
| 3 | 五 | 初九 | 壬子 | 除 | 鬼 | 木 | 兑 | 风 | 肝 | 泪 | 庚子 |
| 4 | 六 | 初十 | 癸丑 | 满 | 柳 | 木 | 离 | 风 | 肝 | 泪 | 壬子 |
| 5 | 日 | 十一 | 甲寅 | 平 | 星 | 水 | 震 | 寒 | 肾 | 唾 | 甲子 |
| 6 | 一 | 十二 | 乙卯 | 定 | 张 | 水 | 巽 | 寒 | 肾 | 唾 | 丙子 |
| 7 | 二 | 十三 | 丙辰 | 定 | 翼 | 土 | 坎 | 湿 | 脾 | 涎 | 戊子 |
| 8 | 三 | 十四 | 丁巳 | 执 | 轸 | 土 | 艮 | 湿 | 脾 | 涎 | 庚子 |
| 9 | 四 | 十五 | 戊午 | 破 | 角 | 火 | 坤 | 热 | 心 | 汗 | 壬子 |
| 10 | 五 | 十六 | 己未 | 危 | 亢 | 火 | 乾 | 热 | 心 | 汗 | 甲子 |
| 11 | 六 | 十七 | 庚申 | 成 | 氐 | 木 | 兑 | 风 | 肝 | 泪 | 丙子 |
| 12 | 日 | 十八 | 辛酉 | 收 | 房 | 木 | 离 | 风 | 肝 | 泪 | 戊子 |
| 13 | 一 | 十九 | 壬戌 | 开 | 心 | 水 | 震 | 寒 | 肾 | 唾 | 庚子 |
| 14 | 二 | 二十 | 癸亥 | 闭 | 尾 | 水 | 巽 | 寒 | 肾 | 唾 | 壬子 |
| 15 | 三 | 廿一 | 甲子 | 建 | 箕 | 金 | 坎 | 燥 | 肺 | 涕 | 甲子 |
| 16 | 四 | 廿二 | 乙丑 | 除 | 斗 | 金 | 艮 | 燥 | 肺 | 涕 | 丙子 |
| 17 | 五 | 廿三 | 丙寅 | 满 | 牛 | 火 | 坤 | 热 | 心 | 汗 | 戊子 |
| 18 | 六 | 廿四 | 丁卯 | 平 | 女 | 火 | 乾 | 热 | 心 | 汗 | 庚子 |
| 19 | 日 | 廿五 | 戊辰 | 定 | 虚 | 木 | 兑 | 风 | 肝 | 泪 | 壬子 |
| 20 | 一 | 廿六 | 己巳 | 执 | 危 | 木 | 离 | 风 | 肝 | 泪 | 甲子 |
| 21 | 二 | 廿七 | 庚午 | 破 | 室 | 土 | 震 | 湿 | 脾 | 涎 | 丙子 |
| 22 | 三 | 廿八 | 辛未 | 危 | 壁 | 土 | 巽 | 湿 | 脾 | 涎 | 戊子 |
| 23 | 四 | 廿九 | 壬申 | 成 | 奎 | 金 | 坎 | 燥 | 肺 | 涕 | 庚子 |
| 24 | 五 | 三十 | 癸酉 | 收 | 娄 | 金 | 艮 | 燥 | 肺 | 涕 | 壬子 |
| 25 | 六 | 腊月 | 甲戌 | 开 | 胃 | 火 | 坤 | 热 | 心 | 汗 | 甲子 |
| 26 | 日 | 初二 | 乙亥 | 闭 | 昴 | 火 | 乾 | 热 | 心 | 汗 | 丙子 |
| 27 | 一 | 初三 | 丙子 | 建 | 毕 | 水 | 兑 | 寒 | 肾 | 唾 | 戊子 |
| 28 | 二 | 初四 | 丁丑 | 除 | 觜 | 水 | 离 | 寒 | 肾 | 唾 | 庚子 |
| 29 | 三 | 初五 | 戊寅 | 满 | 参 | 土 | 震 | 湿 | 脾 | 涎 | 壬子 |
| 30 | 四 | 初六 | 己卯 | 平 | 井 | 土 | 巽 | 湿 | 脾 | 涎 | 甲子 |
| 31 | 五 | 初七 | 庚辰 | 定 | 鬼 | 金 | 坎 | 燥 | 肺 | 涕 | 丙子 |

# 公元2050年　农历庚午(马)年(闰三月)

## 1月大

小寒　5日12时09分
大寒　20日05时35分

农历腊月(12月25日–1月22日)　月干支:丁丑

| 公历 | 星期 | 农历 | 干支 | 日建 | 星宿 | 五行 | 八卦 | 五气 | 五脏 | 五汁 | 时辰 |
|---|---|---|---|---|---|---|---|---|---|---|---|
| 1 | 六 | 腊月 | 辛巳 | 执 | 柳星 | 金 | 兑 | 燥 | 肺 | 涕 | 戊子 |
| 2 | 日 | 初九 | 壬午 | 破 | 星张 | 木 | 离 | 风 | 肝 | 泪 | 庚子 |
| 3 | 一 | 初十 | 癸未 | 危 | 张翼 | 木 | 震 | 风 | 肝 | 泪 | 壬子 |
| 4 | 二 | 十一 | 甲申 | 成 | 翼轸 | 水 | 巽 | 寒 | 肾 | 唾 | 甲子 |
| 5 | 三 | 十二 | 乙酉 | 成 | 轸 | 水 | 坎 | 寒 | 肾 | 唾 | 丙子 |
| 6 | 四 | 十三 | 丙戌 | 收 | 角 | 土 | 艮 | 湿 | 脾 | 涎 | 戊子 |
| 7 | 五 | 十四 | 丁亥 | 开 | 亢氐 | 土 | 坤 | 湿 | 脾 | 涎 | 庚子 |
| 8 | 六 | 十五 | 戊子 | 闭 | 氐房 | 火 | 乾 | 热 | 心 | 汗 | 壬子 |
| 9 | 日 | 十六 | 己丑 | 建 | 房心 | 火 | 兑 | 热 | 心 | 汗 | 甲子 |
| 10 | 一 | 十七 | 庚寅 | 除 | 心 | 木 | 离 | 风 | 肝 | 泪 | 丙子 |
| 11 | 二 | 十八 | 辛卯 | 满 | 尾箕 | 木 | 震 | 风 | 肝 | 泪 | 戊子 |
| 12 | 三 | 十九 | 壬辰 | 平 | 箕斗 | 水 | 巽 | 寒 | 肾 | 唾 | 庚子 |
| 13 | 四 | 二十 | 癸巳 | 定 | 斗牛 | 水 | 坎 | 寒 | 肾 | 唾 | 壬子 |
| 14 | 五 | 廿一 | 甲午 | 执 | 牛女 | 金 | 艮 | 燥 | 肺 | 涕 | 甲子 |
| 15 | 六 | 廿二 | 乙未 | 破 | 女 | 金 | 坤 | 燥 | 肺 | 涕 | 丙子 |
| 16 | 日 | 廿三 | 丙申 | 危 | 虚 | 火 | 乾 | 热 | 心 | 汗 | 戊子 |
| 17 | 一 | 廿四 | 丁酉 | 成 | 虚危 | 火 | 兑 | 热 | 心 | 汗 | 庚子 |
| 18 | 二 | 廿五 | 戊戌 | 收 | 危室 | 木 | 离 | 风 | 肝 | 泪 | 壬子 |
| 19 | 三 | 廿六 | 己亥 | 开 | 室壁 | 木 | 震 | 风 | 肝 | 泪 | 甲子 |
| 20 | 四 | 廿七 | 庚子 | 闭 | 壁奎 | 土 | 巽 | 湿 | 脾 | 涎 | 丙子 |
| 21 | 五 | 廿八 | 辛丑 | 建 | 娄 | 土 | 坎 | 湿 | 脾 | 涎 | 戊子 |
| 22 | 六 | 廿九 | 壬寅 | 除 | 胃昴 | 金 | 艮 | 燥 | 肺 | 涕 | 庚子 |
| 23 | 日 | 正月 | 癸卯 | 满 | 昴毕 | 金 | 坤 | 燥 | 肺 | 涕 | 壬子 |
| 24 | 一 | 初二 | 甲辰 | 平 | 毕 | 火 | 乾 | 热 | 心 | 汗 | 甲子 |
| 25 | 二 | 初三 | 乙巳 | 定 | 觜 | 火 | 兑 | 热 | 心 | 汗 | 丙子 |
| 26 | 三 | 初四 | 丙午 | 执 | 参井 | 水 | 震 | 寒 | 肾 | 唾 | 戊子 |
| 27 | 四 | 初五 | 丁未 | 破 | 井鬼 | 水 | 巽 | 寒 | 肾 | 唾 | 庚子 |
| 28 | 五 | 初六 | 戊申 | 危 | 鬼柳 | 土 | 坎 | 湿 | 脾 | 涎 | 壬子 |
| 29 | 六 | 初七 | 己酉 | 成 | 柳星 | 土 | 艮 | 湿 | 脾 | 涎 | 甲子 |
| 30 | 日 | 初八 | 庚戌 | 收 | 星 | 金 | 坤 | 燥 | 肺 | 涕 | 丙子 |
| 31 | 一 | 初九 | 辛亥 | 开 | 张 | 金 | 乾 | 燥 | 肺 | 涕 | 戊子 |

## 2月平

立春　3日23时45分
雨水　18日19时36分

农历正月(1月23日–2月20日)　月干支:戊寅

| 公历 | 星期 | 农历 | 干支 | 日建 | 星宿 | 五行 | 八卦 | 五气 | 五脏 | 五汁 | 时辰 |
|---|---|---|---|---|---|---|---|---|---|---|---|
| 1 | 二 | 正月 | 壬子 | 闭 | 翼 | 木 | 兑 | 风 | 肝 | 泪 | 庚子 |
| 2 | 三 | 十一 | 癸丑 | 建 | 翼轸 | 木 | 离 | 风 | 肝 | 泪 | 壬子 |
| 3 | 四 | 十二 | 甲寅 | 建 | 角亢 | 水 | 震 | 寒 | 肾 | 唾 | 甲子 |
| 4 | 五 | 十三 | 乙卯 | 除 | 亢氐 | 水 | 巽 | 寒 | 肾 | 唾 | 丙子 |
| 5 | 六 | 十四 | 丙辰 | 满 | 氐 | 土 | 坎 | 湿 | 脾 | 涎 | 戊子 |
| 6 | 日 | 十五 | 丁巳 | 平 | 房心 | 火 | 艮 | 热 | 心 | 汗 | 庚子 |
| 7 | 一 | 十六 | 戊午 | 定 | 心尾 | 火 | 坤 | 热 | 心 | 汗 | 壬子 |
| 8 | 二 | 十七 | 己未 | 执 | 尾箕 | 木 | 乾 | 风 | 肝 | 泪 | 甲子 |
| 9 | 三 | 十八 | 庚申 | 破 | 箕斗 | 木 | 兑 | 风 | 肝 | 泪 | 丙子 |
| 10 | 四 | 十九 | 辛酉 | 危 | 斗 | 金 | 离 | 燥 | 肺 | 涕 | 戊子 |
| 11 | 五 | 二十 | 壬戌 | 成 | 牛女 | 水 | 震 | 寒 | 肾 | 唾 | 庚子 |
| 12 | 六 | 廿一 | 癸亥 | 收 | 女虚 | 水 | 巽 | 寒 | 肾 | 唾 | 壬子 |
| 13 | 日 | 廿二 | 甲子 | 开 | 虚危 | 金 | 坎 | 燥 | 肺 | 涕 | 甲子 |
| 14 | 一 | 廿三 | 乙丑 | 闭 | 危室 | 金 | 艮 | 燥 | 肺 | 涕 | 丙子 |
| 15 | 二 | 廿四 | 丙寅 | 建 | 室 | 火 | 坤 | 热 | 心 | 汗 | 戊子 |
| 16 | 三 | 廿五 | 丁卯 | 除 | 壁奎 | 火 | 乾 | 热 | 心 | 汗 | 庚子 |
| 17 | 四 | 廿六 | 戊辰 | 满 | 奎娄 | 木 | 兑 | 风 | 肝 | 泪 | 壬子 |
| 18 | 五 | 廿七 | 己巳 | 平 | 娄胃 | 木 | 离 | 风 | 肝 | 泪 | 甲子 |
| 19 | 六 | 廿八 | 庚午 | 定 | 胃昴 | 土 | 震 | 湿 | 脾 | 涎 | 丙子 |
| 20 | 日 | 廿九 | 辛未 | 执 | 昴 | 土 | 巽 | 湿 | 脾 | 涎 | 戊子 |
| 21 | 一 | 二月 | 壬申 | 破 | 毕觜 | 金 | 坎 | 燥 | 肺 | 涕 | 庚子 |
| 22 | 二 | 初二 | 癸酉 | 危 | 参井 | 金 | 艮 | 燥 | 肺 | 涕 | 壬子 |
| 23 | 三 | 初三 | 甲戌 | 成 | 井 | 火 | 坤 | 热 | 心 | 汗 | 甲子 |
| 24 | 四 | 初四 | 乙亥 | 收 | 鬼 | 水 | 乾 | 寒 | 肾 | 唾 | 丙子 |
| 25 | 五 | 初五 | 丙子 | 开 | 柳星 | 水 | 坎 | 寒 | 肾 | 唾 | 戊子 |
| 26 | 六 | 初六 | 丁丑 | 闭 | 柳星 | 土 | 艮 | 湿 | 脾 | 涎 | 庚子 |
| 27 | 日 | 初七 | 戊寅 | 建 | 星张 | 土 | 坤 | 湿 | 脾 | 涎 | 壬子 |
| 28 | 一 | 初八 | 己卯 | 除 | 张 | 土 | 乾 | 湿 | 脾 | 涎 | 甲子 |
| 29 | | | | | | | | | | | |
| 30 | | | | | | | | | | | |
| 31 | | | | | | | | | | | |

# 公元 2050 年　　农历庚午(马)年(闰三月)

## 3月大

惊蛰　5 日 17 时 34 分
春分　20 日 18 时 21 分

农历二月(2月21日-3月22日)　月干支:己卯

| 公历 | 星期 | 农历 | 干支 | 日建 | 星宿 | 五行 | 八卦 | 五气 | 五脏 | 五汁 | 时辰 |
|---|---|---|---|---|---|---|---|---|---|---|---|
| 1 | 二 | 二月 | 庚辰 | 满 | 翼 | 金 | 兑 | 燥 | 肺 | 涕 | 丙子 |
| 2 | 三 | 初十 | 辛巳 | 平 | 轸 | 金 | 震 | 燥 | 肺 | 涕 | 戊子 |
| 3 | 四 | 十一 | 壬午 | 定 | 角 | 木 | 巽 | 风 | 肝 | 泪 | 庚子 |
| 4 | 五 | 十二 | 癸未 | 执 | 亢 | 木 | 坎 | 风 | 肝 | 泪 | 壬子 |
| 5 | 六 | 十三 | 甲申 | 执 | 氐 | 水 | 艮 | 寒 | 肾 | 唾 | 甲子 |
| 6 | 日 | 十四 | 乙酉 | 破 | 房 | 水 | 坤 | 寒 | 肾 | 唾 | 丙子 |
| 7 | 一 | 十五 | 丙戌 | 危 | 心 | 土 | 乾 | 湿 | 脾 | 涎 | 戊子 |
| 8 | 二 | 十六 | 丁亥 | 成 | 尾 | 土 | 兑 | 湿 | 脾 | 涎 | 庚子 |
| 9 | 三 | 十七 | 戊子 | 收 | 箕 | 火 | 离 | 热 | 心 | 汗 | 壬子 |
| 10 | 四 | 十八 | 己丑 | 开 | 斗 | 火 | 震 | 热 | 心 | 汗 | 甲子 |
| 11 | 五 | 十九 | 庚寅 | 闭 | 牛 | 木 | 巽 | 风 | 肝 | 泪 | 丙子 |
| 12 | 六 | 二十 | 辛卯 | 建 | 女 | 木 | 坎 | 风 | 肝 | 泪 | 戊子 |
| 13 | 日 | 廿一 | 壬辰 | 除 | 虚 | 水 | 艮 | 寒 | 肾 | 唾 | 庚子 |
| 14 | 一 | 廿二 | 癸巳 | 满 | 危 | 水 | 坤 | 寒 | 肾 | 唾 | 壬子 |
| 15 | 二 | 廿三 | 甲午 | 平 | 室 | 金 | 乾 | 燥 | 肺 | 涕 | 甲子 |
| 16 | 三 | 廿四 | 乙未 | 定 | 壁 | 金 | 乾 | 燥 | 肺 | 涕 | 丙子 |
| 17 | 四 | 廿五 | 丙申 | 执 | 奎 | 火 | 兑 | 热 | 心 | 汗 | 戊子 |
| 18 | 五 | 廿六 | 丁酉 | 破 | 娄 | 火 | 离 | 热 | 心 | 汗 | 庚子 |
| 19 | 六 | 廿七 | 戊戌 | 危 | 胃 | 木 | 震 | 风 | 肝 | 泪 | 壬子 |
| 20 | 日 | 廿八 | 己亥 | 成 | 昴 | 木 | 巽 | 风 | 肝 | 泪 | 甲子 |
| 21 | 一 | 廿九 | 庚子 | 收 | 毕 | 土 | 坎 | 湿 | 脾 | 涎 | 丙子 |
| 22 | 二 | 三十 | 辛丑 | 开 | 觜 | 土 | 艮 | 湿 | 脾 | 涎 | 戊子 |
| 23 | 三 | 三月 | 壬寅 | 闭 | 参 | 金 | 坤 | 燥 | 肺 | 涕 | 庚子 |
| 24 | 四 | 初二 | 癸卯 | 建 | 井 | 金 | 乾 | 燥 | 肺 | 涕 | 壬子 |
| 25 | 五 | 初三 | 甲辰 | 除 | 鬼 | 火 | 兑 | 热 | 心 | 汗 | 甲子 |
| 26 | 六 | 初四 | 乙巳 | 满 | 柳 | 火 | 离 | 热 | 心 | 汗 | 丙子 |
| 27 | 日 | 初五 | 丙午 | 平 | 星 | 水 | 震 | 寒 | 肾 | 唾 | 戊子 |
| 28 | 一 | 初六 | 丁未 | 定 | 张 | 水 | 巽 | 寒 | 肾 | 唾 | 庚子 |
| 29 | 二 | 初七 | 戊申 | 执 | 翼 | 土 | 坎 | 湿 | 脾 | 涎 | 壬子 |
| 30 | 三 | 初八 | 己酉 | 破 | 轸 | 土 | 艮 | 湿 | 脾 | 涎 | 甲子 |
| 31 | 四 | 初九 | 庚戌 | 危 | 角 | 金 | 坤 | 燥 | 肺 | 涕 | 丙子 |

## 4月小

清明　4 日 22 时 05 分
谷雨　20 日 05 时 03 分

农历三月(3月23日-4月20日)　月干支:庚辰

| 公历 | 星期 | 农历 | 干支 | 日建 | 星宿 | 五行 | 八卦 | 五气 | 五脏 | 五汁 | 时辰 |
|---|---|---|---|---|---|---|---|---|---|---|---|
| 1 | 五 | 三月 | 辛亥 | 成 | 亢 | 金 | 震 | 燥 | 肺 | 涕 | 戊子 |
| 2 | 六 | 十一 | 壬子 | 收 | 氐 | 木 | 巽 | 风 | 肝 | 泪 | 庚子 |
| 3 | 日 | 十二 | 癸丑 | 开 | 房 | 木 | 坎 | 风 | 肝 | 泪 | 壬子 |
| 4 | 一 | 十三 | 甲寅 | 开 | 心 | 水 | 艮 | 寒 | 肾 | 唾 | 甲子 |
| 5 | 二 | 十四 | 乙卯 | 闭 | 尾 | 水 | 坤 | 寒 | 肾 | 唾 | 丙子 |
| 6 | 三 | 十五 | 丙辰 | 建 | 箕 | 土 | 乾 | 湿 | 脾 | 涎 | 戊子 |
| 7 | 四 | 十六 | 丁巳 | 除 | 斗 | 土 | 兑 | 湿 | 脾 | 涎 | 庚子 |
| 8 | 五 | 十七 | 戊午 | 满 | 牛 | 火 | 离 | 热 | 心 | 汗 | 壬子 |
| 9 | 六 | 十八 | 己未 | 平 | 女 | 火 | 震 | 热 | 心 | 汗 | 甲子 |
| 10 | 日 | 十九 | 庚申 | 定 | 虚 | 木 | 巽 | 风 | 肝 | 泪 | 丙子 |
| 11 | 一 | 二十 | 辛酉 | 执 | 危 | 木 | 坎 | 风 | 肝 | 泪 | 戊子 |
| 12 | 二 | 廿一 | 壬戌 | 破 | 室 | 水 | 艮 | 寒 | 肾 | 唾 | 庚子 |
| 13 | 三 | 廿二 | 癸亥 | 危 | 壁 | 水 | 乾 | 寒 | 肾 | 唾 | 壬子 |
| 14 | 四 | 廿三 | 甲子 | 成 | 奎 | 金 | 兑 | 燥 | 肺 | 涕 | 甲子 |
| 15 | 五 | 廿四 | 乙丑 | 收 | 娄 | 金 | 兑 | 燥 | 肺 | 涕 | 丙子 |
| 16 | 六 | 廿五 | 丙寅 | 开 | 胃 | 火 | 离 | 热 | 心 | 汗 | 戊子 |
| 17 | 日 | 廿六 | 丁卯 | 闭 | 昴 | 火 | 震 | 热 | 心 | 汗 | 庚子 |
| 18 | 一 | 廿七 | 戊辰 | 建 | 毕 | 木 | 巽 | 风 | 肝 | 泪 | 壬子 |
| 19 | 二 | 廿八 | 己巳 | 除 | 觜 | 木 | 坎 | 风 | 肝 | 泪 | 甲子 |
| 20 | 三 | 廿九 | 庚午 | 满 | 参 | 土 | 艮 | 湿 | 脾 | 涎 | 丙子 |
| 21 | 四 | 闰三 | 辛未 | 平 | 井 | 土 | 离 | 湿 | 脾 | 涎 | 戊子 |
| 22 | 五 | 初二 | 壬申 | 定 | 鬼 | 金 | 震 | 燥 | 肺 | 涕 | 庚子 |
| 23 | 六 | 初三 | 癸酉 | 执 | 柳 | 金 | 巽 | 燥 | 肺 | 涕 | 壬子 |
| 24 | 日 | 初四 | 甲戌 | 破 | 星 | 火 | 坎 | 热 | 心 | 汗 | 甲子 |
| 25 | 一 | 初五 | 乙亥 | 危 | 张 | 火 | 艮 | 热 | 心 | 汗 | 丙子 |
| 26 | 二 | 初六 | 丙子 | 成 | 翼 | 水 | 坤 | 寒 | 肾 | 唾 | 戊子 |
| 27 | 三 | 初七 | 丁丑 | 收 | 轸 | 水 | 乾 | 寒 | 肾 | 唾 | 庚子 |
| 28 | 四 | 初八 | 戊寅 | 开 | 角 | 土 | 兑 | 湿 | 脾 | 涎 | 壬子 |
| 29 | 五 | 初九 | 己卯 | 闭 | 亢 | 土 | 离 | 湿 | 脾 | 涎 | 甲子 |
| 30 | 六 | 初十 | 庚辰 | 建 | 氐 | 金 | 震 | 燥 | 肺 | 涕 | 丙子 |

# 公元 2050 年　　农历庚午(马)年(闰三月)

## 5月大
立夏　5日15时03分
小满　21日03时52分

农历闰三月(4月21日-5月20日)　月干支:庚辰

| 公历 | 星期 | 农历 | 干支 | 日建 | 星宿 | 五行 | 八卦 | 五气 | 五脏 | 五汁 | 时辰 |
|---|---|---|---|---|---|---|---|---|---|---|---|
| 1 | 日 | 闰三 | 辛巳 | 除 | 房 | 金 | 巽 | 燥 | 肺 | 涕 | 戊子 |
| 2 | 一 | 十二 | 壬午 | 满 | 心 | 木 | 坎 | 风 | 肝 | 泪 | 庚子 |
| 3 | 二 | 十三 | 癸未 | 平 | 尾 | 木 | 艮 | 风 | 肝 | 泪 | 壬子 |
| 4 | 三 | 十四 | 甲申 | 定 | 箕 | 水 | 坤 | 寒 | 肾 | 唾 | 甲子 |
| 5 | 四 | 十五 | 乙酉 | 定 | 斗 | 水 | 乾 | 寒 | 肾 | 唾 | 丙子 |
| 6 | 五 | 十六 | 丙戌 | 执 | 牛 | 土 | 兑 | 湿 | 脾 | 涎 | 戊子 |
| 7 | 六 | 十七 | 丁亥 | 破 | 女 | 土 | 离 | 湿 | 脾 | 涎 | 庚子 |
| 8 | 日 | 十八 | 戊子 | 危 | 虚 | 火 | 震 | 热 | 心 | 汗 | 壬子 |
| 9 | 一 | 十九 | 己丑 | 成 | 危 | 火 | 巽 | 热 | 心 | 汗 | 甲子 |
| 10 | 二 | 二十 | 庚寅 | 收 | 室 | 木 | 坎 | 风 | 肝 | 泪 | 丙子 |
| 11 | 三 | 廿一 | 辛卯 | 开 | 壁 | 木 | 艮 | 风 | 肝 | 泪 | 戊子 |
| 12 | 四 | 廿二 | 壬辰 | 闭 | 奎 | 水 | 坤 | 寒 | 肾 | 唾 | 庚子 |
| 13 | 五 | 廿三 | 癸巳 | 建 | 娄 | 水 | 乾 | 寒 | 肾 | 唾 | 壬子 |
| 14 | 六 | 廿四 | 甲午 | 除 | 胃 | 金 | 兑 | 燥 | 肺 | 涕 | 甲子 |
| 15 | 日 | 廿五 | 乙未 | 满 | 昴 | 金 | 离 | 燥 | 肺 | 涕 | 丙子 |
| 16 | 一 | 廿六 | 丙申 | 平 | 毕 | 火 | 震 | 热 | 心 | 汗 | 戊子 |
| 17 | 二 | 廿七 | 丁酉 | 定 | 觜 | 火 | 巽 | 热 | 心 | 汗 | 庚子 |
| 18 | 三 | 廿八 | 戊戌 | 执 | 参 | 木 | 坎 | 风 | 肾 | 泪 | 壬子 |
| 19 | 四 | 廿九 | 己亥 | 破 | 井 | 木 | 艮 | 风 | 肾 | 泪 | 甲子 |
| 20 | 五 | 三十 | 庚子 | 危 | 鬼 | 土 | 坤 | 湿 | 脾 | 涎 | 丙子 |
| 21 | 六 | 四月 | 辛丑 | 成 | 柳 | 土 | 兑 | 湿 | 脾 | 涎 | 戊子 |
| 22 | 日 | 初二 | 壬寅 | 收 | 星 | 金 | 离 | 燥 | 肺 | 涕 | 庚子 |
| 23 | 一 | 初三 | 癸卯 | 开 | 张 | 金 | 坎 | 燥 | 肺 | 涕 | 壬子 |
| 24 | 二 | 初四 | 甲辰 | 闭 | 翼 | 火 | 艮 | 热 | 心 | 汗 | 甲子 |
| 25 | 三 | 初五 | 乙巳 | 建 | 轸 | 火 | 坤 | 热 | 心 | 汗 | 丙子 |
| 26 | 四 | 初六 | 丙午 | 除 | 角 | 水 | 乾 | 寒 | 肾 | 唾 | 戊子 |
| 27 | 五 | 初七 | 丁未 | 满 | 亢 | 水 | 兑 | 寒 | 肾 | 唾 | 庚子 |
| 28 | 六 | 初八 | 戊申 | 平 | 氐 | 土 | 离 | 湿 | 脾 | 涎 | 壬子 |
| 29 | 日 | 初九 | 己酉 | 定 | 房 | 土 | 震 | 湿 | 脾 | 涎 | 甲子 |
| 30 | 一 | 初十 | 庚戌 | 执 | 心 | 金 | 巽 | 燥 | 肺 | 涕 | 丙子 |
| 31 | 二 | 十一 | 辛亥 | 破 | 尾 | 金 | 坎 | 燥 | 肺 | 涕 | 戊子 |

## 6月小
芒种　5日18时56分
夏至　21日11时34分

农历四月(5月21日-6月18日)　月干支:辛巳

| 公历 | 星期 | 农历 | 干支 | 日建 | 星宿 | 五行 | 八卦 | 五气 | 五脏 | 五汁 | 时辰 |
|---|---|---|---|---|---|---|---|---|---|---|---|
| 1 | 三 | 四月 | 壬子 | 危 | 箕 | 木 | 艮 | 风 | 肝 | 泪 | 庚子 |
| 2 | 四 | 十三 | 癸丑 | 成 | 斗 | 木 | 坤 | 风 | 肝 | 泪 | 壬子 |
| 3 | 五 | 十四 | 甲寅 | 收 | 牛 | 水 | 乾 | 寒 | 肾 | 唾 | 甲子 |
| 4 | 六 | 十五 | 乙卯 | 开 | 女 | 水 | 兑 | 寒 | 肾 | 唾 | 丙子 |
| 5 | 日 | 十六 | 丙辰 | 开 | 虚 | 土 | 离 | 湿 | 脾 | 涎 | 戊子 |
| 6 | 一 | 十七 | 丁巳 | 闭 | 危 | 土 | 震 | 湿 | 脾 | 涎 | 庚子 |
| 7 | 二 | 十八 | 戊午 | 建 | 室 | 火 | 巽 | 热 | 心 | 汗 | 壬子 |
| 8 | 三 | 十九 | 己未 | 除 | 壁 | 火 | 坎 | 热 | 心 | 汗 | 甲子 |
| 9 | 四 | 二十 | 庚申 | 满 | 奎 | 木 | 艮 | 风 | 肝 | 泪 | 丙子 |
| 10 | 五 | 廿一 | 辛酉 | 平 | 娄 | 木 | 坤 | 风 | 肝 | 泪 | 戊子 |
| 11 | 六 | 廿二 | 壬戌 | 定 | 胃 | 水 | 乾 | 寒 | 肾 | 唾 | 庚子 |
| 12 | 日 | 廿三 | 癸亥 | 执 | 昴 | 水 | 兑 | 寒 | 肾 | 唾 | 壬子 |
| 13 | 一 | 廿四 | 甲子 | 破 | 毕 | 金 | 离 | 燥 | 肺 | 涕 | 甲子 |
| 14 | 二 | 廿五 | 乙丑 | 危 | 觜 | 金 | 震 | 燥 | 肺 | 涕 | 丙子 |
| 15 | 三 | 廿六 | 丙寅 | 成 | 参 | 火 | 巽 | 热 | 心 | 汗 | 戊子 |
| 16 | 四 | 廿七 | 丁卯 | 收 | 井 | 火 | 坎 | 热 | 心 | 汗 | 庚子 |
| 17 | 五 | 廿八 | 戊辰 | 开 | 鬼 | 木 | 艮 | 风 | 肝 | 泪 | 壬子 |
| 18 | 六 | 廿九 | 己巳 | 闭 | 柳 | 木 | 坤 | 风 | 肝 | 泪 | 甲子 |
| 19 | 日 | 五月 | 庚午 | 建 | 星 | 土 | 巽 | 湿 | 脾 | 涎 | 丙子 |
| 20 | 一 | 初二 | 辛未 | 除 | 张 | 土 | 坎 | 湿 | 脾 | 涎 | 戊子 |
| 21 | 二 | 初三 | 壬申 | 满 | 翼 | 金 | 艮 | 燥 | 肺 | 涕 | 庚子 |
| 22 | 三 | 初四 | 癸酉 | 平 | 轸 | 金 | 坤 | 燥 | 肺 | 涕 | 壬子 |
| 23 | 四 | 初五 | 甲戌 | 定 | 角 | 火 | 乾 | 热 | 心 | 汗 | 甲子 |
| 24 | 五 | 初六 | 乙亥 | 执 | 亢 | 火 | 兑 | 热 | 心 | 汗 | 丙子 |
| 25 | 六 | 初七 | 丙子 | 破 | 氐 | 水 | 离 | 寒 | 肾 | 唾 | 戊子 |
| 26 | 日 | 初八 | 丁丑 | 危 | 房 | 水 | 震 | 寒 | 肾 | 唾 | 庚子 |
| 27 | 一 | 初九 | 戊寅 | 成 | 心 | 土 | 巽 | 湿 | 脾 | 涎 | 壬子 |
| 28 | 二 | 初十 | 己卯 | 收 | 尾 | 土 | 坎 | 湿 | 脾 | 涎 | 甲子 |
| 29 | 三 | 十一 | 庚辰 | 开 | 箕 | 金 | 艮 | 燥 | 肺 | 涕 | 丙子 |
| 30 | 四 | 十二 | 辛巳 | 闭 | 斗 | 金 | 坤 | 燥 | 肺 | 涕 | 戊子 |

实用干支万年历

# 公元 2050 年　　农历庚午(马)年(闰三月)

## 7月大

小暑　7日05时03分
大暑　22日22时22分

农历五月(6月19日-7月18日)　月干支:壬午

| 公历 | 星期 | 农历 | 干支 | 日建 | 星宿 | 五行 | 八卦 | 五气 | 五脏 | 五汁 | 时辰 |
|---|---|---|---|---|---|---|---|---|---|---|---|
| 1 | 五 | 五月 | 壬午 | 建 | 牛 | 木 | 乾 | 风 | 肝 | 泪 | 庚子 |
| 2 | 六 | 十四 | 癸未 | 除 | 女 | 木 | 兑 | 风 | 肝 | 泪 | 壬子 |
| 3 | 日 | 十五 | 甲申 | 满 | 虚 | 水 | 离 | 寒 | 肾 | 唾 | 甲子 |
| 4 | 一 | 十六 | 乙酉 | 平 | 危 | 水 | 震 | 寒 | 肾 | 唾 | 丙子 |
| 5 | 二 | 十七 | 丙戌 | 定 | 室 | 土 | 巽 | 湿 | 脾 | 涎 | 戊子 |
| 6 | 三 | 十八 | 丁亥 | 执 | 壁 | 土 | 坎 | 湿 | 脾 | 涎 | 庚子 |
| 7 | 四 | 十九 | 戊子 | 执 | 奎 | 火 | 艮 | 热 | 心 | 汗 | 壬子 |
| 8 | 五 | 二十 | 己丑 | 破 | 娄 | 火 | 坤 | 热 | 心 | 汗 | 甲子 |
| 9 | 六 | 廿一 | 庚寅 | 危 | 胃 | 木 | 乾 | 风 | 肝 | 泪 | 丙子 |
| 10 | 日 | 廿二 | 辛卯 | 成 | 昴 | 木 | 兑 | 风 | 肝 | 泪 | 戊子 |
| 11 | 一 | 廿三 | 壬辰 | 收 | 毕 | 水 | 离 | 寒 | 肾 | 唾 | 庚子 |
| 12 | 二 | 廿四 | 癸巳 | 开 | 觜 | 水 | 震 | 寒 | 肾 | 唾 | 壬子 |
| 13 | 三 | 廿五 | 甲午 | 闭 | 参 | 金 | 巽 | 燥 | 肺 | 涕 | 甲子 |
| 14 | 四 | 廿六 | 乙未 | 建 | 井 | 金 | 坎 | 燥 | 肺 | 涕 | 丙子 |
| 15 | 五 | 廿七 | 丙申 | 除 | 鬼 | 火 | 艮 | 热 | 心 | 汗 | 戊子 |
| 16 | 六 | 廿八 | 丁酉 | 满 | 柳 | 火 | 坤 | 热 | 心 | 汗 | 庚子 |
| 17 | 日 | 廿九 | 戊戌 | 平 | 星 | 木 | 乾 | 风 | 肝 | 泪 | 壬子 |
| 18 | 一 | 三十 | 己亥 | 定 | 张 | 木 | 兑 | 风 | 肝 | 泪 | 甲子 |
| 19 | 二 | 六月 | 庚子 | 执 | 翼 | 土 | 离 | 湿 | 脾 | 涎 | 丙子 |
| 20 | 三 | 初二 | 辛丑 | 破 | 轸 | 土 | 震 | 湿 | 脾 | 涎 | 戊子 |
| 21 | 四 | 初三 | 壬寅 | 危 | 角 | 金 | 巽 | 燥 | 肺 | 涕 | 庚子 |
| 22 | 五 | 初四 | 癸卯 | 成 | 亢 | 金 | 坎 | 燥 | 肺 | 涕 | 壬子 |
| 23 | 六 | 初五 | 甲辰 | 收 | 氐 | 火 | 艮 | 热 | 心 | 汗 | 甲子 |
| 24 | 日 | 初六 | 乙巳 | 开 | 房 | 火 | 坤 | 热 | 心 | 汗 | 丙子 |
| 25 | 一 | 初七 | 丙午 | 闭 | 心 | 水 | 乾 | 寒 | 肾 | 唾 | 戊子 |
| 26 | 二 | 初八 | 丁未 | 建 | 尾 | 水 | 兑 | 寒 | 肾 | 唾 | 庚子 |
| 27 | 三 | 初九 | 戊申 | 除 | 箕 | 土 | 离 | 湿 | 脾 | 涎 | 壬子 |
| 28 | 四 | 初十 | 己酉 | 满 | 斗 | 土 | 震 | 湿 | 脾 | 涎 | 甲子 |
| 29 | 五 | 十一 | 庚戌 | 平 | 牛 | 金 | 巽 | 燥 | 肺 | 涕 | 丙子 |
| 30 | 六 | 十二 | 辛亥 | 定 | 女 | 金 | 坎 | 燥 | 肺 | 涕 | 戊子 |
| 31 | 日 | 十三 | 壬子 | 执 | 虚 | 木 | 艮 | 风 | 肝 | 泪 | 庚子 |

## 8月大

立秋　7日14时53分
处暑　23日05时33分

农历六月(7月19日-8月16日)　月干支:癸未

| 公历 | 星期 | 农历 | 干支 | 日建 | 星宿 | 五行 | 八卦 | 五气 | 五脏 | 五汁 | 时辰 |
|---|---|---|---|---|---|---|---|---|---|---|---|
| 1 | 一 | 六月 | 癸丑 | 破 | 危 | 木 | 离 | 风 | 肝 | 泪 | 壬子 |
| 2 | 二 | 十五 | 甲寅 | 危 | 室 | 水 | 震 | 寒 | 肾 | 唾 | 甲子 |
| 3 | 三 | 十六 | 乙卯 | 成 | 壁 | 水 | 巽 | 寒 | 肾 | 唾 | 丙子 |
| 4 | 四 | 十七 | 丙辰 | 收 | 奎 | 土 | 坎 | 湿 | 脾 | 涎 | 戊子 |
| 5 | 五 | 十八 | 丁巳 | 开 | 娄 | 土 | 艮 | 湿 | 脾 | 涎 | 庚子 |
| 6 | 六 | 十九 | 戊午 | 闭 | 胃 | 火 | 坤 | 热 | 心 | 汗 | 壬子 |
| 7 | 日 | 二十 | 己未 | 闭 | 昴 | 火 | 乾 | 热 | 心 | 汗 | 甲子 |
| 8 | 一 | 廿一 | 庚申 | 建 | 毕 | 木 | 兑 | 风 | 肝 | 泪 | 丙子 |
| 9 | 二 | 廿二 | 辛酉 | 除 | 觜 | 木 | 离 | 风 | 肝 | 泪 | 戊子 |
| 10 | 三 | 廿三 | 壬戌 | 满 | 参 | 水 | 震 | 寒 | 肾 | 唾 | 庚子 |
| 11 | 四 | 廿四 | 癸亥 | 平 | 井 | 水 | 巽 | 寒 | 肾 | 唾 | 壬子 |
| 12 | 五 | 廿五 | 甲子 | 定 | 鬼 | 金 | 坎 | 燥 | 肺 | 涕 | 甲子 |
| 13 | 六 | 廿六 | 乙丑 | 执 | 柳 | 金 | 艮 | 燥 | 肺 | 涕 | 丙子 |
| 14 | 日 | 廿七 | 丙寅 | 破 | 星 | 火 | 坤 | 热 | 心 | 汗 | 戊子 |
| 15 | 一 | 廿八 | 丁卯 | 危 | 张 | 火 | 乾 | 热 | 心 | 汗 | 庚子 |
| 16 | 二 | 廿九 | 戊辰 | 成 | 翼 | 木 | 兑 | 风 | 肝 | 泪 | 壬子 |
| 17 | 三 | 七月 | 己巳 | 收 | 轸 | 木 | 离 | 风 | 肝 | 泪 | 甲子 |
| 18 | 四 | 初二 | 庚午 | 开 | 角 | 土 | 震 | 湿 | 脾 | 涎 | 丙子 |
| 19 | 五 | 初三 | 辛未 | 闭 | 亢 | 土 | 巽 | 湿 | 脾 | 涎 | 戊子 |
| 20 | 六 | 初四 | 壬申 | 建 | 氐 | 金 | 坎 | 燥 | 肺 | 涕 | 庚子 |
| 21 | 日 | 初五 | 癸酉 | 除 | 房 | 金 | 艮 | 燥 | 肺 | 涕 | 壬子 |
| 22 | 一 | 初六 | 甲戌 | 满 | 心 | 火 | 坤 | 热 | 心 | 汗 | 甲子 |
| 23 | 二 | 初七 | 乙亥 | 平 | 尾 | 火 | 乾 | 热 | 心 | 汗 | 丙子 |
| 24 | 三 | 初八 | 丙子 | 定 | 箕 | 水 | 兑 | 寒 | 肾 | 唾 | 戊子 |
| 25 | 四 | 初九 | 丁丑 | 执 | 斗 | 水 | 离 | 寒 | 肾 | 唾 | 庚子 |
| 26 | 五 | 初十 | 戊寅 | 破 | 牛 | 土 | 震 | 湿 | 脾 | 涎 | 壬子 |
| 27 | 六 | 十一 | 己卯 | 危 | 女 | 土 | 巽 | 湿 | 脾 | 涎 | 甲子 |
| 28 | 日 | 十二 | 庚辰 | 成 | 虚 | 金 | 坎 | 燥 | 肺 | 涕 | 丙子 |
| 29 | 一 | 十三 | 辛巳 | 收 | 危 | 金 | 艮 | 燥 | 肺 | 涕 | 戊子 |
| 30 | 二 | 十四 | 壬午 | 开 | 室 | 木 | 坤 | 风 | 肝 | 泪 | 庚子 |
| 31 | 三 | 十五 | 癸未 | 闭 | 壁 | 木 | 乾 | 风 | 肝 | 泪 | 壬子 |

## 9月小

| | |
|---|---|
| 白露 | 7日 18时 01分 |
| 秋分 | 23日 03时 29分 |

农历七月(8月17日–9月15日)　月干支:甲申

| 公历 | 星期 | 农历 | 干支 | 日建 | 星宿 | 五行 | 八卦 | 五气 | 五脏 | 五汁 | 时辰 |
|---|---|---|---|---|---|---|---|---|---|---|---|
| 1 | 四 | 七月 | 甲申 | 建 | 奎 | 水 | 坎 | 寒 | 肾 | 唾 | 甲子 |
| 2 | 五 | 十七 | 乙酉 | 除 | 娄 | 水 | 艮 | 寒 | 肾 | 唾 | 丙子 |
| 3 | 六 | 十八 | 丙戌 | 满 | 胃 | 土 | 坤 | 湿 | 脾 | 涎 | 戊子 |
| 4 | 日 | 十九 | 丁亥 | 平 | 昴 | 土 | 乾 | 湿 | 脾 | 涎 | 庚子 |
| 5 | 一 | 二十 | 戊子 | 定 | 毕 | 火 | 兑 | 热 | 心 | 汗 | 壬子 |
| 6 | 二 | 廿一 | 己丑 | 执 | 觜 | 火 | 离 | 热 | 心 | 汗 | 甲子 |
| 7 | 三 | 廿二 | 庚寅 | 执 | 参 | 木 | 震 | 风 | 肝 | 泪 | 丙子 |
| 8 | 四 | 廿三 | 辛卯 | 破 | 井 | 木 | 巽 | 风 | 肝 | 泪 | 戊子 |
| 9 | 五 | 廿四 | 壬辰 | 危 | 鬼 | 水 | 坎 | 寒 | 肾 | 唾 | 庚子 |
| 10 | 六 | 廿五 | 癸巳 | 成 | 柳 | 水 | 艮 | 寒 | 肾 | 唾 | 壬子 |
| 11 | 日 | 廿六 | 甲午 | 收 | 星 | 金 | 坤 | 燥 | 肺 | 涕 | 甲子 |
| 12 | 一 | 廿七 | 乙未 | 开 | 张 | 金 | 乾 | 燥 | 肺 | 涕 | 丙子 |
| 13 | 二 | 廿八 | 丙申 | 闭 | 翼 | 火 | 兑 | 热 | 心 | 汗 | 戊子 |
| 14 | 三 | 廿九 | 丁酉 | 建 | 轸 | 火 | 离 | 热 | 心 | 汗 | 庚子 |
| 15 | 四 | 三十 | 戊戌 | 除 | 角 | 木 | 震 | 风 | 肝 | 泪 | 壬子 |
| 16 | 五 | 八月 | 己亥 | 满 | 亢 | 木 | 巽 | 风 | 肝 | 泪 | 甲子 |
| 17 | 六 | 初二 | 庚子 | 平 | 氐 | 土 | 坎 | 湿 | 脾 | 涎 | 丙子 |
| 18 | 日 | 初三 | 辛丑 | 定 | 房 | 土 | 艮 | 湿 | 脾 | 涎 | 戊子 |
| 19 | 一 | 初四 | 壬寅 | 执 | 心 | 金 | 坤 | 燥 | 肺 | 涕 | 庚子 |
| 20 | 二 | 初五 | 癸卯 | 破 | 尾 | 金 | 乾 | 燥 | 肺 | 涕 | 壬子 |
| 21 | 三 | 初六 | 甲辰 | 危 | 箕 | 火 | 兑 | 热 | 心 | 汗 | 甲子 |
| 22 | 四 | 初七 | 乙巳 | 成 | 斗 | 火 | 离 | 热 | 心 | 汗 | 丙子 |
| 23 | 五 | 初八 | 丙午 | 收 | 牛 | 水 | 震 | 寒 | 肾 | 唾 | 戊子 |
| 24 | 六 | 初九 | 丁未 | 开 | 女 | 水 | 巽 | 寒 | 肾 | 唾 | 庚子 |
| 25 | 日 | 初十 | 戊申 | 闭 | 虚 | 土 | 坎 | 湿 | 脾 | 涎 | 壬子 |
| 26 | 一 | 十一 | 己酉 | 建 | 危 | 土 | 艮 | 湿 | 脾 | 涎 | 甲子 |
| 27 | 二 | 十二 | 庚戌 | 除 | 室 | 金 | 坤 | 燥 | 肺 | 涕 | 丙子 |
| 28 | 三 | 十三 | 辛亥 | 满 | 壁 | 金 | 乾 | 燥 | 肺 | 涕 | 戊子 |
| 29 | 四 | 十四 | 壬子 | 平 | 奎 | 木 | 兑 | 风 | 肝 | 泪 | 庚子 |
| 30 | 五 | 十五 | 癸丑 | 定 | 娄 | 木 | 离 | 风 | 肝 | 泪 | 壬子 |
| 31 | | | | | | | | | | | |

## 10月大

| | |
|---|---|
| 寒露 | 8日 10时 01分 |
| 霜降 | 23日 13时 12分 |

农历八月(9月16日–10月15日)　月干支:乙酉

| 公历 | 星期 | 农历 | 干支 | 日建 | 星宿 | 五行 | 八卦 | 五气 | 五脏 | 五汁 | 时辰 |
|---|---|---|---|---|---|---|---|---|---|---|---|
| 1 | 六 | 八月 | 甲寅 | 执 | 胃 | 水 | 艮 | 寒 | 肾 | 唾 | 甲子 |
| 2 | 日 | 十七 | 乙卯 | 破 | 昴 | 水 | 坤 | 寒 | 肾 | 唾 | 丙子 |
| 3 | 一 | 十八 | 丙辰 | 危 | 毕 | 土 | 乾 | 湿 | 脾 | 涎 | 戊子 |
| 4 | 二 | 十九 | 丁巳 | 成 | 觜 | 土 | 兑 | 湿 | 脾 | 涎 | 庚子 |
| 5 | 三 | 二十 | 戊午 | 收 | 参 | 火 | 离 | 热 | 心 | 汗 | 壬子 |
| 6 | 四 | 廿一 | 己未 | 开 | 井 | 火 | 震 | 热 | 心 | 汗 | 甲子 |
| 7 | 五 | 廿二 | 庚申 | 闭 | 鬼 | 木 | 巽 | 风 | 肝 | 泪 | 丙子 |
| 8 | 六 | 廿三 | 辛酉 | 闭 | 柳 | 木 | 坎 | 风 | 肝 | 泪 | 戊子 |
| 9 | 日 | 廿四 | 壬戌 | 建 | 星 | 水 | 艮 | 寒 | 肾 | 唾 | 庚子 |
| 10 | 一 | 廿五 | 癸亥 | 除 | 张 | 水 | 坤 | 寒 | 肾 | 唾 | 壬子 |
| 11 | 二 | 廿六 | 甲子 | 满 | 翼 | 金 | 乾 | 燥 | 肺 | 涕 | 甲子 |
| 12 | 三 | 廿七 | 乙丑 | 平 | 轸 | 金 | 兑 | 燥 | 肺 | 涕 | 丙子 |
| 13 | 四 | 廿八 | 丙寅 | 定 | 角 | 火 | 离 | 热 | 心 | 汗 | 戊子 |
| 14 | 五 | 廿九 | 丁卯 | 执 | 亢 | 火 | 震 | 热 | 心 | 汗 | 庚子 |
| 15 | 六 | 三十 | 戊辰 | 破 | 氐 | 木 | 巽 | 风 | 肝 | 泪 | 壬子 |
| 16 | 日 | 九月 | 己巳 | 危 | 房 | 木 | 坎 | 风 | 肝 | 泪 | 甲子 |
| 17 | 一 | 初二 | 庚午 | 成 | 心 | 土 | 艮 | 湿 | 脾 | 涎 | 丙子 |
| 18 | 二 | 初三 | 辛未 | 收 | 尾 | 土 | 坤 | 湿 | 脾 | 涎 | 戊子 |
| 19 | 三 | 初四 | 壬申 | 开 | 箕 | 金 | 乾 | 燥 | 肺 | 涕 | 庚子 |
| 20 | 四 | 初五 | 癸酉 | 闭 | 斗 | 金 | 兑 | 燥 | 肺 | 涕 | 壬子 |
| 21 | 五 | 初六 | 甲戌 | 建 | 牛 | 火 | 离 | 热 | 心 | 汗 | 甲子 |
| 22 | 六 | 初七 | 乙亥 | 除 | 女 | 火 | 震 | 热 | 心 | 汗 | 丙子 |
| 23 | 日 | 初八 | 丙子 | 满 | 虚 | 水 | 巽 | 寒 | 肾 | 唾 | 戊子 |
| 24 | 一 | 初九 | 丁丑 | 平 | 危 | 水 | 坎 | 寒 | 肾 | 唾 | 庚子 |
| 25 | 二 | 初十 | 戊寅 | 定 | 室 | 土 | 艮 | 湿 | 脾 | 涎 | 壬子 |
| 26 | 三 | 十一 | 己卯 | 执 | 壁 | 土 | 坤 | 湿 | 脾 | 涎 | 甲子 |
| 27 | 四 | 十二 | 庚辰 | 破 | 奎 | 金 | 乾 | 燥 | 肺 | 涕 | 丙子 |
| 28 | 五 | 十三 | 辛巳 | 危 | 娄 | 金 | 兑 | 燥 | 肺 | 涕 | 戊子 |
| 29 | 六 | 十四 | 壬午 | 成 | 胃 | 木 | 离 | 风 | 肝 | 泪 | 庚子 |
| 30 | 日 | 十五 | 癸未 | 收 | 昴 | 木 | 震 | 风 | 肝 | 泪 | 壬子 |
| 31 | 一 | 十六 | 甲申 | 开 | 毕 | 水 | 巽 | 寒 | 肾 | 唾 | 甲子 |

实用干支万年历

# 公元 2050 年　　农历庚午(马)年(闰三月)

## 11月小　　立冬 7日13时34分　　小雪 22日11时07分

农历九月(10月16日-11月13日)　月干支:丙戌

| 公历 | 星期 | 农历 | 干支 | 日建 | 星宿 | 五行 | 八卦 | 五气 | 五脏 | 五汁 | 时辰 |
|---|---|---|---|---|---|---|---|---|---|---|---|
| 1 | 二 | 九月 | 乙酉 | 闭 | 觜 | 水 | 乾 | 寒 | 肾 | 唾 | 丙子 |
| 2 | 三 | 十八 | 丙戌 | 建 | 参 | 土 | 兑 | 湿 | 脾 | 涎 | 戊子 |
| 3 | 四 | 十九 | 丁亥 | 除 | 井 | 土 | 离 | 湿 | 脾 | 涎 | 庚子 |
| 4 | 五 | 二十 | 戊子 | 满 | 鬼 | 火 | 震 | 热 | 心 | 汗 | 壬子 |
| 5 | 六 | 廿一 | 己丑 | 平 | 柳 | 火 | 巽 | 热 | 心 | 汗 | 甲子 |
| 6 | 日 | 廿二 | 庚寅 | 定 | 星 | 木 | 坎 | 风 | 肝 | 泪 | 丙子 |
| 7 | 一 | 廿三 | 辛卯 | 定 | 张 | 木 | 艮 | 风 | 肝 | 泪 | 戊子 |
| 8 | 二 | 廿四 | 壬辰 | 执 | 翼 | 水 | 坤 | 寒 | 肾 | 唾 | 庚子 |
| 9 | 三 | 廿五 | 癸巳 | 破 | 轸 | 水 | 乾 | 寒 | 肾 | 唾 | 壬子 |
| 10 | 四 | 廿六 | 甲午 | 危 | 角 | 金 | 兑 | 燥 | 肺 | 涕 | 甲子 |
| 11 | 五 | 廿七 | 乙未 | 成 | 亢 | 金 | 离 | 燥 | 肺 | 涕 | 丙子 |
| 12 | 六 | 廿八 | 丙申 | 收 | 氐 | 火 | 震 | 热 | 心 | 汗 | 戊子 |
| 13 | 日 | 廿九 | 丁酉 | 开 | 房 | 火 | 巽 | 热 | 心 | 汗 | 庚子 |
| 14 | 一 | 十月 | 戊戌 | 闭 | 心 | 木 | 坎 | 风 | 肝 | 泪 | 壬子 |
| 15 | 二 | 初二 | 己亥 | 建 | 尾 | 木 | 离 | 风 | 肝 | 泪 | 甲子 |
| 16 | 三 | 初三 | 庚子 | 除 | 箕 | 土 | 震 | 湿 | 脾 | 涎 | 丙子 |
| 17 | 四 | 初四 | 辛丑 | 满 | 斗 | 土 | 巽 | 湿 | 脾 | 涎 | 戊子 |
| 18 | 五 | 初五 | 壬寅 | 平 | 牛 | 金 | 坎 | 燥 | 肺 | 涕 | 庚子 |
| 19 | 六 | 初六 | 癸卯 | 定 | 女 | 金 | 艮 | 燥 | 肺 | 涕 | 壬子 |
| 20 | 日 | 初七 | 甲辰 | 执 | 虚 | 火 | 坤 | 热 | 心 | 汗 | 甲子 |
| 21 | 一 | 初八 | 乙巳 | 破 | 危 | 火 | 乾 | 热 | 心 | 汗 | 丙子 |
| 22 | 二 | 初九 | 丙午 | 危 | 室 | 水 | 兑 | 寒 | 肾 | 唾 | 戊子 |
| 23 | 三 | 初十 | 丁未 | 成 | 壁 | 水 | 离 | 寒 | 肾 | 唾 | 庚子 |
| 24 | 四 | 十一 | 戊申 | 收 | 奎 | 土 | 震 | 湿 | 脾 | 涎 | 壬子 |
| 25 | 五 | 十二 | 己酉 | 开 | 娄 | 土 | 巽 | 湿 | 脾 | 涎 | 甲子 |
| 26 | 六 | 十三 | 庚戌 | 闭 | 胃 | 金 | 坎 | 燥 | 肺 | 涕 | 丙子 |
| 27 | 日 | 十四 | 辛亥 | 建 | 昴 | 金 | 艮 | 燥 | 肺 | 涕 | 戊子 |
| 28 | 一 | 十五 | 壬子 | 除 | 毕 | 木 | 乾 | 风 | 肝 | 泪 | 庚子 |
| 29 | 二 | 十六 | 癸丑 | 满 | 觜 | 木 | 兑 | 风 | 肝 | 泪 | 壬子 |
| 30 | 三 | 十七 | 甲寅 | 平 | 参 | 水 | 离 | 寒 | 肾 | 唾 | 甲子 |
| 31 |  |  |  |  |  |  |  |  |  |  |  |

## 12月大　　大雪 7日06时42分　　冬至 22日00时39分

农历十月(11月14日-12月13日)　月干支:丁亥
农历冬月(12月14日-1月12日)　月干支:戊子

| 公历 | 星期 | 农历 | 干支 | 日建 | 星宿 | 五行 | 八卦 | 五气 | 五脏 | 五汁 | 时辰 |
|---|---|---|---|---|---|---|---|---|---|---|---|
| 1 | 四 | 十月 | 乙卯 | 定 | 井 | 水 | 离 | 寒 | 肾 | 唾 | 丙子 |
| 2 | 五 | 十九 | 丙辰 | 执 | 鬼 | 土 | 震 | 湿 | 脾 | 涎 | 戊子 |
| 3 | 六 | 二十 | 丁巳 | 破 | 柳 | 土 | 巽 | 湿 | 脾 | 涎 | 庚子 |
| 4 | 日 | 廿一 | 戊午 | 危 | 星 | 火 | 坎 | 热 | 心 | 汗 | 壬子 |
| 5 | 一 | 廿二 | 己未 | 成 | 张 | 火 | 艮 | 热 | 心 | 汗 | 甲子 |
| 6 | 二 | 廿三 | 庚申 | 收 | 翼 | 木 | 坤 | 风 | 肝 | 泪 | 丙子 |
| 7 | 三 | 廿四 | 辛酉 | 收 | 轸 | 木 | 乾 | 风 | 肝 | 泪 | 戊子 |
| 8 | 四 | 廿五 | 壬戌 | 开 | 角 | 水 | 兑 | 寒 | 肾 | 唾 | 庚子 |
| 9 | 五 | 廿六 | 癸亥 | 闭 | 亢 | 水 | 离 | 寒 | 肾 | 唾 | 壬子 |
| 10 | 六 | 廿七 | 甲子 | 建 | 氐 | 金 | 震 | 燥 | 肺 | 涕 | 甲子 |
| 11 | 日 | 廿八 | 乙丑 | 除 | 房 | 金 | 巽 | 燥 | 肺 | 涕 | 丙子 |
| 12 | 一 | 廿九 | 丙寅 | 满 | 心 | 火 | 坎 | 热 | 心 | 汗 | 戊子 |
| 13 | 二 | 三十 | 丁卯 | 平 | 尾 | 火 | 艮 | 热 | 心 | 汗 | 庚子 |
| 14 | 三 | 冬月 | 戊辰 | 定 | 箕 | 木 | 坤 | 风 | 肝 | 泪 | 壬子 |
| 15 | 四 | 初二 | 己巳 | 执 | 斗 | 木 | 震 | 风 | 肝 | 泪 | 甲子 |
| 16 | 五 | 初三 | 庚午 | 破 | 牛 | 土 | 巽 | 湿 | 脾 | 涎 | 丙子 |
| 17 | 六 | 初四 | 辛未 | 危 | 女 | 土 | 坎 | 湿 | 脾 | 涎 | 戊子 |
| 18 | 日 | 初五 | 壬申 | 成 | 虚 | 金 | 艮 | 燥 | 肺 | 涕 | 庚子 |
| 19 | 一 | 初六 | 癸酉 | 收 | 危 | 金 | 坤 | 燥 | 肺 | 涕 | 壬子 |
| 20 | 二 | 初七 | 甲戌 | 开 | 室 | 火 | 乾 | 热 | 心 | 汗 | 甲子 |
| 21 | 三 | 初八 | 乙亥 | 闭 | 壁 | 水 | 兑 | 寒 | 肾 | 唾 | 丙子 |
| 22 | 四 | 初九 | 丙子 | 建 | 奎 | 水 | 离 | 寒 | 肾 | 唾 | 戊子 |
| 23 | 五 | 初十 | 丁丑 | 除 | 娄 | 土 | 震 | 湿 | 脾 | 涎 | 庚子 |
| 24 | 六 | 十一 | 戊寅 | 满 | 胃 | 土 | 巽 | 湿 | 脾 | 涎 | 壬子 |
| 25 | 日 | 十二 | 己卯 | 平 | 昴 | 土 | 坎 | 湿 | 脾 | 涎 | 甲子 |
| 26 | 一 | 十三 | 庚辰 | 定 | 毕 | 金 | 艮 | 燥 | 肺 | 涕 | 丙子 |
| 27 | 二 | 十四 | 辛巳 | 执 | 觜 | 金 | 乾 | 燥 | 肺 | 涕 | 戊子 |
| 28 | 三 | 十五 | 壬午 | 破 | 参 | 木 | 兑 | 风 | 肝 | 泪 | 庚子 |
| 29 | 四 | 十六 | 癸未 | 危 | 井 | 木 | 离 | 风 | 肝 | 泪 | 壬子 |
| 30 | 五 | 十七 | 甲申 | 成 | 鬼 | 水 | 震 | 寒 | 肾 | 唾 | 甲子 |
| 31 | 六 | 十八 | 乙酉 | 收 | 柳 | 水 | 巽 | 寒 | 肾 | 唾 | 丙子 |